Böther / Breckwoldt / Siedler / Wieting

Elektronik IV B · Meß- und Regelungstechnik · Lehrbuch

HPI-Fachbuchreihe
ELEKTRONIK/MIKROELEKTRONIK

ELEKTRONIK IV B
Meß- und Regelungstechnik

Lehrbuch

Autoren

KLAUS BÖTHER · HARTWIG BRECKWOLDT
HANS-JOBST SIEDLER · RAINER WIETING

3., überarbeitete Auflage

mit 674 Abbildungen

Pflaum Verlag München

CIP-Titelaufnahme der Deutschen Bibliothek

Elektronik. – München; Bad Kissingen; Baden-Baden; Berlin;
Düsseldorf; Heidelberg: Pflaum
    Teilw. hrsg. vom Heinz-Piest-Inst. für Handwerkstechnik
    an d. Univ. Hannover
NE: Heinz-Piest-Institut für Handwerkstechnik <Hannover>

IV B. Mess- und Regelungstechnik / [Hrsg.: PROTECH-Medien-GmbH].
    Lehrbuch. Autoren Klaus Böther ... – 3., überarb. Aufl. – 1991
    (HPI-Fachbuchreihe Elektronik/Mikroelektronik)
    ISBN 3-7905-0610-9
NE: Böther, Klaus; Protech-Medien GmbH <Duderstadt>

ISBN 3-7905-0610-9

Copyright 1991 by Richard Pflaum Verlag GmbH & Co. KG, München · Bad Kissingen · Baden-
Baden · Berlin · Düsseldorf · Heidelberg

Herausgeber: PROTECH-Medien-GmbH, D-3408 Duderstadt
Gesamtherstellung: Friedrich Pustet, Regensburg

Vorwort zur 3. Auflage

Die bundeseinheitliche, praxisorientierte Elektronikschulung nach dem Schulungs-programm und den Richtlinien des Heinz-Piest-Instituts ist seit ihrer Einführung im Herbst 1969 zu einem festen Begriff im Bereich der beruflichen Erwachsenenbildung geworden. Auf freiwilliger Basis arbeiten inzwischen über 200 anerkannte Elektronik-Schulungsstätten nach diesem Programm. Es besteht aus drei Grundlehrgängen sowie einer Reihe von Fachlehrgängen, und dient zur Anpassung an die schnelle technische Entwicklung auf dem Gebiet der Elektronik.

Der Elektronik-Paß als zugehöriger Qualifikationsnachweis hat bereits eine weit-gehende Anerkennung in Wirtschaft und Verwaltung gefunden. In jedem Jahr verlassen etwa 18 000 bis 20 000 weitere erfolgreiche Teilnehmer an den HPI-Lehrgängen die Schulungsstätten. Sie können die erworbenen Kenntnisse und Fertigkeiten dann unmittelbar an ihrem Arbeitsplatz nachweisen und nutzbringend einsetzen.

Um sicherzustellen, daß bei diesen umfangreichen Schulungsmaßnahmen auch voll auf Inhalt und Zielsetzung der einzelnen Lehrgänge ausgerichtete Lehrbücher und Lernmittel zur Verfügung stehen, erschien eine eigene Fachbuchreihe unbedingt notwendig. Hierzu wurden Arbeitskreise gebildet, in denen von in der HPI-Elektronik-schulung erfahrenen Praktikern Lehrbücher, Prüfungsaufgaben und Arbeitsblätter entwickelt worden sind.

Der hier vorliegende Band wurde primär für den Einsatz in dem Elektronik-Fachlehr-gang IV B »Meß- und Regelungstechnik« konzipiert. Er bildet zusammen mit den weiteren Bänden IV B »Prüfungsaufgaben« und »Arbeitsblätter« das Lehrmaterial für diesen Lehrgang. Darüber hinaus sind alle Bände aber auch bestens für vertiefende Übungen, selbständige Wiederholung oder Erarbeitung des Lehrstoffes sowie als übersichtliches Nachschlagewerk für die tägliche Arbeit geeignet.

Bei der Überarbeitung für die vorliegende 3. Auflage konnten die Kapitel 1 und 2 zur Anpassung an die aktualisierten Grundlehrgänge II und III etwas gestrafft werden. Die Themenbereiche Meßwerterfassung und Meßwertübertragung wurden den neuesten technischen Entwicklungen angepaßt. Die Erfahrungen bei der Durchführung der zugehörigen praktischen Übungen waren der Anlaß zu einer mehr meßtechnisch orien-tierten Betrachtungsweise bei der Behandlung der Regelungstechnik. Berücksichtigt wurden jetzt auch Regelungen mit SPS sowie die Inbetriebnahme mit PC-Unterstüt-zung.

Unser besonderer Dank gilt dem Herausgeber sowie den Autoren, die sich mit fundierter Sachkenntnis und großem Einsatz der Entwicklung des Lehrganges IV B »Meß-und Regelungstechnik« sowie der Aktualisierung der zugehörigen Fachbücher gewidmet haben. Auch dem Verlag und seinen Mitarbeitern sei Dank gesagt für die sorgfältige Bearbeitung und Produktion dieser Fachbücher.

Hannover, Januar 1991
Heinz-Piest-Institut für Handwerkstechnik an der Universität Hannover

Dr.-Ing. Delventhal
Institutsleiter

Inhaltsverzeichnis

Vorwort 5

1   **Einführung in die Meßtechnik** 15

1.1   Allgemeines 15

1.2   Messung elektrischer Größen 16
1.2.1   Grundlagen des Messens 16
1.2.1.1 Basisgrößen und Basiseinheiten 17
1.2.1.2 Vorzeichen und Formelzeichen 21
1.2.2   Grundbegriffe der Meßtechnik 21
1.2.2.1 Grundbegriffe des Messens 21
1.2.2.2 Meßprinzip 23
1.2.2.3 Meßverfahren 24
1.2.2.4 Meßeinrichtung, Meßkette 26
1.2.3   Meßabweichungen 31
1.2.3.1 Ursachen von Meßabweichungen 32
1.2.3.2 Zufällige Abweichungen 32
1.2.3.3 Systematische Abweichungen 33
1.2.3.4 Meßunsicherheit 33
1.2.3.5 Fehlergrenzen 34
1.2.3.6 Empfindlichkeit und Kennwiderstand 37

1.3   Grafische Darstellung und logarithmische Maße 39
1.3.1   Rechtwinkeliges Koordinatensystem 39
1.3.2   Achsenteilungen im rechtwinkeligen Koordinatensystem 40
1.3.3   Logarithmische Maße 41
1.3.4   Gemeinsame Darstellung von Amplitudenverhältnissen und
        Phasenverschiebungen 47

1.4   Beispiele elektrischer Messungen 49
1.4.1   Spannungsmessung 49
1.4.1.1 Messung von Gleichspannungen 49
1.4.1.2 Messung von Wechselspannungen 50
1.4.2   Strommessung 53
1.4.3   Meßgeräte 54
1.4.3.1 Anzeigen 54
1.4.3.2 Vielfachmeßgeräte 56
1.4.3.3 Oszilloskope 59
1.4.3.4 Schreiber 61
1.4.4   Meßverfahren 66
1.4.4.1 Spannungsrichtige und stromrichtige Messung 66
1.4.4.2 Messung von Spannungsverläufen und Phasenverschiebungen 67

1.4.4.3 Widerstandsmessung 69
1.4.4.4 Kapazitätsmessung 73
1.4.4.5 Induktivitätsmessung 77

2 Elektrische Messung nichtelektrischer Größen 81
2.1 Allgemeines 81
2.1.1 Einführung in die Sensorik 81
2.1.2 Ideale Sensoren 82
2.1.3 Aktive und passive Sensoren 82

2.2 Messung der Temperatur 86
2.2.1 Temperaturmessung mit Widerstandsmeßfühlern 87
2.2.2 Thermoelemente 92
2.2.3 Thermistoren 100
2.2.3.1 NTC-Widerstand 102
2.2.3.2 PTC-Widerstand 107
2.2.4 Silizium-Temperatursensoren 110
2.2.4.1 Temperatur-Sensoren der Reihe KTY 10 bis 16 110
2.2.4.2 Temperatursensor AD 590 113
2.2.4.3 Temperatursensor LM 35 116

2.3 Drehzahlmessung 116
2.3.1 Tachogeneratoren 117
2.3.1.1 Drehstrom-Tachogenerator 119
2.3.1.2 Wechselstrom-Tachogenerator 121
2.3.1.3 Gleichstrom-Tachogenerator mit Kommutator 121
2.3.1.4 Bürstenloser Gleichstrom-Tachogenerator 122
2.3.2 Inkrement-Drehzahlgeber 124
2.3.2.1 Drehzahlerfassung mit magnetischen Gebern 126
2.3.2.2 Drehzahlerfassung mit optischen Gebern 129
2.3.3 Mehrfachauswertung und Richtungserkennung 133
2.3.4 Neue Sensoren zur Drehzahlerfassung 135

2.4 Weg- und Winkelmessung 135
2.4.1 Potentiometrische Wegaufnehmer 136
2.4.2 Kapazitive und induktive Sensoren 140
2.4.2.1 Kapazitive Wegsensoren 140
2.4.2.2 Induktive Wegaufnehmer 142
2.4.2.3 Hallsensoren als Weggeber 148
2.4.2.4 Ultraschall-Weggeber 149
2.4.2.5 Optische Wegaufnehmer 149
2.4.2.6 Winkelmessung 153

2.5 Kraft- und Druckmessung 157
2.5.1 Kraftmessung mit Federn 157
2.5.2 Dehnungsmeßstreifen (DMS) 158
2.5.3 Kraftmessung 162
2.5.4 Druckmessung 163

2.6 Zusammenfassung 168

3	**Meßwertaufbereitung und Meßwertübertragung**	**171**
3.1	Allgemeines	171
3.2	Meßwertaufbereitung	173
3.2.1	Operationsverstärker	174
3.2.1.1	Reale OPs	175
3.2.1.2	Verstärker-Grundschaltungen mit OPs	177
3.2.2	Meßverstärker	179
3.2.3	Isolierverstärker	183
3.2.4	Sample/Hold-Verstärker	184
3.2.5	Filter	187
3.2.6	Rechentechnische Auswertung analoger Meßgrößen	192
3.3	Analoge Meßwertübertragung	196
3.4	A/D- und D/A-Umwandlungen	201
3.4.1	Analog/Digital-Wandler	201
3.4.1.1	Quantisierungstheorie	201
3.4.1.2	Abtasttheorie	203
3.4.1.3	Codierung von A/D-Wandlern	205
3.4.1.4	Realisierung von A/D-Wandlern	208
3.4.2	Digital/Analog-Wandler	214
3.4.2.1	D/A Wandler mit bewerteten Widerständen	215
3.4.2.2	D/A-Wandler mit R-2R-Netzwerk	217
3.4.2.3	Multiplizierende und deglitchte D/A-Wandler	219
3.4.3	Spannungs/Frequenz- und Frequenz/Spannungs-Wandler	222
3.4.3.1	U/f-Wandler	222
3.4.3.2	f/U-Wandler	224
3.5	Digitale Meßwertübertragung	227
3.5.1	Serielle Übertragung	229
3.5.2	Parallele Datenübertragung	231
3.5.3	Codes für Datenübertragung	232
3.5.4	Verbindungsarten	234
3.5.5	Übertragungsstrecken	235
3.5.6	Kanalbildung bei Datenübertragung	238
3.5.6.1	Zeitmultiplex	238
3.5.6.2	Mehrfachnutzung von Leitungen	238
3.5.7	Bus-Systeme	240
3.5.7.1	Beispiel für ein serielles Bussystem	242
3.5.7.2	Beispiel für ein paralleles Bussystem	243
4	**Grundlagen der Regelungstechnik**	**247**
4.1	Allgemeines	247
4.2	Steuern und Regeln	248
4.2.1	Das Steuern	248
4.2.2	Steuerungsarten	254
4.2.3	Bausteine von Steuerketten	259
4.2.3.1	Steuereinrichtungen	259

4.2.3.2 Stellglieder 262
4.2.3.3 Steuerbare Bauelemente und Geräte 265
4.2.4 Das Regeln 266
4.2.4.1 Größen und Bereiche im Regelkreis 267
4.2.4.2 Beispiele für Regelungen 269

4.3 Signale 271
4.3.1 Wirkungsmäßige Zusammenhänge im Signalflußplan 274
4.3.1.1 Allgemeines 274
4.3.1.2 Wirkungslinie 274
4.3.1.3 Verzweigungsstellen 275
4.3.1.4 Vorzeichenumkehr 275
4.3.1.5 Additionsstelle – Vergleicherstelle 276
4.3.1.6 Blöcke 276
4.3.2 Signalflußpläne 277
4.3.2.1 Kettenstruktur 277
4.3.2.2 Parallelstruktur 278
4.3.2.3 Kreisstruktur 278
4.3.3 Grundregeln für Umwandlungen in Signalflußplänen 281

4.4 Normierung von Eingangs- und Ausgangsgrößen 283

5 Untersuchung von Übertragungsgliedern 287

5.1 Allgemeines 287

5.2 Statisches Verhalten 287

5.3 Dynamisches Verhalten 291
5.3.1 Verhalten bei periodischer Sinus-Testfunktion 291
5.3.1.1 Amplituden-, Phasen-, Frequenzgang, Bodediagramm 291
5.3.1.2 Ortskurven 294
5.3.2 Verhalten bei Sprung-Testfunktion 297
5.3.3 Verhalten bei Anstiegs-Testfunktion 300
5.3.4 Verhalten bei Impuls-Testfunktion 303

5.4 Zusammenfassung 305

6 Übertragungsglieder der Regelkreise 307

6.1 Grundübertragungsglieder und Zusammenschaltungen
von Übertragungsgliedern 307

6.2 Proportional-Glied 307

6.3 Integrier-Glied 319

6.4 Differenzier-Glied 325

6.5 Totzeit-Glied 327

6.6 Verzögerungsglieder 330
6.6.1 Verzögerungsglied 1. Ordnung 330

6.6.2   Verzögerungsglied 2. Ordnung 338
6.6.2.1 VZ 2-Glieder mit gleichartigen Energiespeichern und
         gleichen Zeitkonstanten 338
6.6.2.2 VZ 2-Glieder mit gleichartigen Energiespeichern und
         ungleichen Zeitkonstanten 341
6.6.2.3 VZ 2-Glieder mit ungleichartigen Speichern 343
6.6.2.4 Dämpfung bei VZ 2-Gliedern 345
6.6.2.5 Blockdarstellung, Bode-Diagramm und Ortskurve 346
6.6.3   Verzögerungsglieder höherer Ordnung 349

6.7   Zusammenschaltungen von Übertragungsgliedern 351
6.7.1   Kettenschaltungsglieder 352
6.7.1.1 Kettenschaltung $P-T_1$ 352
6.7.1.2 Kettenschaltung $I-T_1$ 355
6.7.1.3 Kettenschaltung $D-T_1$ 358
6.7.1.4 Kettenschaltung $P-T_2$ 359
6.7.1.5 Bode-Diagramme für Kettenschaltungen 360
6.7.2   Parallelschaltungsglieder 364
6.7.2.1 Parallelschaltung PD 364
6.7.2.2 Parallelschaltung PI 366
6.7.2.3 Parallelschaltung PID 368
6.7.2.4 Bode-Diagramme für Parallelschaltungen 370
6.7.3   Gruppenschaltungsglieder 371
6.7.3.1 Gruppenschaltung $PD-T_1$ 372
6.7.3.2 Gruppenschaltung $PID-T_1$ 374
6.7.3.3 Gruppenschaltung $PI(D-T_1)$ 376

7   Regelstrecke und Regeleinrichtung als besondere
**   Übertragungsglieder** 383

7.1   Regelstrecken 384
7.1.1   Allgemeines 384
7.1.2   Beharrungszustand – Statisches Verhalten 386
7.1.3   Zeitverhalten – Dynamisches Verhalten 387
7.1.4   Stellglieder, Stelleinrichtungen 392
7.1.5   Meßeinrichtungen 395
7.1.6   Beispiele für Modellstrecken 398

7.2   Regeleinrichtungen 407
7.2.1   Allgemeines 407
7.2.2   Aufbau der Regeleinrichtung 410
7.2.3   Vergleicher 411
7.2.4   Führungsgrößen-Geber (Sollwert-Geber) 414
7.2.5   Regler 416

7.3   Stetige Regler 416
7.3.1   P-Regler (Proportional-Regler) 416
7.3.2   I-Regler (Integral-Regler) 423

7.3.3	D-Regler (Differential-Regler)	429
7.3.4	PD-Regler (Proportional-Differential-Regler)	431
7.3.5	PI-Regler (Proportional-Integral-Regler)	434
7.3.6	PID-Regler (Proportional-Integral-Differential-Regler)	437
7.4	Unstetige Regeleinrichtungen	443
7.4.1	Allgemeines	443
7.4.2	Zweipunkt-Regeleinrichtungen	443
7.4.3	Dreipunkt-Regeleinrichtungen	450
7.4.4	Schrittregler	453
7.5	Auswahl von Regeleinrichtungen für gegebenes Streckenverhalten	455
7.6	Digitale Regeleinrichtungen	458
8	**Der geschlossene Regelkreis**	461
8.1	Allgemeines	461
8.2	Grundbegriffe im Regelkreis	461
8.2.1	Anfahren eines Regelkreises	461
8.2.2	Führungs- und Störverhalten	463
8.2.3	Schwingungen im Regelkreis	465
8.2.4	Dämpfung im Regelkreis	466
8.2.5	Bleibende Regeldifferenz	470
8.2.6	Stabilität	472
8.2.7	Regelgüte	473
8.2.8	Ausregelbare und nicht ausregelbare Störungen	474
8.2.9	Streckentypen und Regler des Schulungsgerätes	475
8.3	Regelkreis mit stetigen Reglern	476
8.3.1	Statisches Verhalten	476
8.3.2	Dynamisches Verhalten	478
8.3.2.1	PT_n-Strecken mit verschiedenen Reglern	479
8.3.2.2	P-Strecke mit P- und I-Regler	481
8.3.2.3	PT_1-Strecke mit P- und I-Regler	482
8.3.2.4	PT_n-Strecke mit P-, I-, PI- und PID-Regler	483
8.3.2.5	Ersatz-Strecke (T_u, T_g) mit P- und I-Regler	485
8.3.2.6	Strecken ohne Ausgleich mit P- und PI-Regler	486
8.4	Regelkreis mit unstetigen Reglern	488
8.4.1	Regelkreis mit unstetigen Reglern ohne Rückführung	488
8.4.1.1	PT_1-Strecke und Zweipunkt-Regler	488
8.4.1.2	PT_n-Strecke und Zweipunkt-Regler	493
8.4.1.3	PT_n-Strecke mit Grundlast und Zweipunkt-Regler	498
8.4.1.4	I-Strecke mit Zweipunkt-Regler	500
8.4.1.5	Zusammenfassung: Regelung mit Zweipunkt-Reglern	501
8.4.1.6	PT_n-Strecke mit Dreipunkt-Regler ohne Hysterese	504
8.4.1.7	PT_n-Strecke mit Dreipunkt-Regler mit Hysterese	506

8.4.2 Regelkreis mit unstetigen Reglern mit Rückführung 507
8.4.2.1 PT_n-Strecke und Zweipunkt-Regler mit verzögerter Rückführung 508
8.4.2.2 PT_n-Strecke mit verzögert-nachgebender Rückführung 511
8.4.2.3 PT_n-Strecke und Dreipunkt-Regler mit verzögerter Rückführung 513

8.5 Einstellung von Regelkreisen 515
8.5.1 Allgemeines 515
8.5.2 Kriterien für die Regelgüte 516
8.5.3 Wichtige Methoden für optimale Reglereinstellung 518
8.5.3.1 Einstellung nach Faustformeln 519
8.5.3.2 Einstellung nach dem Verfahren von Ziegler und Nichols 521
8.5.3.3 Einstellung nach Chien, Hrones, Reswick 522
8.5.3.4 Einstellung nach Betrags-Optimum 524
8.5.4 Wirkung der verschiedenen Regler im Regelkreis 527
8.5.5 Inbetriebnahme mit PC-Unterstützung 528

8.6 Mehrschleifige Regelkreise 529
8.6.1 Störgrößen-Konstanthaltung 530
8.6.2 Störgrößen-Aufschaltung 530
8.6.3 Hilfsgrößen-Aufschaltung 531
8.6.4 Kaskaden-Regelung 532
8.6.5 Verhältnis-Regelung 533

9 Moderne Regel- und Leiteinrichtungen 535

9.1 Allgemeines 535

9.2 Digitale Regler 535

9.3 Adaptive digitale Regler 544
9.3.1 Allgemeines 544
9.3.2 Automatisieren von Einstell-Vorschriften 544
9.3.3 Sprungantwort als Modell der Regelstrecke 545
9.3.4 Voll-adaptiver Regler 546
9.3.5 Beispiele handelsüblicher adaptiver Regler 546

9.4 Leiteinrichtungen 551

Literaturhinweis 556

Sachwortverzeichnis 557

Informationen 566

Aufbau des Schulungsprogramms 567

1 Einführung in die Meßtechnik

1.1 Allgemeines

In technischen Vorgängen und Prozessen werden zahlreiche physikalische Größen erfaßt, umgewandelt und ausgewertet. Grundlage der Erfassung physikalischer Größen ist das Messen. Messen ist der Vergleich einer unbekannten mit einer bekannten, definierten physikalischen Größe. Diese Größen können nichtelektrischer Art, z. B. Weg, Kraft, Geschwindigkeit, Beschleunigung, Temperatur, Wärmemenge, Lautstärke, Lichtstärke, Arbeit, Energie, oder elektrischer Art, z. B. Spannung, Strom, Widerstand, Kapazität, Induktivität, elektrische Arbeit, elektrische Energie, sein.

Mit fortschreitender Automatisierung gewinnt die elektrische Messung nichtelektrischer Größen zunehmend an Bedeutung. Bei den nichtelektrischen Größen werden diese durch Meßwertaufnehmer (Sensoren) in elektrische Größen umgewandelt. Eine elektrische bzw. elektronische Aufbereitung der von den Sensoren abgegebenen Signale ist üblich. Damit erhält eine Meßeinrichtung den Grundaufbau nach **Bild 1.1.**

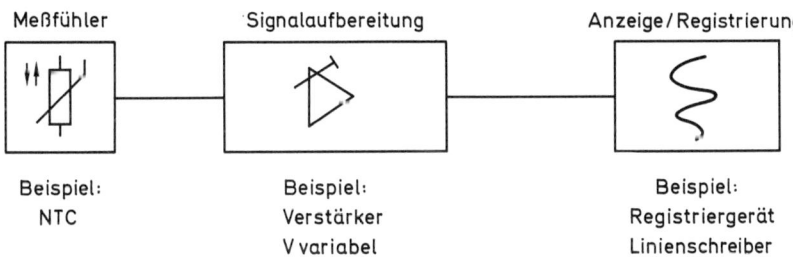

Meßfühler	Signalaufbereitung	Anzeige/Registrierung
Beispiel: NTC	Beispiel: Verstärker V variabel	Beispiel: Registriergerät Linienschreiber

Bild 1.1   Grundaufbau einer Meßeinrichtung

Eine Differenzierung zwischen elektrischer und elektronischer Meßtechnik ebenso wie die Unterscheidung von analoger und digitaler Meßtechnik läßt sich heute kaum noch durchführen, daher wird hier auch davon abgesehen.

Die elektronische analoge und digitale Meßtechnik hat sich in den vergangenen Jahren stürmisch weiterentwickelt. Sie erlaubt heute in fast allen Anwendungsfällen eine beeinflussungsarme Aufnahme von Meßwerten, Messung kleinster Signale mit Meßverstärkern, berührungslose Aufnahme von Meßwerten, Übertragung von Meßwerten über große Distanzen, trägheitslose Aufzeichnung und durch Digitaltechnik sicheres Speichern und Verarbeiten von Meßwerten in kleinen und großen Rechenanlagen. Die Mikrocomputertechnik gewinnt zunehmend an Einfluß auf die Regelungstechnik und wird in naher Zukunft die Regelungstechnik grundsätzlich verändern.

Der Einsatz der Mikrocomputertechnik in der Regelungstechnik und in der Automatisierungstechnik hängt im wesentlichen von der Weiterentwicklung der Sensoren für die elektrische Messung physikalischer Größen ab. Je vielseitigere, genauere und preiswertere Sensoren zur Verfügung stehen, umso konsequenter wird sich die Entwicklung fortsetzen.

Einen Einblick in die umfangreiche Meß- und Steuertechnik moderner Anlagen zeigt der Leitstand einer Industrieanlage in **Bild 1.2.**

Bild 1.2   Leitstand einer Industrieanlage (Werkbild Siemens)

1.2   Messung elektrischer Größen

1.2.1 Grundlagen des Messens

Grundlage der Erfassung physikalischer Größen ist das Messen. Zunächst haben die Menschen unmittelbar mit ihren Sinnesorganen, hauptsächlich aber mit den Augen gemessen. Messungen beruhen auf dem Vergleich mit anderen, bekannten Größen. Für den Vergleich bei einer Messung boten sich Längen und Gewichte an.

Die Genauigkeit einer Messung hängt von dem Vermögen ab, Unterschiede zu erkennen. Beim Vergleich mit den Augen wird die Grenze der Genauigkeit durch das Auflösungsvermögen des Auges bestimmt. Durch Hilfsmittel, z. B. Lupe oder Mikroskop, lassen sich noch feinere Unterschiede erkennen. Der Fortschritt in der Meßtechnik besitzt jedoch Grenzen, die von den physikalischen Möglichkeiten und dem Stand der Technik abhängen.

Die Voraussetzung für jede Messung ist die Kenntnis, welche physikalischen Größen meßbar und wie sie definiert sind. Jede physikalische Größe ist durch ihren Wert und die entsprechende Einheit gekennzeichnet. Sie läßt sich durch die Größengleichung beschreiben:

Physikalische Größe	= Zahlenwert	· Einheit
Länge	= 10	· 1 Meter
l	= 10	· m

Für elektrische Einheiten gilt entsprechend:

Physikalische Größe = Zahlenwert · Einheit
Strom   = 10   · 1 Ampere
I = 10   · A

1.2.1.1 Basisgrößen und Basiseinheiten

Alle in der Technik verwendeten Größen lassen sich auf international festgelegte Basisgrößen zurückführen. Das System der Basisgrößen wurde mit Beschluß der 10. Generalkonferenz für Maße und Gewichte 1954 in Genf als allgemein verbindlich eingeführt. Das System trägt die Bezeichnung »SI-Einheitensystem". Die Buchstaben S und I sind aus der französischen Bezeichnung »Système International d'Unités« abgeleitet. Die Bundesrepublik erkannte die Vereinbarung 1969 an. Bis Ende 1977 sollte die Umstellung auf die SI-Einheiten abgeschlossen sein.

Das internationale Einheitensystem ist aus einer logischen Fortentwicklung des metrischen Systems hervorgegangen. Es basiert auf den sieben Grundeinheiten:

Basisgröße	Basiseinheit	Einheitenkurzzeichen
Länge	Meter	m
Masse	Kilogramm	kg
Zeit	Sekunde	s
Elektr. Stromstärke	Ampere	A
Temperatur	Kelvin	K
Lichtstärke	Candela	cd
Stoffmenge	Mol	mol

In **Bild 1.3** sind die Festlegungen der Basisgrößen und Basiseinheiten tabellarisch zusammengestellt.

Basisgrößen und Basiseinheiten			
Basisgröße	Basiseinheit	Definition der Einheit	Formelzeichen
Länge	Meter (Kurzzeichen: m)	Das Meter ist die Länge der Strecke, die Licht im Vakuum während des Intervalls von 1/299 792 458 Sekunden durchläuft. (Lichtgeschwindigkeit im Vakuum 299 792 458 $\frac{m}{s}$)	l
Masse	Kilogramm (Kurzzeichen: kg)	1 Kilogramm ist die Masse des Internationalen Kilogrammprototyps	m
Zeit	Sekunde (Kurzzeichen: s)	1 Sekunde ist das 9 192 631 770fache der Schwingungsdauer der dem Übergang zwischen den beiden Hyperfeinstrukturniveaus des Grundzustandes von Atomen des Nuklids 133 Cs (Cäsium) entsprechenden Strahlung	t

Bild 1.3   Festlegung der Basisgrößen und Basiseinheiten

Basisgröße	Basiseinheit	Definition der Einheit	Formelzeichen
Elektrische Stromstärke	Ampere (Kurzzeichen: A)	1 Ampere ist die Stärke eines zeitlich unveränderlichen elektrischen Stromes, der, durch zwei im Vakuum parallel im Abstand 1 Meter voneinander angeordnete, geradlinige, unendlich lange Leiter von vernachlässigbar kleinem, kreisförmigem Querschnitt fließend, zwischen diesen Leitern je 1 Meter Leiterlänge elektrodynamisch die Kraft 1/5 000 000 Kilogrammmeter durch Sekundequadrat hervorrufen würde	i
Temperatur	Kelvin (Kurzzeichen: K)	1 Kelvin ist der 273,16te Teil der thermodynamischen Temperatur des Tripelpunktes des Wassers	T
Lichtstärke	Candela (Kurzzeichen: cd)	1 Candela ist die Lichtstärke in einer gegebenen Richtung von der Quelle, die monochromatisches Licht der Frequenz von 540×10^{12} Hz aussendet und deren Strahlungsintensität in dieser Richtung $1 : 683$ W/sr ist.	I
Stoffmenge	Mol (Kurzzeichen: mol)	1 Mol ist die Stoffmenge eines Systems, das so viele Elementarteilchen enthält, wie Atome in 0,012 Kilogramm des Kohlenstoffs 12 enthalten sind.	n

Bild 1.3 (Fortsetzung)   Festlegung der Basisgrößen und Basiseinheiten

Das Basissystem für das Meßwesen ist vom Bundestag als »Gesetz über Einheiten im Meßwesen« beschlossen und damit für uns verbindlich.

Es ist Aufgabe der Physikalisch-Technischen Bundesanstalt in Braunschweig, die gesetzlichen Einheiten nach ihren Definitionen darzustellen und die Abstimmung mit den internationalen Prototypen herbeizuführen. In den einzelnen Ländern sind besondere Behörden, die Eichämter, für die Einhaltung des Gesetzes über Einheiten im Meßwesen verantwortlich. Diese Ämter sind für die Einhaltung der Einheiten im geschäftlichen und amtlichen Verkehr zuständig. In dieser Eigenschaft überprüfen sie z. B. Waagen. Der Vergleich eines Normals mit einem geeichten Normal in der betrieblichen Praxis wird dagegen als *kalibrieren*, nicht aber als *eichen* bezeichnet.

Von den Basiseinheiten werden alle anderen physikalischen Einheiten abgeleitet, sie werden daher auch als »abgeleitete Einheiten« bezeichnet.

So ergibt sich beispielsweise aus der Definition für die Geschwindigkeit:

$$\text{Geschwindigkeit} = \frac{\text{Weg}}{\text{Zeit}} \qquad \text{die Einheit der Geschwindigkeit}$$

$$\text{Einheit der Geschwindigkeit} = \frac{\text{Einheit der Länge}}{\text{Einheit der Zeit}} = \frac{1 \text{ Meter}}{1 \text{ Sekunde}} = \frac{1 \text{ m}}{1 \text{ s}} = 1 \text{ m} \cdot \text{s}^{-1}$$

Alle abgeleiteten Einheiten, bei denen nur der Faktor 1 auftritt, heißen kohärent. Treten als Faktoren Zehnerpotenzen oder andere Faktoren, z. B.

1 Kilometer   = 1000 Meter
1 Seemeile (sm) = 1852 Meter

auf, so werden sie als inkohärente Einheiten bezeichnet.
Eine Zusammenstellung der wichtigsten aus den Basiseinheiten abgeleiteten Einheiten gibt die Tabelle in **Bild 1.4**

Größenname	Einheitenname	Einheitenzeichen	Formelzeichen
Fläche	1 Quadratmeter, 1 Meterquadrat	$1\ m^2$	A
Volumen	1 Kubikmeter, Meterkubus	$1\ m^3$	V
ebener Winkel	1 Radiant	$1\ rad$	$\alpha,\ \beta,\ \gamma$
räumlicher Winkel	1 Steradiant	$1\ sr$	Ω
Dichte	1 Kilogramm durch Kubikmeter	$1\ \dfrac{kg}{m^3}$	ϱ
Frequenz	1 Hertz	$1\ Hz$	f
Geschwindigkeit	1 Meter durch Sekunde	$1\ \dfrac{m}{s}$	v
Beschleunigung	1 Meter durch Sekundenquadrat	$1\ \dfrac{m}{s^2}$	a
Winkelgeschwindigkeit	1 Radiant durch Sekunde	$1\ \dfrac{rad}{s}$	ω
Winkelbeschleunigung	1 Radiant durch Sekundenquadrat	$1\ \dfrac{rad}{s^2}$	$\dot{\omega}$
Kraft	1 Newton	$1\ N$	F
Druck, mechanische Spannung	1 Pascal	$1\ Pa\left(\dfrac{1\ N}{m^2}\right)$	p
dynamische Viskosität	1 Pascalsekunde	$1\ Pa \cdot s$	η
kinematische Viskosität	1 Quadratmeter durch Sekunde	$1\ \dfrac{m^2}{s}$	ν
Energie, Arbeit und Wärmemenge	1 Joule	$1\ J$	W
Leistung, Energiestrom und Wärmestrom	1 Watt	$1\ W\left(1\ \dfrac{J}{s}\right)$	P

Bild 1.4 Zusammenstellung wichtiger abgeleiteter Einheiten

Größenname	Einheitenname	Einheiten-zeichen	Formel-zeichen
elektrische Spannung, elektrische Potential-differenz	1 Volt	1 V	U
elektrischer Widerstand	1 Ohm	1 Ω	R
elektrischer Leitwert	1 Siemens	1 S	G
Elektrizitätsmenge, elektrische Ladung	1 Coulomb	1 C	Q
elektrische Kapazität	1 Farad	1 F	C
elektrische Flußdichte, Verschiebung	1 Coulomb durch Quadratmeter	$1\,\frac{C}{m^2}$	D
elektrische Feldstärke	1 Volt durch Meter	$1\,\frac{V}{m}$	E
magnetischer Fluß	1 Weber	1 Wb	ϕ
magnetische Flußdichte, Induktion	1 Tesla	1 T	B
Induktivität	1 Henry	1 H	L
magnetische Feldstärke	1 Ampere durch Meter	$1\,\frac{A}{m}$	H
Leuchtdichte	1 Candela durch Quadratmeter	$1\,\frac{cd}{m^2}$	L
Lichtstrom	1 Lumen	1 lm	Φ
Beleuchtungsstärke	1 Lux	1 lx	E
Energiedosis, Äquivalentdosis	1 Joule durch Kilogramm	$1\,\frac{J}{kg}$	D, D_q
Energiedosisrate, Energiedosisleistung	1 Watt durch Kilogramm	$1\,\frac{W}{kg}$	$\dot{D}, \dot{D}_q$
Ionendosis	1 Coulomb durch Kilogramm	$1\,\frac{C}{kg}$	J
Ionendosisrate, Ionendosisleistung	1 Ampere durch Kilogramm	$1\,\frac{A}{kg}$	j
molare Masse	1 Kilogramm durch Mol	$1\,\frac{kg}{mol}$	M
Stoffmengenkonzentra-tion (Molarität)	1 Mol durch Kubikmeter	$1\,\frac{mol}{m^3}$	c_i

Bild 1.4 (Fortsetzung)   Zusammenstellung wichtiger abgeleiteter Einheiten

Der Vorteil von kohärenten Einheiten aus verschiedenen technischen Gebieten zeigt sich besonders am Beispiel unterschiedlicher Energieformen. Vergleicht man elektrische Arbeit, mechanische Arbeit und Wärmeenergie, so gilt der Zusammenhang:

elektrische Arbeit = mechanische Arbeit = Wärmeenergie
1 Ws   =   1 Nm   =   1 J.

1.2.1.2 Vorzeichen und Formelzeichen

In der Praxis lassen sich bestimmte Bereiche einer physikalischen Größe einfacher darstellen, wenn die Einheiten mit Vorsätzen versehen werden. **Bild 1.5** zeigt eine Zusammenstellung der gebräuchlichsten dezimalen Vielfachen und Teiler von Einheiten.

Zahl	Zehnerpotenz	Bezeichnung	Abkürzung	Beispiel
1 000 000 000 000 = 1 Billion	$= 10^{12}$	Tera	T	$10^{12}\,\Omega\ = 1\,T\Omega$
1 000 000 000 = 1 Milliarde	$= 10^{9}$	Giga	G	$10^{9}\,Hz = 1\,GHz$
1 000 000 = 1 Million	$= 10^{6}$	Mega	M	$10^{6}\,\Omega\ = 1\,M\Omega$
1 000 = 1 Tausend	$= 10^{3}$	Kilo	k	$10^{3}\,g\ = 1\,kg$
100 = 1 Hundert	$= 10^{2}$	Hekto	h	$10^{2}\,l\ = 1\,hl$
10 = 1 Zehn	$= 10^{1}$	Deka	da	
1	$= 10^{0}$			
1/10 = 1 Zehntel	$= 10^{-1}$	Dezi	d	
1/100 = 1 Hundertstel	$= 10^{-2}$	Zenti	c	$10^{-2}\,m = 1\,cm$
1/1 000 = 1 Tausendstel	$= 10^{-3}$	Milli	m	$10^{-3}\,S\ = 1\,mS$
1/1 000 000 = 1 Millionstel	$= 10^{-6}$	Mikro	µ	$10^{-6}\,V\ = 1\,\mu V$
1/1 000 000 000 = 1 Milliardstel	$= 10^{-9}$	Nano	n	$10^{-9}\,A\ = 1\,nA$
1/1 000 000 000 000 = 1 Billionstel	$= 10^{-12}$	Pico	p	$10^{-12}\,F = 1\,pF$
1/1 000 000 000 000 000 = 1 Billiardstel	$= 10^{-15}$	Femto	f	$10^{-15}\,H = 1\,fH$
1/1 000 000 000 000 000 000 = 1 Trillionstel	$= 10^{-18}$	Atto	a	$10^{-18}\,C = 1\,aC$

Bild 1.5 Vielfache und Teiler von Einheiten

Beispiel: $I = 0{,}001\,A = \dfrac{I}{1000}\,A = \dfrac{I}{10^{3}}\,A = 1 \cdot 10^{-3}\,A = 1\,mA$

1.2.2 Grundbegriffe der Meßtechnik

In der Meßtechnik werden zahlreiche Begriffe verwendet, deren Bedeutung auch für den Praktiker wichtig ist. Die Begriffe werden in den folgenden Abschnitten erläutert und, soweit erforderlich, an Beispielen dargestellt.

1.2.2.1 Grundbegriffe des Messens

Messen
Messen ist der experimentelle Vorgang, durch den ein spezieller oder momentaner Wert einer physikalischen Größe als Vielfaches einer Einheit oder eines Bezugswertes ermittelt wird. Im Begriff »Messen« ist das Auswerten bis zum Meßergebnis als dem Ziel einer Messung mit eingeschlossen. Nicht unter »Messen« fallen Vorgänge, bei denen das Meßergebnis der physikalischen Größe weiterverarbeitet wird.

Meßgröße

Die Meßgröße ist die physikalische Größe, die durch die Messung erfaßt wird. Meßgrößen können sehr unterschiedlich sein.

Beispiele:

Meßgrößen in der Mechanik	Meßgrößen in der Wärmetechnik	Meßgrößen in der Elektronik
Länge	Temperatur	Strom
Dichte	thermischer Widerstand	Spannung
Kraft	Wärmeenergie	elektrischer Widerstand
mechanische Arbeit		elektrische Leitfähigkeit
Leistung		elektrische Arbeit
		Leistung

Meßwert

Das Ergebnis eines Meßvorganges ist ein *Meßwert*. Der Meßwert einer Meßgröße wird als Produkt aus Zahlenwert und Einheit angegeben.

Beispiele:

Länge	Meßwert: $5 \cdot 1 \text{ m} = 5 \text{ m}$	$l_1 = 5 \text{ m}$
Zeit	Meßwert: $8,7 \cdot 1 \text{ s} = 8,7 \text{ s}$	$t_1 = 8,7 \text{ s}$
Strom	Meßwert: $11,4 \cdot 1 \text{ A} = 11,4 \text{ A}$	$l_1 = 11,4 \text{ A}$

Meßergebnis

Wird im einfachsten Fall nur eine Messung durchgeführt, so ist der Meßwert auch bereits das *Meßergebnis*. Messungen bestehen meist nicht aus nur einem Meßvorgang. Oft werden mehrere Messungen einer einzelnen Meßgröße oder Messungen verschiedenartiger Meßgrößen durchgeführt. Das Ergebnis aller Messungen wird als Meßergebnis bezeichnet. Bei der Protokollierung eines Meßergebnisses müssen physikalische und sonstige Bedingungen, unter denen das Meßergebnis zustande kam, erfaßt werden. Physikalische Bedingungen sind häufig Temperatur und/oder Druck, sonstige Bedingungen sind z. B. Anzahl der Messungen und eingesetzte Meßgeräte. Grundsätzlich sind alle Angaben wichtig, die Einfluß auf das Meßergebnis haben. Zur korrekten Darstellung eines Meßergebnisses gehört auch die Angabe der Meßunsicherheit oder die Fehlergrenzen.

Beispiel:

Eine Länge wird fünfmal gemessen. Die Meßwerte sind:

l_1 68,3 m   68,5 m   68,2 m   68,3 m   68,4 m.

Der rechnerische Mittelwert liegt bei $l_{1\text{ m}} = 68,34$ m. Alle Meßwerte liegen in einem Intervall von ± 0,16 m zum Mittelwert. Das Meßergebnis kann daher lauten:

Meßergebnis $l_1 = 68,34 \text{ m} \pm 0,16 \text{ m} = (68,34 \pm 0,16) \text{ m}$

Das Meßergebnis im angeführten Beispiel ist als Ergebnis mit Größtfehler ange-geben.

Werden Wahrscheinlichkeitsüberlegungen einbezogen, so läßt sich der Bestwert einer Meßreihe als arithmetischer (rechnerischer) Mittelwert ermitteln:

$$l_{1m} = \frac{1}{n} (l_{11} + l_{12} + \ldots + l_{1n})$$

n = Anzahl der Messungen
l_{11} = 1. Messung von l_1
l_{1n} = n. Messung von l_1

Der mittlere Fehler des arithmetischen Mittelwertes ist:

$$\Delta l_{1m} = \pm \sqrt{\frac{(l_{1m} - l_{11})^2 + (l_{1m} - l_{12})^2 + \ldots (l_{1m} - l_{1n})^2}{n(n-1)}}$$

Dieser mittlere Fehler des arithmetischen Mittelwertes wird auch als mittlerer quadrati-scher Fehler (Standardfehler) bezeichnet. Gehen für die Auswertung in ein Ergebnis mehrere Meßgrößen, die jeweils mit Fehler behaftet sind, ein, so muß neben der Fehler-Betrachtung für die einzelne Größe auch die Fehlerfortpflanzung berücksichtigt wer-den. Hierzu sind jedoch umfangreichere Rechnungen erforderlich, so daß hier auf diese Überlegungen verzichtet werden soll.

1.2.2.2 Meßprinzip

Jeder Messung liegt eine charakteristische, physikalische Erscheinung zugrunde. Die physikalische Erscheinung wird als Meßprinzip bezeichnet. Die zu bestimmende Größe ist die Meßgröße.

Beispiele:

Meßprinzip	Meßgröße
Erwärmung durch den elektrischen Strom Ablenkung einer Spule im Magnetfeld	elektrischer Strom
Kapazitätsänderung Längenausdehnung	Länge (Abstand)
Änderung des elektrischen Widerstandes Thermoelektrischer Effekt	Temperatur
Erwärmung durch den elektrischen Strom	Leistung

Mit ein und dem selben Meßprinzip lassen sich auch unterschiedliche Meßgrößen ge-winnen.

1.2.2.3 Meßverfahren

Die Nutzung eines Meßprinzips kann in unterschiedlicher Weise erfolgen. Die Art der Anwendung heißt *Meßverfahren*.

Unterschieden werden
>   direkte und indirekte Meßverfahren

sowie
>   analoge und digitale Meßverfahren.

Direkte Meßverfahren:
Bei einem direkten Meßverfahren wird der gesuchte Meßwert einer Meßgröße durch unmittelbaren Vergleich mit einem Bezugswert derselben Meßgröße gewonnen. Das direkte Meßverfahren ist ein Vergleichsverfahren.

Beispiel:

Messung des elektrischen Widerstandes.
Vergleich des elektrischen Widerstandes mit einem Normalwiderstand **(Bild 1.6)**.

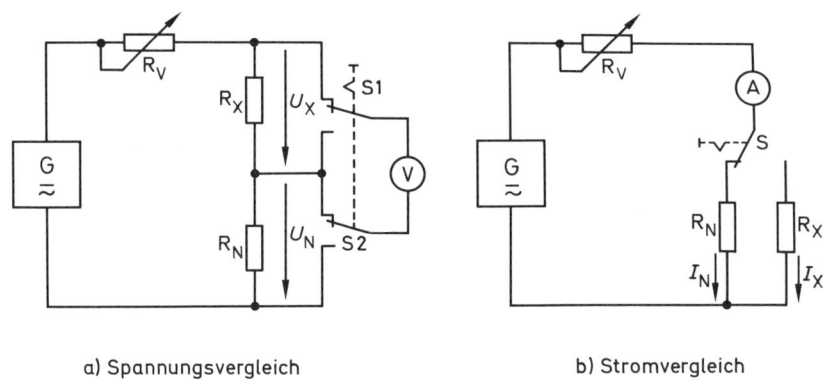

a) Spannungsvergleich   b) Stromvergleich

Bild 1.6   Widerstandsmessung durch Vergleich

Unter direkten Meßverfahren werden auch die Messungen eingeordnet, bei welchen der Meßwert unmittelbar ohne ergänzende Rechnungen – meist aus der Anzeige eines einzigen Meßgerätes – erhalten wird. Ein Beispiel ist das Vielfachmeßgerät, auch Multimeter genannt, zur Messung von Spannung, Strom und Widerstand.

Indirekte Meßverfahren
Bei den indirekten Meßverfahren wird der gesuchte Meßwert einer Meßgröße aus einer anderen physikalischen Größe ermittelt. Der Zusammenhang zwischen den physikalischen Größen muß bekannt sein.

Beispiel:

Bestimmung des elektrischen Widerstandes aus Spannungs- und Strommessung **(Bild 1.7)**.

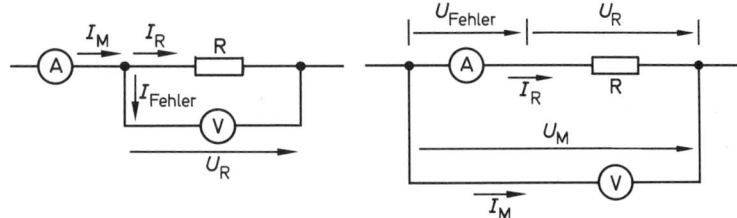

Bild 1.7 Widerstands-
messung nach der
Spannungs-Strom-
Methode

$$\frac{U_R}{I_R} = \frac{U_R}{I_M - I_{Fehler}} = R$$

a) Spannungsrichtige Messung

$$\frac{U_R}{I_R} = \frac{U_M - U_{Fehler}}{I_R} = R$$

b) Stromrichtige Messung

Analoge und digitale Meßverfahren

Unabhängig von direkter oder indirekter Messung unterscheidet man analoge und digitale Meßverfahren.

Ein Meßverfahren heißt analog, wenn die Meßgröße (Eingangsgröße) durch das Verfahren, das Gerät oder die Einrichtung in eine Ausgangsgröße (Anzeige) umgewandelt wird, die der Eingangsgröße proportional ist **(Bild 1.8)**.

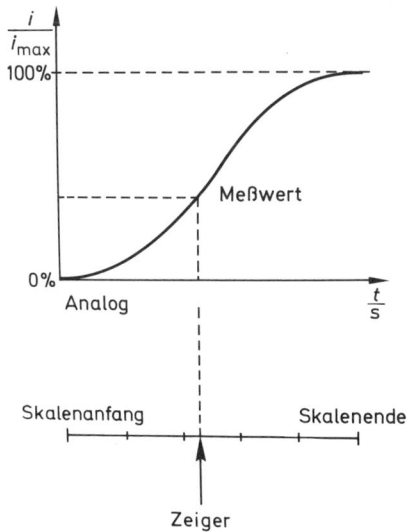

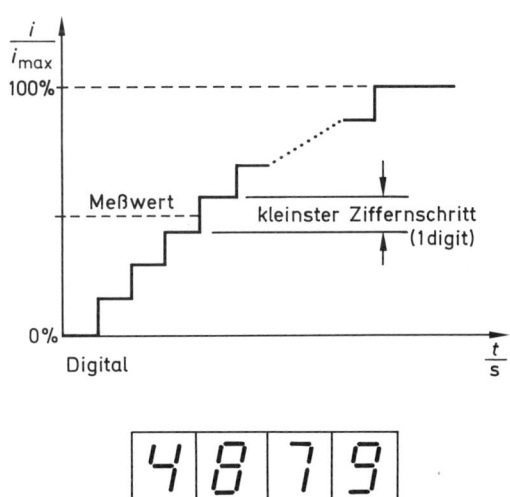

Bild 1.8 Prinzipieller Zusammenhang zwischen Ausgangs- und Eingangsgröße bei analogen Meßverfahren

Bild 1.9 Prinzipieller Zusammenhang zwischen Eingangs- und Ausgangsgröße bei digitalen Meßverfahren

Ein Meßverfahren wird als digital bezeichnet, wenn eine Meßgröße in einen Digitalwert umgewandelt und als solcher zur Anzeige gebracht wird. Hier gilt die Proportionalität zwischen Ausgangs- und Eingangsgröße nicht, weil die Ausgangsgröße sich nur stufenförmig verändern kann. **Bild 1.9** zeigt das Prinzip des digitalen Verfahrens.

Auch zu den digitalen Verfahren zu rechnen ist die Umwandlung einer Eingangsgröße in eine bestimmte Anzahl von Impulsen oder von Impulsen je Zeiteinheit.

1.2.2.4 Meßeinrichtung, Meßkette

Das nach einem Meßprinzip ausgewählte Meßverfahren wird in einer Meßanordnung oder Meßeinrichtung verwirklicht. Die Meßeinrichtung besteht aus einem Aufnehmer, heute vielfach auch Sensor genannt, als dem ersten Glied der Meßeinrichtung. Der Meßwertaufnehmer nimmt den Meßwert auf und gibt ein diesem Meßwert entsprechendes Meßsignal ab. Das Meßsignal wird zur Aufbereitung einem Meßumwandler zugeführt. Bei der elektrischen Messung ist das Meßsignal eine elektrische Größe, die für eine Weiterverarbeitung oder eine Anzeige bereitgestellt werden kann. Ist das Meßsignal für die Weiterverarbeitung oder Anzeige zu groß oder zu klein, so ist eine Anpassung durch einen Abschwächer oder einen Nachverstärker erforderlich. Die Baugruppen werden auch als Meßschaltungen bezeichnet. Im Bereich integrierter Elektronikbausteine lassen sich Meßumwandler und Meßschaltung häufig nicht mehr trennen.
Ist das Meßsignal für die Anzeige nicht geeignet, z. B. eine Impulsfolge statt einer Spannung, so muß das Meßsignal mit einem Meßumformer umgewandelt werden. Das Ausgabegerät (analog zu Aufnehmer auch als Ausgeber bezeichnet) ist das letzte Glied in einer Meßeinrichtung und kann als Anzeigegerät oder Schreiber oder indirekt als Magnetspeicher oder Magnetbandspeicher arbeiten.
Die Aufgabe einer Meßeinrichtung ist zusammengefaßt die Aufnahme eines Meßwertes einer physikalischen Größe (Meßgröße) oder eines Meßsignals, das den gesuchten Meßwert repräsentiert, die Weiterleitung und Aufbereitung des Meßsignals für die Ausgabe.
Zu einer Meßeinrichtung gehören auch alle Hilfseinrichtungen, die nicht unmittelbar zur Aufnahme, Umformung und Ausgabe dienen. Hilfseinrichtungen können z. B. sein: Versorgung mit Hilfsenergie, Ableselampe, Thermostat, Meß- und Signalleitungen.
In einer Meßeinrichtung können nicht nur ein Meßwertaufnehmer oder ein Meßgerät, sondern auch mehrere Aufnehmer oder Meßgeräte beteiligt sein.
Eine Meßeinrichtung wird als ein System betrachtet. In diesem System sind Funktionsgruppen vom Meßwertaufnehmer aus hintereinandergeschaltet. Ein derartiges System

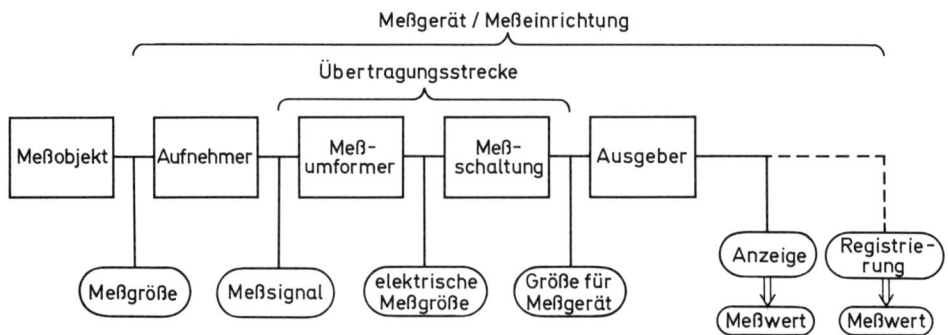

Bild 1.10 Meßkette

wird als Kette bezeichnet. Bei einer Meßeinrichtung handelt es sich also um eine *Meß-kette*. Eine Meßkette stellt für die Meßgröße eine Übertragungsstrecke dar. Diese wird aus Aufnehmer, Meßumformer, Meßverstärker und Ausgeber gebildet. **Bild 1.10** zeigt eine Meßkette. Je nach Anwendungszweck können Funktionselemente zusammenge-faßt sein oder sogar fehlen.

Noch umfassender als eine Meßeinrichtung ist eine Meßanlage. Meßanlage ist der Oberbegriff für mehrere voneinander unabhängige Meßeinrichtungen, die in räum-lichem oder funktionalen Zusammenhang stehen.

In Meßeinrichtungen sind unterschiedliche Ausgaben oder Anzeigen realisiert. Die direkte Ausgabe, Anzeige genannt, ist unmittelbar durch die menschlichen Sinne erfaß-bar. Bei anzeigenden Meßgeräten wird die Meßgröße in Einheiten der Meßgröße als Zahlenwert oder bei Skalenanzeigen auch in Skalenteilen angegeben. Eine Anzeige muß nicht optisch erfolgen, auch eine akustische Anzeige (z. B. das Zeitzeichen) ist möglich. Neben der Anzeige für die unmittelbare Ablesung ist auch eine Anzeige mit Registrierung üblich. Bei der Registrierung werden Schreiber für die kontinuierliche Aufzeichnung, Punktdrucker für die Erfassung in kurzen Abständen verwendet. In neue-rer Zeit kommen auch Protokolldrucker zum Einsatz, die wie die Punktdrucker die Meß-größe in kurzen Abständen ausgeben, jedoch als Zahlenwerte und als analoge Größe wie beim Punktdrucker.

Die folgenden Bilder zeigen Meßeinrichtungen.

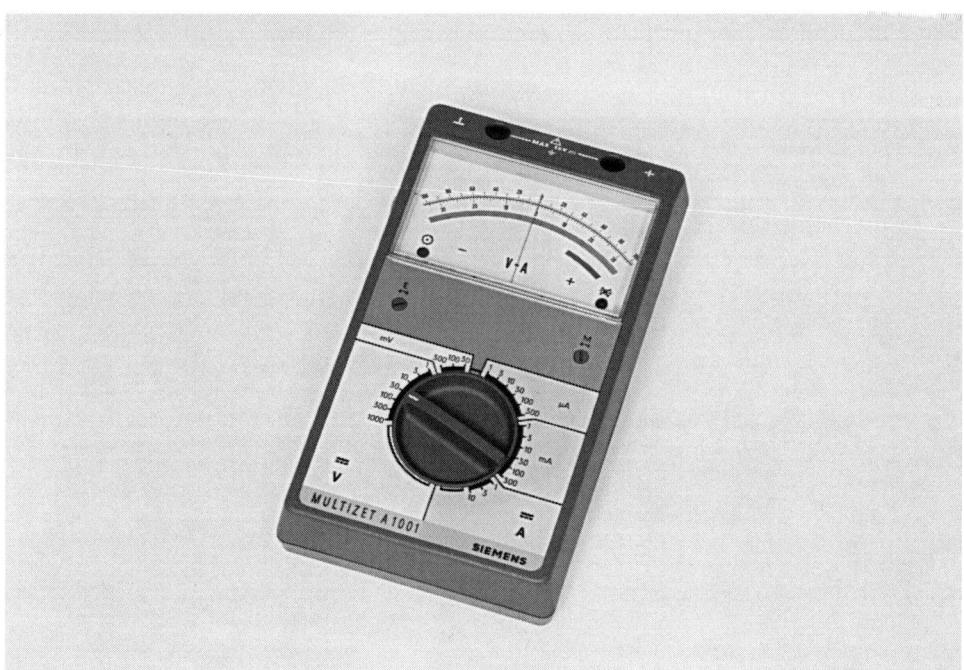

Bild 1.11 Meßeinrichtung mit analoger Anzeige (Werkbild Siemens)

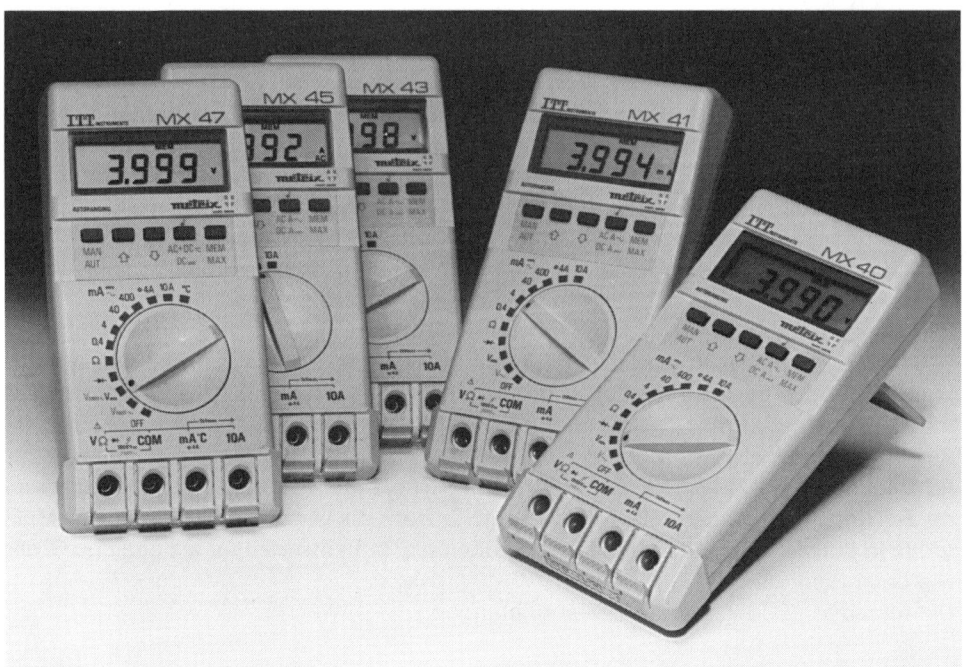

Bild 1.12   Meßeinrichtung mit digitaler Anzeige (Werkbild ITT-Metrix)

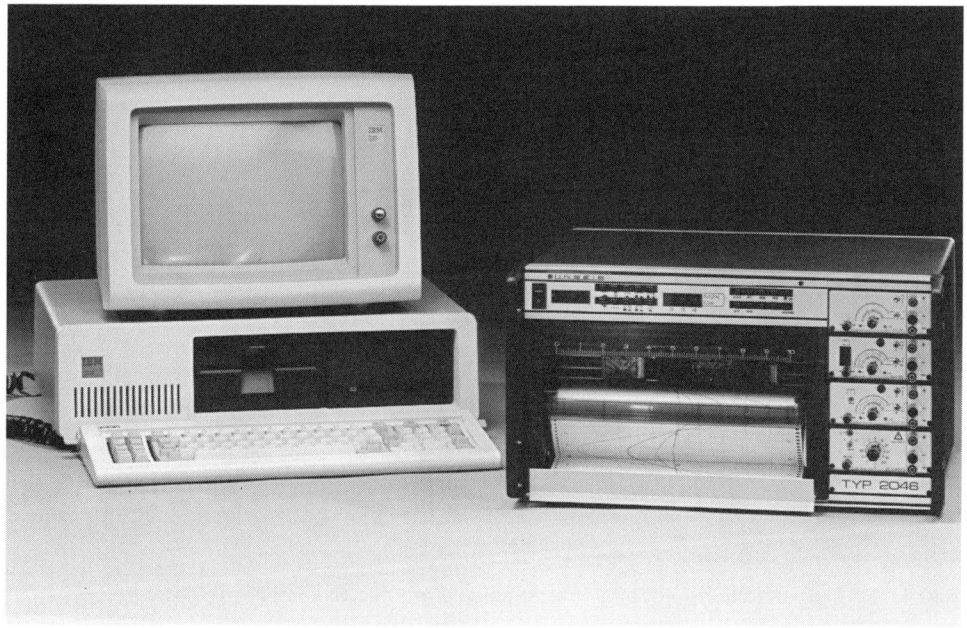

Bild 1.13   Meßeinrichtung mit Schreiberausgabe (Werkbild Linseis)

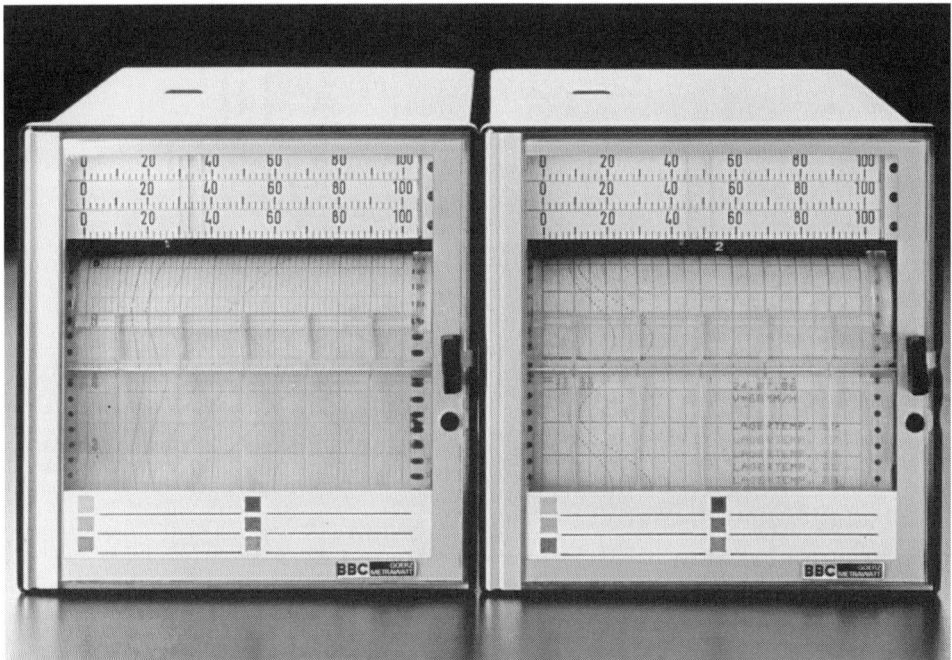

Bild 1.14   Meßeinrichtung mit Punktdruckerausgabe (Werkbild ABB-Goerz/Metrawatt)

Werden Meßwerte nicht angezeigt, sondern nur aufbereitet zur Weitergabe an andere Einrichtungen, so handelt es sich um eine indirekte Ausgabe. Bei der indirekten Ausgabe werden Meßgrößen durch Spannungen oder Ströme (analog) oder Impulsfolgen (digital) dargestellt. Die Weiterleitung erfolgt dann über einen Übertragungskanal. Der Empfänger muß die Information unverfälscht erhalten, damit er die Information eindeutig dem ursprünglichen Meßwert zuordnen kann. Bei indirekter Ausgabe werden Informationen nach entsprechender Umformung auf Magnetband oder in digitalen Speicherelementen (Halbleiterspeicher, Diskettenspeicher) abgespeichert.

Bei der direkten Ausgabe werden zwei unterschiedliche Anzeigearten verwendet:

– Analog-Anzeige
– Digital-Anzeige.

Bei der analogen Anzeige bewegt sich ein Zeiger oder eine Lichtmarke über eine Skala, während die digitale Anzeige in Ziffern erfolgt.

Bild 1.15 und **1.16** stellen die Anzeigeprinzipien im Vergleich dar.

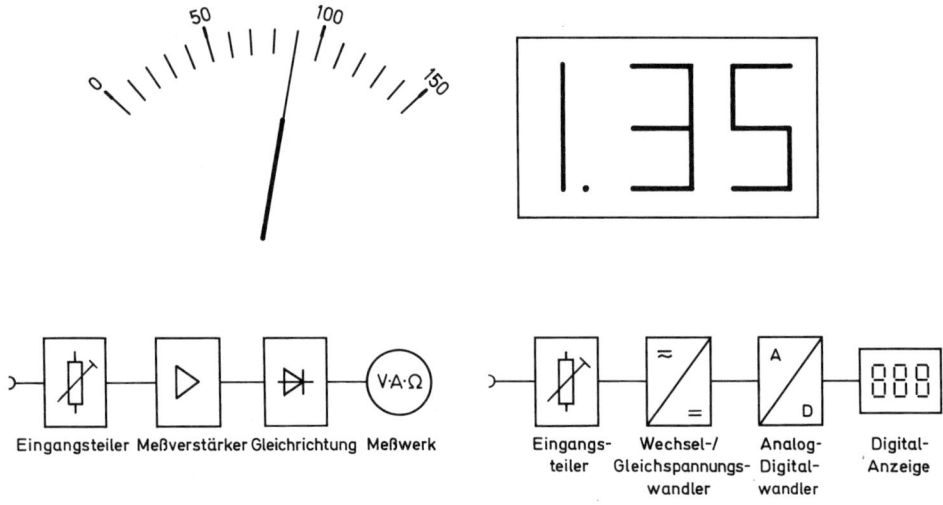

Eingangsteiler Meßverstärker Gleichrichtung Meßwerk

Eingangs-   Wechsel-/   Analog-   Digital-
teiler   Gleichspannungs-   Digital-   Anzeige
         wandler   wandler

Bild 1.15   Prinzip analoge Anzeige   **Bild 1.16**   Prinzip digitale Anzeige

Für die analoge Anzeige ergeben sich:

Vorteile
Die Anzeige kann sich auf jeden Wert zwischen 0 % und 100 % einstellen.
Vorgänge mit kontinuierlich sich ändernder Meßgröße können einfach beobachtet werden.
Tendenzen sind erkennbar.

Nachteile
Ablesefehler durch Parallaxe, Skala zu grob unterteilt, Interpolation erforderlich. Innenwiderstand häufig zu klein, wenn kein Meßverstärker vorhanden.
Eigenverbrauch des Meßwerks.
Mechanische Meß- und Anzeigewerke äußerst empfindlich (Stoß, Überlastung).

Auch für digitale Anzeigen ergeben sich Vorteile und Nachteile:

Vorteile
Meßwert wird direkt abgegeben, keine Umrechnung.
Durch Unterteilung in feine Meßabschnitte Ablesung genauer.
Durch elektronische Meßverstärker hoher und konstanter Eingangswiderstand des Meßwerks.
Parallaxenfreie Ablesung.

Nachteile
Zusätzliche Spannungsquellen für Hilfsenergie.
Tendenzverfolgung schwierig.

Durch erhebliche technologische Verbesserungen lassen sich in LCD-Technik digitale und quasi-analoge Anzeigen vereinen und damit Nachteile digitaler Anzeigen vermeiden **(Bild 1.17)**.

Bild 1.17 Digitale und quasi-analoge Anzeigen bei Vielfachinstrumenten (ABB-Goerz/Metra-watt)

1.2.3 Meßabweichungen

Es ist das Ziel jeder Messung, den wahren Wert einer Meßgröße zu ermitteln. Aus unterschiedlichen Gründen treten jedoch Meßabweichungen auf. Sind die Abweichungen nicht systematisch bedingt, so läßt sich eine Näherung für den Meßwert aus Einzelmessungen und Bildung des arithmetischen Mittelwertes gewinnen.

Beispiel: Messung einer Spannung mit analogem Spannungsmesser.

Meßreihe Spannungsmessung

Nr. der Messung	1	2	3	4	5	6	7	8	9	10
$\dfrac{U}{V}$	3,54	3,50	3,51	3,49	3,50	3,51	3,53	3,45	3,49	3,49

Der arithmetische Mittelwert ist die Summe aller Meßwerte geteilt durch die Anzahl der Messungen.

Summe der Meßwerte:	35,01 V	arithmetischer Mittelwert:	3,50 V
Anzahl der Messungen:	10	größte Abweichungen:	+ 0,04 V; − 0,05 V

Mittelwert mit Größtfehler: 3,50 V ± 0,05 V
Mittelwert mit Standardfehler: 3,50 V ± 0,01 V

1.2.3.1 Ursachen von Meßabweichungen

Jeder Meßwert und jedes Meßergebnis für eine Meßgröße ist beeinflußt durch Unvollkommenheit der Meßgeräte und Meßeinrichtungen, des Meßverfahrens und des Meßobjektes, außerdem durch die Umwelt und die Beobachter, wobei sich auch zeitliche Änderungen dieser Einflüsse auswirken. **Bild 1.18** zeigt ein Schema der Ursachen von Meßabweichungen.

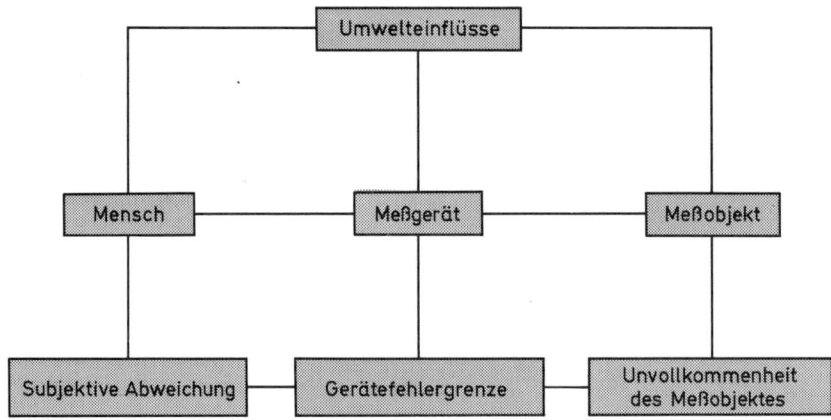

Bild 1.18   Schema der Ursachen von Meßabweichungen

Als Umwelteinflüsse sind örtliche Unterschiede und zeitliche Änderungen von z. B. Temperatur, Luftdruck, Spannung, Frequenz, äußere elektrische Felder und magnetische Felder zu beachten.
Beobachtereinflüsse ergeben sich aus Eigenschaften und Fähigkeiten der Beobachter (z. B. Aufmerksamkeit, Übung, Sehschärfe, Schätzvermögen). Darüber hinaus kann ein Meßergebnis verfälscht werden durch Irrtümer der Beobachter, durch die Wahl eines zur Bestimmung der zu messenden Meßgröße ungeeigneten Meß- oder Auswertungsverfahrens, ferner durch Nichtbeachten bekannter Störeinflüsse.

1.2.3.2 Zufällige Abweichungen

Nicht vermeidbare, nicht einseitig gerichtete Einflüsse während mehrerer Messungen an demselben Meßobjekt innerhalb einer Meßreihe führen zu einer Streuung der Meßwerte um den eigentlichen wahren Wert der Meßgröße. Die Abweichungen sind zufällig, bei einer genügend großen Zahl von Meßwerten kann angenommen werden, daß gleich viele Meßwerte oberhalb und unterhalb des wahren Wertes liegen. Daher wird der arithmetische Mittelwert dem wahren Wert näher liegen als alle Einzelwerte.
Ursache für die Abweichungen vom wahren Wert sind Änderungen und Schwankungen in den physikalischen Eigenschaften. Neben diesen zufälligen Abweichungen tragen auch systematische Fehler zur Unsicherheit eines Meßergebnisses bei.

1.2.3.3 Systematische Abweichungen

Es gibt

a) systematische Abweichungen, die während einer Messung einen konstanten Betrag und ein bestimmtes Vorzeichen (plus oder minus) haben;

b) systematische Abweichungen, die eine zeitliche Veränderung der Meßgröße während der Meßreihe bewirken.

Bekannte systematische Abweichungen (z. B. eine Dejustierung eines Gerätes) lassen sich durch eine Korrektur des Meßwertes – auch Korrektion genannt – berücksichtigen. Schwierig ist die Korrektur bei zeitlich abhängigen Veränderungen (z. B. Aufwärmeffekte bei Meßverstärkern). Nach Möglichkeit sollten zeitlich abhängige Veränderungen durch eine geeignete Durchführung der Messungen vermieden werden. Auch eine zeitabhängige Korrektur ist möglich, hierzu ist aber die Erfassung zusätzlicher Meßgrößen erforderlich.

Neben bekannten, systematischen Abweichungen gibt es auch unbekannte systematische Abweichungen. Betrag und Vorzeichen der Abweichung liegen hier nicht genau fest oder ändern sich innerhalb der Meßreihe. Häufig sind Einzelheiten nicht bekannt. Aufgrund experimenteller Erfahrungen werden die Abweichungen vermutet oder deutlich. Ein solcher Fehler ist z. B. der Wärmeverlust durch Ableitung bei kalorimetrischen Messungen und Temperaturmessungen.

Eine Möglichkeit der Berücksichtigung dieser unbekannten systematischen Fehler liegt in der Angabe einer zusätzlichen Abweichung. Grundsätzlich gilt jedoch, daß das Meßverfahren zur Ausschaltung oder Verringerung der unbekannten systematischen Abweichungen verbessert werden sollte. Unter Umständen ist auch die Wahl eines anderen Meßverfahrens erforderlich.

1.2.3.4 Meßunsicherheit

Das Meßergebnis einer Meßreihe wird angegeben als arithmetischer Mittelwert mit einem Intervall für die Abweichung nach oben bzw. unten. Die Intervalle werden aus der Differenz zwischen dem größten bzw. kleinstem Meßwert und dem Mittelwert gebildet **(Bild 1.19)**.

Der Mittelwert und die über die größten Abweichungen nach oben und unten verfügenden Streubereiche berücksichtigen die zufälligen Abweichungen.

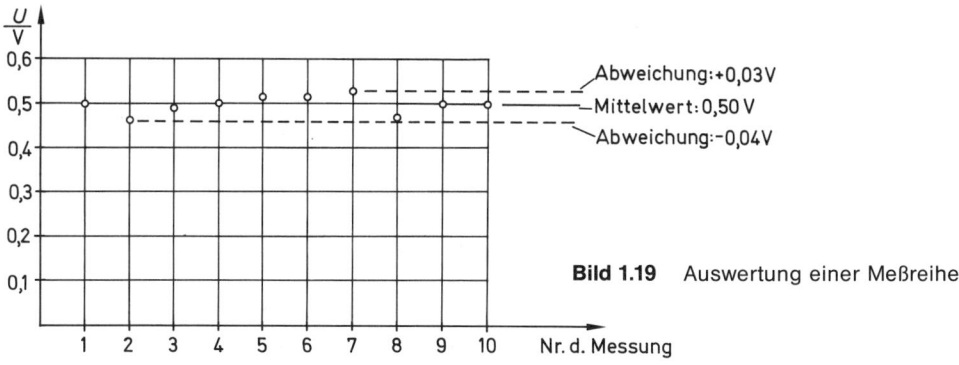

Bild 1.19 Auswertung einer Meßreihe

Systematische Abweichungen führen zu einer Korrektur des Mittelwertes und der Grenzen des Streubereichs. Unbekannte systematische Fehler führen zu einer Vergrößerung des Streubereiches. Die Abstände der Grenzen des Streubereiches vom korrigierten Mittelwert werden als Meßunsicherheiten u bezeichnet. Die Meßunsicherheit berücksichtigt also neben zufälligen Abweichungen auch systematische Abweichungen.

1.2.3.5 Fehlergrenzen

Fehlergrenzen sind vereinbarte Höchstbeträge für positive und negative Abweichungen der Anzeige von Meßeinrichtungen (Meßgeräten) vom Meßwert. Fehlergrenzen werden im wesentlichen im Hinblick auf systematische Abweichungen der Meßwerte vom richtigen Wert oder einem anderen festgelegten oder vereinbarten Wert der Meßgröße vorgegeben. Fehlergrenzen dürfen auch durch zufällige Abweichungen nicht überschritten werden. Für den Anwender gilt also, daß die Meßgröße bei richtiger Handhabung laut Betriebsanweisung zwischen dem aus Meßwert und Fehlergrenze festliegenden oberen und unteren Grenzwert liegt.

Fehlergrenzen dürfen in Einheiten der betreffenden Größe oder bezogen auf den Endwert des Meßbereiches oder auf einen anderen Wert angegeben werden. Die relative Angabe erfolgt meist in Prozent, beispielsweise in Prozent des Endwertes des Meßbereiches eines elektrischen Meßgerätes. Die Fehlergrenzen werden durch Vereinbarungen oder Vorschriften festgelegt. Bei elektromagnetischen Meßgeräten (z. B. Analog-Zeigermultimeter) spielen neben Lageeinfluß, Temperatureinfluß, Fremdfeldeinfluß und Ableseungenauigkeiten auch Anzeigefehler eine Rolle, die meßgerätespezifisch sind und durch Lagerreibung und Fertigungstoleranzen entstehen.

Für Fehler gelten folgende Zusammenhänge:

absoluter Fehler $\boxed{\text{Istwert} - \text{Sollwert}}$

relativer Fehler $\boxed{\dfrac{\text{Istwert} - \text{Sollwert}}{\text{Sollwert}}}$

relativer Fehler in Prozent $\boxed{\dfrac{\text{Istwert} - \text{Sollwert}}{\text{Sollwert}} \cdot 100\,\%}$

Für eine Messung bedeutet **Istwert** den Wert, der bei der Messung durch Ablesung festgestellt wird. Dieser Wert kann fehlerhaft sein. Der **Sollwert** ist der exakte (wahre) Wert der Meßgröße.

Beispiel:

Meßlänge: 3,00 m (Sollwert)
Durch Messung bestimmt: gemessene Länge 3,02 m (Istwert)

absoluter Fehler

$$3,02 \text{ m} - 3,00 \text{ m} = 0,02 \text{ m}$$

relativer Fehler

$$\frac{3,02 \text{ m} - 3,00 \text{ m}}{3,00 \text{ m}} = 0,067$$

relativer Fehler in Prozent

$$\frac{3,02 \text{ m} - 3,00 \text{ m}}{3,00 \text{ m}} \cdot 100 \% = 6,7 \%$$

Je nach Fehlergrenze werden Meßgeräte in sogenannte »Klassen« eingeteilt. Die Klassenangabe garantiert eine bestimmte Genauigkeit, d. h. einen bestimmten garantierten maximalen Fehler. Das Klassenzeichen wird für elektrische Meßgeräte nach VDE 0410 festgelegt und gibt den Fehler eines elektrischen Meßgerätes in Prozent, bezogen auf den Endwert des Meßbereiches, an.
Elektrische Betriebsmeßgeräte gehören den Klassen 1.5; 2.5; 5.0 an. Für genauere Messungen werden Feinmeßgeräte aus den Klassen 0.1; 0.2; 0.5 und 1.0 verwendet.
Die Klassengenauigkeit bei elektrischen Meßgeräten beinhaltet die Angabe eines maximalen, relativen Fehlers in Prozent, so gilt z. B.

Klasse 1.5   maximaler, relativer Fehler in %: 1,5 %
Klasse 0,5   maximaler, relativer Fehler in %: 0,5 %

Die Definition des maximalen, relativen Fehlers in Prozent bei der Klasseneinteilung unterscheidet sich von der Definition des relativen Fehlers in Prozent dadurch, daß als Bezugsgröße nicht der wahre Wert der Größe (Sollwert), sondern die Differenz: Meßbereichsendwert − Meßbereichsanfangswert verwendet wird. Da der Meßbereichsanfangswert häufig Null ist, wird die Differenz: Meßbereichsendwert − Meßbereichsanfangswert vereinfachend auch als Meßbereich bezeichnet.
Der maximale, relative Fehler in Prozent bei Klasseneinteilung ist formelmäßig dargestellt:

$$\frac{(\text{Meßwert} - \text{Wert der Größe})_{maximal}}{\text{Meßbereichsendwert} - \text{Meßbereichsanfangswert}} \cdot 100 \%$$

Beispiel:

Meßgerät der Klasse 1.5   Meßbereich: 0..10 V

Aus dieser Angabe ergibt sich: maximaler, relativer Fehler in Prozent: 1,5 %

Welche Größe hat der maximale, absolute Fehler?

Der maximale, absolute Fehler ist der größtmögliche absolute Fehler. Er ergibt sich durch Umstellen aus dem maximalen, relativen Fehler in Prozent:

$$\frac{(\text{Meßwert} - \text{Wert der Größe})_{maximal}}{\text{Meßbereichsendwert} - \text{Meßbereichsanfangswert}} \cdot 100\ \% = 1,5\ \%$$

$$(\text{Meßwert} - \text{Wert der Größe})_{maximal} = \frac{1,5\ \%}{100\ \%} \cdot (\text{Meßbereichsendwert} - \text{Meßbereichsanfangswert})$$

$$\text{maximaler, absoluter Fehler} = \frac{1,5\ \%}{100\ \%} \cdot (10\ \text{V} - 0\ \text{V})$$

$$\text{maximaler, absoluter Fehler} = 0,15\ \text{V}$$

Die Festlegung besagt, daß die Differenz zwischen dem Meßwert und dem absoluten Wert – unabhängig von der Lage des Meßwerts im Meßbereich – einen Wert von 0,15 V nicht überschreitet. Abweichungen können sowohl zu höheren als auch zu niedrigeren Werten auftreten. Die Klassenfestlegung besagt also, daß der wahre Wert der Größe u_1 in dem Bereich:

$$\text{Meßwert} - 0,15\ \text{V} \leq u_1 \leq \text{Meßwert} + 0,15\ \text{V}$$

liegen muß.

Da der Unsicherheitsbereich unabhängig vom Meßwert im ganzen Meßbereich gilt, ergibt die Auswertung für verschiedene Meßwerte in dem Meßbereich 0..10 V:

Meßwert	Klasse	maximaler, relativer Fehler Bezugswert: Meßwert
1 V	± 1,5 % = ± 0,15 V	± 15 %
3 V	± 1,5 % = ± 0,15 V	± 5 %
5 V	± 1,5 % = ± 0,15 V	± 3 %
7 V	± 1,5 % = ± 0,15 V	± 2,1 %
10 V	± 1,5 % = ± 0,15 V	± 1,5 %

Ergebnis: Je weiter der Meßwert vom Meßbereichsendwert entfernt liegt, umso größer wird der maximale, relative Fehler in Prozent, daher soll der Meßbereich immer so gewählt werden, daß der Meßwert im oberen Drittel des Meßbereichs liegt.

In **Bild 1.20** sind tabellarisch die wichtigsten Eigenschaften der verschiedenen Meßwerksarten mit Anwendungsbereich und Klassenteilung zusammengestellt.

Meßwerk	Anzeige	Genauigkeit (Klasse)	Frequenz-Bereich	Eigen-verbrauch	Anwendung
Drehspul	Mittelwert	0,1 ... 1,5	Gleichstrom	unter 5 mW	Labor- und Betriebsinstrumente
Kernmagnet	Mittelwert	1 ... 1,5	Gleichstrom	unter 5 mW	Betriebsinstrumente
Kreuzspul	Verh.-Mittelwert	1 ... 1,5	Gleichstrom	–	Betriebsinstrumente
Drehmagnet	Mittelwert	1 ... 1,5	Gleichstrom	unter 10 mW	Betriebsinstrumente
Dreheisen	Effektivwert	0,5 ... 1,5	bis 100 Hz	0,5 ... 5 VA	Labor- und Betriebsinstrumente
Elektro-dynamisch	Effektivwert (Leistung)	0,5 ... 2	bis 10^3 Hz	um 5 VA je Meßpfad	Labor- und Betriebsinstrumente
Elektro-statisch	Effektivwert (Spannung)	1	bis 10^7 Hz	prakt. Null	Laborinstrumente
Hitzdraht	Effektivwert	0,5 ... 2	bis 10^5 Hz	sehr hoch	
Bimetall	Effektivwert (Strom)	3	techn. Wechselströme	um 5 VA	Betriebsinstrumente
Vibration	Frequenz	0,5 ... 1	bis 1500 Hz	1 ... 10 VA	Betriebsinstrumente

Bild 1.20 Meßwerksarten, Klasseneinteilung und Anwendung

1.2.3.6 Empfindlichkeit und Kennwiderstand

Die Empfindlichkeit eines Meßgerätes ist der Quotient einer beobachteten Änderung des Ausgangssignals oder der Anzeige durch die sie verursachende – meist kleine – Änderung des Eingangssignals oder der Meßgröße.
Als Empfindlichkeit eines Meßgerätes wird das Verhältnis

$$\frac{\text{beobachtete Änderung der Anzeige}}{\text{verursachende Änderung der Meßgröße}} = \text{Empfindlichkeit}$$

bezeichnet. Beim Ermitteln einer Empfindlichkeit muß die Änderung der Meßgröße klein sein. Wichtig ist aber, daß die Auswirkung der Meßgrößenänderung noch erkennbar sein muß. Meist wird die Empfindlichkeit auch von der Stelle auf der Skala abhängen, wo die Beobachtung stattfindet. Der Begriff Empfindlichkeit wird vorwiegend bei analog anzeigenden Meßgeräten verwendet.
In der Praxis hat die Empfindlichkeit, also die kleinstmögliche, beobachtbare Änderung der Meßgröße, keine besondere Bedeutung und wird für Betriebsmeßgeräte meist auch nicht angegeben. Hier sind Differenzen zwischen Meßwert und dem Wert der Größe verursacht durch das Meßgerät von größerer Bedeutung. Daher kann auf eine Kennzeichnung der Klassenzugehörigkeit nicht verzichtet werden.
Auch der Anschluß eines Meßgerätes an das Meßobjekt kann zu einer Differenz zwischen gemessenem und wahrem Wert führen. Zur Beurteilung des Einflusses und für Korrekturen wird der Innenwiderstand des Meßgeräts benötigt.

Die Angabe eines Innenwiderstandes ist bei Vielfachmeßgeräten wegen der vielen Meß-bereiche umständlich. Vielfachmeßgeräte zur Spannungsmessung verwenden einen Kennwiderstand, um aus Kennwiderstand und Meßbereich in einfacher Form den Innenwiderstand des Meßgeräts im betrachteten Bereich zu ermitteln. Der Innenwider-stand R_i ergibt sich zu:

Innenwiderstand R_i = Meßbereich U · Kennwiderstand R_{Kenn}

Beispiel:

Vielfachmeßgerät Kennwiderstand für die Spannungsmeßbereiche: 40 kΩ/V
Eingestellter Meßbereich 10 V.
Welchen Wert hat der Innenwiderstand des Meßgerätes im eingestellten Meßbereich?

R_i = Meßbereich U · R_{Kenn}
R_i = 10 V · 40 kΩ/V
R_i = 400 kΩ

Das Meßobjekt wird bei der Messung also durch einen Widerstand von 400 kΩ belastet.

Da der Innenwiderstand vom Produkt aus Meßbereich und Kennwiderstand abhängt, kann er für kleine Spannungsmeßbereiche nur hochohmig werden, wenn der Kenn-widerstand große Werte hat. Daher wird der Kennwiderstand auch als Qualitätskriterium für Vielfachmeßgeräte bei Spannungsmessung verwendet.
Der Kennwiderstand ermöglicht es auch, eine Aussage über den durch das Meßgerät
– bei Spannungsmessung bestehend aus Vorwiderständen und Meßwerk in Reihen-schaltung – fließenden Strom zu machen. Es gilt bei Vollausschlag:

$$I_{Meßgerät} = \frac{\text{anliegende Spannung } U}{R_{Vorwiderstand} + R_{Meßwerk}} = \frac{\text{anliegende Spannung } U}{R_i} =$$

$$= \frac{\text{anliegende Spannung } U}{\text{Meßbereich für } U \cdot R_{Kenn}}$$

Beispiel:

Vielfachmeßgerät Kennwiderstand für die Spannungsmeßbereiche: 40 kΩ/V
Am Meßgerät anliegende Spannung: 10 V; Meßbereich 10 V
Wie groß ist der durch das Meßgerät fließende Strom?

$$I_{Meßgerät} = \frac{10\ V}{10\ V \cdot 40\ kΩ/V} = 25\ \mu A$$

$I_{Meßgerät} = 25\ \mu A$

(dieser Wert ist bei Vollausschlag für alle Meßbereiche gleich): $I_{Meßgerät} = \dfrac{1}{R_{Kenn}}$
mit R_{Kenn} in Ω/V

Auch hier gilt, je größer der Kennwiderstand, umso kleiner auch der durch das Meßgerät fließende Strom.
Hoher Innenwiderstand und kleiner Meßstrom bedeuten aber eine geringe Belastung des Meßobjekts. Eine geringe Belastung des Meßobjekts beinhaltet auch eine geringe Verfälschung der zu messenden Größe.

Bei elektronischen Meßgeräten belastet nur der Spannungsteiler für die unterschiedlichen Meßbereiche das Meßobjekt, da der Meßverstärker selbst nur vernachlässigbar
kleine Ströme aufnimmt. Der Spannungsteiler für die Meßbereiche ist so ausgeführt,
daß stets alle Teilwiderstände in Reihe an der Meßquelle liegen. Daher ist der Innenwiderstand von elektronischen Vielfachmeßgeräten konstant.

Es gilt:

$$R_i = R_{const}$$

Der Strom durch den Spannungsteiler, als Strom durch das Meßgerät, beträgt:

$$I_{Meßgerät} = \frac{U}{R_{i\,Meßgerät}}$$ mit U = zu messende Spannung
$R_{i\,Meßgerät}$ = Innenwiderstand des Meßgerätes

Beispiel:

Elektronisches Vielfachmeßgerät: Innenwiderstand bei Spannungsmessung 1 MΩ

$$R_i = const = 1\ MΩ$$

Strom durch das Meßgerät bei einer anliegenden Spannung von 10 V:

$$I_{Meßgerät} = \frac{10\ V}{1\ MΩ}$$

$$I_{Meßgerät} = 10\ μA$$

Für die Strommeßbereiche lassen sich wegen des komplexen Aufbaus des Netzwerks von Neben-
widerständen für die Bereichsumschaltung keine einfachen Kenngrößen angeben.

1.3   Grafische Darstellung und logarithmische Maße

Physikalische und technische Zusammenhänge lassen sich durch
– Beschreibungen in Worten
– Gleichungen und Formeln
– Wertetabellen und Diagramme
darstellen.

1.3.1   Rechtwinkliges Koordinatensystem

Für Diagramme wird meist ein rechtwinkliges Koordinatensystem verwendet, als Beispiel mit dargestellt ist ein Weg-Zeit-Diagramm für verschiedene, konstante Geschwindigkeiten **(Bild 1.21)**.

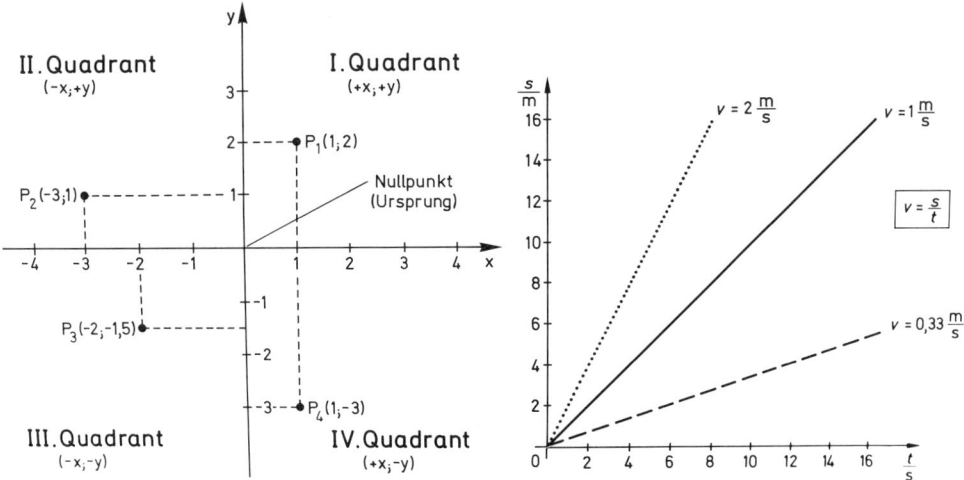

Bild 1.21 Rechtwinkeliges Koordinatensystem und Weg-Zeit-Diagramm für verschiedene, konstante Geschwindigkeiten

1.3.2 Achsenteilungen im rechtwinkligen Koordinatensystem

Bei grafischen Darstellungen, Diagrammen und Kennlinien wird häufig eine lineare Einteilung der Koordinatenachse verwendet. Soll jedoch die Darstellung über einen größeren Bereich gehen, so ergeben sich schnell Schwierigkeiten, weil die Breite des Papiers nicht ausreichen würde. Verwendet wird dann eine logarithmische Achseneinteilung. Sie beginnt nicht bei Null, sondern z. B. bei 0,1; 1; 10; 100. Als Grobraster sind Schritte von Zehnerpotenzen in gleichen Abständen aufgetragen **(Bild 1.22)**.

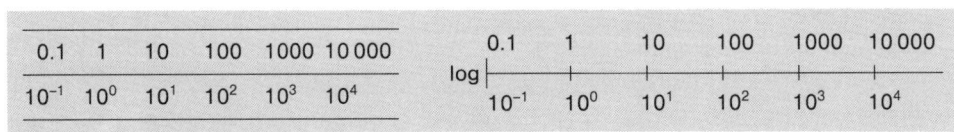

Bild 1.22 Logarithmische Achsenteilung

Zwischenwerte für die Achsenteilung zeigt **Bild 1.23**.

Wert		1	2	3	4	5	6	7	8	9	10
Strecke in cm		0	3,0	4,8	6,0	6,9	7,8	8,5	9,0	9,5	10
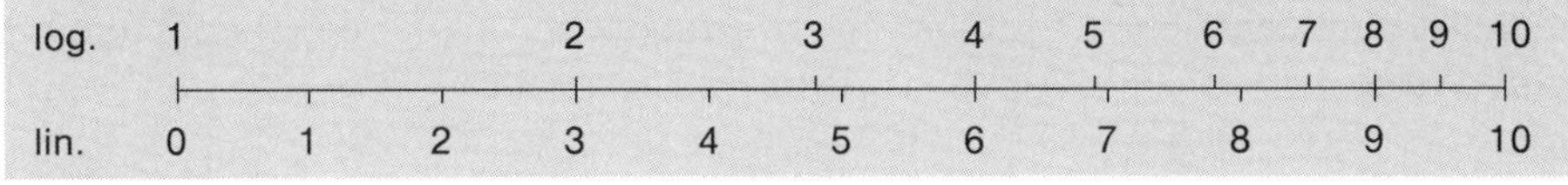 log.	1		2		3	4	5	6	7 8 9 10		
lin.	0	1	2	3	4	5	6	7	8	9	10

Bild 1.23 Werte und Achsenteilung für den logarithmischen Maßstab im Vergleich zum linearen Maßstab

Die Berechnung kann einfach über den Taschenrechner erfolgen.
Logarithmische Teilungen sind für eine, aber auch für beide Achsen möglich. **Bild 1.24** zeigt die Zusammenstellungen.

Bild 1.24 Möglichkeiten der Achsenteilung

Bezeichnung	Einteilung	
	x-Achse	y-Achse
lin – lin	linear	linear
log – lin	logarithmisch	linear
lin – log	linear	logarithmisch
log – log	logarithmisch	logarithmisch

1.3.3 Logarithmische Maße

Der Logarithmus einer Zahl X ist die Umrechnung dieser Zahl in eine Hochzahl »a« zu einer gewählten Basiszahl B. Es gilt

$$X = B^a \qquad a = \log_B X$$

Beispiel:

Basis B = 10
Zahl X = 100 $a = \log_{10} 100 = 2$ Kontrolle: $100 = 10^2$

Basis B = 10
Zahl X = 10 $a = \log_{10} 10 = 1$ Kontrolle: $10 = 10^1$

Basis B = 10
Zahl X = 2 $a = \log_{10} 2 = 0,30103$

Anstelle der Bezeichnung $\log_{10}$ wird häufig auch die Bezeichnung lg verwendet.
Neben dem Logarithmus mit der Basis B = 10 (Dekadischer Logarithmus) ist auch der Logarithmus mit der Basis B = e = 2,718282 (natürlicher Logarithmus) von Bedeutung.
Hier gilt entsprechend:

$$X = e^a \qquad a = \log_e X$$

Beispiel:

Basis $B = e$
Zahl $X = 4$ $a = \log_e 4 = 1{,}386$

Anstelle der Bezeichnung $\log_e$ wird auch die Bezeichnung ln verwendet.
Die Berechnung der Werte für a erfolgte früher nach Tabellen und mit dem Rechenschieber. Wissenschaftliche Taschenrechner ermöglichen heute die Berechnung in einfacher Weise.

Berechnung mit dem Taschenrechner:

Basis $B = 10$
$X = 2$ $a = \log_{10} 2 = ?$

Eingabe: 2 $\boxed{\log x}$ Anzeige: 0,30103

Basis $B = e$
$X = 25$ $a = \log_e 25 = ?$

Eingabe: 25 $\boxed{\ln x}$ Anzeige: 3,21888

Sollen sehr unterschiedliche Meßwerte gemeinsam in einer grafischen Darstellung eingetragen werden, so ist eine logarithmische Teilung der Achsen vorteilhaft. Dies ist z. B. aus der Darstellung eines Frequenzbereiches von 1 Hz bis 100 000 Hz her bekannt. Nachteilig kann sein, daß für Darstellungen mit logarithmisch geteilten Achsen Spezialpapiere oder Spezialraster benötigt werden. Um dieses zu vermeiden, werden logarithmische Maße festgelegt. Mit diesen logarithmischen Maßen können dann wieder lineare Teilungen verwendet werden.
In der Elektronik häufig verwendet wird der Begriff der Leistungsverstärkung. Leistungsverstärkungen können sehr unterschiedliche Werte haben.

Für das Leistungsverhältnis

$$V_P = \frac{P_2}{P_1} \qquad \begin{array}{l} P_2 = \text{Ausgangsleistung} \\ P_1 = \text{Eingangsleistung} \end{array}$$

gilt das logarithmische Maß Bel (Bell = amerikanischer Physiker). Das Bel ist der dekadische Logarithmus eines Leistungsverhältnisses V_P:

$$\frac{v_P}{\text{Bel}} = \log_{10} \frac{P_2}{P_1} = \lg \frac{P_2}{P_1}$$

Meist wird jedoch das Dezibel als Einzehntel der Grundeinheit 1 Bel verwendet.
1 Bel = 10 dB

$$\frac{v_P}{\text{dB}} = 10 \cdot \log_{10} \frac{P_2}{P_1} \quad \text{bzw.} \quad v_P = 10 \lg \frac{P_2}{P_1} \text{ dB}$$

Ist der Quotient P_2/P_1 größer als 1, so liegt eine Leistungsverstärkung vor. Das logarithmische Maß für das Verhältnis von Ausgangsleistung zu Eingangsleistung ist dann positiv.

Ist dagegen der Quotient kleiner als 1, so liegt eine Leistungsabschwächung (Leistungsteilung) oder Dämpfung vor. Das logarithmische Maß für das Verhältnis von Ausgangsleistung zu Eingangsleistung ist dann negativ.

Eine anschauliche Darstellung dieser Zusammenhänge zeigt **Bild 1.25.**

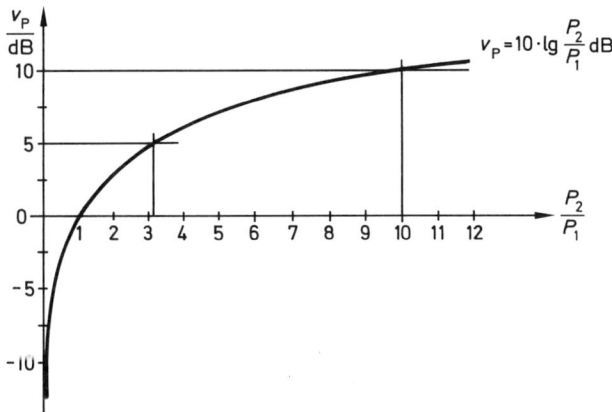

Bild 1.25 lg-Funktion (dB-Funktion)

Beispiel:

Ein Vierpol nimmt am Eingang eine Leistung P_1 von 10 mW auf und gibt eine Leistung P_2 von 100 mW ab.

Wie groß ist das Leistungsverhältnis?

$$\frac{P_2}{P_1} = \frac{100 \text{ mW}}{10 \text{ mW}} = 10$$

Es liegt eine Leistungsverstärkung vor.

Das logarithmische Maß für das Leistungsverhältnis ergibt:

$$\frac{v_p}{\text{dB}} = 10 \cdot \lg \frac{P_2}{P_1} = 10 \cdot \lg \frac{100 \text{ mW}}{10 \text{ mW}} = 10 \cdot \lg 10 = 10 \cdot 1 = 10$$

$$v_P = +10 \text{ dB}$$

Ein weiterer Vorteil bei der Anwendung des dB-Maßes ist, daß bei Kettenschaltungen mehrerer Übertragungsglieder die Gesamtleistungsverstärkung im logarithmischen Maß durch die Addition der Einzelleistungsverstärkungen im logarithmischen Maß ermittelt werden kann. Dies ist, insbesondere bei vielen Übertragungsgliedern wesentlich einfacher als die Multiplikation der Leistungsverstärkungen.

Das Leistungsverhältnis liefert keine Aussage über die absolute Größe der Eingangs- und Ausgangsleistung. Hierzu muß ein Bezugspegel festgelegt werden. Als ein solcher Bezugspegel wird häufig der Wert $P_1 = 1$ mW festgelegt. Zur Kennzeichnung des logarithmischen Maßes für ein Leistungsverhältnis mit dem Bezugspegel $P_1 = 1$ mW wird dem dB ein m angefügt.

Beispiel:

Ein Vierpol hat eine Leistungsverstärkung von 20 dBm.
Wie groß ist die Ausgangsleistung P_2?

$$v_P = +20 \text{ dBm}$$

Aus dieser Angabe ergibt sich die Eingangsleistung (= Bezugspegel)

$$P_1 = 1 \text{ mW}.$$

Aus $v_P = +20$ dBm folgt

$$\frac{v_P}{\text{dBm}} = 20 = 10 \cdot \lg \frac{P_2}{P_1}$$

$$\frac{P_2}{P_1} = 100$$

$$P_2 = 100 \cdot P_1 = 100 \cdot 1 \text{ mW}$$

$$P_2 = 100 \text{ mW}$$

Das logarithmische Maß »dB« wird häufig auch auf Spannungs- oder Stromverhältnisse angewendet. Eine Umrechnung von Leistungsverhältnissen auf Spannungs- oder Stromverhältnisse ist nur möglich, wenn die Widerstände, an denen die Leistungen P_1 und P_2 erzeugt werden, gleich sind.

$$\frac{v_p}{\text{dB}} = 10 \cdot \lg \frac{P_2}{P_1} = 10 \cdot \lg \frac{\dfrac{U_2^2}{R}}{\dfrac{U_1^2}{R}} = 10 \cdot \lg \left(\frac{U_2}{U_1}\right)^2 = 20 \cdot \lg \frac{U_2}{U_1}$$

$$\frac{v_p}{\text{dB}} = 10 \cdot \lg \frac{P_2}{P_1} = 10 \cdot \lg \frac{I_2^2 \cdot R}{I_1^2 \cdot R} = 10 \cdot \lg \left(\frac{I_2}{I_1}\right)^2 = 20 \cdot \lg \frac{I_2}{I_1}$$

Für Absolutwerte wird auch hier ein Bezugspegel benötigt, der vom Widerstand R, an dem die Leistung 1 mW umgesetzt wird, abhängt. Häufig verwendete Bezugswerte sind:

Spannungsbezugswerte $\quad R = 50\ \Omega : 224$ mV
$\quad\quad\quad\quad\quad\quad\quad\quad\quad\quad R = 60\ \Omega : 245$ mV
$\quad\quad\quad\quad\quad\quad\quad\quad\quad\quad R = 75\ \Omega : 274$ mV
$\quad\quad\quad\quad\quad\quad\quad\quad\quad\quad R = 600\ \Omega : 775$ mV

Strombezugswert $\quad\quad\quad\quad R = 600\ \Omega : 1{,}29$ mA

Zur Unterscheidung von den ursprünglichen Verhältnissen wird geschrieben: dBV (dBU) bzw. dBmA.

Beispiel 1:

Das Spannungsverhältnis U_2/U_1 beträgt 8,4. Welchen Wert hat das Spannungsverhältnis in dB?

$$V_U = \frac{U_2}{U_1} = 8,4$$

$$\frac{v_U}{dB} = 20 \cdot \log_{10} \frac{U_2}{U_1} = 20 \cdot \lg \frac{U_2}{U_1}$$

Taschenrechnereingabe: 8,4 $\boxed{\text{log}}$ $\boxed{\times}$ 20

Anzeige: 18,485586

Ergebnis: Das Spannungsverhältnis beträgt 18,5 dB.

Beispiel 2:

Das Spannungsverhältnis U_2/U_1 beträgt -13 dB. Wie groß ist der Absolutwert der Dämpfung?

Taschenrechnereingabe: 13 $\boxed{\div}$ 20 $\boxed{=}$ $\boxed{+/-}$ $\boxed{\text{INV}}$ $\boxed{\text{log}}$

Anzeige: 0,2238721

Ergebnis: Das Spannungsverhältnis beträgt 0,22.

Der wesentliche Vorteil des logarithmischen Maßes für das Verhältnis von Ausgangs- zu Eingangsspannung ist die lineare Achsenteilung.
Unabhängig von dem Zusammenhang zwischen Leistungsverhältnis und Spannungs- bzw. Stromverhältnis mit der Festlegung eines gleichen Widerstandes am Eingang und am Ausgang, wird das logarithmische Maß für Spannungsverhältnisse auch für die Angabe von Verstärkungen und Abschwächungen bei Vierpolen verwendet.
Für das logarithmische Maß v_U oder die Verstärkung gilt:

$$\frac{v_U}{dB} = 20 \cdot \lg \frac{U_2}{U_1}$$

Beispiel 1:

Ein Operationsverstärker in Grundschaltung hat eine Spannungsverstärkung von $V_U = 100$. Es gilt:

$$V_U = \frac{U_2}{U_1} = 100$$

$$\frac{v_U}{dB} = 20 \cdot \lg \frac{U_2}{U_1} = 20 \cdot \lg 100 = 20 \cdot 2$$

$$v_U = 40 \text{ dB}$$

Beispiel 2:

In einer Kettenschaltung aus drei Übertragungsgliedern mit den Spannungsverstärkungen $V_{U1} = 8{,}4$, $V_{U2} = 10$ und $V_{U3} = 0{,}1$ ist die Gesamtspannungsverstärkung zu ermitteln (**Bild 1.26**).

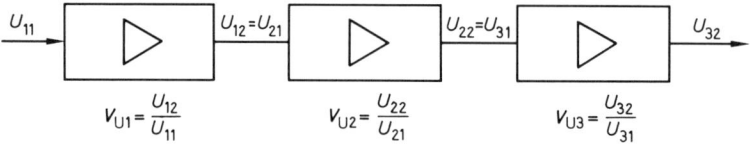

Bild 1.26 Kettenschaltung von Übertragungsgliedern

a) Gesamtspannungsverstärkung

$$V_U = V_{U1} \cdot V_{U2} \cdot V_{U3} = 8{,}4 \cdot 10 \cdot 0{,}1 = 8{,}4$$

b) Gesamtspannungsverstärkung in logarithmischem Maß

$$v_{U1} = 18{,}5 \text{ dB} \qquad v_{U2} = 20 \text{ dB} \qquad v_{U3} = -20 \text{ dB}$$

$$v_U = v_{U1} + v_{U2} + v_{U3} = 18{,}5 \text{ dB} + 20 \text{ dB} + (-20 \text{ dB})$$

$$v_U = 18{,}5 \text{ dB}$$

Kontrolle: $v_U = 18{,}5 \text{ dB}$ \qquad $V_U = 8{,}4$

Beispiel 3:

Bild 1.27 zeigt das Verhältnis von Ausgangs- zu Eingangsspannung bei einem Tiefpaß in Abhängigkeit von der Frequenz f. Das Verhältnis $\dfrac{U_2}{U_1}$ wird in logarithmischem Maß dargestellt.

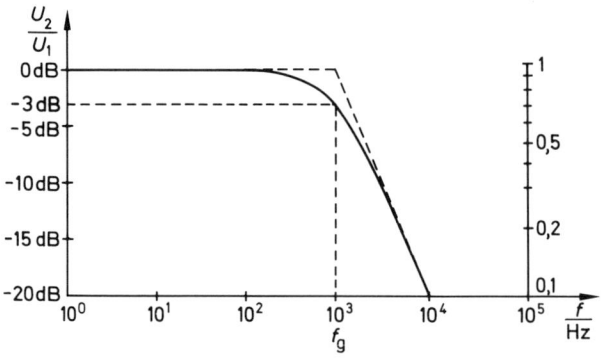

Bild 1.27 Spannungsverhältnisse beim Tiefpaß

1.3.4 Gemeinsame Darstellung von Amplitudenverhältnissen und Phasenverschiebungen

Bei der Behandlung der Grundlagen wurde bereits auf das Polarkoordinatensystem eingegangen. Mit diesem verwandt ist ein Verfahren zur gemeinsamen Darstellung von Amplitudenverhältnissen und Phasenverschiebungen in Abhängigkeit von der Frequenz.

Bild 1.28 zeigt die Verhältnisse für einen Vierpol gemäß Bild 1.27.

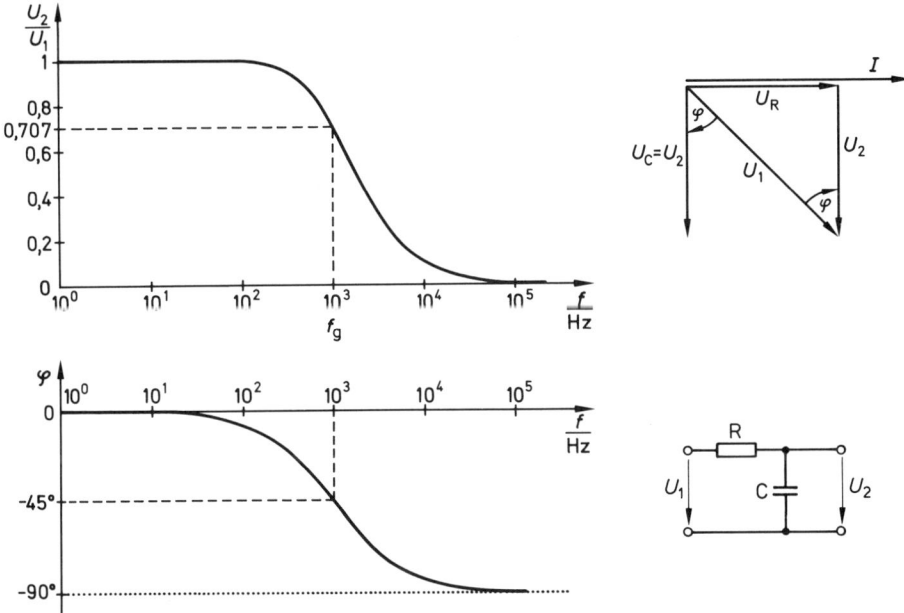

Bild 1.28 Amplituden- und Phasengang eines Tiefpasses

Für bestimmte Frequenzen werden dann Amplitudenverhältnis und Phasenwinkel ermittelt. Für einige Werte sind die Ergebnisse in einem Testaufbau gemessen und in der folgenden Tabelle zusammengestellt.

Messung Tiefpaß

f/Hz	10	20	50	100	200	500	1 k	2 k	5 k	10 k	20 k	50 k	100 k
$\frac{U_2}{U_1}$	1	1	0,99	0,99	0,99	0,93	0,71	0,49	0,2	0,1	0,05	0,03	0
$\varphi/°$	0	−2	−3	−7	−14	−27	−45	−63	−79	−83	−87	−89	−90

Bild 1.29 zeigt das Diagramm zur Darstellung von Amplitudenverhältnissen und Phasenverschiebungen. Die Werte der Tabelle sind übertragen und gekennzeichnet. Die Frequenzwerte sind als Parameter eingetragen. Die Meßpunkte sind zu einem Kurvenzug verbunden. Die Abweichungen von dem theoretisch zu erwartenden Halbkreis ergeben sich aus den nicht idealen Eigenschaften des realen Kondensators und Fehlern bei der Messung.

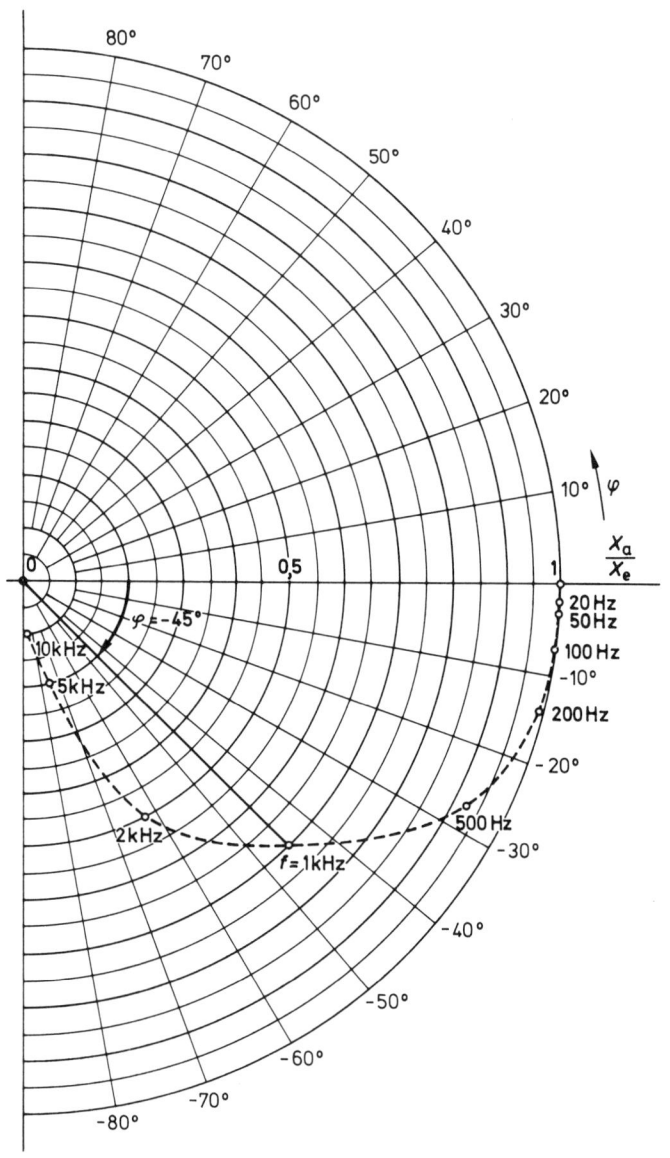

Bild 1.29 Diagramm zur Darstellung von Amplitudenverhältnissen und Phasenverschiebungen in Abhängigkeit von der Frequenz (Auswertung der Meßtabelle)

1.4 Beispiele elektrischer Messungen

1.4.1 Spannungsmessung

1.4.1.1 Messung von Gleichspannungen

Gleichspannungen lassen sich mit Drehspulinstrumenten ohne Zusatzeinrichtungen messen. Dabei muß aber die Polarität beachtet werden. Das Drehspulmeßwerk ist für relativ kleine Spannungen ausgelegt. Höhere Meßspannungen müssen durch Vorwiderstände oder Spannungsteiler auf den entsprechenden Wert herabgesetzt werden. **Bild 1.30** zeigt die Meßbereichserweiterung für Spannungsmessung über Vorwiderstände.

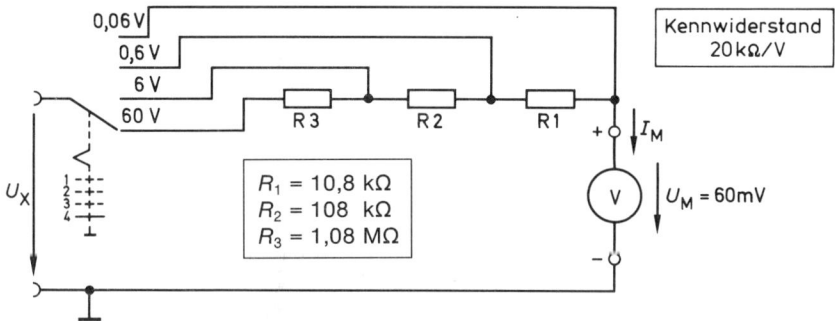

Bild 1.30 Meßbereichserweiterung für Spannungsmessung (Meßwerk: 60 mV Vollausschlag)

Sehr hochohmige Spannungsmesser arbeiten mit Operationsverstärkern in Elektrometerschaltung. **Bild 1.31** zeigt eine derartige Schaltung.
Die Meßspannung wird mit einem Widerstand von $R_6 + R_7 + R_8 + R_9 = 10\ M\Omega$ belastet. Dieser Widerstand ist unabhängig von dem zu wählenden Meßbereich. Die Aufteilung der Widerstände ist so gewählt, daß sich Meßbereiche von 100 mV, 1 V, 10 V und 100 V ergeben. Daß Meßsignal gelangt über ein Tiefpaßfilter aus R1 und C1 auf den P-Eingang des OP mit FET-Eingang, der in Elektrometerschaltung mit einer Verstärkung von V = 100 betrieben wird. Durch Einstellung des Trimmers R5 wird der Strom durch das Meßwerk auf 100 µA abgeglichen. Die Nullpunktkorrektur erfolgt über R4 durch Offset-Spannungskompensation. Der Eingangswiderstand beträgt für alle Meßbereiche $R_E = 10\ M\Omega$.

Beispiel:

Es soll eine Spannung von 1 V gemessen werden. Wie wird die Meßspannung belastet, wenn a) eine Meßschaltung nach Bild 1.30 und b) eine Meßschaltung nach Bild 1.31 verwendet wird;

a) Meßbereich 6 V

$R_{Kenn} = 20\ k\Omega/V$

$R_i \quad = u_{Meßber} \cdot R_{Kenn} = 6\ V \cdot 20\ \dfrac{k\Omega}{V} = 120\ k\Omega$

b) Meßbereich 1 V

$R_i \quad = 10\ M\Omega$ (meßbereichsunabhängig!)

49

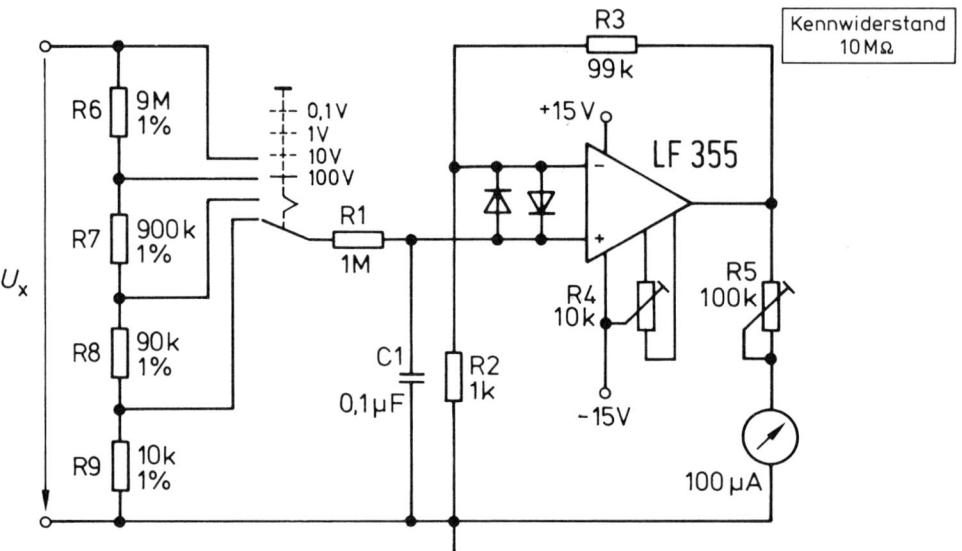

Bild 1.31 Hochohmiger Spannungsmesser

Durch entsprechende Vor- und Teilerwiderstände lassen sich alle erforderlichen Meßbereiche realisieren. Um die Meßfehler klein zu halten, müssen als Vorwiderstände Ausführungen der Normreihen E 48 oder E 96 verwendet werden. In höherwertigen Meßeinrichtungen werden spezielle Meßwiderstände mit besonders geringen Temperatur- und Alterungstoleranzen eingebaut.

1.4.1.2 Messung von Wechselspannungen

Die direkte Messung von Wechselspannungen ist nicht möglich, weil immer der arithmetische Mittelwert angezeigt wird. Der arithmetische Mittelwert einer symmetrischen Wechselspannung ist stets Null.
Um auch mit einem Drehspulinstrument Wechselspannungen und Wechselströme messen zu können, wird dem Meßwerk ein Gleichrichter vorgeschaltet. Dadurch kann der Meßstrom nur in einer Richtung durch die Spule fließen. Es tritt ein Ausschlag auf, weil jetzt der arithmetische Mittelwert nicht mehr Null ist. **Bild 1.32** zeigt die Verhältnisse.
Der arithmetische Mittelwert einer nach Bild 1.32 b gleichgerichteten sinusförmigen Wechselspannung beträgt:

$$U_{arith} = 0,318 \cdot u_{max}$$

Diesem Wert entspricht der Ausschlag des Drehspulinstruments. Wegen der großen Bedeutung des Effektivwertes einer Wechselspannung wird die Skala für den Effektivwert beschriftet. Zwischen arithmetischem Mittelwert und Effektivwert bei Einweggleichrichtung besteht folgender Zusammenhang:

$$U_{eff} = 1,57 \cdot U_{arith}$$

Die Konstante F

$$F = \frac{U_{\text{eff}}}{U_{\text{arith}}} = 1,57$$

wird als Formfaktor bezeichnet.

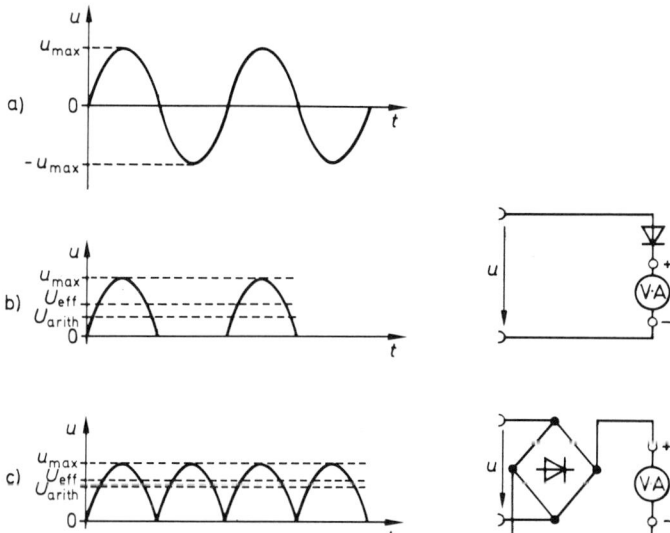

Bild 1.32 Gleichrichtung einer sinusförmigen Wechselspannung

Wird eine Brückenschaltung nach Bild 1.32 c zur Gleichrichtung verwendet, so gilt:

$$U_{\text{arith}} = 0,637 \cdot u_{\text{max}}$$

und

$$U_{\text{eff}} = 1,11 \cdot U_{\text{arith}} \qquad F = \frac{U_{\text{eff}}}{U_{\text{arith}}} = 1,11$$

Formfaktoren lassen sich auch für impulsförmige Wechselspannungen festlegen **(Bild 1.33).**

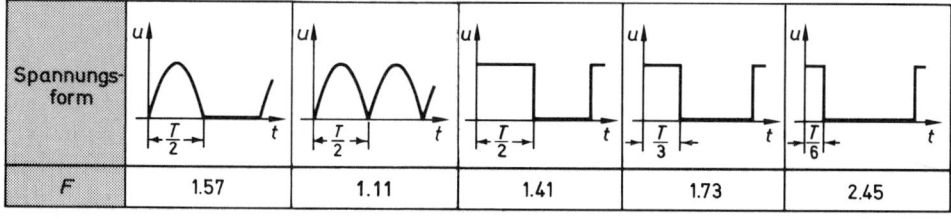

Spannungs-form					
F	1.57	1.11	1.41	1.73	2.45

Bild 1.33 Formfaktoren für impulsförmige Mischspannungen

51

Für die Anwendung von Vielfachmeßgeräten ergibt sich daraus für die Umrechnung bei Brückengleichrichtung:

$$\text{richtiger Effektivwert} = \frac{\text{Anzeige auf der Wechselskala}}{1{,}11} \cdot F$$

Dieser Zusammenhang muß bei Vielfachmeßgeräten unbedingt beachtet werden, um Fehlmessungen zu vermeiden.

Durch die Gleichrichter entstehen Nichtlinearitäten. Sie verringern insbesondere im unteren Bereich der Anzeige die Genauigkeit. Außerdem ist der Frequenzbereich begrenzt, für den die angegebene Genauigkeit des Meßgerätes gültig ist. Durch konstruktive Maßnahmen läßt sich erreichen, daß die Gleichspannungs- und Wechselspannungsskala bei Vielfachmeßinstrumenten für Gleich- und Wechselspannung übereinstimmen.

Für die Messung nichtsinusförmiger Spannungen werden auch Meßgeräte mit thermischen Umformern verwendet, die eine Bestimmung des Effektivwertes ohne Umrechnung mit Formfaktoren ermöglichen. **Bild 1.34** zeigt das Meßprinzip.

Die Wechsel- oder Mischspannung wird über einen Anpassungsverstärker auf ein Heizelement gegeben. Die durch den Aufheizvorgang entstandene Erwärmung wird durch eine Temperaturmessung bestimmt. Ein Steuerbaustein steuert mit Gleichspannung ein gleiches Heizelement an. Auch hier wird die Temperatur gemessen. Aus den Temperaturdifferenzen bildet der Steuerbaustein ein Steuersignal, das die Spannung für das Heizelement so steuert, daß die gemessene Temperatur im Vergleichskreis mit der im Meßkreis übereinstimmt. Damit stimmt auch die im Meßkreis und im Vergleichskreis erzeugte Heizleistung überein. Der Gleichspannungswert U_- ist gleich dem Effektivwert der Wechsel- oder Mischspannung $U_\sim$.

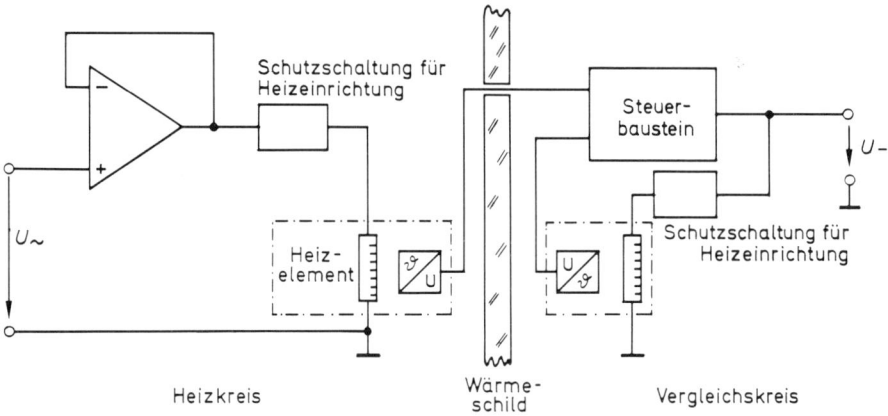

Bild 1.34 Meßprinzip mit thermischem Umformer

1.4.2 Strommessung

Bei Verwendung des Drehspulmeßwerkes wird Gleichstrom vom Meßwerk direkt angezeigt. Bei der Messung von Wechselströmen erfolgt dagegen wieder die Messung des
arithmetischen Mittelwertes. Auch hier wird mit Gleichrichtern gearbeitet. Die Skalen für
Wechselströme sind in Effektivwerten kalibriert, d. h. bei dem abgelesenen Meßwert
handelt es sich um den Effektivwert des fließenden Stromes. Es muß jedoch ein sinusförmiger Stromverlauf vorliegen. Bei Vielfachmeßgeräten sind die Skalen für Gleich-und
Wechselstrom häufig identisch. Für Ströme gelten ebenso die Einschränkungen hinsichtlich des Frequenzbereichs. Auch die »Echteffektivwertmessung« und die rechnerische Ermittlung von Effektivwerten wird bei Meßgeräten angewandt.
Die verschiedenen Meßbereiche für Gleich- und Wechselströme lassen sich durch
Parallelschalten von Widerständen zum Meßwerk erreichen. Derartige Widerstände
werden in der Meßtechnik als Nebenwiderstände oder Shunts bezeichnet. Bei Vielfachmeßgeräten sind die Parallelwiderstände eingebaut. Nur für große Ströme, z. B. 50 A,
werden sie an das Meßgeräte angesteckt.
Bei Vielfachmeßgeräten erfolgt die Meßbereichserweiterung jedoch meist durch eine
Kombination von Reihen- und Parallelschaltung. **Bild 1.35** zeigt eine derartige Schaltung.

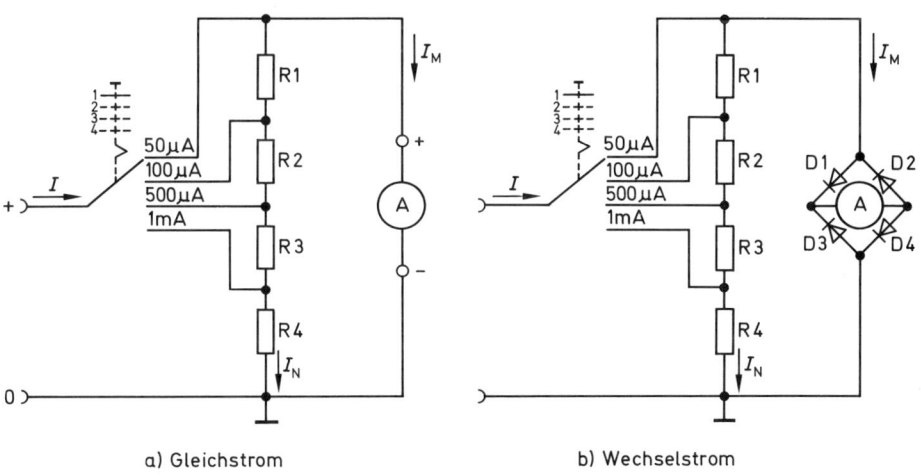

a) Gleichstrom   b) Wechselstrom

Bild 1.35   Prinzip eines Strommessers für mehrere Bereiche (Meßwerk 50 µA Vollausschlag)

Die Berechnung derartiger Schaltungen ist komplizierter, da neben den Parallelwider-
ständen auch Vorwiderstände vor dem Meßwerk auftreten.

1.4.3 Meßgeräte

Trends und Meßwerte anzeigen oder registrieren ist in der Prozeßtechnik von besonderer Bedeutung. Häufig verwendete Einrichtungen werden hier vorgestellt.

1.4.3.1 Anzeigen

In einfachen Fällen reicht es aus, das Vorhandensein einer Signalspannung oder ihr Vorzeichen zu kennen. Für diese Aufgabe eignen sich einfache Drehspulmeßgeräte. Die Skala ist nicht kalibriert, sondern durch Punkte oder symbolisch gekennzeichnet. **Bild 1.36** zeigt Skalenbilder solcher Anzeigegeräte.

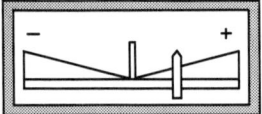 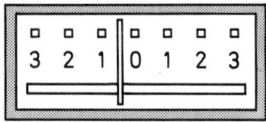

Bild 1.36 Skalenbilder einfacher Anzeigegeräte

Die Anzeige des Vorzeichens wird heute meist durch verschiedenfarbige LEDs durchgeführt. Durch die Wahl verschiedenfarbiger LEDs fallen Vorzeichenwechsel besonders auf. Die Anzeige kann dabei mit zwei getrennten LEDs, aber auch mit nur einer LED, die ein rotes und ein grünes LED-System enthält, erfolgen.
Physikalische Größen werden in elektrische Größen umgewandelt und dann angezeigt. In großem Umfang werden hierzu Drehspulinstrumente verwendet. Die Skalen werden entsprechend der anzuzeigenden physikalischen Größe beschriftet. In der Steuerungs- und Regelungstechnik lassen sich Größen mit wechselnden Vorzeichen vorteilhaft über Drehspulmeßgeräte mit Nullpunkt in Mittellage anzeigen **(Bild 1.37)**.

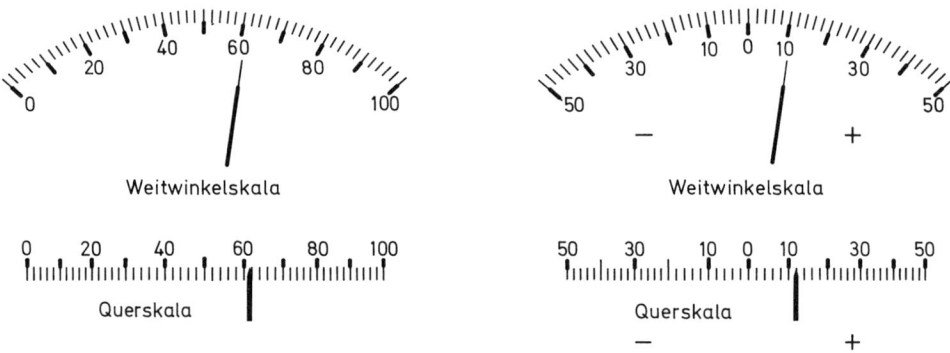

Bild 1.37 Skalen für Drehspulmeßgeräte

Auch hier setzen sich Digitalmeßgeräte immer weiter durch. Bei Digitalmeßgeräten mit LED-Siebensegment-Ziffernanzeigen wird nur der Meßwert einer physikalischen Größe angezeigt. Für eine gut lesbare Anzeige der Einheitenkurzzeichen sind mehr als sieben Anzeigesegmente erforderlich. Bei den LCD-Anzeigen ist eine höhere Gestaltungsvielfalt, aber nur bei Fertigung größerer Serien, möglich **(Bild 1.38)**.

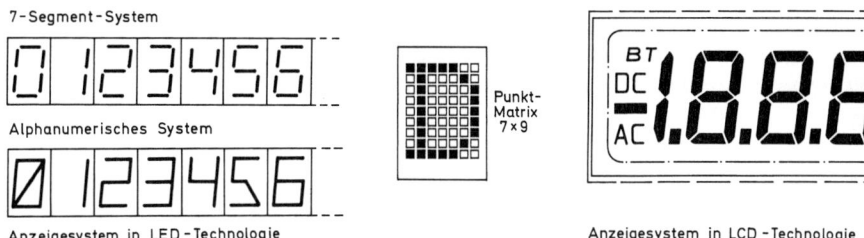

7-Segment-System
0 123456
Alphanumerisches System
0 123456
Anzeigesystem in LED-Technologie
Punkt-Matrix 7×9
BT
DC
AC
1.8.8.8
mV
µmA
MkΩ
Anzeigesystem in LCD-Technologie

Bild 1.38 Digital-Anzeigen

Digitalanzeigen sind nachteilig, wenn es um die Anzeige sich schnell ändernder Meßwerte geht. Handelt es sich um Vorzeichenänderungen, so ergibt dies einen Wechsel im Vorzeichen, das bei den meisten Digitalanzeigen eine besondere Stelle einnimmt. Meßwertänderungen ohne Vorzeichenwechsel führen zu flimmernden Anzeigebildern. Auch klassische Analoganzeigen eignen sich bei sich schnell ändernden Größen nur bedingt. In der Praxis haben sich hierfür Zeilen aus mehreren LEDs bewährt. In neueren Anzeigezeilen werden über 100 LEDs nebeneinander angeordnet. **Bild 1.39** zeigt einen Spezialbaustein in seiner Grundschaltung und das Prinzip des Aufbaus von LED-Zeilen.

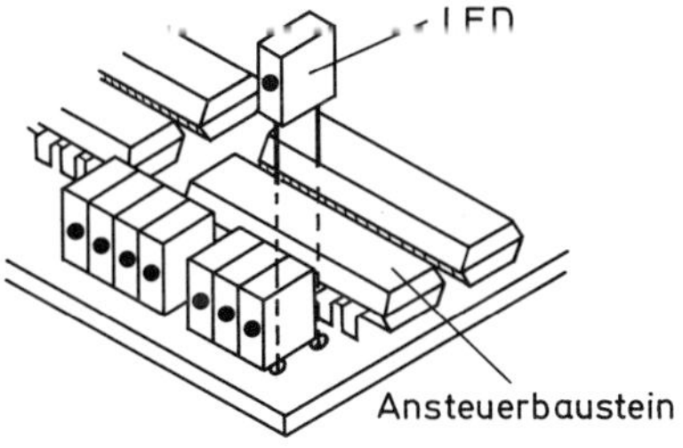

LED
Ansteuerbaustein

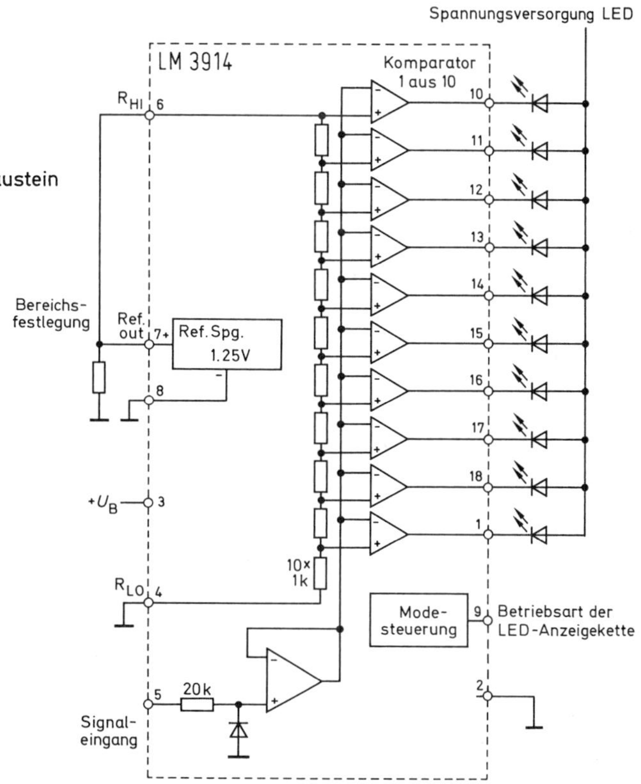

Spannungsversorgung LED
LM 3914
Komparator
1 aus 10
R_HI 6
10
11
12
13
14
15
16
17
18
1
Bereichs-
festlegung
Ref. out 7+
Ref. Spg.
1.25V
8
+U_B 3
10×
1k
R_LO 4
Mode-
steuerung
9
Betriebsart der
LED-Anzeigekette
2
5
20k
Signal-
eingang

Bild 1.39 LED-Zeilenanzeige

Um nicht alle LED-Systeme einzeln montieren zu müssen, lassen sich auch Bausteine für Balkenanzeigen (Bargraph-Anzeigen) mit 10 LED-Systemen verwenden. Diese Bausteine sind beliebig anreihbar **(Bild 1.40)**.

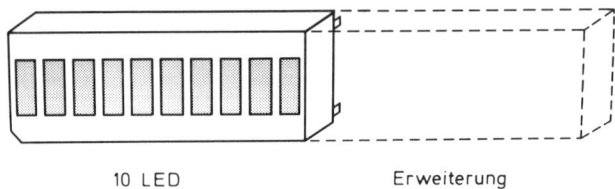

10 LED   Erweiterung

Bild 1.40   LED-Baustein für Bargraph-Anzeigen

Durch Wahl von unterschiedlichen Farben für die LED-Anzeigen ergeben sich weitere Hinweise, z. B. für das Erreichen eines Grenz- oder Gefahrenbereiches. Derartige Anzeigen reagieren sehr schnell.

Neben LED-Balkenanzeigen werden auch Fluoreszenzanzeigen mit einer hohen Anzahl Segmenten verwendet. Sie zeichnen sich durch höhere Lichtintensität als LED-Balkenanzeigen aus. Auch für diese Anzeigen ist die Bezeichnung Bargraph-Anzeige üblich.

Bei beiden Anzeigen lassen sich mehrere Anzeigearten unterscheiden. Am verbreitetsten ist die Balkenanzeige, bei der der Meßwert durch eine dem Meßwert entsprechende Anzahl Leuchtsegmente dargestellt wird. Daneben wird auch die Anzeige über eine oder eine kleine Gruppe aufleuchtender Leuchtsegmente auf dem Anzeigeband angewendet. Inzwischen wird die Balkenanzeigetechnik auch für LCD-Anzeigen übernommen.

Bei Vielfachinstrumenten und in der Prozeßtechnik werden beide Anzeigearten auch kombiniert verwendet. Die genaue Meßwertanzeige erfolgt digital, eine zeitliche Veränderung über eine Balkenanzeige (quasianalog).

Moderne Anzeigesysteme mit Digital- und Balkenanzeige haben auch zusätzliche Funktionen. So kann die Balkenanzeige zur Anzeige eines festgelegten Intervalls um den Meßwert verwendet werden. Weitere Verbesserungen sind automatische Verschiebung des Intervalls bei Veränderung des Meßwertes und eine Verschiebung sowie Größenanpassung des Intervalls abhängig vom zeitlichen Verlauf der Meßgröße.

1.4.3.2 Vielfachmeßgeräte

In der Praxis werden in großem Umfang Vielfachmeßgeräte verwendet. Für Vielfachmeßgeräte ist auch die Bezeichnung Multimeter üblich. Wichtigstes Kriterium für die Beurteilung der Eignung für Spannungsmessungen ist neben den Meßbereichen der Kennwiderstand. Üblich sind drei Gruppen:

Kennwiderstand kleiner als 5 kΩ/V

Kennwiderstand größer 40 kΩ/V (100 kΩ/V)

Höhere Innenwiderstände haben elektronische Analog-Multimeter und Digital-Multimeter:

Innenwiderstand   1 MΩ bis 10 MΩ

1.4 Beispiele elektrischer Messungen

Um einen Überblick über die Eigenschaften der Multimeter zu erhalten, wurden einige charakteristische Geräte ausgewählt und ihre Eigenschaften tabellarisch zusammengestellt.

Multimeter MX 202

Kennwiderstand: 40 000 Ω/V −, 1000 Ω/V ~

Meßbereiche Spannung   Meßbereiche Strom
0 … 50 mV −   0 … 25 µA/50 µA/0,5 mA/5 mA −
0 … 150 mV −/0 … 0,5 V/1,5 V/5 V −   0 … 50 mA/500 mA ≃
0 … 15 V/50 V/150 V/500 V ≃   0 … 5 A≃

Meßbereiche Widerstand
10 Ω – 20 kΩ, 100 kΩ – 200 kΩ, 1 kΩ – 2 MΩ

Genauigkeit: Klasse 1,5 bei −, Klasse 2,5 bei ~
Frequenzbereich: 30 Hz … 20 kHz

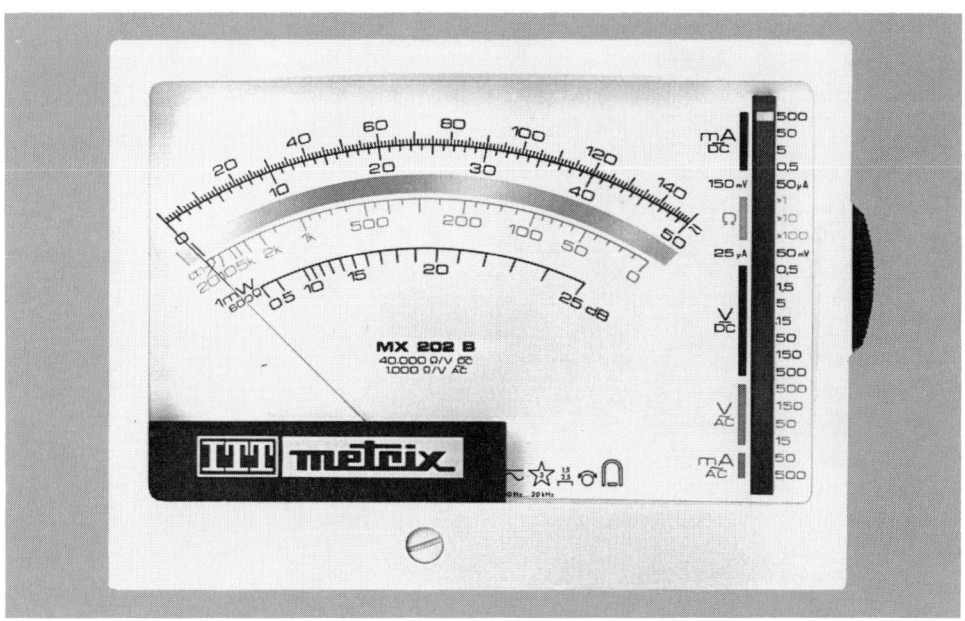

Bild 1.41   MX 202 ITT-Metrix

Multimeter PM 2505

Eingangswiderstand: 10 MΩ

Meßbereiche Spannung
0 ... 100 mV/300 mV/1 V/3 V/10 V/30 V ≃
0 ... 100 V/300 V/1000 V ≃

Meßbereiche Strom
0 ... 1 µA/3 µA/10 µA/30 µA/100 µA ≃
0 ... 300 µA/1 mA/3 mA/10 mA/30 mA ≃
0 ... 300 mA/1 A/3 A/10 A ≃

Meßbereiche Widerstand
0 ... 100 Ω/ 300 Ω/1 kΩ/3 kΩ/10 kΩ/30 kΩ/100 kΩ/300 kΩ
0 ... 1 MΩ/3 MΩ/10 MΩ/30 MΩ

Genauigkeit: Klasse 1,5 bei −, Klasse 2,5 bei ∼ (50 – 60 Hz)
Frequenzbereich: 10 – 30 kHz

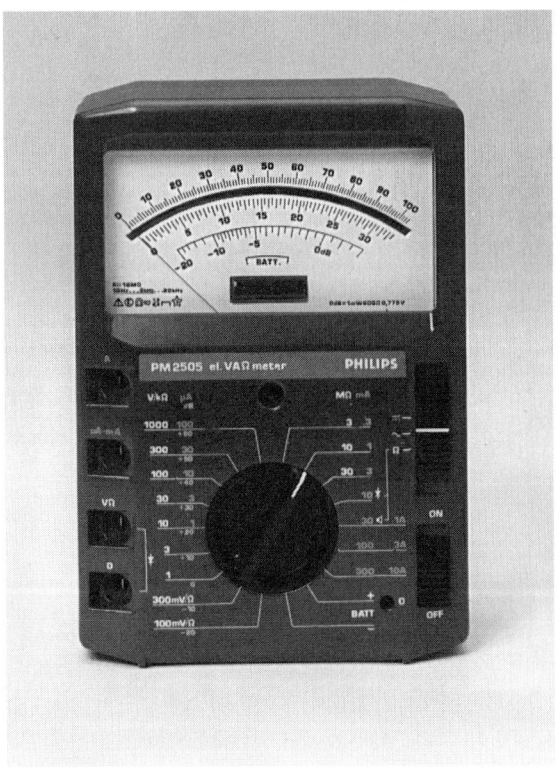

Bild 1.42   Philips PM 2505

Digital-Multimeter M2110 ABB-Goerz/Metrawatt

Eingangswiderstand: 10 MΩ

Meßbereiche Spannung

± 0 ... 300 mV/3 V/30 V/300 V/1000 V −

  0 ... 300 mV/3 V/30 V/300 V/1000 V ∼

Meßbereiche Strom

± 0 ... 300 µA/3 mA/30 mA/300 mA/3 A/20 A −

  0 ... 300 µA/3 mA/30 mA/300 mA/3 A/10 A ∼

Meßbereich Widerstand

0 ... 300 Ω/3 kΩ/30 kΩ/300 kΩ/3 MΩ/20 MΩ

Auflösung: 0,01 Ω

Genauigkeit: 0,05 % +   1 digit Gleichspannung

          0,25 % +   2 digit Wechselspannung 45 Hz – 2 kHz

          0,5   % + 20 digit Wechselspannung 5 kHz – 20 kHz

Zusätzlich ist die Bestimmung von Kapazitäten möglich.

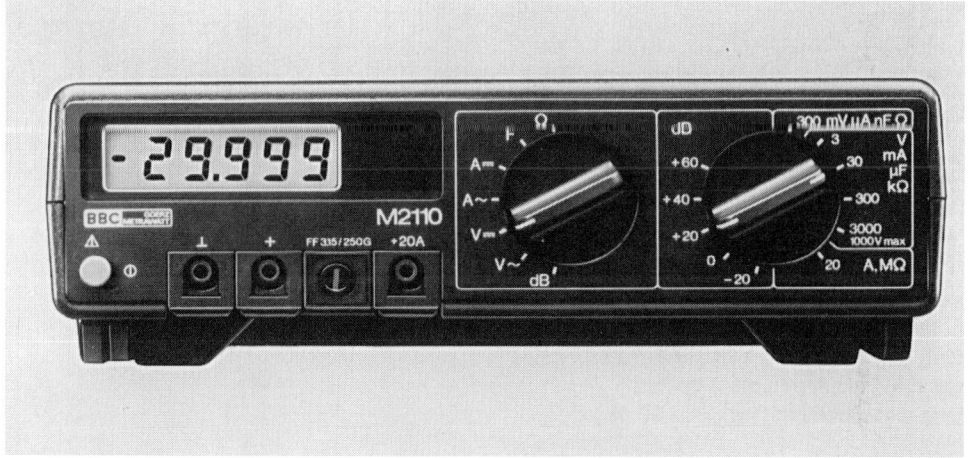

Bild 1.43   M 2110 ABB-Goerz/Metrawatt

1.4.3.3   Oszilloskope

Neben Spannungs- und Stromwerten müssen häufig auch die zeitlichen Verläufe dieser Größen in Abhängigkeit von der Zeit erfaßt werden. Hierzu werden Oszilloskope verwendet, die in ihrer Funktionsweise bereits in den Grundlehrgängen vorgestellt und eingesetzt werden. Oszilloskope messen Spannungen. Der Eingangswiderstand der Meßverstärker ist einheitlich und beträgt 1 MΩ. Bei Verwendung von Tastteilerköpfen 10 : 1 erhöht sich der Eingangswiderstand auf 10 MΩ. Die Strommessung erfolgt über einen Stromwiderstand in Form einer Spannungsmessung. **Bild 1.44** zeigt ein modernes Oszilloskop, wie es im Schulungs- und Servicebereich häufig angewandt wird.

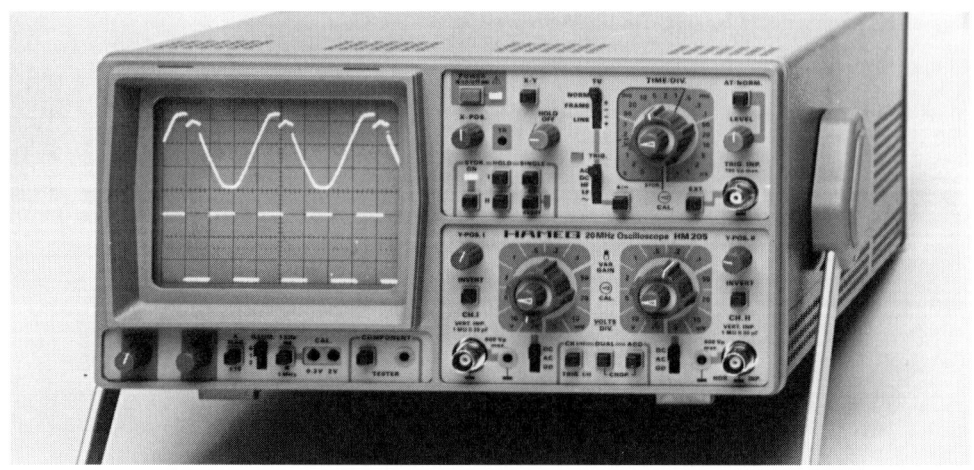

Bild 1.44 Hameg HM 205

Wichtige Daten sind im folgenden zusammengestellt.

Oszilloskop HM 205 Hameg

Betriebsarten

Kanal 1, Kanal 2, Kanal 1 und Kanal 2
Kanal 1 und Kanal 2 (Kanal 2 invertierbar)
X-Y-Betrieb

Vertikalablenkung (Y)   Kanal 1 und Kanal 2
Ablenkkoeffizienten
5 mV/cm bis 20 V/cm (1-2-5-Teilung)
variable Einstellung bis 2 mV/cm
Eingangswiderstand: 1 MΩ ∥ 30 pF
Maximale Spannung: (DC + AC Spitze AC) 400 V
Frequenzbereich: 0 ... 20 MHz (− 3 dB)

Zeitablenkung (T)
Zeitkoeffizienten
0,5 µs/cm bis 0,2 s/cm (1-2-5-Teilung)
X-Dehnung × 10:   bis 20 ns/cm
Triggerung: Automatik bei Frequenzen > 10 Hz
     Normal bei Pegeleinstellung
     Trigger-Flanke: + und −
     Trigger-Quelle: Kanal 1, Kanal 2, Netz, Extern

Hold off-Funktion zur Verbesserung der Triggerfunktion

Es ist eine Eigenheit von Oszilloskopen, daß die Signale periodisch anstehen müssen, wenn ein stehendes Bild und damit ein in Ruhe auswertbarer Kurvenverlauf entstehen soll. Dies ist bei langsam ablaufenden Vorgängen problematisch. Einmalige Vorgänge lassen sich zwar beobachten, jedoch nicht auswerten. Hierzu ist eine Speicherung des Bildes notwendig. Bei dem oben beschriebenen Oszilloskop ist dies vorgesehen.

Die Speichereinheit läßt sich wie folgt beschreiben:

Digitale Speicherung

Betriebsarten:	Wiederholungsauffrischung, Einzelereignisaufnahme
	Kanal 1, Kanal 2, Kanal 1 und Kanal 2
Speichertiefe:	1024 × 8 bit pro Kanal
Auflösung:	vertikal (Y) 28 Punkte/cm
	horizontal (X) 100 Punkte/cm (10 Punkte/cm bei 10fach Dehnung)

Diese digitale Speicherung ermöglicht die stabile Darstellung des oder der Spannungsverläufe in einem Zeitraum bis 50 s. Es sind also auch Meßspannungen mit Frequenzen bis unter 1 Hz darstell- und auswertbar. Besonders für den Einsatz in der Regelungstechnik bei langsameren Strecken ergeben sich Vorteile, weil ein solches Oszilloskop die Signalverläufe, die für übliche Laborlinienschreiber zu schnell ablaufen, erfassen kann. Die Anwendung der Speichertechnik in Oszilloskopen läßt sich noch wesentlich erweitern. Dies geschieht bei den speziellen Speicheroszilloskopen. Diese Geräte sind jedoch sehr teuer, und die Bedienung erfordert gründliche Einarbeitung. Als charakteristische Geräte für den Laborbetrieb stehen sie in der Praxis und im Service meist nicht zur Verfügung.

1.4.3.4 Schreiber

Ein Schreiber kann physikalische Größen über längere Zeiten erfassen und aufzeichnen. Zur Aufzeichnung dient Rollen- oder Faltpapier. Die mögliche Aufzeichnungsdauer hängt von der Aufzeichnungsgeschwindigkeit und dem Papiervorrat ab. Unterschieden wird nach Laborschreibern und Registrierschreibern. Für Untersuchungen in Regelkreisen mit langsamen Strecken werden vornehmlich Laborschreiber in 1–6kanaliger Ausführung verwendet. Laborschreiber lassen sich unterteilen in Flachbettschreiber und Vertikalschreiber. Bei Flachbettschreibern bewegt sich das Papier parallel zur Tischebene. Bei den Vertikalschreibern verläuft der Papiertransport senkrecht. Diese Schreiber sind auch für Schalttafel- oder Warteneinbau verwendbar. Schreiber für meßtechnische Untersuchungen haben eine Schreibbreite von 250 mm, während für Registrierschreiber meist eine Breite von 100 bzw. 125 mm ausreicht.
Die zu messende physikalische Größe wird in einem Meßteil in ein den Schreibmechanismus steuerndes Signal umgewandelt. Üblich sind Meßteile mit umschaltbaren Meßbereichen zwischen 1 mV und 100 V Gleichspannung. Die Aufteilung erfolgt dekadisch oder in 1-2-5-Folge. Die Anzahl der Meßbereiche hat Auswirkungen auf die Kosten. Für universellen Einsatz gibt es auch Multimeter-Meßteile mit Meßbereichen 100 mV/1 V/10 V/100 V/250 V $\approx$ und 0,1 mA/1 mA/10 mA/100 mA/1 A $\approx$.
Auch Meßteile für die Messung physikalischer Größen mit bestimmten Sensoren werden eingesetzt. Hier sind Meßteile für technisch in großem Umfang eingesetzte Thermoelemente verbreitet. Die Auslegung der Spannungs- und Multimeter-Meßteile ist so, daß der Nullpunkt am linken Ende der Skala liegt. Eine eingebaute oder adaptierbare Nullpunktverschiebung ermöglicht meist die Verschiebung (Einstellung) des Nullpunktes auf der ganzen Skala. Meßbereichs-Meßteile bestehen im wesentlichen aus Ein-

gangsspannungsteiler, einem Tiefpaßfilter und dem Meßverstärkerteil. Dem Meßteil folgt ein Steuerteil. Neben Kalibrierung und Nullpunktverschiebung können Invertier-funktion, Ereignismarkierung und Maximum-Minimum-Schaltsignale vorgesehen werden. Dem Steuerteil folgt der Servoteil. Der Servoteil besteht aus einem Eingangsver-stärkerteil, sowie einem Pufferverstärker, in dem die Endlagenabschaltung vorgenommen wird. Ein Differenzverstärker wertet die aus der Einstellung des mit dem Schreibsystem gekoppelten Servopotentiometers abgeleitete Spannung in die verstärkte Meßspannung aus. Je nach Ausgang des Vergleichs wird über den Endverstärker der das Schreibsystem verschiebende Motor so gesteuert, daß durch die Verstellung des Servopotentiometers die Spannungsdifferenz zu Null wird. Der Motor bleibt dann in Ruhe und die Lage des Schreibsystems bezogen auf die Ruhelage und entspricht der Eingangsgröße. **Bild 1.45** zeigt Blockschaltbild und Flachbettlinienschreiber.

Der Vorschub des Papiers erfolgt heute vorwiegend über Schrittmotoren. Werden nur eine oder wenige Vorschubgeschwindigkeiten benötigt, kann auch ein Synchronmotor Verwendung finden. Die Steuerimpulse für Schrittmotoren werden üblicherweise über Frequenzteiler aus einem quarzgesteuerten Generator abgeleitet. Die Geschwindig-keitsänderung des Vorschubs erfolgt durch Umschaltung der Frequenzteiler. Für variable Vorschubgeschwindigkeiten kann gegebenenfalls auch ein externer Generator verwendet werden.

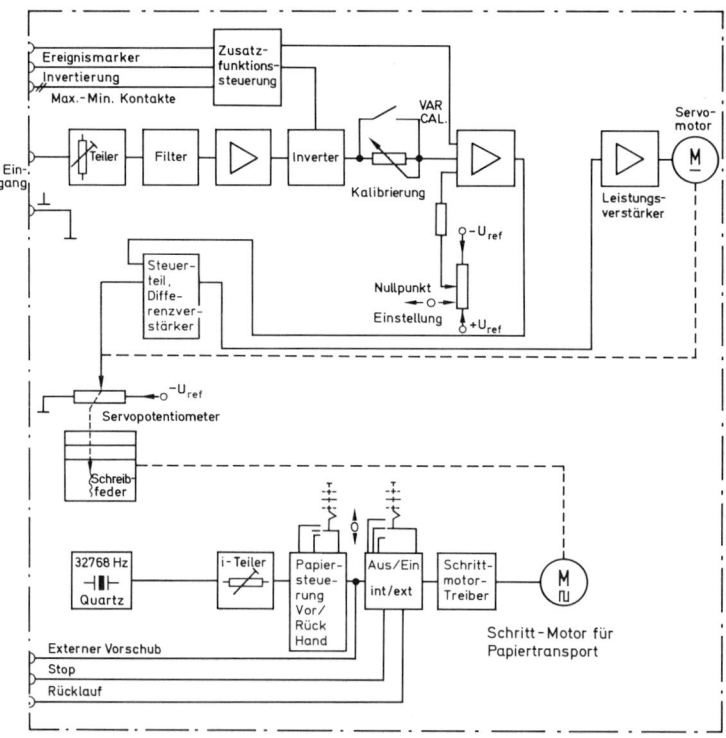

Bild 1.45   Metrawatt Flachbettlinienschreiber SE 120

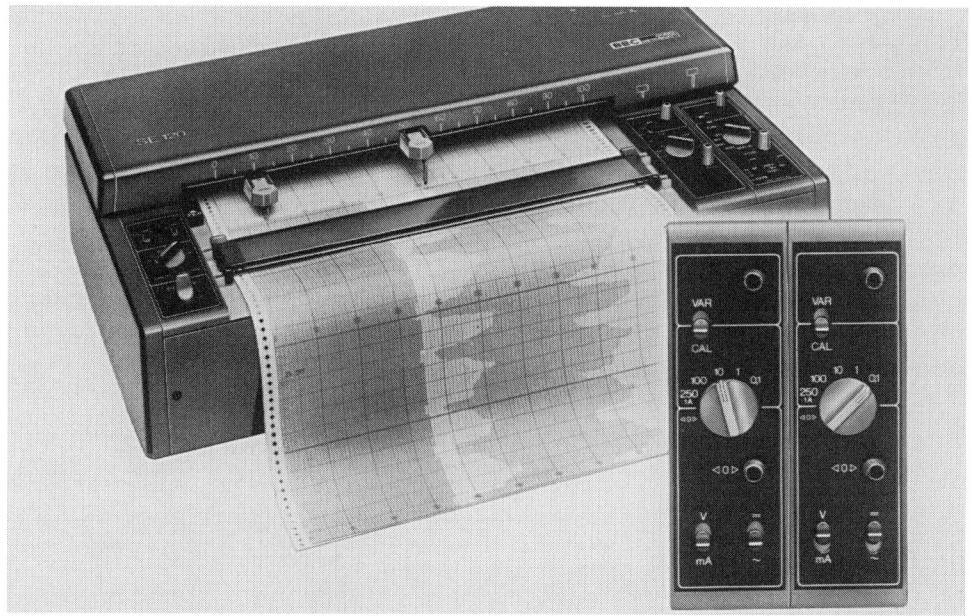

zu Bild 1.45 (ABB-Goerz/Metrawatt)

Die technischen Daten des Flachbettlinienschreibers SE 120 sind tabellarisch zusammengestellt:

Linienschreiber SE 120 ABB-Goerz/Metrawatt

Meßteil

Meßbereiche:	10 mV/100 mV/1 V/10 V/100 V —
Genauigkeit:	$\pm$ 0,5 %
Eingangswiderstand:	1 GΩ (10 mV – 1 V)
	1 MΩ (10 V – 100 V)
Nullpunkt:	$-$ 5 % ... 105 % verstellbar

(Weitere unterschiedliche Meßbereiche lieferbar)

Zeitteil

Vorschubgeschwindigkeit:	3/12/60 cm/h
	3/12/60 cm/min
Antrieb:	quarzgesteuerter Schrittmotor 128 Schritte/cm
Positionierung:	Vorlauf, Rücklauf (progressive Steuerung)
Externsteuerung:	»L«-Pulse (C-MOS, U_B = 8,2 V)
	Impulsdauer $\geqq$ 15 μs; max. Frequenz 150 Hz

Grundgerät

Schreibbreite:	250 mm 0 ... 100 Skalenteilung
Einstellzeit:	ca. 0,5 s (bei Sprung 90 % des Meßbereiches)
Schreibgeschwindigkeit:	ca. 50 cm/s
Aufzeichnung:	Tinte mit Kapillarschreibspitze
	Faserschreibspitze; Einwegfilzfeder
Papier:	Breite 270 mm
Federversatz:	zwischen 1. und 2. Kanal ca. 2 mm

Mehrfunktionszusatz

2 Grenzwertkontakte:	Ansprechschwelle 0 ... 100 % einstellbar
Ereignismarkierung:	positiver Nadelimpuls 200 ms 3 mm Amplitude
Monitorausgang:	10 V = 100 % Ausschlag
	zulässiger Abschlußwiderstand: 10 kΩ
Invertierung:	Umpolung des Meßsignals
Elektrische Federabhebung:	Abhebung der Feder über elektrisches Signal (TTL, CMOS) bei Mehrkanalgerät für alle Kanäle gemeinsam.

Die Entwicklung auf dem Gebiet der Mikroelektronik hat auch die Registrierung von Signalen verändert. Ein Beispiel ist der Hybridschreiber Logoprint 100 **(Bild 1.46)**.

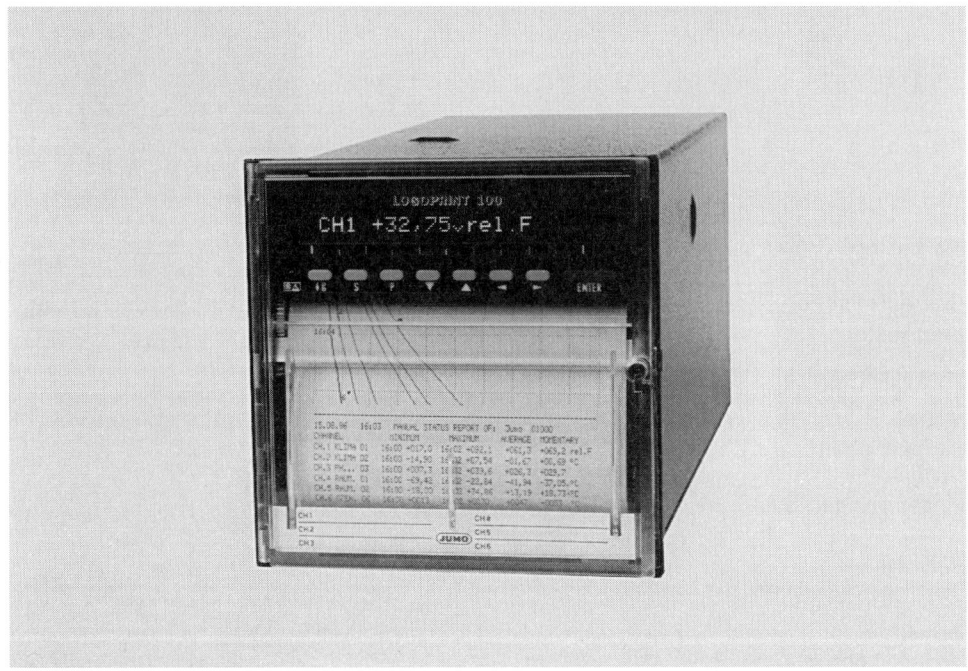

Bild 1.46   Hybridschreiber Logoprint 100 (Juchheim)

Dieser Schreiber hat trägheitslose Registrierung mit einem Thermodruckkopf. Der Druckkopf druckt 400 Punkte auf 100 mm Schreibbreite. Die Auflösung beträgt 0,25 %. Bei 6 Analogeingängen wird jeder Kanal 10 mal je Sekunde abgefragt. Die Aufzeichnung erfolgt ohne Zeitversatz, in einer programmierbaren Anzeige werden die Meßwerte alphanumerisch oder als Bargraph angezeigt. Da der Schreiber keine beweglichen Teile im Registriersystem hat, arbeitet er verschleißfrei. Registriert wird auf thermosensitivem Spezialpapier. Der Eindruck von Diagramm- und Zeitlinien auf dem Papier entfällt, da diese bei der Registrierung mitgedruckt werden. Der Papiervorschub ist pro-

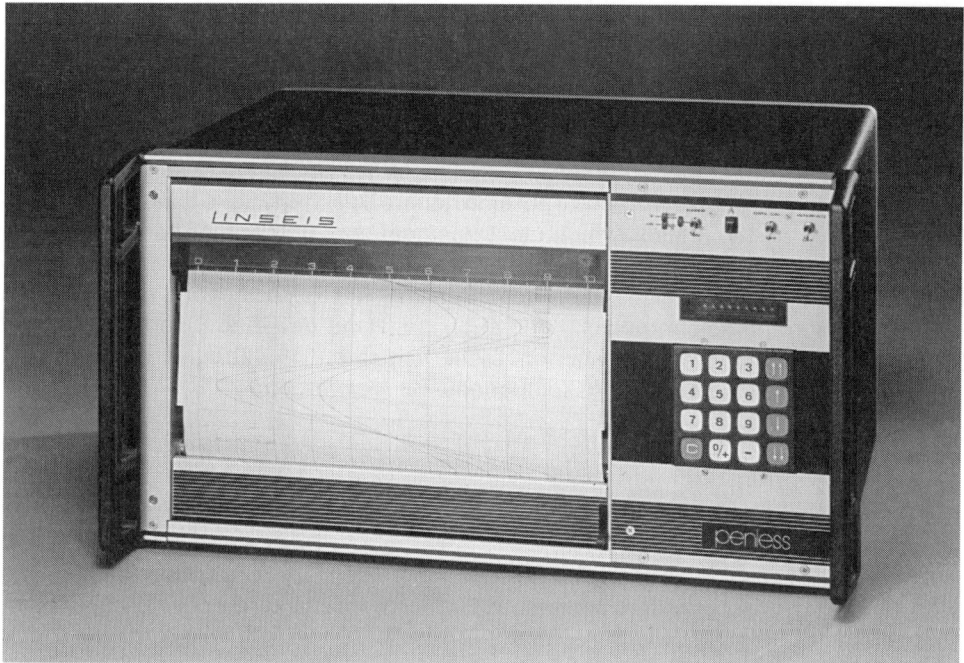

Bild 1.47   Penless LRS R4 (Linseis)

grammierbar zwischen 5 ... 7200 mm/h. Beim Umschalten der Vorschubgeschwindigkeit wird der neu gewählte Wert ausgedruckt. Der Schreibbetrieb ist kontinuierlich und
zyklisch möglich. Auch ein Alarmausdruck in Abhängigkeit von Grenzwertkontakten ist
vorgesehen. Neben der analogen Registrierung lassen sich alphanumerisch alle wichtigen Daten erfassen und ausdrucken.
Als Analogeingänge sind Bereiche von 0 ... 20 mA (4 ... 20 mA) und 0 ... 10 V (0 ... 1 V)
vorgesehen. Widerstandsthermometer und Thermoelemente sind optimal wählbar.
Bild 1.47 zeigt eine transportable Registriereinrichtung auf Thermoschreibkopfbasis.
Auch hier weist die Registriereinrichtung keine beweglichen Teile auf. Trägheitseffekte,
die sich aus bewegten Massen ergeben, sind entfallen. Auch die versatzlose Aufzeichnung mehrerer Kurven ist möglich. 720 Heizelemente sind auf die Schreibbreite von
250 mm verteilt. Thermosensitives Papier ermöglicht keine mehrfarbige Darstellung,
aber durch alphanumerische Zeichen, z. B. für Kanalnummern, wird eine eindeutige
Unterscheidung der gleichfarbenen Linien gesichert. Gleichzeitig können alle Einstellparameter (Meßbereich, Nullpunktlage usw.) auf dem Papier festgehalten werden. Auch
das Ausdrucken digitaler Meßwerte ist möglich. Der vorwiegend digitale Aufbau erlaubt
in Kooperation mit einem Rechner eine Beschriftung des Meßprotokolls zur eindeutigen
Identifizierung und Erfassung der Meßbedingungen.
Die Analog-Digital-Wandlung erfolgt 50mal je Sekunde. In Verbindung mit dem verzögerungsfreien Schreibverfahren werden noch Störspitzen von 40 ms Dauer ohne Amplitudenveränderung erfaßt. Das System sieht 2 bis 8 Kanäle vor. 18 Meßbereiche zwischen

1 mV und 50 V sowie ein wählbarer Faktor zwischen 0 ... 2500 erlauben die Anpassung an die Meßaufgaben. Die Linearität liegt bei ± 0,15 %, die Genauigkeit bei ± 0,25 %. Der Eingangswiderstand im mV-Bereich bei 7 MΩ und im V-Bereich bei 2 MΩ.

Das Meßsystem kann neben der Registrierung Meßwerte zum Rechner übermitteln. Die Steuerung der Meßbereiche und des Papiervorschubs kann auch meßwertabhängig durchgeführt werden. Überschreitet z. B. die Eingangsgröße einen bestimmten Grenzwert, so schaltet der Papiervorschub auf eine höhere Geschwindigkeit und gegebenenfalls auf einen anderen Meßbereich um. Die eingebaute Echtzeituhr kann den Überschreitungszeitpunkt festhalten. Alle Einstelldaten wie Meßbereich, Nullpunkt, Aufzeichnungsgeschwindigkeit können vom Rechner her gesetzt, aber auch gelesen werden. Dadurch ist sichergestellt, daß auch von Hand gewählte Einstellungen vom Rechner übernommen werden können. Diese Registriereinrichtung ist daher gleichzeitig auch eine Automatisierungskomponente für Meßvorgänge.

1.4.4 Meßverfahren

Mit Hilfe von Einzelmeßgeräten oder Vielfachmeßgeräten lassen sich Spannungen und Ströme direkt messen. Weitere elektrische Größen werden indirekt durch Spannungs- und Strommessungen sowie Berechnung ermittelt.

1.4.4.1 Spannungsrichtige und stromrichtige Messung

Bei der Durchführung von Meßreihen ist es zweckmäßig, den Strom durch den Verbraucher und den Spannungsabfall am Verbraucher gleichzeitig zu messen. **Bild 1.48** zeigt zwei mögliche Schaltungen.

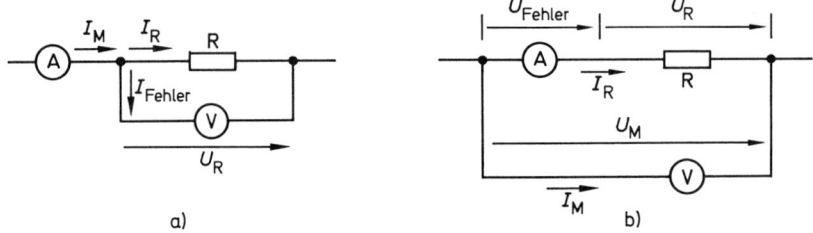

Bild 1.48 Gleichzeitige Messung von Strom und Spannung

Bei Schaltung a) wird die Spannung direkt am Meßobjekt abgegriffen. Der gemessene Strom I_M ergibt sich aus der Summe der Ströme I_R durch das Meßobjekt und I_{Fehler} durch den Spannungsmesser. Je hochohmiger der Spannungsmesser ist, umso geringer ist der Fehler des angezeigten Stromes.

Bei der Schaltung b) wird der Strom durch den Spannungsmesser zwar nicht mitgemessen, dafür aber der Spannungsabfall am Strommesser vom Spannungsmesser mit angezeigt.

Ist für eine genaue Messung eine Berücksichtigung der Fehler erforderlich, so ist die Schaltung a) zweckmäßiger, weil der Innenwiderstand eines Spannungsmessers häufiger bekannt ist als der Innenwiderstand eines Strommessers. Von Vorteil dabei ist auch, daß der Temperatureinfluß bei Spannungsmessern geringer als bei Strommessern ist.

1.4.4.2 Messung von Spannungsverläufen und Phasenverschiebungen

In **Bild 1.49** ist die Spannungsmessung für Gleichspannung und Wechselspannung dargestellt.

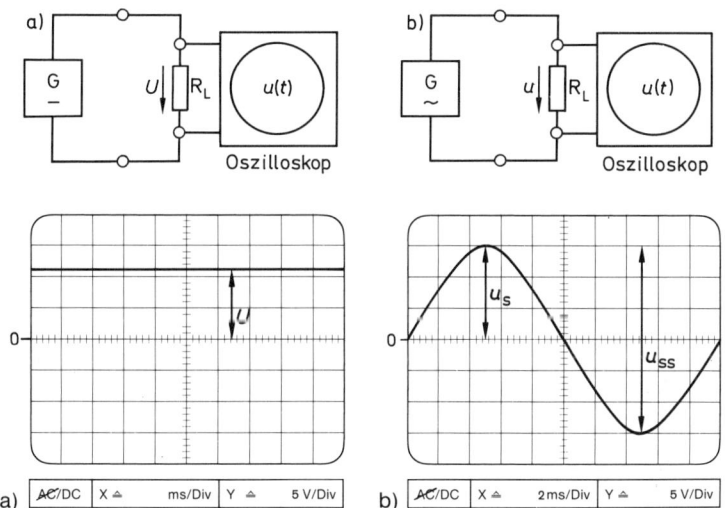

Bild 1.49 Spannungsmessung mit dem Oszilloskop

Die Strommessung erfolgt über einen Meßwiderstand R_M, indem der Spannungsabfall an R_M gemessen wird. Durch Wahl geeigneter Werte für R_M, z. B. 1 Ω, 10 Ω oder 100 Ω, wird die Berechnung des Stromes I aus der Spannung U_{RM} und dem Widerstand R_M vereinfacht **(Bild 1.50)**.

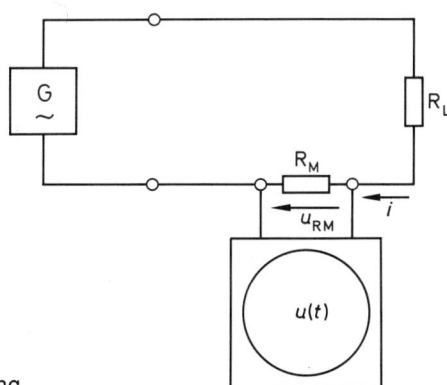

Bild 1.50 Strommessung

Für periodische Wechselspannungen ist die Frequenz ein charakteristischer Wert. **Bild 1.51** zeigt die Ermittlung der Periodendauer und der Frequenz aus dem Spannungsverlauf.

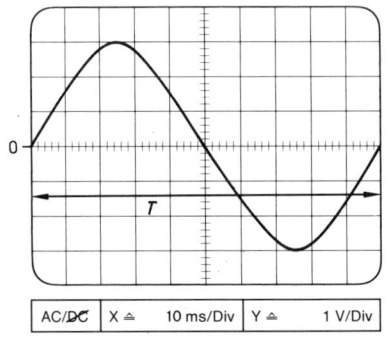

$$f = \frac{1}{T}$$

z. B.

$T = 10\ \text{Div} \cdot 10\ \text{ms/Div}$

$T = 100\ \text{ms}$

$f = 10\ \text{Hz}$

| AC/DC | X ≙ | 10 ms/Div | Y ≙ | 1 V/Div |

Bild 1.51   Ermittlung von Periodendauer und Frequenz

Bei Schaltungen und Baugruppen mit Signaleingang und Signalausgang sind nicht nur die Verläufe von Eingangssignal und Ausgangssignal von Bedeutung, sondern auch die Lage der Signale zueinander. **Bild 1.52** zeigt die gleichzeitige Messung von Eingangsspannung u_E und Ausgangsspannung u_A mit dem Oszilloskop. Neben dem Blockschaltbild ist das Oszillogramm angegeben.

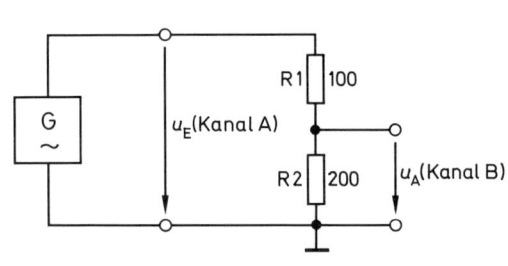

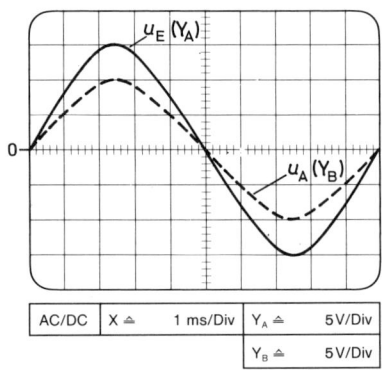

| AC/DC | X ≙ | 1 ms/Div | Y_A ≙ | 5 V/Div |
| | | | Y_B ≙ | 5 V/Div |

Bild 1.52   Gleichzeitige Messung von u_E und u_A

Bild 1.53 zeigt ein Oszillogramm von Eingangs- und Ausgangsspannung mit Phasenverschiebung. Durch die Darstellung von nur einer Periode der Eingangsspannung ergibt sich eine gute einfache Ablesung der Phasenverschiebung.

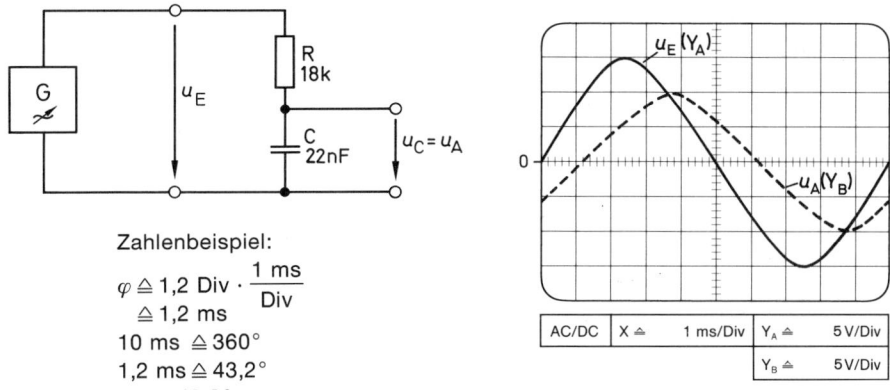

Zahlenbeispiel:

$$\varphi \triangleq 1{,}2 \text{ Div} \cdot \frac{1 \text{ ms}}{\text{Div}}$$
$$\triangleq 1{,}2 \text{ ms}$$
$$10 \text{ ms} \triangleq 360°$$
$$1{,}2 \text{ ms} \triangleq 43{,}2°$$
$$\varphi = -43{,}2°$$

Bild 1.53 Ermittlung einer Phasenverschiebung

Aus dem Verlauf von Eingangs- und Ausgangsspannung ist zu ersehen, daß die Ausgangsspannung gegenüber der Eingangsspannung u_e nacheilt. Der Phasenwinkel φ erhält ein negatives Vorzeichen.

Werden in der Praxis Phasenwinkel ermittelt, so erfolgt die Darstellung einer Halbwelle der Signalspannung zweckmäßigerweise über 9 Teilungen, jede Teilung entspricht dann einem Phasenwinkel von 20°, Zwischenwerte lassen sich so leichter abschätzen.

1.4.4.3 Widerstandsmessung

Die genaueste Messung von Widerstandswerten ist mit der Brückenschaltung möglich. **Bild 1.54** zeigt das Grundprinzip der Brückenschaltung.

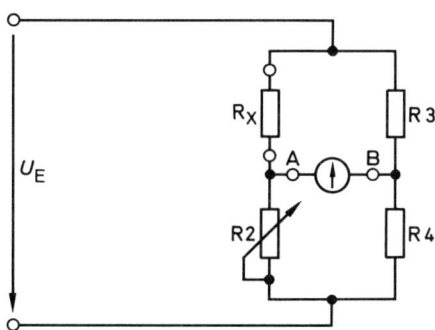

Bild 1.54 Brückenschaltung zur Messung von Widerstandswerten

Die Brückenschaltung nach Bild 1.54 wird so abgeglichen, daß die Spannung $U_{AB} = 0\,V$ wird. Dann läßt sich ein unbekannter Widerstandswert mit Hilfe der drei anderen, bekannten Widerstände berechnen.

$$R_x = R_2 \cdot \frac{R_3}{R_4}$$

Brückenschaltungen werden zur Aufbereitung von Meßsignalen auch in der nichtab-geglichenen Form verwendet.
Bild 1.55 zeigt eine Brückenschaltung mit einem Sensorelement als R1.

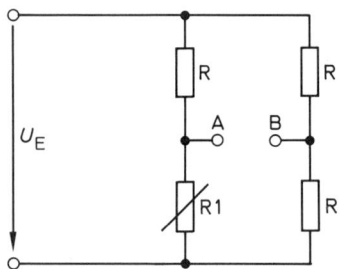

$$R_1 = R(1 + X)$$

$$U_{AB} = U_D = \left(\frac{R(1+X)}{R + R(1+X)} - \frac{1}{2} \right) U_E$$

$$U_D = \frac{U_E}{4} \cdot \frac{X}{1 + \frac{X}{2}}$$

$$U_D \approx \frac{U_E}{4} \cdot X \qquad \text{für } X \ll 1$$

Bild 1.55 Brücke mit Sensor

Der Widerstand ist veränderbar. Für ihn gilt:

$$R_1 = R(1 + X)$$

Für kleine Änderungen, d.h. $X \ll 1$, gilt

$$U_D = \frac{R(1+X)}{R + R(1+X)} \cdot U_E - \frac{1}{2} U_E = U_{AB}$$

$$U_D \approx \frac{U_E}{4} \cdot X$$

Die Ausgangsspannung U_D der Brücke hängt von der Betriebsspannung U_E für die Brücke ab.
Für eine Betriebsspannung $U_E = 10\,V$ und einen maximalen Wert von $X = \pm\,0{,}002$ be-trägt die Ausgangsspannung $U_D = \pm\,5$ mV. Die Linearitätsabweichung ist kleiner als 0,1 %. Für Ausgangssignale $U_D = 0$ bis 50 mV – entsprechend einem $X = \pm\,0{,}02$ – ist der Linearitätsfehler kleiner 1 %.
Die Empfindlichkeit der Brücke ergibt sich aus:

$$\frac{U_D}{U_E} = \frac{5\,\text{mV}}{10\,\text{V}} = 0{,}5\,\frac{\text{mV}}{\text{V}} \qquad \text{bzw.} \qquad \frac{U_D}{U_E} = \frac{50\,\text{mV}}{10\,\text{V}} = 5\,\frac{\text{mV}}{\text{V}}$$

Für 2 Sensoren in einer Brücke ergibt sich eine Schaltung nach **Bild 1.56**.

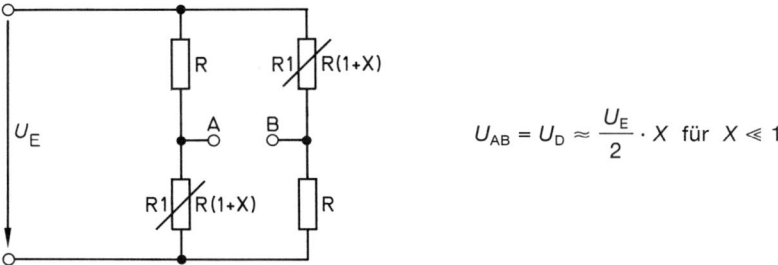

$$U_{AB} = U_D \approx \frac{U_E}{2} \cdot X \quad \text{für} \quad X \ll 1$$

Bild 1.56 Brücke mit 2 Sensoren

Für die Ausgangsspannung U_D gilt dann

$$U_D = \left(\frac{R\,(1+X)}{R+R\,(1+X)} - \frac{R}{R+R\,(1+X)} \right) \cdot U_E$$

$$U_D \approx \frac{U_E}{2} \cdot X \quad \text{für} \quad X \ll 1$$

Das Ausgangssignal U_D ist gegenüber einer Schaltung mit einem Sensor doppelt so groß.
Auch eine Schaltung mit 4 Sensoren ist möglich. Diese Schaltung ist nur sinnvoll, wenn sich 2 Sensoren gegenläufig ändern. **Bild 1.57** zeigt eine solche Anwendung.

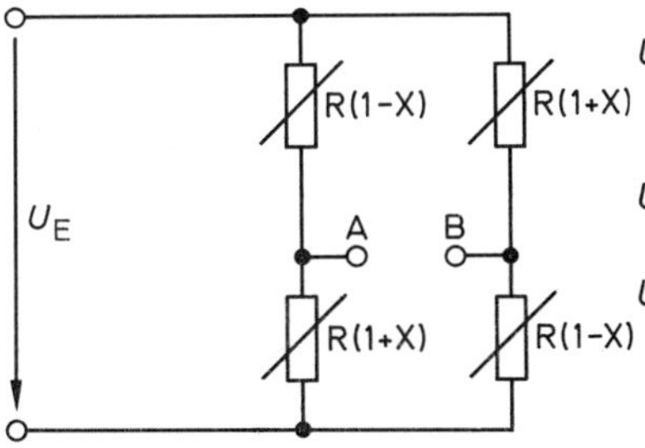

$$U_D = \left(\frac{R\,(1+X)}{R\,(1+X) + R\,(1-X)} - \frac{R\,(1-X)}{R\,(1+X) + R\,(1-X)} \right) \cdot U_E$$

$$U_D = \frac{2X \cdot R}{R\,(1+X) + R\,(1-X)} \cdot U_E$$

$$U_{AB} = U_D \approx U_E \cdot X \quad \text{für} \quad X \ll 1$$

Bild 1.57 Brücke mit 4 Sensoren

Hier wird die Ausgangsspannung U_D

$$U_D \approx U_E \cdot X$$

Eine weitere Variante ergibt sich mit einem linearen Potentiometer **(Bild 1.58)**.

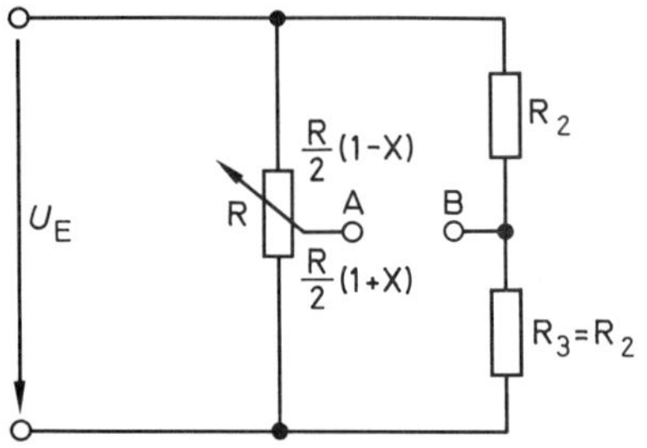

$$U_D = \left(\frac{R/2\,(1-X)}{R/2\,(1+X) + R/2\,(1-X)} - \frac{R_2}{2R_2} \right) \cdot U_E$$

$$U_D = \left(\frac{R/2 \cdot X}{R/2\,(1+X) + R/2\,(1-X)} - \frac{R_2}{2R_2} \right) \cdot U_E$$

$$U_{AB} = U_D \approx \frac{U_E}{2} \cdot X$$

Bild 1.58 Brücke mit linearem Potentiometer

Für die Ausgangsspannung gilt hier:

$$U_D \approx \frac{U_E}{2} \cdot X$$

Bei allen Brückenschaltungen ist der Einfluß der Betriebsspannung U_E der Brücke relativ groß. Es kommt dabei darauf an, diese Betriebsspannung konstant zu halten.
Im Labor geschieht dies über ein geregeltes Netzgerät. Für Geräte werden Spannungsreglerbausteine verwendet. Auch spezielle Bausteine sind lieferbar. **Bild 1.59** zeigt eine Schaltung mit einem speziellen Baustein für den Aufbau von Meßbrücken.
Neben der Versorgung von Brücken mit konstanter Spannung kommt auch die Versorgung mit konstantem Strom vor. Eine allgemein verbindliche Aussage, welche Versorgung anzuwenden ist, gibt es nicht. Es hängt hier von der speziellen Aufgabe ab.

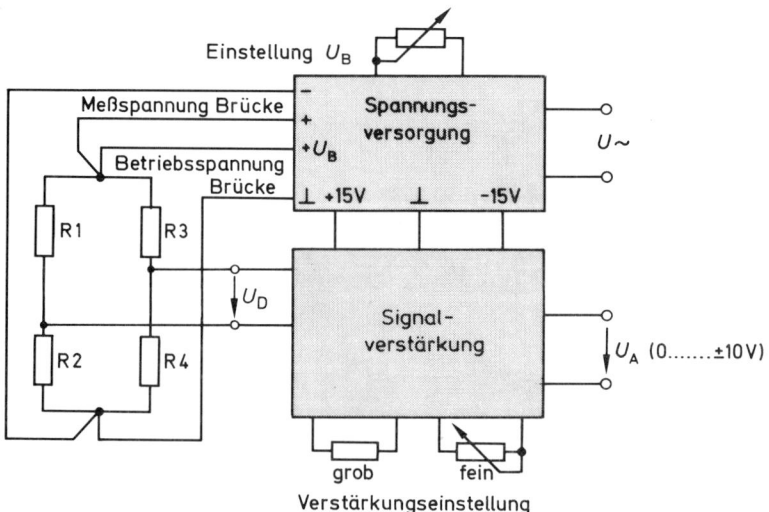

Bild 1.59 Meßbrücke mit Versorgungsbaustein

1.4.4.4 Kapazitätsmessung

Die Kapazität eines Kondensators wird bestimmt durch den Abstand der Platten, die Fläche der Platten und durch das Dielektrikum. Nur in seltenen Fällen ist eine Berechnung der Kapazität aufgrund dieser Größen möglich. Aus der Strom-Spannungsmessung mit Wechselstrom läßt sich die Kapazität ermitteln:

$$C = \frac{I}{2\,\pi\cdot f\cdot U}$$

Entsprechend den Meßverfahren zur Bestimmung von Widerständen durch Vergleich lassen sich auch Kapazitäten durch Vergleich bestimmen.
Bei Sensoren ist nicht der absolute Kapazitätswert von Bedeutung, sondern die Änderung. Bei kapazitiven Sensoren wird die Änderung der Kapazität durch Änderung einer der oben genannten Einflußgrößen bewirkt. **Bild 1.60** zeigt diese Möglichkeiten schematisch.

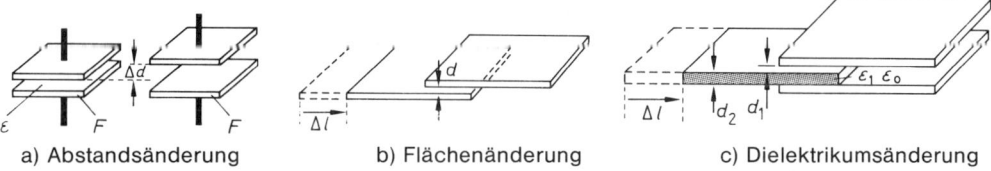

a) Abstandsänderung b) Flächenänderung c) Dielektrikumsänderung

Bild 1.60 Grundprinzipien kapazitiver Sensoren

Wie bereits bei der Brückenschaltung mit Widerständen, ist die gegenläufige Änderung zweier Kapazitäten in einem Brückenzweig interessant. **Bild 1.61** zeigt solche Möglichkeiten.

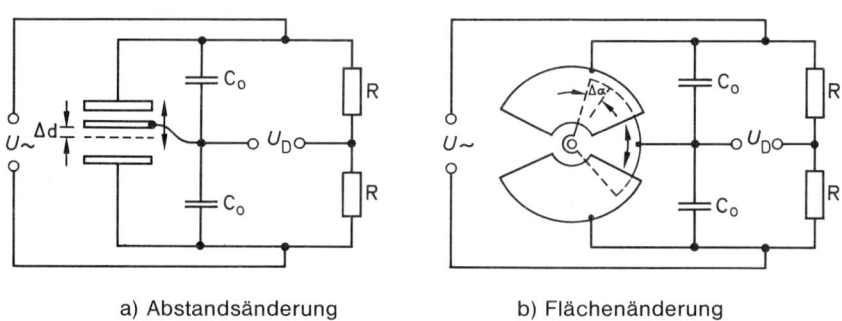

a) Abstandsänderung b) Flächenänderung

Bild 1.61 Differentialgeber, schematisch

73

Die Veränderung des Abstandes, der Fläche oder des Dielektrikums bewirkt eine Kapazitätsänderung, die über eine Brückenschaltung ausgewertet wird **(Bild 1.62)**.

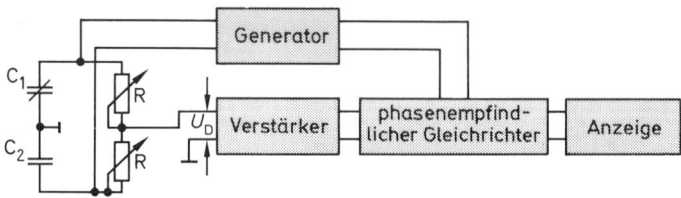

Bild 1.62 Brückenschaltung zur Auswertung von Kapazitätsänderungen von Sensoren

Im einfachsten Fall ist C_1 die Kapazität des Sensors, C_2 eine Festkapazität. Die zweite Halbbrücke besteht aus Widerständen. Es können jedoch anstelle der Widerstände auch Kondensatoren verwendet werden. Die Auslegung der Brücke wird häufig so gewählt, daß die beiden Widerstände gleichgroß sind. Die Brücke kann im Abgleich-Verfahren (Abgleich auf eine Diagonalspannung in der Brücke gleich 0 V) oder im Ausschlagverfahren verwendet werden. Beim Ausschlagverfahren besteht ein bekannter Zusammenhang zwischen der Kapazitätsänderung und der dabei auftretenden Diagonalspannung. Die Betriebsspannung ist eine Wechselspannung mit Frequenzen zwischen 50 Hz und einigen 10 kHz. Die Diagonalspannung ist ebenfalls eine Wechselspannung. Meist wird die Diagonalspannung verstärkt und durch phasenempfindliche Gleichrichtung zur Anzeige aufbereitet. Eine phasenempfindliche Gleichrichtung ist erforderlich, weil anders als bei der Brückenschaltung mit Gleichspannungsversorgung, bei Wechselspannung im Abgleichpunkt kein Vorzeichenwechsel auftreten kann. Die spannungsmäßige Auswertung der Diagonalspannung ergibt, wenn der abgeglichene Zustand der Brücke verlassen wird, eine Spannung entsprechend der Größe der Abweichung. Die Richtung der Abweichung ist nur durch Phasenlage der Diagonalspannung zur Betriebsspannung erkennbar. Diese Phasenlage wird bei der phasenempfindlichen Gleichrichtung mit ausgewertet und ergibt das Vorzeichen für die Richtung der Abweichung aus dem abgeglichenen Zustand.

Bild 1.63 zeigt die Grundschaltung für eine kapazitive Brückenschaltung. Ist die Meßeinrichtung für die Diagonalspannung genügend hochohmig, so gilt:

$$U_D \approx \frac{U}{2} \cdot \frac{C_1 - C_2}{C_1 + C_2}$$

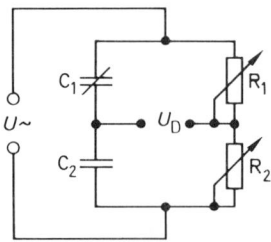

Bild 1.63 Brückenschaltung
für kapazitive Sensoren

Entsprechend den Überlegungen bei Brückenschaltungen mit Widerständen werden auch die Änderungen der Kondensatoren C_1 und C_2 so verkoppelt, daß sie gegenläufig sind. Derartige Geber werden als Differential-Geber bezeichnet. **Bild 1.64** zeigt diese Anwendung.

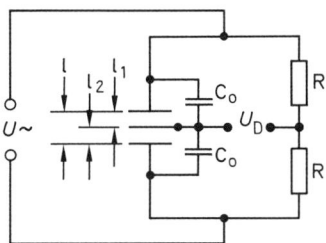

Bild 1.64   Brückenschaltung für Differential-Geber

Die in der Brücke berücksichtigten zusätzlichen Kapazitäten C_0 sind unvermeidbare Streu- und Schaltkapazitäten. Der Zusammenhang zwischen der Verschiebung der mittleren Platte und der Diagonalspannung ist nicht linear. Durch entsprechende Auslegung läßt sich jedoch eine näherungsweise Linearität in der Nähe des Abgleichpunktes erreichen, dann gilt:

$$U_D \approx \frac{U}{2} - \frac{U \cdot l_1}{l}$$
l = Plattenabstand

Nicht nur die Abstände der Platten können verändert werden, sondern auch die Flächen. Dies geschieht durch Verschieben einer leitfähigen Platte in zwei Kondensatoren. **Bild 1.65** zeigt einen Differential-Geber nach diesem Prinzip.

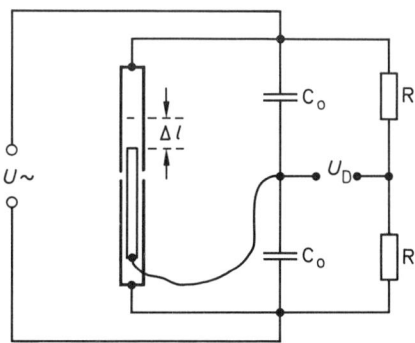

Bild 1.65   Brückenschaltung mit Differential-Geber bei Flächenänderung

75

Entsprechend läßt sich die Änderung auch durch Verschieben des Dielektrikums erreichen **(Bild 1.66)**.

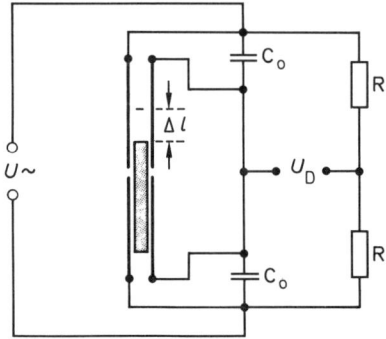

Bild 1.66 Brückenschaltung mit Differential-Geber bei Änderung des Dielektrikums

In jüngster Zeit, insbesondere bei Feuchtraumsensoren, die auf Kapazitätsänderungen in Abhängigkeit von der Feuchtigkeit reagieren, wird das Differenz-Impuls-Verfahren zur Bestimmung der Kapazitätsänderungen eingesetzt. **Bild 1.67** zeigt dieses Meßprinzip.

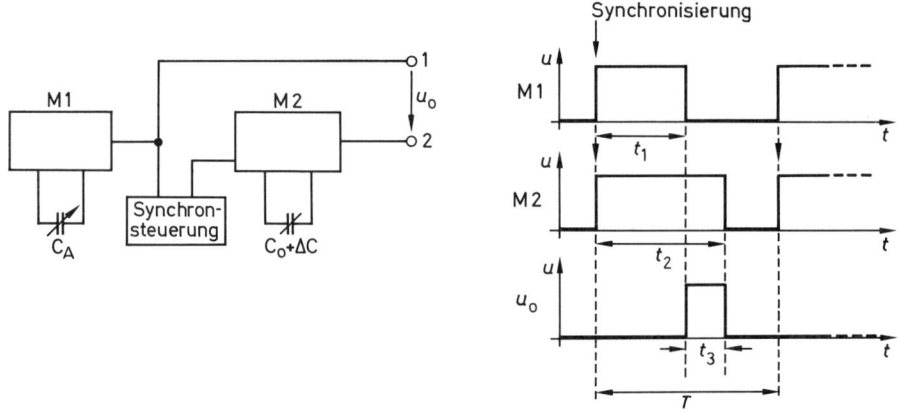

Bild 1.67 Prinzip des Differenz-Impuls-Verfahrens bei Kapazitätsänderungen

Das astabile Flip-Flop M1 wird so eingestellt, daß die Impulsdauer t_1 seiner Ausgangsspannung mit der Impulsdauer t_2 des astabilen Flip-Flops M2 im Ruhezustand übereinstimmt. Die Impulsdauer des astabilen Flip-Flops M2 wird durch die Kapazität des Feuchtesensors C_0 bestimmt. Ändert sich die Kapazität des Sensors um ΔC, so ändert sich auch die Impulsdauer t_2. Es lassen sich Impulse mit der Impulsdauer t_3 ableiten. Wird eine Periodendauer von $T = 2\,t_1$ zugrundegelegt, so ist der arithmetische

Mittelwert der aus den Differenzimpulsen mit der Impulsdauer t_3 abgeleiteten Ausgangsspannung U:

$$U = \frac{t_3}{T} \cdot U_{max}$$

Dabei ist U_{max} die Amplitude der Impulse.
Bei den astabilen Flip-Flops ist die Impulsdauer proportional zur Kapazität der angeschalteten Kondensatoren. Es ergibt sich für den Zusammenhang zwischen der Spannung U und der Kapazitätsänderung:

$$U = \frac{t_3}{T} \cdot U_{max} = \frac{\Delta C}{2 C_0} \cdot U_{max}$$

1.4.4.5 Induktivitätsmessung

Die Induktivität einer Spule wird bestimmt durch die Windungszahl, die Abmessung der Wicklung und von der Permeabilität eines Kerns sowie dessen Abmessungen. Die Berechnung der Induktivität aus diesen Größen ist im allgemeinen nicht möglich. Aus der Strom-Spannungsmessung mit Wechselstrom läßt sich die Induktivität ermitteln:

$$L = \frac{U}{2\pi \cdot f \cdot I}$$

Der Drahtwiderstand der Wicklung, Ummagnetisierungs- und Wirbelstromverluste bei Spulen mit Eisenkern verfälschen das Ergebnis. Genauere Werte ergeben sich, wenn bei Luftspulen der Drahtwiderstand durch eine Messung mit Gleichstrom ermittelt wird. Bei Spulen mit Eisenkern ist die Ermittlung des Wirkleistungsanteils erforderlich. In **Bild 1.68** sind die Ausführung und das Ersatzschaltbild einer Spule skizziert.

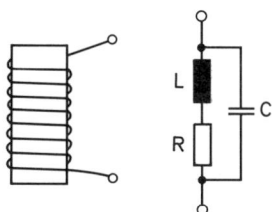

Bild 1.68 Ausführung und Ersatzschaltbild einer Spule

Wie bereits bei den kapazitiven Sensoren, so wird auch bei den Induktivitäten die Veränderung einer der Einflußgrößen mit der damit verbundenen Induktivitätsänderung als Sensor verwendet.

So läßt sich die Induktivität über die Änderung eines Luftspaltes beim Ringkern beeinflussen. In **Bild 1.69** ist das Grundprinzip dargestellt.

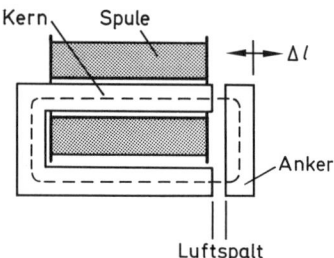

Bild 1.69   Grundprinzip für einen Geber mit veränderlichem Luftspalt

Geber nach diesem Grundprinzip werden auch als Queranker-Geber bezeichnet. **Bild 1.70** zeigt in Prinzipdarstellung eine Ausführung als Differential-Geber zur Auswertung der Induktivitätsänderungen in einer Brückenschaltung.

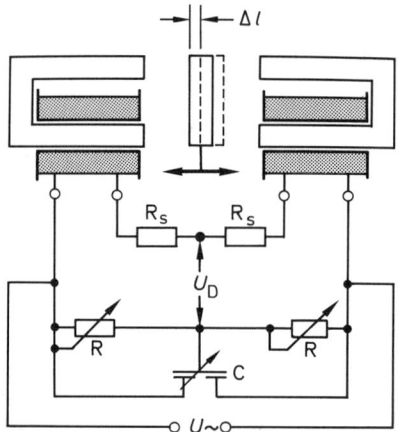

Bild 1.70   Differential-Queranker-Geber

Eine weitere gebräuchliche Art der Veränderung der Induktivität ist das Eintauchen eines weichmagnetischen Eisenkerns in die Spule. Geber nach diesem Prinzip heißen Tauchanker-Geber **(Bild 1.71)**.

Mit dem Tauchankergeber verwandt ist ein Geber, bei dem die Induktivitätsänderung nicht durch Eintauchen eines Eisenkerns sondern durch Annäherung einer leitfähigen Platte erfolgt. Durch die Platte in der Nähe der Spule tritt eine Flußverdrängung auf. Die Messung von Induktivitätsänderungen bei Gebern erfolgt über eine Brückenschaltung. Wie bei der kapazitiven Brücke wird als Versorgungsspannung eine Wechselspannung mit einer Frequenz zwischen 50 Hz und einigen 10 kHz verwendet.

a) Tauchanker   b) Flußverdrängung

Bild 1.71 Induktionsänderung durch Tauchanker und Flußverdrängung. Auch hier sind Differentialanordnungen mit zwei Spulen gebräuchlich

Die Handhabung von Brückenschaltungen mit Spulen ist durch die ohmschen Widerstände der Spulenwicklungen nicht so einfach wie bei den kapazitiven Brückenschaltungen. Da bei den meisten Induktivitätsänderungen, die in Gebern auftreten, auch Eisenkerne Einfluß haben, kommen Magnetisierungs- und Sättigungserscheinungen hinzu. Durch die Nichtlinearitäten infolge der genannten Einflüsse sind in der Diagonalspannung neben der Grundfrequenz, Frequenz der Versorgungsspannung, auch höherfrequente Anteile enthalten. Da eine Brücke jedoch nur für eine Frequenz abgeglichen sein kann, müssen, um die Anzeige nicht zu verfälschen, die höherfrequenten Anteile ausgefiltert werden. Wie bereits bei der kapazitiven Brücke wird auch hier phasenempfindlich gleichgerichtet. Daher kann bei entsprechender Auswertung auch das Vorzeichen der Änderung festgelegt werden. Induktive Differentialgeber spielen in der Praxis eine große Rolle. Daher sind auch spezielle Bausteine zur Auswertung der Induktivitätsänderungen bei Differential-Gebern im Handel. Die Grundschaltung für die Auswertung ist eine induktive Brücke **(Bild 1.72)**.

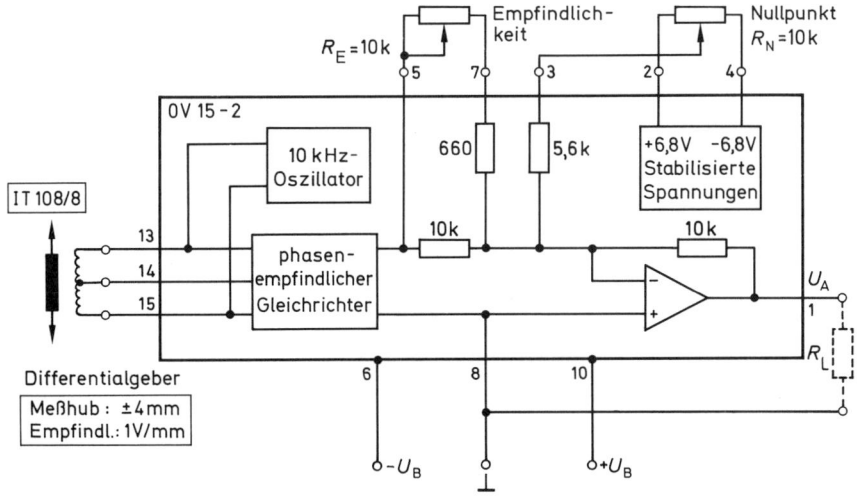

Bild 1.72 Auswertebaustein für induktive Differentialgeber (TWK)

Eine weitere Möglichkeit der Erfassung von Induktivitätsänderungen wird beim Transformatorgeber angewandt. Auch hier wird wieder von einer Differential-Anordnung ausgegangen **(Bild 1.73)**.

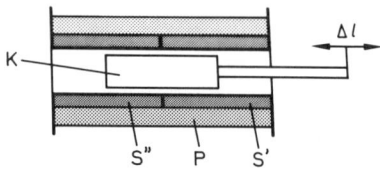

Bild 1.73 Grundprinzip des Differential-Transformatorgebers

Konzentrisch zueinander angeordnet sind der weichmagnetische Kern, zwei Sekundärspulen und eine Primärspule. Die Primärspule liegt an Wechselspannung. Bei Mittellage des Kerns (Symmetrielage) ist die transformatorische Kopplung zwischen der Primärspule und den beiden Sekundärspulen gleich. Demzufolge sind bei gleichen Daten der Sekundärspulen die in ihnen induzierten Spannungen gleich. Bei Verschiebung des Kerns aus der Symmetrielage ändern sich die Kopplungen und die Sekundärspannungen werden unterschiedlich.

Die meßtechnische Auswertung erfolgt über die Gegeneinanderschaltung der beiden Sekundärwicklungen. Es ergibt sich die Differenzspannung. Auch eine Auswertung in Brückenschaltung ist möglich **(Bild 1.74)**.

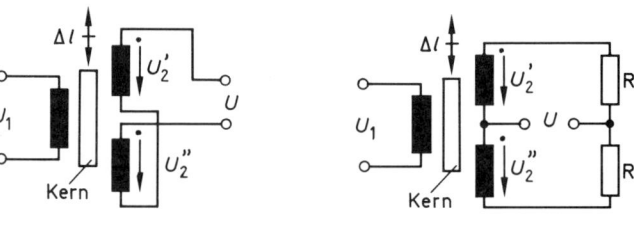

a) Gegeneinanderschaltung   b) Brückenschaltung

Bild 1.74 Meßschaltungen für Differential-Transformator-Geber

Für die Auswerteschaltungen gilt:

Gegeneinanderschaltung   Brückenschaltung

$$U = K \cdot U_1 \cdot \Delta l \qquad\qquad U = \frac{1}{2} K \cdot U_1 \cdot \Delta l$$

mit U: Spannung für die Auswertung der Kernverschiebung
       K: Kopplungskonstante
       U_1: Primärspannung
       Δl: Auslenkung des Kerns aus der Mittellage

Die Gegeneinanderschaltung ergibt bei gleicher Änderung der Kernlage eine größere Auswertespannung.

2 Elektrische Messung nichtelektrischer Größen

2.1 Allgemeines

2.1.1 Einführung in die Sensorik

Als *Sensorik* wird allgemein das Messen und Umwandeln der Meßwerte in oft auch codierte Signale bezeichnet. Zur Erfassung nichtelektrischer und elektrischer Größen sind Meßwertaufnehmer – auch Sensoren genannt – erforderlich. Unter Sensor wird dabei eine gerätetechnische Komponente verstanden, die eingangsseitig eine Meßgröße aufnehmen kann. Früher bezeichnete der Begriff *Sensor* nur den Teil des Meßwertaufnehmers, der direkt eine physikalische Größe aufnimmt, d. h. also, den Meßfühler. Im Zuge der wachsenden Integration sind die Grenzen zwischen Meßfühler und Meßwertverarbeitung immer schwerer festzulegen, daher ist ein *Sensor* im heutigen Sinne die vollständige Meßeinrichtung, bestehend aus Meßfühler, Anpaßelektronik und – einer nicht notwendigerweise erforderlichen – Anzeige. Sensoren sind für unterschiedliche physikalische Größen sensibel. Diese physikalischen Größen und ihre zeitlichen Veränderungen werden durch die Sensoren in elektrische Größen umgewandelt. Meist sind die Ausgangsgrößen der Sensoren elektrische Spannungen oder Ströme. Aber auch Größen wie Frequenz oder Widerstand können Ausgangsgrößen sein. **Bild 2.1** zeigt das Sensorprinzip.

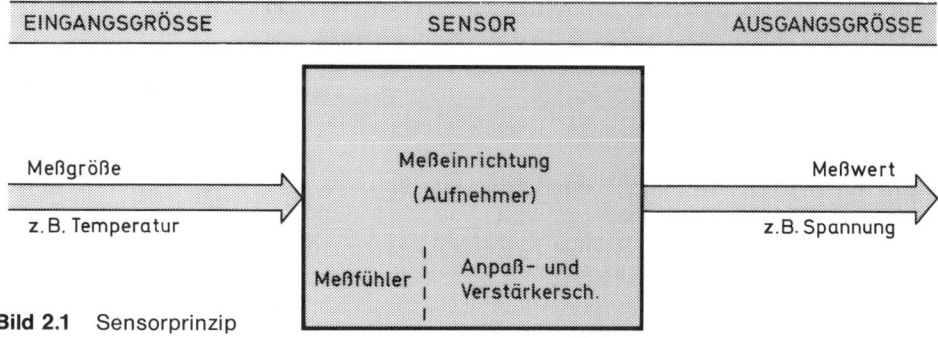

Bild 2.1 Sensorprinzip

Besteht der Sensor aus einem Meßfühler und einem Mikrorechner, der z. B. Korrekturen oder Linearisierungen vornimmt sowie störende Einflüsse rechnerisch erfaßt und

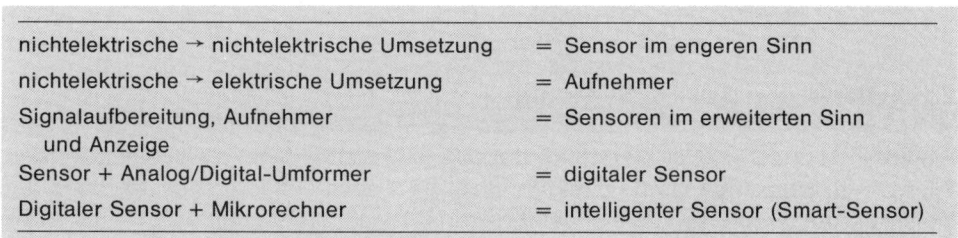

nichtelektrische → nichtelektrische Umsetzung	= Sensor im engeren Sinn
nichtelektrische → elektrische Umsetzung	= Aufnehmer
Signalaufbereitung, Aufnehmer und Anzeige	= Sensoren im erweiterten Sinn
Sensor + Analog/Digital-Umformer	= digitaler Sensor
Digitaler Sensor + Mikrorechner	= intelligenter Sensor (Smart-Sensor)

Bild 2.2 Entwicklung des Sensorbegriffes

beseitigt, so wird ein solcher Sensor als intelligenter Sensor, auch Smart-Sensor, bezeichnet. **Bild 2.2** veranschaulicht die Entwicklung des Sensorbegriffes.

Vorteile der Messung mechanischer Größen mit elektrischen Hilfsmitteln:

– Der Meßwert kann über größere Entfernungen übertragen werden.

– Meßstelle und Anzeigestelle können räumlich getrennt sein.

– Meßwerte vieler Meßstellen können zentral (z. B. in einem Rechner) verarbeitet werden.

– Die Meßverfahren sind einfach und preiswert.

– Die Meßwerte können über elektronische Schaltungen weiterverarbeitet werden.

Neben einer Weiterverarbeitung von elektrischen Signalen werden diese auch wieder in andere, z. B. akustische oder mechanische Größen umgewandelt. Die zugehörigen Wandler werden heute allgemein als *Aktoren* bezeichnet. Mit Sensoren, Schaltungen zur Weiterverarbeitung und Aktoren ergibt sich eine allgemeine Darstellung technischer Vorgänge **(Bild 2.3)**.

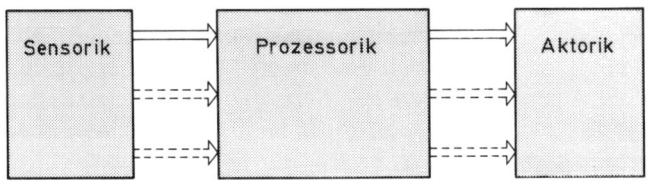

Bild 2.3   Darstellung eines technischen Vorganges

2.1.2 Ideale Sensoren

Die einem Sensor von außen zugeführte Energie, die mechanischer, elektrischer, chemischer oder thermischer Natur sein kann, wird in elektrische Energie umgewandelt, wobei ein idealer Sensor diese Umwandlung ohne Verluste durchführt.

Ein idealer Sensor zur Messung des Druckes dürfte sich nicht deformieren lassen und müßte aus diesem Grund eine unendlich hohe Steifigkeit, ein Sensor zur Vibrationsmessung eine unendlich hohe Elastizität aufweisen, um verlustlos arbeiten zu können. Da bei der Entwicklung von Sensoren dieser Fall stets angestrebt wird, werden fast alle geeigneten physikalischen Prinzipien für Sensoren herangezogen. Durch konstruktive Maßnahmen erfolgt eine Anpassung an die speziellen Aufgaben, daher ist das Angebot an Sensoren so vielfältig.

2.1.3 Aktive und passive Sensoren

Sensoren können grob in aktive und passive Meßwertaufnehmer eingestuft werden. Wird die zu messende Größe direkt in eine elektrische Größe umgesetzt, ohne daß hierzu elektrische Hilfsenergie zugeführt werden muß, so handelt es sich um aktive Sensoren. Dazu gehören als wichtigste Vertreter Thermoelemente, elektrodynamische Systeme (Generatoren), Fotoelemente und Piezokristalle.

Wird hingegen zum Betrieb des Aufnehmers elektrische Hilfsenergie benötigt, wobei die zu messende Größe das Ausgangssignal steuert, so handelt es sich um passive Sensoren. Zu den wichtigsten passiven Sensoren gehören die ohmschen Aufnehmer (Potentiometer, NTC-/PTC-Widerstände, Dehnungsmeßstreifen (DMS)) und Fotowiderstände, die kapazitiven Aufnehmer (Dreh- und Plattenkondensatoren), die induktiven Aufnehmer (Spule mit Kern) und die magnetischen Aufnehmer (magnetischer Widerstand).

In **Bild 2.4** sind die für die Meßtechnik wichtigsten physikalischen Effekte und ihre Ursachen zusammengestellt.

Physikalischer Effekt	Erzielung des Effektes durch
Widerstandsänderung	proportionalen Abgriff am Potentiometer, Längenänderung des Widerstandsmaterials, Durchmesseränderung des Widerstandsmaterials, Magnetfeldeinfluß, Wärme, allgem. Strahlung, radioaktive Strahlen.
Kapazitätsänderung	Variation des Plattenabstandes, Änderung der Plattengröße, Beeinflussung des Dielektrikums.
Piezoelektrischer Effekt	Längenänderung, Formänderung.
Induktionsänderung	Verschiebung des Spulenkernes, Variation des Spulenabstandes.
Magnetostriktiver Effekt	Längenänderung.
Feldeffekt, Halleffekt	Magnetfeldänderung.
Elektrodynamischer Effekt	Bewegung, Feldänderung.
Thermoelektrischer Effekt	Temperaturänderung.
Fotoelektrischer Effekt	allgem. Strahlung

Bild 2.4 Wichtige Effekte für die Meßwertaufnahme

Neben den physikalischen Effekten, die den Meßwertaufnehmern zugrundeliegen, sind jedoch Kenntnisse über Aufnehmer für bestimmte Meßgrößen erforderlich. **Bild 2.5** enthält eine Zusammenstellung passiver Meßwertaufnehmer. Die entsprechende Zusammenstellung für aktive Aufnehmer gibt **Bild 2.6** wieder.

Passive Aufnehmer	Meßgröße
Ohmsche Aufnehmer:	
Potentiometer	Weg, Winkel, Dicke
Dehnungsmeßstreifen	Kraft, Druck, Dehnung, Torsion, Weg und Winkel, Drehmoment
Widerstandsthermometer. (Pt-100, NTC-/PTC-Widerstand)	Temperatur, Wärmemenge, Strömung
Fotowiderstand, Fotodiode, Fototransistor, Fotothyristor	optische Größen (Lichtstärke), Weg, Winkel, Rauch, Trübung, Feuchte
Feldplatte, Magnetdiode, Magnettransistor, Hallgenerator	magnetische Größen (magn. Fluß, magn. Flußdichte, magn. Feldstärke, magn. Spannung)
Pitran-Transistor	akustische Größen (Schalldruck, Lautstärke)
Halbleiter-Strahlungsdetektor	nukleare Größen
Ionisations-Rauchmelder	Rauch
Gas-Sensoren	CO_2-Gehalt usw.
Induktive Aufnehmer:	
Spule mit Kernverschiebung Induktive Näherungssensoren	Weg, Winkel, Drehzahl, Drehmoment, Stückzahl
Kapazitive Aufnehmer:	
Dreh-, Plattenkondensator, kapazitive Näherungssensoren	Weg, Winkel, Drehzahl, Füllstand, Differenzdruck
Magnetische Aufnehmer:	
Dauermagnet, Hallsonde	Weg, Winkel, Drehzahl
Fotoelektrische Aufnehmer:	
Inkrementalaufnehmer (Schrittaufnehmer), Absolutaufnehmer (Zahlen- und Winkelcodierer)	Weg, Winkel
Weitere Aufnehmer:	
Transformatoraufnehmer	Weg, Winkel, Torsion
Radioaktive Aufnehmer	Weg, Dichte, Dicke, Feuchte

Bild 2.5 Passive Meßwertaufnehmer

Um Meßwertaufnehmer (Sensoren) in Blockschaltbildern darstellen zu können, sind hierfür Sinnbilder festgelegt. Das Blockschaltbild besteht aus dem rechteckigen Kasten mit einem Buchstaben, z. B. *T* für Temperatur, *S* für Länge, Stellung oder Abstand. Zur Verdeutlichung der Art des Sensors werden Schaltzeichen, Sinnbilder oder Bezeichnungen verwendet. **Bild 2.7** zeigt einige Beispiele für die Darstellung von Sensoren in Blockschaltbildern. Hinweise für Ergänzung der Blockschaltbilder sind in der letzten Spalte angegeben.

Aktive Aufnehmer	Meßgröße
Thermoelement	Temperatur Strahlung
Fotoelement	Lichtgrößen Temperatur Weg und Winkel
Quarzaufnehmer (piezoelektrische Aufnehmer)	Kraft Druck Beschleunigung Schwingung
Induktive, elektrodynamische Aufnehmer	Drehzahl Beschleunigung Schwingung Strömung
Elektrochemische Elektroden	pH-Wert Redoxpotential

Bild 2.6   Aktive Meßwertaufnehmer

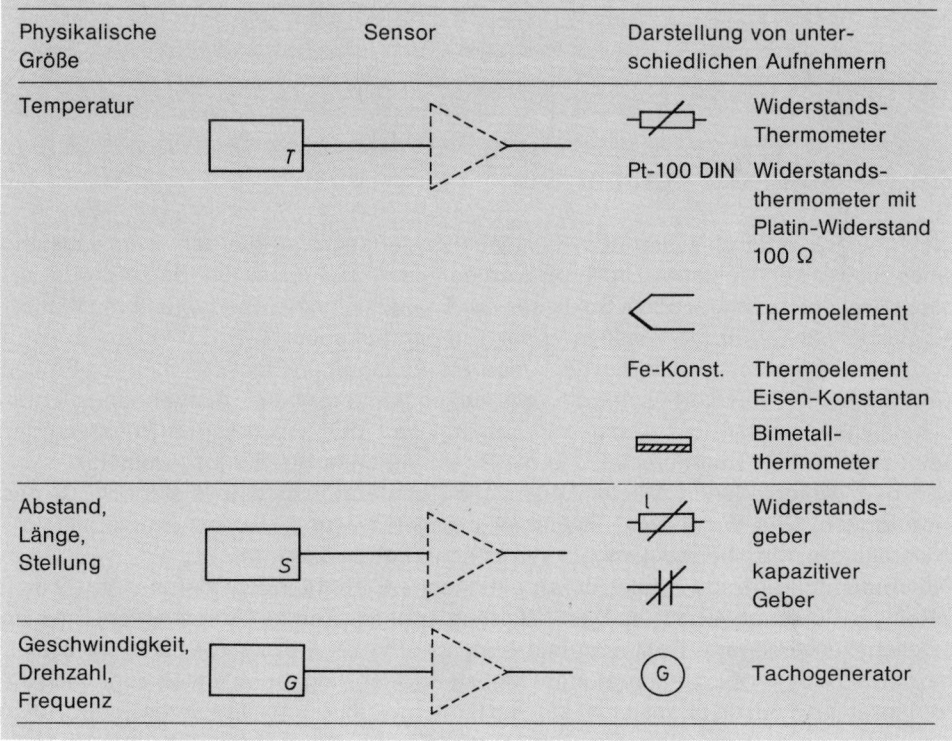

Bild 2.7   Prinzipieller Aufbau von Blockschaltbildern für Sensoren

Zusätzliche Eigenschaften von Sensoren wie Schalter oder Grenzsignalgeber können ebenfalls über Sinnbilder festgelegt werden. In umfangreichen Darstellungen werden Meßwertaufnehmer häufig wie Umsetzer dargestellt **(Bild 2.8)**.

Temperatur/   Druck/   Frequenz/   Spannung/   Drehzahl/
Spannung   Spannung   Spannung   Strom   Frequenz

Bild 2.8   Sinnbilder für die Umsetzung von Größen

Durch eine Differenzierung bei der Ausführung der diagonal verlaufenden Linie lassen sich Umwandlungen von nichtelektrischen in elektrische Größen und elektrischen in nichtelektrische Größen sowie analoge in digitale Signale und digitale in analoge Signale unterscheiden.

Eine vollständige Darstellung aller Meßwertaufnehmer, ihrer Funktion und Anwendung geht über den Umfang dieses Buches hinaus, daher sind im folgenden nur wichtige Grundlagen und ausgewählte Beispiele aufgenommen.

2.2 Messung der Temperatur

Die Temperatur ist eine thermodynamische Zustandsgröße, die den Wärmezustand eines Stoffes kennzeichnet. Um ihren Wert definieren zu können, werden reproduzierbare Vorgänge herangezogen. So dienen der Eispunkt und der Siedepunkt von Wasser als Bezugspunkte für die Festlegung der Temperaturskala »°C«.

Zur Temperaturmessung werden die temperaturabhängigen Eigenschaften von Stoffen herangezogen. Beispiele sind die Wärmeausdehnung beim Ausdehnungs- bzw. Bimetallthermometer, die Temperaturabhängigkeit des elektrischen Widerstandes beim elektrischen Thermometer und die Strahlung beim Strahlungspyrometer.

Von den verschiedenen Möglichkeiten, die Temperatur in eine elektrische Größe umzuformen, sind Widerstandsmeßfühler mit Metallen und Halbleiterwerkstoffen als Widerstand sowie Thermoelemente von besonderer Bedeutung.

Die Temperaturanzeige erfolgt durch elektrische Einrichtungen, deren Aufbau dem jeweiligen Fühler angepaßt ist. Die Skalierung erfolgt in Temperatureinheiten. Um eine möglichst unverzögerte Temperaturmessung zu erhalten, werden die Fühler so gestaltet, daß sie schnell die Temperatur der Meßstelle oder Umgebung annehmen. Auch die Meßanzeigen müssen abgestimmt auf den Fühler relativ schnell reagieren, jedoch muß eine Ablesung noch möglich sein. **Bild 2.9** zeigt Temperaturmeßeinrichtungen mit Meßfühlern für unterschiedliche Anwendungen.

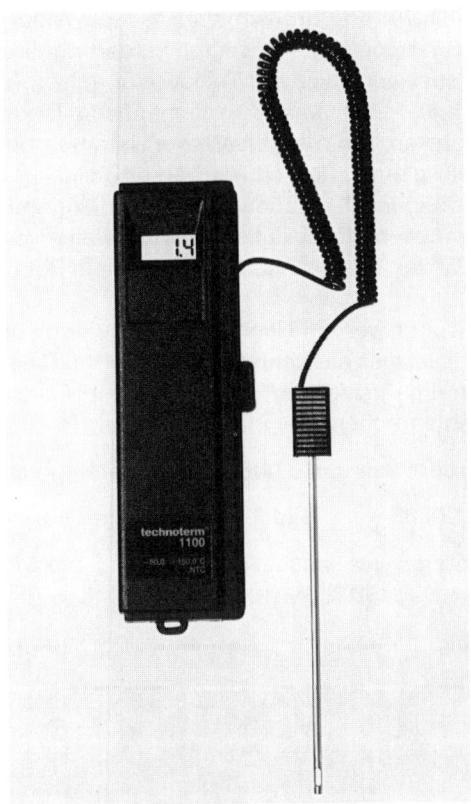

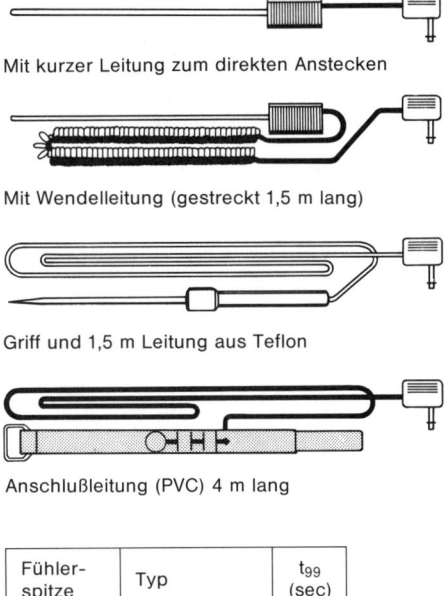

Mit kurzer Leitung zum direkten Anstecken

Mit Wendelleitung (gestreckt 1,5 m lang)

Griff und 1,5 m Leitung aus Teflon

Anschlußleitung (PVC) 4 m lang

Fühler-spitze	Typ	t_{99} (sec)
	Oberflächen Fühler	57
	Tauchfühler	6
	Einstech-Fühler	10
	Luftfühler	70

t_{99}: Zeit bis die Anzeige 99 % des Meßwertes beträgt

Bild 2.9 Temperaturmeßeinrichtungen (Testotherm)

2.2.1 Temperaturmessung mit Widerstandsmeßfühlern

Bei der Temperaturmessung mit Widerstandsmeßfühlern wird die Temperaturabhängigkeit des elektrischen Widerstandes von Metallen ausgenutzt. Als Kennwert für die Widerstandsänderung wird die relative Änderung des elektrischen Widerstandes in Abhängigkeit von der Temperatur definiert und als Temperaturkoeffizient α bezeichnet. Dieser Temperaturkoeffizient ist als Mittelwert zwischen 0 °C und 100 °C angegeben. Für den Widerstand gilt dann

$R_\vartheta = R_0 (1 + \alpha\, \Delta T)$ mit R_ϑ = Widerstandswert bei der Temperatur ϑ in Ω

R_0 = Widerstandswert bei $\vartheta = 0$ °C in Ω (Bezugswert)

α = Temperaturkoeffizient in $\dfrac{1}{K}$

ΔT = Temperaturdifferenz in K.

87

Werkstoffe mit einem hohen Temperaturkoeffizient und großem spezifischen Widerstand eignen sich besonders für Widerstandsthermometer. Als weitere Forderung wird gestellt, daß der Temperaturkoeffizient möglichst wenig von der Temperatur abhängig ist. Damit ergibt sich für R_ϑ in Abhängigkeit von ΔT ein linearer Zusammenhang. Diese Anforderung erfüllen Nickel und Platin am besten. Ihr Widerstandswert ist auch bei mehrfacher Erwärmung und Abkühlung stets gleich (Reproduzierbarkeit), eine besondere Glühbehandlung bewirkt, daß diese Eigenschaft auch über einen längeren Zeitraum erhalten bleibt (Langzeitstabilität). Der hohe spezifische Widerstand von Nickel und Platin ergibt einen relativ kurzen Widerstandsdraht, der auf kleinem Raum unterzubringen ist.

Meßwiderstände sollen austauschbar sein. Daher werden Nennwerte festgelegt. Für Nickel- und Platin-Temperaturmeßwiderstände ist dies ein Nennwert von $R_0 = 100\ \Omega$ bei einer Temperatur von $0\,°C$. Der Nennwert wird im Kurzzeichen verwendet. Der Nickelmeßwiderstand hat das Kurzzeichen Ni-100, entsprechend der Platinwiderstand Pt-100.

Für Nickel gilt ein mittlerer Temperaturkoeffizient von $\alpha = 0{,}00618\ \frac{1}{K}$ im Bereich von $0\,°C$ bis $100\,°C$. Der Wert α für Platin ist $\alpha = 0{,}00385\ \frac{1}{K}$. In **Bild 2.10** sind einige Grundwerte und zulässige Abweichungen gegenüber den nach $R_\vartheta = R_0 \cdot (1 + \alpha\,\Delta T)$ berechneten für die Arbeitsbereiche $-60\,°C \leq \vartheta \leq 180\,°C$ (Ni-100) und $-200\,°C \leq \vartheta \leq 850\,°C$ (Pt-100) zusammengestellt.

Meßwiderstand Nickel 100 Ω (Kurzzeichen: Ni-100)			
mittlerer Temperaturkoeffizient α zwischen 0 °C und 100 °C		$\alpha = 0{,}00618\ \frac{1}{K}$	
Temperaturmeßbereich:		$-60\,°C$ bis $+150\,°C$	
Grundwerte:			
Meßtemperatur	$-60\,°C$	$0\,°C$	$100\,°C$
Widerstand	$69{,}5 \pm 1{,}0\ \Omega$	$100{,}0 \pm 0{,}2\ \Omega$	$161{,}8 \pm 0{,}8\ \Omega$
Meßwiderstand Platin 100 Ω (Kurzzeichen: Pt-100)			
mittlerer Temperaturkoeffizient α zwischen 0 °C und 100 °C		$\alpha = 0{,}00385\ \frac{1}{K}$	
Temperaturmeßbereich: $-200\,°C$ bis $650\,°C$ (Klasse A), bis $850\,°C$ (Klasse B)			
Grundwerte:			
Meßtemperatur	$-200\,°C$	$0\,°C$	$200\,°C$ $\qquad$ $400\,°C$
Widerstand			
(Klasse A)	$18{,}49 \pm 0{,}24\ \Omega$	$100{,}00 \pm 0{,}13\ \Omega$	$175{,}84 \pm 0{,}20\ \Omega$ $\quad$ $247{,}04 \pm 0{,}33\ \Omega$
(Klasse B)	$18{,}49 \pm 0{,}56\ \Omega$	$100{,}00 \pm 0{,}30\ \Omega$	$175{,}84 \pm 0{,}48\ \Omega$ $\quad$ $247{,}04 \pm 0{,}79\ \Omega$

Bild 2.10 Grundwerte und zulässige Abweichungen für Meßwiderstände Ni-100 und Pt-100

Für den Pt-100-Meßwiderstand sind dabei zwei Genauigkeitsklassen A und B angegeben. Die Genauigkeitsklasse B ist für praktische Messungen üblich. Für genaue Messungen kann ein Meßwiderstand mit erhöhter Genauigkeit eingesetzt werden, der Temperaturbereich ist dabei nach oben aber auf 650 °C begrenzt. Detaillierte Angaben zu Grundwerten und Abweichungen enthält DIN 43 760. Teilweise werden heute auch Meßwiderstände mit höheren Nennwerten verwendet.

Die in der Temperaturmeßtechnik eingesetzten Meßwiderstände haben sehr dünne Nickel- bzw. Platindrähte. Der Durchmesser liegt im Bereich von 0,05 bis 0,3 mm. Neben der linearen Wicklung wird auch die bifilare Wicklung verwendet. Die Unterschiede zeigt **Bild 2.11**.

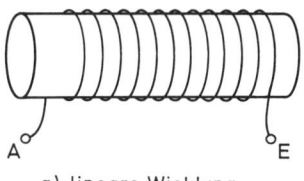

a) lineare Wicklung

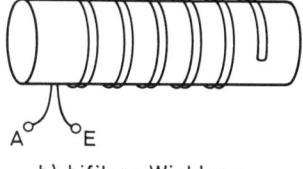

b) bifilare Wicklung

Bild 2.11   Lineare und bifilare Wicklung

Die bifilare Wicklung weist keinen Induktionsstrom beim Einschalten auf, daher ist auch eine Messung mit Wechselspannung möglich. In **Bild 2.12** sind einige Bauformen dargestellt.

Bei einigen Ausführungen ist ein dünner Nickeldraht auf einen Glas- oder Glimmerstreifen gewickelt. Der Träger wird beiderseits mit Glimmerstreifen abgedeckt. Die Fixierung der Abdeckung erfolgt durch Nieten oder Kleben. Andere haben als Träger einen Glaskörper, die Abdeckung erfolgt mit einem Schutzschlauch. Teilweise wird der Platindraht auf einen Keramikkörper aufgewickelt und mit einer keramischen Deckschicht überzogen. Diese Ausführungen sind besonders für den Einsatz bei hohen Temperaturen vorgesehen.

In allen genannten Ausführungen werden auch Doppelwicklungen ausgeführt, es stehen also zwei Meßwiderstände zur Verfügung, die unabhängig voneinander sind. Es ist daher unabhängig voneinander die Temperaturmessung für eine Anzeige und die Temperaturerfassung für eine Regelung möglich. Doppelwicklungen dienen auch zur Linearisierung und Kompensation von Meßwerten. Ein Vorteil der Doppelwicklung ist auch, daß beide Meßwerte unter gleichen Bedingungen ermittelt werden.

Für die Anwendungen in der Praxis werden immer kleinere Meßwertaufnehmer benötigt. Dies hat zu einer neuen Herstellungstechnologie geführt. Anstelle von Drähten werden dünne Schichten als Widerstandsfühler verwendet. Die Schichten lassen sich in verschiedenen Verfahren auf ebene oder zylindrische Träger aufbringen. Die Feinabstimmung der Geometrie erfolgt mittels Laserstrahlen, die Material teilweise an den Rändern abtragen. Die Herstellungsgenauigkeit ist sehr hoch. Die kleinen Abmessungen und die damit auch kleine Masse des Fühlers ermöglicht eine hohe Reaktionsgeschwindigkeit. **Bild 2.12** zeigt den Aufbau eines solchen Platin-Meßwiderstandes.

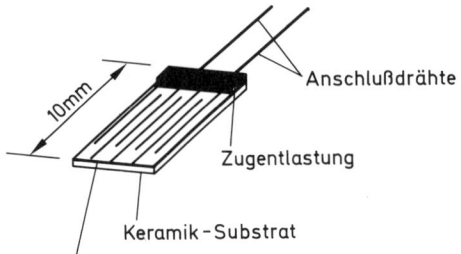

Bild 2.12 Aufbau eines Platin-Schichtmeß-widerstandes (Prinzipdarstellung)

Sind Meßwiderstände in ein Schutzrohr eingesetzt und mit Befestigungen und An-schlüssen versehen, so werden diese Meßfühler auch als »Widerstandsthermometer« bezeichnet. **Bild 2.13** zeigt Beispiele.

Die Ausführungsform, insbesondere der Einbau des Fühlers in ein Schutzrohr, wirkt sich auf das Zeitverhalten aus. In **Bild 2.14** sind die Reaktionen auf eine Temperatur-erhöhung von 20 K für drei unterschiedliche Widerstandsthermometer mit Pt-100-Auf-nehmer dargestellt.

Bei der Temperaturmessung mit Widerstandsmeßfühlern wird das Meßergebnis durch den Zuleitungswiderstand beeinflußt. Um den Einfluß der Zuleitungen auszuschalten, werden verschiedene Anschlußarten verwendet.

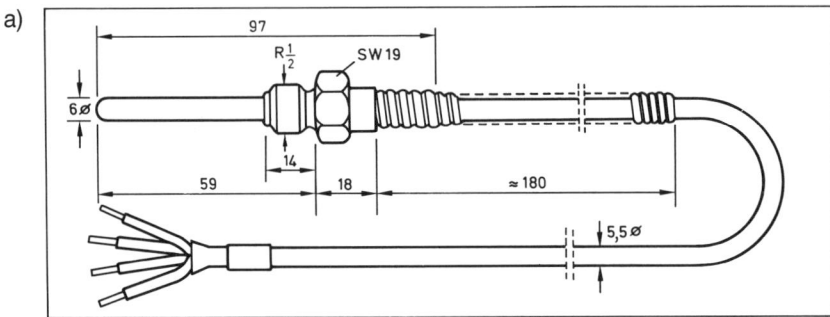

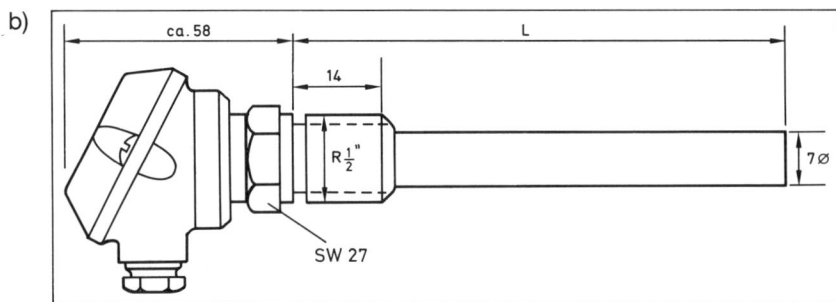

Bild 2.13 Beispiele industriell gefertigter Widerstandsthermometer
a) Einschraub-Doppel-Widerstandsthermometer
b) Einschraubwiderstandsthermometer mit kleinem Anschlußkopf

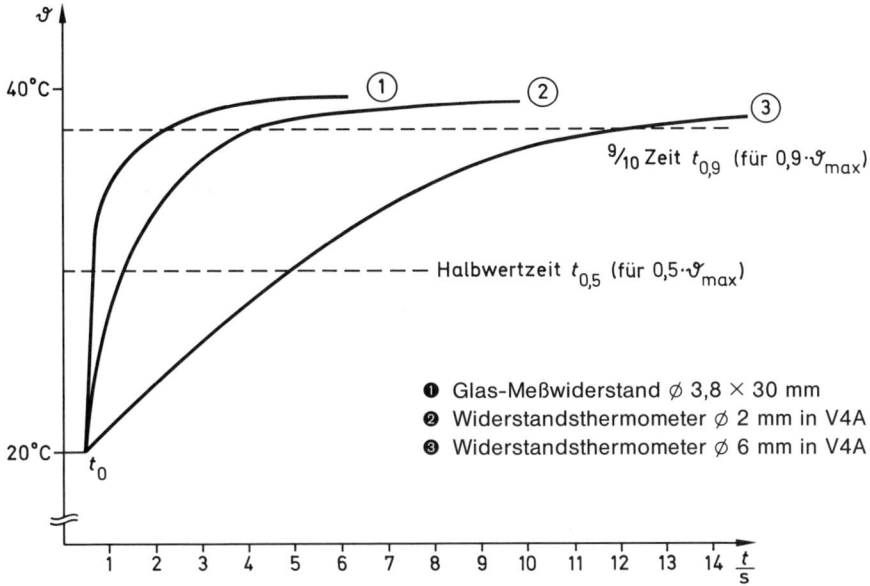

Bild 2.14 Zeitverhalten von Widerstandsthermometern

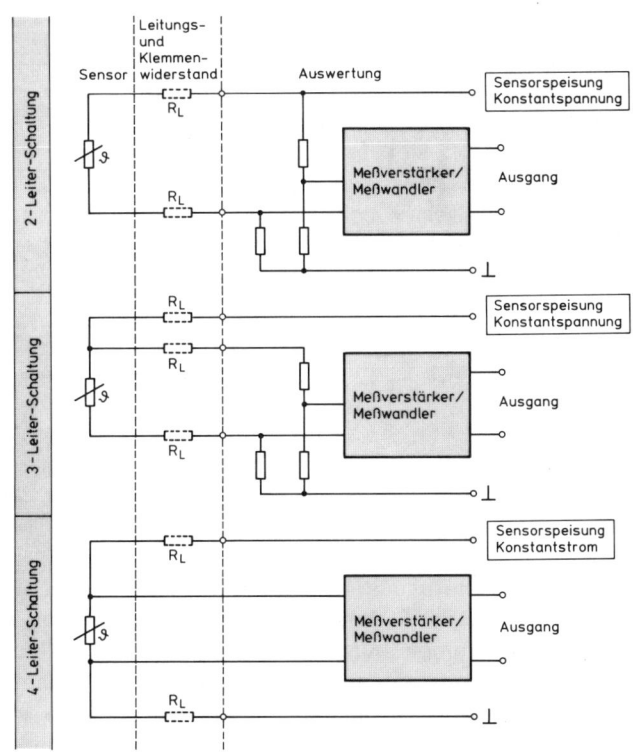

Bild 2.15 Anschluß-
arten von Meßwider-
ständen

In der Zweileiterschaltung wird der Widerstand voll vom Meßkreis der Brückenschaltung erfaßt. Der Einfluß des Widerstands der Zuleitungen kann bei konstanter Umgebungstemperatur durch einen temperaturunabhängigen Leitungsabgleichwiderstand korrigiert werden. Die Anwendung der Dreileiterschaltung ermöglicht Messungen über größere Entfernungen zwischen Meßfühler und Meßgerät. Der Einfluß der Temperatur auf die Zuleitungen wird verringert. Die genauesten Messungen sind mit der Vierleiterschaltung möglich. Hierbei entfällt der Einfluß der Zuleitungswiderstände durch Aufteilung in Leitungen für die Stromversorgung und in Meßleitungen zur Spannungsmessung **(Bild 2.15)**.

2.2.2 Thermoelemente

Nach DIN 16 160 sind Thermoelemente elektrische Thermometer, deren Temperaturfühler von einem Thermopaar gebildet wird, das eine von der Temperatur beeinflußbare Thermospannung liefert.
Elektrische Leiter aus verschiedenen Materialien, die an einer Stelle verbunden sind, bilden ein Thermoelement. Die einzelnen Leiter werden Thermodrähte, zwei aus verschiedenen Materialien bestehende und an einem Punkt elektrisch leitend miteinander verbundene Thermodrähte ein Thermopaar genannt.
Thermoelementen liegt der *Seebeck-Effekt* zugrunde; dieser besagt: Werden durch Schweißen oder Löten zwei verschiedene elektrische Leiter an einem Ende verbunden (Meßstelle) und wird diese Verbindungsstelle erwärmt, so kann an den beiden freien Enden (Vergleichsstelle) eine elektrische Spannung, die Thermospannung, gemessen werden. Die Thermospannung ist 0 V, wenn Meß- und Vergleichsstelle die gleiche Temperatur aufweisen. Je größer die Temperaturdifferenz wird, umso größer wird auch die Thermospannung. Sie ist proportional zur Temperaturdifferenz aus Meßstellentemperatur ϑ_m und Vergleichsstellentemperatur ϑ_v:

$$U_{Th} = k \cdot (\vartheta_m - \vartheta_v)$$

U_{Th} = Thermospannung des Thermoelements
ϑ_m = Temperatur der Meßstelle
ϑ_v = Temperatur der Vergleichsstelle
k = Materialkonstante abhängig von den verwendeten Thermodrähten

Die Größe k ist ihrerseits jedoch in geringem Umfang ebenfalls temperaturabhängig, so daß der Verlauf der Thermospannung nicht vollständig linear ist. Da die Thermospannung von der Temperaturdifferenz zwischen Meßstelle und Vergleichsstelle abhängig ist, muß die Temperatur an der Vergleichsstelle bekannt und für die Messung konstant sein. Die Temperaturmessung läßt sich dann auf eine Spannungsmessung zurückführen. **Bild 2.16** zeigt das Prinzip einer Temperaturmeßeinrichtung mit Thermoelement.

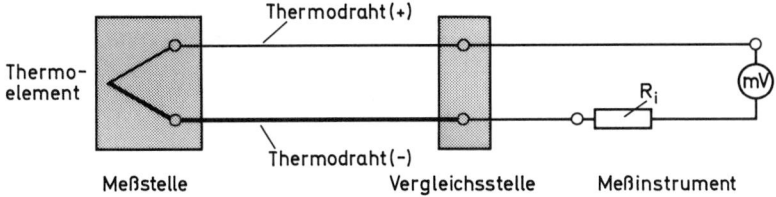

Bild 2.16 Temperaturmessung mit Thermoelement (Prinzip)

Thermoelemente sind geeignet für Temperaturmessungen von −200 °C bis +1800 °C. Vorteilhaft ist, daß für die Meßeinrichtung keine Fremdspannungsquelle benötigt wird. Thermodrähte haben geringe Querschnittsflächen, daher hat die Meßstelle nur eine kleine räumliche Ausdehnung; punktförmige Temperaturmessungen sind daher möglich. Den Aufbau von Thermoelementen zeigt **Bild 2.17**.

Bei der Auswahl von Thermoelementen wird hauptsächlich die Betriebstemperatur berücksichtigt. Bei Messungen mit hoher Genauigkeit ist die Linearität und Reproduzierbarkeit von Bedeutung.

Thermopaare aus Eisen-Konstantan liefern eine hohe Thermospannung. Bis 1000 °C lassen sich Thermopaare aus Nickel-Nickelchrom (Legierung) verwenden. Höchste Meßgenauigkeit und Temperaturbeständigkeit weisen Platinrhodium-Platin-Thermopaare auf, wobei sie von den genannten Thermopaaren die geringste Thermospannung haben.

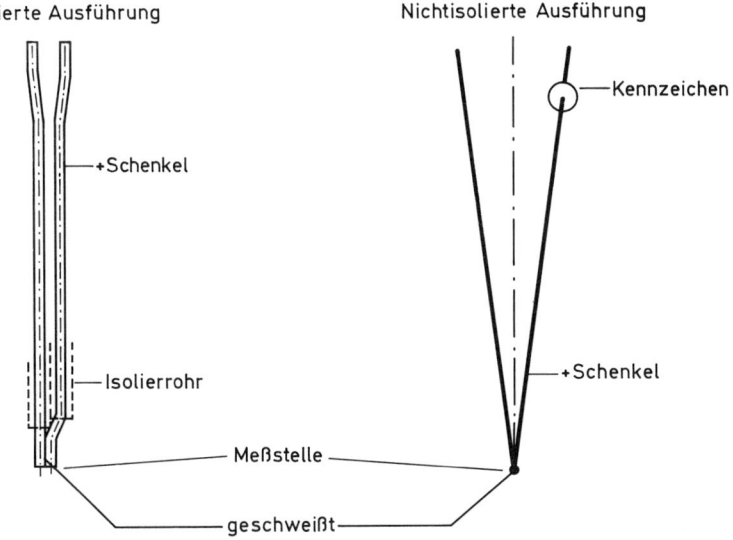

Bild 2.17 Aufbau von Thermoelementen

Das früher verbreitete Thermopaar Kupfer-Konstantan findet heute kaum noch Verwendung. Für hohe Temperaturen sind heute weitere Thermopaare auf Platinbasis entwickelt. **Bild 2.18** enthält in tabellarischer Form die gebräuchlichsten Thermopaare und ihre Einsatzbereiche.

Thermopaar	Arbeitsbereich: ϑ_{max}		Thermodrähte	Polarität	Werkstoff	Zusätze
	Dauerb.	Kurzzeitb.				
Cu-Konst	700°C	900°C	Kupfer	+	Elektrolytkupfer nach DIN 46431 (ca. 100%)	–
			Konstantan	–	Cu 53%, Ni 45%, Mn 1,2%	Al, Si, Co, Mg
Fe-Konst	700°C	900°C	Eisen	+	Fe, techn. rein, mit weniger als $^1/_{10}$% S, Si, Mn, C	–
			Konstantan	–	Cu 53%, Ni 45%, Mn 1,2%	Al, Si, Co, Mg
NiCr-Ni	1000°C	1300°C	Nickelchrom	+	Ni 89%, Cr 10%	Si, Al, Mg, Co
			Nickel	–	Ni 95%, Mn 3%, Al 2%	
PtRh-Pt	1500°C	1800°C	Platinrhodium	+	Pt 90%, Rh 10%	–
			Platin	–	Pt 100%, pysikal. rein	
PtRh 30- PtRh 6	1500°C	1800°C	Platinrhodium	+	Pt 70%, Rh 30%	–
			Platin	–	Pt 94%, Rh 6%	

Bild 2.18 Thermopaare, Werkstoffe und Arbeitsbereiche

$\vartheta/°C$	Kupfer-Konstantan	Eisen-Konstantan	Nickelchrom-Nickel	Platinrhodium-Platin
− 100	− 3378	− 4632	− 3553	
− 50	− 1819	− 2431	− 1889	− 236
0	0	0	0	0
+ 50	+ 2035	+ 2585	+ 2022	+ 299
+ 100	+ 4277	+ 5268	+ 4095	+ 645
+ 150	+ 6702	+ 8008	+ 6137	+ 1029
+ 200	+ 9286	+ 10777	+ 8137	+ 1440
+ 250	+ 12011	+ 13553	+ 10151	+ 1873
+ 300	+ 14860	+ 16325	+ 12207	+ 2323
+ 350	+ 17816	+ 19089	+ 14292	+ 2786
+ 400	+ 20869	+ 21846	+ 16395	+ 3260
+ 450	−	+ 24607	+ 18513	+ 3743
+ 500	−	+ 27388	+ 20640	+ 4234
+ 600	−	+ 33096	+ 24902	+ 5237
+ 700	−	+ 39130	+ 29128	+ 6274
+ 800	−	+ 45498	+ 33277	+ 7345
+ 900	−	+ 51875	+ 37325	+ 8448
+ 1000	−	+ 57942	+ 41269	+ 9585

Bild 2.19 Grundwertreihen für Thermoelemente (Angaben für U_{Th} in µV)

Für Thermodrähte muß die Werkstoffbeschaffenheit bestimmten Anforderungen genügen, die ebenfalls genormt sind (DIN 43 710). Bild 2.18 macht hierzu einige Angaben.

Für Thermopaare aus genormten Thermodrähten lassen sich Grundwertreihen für die Abhängigkeit der Thermospannung von der Temperatur aufstellen. Die Tabellen in DIN 43 710 enthalten auch Grenzwerte für Abweichungen. **Bild 2.19** zeigt vereinfachte Grundwertreihen für Thermoelemente.

Neben der unterschiedlichen Größe der Thermospannungen bei verschiedenen Thermoelementen weisen die Kennlinien bei größeren Temperaturbereichen Nichtlinearitäten auf. **Bild 2.20** zeigt dies deutlich.

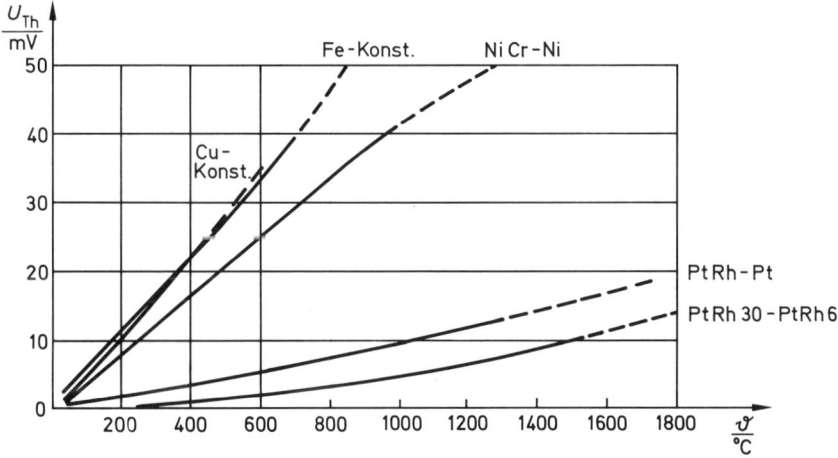

Bild 2.20 Kennlinien verschiedener Thermoelemente

Für genaue Messungen können die Nichtlinearitäten in den anzeigenden bzw. weiterverarbeitenden Meßeinrichtungen korrigiert werden.

Ausgleichsleitungen

Die Drähte eines Thermoelementes enden meist in der Nähe der Meßstelle, und es ergibt sich die Notwendigkeit, die Drähte des Thermoelements von dieser Anschlußstelle ab zu verlängern. Diese Verlängerungen müssen aus den gleichen Materialien wie die Thermodrähte sein. Auch für die Verbindungsstücke gilt diese Forderung, weil sich sonst durch Bildung weiterer Thermoelemente Meßfehler ergeben. Verlängerungen für Thermoelemente werden als Ausgleichsleitungen bezeichnet. Die Ausgleichsleitungen bestehen entweder aus massiven Leitern oder Litzen mit entsprechender Isolation als zwei- oder mehradrige Kabel. Um die Zusammengehörigkeit von Thermoelementen und Ausgleichsleitungen hervorzuheben, sind Kennfarben üblich.

Thermoelement	Kennfarbe Thermoelement	Kennbuchstabe	Kennfarbe Ausgleichsleitung
Kupfer-Konstantan	braun	Typ T	braun
Eisen-Konstantan	blau	Typ J	blau
Nickel-Nickelchrom	grün	Typ K	grün
Platin-Platinrhodium	weiß	Typ S	weiß

Bild 2.21 Kennfarben bei Thermoelementen

Weiterhin wird der +Pol am Thermoelement wie an der Ausgleichsleitung häufig rot markiert. An den Enden der Ausgleichsleitung wird entweder das Meßgerät oder ein geeigneter Meßverstärker angeschlossen. Häufig wird vom Ende der Ausgleichsleitung, auch als Vergleichsstelle bezeichnet, mit üblichen Meßleitungen eine Verbindung zur Meßeinrichtung geschaffen. Dies ist nicht so problematisch, wie es ein Anschließen von Kupferverbindungsleitungen an der Anschlußstelle wäre, weil im Gegensatz zur Anschlußstelle die Temperatur an der Vergleichsstelle weitgehend konstant ist. Der Einfluß der Thermospannungen des Thermoelementes aus Thermodrähten und Verbindungsleitungen ist klein und bleibt bei konstanter Temperatur gleich. Für das Verständnis thermoelektrischer Messungen ist es jedoch wichtig zu erkennen, daß durch die Gestaltung der Anschlüsse beim Verlängern von Thermoelementen und an der Vergleichsstelle Fehler auftreten können.

Vergleichsstellentemperatur

Die Temperaturbestimmung mit Thermoelementen bezieht sich immer auf die Vergleichstemperatur, die an der Vergleichsstelle herrscht. In der Praxis wird diese Temperatur bei etwa 20 °C (Raumtemperatur) liegen. Früher wurde für genauere Messungen die Vergleichsstelle durch schmelzendes Eis auf 0 °C gehalten. Als weitere Vergleichstemperatur von Bedeutung ist auch ein Wert von 50 °C. Der Einfluß der Vergleichstemperatur auf die Messung der Temperatur wird umso geringer, je höher die zu messenden Temperaturen sind. Über 600 °C kann der Einfluß der Vergleichstemperatur häufig vernachlässigt werden. Für eine konstante Vergleichstemperatur können Thermostate verwendet werden, üblicher sind heute jedoch die elektrischen Vergleichsstellen-Temperaturkompensationen.
Temperaturkompensationsschaltungen sind meist Brückenschaltungen. Die Kompensationsbrückenschaltung gleicht Fehler aus, die durch Temperaturschwankungen an der Vergleichsstelle hervorgerufen werden. Hierzu wird eine Brückenschaltung, die temperaturabhängige Widerstände enthält, so abgeglichen, daß die Diagonalspannung in der Brücke 0 V wird. Ändert sich die Vergleichstemperatur, so entsteht je nach Abweichung eine positive oder negative Spannung, die dem Meßkreis überlagert wird. **Bild 2.22** zeigt eine Temperaturkompensationsschaltung.

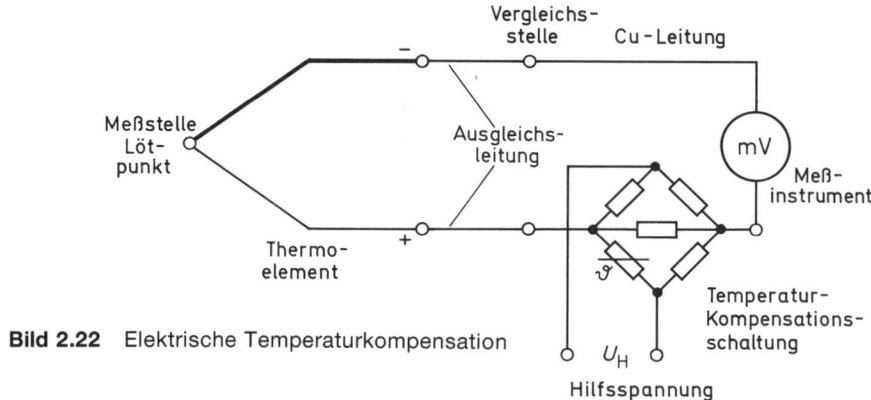

Bild 2.22 Elektrische Temperaturkompensation

Reaktionsgeschwindigkeit

Wie bei den Meßwiderständen, hängt die Reaktionsgeschwindigkeit eines Thermoelementes von seiner Ausführung ab. Am schnellsten reagiert ein Thermoelement, das nur aus den Thermodrähten gebildet wird. Beim Einbau in ein Schutzrohr wird die Reaktionsgeschwindigkeit herabgesetzt. Um diesen Einfluß zu begrenzen, wird der Querschnitt des Schutzrohres in der Nähe der Meßstelle verjüngt. Je besser der thermische Kontakt zwischen dem zu messenden Medium und der Schweißstelle des Thermoelementes ist, umso geringer wird auch die Reaktionszeit; in vielen Anwendungen kann sich durch das Verschweißen ein Einfluß auf den Meßkreis selbst ergeben, so daß hier eine Isolierung erforderlich wird. Unterschiedliche Formen für Thermoelemente zeigt **Bild 2.23**.

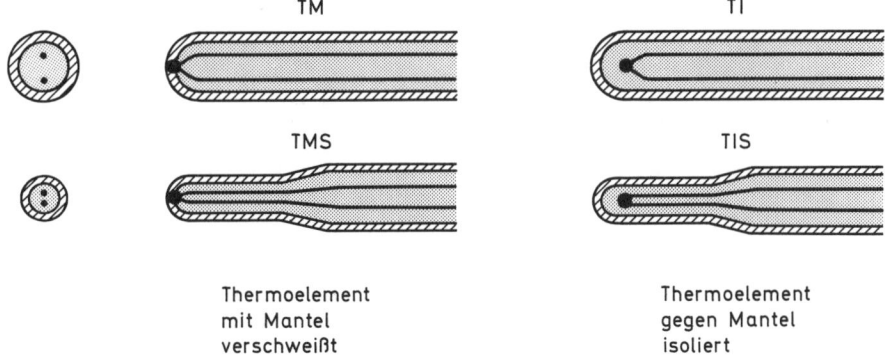

Bild 2.23 Ausführungsformen für Thermoelemente mit Schutzrohr (Philips)

Meßverfahren

Bei der Temperaturmessung mit Thermoelementen sind verschiedene Meßverfahren gebräuchlich:
- direkt anzeigende Messungen;
- Messungen mit Meßverstärkern;
- Messungen mit Kompensation.

In der Praxis verbreitet ist die direkte Anzeige über Drehspulmeßgeräte mit einem Meßbereich, der dem zu verwendenden Thermoelement angepaßt ist. Für die Messung an Thermoelementen ist hohe Genauigkeit, aber auch ein hoher Innenwiderstand erforderlich, um das Thermoelement nur geringfügig zu belasten. An ein Thermoelement können daher auch nicht mehrere Meßgeräte parallel angeschlossen werden.

Meßverstärker machen die Messung mit Thermoelementen unabhängig von großen Leitungslängen und vom verwendeten Meßgerät. Der Meßwert wird außerdem durch den Meßverstärker so aufbereitet, daß er Standard-Signalen entspricht. Eine problemlose Weiterverarbeitung in Fernwirkanlagen ist damit gegeben. **Bild 2.24** zeigt Prinzipschaltungen für Messungen über Meßverstärker.

In Meßverstärkern sind meist Kompensationsschaltungen eingebaut. Außerdem enthalten sie häufig noch schaltungstechnische Maßnahmen zur Linearisierung der Kennlinie.

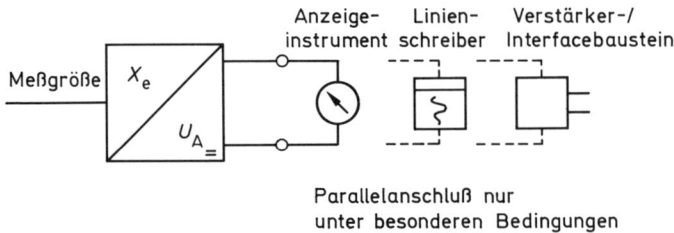

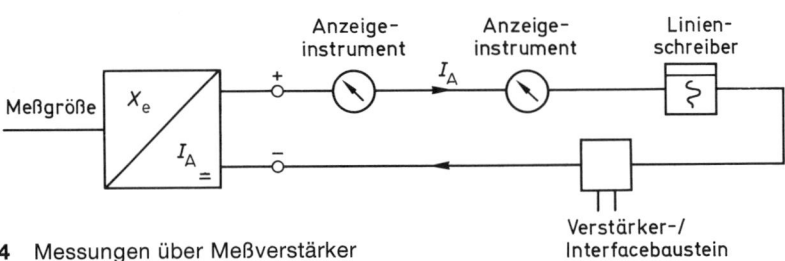

Bild 2.24 Messungen über Meßverstärker

Ein Beispiel sind die Meßverstärker AD 594 / AD 595 für die Thermoelemente Eisen-Konstantan (Typ J) für Messungen zwischen −200 °C und + 750 °C sowie Nickel-Nickelchrom (Typ K) für Messungen zwischen −200 °C und + 1250 °C. Die Ausgangsspannung beträgt 10 mV / °C bei beiden Typen. Der Ausgang ist niederohmig. Ein Betrieb an $U_B = + 5$ V ist ebenso möglich wie der Betrieb an ± 15 V. Die Genauigkeit beträgt 1 K, ein Netzwerk zur Kompensation des Vergleichspunktes auf 0 °C ist eingebaut. Bei Thermoelementenbruch wird ein Alarmsignal generiert. Nicht vorgesehen ist eine Linearisierung der Kennlinie. **Bild 2.25** zeigt eine einfache Anwendungsschaltung.

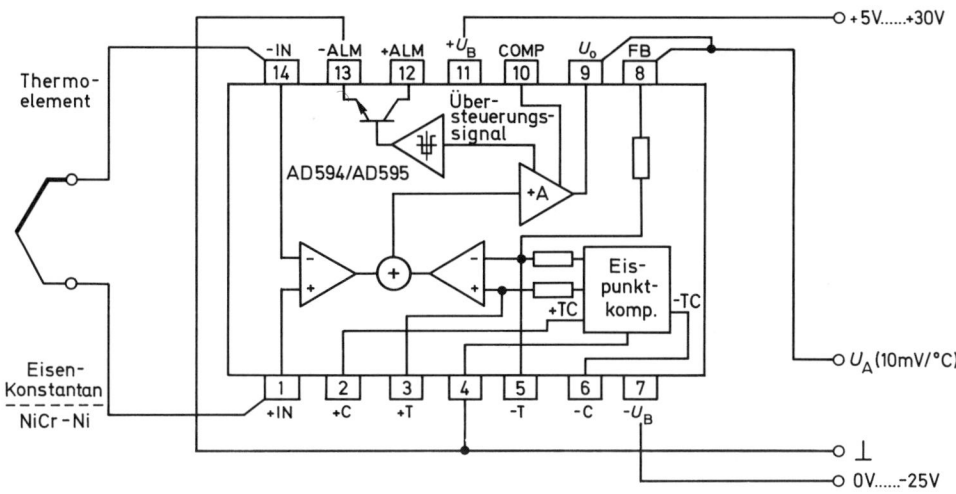

Bild 2.25 Meßverstärker AD 594 / AD 595 (Analog Devices)

Das kompensierende Meßverfahren wird zur Messung kleinster Thermospannungen bei höchster Genauigkeit vor allem in der Labor- und Betriebsmeßtechnik eingesetzt. Die zur Kompensation notwendigen Einrichtungen werden Thermospannungskompensatoren genannt. Das Prinzip ist in **Bild 2.26** wiedergegeben.

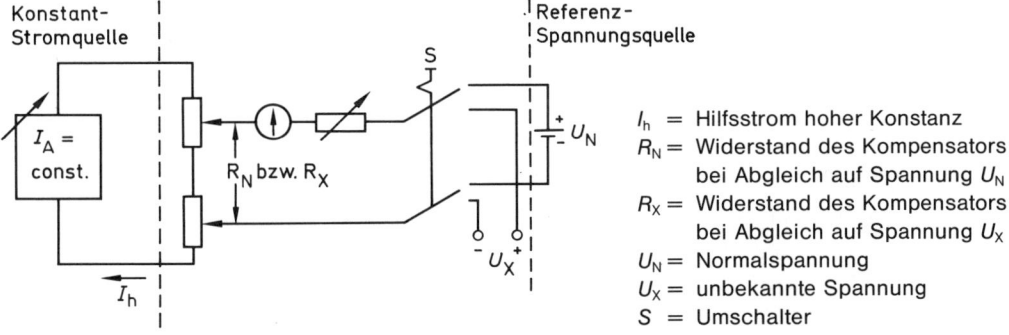

I_h = Hilfsstrom hoher Konstanz
R_N = Widerstand des Kompensators bei Abgleich auf Spannung U_N
R_X = Widerstand des Kompensators bei Abgleich auf Spannung U_X
U_N = Normalspannung
U_X = unbekannte Spannung
S = Umschalter

Bild 2.26 Thermospannungskompensation

Die unbekannte Thermospannung U_X wird einer bekannten Normalspannung U_N hoher Konstanz entgegengeschaltet. Über verstellbare Widerstandsdekaden und ein Galvanometer wird ein Nullabgleich durchgeführt. Es gilt die Beziehung:

$$U_X = \frac{R_X}{R_N} \cdot U_N$$

Moderne Thermospannungskompensatoren geben den gesuchten Spannungswert U_X unmittelbar in °C an. Ausgeführt als selbstabgleichende Servosysteme werden kompensierende Meßverfahren vor allem in Punktdruckern, Regelgeräten und Meßverstärkern angewendet. Die selbstabgleichenden Systeme zeichnen sich neben einer besseren Genauigkeit vor allem durch kurze Einstellzeiten, große Stellkräfte und robusten Aufbau aus. Sie sind in der rauhen Betriebsmeßtechnik direkt anzeigenden Meßwerken oft überlegen.

2.2.3 Thermistoren

Bei Halbleitern hängt der elektrische Widerstand von der Temperatur ab. Auf dieser Eigenschaft beruht die Arbeitsweise des Thermistors (engl. **therm**al sensitive re**sistor**), der als temperaturabhängiger Widerstand zur Kompensation der Temperaturdrift anderer Bauelemente, zur Temperaturmessung oder zum Schutz vor zu hohen Einschaltströmen eingesetzt wird.

Bei den Thermistoren müssen wegen der Art der Abhängigkeit des elektrischen Widerstandes von der Temperatur zwei Arten unterschieden werden:

NTC-Thermistor (Heißleiter)

Beim NTC-Thermistor wird der Widerstand mit steigender Temperatur niederohmiger (negativer Temperaturkoeffizient). Da der durch einen NTC fließende Strom mit steigender Temperatur größer wird, wird der NTC-Thermistor auch als Heißleiter bezeichnet.

PTC-Thermistor (Kaltleiter)

Beim PTC-Thermistor wird der Widerstand mit steigender Temperatur hochohmiger (positiver Temperaturkoeffizient). Da der durch einen PTC bei niedrigerer Temperatur fließende Strom größer ist, wird er auch als Kaltleiter bezeichnet.

Das charakteristische Verhalten von NTC- und PTC-Thermistor gilt nur innerhalb bestimmter Temperaturgrenzen.

Technologische und fertigungstechnische Fortschritte haben Toleranzen und Alterungseigenschaften verringert, so daß heute auch ein Einsatz als Meßfühler möglich ist. Von Vorteil sind steil ansteigende Kennlinien für eine hohe Empfindlichkeit der Messung und geringe räumliche Ausdehnung für möglichst punktförmige Temperaturerfassung. Der Aufbau der Thermistor-Meßfühler richtet sich nach der Anwendung. Vielfach sind Thermistor-Meßfühler in Glas eingebettet. Diese Bauform gestattet punktförmige Messungen, bei plötzlichen Temperaturänderungen folgt der Meßfühler kurzfristig den Änderungen. Übt der Thermistor Steuerfunktionen wie Strombegrenzung oder Einschaltverzögerung aus, so muß wegen der höheren Ströme auch der Thermistor einen größeren Querschnitt aufweisen. Der Aufbau erfolgt dann in Scheibenform **(Bild 2.27).**

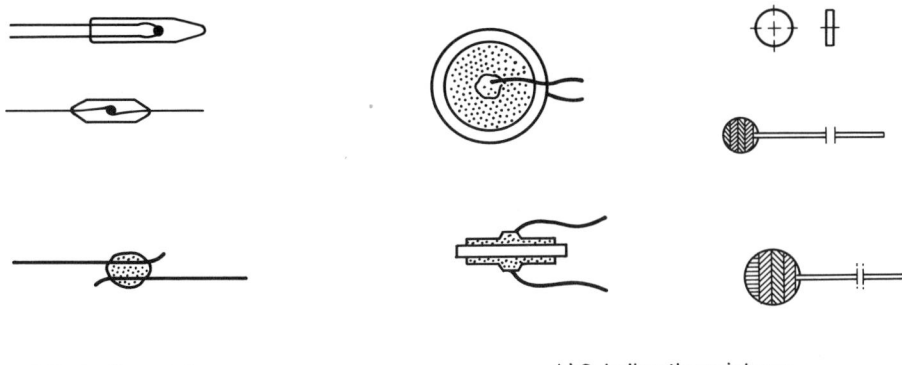

a) Perlenthermistoren   b) Scheibenthermistoren

Bild 2.27 Perlen- und Scheibenthermistor

Üblich sind Messungen mit Brückenschaltungen **(Bild 2.28)**.

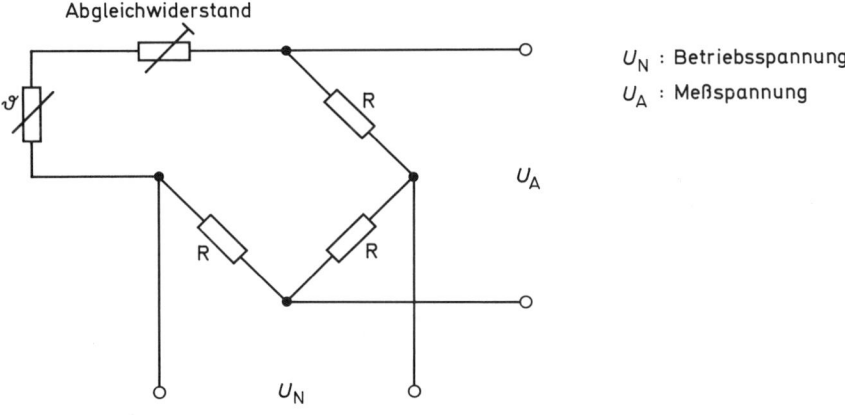

Abgleichwiderstand

U_N : Betriebsspannung

U_A : Meßspannung

U_A

U_N

Bild 2.28 Brückenschaltung mit Thermistor

Bild 2.29 zeigt ein Prinzipschaltbild für ein selbstabgleichendes System. Durch entsprechende Auslegung der Brücke lassen sich Anfangsbereiche unterdrücken oder Meßbereiche spreizen. Wie für Meßeinrichtungen allgemein, gilt auch hier, daß neben dem Temperaturfühler selbst die übrigen Bauelemente nicht temperaturabhängig sein dürfen. Widerstände für solche Anwendungen werden z. B. aus Konstantan oder Manganin gefertigt, da der Temperaturkoeffizient dieser Materialien z. B. gegenüber Kupfer sehr klein ist.

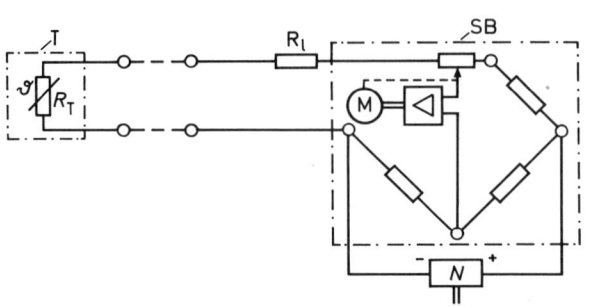

T :	Temperaturfühler
R_l :	Leitungswiderstand (Kontaktwiderstand)
SB:	Selbstabgleichende Brücke
M :	Antrieb Motor-potentiometer
N :	Betriebsspannungs-versorgung

Bild 2.29 Prinzipschaltbild für eine selbstabgleichende Meßbrücke

2.2.3.1 NTC-Widerstand

NTC-Widerstände (Heißleiter) haben einen negativen Temperaturkoeffizienten von $-0{,}030$ bis $-0{,}055\ \frac{1}{K}$. Der Zusammenhang zwischen dem Widerstandswert bei einer bestimmten Temperatur und dem Widerstandswert bei einer Bezugstemperatur läßt sich nicht so einfach angeben wie bei Metallen.

Temperaturabhängigkeit des Widerstandes

Die Temperaturabhängigkeit des Widerstandswertes der Heißleiter kann beschrieben werden durch die Gleichung:

$$R_T = R_N \cdot e^{B \cdot \left(\frac{1}{T} - \frac{1}{T_N}\right)}$$

oder

$$R_T = R_N \cdot e^{\alpha_{T_N} \cdot \Delta T \cdot \frac{T_N}{T}}$$

$$\alpha_{T_N} = \frac{-B}{T^2} \quad \text{(Temperatur in K)}$$

dabei bedeuten:

R_T = Heißleiterwiderstand bei der Temperatur T (Betriebstemperatur in K)
R_N = Heißleiterwiderstand bei bestimmter Bezugstemperatur T_N = 293 K = 20 °C
B = Materialkonstante zur Bestimmung der Temperaturabhängigkeit von Heißleitern
α_{T_N} = Temperaturkoeffizient des Heißleiters.

Bild 2.30 zeigt für unterschiedliche Bezugswiderstände und unterschiedliche B-Werte die Temperaturabhängigkeit.

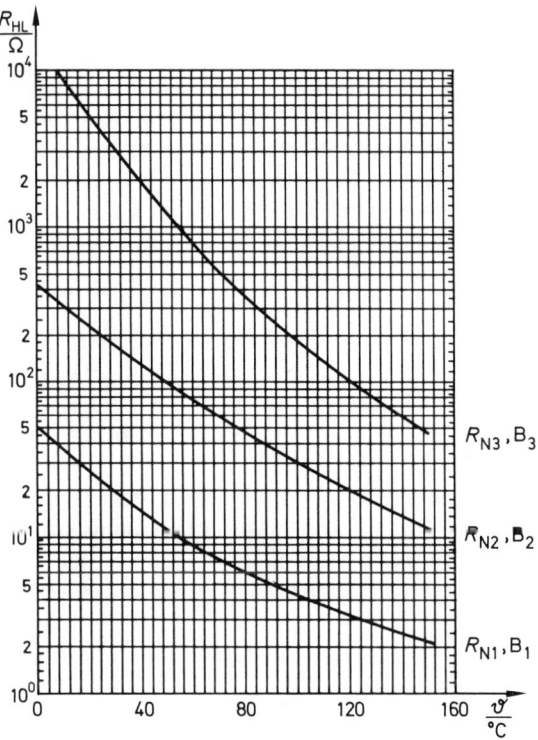

Bild 2.30 Heißleiterwiderstand in Abhängigkeit von der Temperatur

Temperaturabhängigkeit des B-Wertes

Die vorstehend genannten Gleichungen beschreiben die Temperaturabhängigkeit des Heißleiterwiderstandwertes in guter Näherung. Bei genaueren Messungen über größere Temperaturbereiche ergeben sich kleine Abweichungen. Diese lassen sich dadurch erfassen, daß B als Funktion der Temperatur beschrieben wird.

$$B(\vartheta) = B \cdot [1 + \beta \cdot (\vartheta - 100\,°C)]$$

$$\beta = 2,5 \cdot 10^{-4}\,\frac{1}{K} \quad \text{für } \vartheta > 100\,°C$$

$$\beta = 5 \cdot 10^{-4}\,\frac{1}{K} \quad \text{für } \vartheta < 100\,°C$$

Verhalten bei elektrischer Belastung

Erwärmung durch Umgebungstemperatur:

Soll bei einer Anwendung des Heißleiters die Umgebungstemperatur bestimmend für den Widerstandswert sein, z. B. bei einer Temperaturmessung oder beim Einsatz zur Temperaturregelung, so ist darauf zu achten, daß keine wesentliche Eigenerwärmung auftritt. Der Heißleiter wird im Vergleich zu seinen Grenzdaten dabei nur sehr schwach belastet. Bei einer Änderung der Umgebungstemperatur wird der Heißleiter nach kurzer Zeit die Temperatur der Umgebung annehmen. Der Widerstandswert des Heißleiters läßt sich anhand der Kurve $R_{HL} = f(\vartheta_{HL})$ ermitteln. Die Kurven $R_{HL} = f(\vartheta_{HL})$ sind in den Datenunterlagen der Hersteller als Kennlinien für die unterschiedlichen Nennwiderstände angegeben. Im Verlauf entsprechen sie den Kennlinien nach Bild 2.30.

Erwärmung durch zugeführte Leistung:

Sind Strom und Spannung größer als in dem zunächst betrachteten Fall, so erwärmt sich der Heißleiter auf eine Temperatur, die höher liegt als die Umgebungstemperatur. Es stellt sich ein stationärer Zustand ein, bei dem die erzeugte elektrische Verlustleistung gleich der vom Heißleiter an seine Umgebung in Form von Wärme abgegebenen Leistung ist. Zur Untersuchung dieses Verhaltens ermittelt man die sogenannte statische Kennlinie. Die Messungen erfolgen bei konstanter Umgebungstemperatur. Für die Kennlinienaufnahme wird der Strom verändert, die zugehörigen Spannungswerte werden jedoch erst abgelesen, wenn sie konstant bleiben, also der stationäre Zustand erreicht ist. **Bild 2.31** zeigt eine solche Kennlinie für einen Heißleiter. Zunächst ist der Strom noch klein, daher kann die Erwärmung vernachlässigt werden. Die Widerstandsänderung ist dann ebenfalls vernachlässigbar, die Spannung ist also proportional dem

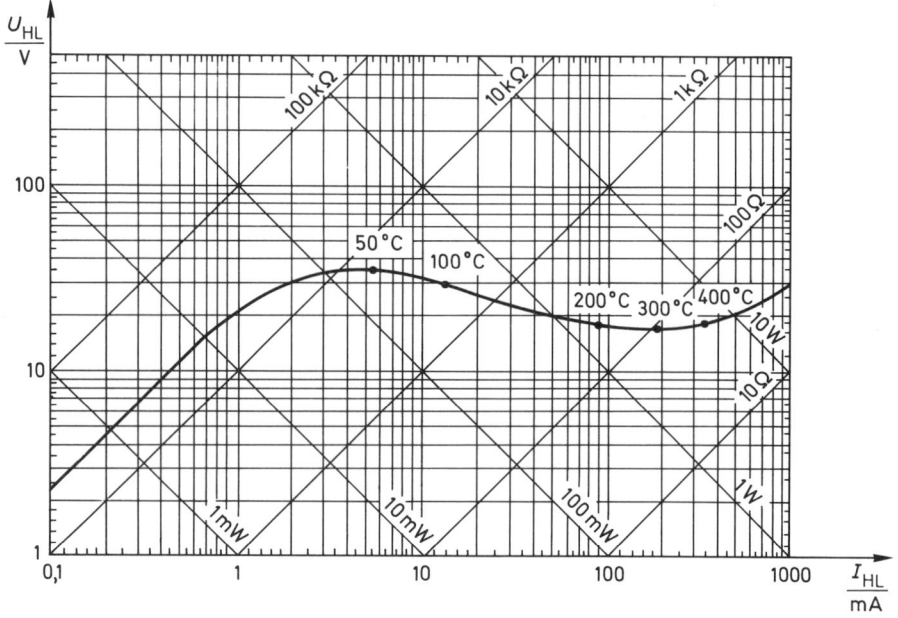

Bild 2.31 Stationäre Spannungs-Stromkennlinie

Strom. Die Kennlinie verläuft linear. Der lineare Bereich der Kennlinie endet bei einer Leistung von etwa 10 mW. In diesem Abschnitt hängt bei konstantem Strom der Widerstand des Heißleiters nur von der Umgebungstemperatur ab. In diesem Bereich sind Fremdtemperaturmessungen mit Hilfe eines Heißleiters sinnvoll.

Mit weiter anwachsendem Strom wird die Temperatur des Widerstandes höher als die Umgebungstemperatur, der Widerstandswert sinkt und der Spannungsabfall wird geringer, als er bei konstantem Widerstand wäre. Bei einem bestimmten Stromwert erreicht die Spannung ein Maximum und sinkt dann ab, wenn der Strom weiter erhöht wird.

Maßgebend für die Lage des Maximums der Spannungs-Stromkennlinie ist neben dem Kaltwiderstand und der Umgebungstemperatur auch die Größe der Oberfläche des Heißleiters. Ein Heißleiter mit großer Oberfläche und damit großem Wärmeleitwert führt mehr Leistung bei gleicher Temperatur an die Umgebung ab als ein kleiner. Strom und Spannung beim Maximum verschieben sich zu größeren Werten hin.

Heißleiter-Typen

Die verschiedenen Heißleiter-Typen sind in bestimmte Gruppen, je nach ihrem Hauptanwendungszweck, unterteilt und werden auch danach benannt. Es kann aber auch ein Heißleiter für eine andere Anwendung als die besonders vorgeschlagene eingesetzt werden. So ist es durchaus möglich, z. B. einen Anlaß-Heißleiter zur Temperaturmessung zu verwenden, jedoch muß dann mit größeren Toleranzen der einzelnen elektrischen und thermischen Kennwerte gerechnet werden.

Wegen der Vielzahl der auf dem Markt befindlichen Heißleiter der verschiedensten Hersteller sind hier nur einige Siemens-Kompensations- und Meßheißleiter **(Bild 2.32)** aufgeführt.

Einsatz Kompensations- und Meßheißleiter

Kompensations- und Meßheißleiter sollen elektrisch so schwach belastet werden, daß keine wesentliche eigene Erwärmung eintritt. Damit wird ihr Widerstand nur von der Umgebungstemperatur bestimmt.

Für allgemeine Temperatur-, Meß- und Regelzwecke bei Betrieb in freier Luft bzw. in einer Flüssigkeit ist z. B. der Typ K 276 entwickelt worden, während der Typ K 252 besonders zur Temperaturmessung und -regelung bei Chassismontage geeignet ist. Bei der Temperaturmessung wirkt sich die geringe Baugröße des Heißleiterkörpers und der gegenüber einem Platin-Widerstandsthermometer etwa zehnmal so große Temperaturkoeffizient besonders günstig aus. Der ebenfalls größere Widerstand der Heißleiter macht besondere Schaltungen zum Kalibrieren des Widerstandswertes selbst bei langen Zuleitungsdrähten überflüssig. Die vorhandenen Streuungen des Kaltwiderstandes und des Temperaturkoeffizienten können, soweit erforderlich, durch temperaturunabhängige Reihen- und Parallelwiderstände ausgeglichen werden.

Temperaturmessung

K 276

K 252

M 822

M 87

S 231

K 11

Typ	Nenn-widerstand R_N Ω	Toleranz $\Delta R_N / \Delta T$ %/K	B-Wert K	Belastbar-keit P_{25} ($\vartheta_u = 25\,°C$) mW	Nenn-temperatur ϑ_N °C	Temperatur-bereich nach DIN 40040 °C
K 276						
	330	±3,5	3950	1000	100	−10
	330		3950			bis
	950		3760			+100
	950		3760			
K 252						
	500	±10	3410	400	20	−55
	1 k		3560			bis
	6 k		3950			+125
	40 k		4250			
	500	±20	3410	400	20	−55
	1 k		3560			bis
	6 k		3950			+125
	40 k		4250			
M 822						
	1 k	±5	3730	750	25	−55
	1,5 k	±10	3900			bis
	2,2 k		3900			+125
	3,3 k		3950			
	4,7 k		3950			
	6,8 k		4200			
	10 k		4300			
	15 k		4250			
	22 k		4300			
	33 k		4300			
	47 k		4450			
	68 k		4600			
	100 k		4600			
	150 k		4600			
	220 k		4830			
	330 k		5000			
	470 k		5000			
M 87						
	5 k	±10	3474	500	25	−55
	10 k		3474			bis
	100 k		3988			+300
	200 k		4284			
	500 k		4284			
S 231						
	1,0	±20	2600	2400	25	−25
	2,2		2800			bis
	4,7		2900			+170
	10,0		3000			
	15,0		3000			
	22,0		3050			
	33,0		3300			
K 11						
	2,0	±5	3300	100	20	−55
		±10				bis
						+125

Bild 2.32   Heißleiterübersicht (Siemens)

Um die Kennlinie zu linearisieren, wird der Meßheißleiter in einer Spannungsteiler-schaltung mit Parallelwiderstand betrieben **(Bild 2.33)**. Der Widerstand R1 erhält etwa den Wert, den der NTC in der Mitte des vorgesehenen Betriebsbereiches aufweist. Der Widerstandswert von R2 beträgt das 10fache des Widerstandswertes von R1.

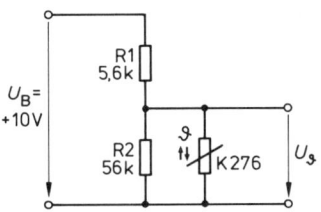
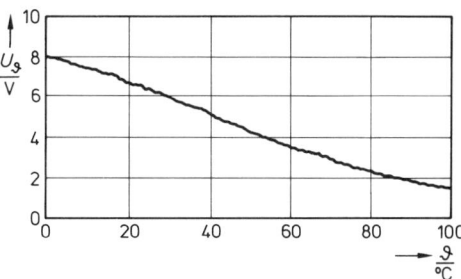

Bild 2.33   Linearisierung eines Meßheißleiters

2.2.3.2 PTC-Widerstand

Kaltleiter sind Widerstände aus polykristalliner dotierter Titanatkeramik. Sie haben jeweils in einem charakteristischen Temperaturbereich einen sehr hohen positiven Temperaturkoeffizienten. In diesem Intervall wird der Widerstand über mehrere Zehner-potenzen hochohmiger.

Die Widerstandserhöhung beruht auf Halbleiterwirkung und Ferroelektrizität. An den Korngrenzen der Einzelkristallite bilden sich Sperrschichten, deren Potentialhöhe stark von der Dielektrizitätskonstanten des umgebenden Materials abhängt. Die Ausbildung der Sperrschichten bedingt die starke Widerstandserhöhung. Im niederohmigen Bereich sind die Sperrschichten relativ schwach ausgeprägt, die Dielektrizitäts-konstante ist groß, die Betriebstemperatur liegt unterhalb der Umschlagtemperatur, die als Grenzwert auch als Curietemperatur bezeichnet wird. Oberhalb der Umschlagtem-peratur sinkt der Wert der Dielektrizitätskonstanten ab, die Sperrschichten bauen sich auf, und der steile Widerstandsanstieg tritt ein. Die bei Halbleitern auftretende Wider-standsabnahme durch thermische Aktivierung von Ladungsträgern wird überdeckt, ist aber im Bereich unterhalb der Curietemperatur noch erkennbar **(Bild 2.34)**.

Der Beginn des Temperaturbereichs mit positivem Temperaturkoeffizienten wird als Anfangstemperatur ϑ_A bezeichnet. Der zugehörige Widerstandswert heißt Anfangs-widerstand R_A. Der Anfangswiderstand ist der kleinste auftretende Widerstandswert des Kaltleiters. Der Anfang des steilen Anstiegs des Widerstandswertes wird als Nenn-wert verwendet. Die zugehörigen Werte sind Nennwiderstand R_N und Nenntemperatur ϑ_N. Die Nenntemperatur entspricht etwa der Curietemperatur. Um für den Nennwert einen reproduzierbaren Wert zu erhalten, ist festgelegt, daß als Nennwiderstand der Wert gewählt wird, der doppelt so groß wie der Anfangswert ist:

$$R_N = 2 \cdot R_A$$

Nenntemperaturen für Kaltleiter sind:

$-30\,°C;\ \pm 0\,°C;\ +20\,°C;\ +40\,°C;\ +60\,°C;\ +80\,°C;\ +110\,°C;\ +120\,°C;\ +130\,°C;$
$+160\,°C$ und $+180\,°C$.

Üblicherweise beträgt die Toleranz ± 5 K.

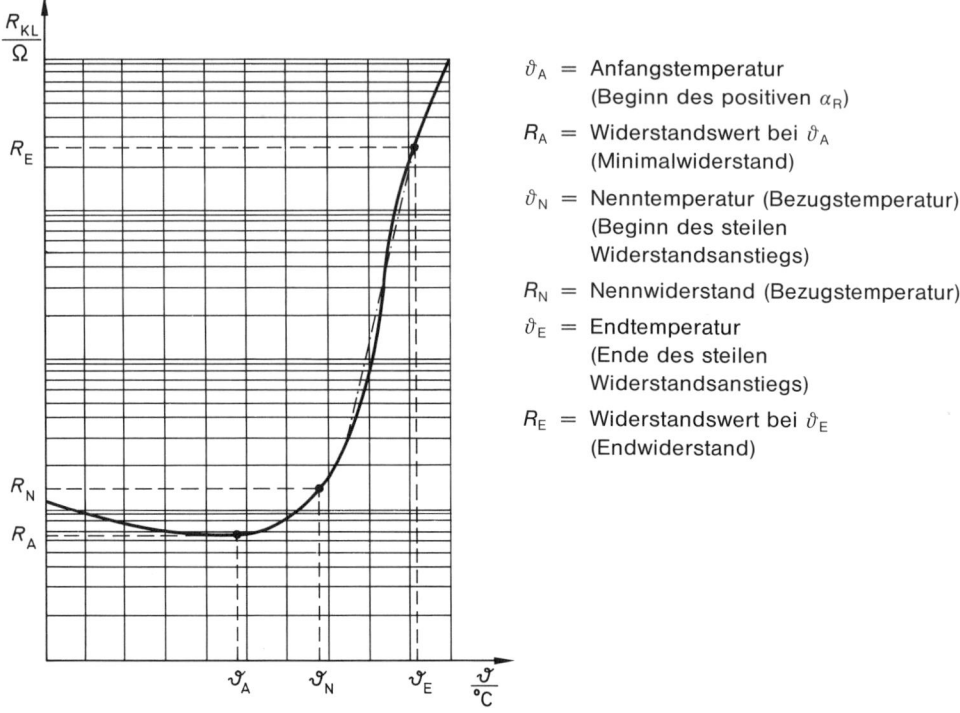

ϑ_A = Anfangstemperatur
(Beginn des positiven α_R)

R_A = Widerstandswert bei ϑ_A
(Minimalwiderstand)

ϑ_N = Nenntemperatur (Bezugstemperatur)
(Beginn des steilen
Widerstandsanstiegs)

R_N = Nennwiderstand (Bezugstemperatur)

ϑ_E = Endtemperatur
(Ende des steilen
Widerstandsanstiegs)

R_E = Widerstandswert bei ϑ_E
(Endwiderstand)

Bild 2.34 Widerstandsverlauf als Funktion der Kaltleitertemperatur

Für die Anwendung des Kaltleiters zur Strombegrenzung (Motorschutz) liegen die Nenntemperaturen im Bereich von 60 °C bis 180 °C in Stufen zu 10 K. Als Nennansprechtemperatur (NAT) wird dabei nicht die Nenntemperatur, sondern die Temperatur verwendet, bei der der Kaltleiterwiderstand 570 Ω (teilweise auch 600 Ω bis 1,7 kΩ) beträgt. Die Endtemperatur ϑ_E bezeichnet das Ende des steilen Widerstandsanstieges. Wie der Verlauf des Widerstandes in Abhängigkeit von der Temperatur zeigt, sind Endtemperatur ϑ_E und entsprechend Endwiderstand R_E keine sehr charakteristischen Größen.

Kaltleiter als Temperaturfühler

Wird der Kaltleiter bei Feldstärken von etwa 1 V/mm betrieben, dies ist bei der Aufnahme der Kennlinie der Fall, so können Eigenerwärmung und eine Spannungsabhängigkeit des Widerstandes vernachlässigt werden. Es besteht also eine eindeutige Beziehung zwischen dem Kaltleiterwiderstand und der Temperatur im Bereich des steilen Widerstandsanstiegs. Daher kann der Kaltleiter als Temperaturfühler eingesetzt werden. Ein wichtiges Anwendungsgebiet ist der Einbau des Kaltleiters in die Wicklungen elektrischer Maschinen zur Überwachung der Temperatur.

Kaltleiter für einfache Stabilisierungen

Wird ein Kaltleiter bei höheren Feldstärken von etwa 10 V/mm betrieben, so heizt er sich auf eine Temperatur oberhalb der Nenntemperatur auf. Die sich einstellende Gleichgewichtstemperatur ist von der Umgebungstemperatur fast unabhängig. Durch seinen positiven Temperaturkoeffizienten erhöht der Kaltleiter bei fallender Temperatur seine Leistungsaufnahme, bei steigender Temperatur setzt er sie herab.

Auch gegenüber Änderungen der Betriebsspannung ist ein Stabilisierungsmechanismus wirksam. Bei Erhöhung der Betriebsspannung nimmt der Kaltleiter zunächst entsprechend mehr Leistung auf, erhöht aber dabei seine Temperatur und setzt den Strom durch Widerstandserhöhung herab. Die aufgenommene Leistung ist innerhalb eines größeren Spannungsbereiches praktisch nicht spannungsabhängig.

In **Bild 2.35** sind einige Kaltleiter für die Meß- und Regelungstechnik zusammengestellt.

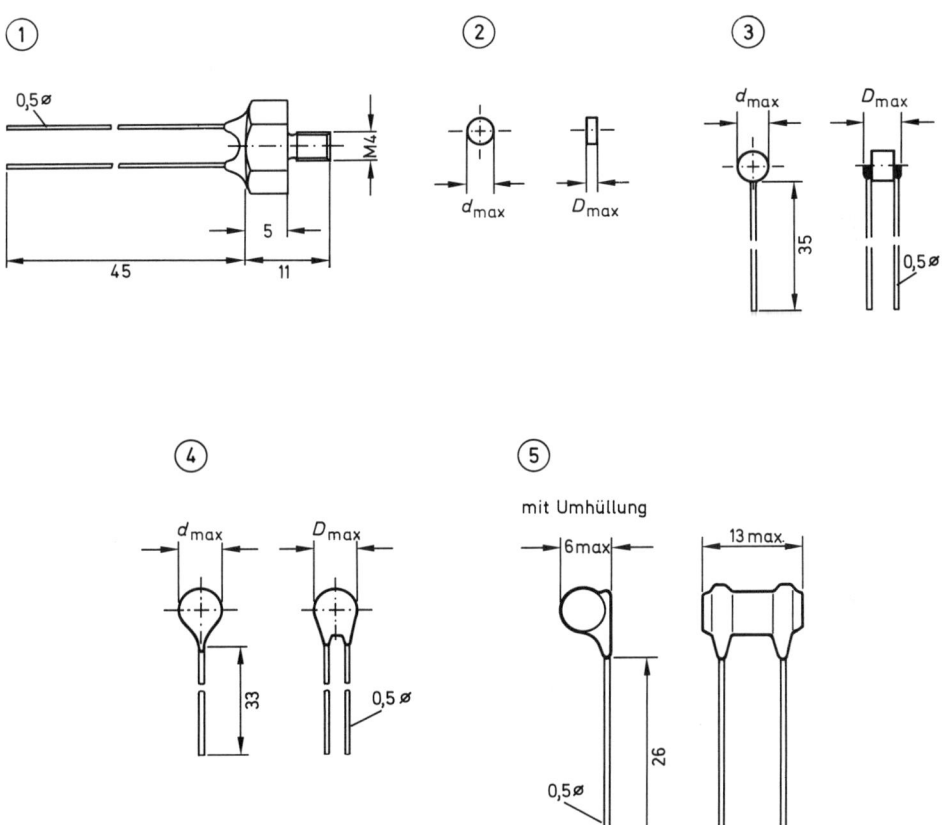

Bild 2.35 a) Kaltleiter für die Meß- und Regelungstechnik (Siemens); Daten siehe Seite 110

109

Betriebs- spannung $U_{max.}$ bei $\vartheta_U = 25\,°C$ V	Widerstand R_{25} Ω	Toleranz ΔR_{25} %	Anfangs- temperatur $\vartheta_A / °C$	R_A / Ω	$\vartheta_N / °C$	Aus- führung	Typ
	130		−10	115	40		P310
20	80	+ 100	20	80	60	①	P330
	80	− 50	40	76	80		P350
	80		80	74	120		P390
	>100 k	−	−70	700	−30		P240
	> 5 k	−	−40	600	0	②	P270
	110	±25	0	95	40		P310
30	80	±25	20	80	60	③	P330
	80	±25	40	80	80		P350
	85	±25	80	75	120		P390
	110	±25	120	80	160	④	P430
	110	±25	140	70	180		P450
	1100		20	1000	60		P330
250	1100	+ 100	40	1000	80	⑤	P350
	1100	− 50	80	1000	120		P390

Bild 2.35 b) Kaltleiter für die Meß- und Regelungstechnik (Siemens)

2.2.4 Silizium-Temperatursensoren

Zur Temperaturmessung lassen sich Temperaturabhängigkeiten bei Silizium-Material ausnutzen. Hierzu gehört die Temperaturabhängigkeit des Widerstandes von dotierten Silizium-Kristallen. Eine weitere Möglichkeit ist die Auswertung des Spannungsabfalls an einer PN-Schicht in Durchlaßrichtung. Auf diesen Effekten beruhen neuere Halb-leiter-Temperatursensoren.

2.2.4.1 Temperatur-Sensoren der Reihe KTY 10 bis KTY 16

Die Temperatur-Sensoren der Reihe KTY 10 bis KTY 16 enthalten als Sensor-Element einen N-leitenden Silizium-Kristall, der in Planartechnologie hergestellt ist. Zur Temperaturmessung wird die Temperaturabhängigkeit des Widerstandes zwischen zwei Elektroden genutzt. Die Kennlinie des Widerstandes $R = f(\vartheta)$ ist bereits annähernd linear, sie läßt sich durch eine Widerstandsbeschaltung noch weiter linearisieren. Eine vorhandene Stromrichtungsabhängigkeit des Widerstandes des Sensorelementes läßt sich durch eine entsprechende Anordnung der Elektroden so weit reduzieren, daß der Einfluß vernachlässigt werden kann. Widerstands-Sensor-Elemente dieser Reihe lassen sich in einem Temperaturbereich von $-50\,°C$ bis $+150\,°C$ einsetzen.

Die Nennwiderstände des Sensors KTY 10 bei einer Temperatur von $25\,°C$ liegen im Bereich von 1890 bis 2110 Ω. Alle folgenden Typen der Reihe haben einen Nennwider-stand von 2000 Ω. Die Auslieferung erfolgt in Toleranzgruppen bezogen auf den Nenn-widerstand. **Bild 2.36** zeigt eine Zusammenstellung, in der zusätzlich noch Zeitkonstan-ten für Anpassung des Meßfühlers an eine Temperaturänderung in seiner Umgebung angegeben sind. Diese Zeitkonstanten hängen ab von der Bauform des Fühlers und dem Wärmeübergang zwischen Umgebung und Fühler. Die Zeitkonstante gibt die Zeitspanne an, die vergeht, bis der Anpassungsvorgang zu ~63 % abgelaufen ist. Die Anpassung erfolgt nach einer e-Funktion.

Silizium-Temperatur-Sensoren

Typ	R_{25} $I_N = 1$ mA Ω	R_{25} − Tol $I_N = 1$ mA %	I_{max} 25 °C mA	τ Luft s	Öl s	ϑ_{amb} °C
KTY 10	1890 ... 2110	–	5	20	4	−50 ... +150
KTY 11-1A	2000	±1	3	9,5	1,3	−50 ... +150
KTY 11-1B	2000	±2	3	9,5	1,3	−50 ... +150
KTY 11-1C	2000	±5	3	9,5	1,3	−50 ... +150
KTY 11-2A	2000	±1	3	11	1,5	−50 ... +150
KTY 11-2B	2000	±2	3	11	1,5	−50 ... +150
KTY 11-2C	2000	±5	3	11	1,5	−50 ... +150
KTY 14-6	2000	±1	5	30	4	−30 ... +125
KTY 15-6	2000	±1	5	30	4	−50 ... +150
KTY 16A	2000	±1	3	10	2	−25 ... +125
KTY 16B	2000	±2	3	10	2	−25 ... +125

Bild 2.36 Temperatursensoren der Reihe KTY 10 bis KTY 16 (Siemens)

In **Bild 2.37** sind die beiden Gehäusebauformen für den Fühler KTY 11 dargestellt. Die Anschlußfahne des Sensors ist mit dem Chipsubstrat des Widerstandselementes verbunden, daher wird bei dieser Ausführung der Wärmeübergang vom Medium zum Sensor verbessert und die Reaktionszeit des Fühlers herabgesetzt.

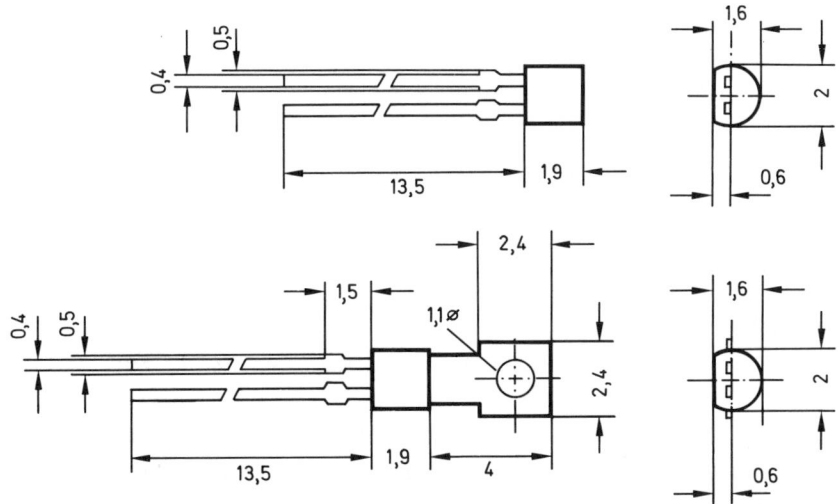

Bild 2.37 Gehäuseformen des Sensors KTY 11

Bild 2.38 gibt die grafische Darstellung der Kennlinie für den Sensor KTY 11 wieder.

**Temperaturabhängigkeit des
Sensorwiderstandes** $R_{(T)} = f(\vartheta_A)$
$I_o = 1$ mA

Version 1
für $R_{(\vartheta)} = f(\vartheta_A)$ mit $R_{(25)} = 2000\ \Omega$

$R_{(\vartheta)} = \alpha_2 \cdot \vartheta_A{}^2 + \alpha_1 \cdot \vartheta_A + \alpha_0$

$\alpha_2 = 2{,}881 \cdot 10^{-2}\ \Omega/\text{K}^2$

$\alpha_1 = 1{,}349 \cdot 10^1\ \Omega/\text{K}$

$\alpha_0 = 1{,}646 \cdot 10^3\ \Omega$

Version 2
für $R_{(\vartheta)} = f(\Delta\vartheta_A)$ mit $R_{(25)} = 2000\ \Omega$
und $\Delta\vartheta_{(A)} = \vartheta_{(A)} - 25\,°\text{C}$

$R_{(\vartheta)} = R_{(25)}\ (1 + \alpha\,\Delta\vartheta_{(A)} + \beta\,\Delta\vartheta_{(A)}{}^2)$

$\alpha = 7{,}461 \cdot 10^{-3}\ \text{K}^{-1}$

$\beta = 1{,}440 \cdot 10^{-5}\ \text{K}^{-2}$

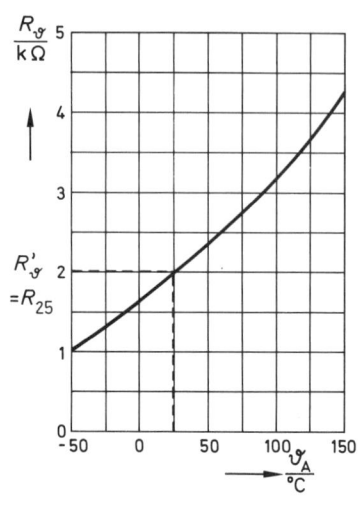

Bild 2.38   Kennlinie und Berechnungs-
beispiele für R(ϑ) beim Sensor KTY 11

Die Kennlinie dieser Sensoren ist leicht gekrümmt. Für den praktischen Einsatz ist es zweckmäßig, die Kennlinie zu linearisieren. Die Linearisierung erfolgt bei Konstantspannungsspeisung mit einem Reihenwiderstand und bei Konstantstromspeisung mit einem Parallelwiderstand **(Bild 2.39)**.

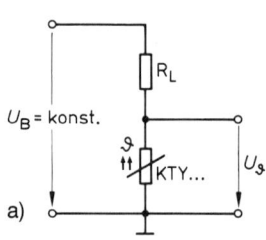

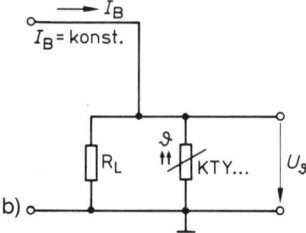

Bild 2.39   Linearisierung der
Kennlinie für die Sensoren
der KTY-Reihe

a) Linearisierung
   mit Reihenwiderstand

b) Linearisierung
   mit Parallelwiderstand

Berechnung des Linearisierungswiderstandes R_L erfolgt für beide Fälle nach der Gleichung:

$$R_L = \frac{R_b\,(R_a + R_c) - 2\,R_a \cdot R_c}{R_a + R_c - 2\,R_b}$$

mit R_L: Linearisierungswiderstand in Ω

R_a: Sensorwiderstand am unteren Grenzwert des Temperaturmeßbereiches in Ω

R_b: Sensorwiderstand in der Mitte des Temperaturmeßbereiches in Ω

R_c: Sensorwiderstand am oberen Grenzwert des Temperaturmeßbereiches in Ω

Die Werte für R_a, R_b und R_c lassen sich aus der Kennlinie **(Bild 2.38)** entnehmen.

Temperatursensoren dieser Typenreihe werden auch als Meßfühler in der Temperatur-Regelstrecke des Simulators verwendet. Dort wird der Sensor KTY 10 näher untersucht. Unter der Bezeichnung KTY 81/83 liefert *Valvo* entsprechende Sensoren, die jedoch überwiegend einen Nennwiderstand von 1000 Ω haben.

2.2.4.2 Temperatursensor AD 590

Der Temperatursensor AD 590 ist eine integrierte Schaltung. In ihr wird die Abhängigkeit des Spannungsabfalls eines in Durchlaßrichtung betriebenen PN-Überganges zur Temperaturmessung ausgenutzt. Die integrierte Schaltung AD 590 stellt insgesamt eine temperaturabhängige Stromquelle dar, bei der der Betrag des Ausgangsstromes in Mikroampere zahlenmäßig gleich der absoluten Temperatur in Kelvin ist. Der Arbeitsbereich erstreckt sich von -55 bis $+150\,°C$ entsprechend 218,2 bis 423,2 K. Die Dünnschichtwiderstände in dieser Schaltung werden mit einem Laser so abgeglichen, daß der Strom bei 25 °C 298,2 µA beträgt. Die Betriebsspannung für den AD 590 kann zwischen $U_B = 4$ V und $U_B = 30$ V liegen.

Der Temperatursensor AD 590 wird in verschiedenen Genauigkeitsklassen geliefert. In **Bild 2.40** sind tabellarisch wichtige Daten für den AD 590 zusammengestellt.

Eigenschaften	AD 590 J	AD 590 K	AD 590 L	AD 590 M
Nominaler Ausgangsstrom bei 25 °C	298,2 µA	298,2 µA	298,2 µA	298,2 µA
Temperaturkoeffizient		1 µA/K		
Kalibrier-Fehler (maximal) bei 25 °C	5 K	2,5 K	1 K	0,5 K
Fehler im Temperaturbereich (maximal) ohne ext. Abgleich mit ext. Abgleich	±10 K ±3 K	±5,5 K ±2 K	±3 K ±1,6 K	±1,7 K ±1 K
Nichtlinearität max.	±1,5 K	±0,8 K	±0,4 K	±0,3 K

Bild 2.40 Wichtige Daten des Temperatursensors AD 590 (Analog Devices)

Durch Ausführungen im Transistorgehäuse, Flachgehäuse, als Chip oder eingebaut in ein Schutzrohr läßt sich eine zweckmäßige Anpassung an die jeweilige Anwendung erreichen.

Der Temperatursensor ermöglicht durch seine Eigenschaft als Stromquelle auch längere Leitungsverbindungen zwischen Sensor und Auswerteelektronik. Als hochohmige Stromquelle verträgt der Sensor Änderungen der Versorgungsspannung ohne Auswirkungen auf das Meßsignal. Um eine Eigenerwärmung des Sensors möglichst klein zu halten, sollte die Betriebsspannung nicht zu hoch gewählt werden. **Bild 2.41** zeigt eine Anwendungsschaltung für einen Strom von 1 µA/K und eine für eine Spannung von 1 mV/K als Ausgangssignal.

Der Hersteller gleicht den Temperatur-Sensor innerhalb gewisser Toleranzen ab. Durch schaltungstechnische Maßnahmen kann der Anwender den Fehler durch Abgleich noch weiter verringern. In Bild 2.41 b ist eine Schaltung dargestellt, in der ein Trimmer für den einfachen Ein-Punkt-Abgleich verwendet wird. Ein-Punkt-Abgleich bedeutet dabei, daß der Abgleich nur für einen Meßpunkt erfolgt. **Bild 2.42** zeigt diesen Vorgang in einer Darstellung des absoluten Fehlers in Abhängigkeit vom Meßwert.

Eine weitere Verbesserung läßt sich durch Zwei-Punkt-Kalibrierung erreichen. **Bild 2.43** zeigt Schaltung und Auswirkung der Zwei-Punkt-Kalibrierung.

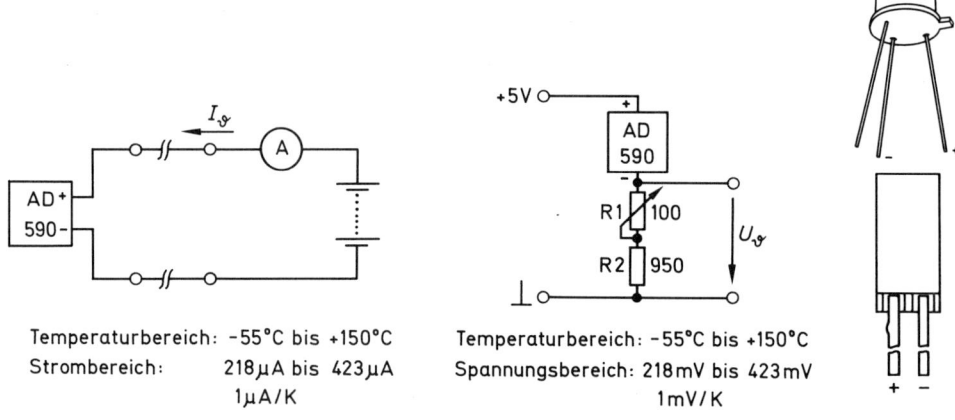

a) Temperaturmeßschaltung
   mit Stromauswertung

b) Temperaturmeßschaltung
   mit Spannungsauswertung

c) Bauformen
   des Sensors

Bild 2.41 Anwendungsschaltungen mit dem Temperatur-Sensor AD 590 (Analog Devices)

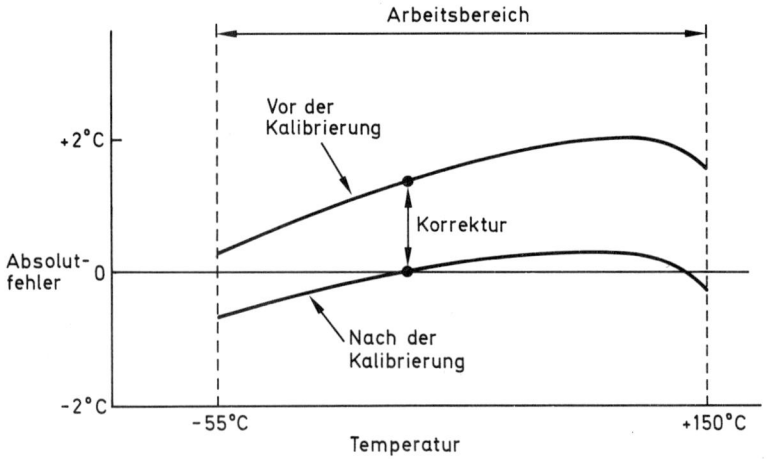

Bild 2.42 Einfluß der Ein-Punkt-Kalibrierung auf den Fehler

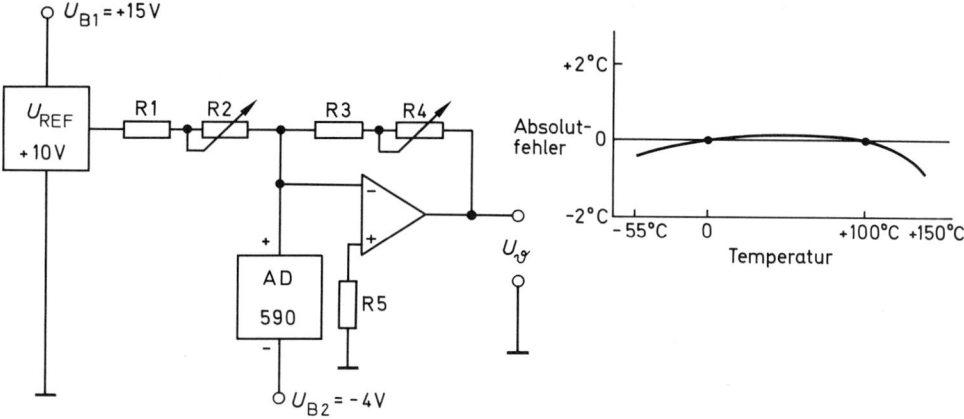

Bild 2.43 Zwei-Punkt-Kalibrierung – Schaltung und Auswirkung auf den Fehler

Auch dieser Meßfühler benötigt zur Anpassung an eine Änderung der Umgebungstemperatur eine bestimmte Zeit. Die Zeitkonstante τ des gemäß e-Funktion ablaufenden Vorganges liegt bei direkter Ankopplung an Aluminium bei 0,6 s, in Öl bei 1,4 s und in ruhender Luft bei 60 s.

Eine Anzeige in °C ist möglich, hierzu muß ein Strom von 273,2 µA subtrahiert werden. Der Hersteller des Meßfühlers liefert z. B. ein 3stelliges Meßgerät für Temperaturen, bei dem sich alle Kalibriermaßnahmen sowie die Anpassung an die Celsius- und Kelvin-Skala einfach durchführen lassen **(Bild 2.44)**.

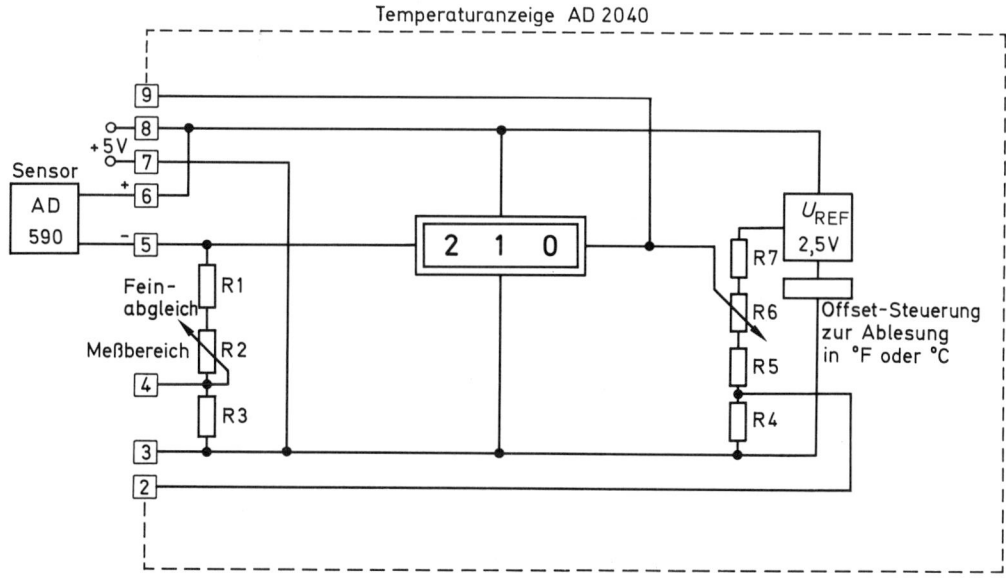

Bild 2.44 Meßsystem mit AD 590

2.2.4.3 Temperatur-Sensor LM 35

Der Temperatur-Sensor LM 35 ist ein Halbleiter-Sensor für die Messung von Temperaturen nach der Celsius-Skala im Bereich von -55 bis $+150\,°C$. Die Genauigkeit beträgt bei 25 °C $\pm$ 1,5 K, am Anfang und Ende des Erfassungsbereiches $\pm$ 2 K. Im Erfassungsbereich sind die Abweichungen von der Linearität kleiner als 0,5 K. Das Ausgangssignal des Sensors beträgt 10 mV/K. Als Betriebsspannung sind Werte zwischen 4 und 30 V zugelassen. Der Sensor LM 35 erfordert keine Abgleichmaßnahmen. Besonders einfach ist die Schaltung, wenn nur positive Temperaturen gemessen werden sollen **(Bild 2.45 a)**. Für die Messung positiver und negativer Celsius-Temperaturen wird zusätzlich eine negative Spannungsquelle benötigt **(Bild 2.45 b)**.

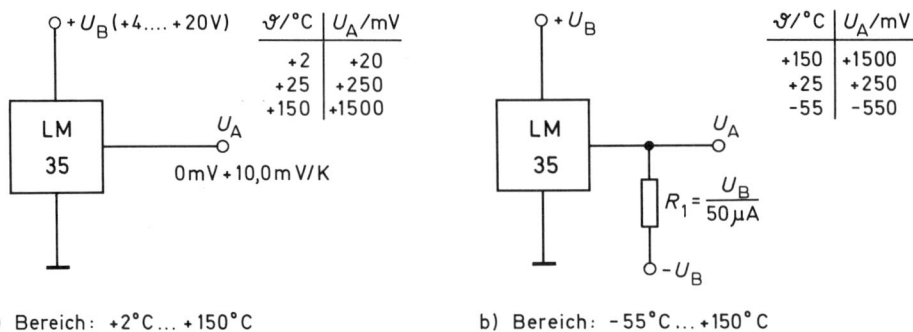

a) Bereich: $+2\,°C \ldots +150\,°C$ b) Bereich: $-55\,°C \ldots +150\,°C$

Bild 2.45 Grundschaltungen des Sensors LM 35 (National Semiconductor)

2.3 Drehzahlmessung

In technischen Anwendungen treten häufig Drehbewegungen auf. Eine Aufgabe dabei ist die Erfassung der Drehzahl, die im allgemeinen in Umdrehungen je Minute angegeben wird.

Eine Möglichkeit der Drehzahlerfassung ist die, eine elektrische Maschine nicht im Motor-, sondern im Generator-Betrieb zu betreiben. Ein mechanisch angetriebener Generator erzeugt eine elektrische Spannung, die über einen größeren Bereich proportional zur Drehzahl des Generators ist. So wie es unterschiedliche Arten von Motoren gibt, so ergeben sich auch unterschiedliche Arten von Generatoren. Zur Unterscheidung von den Generatoren, die der Erzeugung elektrischer Energie dienen, bezeichnet man Generatoren zur Messung der Drehzahl als Tachogeneratoren. Der Aufbau der Tachogeneratoren ist auf diese Aufgabe hin ausgelegt.

Neben den Tachogeneratoren als Drehzahl-Aufnehmer gewinnen Inkremental-Aufnehmer zunehmend an Bedeutung. Diese Aufnehmer erzeugen eine Impulsfolge, deren Frequenz proportional zur Drehzahl ist. Rechteckimpulsfolgen als proportionale Größe für die Drehzahl haben den Vorteil, daß sie in digitalen Systemen direkt ausgewertet werden können. Mit der zunehmenden Bedeutung der digitalen Systeme in der Steuerungs- und Regelungstechnik ist es verständlich, daß derartige Sensoren zunehmend eingesetzt werden. Für analoge Ausgangssignale müssen die Impulsfolgen umgesetzt werden. Die Auswertung erfolgt über eine Integration der Impulsfolge. Hierfür stehen spezielle integrierte Schaltungen zur Verfügung. Sie werden als *f/U*-Wandler bezeichnet. Inkrementalaufnehmer für Drehzahlen können mit unterschiedlichen Sensoren vielfältig aufgebaut sein. Häufig richtet sich die Auswahl nach den Verhältnissen vor Ort, um Ein- oder Umbauarbeiten so gering wie möglich zu halten. Die Impulsfolgen inkrementaler Geber lassen sich elektronisch weiter aufbereiten und damit den Erfordernissen anpassen.

Neben der Frequenzauswertung durch Auszählen von Impulsen in bestimmten Zeiteinheiten wird heute auch die Impulsauswertung in Form der Impulsdauermessung angewendet. Von besonderer Bedeutung ist dies für langsame Drehbewegungen.

Bei Drehbewegungen kann, neben der Drehzahl, auch eine Drehbewegung über einen bestimmten Bereich von Bedeutung sein. Einzelheiten hierzu werden im Abschnitt über Weg- und Winkelmessungen behandelt.

2.3.1 Tachogeneratoren

Bei elektrischen Maschinen wird unterschieden zwischen Drehstrom-, Wechselstrom- und Gleichstrommaschinen. Alle Maschinentypen können auch als Generatoren eingesetzt werden und erzeugen dann abhängig von der Drehbewegung eine Spannung. Diese Spannung steht mit der Drehzahl in fester Beziehung und wird als Maß für die Drehzahl verwendet. Um möglichst eine lineare Beziehung zwischen Meßspannung und Drehzahl zu erhalten, werden an den Generator hohe Anforderungen gestellt, die von einem Generator zur Stromerzeugung nicht zu erfüllt werden brauchen. Daher werden als Tachogeneratoren speziell konstruierte elektrische Maschinen verwendet.

Unterschieden wird bei den Tachogeneratoren zwischen:
- Drehstromgenerator
- Drehstromgenerator mit Halbleitergleichrichter
- Wechselstromgenerator
- Kommutator-Gleichstromgenerator
- Bürstenloser Gleichstromgenerator

Die Unterschiede ergeben sich aus den Arten, wie die Spannung bzw. die elektrische Leistung bei Antrieb des Tachogenerators über seine Antriebswelle erzeugt wird.

Für Tachogeneratoren gelten, ohne näher auf die Art einzugehen, eine Reihe von Begriffen, die hier zusammengestellt sind:

Bauform

Zu unterscheiden sind Tachogeneratoren in Hohlwellenform (A4), mit Standsockel (B3), mit Flansch an der Antriebseite (B10) und mit Montage über die antriebsseitige Kopfplatte (B14). Die in Klammern angegebenen Kurzzeichen kennzeichnen die Bauform nach DIN. Schutzarten IP.. machen eine Aussage über den Schutz gegen direkte Berührung sowie Berührung mit Fremdkörpern und Wasser. Eine übliche Schutzart bei Tachogeneratoren ist IP 54. Diese Bezeichnung bedeutet, daß der Tachogenerator gegen schädliche Staubablagerungen und gegen Spritzwasser aus allen Richtungen geschützt ist. Eine genaue Festlegung der Schutzarten ist in DIN 40050 gegeben. Besondere Bedingungen gelten, wenn Tachogeneratoren in explosionsgefährdeter Umgebung betrieben werden sollen.

Nenndrehzahl, Nennspannung, Nennstrom

Als Nenndrehzahl wird meist die Drehzahl am Ende des betriebsmäßigen Meßbereiches angegeben. Die bei Nenndrehzahl und Nennbelastung am Ausgang des Tachogenerators auftretende Spannung wird als Nennspannung, der dabei fließende Strom als Nennstrom bezeichnet. Der Nennstrom entspricht dem bei einer betriebsmäßigen Belastung und einer Drehzahl von 1000 min^{-1}. Die betriebsmäßige Belastung muß daher vom Tachogenerator-Hersteller in den Datenblättern spezifiziert werden.

Kennlinie, Linearitätsfehler

Die zeichnerische Darstellung von Eingangs- und Ausgangsgröße nach den theoretischen Fakten heißt Nennkennlinie, die zeichnerische Darstellung nach punktweise gemessenen Werten wird als gemessene Kennlinie bezeichnet. Die größte Abweichung zwischen Nennkennlinie und gemessener Kennlinie wird als Linearitätsfehler festgelegt. Er kann als Spannungswert oder relativ zu einer Bezugseinheit, z. B. in Prozent der Spannung am Ende des Meßbereiches, angegeben werden **(Bild 2.46)**. Wird in einem eingeschränkten Drehzahlbereich gearbeitet, so kann der Linearitätsfehler gegebenenfalls kleiner angesetzt werden.

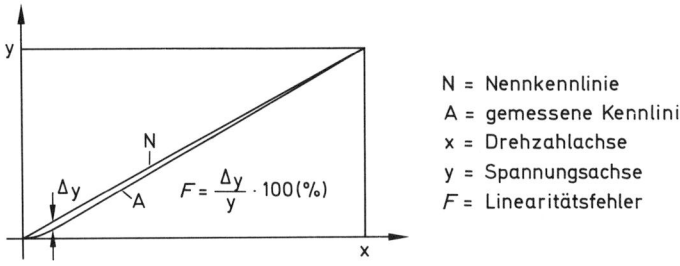

N = Nennkennlinie
A = gemessene Kennlinie
x = Drehzahlachse
y = Spannungsachse
F = Linearitätsfehler

$$F = \frac{\Delta y}{y} \cdot 100 \, (\%)$$

Bild 2.46 Linearitätsfehler bei Tachogeneratoren

Maximaldrehzahl

Maximaldrehzahlen werden vom Hersteller vorgegeben. In der Praxis sind heute Maximaldrehzahlen von 10 000 min^{-1} nicht selten. Bei den Drehstrom-Tachogeneratoren muß die Drehzahl wegen der maximalen Sperrspannung der Gleichrichterdioden begrenzt werden. Durch Auswahl der Bauelemente läßt sich der Drehzahlbereich erweitern, bis die mechanisch zulässige Drehzahl erreicht wird.
Bei den Gleichstrom-Tachogeneratoren wird die maximale Drehzahl begrenzt durch die Ausführung des Kommutators und die maximale Umfangsgeschwindigkeit am Anker.

Restwelligkeit

Gleichstromausgangssignale beim Drehstrom-Tachogenerator mit Gleichrichter und bei den Gleichstrom-Tachogeneratoren weisen eine Restwelligkeit auf. Die Restwelligkeit ist drehzahl- und lastabhängig, wird jedoch auch durch Anbau- und Kupplungsfehler beeinflußt. Sie hängt bei den Drehstrom-Tachogeneratoren von der Phasenzahl und der Schaltung des Gleichrichters ab. Beim Kommutator-Gleichstrom-Tachogenerator ergeben sich mehrere Anteile aus der Drehzahl des Ankers und dem Aufbau des Tachogenerators. Kann eine Verzögerung der Reaktionszeit hingenommen werden, so läßt sich die Restwelligkeit durch eine Siebschaltung glätten.

2.3.1.1 Drehstrom-Tachogeneratoren

Die Drehstrom-Tachogeneratoren haben einen Stator aus Blech und eine dreiphasige Statorwicklung aus Kupferdraht. Im Stator rotieren Dauermagnete, z.B. aus einer Aluminium-Nickel-Kobalt-Legierung. Durch die rotierenden Magnete wird in der Statorwicklung eine Spannung induziert. Durch die dreiphasige Ausführung der Wicklung sind die induzierten Spannungen um 120° phasenverschoben. Die drei Teilwicklungen werden im Stern geschaltet. **Bild 2.47** zeigt das Aufbauprinzip,

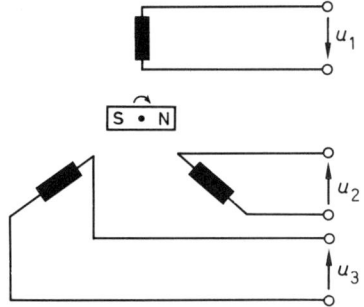

Bild 2.47   Aufbauprinzip des Drehstrom-Tachogenerators

Um als Ausgangssignal das übliche analoge Gleichstromsignal zu erhalten, wird dem Tachogenerator ein Drehstrom-Brückengleichrichter nachgeschaltet **(Bild 2.48)**.

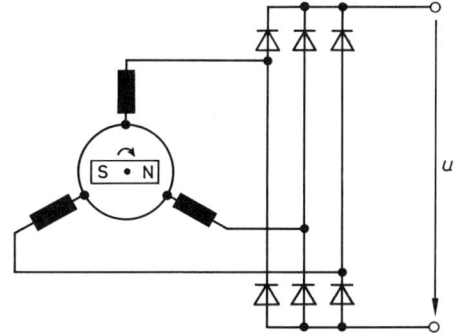 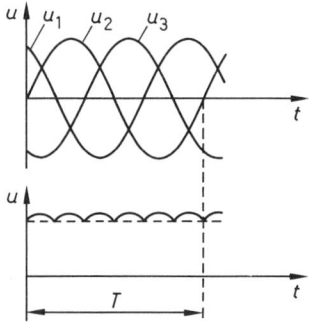

Bild 2.48   Aufbauprinzip des Drehstrom-Tachogenerators mit Gleichrichter

Drehstrom-Tachogeneratoren weisen eine hohe Maximaldrehzahl von bis zu 10 000 min^{-1} auf. Sie sind, da im Anker keinerlei elektrische Anschlüsse erforderlich sind, also auch keine Bürsten benötigt werden, weitgehend wartungsfrei. Durch den

Einsatz von Permanentmagneten zur Erzeugung des Magnetfeldes ist keine Hilfsenergie erforderlich. Das Ausgangssignal eines Drehstrom-Tachogenerators mit
Gleichrichtung ist drehzahl- aber nicht drehrichtungsabhängig.

Beispiel: Drehstrom-Tachogenerator Thalheim TD 3..
Drehstrom-Tachogenerator mit nachgeschaltetem Halbleiterbrückengleichrichter

Leerlaufspannung	Gleichspannung 30 V $\pm$ 3 % (bei 1000 min^{-1})
Linearitätsfehler	1 %
Linearitätsfehler reduziert	$\pm$ 0,1 % 100 min^{-1} $\leq$ n $\leq$ 1000 min^{-1}
Drehrichtung: reversierbar	Polarität: drehrichtungsunabhängig
Höchstdrehzahl:	8000 min^{-1}

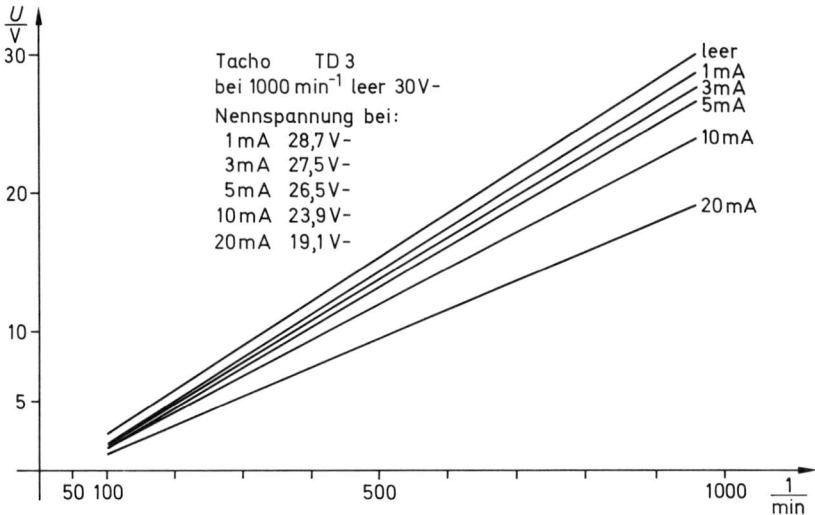

Bild 2.49   Kennlinien der Tachogeneratoren Thalheim TD 3.
In Sonderausführung ohne Gleichrichter beträgt die Ausgangsspannung 3 × 22,5 V.

Ein Drehstrom-Tachogenerator mit Gleichrichter, wie er oben beschrieben wurde,
eignet sich nicht für wechselnde Drehrichtungen, wenn außer der Drehzahl auch die
Drehrichtung aus dem Ausgangssignal abgeleitet werden muß. Die Tachohersteller
haben für diese Anwendungsfälle eine Ausführung mit Polwender entwickelt, damit die
Ausgangsspannung eine Drehrichtungsänderung auch durch Vorzeichenwechsel des
Ausgangssignals angibt. Für diese Ausführung liegt, wegen der Polwender, die Maximaldrehzahl erheblich niedriger. Die Auswertung der Drehrichtung erfordert Zeit, daher
steht das richtungsabhängige Signal erst nach einer kurzen Zeitspanne, spätestens
jedoch nach einer Viertel Drehung zur Verfügung. Bei der Kennlinie im Beispiel für den
Tachogenerator ist eine Linearitätsabweichung im Anlaufbereich **(Bild 2.49)** erkennbar.
Es ist möglich, durch eine nachgeschaltete Elektronik diese Nichtlinearität zu kompensieren und damit die Kennlinie der idealen Kennlinie anzupassen. Dies ist besonders
dann von Bedeutung, wenn niedrige Drehzahlen, z. B. bis 1 min^{-1}, erfaßt werden müssen.

2.3.1.2 Wechselstrom-Tachogeneratoren

Neben den Drehstrom-Tachogeneratoren mit oder ohne Gleichrichter kommen auch Wechselstrom-Tachogeneratoren vor. Sie sind vom Aufbau einfacher als die Drehstrom-Tachogeneratoren und stellen die Umkehrung des Wechselstrommotors dar. Sie erzeugen als Ausgangssignal eine Wechselspannung, das Ausgangssignal ist daher drehrichtungsunabhängig.

Beispiel: Wechselstrom-Tachogenerator Thalheim WTD 3
Leerlaufspannung: sinusförmige Wechselspannung 8 V $\pm$ 3 % (bei 1000 min^{-1})
Linearitätsfehler: $\pm$ 0,5 %
Drehrichtung: reversierbar
Höchstdrehzahl: 8000 min^{-1}
Polarität: drehrichtungsunabhängig

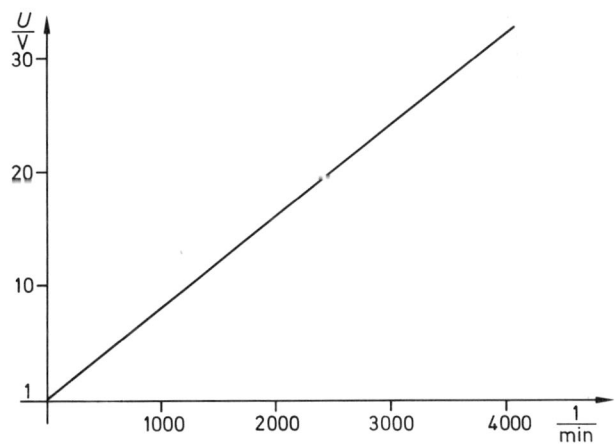

Bild 2.50   Kennlinie des Tachogenerators Thalheim WTD 3

2.3.1.3 Gleichstrom-Tachogeneratoren mit Kommutator

Beim Gleichstrom-Tachogenerator wird das Magnetfeld durch im Stator liegende Magnete erzeugt. Wird die Ankerwelle angetrieben, induziert das Magnetfeld in der Wicklung des Ankers eine Spannung. Bei Belastung der Ankerwicklung fließt ein Wechselstrom durch die Wicklung. Durch einen Kommutator und darauf laufende Bürsten wird durch Umpolung dafür gesorgt, daß der Ausgangsstrom für eine Drehrichtung stets in der gleichen Richtung fließt. Gleichstrom-Tachogeneratoren haben eine durch Null gehende, symmetrische Kennlinie. Abweichungen von der theoretischen Kennlinie können sowohl durch Übergangswiderstände an den Bürsten als auch durch Ankerrückwirkungen, Eisenverluste und Stromverdrängung entstehen. Sie wirken sich besonders bei hohen Drehzahlen aus. Charakteristisch für Gleichstrom-Tachogeneratoren mit Kommutator ist ein Reversierfehler, der durch die geringfügige Verlagerung der Bürsten in ihren Köchern bei einer Drehrichtungsumkehr bedingt ist. Gleichstrom-

Tachogeneratoren mit Kommutator bedürfen einer regelmäßigen Wartung. Vornehmlich gilt diese dem Kommutator und den Bürsten, erst nachgeordnet der Kontrolle der Lager. Wichtig ist die Wartung vor allem in Antrieben mit häufig wechselnden Drehrichtungen, wie sie z. B. in Vorschüben bei Werkzeugmaschinen vorkommen.

Beispiel: Gleichstrom-Tachogenerator mit Kommutator und Bürsten Thalheim KTD 60

Leerlaufspannung:	Gleichspannung 66 V$\pm$5% (bei 1000 min^{-1})
Nennspannung:	60 V
Nennstrom:	67 mA (800 min^{-1} $\leq$ n $\leq$ 3000 min^{-1})
Linearitätsfehler	0,15%
Drehrichtung:	reversierbar
Höchstdrehzahl:	9000 min^{-1}
Polarität:	drehrichtungsabhängig

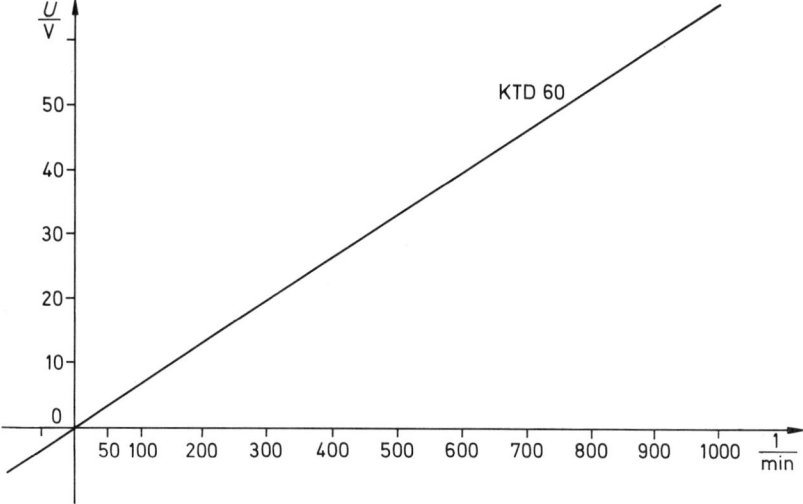

Bild 2.51 Kennlinie des Tachogenerators Thalheim KTD 60

2.3.1.4 Bürstenlose Gleichstrom-Tachogeneratoren

Für elektrische Antriebe mit hoher Dynamik und hoher Drehzahlkonstanz in großen Einstellbereichen, z. B. von 0,5 bis 10 000 min^{-1}, werden Tachogeneratoren eingesetzt, die keine Verschleißteile wie Kommutator und Bürsten aufweisen. Der mechanische Aufbau dieser Tachogeneratoren gleicht einem Drehstromsystem mit mehrpoligem Rotor und einer 3phasigen Statorwicklung. Die Permanentmagnete sitzen ebenfalls im Rotor. Die induzierten Spannungen haben näherungsweise trapezförmigen Verlauf und sind gegeneinander phasenverschoben. Durch geeignete Umschaltung werden zeitlich die geraden Teile von positiven und nach oben geklappten negativen Halbwellen addiert. Die Umschaltung erfolgt über sehr schnelle Lagesensoren (z. B. Hallgeneratoren oder Feldplatten) und einen Multiplexer **(Bild 2.52)**.

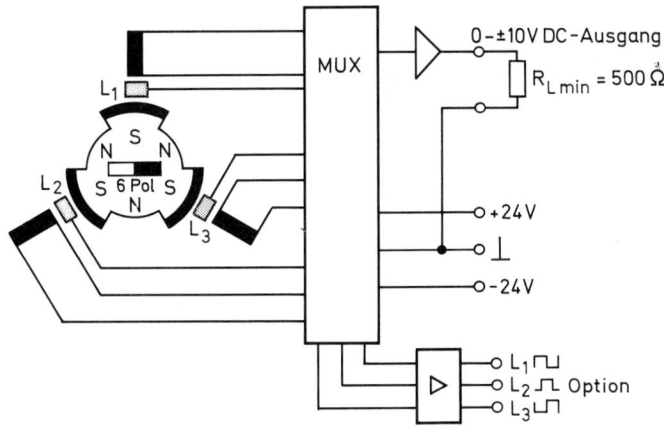

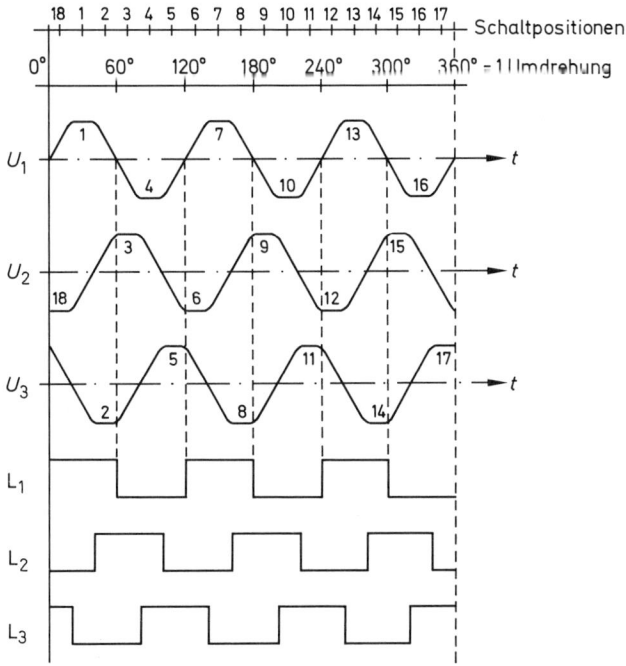

Bild 2.52 Prinzipschaltbild und Impulsdiagramm des bürstenlosen Gleichstrom-Tachogenerators

Eine nachgeschaltete Elektronik erzeugt eine drehzahlproportionale Ausgangsspannung. Die Drehrichtung ergibt sich aus dem Vorzeichen.

Beispiel: Gleichstrom-Tachogenerator ohne Bürsten und Kommutator Thalheim BLTD 4

Ausgangsspannung:	$\pm 0 \dots 10{,}00$ V bei 20 mA
Drehzahlbereich:	$0{,}5 \dots 10\,000$ min^{-1}
bei Überdrehzahl:	
max. Ausgangsspannung:	± 12 V
max. Ausgangsstrom:	30 mA
Drehrichtung:	reversierbar
Betriebsspannung:	$+ 24 \dots 30$ V DC
Polarität:	drehrichtungsabhängig

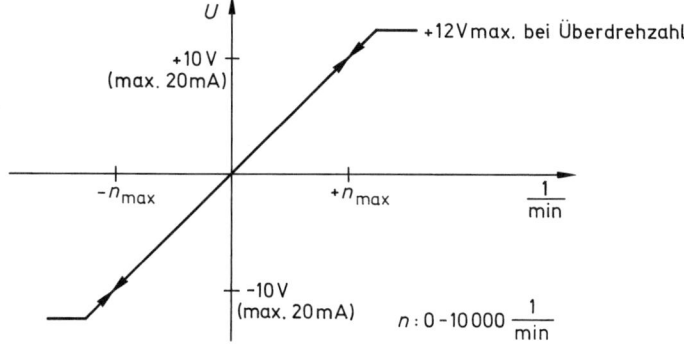

Bild 2.53 Kennlinie des Gleichstrom-Tachogenerators Thalheim BLTD 4

2.3.2 Inkrement-Drehzahlgeber

Inkrement-Drehzahlgeber erzeugen je Umdrehung einer Welle eine bestimmte Anzahl von Impulsen. Im einfachsten Fall ist dies ein Impuls, es können jedoch auch bis zu 10 000 Impulse je Umdrehung sein. Die Anzahl der Impulse bestimmt die Genauigkeit der Erfassung. Die Auswertung einer Impulsfolge kann durch Integration oder durch Auszählen erfolgen. Bei der Zählmethode werden die Impulse während einer bestimmten Zeiteinheit bestimmt. Wird als Zeiteinheit die Zeit 1 s gewählt, so ist die Anzahl der Impulse gleich der Impulsfrequenz in Hz, entsprechend bei einer Zeiteinheit von 1 min direkt die Anzahl Umdrehungen, wenn nur 1 Impuls je Umdrehung anfällt. Werden

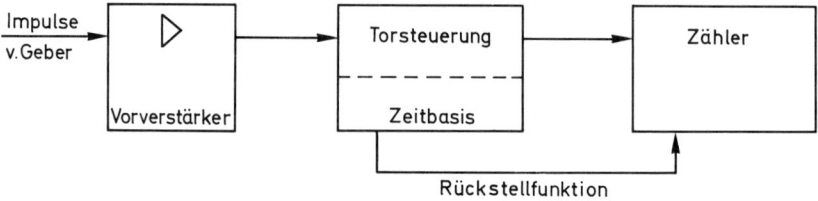

Bild 2.54 Drehzahlbestimmung durch Zählen

jedoch mehr Impulse je Umdrehung erzeugt, muß die Zeiteinheit entsprechend gewählt werden, damit die Anzahl der gezählten Impulse z. B. direkt als Anzeige der Umdrehungen je Minute gewertet werden kann. **Bild 2.54** zeigt das Blockschaltbild einer Drehzahlbestimmung.

Der eigentliche Zählvorgang spielt keine Rolle, sondern nur das Endergebnis. Daher wird der Zählvorgang meist unterdrückt und nur der jeweilige Endzustand gespeichert und angezeigt. Zur Anzeige kann es eventuell zweckmäßig sein, dem Zähler einen Frequenzteiler vorzuschalten. Damit ergibt sich für eine universelle Drehzahlanzeige folgendes Blockschaltbild **(Bild 2.55)**.

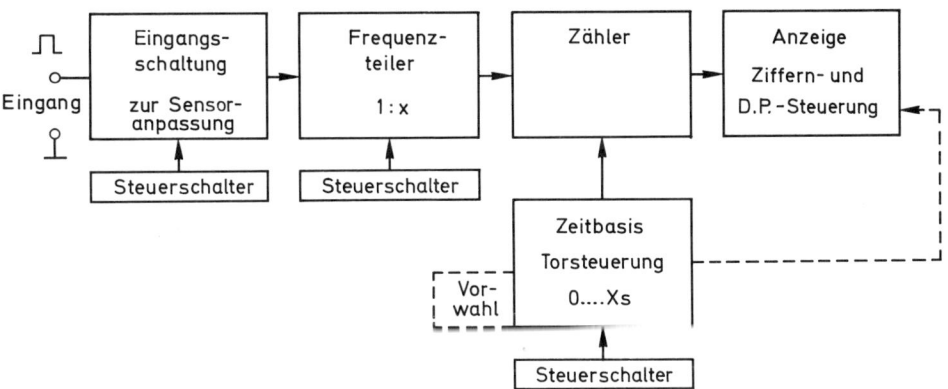

Bild 2.55   Blockschaltbild einer Universal-Drehzahlanzeige

Beispiel 1

Ein Geber gibt zwei Impulse je Umdrehung ab. Die Drehzahl betrage 60 min^{-1}. Die Anzeige soll in 0000 – 9999 Umdrehungen/Minute erfolgen.
Für welche Zeit müssen die Impulse vom Zähler erfaßt werden?

Lösung:
Es entstehen $2 \cdot \frac{60}{60}$ Impulse/s. Bei Einstellung des Teilers auf 1 : 1 muß die Torzeit 30 s betragen, damit 60 min^{-1} angezeigt werden.

Für praktische Anwendungen ist eine solche Zeitspanne zu groß, da etwaige Drehzahländerungen nur verzögert erfaßt werden.

Beispiel 2

Ein Geber gibt 150 Impulse je Umdrehung ab. Die Drehzahl betrage 60 min^{-1}. Die Anzeige soll in 0000 – 9999 Umdrehungen/Minute erfolgen.
Für welche Zeit müssen die Impulse vom Zähler erfaßt werden?

Lösung:
Es entstehen $150 \cdot \frac{60}{60}$ Impulse/s. Bei Einstellung des Frequenzteilers auf 1 : 1 muß die Torzeit 0,4 s betragen.

Drehzahlanzeigen haben 4 bis 6 Dekaden. Ihre Meßeingänge sind in TTL-Technik oder angepaßt auf bestimmte Fühler ausgeführt. Häufig beträgt die maximale Impulsfrequenz am Eingang um die 20 kHz, zunehmend sind jedoch auch Ausführungen für

Impulsfrequenzen bis 1 MHz erhältlich. Die Zeitbasen sind meist quarzstabil und programmierbar in Bereichen, z. B. 0,01 bis 9,99 s. Übliche Teilerverhältnisse für Frequenzteiler liegen bei 1 : 1 bis 1 : 10 000. Der Dezimalpunkt ist in jede Anzeigestelle schaltbar.

In der Drehzahlregelstrecke des Schulungsgerätes wird eine Anzeige für 100 Impulse je Umdrehung eingesetzt. Ohne Berücksichtigung eines Frequenzteilers beträgt die Meßzeit für die Drehzahlanzeige 0,6 s.

2.3.2.1 Drehzahlerfassung mit magnetischen Gebern

Für die Kontrolle einer Drehbewegung reichen oft ein oder wenige Impulse je Umdrehung aus. Magnetische Geber können hierzu auf dem Drehteil befindliche Fahnen oder Nasen bzw. Bolzen erfassen. Für höhere Impulszahlen werden Polräder verwendet, die auf der Achse montiert werden. Polräder werden als Zahnräder, Nutenräder oder Lochräder gefertigt. Anstelle eines speziellen Polrades lassen sich auch Zahnräder des Antriebs u. U. zur Impulserzeugung heranziehen. Bei kontinuierlichem Umlauf des Polrades besteht zwischen Drehzahl und Impulsfrequenz eine feste Beziehung:

$$f_{pol} = \frac{n \cdot p}{60}$$

f_{pol} = Frequenz des Sensorsignals in Hz
p = Polzahl des Polrades
n = Drehzahl des Polrades in min^{-1}

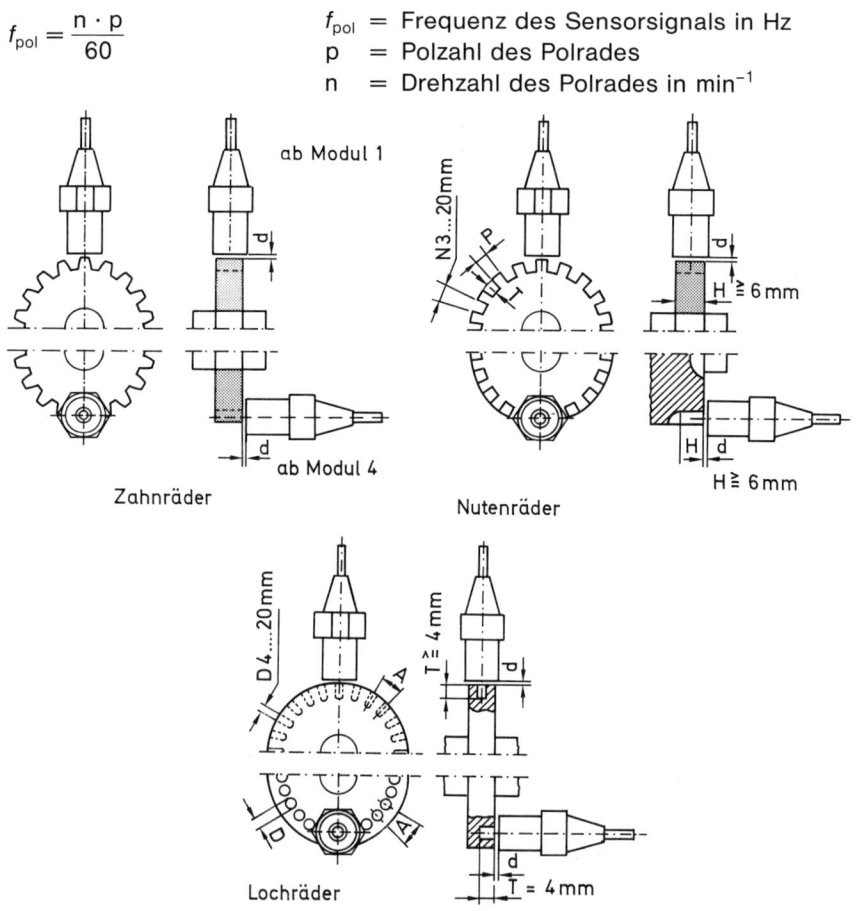

Bild 2.56 Polradausführungen und Sensoranordnungen, schematisch dargestellt

Die Anordnung des Sensors zur Abnahme der Impulse kann radial oder axial erfolgen. Grundvoraussetzung ist jedoch, daß das Polrad aus ferromagnetischem Werkstoff besteht, damit die magnetischen Sensoren aufgrund einer magnetischen Flußänderung reagieren können. **Bild 2.56** zeigt verschiedene Polradformen und Sensoranordnungen schematisch.

Elektromagnetischer Sensor

Der Impulssensor – auch induktiver Sensor – besteht im wesentlichen aus einem Eisenkern mit Induktionsspule und einem dahinter angeordneten Permanentmagneten. Die am Sensor vorbeibewegten Pole beeinflussen das Magnetfeld in der Spule, wodurch nach dem Induktionsgesetz eine Spannung proportional zur Änderungsgeschwindigkeit des Magnetflusses in der Spule induziert wird. Neben der Geschwindigkeit des Polrades beeinflussen auch der Abstand Polrad–Sensor, die Ausführung des Polrades und die konstruktiven Daten des Sensors die Spannung. Bei entsprechender Auslegung läßt sich eine Spannung angenähert proportional der Drehzahl erreichen.

Neben einer Auswertung der Spannungshöhe wird jedoch meist die Impulszahl je Zeiteinheit ausgewertet. In einer hierfür erforderlichen Auswerteschaltung muß die ansteigende Spannungshöhe der Impulse berücksichtigt werden, was einen zusätzlichen Aufwand bedeutet. **Bild 2.57** veranschaulicht das beschriebene Sensorprinzip.

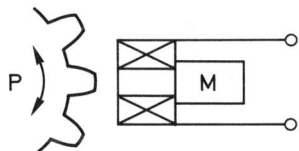

Bild 2.57   Drehzahlmessung mit magnetischem Sensor (Prinzipdarstellung)

Wegen der bei abnehmender Drehzahl kleiner werdenden Spannung ist der Arbeitsbereich nach unten hin begrenzt, so daß die Anwendung dieses Meßprinzips unterhalb von 10 Umdrehungen/Minute problematisch ist.

Sensor mit Feldplatte

Der Aufbau einer Polrad-Sensorkombination für einen Sensor mit Feldplatte ähnelt dem Aufbau der zuvor beschriebenen Kombination **(Bild 2.58)**.

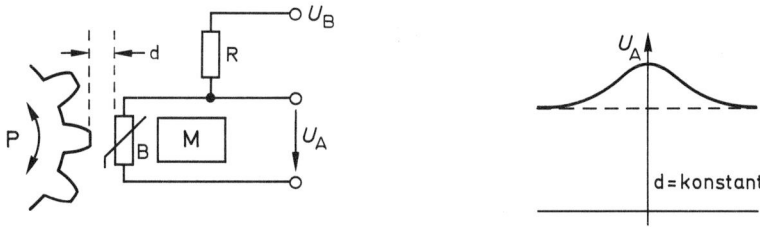

Bild 2.58   Prinzipieller Aufbau einer Polrad-Sensor-Kombination für einen Sensor mit Feldplatte

Der Permanentmagnet erzeugt wieder das Magnetfeld, das durch die Pole des Polrades verändert wird. Entsprechend der dadurch hervorgerufenen Änderung des Magnetfeldes ändert sich auch der Widerstand der Feldplatte. Im Gegensatz zum magnetischen Sensor benötigt der Sensor mit Feldplatte jedoch eine Hilfsspannung. Eine übliche Betriebsspannung ist 12 V. Die Amplitude der Impulse ist abhängig von der durch die Feldänderung verursachten Widerstandsänderung. Das eigentliche Meßsignal, also die Impulsfolge, wird über ein CR-Glied aus dem Meßkreis ausgekoppelt. Bei größeren Modulen (ab 4) – dies bedeutet größere Pole – läßt sich in Teilbereichen eine relativ konstante Signalamplitude erreichen. Durch Meßsignalverstärkung und Schwellwertschalter (Schmitt-Trigger mit Hysterese) läßt sich das Signal vom geometrischen Aufbau der Polrad-Sensorkombination weitgehend unabhängig machen. Mit derartigen Sensoren lassen sich Drehzahlen bis 0,1 min^{-1} noch erfassen. Vorteil einer Meßsignalaufbereitung ist auch, daß die Sensorsignale bei größeren Entfernungen zwischen Sensor und Auswerteelektronik ungestört übertragen werden können.

Eine weitere Verbesserung ist mit einer Differentialfeldplatte im Sensor möglich. Bei der Differentialfeldplatte sitzen zwei Feldplatten auf einem Substrat. Diese Differentialfeldplatte befindet sich stirnseitig auf einem Permanentmagneten. Die vorbeistreichenden Pole beeinflussen nacheinander den Widerstand der beiden Feldplatten infolge der Feldänderungen. Die beiden Feldplatten bilden einen Halbzweig einer Brückenschaltung. Die Diagonalspannung in der Brücke wird über Verstärker und Schwellwertschalter ausgewertet. Es ergibt sich wieder eine Impulsfolge. **Bild 2.59** zeigt das Meßprinzip. Diese Sensoren reagieren noch empfindlicher und sind in der Lage, auch noch langsamere Drehbewegungen zu erfassen.

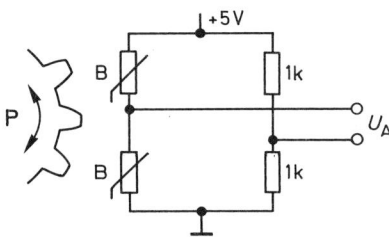

a) Meßanordnung; schematisch

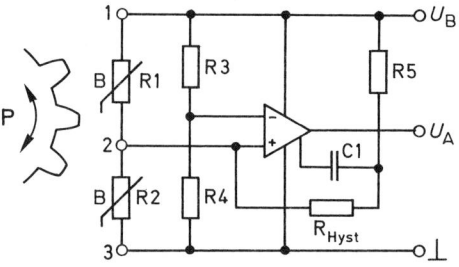

c) Auswerteschaltung

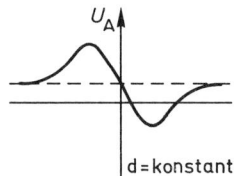

b) prinzipieller Spannungsverlauf

Bild 2.59   Prinzipieller Aufbau einer Polrad-Sensor-Kombination für einen Sensor mit Differential-Feldplatte

2.3.2.2 Drehzahlerfassung mit optischen Gebern

In einfachen Fällen sind ein oder wenige Impulse je Umdrehung zu erfassen. Hierzu kommen grundsätzlich Aufnehmer nach den Durchlicht- oder Reflexlichtverfahren infrage. Beide Grundprinzipien sind in **Bild 2.60** dargestellt.

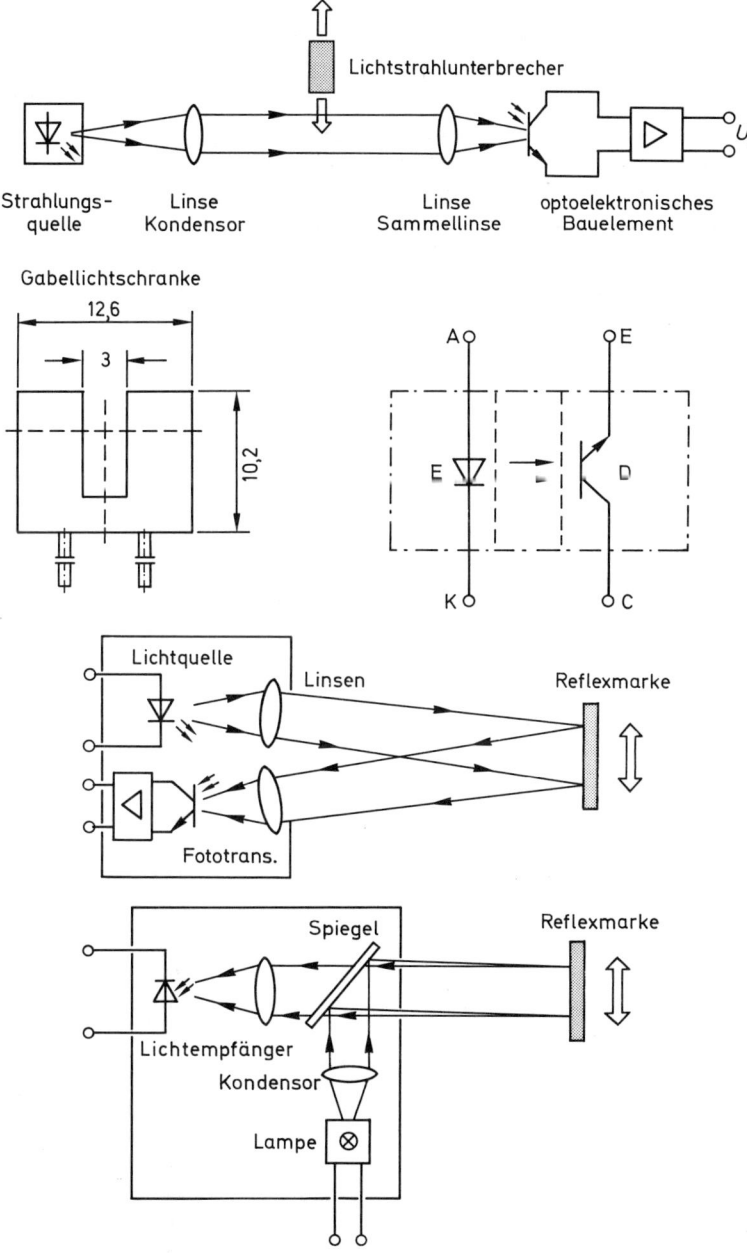

Bild 2.60 Grundprinzipien des Durchlicht- und des Reflexlichtverfahrens

Beim Durchlichtverfahren unterbrechen eine oder mehrere Fahnen einen vom Sender zum Empfänger verlaufenden Lichtstrahl. Die Impulszahl, d. h. die Anzahl der Unterbrechungen je Umdrehung, kann durch Verwendung von Zahnrädern, Polrädern oder Lochscheiben erhöht werden. Diese Anwendung ist von Bedeutung, wenn Konstruktionselemente vorhanden sind, die die Funktion als Strahlunterbrecher ausführen können.

Durch Reflexion eines ausgesandten Lichtstrahles an einer gut reflektierenden Marke gelangt Licht auf einen in unmittelbarer Nachbarschaft zum Sender vorhandenen Lichtempfänger und kann einen Schaltimpuls erzeugen. Dieses Verfahren eignet sich besonders, wenn eine Drehzahlerfassung nachträglich oder kurzfristig durchgeführt werden soll, weil es meist einfach möglich ist, die Marken anzubringen. Einer Steigerung der Impulszahl je Umdrehung sind jedoch Grenzen gesetzt.

Für höhere Impulszahlen werden Inkrementalgeber verwendet, die nach dem Durchlichtverfahren arbeiten und als Impulserzeuger Blendenscheiben mit ausgestanzten Schlitzen verwenden. Die Anzahl der Schlitze liegt üblicherweise zwischen 10 und 1000, entsprechend fallen je Umdrehung 10 bis 1000 Impulse an. **Bild 2.61** zeigt den prinzipiellen Aufbau eines solchen Gebers.

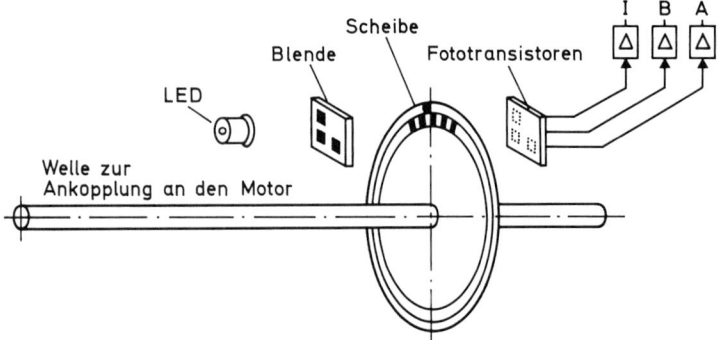

Bild 2.61 Schematischer Aufbau eines Inkremental-Gebers mit optischer Abtastung

Als Lichtsender ist eine Glühlampe und heute häufiger eine LED vorgesehen. Fotowiderstände, Fotodioden oder Fototransistoren können als Lichtempfänger eingesetzt werden. Die Auswertung erfolgt nicht nur mit einem Lichtstrahl, sondern durch eine Blende werden die Lichtstrahlen so unterbrochen, daß zwei um 90° verschobene Impulsfolgen entstehen. Mitunter wird auf der Vielschlitzscheibe eine Spur mit nur einem Schlitz ausgeführt. Über diesen Schlitz wird ein Referenzimpuls erzeugt, der eine bestimmte Lage des Rotors oder Drehteils definiert. **Bild 2.62** zeigt ein charakteristisches Impulsmuster für einen Geber mit versetzten Impulsfolgen und Referenzimpuls. Vorteile von Inkremental-Drehgebern mit optischer Abtastung sind die geringe Masse der Schlitzscheibe und die Möglichkeit einer einfachen starren Kopplung mit der umlaufenden Welle. Die Eigenschaften des Antriebes werden durch die Schlitzscheibe nur unbedeutend beeinflußt. Die Lichtschranken aus Sender und Empfänger bestehen bei modernen Gebern meist aus IR-LEDs als Sender und Fototransistoren als Empfänger. Häufig erfolgt ein Aufbau aus einzelnen Bauteilen, jedoch kommen auch fertige Gabellichtschranken zum Einsatz.

Bei der Drehzahlregelstrecke des Schulungsgerätes wird zur Drehzahlerfassung ein Inkremental-Drehgeber verwendet.

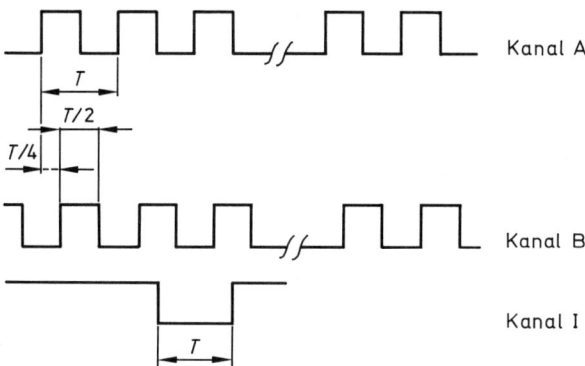

Bild 2.62 Charakteristische Impulsfolgen bei Inkremental-Drehgebern

Beispiel

Inkremental-Drehgeber der Drehzahlregelstrecke des Schulungsgerätes

Versorgungsspannung:	4,5 . . . 16 V
Impulszahl der Umdrehung:	100
Anzahl der Kanäle:	2
Referenzimpuls:	nein
Phasenverschiebung:	$\frac{1}{4}$ Teilungsperiode $+ \frac{1}{18}$ Teilungsperiode
maximale Impulsfrequenz:	100 kHz $\triangleq$ 60 000 min^{-1}

Bild 2.63 zeigt die Grundbeschaltung des Gebers

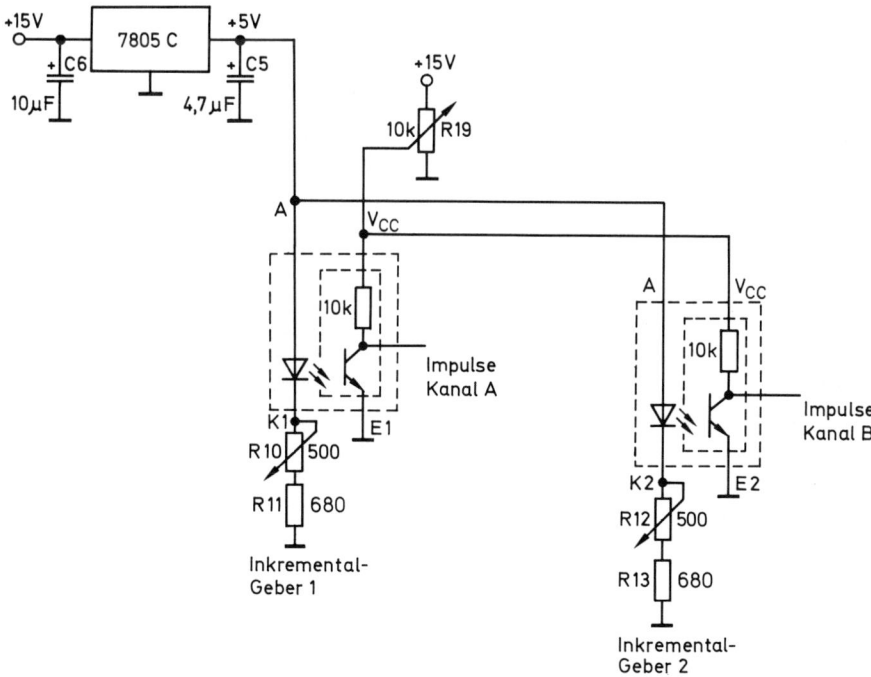

Bild 2.63 Grundbeschaltung des Drehzahlgebers der Drehzahlregelstrecke

131

Da die Impulsfolgen nicht direkt weiter verarbeitet werden können, ist für ihre Umsetzung in eine proportionale Gleichspannung ein *f/U*-Wandler nachgeschaltet **(Bild 2.64)**.

Der *f/U*-Wandler (Raytheon RC 4153) benötigt steilflankige Impulse. In der RC-Kombination R1, R2 und C1 werden die Signale des Gebers 1 zu Nadelimpulsen aufbereitet. Die Impulsdauer der Nadelimpulse muß kleiner als die Laufzeit des bausteininternen Impulsgebers sein. Der Impulsgeber steuert eine Konstantstromquelle, die auf einen folgenden Integrator wirkt. Der Energiespeicher des Integrators wird pulsförmig geladen. Daher besteht zwischen der Pulszahl je Zeiteinheit und der Spannung am Ausgang des Integrators Proportionalität. Die Ausgangsspannung des Integrators wird an Pin 4 abgenommen. Eine Glättung der Ausgangsspannung reduziert die durch

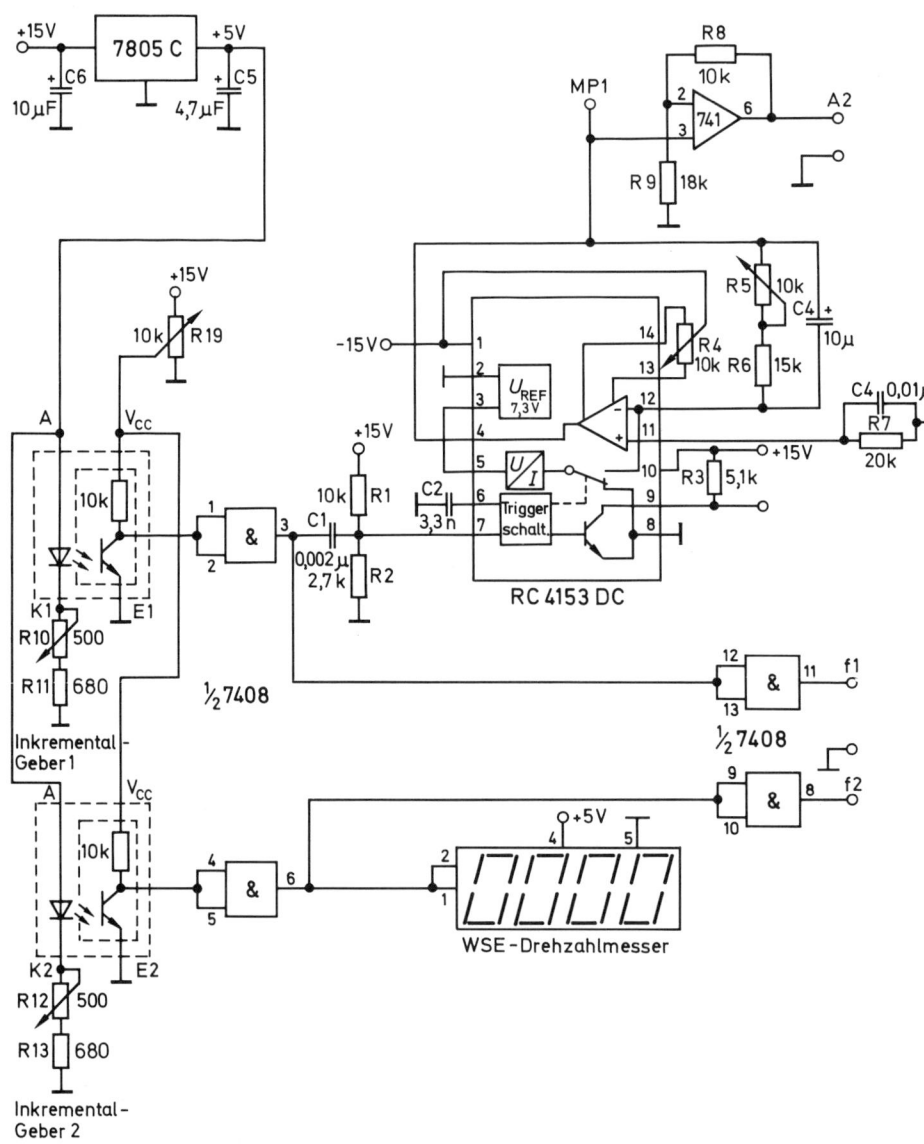

Bild 2.64 Inkremental-Drehzahlgeber mit Analogspannungsausgang

Schaltvorgänge erzeugte Brummspannung, verlangsamt jedoch die Reaktionsgeschwindigkeit des Wandlers bei Änderung der Pulseingangsfrequenz. Der Wandler in der gewählten Beschaltung erreicht Vollausschlag am Ausgang A2 bei einer Frequenz von 10 kHz. Durch Änderung der Werte C4, R5 + R6 und C2 läßt sich der Frequenzbereich erweitern.

Neben einer Auswertung als Impulsfrequenz, die durch schaltungstechnische Hilfsmittel wie Impulsvervierfachung noch verbessert werden kann, wird bei sehr kleinen Drehzahlen auch die Impulsdauerauswertung verwendet. Dies ist von Bedeutung, wenn die Bewegung einer Welle noch innerhalb eines Umlaufes korrigiert werden soll.

2.3.3 Mehrfachauswertung und Richtungserkennung

Bei der Behandlung des optischen Drehzahl-Aufnehmers wurde bereits ein System behandelt, das zwei Impulsfolgen erzeugt, die um eine Viertelperiode zueinander versetzt sind **(Bild 2.65)**. Aus den beiden Impulsen lassen sich weitere Impulsfolgen ableiten.

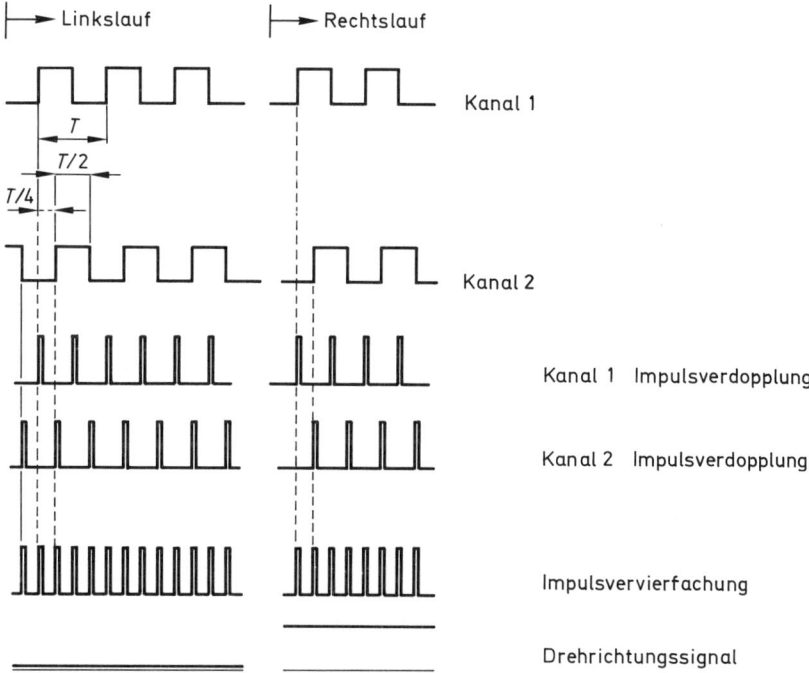

Bild 2.65 Mehrfachauswertung phasenversetzter Impulsfolgen bei Drehzahlaufnehmern

Werden z. B. die ansteigenden und abfallenden Impulsflanken als Trigger für eine monostabile Kippstufe verwendet, so läßt sich in jedem Kanal die doppelte Impulszahl je Umdrehung erzeugen. Durch ein Zusammenfassen beider Kanäle ergibt sich eine Impulsvervierfachung.

Der Vorteil einer elektronisch erzeugten erhöhten Impulszahl ist, daß insbesondere bei langsameren Drehbewegungen zur Auswertung gut geeignete Impulsfrequenzen entstehen, ohne daß Impulsaufnehmer mit besonders hohen Impulszahlen je Umdrehung notwendig werden.

Beispiel

Drehzahlbereich: $0 \dots 10 \ \text{min}^{-1}$

Drehzahl-Geber 1

2560 Impulse/Umdrehung

Bei einem Drehzahlbereich von $0 \dots 10 \ \text{min}^{-1}$ ergeben sich $0 \dots 25\,600$ Impulse/min.
Die Frequenz der Impulsfolge beträgt: $0 \dots 25\,600$ Impulse/min $\triangleq 0 \dots 402{,}6$ Hz

Drehzahl-Geber 2

2560 Impulse/Umdrehung, elektronische Auswertung mit Impulsvervierfachung

Bei einem Drehzahlbereich von $0 \dots 10 \ \text{min}^{-1}$ ergeben sich $0 \dots 4 \times 25\,600$ Impulse/min.
Die Frequenz der Impulsfolge beträgt: $0 \dots 102\,400$ Impulse/min $\triangleq 0 \dots 1706{,}6$ Hz

Inkrementale Drehgeber, auch mit zwei Kanälen, erzeugen ihre Impulsfolgen unabhängig von der Drehrichtung **(Bild 2.66)**. Die Impulsfrequenz ist proportional der Drehzahl. Aus zwei versetzten Impulsfolgen läßt sich jedoch auch ein Richtungssignal ableiten.

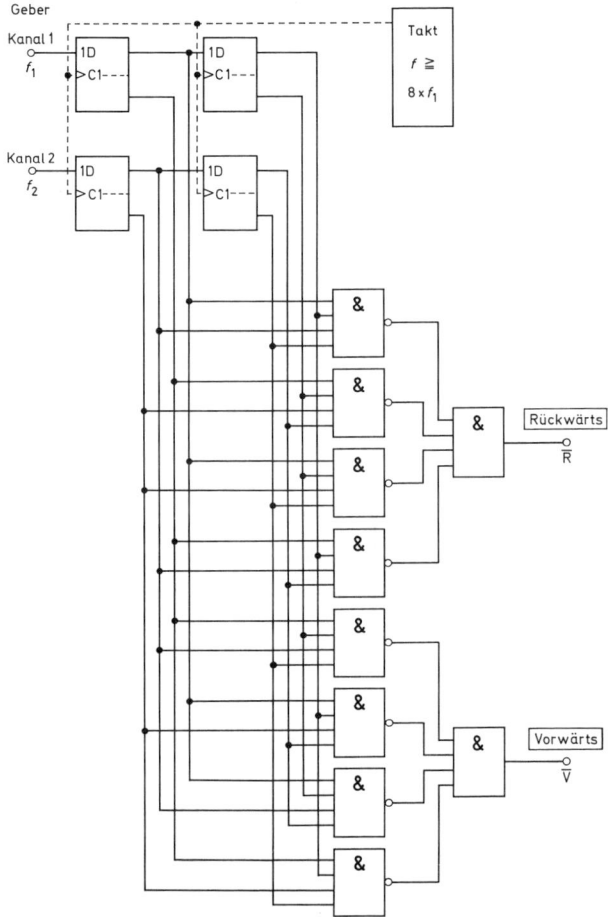

Bild 2.66 Schaltung zur Auswertung von Drehgebersignalen

Hierzu wird z. B. die Reihenfolge der ansteigenden Flanken beider Kanäle ausgewertet. Unter Berücksichtigung der Festlegungen in Bild 2.65 gilt:

Linkslauf   Rechtslauf
ansteigende Flanke: ansteigende Flanke:
Kanal 1 vor Kanal 2   Kanal 2 vor Kanal 1

2.3.4 Neue Sensoren zur Drehzahlmessung

Neben den üblichen Sensoren eignen sich auch Wiegand-Sensoren zur Erfassung von drahtsensoren (VAC). Die Wirkungsweise der Impulsdrahtsensoren beruht im Auftreten eines schnellen Ummagnetisierungssprunges. Der Sensordraht besteht aus einer einzigen magnetischen Zone, deren Polarisation nur eine der beiden zum Draht parallelen Richtungen einnehmen kann. Überschreitet die äußere magnetische Feldstärke die Schaltfeldstärke H_s, dann findet eine sprungartige Ummagnetisierung des gesamten Drahtes statt. In einer den Draht umgebenden Sensorspule wird dabei ein Spannungsimpuls induziert.

Der magnetische Schalteffekt tritt bei zugbelasteten ferromagnetischen Drähten auf und wurde von Wiegand für die Sensortechnik nutzbar gemacht. Der Effekt wird als Wiegandeffekt, der darauf beruhende Sensor auch als Wiegandsensor bezeichnet.

Die Impulsdrähte sind Verbunddrähte, ein innenliegender Schaltkern wird durch einen Mantel aus einem anderen Material unter Zugspannung gehalten.

Die Schaltfeldstärke H_s liegt bei etwa 22 A/cm. Für den Schaltvorgang erforderlich ist eine Mindestfeldstärke von 30 A/cm. Die Sensoren können jedoch auch mit Feldstärken bis 300 A/cm beaufschlagt werden, ohne daß eine wesentliche Änderung der Schaltfeldstärke eintritt. Der in der Sensorspule induzierte Spannungsimpuls ist weitgehend unabhängig vom dem den Schaltvorgang auslösenden Feld und von der Geschwindigkeit der Feldänderung, so daß sich Impulsdrahtsensoren auch für die Erfassung kleiner Drehzahlen eignen.

Bei Sensoren nach diesem Prinzip werden die Schaltfelder über Permanentmagnete erzeugt, die am Sensorelement vorbeibewegt werden. Die für den Spannungsimpuls benötigte Energie wird dem Magnetfeld entnommen, so daß der Sensor keine Spannungsversorgung benötigt.

2.4 Weg- und Winkelmessung

In der Steuerungs- und Regelungstechnik spielen örtliche Verlagerungen eine besondere Rolle. Zu unterscheiden sind lineare Bewegungen (Bewegungen in einer Richtung), Drehbewegungen (Bewegungen um einen Zentralpunkt) und gemischte Bewegungen. Lineare und Dreh-Bewegungen lassen sich mit einem Sensor, gemischte Bewegungen nur mit Mehrfachsensoren oder mehreren Sensoren erfassen.

Für die Messung von Wegen eignen sich Sensoren wie:
- potentiometrische Sensoren
- kapazitive Sensoren
- induktive Sensoren
- magnetische und transformatorische Sensoren
- optische Sensoren
- Sensoren mit Dehnungsmeßstreifen

Die Winkelmeßverfahren sind häufig mit den Verfahren zur Wegmessung verwandt, nur besteht die Abhängigkeit dann von einem Drehwinkel und nicht von einer linearen Bewegung. Dies trifft z. B. zu auf:
- potentiometrische Sensoren
- kapazitive Sensoren
- induktive Sensoren
- optische Sensoren

Nicht unmittelbar übertragbar ist das Wegemeßverfahren mit Dehnungsmeßstreifen. In einigen Fällen wird das Wegemeßverfahren durch Übertragungsvorrichtungen auf die Messung von Winkeln übertragen.

Aus Weg- und Winkelmeßtechnik lassen sich Meßverfahren für physikalische Größen wie Kraft, Druck, Dehnung oder Torsion ableiten.

2.4.1 Potentiometrische Wegaufnehmer

Eine der einfachsten Umsetzungen einer Linearbewegung in eine proportionale elektrische Größe ist das potentiometrische Meßsystem. Es geht zurück auf eine Anordnung aus linearem Meßdraht (Widerstandsdraht) mit einem Abgriff über einen Schleifer **(Bild 2.67)**. Proportionalität besteht zwischen der abgegriffenen Länge und der an diesem Teilstück abfallenden Spannung in Spannungsteilerschaltung.

Proportionalität

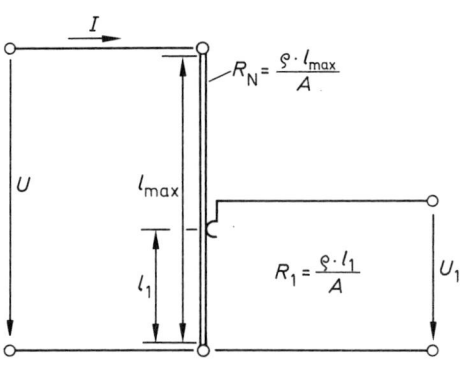

$$R_N = \frac{\varrho \cdot l_{max}}{A}$$

$$R_1 = \frac{\varrho \cdot l_1}{A}$$

$$R_1 = \frac{\varrho \cdot l_1}{A}$$

$$\frac{U_1}{I} = \frac{\varrho \cdot l_1}{A}$$

$$U_1 = \frac{\varrho}{A} \cdot I \cdot l_1$$

$$U_1 = \underbrace{\frac{\varrho}{A} \cdot \frac{U}{R_N}}_{K} \cdot l_1$$

$$U_1 = K \cdot l_1$$

Bild 2.67 Potentiometerschaltung als Wegaufnehmer

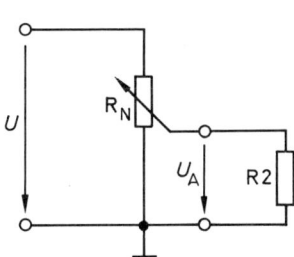

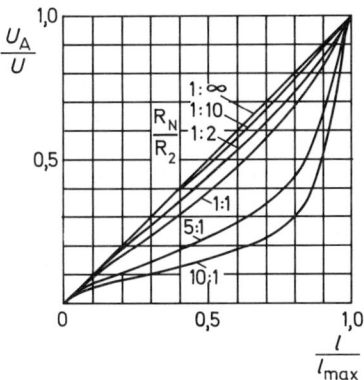

Bild 2.68 Einfluß der Belastung beim Spannungsteiler

Jede Ortsänderung führt, wie die Gleichung zeigt, zu einer proportionalen Spannungsänderung. Die Proportionalität gilt nur bei unbelastetem Spannungsteiler. **Bild 2.68** zeigt den Einfluß der Belastung des Spannungsteilers deutlich.

Als Konsequenz hieraus ergibt sich, daß die Spannungsmessung so durchgeführt werden muß, daß die Belastung nur geringen Einfluß hat.

Als linear ausgespannter Draht lassen sich nur recht kleine Widerstandswerte erreichen. Daher wird der Widerstand auch als Wendel ausgeführt. Dies hat jedoch zur Folge, daß sich bei Bewegung des Schleifers der Wert des Widerstandes R1 in kleinen Sprüngen ändert, wenn der Schleifer von Windung zu Windung springt. Bei vielen Anwendungen kann dies störend sein. Vorteile des Metalldrahtes sind jedoch seine guten thermischen Eigenschaften und die geringe Temperaturabhängigkeit des Widerstandswertes bei geeigneter Materialwahl. Die im Drehpotentiometerbau üblichen Kohleschichten eignen sich nicht für häufiges Verstellen des Abgriffes. Erst in neueren technischen Herstellungsformen als Leitplastik ergeben sich brauchbare Eigenschaften. Bei Leitplastik handelt es sich um einen Kunststoff, der durch Einlagerung von Kohlepartikelchen leitend gemacht wird. Der leitfähige Kunststoff wird als Film auf einen Träger aufgebracht. Je nach Hersteller unterscheiden sich Aufbau, Aufbringung und Trägermaterial voneinander. Der Abgriff von der Widerstandsbahn ist in mehrere Kontaktfinger unterteilt, um die mechanische Belastung klein, die Kontaktgabe aber sicher zu machen. Leitplastik hat, wie der linear ausgespannte Draht, eine nahezu unendliche Auflösung, d. h. ein Verschieben des Schleifers ergibt keine sprungförmigen Änderungen der der Lage proportionalen Ausgangsspannung. In jüngster Zeit werden Versuche mit Hybridwiderstandsbahnen unternommen. Hier basiert der Widerstand auf einer Metalldrahtwicklung, auf den eine Leitplastikbahn zur Kontaktabnahme aufgebracht wird. In dieser Ausführung sollen positive Eigenschaften beider Materialien vereinigt werden.

Leitplastik-Widerstandsbahnen lassen sich sehr genau fertigen, so daß der Linearitätsfehler bis zu $\pm 0{,}1$ % verringert werden kann. Die Lebensdauer kann Werte von 10^8 Einstellvorgängen erreichen, und maximale Bewegungsgeschwindigkeiten von 400 mm/s sind möglich. Einblick in den Aufbau von potentiometrischen Weggebern dieser Art gibt **Bild 2.69**.

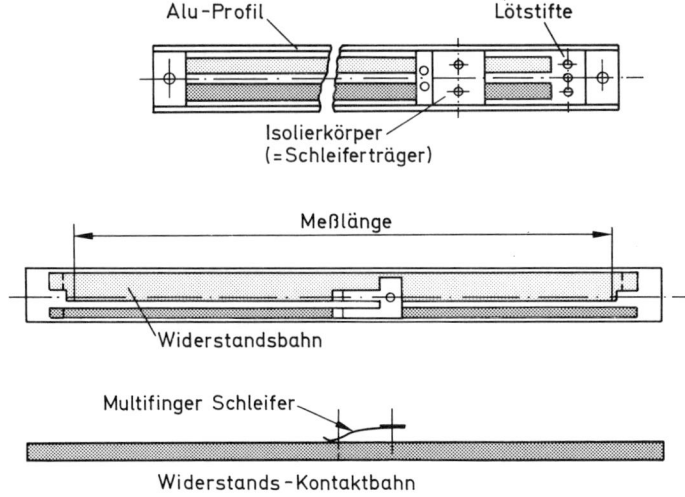

Bild 2.69 Aufbau von potentiometrischen Weggebern mit Leitplastik-Widerstandsbahnen

Solche Elemente mit oder ohne Gehäuseteil sind in Längen bis 1000 mm lieferbar. Bei fertigen Aufnehmern kann die maximale Länge bei bis zu 2,5 m liegen. Der Widerstandswert eines potentiometrischen Weggebers beträgt je nach Meßlänge zwischen 2 und 200 kΩ mit einer Toleranz der Gesamtwiderstände von ± 20 %. In Sonderfertigungen lassen sich auch ± 10 % erreichen. Der Linearitätsfehler beträgt üblicherweise ± 0,5 % und ist in Stufen bis ± 0,1 % reduzierbar. Für die praktische Anwendung werden Widerstandsbahnen in unterschiedliche Gehäusearten eingebaut. Ältere Ausführungen haben Gehäuse aus Blech, bei neueren Typen setzen sich Gehäuse auf Rohrbasis oder aus Stranggußprofilen durch. Die Bewegungsachse für den Schieber wird einseitig oder beidseitig in Gleitlagern gelagert. Zwei unterschiedliche Ausführungen zeigt **Bild 2.70**.

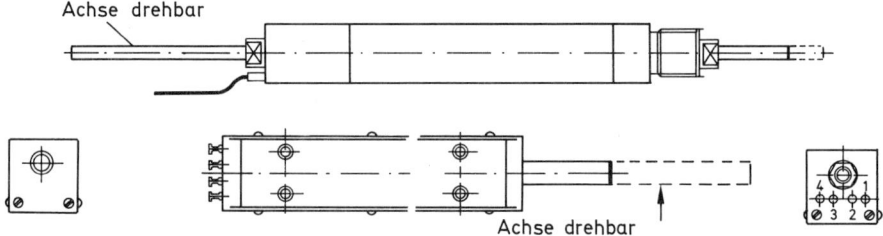

Bild 2.70 Potentiometrische Weggeber

Für potentiometrische Weggeber mit Leitplastik-Widerstandsbahn liegt der Temperaturkoeffizient bei ± 400 ppm/K, im eingeengten Temperaturbereich zwischen 0 und 70 °C kann mit Werten von ± 200 ppm/K gerechnet werden.

Aus den unterschiedlichen Anwendungen ergeben sich zwei wichtige Ausführungen. Die eine hat ein Auge mit Gleitlager, das direkt mit dem sich bewegenden Teil verbunden wird. Die zweite Ausführung berührt nur das sich bewegende Teil. Die Nachführung erfolgt über eine Feder **(Bild 2.71)**.

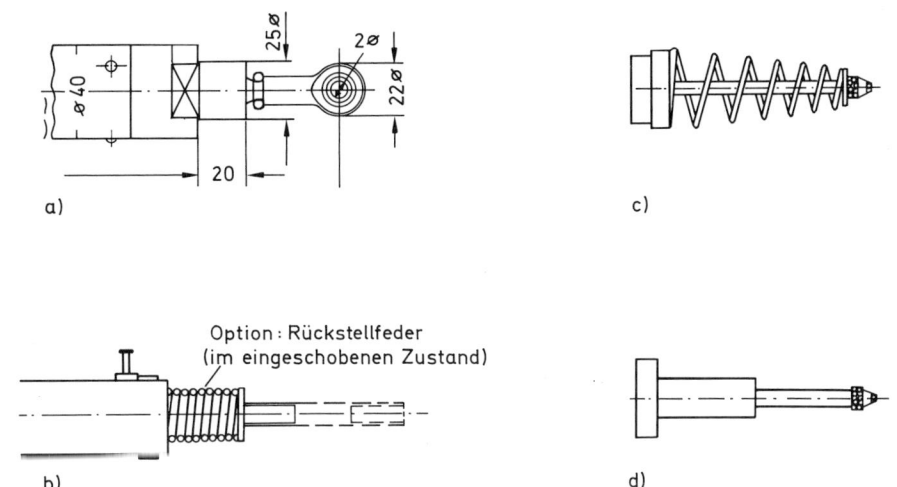

Bild 2.71 Ausführungen von Weggebern

Bereits bei der Behandlung des Grundprinzips wurde darauf hingewiesen, daß die Auskopplung der Ausgangsspannung möglichst hochohmig geschehen muß. Um von Spannungsschwankungen der Betriebsspannung unabhängig zu werden, erfolgt die Speisung eines potentiometrischen Weggebers meist mit konstantem Strom, seltener mit konstanter Spannung. Spezielle Bausteine erleichtern den Einsatz von potentiometrischen Gebern. Sie haben meist eine integrierte Konstantstromquelle mit Innenwiderständen in der Größenordnung von 5 MΩ. Die Speisung des Widerstandselementes ist von der Spannungsmessung getrennt. Einstellelemente ermöglichen eine Anpassung von Nullpunkt und Meßbereichsende. Der Versorgungsbaustein SIF . . von TWK-Elektronik wird in Ausführungen für 1 kΩ Gesamtwiderstand (Konstantstrom 2,5 mA) und 5 kΩ (Konstantstrom 0,5 mA) geliefert. Der Baustein umfaßt auch eine Meßwertaufbereitung. Ausgangssignale sind zwischen 0 und 20 mA, 4 und 20 mA sowie ± 10 mA wählbar. Entsprechende Bausteine für Speisung mit Konstantspannung sind ebenfalls lieferbar. **Bild 2.72** zeigt die Anwendung eines solchen Auswertebausteins in Prinzipdarstellung.

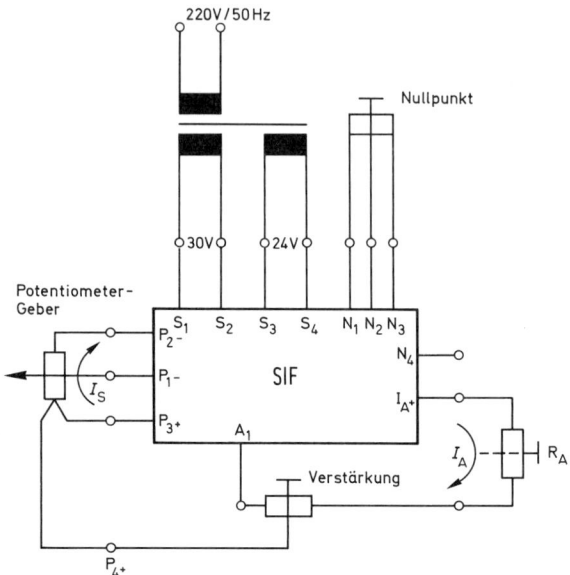

Bild 2.72   Potentiometrischer Weggeber mit Auswertebaustein (TWK)

2.4.2 Kapazitive und induktive Sensoren

Kapazitive Sensoren erzeugen ein elektrisches, induktive Sensoren ein magnetisches Feld. Nähert sich eine leitende Fläche dem elektrischen Feld, so wirkt sie als Elektrode und verändert die Feldausbildung. Diese Feldveränderung wird vom Sensor registriert und ausgewertet. Entsprechend wirkt ferromagnetisches Material auf das magnetische Feld. Auch hier wird die Feldänderung ausgewertet. Neben ferromagnetischen Werkstoffen bewirken auch andere Metalle eine Änderung des magnetischen Feldes, die jedoch erheblich schwächer ist. Daher müssen diese Materialien wesentlich dichter an den induktiven Sensor herangebracht werden, ehe dieser reagiert.

2.4.2.1 Kapazitive Wegsensoren

Kapazitive Aufnehmer für Lage- oder Längenänderungen sind seltener als die noch zu behandelnden induktiven Aufnehmer. Sie beruhen auf zwei voneinander isolierten leitenden Flächen, welche gegeneinander verschoben werden können. Liegen die beiden Flächen parallel, so läßt sich die Kapazität der Anordnung berechnen:

$$C = \varepsilon_r \cdot \varepsilon_0 \cdot \frac{A}{l_0}$$

C = Kapazität in F
ε_r = relative Dielektrizitätskonstante
ε_0 = Dielektrizitätskonstante ($8{,}8854184 \cdot 10^{-12}$ F/m)
A = Plattenfläche in m^2
l_0 = Plattenabstand in m

Der eindeutige Zusammenhang zwischen geometrischen Größen und der Kapazität ermöglicht die Auswertung als Meßsignal für den Abstand **(Bild 2.73)**.

l_0 = Abstand in Ruhelage

Δl = Entfernung aus der Ruhelage

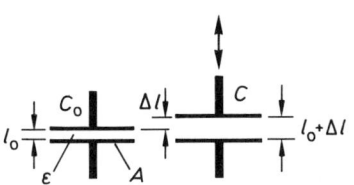

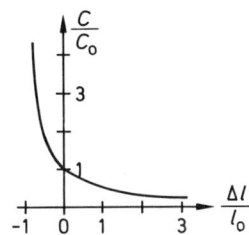

Bild 2.73 Kapazitiver Abstandsgeber schematisch

Grundzustand: $C_0 = \varepsilon_r \cdot \varepsilon_0 \cdot \dfrac{A}{l_0}$

Abstand vergrößert: $C_1 = \varepsilon_r \cdot \varepsilon_0 \cdot \dfrac{A}{l_1}$ $l_1 = l_0 + \Delta l$

Grundgleichung des kapazitiven Abstandsgebers:

$$\frac{C_1}{C_0} = \frac{1}{1 + \dfrac{\Delta l}{l_0}}$$

Für kleine Abstandsänderungen Δl im Verhältnis zum Abstand l_0 wird $\Delta l / l_0 \ll 1$ und damit:

$$\frac{C_1}{C_0} = 1 - \frac{\Delta l}{l_0}$$

Die Kennlinie ist also in einem bestimmten Bereich als näherungsweise linear anzusehen.

Das elektrische Feld läßt sich durch leitende Flächen in seiner Ausbreitung abgrenzen, wodurch sich konstruktive Vorteile ergeben. Kapazitive Geber bieten
- hohe Linearität (besser als 0,01 %)
- Abschirmbarkeit gegen elektrische Streufelder
- Störunempfindlichkeit bei magnetischen Feldern
- direkte Umwandlung in eine elektrische Größe

Da die kapazitiven Änderungen sehr klein sind (kleiner als 10 pF), ergeben sich hohe Anforderungen an die dem Sensor in der Wirkungskette folgenden Verstärker, die aber mit FET-OPs erfüllt werden können. Ausgeführte Geber verwenden entweder Referenzkondensatoren oder eine Differentialanordnung.

Kontaktlose kapazitive Weggeber haben z. B. einen Durchmesser von etwa 10 bis 15 mm. Die Meßbereiche liegen bei 2 bis 3 mm. Die Linearität ist besser als 1 % und die maximale Auflösung liegt unter 1 µm.

Weitere mögliche Kapazitätsänderungen im Zusammenhang mit der Entwicklung von Sensoren sind in Kapitel 1 behandelt.

Für Messungen im Maschinenbau sind Meßwerkzeuge auf der Basis kapazitiver Weg- bzw. Längenmessung entwickelt worden, die die aufgezeigten Grenzen deutlich überschreiten. Dennoch gilt auch hier, daß die Vorverstärkung und Schirmung des Meßsystems aufwendig und schwierig ist.

Kapazitive Näherungsschalter reagieren empfindlich auf die Meßgröße und sind in der Steuerungstechnik weit verbreitet.

2.4.2.2 Induktive Wegaufnehmer

Induktive Aufnehmer für Lage- und Längenänderungen werden häufig eingesetzt. Sie bestehen aus einem ferromagnetischen Kern, der sich in einer Spule mit der Windungszahl n befindet. Durch Verschieben des Kerns wird die Induktivität der Anordnung verändert **(Bild 2.74 a)**. Die Induktivität der Anordnung hängt ab von der Windungszahl n, der Permeabilität μ und den geometrischen Abmessungen.

$$L = f\ (n,\ \mu,\ A,\ l)$$

$$
\begin{array}{rl}
L & = \text{Induktivität} \\
n & = \text{Windungszahl} \\
\mu & = \text{Permeabilität} \\
A,\ l & = \text{Einflußgrößen der Wicklung und des Kerns}
\end{array}
$$

So aufgebaute Aufnehmer werden als Tauchankeraufnehmer bezeichnet.

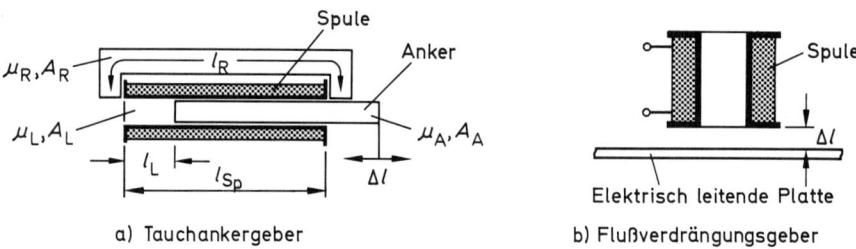

a) Tauchankergeber   b) Flußverdrängungsgeber

Bild 2.74   Induktive Geber in Prinzipdarstellung

Ein weiterer induktiver Geber beruht auf der Flußverdrängung. Hier befindet sich eine elektrisch leitende Platte in einem Abstand Δl von einer Spule. Bei einer Speisung der Spule mit Wechselspannung wird ein magnetisches Wechselfeld erzeugt, das die Platte durchsetzt. Dabei entstehen in der Platte Wirbelströme, die ein Gegenfeld erzeugen, das das Spulenfeld teilweise aufhebt oder die ursprüngliche Induktivität der Spule verringert **(Bild 2.74 b)**.

Einzelheiten über den möglichen Aufbau von induktiven Gebern sind schon in Abschnitt 1.4.4.5 dargestellt. Technisch von besonderer Bedeutung sind induktive Näherungssensoren mit Analogausgang und induktive Weggeber nach dem Tauchanker- oder Differentialtransformatorprinzip.

Induktive Näherungsschalter und -sensoren

Induktive Näherungsschalter arbeiten berührungslos. Sie sind aus den drei Stufen Oszillator, Schmitt-Trigger und Schaltverstärker aufgebaut. **Bild 2.75** veranschaulicht dies.

142

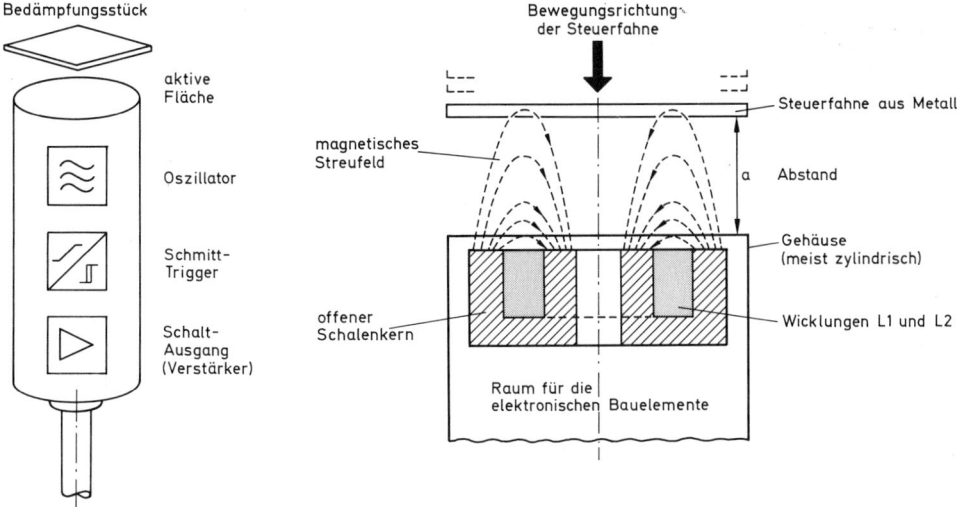

Bild 2.75 Induktive Näherungsschalter, Aufbau und Funktion

Der Oszillator erzeugt ein elektromagnetisches Wechselfeld, das aus der aktiven Fläche des Sensors austritt und sich in dem davor liegenden Raum ausbreitet. In jedem in das Feld eintretenden, elektrisch leitenden Werkstoff werden Wirbelströme induziert, die dem Oszillator Energie entziehen. Dadurch resultierende Pegeländerungen am Oszillatorausgang bewirken ein Kippen des Schmitt-Triggers und ein Umschalten der Ausgangsstufe. **Bild 2.76** zeigt die gebräuchlichsten Ausführungsformen.

Bild 2.76 Ausführungsformen induktiver Näherungsschalter

Der Nennschaltabstand S_n ergibt sich mit einem Meßplättchen von 1 mm Stärke, quadratisch mit einer Seitenlänge entsprechend dem Durchmesser der aktiven Sensorfläche. Der Werkstoff des Meßplättchens ist Stahl mit der Bezeichnung St 37. Da es sich bei diesem Werkstoff um einen ferromagnetischen Stoff handelt, ist die Bedämpfung

143

besonders groß. Für andere Materialien ergeben sich reduzierte Schaltabstände. Die Verkürzung beträgt für Aluminium 50 % und für Kupfer 55 % (**Bild 2.77**).

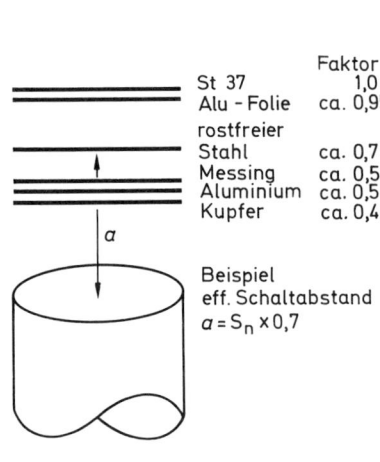

	Faktor
St 37	1,0
Alu - Folie	ca. 0,95
rostfreier Stahl	ca. 0,7
Messing	ca. 0,55
Aluminium	ca. 0,5
Kupfer	ca. 0,45

Beispiel
eff. Schaltabstand
$a = S_n \times 0,7$

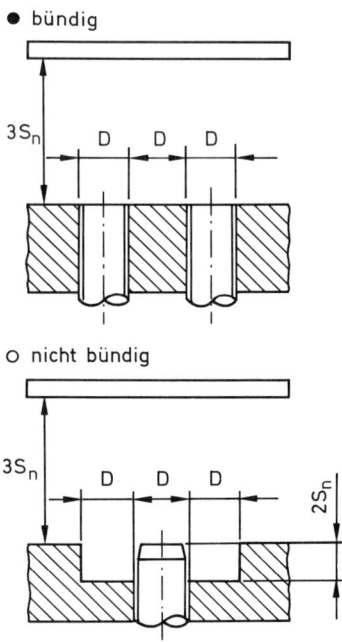

● bündig

$3S_n$ D D D

○ nicht bündig

$3S_n$ D D D $2S_n$

Bild 2.77 Reduktionsfaktoren und Einbauarten

Die Einflüsse von elektrisch leitendem Material müssen beim Einbau des Sensors berücksichtigt werden. So wird zwischen bündigem und nicht bündigem Einbau unterschieden (Bild 2.77).

Die Hysterese zwischen Einschalt- und Ausschaltpunkt liegt je nach konstruktiver Ausführung zwischen 5 und 20 % des Schaltabstandes. Charakteristische Werte, die bei der Anwendung beachtet werden müssen, sind Reproduzierbarkeit, Temperaturbereich und maximale Schaltfrequenz. Sie ergeben sich aus den technischen Unterlagen.

Aus den Näherungsschaltern mit definiertem Schaltabstand sind Sensoren mit einer zum Abstand des Bedämpfungsstückes proportionalen Ausgangsspannung entwickelt worden. Bei diesen Sensoren sinkt die Ausgangsspannung in einem bestimmten Abstandsbereich linear ab und kann daher als Abstandsmeßgröße verwendet werden. Die Temperaturstabilität und die Reproduzierbarkeit des Schaltverhaltens sind entsprechend den Näherungsschaltern als gut zu bewerten. Die Lage des linearen Bereiches für die Ausgangsspannung hängt vom Durchmesser des Sensors ab. Der Einfluß des Materials im Wechselfeld muß auch hier gesondert berücksichtigt werden. **Bild 2.78** zeigt Kennlinien solcher Sensoren.

Beispielsweise ergibt sich für den im Bild rechts gezeigten Sensor IWA 30 U 9001 (Baumer) mit einem Durchmesser von 30 mm ein linearer Arbeitsbereich von 5 bis 10 mm. Die Abweichung von der Linearität beträgt ± 0,2 mm. Die Steigung der Ausgangskennlinie beträgt 1,6 V/mm. Zwischen 13,5 und 30 V kann die Betriebsspannung liegen, ohne die Funktion des Sensors zu beeinträchtigen. Der Ausgang ist als PNP-

Transistor in Open-Kollektor-Schaltung ausgeführt, die Last liegt gegen Masse. Die Sensoren dieser Reihe sind kurzschlußfest. Die Reproduzierbarkeit einer Position beträgt ±0,01 mm. Für den Betrieb des Sensors muß die Temperatur zwischen 0 und 60°C liegen.

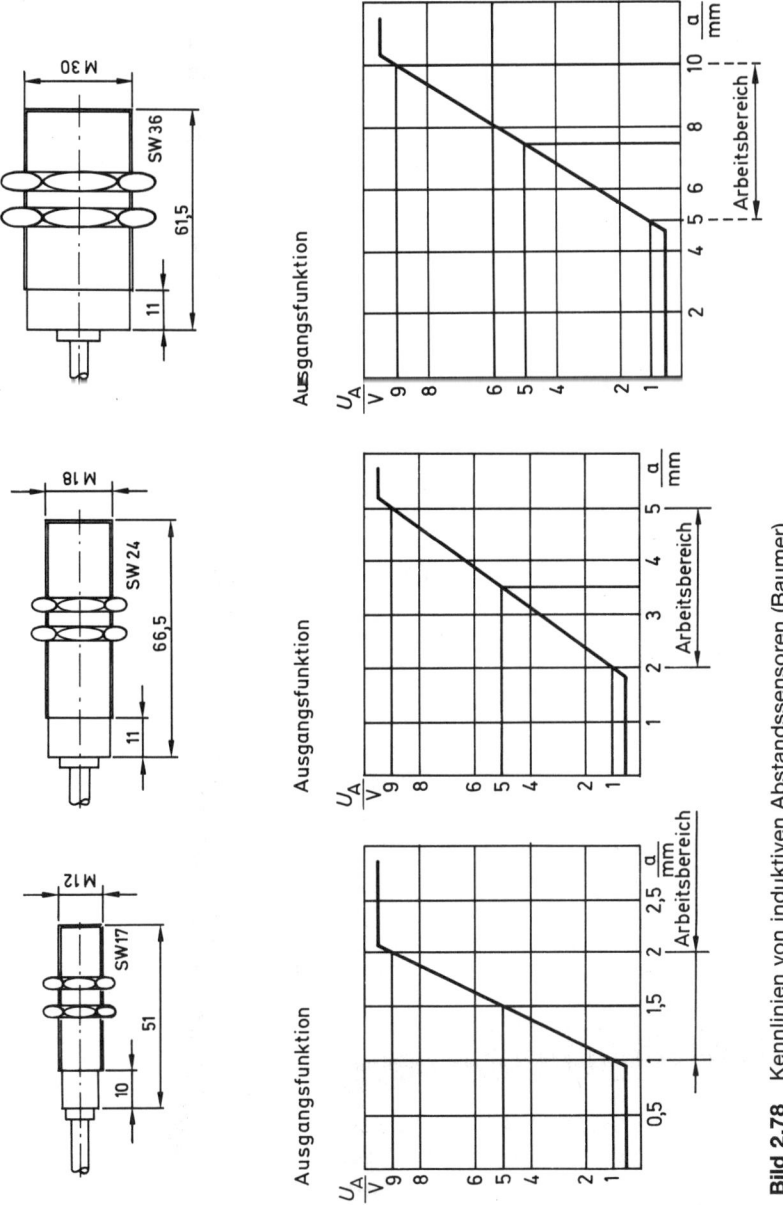

Bild 2.78 Kennlinien von induktiven Abstandssensoren (Baumer)

Induktive Wegaufnehmer in Differentialanordnung

Durch Verwendung von zwei Näherungsgebern mit analogem Ausgangssignal und einem Metallkörper läßt sich eine Differentialanordnung zur Wegmessung aufbauen **(Bild 2.79)**.

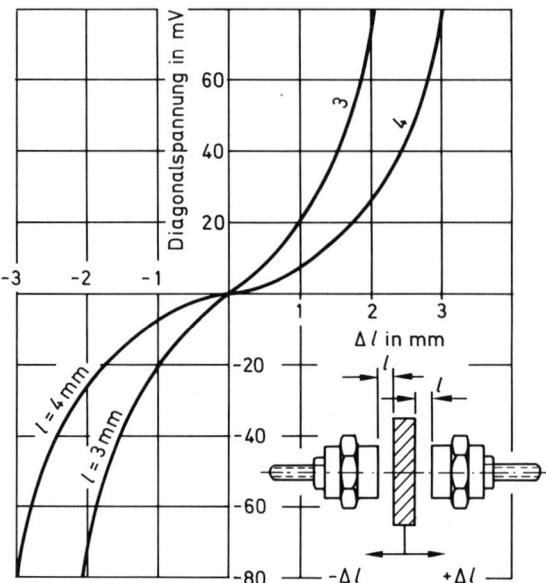

Bild 2.79 Weggeber mit analogen Näherungssensoren (nach Unterlagen der Fa. Vibrometer)

Die Verwendung von zwei Gebern führt zur Brückenschaltung bei der Auswertung der elektrischen Ausgangssignale der Geber. Da die Brückenschaltung mit Wechselspannung versorgt wird, muß die Diagonalspannung unter Berücksichtigung der Phasenlage gleichgerichtet und als Ausgangsspannung mit Vorzeichen ausgewertet werden.
Eine Veränderung der Induktivität einer Spule kann auch durch Verschieben eines ferromagnetischen Kerns in der Spule erfolgen. Auch hier werden meist zwei Spulen verwendet, wobei die Ruhelage des Kerns in der Mitte der Anordnung ist **(Bild 2.80)**.

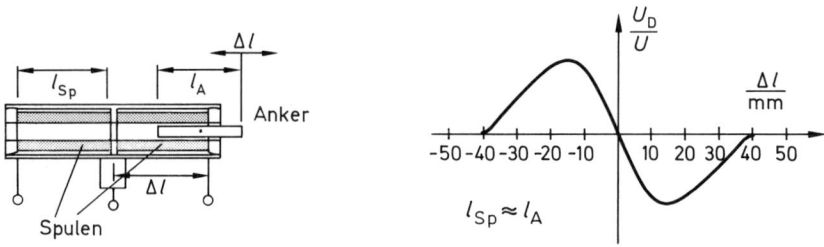

Bild 2.80 Weggeber nach dem Tauchankerprinzip

Neben der Beeinflussung der Induktivität der einzelnen Spulen wirkt hier auch eine Beeinflussung durch die magnetische Verkopplung. Durch optimale Gestaltung lassen sich derartige Geber für die Messung von Wegen bis 100 mm bauen. Wesentlicher Vorteil solcher Geber ist der Aufbau ohne Verschleißteile, wie sie z. B. beim potentiometrischen Geber vorliegen. Beachtet werden müssen Temperatureinflüsse und Linearitätsbereiche.

Eine weitere Variante des induktiven Gebers ist der transformatorische Geber, dessen grundsätzlichen Aufbau **Bild 2.81** zeigt. Der Geber wird auch als linear-variabler Differentialtransformator bezeichnet. Gebräuchlich ist die Bezeichnung LVDT-Geber.

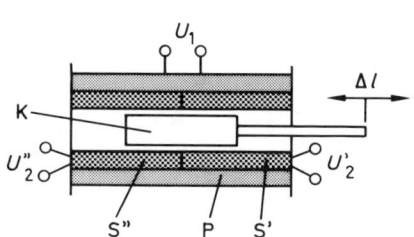
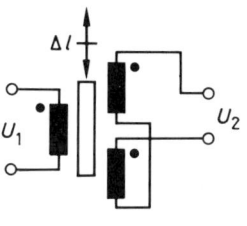

$$U_2 = K_1 \cdot U_1 \cdot \Delta l$$

K	= weichmagn. Kern
P	= Primärspule
S', S''	= Sekundärspulen
Δl	= Kernverschiebung
U_1	= Primärspannung
U_2	= Sekundärspannung
K_1	= Proportionalitäts-Faktor

Bild 2.81 LVDT-Geber

In die Primärwicklung wird eine Wechselspannung eingespeist. Da die Sekundärwicklungen gegenphasig gewickelt sind, müssen die induzierten Spannungen um 180° gegeneinander verschoben sein. Dies bedeutet, daß sich die beiden Spannungen in Ruhelage des Kerns gegenseitig aufheben. Wird der Kern verschoben, so entstehen unterschiedliche Kopplungen. Die sich daraus ergebende Spannungsdifferenz ist ein Maß für die Abweichung des Kerns aus seiner Ruhelage. Nach Auswertung der Differenzspannung über eine phasenempfindliche Gleichrichtung steht ein Gleichspannungssignal mit Vorzeichen zur Richtungserkennung zur Verfügung.

Übliche Meßbereiche liegen bis ± 200 mm, Linearitäten bis 0,25 % sind möglich. Die Auflösung ist vom Funktionsprinzip her – wie beim potentiometrischen Geber mit Leitplastik – unendlich, die durch die Anfahrrichtung bedingte Hysterese sehr klein. Üblicherweise wird die erforderliche Elektronik gleich in den Sensor mit eingebaut.

Beispiel:

In **Bild 2.82** ist der Wegtaster GCD-121-1000 von Schaenitz abgebildet. Dieser Sensor verfügt über eine eingebaute Auswerteelektronik. Die Betriebsspannung beträgt ± 15 V, die zulässige Umgebungstemperatur liegt zwischen − 18 °C und + 70 °C. In Ruhelage beträgt die Ausgangsspannung 0 V. Der Meßbereich umfaßt ± 25 mm bei einem Linearitätsfehler von ± 0,25 %. Die Reproduzierbarkeit wird mit 0,6 μm angegeben. Maximal ± 10 V kann das Ausgangssignal betragen, wobei der Lastwiderstand größer als 200 Ω sein muß.

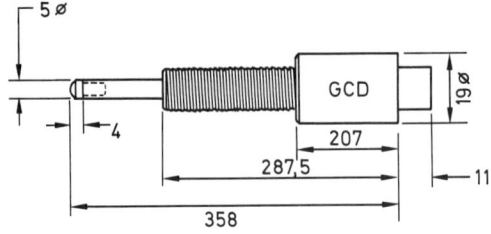
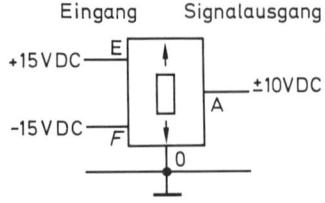

Bild 2.82   Wegtaster (Schaenitz)

2.4.2.3 Hallsensoren als Weggeber

Beim Hallsensor sind in einem Gehäuse der Hallgenerator, ein Spannungsregler und ein Meßverstärker integriert. Der Sensor von Honeywell trägt die Bezeichnung LOHET (*Linear Output Hall Effect Transductor*). Er arbeitet im Bereich einer magnetischen Flußdichte von ± 40 mT, hat einen Linearitätsfehler von 1,5 % und eine Empfindlichkeit von 75 mV/mT bei einer Betriebsspannung von + 12 V. **Bild 2.83** zeigt die Ausgangsspannung U_a als Funktion der magnetischen Flußdichte.

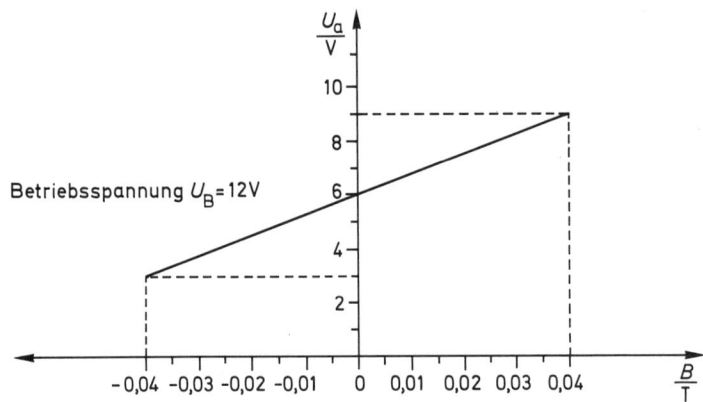

Bild 2.83   Ausgangsspannung des Hallsensors LOHET (Honeywell)

Gute Linearität der Ausgangsspannung und hohe Auflösung wird mit einer Anordnung nach **Bild 2.84 a** erreicht. Sind die Magnete nach links verschoben, wirkt Magnet 2 stärker als Magnet 1 auf den Sensor ein, und es ergibt sich eine kleinere Ausgangsspannung als in der neutralen Mittellage. Bei Verschiebung der Magnete nach rechts wird die Ausgangsspannung größer als in der Mittellage.
Die Anordnung nach **Bild 2.84 b** weist einen noch längeren linearen Teil in der Ausgangskennlinie auf.

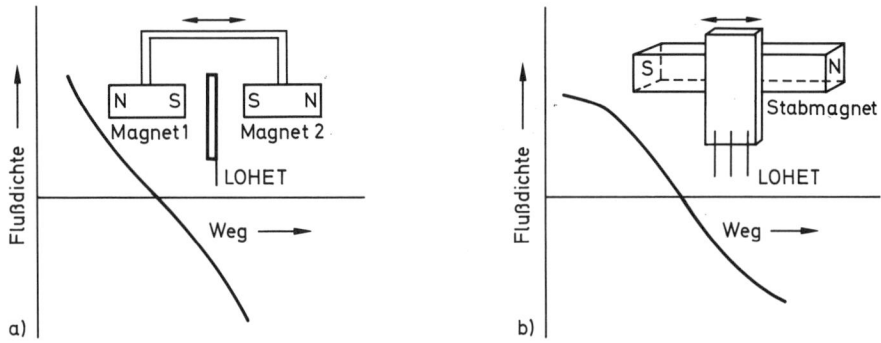

Bild 2.84 Anwendung von Hallsensoren als Weggeber

2.4.2.4 Ultraschall-Weggeber

Ultraschall-Abstandssensoren benutzen zur Erkennung von Objekten eine Schallfrequenz, die über 200 kHz liegt. Vom Sensor wird ein Schallimpuls ausgesandt, der von einem im Abstrahlkegel liegenden Objekt reflektiert wird. Die Aussendung der Schallwellen erfolgt intermittierend. In der Zeit dazwischen wird ein Empfänger aktiviert, der die reflektierten Schallwellen aufnimmt. Aus der Laufzeit T_L kann die Objektentfernung x_l berechnet werden:

$$x_L = \tfrac{1}{2} \cdot c \cdot T_L$$

x_L = Objektentfernung vom Sender
T_L = Laufzeit vom Sender zum Objekt und zurück
c = Schallgeschwindigkeit

Die Laufzeitmessung erfolgt elektronisch zwischen dem Impuls, der die Schallwelle auslöst, und dem Impuls, der im Empfänger bei Eintreffen des reflektierten Schalls erzeugt wird. In neueren Sensoren wird zur Auswertung und Steuerung ein Mikroprozessor verwendet. Übliche Erfassungsbereiche liegen zwischen 150 mm und 1500 mm. Die Auflösung ist besser als 1 mm.
Modifizierte Verfahren werden bei der Füllstandsmessung verwendet. Ihre Beschreibung geht jedoch für den hier zu gebenden Überblick zu weit.

2.4.2.5 Optische Wegaufnehmer

Bei den optischen Wegaufnehmern wird meist das in **Bild 2.85** dargestellte Grundprinzip angewandt.
Bei dem im Bild angegebenen Verfahren wird die zu messende Strecke in Teilstücke unterteilt. Das dabei entstehende Raster kann lichtdurchlässig oder reflektierend ausgeführt sein. Jede Bewegung des optischen Rasters erzeugt mit Hilfe der Abtastung Impulse, die ausgezählt werden. Die Anzahl der Impulse ist ein Maß für den Weg. Ein solches Verfahren wird als inkrementales Meßverfahren bezeichnet, weil es aus einzelnen Meßschritten besteht. Die Genauigkeit kann nicht größer sein als die Schrittweite des Rasters. Das dem Prinzip nach dargestellte Verfahren ist ein relatives Verfahren, weil von jedem beliebigen Punkt aus begonnen werden kann. Durch Hinzufügen einer Referenzmarke kann es zu einem absoluten Meßverfahren ergänzt werden. Um hohe Genauigkeiten erreichen zu können, müssen die Raster sehr fein geteilt sein. Mit geätzten Glasscheiben lassen sich Strichabstände bis etwa 0,005 mm erreichen.

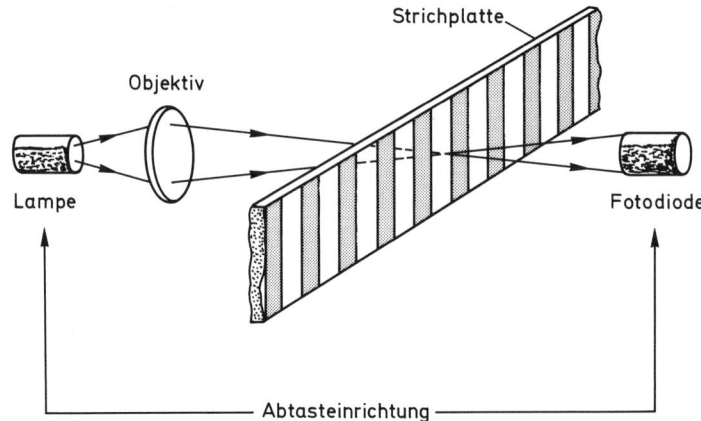

Bild 2.85 Grundprinzip eines optischen Wegaufnehmers

Um das Anfahren der Referenzmarke bei der Auswertung zu vermeiden, werden codierte Meßverfahren mit gleichzeitiger Abtastung mehrerer Raster angewandt. In Anlehnung an die digitale Zähltechnik wird dabei jedem Schritt ein binärer Zahlenwert zugeordnet **(Bild 2.86)**.

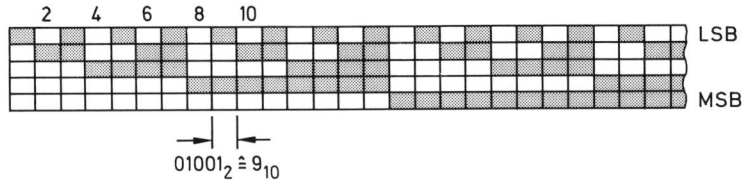

Bild 2.86 Binäres Codelineal zur Wegmessung

Schwierigkeiten bereitet bei diesem Meßverfahren die exakte Erfassung des Rasters bzw. der Hell-Dunkel-Wechsel. Um dabei auftretende Fehler zu vermeiden, erfolgt meist eine doppelte Abtastung. Wegen der Anordnung der Abtasteinrichtung wird sie auch als V-Abtastung bezeichnet **(Bild 2.87)**.

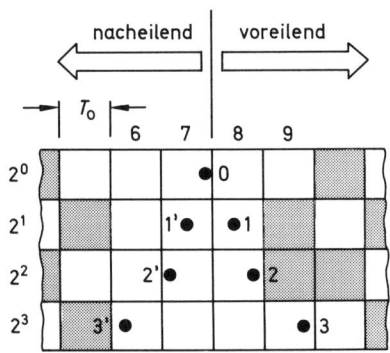

Bild 2.87 V-Abtastung

Bei der V-Abtastung wird bei jedem Wegschritt eine voreilende und eine nacheilende Abtastung vorgenommen. Eine spezielle Abtastlogik sorgt dann dafür, daß der jeweils voreilende mit dem nacheilenden Wert verglichen wird.
Neben der binären Anordnung sind auch BCD-codierte Lineale gebräuchlich. **Bild 2.88** zeigt ein solches Lineal.

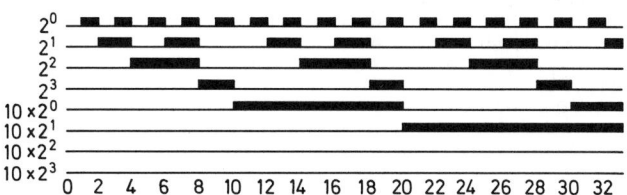

Bild 2.88 BCD-Codelineal zur Wegmessung

Bei der einfachen Abtastung binärer Codelineale können durch Fehljustage des Aufnehmers Falschinformationen auftreten **(Bild 2.89)**.

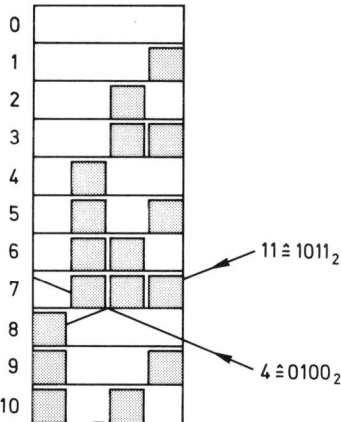

Bild 2.89 Abtastfehler bei binären Codelinealen

Zur Vermeidung solcher Abtastfehler verwendet man Codes, die von Schritt zu Schritt nur eine Stelle ändern. Der meist angewandte Gray-Code und die sich bei Fehljustage einstellenden Folgen sind in **Bild 2.90** dargestellt. Es ist deutlich zu erkennen, daß im Gegensatz zum binären Code hier Fehlinterpretationen vermieden werden.

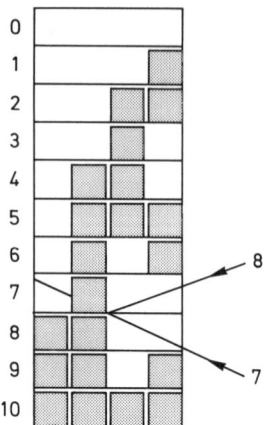

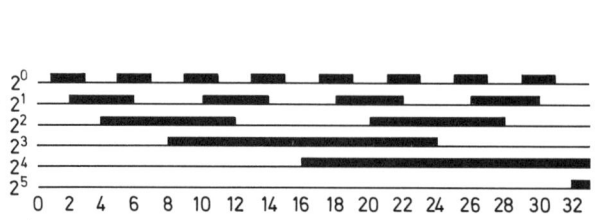

Bild 2.90 Codelineal mit Graycode

Neben den beschriebenen Einrichtungen zur optischen Wegmessung wird in der Robotertechnik eine andere optische Abstandsmessung angewendet. Ein Laser sendet einen Lichtstrahl aus, der vom Objekt reflektiert wird. Über ein Objektiv werden die reflektierten Lichtstrahlen auf einen lichtempfindlichen Linearsensor projiziert. Die Lage der abgebildeten Lichtpunkte auf dem Sensor ist ein Maß für den Abstand **(Bild 2.91)**. Genauigkeiten wie bei den Abtastverfahren lassen sich jedoch nicht erreichen.

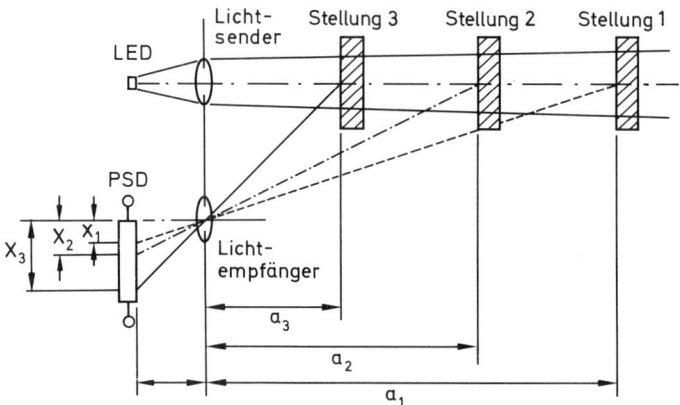

Bild 2.91 Prinzip der optischen Abstandsmessung

Neben den optischen Sensoren nach dem oben beschriebenen Aufbau werden auch solche eingesetzt, die Licht in einem Strahl aussenden und in diesem Sektor auch reflektiertes Licht empfangen. Gemessen wird dabei die Intensität des rückgestreuten Laserlichtes. Diese Intensität hängt ab vom Abstand und von der Oberflächenbeschaffenheit. Durch zwei Messungen mit unterschiedlichen Fokussierbedingungen lassen sich beide Effekte trennen. Vorteile sind ein bis an den Sensor heranreichender Meßbereich und die Möglichkeit der Tiefenmessung von Sacklöchern mit relativ kleinen Durchmessern. **Bild 2.92** zeigt den prinzipiellen Aufbau.

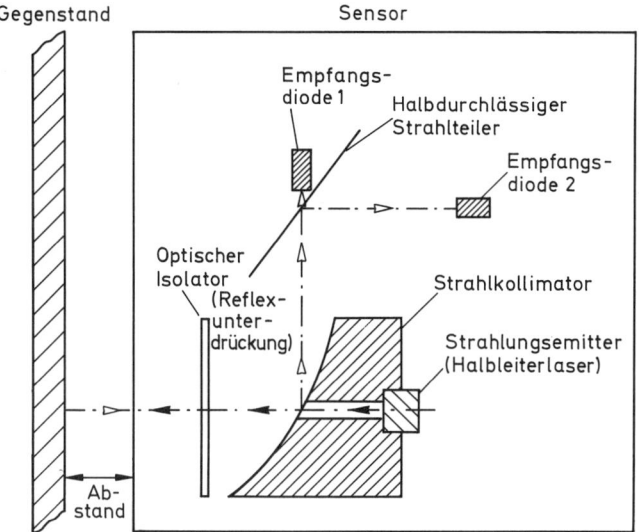

Bild 2.92 Optischer Abstandssensor

2.4.2.6 Winkelmessung

Bei den Sensoren für Winkel werden häufig ähnliche Prinzipien verwendet, wie sie bereits bei den Drehzahl- und Wegsensoren behandelt wurden.

Einfach ist die Erfassung von Drehwinkeln über potentiometrische Geber. Die Potentiometer sind je nach Ausführung mit Draht, Carbon-Filmen oder Leitplastikbahnen als Widerstandselemente ausgeführt. Die Widerstandsbahnen sind kreisförmig angeordnet. Im Mittelpunkt befindet sich die Achse des Schleifers für den Abgriff, der sich zwischen den beiden Endpunkten des Widerstandes bewegen kann. Bei drahtgewickelten Potentiometern muß eine gewisse Stufigkeit akzeptiert werden, während sich bei Carbonfilmen und Leitplastikbahnen eine nahezu »unendliche« Auflösung ergibt.

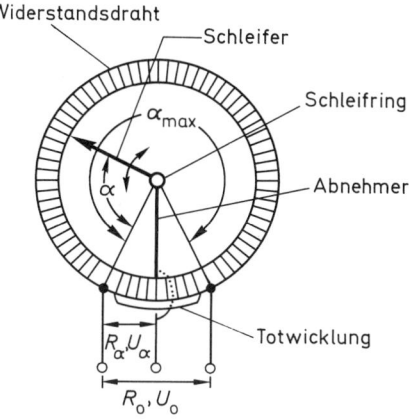

Bild 2.93 Potentiometrischer Winkelgeber

Besondere Merkmale dieser Winkelsensoren sind Lebensdauern bis 100×10^6 Schleiferspiele, eine hohe Reproduzierbarkeit der Meßwerte und eine geringe Hysterese. Linearitätsklassen bis 0,025 % sind möglich. Der Einsatz der Winkelgeber erfolgt in Spannungsteilerschaltung. Die Stabilität der Betriebsspannung geht unmittelbar in das Meßergebnis ein, daher sind hier hohe Forderungen zu stellen. Übliche Widerstandswerte für Winkelgeber sind $1 - 4,7 - 10$ kΩ. Reichen für die Anwendung übliche Potentiometer aus, so stehen noch wesentlich mehr Widerstandswerte zur Verfügung. Die Höhe der Betriebsspannung hängt von der Leistungsklasse des Potentiometers ab. In einfacher Form haben potentiometrische Winkelgeber einen Erfassungsbereich von 0 bis 350° **(Bild 2.93)**, d. h. ein Vollkreis wird nicht erreicht. Für größere Winkelbereiche können Mehrgangpotentiometer eingesetzt werden. Üblich sind hier Ausführungen mit 2, 5, 10 und $20 \times 360°$.

Ein Vollkreis kann über sin-cos-Potentiometer erfaßt werden. Aufbau und Spannungsverlauf sind in **Bild 2.94** angegeben.

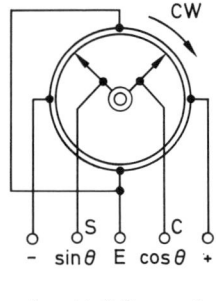 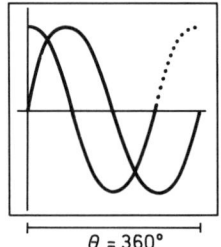

Anschluß C = cos θ
Anschluß S = sin θ

Bild 2.94   Potentiometrischer sin-cos-Winkelgeber

Die Gehäuseausführungen können sehr unterschiedlich sein. Für die Signalauswertung von potentiometrischen Linear- wie Winkelgebern gibt es spezielle Funktionsbausteine, die eine Potentiometerspeisung mit Konstantspannung von 2,5 V oder Konstantstrom zwischen 0,5 und 2,5 mA ermöglichen. Sie übernehmen auch die Aufbereitung des Meßsignals. Die Ausgangssignale sind üblicherweise 0 bzw. 4 bis 20 mA oder ± 10 mA als symmetrisches Signal. Nullpunkts- und Bereichseinstellung sind vorgesehen. Auch induktive Geber können als Winkelgeber ausgeführt werden. Dabei ist der Kern nicht linear verschiebbar, sondern drehbar angeordnet. Das Prinzip zeigt **Bild 2.95**.

Bild 2.95   Funktionsprinzip eines induktiven Winkelgebers

Üblicherweise werden die beiden Spulen mit einer Wechselspannung gespeist. Die Spulen bilden eine induktive Halbbrücke. Über einen Demodulator wird ein vorzeichen-behaftetes Ausgangsgleichspannungssignal gewonnen. Das Ausgangssignal ist stufenlos und stetig. Die Reproduzierbarkeit ist eindeutig, Hystereseeffekte treten nicht auf. In der Nähe des Nullpunktes bzw. der Neutrallage ist der Linearitätsfehler am geringsten. Wegen des symmetrischen Aufbaus befindet sich der Nullpunkt in der Mitte des Arbeitsbereiches, durch entsprechende Signalauswertung ist eine Verschiebung des Nullpunktes möglich. Induktive Winkelgeber erfassen Winkel bis ±45° bei einer Empfindlichkeit von z. B. 60 mV je Winkelgrad.

Neben linearen Gebern lassen sich auch inkrementale Drehgeber zur Winkelmessung benutzen. Die Anordnung der Strichmarken oder Hell-Dunkelzonen erfolgt dabei kreisförmig **(Bild 2.96)**.

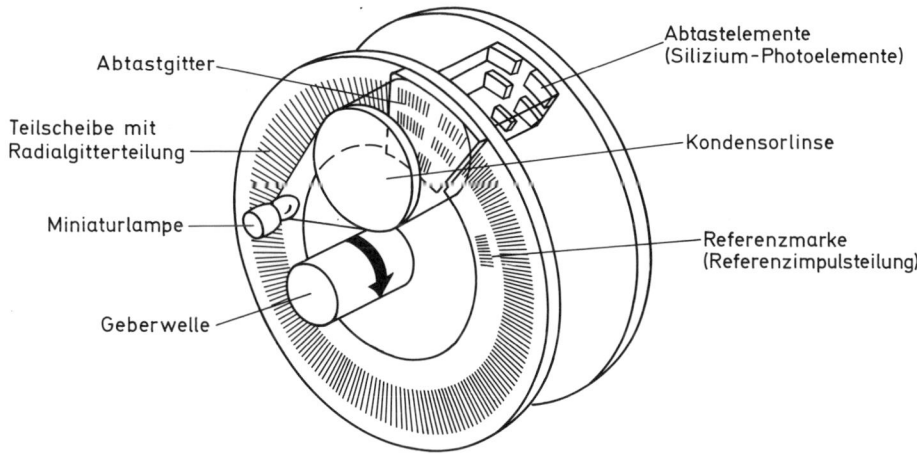

Bild 2.96 Aufbau eines inkrementalen Winkelgebers (Heidenhain)

Die erzeugten Impulse werden in einem Zähler addiert und liefern den Winkel aus der Anzahl zurückgelegter Schritte. Jeder Punkt der Impulsscheibe kann den Beginn einer Messung bestimmen. Der Zähler wird dabei auf Null gesetzt. Nach jeder Betriebsunter-brechung muß der Nullpunkt, wie bereits bei den Lineargebern erläutert, neu bestimmt werden. Dies geschieht durch Anfahren eines Bezugspunktes oder einer Referenz-marke und Nullsetzen des Zählers.

Zur Erkennung der Drehrichtung kann auf die bei den Drehgebern üblichen Verfahren zurückgegriffen werden. Eine Erhöhung der Auflösung ist auch hier durch Mehrfachim-pulsauswertung mit zwei um eine Halbperiode versetzten Impulsfolgen möglich. Bei Impulszahlen von bis zu 5000 je Umdrehung können über Vervierfachung bis zu 20 000 Impulse je Umdrehung abgeleitet werden.

Neben den optisch-elektrischen Gebern werden aber auch elektromagnetische Geber verwendet, die den bei den Drehzahlgebern beschriebenen entsprechen.

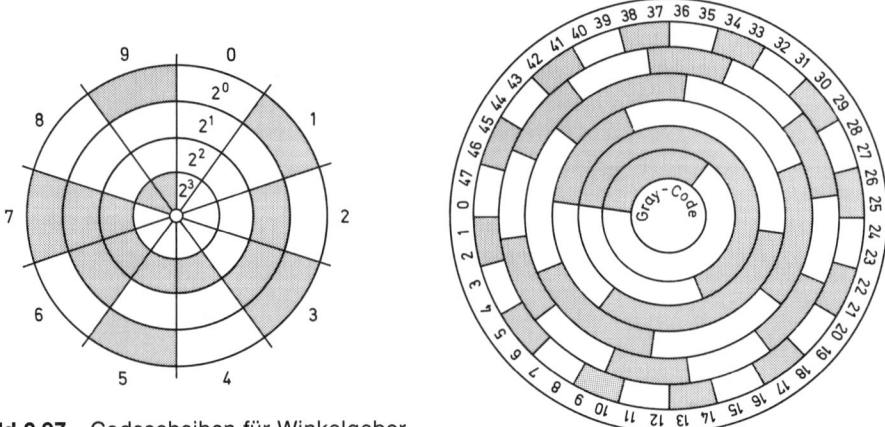

Bild 2.97 Codescheiben für Winkelgeber

Absolute Winkelgeber sollen für jede Winkelstellung eine eindeutige Information geben. Hierzu wird anstelle der Impulsscheibe eine Codescheibe eingesetzt. Das Codemuster besteht aus mehreren Bahnen mit Hell-Dunkel-Zonen. Die Zahl der Bahnen bestimmt die Auflösung, ausgedrückt in Schritten je 360°. **Bild 2.97** zeigt solche Codescheiben. Jedes Codemuster verfügt über eine Nullzone. Diese Position kann, im Gegensatz zur Impulsscheibe, auch nach einer Betriebsunterbrechung sofort wieder absolut angefahren werden. Verwendet wird häufig der Graycode. In abgewandelter Form werden Gray-Codes auch für Dezimal-Teilungen, z. B. 1000 Schritte je 360°, oder Winkelgrad-Teilungen, z. B. 3600 Schritte je 360°, ausgeführt. Über Codewandler kann eine Umsetzung zum Beispiel in den BCD-Code vorgenommen werden. Auch Winkel über 360° lassen sich erfassen. Hierzu werden neben der ersten Codescheibe, die direkt angetrieben wird, weitere Codescheiben über unterschiedliche Untersetzungen angetrieben. Die Kapazität des Codierers, ausgedrückt über die Gesamtschrittzahl für einen Codedurchlauf über eine bestimmte Anzahl von Umdrehungen, wird dadurch wesentlich erhöht.

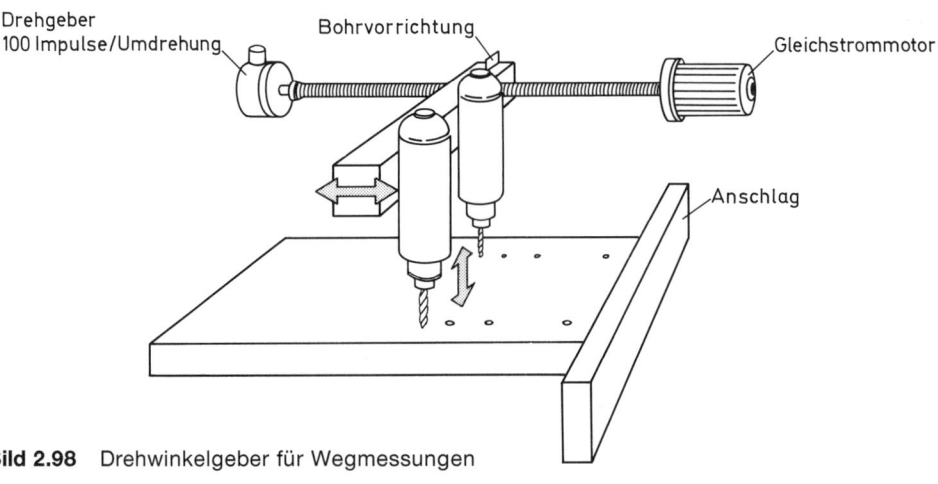

Bild 2.98 Drehwinkelgeber für Wegmessungen

Solche Winkelcodierer werden auch zur Erfassung langer Wege verwendet. **Bild 2.98** zeigt eine Vorrichtung zur Umsetzung der linearen in eine Drehbewegung. Dieses Verfahren wird besonders häufig dort angewandt, wo Drehbewegungen Linearbewegungen erzeugen, z. B. beim Transport des Werktisches einer Fräsmaschine.

2.5 Kraft- und Druckmessung

2.5.1 Kraftmessung mit Federn

Die weitaus gebräuchlichste Methode zur Kraftbestimmung ist die, eine kompensierende Kraft mechanisch zu erzeugen. Tritt eine Kraft F auf, verschiebt sie den Körper und drückt die Feder zusammen **(Bild 2.99)**. Ist der Körper, auf den die Kraft F wirkt, zur Ruhe gekommen, die Feder eingeschwungen, so ist die Kraft F:

$$F = F_{mech}$$

Bei linearer Federcharakteristik, d. h. Proportionalität zwischen Kraft und Federverformung, wird:

$$F_{mech} = C \cdot s$$

1: Körper
2: Feder
F = zu messende Kraft
F_{mech} = mechanische Kraft
C = Federkonstante
s = Verschiebeweg

Bild 2.99 Messung der Kraft F durch kompensierende Federkraft F_{mech}

Die Einhaltung einer linearen Federcharakteristik ist technisch nicht einfach, jedoch kann hier nicht im einzelnen auf derartige mechanische Probleme eingegangen werden. Das Prinzip eines elektrischen Federkraftgebers zeigt **Bild 2.100**. Die zu messende Kraft F biegt die Feder durch. Ihre Durchbiegung s kann mit einem Weggeber, z. B. einem potentiometrischen oder induktiven Weggeber, gemessen werden. Eine andere Meßmöglichkeit wäre die Messung der Dehnung an der Oberseite oder der Stauchung an der Unterseite bei der Durchbiegung der Feder. Dehnung bzw. Stauchung sind ebenfalls ein Maß für die Durchbiegung der Feder und damit ein Maß für die Kraft F. Die elektrische Messung von Dehnungen und Stauchungen erfolgt z. B. über Widerstandsdrähte, die infolge der Dehnung bzw. Stauchung ihren Widerstand ändern. Nach diesem Prinzip aufgebaute Geber werden als Dehnungsmeßstreifen – DMS – bezeichnet.

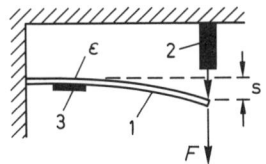

1: Feder
2: Wegsensor
3: Weggeber DMS

Bild 2.100 Elektrischer Federkraftgeber

2.5.2 Dehnungsmeßstreifen

Dehnungsmeßstreifen gehen zurück auf Meßdrähte, die gestreckt und gestaucht werden, wobei dies jedoch im elastischen Bereich geschieht, so daß der Meßdraht seine Urform nicht bleibend verändert. Zur Untersuchung der Dehnung von Körpern wird der Meßdraht auf den Körper aufgeklebt. Bei einer Dehnung oder Stauchung des Körpers übertragen sich diese auf den Meßdraht. Die Formänderungen führen hier zu Widerstandsänderungen und zu einer Änderung des spezifischen Widerstandes infolge auftretender mechanischer Spannung im Meßdraht. Es überwiegt die durch die Formänderung hervorgerufene Widerstandsänderung, daher treten bei entsprechenden Messungen nur geringe Linearitätsabweichungen auf. Im Bereich einer Dehnung oder Stauchung von $\varepsilon = 0 \ldots 0{,}5\,\%$ sind die Linearitätsabweichungen $< 0{,}0001\,\%$, wobei gilt:

$$1\,\%\!\!\circ = 1000\,\frac{\mu m}{m}$$

Das Ausmaß der Widerstandsänderung $\Delta R/R_0$ läßt sich anhand folgender Beziehung beschreiben:

$$\frac{\Delta R}{R_0} = K \cdot \varepsilon$$

$\Delta R =$ Widerstandsänderung infolge Verformung
$R_0 \ =$ Widerstand vor Verformung
$K \ \ =$ Proportionalitätskonstante
$\varepsilon \ \ =$ Dehnungsmaß

Der K-Faktor ist eine Materialkonstante für das Leitermaterial des Meßdrahtes. Zahlenmäßig liegt er bei heute üblichen Werkstoffen zwischen 2 und 4. Der Widerstand R_0 ist der Widerstand des Meßelementes zwischen den Anschlüssen. Übliche Werte sind $120\,\Omega$, $350\,\Omega$, $600\,\Omega$ oder $700\,\Omega$.
Im linearen Fall kann anstelle der Dehnung ε auch der Quotient $\Delta l/l_0$ treten, so daß gilt:

$$\frac{\Delta R}{R_0} = K \cdot \frac{\Delta l}{l_0}$$

$\Delta l \ =$ lineare Längenänderung des Meßdrahtes
$l_0 \ =$ Länge des Meßdrahtes vor Verformung

In der Konstanten K sind die Einflüsse der Längenänderung, der Querschnittsänderung und die Änderung des spezifischen Widerstandes zusammengefaßt. Vernachlässigt man die Änderung des spezifischen Widerstandes und verwendet die Querkontraktionszahl (Poissonsche Zahl) μ, so erhält die Gleichung die übliche Form:

$$\frac{\Delta R}{R_0} = K \cdot \frac{\Delta l}{l_0} = (1 + 2\,\mu) \cdot \frac{\Delta l}{l_0}.$$

$$\mu = \frac{E}{2\,G} - 1$$

$E =$ Elastizitätsmodul
$G =$ Gleitmodul eines Werkstoffs

In der praktischen Anwendung wird der Widerstandsdraht nicht linear ausgelegt, sondern entsprechend **Bild 2.101** auf das Bauteil aufgebracht.
Die Herstellung solcher Dehnungsmeßstreifen mit Meßdrähten ist relativ aufwendig. Die Ätztechnik ermöglicht die Herstellung von DMS, bei denen das Widerstandselement eine Widerstandsbahn ist. Der Vorteil der Ätztechnik liegt in der Möglichkeit, vielfältige Formen für die unterschiedlichsten Anwendungen zu erzeugen. **Bild 2.102** zeigt einige Beispiele.

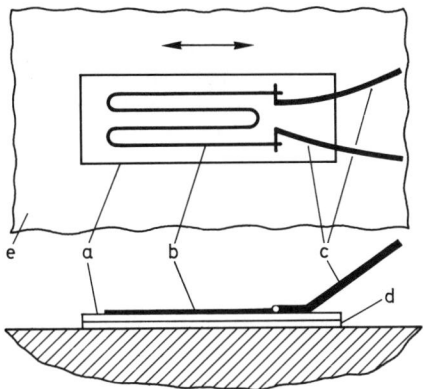

Dehnungsmeßstreifen, schematisch
a Träger
b Meßdraht
c Anschlußdrähte
d Klebstoff
e Bauteil

Bild 2.101 Dehnungsmesser mit Widerstandsdraht

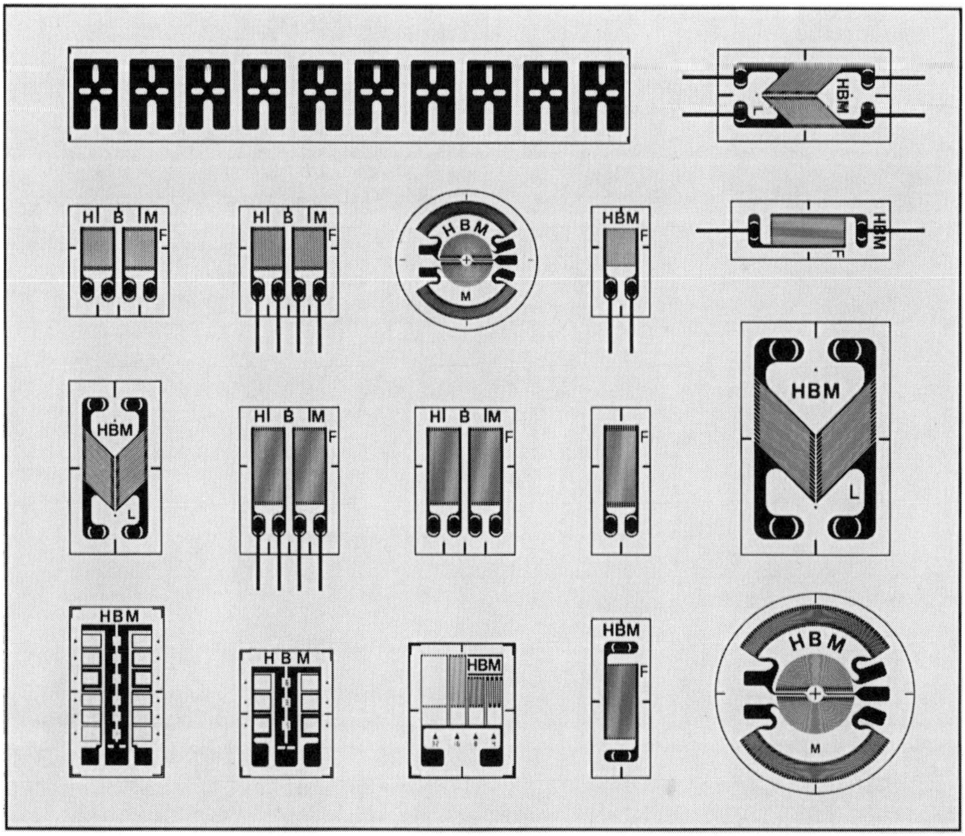

Bild 2.102 DMS in Folientechnik

Als Widerstandsmaterial werden vorwiegend Legierungen mit sehr kleinen Temperatur-koeffizienten des spezifischen Widerstandes gewählt. Ein Werkstoff ist z. B. Konstantan. Neben der Ausschaltung des Einflusses einer Temperaturänderung auf den Widerstand des Meßdrahtes wird versucht, auch den Einfluß der Änderung der Abmessungen des Körpers infolge Temperaturänderung auszuschalten, jedoch ist dies wesentlich schwieriger und nur in engen Grenzen möglich. Für dynamische Belastungen, wie z. B. die Registrierung von Schwingungen, werden spezielle Legierungen verwendet. Die Trägermaterialien und Kleber sind vielfältig, Auswahl und Handhabung erfordern Erfahrungen.

Neben Draht- und Folien-DMS gewinnt der Halbleiter-DMS an Bedeutung. Hierbei wird die Widerstandsänderung p- oder n-dotierter Siliziumstreifen bei mechanischer Beanspruchung ausgenutzt.

Die Eigenschaften unterschiedlicher DMS sind in der folgenden Tabelle zusammengestellt **(Bild 2.103)**.

DMS-Kenngrößen	Symbol Einheit	Draht-DMS	Folien-DMS	Halbleiter-DMS
Nennwiderstand	R_0/Ω	120, 600	120, 300, 350, 600	120, 600
Widerstandstoleranz je 10er-Packung	$\pm\,\dfrac{\Delta R}{R_0}\,/\%$	0,25 ... 0,5	0,2	0,5
Aktive Meßlänge	l/mm	3 ... 6 ... 150	0,6 ... 6 ... 30	1 ... 5
Dehnungsempfindlichkeit	K	2	2	100 ... 160
Toleranz der Dehnungs-empfindlichkeit	$\pm\,Fs/\%$	0,5	1	2
Meßfrequenzgrenze	f_M/kHz	0 ... 100	0 ... 100	–
Zulässiger Meßstrom	I_M/mA	10 ... 40	20 ... 40	10 ... 20
Max. Brückenspeisespannung	U_B/V	2 ... 60	2 ... 20	1 ... 2
Maximale Dehnbarkeit	$\varepsilon_{max}/10^{-3}\,m/m$	5 ... 50	50 ... 80	3 ... 5
Linearer Dehnungsbereich bei Linearitätsfehler $\pm$ 0,1 %	$\pm\,\varepsilon_M/\dfrac{\mu m}{m}$	4000 ... 10 000	4000 ... 10 000	1000
Bereich der Temperatur-kompensation	ϑ_k in °C	−10 ... +150	−10 ... +130	–
Temperaturkoeffizient mit Temperaturkompensation	$\pm\,\alpha_k/\left(\dfrac{\mu m}{m}\right)/K$	1	1	–
Kriechen je Stunde bei $\varepsilon = 1000\,\dfrac{\mu m}{m}$	$\dfrac{\Delta \varepsilon}{\varepsilon}$	1 ... 10·10^{-3}	1 ... 10·10^{-3}	1 ... 10·10^{-3}

Bild 2.103 Zusammenstellung der Eigenschaften von DMS

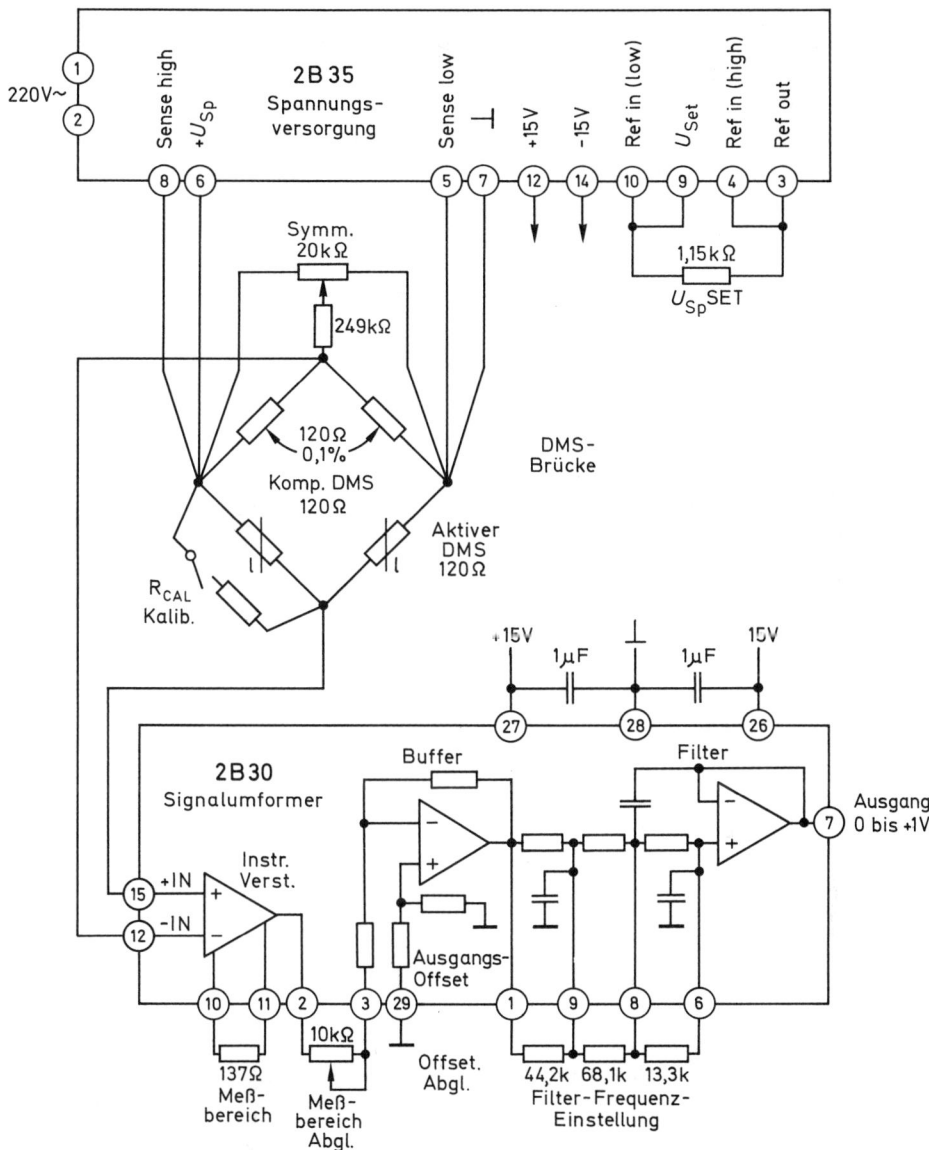

Bild 2.104 Dehnungsmesser mit DMS

Die Auswertung der Widerstandsänderung von DMS erfolgt in einer Brückenschaltung. Sie besteht aus dem Meßsensor, einem zweiten Sensor, der zur Temperaturkompensation dient und so angebracht werden muß, daß er nicht gedehnt wird, und zwei Präzisionswiderständen vom DMS-Nennwert mit 0,1 % Toleranz. Eine zusätzliche Beschaltung dient der Symmetrierung der Brücke **(Bild 2.104)**.

Es ist wegen der hohen Anforderungen zweckmäßig, für die Brückenversorgung einen Spezialbaustein mit optimierten Eigenschaften zu verwenden (z. B. Analog Devices 2 B 35). Die Versorgungsspannung muß einstellbar sein, Richtwerte sind in den Datenunterlagen der DMS-Hersteller angegeben. Um die Messung für die Konstanthaltung der Spannung an der Brücke nicht durch den Strom zu beeinflussen, sind Versorgungsleitungen und Meßleitungen getrennt. Die Auswertung der Brückendiagonalspannung erfolgt in einfacher Weise ebenfalls über Spezialbausteine (z. B. Analog Devices 2 B 30). Dieser Baustein enthält einen einstellbaren Signalverstärker und einen Filterverstärker mit einer oberen Grenzfrequenz von 100 Hz. Bei anderen Spezialbausteinen sind Spannungsversorgung und Signalverstärker in einem Baustein vereinigt.

2.5.3 Kraftmessung

In Bild 2.100 war bereits eine Kraftmessung angedeutet, indem ein Federkraftgeber verwendet wurde. Eine andere Art Kraftmesser zeigt **Bild 2.105**. Hier wird die Kraft über die Stauchung eines Zylinders ermittelt. Die Abbildung zeigt, daß die Einleitung der Kraft in den Meßblock möglichst punktförmig erfolgen muß. Die Dehnungsmessung mit DMS aber soll möglichst weit von dem Krafteinleitungspunkt entfernt stattfinden, weil sonst eine gleichmäßige Stauchung nicht gewährleistet ist.

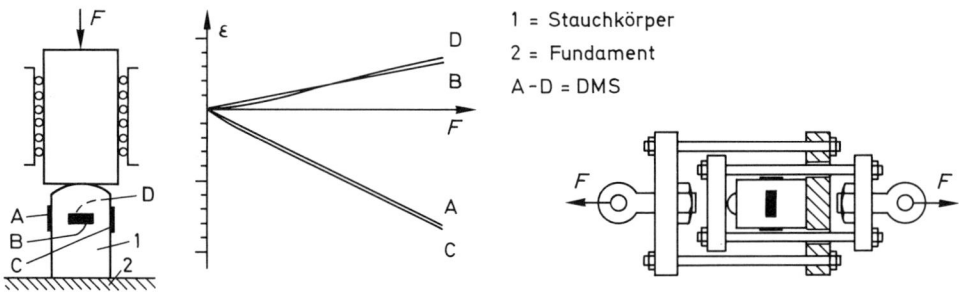

Bild 2.105   Kraftmessung mit Dehnungsmeßstreifen

Eine charakteristische, in der Praxis eingesetzte Ausführung zeigt **Bild 2.106**.

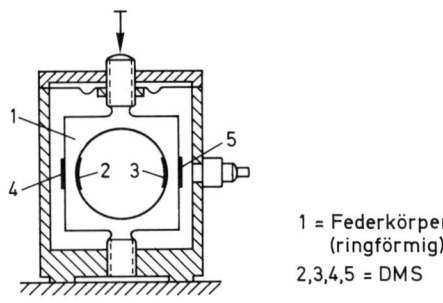

1 = Federkörper
(ringförmig)
2,3,4,5 = DMS

Bild 2.106   Kraftgeber mit ringförmiger Meßfeder

Nicht nur mit Dehnungsmeßstreifen lassen sich Kraftgeber aufbauen. In **Bild 2.107** ist das Prinzip eines Kraftgebers mit induktivem Tauchankergeber dargestellt. Auf die Funktion braucht hier nicht weiter eingegangen zu werden.

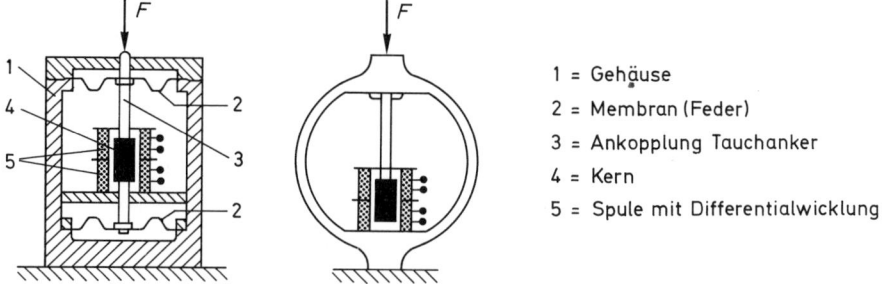

1 = Gehäuse

2 = Membran (Feder)

3 = Ankopplung Tauchanker

4 = Kern

5 = Spule mit Differentialwicklung

Bild 2.107 Kraftmessung mit induktivem Tauchankergeber

2.5.4 Druckmessung

Unter dem Druck p wird das Verhältnis aus einer Kraft und der Fläche, auf die die Kraft wirkt, verstanden.

$$p = \frac{\Delta F}{\Delta A}$$

$\Delta F =$ Kraft auf das Flächenteilchen ΔA

$\Delta A =$ Fläche

Technische Druckgeber messen die Kraft, die auf eine begrenzte Fläche einwirkt, als mittleren Druck

$$\bar{p} = p = \frac{F}{A}$$

Da auf der Erde ein bestimmter Luftdruck bereits herrscht, muß beim Druck unterschieden werden zwischen dem absoluten Druck und dem Überdruck, bezogen auf den Luftdruck. In **Bild 2.108** sind beide Messungen dargestellt. In der Anordnung a wird der Druck p absolut gemessen, da das U-Rohr auf der anderen Seite geschlossen und leer ist. In der Anordnung b wird die Druckdifferenz zwischen dem Druck p und dem Luftdruck gemessen. Die Messung beruht hier auf dem Gleichgewicht zwischen Druckkraft und der von einer Masse auf seine Auflagefläche ausgeübten Kraft.

In der Praxis wurden bisher zahlreiche unterschiedliche Druckeinheiten festgelegt. Eine Reihe befindet sich noch in Gebrauch (z. B. Torr, at, atm, atü). Die Vereinheitlichung von Maßen und Einheiten geht von der Kraft in N und einer Fläche in m^2 aus:

$$1 \text{ Pa (Pascal)} = \frac{1 \text{ N}}{1 \text{ m}^2}$$

Erweist sich das *Pascal* als unhandliche Einheit, so werden dezimale Vorsätze gebraucht:

$$1 \text{ MPa} = 10^6 \text{ Pa} = \frac{1 \text{ N}}{1 \text{ mm}^2} = \frac{10^6 \text{ N}}{1 \text{ m}^2}$$

$$1 \text{ hPa} = 10^2 \text{ Pa} = \frac{1 \text{ N}}{1 \text{ dm}^2} = \frac{100 \text{ N}}{1 \text{ m}^2} \quad \text{(bei Luftdruckangaben üblich)}$$

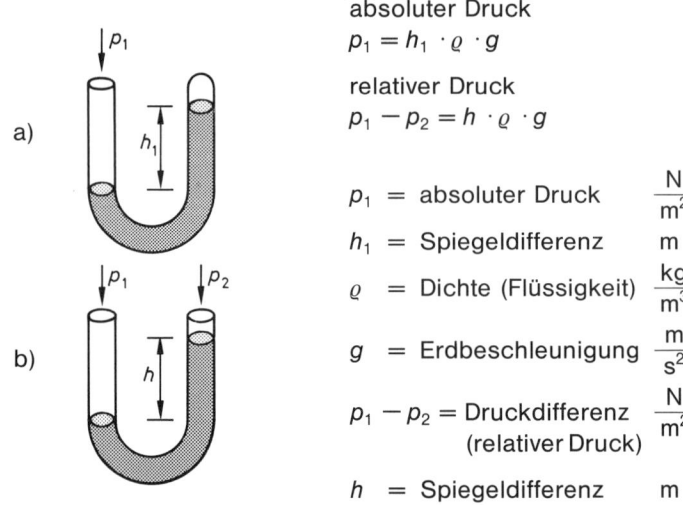

absoluter Druck

$$p_1 = h_1 \cdot \varrho \cdot g$$

relativer Druck

$$p_1 - p_2 = h \cdot \varrho \cdot g$$

p_1	= absoluter Druck	$\dfrac{N}{m^2}$
h_1	= Spiegeldifferenz	m
ϱ	= Dichte (Flüssigkeit)	$\dfrac{kg}{m^3}$
g	= Erdbeschleunigung	$\dfrac{m}{s^2}$
$p_1 - p_2$	= Druckdifferenz (relativer Druck)	$\dfrac{N}{m^2}$
h	= Spiegeldifferenz	m

Bild 2.108   Absoluter Druck und Differenzdruck

Im Bereich der Pneumatic und Hydraulik wird als Druckeinheit noch das Bar verwendet.

$$1 \text{ bar } = 10^5 \text{ Pa} = \frac{10^5 \text{ N}}{m^2}$$

Den meisten Drucksensoren liegt als Funktionsprinzip zugrunde, daß entweder der Druck auf eine Fläche wirkt, und die Kraft gemessen wird, die dem Druck das Gleichgewicht hält, oder daß der Druck auf ein druckempfindliches Bauelement wirkt, das z. B. seinen Widerstand R in Abhängigkeit vom Druck ändert oder in Abhängigkeit vom Druck eine Spannung generiert.

Kapazitive Druckmessung

Bei kapazitiven Meßverfahren wird meist die Kapazitätsänderung zwischen einer Referenzelektrode und einer Membran als bewegliche Elektrode ausgewertet. Je nach Druck ändert sich der Abstand zwischen Elektrode und Membran und damit die Kapazität. Obwohl die Kapazität und folglich auch die Kapazitätsänderung klein ist, sind bei entsprechender Auslegung der Einrichtung die Auflösung der Meßwerte und die Reproduzierbarkeit gut. Bereits bei den kapazitiven Weggebern war darauf hingewiesen worden, daß sich unter bestimmten Bedingungen lineare Kennlinien erreichen lassen. **Bild 2.109** zeigt den prinzipiellen Aufbau eines modernen, kapazitiven Drucksensors. Eine individuelle Trimmung jedes Sensors ergibt eine Linearität von besser als 0,5 ‰. Bei der Temperaturabhängigkeit lassen sich Werte von 0,015 %/K im Bereich von − 20 bis + 70 °C erreichen.

Je nach Meßbereich liegt die Membrandicke zwischen 0,03 und 3 mm. Der Abstand zwischen Referenzplatte und Membran liegt in der Größenordnung von 100 μm. Beim Übergang von der Ruhelage zur stärksten Auslenkung verändert sich der Abstand etwa um ein Viertel.

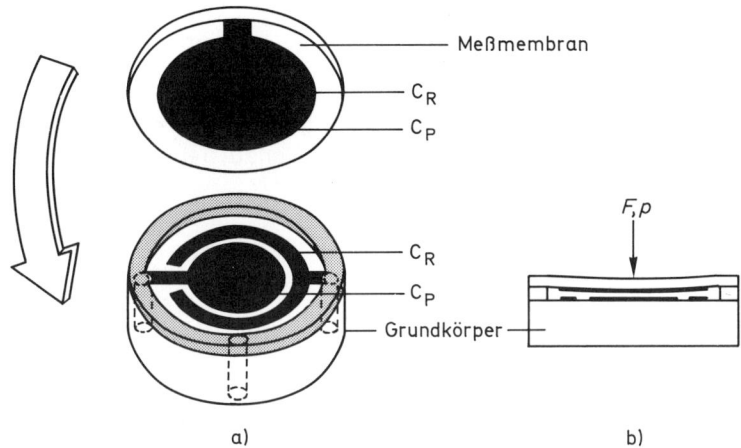

a)   b)

Bild 2.109 Kapazitiver Drucksensor (Prinzipdarstellung)

Piezoresistive Halbleiter-Druckmessung

Unterschieden werden zwei Arten von Halbleiter-Drucksensoren:
- integrierte Silizium-Sensoren mit in das Silizium eindiffundierten oder implantierten Widerständen,
- gebondeten Sensoren, wobei die Silizium-Elemente auf der Rückseite einer Edelstahlmembran befestigt sind.

Letztere eignen sich, da das eigentliche Sensorelement nicht mit dem Meßmedium in Berührung kommt, besonders wegen der chemischen Widerstandsfähigkeit des Edelstahls für korrodierende oder aggressive Medien.

Beim piezoresistiven Drucksensor erzeugt der Druck eine Verformung der Siliziummembran, die Bestandteil des Sensorelementes ist **(Bild 2.110)**.

Die Verformung der Membran wird über vier zur Brücke zusammengeschaltete Sensorelemente in ein lineares Ausgangssignal umgewandelt. Die Positionierung der Widerstandselemente ist so gewählt, daß beim Durchbiegen der Membran die beiden Widerstände, die den einen Brückenzweig bilden, sich gegenläufig verformen **(Bild 2.111)**.

Sind die Einzelwiderstände gleich groß, so läßt sich für die Ausgangsspannung folgende Näherung verwenden:

$$U_A = U_B \cdot \frac{\Delta R}{R_0} + U_0$$

U_A = Sensorausgangsspannung
U_B = Betriebsspannung der Brücke
ΔR = Widerstandsänderung infolge Verformung
R_0 = Widerstand vor Verformung
U_0 = Offetspannung

165

Weiterhin gilt:

$$\frac{\Delta R}{R_0} = K \cdot \varepsilon \, (p)$$

ΔR = Widerstandsänderung infolge Verformung
R_0 = Widerstand vor Verformung
K = Proportionalitätsfaktor
ε = mechanische Dehnung
p = Druck

Die mechanische Dehnung ist in einem eingegrenzten Bereich linear vom Druck abhängig. **Bild 2.112** zeigt den charakteristischen Verlauf der Ausgangsspannung und den Einfluß der Umgebungstemperatur.

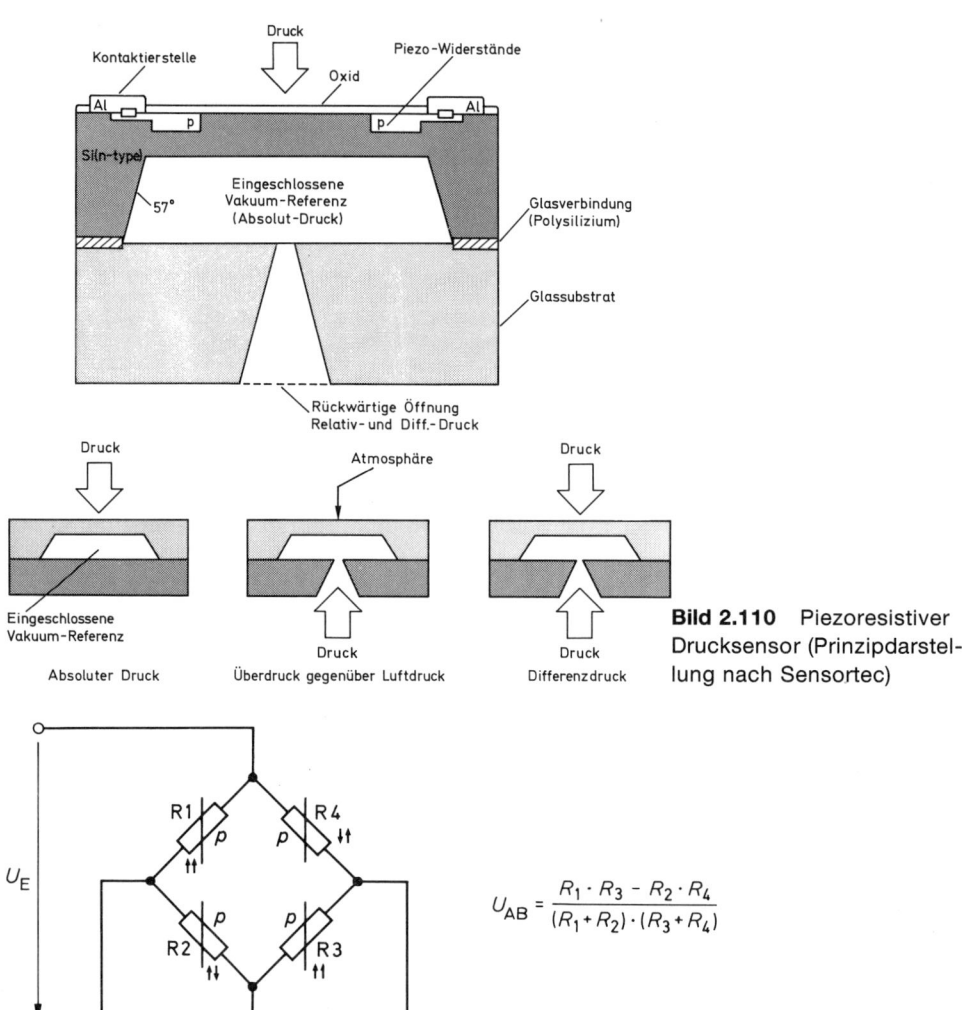

Bild 2.110 Piezoresistiver Drucksensor (Prinzipdarstellung nach Sensortec)

$$U_{AB} = \frac{R_1 \cdot R_3 - R_2 \cdot R_4}{(R_1 + R_2) \cdot (R_3 + R_4)}$$

Bild 2.111 Brückenschaltung piezoresistiver Sensoren

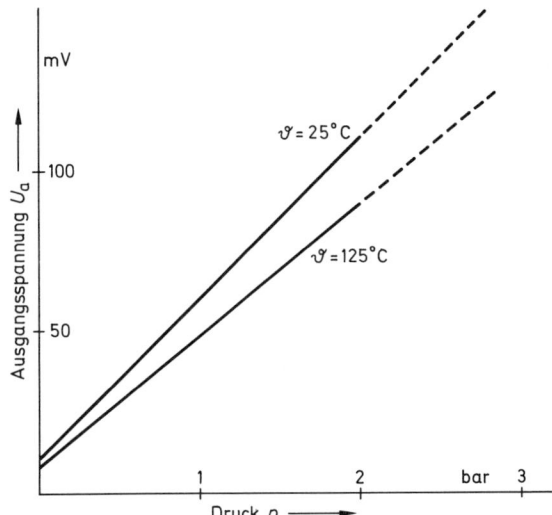

Bild 2.112 Charakteristische
Ausgangsspannung und Einfluß
der Temperatur

Der Temperatureinfluß läßt sich durch schaltungstechnische Maßnahmen kompensieren **(Bild 2.113)**.

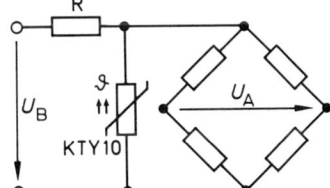

Bild 2.113 Temperaturkompensation bei Halbleiter-Drucksensoren

In der folgenden Tabelle sind typische Anwendungsgebiete und die Druckmeßbereiche für Siliziumdrucksensoren zusammengestellt **(Bild 2.114)**.

Druckbereich	Anwendung
$< 0,04 \cdot 10^5$ Pa	Füllstand in Wasch-, Geschirrspülmaschine
$0,1 \cdot 10^5$ Pa	Staubsauger, Filterüberwachung, Durchflußmessung
$0,2 \cdot 10^5$ Pa	Blutdruckmessung
$1 \cdot 10^5$ Pa	Barometer, Kfz (Korrektur für Zündung und Einspritzung)
$2 \cdot 10^5$ Pa	Kfz (Ansaugunterdruck)
$10 \cdot 10^5$ Pa	Kfz (Öldruck, Druckluft für Bremsen), Kühlmaschinen
$50 \cdot 10^5$ Pa	Pneumatik, Industrieroboter
$500 \cdot 10^5$ Pa	Hydraulik, Baumaschinen

Bild 2.114 Anwendungsgebiete und Meßbereiche für piezoresistive Silizium-Drucksensoren

Eine vollständige Behandlung der Druckmeßtechnik geht über den hier möglichen Umfang heraus. Es soll der Hinweis genügen, daß viele bei der Kraft- und Wegmessung übliche Verfahren auch auf die Druckmessung übertragen werden können.

2.6 Zusammenfassung

Im Rahmen dieses Buches wurden als charakteristische physikalische Größen *Temperatur; Weg; Länge; Lage; Winkel; Kraft und Druck* ausgewählt. Diese Auswahl ergibt sich mit aus den Geräten, die für praktische Versuche vorgesehen sind. Behandelt sind gebräuchliche und neuere, insbesondere auf Halbleitertechnik beruhende Sensoren und Meßprinzipien. Der begrenzte Umfang gestattet dabei keine Vollständigkeit. Für gebräuchliche Meßverfahren, die schon seit langem eingesetzt werden, ist auf einschlägige Handbücher für die elektrische Messung physikalischer Größen zu verweisen. Informationen über neue und zukünftige Sensoren in der regelungstechnischen Praxis müssen den Datenblättern und Applikationshinweisen der Hersteller entnommen werden.

Die folgende Übersicht faßt häufig gemessene physikalische Größen und ihre Meßprinzipien zusammen. Unterschieden wird nach gebräuchlichen und nach heutiger Sicht möglichen Verfahren und Sensoren **(Bild 2.115)**.

Physikalische Größe	Sensorprinzip								
	piezo-resistiv	Hall-effekt	Per-malloy	Ultra-schall	foto-elektr.	induk-tiv	kapa-zitiv	thermo-elektr.	thermo-resistiv
Temperatur	○	○			●			●	●
Lage		●		●	●	●	●		
Weg		●		●	●	●	●		
Geschwindigkeit		●		○	●	●			
Beschleunigung	○	●		○	○	●	●		
Winkel		●			●	●	○		
Drehzahl		●			●	●	○		
Druck	●	○					○		
Durchfluß	●	●			○		○		●
Füllhöhe	●	○		●	●		○		○
Kraft	●	●				○	●		
Magnetische Flußdichte		●	●						
Stromstärke		●	●						

● gebräuchliches Meßprinzip   ○ mögliches Meßprinzip

Bild 2.115 Messung physikalischer Größen nach unterschiedlichen Sensorprinzipien

In der tabellarischen Darstellung werden Kostengesichtspunkte nicht berücksichtigt. So sind thermoelektrische, thermoresistive und Halleffekt-Sensoren relativ preisgünstig, während z. B. Ultraschallsensoren oder laseroptische Abstandsaufnehmer aufwendig und daher kostspieliger sind.

Betrachtet man die Tabelle, so sind für die **Temperaturmessung** als gebräuchliche Sensorprinzipien das fotoelektrische, thermoelektrische und das thermoresistive Prinzip ausgewiesen. Nach dem thermoelektrischen Prinzip arbeiten die Thermoelemente. Thermoelemente werden schon sehr lange eingesetzt. Durch neuere Legierungen läßt sich der mögliche Erfassungsbereich auf über 2000 °C ausdehnen. Versuche werden unternommen, Thermoelemente in Dünnschicht-Technik herzustellen. Für extrem hohe Temperaturen bleiben die strahlungsoptischen Verfahren weiter im Einsatz.

Bei der Gruppe der mechanischen Größen **Lage**, **Weg**, **Geschwindigkeit**, **Beschleunigung**, **Winkel** und **Drehzahl** liegen die einsatzmäßigen Schwerpunkte bei den induktiven und fotoelektrischen Sensoren. Mit steigender Tendenz werden Sensoren auf der Basis des Halleffektes eingesetzt. Schwerpunkt zukünftiger Entwicklungen wird bei den optoelektrischen Sensoren liegen. Dies ist mit bedingt durch die extremen Anforderungen, die die Robotertechnik an die Sensorik stellt.

In der dritten Gruppe **Kraft**, **Druck**, **Durchfluß**, **Füllhöhe**, nehmen piezoresistive Sensorprinzipien die Spitzenstellung ein. Die Silizium- und Halbleitertechnologie hat und setzt noch wesentliche Impulse. Es ist zu erwarten, daß bei der Entwicklung »intelligenter« Sensorsysteme kapazitive Sensoren zunehmende Bedeutung erhalten.

In der vierten Gruppe sind **magnetische Flußdichte** und **Stromstärke** aufgeführt. Hierbei handelt es sich um elektrische Größen. Der Bereich der elektrischen Größen ist wesentlich umfangreicher, jedoch handelt es sich bei den angeführten um besonders wichtige. Gut erkennbar ist, daß heute vorwiegend das magnetische Sensorprinzip zur Anwendung kommt.

Die besondere Bedeutung der Sensorik zeigt eine Auswertung über die Sensoren für die einzelnen Meßgrößen in der Sensordatenbank des Fachinformationszentrums Technik e. V., Essen **(Bild 2.116 a)**. Sie zeigt die Anzahl der für die verschiedenen Meßgrößen erfaßten unterschiedlichen Sensoren.

a) Verteilung der Sensoren nach Meßgröße			b) Verteilung der Sensoren (Meßprinzipien)		
Meßgröße	Anzahl Gesamt	Anteil %	Meßprinzipien	Anzahl Gesamt	Anteil %
1. Weg	2243	32,0	1. Induktives Meßprinzip	1559	22,3
2. Temperatur	1054	15,0	2. DMS-Prinzip	1535	21,9
3. Druck	909	13,0	3. Widerstandsmeßprinzip	1169	16,7
4. Kraft	490	7,0	4. Optisches Prinzip	963	13,8
5. Drehzahl	232	3,3	5. Mechanisches Prinzip	405	5,8
6. Winkel	230	3,3	6. Piezoelektr. Meßprinzip	392	5,6
7. Beschleunigung	223	3,2	7. Thermoelektr. Effekt	314	4,5
8. Differenzdruck	188	2,7	8. Kapazitives Meßprinzip	174	2,5
9. Volumendurchfluß	183	2,7	9. Wirbelstromprinzip	98	1,4
10. Geschwindigkeit	174	2,5	10. Akustisches Prinzip	39	0,6
11. Drehmoment	115	1,6	11. Photovoltaischer Effekt	37	0,5
12. Massendurchfluß	29	0,4	12. Magnetelek. Meßprinzip	16	0,2
13. Andere	928	13,2	13. Andere	698	10,0

Bild 2.116 Verteilung der Sensoren nach Meßgrößen und Meßprinzipien

Eine andere Differenzierung ergibt sich aus der Verteilung der Sensoren nach den Meßprinzipien (Bild 2.116 b). Hier ist die Spitzenstellung induktiver und DMS-Sensoren zu erkennen. Es ist jedoch zu erwarten, daß andere Meßprinzipien – insbesondere optische Prinzipien – aufholen werden.

Die Sensorik war bisher immer eng mit der Analogtechnik verknüpft.

Mit fortschreitender Automation müssen Sensoren aber auch mit Geräten der Digitaltechnik und hier besonders mit Mikroprozessoren und Computern zusammenarbeiten **(Bild 2.117)**. Die klassische Kopplung (I) besteht aus den Elementen Sensor, Signalaufbereitung und Einkopplung über einen analog-digital-wandelnden Eingangskanal des Mikroprozessors. Die Siliziumtechnologie ermöglicht ein Zusammenziehen von Sensor und Signalaufbereitung. Vorteil dieser Integration ist die optimale Abstimmung beider Komponenten aufeinander (II). Die kommende Lösung (III) faßt Sensor, Signalaufbereitung und Wandlung in Digitalinformationen zusammen. Derartige Sensoren werden häufig auch als intelligente Sensoren bezeichnet. Diese werden gemeinsam mit vielen anderen an einen Datenbus angekoppelt und vom Mikroprozessor her gezielt abgefragt. Vorteil dieser Lösung ist insbesondere bei vielen Sensoren eine erhebliche Einsparung an Leitungsaufwand, da nicht jeder Sensor einzeln mit dem Mikroprozessor verbunden werden muß, sondern alle über eine gemeinsame Verbindungsleitung mit dem Mikroprozessor verbunden sind. Die für viele Sensoren eingesetzte Silizium- und Halbleitertechnik begünstigt diese Entwicklung, weil der Herstellungsprozeß für die einzelnen Funktionsgruppen durch gleichzeitige Herstellung vereinfacht wird.

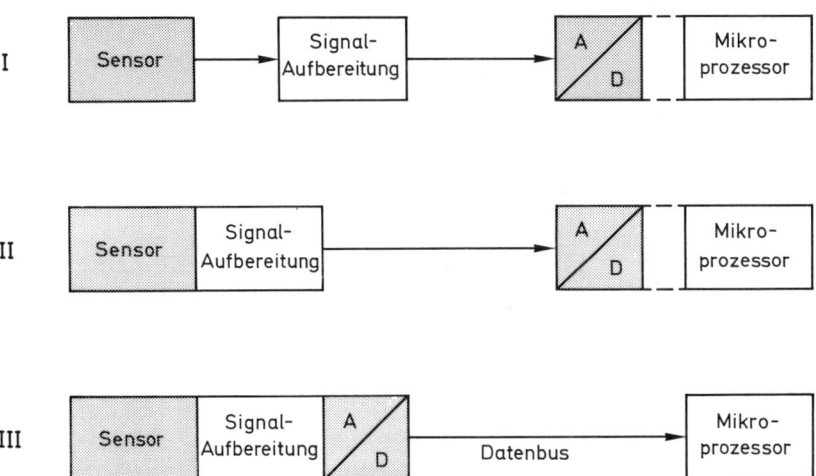

Bild 2.117 Sensorsignalverarbeitung in verschiedenen Integrationsstufen

Reicht in der Industrieanwendung die Silizium-Technik nicht mehr aus, so ist zu erwarten, daß III-V-Halbleiter – z. B. Gallium-Arsenid – die Aufgaben übernehmen. Durch die Kombination von optischen und elektronischen Funktionen werden noch bessere Lösungen möglich sein.

3 Meßwertaufbereitung und Meßwertübertragung

3.1 Allgemeines

Sensoren erfassen physikalische Größen; als Ausgangsgrößen werden für technische Anwendungen Spannungen und Ströme bevorzugt. Um die unterschiedlichen Signalgrößen auf einheitliche Werte zu bringen, werden die Sensorsignale verstärkt. In der Praxis läßt sich nicht vermeiden, daß in dem Sensorsignal auch unerwünschte Anteile vorhanden sein können. Um die Verarbeitung und Auswertung der Sensorsignale nicht zu stören, wird versucht, die unerwünschten Anteile auszufiltern. Für bestimmte Anwendungen kann es zweckmäßig sein, die Signale noch weiter rechentechnisch auszuwerten oder mit anderen Größen zu verknüpfen. Die Übertragung von analogen Meßwerten erfolgt über kurze Strecken als Spannungswert, sind längere Leitungswege erforderlich, so wird die Übertragung mit signalproportionalem Strom durchgeführt. Auch eine Übertragung über Koaxkabel, Lichtwellenleiter (LWL) und elektromagnetische Wellen ist mit speziellen Sende- und Empfangseinrichtungen möglich. Schematisch ist die Aufbereitung und Übertragung von Meßwerten in **Bild 3.1** dargestellt.

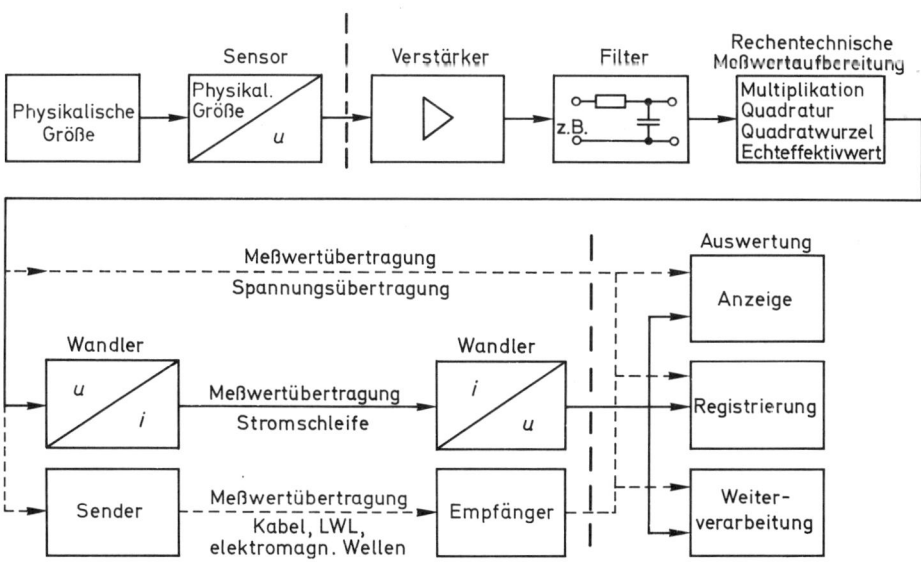

Bild 3.1 Aufbereitung und Übertragung analoger Meßwerte

Bei der analogen Meßwertübertragung wird für jedes Sensorsignal ein eigener Übertragungsweg benötigt. Je zahlreicher die Meßgrößen werden, um so zahlreicher sind auch die Übertragungswege, was zu einem erheblichen technischen und kostenmäßigen Aufwand führt. Durch die Nutzung der Digital- und Mikroprozessortechnik lassen sich analoge Sensorsignale in digitale Informationen umformen. Digitale Informationen lassen sich einfach speichern, auswerten und übertragen. Hier werden die Erfahrungen der Rechnertechnik ausgenutzt.

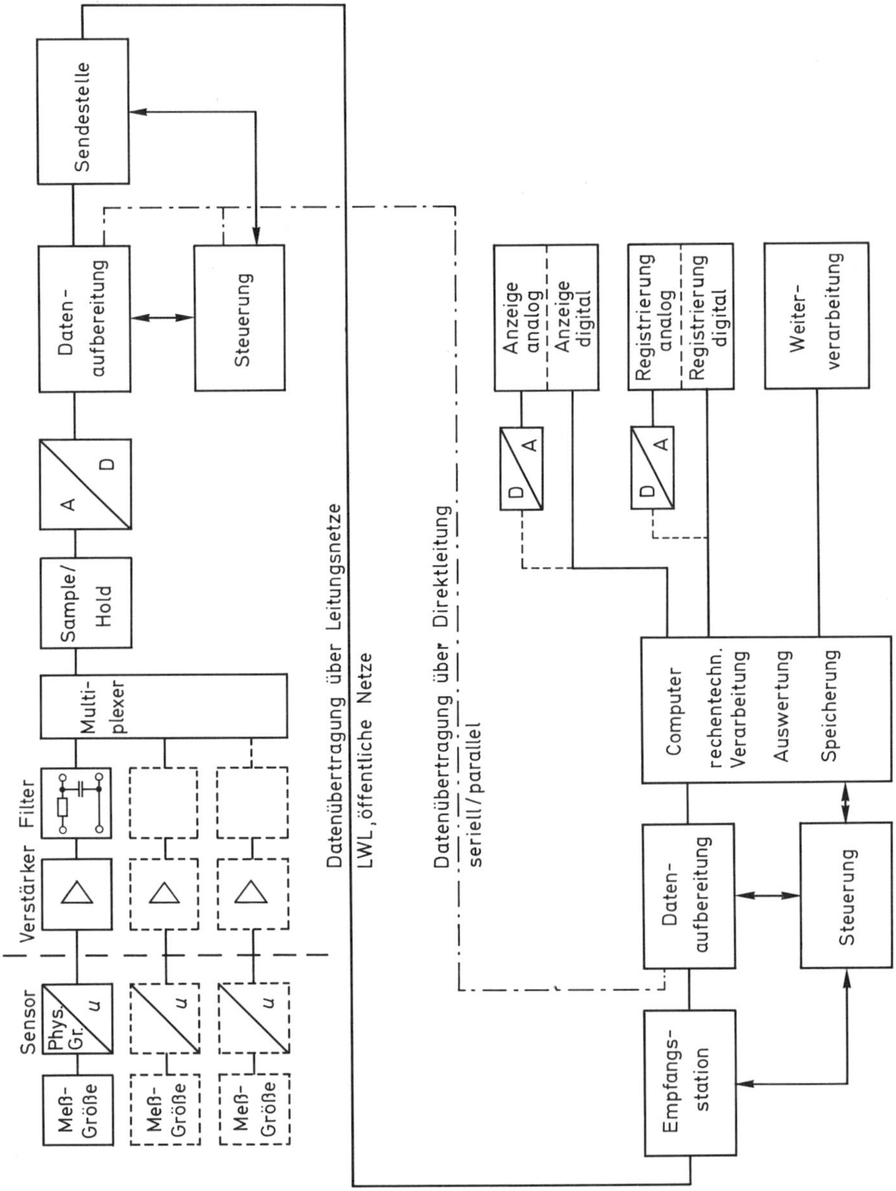

Bild 3.2 Aufbereitung und digitale Übertragung von Meßwerten

Bild 3.2 zeigt den prinzipiellen Aufbau bei der Aufbereitung und digitalen Übertragung von Meßwerten. Ähnlichkeiten zur Aufbereitung und Übertragung analoger Meßwerte sind gut zu erkennen. Durch den Einsatz von Multiplexern und Demultiplexern lassen sich Übertragungswege einsparen, es sind jedoch Steuerfunktionen erforderlich, die meist von einem Mikrocomputer übernommen werden.

Bei der eigentlichen Übertragung digitaler Meßwerte gibt es viele unterschiedliche Möglichkeiten. Im einfachsten Fall werden die digitalen Informationen direkt über Leitungen geführt. Dies ist jedoch nur bei relativ kleinen Abständen der Datenübertragungs-Einrichtung (DÜE) möglich. Durch Umsetzung der digitalen Informationen in Frequenzinformationen wird die parallele Mehrfachnutzung möglich, so daß auf das Multiplexen verzichtet werden kann. Anstelle von elektrischen Leitungen erlauben Lichtwellenleiter eine Vervielfachung der Kanäle. Auch bei einer drahtlosen Übertragung durch elektromagnetische Wellen läßt sich unter bestimmten Bedingungen die Anzahl der Kanäle gegenüber der Standardleitung noch weiter steigern.

3.2 Meßwertaufbereitung

Meßwertaufnehmer liefern meist nur ein Meßsignal, das für die direkte Meßwertverarbeitung und Meßwertübertragung nicht geeignet ist. Vorwiegend werden Meßsignale verstärkt; dies erfolgt dann meist über Differenzverstärker. Differenzverstärker haben einen hohen Eingangswiderstand, belasten also die Signalquelle nur geringfügig, und sind am Ausgang niederohmig, damit Schaltungen zur Signalauswertung und -übertragung einfach angeschlossen werden können. Differenzverstärker ermöglichen die Verstärkung von Gleich- und Wechselspannungen gleichermaßen, die Beachtung einer unteren Grenzfrequenz ist nicht erforderlich. Es lassen sich auch einzelne Signale verstärken, deren Änderungen in größeren Zeitabständen auftreten. Ändern sich die Meßsignale jedoch sehr schnell, so müssen die obere Grenzfrequenz und die maximale Änderungsgeschwindigkeit der Ausgangsspannung beachtet werden. Als Meßsignalverstärker werden Differenzverstärker mit hoher Gleichtaktunterdrückung verwendet.

Bei Meßsignalen können die auftretenden Änderungen wesentlich kleiner als ein mittlerer Wert des Meßsignals selbst sein. Um hier die Änderungen zweckmäßig auswerten zu können, soll die Auswertung nur den Bereich umfassen, in dem die sich ändernden Meßsignale liegen **(Bild 3.3)**. Der eigentliche Nullpunkt des Meßsignals wird nicht weiter berücksichtigt. Diese Auswertung für ein Meßsignal wird als *Nullpunktunterdrückung* bezeichnet. Sie kommt häufig bei Messungen mit Schreibern vor. Wird jedoch die eingeschaltete Nullpunktunterdrückung nicht sorgfältig beachtet, kann es zu Fehlmessungen kommen.

Die DC/AC-Umschaltung beim Oszilloskop entspricht ebenfalls einer Nullpunktunterdrückung, weil bei Mischspannungen nur die Änderungen ausgewertet werden, Gleichspannungsanteile bleiben unberücksichtigt.

Ein weiteres Gebiet der Meßwertaufbereitung liegt in der gezielten Beeinflussung von Kennlinien für Sensoren und Verstärker. Dabei handelt es sich meist um eine Linearisierung der Kennlinien. Erreicht wird hierdurch ein linearer Zusammenhang zwischen physikalischer Meßgröße und dem elektrischen Ausgangssignal des Sensors. Die

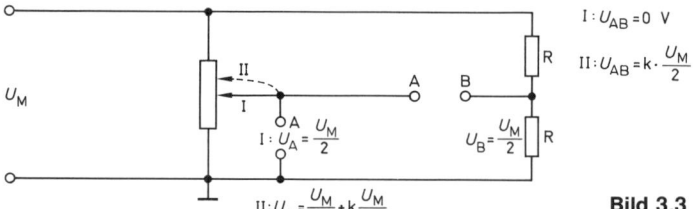

$$I : U_{AB} = 0 \text{ V}$$
$$II : U_{AB} = k \cdot \frac{U_M}{2}$$

$$I : U_A = \frac{U_M}{2}$$
$$U_B = \frac{U_M}{2}$$

$$II : U_A = \frac{U_M}{2} + k \frac{U_M}{2}$$

Bild 3.3 Nullpunktunterdrückung

Linearisierung erfolgt teilweise durch Beschaltung des Sensors mit Widerstandskombinationen aus Parallel- und Vorwiderständen. Beispiele für die Linearisierung wurden im Kapitel 2 bei den Temperatursensoren bereits behandelt. Auch eine gezielte, von der Größe des Eingangssignals abhängige Verstärkung eines Meßsignalaufbereitungsverstärkers kann zu einer Linearisierung herangezogen werden. In zunehmendem Maße müssen Sensorsignale digitalisiert werden. Die Weiterverarbeitung der Signale erfolgt dann mit Digitalrechnern. Hier läßt sich eine Linearisierung durch ein entsprechendes Korrekturprogramm ausführen. Heutige Rechner erfordern hierfür i. a. keine zusätzliche Installation von Hardware.

3.2.1 Operationsverstärker

Bei den Operationsverstärkern handelt es sich um integrierte Verstärkerschaltungen mit sehr großer Verstärkung. Die Eingangsstufe ist vorwiegend ein Differenzverstärker, als Ausgangsstufe dient ein Gegentaktverstärker. Auch Ausgangsstufen in Open-Collector-Technik kommen vor. In der Regel werden Operationsverstärker mit zwei symmetrischen Betriebsspannungen $\pm U_B$ betrieben. Die Besonderheit eines Operationsverstärkers ist, daß seine Eigenschaften in einfacher Weise durch die äußere Beschaltung bestimmt werden. Reale Operationsverstärker erreichen in ihren Eigenschaften eine gute Annäherung an die Eigenschaften idealer OPs **(Bild 3.4)**.

Charakteristische Eigenschaft	Idealer OP	Realer OP
Leerlaufverstärkung $V_o = \dfrac{U_A}{U_E}$	$V_o = \infty$	$V_o = 20 \cdot 10^3 \ldots 1000 \cdot 10^3$
Eingangswiderstand $r_e = \dfrac{\Delta U_E}{\Delta I_E}$	$r_e = \infty \ \Omega$	$r_e = 10^6 \ \Omega \ldots 10^{14} \ \Omega$
Ausgangswiderstand $r_a = \dfrac{\Delta U_A}{\Delta I_A}$	$r_a = \infty \ \Omega$	$r_a = 10 \ \Omega \ldots 100 \ \Omega$
Temperatureinfluß $\Delta U = f(\vartheta)$	nicht vorhanden	Im Bereich von $-50°C \ldots +75°C$ vernachlässigbar gering
Übertragungsbandbreite	$B = \infty \ \text{Hz}$	Von V abhängig, $10^4 \ldots 10^8 \ \text{Hz}$
Aussteuerbereich $U_A = f(U_E)$	$-\infty \ V \ldots +\infty \ V$	$-U_B \ldots +U_B$

Bild 3.4 Charakteristische Eigenschaften des idealen und des realen OPs

3.2.1.1 Reale OPs

Neben der Unterscheidung in Operationsverstärker mit Differenzverstärker-Eingangs-
stufen in bipolarer Technik und mit Feldeffekttransistoren sind weitere Unterschei-
dungskriterien gebräuchlich. Merkmale sind:
- Elektrometerverstärker (geringe Eingangsströme)
- Präzisionsverstärker (hohe Verstärkung, kleine Temperaturdrift)
- Verstärker mit hoher Einstellgeschwindigkeit
- Verstärker für hohe Betriebsspannungen.
- Breitbandverstärker
- Isolierverstärker (galvanische Trennung von Eingang und Ausgang)

Um die Merkmale näher zu erläutern, wird beispielhaft auf Operationsverstärker aus
dem Programm von Analog Devices zurückgegriffen.

Elektrometerverstärker AD 515

Eingangsstrom	**0,075 – 0,3 pA**
Offsetspannung	1,0 – 3,0 mV
Temperaturkoeffizient der Offsetspannung	15 – 50 µV/K
Verstärkung	20 000 – 40 000
Bandbreite	0,35 MHz
Anstiegsgeschwindigkeit	0,3 V/µs

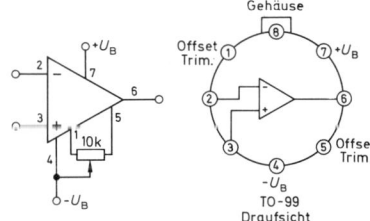

Präzisionsverstärker AD OP-07

Eingangsstrom	2 – 12 nA
Offsetspannung	25 – 150 µV
Temperaturkoeffizient der Offsetspannung	**0,6 – 2,5 µV/K**
Verstärkung	$1 - 3 \cdot 10^6$
Bandbreite	0,6 MHz
Anstiegsgeschwindigkeit	0,17 V/µs

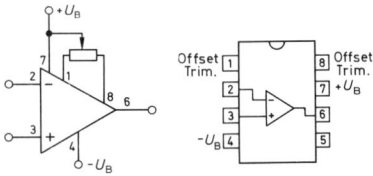

Verstärker mit hoher Einstellgeschwindigkeit AD 518

Eingangsstrom	250 – 500 nA
Offsetspannung	4 – 10 mV
Temperaturkoeffizient der Offsetspannung	15 – 20 µV/K
Verstärkung	25 000 – 50 000
Bandbreite	12 MHz
Anstiegsgeschwindigkeit	**70 V/µs**

Verstärker für hohe Betriebsspannungen 171

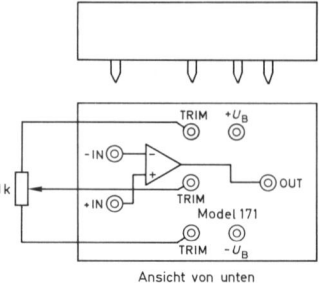

Ansicht von unten

Eingangsstrom	50 pA
Offsetspannung	1 mV
Temperaturkoeffizient der Offsetspannung	15 – 50 µV/K
Verstärkung	10^6
Bandbreite	3 MHz
Anstiegsgeschwindigkeit	10 V/µs
Ausgangsspannung	**± 140 V**

Breitbandverstärker AD 3554

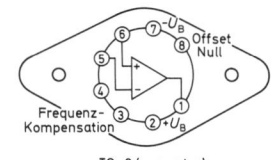

TO-3 (von unten)

Eingangsstrom	0,05 nA
Offsetspannung	1 – 2 mV
Temperaturkoeffizient der Offsetspannung	15 – 50 µV/K
Verstärkung	10^5
Bandbreite	**90 MHz**
Anstiegsgeschwindigkeit	1000 V/µs

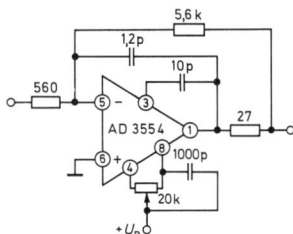

Die Hersteller geben in den ausführlichen Datenunterlagen Schaltungen an, mit denen die Offsetspannung kompensiert oder andere Eigenschaften optimiert werden. Eine detaillierte Darstellung geht jedoch über die Möglichkeit dieses Buches hinaus.

3.2.1.2 Verstärker-Grundschaltungen mit OPs

In den folgenden Abschnitten sind die Grundschaltungen mit Operationsverstärkern zusammengestellt, die in der Meßwertaufbereitung von Bedeutung sind.

Invertierender Verstärker

Bild 3.5 zeigt einen invertierenden Verstärker mit OP.

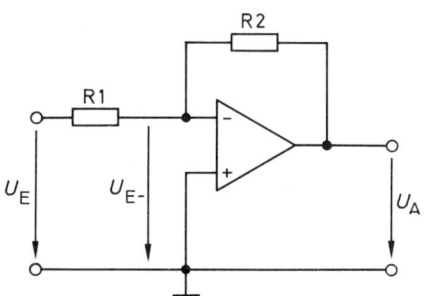

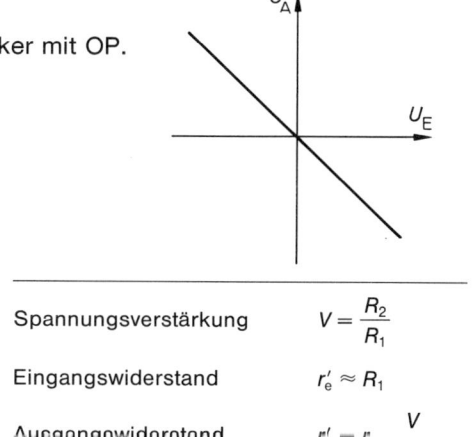

Spannungsverstärkung	$V = \dfrac{R_2}{R_1}$
Eingangswiderstand	$r'_e \approx R_1$
Ausgangswiderstand	$r'_a = r_a \dfrac{V}{V_o}$

Bild 3.5   Invertierender Verstärker mit OP

Die Verstärkung wird durch das Verhältnis der Widerstände R2/R1 bestimmt. Bei Gleichspannung ändert sich das Vorzeichen, bei Wechselspannung beträgt die Phasenverschiebung zwischen Eingangs- und Ausgangsspannung 180°.

Nicht-invertierender Verstärker

In **Bild 3.6** ist ein nicht-invertierender Verstärker mit OP dargestellt.

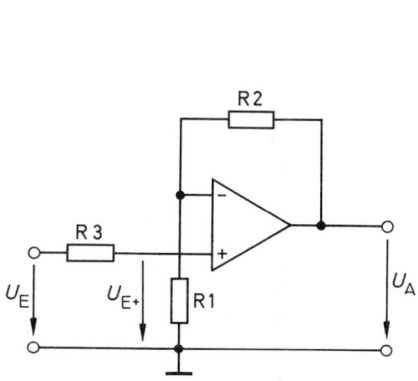

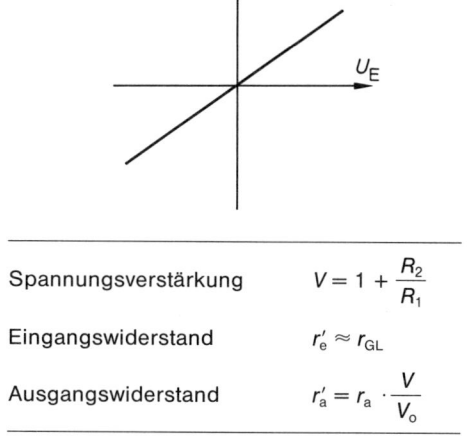

Spannungsverstärkung	$V = 1 + \dfrac{R_2}{R_1}$
Eingangswiderstand	$r'_e \approx r_{GL}$
Ausgangswiderstand	$r'_a = r_a \cdot \dfrac{V}{V_o}$

Bild 3.6   Nicht-invertierender
Verstärker mit OP

Die Verstärkung beträgt $V = 1 + \dfrac{R_2}{R_1}$. Es tritt kein Vorzeichenwechsel bzw. keine Phasenverschiebung zwischen Eingangs- und Ausgangsspannung auf. Der Eingangswiderstand entspricht dem Gleichtakt-Eingangswiderstand und ist sehr hoch, daher wird diese Verstärkerschaltung auch als Elektrometerschaltung bezeichnet.

Spannungsfolger

Der Spannungsfolger **(Bild 3.7)** ist ein Sonderfall des nicht-invertierenden Verstärkers mit hohem Eingangswiderstand, aber mit Spannungsverstärkung $V = 1$. Er dient deshalb als Entkoppelverstärker.

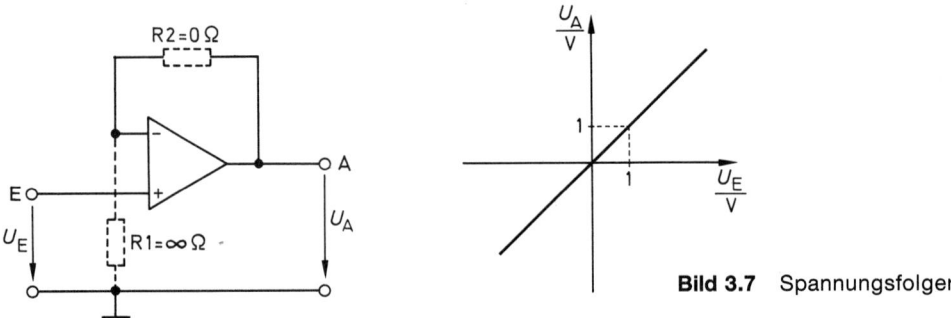

Bild 3.7 Spannungsfolger

Differenzverstärker mit Elektrometereingängen

Bild 3.8 zeigt eine Grundschaltung mit drei OPs, die in der Meßtechnik häufig verwendet wird.
Die Schaltung besteht aus einem Subtrahierer mit OP. Vorgeschaltet ist den beiden Eingängen jeweils ein weiterer OP als nicht-invertierender Verstärker.

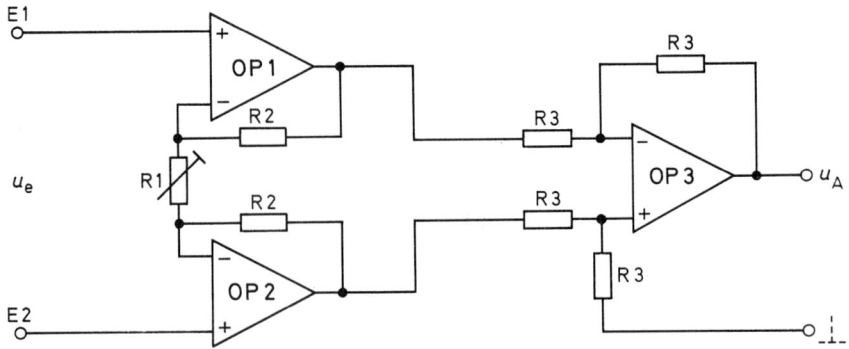

Bild 3.8 Symmetrischer Subtrahierer mit Elektrometereingängen

Die Spannung U_A ergibt sich zu

$$U_A = \left(1 + \frac{2\,R_2}{R_1}\right) \cdot (U_{E2} - U_{E1})$$

Mit dem Widerstand R1 läßt sich die Verstärkung variieren. Leicht verständlich wird die Schaltung, wenn man $R_1 = \infty$ Ω wählt. Die Verstärker an den Eingängen E1 und E2 arbeiten dann als Spannungsfolger. Für diese Aufgabe werden auch spezielle Instrumentierungsverstärker angeboten.

3.2.2 Meßverstärker

Ein Meßverstärker (engl. Instrumentation Amplifier) ist eine Schaltungseinheit, die eine zwischen den beiden Eingängen anstehende Spannung mit einer präzisen vorwählbaren Verstärkung, i. a. zwischen 1 und 10 000 – teilweise jedoch noch höher –, verstärkt auf die Ausgänge gibt. Der interne Aufbau entspricht meist dem eines Subtrahierers mit Elektrometereingängen. Neben den OPs sind weitere Schaltungselemente integriert, so daß beim Aufbau eines Verstärkers mit einem Meßverstärkerbaustein nur wenige zusätzliche Schaltelemente benötigt werden. Bei Meßverstärkern läßt sich über ein Potentiometer eine Offsetspannungskompensation durchführen. Auch ein Feinabgleich für die Verstärkung, die durch Wahl eines Widerstandes oder durch Aufschaltung einer Brücke festgelegt wird, erfolgt einfach über ein Potentiometer. Die Verbindung mit den Meßpunkten erfolgt über zwei Anschlüsse. Auch für den Meßverstärker gelten die charakteristischen Eigenschaften der Operationsverstärker für meßtechnische Anwendungen:
– hochohmiger Eingangswiderstand
– kleiner Spannungsoffset
– kleiner Temperaturkoeffizient des Spannungsoffsets
– hohe Linearität
– stabile Verstärkung
– niederohmiger Ausgangswiderstand

Meßverstärker werden von vielen Herstellern geliefert, auch hier können nur einige repräsentative Beispiele herausgegriffen werden.
Im folgenden sind einige wichtige Daten zusammengestellt.

Instrumentation-Amplifier INA 101 (Burr-Brown)

Eingangsstrom	15 nA
Offsetspannung	25 µV
Temperaturkoeffizient der Offsetspannung	0,25 µV/K
Verstärkungsbereich	1 . . . 1000
Bandbreite	0,3 MHz
Anstiegsgeschwindigkeit	0,4 V/µs

Die Verstärkung läßt sich durch einen Widerstand R_G zwischen Pin 1 und Pin 4 festlegen. Sein Wert ergibt sich aus $V = 1 + (40\,000\,\Omega/R_G)$. Eine Feineinstellung der Verstärkung ist hier nicht vorgesehen. Für den Offsetspannungsabgleich wird ein 100-kΩ-Potentiometer an die Anschlüsse 2 und 3 angeschlossen und der Abgriff mit der positiven Betriebsspannung verbunden. **Bild 3.9** zeigt eine Anwendung als Brückenverstärker.

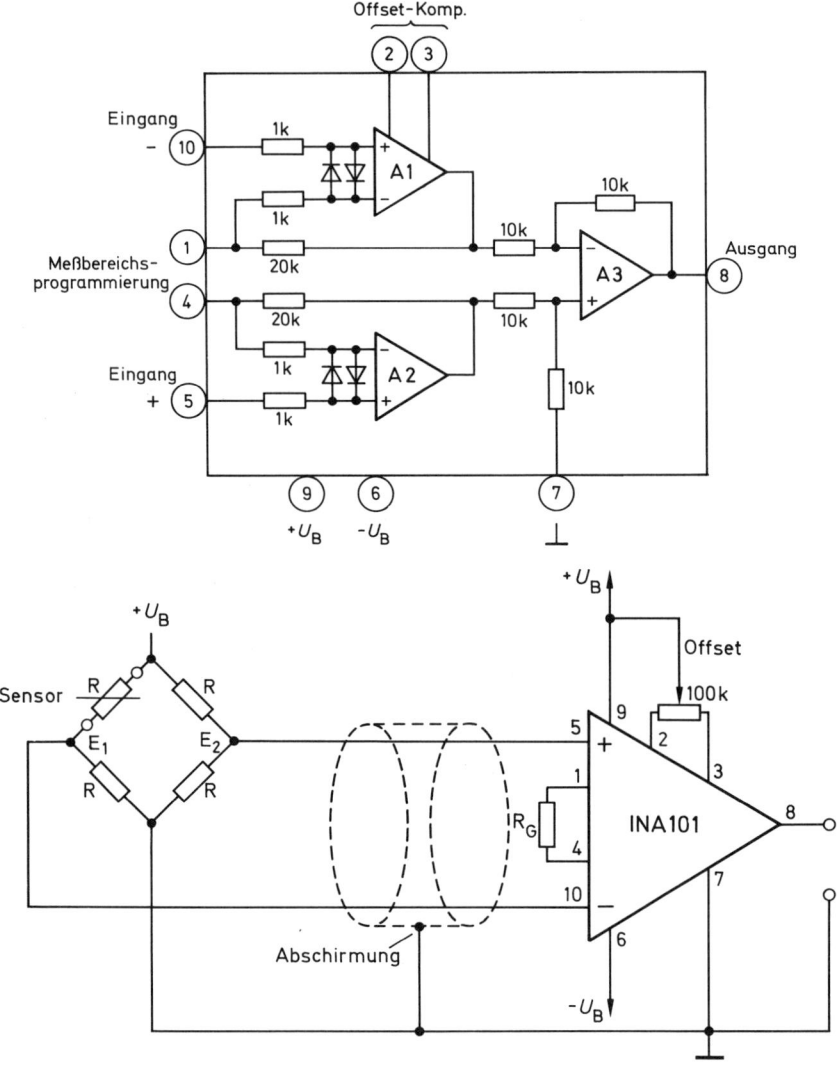

Bild 3.9 Verstärkerbaustein INA 101 als Brückenverstärker

Instrumentation-Amplifier AD 521 (Analog Devices)

Eingangsstrom	80 nA
Offsetspannung	3 mV
Temperaturkoeffizient der Offsetspannung	15 µV/K
Verstärkungsbereich	1 . . . 1000
Bandbreite	2 MHz
Anstiegsgeschwindigkeit	10 V/µs

Bild 3.10 zeigt als Anwendungsbeispiel den Meßverstärkerbaustein in einer Schaltung mit Verstärkungsfeineinstellung.

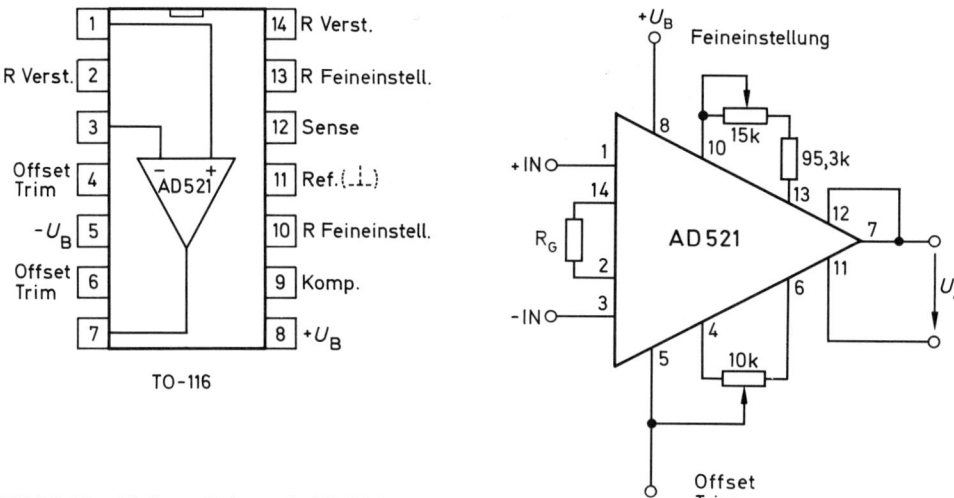

Bild 3.10 Meßverstärker mit AD 521

Der Meßverstärker INA 110 ist ein Beispiel für einen Verstärker mit fester Verstärkungseinstellung über Drahtbrücken.

Instrumentation-Amplifier INA 110 (Burr-Brown)

Eingangsstrom	50 pA
Offsetspannung	100 µV
Temperaturkoeffizient der Offsetspannung	2 µV/K
Verstärkung	1, 10, 100, 200, 500
Bandbreite	2,5 MHz
Anstiegsgeschwindigkeit	17 V/µs

Bild 3.11 zeigt die Verstärkeranwendung schematisch.

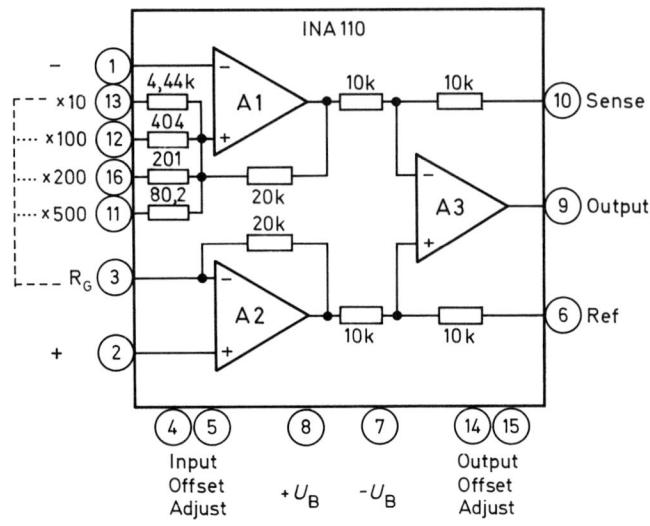

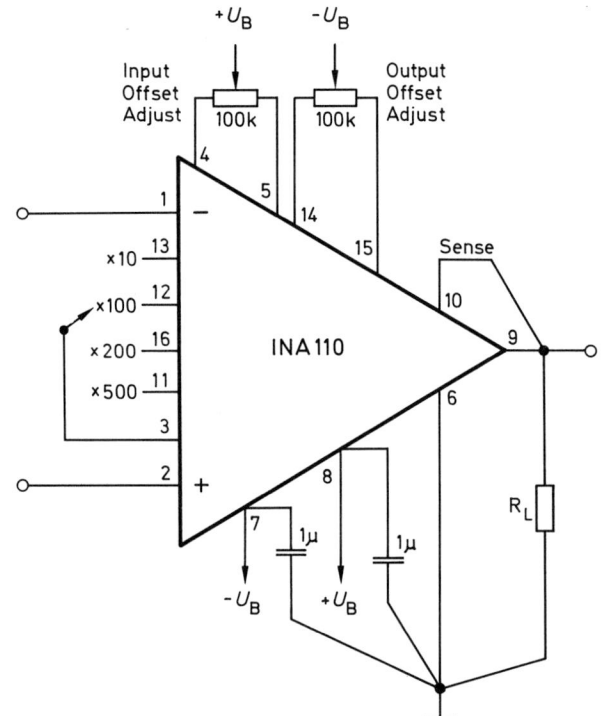

Bild 3.11 Meßverstärker mit INA 110

3.2.3 Isolierverstärker

Der Isolierverstärker (engl. Isolation-Amplifier), häufig auch als Trennverstärker bezeichnet, hat eine Eingangsschaltung bzw. einen Eingangsverstärker, der sowohl von der Stromversorgung als auch vom Ausgang bzw. von der Ausgangsstufe galvanisch getrennt ist. Isolierverstärker werden vornehmlich zur Messung kleiner Spannungen oder Ströme (Gleichstrom oder niederfrequenter Wechselstrom) benötigt, wenn hohe Gleichspannungsanteile oder Schutzbestimmungen die Anwendung der üblichen Meßtechnik verhindern. Vorteilhaft ist die Anwendung bei Messungen an hochohmigen Quellen in störender Umgebung. Anwendungsgebiete sind medizinische Technik, Meßtechnik in konventionellen und atomaren Kraftwerken, in der Prozeßregeltechnik und in tragbaren Geräten im Außenbereich. Zur galvanischen Trennung kann jedes nichtleitende Medium – Licht, Ultraschall, Magnetfeld, elektromagnetische Strahlung – verwendet werden. Am gebräuchlichsten ist heute die transformatorische Kopplung. Über sie wird mit Hilfe einer hochfrequenten Trägerspannung die Betriebsspannung zu- und die Signalspannung abgeführt.

Bild 3.12 zeigt als Beispiel eines technisch ausgeführten Isolierverstärkers das Blockschaltbild des Bausteins AD 289.

Die Versorgungsgleichspannung versorgt einen Leistungsoszillator. Die Ausgangsspannung wird über den Transformator zum Netzteil des Eingangsverstärkers übertragen. Aus diesem Netzteil steht auch eine galvanisch entkoppelte Gleichspannung für Sensoren zur Verfügung. Das Meßsignal gelangt über ein Filter zum eigentlichen Verstärker. Nach der Verstärkung wird mit dem Meßsignal eine Trägerfrequenz moduliert.

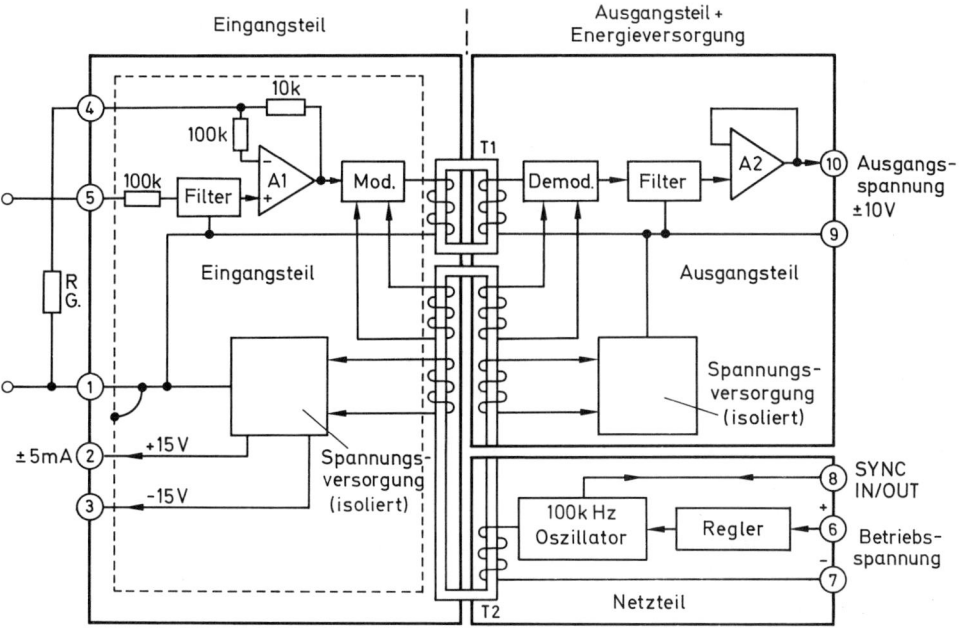

Bild 3.12 Isolation Amplifier AD 289 (Analog Devices)

Ein Übertrager besorgt die Übertragung zum Ausgangsblock bei galvanischer Trennung beider Blöcke. Nach Demodulation und Filterung steht das Signal durch einen Impedanzwandler niederohmig am Ausgang zur Verfügung. Die Verstärkung wird über einen einzelnen Widerstand R_G, den sogenannten Programmierwiderstand, im Bereich von 1 bis 1000 festgelegt.

Durch die spezielle Ausführung der Eingangsstufe lassen sich auch Operationsverstärker realisieren, die z. B. als Addierer, Subtrahierer oder Integrator geschaltet werden können, trotzdem aber eine galvanische Entkopplung zwischen Eingang und Ausgang aufweisen.

Bei den charakteristischen Werten ist zwischen Arbeitsbereich und Trennvermögen zu unterscheiden. Die Spezifikationen des Arbeitsbereiches entsprechen denen bei Operations- und Meßverstärkern; die Angaben über Isolier- bzw. Trenneigenschaften enthalten maximal zulässige Eingangsspannungsdifferenzen, die Gleichtaktunterdrückung, die Leckströme und die Schutzwiderstände. Die Gleichtaktunterdrückung zwischen Eingang und Ausgang gibt an, wie stark sich eine Eingangsgleichtaktspannung auf den Ausgang auswirkt. Diese Angabe ist wichtig bei der Verarbeitung von kleinen Meßsignalen mit hohen Gleichspannungspegeln. Die Gleichtaktunterdrückung zwischen Eingang und Schutzschirm ermöglicht eine Aussage über die Abschwächung einer Differenzspannung, die zwischen der »halben« Seite der Signalleitung und dem Schutzschirm besteht, wenn beide nicht verbunden werden können. Die maximale Höhe der Gleichtaktspannung gibt Auskunft über die Höhe der Spannung, die ohne Gefährdung an den Eingängen anliegen darf. Wichtig ist dies bei Anwendung mit hohen Gleichspannungsanteilen oder hohen Störspannungsspitzen. Der Eingangswiderstand ist nicht unendlich hoch. Liegt daher eine Wechselspannung an den Eingängen an, so fließt ein Strom, der Ableit- oder Leckstrom. Seine Größe ist bei Anwendungen in der Medizintechnik von besonderer Bedeutung.

Isolation Amplifier 289 (Analog Devices)

Spannungsverstärkung	1 – 100	$V = 1 + \dfrac{10\,000\ \Omega}{R_G}$
Maximale Spannungsdifferenz an den Eingängen	120 V	
Isolierspannung zwischen Eingang und Ausgang	± 2500 V	
Eingangsstrom (max.)	75 nA	
Offsetspannung (max.)	6 mV	

3.2.4 Sample/Hold-Verstärker

Sample/Hold-Verstärker haben vorwiegend die Aufgabe, die analoge Eingangsspannung bei Analog/Digital-Wandlern für die Zeit der Meßwertumwandlung konstant zu halten. Ein Sample/Hold-Verstärker hat, wie der Name bereits andeutet, zwei Betriebszustände. Im Sample-Betriebszustand (engl. = abtasten) folgt die Spannung am Ausgang des Sample/Hold-Verstärkers der Spannung am Eingang, häufig mit der Verstärkung $V = 1$. Wenn auf die Hold-Betriebsart (engl. = halten) umgeschaltet wird, hält der Ausgang den Spannungswert, der unmittelbar vor dem Umschalten vorhanden war. Mit dem abermaligen Umschalten in den Sample-Zustand wird die Spannung am Aus-

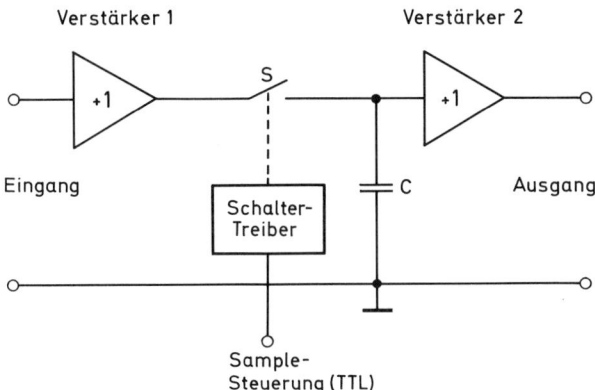

Verstärker 1   Verstärker 2

Eingang   Ausgang

Schalter-Treiber

Sample-Steuerung (TTL)

Bild 3.13 Prinzipschaltung für einen Sample/Hold-Verstärker

gang des Sample/Hold-Verstärkers entsprechend der Eingangsspannung angepaßt und folgt ihr wieder, bis zum folgenden Umschalten in den Hold-Zustand. Im wesentlichen ist eine Sample/Hold-Schaltung eine Spannungsspeicherung, die die Eingangsspannung aufnimmt und in einem hochwertigen Kondensator speichert, und eine Steuorung, dio don Λuflado und Haltevorgang überwacht. **Dild 0.10** zeigt das Prinzip einer gebräuchlichen Schaltung.

Der Verstärker am Eingang wird meist als OP in nicht-invertierender Grundschaltung ausgeführt. Der hochohmige Eingangswiderstand sorgt dafür, daß die Quelle durch die Sample/Hold-Schaltung nur geringfügig belastet wird. Der Verstärker muß in der Lage sein, über den Schalter S den Haltekondensator möglichst schnell aufzuladen.

Als elektronischer Schalter dient ein Feldeffekttransistor, dessen Treiberschaltung auf eine Ansteuerung durch TTL-Signale ausgelegt ist. Der Haltekondensator darf nur einen geringen Leckstrom und kleine Dielektrizitätsverluste haben. Als Dielektrikum eignen sich Polystyren-, Polypropylen-, Polycarbonat- oder Teflonfolien. In hybrid aufgebauten Sample/Hold-Schaltungen werden meist MOS-Kondensatoren eingesetzt. Der zweite Verstärker muß kleine Leckströme aufweisen, um den Haltekondensator in der Haltephase nur unwesentlich zu entladen. Er puffert den Ausgang gegenüber dem Haltekondensator ab und sorgt damit dafür, daß die Ausgangsspannung bis zu einem bestimmten Grenzwert auch belastet werden kann.

Bei Sample/Hold-Verstärkern sind zwei Arten zu unterscheiden. Bei der einen befindet sich der Baustein vorwiegend im Sample-Zustand und schaltet auf ein Steuersignal hin in den Hold-Zustand. Bei der anderen Art ist der Hold-Zustand der Grundzustand, so daß eine Anpassung an den aktuellen Spannungswert am Eingang nur auf ein Steuersignal hin erfolgt.

In **Bild 3.14** sind zwei weitere Sample/Hold-Schaltungen dargestellt, die in Industriebausteinen verwendet werden. In Bild 3.14 a ist dies eine modifizierte Grundschaltung. Durch den Diodenschalter wird die Erfassungsgeschwindigkeit erhöht. Bild 3.14 b zeigt eine Schaltung, die in genauen und schnellen Sample/Hold-Bausteinen verwendet wird.

185

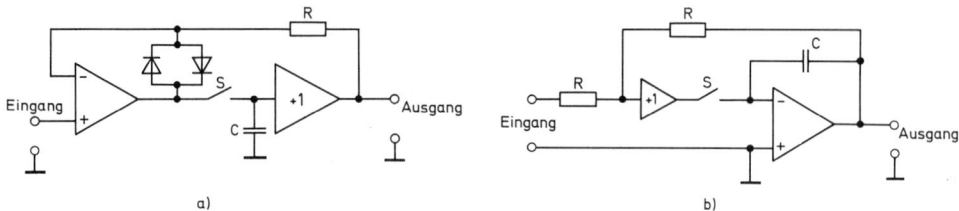

Bild 3.14 Sample/Hold-Schaltungen für industriell gefertigte Bausteine (Prinzipdarstellungen)

In **Bild 3.15** ist die Sample/Hold-Funktion dargestellt. Eingezeichnet sind wichtige Parameter des Umschaltvorganges.

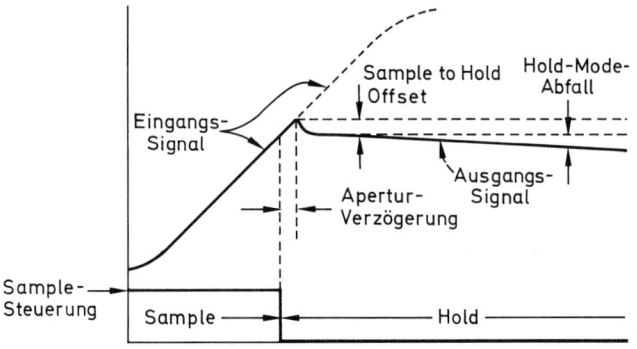

Bild 3.15 Sample/Hold-Funktion

Sample/Hold-Bausteine sind vom Aufbau her einfach zu verstehen, die Praxis weist jedoch viele Feinheiten auf, die zu beachten sind. Die Handhabung erfordert Kenntnisse und Erfahrungen im Umgang mit solchen Bausteinen. Daher werden heute vorwiegend fertige Bausteine eingesetzt. Auf den prinzipiell möglichen Aufbau aus MOS-FETs als Schalter und OPs wird nur in Ausnahmefällen zurückgegriffen.

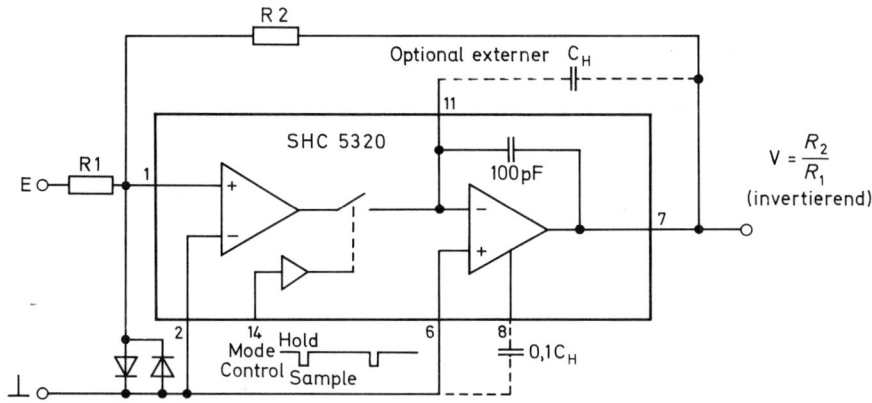

Bild 3.16 Sample/Hold-Verstärker mit Baustein SHC 5320 (Burr-Brown)

186

Ein Beispiel ist der bipolare Sample/Hold-Verstärker SHC 5320. Der Baustein benötigt eine Betriebsspannung von $U_B = \pm 15$ V, die zulässige Eingangsspannung beträgt $U_{E\,max} = \pm 10$ V. Eine Anwendungsschaltung zeigt **Bild 3.16**. Bei der dargestellten Schaltfunktion handelt es sich um einen elektronischen Schalter.

3.2.5 Filter

Als Filter werden Netzwerke aus ohmschen, kapazitiven und induktiven Widerständen bezeichnet. Sie beeinflussen den Frequenzgang bei der Meßwertaufbereitung in der gewünschten Weise. Dabei wird angestrebt, dem eigentlichen Meßsignal überlagerte Störanteile nach Möglichkeit zu dämpfen oder auszuschalten. Einfachste Filter sind aus einem Widerstand und einem Kondensator aufgebaute RC-Glieder, die als Hoch- oder Tiefpässe wirken.

Um Auswirkungen von vorhergehenden oder folgenden Schaltungsteilen auf die Filter zu vermeiden, werden in Filterschaltungen Operationsverstärker zur Impedanzwandlung eingesetzt. Bei entsprechender Beschaltung der Operationsverstärker ist auch ein Ausgleich von unerwünschten Signalabschwächungen durch Verstärkung möglich. Filterschaltungen mit Operationsverstärkern werden als aktive Filterschaltungen oder aktive Filter bezeichnet. Bei Filterschaltungen ist das Übergangsverhalten zwischen Durchlaß- und Sperrbereich von besonderem Interesse. So reicht häufig z. B. bei Tiefpässen ein Abfall von 20 dB je Dekade Frequenzanstieg im Amplitudengang nicht aus. Höhere Werte erreichen die bereits behandelten Doppel-T-Filter. **Bild 3.17** zeigt Beispiele für Tiefpässe, Hochpässe, Bandpässe und eine 50-Hz-Bandsperre.

Tiefpaß

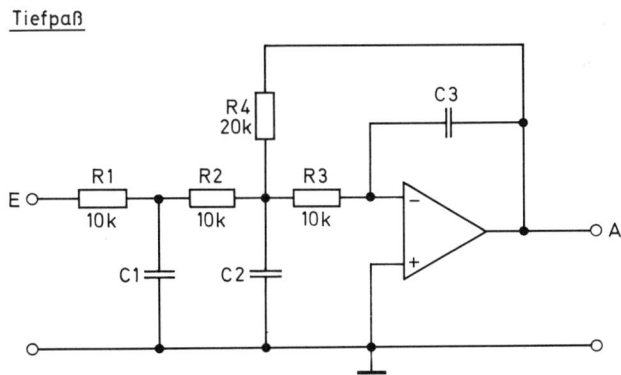

f_{ob}	C_1	C_2	C_3
100 Hz	0,39 µF	0,33 µF	33 nF
300 Hz	0,12 µF	0,1 µF	10 nF
500 Hz	82 nF	68 nF	6,8 nF
1000 Hz	39 nF	33 nF	3,3 nF
3000 Hz	12 nF	10 nF	1 nF
5000 Hz	8,2 nF	6,8 nF	680 pF

Hochpaß

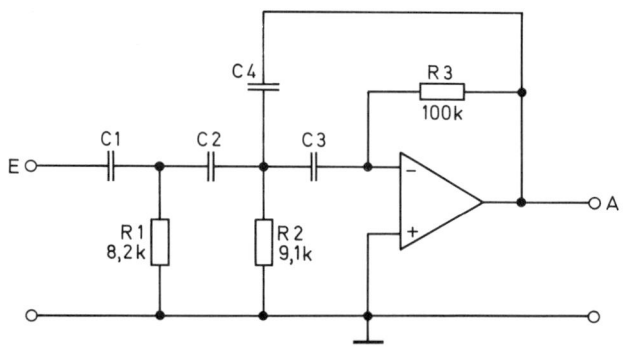

f_u	$C_1 = C_2 = C_3$	C_4
100 Hz	82 nF	47 nF
300 Hz	27 nF	12 nF
500 Hz	16 nF	8,2 nF
1000 Hz	8,2 nF	4,7 nF
3000 Hz	2,7 nF	1,2 nF
5000 Hz	1,5 nF	680 pF

Bandpaß

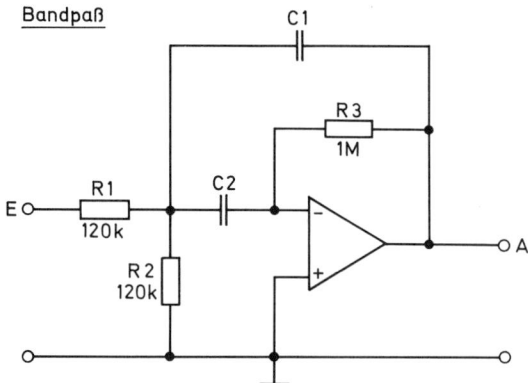

f_m/Hz	64	125	250	500	1000	2000	4000	8000	16 000
B/Hz	32	62,5	125	250	500	1000	2000	4000	8 000
$C_1 = C_2$/nF	11	5,6	2,7	1,5	0,68	0,33	0,16	0,082	0,043

Bandsperre

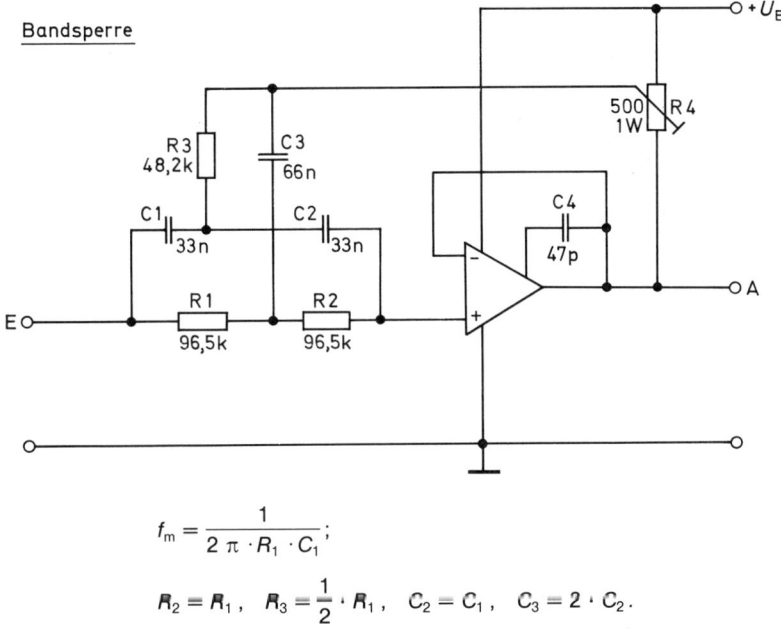

$$f_m = \frac{1}{2\,\pi\,\cdot R_1 \cdot C_1}\,;$$

$$R_2 = R_1\,, \quad R_3 = \frac{1}{2}\cdot R_1\,, \quad C_2 = C_1\,, \quad C_3 = 2\cdot C_2\,.$$

Bild 3.17 Tiefpässe, Hochpässe, Bandpässe und Bandsperre

Die Berechnung von Filterschaltungen ist aufwendig und schwierig. Bei den aktiven Filtern wurden unterschiedliche Entwurfsverfahren entwickelt, die nach verschiedenen Anforderungen optimiert sind. Die bekanntesten Verfahren werden hier am Beispiel eines Tiefpasses verglichen.

Bessel-Tiefpaß

Ein Bessel-Tiefpaßfilter weist einen dem passiven Tiefpaß ähnlichen Amplitudengang auf. Der Abfall verläuft oberhalb der Grenzfrequenz etwas steiler. Unterschieden werden Besselfilter nach ihrer Ordnung, dabei gilt, daß der Abfall oberhalb der Grenzfrequenz mit steigender Ordnung steiler wird. Besselfilter haben ein optimiertes Rechteckübertragungsverhalten. Impulse, die Besselfilter passieren, haben kein Überschwingen.

Butterworth-Tiefpaß

Ein Butterworth-Tiefpaß hat ebenfalls einen dem passiven Tiefpaß ähnlichen Amplitudengang. Der Abfall oberhalb der Grenzfrequenz ist steiler als beim passiven Tiefpaß und bei einem entsprechenden Bessel-Filter. Butterworth-Filter zeigen ein deutlich schärferes Abknicken im Amplitudengang bei der Grenzfrequenz. Auch bei Butterworth-Filtern wird der Abfall oberhalb der Grenzfrequenz mit steigender Ordnung steiler. Daher müssen bei dem Vergleich der unterschiedlichen Filterarten untereinander auch Filter gleicher Ordnung verglichen werden. Im Rechteckübertragungsverhalten zeigen Butterworth-Filter Überschwingen, das jedoch relativ schnell abklingt.

Tschebyscheff-Tiefpaß

Ein Tschebyscheff-Tiefpaß zeigt im Amplitudengang oberhalb der Grenzfrequenz einen sehr steilen Abfall. Wie bei den Bessel- und Butterworth-Filtern wird der Abfall mit steigender Ordnung steiler. Beim Vergleich von Filtern gleicher Ordnung weisen die Tschebyscheff-Filter den steilsten Übergang vom Durchlaß- zum Sperrbereich auf. Der Amplitudengang im Durchlaßbereich zeigt bei Tschebyscheff-Filtern eine Welligkeit, die im Bereich der Grenzfrequenz besonders ausgeprägt ist. Bei der Übertragung von Rechtecksignalen ergibt sich ein deutliches Überschwingen.

Bessel-, Butterworth- und Tschebyscheff-Filter lassen sich nicht bestimmten Schaltungen zuordnen. Vielmehr lassen sie sich aus einer Grundschaltung durch unterschiedlich dimensionierte Bauteile entwickeln. Industriell werden Universalfilterbausteine gefertigt, die als Hochpaß, Tiefpaß, Bandpaß und Bandsperre eingesetzt werden können, wobei die Übergänge zwischen Durchlaß- und Sperrbereich wie Bessel-, Butterworth- oder Tschebyscheff-Filter gestaltet werden. Beim Entwurf, der vom Hersteller durch die Angabe von Programmen für Personalcomputer unterstützt wird, kann auch die Ordnung festgelegt werden. Berücksichtigt sind Filter 2. bis 8. Ordnung. **Bild 3.18** zeigt den Universalfilterbaustein UAF 41.

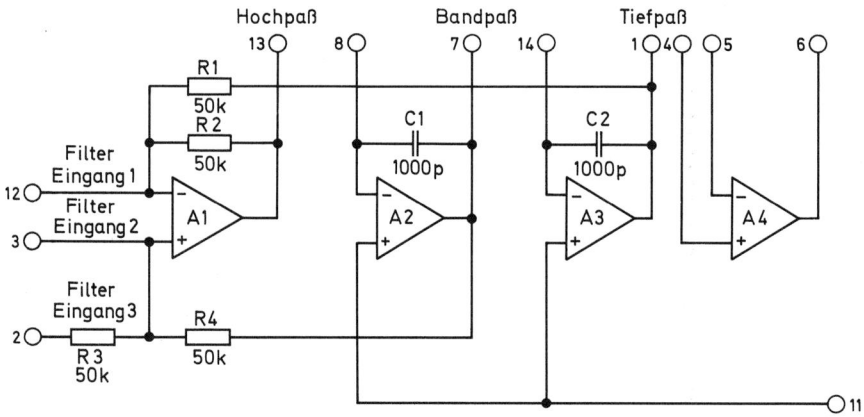

Bild 3.18 Universalfilterbaustein für aktive Filter UAF 41 (Burr-Brown)

Bild 3.19 zeigt als Beispiel für den Einsatz solcher Filterbausteine ein mit zwei UAF 41 aufgebautes Bessel-Tiefpaß-Filter 5. Ordnung.

In Baugruppensystemen für die Automatisierungstechnik sind ebenfalls meist unterschiedliche Filterbaugruppen für die unterschiedlichen Anwendungen vorhanden. So ist z. B. die Standardbestückung der Filtersteckkarte FIM 010 (Philips) ein Butterworth-Filter 6. Ordnung. Andere Filterausführungen sind auf Anfrage lieferbar.

Bei der Steuerung von Meßsystemen über Mikroprozessoren und Mikrocomputer haben Filterbausteine oft digital beeinflußbare Frequenzgänge. Hier werden Filterkonzepte mit geschalteten Kapazitäten verwendet. Die theoretische Behandlung der Funktion dieser Bausteine ist kompliziert und für den Praktiker von untergeordneter Bedeutung, weil der Baustein sich nach außen wie ein analoger Filterbaustein verhält.

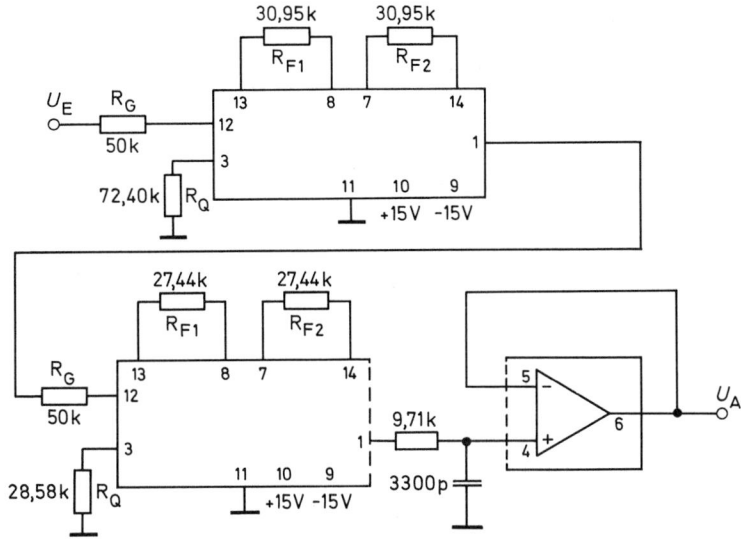

Bild 3.19   Bessel-Tiefpaß-Filter 5. Ordnung mit zwei UAF 41 (Burr-Brown)

Auf den Einsatz von Filtern mit geschalteten Kapazitäten weist nur die Takterzeugung über den angeschalteten Quarz oder eine RC-Kombination hin. **Bild 3.20** zeigt die Bausteinreihe MAX 260-262 (Maxim).

Die Ausführung MAX 260 ist bis 7,5 kHz, die Ausführung MAX 262 bis 75 kHz einsetzbar. Als Filterfunktionen sind Bandpaß, Tiefpaß, Hochpaß und Bandsperre programmierbar. Die Programmierung erfolgt über ein Programm für Personalcomputer. Die tiefergehende Behandlung dieser Technik geht jedoch über die Möglichkeiten dieses Bandes hinaus und muß der Spezialliteratur vorbehalten bleiben.

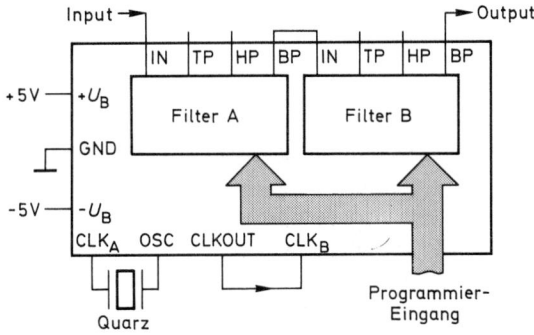

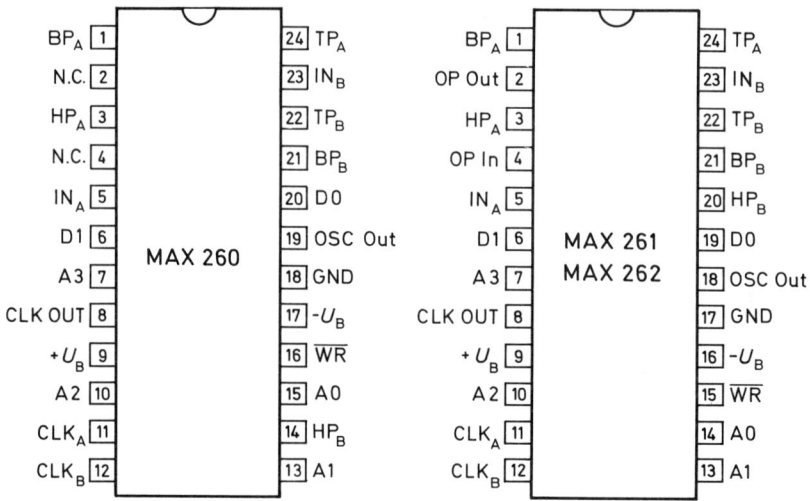

Bild 3.20 Blockschaltbild und Sockelschaltbild der Filterbausteine MAX 260-262

3.2.6 Rechentechnische Auswertung analoger Meßgrößen

Für die Auswertung von Meßgrößen werden teilweise algebraische Operationen benötigt. Häufig vorkommende Rechenoperationen sind dabei:

- logarithmische Verstärkung
- Addition
- Subtraktion
- Integration
- Differenzierung

- Multiplikation
- Division
- Quadrierung
- Quadratwurzelermittlung

Diese Operationen mit analogen Größen lassen sich mit Operationsverstärker-Schaltungen ausführen. Heute werden jedoch, um nicht auf teure Eigenentwicklung angewiesen zu sein, fertige Funktionsbausteine eingesetzt, die nur geringen Aufwand an zusätzlichen Beschaltungselementen erfordern.

Liegen die Meßwerte in einem sehr großen Bereich, so müssen i. a. die Arbeits- oder Meßbereiche umgeschaltet werden. Soll dies vermieden werden, können logarithmische Kennlinien bei der Verstärkung verwendet werden. Dabei entspricht die Ausgangsgröße dem logarithmischen Wert der Eingangsgröße. Kleine Eingangssignale werden dabei verhältnismäßig stark verstärkt, je größer die Eingangsamplitude jedoch wird, umso geringer wird auch die Verstärkung. **Bild 3.21** zeigt mehrere logarithmische Kennlinien eines Verstärkers. Derartige Verstärker werden zur direkten Anzeige von Größen im logarithmischen Maß eingesetzt.

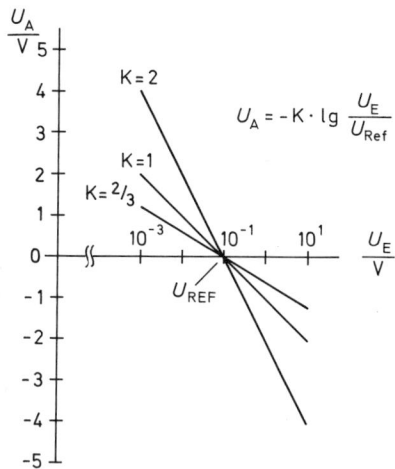

Bild 3.21   Logarithmische Kennlinien

Addierer

Ein invertierender Vorstärker kann nicht nur einen, sondern mehrere Eingänge aufweisen **(Bild 3.22)**. Die Spannungen an den einzelnen Eingängen werden unter Berücksichtigung der Widerstandsverhältnisse addiert. Die Vorzeichenumkehr bzw. Phasenverschiebung von 180° gilt auch hier.

$$U_A = -\left(\frac{R_3}{R_1} \cdot U_{E1} + \frac{R_3}{R_2} \cdot U_{E2} + \dots \frac{R_3}{R} \cdot U_E\right)$$

$$\varphi = 180°$$

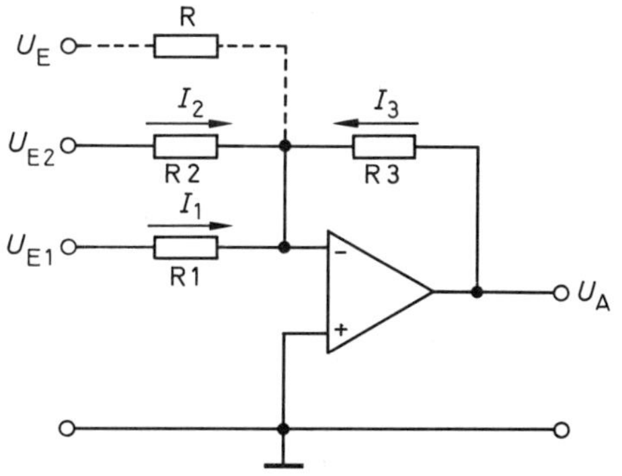

Bild 3.22   Addierer mit OP

Subtrahierer

Auch subtrahieren lassen sich Spannungen in einer Schaltung mit OP **(Bild 3.23)**. Subtrahierer, auch als Subtrahier- oder Differenzverstärker bezeichnet, werden in der Meßtechnik zur Auswertung von sich ändernden Spannungsabfällen an Widerständen (Spannungsteilerschaltung) oder zur Messung der Diagonalspannung einer Brückenschaltung eingesetzt.

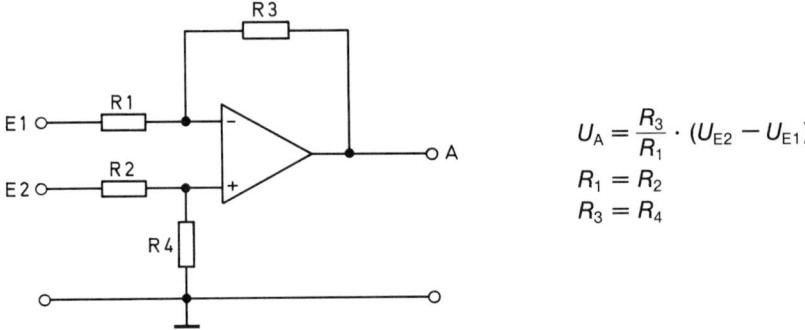

$$U_A = \frac{R_3}{R_1} \cdot (U_{E2} - U_{E1})$$
$$R_1 = R_2$$
$$R_3 = R_4$$

Bild 3.23 Subtrahierer mit OP

Integrator

Bild 3.24 zeigt die Grundschaltung eines Integrators mit Rücksetzmöglichkeit.

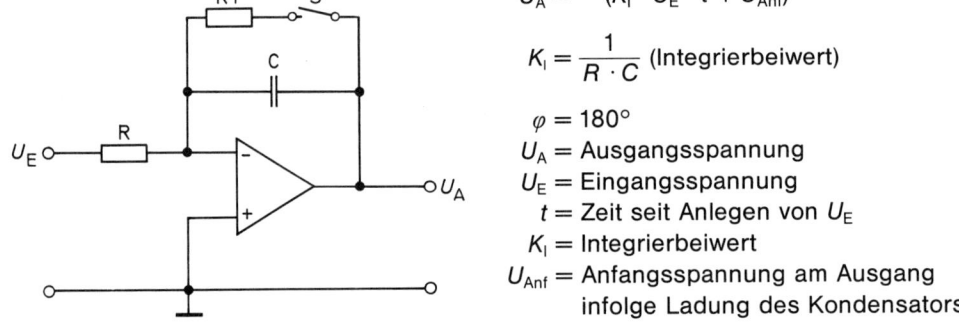

$$U_A = - (K_I \cdot U_E \cdot t + U_{Anf})$$

$$K_I = \frac{1}{R \cdot C} \text{ (Integrierbeiwert)}$$

$\varphi = 180°$
U_A = Ausgangsspannung
U_E = Eingangsspannung
t = Zeit seit Anlegen von U_E
K_I = Integrierbeiwert
U_{Anf} = Anfangsspannung am Ausgang
    infolge Ladung des Kondensators

Bild 3.24 Integrierer mit OP und Rücksetzmöglichkeit

Zwischen der Größe von U_E und dem Anstieg bzw. dem Abfall von U_A besteht ein reziproker Zusammenhang, d. h. je größer die Zeitkonstante $R \cdot C$, desto langsamer erfolgt die Änderung von U_A. Begrenzt wird der Anstieg oder Abfall von U_A zwangsläufig, wenn $U_A = \pm U_B$ wird. Beim Integrator ändert sich im Arbeitsbereich die Ausgangsspannung auch dann, wenn U_E konstant ist. Es ist daher erforderlich, für den Integrationsvorgang einen Anfangszustand festzulegen. Dies erfolgt durch Rücksetzen auf $U_A = 0$ V bei $U_E = 0$ V, dann ist $U_{Anf} = 0$ V. Das Rücksetzen geschieht durch Entladen des Kondensators.

Differenzierer

Wird beim Integrator nach Bild 3.24 die Anordnung von Widerstand und Kondensator vertauscht, so entsteht ein Differenzierer **(Bild 3.25)**.

194

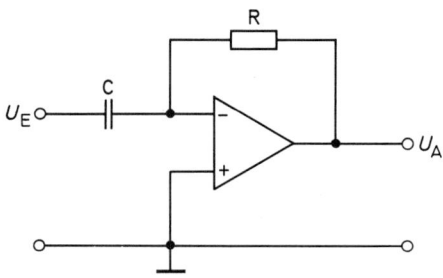

$$-U_A = K_D \cdot \frac{\Delta U_E}{\Delta t}$$

U_A = Ausgangsspannung
ΔU_E = Änderung der Eingangsspannung
Δt = betrachteter Zeitraum
K_D = Differenzierbeiwert
$K_D = R \cdot C$

Bild 3.25 Differenzierer mit OP

Die Grundschaltung neigt zum Schwingen und muß für praktische Anwendungen erweitert werden.

Rechenbausteine

Aus der Vielzahl der verfügbaren Bausteine können hier nur einige ausgewählt werden. In **Bild 3.26** sind Anwendungsschaltungen für Multiplikation, Division, Quadrierung und Quadratwurzel mit dem Analog-Multiplizierer-Baustein AD 532 (Analog Devices) zusammengestellt.

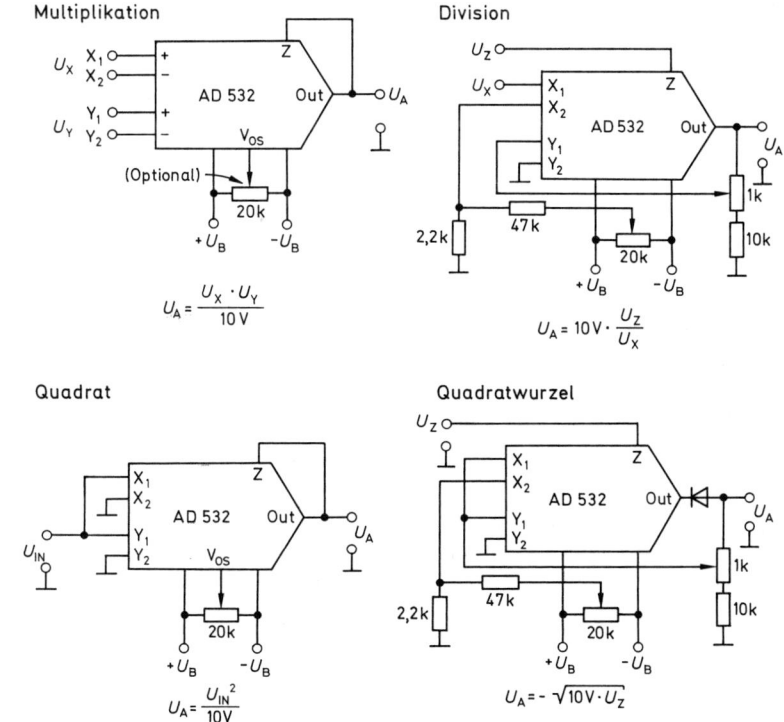

Bild 3.26 Multiplikation, Division, Quadrierung und Quadratwurzel mit dem Analog-Multiplizierer-Baustein AD 532 (Analog Devices)

3.3 Analoge Meßwertübertragung

In Bild 3.1 sind drei Arten für die Übertragung analoger Meßwerte angedeutet:
- Übertragung als Spannungswert
- Übertragung als Stromwert
- Übertragung über Kabel, Lichtwellenleiter (LWL) und elektromagnetische Wellen

Spannungssignale können hierbei durch Spannungsabfälle auf den Leitungen, Kontaktwiderstände an den Verbindungsstellen, Thermospannungen und eingekoppelte Störungen leicht unzulässig beeinflußt werden. **Bild 3.27 a** zeigt das Entstehen von Thermospannungen an Kontaktstellen unterschiedlicher Temperatur. Bei Meßkreisen ist es daher durchaus zweckmäßig, Kontaktstellen in räumliche Nähe zu bringen und auf möglichst gleichbleibende Umgebungstemperatur zu achten. Unter Kontaktstellen in diesem Sinn fallen nicht nur Schraub- oder Steckkontakte sondern auch Schalter wie z. B. Reedrelais.

Induktive Einstreuungen bewirken einen dem Nutzsignal überlagerten Störspannungspegel (Bild 3.27 b). Kapazitive Einstreuungen haben einen Störstrom zur Folge, der über die Quelle, Streukapazitäten oder den Eingangsverstärker abfließen muß. Bei einer hochohmig abgeschlossenen Leitung, d. h., geringer Belastung des Sensors, ist der Einfluß kapazitiver Einstreuungen besonders groß. Speziell die Messung kleiner Signale kann so unmöglich werden, wenn es nicht gelingt, die Störsignale vom Nutzsignal fern zu halten.

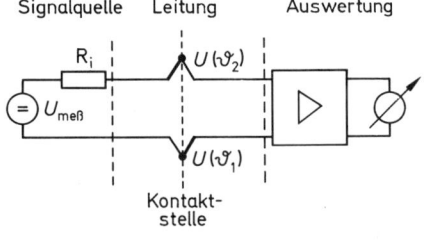

a) Störungen infolge Thermospannungen

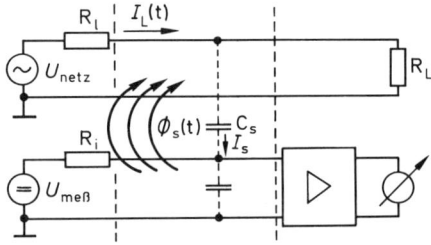

b) Induktive und kapazitive Störungen

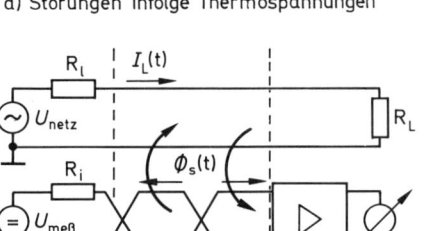

c) Reduzierung induktiver Störungen durch Leitungsverdrillen

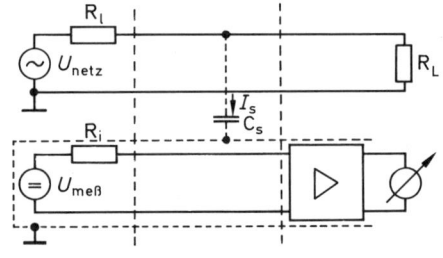

d) Reduzierung kapazitiver Störungen durch Schirmung

Bild 3.27 Störeinflüsse und Entstörmaßnahmen bei der Übertragung analoger Meßwerte

Parallele Leitungsführung und Verdrillen der Adern oder Abschirmung sind hier wichtige Maßnahmen (Bild 3.27 c, d). Die Schirmung stellt die wirkungsvollste Schutzmaßnahme dar.

Um den Einfluß von Störungen auszuschalten, lassen sich auf der Meßseite integrierende Verfahren einsetzen, die stochastische Störungen ausschalten.

Werden die Signalwerte jedoch als Stromwerte übertragen, so haben die oben angeführten Erscheinungen nur geringen, meist vernachlässigbaren Einfluß. Die Stromwerte liegen in der Regelungstechnik zwischen 0 und 10 mA oder 0 und 20 mA. Besondere Bedeutung hat aber der Strombereich 4 bis 20 mA. Die Wahl von 4 mA Strom als Signalwert *Null* ermöglicht es, den Signalwert *Null* eindeutig von einer Leitungsunterbrechung zu unterscheiden. Ein Nullwert mit definiertem Strom wird auch als live-zero (engl. = lebender Nullwert) bezeichnet.

Aus der Tatsache, daß auch beim Signalwert *Null* noch ein Strom fließt, eröffnet sich die Möglichkeit, einen Sensor oder Meßgrößenwandler über die zweiadrige Meßleitung mit Energie zu versorgen, so daß der Sensor keine eigene Stromversorgung benötigt. Dies ist besonders für Sensoren von Vorteil, die weit entfernt von der Steuerung/Regelung montiert sind.

Auch auf der Auswertungsseite können sich Vorteile ergeben. Ein Beispiel hierfür ist die Versorgung von Digitalanzeigen in LCD-Technik aus dem Meßsignal. Auch hier reichen dann zwei Verbindungsleitungen zwischen Steuerung und Anzeigegerät in der Schalttafel aus.

Die meisten Sensoren geben jedoch kein geeignetes Stromsignal, sondern ein Spannungssignal ab. Daher werden für die Übertragung von Stromwerten Spannungs-Strom-Wandler benötigt. Sollen Stromsignale wieder in Spannungssignale zurückverwandelt werden, so benötigt man darüber hinaus auch Strom-Spannungs-Wandler. Grundschaltungen für solche Wandler lassen sich mit Operationsverstärkern aufbauen, die Konstruktion betriebssicherer Wandler erfordert jedoch aufwendigere Schaltungen und sehr viel Erfahrung. Für den Anwender steht aber eine Reihe fertiger Spannungs-Strom-Wandler-Bausteine zur Verfügung. Darüber hinaus liefert die Industrie Systeme von Meßgrößenwandlern, in denen sowohl Spannungs-Strom- als auch Strom-Spannungs-Wandler vorhanden sind. Für kleine Sensorspannungen, wie sie z. B. bei Thermoelementen auftreten, gibt es Bausteine, die den Verstärker, Komponenten zur Korrektur und den Spannungs-Strom-Wandler enthalten.

Ein Beispiel für einen solchen Wandler ist der Baustein 2 B 20 (Analog Devices). Der Eingang wurde für Spannungen zwischen 0 und 10 V ausgelegt. Am Ausgang entsprechen dem Ströme zwischen 4 und 20 mA. Der Übertragungsfaktor beträgt 1,6 mA/V. Die Betriebsspannung muß mindestens 10 V betragen und darf 32 V nicht überschreiten. **Bild 3.28 a** zeigt den Baustein in Blockdarstellung mit seiner Grundbeschaltung.

Der Baustein läßt durch seinen inneren Aufbau auch eine Umsetzung der Eingangsspannung in den Strombereich von 0 bis 10 mA bzw. 0 bis 20 mA zu (Bild 3.28 b, c). Die Betriebsspannung für die Stromquelle im Wandler bestimmt den in der Stromschleife maximal möglichen Widerstand. Für diesen Baustein gilt:

$$R_{Lmax} = \frac{U_B - 5\ V}{0,02\ A}$$

In technischen Anwendungen kann die galvanische Trennung des Eingangskreises von der Meßwertübertragung wichtig sein. Beim Baustein 2 B 22 läßt sich der Eingangsteil aus einer Spannungsquelle mit $U_B = +14 \ldots 32$ V versorgen. Es besteht keine galvanische Verbindung im Baustein zwischen dem Eingangskreis und dem U/I-Wandler, die Isolierspannung beträgt über 1000 V. Über getrennte Anschlüsse kann der Wandler an eine Spannungsquelle angeschlossen werden, meist wird jedoch die Versorgung über die Stromschleife gewählt **(Bild 3.29)**.

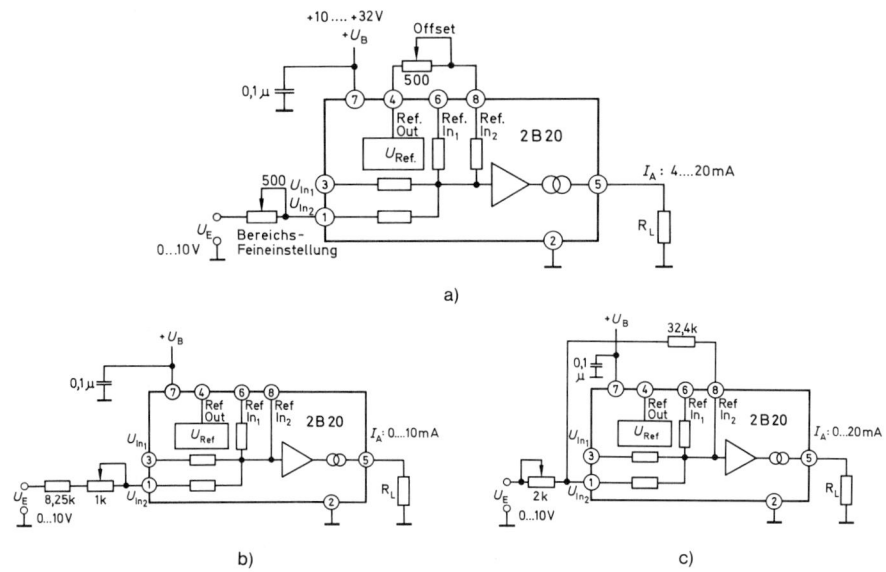

a)

b)   c)

Bild 3.28 Spannungs-Strom-Wandler 2 B 20 (Analog Devices)

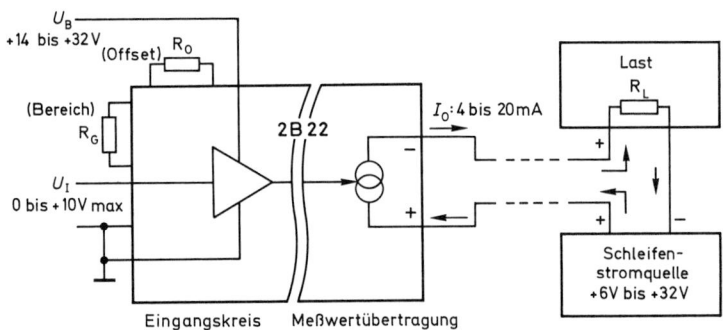

Bild 3.29 Isolierter U/I-Wandler 2 B 22 (Analog-Devices)

Für Thermoelemente und Pt-100-Meßwiderstände gibt es spezielle U/I-Wandler mit Stromausgang 0 bis 20 mA oder 4 bis 20 mA. Diese Bausteine enthalten alle erforderlichen Komponenten zur Aufbereitung des Meßsignals vom Thermoelement bzw. vom Pt-100-Meßwiderstand.

Für die Anwendung der Stromschleifen-Technik stehen Anzeige- und Registriersysteme mit entsprechenden Stromeingängen zur Verfügung. In der Prozeßtechnik kommen aber auch Umwandlungen vor, bei denen Signale in einer Stromschleife wieder in Spannungssignale zurückverwandelt werden müssen. Systeme zur Übertragung von analogen Meßwerten enthalten daher auch entsprechende *I/U*-Wandler-Bausteine. In **Bild 3.30** sind charakteristische Bausteine zusammengestellt.

Analoge Meßwertübertragung (Analog Devices)				
Eingangssignal	Ausgangssignal		Ausführung	
			Standard	mit Kreistrennung
± 10 mV, ± 50 mV, ± 100 mV	0...± 10 V, 0 (4)...20 mA		3 B 10	3 B 30
± 10 V	0...± 10 V, 0 (4)...20 mA		3 B 11	3 B 31
4...20 mA, 0...20 mA	0...± 10 V, 0 (4)...20 mA		3 B 12	3 B 32
Thermoelemente	0...± 10 V, 0 (4)...20 mA			3 B 37
Pt 100	0...± 10 V, 0 (4)...20 mA		3 B 14	3 B 34
Frequenz	0...± 10 V, 0 (4)...20 mA		3 B 19	3 B 39

Bild 3.30 Charakteristische Bausteine eines Systems zur analogen Meßwertübertragung

Die Übertragung von analogen Signalen über größere Entfernungen läßt sich mit Spannungs- oder Stromsignalen nicht mehr störungsfrei durchführen. Sie erfolgt über Kabel, Lichtwellenleiter (LWL) oder elektromagnetische Wellen mit entsprechenden Sende- und Empfangseinrichtungen, auf deren Aufbau hier nicht im einzelnen eingegangen werden kann. Das analoge Meßsignal wird dabei einer Trägerschwingung mit wesentlich höherer Frequenz aufmoduliert, indem eine der Kenngrößen der Trägerschwingung signalabhängig beeinflußt wird. Infrage kommen dabei die charakteristischen Größen Amplitude und Phasenwinkel, entsprechend ist zwischen Amplituden- und Phasenwinkelmodulation zu unterscheiden. Bei Amplitudenmodulation wird die Grundamplitude der Trägerschwingung entsprechend der Größe des Meßsignals vergrößert oder verkleinert **(Bild 3.31)**.

Bei der Phasenwinkelmodulation lassen sich zwei Arten unterscheiden. Bei der *Phasenmodulation* wird entsprechend der Signalgröße der Phasenhub, bei der *Frequenzmodulation* der Frequenzhub verändert. Phasen- und Frequenzmodulation sind sehr ähnlich, deutlich erkennbar wird der Unterschied erst bei der Analyse des modulierten Signals nach den im Signal enthaltenen Frequenzkomponenten. Wichtig festzuhalten ist, daß sowohl bei Amplitudenmodulation als auch bei Phasenwinkelmodulation die Signalübertragung zeitkontinuierlich abläuft.

Ist die Trägerschwingung nicht sinusförmig sondern die Impulsfolge einer Rechteckschwingung, so liegt Pulsmodulation vor. Pulsmodulation ist nicht mehr zeitkontinuierlich, sondern zeitdiskret, das heißt, die Größe des Meßsignals wird in bestimmten, kleinen Zeitabständen übernommen und übertragen. Bei Pulsmodulation sind mehrere Arten zu unterscheiden, je nachdem, welche Pulskenngröße beeinflußt wird. Entsprechend der Amplitudenmodulation gibt es auch eine Pulsamplitudenmodulation (PAM), bei der das Meßsignal die Impulsamplitude beeinflußt. Nimmt das Signal Einfluß auf die Impulsfolgefrequenz, die Impulsphasenlage in Bezug auf die Impulsfolge oder auf die Impulsdauer, so ergeben sich Pulsfrequenzmodulation (PFM oder PLM), Pulsphasenmodulation (PPM) und Pulsdauermodulation (PDM). Bei der Übertragung pulsmodulierter Signale treten zahlreiche Frequenzen oberhalb und unterhalb des Trägers auf. Für die Übertragung wird die Bandbreite begrenzt.

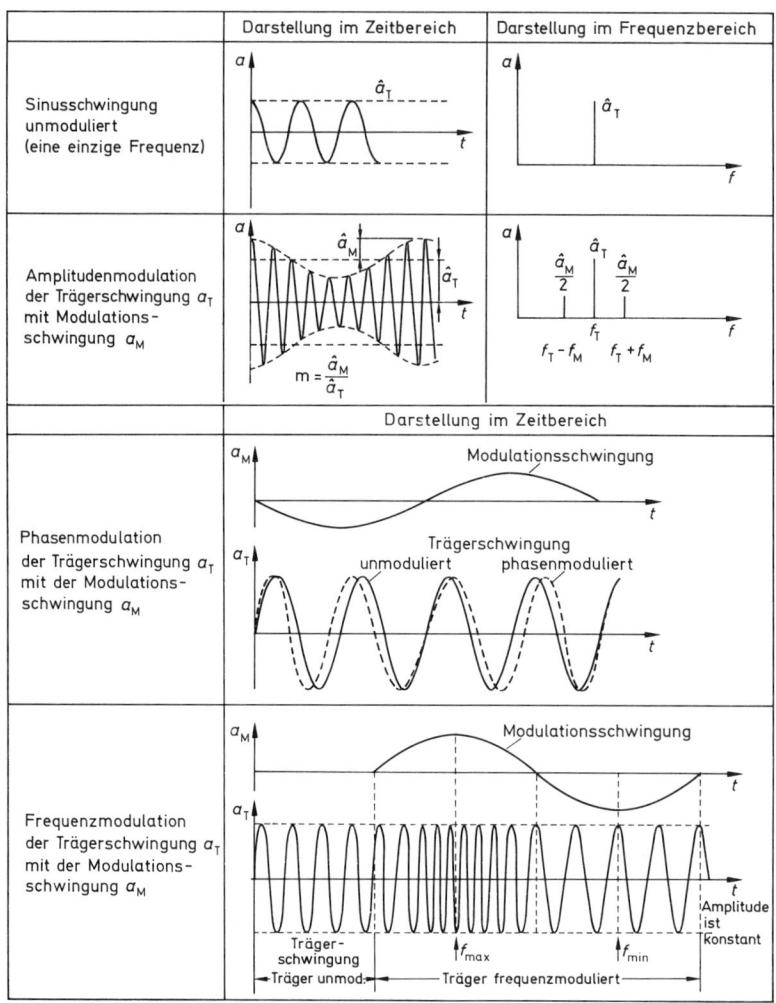

Bild 3.31 Amplituden- und Phasenwinkelmodulation

Übertragungstechnische Vorteile hat die Pulscode-Modulation (PCM). Hier wird das Meßsignal auch zeitdiskret erfaßt, jedoch in eine digitale Information umgewandelt. Die Übertragung erfolgt als digitale Nachricht (siehe auch Abschnitt 3.5), nach der Übertragung erfolgt die Rückwandlung in ein analoges Signal.

In einem Kabel, LWL oder bei Übertragung mit elektromagnetischen Wellen lassen sich wegen der großen Übertragungsbandbreite, abhängig von der gewählten Modulationsart, mehrere Übertragungskanäle für gleichzeitige Signalübertragung bilden. Die Anzahl hängt von der Art des Übertragungsmediums und von den Anforderungen an die Übertragung ab. Allgemein gilt, je höher die Anforderungen hinsichtlich geringer Störungen werden, umso breitbandiger muß jeder Übertragungskanal sein. Verzichtet man auf die kontinuierliche Übertragung, läßt sich auch ein einzelner Übertragungskanal zur Übertragung mehrerer Meßsignale in zeitversetzter Form nutzen.

3.4 A/D- und D/A-Umwandlungen

Die analoge Übertragung zahlreicher Meßwerte erfordert bei ausgedehnten Anlagen einen relativ hohen Aufwand an Leitungswegen. Gleichzeitig beeinflussen die Leitungseigenschaften die Signale, so daß am Ende des Leitungsweges nur ein mehr oder weniger verfälschtes Signal zur Verfügung steht. Es liegt im Charakter digitaler Signale, daß diese bei verschliffenen Flanken und veränderten Amplituden so wieder hergestellt werden können, daß der Informationsinhalt nicht beeinträchtigt ist.

Neben dem Vorteil einer fehlerfreien Informationsübertragung bieten digitale Signale den Vorteil, daß sie direkt von Computern übernommen und weiterverarbeitet werden können. Die Umwandlung von analogen in digitale Meßwerte wird von Analog/Digital-Wandlern ausgeführt. Das Blockschaltbild für diese Wandler ist in **Bild 3.32 a** wiedergegeben.

Zahlreiche Stellglieder in Steuerungen und besonders in Regelungen benötigen jedoch noch analoge Eingangssignale. Dies gilt nicht nur für die Elektrotechnik, sondern in gleicher Weise auch für die Proportionaltechnik in der Pneumatik und Hydraulik, in der Ventile und Kolben über signalproportionale Wege verfahren werden müssen. Daher werden auch Digital/Analog-Umwandler benötigt. Ihr Blockschaltbild ist in **Bild 3.32 b** dargestellt.

a)   b)

Bild 3.32   Blockschaltbilder von A/D- und D/A-Wandler

3.4.1 Analog/Digital-Wandler

Ein digitales Meßwerterfassungssystem besteht aus den Funktionsblöcken: Sensor, Verstärker, Filter, Analog-Digitalwandler. Der Sensor dient der Umsetzung der physikalischen Größe in eine elektrische Spannung oder einen Strom. Diese Größen werden geeignet aufbereitet und mit Verstärkern und Filtern von Störgrößen möglichst befreit. Dann kann die eigentliche Umwandlung vom analogen Wert in eine digitale Information erfolgen. Nicht immer arbeitet die Umwandlung einwandfrei, z. B. wenn sich der Eingangswert während des Umwandlungsprozesses ändert. Daher ist häufig zwischen Filter und Wandler eine Sample/Hold-Schaltung zu finden. Die Aufgabe der Analog-Digital-Umwandlung besteht in der Zuordnung eines analogen, kontinuierlichen Eingangssignals zu einer Anzahl diskreter Ausgangszustände. Dieser Prozeß wird als Quantisierung bezeichnet.

3.4.1.1 Quantisierungstheorie

Die Umwandlung eines Analogsignals in ein Digitalsignal läuft in zwei Stufen ab. Erste Stufe ist die Umsetzung des Eingangssignals in zugeordnete Ausgangszustände. Die zweite Stufe ist die Zuordnung der Ausgangszustände zu digitalen Codewörtern.

Bild 3.33 zeigt die Zuordnung des analogen Eingangsspannungsbereiches von 0 bis + 10 V zu acht Ausgangszuständen. Den acht Ausgangszuständen sind die Codewörter 000 bis 111 zugeteilt.

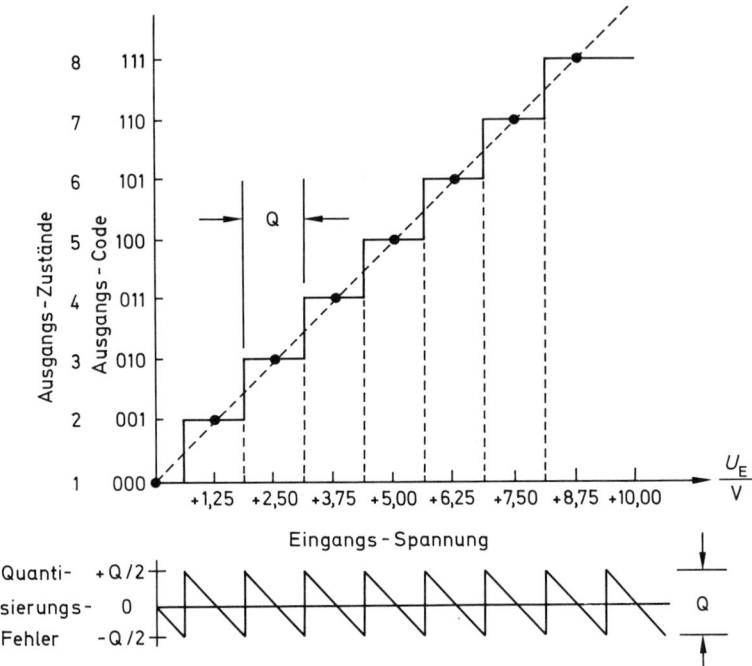

Bild 3.33 Quantisierung eines Analogsignals

Da zur Codierung der acht Ausgangszustände drei binäre Stellen benötigt werden, wird eine solche Quantisierung auch als 3-Bit-Quantisierung bezeichnet. Die Auflösung der Quantisierungsschaltung wird durch die Anzahl ihrer Ausgangszustände bestimmt. So sind bei n Ausgängen 2^n Ausgangszustände möglich.

Beispiel 1   3-Bit-Quantisierschaltung
Codevorrat: 000 bis 111
Anzahl der Ausgangszustände: $2^n = 8$
Anzahl der Ausgänge: $n = 3$

Beispiel 2   8-Bit-Quantisierschaltung
Codevorrat: 00000000 bis 11111111
Anzahl der Ausgangszustände: $2^n = 256$
Anzahl der Ausgänge: $n = 8$

Die Umschaltschwellen zwischen den einzelnen Ausgangszuständen liegen bei:
+ 0,625 V; + 1,875 V; + 3,125 V; + 4,375 V; + 5,625 V; + 6,975 V; + 8,125 V; + 9,375 V in Stufen von 1,25 V.
Die Mittelpunkte der Eingangsspannungsintervalle sind:
+ 1,25 V; + 2,50 V; + 3,75 V; + 5,00 V; + 6,25 V; + 7,50 V; + 8,75 V Stufenbreite 1,25 V.

Werden die Mittelpunkte verbunden, so ergibt sich eine lineare Kennlinie, die durch die Treppen-kurve angenähert dargestellt wird. Durch die Treppenfunktion gibt es stets einen Bereich analoger Eingangsspannungswerte, die auf denselben Ausgangscode führen. Dieses Spannungsintervall wird als Quantisierungsmaß oder Quantum Q bezeichnet. Seine Spannungsdifferenz beträgt im Beispiel des 3-Bit-Quantisierers 1,25 V. Allgemein ergibt sich das Quantum Q:

$$Q = \frac{\text{analoger Spannungsbereich}}{2^n}$$

Beispiel 1 3-Bit-Quantisierer

$$Q = \frac{10\ V}{2^3} = 1{,}25\ V$$

Beispiel 2 8-Bit-Quantisierer

$$Q = \frac{10\ V}{2^8} = 0{,}039\ V$$

Das Spannungintervall, also der Bereich, in dem sich die Eingangsspannung ohne Änderung des Ausgangscodes ändern kann, erzeugt eine Fehlerfunktion. Diese Fehler-funktion wird als Quantisierungsfehler bezeichnet, seine Größe hängt unmittelbar mit der Quantisierung zusammen. Der Quantisierungsfehler liegt stets zwischen $+Q/2$ und $-Q/2$. Dies wird auch als Quantisierungsunsicherheit oder Quantisierungsrauschen bezeichnet.

3.4.1.2 Abtasttheorie

Für die Quantisierung wird stets eine kleine Zeitspanne benötigt. Diese Zeitspanne ist im wesentlichen von der Auflösung des Wandlers, dem Aufbau des Wandlers und der Reaktionsgeschwindigkeit der zum Wandler gehörenden Komponenten abhängig. In der Zeit der Umwandlung, auch als Apertur-Zeit bezeichnet, kann sich die analoge Eingangsspannung ändern **(Bild 3.34)**.
Die Größe der möglichen Amplitudenänderung des Eingangssignals heißt Amplituden-unsicherheit. Aus Bild 3.34 ergibt sich der folgende Zusammenhang:

$$\Delta u = v_u \cdot t_A \qquad \begin{aligned} \Delta u &= \text{Amplitudenunsicherheit} \\ t_A &= \text{Apertur-Zeit} \\ v_u &= \text{Änderungsgeschwindigkeit des Signals} \end{aligned}$$

Wird für die Ermittlung der Amplitudenunsicherheit die maximale Änderungsgeschwin-digkeit von Sinus-Schwingungen zugrunde gelegt, so gibt das Diagramm **(Bild 3.35)** den Zusammenhang zwischen Apertur-Zeit, Auflösung und maximaler Frequenz für eine sinusförmige Eingangsspannung wieder.

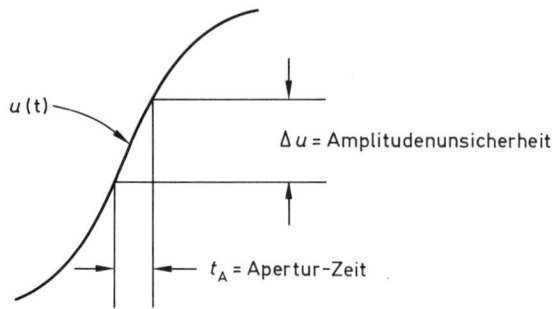

Bild 3.34 Amplitudenunsicherheit und Aperturzeit

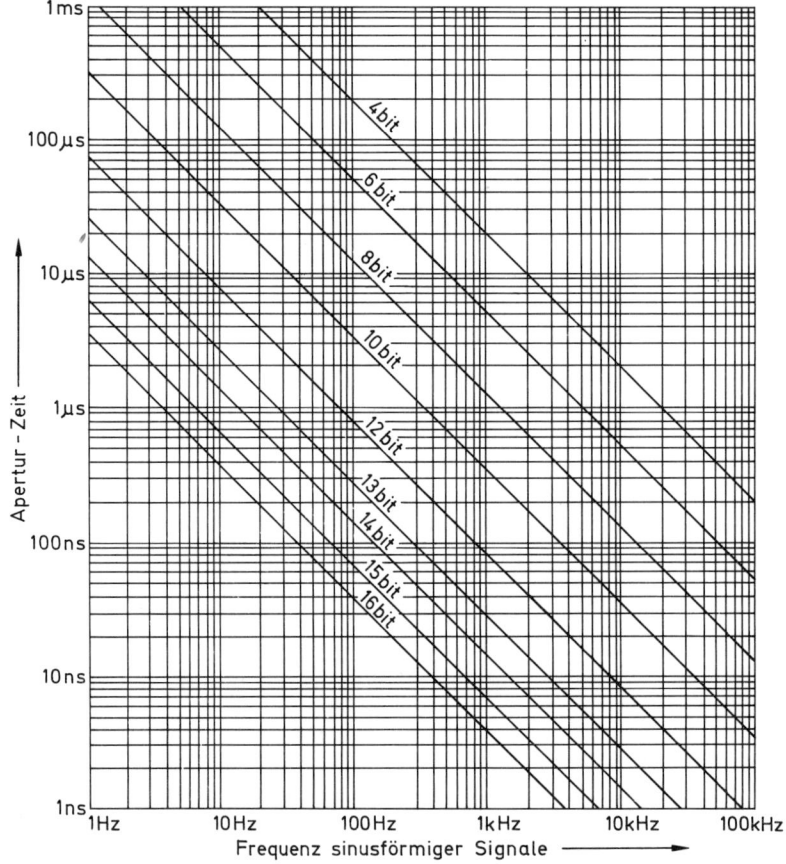

Bild 3.35 Zusammenhang zwischen Änderung der analogen Eingangsspannung und Apertur-Zeit sowie Auflösung und Frequenz sinusförmiger Signale

Beispiel

Vorgesehen ist ein 4-Bit-Wandler mit einer Umwandlungszeit von 10 μs.
Welche maximale Frequenz darf die Eingangsspannung haben, damit noch eine korrekte Wandlung eintritt (Fehler < 1 bit)?

Ergebnis: f = 2 kHz

Um Einflüsse aus der Eingangsspannungsänderung auszuschalten, wird dem Analog-Digital-Wandler eine Sample/Hold-Schaltung vorgeschaltet, die den Anfangswert für die Wandlungszeit speichert. Die Sample-Hold-Schaltung reagiert wesentlich schneller als die Wandlerschaltung, daher liefert sie auch keinen wesentlichen Beitrag zur Umwandlungszeit des Wandlers. **Bild 3.36** zeigt den Vorgang der Abtastung anschaulich.

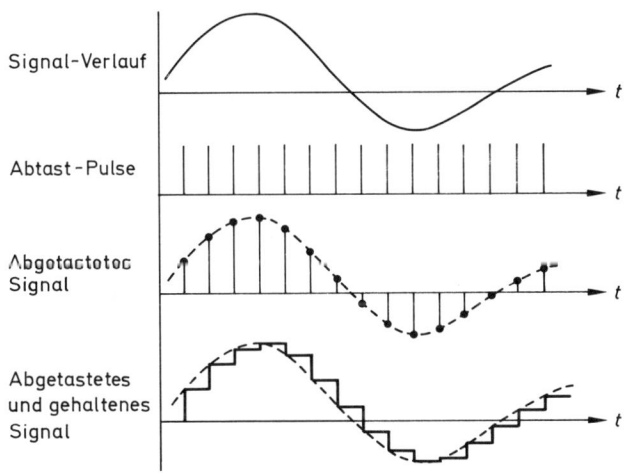

Bild 3.36 Abtastvorgang

Je höher die Frequenz des Eingangssignals ist, desto höher muß auch die Frequenz der Abtastimpulse sein, damit abgetastetes Signal und gehaltenes Signal noch eine brauchbare Näherung darstellen. Das Abtasttheorem besagt, daß bei Abtastfrequenzen von mindestens der doppelten Frequenz des Eingangssignals aus dem digitalen Ausgangssignal das Eingangsignal wieder rekonstruiert werden kann.

3.4.1.3 Codierung von A/D-Wandlern

Der gebräuchlichste Code ist der natürliche Binärcode. Zahlen zwischen 0 und 1 lassen sich in der folgenden Form darstellen:

$$N = a_1 \cdot 2^{-1} + a_2 \cdot 2^{-2} + a_3 \cdot 2^{-3} + \ldots + a_n \cdot 2^{-n}$$

Die Koeffizienten $a_1 - a_n$ haben die Werte 0 oder 1.

Beispiel

$a_1 = 0;\ a_2 = 1;\ a_3 = 1;\ a_4 = 0;\ a_5 = 1;\ a_6 = 0$

$N = 0 \cdot 2^{-1} + 1 \cdot 2^{-2} + 1 \cdot 2^{-3} + 0 \cdot 2^{-4} + 1 \cdot 2^{-5} + 0 \cdot 2^{-6}$

$0{,}011010_2 \triangleq 0{,}40625_{10}$

Von der allgemeinen Darstellung her sind die führende Null und das Komma im Binärcode nicht erfaßt. Es muß aber hier hinzugefügt werden. Bezieht man sich auf einen Eingangsspannungsbereich von 0 bis + 10 V, so würde im obengenannten Beispiel dem Codewort ein Spannungswert von 0,40625 FS (Full Scale = ganzer Meßbereich) oder 40,625 % des Meßbereiches entprechen. Auf den Meßbereich von 10 V bezogen ergibt sich eine Spannung von + 4,0625 V.

Die führende Null und das Komma werden bei der Bildung der Codewörter nicht berücksichtigt, sodaß die Codewörter die Bezeichnungen 000000, 000001, 000010, 000011, . . . erhalten. Das Codewort 000000 entspricht der kleinsten, das Codewort 111111 der größten Spannung.

Der natürliche Binärcode gehört zu den positiv gewichteten Codes, d. h. es treten keine negativen Werte auf. Die Stelle mit dem höchsten Gewicht (+ 0,5) wird als MSB (most significant Bit = Bit mit dem höchsten Gewicht) bezeichnet. Entsprechend heißt die Stelle mit dem niedrigsten Gewicht $+ a_n \cdot 2^{-n}$ das LSB (least significant Bit = Bit mit dem niedrigsten Gewicht). Ein LSB entspricht dem gleichen Betrag wie der Analogwert des Quantums Q:

$$\text{LSB (Analogwert) } Q = \frac{\text{Spannungsbereich}}{2^n}$$

Beispiel

Meßbereich des 3-Bit-Quantisierers: 0 bis 10 V
Spannungsmeßbereich: 0 . . . + 10 V

$$\text{LBS} = \frac{+ 10 \, V}{2^3} = 1,25 \, V$$

Der höchste Wert beim 3-Bit-Quantisierer ist

Code 111 $\triangleq$ (+ 1 · 0,5) + (+ 1 · 0,25) + (+ 1 · 0,125) = 0,875

Beim Eingangsspannungsbereich von 10 V entspricht dies also einer Spannung von 8,75 V. Der digitale Maximalwert (111) korrespondiert also nicht mit dem analogen Maximalwert, sondern liegt um 1 LSB (hier 1,25 V) unter dem Meßbereichsendwert. **Bild 3.37** zeigt für einen unipolaren 8-Bit-Wandler den Aufbau der Binärcodierung. Außer dem natürlichen Binärcode sind auch andere Codes gebräuchlich: z. B. Offset-Code, 2er-Komplement-Code, BCD-Code.

Einteilung von FS	FS → + 10 V	Natürlicher Binär-Code
+ FS − 1 LSB	+ 9.961	1111 1111
+ 3/4 FS	+ 7.500	1100 0000
+ 1/2 FS	+ 5.000	1000 0000
+ 1/4 FS	+ 2.500	0100 0000
+ 1/8 FS	+ 1.250	0010 0000
+ 1 LSB	+ 0.039	0000 0001
0	0.000	0000 0000
FS = Full Scale		

Bild 3.37   8-Bit-Wandler mit Binärcode

Neben dem für die Regelungstechnik üblichen Spannungsbereich von 0 bis 10 V wird auch ein Bereich von 0 bis 5 V verwendet, als bipolare Bereiche sind ±2,5 V, ±5 V und ±10 V üblich. Bei den bipolaren Eingangssignalen erfolgt die Codezuordnung durch Verschieben des Analogbereiches um den halben Skalenumfang (≙ digital 1 MSB) **(Bild 3.38)**.

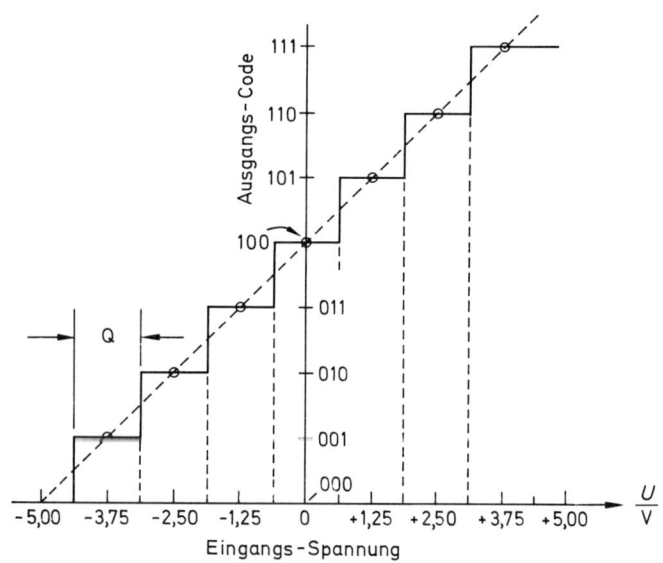

Bild 3.38   Quantisierung bei ± Eingangsspannungsbereich

Bild 3.39 zeigt einige Codierarten am Beispiel eines bipolaren Spannungsbereiches von ±5 V (8 bit-Wandler).

Bruchteil von FS	± 5 V FS	Offset- Binär	Komp. Off.- Binär	2er- Komplement
+ FS – 1 LSB	+ 4.9976	1111 1111	0000 0000	0111 1111
+ 3/4 FS	+ 3.7500	1110 0000	0001 1111	0110 0000
+ 1/2 FS	+ 2.5000	1100 0000	0011 1111	0100 0000
+ 1/4 FS	+ 1.2500	1010 0000	0101 1111	0010 0000
0	+ 0.0000	1000 0000	0111 1111	0000 0000
– 1/4 FS	– 1.2500	0110 0000	1001 1111	1110 0000
– 1/2 FS	– 2.5000	0100 0000	1011 1111	1100 0000
– 3/4 FS	– 3.7500	0010 0000	1101 1111	1010 0000
– FS + 1 LSB	– 4.9976	0000 0001	1111 1110	1000 0001
– FS	– 5.0000	0000 0000	1111 1111	1000 0000

Bild 3.39   Codierarten für +/- -Eingangsspannungsbereiche

3.4.1.4 Realisierung von A/D-Wandlern

Vollintegrierte A/D-Wandler sind kostengünstig herstellbar. Es lassen sich hohe Genauigkeiten bis zu 10^{-5}, das entspricht 10 ppm, erreichen. Von ihrem Grundprinzip her ist zwischen drei Arten von A/D-Wandlern zu unterscheiden, und zwar:

1. Wandlern, bei denen die Meßspannung durch einen Komparator mit einer Referenzspannung verglichen wird, die ihrerseits von einem Digital-Analog-Wandler erzeugt wird.
2. Wandlern, bei denen die Meßspannung mit einer linearen Sägezahnspannung verglichen und die Meßzeit durch Impulse eines Taktes ausgezählt wird.
3. Wandlern, bei denen die Digitalisierung über Stufenkomparatoren erfolgt.

Innerhalb dieser Gruppen von A/D-Wandlern gibt es eine Vielzahl von schaltungstechnischen Varianten, die dann jeweils den einen oder anderen Vorteil haben.

Schrittweise Annäherung (Sukzessive Approximation)

Die Approximation geht von einem sehr einfachen Grundprinzip aus. In einem Digital-Analog-Wandler wird mit jedem Taktimpuls die Analogspannung am Ausgang um einen kleinen, konstanten analogen Betrag erhöht. Das Ende des Spannungserhöhungsprozesses steuert ein Vergleicher, der Meßspannung und Vergleichsspannung prüft. Die Anzahl der benötigten Schaltvorgänge ist ein Maß für die Amplitude der Spannung. Ein derartiges Zählverfahren ist jedoch relativ langsam.

Wird dagegen die schrittweise Annäherung mit gewichteten Analogschritten (sukzessive Approximation) verwendet, so läßt sich die Arbeitsgeschwindigkeit wesentlich erhöhen. **Bild 3.40** zeigt den prinzipiellen Aufbau für einen Wandler mit sukzessiver Approximation.

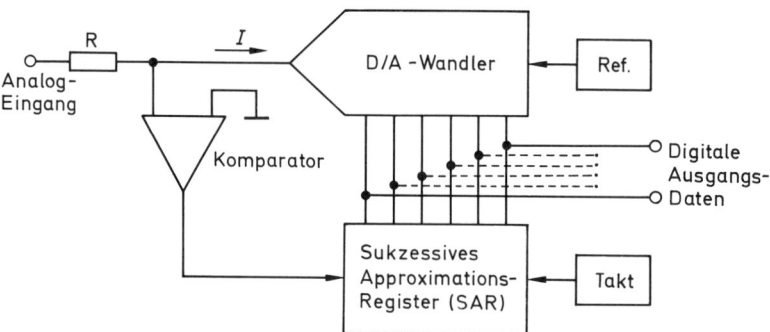

Bild 3.40 Wandler mit sukzessiver Approximation

Die Arbeitsweise der Schaltung ist mit einem Abwiegevorgang zu vergleichen. Für eine Waage steht ein Gewichtssatz zu Verfügung. Das schwerste Gewicht entspricht dem halben Meßbereich. Mit diesem wird begonnen; ist es zu schwer, so wird es wieder abgenommen und das nächstleichtere Gewicht aufgelegt. Ist das zuerst aufgelegte Gewicht zu leicht, so verbleibt es auf der Waage, und der Vorgang wird durch zusätzliches Auflegen des nächstleichteren Gewichtes fortgesetzt. Die Aufgabe des Komparators besteht darin, dafür zu sorgen, daß das zuerst aufgelegte Gewicht entweder auf der

Waage verbleibt oder wieder entfernt wird. Die hierfür in der elektronischen Schaltung zum Vergleich von Strömen erforderliche Steuerung des D/A-Wandlers wird als SAR (Sukzessives Approximations-Register) bezeichnet. Den Vorgang selbst veranschaulicht für einen 8-Bit-/A/D-Wandler mit sukzessiver Approximation **Bild 3.41**. Dabei erfolgt die Optimierung eines digitalen Regelkreises so, daß bei n-bit Auflösung die Wandlung mit n-Schritten beendet ist.

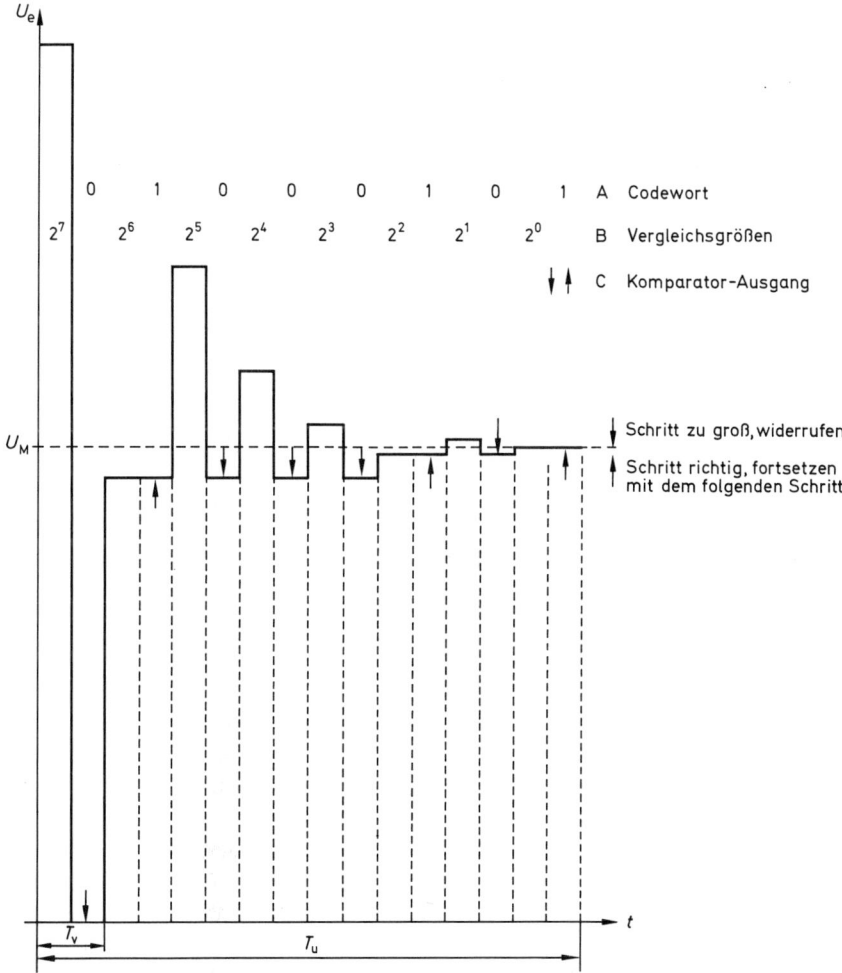

Bild 3.41 Vorgang der sukzessiven Approximation

Ein Beispiel für einen A/D-Wandler mit sukzessiver Approximation ist der Baustein AD 570 von Analog Devices. Die Betriebsspannung beträgt + 5 V und − 15 V, als Bereiche für die Eingangsspannung sind möglich 0 bis 10 V unipolar oder ± 5 V bipolar **(Bild 3.42)**.

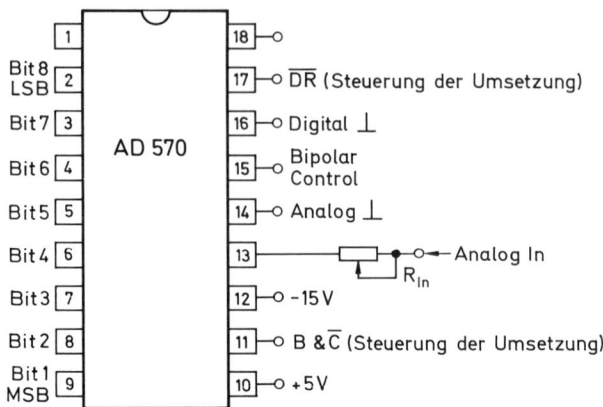

Bild 3.42 A/D-Wandler mit sukzessiver Approximation AD 570 (Analog Devices)

Das Analogsignal wird über die Anschlüsse 13/14 aufgeschaltet. Durch Verbinden von Anschluß 15 mit Masse arbeitet der Baustein unipolar, bei geöffnetem Anschluß bipolar. Zur Anpassung an Mikrocomputer sind die digitalen Ausgänge hochohmig zu schalten. Derartige Ausgangsstufen werden als Tri-State-Stufen bezeichnet, sie beeinflussen im hochohmigen Zustand die digitalen Datenleitungen nicht. Das Aufschalten der Digitalinformation nach der A/D-Wandlung erfolgt über ein Nullsignal am Anschluß 17. Der Befehl zur A/D-Umsetzung wird über den Anschluß 11 ausgelöst. Die Umsetzzeit beträgt typisch 25 µs bei einer Auflösung von 8 bit.
Entsprechende Ausführungen mit Auflösungen von 10 bit und 12 bit sind üblich, in Sonderfällen beträgt die Auflösung sogar 16 bit. Für kritische Anwendungen werden besonders schnelle Ausführungen eingesetzt, die Umsetzzeiten von bis zu 1,5 µs bei 10 bit und 3 µs bei 12 bit Auflösung erreichen.
Neben den oben schon erwähnten Tri-State-Ausgangsstufen haben einige Bausteine zusätzlich noch die Möglichkeit, die digitale Information auch seriell auszugeben. Hierbei werden die Zustände von Bit 1 beginnend nacheinander übermittelt.

Integrierende Verfahren

Der integrierende Wandler ist vom Arbeitsprinzip und vom praktischen Aufbau her recht einfach, preisgünstig und sehr genau. Seine Umwandlungsgeschwindigkeit ist langsam. Vorzugsweise werden derartige Wandler dort eingesetzt, wo eine Digitalanzeige erfolgt, da hier wegen eines stehenden Anzeigebildes die Aktualisierung der Meßwertausgabe nicht so schnell erfolgen muß. Die Grundidee beruht auf der Umsetzung des Spannungswertes in eine Zeitspanne über Integration. Die Zeitspanne wird über eine Impulszahl festgelegt. Eine heute überwiegend verwendete Variante ist das Dual-Slope-Verfahren, ein Prinzipschaltbild hierfür zeigt **Bild 3.43**.
Mit dargestellt ist der Verlauf der Integrator-Ausgangsspannung, der die Funktion näher beschreibt. Die Wandlung beginnt, sobald die unbekannte Eingangsspannung am Integratoreingang angelegt wird. Während einer konstanten Integrationszeit T_1 läuft die Spannung am Ausgang des Integrators hoch, wobei die Steilheit vom Wert der Eingangsspannung abhängt. Durch die Steuerlogik wird anschließend auf die Referenz-

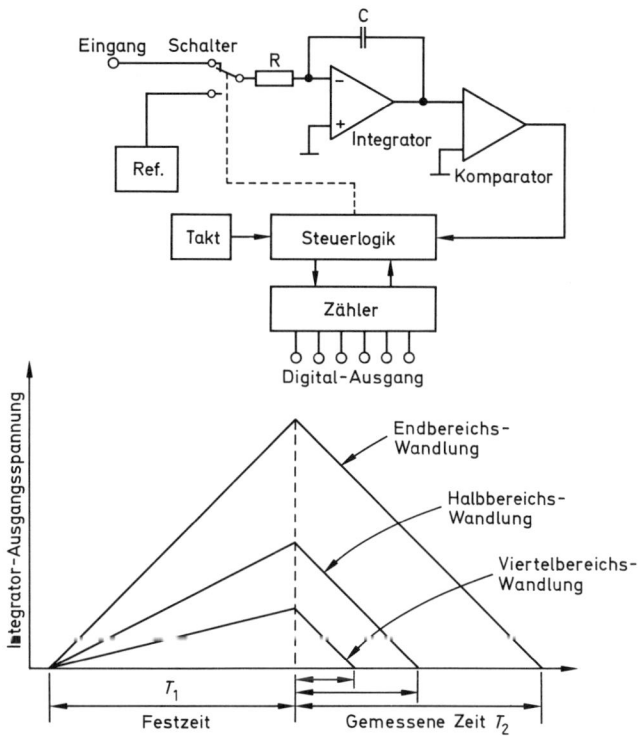

Bild 3.43 Prinzipschaltbild und Verlauf der Integrator-Ausgangsspannung für einen Dual-Slope-A/D-Wandler

stromquelle umgeschaltet. Wegen der Wahl des entgegengesetzten Vorzeichens wird der Kondensator des Integrators mit Konstantstrom entladen, und die Ausgangsspannung erreicht den Wert 0 V. Je nach Größe der Eingangsspannung dauert die Entladung unterschiedlich lange. Wird diese Zeit T_2 durch Impulse bewertet, so ist die Anzahl der Impulse ein Maß für die Eingangsspannung, das Zählergebnis ist also proportional der Eingangsspannung. In binärer Form stellt die digitale Zählinformation eine Digitalinformation für die Spannung dar. Für die Eingangsspannung, die Referenzspannung sowie für Festzeit T_1 und Meßzeit T_2 gilt folgender Zusammenhang:

$$T_2 = T_1 \cdot \frac{U_{Ein}}{U_{Ref}}$$

T_1: Festzeit
T_2: ermittelte Zeit der Integration

Da das Meßergebnis über die Zeit integriert wird, ist das Ergebnis nahezu unabhängig von hochfrequentem Rauschen, denn es wird durch die Funktion ein Mittelwert des Eingangssignals während der Integrationszeit dargestellt.

Parallel-Wandler (Flash-Wandler)

Bereits bei den Wandlern mit sukzessiver Approximation wurde auf Entwicklungserfolge bei der Senkung der Umwandlungszeit hingewiesen. Werden sehr hohe Wandlungsgeschwindigkeiten gefordert, reicht aber z. B. eine Auflösung von 8 bit aus, lassen

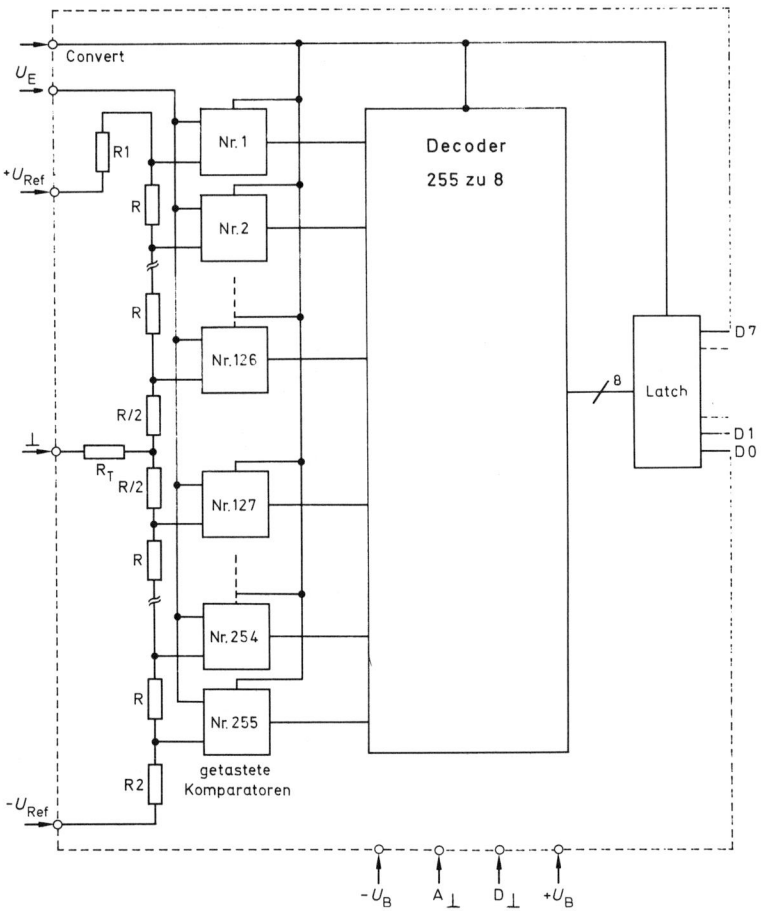

Bild 3.44 Aufbauprinzip eines 8-Bit-Parallel-A/D-Wandlers

sich Parallel-Wandler einsetzen. Mit ihnen werden heute Wandlerfrequenzen von 100 MHz erreicht. Vom Prinzip her ist ein Parallel-Wandler die einfachste Lösung, analoge Signale zu digitalisieren. Dazu wird der zulässige Eingangsspannungsbereich bei einer gewünschten Auflösung von n bit in 2^n Quantisierungsintervalle aufgeteilt. Mit Hilfe diskret bestimmter Schwellenspannungen entscheiden parallelgeschaltete Komparatoren, welches Quantisierungsintervall der Momentanwert der Eingangsspannung erreicht bzw. überschritten hat. Dadurch können die beiden Quantisierungsgrenzen bestimmt werden, zwischen denen sich der augenblickliche Wert der Eingangsspannung befindet. Benötigt werden aber für einen 8-Bit-Wandler 255 ($\hat{=} 2^n - 1$) Komparatoren. Der grundsätzliche Aufbau ist in **Bild 3.44** wiedergegeben. Der Ausgangscode der Komparatoren wird häufig als Thermometercode bezeichnet. Er muß durch eine nachgeschaltete Steuerschaltung noch entsprechend aufbereitet werden.

Hierzu wird erst eine 1-aus-2^n-Codierung und anschließend eine Umsetzung in den Binärcode durchgeführt. Für die einzelnen Phasen werden Steuersignale benötigt. Bei Parallelwandlern besteht die Möglichkeit, geschaltete Komparatoren zu verwenden. Dann kann eine Probe aus dem Signal entnommen und aufbereitet werden. Für die Zeit der Umwandlung wird die vorhergegangene Ausgangsgröße noch festgehalten. Der Baustein beinhaltet also eine Sample/Hold-Funktion.

Mit dem Parallel-Wandler verwandt ist der Halb-Parallel-, Serien-Parallel- oder Half-Flash-(flash = engl. $\triangleq$ Blitz)-Wandler, der eine Kombination aus Parallel-Wandlung und sukzessiver Approximation verwendet **(Bild 3.45)**.

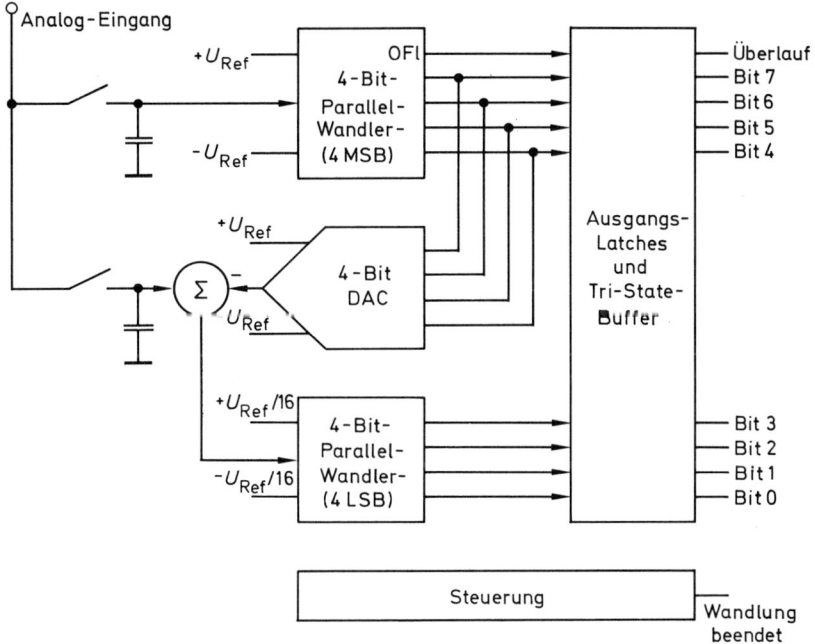

Bild 3.45   Grundprinzip des Half-Flash-Wandlers

Die vier höchstwertigen Bits werden hier in einem 4-Bit-Parallelwandler umgesetzt. Das Ergebnis geht in das Ausgangs-Latch und zu einem D/A-Wandler. Die Ausgangsspannung des D/A-Wandlers wird von der anliegenden Eingangsspannung subtrahiert und als verbleibende Restspannung einem weiteren Parallelwandler zugeführt, dort umgesetzt und das Ergebnis an das Ausgangslatch übergeben. Nach Abschluß der Umwandlung können die Tri-State-Ausgangsstufen aktiviert und das digitale Ergebnis an den Ausgängen abgegriffen werden. Ausgeführte Wandler nach diesem Funktionsprinzip sind z. B. der Wandler AD 7820 (Analog Devices) mit einer Auflösung von 8 bit und insgesamt nur 31 Komparatoren. Dieser Baustein hat auch eine eingebaute Sample/Hold-Funktion und eine speziell für die Ansteuerung durch Mikrocomputer ausgelegte Steuerung. Für mehrkanalige Anwendungen wird auch eine vierkanalige und eine achtkanalige Ausführung (AD 2824/28) geliefert. Zu der Sample/Hold-Funktion kommt hier noch ein vier- bzw. achtkanaliger Multiplexer, der die Umschaltung zwischen den einzelnen Kanälen übernimmt. Die Umwandlungszeit beträgt bei der einkanaligen Ausführung typisch 1,35 µs, bei der mehrkanaligen typisch 2,5 µs.

Anwendungshinweise:

Zur Lösung einer bestimmten Umwandlungsaufgabe sind folgende Fragen zu klären:
- Welcher Eingangsbereich (unipolar/bipolar) und welche Auflösung wird benötigt?
- Welche maximale Umsetzzeit kann zugelassen werden?
- Wird die Sample/Hold-Funktion benötigt?
- Wird die Multiplexfunktion benötigt und wenn ja, wieviel kanalig?
- Arbeitet der Wandler monoton?

Aufgrund der Datenunterlagen der Hersteller ist zu klären, ob der Linearitätsfehler akzeptiert werden kann und ob die Langzeitstabilität ausreicht. Ein weiteres, wichtiges Kriterium ist der thermisch zulässige Arbeitsbereich sowie die Anforderungen an die Spannungsversorgung. Von Bedeutung kann auch die Ausgabeart der digitalen Wandlungsergebnisse sein.

3.4.2 Digital-Analog-Wandler

Digital-Analog-Wandler, in Kurzform meistens D/A-Wandler genannt, haben die Aufgabe, die in Form eines Codes vorliegenden digitalen Daten in analoge Spannungen oder Ströme umzuwandeln. Da die analogen Werte in der Regel im Dezimalsystem erfaßt werden, muß ein fester proportionaler Zusammenhang zwischen jeder auftretenden Wertekombination und dem zugehörigen Dezimalwert bestehen **(Bild 3.46)**.
D/A-Wandler sind in der Regel aus Widerstandsnetzwerken aufgebaut. Die Spannungen oder Ströme innerhalb dieser Netzwerke werden dabei über Schalter so miteinander verbunden, daß sich für jedes digitale Eingangssignal ein zugehöriges analoges Ausgangssignal ergibt. Die Schalter sind dabei den digitalen Eingangswerten zugeordnet. Jede Bit-Änderung bewirkt eine Umschaltung, die eine Vergrößerung oder

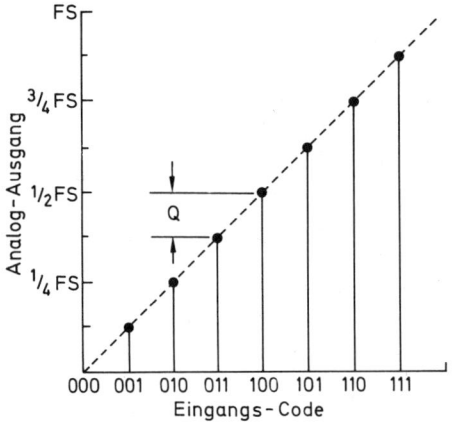

Bild 3.46 Zuordnung Eingangscode – Ausgangsspannung

Verkleinerung des analogen Ausgangswertes um einen bestimmten Betrag zur Folge hat. Die Höhe dieses Betrages hängt dabei vom Stellenwert des geschalteten Bits ab. Bei den D/A-Wandlern sind im wesentlichen zwei Schaltungsvarianten zu unterscheiden, und zwar die

D/A-Wandler mit bewerteten Widerständen sowie

D/A-Wandler mit R-2 R-Netzwerken.

3.4.2.1 D/A-Wandler mit bewerteten Widerständen

Beim Dualcode ergibt sich die Dezimalzahl aus der Quersumme der Wertigkeiten der einzelnen gesetzten Bits. In **Bild 3.47** ist die Stellenwertigkeit des Dualcodes nochmals angegeben.

	$2^3 = 8$	$2^2 = 4$	$2^1 = 2$	$2^0 = 1$	
0	0	0	0	0	$\rightarrow 0 + 0 + 0 + 0 = 0$
1	0	0	0	1	$\rightarrow 0 + 0 + 0 + 1 = 1$
2	0	0	1	0	$\rightarrow 0 + 0 + 2 + 0 = 2$
3	0	0	1	1	$\rightarrow 0 + 0 + 2 + 1 = 3$
4	0	1	0	0	
5	0	1	0	1	
6	0	1	1	0	
7	0	1	1	1	
8	1	0	0	0	
9	1	0	0	1	
10	1	0	1	0	$\rightarrow 8 + 0 + 2 + 0 = 10$
11	1	0	1	1	
12	1	1	0	0	
13	1	1	0	1	
14	1	1	1	0	
15	1	1	1	1	$\rightarrow 8 + 4 + 2 + 1 = 15$

Bild 3.47   Stellenwertigkeit des Dualcodes

Bei einem D/A-Wandler mit bewerteten Widerständen erfolgt die Bildung der Quersumme der Stellenwertigkeit der gesetzten Bits mit Hilfe eines Addierers. In **Bild 3.48** ist das Grundprinzip eines D/A-Wandlers für 8 bit dargestellt.

Die Source-Anschlüsse sind mit dem virtuellen Nullpunkt des Operationsverstärkers verbunden, damit sich ein festes Source-Potential gegenüber der Steuerspannung ergibt. Die Gates sind bei 0-Signal am Ausgang der Inverter über Dioden entkoppelt und über 100-kΩ-Widerstände mit Masse verbunden. Dadurch ist eine volle Durchsteuerung der FETs möglich.

Die Werte der Eingangswiderstände ergeben sich aus der Wertigkeit der Stellen. Der Proportionalitätsfaktor ist bei der Schaltung nach Bild 3.48 so gewählt, daß die Ausgangsspannung U_A der Referenzspannung U_{REF} entspricht, wenn alle 8 bit gesetzt sind. Der in Bild 3.48 angegebene D/A-Wandler erreicht bei 8 bit eine maximale Auflösung von ca. 0,4 %, denn es gilt:

$$2^8 \rightarrow 256 \text{ Schritte} \rightarrow \frac{1}{256} = 0{,}0039 \approx 0{,}4\,\%$$

Eine derartige Auflösung ist aber nur theoretisch erreichbar, weil die Widerstände auch bei kleinen Toleranzen von den genannten Werten abweichen und dadurch Ungenauigkeiten auftreten.

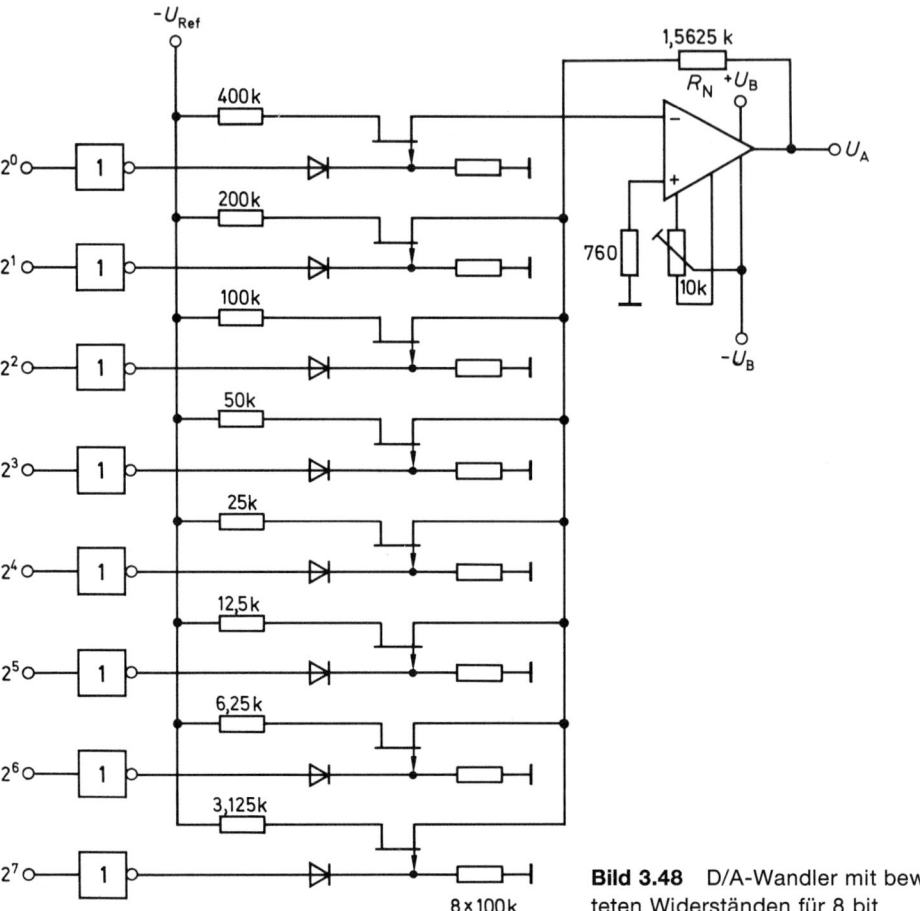

Bild 3.48 D/A-Wandler mit bewerteten Widerständen für 8 bit

Die Ausgangsspannung des D/A-Wandlers nach Bild 3.48 ergibt sich aus folgenden Gleichungen:

$$U_A = -U_{REF} \cdot \left(\frac{1}{400 \text{ k}\Omega} + \frac{1}{200 \text{ k}\Omega} + \frac{1}{100 \text{ k}\Omega} + \frac{1}{50 \text{ k}\Omega} + \frac{1}{25 \text{ k}\Omega} + \frac{1}{12,5 \text{ k}\Omega} \right.$$

$$\left. + \frac{1}{6,25 \text{ k}\Omega} + \frac{1}{3,125 \text{ k}\Omega} \right) \cdot R_N$$

$$= -U_{REF} \cdot \left(\frac{1}{400} + \frac{1}{200} + \frac{1}{100} + \frac{1}{50} + \frac{1}{25} + \frac{1}{12,5} + \frac{1}{6,25} + \frac{1}{3,125} \right) \cdot \frac{R_N}{\text{k}\Omega}$$

$$U_A = -U_{REF} \cdot (1 + 2 + 4 + 8 + 16 + 32 + 64 + 128) \cdot 3,9062 \cdot 10^{-3}$$

3.4.2.2 D/A-Wandler mit R-2R-Netzwerk

Bei einem R-2R-Netzwerk haben die Widerstände nur die Werte R und 2R. In **Bild 3.49** ist im linken Teil das Grundprinzip eines R-2R-Netzwerkes für die beiden Stellen 2^0 und 2^1 des Dualcodes dargestellt.

Der Schalter S0 ist der Stellenwertigkeit 2^0 und der Schalter S1 der Stellenwertigkeit 2^1 zugeordnet. Durch Betätigung dieser beiden Schalter lassen sich vier verschiedene, dem Dualcode entsprechende Bit-Kombinationen einstellen. Aufgrund der Stromverteilungs- bzw. Spannungsteilergesetze ergeben sich für das R-2R-Netzwerk die in **Bild 3.49** angegebenen Zusammenhänge zwischen den Dualzahlen (Schalterstellungen), der Ausgangsspannung U_A und dem Dezimalwert.

In der Tabelle nach Bild 3.49 ist der Zusammenhang zwischen der Stellenwertigkeit und der Ausgangsspannung U_A zu erkennen. So reduziert der Schalter S1 mit der höchsten Stellenwertigkeit 2^1 die Ausgangsspannung um den Faktor $\frac{1}{2} U_E$. Der Schalter S0 mit der nächst niedrigen Stellenwertigkeit 2^0 reduziert U_A dagegen nur um den Faktor $\frac{1}{4} U_E$.

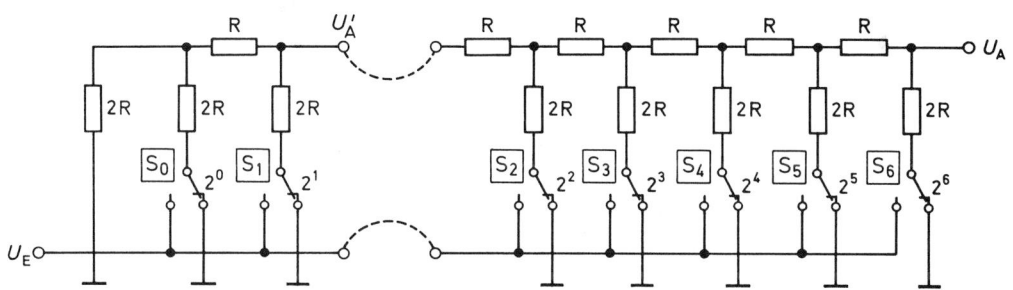

Dez.	2^1	2^0	U_A
0	0	0	$U_E \cdot 0$
1	0	1	$U_E \cdot \frac{1}{4}$
2	1	0	$U_E \cdot \frac{2}{4}$
3	1	1	$U_E \cdot \frac{3}{4}$

Bild 3.49 R-2R-Netzwerk

Bild 3.49 zeigt auch die Erweiterung von R-2R-Netzwerken. Insgesamt sind hier 7 Stellen dargestellt.

Die kleinste Änderung der Ausgangsspannung läßt sich bei einem R-2R-Netzwerk mit Hilfe der Gleichung

$$\Delta U_{A\,min} = \frac{1}{2^n} \cdot U_E \qquad n = \text{Anzahl der Schalter}$$

ermitteln. Für das Netzwerk nach Bild 3.49 ergeben sich danach als kleinste Schritte Änderungen von $\frac{1}{2^7} \cdot U_E = \frac{1}{128} \cdot U_E$.

Ein besonderer Vorteil des R-2R-Netzwerkes liegt noch darin, daß der Innenwiderstand der Schaltung konstant, also unabhängig von der Schalterstellung ist. Eine Belastung des Ausganges kann sich aus diesem Grund nur als Verkleinerung des Proportionalitätsfaktors auswirken. Ein D/A-Wandler mit R-2R-Netzwerk kann daher auch ohne Verstärker betrieben werden.

Wegen seines systematischen Aufbaues eignet sich das R-2R-Netzwerk besonders gut für eine Verwendung in integrierten D/A-Wandlern. Ein charakteristischer Vertreter für diese D/A-Wandler ist der Typ ZN 425 E (Ferranti). Er enthält neben einem R-2R-Netzwerk für 8 Bit eine Referenzspannungsquelle sowie einen 8-Bit-Dualzähler. Die Eingangsdaten können entweder vom Zähler oder über gesonderte Ein- bzw. Ausgänge an das Netzwerk gelegt werden. In **Bild 3.50** ist das Prinzipschaltbild des Bausteins ZN 425 E dargestellt.

Die Ausgänge des 8-Bit-Zählers werden über Verstärker mit Tri-State-Ausgängen an das R-2R-Netzwerk gelegt. Mit dem Steuereingang SELECT kann entweder die Zählerinformation (1-Signal) oder die Information der Eingänge 2^0–2^7 (0-Signal) angewählt werden. Bei 1-Signal arbeiten diese Eingänge als Kontrollausgänge des Zählers. Der

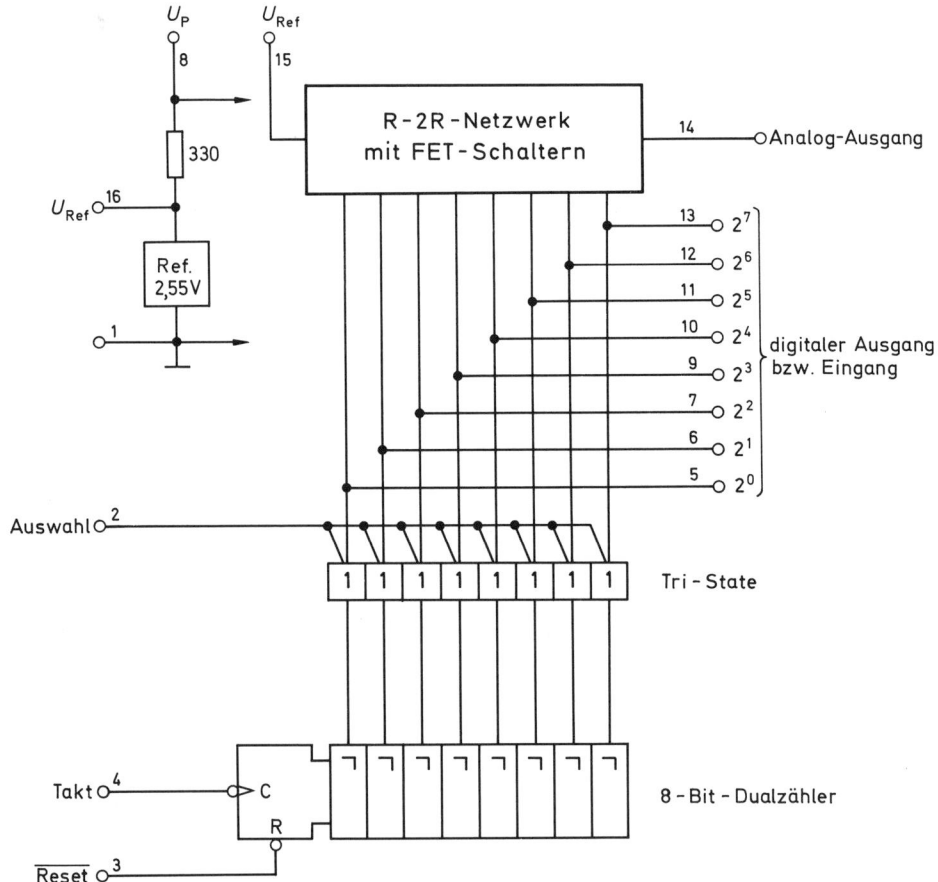

Bild 3.50   Prinzipschaltbild des Bausteins ZN 425 E

Zähler selbst hat einen Takteingang, der auf die fallende Flanke reagiert. Sein Rück-
setzeingang ($\overline{\text{RESET}}$) wird mit 0-Signal aktiviert.
Die Referenzspannungsquelle ist vom Netzwerk getrennt. Die Spannung U_{REF} beträgt
2,55 V. Sie wird über eine Brücke zwischen den Anschlüssen Pin 15 und Pin 16 mit dem
Netzwerk verbunden. Bei maximaler Bit-Zahl (255 Stufen) wird

$$U_{\text{Amax}} = \frac{2^n - 1}{2^n} \cdot U_{\text{REF}} = \frac{255}{256} \cdot 2,55 \text{ V} = 2,54 \text{ V}.$$

Je Stufe tritt also eine Spannungsänderung von ca. 10 mV auf. Die Genauigkeits-
forderungen an die Widerstände des R-2R-Netzwerks sind erheblich geringer als bei
den D/A-Wandlern mit bewerteten Widerständen.

3.4.2.3 Multiplizierende und deglitchte D/A-Wandler

Auf der Basis von R-2R-Netzwerken sind multiplizierende D/A-Wandler gebaut worden.
Hier variiert die Referenzspannung über den vollen +/--Bereich, und der Ausgang setzt
sich aus dem Produkt der Referenzspannung und dem Digitalwort zusammen. Die
Schalttransistoren bei multiplizierenden D/A-Wandlern sind überwiegend in CMOS-
Technik ausgeführt.
Bild 3.51 zeigt das Prinzipschaltbild und das Sockelschaltbild für den 10-Bit-Multipli-
zierenden D/A-Wandler AD 7533 von Analog Devices. Er arbeitet in einem Betriebs-
spannungsbereich von +5 V bis +15 V. Die Reaktionszeit des Wandlers ist kleiner als
1 µs, je nach Ausführung liegt die Linearität zwischen ± 0,05 und ± 0,2 ‰.

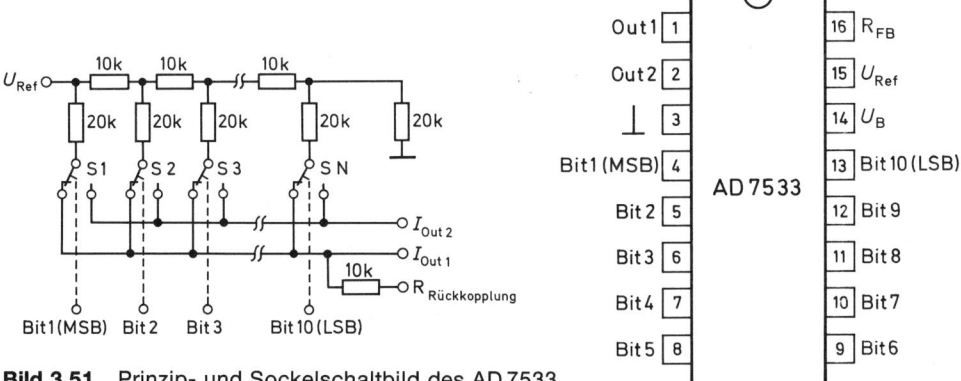

Bild 3.51 Prinzip- und Sockelschaltbild des AD 7533

Im Bild erkennbar ist das R-2R-Netzwerk, das binär geteilte Ströme ergibt. Diese werden
je nach Ansteuerung auf die Ausgänge $I_{\text{Out 1}}$ oder $I_{\text{Out 2}}$ geschaltet. Hier als mechanische
Umschalter skizzierte Schalter sind jedoch elektronische Schalter, die aus mehreren
CMOS-Feldeffekttransistoren bestehen. Eine Umsetzung der Ströme in die entsprechende Ausgangsspannung erfolgt mit nachgeschalteten Operationsverstärkern. Die
Größe und das Vorzeichen der Ausgangsspannung hängen von der Referenzspannung
ab. In **Bild 3.52** sind zwei Applikationsschaltungen des Herstellers für unipolare und
bipolare Eingänge dargestellt. Tabellen geben die Zuordnung der digitalen Eingangsgrößen zu den Ausgangsgrößen in Abhängigkeit von der Referenzspannung an.

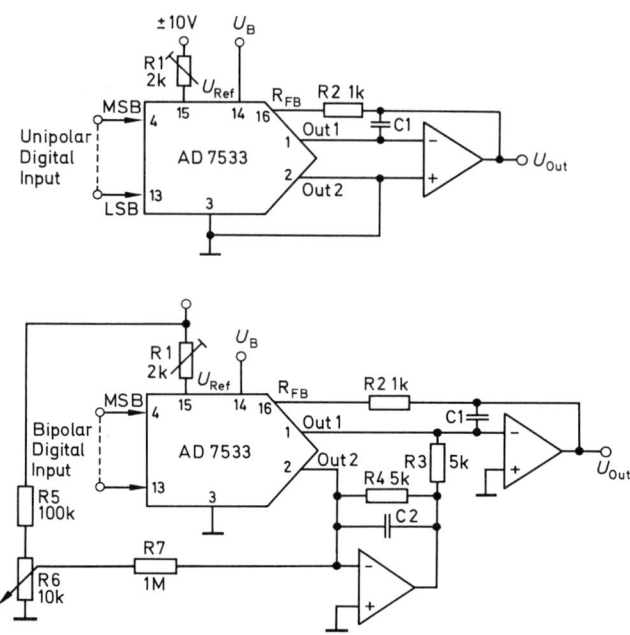

Unipolare Ansteuerung		Bipolare Ansteuerung	
Digital input MSB LSB	Nominal analog output	Digital input MSB LSB	Nominal analog output
1 1 1 1 1 1 1 1 1 1	$-U_{REF} \cdot \left(\dfrac{1023}{1024}\right)$	1 1 1 1 1 1 1 1 1 1	$-U_{REF} \cdot \left(\dfrac{511}{512}\right)$
1 0 0 0 0 0 0 0 0 1	$-U_{REF} \cdot \left(\dfrac{513}{1024}\right)$	1 0 0 0 0 0 0 0 0 1	$-U_{REF} \cdot \left(\dfrac{1}{512}\right)$
1 0 0 0 0 0 0 0 0 0	$-U_{REF} \cdot \left(\dfrac{512}{1024}\right) = \dfrac{U_{REF}}{2}$	1 0 0 0 0 0 0 0 0 0	0
0 1 1 1 1 1 1 1 1 1	$-U_{REF} \cdot \left(\dfrac{511}{1024}\right)$	0 1 1 1 1 1 1 1 1 1	$+U_{REF} \cdot \left(\dfrac{1}{512}\right)$
0 0 0 0 0 0 0 0 0 1	$-U_{REF} \cdot \left(\dfrac{1}{1024}\right)$	0 0 0 0 0 0 0 0 0 1	$+U_{REF} \cdot \left(\dfrac{511}{512}\right)$
0 0 0 0 0 0 0 0 0 0	$-U_{REF} \cdot \left(\dfrac{0}{1024}\right) = 0$	0 0 0 0 0 0 0 0 0 0	$+U_{REF} \cdot \left(\dfrac{512}{512}\right)$

Bild 3.52 Multiplizierender D/A-Wandler AD 7533 für unipolare und bipolare Ansteuerung

Auf eine genaue Funktionsbeschreibung wird, da diese sehr aufwendig ist, hier verzichtet, vielmehr sollen die Schaltungen als Information über heute übliche Techniken dienen. Eine genaue Beschreibung der Funktion geben Daten- und Applikationsunterlagen der Hersteller.

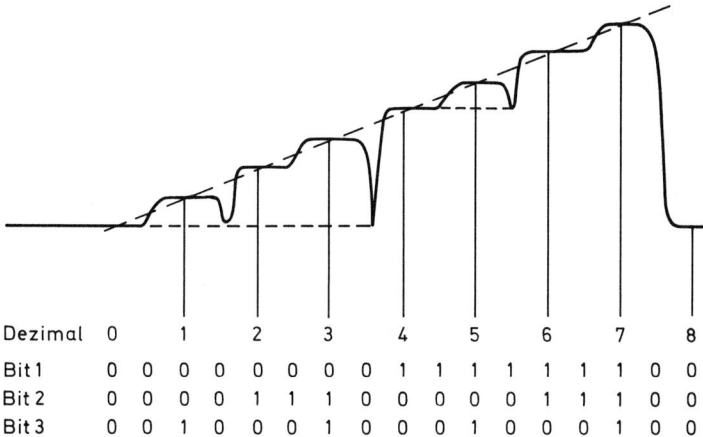

Dezimal	0		1		2		3		4		5		6		7		8
Bit 1	0	0	0	0	0	0	0	0	1	1	1	1	1	1	1	0	0
Bit 2	0	0	0	0	1	1	1	0	0	0	0	0	1	1	1	0	0
Bit 3	0	0	1	0	0	0	1	0	0	0	1	0	0	0	1	0	0

Bild 3.53 3-Bit-Rampenfunktion mit Glitchen

Auf eine weitere Eigenheit von D/A-Wandlern ist hinzuweisen. Bei der Umschaltung der unterschiedlichen Signalkombinationen am Eingang des Wandlers können Zwischenzustände entstehen, die zwar nur für kurze Zeit existieren, jedoch die Funktion stören. Derartige Einbrüche in Signalen werden als Glitche bezeichnet. **Bild 3.53** zeigt eine 3-Bit-Rampenfunktion mit Glitchen.

Glitche treten besonders an den Hauptumsetzpunkten wie 3/4, 1/2 und 1/4 FS (Full Scale) auf. Um diese Effekte zu umgehen, wird vor den Eingang des D/A-Wandlers ein Register, und an den Ausgang des D/A-Wandlers eine Sample/Hold-Schaltung geschaltet. Während des Einlesens in das Register schaltet die Steuerung den Sample/Hold-Baustein in die Funktion »Hold«. Erst wenn der Wandler eingeschwungen ist, wird auf »Sample« umgeschaltet, und der Ausgang nimmt mit leichter Verzögerung den gewünschten Spannungswert an **(Bild 3.54)**.

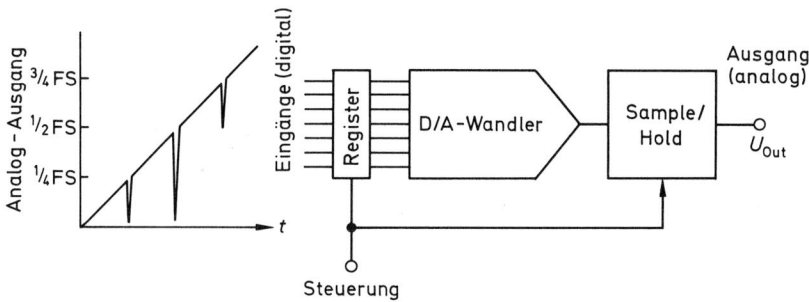

Bild 3.54 Prinzipschaltung eines D/A-Wandlers mit Beschaltung gegen Glitche

Die schaltungstechnischen Maßnahmen zur Vermeidung von Glitchen verlängern die Reaktionszeiten des Wandlers.

3.4.3 Spannungs/Frequenz- und Frequenz/Spannungs-Wandler

Mit den A/D- und D/A-Wandlern verwandt sind die Spannungs/Frequenz-Frequenz/Spannungs-Wandler **(Bild 3.55)**. Sie werden hier jedoch als gesonderter Abschnitt behandelt.

a) U/f-Wandler   b) f/U-Wandler

Bild 3.55   Blockschaltbilder für U/f-f/U-Wandler

Neben einem weitgehend diskreten Aufbau werden heute meist integrierte Bausteine eingesetzt. Diese sind vorwiegend so ausgelegt, daß sie sowohl als Spannungs/Frequenz- als auch als Frequenz/Spannungs-Wandler verwendet werden können. Für die Regelungstechnik ist besonders der Frequenz/Spannungs-Wandler von Interesse, weil dieser zur Auswertung der Frequenz impulsförmiger Signale verwendet wird.

3.4.3.1 U/f-Wandler

Die Spannungs/Frequenz-Wandler, in Kurzform U/f-Wandler genannt, sind, genau wie die Frequenz/Spannungs-Wandler, den A/D-Wandlern nicht direkt zuzuordnen. Die Spannungs/Frequenz-Wandler arbeiten in den meisten Fällen nach dem »Delta-Modulations-Prinzip«. Sie lassen sich durch Ergänzung einer digitalen Frequenzmeßeinrichtung ohne besondere Schwierigkeiten zu A/D-Wandlern erweitern. **Bild 3.56** zeigt die Prinzipschaltung eines Deltamodulators.

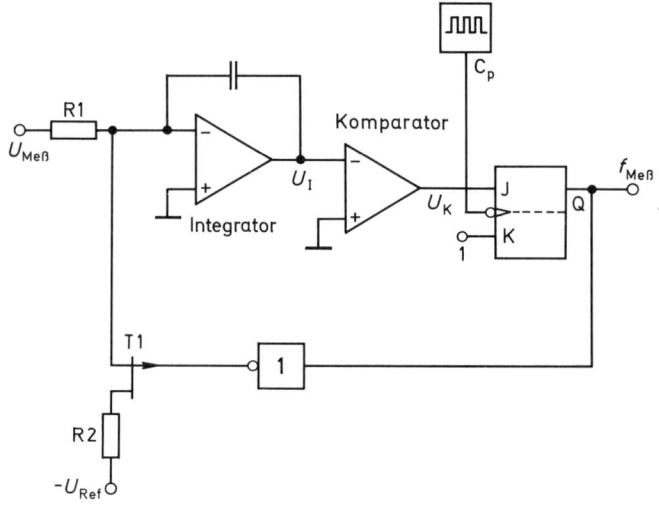

Bild 3.56   Prinzipschaltung eines Spannungs/Frequenz-Wandlers mit Deltamodulator

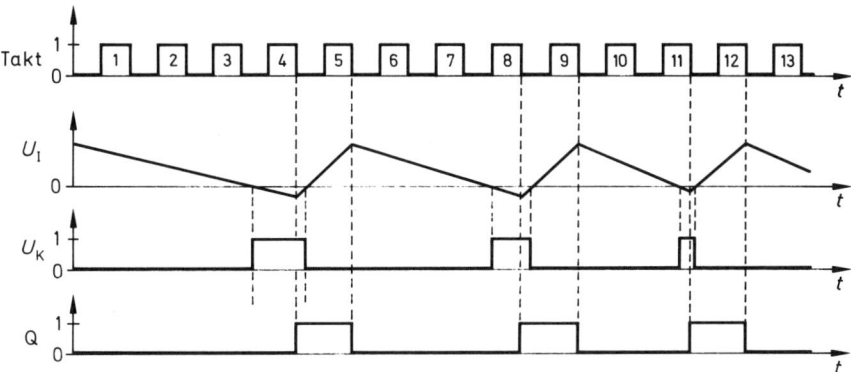

Bild 3.57 Signal-Zeit-Plan zur Schaltung nach Bild 3.59

Ein Spannungs/Frequenz-Wandler mit Deltamodulator besteht im wesentlichen wieder aus einer Kombination eines Integrators mit einem Komparator. Auf den Eingang des Integrators wird die positive Meßspannung U_{MESS} gegeben. Eine negative Referenzspannung $-U_{REF}$ kann über den Analogschalter T1 zugeschaltet werden. Die weitere Funktionsweise läßt sich aus dem Signal-Zeit-Plan nach **Bild 3.57** erkennen.

Hat die Ausgangsspannung des Integrators einen positiven Wert, so ist das JK-Kippglied zurückgesetzt ($Q = 0$). Der Transistor T1 sperrt, und die Integratorspannung sinkt unter dem Einfluß der positiven Meßspannung ab. Nach einer bestimmten Zeit, die proportional der Meßspannung ist, erreicht die Integrationsspannung Nullpotential. Der Komparator schaltet um ($U_K = 1$) und der J-Eingang des Kippgliedes erhält 1-Signal. Mit der nächsten abfallenden Flanke des Taktsignals wird daher das JK-Kippglied gesetzt ($Q = 1$).

Als Folge davon wird der Transistor T1 leitend, und der Integrator wird nun von der Differenzspannung $U_d = U_{MESS} - U_{REF}$ angesteuert. Da die Referenzspannung U_{REF} immer größer als die Meßspannung U_{MESS} sein muß, ergibt sich zwangsläufig eine negative Differenzspannung, so daß U_I wieder ansteigen muß. Nach Ablauf einer Zeit, die kleiner als die Taktperiode ist, erreicht U_I wieder Nullpotential. Der Komparator springt dadurch zurück ($U_K = 0$), und das JK-Kippglied wird mit der nächsten aktiven Taktflanke zurückgesetzt ($Q = 0$). Dieser Arbeitszyklus wiederholt sich fortlaufend. Die Integrationsspannung pendelt dabei kontinuierlich um das Nullpotential, wobei sich je nach Größe der Meßspannung ein mehr oder weniger großer Gleichspannungsanteil der Integrationsspannung U_I einstellt.

Dieser positive Mittelwert ist konstant. Es ergibt sich daher ein konstantes Verhältnis der Ströme durch die Widerstände R2 und R1. Der Strom durch R1 fließt kontinuierlich, da er nur von der Meßspannung bestimmt wird. Durch R2 fließt in Abhängigkeit von der Taktperiode ein impulsförmiger Strom, der in seiner Größe durch R2 und $-U_{REF}$ festgelegt ist. Als einzige variable Größe tritt die Zahl der Stromimpulse durch R2 auf. Sie ist ein proportionales Maß für die Meßspannung und entspricht der Ausgangsfrequenz f_{MESS}. Somit besteht ein lineares Verhältnis zwischen der Eingangsspannung U_{MESS} und der Frequenz der Ausgangsspannung f_{MESS}. Mit einem Spannungs/Frequenz-Wandler entsprechend **Bild 3.58** ist es durchaus möglich, einen Frequenzhub von 4 Dekaden zu erreichen. Die obere Grenzfrequenz wird von der internen Taktfrequenz bestimmt.

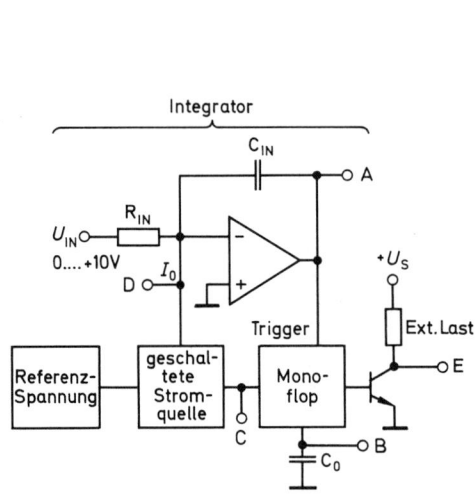
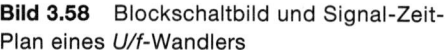
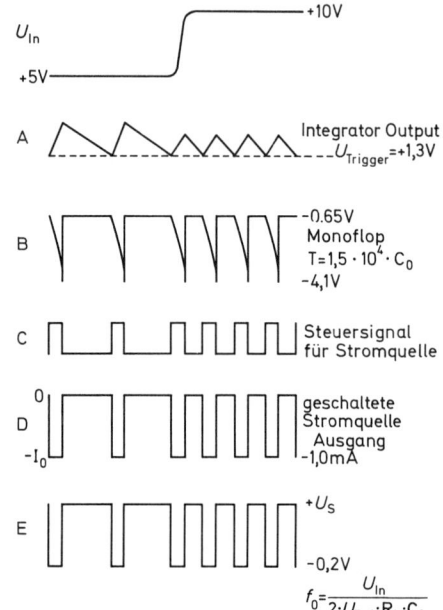

Bild 3.58 Blockschaltbild und Signal-Zeit-
Plan eines U/f-Wandlers

$$f_0 = \frac{U_{In}}{2 \cdot U_{Ref} \cdot R_{In} \cdot C_0}$$

Als Beispiel für einen integrierten Spannungs/Frequenz-Wandler ist hier der Baustein RC 4153 (Raytheon) herangezogen. Bild 3.58 zeigt das Blockschaltbild.

Der Eingangsstrom U_{IN}/R_{IN} lädt den Kondensator C_{IN} des Integrators so, daß die Spannung am Punkt C sinkt. Erreicht sie den Wert + 1,3 V (bausteinspezifisch), so wird das Monoflop getriggert. Bei B erscheint ein Steuersignal für die geschaltete Stromquelle. Infolge des von der Stromquelle während der Verweilzeit abgegebenen Stromimpulses wird die Ladung des Kondensators C_N so verändert, daß die Ausgangsspannung des Integrators wieder positiver wird. Nach Abschalten der Stromquelle sinkt die Ausgangsspannung des Integrators infolge von U_{IN} wieder ab. Der beschriebene Vorgang wiederholt sich, wobei die Eingangsspannung den Integriervorgang und damit den zeitlichen Abstand zwischen den Triggerungen des Monoflops bestimmt. Vom Monoflop wird neben der Stromquelle auch der Schalttransistor gesteuert, an dessen Kollektor (E) eine Impulsfolge mit zur Eingangsspannung U_{IN} proportionalen Frequenz abgenommen werden kann.

Berechnet wird in derartigen Schaltungen wenig, alle wichtigen Kennwerte ergeben sich aus den Unterlagen der Hersteller **(Bild 3.59)**. Die Werte für unterschiedliche Arbeitsbereiche sind in der Tabelle von Bild 3.59 zusammengefaßt.

3.4.3.2 f/U-Wandler

Obwohl bei den Frequenz/Spannungs-Wandlern ebenfalls Signale mit rechteckförmigem Verlauf in analoge Werte umgewandelt werden, können diese Wandler den D/A-Wandlern nicht direkt zugeordnet werden. Sie haben aber inzwischen eine große praktische Bedeutung bei der Messung von zeitabhängigen Vorgängen wie z.B. Drehzahlen, Geschwindigkeiten erlangt. **Bild 3.60** zeigt die Prinzipschaltung eines Frequenz/Spannungs-Wandlers.

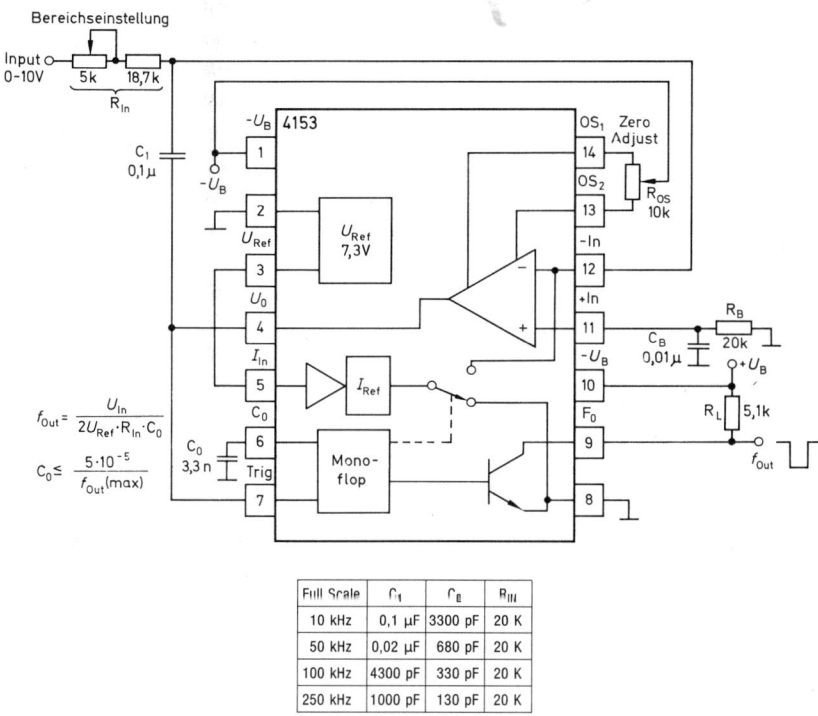

Bild 3.59 *U/f*-Wandler mit Offset-Kompensation und Verstärkungseinstellung

$$f_{Out} = \frac{U_{In}}{2 U_{Ref} \cdot R_{In} \cdot C_0}$$

$$C_0 \leq \frac{5 \cdot 10^{-5}}{f_{Out}(max)}$$

Full Scale	C_1	C_B	R_{In}
10 kHz	0,1 µF	3300 pF	20 K
50 kHz	0,02 µF	680 pF	20 K
100 kHz	4300 pF	330 pF	20 K
250 kHz	1000 pF	130 pF	20 K

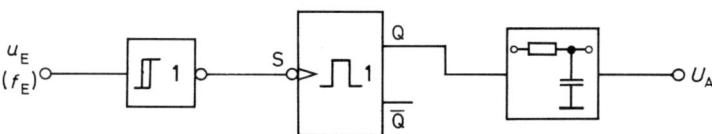

Bild 3.60 Prinzipschaltung eines Frequenz/Spannungs-Wandlers

Die mit beliebigem Spannungsverlauf vorliegende Eingangsfrequenz wird zunächst über einen Schmitt-Trigger in eine Spannung mit rechteckförmigem Verlauf umgeformt. Dieses rechteckförmige Signal triggert mit seiner negativen Flanke die monostabile Kippstufe, so daß am Ausgang Q eine Spannung mit rechteckförmigem Verlauf bei konstanter Impulsdauer auftritt. Diese Impulsdauer muß grundsätzlich kleiner sein als die Periodendauer der Eingangsspannung. Durch die Impulsdauer t_i wird also die obere Grenze der zu wandelnden Frequenz bestimmt.

Die Ausgangsimpulse gelangen auf ein Integrierglied. Dieses erzeugt eine Ausgangsspannung, die der Anzahl der Impulse pro Zeiteinheit und damit der Frequenz proportional ist. Der Ausgangsspannung U_A ist jedoch eine Restwelligkeit überlagert, die um

225

Beispiel 1:

Beispiel 2:

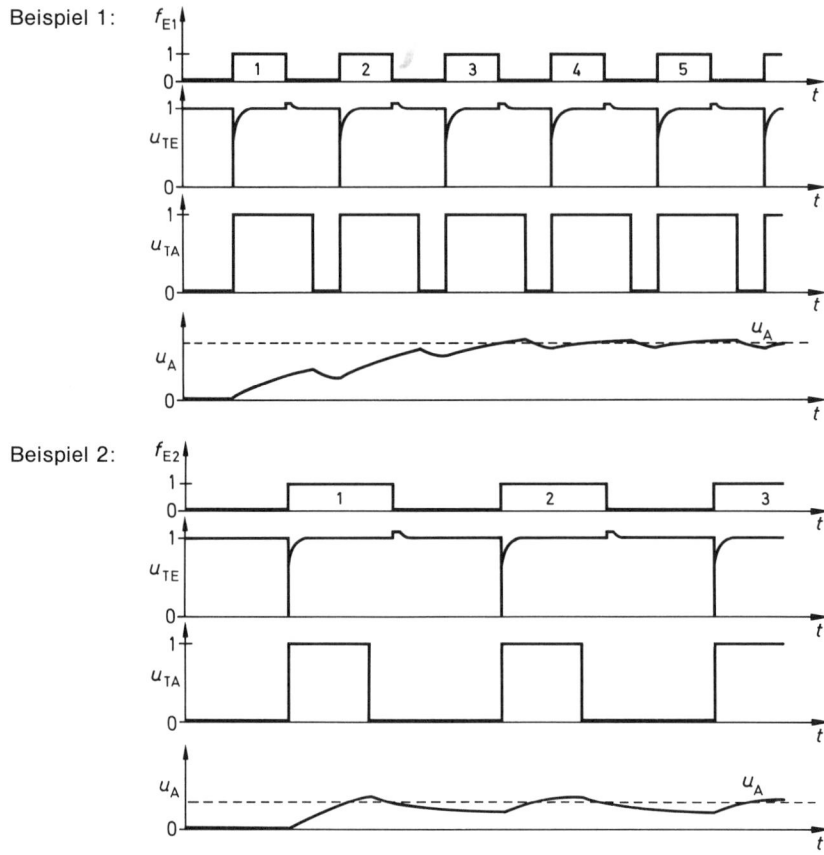

Bild 3.61 Signal-Zeit-Plan des Frequenz/Spannungs-Wandlers nach Bild 3.60

so größer ist, je kleiner die Eingangsfrequenz ist. Wird die Zeitkonstante des Integriergliedes groß gewählt, so wird zwar die Restwelligkeit kleiner, es tritt dann aber eine große Einschwingzeit auf. Dadurch würde der Wandler eine relativ lange Zeit benötigen, bis sich eine Änderung der Eingangsfrequenz auf die Ausgangsspannung auswirkt. Für jeden Einzelfall muß daher ein Kompromiß gefunden werden. **Bild 3.61** zeigt die Spannungsverläufe an zwei Beispielen mit unterschiedlicher Eingangsfrequenz.
Bild 3.62 zeigt als Beispiel für einen integrierten Baustein den *f/U*-Wandler RC 4153 (Raytheon).
Im Bild mit angegeben sind Werte wichtiger Komponenten für unterschiedliche Arbeitsbereiche des Wandlers. Die ankommenden Impulse steuern ein monostabiles Kippglied, das eine Referenzstromquelle steuert. Die erzeugten Stromimpulse werden aufintegriert.
Bereits anfangs wurde auf die Bedeutung dieser Wandler hingewiesen. Auch die Motor-Generator-Strecke des Schulungsgerätes hat einen *f/U*-Wandler zur Auswertung der für die Drehzahlbestimmung erzeugten Impulse.

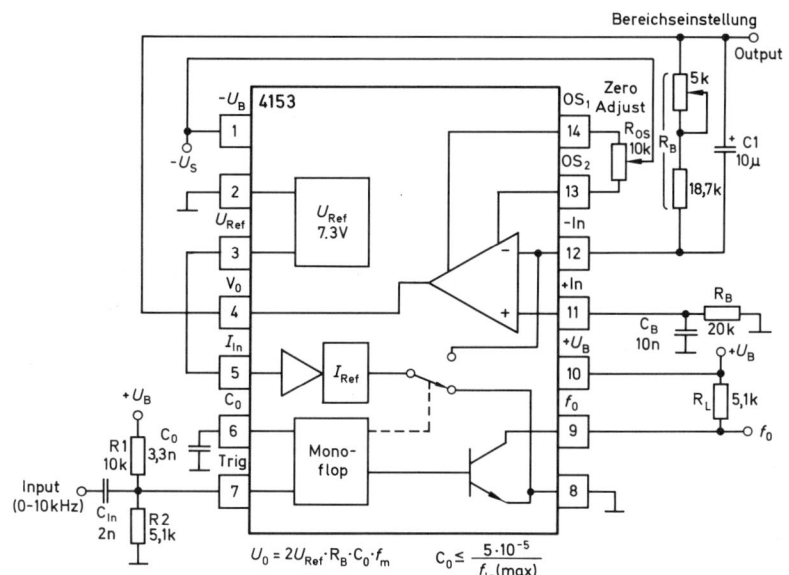

$$U_0 = 2U_{Ref} \cdot R_B \cdot C_0 \cdot f_m \qquad C_0 \leq \frac{5 \cdot 10^{-5}}{f_{In}(max)}$$

Full Scale	C_1	C_2	R_B
10 kHz	10 µF	3300 pF	20 K
50 kHz	2 µF	330 pF	40 K
100 kHz	1 µF	150 pF	43 K
250 kHz	0,2 µF	60 pF	39 K

Bild 3.62 *f/U*-Wandler mit Offset- und Bereichseinstellung

3.5 Digitale Meßwertübertragung

Die ersten Abschnitte dieses Kapitels behandeln die Aufbereitung und Übertragung von analogen Meßwerten. Im Abschnitt 3.4 ist die Umsetzung analoger in digitale Meßwerte und umgekehrt dargestellt. Die Übertragung digitaler Meßwerte oder allgemeiner digitaler Informationen ist eine Problematik, die über die Meßwertübertragung in digitaler Form für die Steuerungs- und Regelungstechnik weit hinausgeht. Da aber die Übertragung digitalisierter Meßwerte und ihre Rückwandlung in analoge Größen häufig mit Mikroprozessor- oder Mikrocomputersystemen in Zusammenhang steht, entsprechen sich Übertragung digitaler Meßwerte und die Übertragung digitaler Informationen. Digitale Übertragungen sind jedoch besonders dann von Vorteil, wenn mehrere unterschiedliche Geräte an der Datenübertragung beteiligt werden können. Daher ist die Normung der Schnittstellen besonders wichtig, dies gilt sowohl im innerbetrieblichen, regionalen, nationalen und internationalen Bereich. Ein erster Schritt einer Vereinheitlichung von Schnittstellen allgemein ist die Standardisierung von Geräteschnittstellen. An der Vereinheitlichung sind zahlreiche Gremien beteiligt.

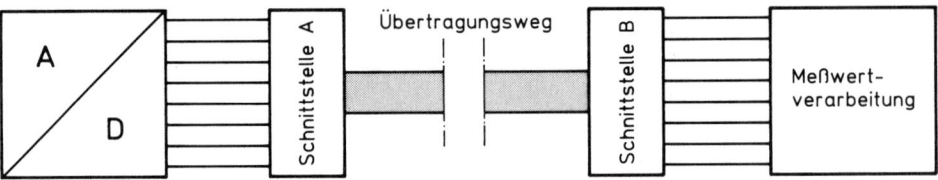

Bild 3.63 Digitale Meßwertübertragung

Um bei noch größeren Entfernungen zwischen Sender und Empfänger den Leitungsaufwand gering zu halten, wird das serielle Übertragungsverfahren verwendet. Hierbei
werden auch die Bits eines jeden Bytes nacheinander übertragen. Notwendig ist daher
nur eine Datenleitung. Das Grundprinzip einer Bit-seriellen und Byte-seriellen Datenübertragung ist in **Bild 3.64** dargestellt.

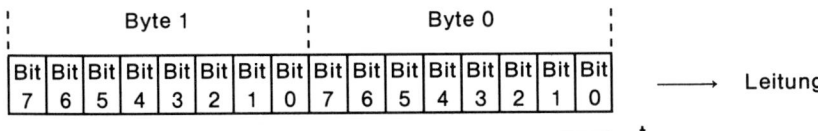

Bild 3.64 Prinzip einer Bit-seriellen und Byte-seriellen Datenübertragung

Eine Bit-parallele und Byte-serielle Datenübertragung wird bevorzugt, wenn die Länge
der erforderlichen Übertragungsleitungen klein und damit der Leitungsaufwand gering
bleibt oder aber eine hohe Übertragungsgeschwindigkeit erforderlich ist. Dies gilt z. B.
für den internen Datenverkehr in einem Computer, für die Verbindung vom Rechner
zum Drucker **(Bild 3.65)**.

Bit 7	Bit 7	→ Leitung 8
Bit 6	Bit 6	→ Leitung 7
Bit 5	Bit 5	→ Leitung 6
Bit 4	Bit 4	→ Leitung 5
Bit 3	Bit 3	→ Leitung 4
Bit 2	Bit 2	→ Leitung 3
Bit 1	Bit 1	→ Leitung 2
Bit 0	Bit 0	→ Leitung 1
Byte 1	Byte 0	→ t

Bild 3.65 Prinzip einer Bit-parallelen und
Byte-seriellen Datenübertragung

Zwangsläufig ergibt sich bei der Bit-seriellen und Byte-seriellen Datenübertragung
eine geringere Übertragungsgeschwindigkeit als bei dem Bit-parallelen und Byte-
seriellen Verfahren.

3.5.1 Serielle Übertragung

Damit bei der seriellen Übertragung die Daten übermittelt und beim Empfang fehlerfrei erkannt werden können, müssen die beteiligten Teilnehmer mit gleichen Geschwindigkeiten arbeiten. Hierzu sind bestimmte Übertragungsgeschwindigkeiten genormt. Die Angabe der Übertragungsraten erfolgt in bit je Sekunde, wobei 1 bit/s = 1 Baud ist.

Standardisierte Übertragungsraten

300, 600, 1200, 2400, 4800, 9600, 19 200, 48 000 Baud.
Die wichtigste Forderung ist, daß der Empfänger das erste Datenbit richtig erkennt. Hierzu bedarf es einer Synchronisation. Zur Erkennung des ersten Datenbits gibt es zwei unterschiedliche Verfahren:

Asynchrone Datenübertragung

Bei der asynchronen Datenübertragung wird jedes Zeichen, meist 8 bit, für sich gesendet. Dazu werden die Datenbits von einem Startbit und einem oder zwei Stoppbits eingerahmt. Das Startbit synchronisiert den Empfänger, die Stoppbits sind erforderlich, damit der Empfänger sich auf den Empfang der folgenden Zeichen einstellen kann. Die Übertragungsleitung besitzt bei asynchroner Datenübertragung in den Pausen stets den logischen Zustand 1. Das Startbit mit seinem Pegel 0 ist daher eindeutig als der Beginn eines Datenwortes zu erkennen. Die Zeit zwischen zwei Zeichen ist unkritisch, da jedes Datenwort einzeln übertragen wird. Zur Datensicherung kann vor dem oder nach den Stoppbits ein Paritätsbit eingefügt sein **(Bild 3.66)**.

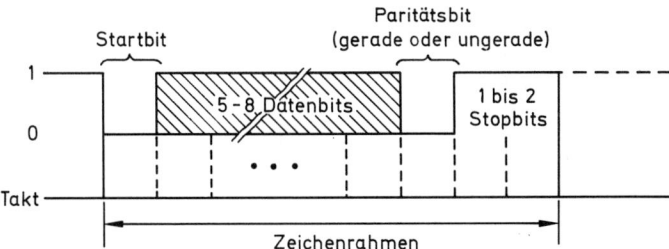

Bild 3.66   Aufbau eines Zeichens bei asynchroner Datenübertragung

Zur Erkennung der negativen Flanke, die den Beginn eines Zeichens durch das Startbit markiert, ist es notwendig, daß der Zustand der Datenleitung mit dem 16fachen der Übertragungsgeschwindigkeit abgefragt wird. Wird das Startbit erkannt, so erfolgt nach acht Takten, also mittig, eine Überprüfung. Ist der Zustand weiterhin 0, dann wird das Startbit als gültig anerkannt. Die Entscheidung über die Information eines Datenbits

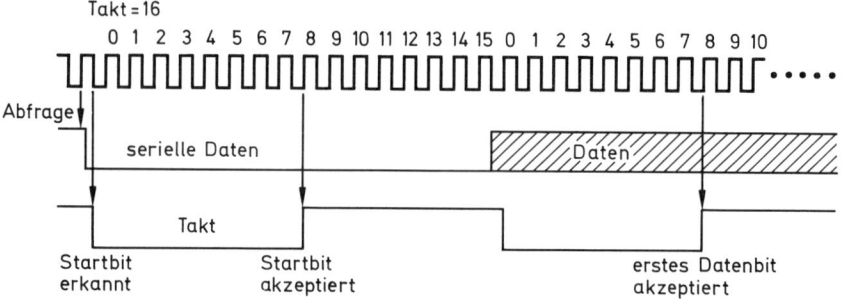

Bild 3.67 Startbit-Erkennung und Informationsübernahme bei asynchroner Datenübertragung

erfolgt jetzt stets mittig, damit etwaige Einschwingeffekte ausgeschaltet werden. Der technische Aufwand für die asynchrone Übertragung ist nicht groß, jedoch müssen jeweils zum Informationsinhalt des Datenworts weitere Informationen übertragen werden (**Bild 3.67**).

Bei den obigen Ausführungen zur asynchronen Datenübertragung erfolgt ein Signalwechsel zwischen den logischen Zuständen 0 und 1 nur genau entsprechend dem Übertragungstakt. Diese Übertragungsart wird auch als Non-Return-to-Zero (NRZ) bezeichnet. Es existieren hierzu jedoch noch einige Varianten. Beim RZ-Code (Return-to-Zero) wird für jede 1 ein Puls von halber Bitdauer übermittelt. Eine weitere Variante ist der NRZ-Mark-Code, bei dem zu Beginn jeder Bitperiode, für die eine 1 übermittelt wird, ein Zustandsübergang auf der Übertragungsleitung von 0 auf 1 oder 1 auf 0 gesendet wird. Bei Übertragung einer 0 ändert sich der Zustand auf der Leitung nicht. Der Bi-Phase-Code hat in der Mitte der Bitperiode einen Signalwechsel von 0 auf 1 oder umgekehrt. Er bietet die Möglichkeit, auf der Empfängerseite den Übertragungstakt zu gewinnen. Dies ermöglicht z. B. auch eine Anwendung bei der im folgenden Abschnitt beschriebenen synchronen Datenübertragung (**Bild 3.68**).

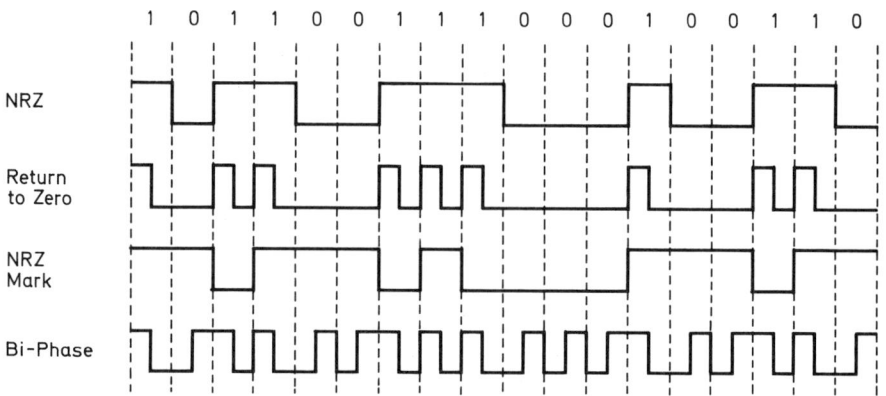

Bild 3.68 Beispiele für Übertragungs-Codes

Synchrone Datenübertragung

Bei der synchronen Datenübertragung gibt es keine Start- und Stopbits zwischen den Zeichen. Die Übertragung findet hier in einem festen Zeitraster statt. Das erste Bit dieses Datenblocks muß ebenfalls erkannt werden, dies erfolgt mit einem oder mehreren Steuerzeichen, die die Bezeichnung SYN erhalten. Zu Beginn einer Übertragung betrachtet der Empfänger jedes Bit auf der Datenleitung als erstes Bit eines Zeichens. Stimmt die empfangene Bitfolge mit der des SYN-Zeichens überein, so wird die Zeichensynchronisation hergestellt. Die folgenden Bits sind Bestandteile eines Zeichens. Das Ende eines Datenblocks wird mit einem Steuerzeichen mitgeteilt. Der Empfänger wartet dann auf ein neues SYN-Zeichen. Damit erhält ein Datenblock bei synchroner Datenübertragung folgenden Aufbau **(Bild 3.69)**.
- SYN-Zeichen zur Markierung des Blocks
- Datenblock, bestehend aus einer Kopfinformation und den Daten
- BCC-Zeichen (block check character = Blockprüfzeichen) für Prüfung auf fehlerfreie Übertragung
- Steuerzeichen für das Ende des Blocks

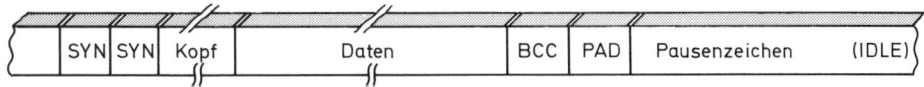

Bild 3.69   Aufbau eines Datenblocks bei synchroner Datenübertragung

3.5.2 Parallele Datenübertragung

Bei der parallelen Datenübertragung wird stets eine Einheit, z. B. ein Byte, mit allen Bits gleichzeitig übertragen. Angewandt wird diese Form der Übertragung vornehmlich dann, wenn hohe Übertragungsgeschwindigkeiten erforderlich sind. Hohe Geschwindigkeiten für den Daten- bzw. Informationsfluß ergeben sich insbesondere dann, wenn alle Steuerinformationen parallel zu den Dateninformationen übertragen werden, auch wenn hierfür weitere Leitungen erforderlich sind. Der für eine schnelle Datenübertragung erforderliche Aufwand ist also wirklich nur bei besonderen Anforderungen an die Datenübertragungsgeschwindigkeit und einer begrenzten Entfernung zwischen Datensender und Datenempfänger vertretbar. In der Steuerungstechnik und Automatisierungstechnik wird die parallele Datenübertragung nicht so häufig angewandt, jedoch arbeiten viele computergestützten Meßsysteme zur Meßwerterfassung und Meßwertauswertung mit paralleler Datenübertragung.

3.5.3 Codes für die Datenübertragung

Prinzipiell kann zur Datenübertragung jede beliebige Bit-Kombination herangezogen werden, wenn sichergestellt ist, daß sich die verbundenen Teilnehmer verstehen. Mit Rücksicht auf die Gegebenheiten in nationalen und internationalen Verbindungen werden jedoch auch in innerbetrieblichen Verbindungen der ASCII (American Standard Code for Information Interchange)-Code oder der weitgehend entsprechende Code nach DIN 66003 verwendet. Mit einem 7-bit-Code lassen sich $2^7 = 128$ Zeichen darstellen. Die definierten Zeichen sind, wie aus der Tabelle ersichtlich, in zwei Gruppen geteilt, nämlich in Text- und Steuerzeichen **(Bild 3.70)**.

						b7	0	0	0	0	1	1	1	1
						b6	0	0	1	1	0	0	1	1
						b5	0	1	0	1	0	1	0	1
b4	b3	b2	b1	Zeile	Hex	Spalte	0	1	2	3	4	5	6	7
						Hex	0	1	2	3	4	5	6	7
0	0	0	0	0	0		NUL	DLE	SP	0	§	P	`	p
0	0	0	1	1	1		SOH	DC1	!	1	A	Q	a	q
0	0	1	0	2	2		STX	DC2	"	2	B	R	b	r
0	0	1	1	3	3		ETX	DC3	#	3	C	S	c	s
0	1	0	0	4	4		EOT	DC4	$	4	D	T	d	t
0	1	0	1	5	5		ENQ	NAK	%	5	E	U	e	u
0	1	1	0	6	6		ACK	SYN	&	6	F	V	f	v
0	1	1	1	7	7		BEL	ETB	'	7	G	W	g	w
1	0	0	0	8	8		BS	CAN	(	8	H	X	h	x
1	0	0	1	9	9		HT	EM	)	9	I	Y	i	y
1	0	1	0	10	A		LF	SUB	*	:	J	Z	j	z
1	0	1	1	11	B		VT	ESC	+	;	K	Ä	k	ä
1	1	0	0	12	C		FF	FS	,	<	L	Ö	l	ö
1	1	0	1	13	D		CR	GS	-	=	M	Ü	m	ü
1	1	1	0	14	E		SO	RS	.	>	N	∧	n	ß
1	1	1	1	15	F		SI	US	/	?	O	—	o	DEL

Bild 3.70 7-bit-Code nach DIN 66003

Textzeichen

Die Textzeichen des DIN 66003-Code benötigen keine Erklärung. Das Dualwort des Codes setzt sich aus drei Bit (b5-b7) einer Spalte und vier Bit (b0-b4) der jeweiligen Zeile zusammen.

ACK Acknowledge, Positive Rückmeldung.
Mit diesem Zeichen bestätigt die Empfangsstation den fehlerfreien Empfang des vorgesehenen Blocks und zeigt gleichzeitig die weitere Empfangsbereitschaft an.

DLE Data Link Escape, Datenübertragungsumschaltung.
Dieses Zeichen bewirkt, daß die nachfolgenden Zeichen ein beliebiges Bitmuster besitzen, besondere Steuerinformationen.

NAK Negative Acknowledge, Negative Rückmeldung.
Dieses Zeichen dient als Aufforderung des Empfängers an den Sender, den fehlerhaft empfangenen Datenblock zu wiederholen.

SYN Synchronus Idle, Synchronisieren.
Bei synchroner Datenübertragung dient dieses Zeichen zur Synchronisation der beteiligten Datenstationen, es markiert meist den Beginn eines Blockes.

ETB End of Transmission Block, Ende des Übertragungsblocks.
Deutet auf das Ende eines Übertragungsblocks hin.

Die Bedeutung der einzelnen Steuerzeichen aus Spalte 0 und 1 werden im folgenden erläutert:

Übertragungssteuerzeichen

SOH Start of Heading, Anfang des Kopfes.
Zeichen, das den Beginn einer Steuerinformation markiert.

STX Start of Text, Textanfang.
Mit diesem Zeichen wird das Ende einer Steuerinformation und der Beginn des Textes markiert.

ETX End of Text, Textende.
Zeichen, das einen Text beendet.

EOT End of Transmission, Ende der Übertragung.
Zeigt das Ende einer Übertragungsperiode an, die aus einem oder mehreren Texten bestehen konnte. Dient zum Rücksetzen der DEE-Geräte in den Ausgangszustand.

ENQ Enquiry, Stationsaufforderung.
Dient zur Anforderung einer Antwort von einer Datenstation, z. B. zur Identifikation.

Steuerzeichen für Codeerweiterungen

SO, SI und **ESC** sind Steuerzeichen, die für eine Codeerweiterung verwendet werden.

Formatsteuerzeichen

BS, HT, VT, LF, FF, CR sind Steuerzeichen, die Grundbewegungen bei Druckern steuern.

Informationstrennzeichen

US/ITB Unit Separator, End of Intermediate Transmission.
Teilgruppen-Trennzeichen.

FS, GS und **RS** sind Trennzeichen für Dateien, Datengruppen und Datenuntergruppen.

Gerätesteuerzeichen

DC1 bis **DC4** Device Control Character, Gerätesteuerzeichen.
Mit diesem Zeichen können unterschiedliche Geräte eingeschaltet werden. Mit DC4 könnten dann alle eingeschalteten Geräte wieder abgeschaltet werden.

Sonstige Steuerzeichen

NUL Null.
Dieses Zeichen dient als Füllzeichen, ohne die Bedeutung anderer Zeichen zu verändern.

BEL Bell, Klingel.
Löst im Empfänger ein akustisches Signal aus.

CAN Cancel, ungültige Zeichenfolge.
Übermittelt, daß die vorangegangene Zeichenfolge fehlerhaft bzw. ungültig ist.

EM End of Medium, Aufzeichnungsende.
Deutet auf das Ende einer Aufzeichnung auf einen Datenträger hin.

SUB Substitute Character, Substitution.
Ersetzt ein fehlerhaftes Zeichen.

SP Space, Leerschritt.

DEL Delete, Löschen.
Dieses Zeichen dient zum Überschreiben bzw. Löschen fehlerhafter Zeichen auf einem Lochstreifen, kann auch als Pausenzeichen in Übertragungslücken eingebaut werden.

3.5.4 Verbindungsarten

Der Datenaustausch erfolgt immer zwischen mindestens zwei Teilnehmern. Bei der Nutzung der Leitungsverbindung wird zwischen drei Betriebsarten unterschieden.

Simplex-Betrieb

Als Simplex-Betrieb wird eine Übertragung bezeichnet, die nur in einer Richtung stattfindet. Dabei ist es unerheblich, ob der Datensender die Informationen nur einem oder gleichzeitig mehreren Empfängern übermittelt **(Bild 3.71)**.

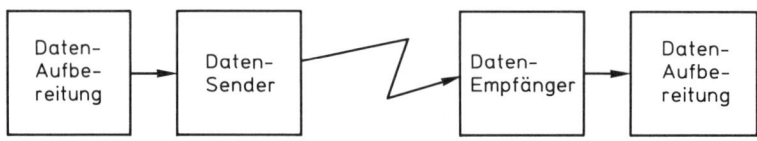

Bild 3.71 Simplex-Betrieb

Halbduplex-Betrieb

Im Halbduplex-Betrieb erfolgt der Informationsaustausch zwischen zwei oder mehr Teilnehmern abwechselnd in beiden Richtungen. Zusätzlich müssen Steuersignale eingeführt werden, die Sende- und Empfangsbereitschaft für beide Richtungen angeben **(Bild 3.72)**.

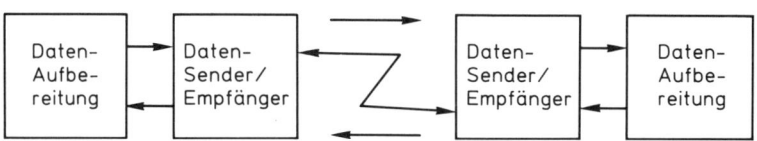

Bild 3.72 Halbduplex-Betrieb

Vollduplex-Betrieb

Im Vollduplex-Betrieb ist ein gleichzeitiger Datenaustausch von zwei oder mehreren Kommunikationseinrichtungen gegeben. Häufig sind hier auch getrennte Verbindungsleitungen bzw. unterschiedliche Kanäle vorhanden **(Bild 3.73)**.

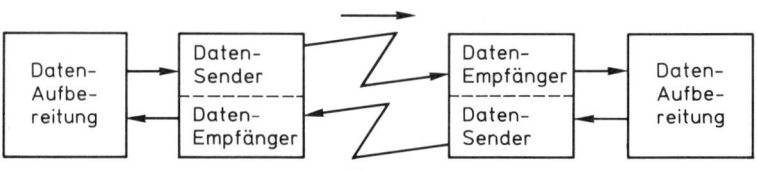

Bild 3.73 Vollduplex-Betrieb

3.5.5 Übertragungsstrecken

Zum Aufbau einer Datenverbindung werden üblicherweise zwei Einheiten definiert: Sender und Empfänger. Bei der Datenübertragung kann der Signalfluß jedoch nicht immer eindeutig festgelegt werden, daher verwendet man die Bezeichnung Daten-End-Einrichtung (DEE). Eine Datenendeinrichtung kann ein A/D-Wandler, ein Computersystem, ein D/A-Wandler, aber auch ein Drucker oder ein Anzeigesystem sein, unabhängig davon, ob das jeweilige Gerät als Sender oder Empfänger fungiert. Der englische, und damit international übliche, Ausdruck lautet Data Terminal Equipment (DTE) **(Bild 3.74)**.

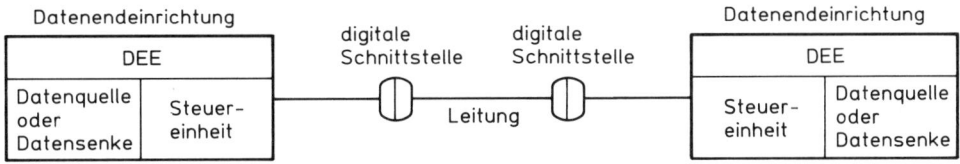

Bild 3.74 Datenübertragung zwischen zwei DEEs

Daten-End-Einrichtungen haben meist vereinheitlichte, digitale Schnittstellen. Wegen der größeren Bedeutung der seriellen Übertragung sind sie überwiegend als serielle Schnittstellen ausgeführt. Die bekannteste Serialschnittstelle ist die V.24-Schnittstelle, ihre Festlegung erfolgt nach EIA (Electronic Industries Association = Verband amerikanischer Elektronikhersteller) als RS232C oder nach DIN 66020. Sie weist folgende elektrische Eigenschaften auf **(Bild 3.75)**:
Spannungswert negativer als −3 V (zwischen −3 und −15 V): 1-Pegel engl.: Mark
Spannungswert positiver als +3 V (zwischen +3 und +15 V): 0-Pegel engl.: Space
Spannungswerte zwischen −3 und +3 V: nicht definiert

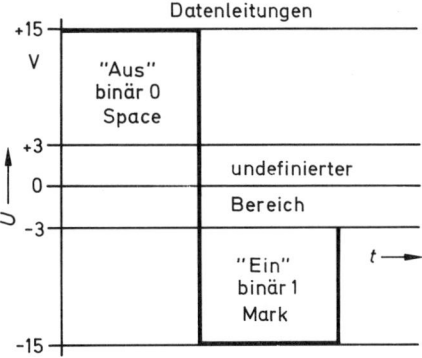

Bild 3.75 Kennlinie der V.24-Schnittstelle für Datenleitungen

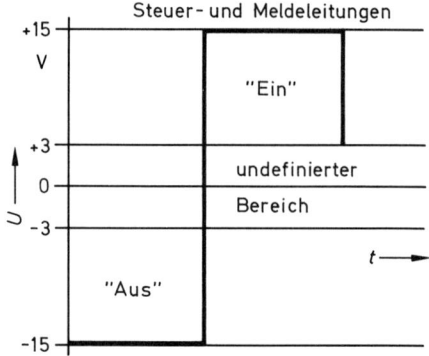

Bild 3.76 Kennlinie der V.24-Schnittstelle für Melde- und Steuerleitungen

Bei den Steuerleitungen gilt nach **Bild 3.76** folgende Zuordnung:
Spannungswert negativer als −3 V: Aus-Zustand
Spannungswert positiver als +3 V: Ein-Zustand

Als maximale Übertragungsrate sind 19 200 baud vorgesehen. Die Entfernung zwischen Sender und Empfänger sollte 20 m nicht überschreiten.
Üblich ist ein Subminiaturstecker nach ISO 2110 **(Bild 3.77)**.

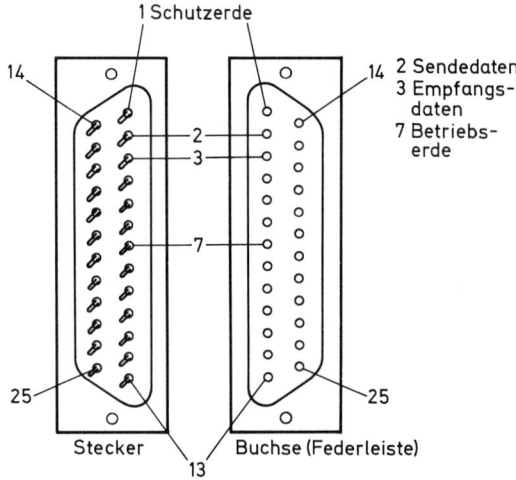

Bild 3.77 25polige Steckverbindung für V.24-Schnittstelle

Als Schnittstelle zwischen Daten-End-Einrichtung und Datensender bzw. Datenempfänger hat die V.24-Schnittstelle zusätzlich noch Steuer- und Meldeleitungen, die im folgenden kurz beschrieben werden.

Datenleitungen

Sendedaten D1   (TD Transmitted Data) Stift 2
Diese Leitung dient der Datenübertragung von DEE zur DÜE. Im Pausenbetrieb liegt 1-Signal an. Daten dürfen nur dann gesendet werden, wenn die Leitungen S1.2, S2, M1 und M2 1-Signal führen.

Empfangsdaten D2   (RD Received Data) Stift 3
Diese Leitung übermittelt Daten von DÜE zur DEE. Solange die Leitung M5 im Ruhezustand ist, wird auch diese Leitung D2 auf 1-Signal (Ruhezustand) gehalten.

Steuerleitungen

DEE Betriebsbereit S1.2 (DTR Data Terminal Ready) Stift 20
Liegt auf dieser Leitung 1-Signal (Ein-Zustand), so wird hiermit die Sende- oder Empfangsbereitschaft der DEE gemeldet. Zugleich wird mit diesem 1-Signal die Ankopplung der DÜE an die Datenleitung vorbereitet. Fällt der Pegel in den inaktiven Zustand, so erfolgt eine Abkopplung der DÜE von der Übertragungsleitung. Laut Festlegung darf die DEE erst dann wieder in den aktiven Zustand zurückkehren, wenn die Leitung M1 durch die DÜE inaktiv geschaltet ist.

Sendeteil einschalten (RTS Request To Send) Stift 4
Der Pegel auf dieser Leitung steuert den Sendeteil der DÜE, z. B. bei Halbduplex-Betrieb. Der Ein-Zustand bringt die DÜE in Sendebereitschaft, die nur solange aufrechterhalten bleibt, bis der Aus-Zustand von der DEE übermittelt wird. Die DEE darf nach Erkennen des Aus-Zustandes der DÜE diese Leitung erst dann wieder aktivieren, wenn die DÜE M2 inaktiv geschaltet hat.

Meldeleitungen

Betriebsbereitschaft M1 (DSR Data Set Ready) Stift 6
Der Ein-Zustand ist gegeben, wenn die DÜE an die Übertragungsleitung angeschlossen und zur Datenübertragung bereit ist.

Sendebereitschaft M2 (CTS Clear To Send) Stift 5
Der aktive Zustand dieser Leitung zeigt die Bereitschaft der DÜE an, die von der DEE auf D1 übermittelten Daten auszusenden.

Sendetakt T1   (Transmitter Signal Element Timing) Stift 24
Auf dieser Leitung wird der DÜE der Sendetakt zugeführt. Das Impuls-Pausen-Verhältnis soll möglichst 1:1 betragen. Die jeweilige negative Flanke markiert die Bit-Mitte auf D1.

Sendetakt T2   (Transmitter Signal Element Timing) Stift 15
Diese Leitung führt der DEE den Sendetakt zu.

Empfängertakt T4   (Receiver Signal Element Timing) Stift 17
Diese Leitung führt der DEE den Empfängertakt zu, die negative Flanke markiert die Bit-Mitte auf D2.

Der Aufbau von V.24-Schnittstellen erfolgt über speziell hierfür entwickelte, integrierte Bausteine.

Bei einer lokal begrenzten Verbindung zwischen digitalen Schnittstellen werden nicht alle Steuer- und Meldeleitungen verbunden. Unterschieden werden:
– Zweidraht-Verbindungen
– Vierdraht-Verbindungen
Die Zweidraht-Übertragung stellt die Minimallösung dar, eine Absicherung der Daten-übertragung kann nur innerhalb der gesendeten Informationen erfolgen. Bei der Vier-draht-Übertragung werden neben der Sende-(TD-) und Empfangs-(D2-)-Leitung auch die Steuerleitung RTS und die Meldeleitung CTS geschaltet.
Datenformat, die Überprüfung der gesendeten Daten durch Paritätscheck und die Übergabemodalitäten sind in einem zu dieser Schnittstelle gehörenden Protokoll fest-gelegt.

3.5.6 Kanalbildung bei der Datenübertragung

3.5.6.1 Zeitmultiplex

Zur Bildung mehrerer Kanäle wird das Zeitmultiplexverfahren verwendet **(Bild 3.78)**.

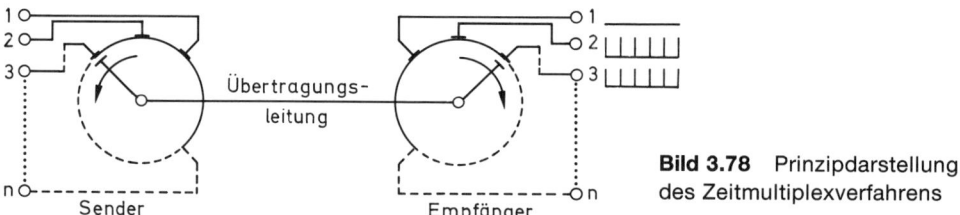

Bild 3.78 Prinzipdarstellung des Zeitmultiplexverfahrens

Der Vorteil dieser Technik besteht darin, daß mehrere Kommunikationspartner mit einem Übertragungsweg auskommen. Die Aufschaltung des jeweiligen Teilnehmers erfolgt über einen senderseitigen Mehrfachumschalter (Multiplexer) und einen empfän-gerseitigen Mehrfachumschalter (Demultiplexer). Multiplexer und Demultiplexer müs-sen jedoch exakt synchron arbeiten. In der Praxis ist festzustellen, daß nicht alle geschalteten Verbindungen auch zur Kommunikation genutzt werden, so daß die Über-tragung teilweise unterbrochen wird, um einen unbenutzten Kanal aufzuschalten. Dies ist ein Nachteil des hier beschriebenen Zeitmultiplexverfahrens.
Diesen Nachteil des Zeitmultiplexverfahrens umgeht das statistische Zeitmultiplexver-fahren. Diese Technik ordnet einzelnen Kommunikationspartnern variable Sendezeiten dynamisch zu. Allerdings erfordert dies vom Multiplexer die Ausgabe einer Empfänge-radresse, als auch vom Demultiplexer die Notwendigkeit der richtigen Zuordnung an den Empfänger.

3.5.6.2 Mehrfachnutzung auf Leitungen

Wird als Übertragungsweg ein Leitungsweg entsprechend dem öffentlichen Fern-sprechnetz verwendet, so ist die direkte Übertragung digitaler Informationen nicht möglich. Es ist die Zwischenschaltung eines Modulators beim Datensender und eines Demodulators beim Empfänger notwendig.

Die digitalen Informationen werden als Toninformationen übermittelt. Modulator und Demodulator stellen Gerätekombinationen dar, die die Bezeichnung Daten-Übertragungs-Einheit (DÜE) tragen. International üblich ist die englische Bezeichnung Data Communication Equipment (DCE). **Bild 3.79** zeigt den Aufbau einer Daten-End-Einrichtung und ihre Ankopplung an das öffentliche, analoge Netz anhand eines Blockschaltbildes.

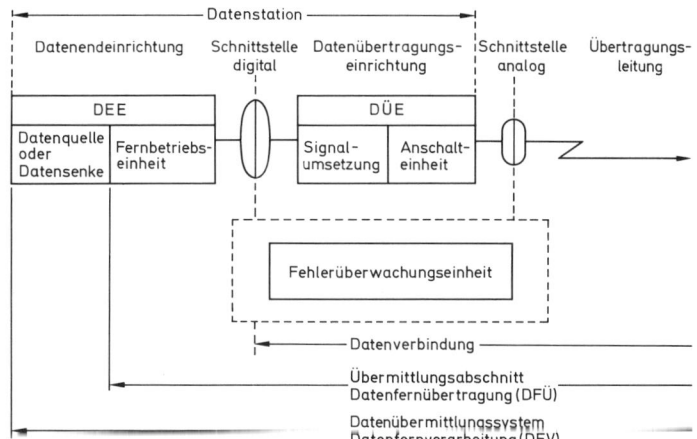

Bild 3.79   Daten-End-Einrichtung mit Ankopplung an ein analoges Netz

Für die Datenübermittlung kommen als Übertragungsmedien in Frage:

Elektrisches Kabel

Für die Übertragung werden symmetrische Leitungen mit Doppeladern oder vieladrige Kabel verwendet. Weiterhin sind oft koaxiale Kabel zweckmäßig. Der Vorteil koaxialer Kabel ist, daß der induktive Anteil im Vergleich zur Doppelader kleiner ist. Der kapazitive Anteil läßt sich durch geeignete Maßnahmen beeinflussen, wodurch die Bandbreite einer koaxialen Leitung im Vergleich zur Doppelader wesentlich größer ist. Derzeitige Werte liegen für eine Doppelader bei etwa 30 MHz, für ein Koaxialkabel aber bei etwa 600 MHz.

Lichtwellenleiter

Die Übertragung über Lichtwellenleiter (LWL) eröffnet neue Perspektiven. Die Bandbreite der Lichtwellenleiter ist sehr groß – bis zu 100 GHz. Dies bedeutet einen erheblich (etwa 200 ×) höheren möglichen Datendurchsatz über eine Datenverbindung mit LWL. Da der Informationsträger Licht ist, entfallen Störungen des Übertragungsweges durch kapazitive oder induktive Einkopplungen von Störungen.

Elektromagnetische Wellen

Elektromagnetische Wellen entstehen durch zeitliche Änderung von Strömen bzw. Spannungen. Durch Schwingungen in der Längsrichtung des Leiters (Antenne) werden elektromagnetische Wellen erzeugt, die sich mit Lichtgeschwindigkeit in die Umgebung ausbreiten. Hier können Frequenzen bis 300 GHz übertragen werden.

Auf diesen Verbindungen erfolgt Mehrfachnutzung, wie bei der analogen Signal-übertragung erläutert wurde, über Trägerschwingungen, denen die Information aufmoduliert wird. Grundsätzlich lassen sich alle Modulationsarten anwenden, üblich jedoch ist Frequenzmodulation (FSK) und Phasenmodulation (PSK). Für höhere Datenübertragungsgeschwindigkeiten werden Phasendifferenzmodulation (DPSK), hier steckt die Information im Phasenwechsel des ausgesendeten Trägersignals, und Quadratur-Amplitudenmodulation (QAM), eine Kombination von Amplituden- und Phasendifferenzmodulation, angewendet. Eine detaillierte Behandlung ist hier jedoch nicht möglich, es muß auf die einschlägigen Fachbücher zur Übertragungstechnik verwiesen werden.

Datenfernverbindungen werden bei niedrigeren Übertragungsgeschwindigkeiten auf Anforderung im Wahlverfahren hergestellt oder sind fest verschaltet. Welche Lösung bevorzugt wird, hängt meist vom insgesamt anfallenden zu übertragenden Datenvolumen ab. Bei höheren Datenübertragungsgeschwindigkeiten kommen nur fest geschaltete Verbindungen in Frage.

Beim Aufbau rein digitaler Netze hat die Pulsmodulation besondere Bedeutung. Bei Puls-Modulation wird unterschieden in Puls-Amplituden-Modulation (PAM), Puls-Pausenmodulation (PPM), Pulsdauer-Modulation (PDM) und Pulscode-Modulation (PCM). Besondere Bedeutung hat hier die PCM.

3.5.7 Bus-Systeme

Bisher behandelt wurden die Verbindungen zwischen Sender und Empfänger, sollen jedoch Stationen verbunden werden, die jeweils sowohl Senden wie Empfangen, dann steigt die Anzahl der erforderlichen Leitungswege erheblich an **(Bild 3.80)**.

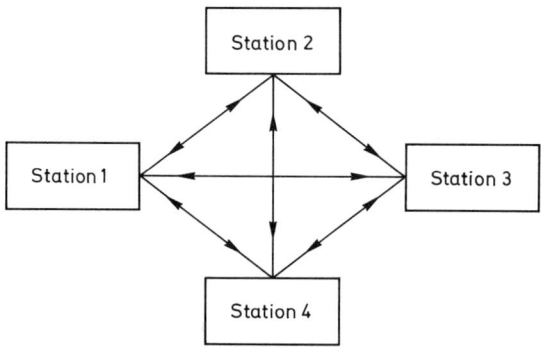

Bild 3.80 Verbindung von vier Stationen durch direkte Leitungen

Die Doppelpfeile bedeuten dabei Leitungsverbindungen mit Hin- und Rückweg. Ein wesentlicher Schritt zur Einsparung von Verbindungsleitungen ist der Übergang zu Bussystemen, deren prinzipiellen Aufbau **Bild 3.81** zeigt.

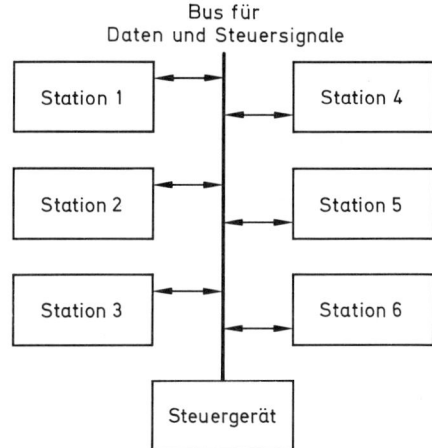

Bild 3.81 Bus-System mit 6 Stationen

Die Verbindung zwischen jeweils zwei Stationen bleibt nur relativ kurz bestehen, da zwischen allen Stationen Informationen ausgetauscht werden sollen. Steht für ein Bus-System nur eine Leitung zur Verfügung, Busbreite 1 bit, so kann die Datenübertragung nur seriell vorgenommen werden. Leistungsfähiger werden Bus-Systeme durch mehrere, parallele Leitungen, so daß auch Informationseinheiten parallel übertragen werden können. Übliche Busbreiten sind 4, 8, 16 und 32 bit.

Die Zahl der Datenleitungen reicht aber allein für den Verbindungsaufbau nicht aus, weil zusätzlich Steuersignale benötigt werden. Für diese wird neben dem Datenbus ein Steuerbus gebildet. Beim Datenverkehr kann zwischen zyklischer und wahlfreier

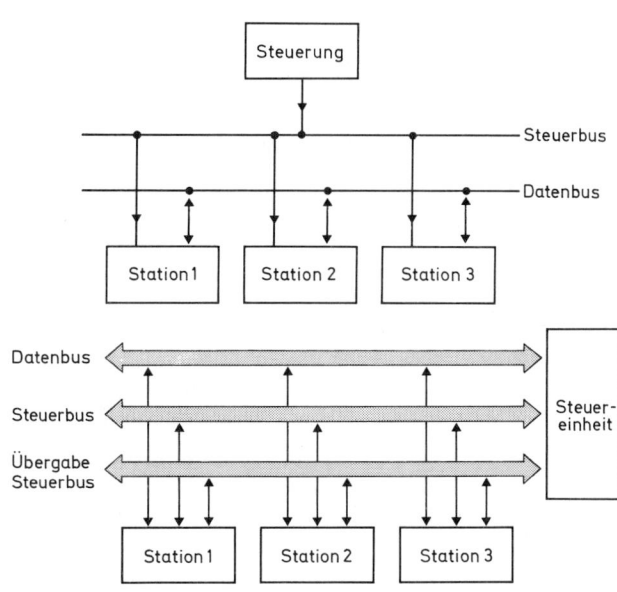

Bild 3.82 Grundprinzipien
von Bus-Systemen mit zyklischer und wahlfreier Steuerung

Steuerung unterschieden werden. Bei zyklisch gesteuertem Bus-System erfolgt der Informationsaustausch nach vorgegebenem Ablaufplan. Häufiger werden heute wahlfrei gesteuerte Bus-Systeme eingesetzt. Bedarf und Priorität eines Informationsaustausches wird durch die Steuereinheit festgelegt, erforderlich ist jedoch ein umfangreicherer Austausch von Steuerinformationen zwischen Stationen und Steuereinheit **(Bild 3.82)**.

3.5.7.1 Beispiel für ein serielles Bussystem

Der DIN-Meßbus wurde für eine digitale Datenübertragung zwischen Sensoren und Meßgeräten, Rechnern und Aktoren entwickelt. Es ist ein serieller Bus in 4-Draht-Verbindungstechnik mit Full-Duplex-Datenverkehr und RS 485-Schnittstellen. Die RS 485-Schnittstelle arbeitet mit Stromschleifen. Der DIN-Meßbus hat kurze Reaktionszeiten und ermöglicht Datenübertragungsgeschwindigkeiten bis 1 Mbaud. Der Bus ist in DIN 66348 Teil 2 genormt und nach den PTB-Richtlinien 50.20 für Anwendungen im gesetzlichen Meßwesen zugelassen. Vornehmlich eingesetzt werden soll der DIN-Meßbus zur Zusammenfassung örtlich verteilter Sensoren zu einem Meßsystem, er läßt sich jedoch ebenso in der Automatisierung von ausgedehnteren Anlagen nutzen. Der Meßbus arbeitet nach dem Master-Slave-Verfahren; die Hinleitung von einer Leitstation zu den bis zu 31 Teilnehmern kann jederzeit zu Sendungen an den Teilnehmer verwendet werden, auch wenn der Teilnehmer gerade aktiv ist. Die Rückleitung zur Leitstation wird von den einzelnen Teilnehmern im Zeitmultiplex geteilt, die nicht aktiven Geräte sind hochohmig geschaltet und belasten den Bus nicht.

Das Bussystem besteht aus der Leitstation und einer Haupt-Verbindungsleitung, die von der Leitstation zum ersten Bus-Adapter und von hier aus über die folgenden bis zum letzten Busadapter führt. Bei abgeschirmten und verdrillten Leitungen sind Übertragungsgeschwindigkeiten bis 19 200 Baud mit nahezu verzerrungsfreier Übertragung erreichbar. Da an jeden Bus-Adapter noch eine bis zu 5 m lange Stichleitung angeschlossen werden kann, lassen sich auch Baumstrukturen aufbauen. Mit Hilfe von Signal-Repeatern (Verstärkern) können die Haupt- und Stichleitungen noch verlängert werden. Um die Daten-Aktualisierungsfrequenz für einzelne Sensoren zu erhöhen, besteht die Möglichkeit, einzelne Teilnehmer mit einer höheren Priorität auszustatten. Die Meßbusadapter haben RS232-Schnittstellen, über die die Steuerinformationen an die Sensorsysteme übergeben und die digitalisierten Meßdaten von den einzelnen Sensoren übernommen werden. **Bild 3.83** zeigt den Aufbau eines solchen Bussystems schematisch.

Bussysteme für meßtechnische Anwendungen in der Steuerungs- und Automatisierungstechnik werden auch als Feldbussysteme bezeichnet. Neben dem DIN-Meßbus wurden weitere serielle Bussysteme entwickelt, die je nach Anwendungsgebiet unterschiedlich ausgelegt sind. Eine Vereinheitlichung dieser Bussysteme ist derzeit nicht zu erwarten, bei Einsatz entsprechender Hardware lassen sich die unterschiedlichen Betriebsarten jedoch anpassen, so daß auch ein Datentransfer zwischen den unterschiedlichen Bussen möglich ist.

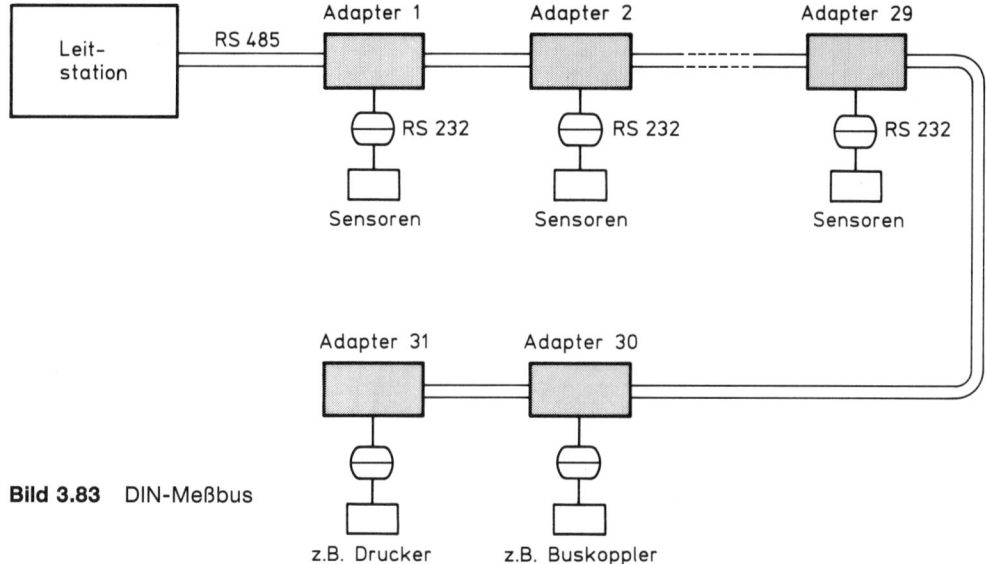

Bild 3.83   DIN-Meßbus

3.5.7.2 Beispiel für ein paralleles Bussystem

Beim IEC-Bus – als Beispiel für ein paralleles Bussystem – handelt es sich um ein genormtes Bus-System, das für den Einsatz in automatischen Meß- und Testsystemen entwickelt wurde. Die Schnittstellen des IEC-Busses in Deutschland sind in der Norm DIN-IEC 625 (IEC = International Electronical-Commission) und in den USA unter dem Dokument IEEE 488/78 (IEEE = Institute of Electronic and Electrical Engineers) beschrieben und festgelegt. Das Bus-System wird auch als GPIB (General Purpose Interface Bus) oder als HPIB (Hewlett Packard Interface Bus) bezeichnet.

Die am IEC-Bus arbeitenden Stationen können von der Busfunktion her in drei Gruppen eingeteilt werden:

1. Sprecher (Talker): ein Gerät, das vom Steuergerät aufgefordert wurde, Daten zu senden. Es kann immer nur eine Station die Rolle des Sprechers übernehmen.
2. Hörer (Listener): ein Gerät, das die vom Sprecher ausgesendeten Daten empfängt. Mehrere Stationen können gleichzeitig Hörer sein.
3. Steuergerät (Controller): Hierbei handelt es sich im allgemeinen um einen Rechner oder Personalcomputer mit entsprechender Software. Das Steuergerät kann abwechselnd die Rolle des Sprechers oder Hörers übernehmen. Im IEC-Bus ist im allgemeinen nur ein Controller vorhanden.

Insgesamt können in diesem Bus-System 15 Geräte zusammengeschaltet werden. Für die Zusammenschaltung gibt es eine Reihe von Vorschriften, die für einwandfreie Funktion unbedingt eingehalten werden müssen. So darf z. B. die Kabellänge zwischen zwei Geräten maximal 2 m betragen und die gesamte Kabellänge 20 m nicht überschreiten. Die Übertragungsgeschwindigkeit richtet sich nach dem langsamsten angeschlossenen Gerät. Von der Norm wird eine maximale Übertragungsgeschwindigkeit von 250 KByte/s empfohlen. Bei kürzeren Kabellängen sind jedoch bis zu 1 MByte/s zu erreichen.

Der IEC-Bus hat 16 Leitungen, sie sind in drei Gruppen unterteilt:

Datenbus (databus)	8 Leitungen
Quittierungsbus (data byte transfer control, handshake bus)	3 Leitungen
Managementbus (general interface management)	5 Leitungen

Den prinzipiellen Aufbau eines IEC-Bus-Systems zeigt **Bild 3.84**.

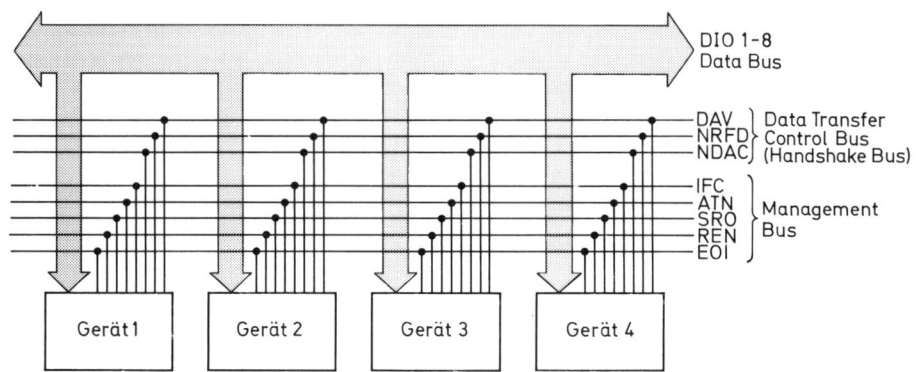

Bild 3.84 Prinzip eines IEC-Bus-Systems

Die acht Leitungen des Datenbusses werden mit DIO1 bis DIO8 (DIO = Data Input/Output) bezeichnet. Sie stehen für die Übertragung von Adressen, Programmbefehlen oder Meßwerten zur Verfügung. Die Informationseinheit besteht aus 8 bit (1 Byte), umfangreichere Informationseinheiten müssen in 8-bit-Teile zerlegt werden. Die Übertragungsart läßt sich als bit-parallel und byte-seriell bezeichnen. Als Code wird der international übliche ASCII-Code benutzt, der mit dem 7-bit-ISO-Code nahezu identisch ist. Das nicht benutzte achte Bit kann für eine Paritätskontrolle verwendet werden.

	Signalart	logischer Wert	Pegel
Für die Signalart gilt	aktiv	1	Low (L)
folgende Festlegung:	inaktiv	0	High (H)

Die Leitungen des Quittierungsbusses tragen die Bezeichnungen DAV, NRFD und NDAC. Die Signale auf diesen Leitungen sorgen für eine gegenseitige Rückmeldung über Bereitschaft und die Korrektheit des Datenaustausches. Diese gegenseitige Rückmeldung wird Quittungsbetrieb oder Handshake (auch handshaking) genannt. Durch die Signale werden folgende Funktionen realisiert:

DAV   Data Valid = Daten gültig
Über diese Leitung wird vom Sprecher gemeldet, daß die Daten gültig sind. Die Leitung hat dann 1-Signal (0V-Pegel).

NRFD   Not Ready For Data = nicht empfangsbereit
Über diese Leitung melden die Hörer mit 1-Signal (0V-Pegel), daß sie zur Aufnahme von neuen Daten bereit sind. Der Sprecher darf zwar Daten auf den Bus legen, jedoch das DAV-Signal nicht aktivieren.

NDAC   Not Data Accepted = Daten nicht aufgenommen
Über diese Leitung melden die Hörer, daß sie die Daten noch nicht übernommen haben. Nach Übernahme der Daten führt diese Leitung 0-Signal.

Die Leitungen des Managementbusses (auch Schnittstellensteuerbusses) tragen die Bezeichnungen ATN, IFC, REN, SQR und EOI.

ATN   Attention = Achtung
Mit einem Signal auf dieser Leitung informiert der Controller die angeschlossenen Geräte, ob es sich bei den auf den Datenleitungen anstehenden Signalen um eine Gerätenachricht (0-Signal) oder um Kommandos oder Adressen (1-Signal) handelt.

IFC   Interface Clear = Interface auf Ausgangs- oder Ruhezustand
Ein 1-Signal des Controllers auf dieser Leitung sorgt dafür, daß alle angeschlossenen Sprecher und Hörer in ihren definierten Ruhezustand gehen.

REN   Remote Enable = Fernsteuerung einschalten
Mit Signalen auf dieser Leitung werden von der Steuereinheit aus die angeschlossenen Geräte auf Fernsteuerung umgeschaltet und überwacht. Die Bedienungselemente dieser Geräte sind außer Betrieb.

SQR   Service Request = Bedienungsanforderung
Durch Signale auf dieser Leitung fordern die angeschlossenen Geräte die Steuereinheit zur Bedienung auf.

EOI   End Or Identify = Übertragungsende oder Geräteadressierung
Dieses Signal hat zweierlei Bedeutung, abhängig vom Zustand der ATN-Leitung. Die folgende Wahrheitstabelle zeigt die Wirkung von ATN und EOI.

EOI	ATN	Wirkung
0	0	Übertragung eines Datenbytes
0	1	Datenbus trägt Adresse oder Kommando
1	0	Ende des Datenblocks (letztes Zeichen)
1	1	Einleitung einer Parallelabfrage

Damit verschiedene Geräte zusammengeschaltet werden können, ist die mechanische Ausführung des Steckers und die Anschlußbelegung vorgegeben **(Bild 3.85)**.
Um die Entwicklung von IEC-Bus-kompatiblen Geräten zu erleichtern, werden spezielle Busbausteine hergestellt.
Zur Steuerung von IEC-Bus-Systemen werden meist Mikrocomputer eingesetzt. Sie müssen der jeweiligen Aufgabenstellung entsprechend programmiert werden. Für diese Programmierung sowie auf die in einem IEC-Bus-System bereits komplizierten Übertragungsprozeduren muß in diesem Rahmen auf Betriebshandbücher und Spezialliteratur verwiesen werden.

Cannon-Stecker	Signal	Amphenol-Stecker
1	DIO 1	1
2	DIO 2	2
3	DIO 3	3
4	DIO 4	4
5	REN	17
6	EOI	5
7	DAV	6
8	NRFD	7
9	NDAC	8
10	IFC	9
11	SRQ	10
12	ATN	11
13	Abschirmung	12
14	DIO 5	13
15	DIO 6	14
16	DIO 7	15
17	DIO 8	16
18	Masse GND	24
19	Masse (EOI)	–
20	Masse (DAV)	18
21	Masse (RFD)	19
22	Masse (DAC)	20
23	Masse GND	24
24	Masse (SRQ)	22
25	Masse (ATN)	23
–	Masse (IFC)	21

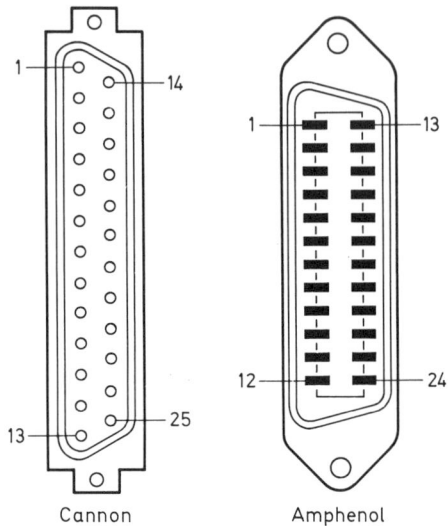

Cannon   Amphenol

Bild 3.85 Stecker und ihre Anschlußbelegung für den IEC-Bus

4 Grundlagen der Regelungstechnik

4.1 Allgemeines

Die Begriffe »Steuern« und »Regeln« sind in der Umgangssprache durchaus geläufig, sie werden jedoch häufig so angewendet, daß eine eindeutige Verständigung zumindest erschwert wird. So wird bei Rundfunk- und Fernsehgeräten von einem »Lautstärke-Regler« gesprochen. Dieser Lautstärkeregler hat jedoch nicht die Aufgabe, die Lautstärke bei sich ändernden Betriebsbedingungen – geringere Spannung des Antennensignals, Änderung der Versorgungsspannung oder Alterung von Bauelementen – auf dem vorgewählten Wert konstant zu halten, sondern es handelt sich um einen Drehknopf, über den die Verstärkungseinstellung der Endstufe verändert werden kann. Richtig wäre also die Bezeichnung »Lautstärke-Einsteller«, denn hier wird die gewünschte Lautstärke durch *Einstellen* der Verstärkung gewählt.

Ein Kraftfahrzeug wird, so der übliche Sprachgebrauch, über die Straßen »gesteuert«. Offensichtlich führt hier die eigentliche Bewegung des Steuerrads des Fahrzeugs zur Begriffswahl. In Wirklichkeit jedoch liegt eine Regelung vor, bei der der Fahrer ständig die Fahrtrichtung des Fahrzeuges mit dem Verlauf der Straße vergleicht und das Fahrzeug in einem durch Fahrbahnmarkierungen vorgegebenen Bereich hält. Auftretende Störungen wie Seitenwind oder Fahrbahnunebenheiten werden durch Einwirken des Fahrers ausgeglichen. Es liegt also ein Regelvorgang vor **(Bild 4.1)**.

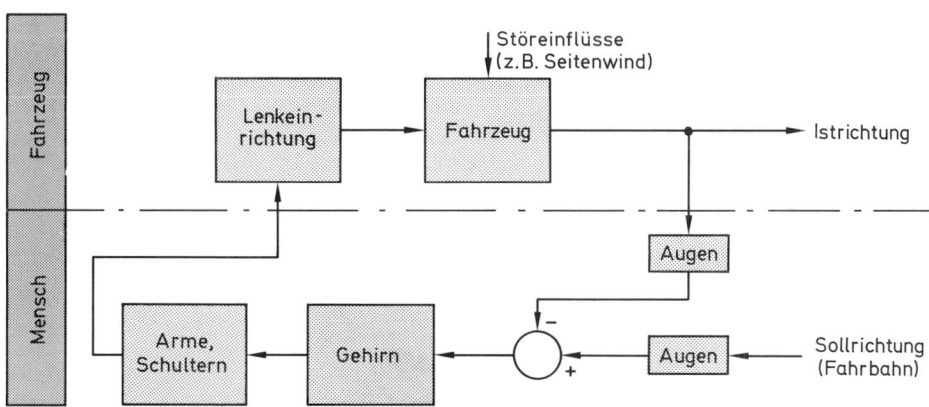

Bild 4.1   Führen eines Fahrzeuges auf der Straße (wirkungsmäßig)

Um im technisch-wissenschaftlichen Bereich eine eindeutige Verständigung zu erreichen, müssen die Begriffe exakt festgelegt und der Sprachgebrauch entsprechend angepaßt werden. Dies wird in den folgenden Abschnitten geschehen.

4.2 Steuern und Regeln

4.2.1 Das Steuern

Der Begriff *Steuern* ist für den fachtechnischen Gebrauch in DIN 19226, die den Titel *Regelungstechnik und Steuerungstechnik, Begriffe und Benennungen* trägt, festgelegt:

> »Das Steuern – die Steuerung – ist ein Vorgang in einem System, bei dem eine oder mehrere Größen als Eingangsgrößen andere Größen als Ausgangsgrößen auf Grund der dem System eigentümlichen Gesetzmäßigkeiten beeinflussen.«

Diese Festlegung muß natürlich allgemein getroffen werden, damit eben *alle* Steuerungen erfaßt werden.

Wirkt also in einem System eine Eingangsgröße auf das System ein und liefert dies mit dem ihm eigentümlichen Verhalten eine Ausgangsgröße, so liegt bereits eine Steuerung vor. Häufig wird eine Steuerung als Blockschaltbild dargestellt. **Bild 4.2** zeigt ein Blockschaltbild mit einer Eingangsgröße x_e und einer Ausgangsgröße x_a. Die Eingangsgröße wird durch einen Pfeil, der auf das System hinweist, dargestellt. Die Ausgangsgröße ist entsprechend durch einen vom System wegweisenden Pfeil gekennzeichnet. Die Pfeile geben die Wirkungsrichtung an.

Bild 4.2 Blockschaltbild für eine Steuerung mit einer Eingangsgröße und einer Ausgangsgröße

Das Blockschaltbild für mehrere Eingangsgrößen und mehrere Ausgangsgrößen zeigt **Bild 4.3**.

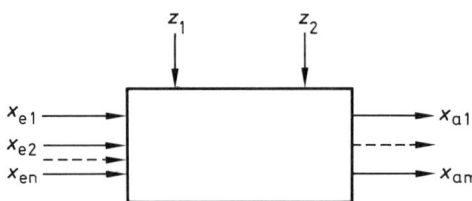

Bild 4.3 Blockschaltbild für mehrere Eingangs- und Ausgangsgrößen

Charakteristisch ist für die Steuerung, daß zwischen Ausgangsgrößen und Eingangsgrößen keine Rückwirkung besteht. Die Ausgangsgrößen nehmen also keinen Einfluß auf die Eingangsgrößen. Dies wird auch als *offener Wirkungsablauf* bezeichnet.

Neben den Eingangsgrößen können aber eine oder mehrere Störgrößen z eine Änderung des dem System eigentümlichen Verhaltens bewirken. Diese Störgrößen verändern die Ausgangsgröße oder -größen. Der offene Wirkungsablauf bedeutet, daß die durch eine Störgröße veränderte Ausgangsgröße keine Änderung der Eingangsgröße oder -größen nach sich zieht, am Ausgang bleibt für den Zeitraum der Störungseinwirkung eine gegenüber der Grundeinstellung veränderte Ausgangsgröße bestehen. Die Störgrößen werden durch auf den Block hinweisende Pfeile wie die Eingangsgrößen dargestellt. Um die Übersichtlichkeit zu erhöhen, weist der Störgrößenpfeil nicht auf die linke Kante des Systemblocks, sondern meist auf die obere Kante wie in Bild 4.3 dargestellt.

An drei Beispielen sollen die theoretischen Überlegungen konkreter aufgezeigt werden:

Spannungsverstärker

Bild 4.4 a zeigt einen elektronischen Verstärker mit Operationsverstärker, dessen Verhalten bereits im Lehrgang III »Grundschaltungen« ausführlich erläutert wurde.

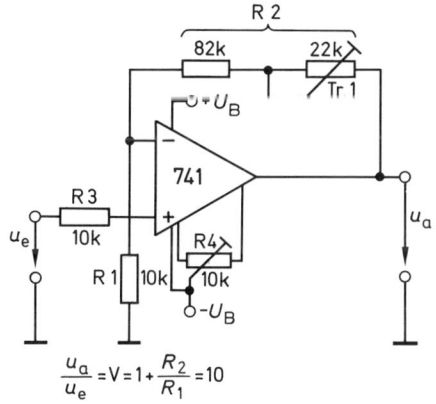

$$\frac{u_a}{u_e} = V = 1 + \frac{R_2}{R_1} = 10$$

a) Nichtinvertierender Verstärker

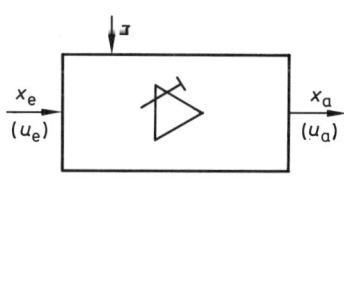

b) Symbolische Darstellung eines Steuerverstärkers

Bild 4.4 Elektronischer Verstärker als Steuerung

Der Verstärker hat eine 10 fache Verstärkung. Die Eingangsgröße x_e ist hier die Spannung u_e, die Ausgangsgröße x_a ist die Ausgangsspannung u_a.

Die Steuerung besteht, wie aus **Bild 4.4** zu erkennen ist, aus zwei Teilen, dem Stellglied, das hier als Potentiometer Tr. 1 ausgeführt ist und dem Verstärker selbst.

Als Störgrößen z können z. B. auftreten: Widerstandsänderung durch Erwärmung oder Abkühlung, Änderung der Offset-Spannung des eingesetzten Verstärkers.

Der in Bild 4.4 a dargestellte Verstärker kann aber auch in anderer Weise als Steuerung betrachtet werden, indem gemäß **Bild 4.5** die im Widerstand R_L umgesetzte Leistung P_a als Ausgangsgröße x_a angesetzt wird. Die Leistung P_a hängt ab von der Einstellung des Potentiometers Tr. Damit ist z. B. die Eingangsgröße x_e die Winkelstellung des Potis. In beiden Fällen sind die Eingangs- und Ausgangsgrößen jedoch physikalische Größen.

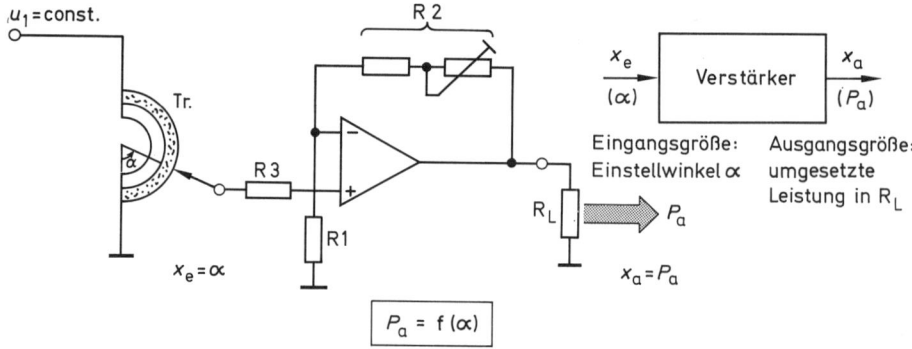

Bild 4.5 Umwandlung einer mechanischen Größe (Winkel) in eine elektrische Größe (Leistung) bei einer Steuerung

Drehzahlsteuerung eines Gleichstrom-Kleinmotors

Bild 4.6 zeigt diese Steuerung.

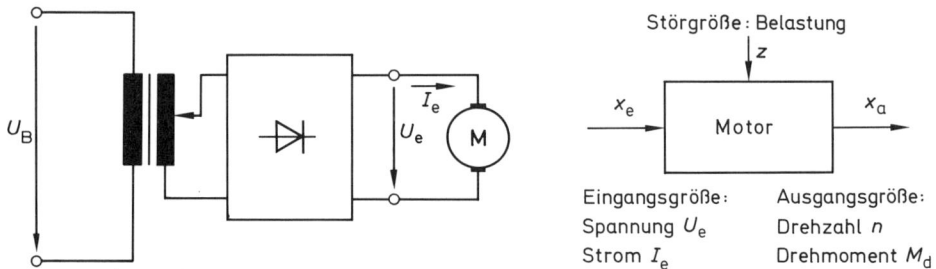

Bild 4.6 Drehzahlsteuerung eines Gleichstrom-Kleinmotors

Als Stellglied dient der Transformator mit einstellbarem Spannungsabgriff auf der Sekundärseite. Durch Einstellen des Abgriffs kann die Spannung U_e gewählt werden. Die üblichen Gleichstrom-Kleinmotoren arbeiten mit einem permanenterregten Magnetfeld. Die Drehzahl n ist eine Funktion der anliegenden Spannung U_e. Die Eingangsgröße x_e für die Steuerung ist dann U_e und die Ausgangsgröße x_a ist die Drehzahl n des Motors. Als Störgröße tritt meist eine Änderung der Belastung des Motors auf.
Auch hier sind andere Betrachtungsweisen möglich, so kann auch der Strom I_e als Eingangsgröße x_e und das Drehmoment M_d an der Welle des Motors als Ausgangsgröße angesehen werden.

Ventilsteuerung

Bild 4.7 zeigt ein Ventil als Steuerung.

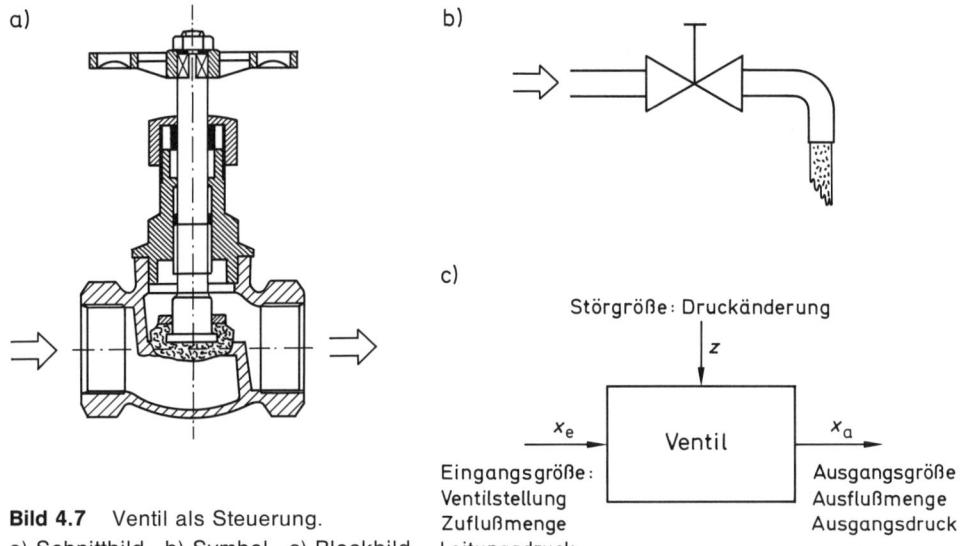

Bild 4.7 Ventil als Steuerung.
a) Schnittbild. b) Symbol. c) Blockbild

Dio Eingangogrößc x_e dcr Ctcucrung ist z. D. die Ventilstellung, die Ausgangsgröße x_a ist z. B. die Ausflußmenge der Flüssigkeit. Druckänderungen im Zufluß wirken sich als Störgröße z aus.

Die drei Beispiele zeigen hinsichtlich der Wirkungsabläufe Gemeinsamkeiten:

In der Steuerung wird ein Energie- oder Massenfluß beeinflußt. Dies geschieht durch ein Stellglied. Durch die Eingangsgröße x_e wird die Einstellung des Stellgliedes festgelegt. In der Strecke wird der Energiefluß entsprechend der Aufgabenstellung beeinflußt. Dabei sind auch Umwandlungen von Energieformen (z. B. elektrische Energie in Wärme) möglich. Aus dem Zustand am Ausgang der Strecke wird die Ausgangsgröße x_a abgeleitet.

Das System aus Stellglied und Strecke wird auch als Steuerstrecke bezeichnet. Diese Zusammenhänge sind in **Bild 4.8** dargestellt.

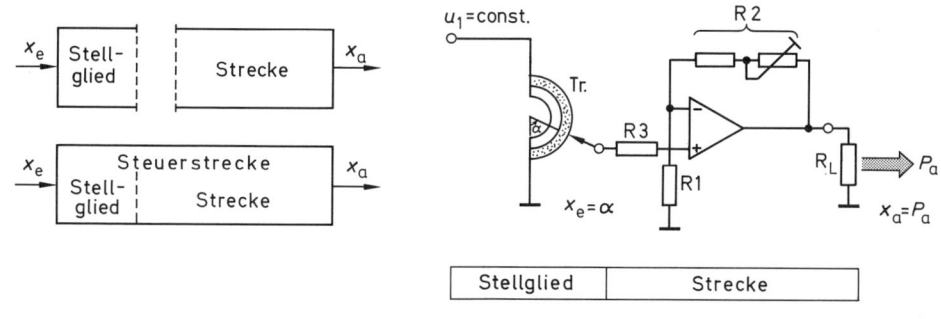

a) Blockschaltbild

b) Schaltbild in Prinzipdarstellung

Bild 4.8 Steuerstrecke

Bei der wirkungsmäßigen Betrachtung einer Steuerung ist allein der Zusammenhang der Größen und ihrer Werte wichtig, die im System miteinander in Verbindung treten. Häufig wird hierzu eine Kennlinie verwendet. **Bild 4.9** zeigt dies allgemein und für den Spannungsverstärker als Steuerung.

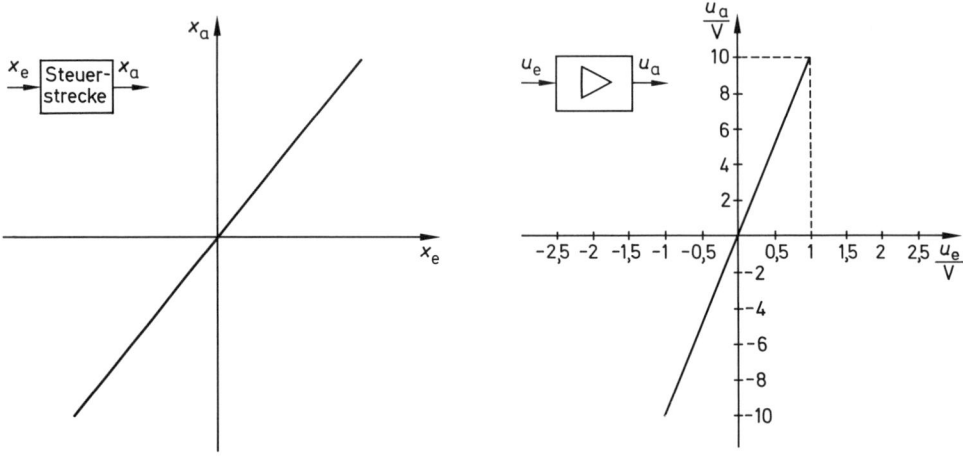

a) allgemeine Darstellung

b) zahlenmäßige Darstellung

Bild 4.9 Wirkungsmäßige Beschreibung einer Steuerung anhand einer Kennlinie

Die Beschreibung einer Steuerung kann aber auch gerätetechnisch erfolgen, indem die physikalischen und technischen Eigenschaften der Geräte, Baugruppen und Bauelemente, der Ort und die Anwendung im Wirkungsweg dargestellt werden **(Bild 4.10)**.

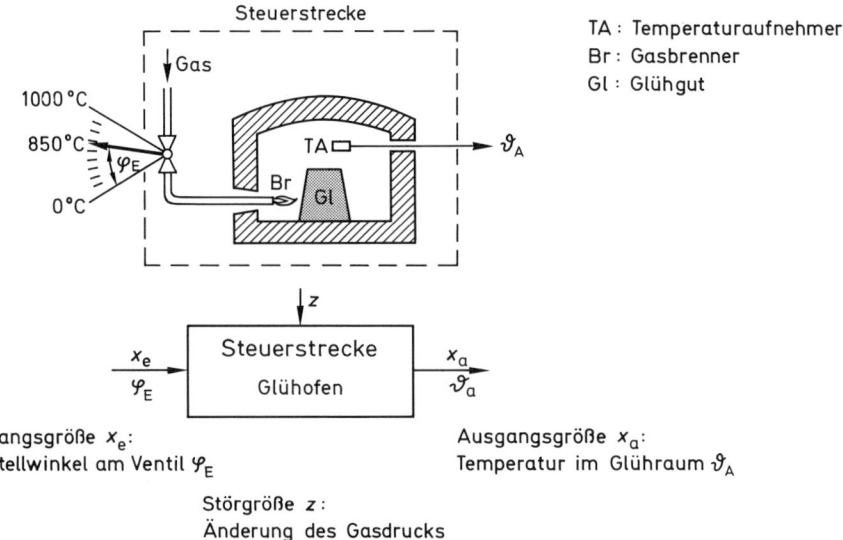

TA : Temperaturaufnehmer
Br : Gasbrenner
Gl : Glühgut

Eingangsgröße x_e:
Einstellwinkel am Ventil φ_E

Ausgangsgröße x_a:
Temperatur im Glühraum ϑ_A

Störgröße z:
Änderung des Gasdrucks
Änderung der Sauerstoffzufuhr

Bild 4.10 Gerätetechnische und wirkungsmäßige Beschreibung einer Steuerung

Bei der wirkungsmäßigen Beschreibung liegen zwischen Eingangs- und Ausgangsgröße Übertragungsglieder. Entsprechend treten bei einer gerätetechnischen
Beschreibung Bauglieder auf.

Soll der zeitliche Zustand einer Größe bezeichnet werden, so wird von einem Wert
dieser Größe gesprochen. Da es sich bei der Eingangsgröße um eine Vorgabe handelt,
wird der Wert der Eingangsgröße Sollwert genannt. Der Wert der Ausgangsgröße ist
charakteristisch für den durch den Steuervorgang erreichten Zustand und heißt
entsprechend Istwert. Bei Soll- und Istwerten ist jedoch die zeitmäßige Zuordnung
zueinander von besonderer Bedeutung.

Für die praktische Anwendung wird die wirkungsmäßige Beschreibung häufig noch
etwas erweitert. **Bild 4.11** zeigt ein Beispiel.

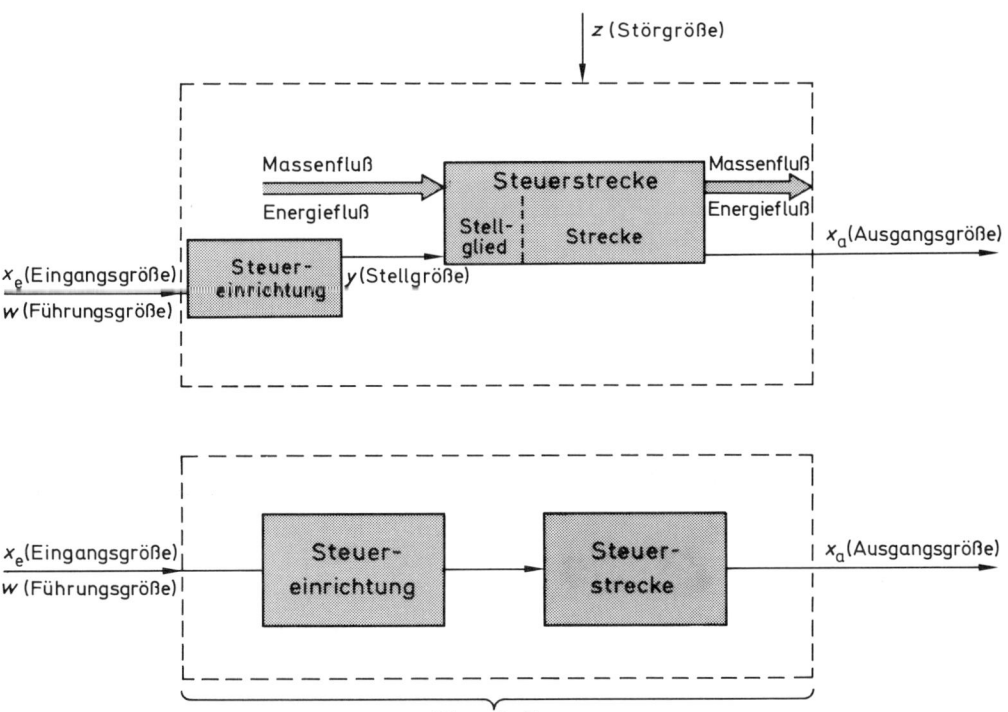

Bild 4.11 Ausführliche wirkungsmäßige Betrachtung einer Steuerung

Das **Bild 4.11** enthält folgende Begriffe und Benennungen der Steuerungstechnik:

Strecke ist der Teil der Steuerstrecke, der die Ausgangsgröße x_a aufbaut, erzeugt bzw. abgibt.

Stellglied ist der Teil der Steuerstrecke, der unmittelbar in den Wirkungsablauf und damit in den
Energie- oder Massenfluß eingreift. Der Ort des Eingriffs heißt *Stellort*. Es gibt Stellglieder mit
stetigem Verhalten: Schieber, Drosselklappen, Transistoren und Gleichrichter mit veränderlicher
Ausgangsspannung, und solche mit unstetigem (Ein-, Ausgangs-) Verhalten: Relais, Schütze,
Thyristoren.

Stellgröße y ist die Größe, die das Stellglied steuert. Sie ist die Ausgangsgröße der Steuereinrichtung.

Die *Steuereinrichtung* erzeugt die Stellgröße *y*. Sie ist dabei als Teil des Wirkungsweges anzusehen, der die aufgabengemäße Beeinflussung der Steuerstrecke über das Stellglied bewirkt. Sie wird von der Eingangsgröße x_e beeinflußt. Die Eingangsgröße x_e wird auch als *Führungsgröße w* bezeichnet.

Die *Störgröße z* steht stellvertretend für alle Einflüsse, die von außen auf die Steuerung einwirken können.

Steuerkette heißt die Gesamtheit aus Steuereinrichtung, Stellglied und Strecke.

4.2.2 Steuerungsarten

In der Technik kommen die unterschiedlichsten Steuerungen vor. Um an der Bezeichnung sofort ablesen zu können, welcher prinzipielle Aufbau der Steuerung vorliegt, sind eine Reihe Begriffe eingeführt worden. Man unterscheidet **(Bild 4.12)**:

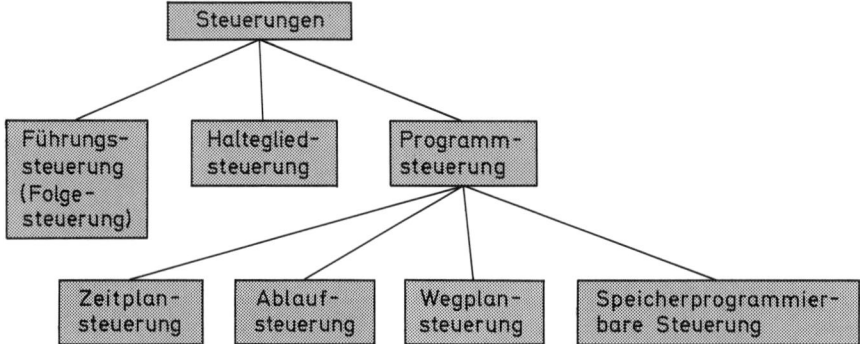

Bild 4.12 Einteilung der Steuerungen

Führungssteuerung

Zwischen Führungsgröße *w* und Ausgangsgröße x_a besteht im Beharrungszustand ein eindeutiger Zusammenhang, solange Störgrößen keine Abweichungen verursachen.

Beispiel: Führungssteuerung der Raumbeleuchtung durch Dimmer **(Bild 4.13)**.

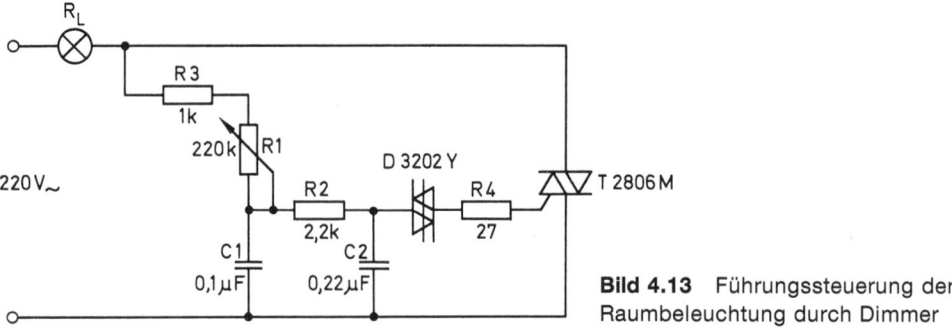

Bild 4.13 Führungssteuerung der Raumbeleuchtung durch Dimmer

Haltegliedsteuerung

Die Führungsgröße tritt nur kurzzeitig auf. Die Steuereinrichtung mit Stellglied folgt der Führungsgröße und hält die Einstellung, bis ein neuer Wert der Führungsgröße eine Zustandsänderung erzwingt.

Beispiel: Haltegliedsteuerung eines Antriebes mit Tastern **(Bild 4.14)**.

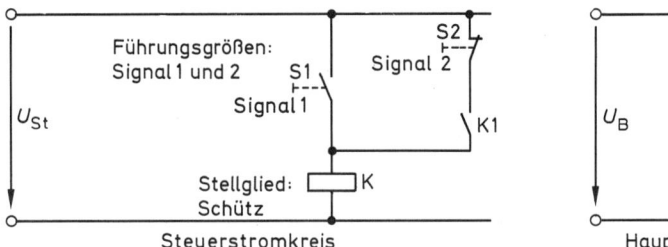
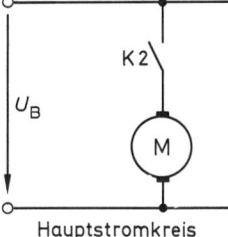

Bild 4.14 Haltegliedsteuerung eines Antriebes mit Tastern

Programmsteuerung

Bei den Programmsteuerungen wird zwischen Zeitplansteuerung, Wegplansteuerung, Ablaufsteuerung und speicherprogrammierbarer Steuerung unterschieden.

a) Zeitplansteuerung

Ein zeitabhängiger Programmgeber liefert die Führungsgröße, der die Ausgangsgröße folgt.

Beispiel: Zeitplansteuerung durch Nockenschaltwerk oder Kartenschaltwerk **(Bild 4.15)**.

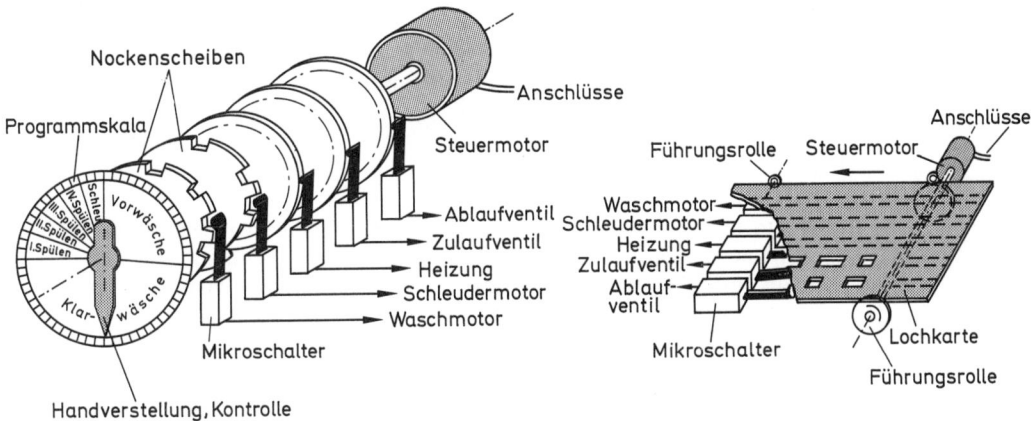

Bild 4.15 Zeitplansteuerung durch Nockenschaltwerk oder Kartenschaltwerk

b) *Wegplansteuerwerk*

Die Führungsgröße wird von einem wegabhängigen Geber erzeugt.

Beispiel: Wegplansteuerung durch Kopiervorgang **(Bild 4.16)**.

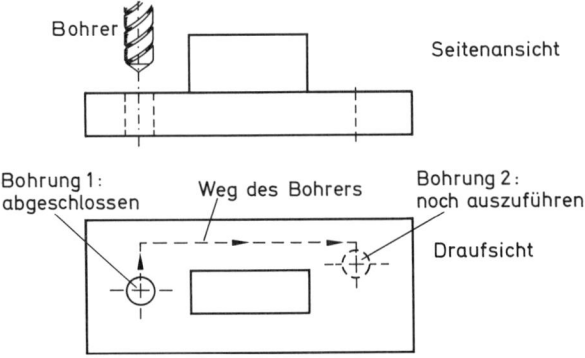

Bild 4.16 Wegplansteuerung durch Kopiervorgang

c) *Ablaufsteuerung*

Die Ablaufsteuerung ist eine höhere Form der Programmsteuerung. Bei ihr werden Bewegungen oder andere physikalische Vorgänge in ihrem zeitlichen Ablauf durch Schaltsysteme nach einem Programm gesteuert, das in Abhängigkeit von erreichten Zuständen in der gesteuerten Anordnung schrittweise durchgeführt wird **(Bild 4.17)**.

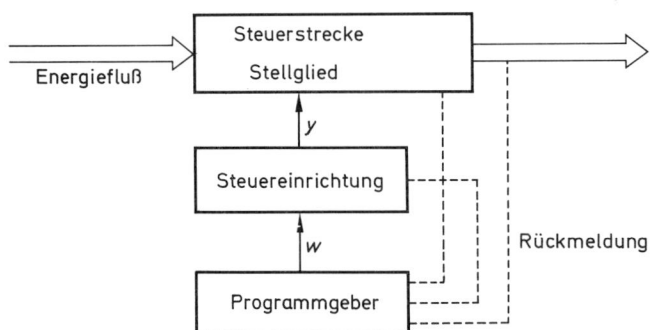

Bild 4.17 Signallaufplan bei Ablaufsteuerung

Zu beachten ist bei Bild 4.17, daß die gestrichelten »Rückmeldelinien« keine Rückführung im regelungstechnischen Sinne bedeuten. Sie symbolisieren hier die Ablaufbedingungen, die sich aus Prozeßkriterien und Erfüllungsbedingungen bestimmter Steuergrößen zusammensetzen. Diese Kriterien müssen erreicht werden, um den nächsten Ablaufabschnitt einzuleiten. Im Sinne einer Wirkungslinie tritt ein Signalfluß, d. h. eine Signalauswirkung, erst nach Erreichen des Zustandskriteriums auf. Ein Beispiel einer einfachen Ablaufsteuerung ist die selbsttätige Stern-Dreieck-Anlaufschaltung. Als Ablaufbedingung tritt hier die Mindestanlaufzeit bzw. die Mindestdrehzahl des Drehstromasynchronmotors auf, nach deren Überschreitung erst eine Umschaltung erfolgen darf **(Bild 4.18)**.

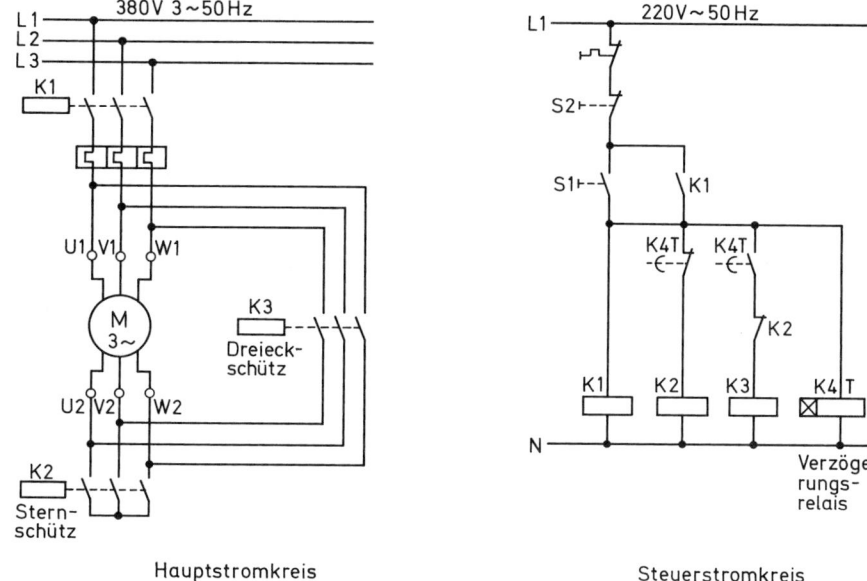

Hauptstromkreis   Steuerstromkreis

Bild 4.18 Automatische Stern-Dreieck Anlaufschaltung

d) *Speicherprogrammierbare Steuerung*

Mit zunehmendem Automatisierungsgrad steigen auch die Anforderungen an die Steuerungstechnik. Bei Schütz-, Relais- und elektronischen Steuerungen werden die Beziehungen zwischen den Eingängen und Ausgängen mit Hilfe eines Stromlaufplanes beschrieben. Die Schaltgeräte bzw. die elektronischen Bausteine werden durch Verdrahtung an die Steuerungsaufgabe angepaßt. Solche Systeme werden verdrahtungsprogrammierte oder verbindungsprogrammierte Steuerungen genannt. Ein Stromlaufplan für eine Steuerung kann aber auch vollständig beschrieben werden, indem alle Verknüpfungen aufgezählt werden. So lautet z. B. die Beschreibung für die Schaltung in **Bild 4.19**:

Wenn a oder b geschlossen wird und c geschlossen bleibt, dann schaltet das Relais y ein.

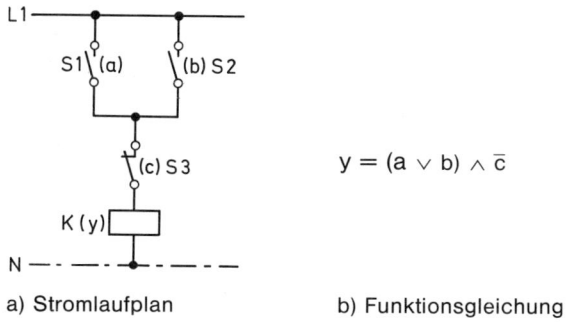

$$y = (a \lor b) \land \overline{c}$$

a) Stromlaufplan   b) Funktionsgleichung

Bild 4.19 Relaissteuerung

In vielen Fällen können die o. g. Steuerungen aufgrund begrenzter Verknüpfungsmöglichkeiten nicht mehr wirtschaftlich gefertigt und eingesetzt werden. Die Verwendung eines Prozeßrechners ist andererseits zu aufwendig. Für diesen Sektor der Steuerungstechnik werden mittlerweile von mehreren Herstellern speicherprogrammierbare elektronische Steuerungen angeboten. Für diese Steuerungen ist auch der Begriff SPS üblich.

Mit ihnen wird im Gegensatz zu den fest verdrahteten Steuerungen die Automatisierungsaufgabe durch ein Programm ausgeführt. Der Vorteil dieser Systeme liegt u. a. auch darin, daß mit einem relativ geringen Befehlsvorrat durch folgerichtige Anordnung dieser Befehle der vollständige Steuerungsablauf beschrieben werden kann. Typische Anwendungen sind z. B. die Steuerung von Walzstraßen, Werkzeugmaschinen, Kunststoffmaschinen, Hochregallagern.

Die wesentlichen Baugruppen einer solchen Steuerung zeigt **Bild 4.20**.

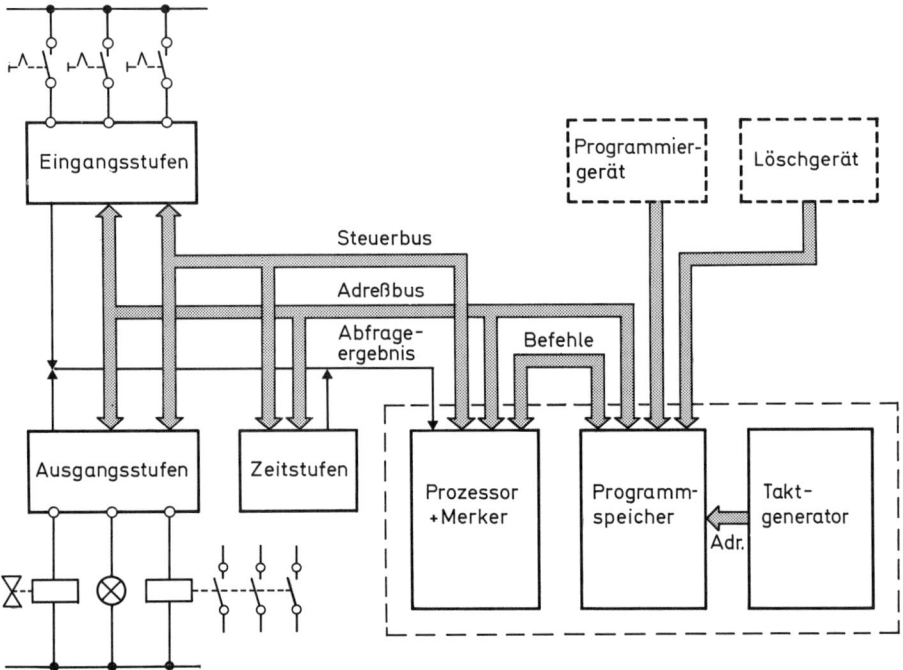

Bild 4.20   Prinzipieller Aufbau einer speicherprogrammierbaren Steuerung

Während der Programmspeicher die Anweisungen des Programms enthält, bearbeitet der Prozessor den Befehlsteil der Anweisungen. Sie beginnen mit Verknüpfungsbefehlen und enden mit Einschaltbefehlen. Der Taktgenerator ermöglicht dabei in Verbindung mit einem Adreßzähler die ständige Abfrage der Anweisungen. Die Eingangs- und Ausgangsstufen sorgen für eine Anpassung der externen Glieder an die programmierbare Steuerung.

4.2.3 Bausteine von Steuerketten

Bausteine von Steuerketten sind vielfältig und sehr unterschiedlich, so daß hier nur die wichtigsten Steuereinrichtungen, Stellglieder und gesteuerten Geräte behandelt werden können.

4.2.3.1 Steuereinrichtungen

Ein einfaches Steuergerät ist der Schalter. Mit Schaltern werden Schütze, Wärmeerzeuger oder Motoren geschaltet. Das Signalverhalten ist binär, da nur die Zustände »Kontakt geschlossen« oder »Kontakt geöffnet« auftreten können. Schalter sind je nach ihrem Verwendungszweck unterschiedlich ausgeführt:

Stellschalter

Stellschalter behalten nach Betätigung den jeweiligen Schaltzustand bei. Sie kommen als Dreh-, Kipp-, Wipp- oder Druckschalter vor. Die Schalter haben vorwiegend die Stellungen »Ein« und »Aus«. Eine weitere Form ist der Wahlschalter mit mehreren Schaltstellungen. Wahlschalter werden meist als Drehschalter ausgeführt. **Bild 4.21** zeigt einige typische Ausführungen.

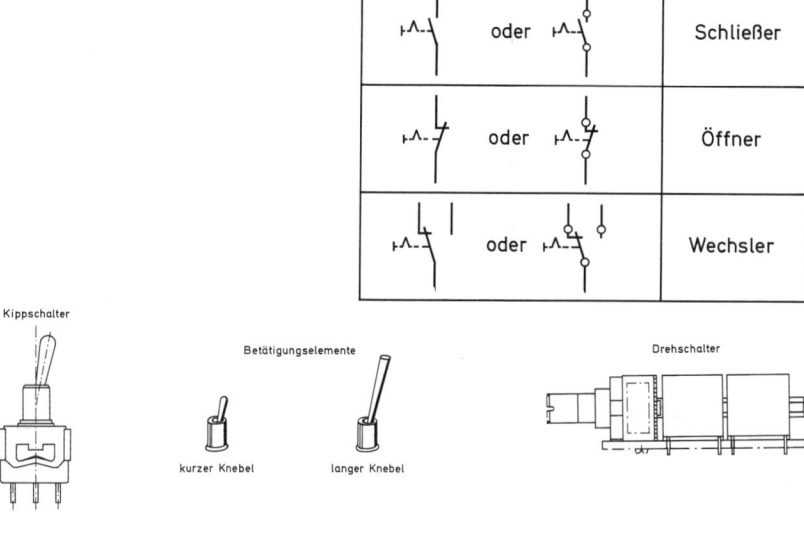

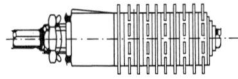

Bild 4.21 Stellschalter

Tastschalter

Tastschalter – auch Taster genannt – wirken nur bei Betätigung. Federn bringen die Schaltstücke beim Loslassen wieder in die Ausgangslage. **Bild 4.22** zeigt den Aufbau sowie das Schaltzeichen.

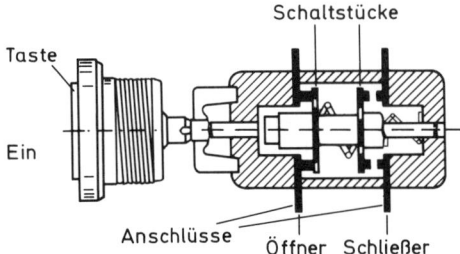

Bild 4.22 Tastschalter

Bei den bisher behandelten Schaltelementen erfolgte die Auslösung durch mechanische Kräfte. In der modernen Elektronik werden zunehmend elektronische Schalter eingesetzt. Der Vorteil ist die berührungslose Kontaktgabe. Vorwiegend sind dies induktive, magnetische, kapazitive und optische Näherungsschalter. Die Auslösung erfolgt durch Veränderung eines magnetischen Feldes, eines elektrischen Feldes oder der Ausbreitung eines Lichtstrahles. **Bild 4.23** zeigt solche Schalter.

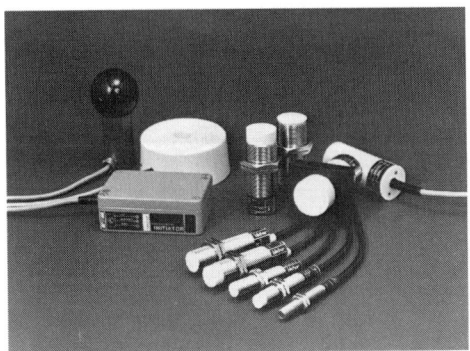
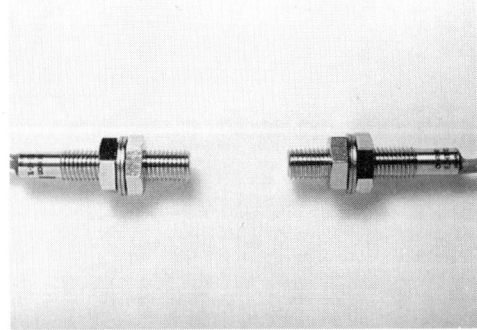

Bild 4.23 Schalter für berührungslose Kontaktgabe (Werkbilder Bircher (links) und Omron (rechts))

Schütze und Relais

Diese Bauelemente enthalten ebenfalls Schaltkontakte. Die Betätigung erfolgt magnetisch. Schütze sind für höhere Spannungen und Ströme konstruiert, sie haben eine hohe Schaltleistung. Relais unterscheiden sich von den Schützen im Aufbau und haben außerdem kleinere Schaltleistungen. Für den Einsatz in der Elektronik eignen sich vor allem Relais mit Schutzgaskontakten. **Bild 4.24** zeigt Schnittdarstellungen für Schütze und Relais, die die Funktion erkennen lassen.

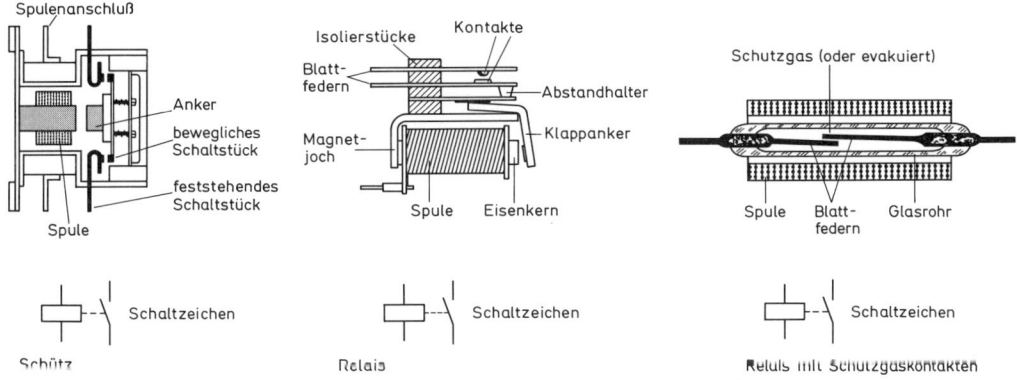

Bild 4.24 Schütze und Relais

Temperatur- und lichtgesteuerte Schalter

Bild 4.25 zeigt eine Steuereinrichtung zur Auswertung von Temperaturen. Eingesetzt wird hier ein PTC. Bei höheren Temperaturen vergrößert sich der Widerstand des Temperatursensors und löst einen Schaltvorgang aus, der den Hauptstromkreis unterbricht und den Motor stillsetzt. Angewendet werden solche Steuerschaltungen zum Schutz von Wicklungen in elektrischen Maschinen.

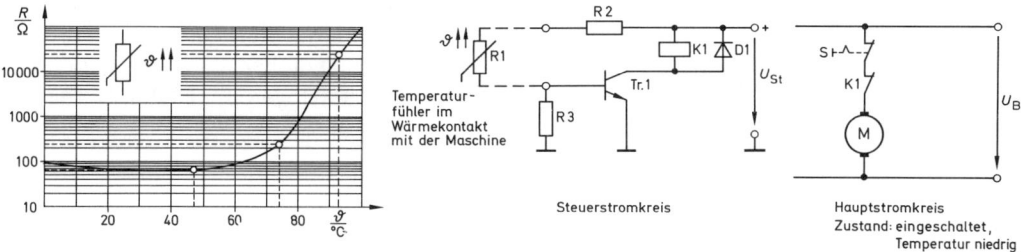

Bild 4.25 Schutz vor Übertemperatur mit PTC

NTCs ermöglichen, wegen der linearen Kennlinie, auch die Erzeugung analoger Steuersignale.
Die Helligkeit des Lichts läßt sich ebenfalls für Steuervorgänge ausnutzen. **Bild 4.26** zeigt einen Dämmerungsschalter.

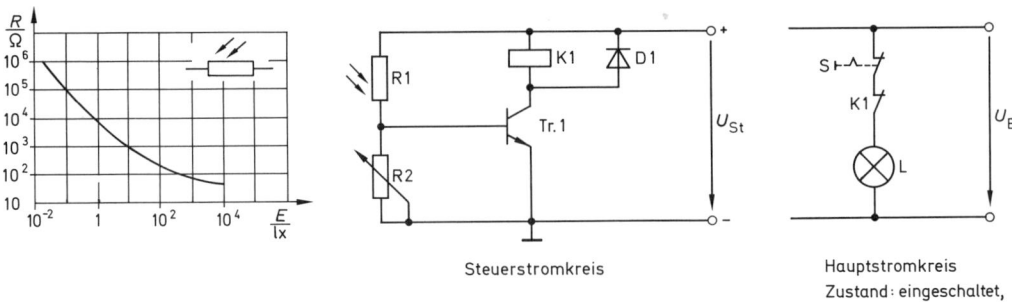

Steuerstromkreis

Hauptstromkreis
Zustand: eingeschaltet,
Belichtung hoch

Bild 4.26   Dämmerungsschalter

4.2.3.2 Stellglieder

Mit der Steuereinrichtung wird aufgabengemäß die Steuerstrecke beeinflußt. Die Stellglieder haben dabei den Massenstrom bzw. Energiestrom so zu beeinflussen, daß die Ausgangsgröße sich in gewünschter Weise verändert. Unterschieden wird zwischen unstetigen und stetigen Stellgliedern.

Unstetige Stellglieder lassen nur eine grobstufige Verstellung zu. Im Extremfall kann das die Stellungen »Auf – Zu« oder »Ein – Aus« bedeuten. Schalter sind daher auch Stellglieder.

Stetige Stellglieder dagegen können in einem Bereich jede beliebige Stellung einnehmen, als Beispiele werden Stellventil, Transistor und Thyristor behandelt.

Stellventil

Ventile und Schieber werden in vielen Fällen mit elektrischen Antrieben betätigt. Die Antriebe haben meist kleinere Leistungen, müssen aber relativ schnell reagieren. Dies ist bei der Auswahl des Antriebsmotors zu berücksichtigen. In Stellantrieben werden Getriebe verwendet, um eine Anpassung von Stellbewegung und Antriebsmotor zu erreichen. Als Motoren werden Gleichstrommotore und Wechselstrommotore verwendet. Der Einsatz von Drehstrommotoren kommt nur in Sonderfällen vor. Eine Steuerung der Drehzahl kann zweckmäßig sein. Im Zusammenhang mit digitaler Schaltungstechnik bei Steuerungen können auch Schrittmotoren eingesetzt werden. **Bild 4.27** zeigt den prinzipiellen Aufbau eines motorbetriebenen Stellventils.

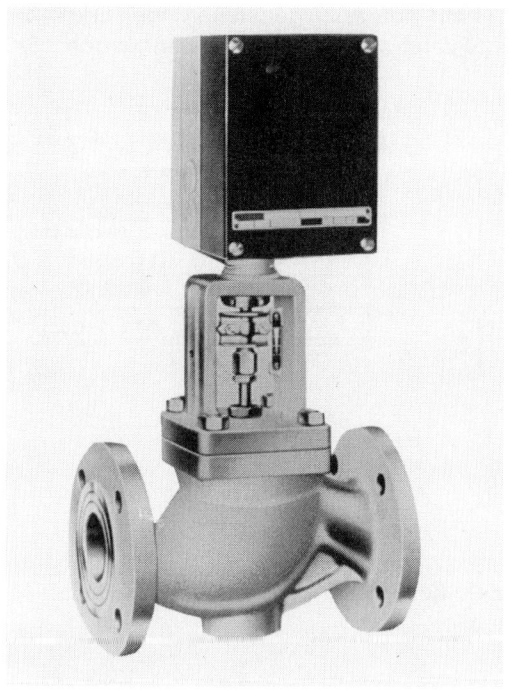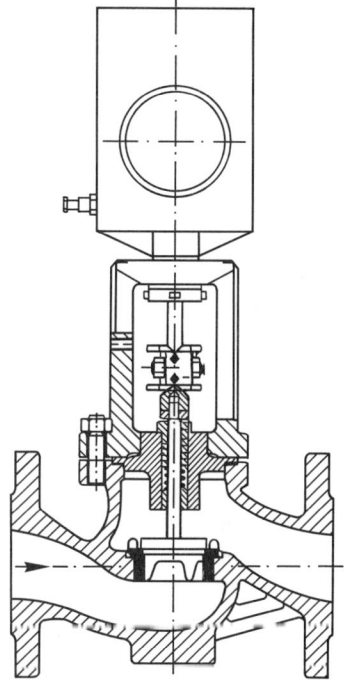

Bild 4.27   Stellventil (Juchheim)

Transistor

Der Transistor kann als stetiges und als unstetiges Stellglied verwendet werden. Als stetiges Stellglied arbeitet er zum Beispiel in Schaltungen zur einstellbaren Spannungsversorgung. **Bild 4.28** zeigt eine Anwendung.

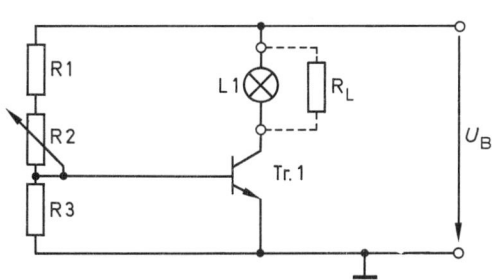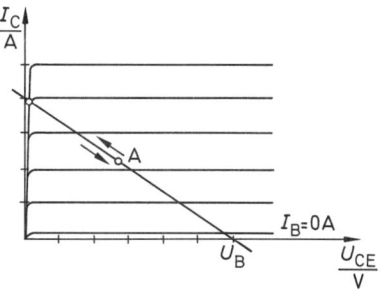

Bild 4.28   Transistor als stetiges Stellglied

Als unstetiges Stellglied tritt der Transistor häufig bei Anzeigensteuerungen und in der Ansteuerung kleiner Motoren auf. **Bild 4.29** zeigt zwei typische Anwendungen.

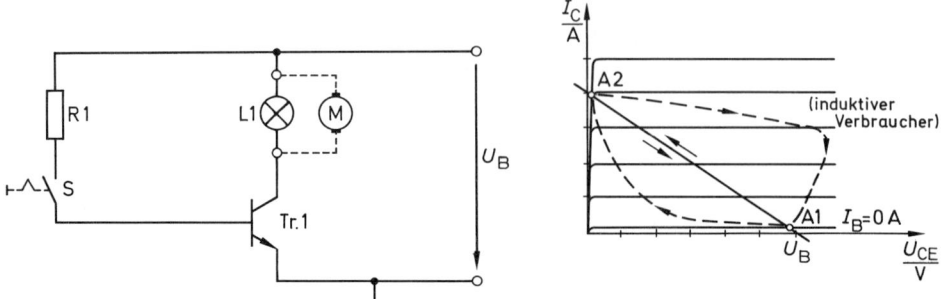

Bild 4.29 Transistor als unstetiges Stellglied

Neben den bipolaren Transistoren werden heute auch Leistungs-MOS-FETs verwendet.

Thyristor

Eignet sich der Transistor als Stellglied für kleine und mittlere Leistungen, so ist für hohe Leistungen der Thyristor besser geeignet. Der Thyristor ist ein unstetiges Stellglied.

In der Anwendung zur Leistungssteuerung bei Glühlampen oder Heizwicklungen kann der Thyristor jedoch quasi-stetige Stellaufgaben ausführen. Ein bekanntes Beispiel hierfür ist der Dimmer. **Bild 4.30** zeigt eine einfache Anwendungsschaltung (Halbwellensteuerung).

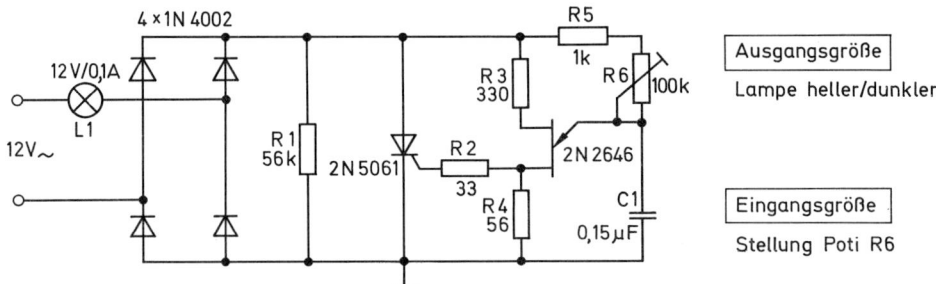

Bild 4.30 Dimmerschaltung mit Thyristor

Bei der Vollwellensteuerung werden anstelle von antiparallelen Thyristoren auch Triacs eingesetzt. **Bild 4.31** zeigt eine solche Schaltung.

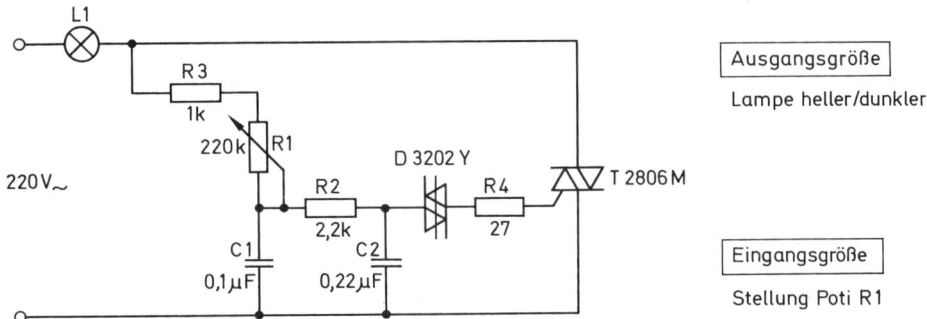

Bild 4.31 Dimmerschaltung mit Triac

4.2.3.3 Gesteuerte Bauelemente und Geräte

Wichtige gesteuerte Bauelemente sind Anzeigen. Statt Glühlampen werden hier immer häufiger auch LEDs und LCDs verwendet. Neben diesen mehr konventionellen Anzeigen gibt es heute Anzeigesysteme, die nach entsprechender Vorbereitung die Anzeige von Klartexten ermöglichen **(Bild 4.32).**

Bild 4.32 Anzeigeelement (Dold)

Neben einer unstetigen Steuerung in Form des Ein- und Ausschaltens tritt auch stetige Steuerung bei der Helligkeitsveränderung von Glühlampen oder Leuchtstoffröhren auf. Elektromagnetische Geräte kommen in vielen Arten und Ausführungen vor. Besondere Bedeutung haben Zug- und Haltemagnete. Entweder wird dabei ferromagnetisches Material angezogen (Lasthebemagnet) oder ein entsprechend gestalteter Anker wird in der Magnetspule bewegt (Ventilantrieb). In diese Gruppe gehören aber auch Schütze und Relais, welche die unterschiedlichsten Schaltaufgaben übernehmen.
Als gesteuerte Geräte sind auch Wärmegeräte wie Elektroöfen, Schweißgeräte, Heiz-, Lüftungs- und Kühlanlagen usw. zu betrachten. Neben einer unstetigen Steuerung gewinnt hier die stetige Steuerung zunehmend an Bedeutung.

Bei verfahrenstechnischen Anwendungen ist nicht nur eine Steuerung elektrischer Energie erforderlich, sondern es sind auch Bewegungen zu steuern. Dieses ist das Gebiet der elektrischen Antriebe. Auch hier gilt, daß die unstetigen Steuerungen von Drehzahl und Drehrichtung in steigendem Umfang von stetigen Steuerungen abgelöst werden.

4.2.4 Das Regeln

Der Begriff *Regeln* ist ebenso wie der Begriff *Steuern* in DIN 19226 festgelegt:

> »Das Regeln – die Regelung – ist ein Vorgang, bei dem eine Größe, die zu regelnde Größe, *fortlaufend* erfaßt, mit einer anderen Größe, der Führungsgröße, verglichen und abhängig vom Ergebnis dieses Vergleichs im Sinne einer Angleichung an die Führungsgröße beeinflußt wird. Der sich dabei ergebende Wirkungsablauf findet in einem geschlossenen Kreis, dem Regelkreis, statt.«

Bild 4.33 zeigt ein Blockschaltbild für den Regelkreis, das die wirkungsmäßigen Abläufe erkennen läßt.

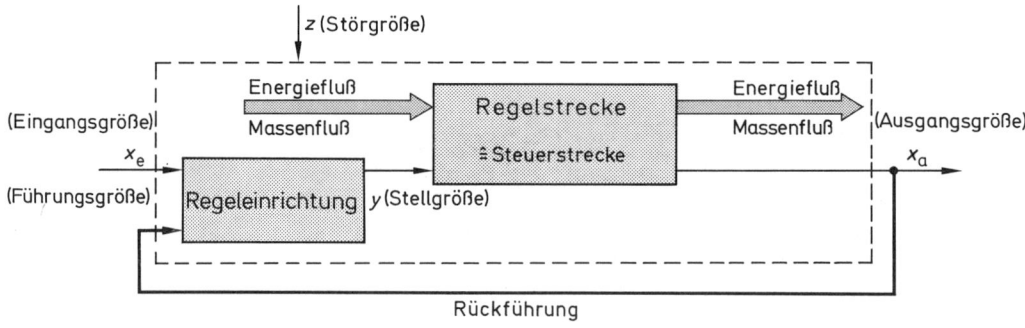

Bild 4.33 Blockschaltbild des Regelkreises

Der Aufbau des Blockschaltbildes entspricht weitgehend dem einer Steuerung. Mit der Aufschaltung der Ausgangsgröße x_a auf die Regeleinrichtung (Rückführung) ist der Wirkungskreislauf im Gegensatz zur Steuerung jedoch geschlossen. Dies ist das wesentliche Unterscheidungsmerkmal zwischen Regelung und Steuerung.

Die Steuerstrecke, bestehend aus Stellglied und Strecke, wird beim Regeln sinngemäß als *Regelstrecke* bezeichnet. Die Ausgangsgröße x_a wird, als Basis für die Regelung, als *Regelgröße x* bezeichnet. Sie wird der Regeleinrichtung zugeführt. In der Regeleinrichtung wird in einem *Vergleicher* die Differenz von Regel- und Führungsgröße ermittelt. Aus der Differenz bildet der *Regler* die funktionsgerechte Anpassung der Stellgröße *y*. Die Stellgröße *y* steuert dann das Stellglied in der Regelstrecke.

Bei den Strukturüberlegungen sind eventuell erforderliche Wandlungen physikalischer Größen nicht mit dargestellt.

Erweitert man die Darstellung nach Bild 4.33 entsprechend, so ergibt sich das Schaltbild nach **Bild 4.34**.

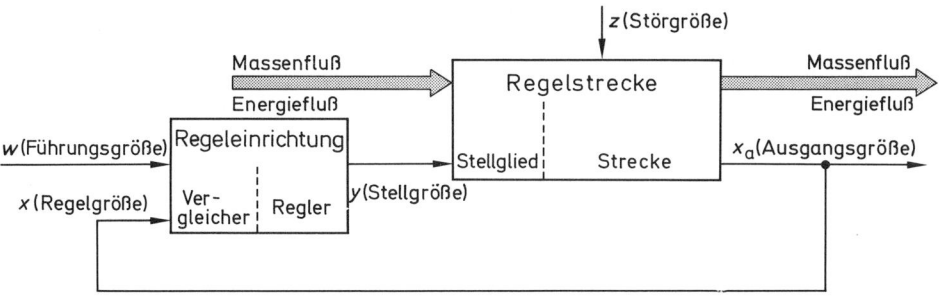

Bild 4.34 Erweitertes Blockschaltbild der Regelung

Der Wert der Ausgangsgröße x_a wird fortlaufend erfaßt und in geeigneter Form dem Vergleicher in der Regeleinrichtung zugeführt. Wird nach dem Vergleich mit der Führungsgröße w festgestellt, daß keine Differenz zwischen beiden Größen vorliegt, so bleibt die Stellgröße y unverändert. Der über die Führungsgröße w bestimmte Zustand der Strecke bleibt erhalten. Damit liegt eine Regelung vor. Wirkt aber z. B. eine Störgröße z auf die Regelstrecke ein, dann wird die Ausgangsgröße x_a verändert. Der Vergleich von Regelgröße x_a und Führungsgröße w ergibt jetzt eine Differenz. Diese Differenz bewirkt eine von der Art des Reglers abhängige Veränderung der Stellgröße y in der Art, daß die Reaktion des Stellgliedes der weiteren Veränderung der Ausgangsgröße x_a entgegenwirkt und sich somit x_a wieder in Richtung des Ursprungswertes ändert. Dieses Entgegenwirken ist von dem Begriff »Gegenkopplung« bereits bekannt.

4.2.4.1 Größen und Bereiche im Regelkreis

Die Begriffe *Regelung, Regelstrecke, Regeleinrichtung* und die Grundzüge zur Gestaltung eines Blockschaltbildes des Regelkreises wurden bereits erläutert. Das **Bild 4.35** zeigt eine noch erweiterte, detailliertere Darstellung eines Regelkreises.

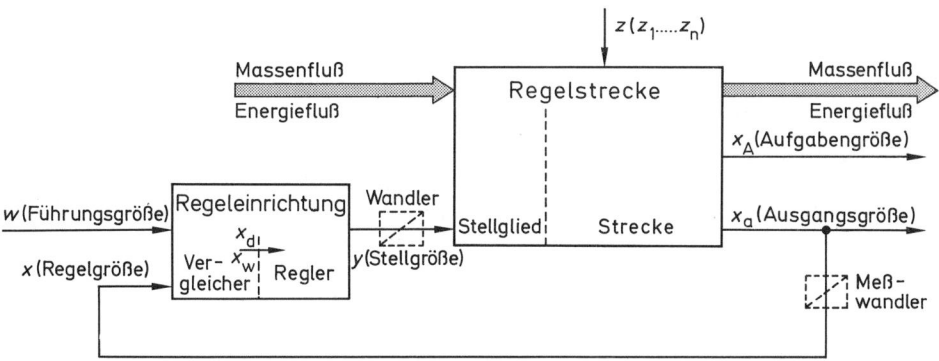

Bild 4.35 Regelkreis

Nachfolgend werden die wichtigsten Begriffe des Regelns näher erläutert:

Aufgabengröße

Die Aufgabengröße x_A ist die Größe, die sich aus der Aufgabenstellung für die Regelung ergibt.

Aufgabenbereich X_{Ah}

Der Aufgabenbereich X_{Ah} ist der Bereich, in dem die Aufgabengröße x_A noch liegen darf, damit die richtige Funktion der Regelung gegeben ist.

Regelgröße x

Die Regelgröße x, auch Istwert genannt, ist die Größe, die zur aufgabengemäßen Ausführung der Regelung meßtechnisch erfaßt wird. Sie ist Ausgangsgröße x_a der Regelstrecke, muß aber nicht gleich der Aufgabengröße x_A sein, wenn eine Aufgabengröße meßtechnisch direkt nur schwierig meßbar ist. Als Regelgröße wird dann eine Größe gewählt, von der die Aufgabengröße in bekannter Weise beeinflußt wird.

Regelbereich X_h

Der Regelbereich X_h ist der Bereich, in dem die Regelgröße eingestellt werden kann und bei definiertem Störungseinfluß noch ausgeregelt wird.

Führungsgröße w

Die Führungsgröße w, auch Sollwert genannt, wird dem Regelkreis von außen zugeführt und von ihm selbst nicht beeinflußt. Die Führungsgröße wird der Regeleinrichtung zugeführt und beeinflußt nach Vergleich mit der Regelgröße x die Stellgröße y. Führungsgröße w und Regelgröße x können unterschiedliche physikalische Größen sein.

Führungsbereich W_h

Der Führungsbereich W_h ist der Bereich, in dem die Führungsgröße w eingestellt werden kann und die Regelung aufgabengemäß folgt.

Störgrößen $z_1 \ldots z_n$

Die Störgrößen z wirken von außen auf den Regelkreis störend ein. Ihre Einwirkung ist nicht auf die Regelstrecke begrenzt, sondern auch eine Einwirkung auf die Regeleinrichtung ist möglich. Störungen können ausgehen von Änderungen im Energie- oder Massenfluß. Es können auch Temperaturänderungen, Laständerungen usw. sein.

Störbereich Z_h

Der Störbereich Z_h ist der Bereich, in dem eine Störung noch ausgeregelt werden kann, also die Regelung aufgabengemäß arbeitet.

Regeldifferenz x_d

Die Regeldifferenz x_d ist die Differenz zwischen Führungsgröße w und Regelgröße x ($x_d = w - x$). Die Regeldifferenz x_d wird innerhalb der Regeleinrichtung durch den Vergleicher aus den beiden Eingangsgrößen w und x gebildet. Mit Hilfe von x_d läßt sich im Signalflußplan (Abschnitt 4.3.1) die Wirkungsumkehr im geschlossenen Regelkreis verdeutlichen.

Regelabweichung x_w

Die Regelabweichung x_w ist die Differenz zwischen Regelgröße x und Führungsgröße w ($x_w = x - w$). Es gilt also $x_w = - x_d$. Die Regelabweichung wird vorzugsweise zur Anzeige benutzt, da hiermit leicht erkennbar ist, ob die Regelgröße x größer ($x > w \rightarrow x_w$ positiv) oder kleiner ($x < w \rightarrow x_w$ negativ) als die Führungsgröße w ist.

Stellgröße y

Die Ausgangsgröße der Regeleinrichtung ist die Stellgröße y, die der Regler aufgabengemäß aus seiner Eingangsgröße x_d bildet. Die Stellgröße y ist gleichzeitig Eingangsgröße der Regelstrecke und beeinflußt die Regelgröße x.

Stellbereich Y_h
Der Stellbereich Y_h ist der Bereich, in dem die Stellgröße y geändert werden kann.

Stellgeschwindigkeit v_y
Die Stellgeschwindigkeit v_y ist die Geschwindigkeit, mit der die Stellgröße y geändert wird.

Stellzeit T_y
Die Stellzeit T_y ist die Zeit, in der die Stellgröße y den Stellbereich Y_h bei maximaler Stellgeschwindigkeit v_y durchläuft.

4.2.4.2 Beispiele für Regelungen

Im täglichen Leben und in der Arbeitswelt gibt es zahlreiche Vorgänge, die geregelt ablaufen. Beispiele sind Bügeleisen, Kühlschränke, Warmwassergeräte, Heizungen ebenso wie Arbeitsmaschinen und Produktionsanlagen. Geregelt werden dabei nichtelektrische Größen wie Stoffmenge, Temperatur, Helligkeit, Drehzahl und elektrische Größen wie Stromstärke, Spannung, elektrische Leistung. Die Signale im Regelkreis können nichtelektrische oder elektrische physikalische Größen sein. **Bild 4.36** zeigt das Prinzip einer Raumheizungsanlage.

Der Thermostat mißt die Raumtemperatur ϑ_i (Regelgröße x) und vergleicht sie mit der am Sollwerteinsteller eingestellten Führungsgröße w (Vergleicher). Ist die Regelgröße x größer als der Sollwert w, wirkt der Regler so auf das Mischventil ein, daß weniger warmes Wasser zum Heizkörper transportiert wird. Im umgekehrten Fall wird wärmeres Wasser zum Heizkörper gebracht. Der betrachtete Raum ist kein ideal isolierter Raum, die Witterungseinflüsse wirken als Störgröße z. Dieser Einfluß muß durch Veränderung der Einstellung des Mischventils ausgeglichen werden.

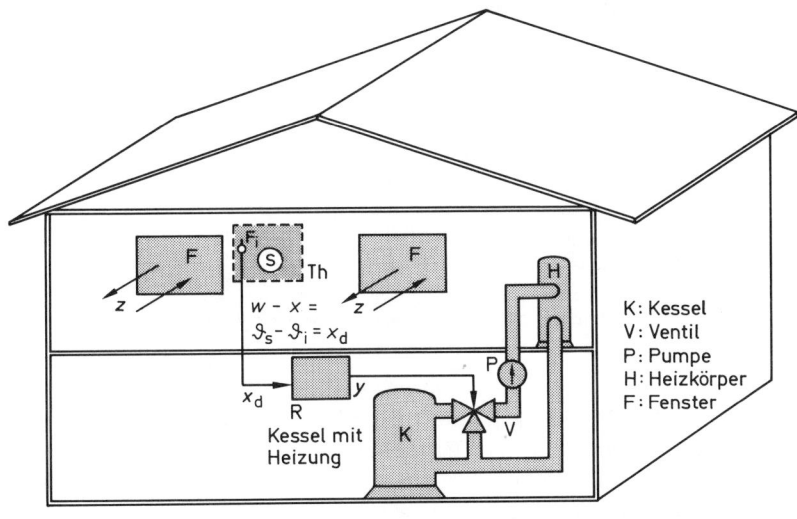

$w - x =$
$\vartheta_s - \vartheta_i = x_d$

K: Kessel
V: Ventil
P: Pumpe
H: Heizkörper
F: Fenster

Kessel mit Heizung

ϑ_i : Regelgröße x (Raumtemperatur) .
ϑ_s: Führungsgröße w
z : Störgröße
S : Sollwertsteller (w) $\Big\}$ Thermostat Th
F_i : Temperaturfühler

R : Regler
y : Stellgröße

Bild 4.36 Raumheizung

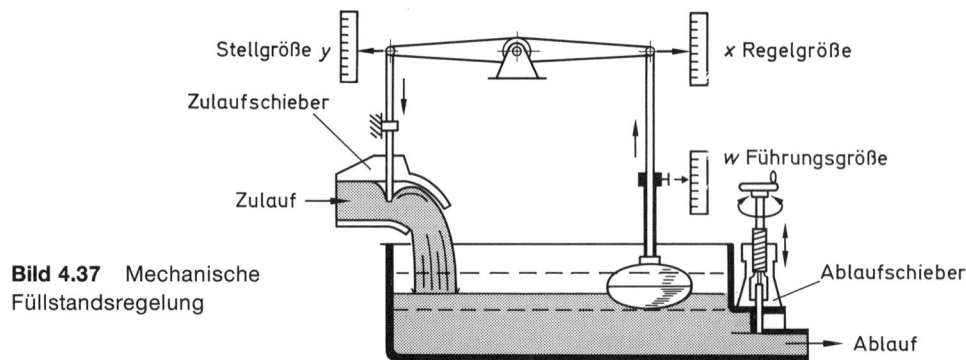

Bild 4.37 Mechanische
Füllstandsregelung

Eine Regelung ohne elektrische Signale zeigt **Bild 4.37**.
Der Schwimmer ist der Istwert-Aufnehmer. Der Vergleich mit dem Sollwert erfolgt über
das Hebelgestänge, an dem als Stellglied der Schieber im Zulauf befestigt ist. Eine
Veränderung im Ablaufkanal bewirkt eine Lageänderung des Schwimmers und über
das Gestänge eine Lageänderung des Schiebers im Zulaufkanal. Eine Erhöhung
des Flüssigkeitsstandes im Behälter bewirkt eine Verringerung der Zulaufmenge
(Wirkungsumkehr), ein Fallen des Flüssigkeitsspiegels im Behälter erhöht die
Zulaufmenge. Die Auslegung ist so, daß ohne Veränderung der Lage des Schiebers im
Ablaufkanal der Flüssigkeitsspiegel im Behälter unverändert bleibt.
Bild 4.38 zeigt eine Füllstandsregelung mit elektrischer Stellgliedbetätigung.

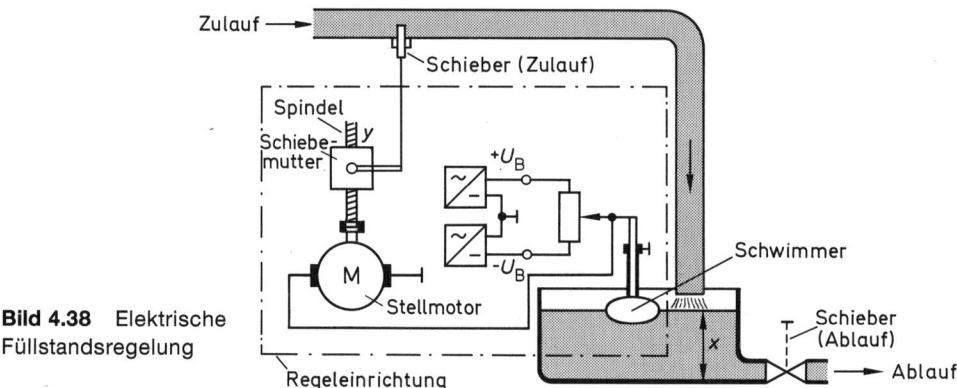

Bild 4.38 Elektrische
Füllstandsregelung

Die Lage des Schwimmers bestimmt die Stellung des Abgriffs eines Potentiometers.
Das Potentiometer ist Teil einer Brückenschaltung, die aus zwei Spannungsquellen und
dem Potentiometer gebildet wird. In der Grundstellung erhält der Motor keine
Spannung, Zulaufmenge und Ablaufmenge müssen gleich sein, damit der Füllstand
unverändert bleibt. Eine Abweichung des Schwimmers aus der Grundstellung erzeugt
in der Brücke eine Spannung, die den Motor anlaufen läßt. Die Ansteuerung des Motors
muß so erfolgen, daß bei Ansteigen des Flüssigkeitsspiegels eine Steuerspannung den
Motor so ansteuert, daß der Zulaufschieber geschlossen wird. Ein Absinken des
Flüssigkeitsspiegels bewirkt den gegenteiligen Vorgang.

4.3 Signale

Ein Signal ist die Darstellung einer Information. Die Darstellung geschieht dabei durch den Wert oder den Werteverlauf einer physikalischen Größe. **Bild 4.39** zeigt die Darstellung einer Spannung im Zeitintervall t_1 bis t_2.

Die Spannung ist hier gleichzeitig Träger der Information »Zeit t«, daher kann in diesem Fall nicht nur vom Wert einer physikalischen Größe, sondern auch vom Wert eines Signals gesprochen werden.

Der Werteverlauf einer Spannung muß aber nicht direkt der Information entsprechen. **Bild 4.40** zeigt eine Wechselspannung, deren Amplitude sich ändert.

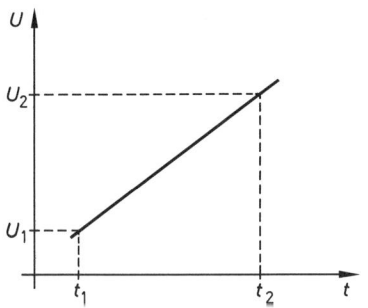

Bild 4.39 Spannung als Signal

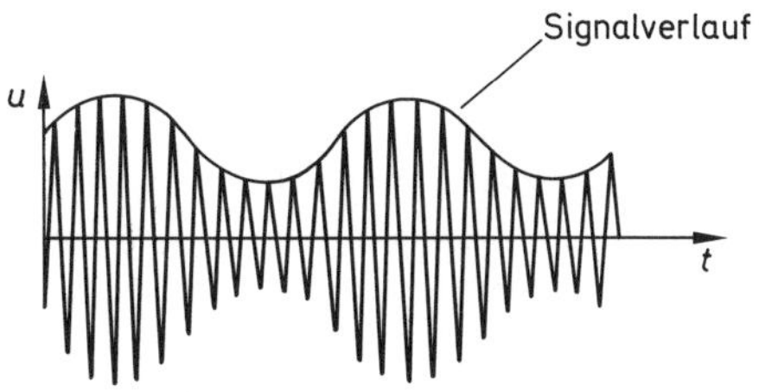

Bild 4.40 Prinzip der Signaldarstellung als Amplitude einer Wechselspannung

Der Signalverlauf ist hier nicht die Folge der Momentanwerte der Spannung, sondern der Abstand zweier aufeinanderfolgender Maximalwerte. Dieser Wert wird als *Signalparameter* bezeichnet.

Die Signale werden auf Wirkungswegen übertragen. Wichtig ist hierbei die Übertragungsrichtung. Die Wirkungswege werden daher auch als Signalflußwege bezeichnet. Die Wirkungswege verlaufen zu Übertragungsgliedern hin und von diesen weg. Ein zu einem Übertragungsglied hin verlaufendes Signal ist ein Eingangssignal. Für seine allgemeine Kennzeichnung wird die Bezeichnung x_e verwendet. Ist die physikalische Größe das Signal selbst, so kann auch die physikalische Größe durch einen angehängten Index e: z. B. u_e als Eingangssignal bezeichnet werden. Eingangssignale sind die Signale an Übertragungsgliedern, die die Ausgangssignale steuern. Ausgangssignale werden vom Übertragungsglied weg über Wirkungs- oder Signalflußwege zu weiterer Verarbeitung übertragen. Ein Übertragungsglied hat demnach also mindestens ein Eingangssignal und mindestens ein Ausgangssignal.

Bei den Signalen wird nach analogen und digitalen Signalen unterschieden.

Analogsignale

Bei dieser Signalart sind einem größeren Wertebereich des Signalparameters in jedem Punkt unterschiedliche Informationen zugeordnet. Wird als Signal eine zwischen 0 V und 5 V veränderliche Spannung angenommen, so ist der Signalparameter der Augenblickswert dieser Spannung und liefert die Information über die Spannung selbst. Dies ist z. B. bei der Ausgangsspannung eines geregelten Netzgerätes der Fall. Die Spannung kann aber auch Signalparameter für eine ganz andere physikalische Größe sein. Es ist dann die Angabe einer Zuordnung erforderlich. Das **Bild 4.41** zeigt diese Zuordnung grafisch.

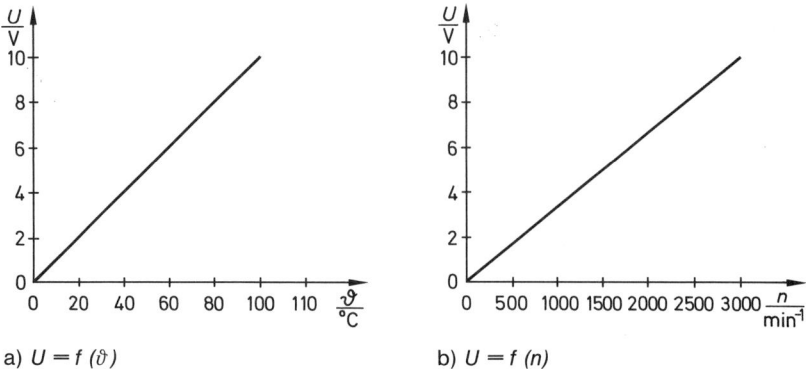

a) $U = f(\vartheta)$ b) $U = f(n)$

Bild 4.41 Zuordnungskennlinien für Signalparameter »Spannung« als Funktion der Temperatur und der Drehzahl

Digitalsignale

Bei dieser Signalart hat das Signal oder der Signalparameter nur eine begrenzte Anzahl Wertebereiche oder Stufen. **Bild 4.42** zeigt diese Zuordnung ausgehend von der analogen Darstellung. Für ein analoges Signal $x_e(t)$, dessen Verlauf in das Diagramm eingetragen ist, liegt im Zeitabschnitt t_1 bis t_2 die Eingangsgröße x_e im Wertebereich 2 für die Ausgangsgröße x_a. Trotz einer Änderung der Eingangsgröße tritt für den Zeitraum zwischen t_1 und t_2 keine Änderung des Ausgangssignal auf.

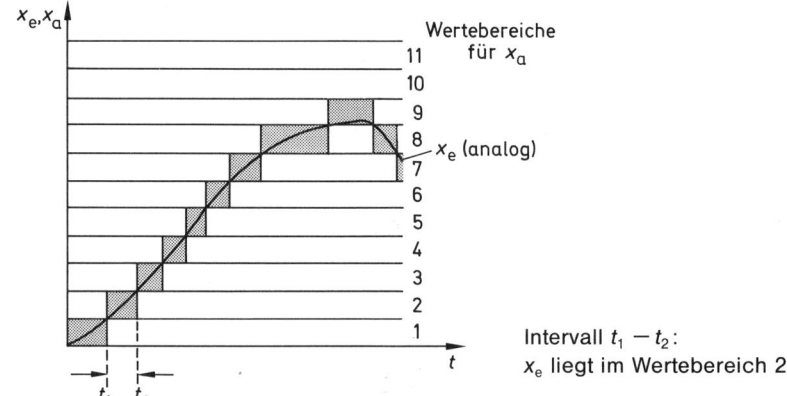

Bild 4.42 Digitales Signal

Eine weitere Vereinfachung ist das binäre Signal, das nur zwei Zustände kennt. **Bild 4.43** zeigt die Zuordnung zum analogen Signal.

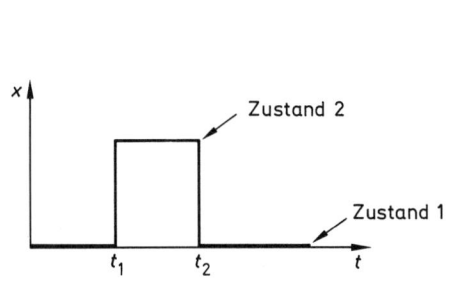

Bild 4.43 Binäres Signal

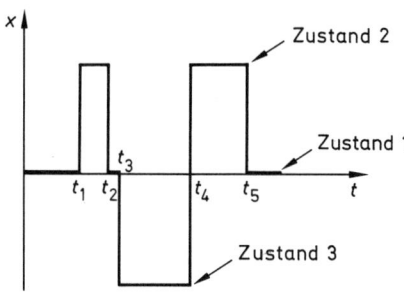

Bild 4.44 Ternäres Signal

Ein in der Regelungstechnik noch häufig angewandtes Signal ist das Dreipunktsignal. Es hat drei Zustände. **Bild 4.44** zeigt eine Anordnung der drei Zustände.
In der Praxis wird jedem Zustand ein bestimmter Wertebereich zugeordnet.

Kontinuierliche und diskontinuierliche Signale

Informationen, die von den Signalen weitergeleitet werden, können sowohl bei analogen als auch bei digitalen Signalen zeitlich kontinuierlich oder nur für bestimmte Zeiträume, also diskontinuierlich, vorliegen.
Bild 4.45 zeigt die Umwandlung eines kontinuierlichen Analogsignals in ein diskontinuierliches Analogsignal.

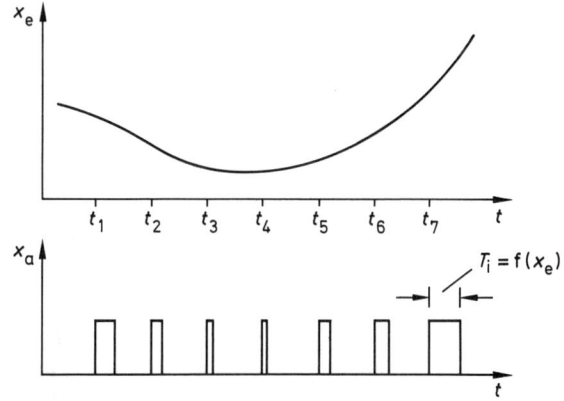

Bild 4.45 Umwandlung eines kontinuierlichen Analogsignals x_e in ein diskontinuierliches Analogsignal x_a mit dem Signalparameter Impulsdauer T_i

Die Impulsdauer T_i im dargestellten Umwandlungsvorgang ist eine Funktion der Größe des Eingangssignals $T_i = f(x_e)$.
In der Elektronik ist diese Umwandlungsart als Puls-Dauer/Puls-Weiten/Puls-Breiten-Modulation bekannt. Für die Begriffe werden häufig Abkürzungen verwendet:

Puls-Dauer-Modulation   PDM
Puls-Weiten-Modulation   PWM
Puls-Breiten-Modulation   PBM

Ein zeitlich diskontinuierliches Analogsignal, wobei durch die Amplitude der Signal-parameter dargestellt ist, zeigt **Bild 4.46**.

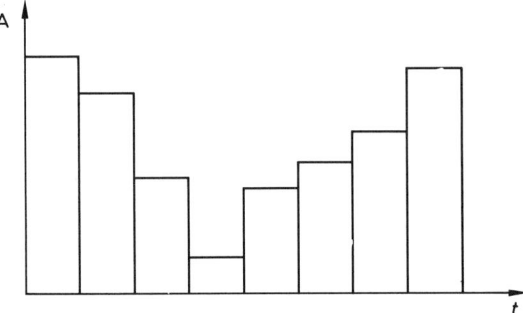

Bild 4.46 Diskontinuierliches Analogsignal

In der Elektronik ist diese Umwandlungsart als Abtast-Halte-Schaltung (sample-and-hold engl.) bekannt. Durch geeignete Filterung (Tiefpaß) läßt sich aus dem diskonti-nuierlichen Analogsignal wieder ein kontinuierliches Analogsignal gewinnen.

4.3.1 Wirkungsmäßige Zusammenhänge im Signalflußplan

4.3.1.1 Allgemeines

In den vorhergehenden Abschnitten wurde bereits von der Darstellung des Regel-kreises im Blockschaltbild Gebrauch gemacht. Die Blöcke stellen z. B. Bauelemente, Baugruppen oder Geräte dar. Sie haben ein oder mehrere Eingangssignale $x_{e1} \ldots x_{en}$ und im allgemeinen ein Ausgangssignal x_a **(Bild 4.47)**.

Bild 4.47 Blockdarstellung mit Eingangs- und Ausgangssignal

Die einzelnen Blöcke wirken untereinander zusammen. Eine Signalübergabe wird durch eine Linie dargestellt.

4.3.1.2 Wirkungslinie

Die Verbindungslinien zwischen den Blöcken stellen Wirkungslinien dar. Die Richtung einer Signalübertragung oder Einwirkung wird durch eine Pfeilspitze gekennzeichnet. Die wesentliche Eigenschaft einer Wirkungslinie im Blockschaltbild ist, daß eine Wirkung in umgekehrter Richtung ausgeschlossen ist. **Bild 4.48** zeigt Wirkungslinien in unterschiedlicher Lage.

Bild 4.48   Wirkungslinien mit Kennzeichnung der Signalrichtung

Die Blöcke und Wirkungslinien zeigen den Wirkungsablauf. Das Blockschaltbild mit Kennzeichnung der Signalübertragungen durch Wirkungslinien wird auch als Signalflußbild oder Signalflußplan bezeichnet.

4.3.1.3   Verzweigungsstellen

An Verzweigungsstellen wird das Signal von einer Wirkungslinie auf mehrere Wirkungslinien aufgeteilt, ohne daß sich der Wert des Signals ändert. Vorstellungsmäßig kommt man gut zurecht, wenn man sich als Signal z. B. eine Spannung, Frequenz oder einen Druck vorstellt. Eine Signalverzweigungsstelle darf aber nicht mit einer Stromverzweigung im Stromlaufplan odor Sohaltplan verwechselt werden. **Bild 4.49** zeigt eine Verzweigungsstelle sowie ein Netzwerk mit mehreren Verzweigungsstellen.

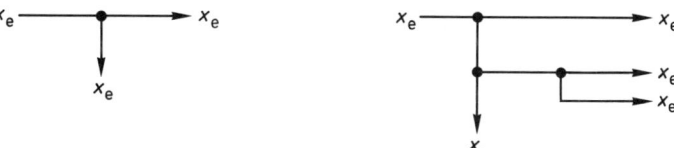

Bild 4.49   Verzweigungsstellen

4.3.1.4   Vorzeichenumkehr

Soll das Signal im Verlauf einer Wirkungslinie eine Vorzeichenumkehr erfahren, so wird dies mit einer Umkehrstelle angedeutet. **Bild 4.50** zeigt eine solche Umkehrstelle.

Bild 4.50   Umkehrstelle x_e $x_a = -x_e$

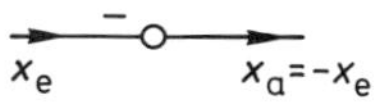

Eine Umkehrstelle bewirkt, daß ein positives Gleichspannungssignal in ein gleich großes negatives umgewandelt wird. Für Wechselspannungssignale ist die Umkehr gleichbedeutend mit einer Phasenverschiebung von 180°. Für digitale Signale schließlich bedeutet die Umkehr eine Invertierung. Die Darstellung der Umkehrstelle entspricht dem Invertierungskreis der Digitaltechnik.

4.3.1.5 Additionsstelle – Vergleicherstelle

Werden mehrere gleichartige Signale zusammengefaßt, so werden die zugehörigen Wirkungslinien einer Additionsstelle zugeführt. Die Additionsstelle wird durch einen Kreis dargestellt. **Bild 4.51** zeigt eine Additionsstelle. Dabei ist unter a) die allgemeine Form und unter b) die Form mit ergänzender Kennzeichnung der Addition gewählt.

Bild 4.51 Additionsstelle

Zur Vereinfachung der Darstellung von Signalflußbildern kann aber auch die Additionsstelle mit einer Vorzeichenumkehr vereinigt werden. Die Vorzeichenumkehr wird durch ein negatives Vorzeichen dargestellt. Das negative Vorzeichen darf unter keinen Umständen weggelassen werden. **Bild 4.52** zeigt eine Additionsstelle mit Vorzeichenumkehr für das Signal x_{e2}.

Bild 4.52 Additionsstelle mit Vorzeichenumkehr (Vergleicherstelle)

Bei einer Additionsstelle nach Bild 4.52 findet ein Vergleich der Signale x_{e1} und x_{e2} statt. Sind die Werte für beide Signale gleich, so ist das Ausgangssignal x_a gleich Null. Ist der Wert des Signals x_{e1} betragsmäßig größer als der Wert des Signals x_{e2}, so ist das Ausgangssignal x_a positiv. Ist der Wert des Signals x_{e1} betragsmäßig jedoch kleiner als der Wert des Signals x_{e2}, so wird das Ausgangssignal x_a negativ. Eine solche Additionsstelle wird auch Vergleicher genannt und dient z. B. zum Vergleich von Istwert (Regelgröße) und Sollwert (Führungsgröße) in der Regeleinrichtung.

4.3.1.6 Blöcke

Die Blöcke sind Übertragungsglieder, die bestimmte, von den Signalen gesteuerte Vorgänge darstellen. Der einfache Block hat ein Eingangssignal x_e und ein Ausgangssignal x_a. Es sind jedoch auch mehrere Eingangssignale $x_{e1} \ldots x_{en}$ möglich. Die Blöcke sollen jedoch nur ein Ausgangssignal x_a haben. Die Darstellung von mehreren Ausgangssignalen aus den gleichen Eingangssignalen erfolgt wegen der besseren Übersichtlichkeit in mehreren Blöcken. Für eine Vorzeichenumkehr oder Signalinvertierung ist kein Block erforderlich, sie wird nur durch eine Vorzeichenumkehrstelle dargestellt. **Bild 4.53** zeigt Blöcke in unterschiedlichen Darstellungen.

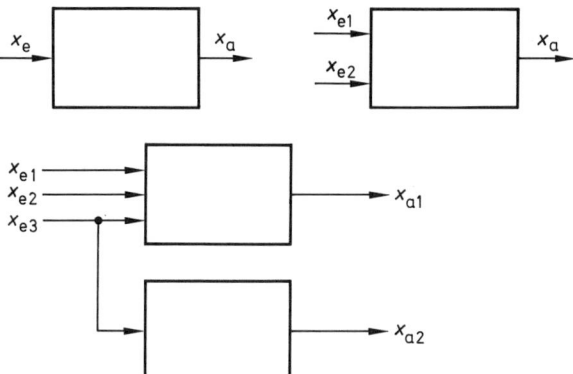

Bild 4.53 Blöcke

In die Blöcke können dann zur genaueren Beschreibung Zusatzinformationen eingetragen werden, die den Zusammenhang zwischen Eingangs- und Ausgangsgrößen darstellen. Die Zusatzinformation kann als Gleichung oder als Diagramm erfolgen **(Bild 4.54)**. Die Angabe von Achsenbezeichnungen ist zweckmäßig, kann aber, wenn die Zusammenhänge klar erkennbar sind, auch wegfallen.
Schließlich ist auch die Eintragung eines gerätetechnischen Sinnbildes möglich.

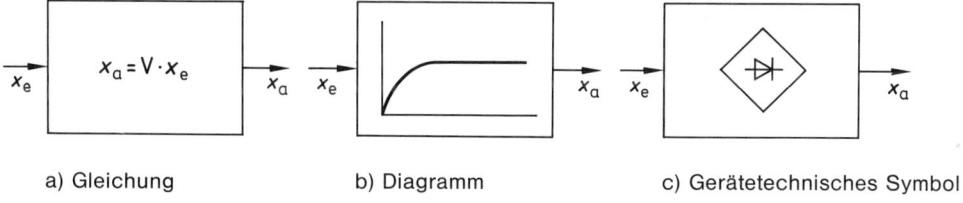

a) Gleichung   b) Diagramm   c) Gerätetechnisches Symbol

Bild 4.54 Blöcke mit Kennzeichnung der wirkungsmäßigen Abhängigkeiten

4.3.2 Signalflußpläne

Mit Blöcken und Wirkungslinien können die unterschiedlichsten Strukturen gebildet werden. Dabei lassen sich drei Grundstrukturen unterscheiden:
- Kettenstruktur
- Parallelstruktur
- Kreisstruktur.

4.3.2.1 Kettenstruktur

Die Aneinanderreihung von Blöcken wird als Kette bezeichnet. Dabei ist das Ausgangssignal des ersten Blocks gleich dem Eingangssignal des 2. Blocks. Dies setzt sich bei weiteren Blöcken entsprechend fort **(Bild 4.55)**.

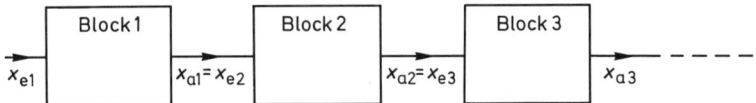

Bild 4.55 Kettenstruktur

4.3.2.2 Parallelstruktur

Bei der Parallelstruktur wird ein Eingangssignal zwei oder mehreren parallel liegenden Blöcken zugeführt. Die Ausgangssignale der unterschiedlichen Blöcke werden über eine Additionsstelle wieder zusammengefügt **(Bild 4.56)**.

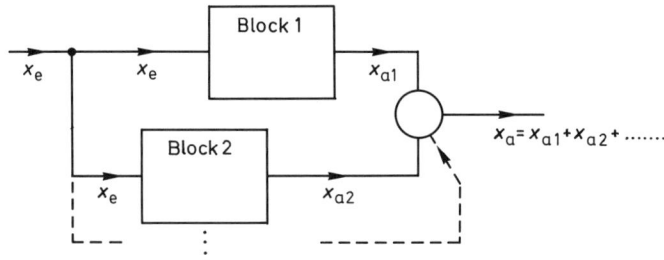

Bild 4.56 Parallelstruktur

4.3.2.3 Kreisstruktur

Bei der Kreisstruktur wird das Ausgangssignal eines Blocks direkt oder nach Durchlaufen eines oder mehrerer weiterer Blöcke mit dem Eingangssignal des ersten Blocks verknüpft. **Bild 4.57** zeigt einige Beispiele für Kreisstrukturen.

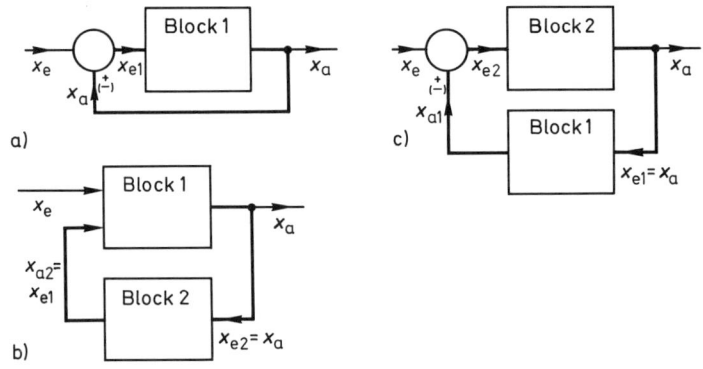

Bild 4.57 Kreisstrukturen

Bei den Kreisstrukturen wird der vom Ausgang auf den Eingang zurückwirkende Weg als Rückführung oder Rückkopplung bezeichnet. Unterschieden werden zwei Arten der Rückkopplung **(Bild 4.58 a)**.

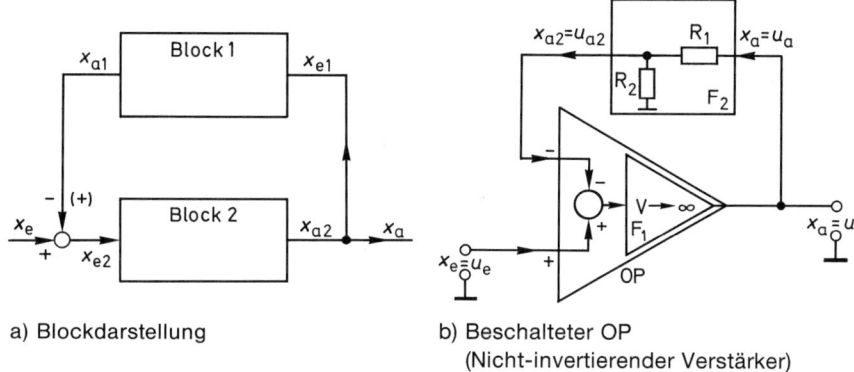

a) Blockdarstellung

b) Beschalteter OP
(Nicht-invertierender Verstärker)

Bild 4.58 Rückkopplung

Gegenkopplung: das Ausgangssignal wirkt nach Durchlaufen des Blocks 1 abschwächend auf sich selbst zurück. Additionsstelle mit $-x_{a1}$

Mitkopplung: das Ausgangssignal wirkt nach Durchlaufen des Blocks 1 verstärkend auf sich selbst zurück. Additionsstelle mit $+x_{a1}$

Wird die Rückkopplung in einer elektronischen Schaltung betrachtet, wie dies aus dem Lehrgang III bekannt ist, so ist bei einem Signalflußplan vorausgesetzt, daß keine Rückwirkung entgegen der Wirkungslinie auftritt. Jede vorhandene Rückwirkung muß durch eine entsprechend ausgeführte Wirkungslinie mit Übertragungsgliedern dargestellt werden.

Beispiel:

Eine Tiefpaßkette, wie sie für RC-Oszillatoren verwendet wird, ist nicht rückwirkungsfrei. Durch Entkopplung über Operationsverstärker als Impedanzwandler kann die Rückwirkungsfreiheit weitgehend erreicht werden. **Bild 4.59** zeigt die Kettenschaltungen mit Tiefpässen.

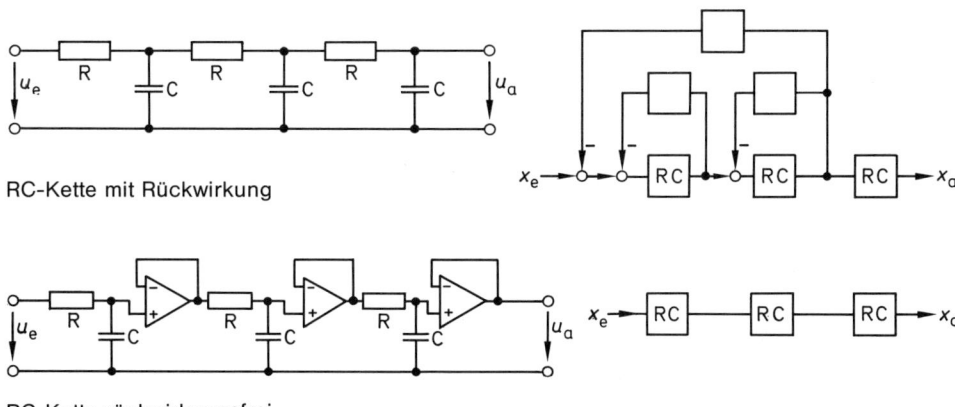

RC-Kette mit Rückwirkung

RC-Kette rückwirkungsfrei

Bild 4.59 Kettenschaltungen mit drei gleichen RC-Gliedern

Übertragungstechnisch sind beide Tiefpaßketten unterschiedlich. Das 1. RC-Glied wird durch das 2. RC-Glied belastet. Daraus ergibt sich eine andere Phasenverschiebung und Dämpfung als beim unbelasteten (rückwirkungsfreien) RC-Glied. Ebenso belastet nun das 3. RC-Glied das 2., was wiederum auch Einfluß auf das 1. Glied hat. Insgesamt gilt für den Übertragungsfaktor k und den Phasenverschiebungswinkel φ der nicht rückwirkungsfreien Kette bei einer bestimmten Frequenz, die beim Einsatz in Oszillatoren der Schwingfrequenz entspricht:

$$k = \frac{u_a}{u_e} = \frac{1}{29} = 0{,}0345 \qquad\qquad \varphi = -180\,°$$

Bei Einsatz von Impedanzwandlern als Trennverstärker aber gilt für die gleichen Bedingungen:

$$k = \frac{u_a}{u_e} = \frac{1}{2} \cdot \frac{1}{2} \cdot \frac{1}{2} = \frac{1}{8} = 0{,}125 \qquad \varphi = 3 \cdot (-60\,°) = -180\,°$$

In einem Beispiel soll die Zusammenschaltung von Übertragungsgliedern näher erläutert und mit Grundkenntnissen aus dem Lehrgang III verknüpft werden.

Beispiel:

Bild 4.60 zeigt eine Kreisstruktur mit zwei Blöcken und einem Vergleicher.

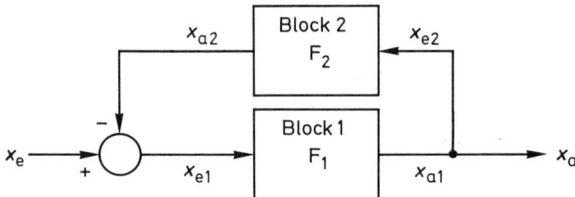

Bild 4.60   Kreisstruktur mit zwei Blöcken und einem Vergleicher

Die Eigenschaften der Blöcke 1 und 2 werden durch Übertragungsfunktionen F_1 und F_2 bestimmt. Es gilt:

$$x_{a1} = F_1 \cdot x_{e1}$$

und

$$x_{a2} = F_2 \cdot x_{e2}$$

Am +Eingang des Vergleichers liegt das Eingangssignal x_e. Das Eingangssignal x_{e1} für den Block 1 ergibt sich zu:

$$x_{e1} = x_e - x_{a2} = x_e - F_2 \cdot x_{e2} = x_e - F_2 \cdot x_{a1} = x_e - F_2 \cdot x_a$$

Das Ausgangssignal $x_a = x_{a1}$ ist

$$x_a = x_{e1} \cdot F_1 = (x_e - F_2 \cdot x_a) \cdot F_1 = x_e \cdot F_1 - F_1 \cdot F_2 \cdot x_a$$

$$x_a + F_1 \cdot F_2 \cdot x_a = x_e \cdot F_1$$

$$x_a (1 + F_1 \cdot F_2) = x_e \cdot F_1$$

$$x_a = x_e \cdot \frac{F_1}{1 + F_1 \cdot F_2} = x_e \cdot \frac{1}{\dfrac{1}{F_1} + F_2}$$

Ist Block 1 ein Verstärker mit sehr großer Verstärkung (z. B. $V = 200\,000$, dies ist bei Operationsverstärkern der Fall), so wird der Quotient $\dfrac{1}{F_1}$ so klein, daß er gegenüber F_2 vernachlässigt werden kann.

Der Wert der Ausgangsgröße x_a hängt dann also nur noch vom Rückkopplungsblock (Block 2) und damit von F_2 ab:

$$x_a \approx \frac{1}{F_2} \cdot x_e$$

Für den in Bild 4.60 dargestellten, beschalteten Operationsverstärker bedeutet dies:

$$F_2 = \frac{x_{a2}}{x_{e2}} = \frac{R_2}{R_1 + R_2}$$

$$\frac{1}{F_2} = \frac{R_1 + R_2}{R_2} = 1 + \frac{R_1}{R_2}$$

Für die Ausgangsspannung u_a ergibt sich also

$$x_a \approx \frac{1}{F_2} \cdot x_e$$

$$u_a \approx \frac{1}{F_2} \cdot u_e$$

$$u_a \approx \left(1 + \frac{R_1}{R_2} \right) u_e$$

Dieser Zusammenhang ist aus Lehrgang III vom rückgekoppelten Operationsverstärker her bekannt, für den die Verstärkung nur von der Rückkopplung abhängig ist. Es gilt demnach für den Zusammenhang von Verstärkung und Übertragungsfunktion des beschalteten OPs:

$$V = \frac{1}{F_2}$$

4.3.3 Grundregeln für Umwandlungen in Signalflußplänen

Bei der Umsetzung einer technischen oder physikalischen Aufgabe in einen Wirkungs-ablauf- oder Signalflußplan ergeben sich oft recht verwickelte Zusammenhänge.

In den vorhergehenden Abschnitten wurde anhand von Beispielen gezeigt, daß das Übertragungsverhalten eines Blockes durch eine mathematische Beziehung angegeben werden kann.

$$F = \frac{x_a}{x_e} \quad \text{bzw.} \quad x_a = F \cdot x_e$$

Mit dem Buchstaben F soll mathematisch ganz allgemein das Übertragungsverhalten beschrieben werden. Hierbei sind x_e und x_a frequenzabhängige Größen und nicht zeitabhängige Größen. F wird als Übertragungs- oder Abbildungsfunktion bezeichnet. Ohne auf die mathematischen Zusammenhänge näher einzugehen, sind in **Bild 4.61** rein formal mögliche Umwandlungen in Blockschaltbildern aufgezeigt. Diese Umwandlungen sind jeweils in beiden Richtungen möglich. Mit entsprechenden Umwandlungen lassen sich häufig Signalflußpläne technischer Anwendungen übersichtlicher darstellen.

① $x_e \rightarrow \boxed{F_1} \rightarrow \boxed{F_2} \rightarrow \boxed{F_3} \rightarrow x_a$ $\triangleq$ $x_e \rightarrow \boxed{F_1 \cdot F_2 \cdot F_3} \rightarrow x_a = F_1 \cdot F_2 \cdot F_3 \cdot x_e$

② $x_e \rightarrow \boxed{F_1} \rightarrow x_a = x_e \cdot F_1$ $\triangleq$ $x_e \rightarrow \boxed{F_1} \rightarrow x_a = x_e \cdot F_1$

$x_a \leftarrow$ $x_a \leftarrow \boxed{F_1} \leftarrow$

③ $x_e \rightarrow \boxed{F_1} \rightarrow x_a = x_e \cdot F_1$ $\triangleq$ $x_e \rightarrow \boxed{F_1} \rightarrow x_a = x_e \cdot F_1$

$x_e \leftarrow$ $x_e \leftarrow \boxed{\frac{1}{F_1}} \leftarrow$

④ $x_{e1} \rightarrow \bigcirc \rightarrow x_a = x_{e1} - x_{e2} + x_{e3}$ $\triangleq$ $x_{e1} \rightarrow \bigcirc \xrightarrow{x_{e1} - x_{e2}} \bigcirc \rightarrow x_a = x_{e1} - x_{e2} + x_{e3}$

$x_{e2} - x_{e3}$

$x_{e2} \rightarrow \bigcirc \leftarrow x_{e3}$ $x_{e2} \rightarrow$ $\rightarrow x_{e3}$

⑤ $x_{e1} \rightarrow \bigcirc \xrightarrow{x_{e1} - x_{e2}} \bigcirc \rightarrow x_a = x_{e1} - x_{e2} - x_{e3}$ $\triangleq$ $x_{e1} \rightarrow \bigcirc \xrightarrow{x_{e1} - x_{e3}} \bigcirc \rightarrow x_a = x_{e1} - x_{e2} - x_{e3}$

x_{e2} $\rightarrow x_{e2}$

x_{e3} $x_{e3} \rightarrow$

⑥ $x_{e1} \rightarrow \bigcirc \rightarrow x_a = x_{e1} - x_{e2}$ $\triangleq$ $x_{e1} \rightarrow \bigcirc \rightarrow x_a = x_{e1} - x_{e2}$

$\rightarrow x_{e2}$ $\leftarrow x_{e2}$

$x_{e1} \rightarrow$ $x_{e1} \leftarrow \bigcirc$

⑦ $x_{e1} \rightarrow \bigcirc \rightarrow x_a = x_{e1} - x_{e2}$ $\triangleq$ $x_{e1} \rightarrow \bigcirc \rightarrow x_a = x_{e1} - x_{e2}$

$\rightarrow x_{e2}$ $\rightarrow x_{e2}$

$\leftarrow x_a = x_{e1} - x_{e2}$ $\bigcirc \leftarrow$ $x_a = x_{e1} - x_{e2}$

⑧ $x_{e1} \rightarrow \bigcirc \rightarrow \boxed{F_1} \rightarrow x_a = (x_{e1} - x_{e2}) \cdot F_1$ $x_{e1} \rightarrow \boxed{F_1} \rightarrow \bigcirc \rightarrow x_a = (x_{e1} - x_{e2}) \cdot F_1$

$x_{e2} \rightarrow$ $\triangleq$ $x_{e2} \rightarrow \boxed{F_1} \rightarrow$

⑨ $x_{e1} \rightarrow \boxed{F} \rightarrow \bigcirc \rightarrow x_a = x_{e1} \cdot F - x_{e2}$ $x_{e1} \rightarrow \bigcirc \rightarrow \boxed{F} \rightarrow$

$x_{e2} \rightarrow$ $\triangleq$ $x_{e2} \rightarrow \boxed{\frac{1}{F}} \rightarrow$ $x_a = x_{e1} \cdot F - x_{e2}$

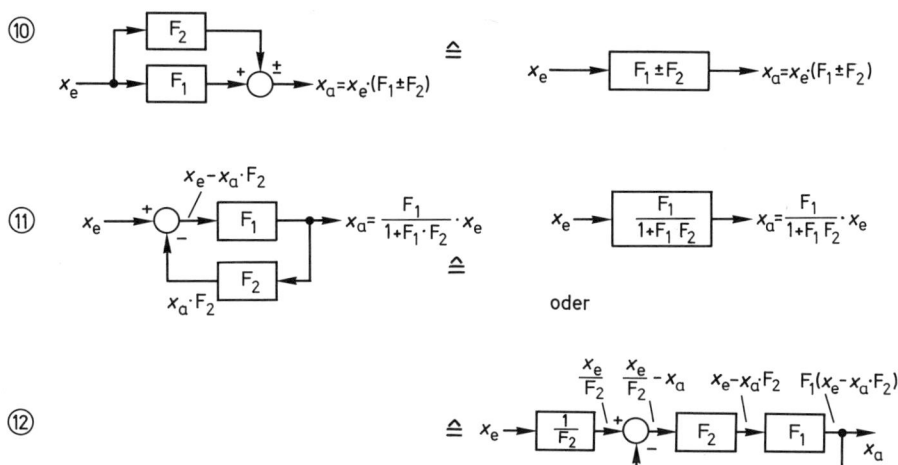

Bild 4.61 Umwandlungen in Blockschaltbildern

4.4 Normierung von Eingangs- und Ausgangsgrößen

Die Wirkungen in einem Regelungssystem sind physikalische Größen. Sie können sehr unterschiedlicher Art sein. Es kann daher vorkommen, daß z.B. die Eingangsgröße eines Blocks oder Übertragungsgliedes eine elektrische, die Ausgangsgröße eine mechanische Größe ist. Damit treten auch im Signalflußplan oder Strukturplan unterschiedliche Größen auf und der Übertragungsfaktor K eines Übertragungsgliedes ist mit Einheiten behaftet. Für alle Berechnungen kann dies sehr umständlich werden.

Beispiel:

Die Eingangsgröße x_e eines Übertragungsgliedes ist ein Strom i_e, die Ausgangsgröße x_a dagegen eine Spannung u_a. Für das Übertragungsglied soll gelten:

$$x_a = K \cdot x_e$$

Zum Zeitpunkt t_0 hat der Strom i_e den Wert 6 mA, während die Ausgangsspannung u_a den Wert 10 V hat. Wie lautet der Übertragungsfaktor K?

Es gilt:

$$K = \frac{x_a}{x_e} = \frac{u_a}{i_e}$$

$$K = \frac{10\ \text{V}}{6\ \text{mA}} = 1{,}67\ \frac{\text{V}}{\text{mA}} = 1{,}67 \cdot 10^3\ \frac{\text{V}}{\text{A}}$$

Der Übertragungsfaktor hat in diesem Fall also eine Einheit und somit auch den Charakter einer physikalischen Größe.

Rechnungen mit Übertragungsfunktionen lassen sich jedoch sehr vereinfachen, wenn Eingangs- und Ausgangsgrößen sowie die Übertragungsfaktoren keine Einheiten aufweisen. Dies wird durch *Normierung* erreicht.

Soll eine Größe normiert werden, so ist eine geeignete Kenngröße, auf die die Größe bezogen werden soll, zu wählen. Häufig verwendet werden als Kenngrößen: Nennwerte, Maximalwerte oder Bereichsgrenzen von Meß- oder Einstellbereichen.

Die zur Normierung verwendeten Größen erhalten den Index N und lauten dann:

$$\frac{x_e}{x_{eN}} \; ; \; \frac{x_a}{x_{aN}}$$

Beispiel:

Die Eingangsgröße x_e ist eine Spannung u_e von 4 V. Der Maximalwert $x_{e\,max}$ beträgt 10 V. Welchen Wert hat die normierte Größe x_{en}, wenn als Bezugsgröße der Maximalwert der Eingangsgröße verwendet wird?

$$x_{en} = \frac{x_e}{x_{eN}} = \frac{u_e}{u_{e\,max}}$$

$$x_{en} = \frac{4\ V}{10\ V} = 0{,}4$$

Das Beispiel zeigt, daß normierte Größen keine Einheit haben. In der Praxis wird der Wert der normierten Größe x_{en} auch in Prozent angegeben. Der prozentuale Wert ergibt sich durch Multiplikation mit dem Faktor 100 %.

Ein Zusammenhang zwischen Eingangs- und Ausgangsgröße läßt sich auch in normierter Form grafisch darstellen (**Bild 4.62**).

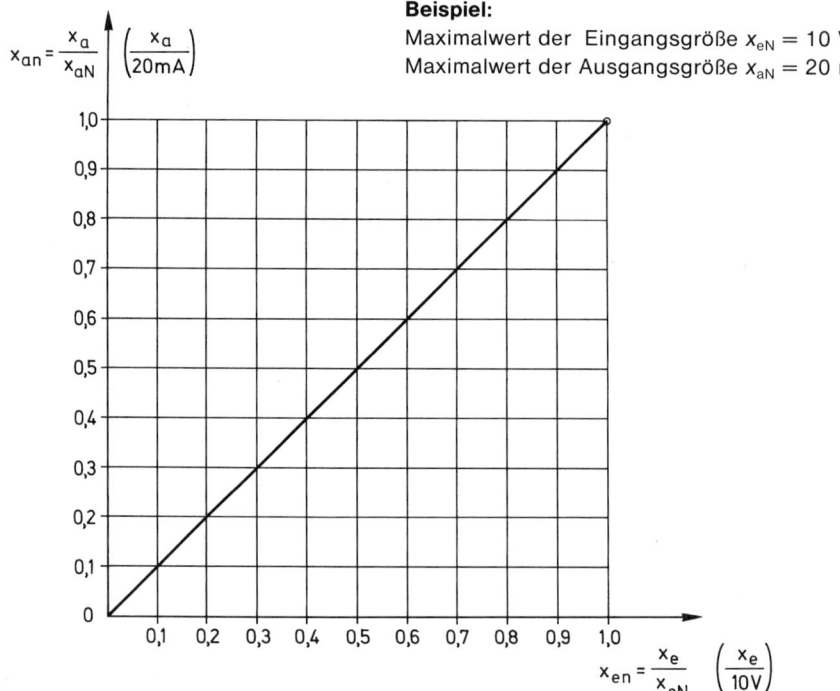

Beispiel:
Maximalwert der Eingangsgröße x_{eN} = 10 V,
Maximalwert der Ausgangsgröße x_{aN} = 20 mA,

Bild 4.62 Zusammenhang von Eingangs- und Ausgangsgröße in normierter Form

Aus der Übertragungsgleichung	wird durch Normierung	die normierte Übertragungsgleichung:

$$x_a = K \cdot x_e \quad \rightarrow \quad \frac{x_a}{x_{aN}} = K_n \cdot \frac{x_e}{x_{eN}} \quad \rightarrow \quad x_{an} = K_n \cdot x_{en} \quad \text{mit} \quad K_n = K \cdot \frac{x_{eN}}{x_{aN}}$$

Die Auswirkungen einer Normierung lassen sich erst in einem Beispiel erkennen.

Beispiel:

Das Signal eines Drehzahlgebers wurde so aufbereitet, daß bei der Drehzahl $n_{max} = n_N = 6000 \, \text{min}^{-1}$ eine Spannung von $U_{max} = U_N = 10 \, \text{V}$ anliegt.
Diese Größe soll mittels eines Spannungs/Strom-Wandlers in »Zero-Live-Technik« zu einer entfernten Überwachungsstelle übermittelt werden. Wie lautet die normierte Übertragungsgleichung?

$$n = 0 \ldots 6000 \, \text{min}^{-1}$$

$$U = 0 \ldots 10 \, \text{V} \quad = x_e$$

$$i = 4 \ldots 20 \, \text{mA} = x_a$$

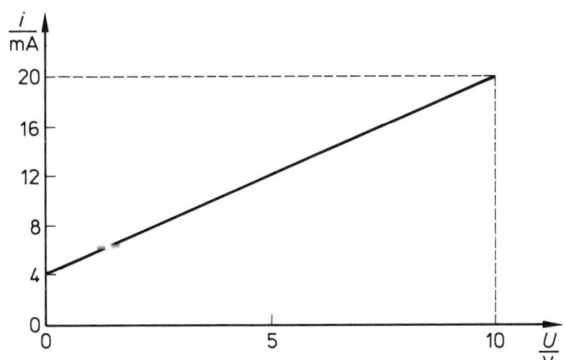

Übertragungsgleichung:

$$x_a = K_1 \cdot x_e + K_2 \quad \text{mit} \quad K_2 = 4 \, \text{mA}$$

K_1 läßt sich mit x_{eN} und x_{aN} bestimmen:

$$K_1 = \frac{x_a - K_2}{x_e} = \frac{20 \, \text{mA} - 4 \, \text{mA}}{10 \, \text{V}} = 1{,}6 \, \frac{\text{mA}}{\text{V}}$$

Normierte Übertragungsgleichung:

$$\frac{x_a}{x_{aN}} \cdot x_{aN} = K_1 \cdot \frac{x_e}{x_{eN}} \cdot x_{eN} + K_2$$

$$x_{an} = K_1 \cdot \frac{x_{eN}}{x_{aN}} \cdot x_{en} + \frac{K_2}{x_{aN}}$$

$$x_{an} = K_{1n} \cdot x_{en} + K_{2n} \quad \text{mit} \quad K_{1n} = K_1 \cdot \frac{x_{eN}}{x_{aN}} = 1{,}6 \, \frac{\text{mA}}{\text{V}} \cdot \frac{10 \, \text{V}}{20 \, \text{mA}}$$

$$K_{2n} = \frac{K_2}{x_{aN}} = \frac{4 \, \text{mA}}{20 \, \text{mA}} = 0{,}2$$

$$x_{an} = 0{,}8 \cdot x_{en} + 0{,}2$$

Die normierte Ausgangsgröße x_{an} ist proportional der normierten Eingangsgröße x_{en}. Lage und Verhalten der normierten Größen relativ zu den Nennwerten sind einfacher zu überblicken.

Die Normierung bietet folgende Vorteile:

- Die normierten Gleichungen haben keine Einheiten.
- Ein normiertes System hat einen einfacheren und übersichtlicheren Signalflußplan.
- Der Vergleich von normierten Systemen ist einfacher als der von unnormierten Systemen.

5 Untersuchung von Übertragungsgliedern

5.1 Allgemeines

In der Praxis werden Schaltungen vorwiegend für den eingeschwungenen oder Beharrungszustand untersucht. Bei der Untersuchung des Beharrungszustandes eines Differenzverstärkers liegt die Schaltung an der Versorgungsspannung und ein Eingangssignal ist angelegt. Jetzt werden Spannungen und Ströme gemessen. Entsprechend wird bei der Untersuchung eines Oszillators verfahren. Die Messung der Frequenz wird erst durchgeführt, wenn der Oszillator mit konstanter Ausgangsamplitude schwingt.

Für zahlreiche technische Anwendungen in der Regelungstechnik ist aber auch das Verhalten einer Schaltung oder eines technischen Geräts unmittelbar nach dem Einschalten oder beim Übergang von einem Betriebszustand zum anderen wichtig.

Dieses Übergangsverhalten läßt sich rechnerisch meist nur mit Hilfe der »Höheren Mathematik« ermitteln, da hier häufig Umladevorgänge bei mehreren Energiespeichern auftreten. Für die Regelungstechnik ist aber gerade die Kenntnis des Übergangsverhaltens von besonderer Bedeutung. Statt der schwierigen Berechnung verwendet man Meßverfahren, die über das Übergangsverhalten Aufschluß geben. Die Meßverfahren müssen für Schaltungen, Baugruppen und Systeme gleichermaßen geeignet sein. Die Darstellung der Signalverläufe muß übersichtlich Aufschluß über die charakteristischen Eigenschaften der untersuchten Funktionsblöcke geben.

Das Verhalten von Schaltung, Baugruppe oder System, im regelungstechnischen Sinn auch als Übertragungsglied bezeichnet, wird bestimmt durch die Fortpflanzungsgeschwindigkeit der Signale, die Speicherfähigkeit und andere eingebaute Eigenschaften des Zusammenwirkens zwischen Eingangs- und Ausgangsgrößen. Eingangs- und Ausgangsgrößen müssen, darauf ist hier noch einmal besonders hinzuweisen, nicht die gleichen physikalischen Größen sein.

5.2 Statisches Verhalten

Bei Übertragungsgliedern wird im Ruhe- oder Beharrungszustand die Abhängigkeit der Ausgangsgröße x_a von der Eingangsgröße x_e durch eine Kennlinie beschrieben.

Auf der senkrechten Achse ist die abhängige Ausgangsgröße, auf der waagerechten Achse die unabhängig veränderliche Eingangsgröße aufgetragen. Die Kennlinie veranschaulicht den Zusammenhang im eingeschwungenen Zustand, hier gilt eine zeitunabhängige Zuordnung von Eingangs- und Ausgangsgrößen. Das Übertragungsglied befindet sich im statischen Zustand. Das Verhalten des Übertragungsgliedes wird hier auch als statisches Verhalten bezeichnet. Im allgemeinen haben derartige Kennlinien einen nichtlinearen Verlauf **(Bild 5.1)**.

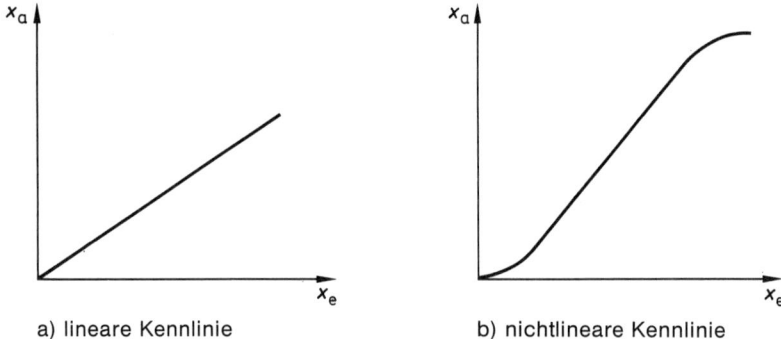

a) lineare Kennlinie   b) nichtlineare Kennlinie

Bild 5.1   Lineare und nichtlineare Kennlinie

Bei nichtlinearen Kennlinien können gleichbleibende Übertragungseigenschaften nur in sehr kleinen Teilabschnitten angenommen werden. Treten größere Änderungen auf, so müssen die Werte der Ausgangsgröße über die Kennlinie bestimmt werden. Dies ist jedoch sehr unhandlich, daher versucht man meist mit vereinfachten, linearen Kennlinien auszukommen. Diese vereinfachten Kennlinien beschreiben das Übertragungsgliedverhalten jedoch nur näherungsweise. **Bild 5.2** zeigt solche Vereinfachungen der Kennlinien.

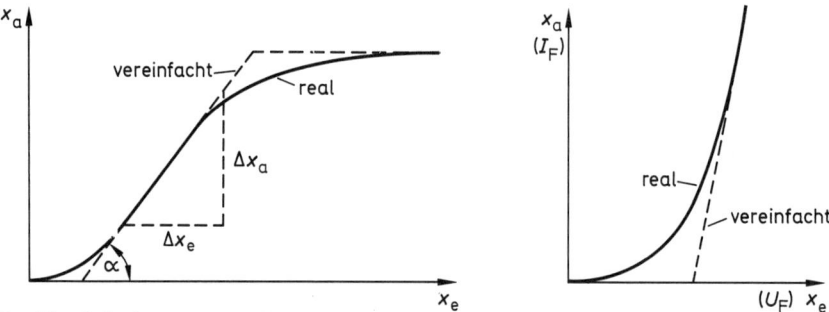

Bild 5.2   Vereinfachungen von Kennlinien

Die Vereinfachung gilt hinreichend genau nur für bestimmte Bereiche. Soll das Verhalten in anderen Bereichen untersucht werden, so ist entweder eine andere Auswahl der vereinfachten Kennlinie oder eine Aufteilung in mehrere Bereiche mit jeweils linearer Kennlinie zweckmäßig.

Für eine lineare oder abschnittweise linearisierte Kennlinie läßt sich ein Übertragungsfaktor K angeben. Der Übertragungsfaktor ergibt sich als Steigung der Kennlinie im betrachteten Bereich:

$$K = \frac{\Delta x_a}{\Delta x_e} = \tan \alpha$$

Die Ausgangsgröße x_a ist in diesem Fall also durch einen konstanten Faktor mit der Eingangsgröße x_e verknüpft.

$$\Delta x_a = K \cdot \Delta x_e = \tan \alpha \cdot \Delta x_e$$

288

Ist die Kennlinie nicht linear, jedoch in der Nähe des Arbeits- oder Betriebspunktes näherungsweise linear, so wird häufig ein linearer Verlauf angenommen und der Zusammenhang entsprechend dargestellt:

$$\Delta x_a \approx K \cdot \Delta x_e = \tan \alpha \cdot \Delta x_e$$

Auch für eine nichtlineare Kennlinie kann in jedem Arbeits- oder Betriebspunkt ein Übertragungsfaktor K angegeben werden. Hierzu wird im Betriebspunkt eine Gerade an die Kurve gelegt. Diese Gerade wird als Tangente bezeichnet. In **Bild 5.3** ist dieses Verfahren für verschiedene Arbeitspunkte angedeutet.

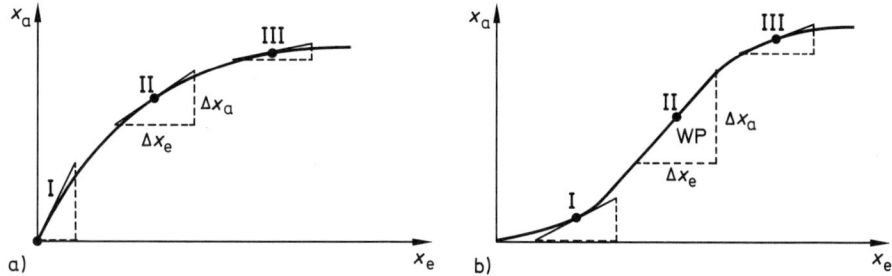

Bild 5.3 Ermittlung des Übertragungsfaktors bei nichtlinearer Kennlinie

Im Bereich des Arbeitspunktes II (Bild 5.3 b) ist die Steigung und damit der Übertragungsfaktor am größten. Der Punkt wird auch als Wendepunkt WP bezeichnet, weil die Steigung im Kurvenverlauf auf diesen Punkt hin ansteigt, jenseits des Wendepunktes jedoch wieder abfällt. Durch die Ermittlung der Übertragungswerte für alle Arbeitspunkte läßt sich die Abhängigkeit des Übertragungsfaktors vom Eingangssignal x_e darstellen. Die Abhängigkeit des Übertragungsfaktors vom Eingangssignal ist in **Bild 5.4** als gestrichelter Kurvenzug eingezeichnet. In der Nähe des Arbeitspunktes II ist der Übertragungsfaktor K konstant, also ist der Kurvenverlauf hier näherungsweise waagrecht.

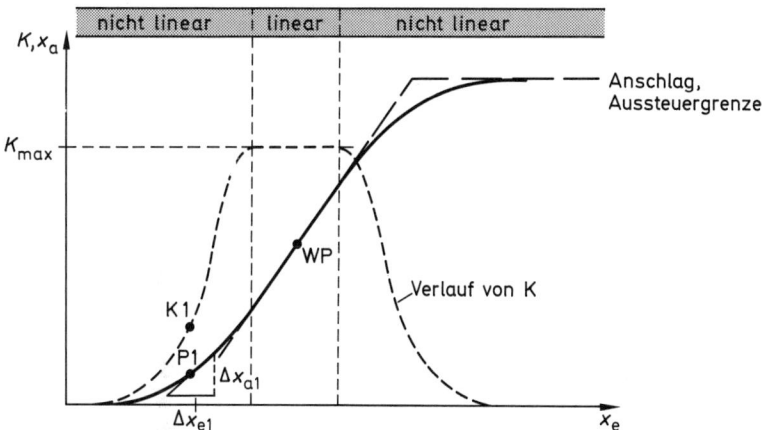

Bild 5.4 Übertragungsfaktor als Funktion der Eingangsgröße

Der Verlauf von Kennlinien, wie in den Bildern 5.3 und 5.4 dargestellt, wird als stetig bezeichnet.

In einer Kennlinie können aber auch Sprünge auftreten, d. h. daß zu einem Wert für die Eingangsgröße x_e mehrere Werte der Ausgangsgröße zugeordnet werden können. In der Praxis treten solche Fälle bei Schaltern, Komparatoren, Schmitt-Triggern aber auch bei Getriebespiel oder -reibung auf. **Bild 5.5** zeigt zwei typische Kennlinien.

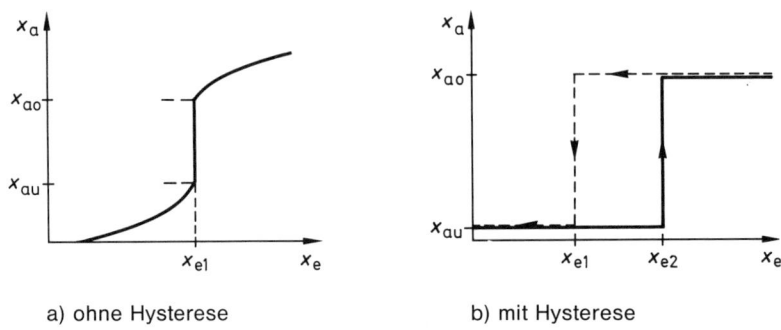

a) ohne Hysterese   b) mit Hysterese

Bild 5.5   Unstetige Kennlinien

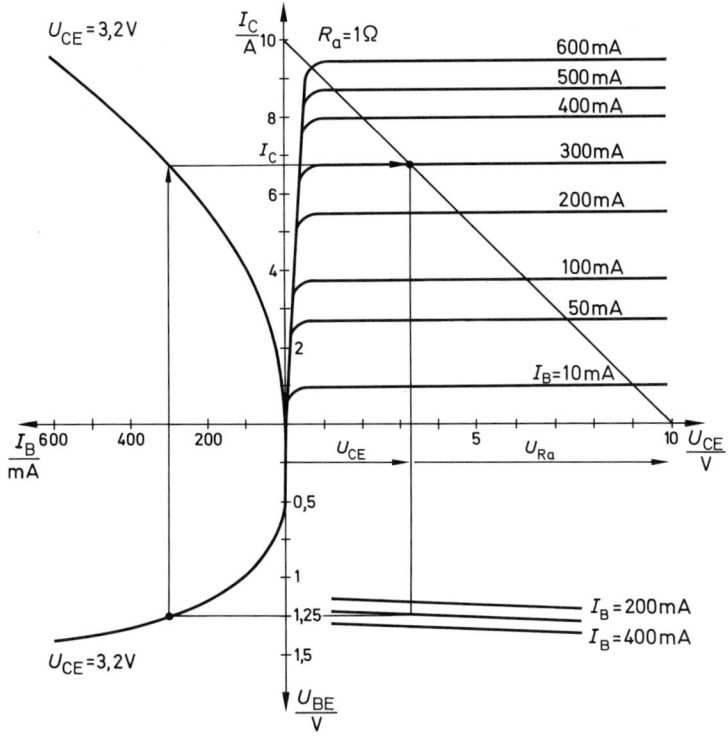

Bild 5.6   Kennlinienfeld eines Transistors

In **Bild 5.5 a** durchläuft der Arbeitspunkt bei Veränderung der Eingangsgröße die Kennlinie unabhängig von der Richtung der Änderung. Nur bei einer Eingangsgröße x_{e1} kann die Ausgangsgröße Werte zwischen x_{au} und x_{ao} annehmen. Werte zwischen x_{au} und x_{ao} sind nicht stabil. Eine derartige Kennlinie wird als unstetige Kennlinie ohne Hysterese bezeichnet.

In **Bild 5.5 b** hängt die Ausgangsgröße x_a für eine Eingangsgröße zwischen x_{e1} und x_{e2} von der Vorgeschichte, d. h. von der Richtung der Änderung der Eingangsgröße ab. Diese Kennlinien haben eine Hysterese. Auch sie gehören zu den unstetigen Kennlinien.

Übertragungsglieder können recht komplizierte Gebilde sein. Für diese läßt sich die Abhängigkeit der Ausgangsgröße x_a von der Eingangsgröße x_e nicht in einer einfachen Kennlinie darstellen, weil weitere Einflußgrößen auftreten und das Verhalten der Übertragungsglieder beeinflussen. Die Darstellung des Übertragungsverhaltens erfolgt dann in einem Kennlinienfeld mit Angabe der Einflußgrößen (Einflußparameter). Als Beispiel zeigt **Bild 5.6** das Kennlinienfeld eines Transistors, wie es im Lehrgang »Bauelemente der Elektronik« behandelt wird.

5.3 Dynamisches Verhalten

Im vorhergehenden Abschnitt wurde das statische Verhalten und damit die Beziehung zwischen Eingangs- und Ausgangsgröße behandelt. Neben dem statischen Verhalten des Übertragungsgliedes ist in der Anwendung jedoch auch die Reaktion des Übertragungsgliedes auf eine Änderung der Eingangsgröße x_e zu beachten. Nur in wenigen Fällen läßt sich das dynamische Verhalten mit einfachen Mitteln berechnen. In der Praxis vorhandene Systeme enthalten meist mehrere Energiespeicher, hier ist dann bereits höhere Mathematik zur Berechnung einer Übertragungsfunktion erforderlich. Aus ganz bestimmten meßtechnischen Untersuchungen lassen sich jedoch mit einfachen Mitteln Rückschlüsse auf das Verhalten ziehen und charakteristische Daten ermitteln. Die Untersuchungen erfolgen mit Eingangstestfunktionen. Diese Testfunktionen werden in den folgenden Abschnitten erläutert.

5.3.1 Verhalten bei periodischer Sinus-Testfunktion

Zur Untersuchung des Verhaltens bei Sinus-Testfunktion wird eine Eingangsgröße mit sinusförmigem Verlauf auf den Eingang eines Übertragungsgliedes gegeben. Diese Eingangsgröße kann eine beliebige physikalische Größe sein.

5.3.1.1 Amplitudengang, Phasengang, Frequenzgang, Bodediagramm

Für die experimentelle, systematische Untersuchung wird an das Übertragungsglied eine sinusförmige Eingangsgröße x_e angelegt. Im Rahmen der Messung wird die

Frequenz f_e der Eingangsgröße bei konstanter Amplitude in relativ weitem Bereich verändert. Gemessen wird die Ausgangsgröße x_a, dabei wird der Betrag der Amplitude und die Phasenverschiebung der Ausgangsgröße bezogen auf die Eingangsgröße als Phasenwinkel φ ausgewertet.

Beispiel:

Als Übertragungsglied wird ein Spannungsverstärker mit OP und einstellbarer Verstärkung verwendet. Die Sinus-Testfunktion ist eine Spannung von $U_{E SS} = 1$ V und einstellbarer Frequenz. Der Frequenzbereich umfaßt den Bereich von 1 Hz – 10 kHz. **Bild 5.7** zeigt die Meßschaltung.

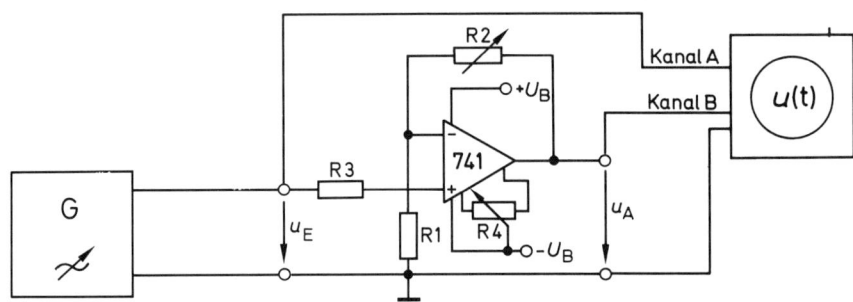

Bild 5.7   Meßschaltung für eine Untersuchung mit Sinus-Testfunktion

Die Messung ergibt die in **Bild 5.8** dargestellte Tabelle.

$U_{E SS} = 1$ V												
$\dfrac{f}{\text{Hz}}$	1	2	5	10	20	50	1	2	5	1 k	2 k	5 k	10 k
$\dfrac{U_{ASS}}{\text{V}}$	10,0	10,0	10,0	10,0	10,0	10,0	10,0	10,0	10,0	10,0	10,0	10,0	10,0
$\dfrac{\varphi}{°}$	0	0	0	0	0	0	0	0	0	0	0	0	0

Werte der verwendeten Bauelemente:
$R_1 = 10$ kΩ; $R_2 = 90$ kΩ; $R_3 = 10$ kΩ; $R_4 = 10$ kΩ;
Verstärkung: 10 fach

Bild 5.8   Meßprotokoll für Untersuchung mit Sinus-Testfunktion

Auswertung

Die Auswertung erfolgt getrennt nach Abhängigkeit der Amplitude von der Frequenz bzw. der Phasenverschiebung von der Frequenz. Das Diagramm der Amplitude in Abhängigkeit von der Frequenz wird Amplitudengang, das Diagramm der Phasenverschiebung in Abhängigkeit von der Frequenz wird als Phasengang bezeichnet **(Bild 5.9)**.

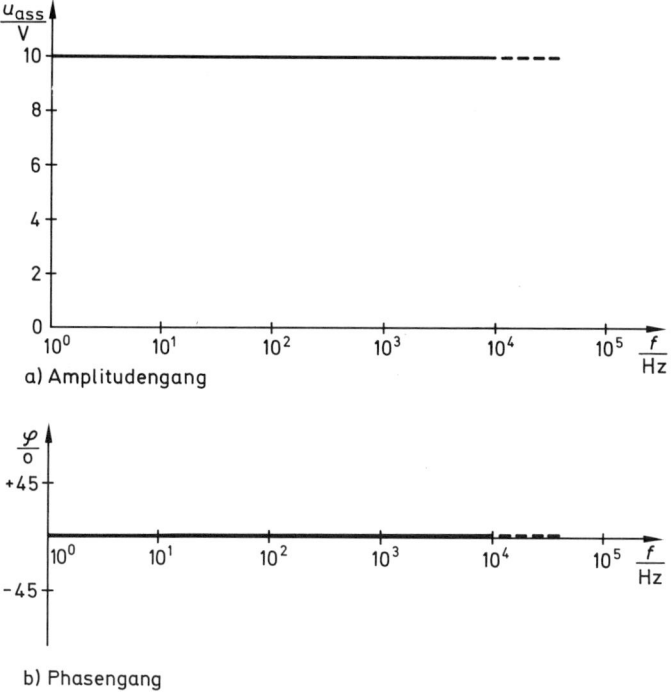

a) Amplitudengang

b) Phasengang

Bild 5.9 Amplituden- und Phasengang. a) Amplitudengang; b) Phasengang (= Frequenzgang)

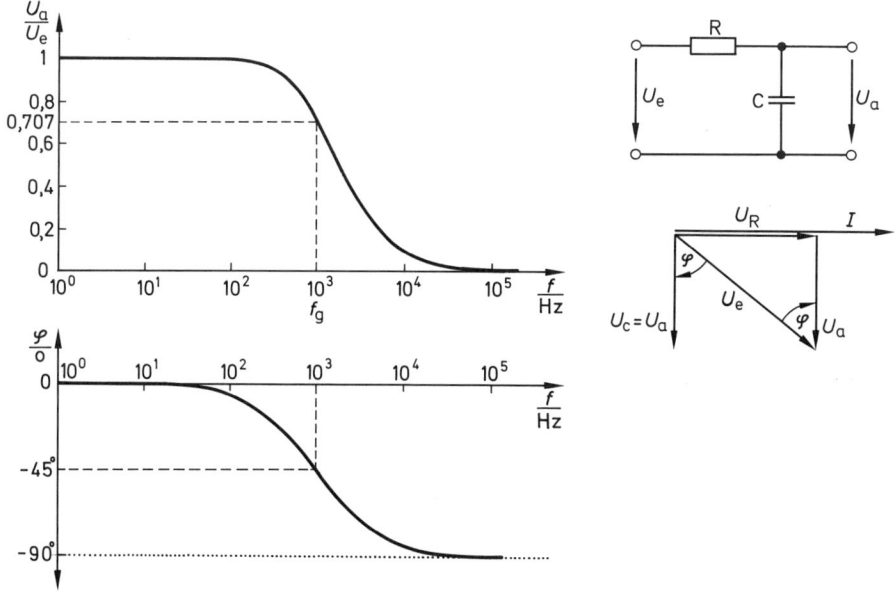

Bild 5.10 Amplituden- und Phasengang eines RC-Tiefpasses

Die Darstellung des großen Frequenzbereiches erfolgt zweckmäßigerweise in logarithmischem Maßstab. Beide Darstellungen gemeinsam heißen Frequenzgang.

Als weiteres Beispiel soll eine RC-Schaltung untersucht werden.

Beispiel:

Bild 5.10 zeigt den Amplituden- und Phasengang für einen RC-Tiefpaß mit einer Grenzfrequenz von 1 kHz.
Die Ausgangsspannung ist als Quotient U_a/U_e dargestellt. Daher gilt dieses Diagramm unabhängig von der absoluten Größe der Eingangsspannung U_e. Die obere Darstellung wird als bezogener oder normierter Amplitudengang bezeichnet.

Um die Darstellung noch weiter zu verallgemeinern und von bestimmten Werten für die Grenzfrequenz unabhängig zu machen, wird häufig auch die Eingangsgröße Frequenz f normiert. Als Bezugsgröße dient die Grenzfrequenz f_g, so daß sich eine Darstellung nach **Bild 5.11** ergibt.
Neben der Darstellung in Abhängigkeit von der Frequenz wird auch die Darstellung in Abhängigkeit von der Kreisfrequenz $\omega = 2\,\pi\,f$ gewählt.
Um die verschiedenen Teilungen bei Amplitudengang und Phasengang zu vermeiden, wird für die normierte Amplitude ein logarithmisches Maß verwendet und diese in Dezibel (dB) angegeben. Diese Art der Darstellung wird als Bode-Diagramm bezeichnet **(Bild 5.12)**.
In **Bild 5.12** wurde für das Bode-Diagramm als Meßobjekt ein Tiefpaß gewählt, dessen Verhalten bereits in den vorhergehenden Abbildungen in unterschiedlicher Weise dargestellt ist. Die normierte Amplitude ist in einem logarithmischen Maß dargestellt, der Zusammenhang mit der normierten Amplitude ergibt sich aus:

$$F = 20\,\lg\frac{x_a}{x_e} = 20\,\lg\frac{U_a}{U_e} \text{ (normierte Amplitude in dB)}$$

Neben der eigentlichen Kurve sind im Bode-Diagramm auch Asymptoten eingetragen, wenn der Verlauf der Kurve nicht linear ist. Beim Tiefpaß verläuft die eine Asymptote für Frequenzen, die kleiner sind als die Grenzfrequenz, waagerecht. Die Lage ergibt sich aus dem Verhältnis von Ausgangs- und Eingangsspannung. Die bezogene Amplitude ist in diesem Fall gleich 1, dies entspricht dem Wert 0 auf der Dezibelskala.
Von der Grenzfrequenz an fällt die Asymptote so, daß bei einem Frequenzanstieg um eine Dekade die bezogene Amplitude ebenfalls um eine Dekade, entsprechend 20 dB, absinkt.

5.3.1.2 Ortskurven

Neben der Darstellung des dynamischen Verhaltens im Amplituden- und Phasengang ist auch die Ortskurven-Darstellung gebräuchlich. Für diese Darstellung benötigt man die Amplitude der Ausgangsgröße x_a und die Phasenverschiebung φ, bezogen auf die Eingangsgröße. **Bild 5.13** zeigt das Diagramm mit einer Ortskurve.
Die Konstruktion der Ortskurve beginnt auf der x-Achse. Bei einem Tiefpaß ist für die Frequenz ~ 0 Hz die Ausgangsspannung U_a gleich der Eingangsspannung U_e. Da keine Phasenverschiebung vorliegt, wird der Zeiger von der Länge $U_a = U_e$ auf die x-Achse gelegt. Mit steigender Frequenz ergibt sich eine Phasenverschiebung ($\varphi < 0°$) und die Größe der Ausgangsspannung U_a nimmt durch Spannungsteilung ab. Für jeden

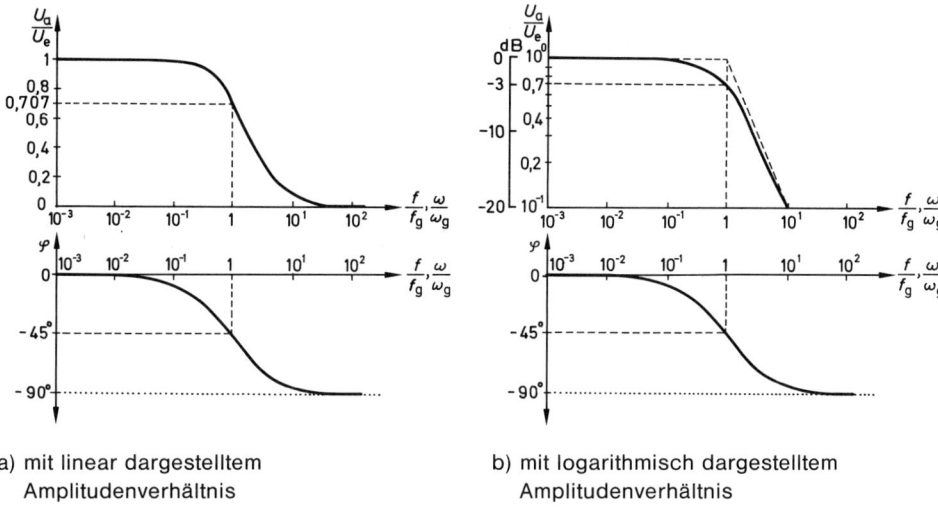

a) mit linear dargestelltem
   Amplitudenverhältnis

b) mit logarithmisch dargestelltem
   Amplitudenverhältnis

Bild 5.11   Amplituden- und Phasengang eines RC-Tiefpasses

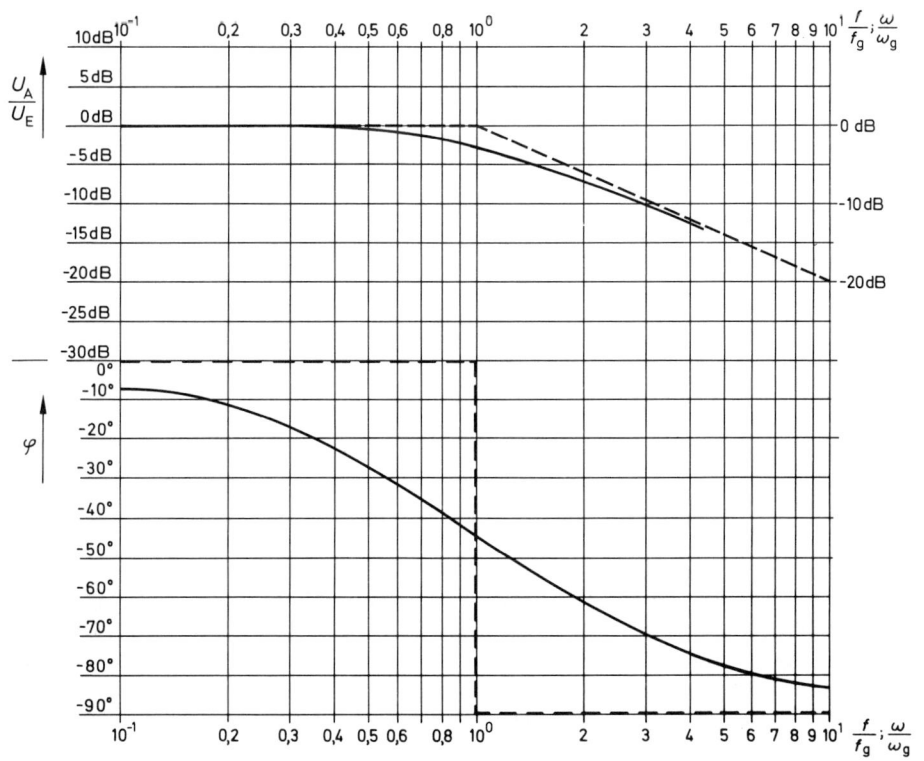

Bild 5.12   Bode-Diagramm für den Tiefpaß

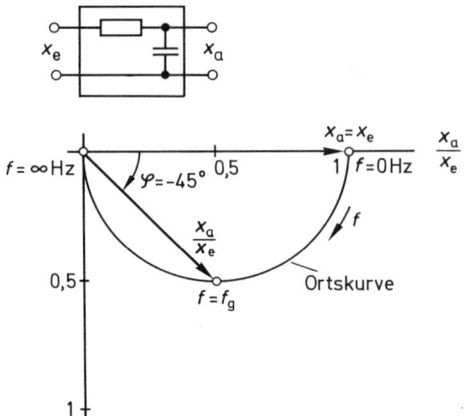

Bild 5.13   Ortskurve eines Tiefpasses

Frequenzwert kann demnach ein Zeiger gezeichnet werden. Bei der Grenzfrequenz $f = f_g$ beträgt die Phasenverschiebung $\varphi = -45°$. Verbindet man die Spitzen aller Zeigerendpunkte, so ergibt sich der Verlauf der Ortskurve. In **Bild 5.14** ist die Ortskurve für die normierte Frequenz $\dfrac{f}{f_g}$ bzw. $\dfrac{\omega}{\omega_g}$ und normiertes Ausgangssignal $\dfrac{x_a}{x_e}$ dargestellt.

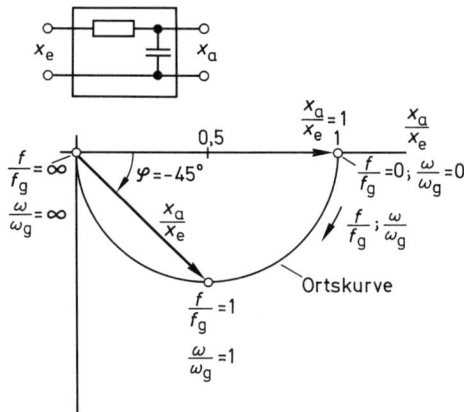

Bild 5.14   Ortskurve mit normierten Signalen

Von besonderem Interesse ist der Verlauf der Ortskurve für sehr große Werte von f. Es ist aus Bild 5.14 zu entnehmen, daß bei einer unendlich hohen Frequenz f bzw. ω die Phasenverschiebung $\varphi = -90°$ sein muß. Die Ausgangsspannung wäre aber dann $U_a = 0\,\text{V}$. Die senkrechte Achse ist also die Asymptote an die Ortskurve. Werden Übertragungsglieder, z.B. zwei Tiefpässe, hintereinandergeschaltet, so bleibt der Anfangspunkt der Ortskurve gleich. Da sich die Phasenverschiebungen jedoch addieren, läuft die Ortskurve, wie in **Bild 5.15** dargestellt, in den Nullpunkt ein.

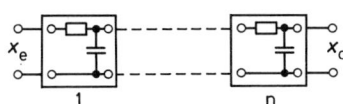

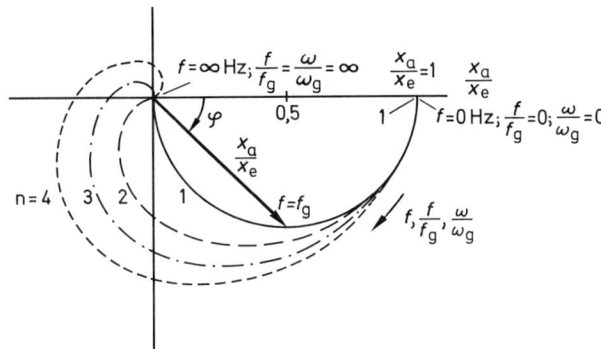

Bild 5.15 Prinzipdarstellung der Ortskurven für rückwirkungsfrei hintereinandergeschaltete Tiefpässe

5.3.2 Verhalten bei Sprung-Testfunktion

Die gebräuchlichste und meist auch am einfachsten zu erzeugende Testfunktion zur Untersuchung von Übertragungsgliedern ist die, bei der die Eingangsgröße sprunghaft verändert wird. Bei dieser Sprung-Testfunktion, auch kurz Sprungfunktion genannt, wird die Eingangsgröße von einem Ruhezustand aus, möglichst sprungartig um einen bestimmten Betrag geändert und der zeitliche Verlauf der Ausgangsgröße gemessen. Sprungförmig in mathematischem Sinn bedeutet eine Änderung eines Wertes in einem Zeitraum, der Null, also unmeßbar klein, ist. In der Praxis ist dies nicht durchführbar, hier reicht es aus, wenn die Änderung der Eingangsgröße wesentlich schneller erfolgt als das Übertragungsglied am Ausgang reagieren kann. Für eine Raumheizung ist eine Einstellungsänderung am Stellventil, die sich in Sekunden vollzieht, schnell. Für eine elektronische Schaltung müßte die Änderung des Eingangssignals in Mikrosekunden oder Nanosekunden erfolgen, damit auch hier die Änderung des Eingangssignals schnell gegenüber der verursachten Änderung des Ausgangssignals ist.
Der zeitliche Verlauf der Ausgangsgröße wird als *Sprungantwort* x_a (t) bezeichnet.
Bild 5.16 zeigt zwei unterschiedliche Darstellungen. Der Teil a geht von bestimmten Zuständen x_{e0} und x_{a0} aus. Die Eingangsgröße x_{e0} wird sprunghaft um eine Größe Δx_e geändert. Die Ausgangsgröße ändert sich dann um Δx_a. Hier sind also die Arbeitspunktgrößen berücksichtigt. Im Teil b von Bild 5.16 sind nur die Änderungen aufgetragen. In der Regelungstechnik ist diese Darstellung üblich, weil sie die Reaktion eines Übertragungsgliedes sehr übersichtlich zeigt, während das andere Diagramm sich mehr an den praxisgerechten Funktionen orientiert.

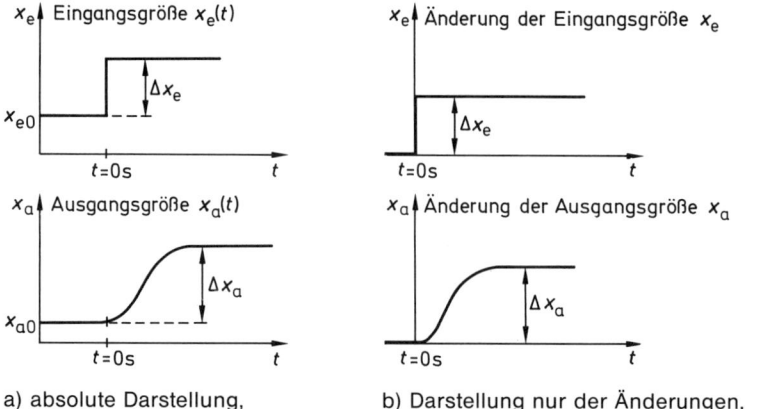

a) absolute Darstellung,
   Arbeitspunkt (x_{e0}, x_{a0})

b) Darstellung nur der Änderungen,
   bezogen auf den jeweiligen Arbeitspunkt

Bild 5.16   Sprungantwort eines Übertragungsgliedes

Im Kapitel 4 ist bereits auf die normierte Darstellung eingegangen worden. Wendet man diese auf die Sprungfunktion an, so erhält man die Darstellung der bezogenen Sprungantwort oder Übergangsfunktion h (t) **(Bild 5.17)**.

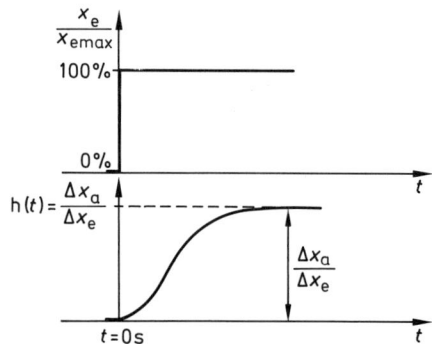

Bild 5.17   Übergangsfunktion h (t)

Der Sprung der Eingangsfunktion Δx_e wird als Sprung von 0 % auf 100 % betrachtet. Die Übergangsfunktion h (t)

$$h\,(t) = \frac{\Delta x_a}{\Delta x_e}$$

ergibt den gleichen Kurvenverlauf, nur der Maßstab ist anders. Der Vorteil liegt im Vermeiden des Mitschleppens von Absolutwerten. Auch die Einheiten fallen weg bei gleichen Größen am Eingang und Ausgang.
Aus der Sprungantwort oder der Übergangsfunktion eines Übertragungsgliedes können wichtige Kenngrößen, wie Zeitkonstante und Verstärkung bzw. Dämpfung, ermittelt werden.

Bei der Anwendung der Sprungfunktion muß allerdings auf gewisse Randparameter geachtet werden. So darf der Sprung z. B. nicht so groß gemacht werden, daß das Übertragungsglied an seine Begrenzung gefahren wird.

Für nichtlineare Übertragungsglieder muß der Sprung so klein sein, daß der von der Ausgangsgröße durchlaufene Bereich auf der Kennlinie noch als linear betrachtet werden kann. Lassen sich die Forderungen nicht erfüllen, so müssen in Abhängigkeit von der Eingangsgröße mehrere Sprungantworten bestimmt werden.

Übertragungsglieder werden in Signalflußplänen als Blöcke dargestellt. Um das Übertragungsglied näher zu beschreiben, kann die Sprungantwort in den Block eingetragen werden. Die Achsenbezeichnungen werden dabei häufig weggelassen **(Bild 5.18)**.

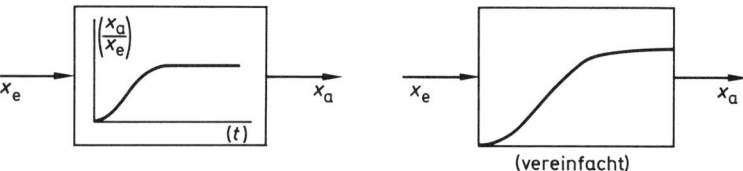

Bild 5.18 Übertragungsglied in Blockdarstellung mit Sprungantwort

Zur meßtechnischen Ermittlung von Sprungantworten eignen sich Oszilloskop, Speicheroszilloskop und schreibende Meßgeräte. Mit dem Oszilloskop lassen sich nur die Sprungantworten ermitteln, die von sehr schnell reagierenden Übertragungsgliedern stammen. Für langsamere Vorgänge ist ein Speicheroszilloskop zweckmäßig. Überschreitet die Zeitspanne, in der die Ausgangsgröße wieder einen stabilen Zu-

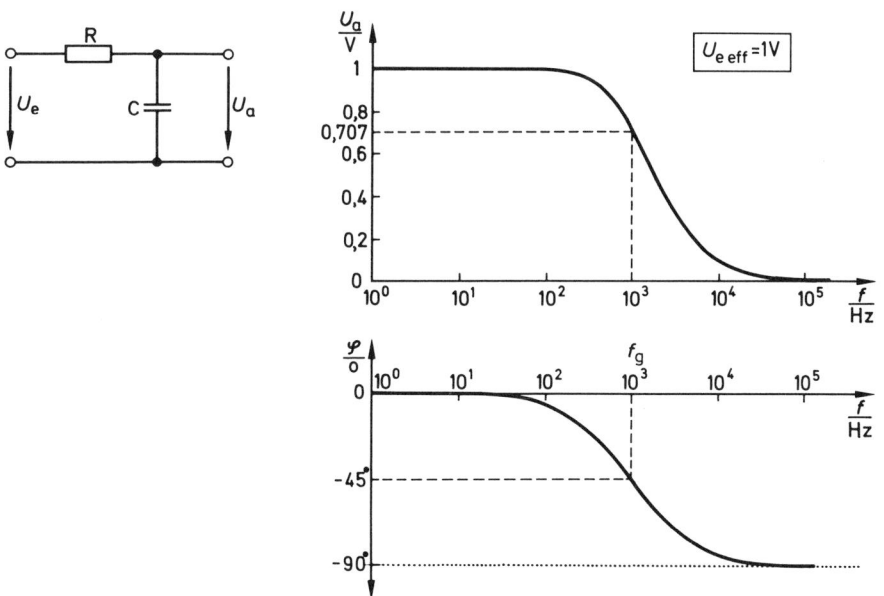

Bild 5.19 Übertragungsglied Tiefpaß

299

stand erreicht, eine Sekunde, dann ist der Einsatz eines schreibenden Meßgerätes (Schreiber) möglich. Nur bei extrem langsamen Vorgängen kann die Änderung der Ausgangsgröße auch mit der Uhr und Ablesen eines Zeiger- oder Digitalmeßgerätes ermittelt werden.

Für Messungen mit dem Oszilloskop kann es zweckmäßig sein, als Eingangssignal ein Rechtecksignal zu verwenden. Dieses Signal weist dann einen positiven und einen negativen Sprung auf. Bei einer kontinuierlichen Folge von Rechtecksignalen kann auf dem Oszilloskop ein stehendes Bild erzeugt werden.

Beispiel:

Das Übertragungsglied ist ein Tiefpaß. **Bild 5.19** zeigt Ausgangssignal und Eingangssignal in einer Darstellung, die in der Elektronik üblich ist.

In **Bild 5.20** ist die Darstellung als Übergangsfunktion h (t) angegeben.

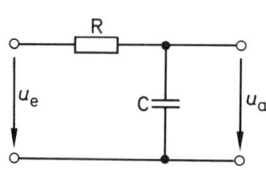

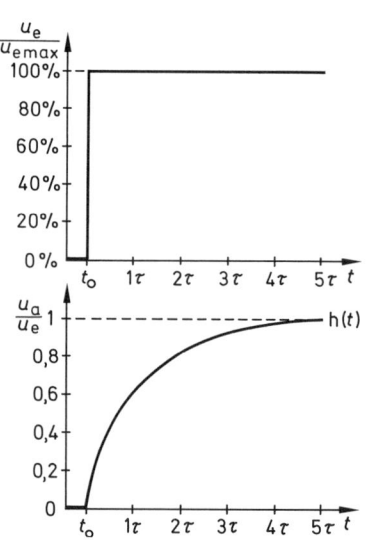

Bild 5.20   Übergangsfunktion des Übertragungsgliedes Tiefpaß

5.3.3 Verhalten bei Anstiegs-Testfunktion

Besitzt ein zu untersuchendes Übertragungsglied differenzierende Eigenschaften, wie sie z. B. vom CR-Differenzierglied her bekannt sind, so lassen sich mit Hilfe der Sprung-Testfunktion die wichtigen Kenngrößen nur unzureichend oder überhaupt nicht ermitteln. **Bild 5.21** zeigt die Sprungantwort für ein Differenzierglied.

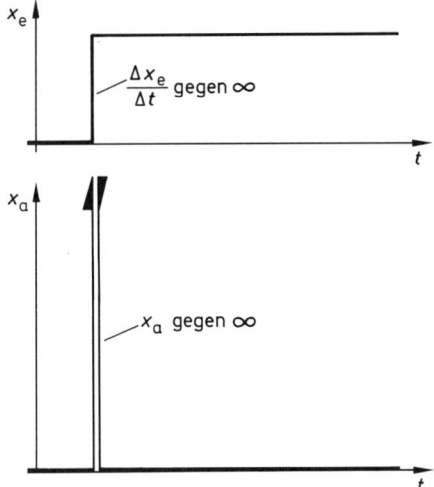

Bild 5.21   Sprungantwort eines Differenziergliedes

Für einen Eingangssprung in der dargestellten Art springt die Ausgangsgröße ins Unendliche und kehrt sofort zurück. Mathematisch wird diese Eigenschaft eines Kurvenverlaufes als Dirac-Impuls δ bezeichnet.

Zur Untersuchung wird in diesen Fällen die Anstiegs- oder Rampen-Testfunktion als Eingangssignal verwendet. Diese Testfunktion ist dadurch gekennzeichnet, daß die Eingangsgröße x_e sich vom Ruhezustand aus mit konstanter Geschwindigkeit ändert. Die Anstiegs-Testfunktion wird oft auch kurz Anstiegsfunktion genannt. Der Verlauf der Ausgangsgröße x_a wird als *Anstiegsantwort* bezeichnet. **Bild 5.22** zeigt zwei unterschiedliche Anstiegsfunktionen und die zugehörigen Anstiegsantworten.

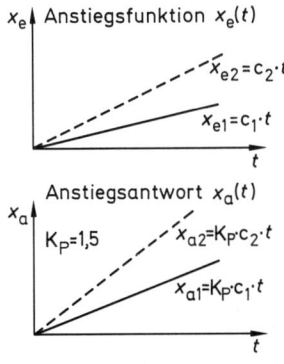

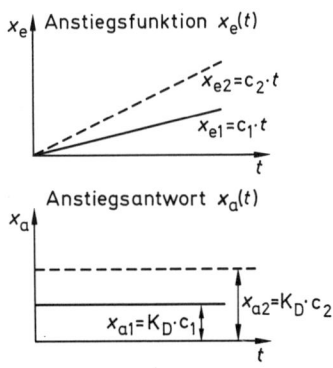

a) Übertragungsglied mit
   proportionalem Verhalten ($K_P = 1{,}5$)

b) Übertragungsglied mit
   differenzierendem Verhalten

Bild 5.22   Anstiegsfunktionen und Anstiegsantworten

In **Bild 5.23 a** ist die Anstiegsantwort für ein P-Glied in bezogener Form dargestellt. Für das D-Glied ist diese Darstellung nicht möglich, weil die Anstiegsantwort des D-Gliedes von der Änderung der Eingangsgröße abhängt.

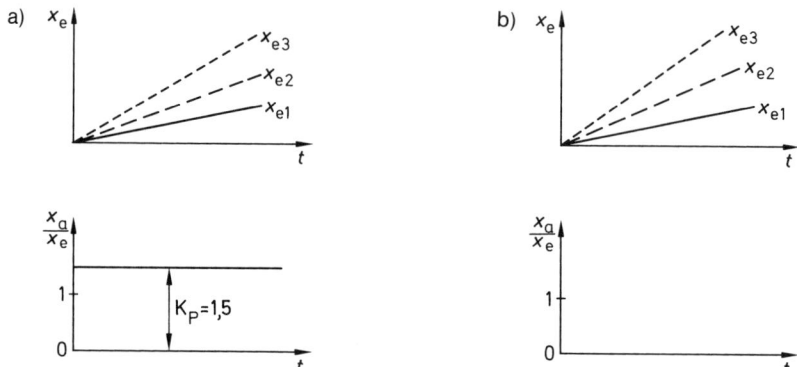

Bild 5.23 Anstiegsfunktion und bezogene Anstiegsantwort für a) proportionales und b) differenzierendes Verhalten von Übertragungsgliedern

Beispiel:

Bild 5.24 a zeigt die Sprungantwort für einen nichtinvertierenden Verstärker mit OP. Die Verstärkung beträgt $V = 2$. Als Vergleich dazu sind in **Bild 5.24 b** die Sprungantworten für einen Tiefpaß mit nachgeschaltetem Verstärker ($V = 2$) dargestellt.

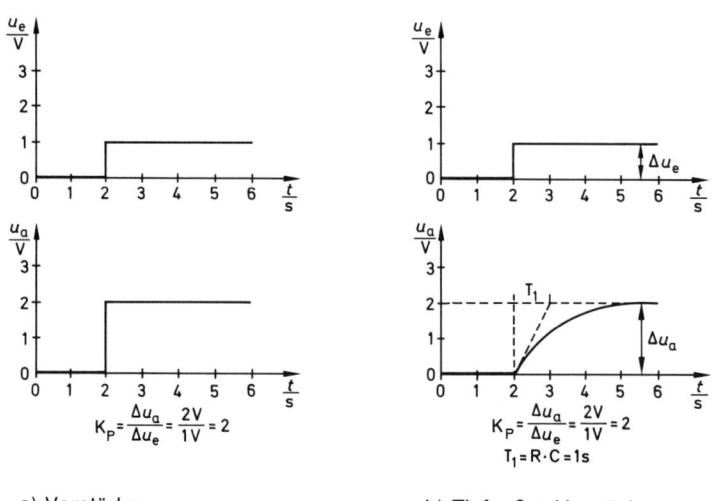

a) Verstärker

b) Tiefpaß + Verstärker

Bild 5.24 Sprungantworten

In den Abbildungen sind die Größen eingezeichnet, die zur Ermittlung der charakteristischen Übertragungskonstanten erforderlich sind. **Bild 5.25** zeigt im Gegensatz dazu die Anstiegsantworten für die gleichen Übertragungsglieder, die für die Sprungantworten zugrunde gelegt wurden.

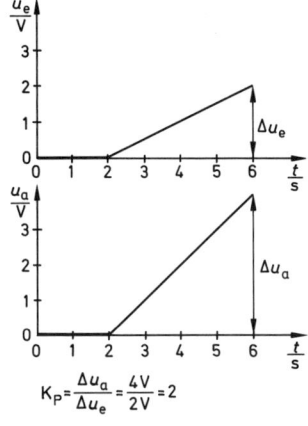

a) Verstärker

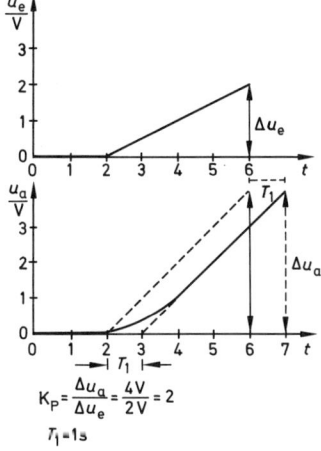

b) Tiefpaß + Verstärker

Bild 5.25   Anstiegsantworten

Auch hier sind die Größen eingetragen, die zur Ermittlung der charakteristischen Größen erforderlich sind. Die Ermittlung einer Verzögerungszeit ist sehr einfach möglich. Schwieriger ist die Ermittlung eines Übertragungsfaktors. Hier muß auf den Zuwachs je Zeiteinheit bei der Eingangsgröße und bei der Ausgangsgröße zurückgegriffen werden. Es ergeben sich die gleichen für das Übertragungsglied charakteristischen Konstanten.

Bei den hier gewählten einfachen Beispielen kommen die Vorteile der Anstiegstestfunktion noch nicht voll heraus. Bei der Untersuchung komplexerer Übertragungsglieder wird aber noch auf dieses Verfahren zurückgegriffen werden müssen.

5.3.4 Verhalten bei Impuls-Testfunktion

Die Impuls-Testfunktion, kurz auch Impulsfunktion genannt, wird nur gelegentlich angewandt. Sie ist dadurch gekennzeichnet, daß von einem Ruhezustand aus die Eingangsgröße x_e impulsförmig verändert wird. Aus theoretischen Betrachtungen her soll die Impulsfunktion ein Nadelimpuls, ein Dirac-Impuls, sein. **Bild 5.26** veranschaulicht die Entstehung eines Nadelimpulses. Im Idealfall hat der Impuls eine unendlich große Amplitude und eine Impulsdauer von Null.

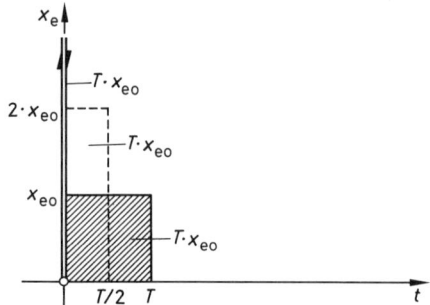

Bild 5.26   Bildung der Impulsfunktion

Die Eingangsgröße x_e springt zum Zeitpunkt $t = 0$ s auf x_{e0} und zur Zeit T wieder auf
Null zurück. Verkürzt man die Impulsdauer auf $T/2$, so steigt die Amplitude auf den
doppelten Wert, wenn die Impulsfläche $x_{e0} \cdot T$ erhalten bleibt. Durch weitere Verkürzung
der Impulszeit wird eine Annäherung an die Impulsfunktion erreicht, wobei die Impulsfläche ihren Wert beibehält. Der Verlauf der Ausgangsgröße x_a kann sehr unterschiedlich sein. **Bild 5.27** zeigt einige Impulsantworten.

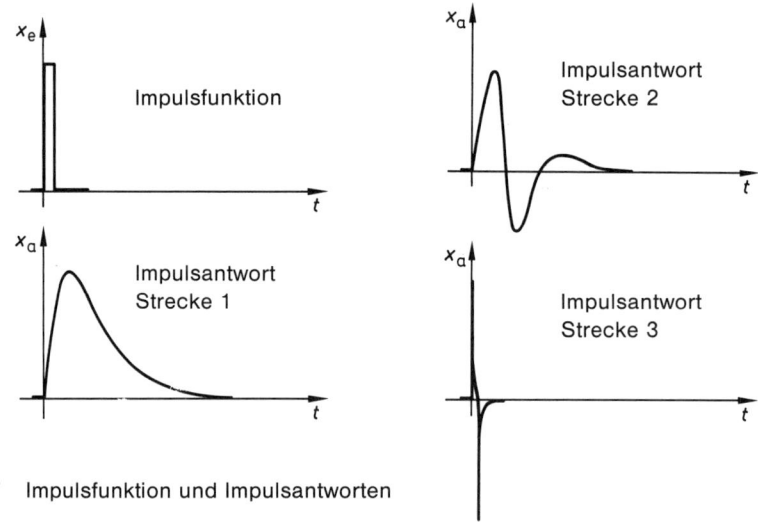

Bild 5.27   Impulsfunktion und Impulsantworten

Die Impulsfunktion kann auch als eine positive Sprungfunktion, der nach sehr kurzer
Zeit eine gleichgroße, negative Sprungfunktion folgt, betrachtet werden.
In Wirklichkeit kann eine echte Impulsfunktion natürlich nicht erzeugt werden, da weder
eine verschwindend kleine Impulsdauer noch eine unendlich große Amplitude zu
realisieren sind.
Ist jedoch die Dauer des realen Impulses endlicher Amplitude klein gegenüber den Verzögerungen des Systems, dann wird der Unterschied zwischen der sich ergebenden
Systemantwort und der Impulsantwort unerheblich. Unter diesen Einschränkungen ist
es möglich, die Impulsantwort näherungsweise meßtechnisch zu erfassen.

5.4 Zusammenfassung

Im Ruhe- oder Beharrungszustand wird die Abhängigkeit der Ausgangsgröße x_a von der Eingangsgröße x_e bei Übertragungsgliedern durch eine Kennlinie beschrieben. Aus der Kennlinie kann abgelesen werden, ob ein System linear oder zumindest im Arbeitsbereich linear oder angenähert linear ist. Aus der vollständigen Kennlinie gehen auch die konstruktiv bedingten Begrenzungen für Eingangs- und/oder Ausgangsgrößen hervor.

Neben dem statischen Verhalten ist auch das dynamische Verhalten wichtig. Für die meßtechnische Untersuchung des dynamischen Verhaltens werden unterschiedliche Testverfahren angewandt, die wichtigsten sind in **Bild 5.28 a und b** zusammengestellt.

Testfunktions-geber	Übertragungs-glied	Aufnehmer für die Testantwort	Auswertung
Sinus-Testfunktion			
G ✍ Funktionsgenerator Kurvenform: Sinus	schnell reagierend	u(t) Oszilloskop	Amplitudengang Phasengang Bodo Diagramm Ortskurve
	langsam reagierend	Linienschreiber	
G ✍ Digitaler Kurven-formgenerator	schnell und langsam reagierend	A / D A / D mehrkanalige Meß-wert-Aufnahme	Amplitudengang Phasengang Bode-Diagramm Ortskurve
PC-Steuerung			(Softwaremodule)

Bild 5.28 a   Testverfahren für Übertragungsglieder mit Sinus-Testfunktion

Testfunktions-geber	Übertragungs-glied	Aufnehmer für die Testantwort	Auswertung
Sprung-Testfunktion			
G ⌐_ Sprung-Funktions-geber z. B. Signalschalter	schnell reagierend	u(t) Speicheroszilloskop	Sprungantwort
	langsam reagierend	Linienschreiber	
G Funktionsgenerator Kurvenform: Rechteck	schnell reagierend	u(t) Oszilloskop	Sprungantwort: Anm.: periodische Wiederholung des Testsprunges zur Erzeugung eines stehenden Bildes
G Digitaler Kurven-formgenerator	schnell und langsam reagierend	A D / A D mehrkanalige Meß-wert-Aufnahme	Amplitudengang Phasengang Bode-Diagramm Ortskurve
⇧ ═══ PC-Steuerung ═══ ⇧			(Softwaremodule)
Anstiegs-Testfunktion			
G Funktionsgenerator Kurvenform: Dreieck	schnell reagierend	u(t) Oszilloskop	Anstiegsantwort
	langsam reagierend	Linienschreiber	
G Digitaler Kurven-formgenerator	schnell und langsam reagierend	A D / A D mehrkanalige Meß-wert-Aufnahme	Amplitudengang Phasengang Bode-Diagramm Ortskurve
⇧ ═══ PC-Steuerung ═══ ⇧			(Softwaremodule)

Bild 5.28 b   Übersicht über die Testverfahren für Übertragungsglieder

6 Übertragungsglieder der Regelkreise

6.1 Grundübertragungsglieder und Zusammenschaltungen von Übertragungsgliedern

In den vorhergehenden Kapiteln wurden die Grundlagen behandelt, wie Übertragungsglieder untersucht und beschrieben werden können. Bei den Übertragungsgliedern lassen sich ganz bestimmte Grundtypen unterscheiden, dies sind: Proportional-Glied, Integral-Glied, Differential-Glied, Totzeit-Glied und Verzögerungsglieder. Durch Zusammenschalten dieser Grundglieder läßt sich jede in der Praxis vorkommende Übertragungsfunktion nachbilden.

Für die Betrachtung der Grundübertragungsglieder und der Zusammenschaltungen ist es zunächst völlig gleichgültig, ob sie als Funktionsgruppe Bestandteil einer Regelstrecke oder einer Regeleinrichtung sind.

6.2 Proportional-Glied

Übertragungsglieder, bei denen die Ausgangsgröße x_a und die Eingangsgröße x_e proportional, also durch einen konstanten Faktor verknüpft sind, heißen Proportionalglieder. Das Proportional-Glied wird kurz auch P-Glied genannt. Für das P-Glied gilt:

$$\Delta x_a = K_P \cdot \Delta x_e$$

Der Proportionalitäts- oder Verknüpfungsfaktor K_P

$$K_P = \frac{\Delta x_a}{\Delta x_e}$$

wird auch als *Proportional-Beiwert* bezeichnet. Der Index P weist auf die Zugehörigkeit des Beiwertes zu einem P-Glied hin.

Reine Proportional-Glieder weisen keine Zeitverzögerungen auf, daher gibt es auch keine Phasenverschiebung zwischen der Eingangsgröße x_e und der Ausgangsgröße x_a. In der Praxis lassen sich P-Glieder nur näherungsweise realisieren.

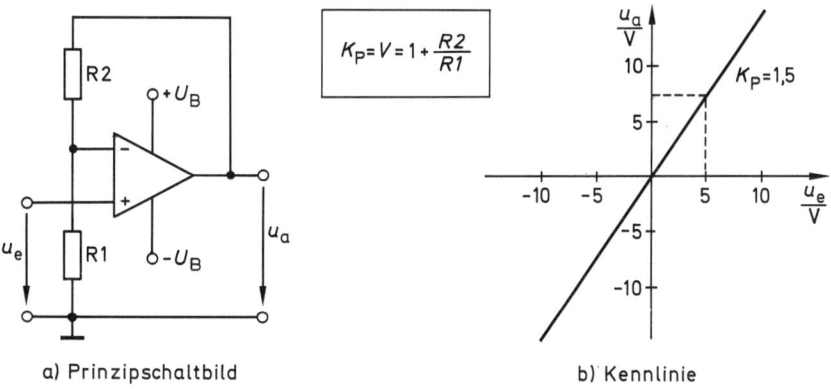

a) Prinzipschaltbild   b) Kennlinie

Bild 6.1 Nicht-invertierender Verstärker als P-Glied

307

Beispiel 1:

Bild 6.1 zeigt einen nicht-invertierenden Verstärker als Proportional-Glied.
Der Proportional-Beiwert K_P als Quotient aus Ausgangs- und Eingangsgröße

$$K_P = \frac{\Delta x_a}{\Delta x_e} = \frac{\Delta u_a}{\Delta u_e} = 1 + \frac{R_2}{R_1}$$

entspricht der Verstärkung V, wenn als Eingangs- und Ausgangsgröße die Spannung betrachtet
wird. Aus der Art der Abhängigkeit des Proportional-Beiwertes von den Werten der Widerstände
R_1 und R_2 ergibt sich, daß für den Proportional-Beiwert nur Werte gleich oder größer 1 möglich
sind.

Wegen der Linearität der Kennlinie läßt sich der Proportional-Beiwert K_P auch aus der
Differenz zwischen einer Größe und dem Null-Wert bestimmen. **Bild 6.2** zeigt diese
Zusammenhänge.

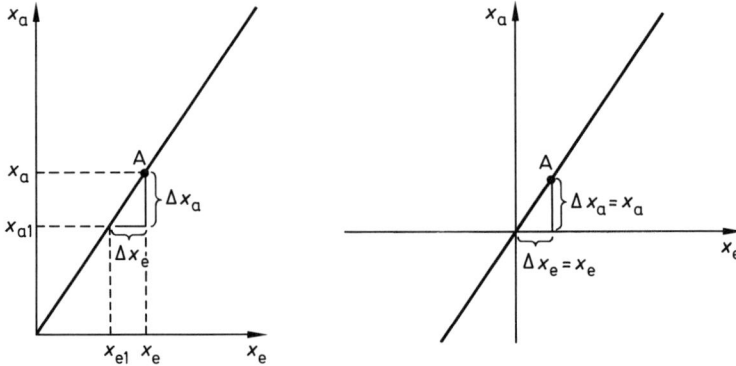

Bild 6.2   Ermittlung der Proportional-Beiwerte bei linearer Kennlinie

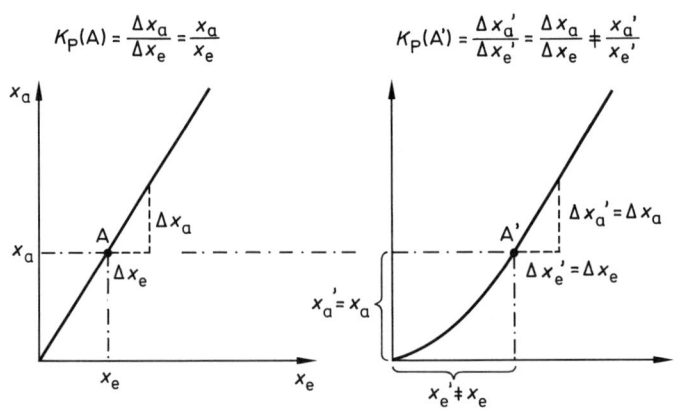

a) lineare Kennlinie   b) nichtlineare Kennlinie

Bild 6.3   Ermittlung der Proportional-Beiwerte bei nichtlinearer Kennlinie

6.2 Proportional-Glied

Es gilt:

$$K_\mathrm{P} = \frac{\Delta x_\mathrm{a}}{\Delta x_\mathrm{e}} = \frac{x_\mathrm{a} - x_\mathrm{a1}}{x_\mathrm{e} - x_\mathrm{e1}} = \frac{x_\mathrm{a} - x_\mathrm{a0}}{x_\mathrm{e} - x_\mathrm{e0}} = \frac{x_\mathrm{a}}{x_\mathrm{e}}$$

Dieser Schluß ist nicht möglich, wenn die Kennlinie nur abschnittweise linear ist oder eine Kennlinie in der Nähe des Arbeitspunktes durch eine Gerade ersetzt wird **(Bild 6.3)**. Bei der nichtlinearen Kennlinie (Bild 6.3 b) läßt sich K_P nicht aus den auf Null bezogenen Werten ableiten.

Beispiel 2:

Bild 6.4 zeigt einen unbelasteten Spannungsteiler als Proportional-Glied.

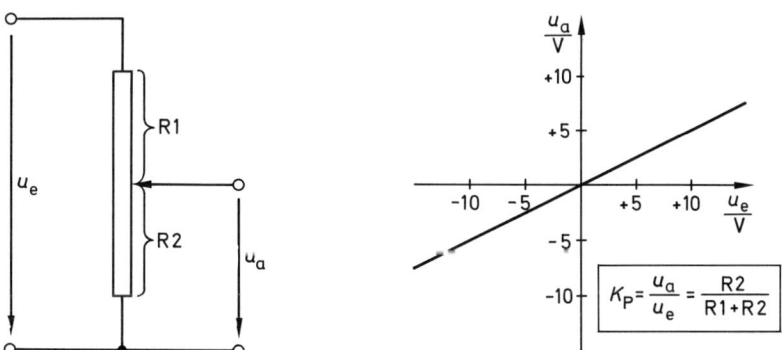

Bild 6.4   Unbelasteter Spannungsteiler als P-Glied

Der Proportional-Beiwert K_P ergibt sich hier zu:

$$K_\mathrm{P} = \frac{\Delta x_\mathrm{a}}{\Delta x_\mathrm{e}} = \frac{\Delta u_\mathrm{a}}{\Delta u_\mathrm{e}} = \frac{R_2}{R_1 + R_2}$$

Da der Nenner des Bruches stets größer als der Zähler ist, sind nur Proportional-Beiwerte K_P kleiner oder gleich 1 möglich. Auch hier ist K_P wieder einheitenlos.

Beispiel 3:

Bild 6.5 zeigt einen Transformator. Wird dieser Transformator mit Wechselspannung betrieben, so verhält er sich auch wie ein P-Glied, solange die Magnetisierung nicht die Sättigung erreicht.

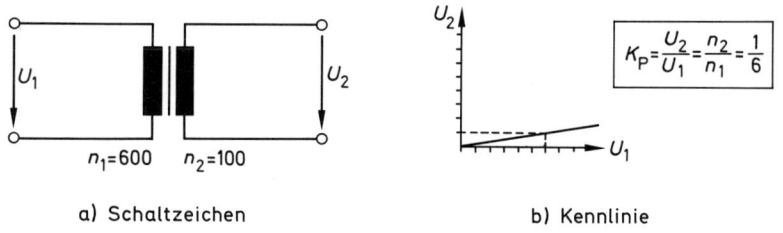

a) Schaltzeichen   b) Kennlinie

Bild 6.5   Transformator als P-Glied

Der Proportional-Beiwert ergibt sich aus den Spannungen auf Primär- und Sekundärseite:

$$K_P = \frac{\Delta x_a}{\Delta x_e} = \frac{\Delta u_2}{\Delta u_1} = \frac{u_2}{u_1} = \frac{n_2}{n_1}$$

Da auch hier Eingangs- und Ausgangsgröße gleiche physikalische Größen sind, ergibt sich für K_P ein reiner Zahlenwert.

Beispiel 4:

Bild 6.6 zeigt einen Hebel. Hier hängt das Kräfteverhältnis zwischen F_1 und F_2 von den Hebelarmlängen l_1 und l_2 ab.

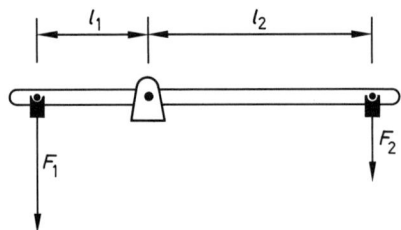

Bild 6.6 Hebel als P-Glied

Der Proportional-Beiwert wird entsprechend ermittelt und lautet (Hebelgesetz):

$$K_P = \frac{x_a}{x_e} = \frac{F_2}{F_1} = \frac{l_1}{l_2}$$

Die Eingangsgröße x_e und die Ausgangsgröße x_a sind beides Kräfte, daher ist auch hier der Proportional-Beiwert eine reelle Zahl.

Beispiel 5:

Das **Bild 6.7** zeigt das Blockschaltbild und die Kennlinie eines in der Regelungstechnik häufig verwendeten Umsetzers.

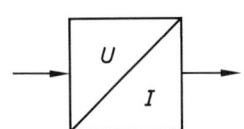

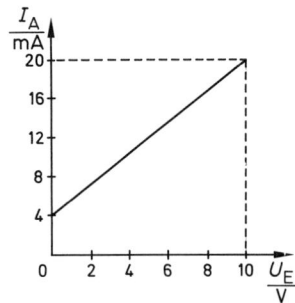

Eingang: 0 V – 10 V

Ausgang: 4 mA – 20 mA

Bild 6.7 Spannungs-Strom-Umsetzer

Die Eingangsgröße x_e kann im Bereich von 0 V bis 10 V liegen. Entsprechend gilt für die Ausgangsgröße x_a ein Bereich von 4 mA bis 20 mA.

6.2 Proportional-Glied

Der Proportional-Beiwert K_P wird entsprechend der bisher behandelten Beispiele ermittelt.

$$K_P = \frac{\Delta x_a}{\Delta x_e} = \frac{\Delta I_a}{\Delta U_e} = \frac{20\ \text{mA} - 4\ \text{mA}}{10\ \text{V} - 0\ \text{V}} = \frac{16\ \text{mA}}{10\ \text{V}} = 1,6 \cdot 10^{-3}\ \frac{A}{V}$$

Der Proportional-Beiwert ist in diesem Beispiel also nicht einheitenlos.

Proportional-Glieder werden meßtechnisch mit der Sprung-Testfunktion untersucht. Der Sprung kann dabei in positiver oder negativer Richtung erfolgen. **Bild 6.8** zeigt Eingangsgröße und Sprungantwort für ein P-Glied.

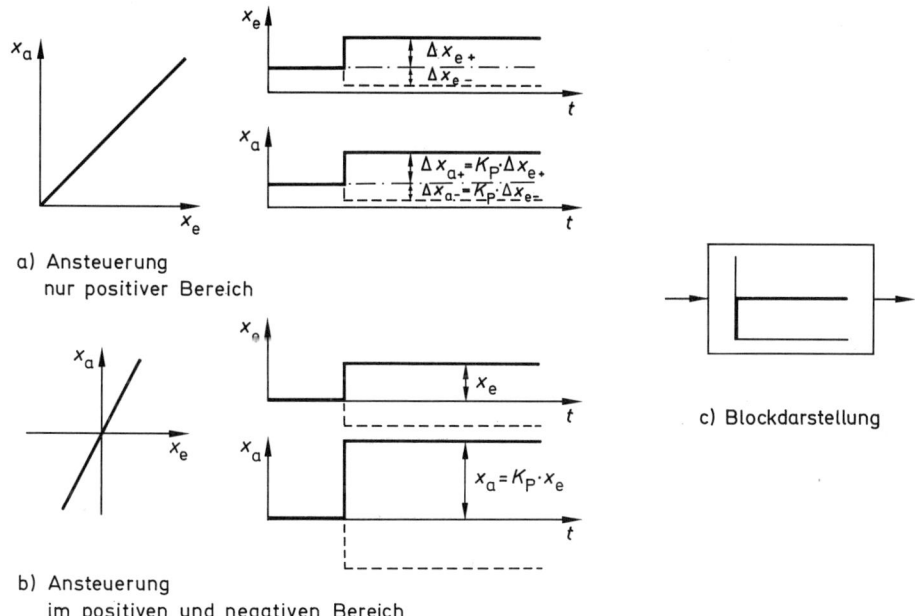

a) Ansteuerung
   nur positiver Bereich

c) Blockdarstellung

b) Ansteuerung
   im positiven und negativen Bereich

Bild 6.8   Eingangsspannung und Sprungantworten für das P-Glied

In der bezogenen Darstellung (x_a / x_e) läßt sich der Proportional-Beiwert K_P sehr einfach ermitteln. Bei elektronischen Übertragungsgliedern wird häufig der K_P-Beiwert als Verstärkung oder Dämpfung bezeichnet, wenn Eingangs- und Ausgangsgrößen gleiche Einheiten haben, K_P also einheitenlos ist.

Beispiel:

Bild 6.9 zeigt einen invertierenden Verstärker mit nachgeschalteter Umkehrstufe.

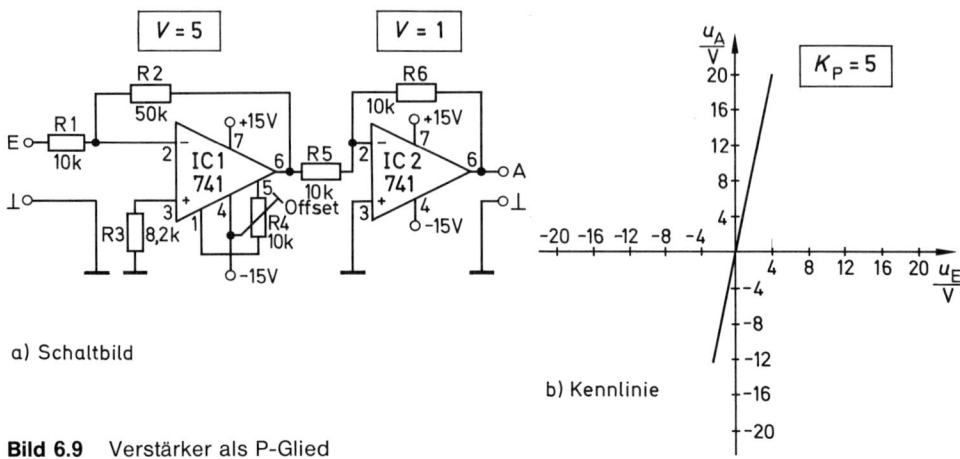

a) Schaltbild

b) Kennlinie

Bild 6.9   Verstärker als P-Glied

Als Sprung-Testfunktion werden Spannungssprünge von $\Delta u_e = 1$ V und $\Delta u_e = 2$ V verwendet. **Bild 6.10** zeigt Eingangssprünge und Sprungantworten. Durch die Wahl der bezogenen Darstellung ergibt sich für beliebige Eingangssprünge bei konstantem K_P nur eine Sprungantwort.

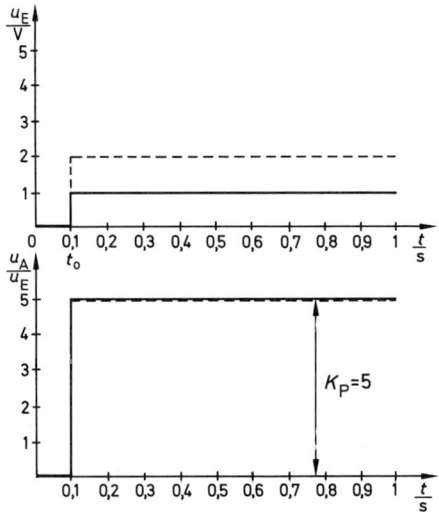

Bild 6.10   Eingangssprünge und bezogene Sprungantwort

Um in der Blockdarstellung ein P-Glied eindeutig festlegen zu können, wird die Sprung-antwort in den Übertragungsblock eingetragen. **Bild 6.11** zeigt ein Beispiel.

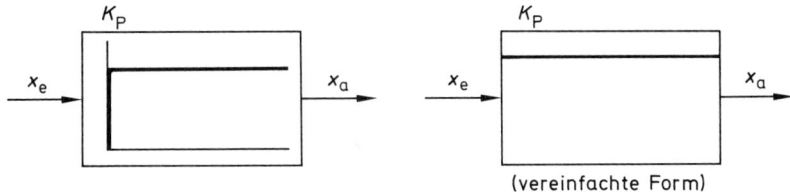

Bild 6.11 P-Glied in Blockdarstellung

Bei der Blockdarstellung wird nur die Änderung der Ausgangsgröße dargestellt. Die Kenngröße K_P steht oben links an den Block geschrieben.

Neben der Darstellung der Sprungantwort zur Beschreibung der Eigenschaften des P-Gliedes läßt sich auch eine Sinus-Testfunktion zur Untersuchung verwenden.

Beim P-Glied ist das Verhältnis von Ausgangsgröße zu Eingangsgröße konstant. Gleichzeitig weist das P-Glied keine Phasenverschiebung auf. Die Ortskurve besteht daher nur aus einem Punkt **(Bild 6.12)**.

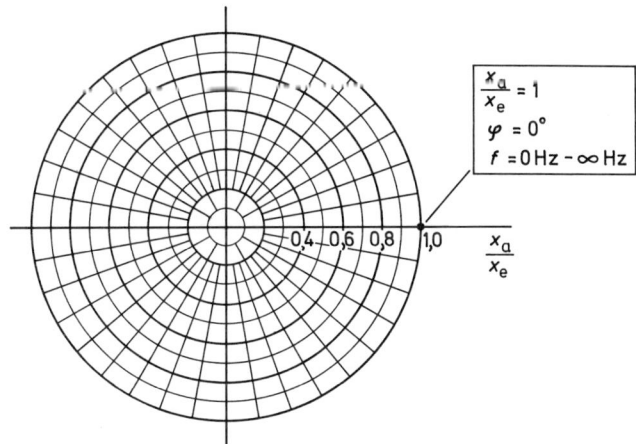

Bild 6.12 Ortskurve des
P-Gliedes mit $K_P = 1$

Auch das Bode-Diagramm ist sehr einfach. **Bild 6.13** zeigt dieses für $K_P = 1$ ($\triangleq$ 0 dB). Die Frequenzachse ist entsprechend der üblichen meßtechnischen Erfassung in Absolutwerten dargestellt.

Um auf die Bedeutung der rein wirkungsmäßigen Betrachtung hinzuweisen, sind in **Bild 6.14** zwei P-Glieder (Verstärker) mit $K_P = 1$ dargestellt. Der Proportional-Beiwert K_P für die Spannungen ist gleich. Er läßt aber keinen Rückschluß auf andere Eigenschaften zu, so sind hier die Leistungsverstärkungen weder 1, noch für beide Verstärker gleich. Daraus ergibt sich, daß stets erkennbar sein muß, auf welche Eingangs- und Ausgangsgrößen sich der Proportional-Beiwert bezieht.

Nicht berücksichtigt wurde bisher, daß für Eingangs- und Ausgangsgrößen nur bestimmte Maximalwerte möglich sind. **Bild 6.15** zeigt noch einmal einen invertierenden Verstärker mit nachgeschaltetem Umkehrverstärker. Die Kennlinie ist jetzt erweitert dargestellt, so daß auch Begrenzungseigenschaften erkennbar sind.

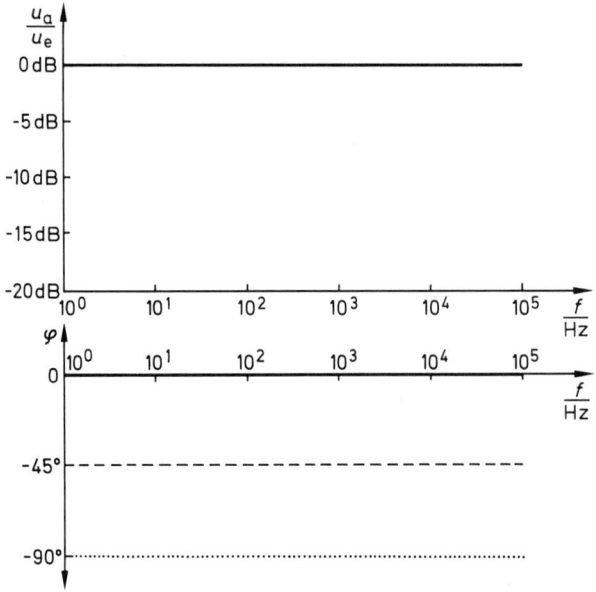

Bild 6.13   Bode-Diagramm des P-Gliedes

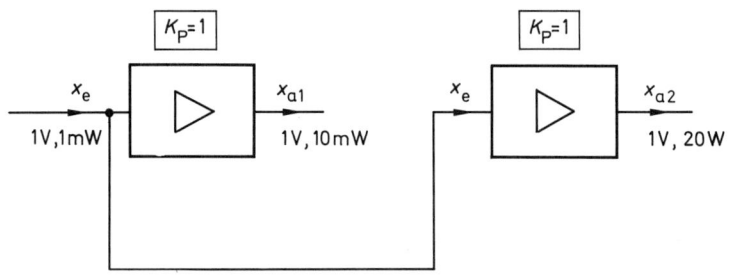

Bild 6.14   Zwei P-Glieder unterschiedlicher Bauart mit gleichem K_P

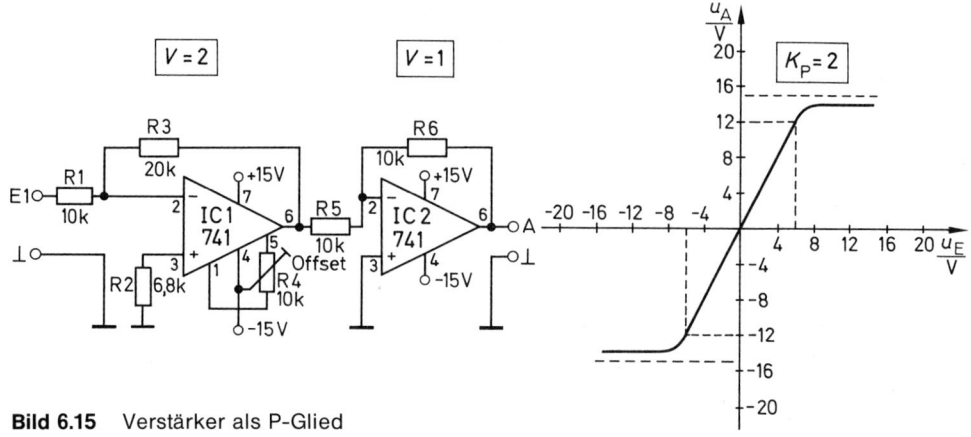

Bild 6.15   Verstärker als P-Glied

314

Nur innerhalb der gekennzeichneten Bereiche für die Eingangsgröße x_e

 Eingangsspannung -6 V $\leqq u_e \leqq +6$ V

entsprechend einem Bereich für die Ausgangsgröße x_a

 Ausgangsspannung -12 V $\leqq u_a \leqq +12$ V

ergibt sich unabhängig von der Größe der Eingangsgröße ein charakteristischer Proportional-Beiwert.

Ist die Verstärkung einstellbar, so hängt der Bereich für die Eingangsgröße, bei der der Proportional-Beiwert konstant bleibt, von der Größe der Verstärkung ab. Der Bereich der Ausgangsgröße bleibt konstruktionsbedingt konstant.

Der Sprung der Eingangsgröße muß nicht unbedingt von 0 V aus erfolgen. **Bild 6.16** zeigt als Beispiel einen Eingangssprung von $u_{e1} = 1$ V auf $u_{e2} = 2$ V.

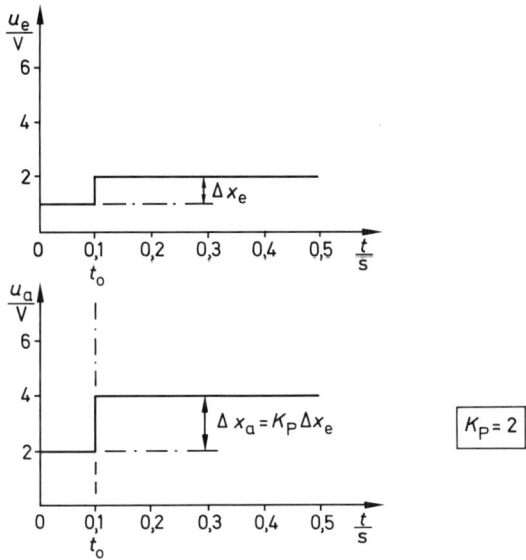

Bild 6.16 Sprungfunktion unter Berücksichtung des Arbeitspunktes

Die Eingangsspannung $u_{e1} = 1$ V wird als Arbeitspunkt A betrachtet. Auch in diesem Fall ergibt sich der gleiche Proportional-Beiwert, weil die Verstärkung in den zulässigen Bereichen konstant ist.

P-Glieder sind in der Praxis weit verbreitet, für die Untersuchung des Verhaltens von Regelkreisgliedern und Regelkreisen sind sie von besonderer Bedeutung. Im Schulungsgerät sind zwei P-Glieder vorhanden.

Beispiel 1:

Proportional-Einheit (P-Einheit)

Die P-Einheit besteht aus zwei hintereinandergeschalteten Operationsverstärkern in invertierender Grundschaltung. Zwischen Ausgang und Eingang besteht daher keine Vorzeichenumkehr.

Der Proportional-Beiwert K_P ist einstellbar zwischen $K_P = 1$ und $K_P = 11$. Die Phasenverschiebung ist $\varphi = 0°$. **Bild 6.17** zeigt die Schaltung als P-Einheit.

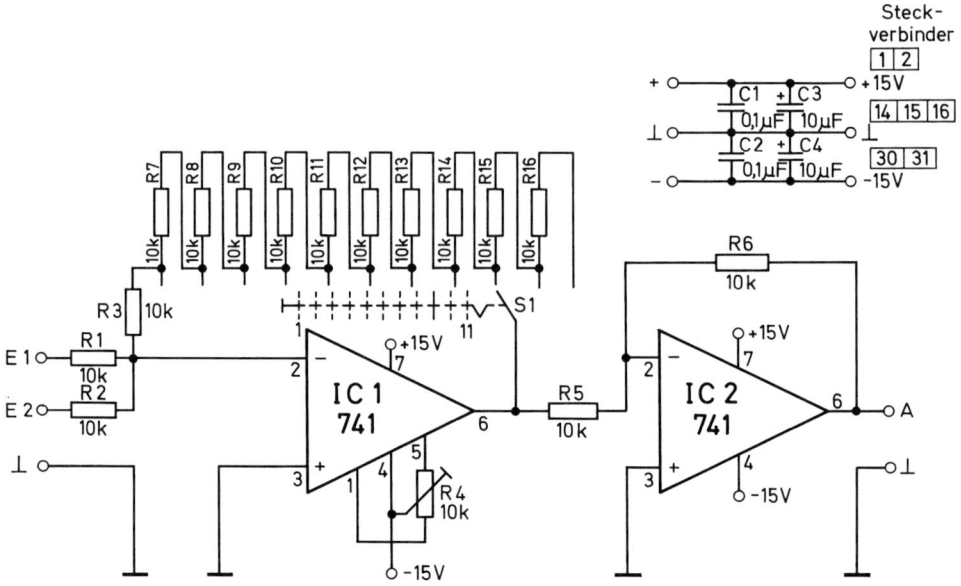

Bild 6.17   P-Einheit des Schulungsgerätes

Um die Eigenschaften anschaulich zu beschreiben, ist in **Bild 6.18** das Bode-Diagramm dargestellt.

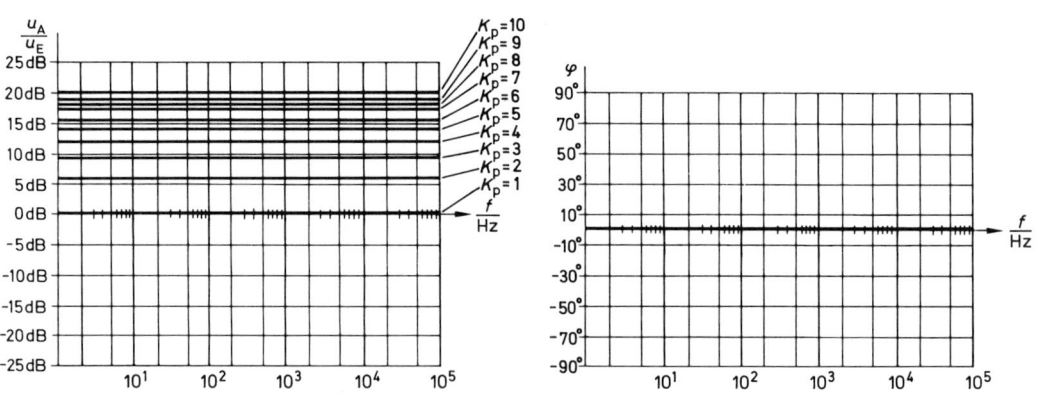

Bild 6.18   Bode-Diagramm der P-Einheit

6.2 Proportional-Glied

Beispiel 2:

Leistungstreiber

Der Leistungstreiber des Schulungsgerätes ist auch eine P-Einheit. Der Proportional-Beiwert ist auf $K_P = 1$ abgleichbar. Die Phasendrehung ist 0°. Der Leistungstreiber besteht aus einem Operationsverstärker in nichtinvertierender Grundschaltung und nachgeschalteter Leistungsstufe. Leuchtdioden signalisieren die Richtung der Aussteuerung. **Bild 6.19** zeigt die Schaltung des Leistungstreibers.

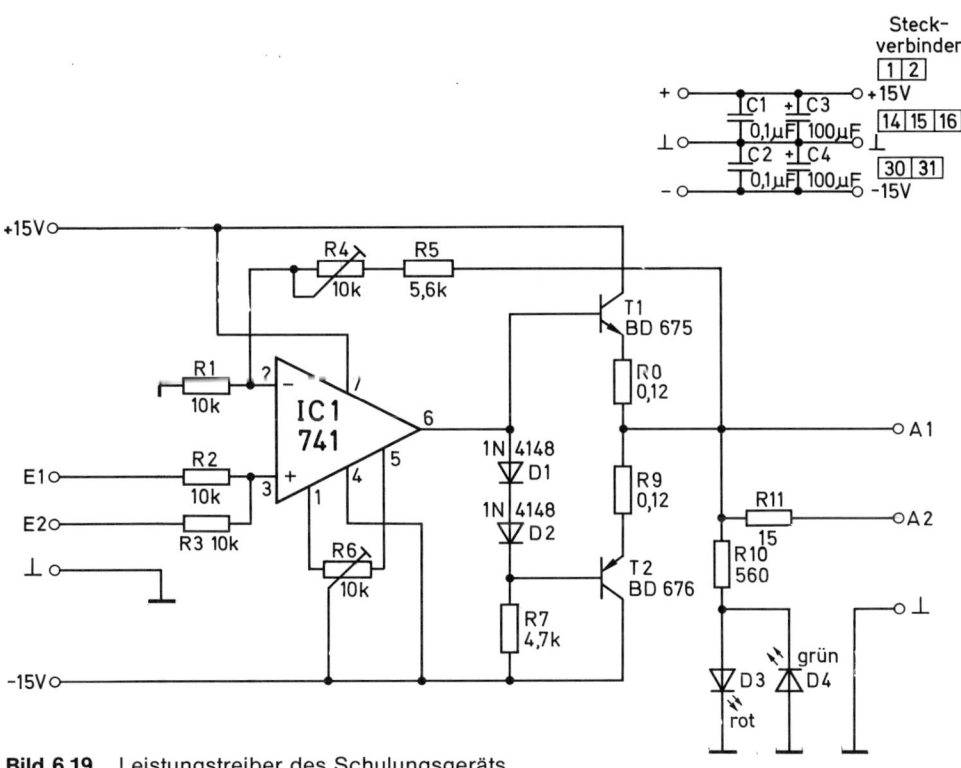

Bild 6.19 Leistungstreiber des Schulungsgeräts

Um die Eigenschaften anschaulich zu beschreiben, ist in **Bild 6.20** das Bode-Diagramm dargestellt.

Abschließend muß darauf hingewiesen werden, daß bisher immer angenommen wurde, ein P-Glied sei ideal. In der Praxis ist dies jedoch nicht der Fall. Jedes P-Glied benötigt eine kleine aber doch vorhandene Zeit, um auf ein Eingangssignal zu reagieren. Hinzu kommt weiterhin, daß auch die Eingangssignale in der Praxis nicht unendlich schnell zwischen zwei Signalzuständen hin- und herspringen können. In **Bild 6.21** sind diese Verhältnisse etwas übertrieben dargestellt. Als P-Glied im regelungstechnischen Sinne werden Übertragungsglieder immer dann bezeichnet, wenn die gegenüber dem Eingangssignal auftretende Verzögerung klein ist.

317

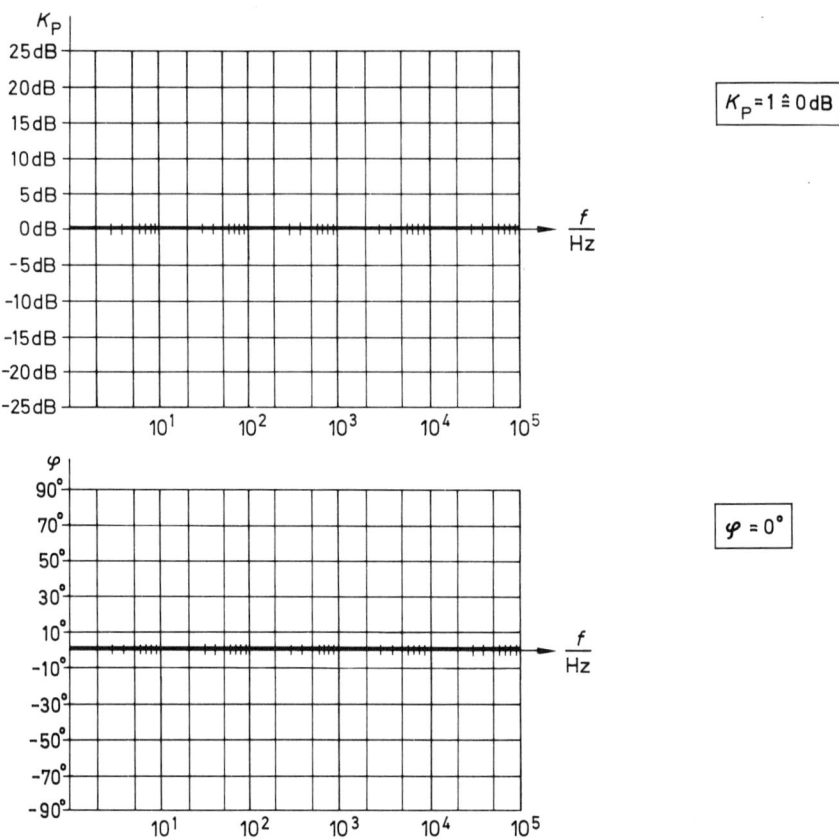

Bild 6.20 Bode-Diagramm des Leistungstreibers

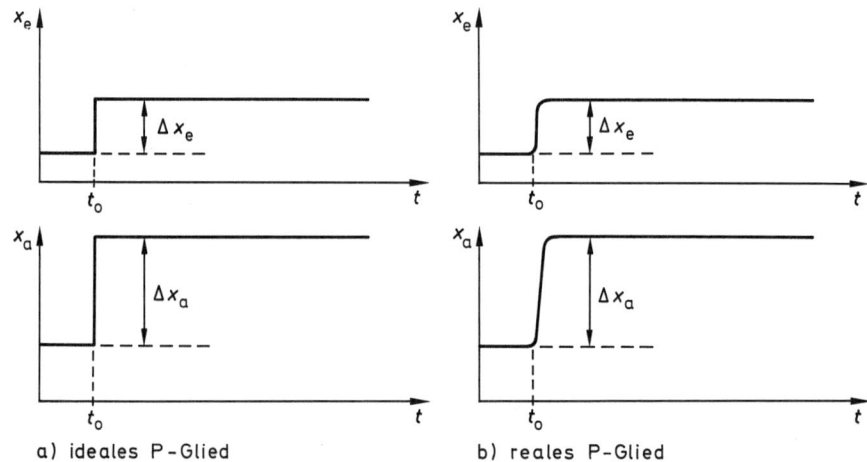

a) ideales P-Glied   b) reales P-Glied

Bild 6.21 Ideale und reale Sprungfunktion sowie Sprungantworten des idealen und realen P-Gliedes

6.3 Integrier-Glied

Das Integrierglied, kurz auch als I-Glied bezeichnet, ist mit dem Integrator verwandt. **Bild 6.22** zeigt die Sprungantwort des Integrier-Gliedes.

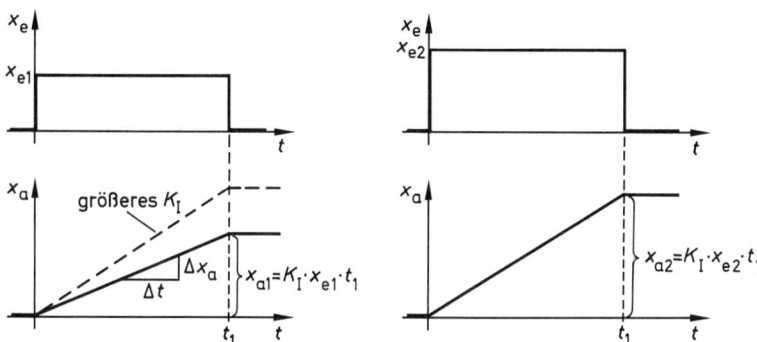

Bild 6.22   Sprungantwort des Integrier-Gliedes

Die Ausgangsgröße x_a hängt von der Größe der Eingangsgröße x_e aber auch von der Zeit t ab, für die die Eingangsgröße x_e an dem Integrierglied anliegt. Hinzu kommt ein Integrier-Beiwert K_I, dessen Index wieder auf den Zusammenhang mit dem I-Glied hinweist. In der Zeichnung ist die Sprungantwort vereinfacht dargestellt, so daß die Eingangsgröße x_e und die Ausgangsgröße x_a zu Beginn den Wert Null aufweisen. Dann läßt sich der Zusammenhang von Ausgangs- und Eingangsgröße sehr einfach als

$$x_a = K_I \cdot x_e \cdot t$$

x_a = Ausgangsgröße
x_e = Eingangsgröße
K_I = Integrier-Beiwert des I-Gliedes
t = Zeit seit der sprunghaften Veränderung der Eingangsgröße

darstellen.

Der Begriff Integration bzw. Integral beruht auf den mathematischen Zusammenhängen. Der jeweils erreichte Wert x der Ausgangsgröße x_a ist ein Maß für die Fläche unter der Kurve des Eingangssignals. **Bild 6.23** veranschaulicht den Zusammenhang.

Die Ermittlung des Integrier-Beiwertes K_I erfolgt aus der Sprungantwort. **Bild 6.24** zeigt ein Beispiel. Die Eingangsgröße u_e ist eine Spannung, die Ausgangsgröße ebenso. Es ist erkennbar, daß die Ausgangsgröße nach Ablauf der Zeit $t = T_I$ den gleichen Wert wie die Eingangsgröße erreicht. Diese Zeit T_i ist gleich dem Kehrwert des Integrierbeiwertes K_I. Der Einfluß unterschiedlich großer Eingangssignale ist mit dargestellt.

Der Zeitwert für T_I selbst wird als *Integrationszeitkonstante* bezeichnet.

Anschaulich zeigt den Vorgang des Aufsummierens bei positiver Eingangsgröße, des Haltens bei einer Eingangsgröße gleich Null und der Subtraktion bei negativer Eingangsgröße **Bild 6.25**.

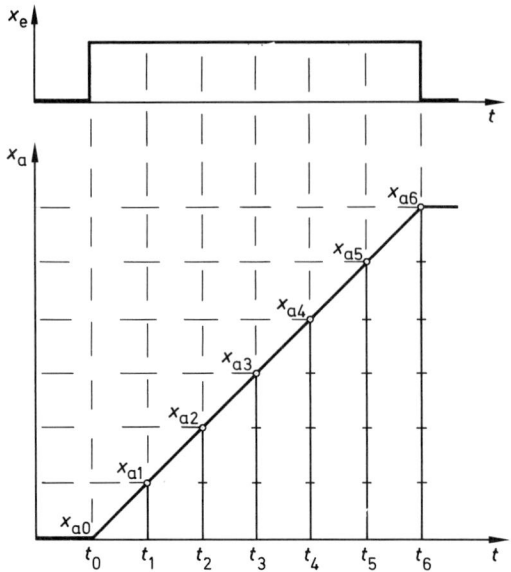

Bild 6.23 Darstellung der Integration eines Eingangssignals x_e

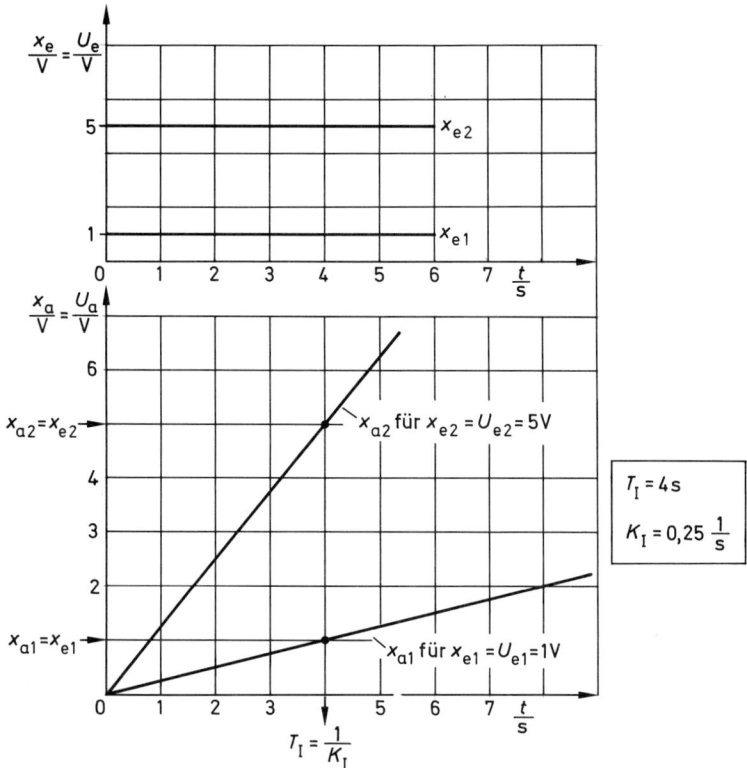

Bild 6.24 Ermittlung des Integrier-Beiwertes K_I, wenn Eingangs- und Ausgangsgröße gleiche Einheiten haben

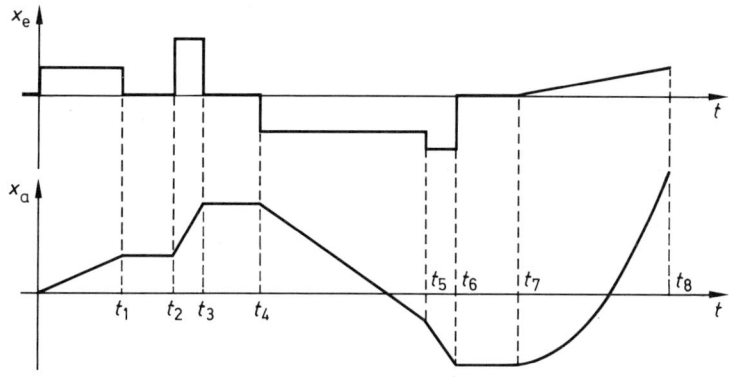

Bild 6.25   Verlauf der Ausgangsgröße in Abhängigkeit von der Eingangsgröße beim I-Glied.

Aus dem dargestellten Verlauf läßt sich auch erkennen, daß bei Beginn einer Integration bereits ein Anfangswert der Ausgangsgröße vorliegen darf.

Ändert sich die Eingangsgröße x_e jedoch als Funktion der Zeit, läßt sich der Verlauf nur mit höherer Mathematik berechnen. Es ist auch möglioh, den Verlauf graflsch zu konstruieren.

Beispiel 3:

Bild 6.26 zeigt einen offenen Behälter mit Zu- und Ablauf einer Flüssigkeit.

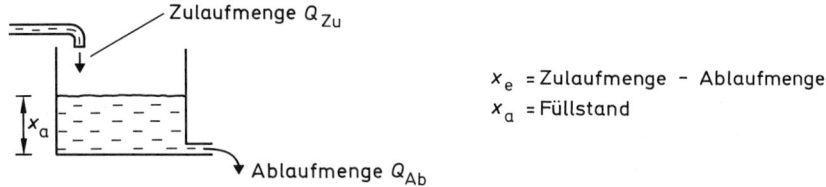

x_e = Zulaufmenge – Ablaufmenge

x_a = Füllstand

Bild 6.26   Offener Behälter als I-Glied

Eingangsgröße ist die Differenz zwischen Zulaufmenge und Ablaufmenge. Ausgangsgröße ist der Füllstand. Der K_I-Wert wird durch den Behälterquerschnitt bestimmt. Je kleiner der Querschnitt (K_I groß), desto schneller ändert sich der Füllstand. Sind Zulauf- und Ablaufmenge gleich groß, also die Eingangsgröße gleich Null, so bleibt der Füllstand konstant.

Überwiegt die Zulaufmenge um einen konstanten Wert, so wird der Füllstand linear ansteigen, bis der Behälter überläuft. Es wird die konstruktive Grenze erreicht.

Überwiegt jedoch die Ablaufmenge, so sinkt der Füllstand des Behälters, bis er schließlich leer ist. Die Änderungsgeschwindigkeit von x_a hängt dabei von der Größe x_e ab. Der erreichte Wert von x_a hängt zusätzlich davon ab, wie lange die Eingangsgröße ungleich Null ist. **Bild 6.27** zeigt das Verhalten.

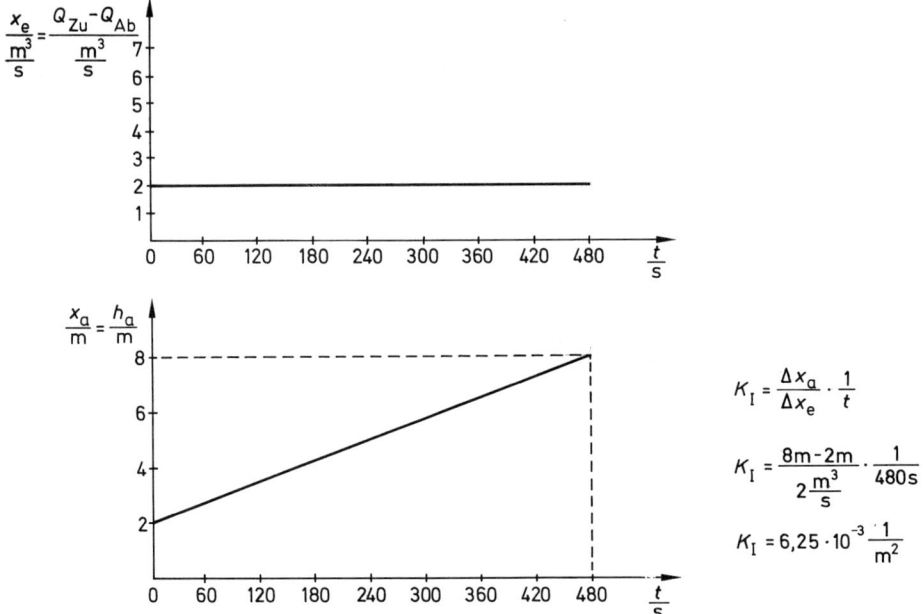

Bild 6.27   Sprungantwort beim offenen Behälter

Gemäß $x_a = K_I \cdot x_e \cdot t$ läßt sich daraus erkennen, daß bei $x_e = 1$ m³/s der Füllstand sich um 6,25 mm/s ändert. K_I hat für diesen Fall die Einheit 1/m².

Der Integrator mit OP kann als I-Glied verwendet werden. **Bild 6.28** zeigt die Grundschaltung.

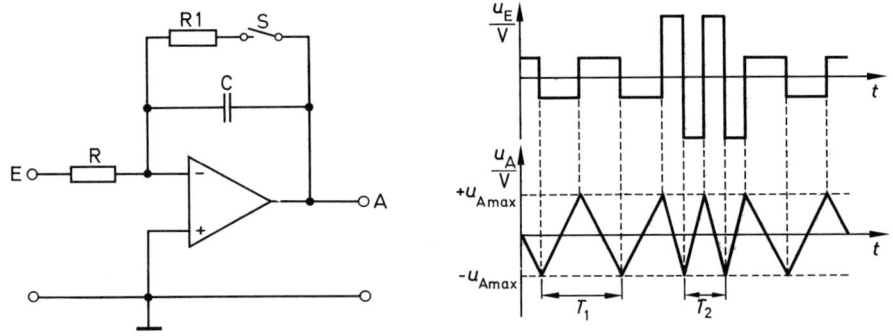

Bild 6.28   Integrator mit OP

Beim Integrator wird der Ausgang des OP über einen Kondensator auf den N-Eingang des OPs zurückgekoppelt. Um den Integrator in Grundstellung zu bringen, muß der Kondensator entladen werden, dies erfolgt durch Schließen des Schalters S, der Widerstand R1 begrenzt den Entladestrom.

Die Steilheit des Anstiegs der Ausgangsspannung hängt von zwei Faktoren ab, und zwar:

1. von der Zeitkonstanten $T_I = R \cdot C = 1/K_I$
2. von der Größe der zeitlich konstanten Eingangsspannung
   (bzw. dem konstanten Strom durch R)

Je größer T_I, desto langsamer erfolgt die lineare Änderung von u_A. Mit der Wahl der Zeitkonstanten erfolgt die konstruktive Festlegung der Steigung der Ausgangsspannung.

Beispiel:

Im Schulungsgerät steht ein I-Glied als Sonderfall in der PI-Einheit zur Verfügung. **Bild 6.29** zeigt die Schaltung der PI-Einheit. Die Schalter sind in der Stellung für reines I-Glied gezeichnet. Über den Schalter S2 wird der Kondensator gewählt. Durch Verwendung der unterschiedlichen Eingänge E1 und E2 kann auch der Widerstand unterschiedlich gewählt werden. Gut erkennbar ist die Entladeschaltung, die mit dem Relais von der Sollwert-Einheit des Schulungsgerätes aus gesteuert werden kann.

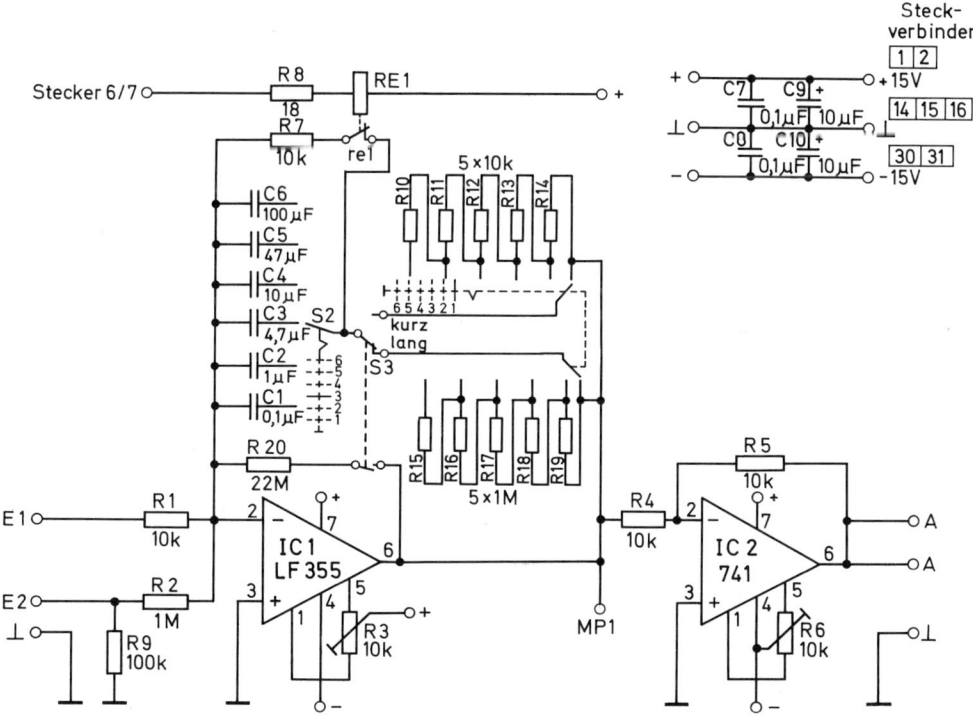

Bild 6.29 I-Glied der PI-Einheit des Schulungsgerätes

Der nachgeschaltete Umkehrverstärker ($V = 1$) hat die Aufgabe, die schaltungsbedingte Vorzeichenumkehr bzw. Phasenverschiebung von $180°$ des Integrators aufzuheben.

Die Blockdarstellung wird wieder aus dem Verhalten bei einer Sprungtestfunktion abgeleitet. **Bild 6.30** zeigt die Blockdarstellung.

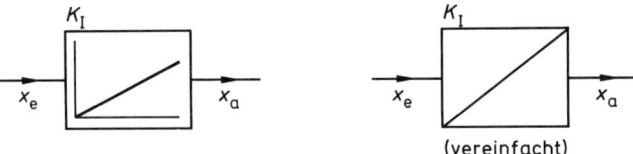

Bild 6.30   Blockdarstellung des I-Gliedes

Bild 6.31 zeigt die Ortskurve, **Bild 6.32** beispielhaft das Bode-Diagramm für ein I-Glied mit dem Integrier-Beiwert $K_{I1} = 2\pi \cdot f_{e1} = \omega_{e1}$. Es ergibt sich eine Gerade mit der Steigung $- 20$ dB/Dekade, die die Frequenzachse bei $f_{e1} = 1$ kHz schneidet. Wird K_{I1} um den Faktor 10 vergrößert, so liegt die Gerade um eine Dekade parallel verschoben nach rechts. Entsprechend verschiebt sich die Gerade bei einem Faktor von 0,1 um eine Dekade nach links.

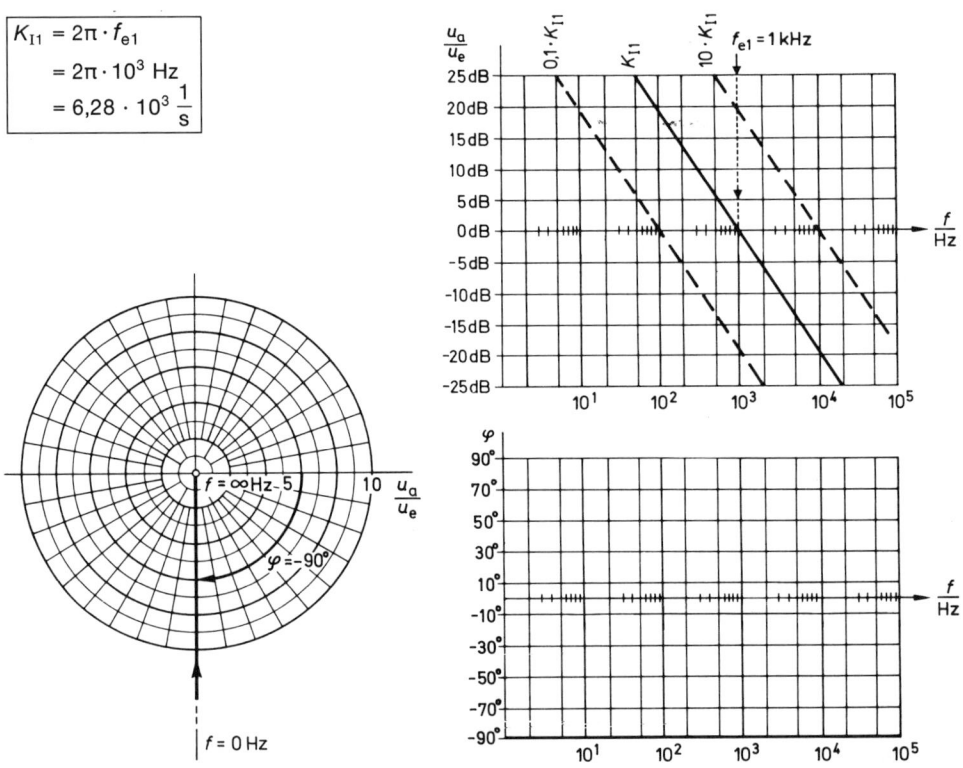

Bild 6.31   Ortskurve I-Glied   **Bild 6.32**   Bode-Diagramm I-Glied

6.4 Differenzier-Glied

Übertragungsglieder, deren Ausgangsgröße der *zeitlichen Änderung* der Eingangsgröße proportional ist, heißen Differenzier-Glieder. Kurz ist auch die Bezeichnung D-Glied üblich. Für die Ausgangsgröße x_a gilt also:

$$x_a = K_D \cdot \frac{\Delta x_e}{\Delta t}$$

Der Verknüpfungsfaktor K_D wird Differenzier-Beiwert genannt. In **Bild 6.33** ist der Verlauf der Sprungantwort für ein D-Glied dargestellt.

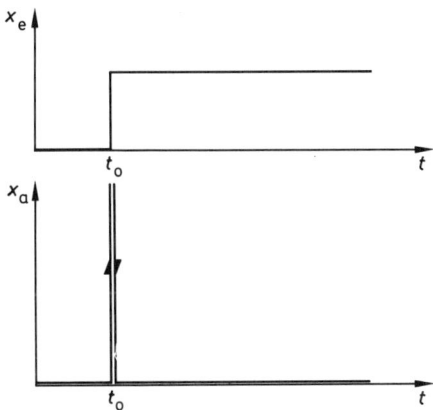

Bild 6.33 Sprungantwort des D-Gliedes

Die Sprungantwort ist ein Nadelimpuls, d. h. die Amplitude ist sehr groß und die Impulsdauer ist sehr klein.

Je größer und schneller (steiler) also der Eingangsgrößen-Sprung wird, umso größer wird auch die Amplitude des Ausgangsgrößen-Nadelimpulses. Wegen der nur kurzfristigen Änderung des Eingangssignals muß das Ausgangssignal kurzfristig auch seinen ursprünglichen Wert wieder annehmen.

Ideale Differenzier-Glieder kommen nicht vor, wird jedoch ein Kondensator plötzlich an eine Spannung gelegt, so tritt, wie die Erfahrung zeigt, ein sehr kurzer, aber hoher Stromimpuls auf. Für den Strom gilt:

$$i_C = C \cdot \frac{\Delta u_C}{\Delta t}$$

Der Strom i_C stellt die Ausgangsgröße x_a, die Spannung u_C die Eingangsgröße x_e dar. Ein endlicher Innenwiderstand begrenzt in der Praxis die Geschwindigkeit der Spannungsänderung.

Im Blockschaltbild wird das Differenzier-Glied durch seine Sprungantwort charakterisiert **(Bild 6.34)**.

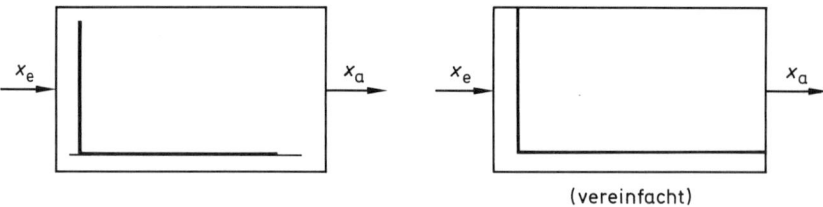

(vereinfacht)

Bild 6.34   Blockschaltbild des Differenzier-Gliedes

Das D-Glied läßt sich besser als mit der Sprung-Testfunktion mit der Anstiegs-Test-funktion untersuchen. **Bild 6.35** zeigt Anstiegsantworten des D-Gliedes. Dabei sind zwei Einflüsse unterschieden, die Abhängigkeit der Anstiegsantwort von der Steigung der Anstiegs-Testfunktion und die Abhängigkeit der Anstiegsantwort vom Differenzier-Beiwert K_D.

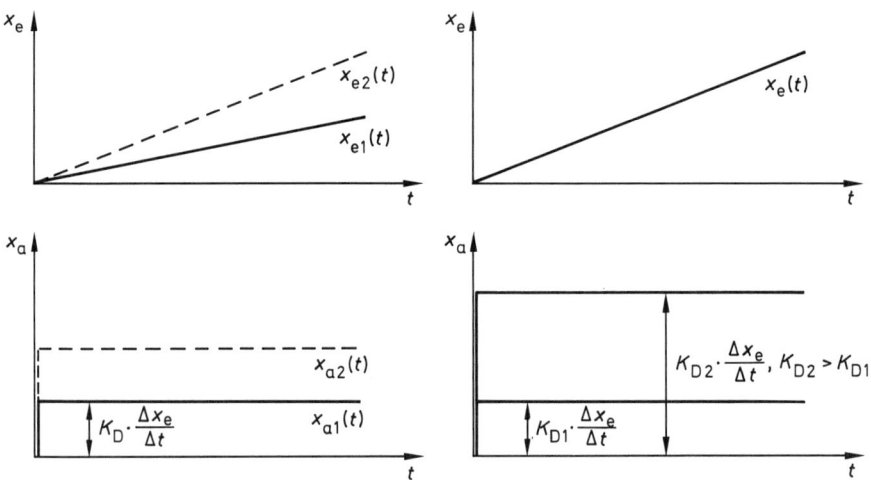

Bild 6.35   Anstiegsantworten eines D-Gliedes

Die meßtechnische Untersuchung eines reinen D-Gliedes ist nicht möglich, weil es nur in angenäherter Form existiert. In mit anderen Übertragungsgliedern zusammenge-setzter Form hat das D-Glied jedoch größere Bedeutung. Es werden dabei auch die idealisierte Ortskurve und das Bode-Diagramm benötigt.
Bild 6.36 zeigt die Ortskurve, **Bild 6.37** das Bode-Diagramm für ein reines D-Glied mit dem Differenzier-Beiwert $K_{D1} = 1/2 \pi f_{e1} = 1/\omega_{e1}$. Es ergibt sich eine Gerade mit der Steigung 20 dB/Dekade, die die Frequenzachse bei $f_{e1} = 1$ kHz schneidet. Wird K_D um den Faktor 10 vergrößert, so liegt die Gerade um eine Dekade parallel verschoben nach links. Entsprechend verschiebt sich die Gerade bei einem Faktor von 0,1 um eine Dekade nach rechts.

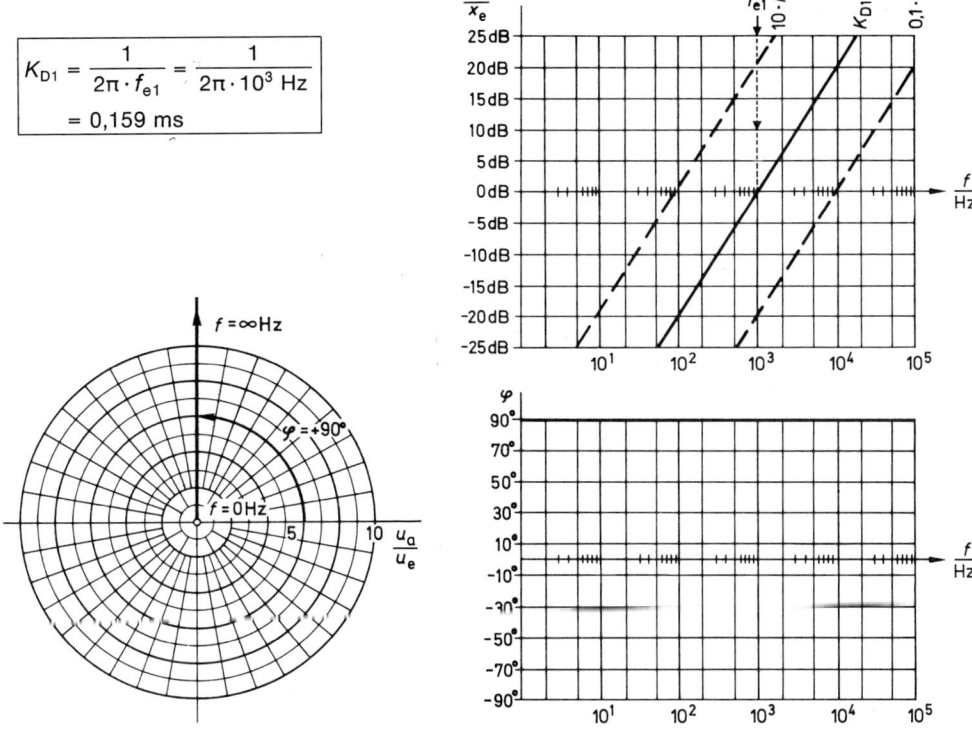

$$K_{D1} = \frac{1}{2\pi \cdot f_{e1}} = \frac{1}{2\pi \cdot 10^3 \text{ Hz}}$$
$$= 0,159 \text{ ms}$$

Bild 6.36 Ortskurve D-Glied

Bild 6.37 Bode-Diagramm D-Glied

6.5 Totzeit-Glied

Erscheint bei einem Übertragungsglied die Eingangsgröße erst nach Ablauf einer bestimmten Zeit T_t originalgetreu am Ausgang, so wird ein solches Übertragungsglied als Totzeit-Glied bezeichnet. Ein anschauliches Beispiel ist das mechanische Förderband zum Transport von Schüttgütern **(Bild 6.38)**.

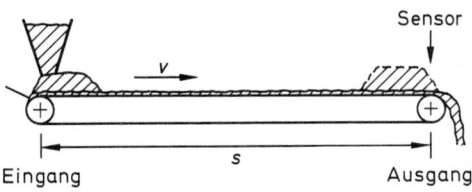

Bild 6.38 Förderband als Totzeit-Glied

Bei dem Förderband wird eine zusätzlich aufgebrachte Schüttgutmenge von dem am Ende angebrachten Sensor erst erkannt, nachdem sie den Weg s zurückgelegt hat. Die Totzeit ergibt sich einfach aus dem Weg s und der Transportgeschwindigkeit v.

$$T_t = \frac{s}{v} = \frac{\text{zurückgelegter Weg}}{\text{Transportgeschwindigkeit}}$$

Ähnliche Verhältnisse treten stets auf, wenn Eingriffstellen und Erfassungsstellen räumlich getrennt sind und der Energie- oder Massentransport eine mehr oder weniger endlich große Zeit in Anspruch nimmt. Totzeiten sind unerwünschte Eigenschaften, weil nachgeschaltete Einrichtungen erst verspätet auf die Störung reagieren können. Oft lassen sie sich konstruktiv nicht vermeiden. Es kommt dann darauf an, daß die Totzeit klein gegenüber den weiteren Zeitkonstanten des Systems gehalten wird.

Zur Untersuchung von Totzeit-Gliedern werden auch Sprung-Testfunktionen verwendet. **Bild 6.39** zeigt eine Sprungantwort.

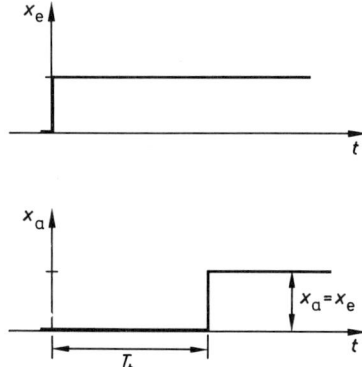

Bild 6.39 Sprungantwort des Totzeit-Gliedes

Für das Totzeit-Glied gilt:

$$\frac{x_a}{x_e} = 0 \text{ bei } t < T_t$$

$$\frac{x_a}{x_e} = 1 \text{ bei } t > T_t$$

Beim Totzeit-Glied tritt kein Proportionalitäts-Beiwert auf. **Bild 6.40** zeigt die Darstellung eines Totzeit-Gliedes als Blockdarstellung.

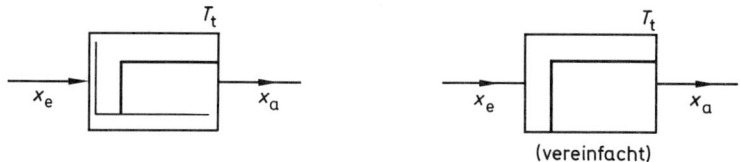

Bild 6.40 Blockdarstellung des Totzeit-Gliedes

Die Ortskurve des Totzeit-Gliedes hat ein ganz charakteristisches Aussehen. Sie ist ein Kreis mit dem Radius 1 um den Koordinatenursprung. Sie beginnt auf der waagerechten Achse für $f = 0$ Hz. Mit wachsender Frequenz wird der Kreis im Uhrzeigersinn mehrfach durchlaufen **(Bild 6.41)**.

Auch im Bode-Diagramm ist die konstante Amplitude gut zu erkennen. Der Phasenwinkel steigt mit größer werdender Frequenz immer stärker bis $n \cdot 360°$ an **(Bild 6.42)**.

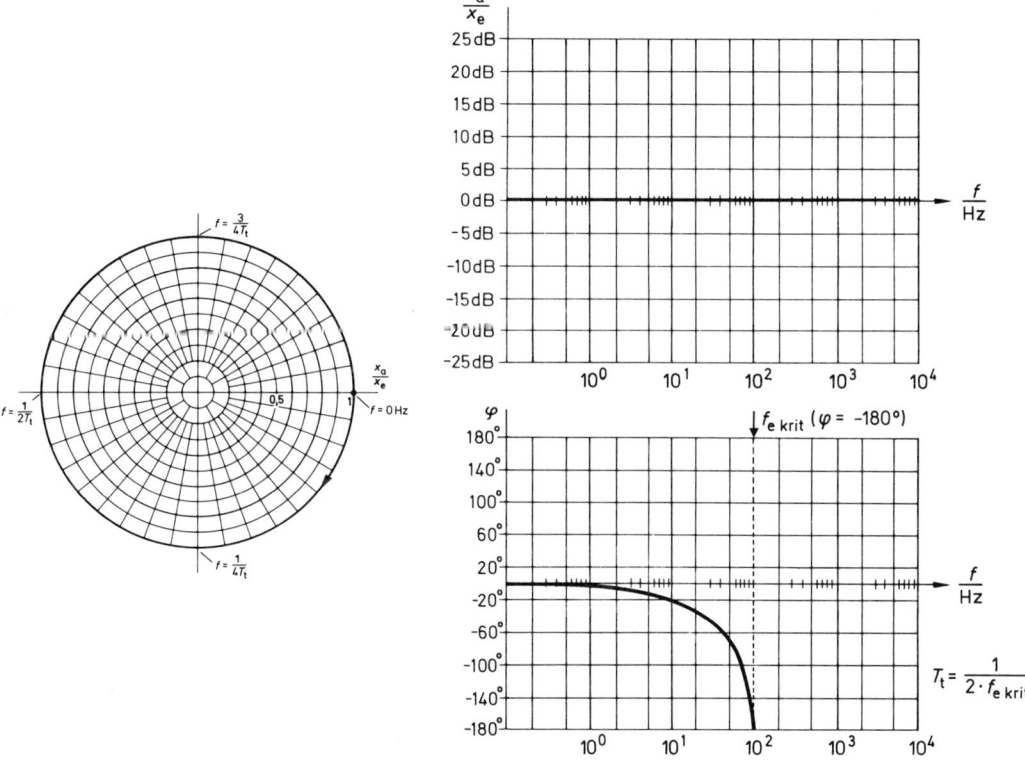

Bild 6.41 Ortskurve eines T_t-Gliedes   **Bild 6.42** Bode-Diagramm eines T_t-Gliedes

329

6.6 Verzögerungsglieder

Verzögerungsglieder enthalten Energiespeicher oder Massen. Diese müssen bei einer Änderung der Eingangsgröße in ihrem Inhalt oder in ihrem Verhalten angepaßt werden. Für diesen Vorgang ist eine Zeitspanne erforderlich. Die Ausgangsgröße erreicht daher erst nach einiger Zeit den sich aus der Eingangsgrößenänderung ergebenden Ausgangsgrößenwert.

Besonders einfach liegen die Verhältnisse bei nur einem Energiespeicher. Hier läßt sich der Verlauf der Ausgangsgröße auch rechnerisch recht einfach bestimmen. Bei mehreren Energiespeichern sind für die rechnerische Bestimmung des Verlaufs der Ausgangsgröße Kenntnisse der höheren Mathematik erforderlich. In der Praxis lassen sich aber Näherungslösungen anwenden.

6.6.1 Verzögerungsglied 1. Ordnung

Bei einem Verzögerungsglied 1. Ordnung kann die Ausgangsgröße einer sprunghaft veränderten Eingangsgröße nur langsam folgen und erreicht daher den sich aus der Eingangsgrößenänderung ergebenden Ausgangsgrößenwert mit Verzögerung. Diese Eigenschaft hat dem Verzögerungsglied seinen Namen gegeben. Ursache für die Verzögerung sind Energiespeicher (z. B. eine Kapazität, eine Induktivität oder eine rotierende Masse). Der Begriff 1. Ordnung besagt, daß nur ein Energiespeicher bzw. eine Masse im Übertragungsglied vorhanden ist. Die Verzögerungsglieder 1. Ordnung werden kurz auch VZ 1-Glieder genannt. Auf- oder Entladevorgänge von einem Energiespeicher sind durch eine Zeitkonstante T bestimmt, daher ist für ein Verzögerungsglied 1. Ordnung auch die Bezeichnung T_1-Glied üblich. Der Buchstabe »T« weist auf die charakteristische Zeitkonstante T, die Ziffer »1« auf die Anzahl der Energiespeicher hin.

Für ein VZ 1-Glied charakteristische Auf- bzw. Entladevorgänge sind vom RC-Glied her bekannt. Der Energiespeicher ist hier der Kondensator C.

In Prinzipschaltbildern wird das VZ 1-Übertragungsglied als Block mit symbolisiertem Aufladevorgang dargestellt **(Bild 6.43)**.

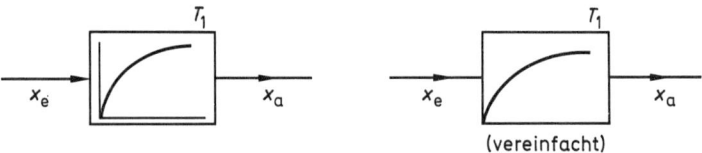

Bild 6.43 Blockschaltbild für das VZ 1-Glied

Zum besseren Verständnis der Zusammenhänge wird auf den Auf- und Entladevorgang beim Kondensator zurückgegriffen.

Beispiel 1:

Bild 6.44 zeigt als VZ 1-Glied ein RC-Glied. Zur Bestimmung der Sprungantwort wird das RC-Glied an eine Spannung u_e gelegt. Dies entspricht einem Sprung der Eingangsgröße oder einem Spannungssprung von $u_e = 0$ V auf U_0.

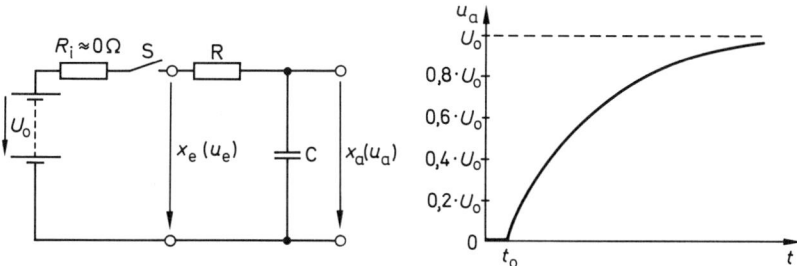

Bild 6.44   RC-Glied als VZ 1-Glied

Die Ausgangsgröße, hier die Ausgangsspannung u_a, folgt der Eingangsgröße nicht sprunghaft, sondern verzögert. Nach einem größeren Zeitraum erreicht die Ausgangsspannung u_a jedoch den Wert der Eingangsspannung u_e, der Energiespeicher ist gefüllt.

Der bereits im Lehrgang I behandelte Verlauf von Spannung am Eingang und Spannung am Ausgang ist in **Bild 6.45** als Verlauf der Eingangsgröße und Verlauf der Ausgangsgröße bei Sprung-Testfunktion dargestellt.

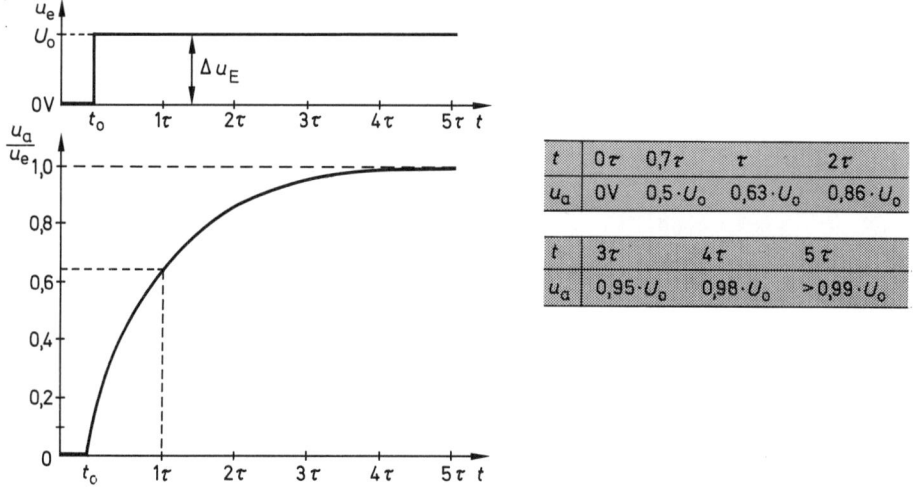

t	0τ	$0,7\tau$	τ	2τ
u_a	0V	$0,5 \cdot U_0$	$0,63 \cdot U_0$	$0,86 \cdot U_0$

t	3τ	4τ	5τ
u_a	$0,95 \cdot U_0$	$0,98 \cdot U_0$	$>0,99 \cdot U_0$

Bild 6.45   Sprungantwort des RC-Gliedes als VZ 1-Glied in normierter Form

Um von dem Einfluß der Werte für R und C unabhängig zu sein, ist die Zeitkonstante $\tau = R \cdot C$ eingeführt. **Bild 6.46** zeigt den Verlauf der Kondensatoraufladung etwas genauer.

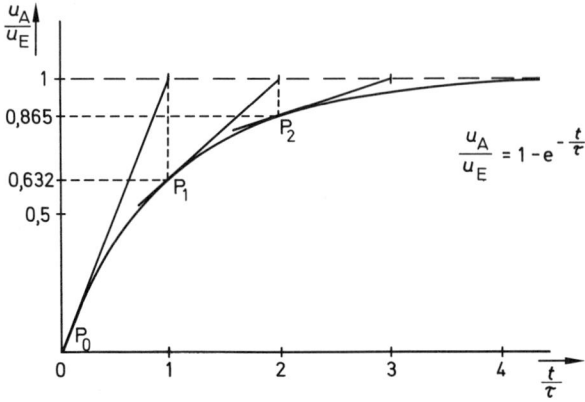

Bild 6.46   Aufladekurve für RC-Glieder in normierter Form

Die mathematische Beschreibung des Verlaufs der Aufladekurve lautet:

$$u_A = U_0 \cdot (1 - e^{-\frac{t}{\tau}}) \quad \text{mit } e \approx 2{,}718 \ldots \text{(Eulersche Zahl)}$$

Auf das VZ 1-Glied angewandt, bedeutet dies:

$$u_A = U_E \cdot (1 - e^{-\frac{t}{T}})$$

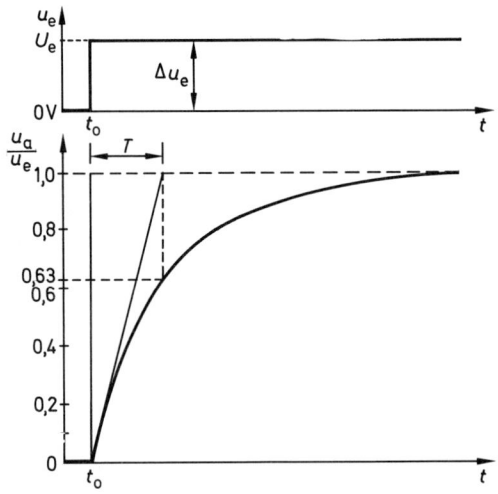

Bild 6.47   Bestimmung der charakteristischen Konstanten des RC-Gliedes als VZ 1-Glied

Die Zeitkonstante T steht in der Regelungstechnik für τ, sie ist die charakteristische Zeitkonstante des Auf- bzw. Entladeprozesses.

Durch die Darstellung beider Achsen in normierter Form ergibt sich die normierte Aufladekurve für RC-Glieder. Sie gilt unabhängig von den Werten für R, C und $u_E = U_0$.

In der Regelungstechnik lassen sich VZ 1-Glieder häufig nur meßtechnisch untersuchen. Zu diesem Zweck wird die Sprungantwort aufgezeichnet. Aus der Sprungantwort muß dann die charakteristische Größe T entnommen werden.

In der in **Bild 6.47** dargestellten Sprungantwort ist die zeichnerische Bestimmung angedeutet.

Beispiel 2:

Als VZ 1-Glied dient der bereits im Beispiel 1 vorgestellte R C-Tiefpaß. **Bild 6.48** zeigt die Versuchsschaltung. Gestrichelt dargestellt ist die Aufladeschaltung, die nach der Aufladung durch Öffnen des Schalters S1 vom T_1-Glied getrennt wird.

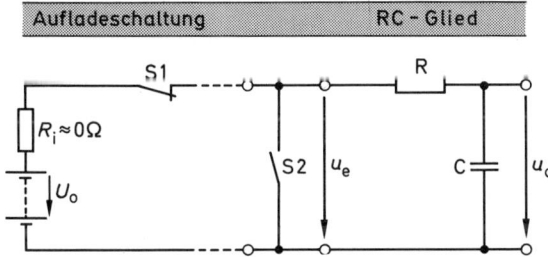

Bild 6.48 Kondensatoraufladung

Durch einen Kurzschluß zwischen den Eingangsklemmen, dies entspricht einem Eingangssignal $u_e = 0$ V, wird der Kondensator entladen. **Bild 6.49** zeigt den Verlauf der Ausgangsspannung u_a.

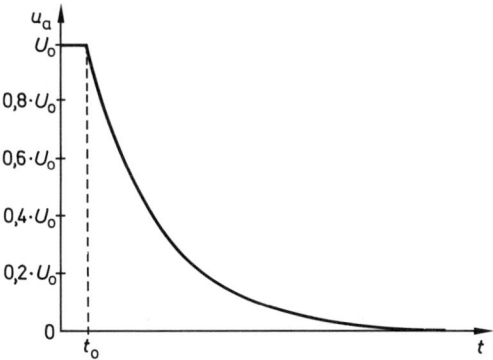

Bild 6.49 Ausgangsspannung u_a des VZ 1-Gliedes bei Entladung

Entsprechend dem Aufladevorgang läßt sich auch hier eine normierte, d. h. allgemeingültige Darstellung angeben **(Bild 6.50)**.

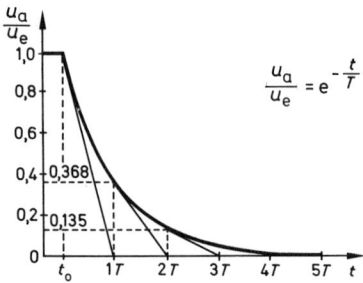

Bild 6.50 Normierte Entladekurve der RC-Glieder

Da die charakteristischen Werte der Bauteile für das VZ 1-Glied nicht verändert sind, stimmen die Größen T überein.

In **Bild 6.51** ist der Entladevorgang noch einmal als Sprungantwort dargestellt. Hier springt also die Eingangsspannung u_e als Eingangsgröße von dem Wert U_0 auf den Wert 0 V. Die Ausgangsspannung u_a als Ausgangsgröße sinkt entsprechend einer e-Funktion mit der charakteristischen Zeitkonstante T ebenfalls von U_0 auf 0 V ab. In Bild 6.48 ist die Ermittlung der charakteristischen Konstanten des VZ 1-Gliedes aus dem Entladevorgang angedeutet.

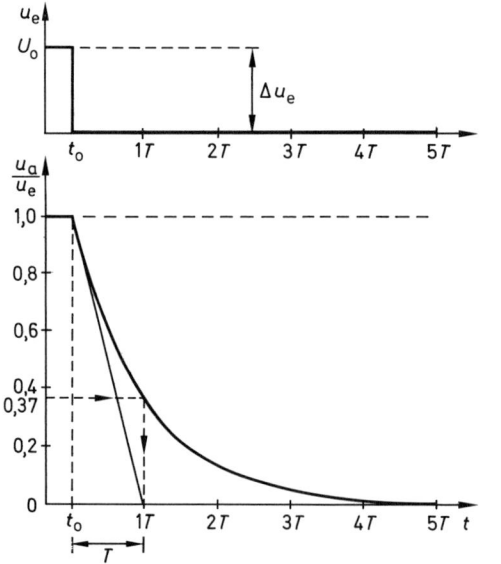

t	$0T$	$0{,}7T$	T	$2T$
u_a	U_0	$0{,}5U_0$	$0{,}37U_0$	$0{,}14U_0$

t	$3T$	$4T$	$5T$
u_a	$0{,}05U_0$	$0{,}02U_0$	$<0{,}01U_0$

Bild 6.51 Sprungantwort des VZ 1-Gliedes beim Entladevorgang

In der Praxis weisen aber auch andere Vorgänge ein Verhalten auf, das dem eines VZ 1-Gliedes entspricht.

Beispiel 3:

Bild 6.52 zeigt eine Heizeinrichtung. Die Temperaturmeßeinrichtung befindet sich in unmittelbarer Nähe der Heizwicklung.

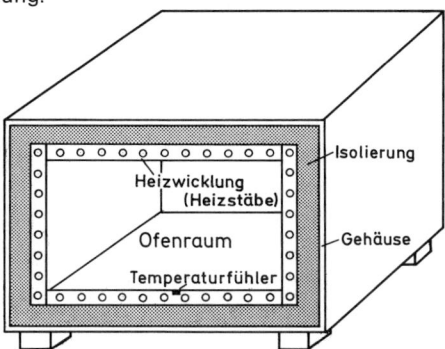

Bild 6.52   Heizeinrichtung

In **Bild 6.53** ist das Meßprotokoll für den Aufheizvorgang angegeben.

t /min	0	0,5	1	2	4	6	8	10	12	14	16	18
ϑ /°C	20	75	150	262	425	505	550	580	600	608	615	620

Bild 6.53   Meßprotokoll des Aufheizvorganges

Bild 6.54 zeigt die grafische Auswertung des Aufheizvorganges mit Ermittlung der für das VZ 1-Glied charakteristischen Konstanten T und K_P.

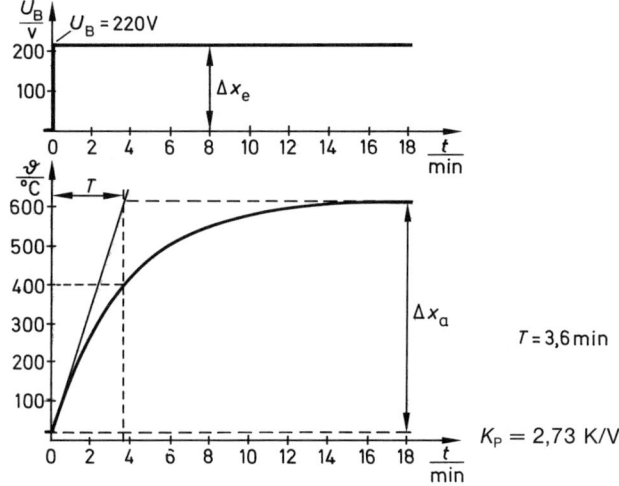

$T = 3,6\,\text{min}$

$K_P = 2,73\ \text{K/V}$

Bild 6.54   Sprungantwort der Heizeinrichtung als VZ 1-Glied

335

Beispiel 4:

In **Bild 6.55** ist das Schaltbild für einen Motorantrieb schematisch dargestellt.

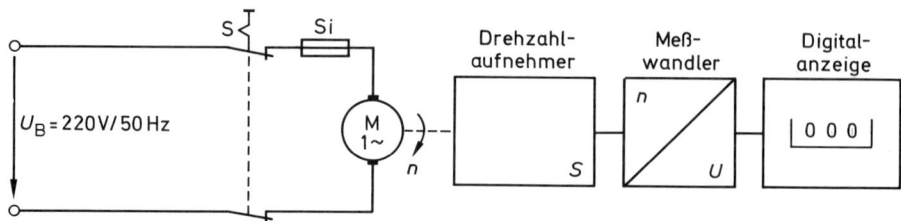

Bild 6.55 Motorantrieb

Der Motor läuft mit Nenndrehzahl n_0. Zum Zeitpunkt t_0 wird die Betriebsspannung für den Motor abgeschaltet. Die Drehzahl wird in bestimmten Zeitabständen gemessen. Das Meßprotokoll gibt **Bild 6.56** wieder.

t/s	0	1	2	4	6	8	10	12	14	16	18
n/min^{-1}	1240	940	715	390	230	180	135	75	25	15	5

Bild 6.56 Drehzahltabelle für den Auslaufvorgang

Die Auswertung erfolgt entsprechend **Bild 6.57**.

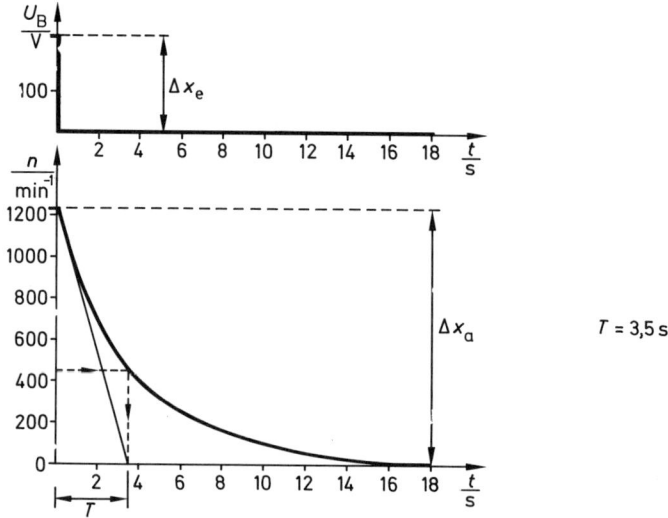

Bild 6.57 Sprungantwort des Antriebes als VZ 1-Glied

Die Ermittlung der charakteristischen Größe T ist eingetragen.

Beispiel 5:

Bild 6.58 zeigt das Schaltbild der VZ 1-Einheit. Diese Einheit des Schulungsgerätes enthält zwei VZ 1-Glieder gleichen Aufbaus mit einstellbaren Zeitkonstanten. Die Zeitkonstanten sind so gewählt, daß Messungen mit dem Oszilloskop (relativ kleine Zeitkonstanten) und Messungen mit Vielfachmeßinstrument und Linienschreiber (große Zeitkonstanten) durchgeführt werden können.

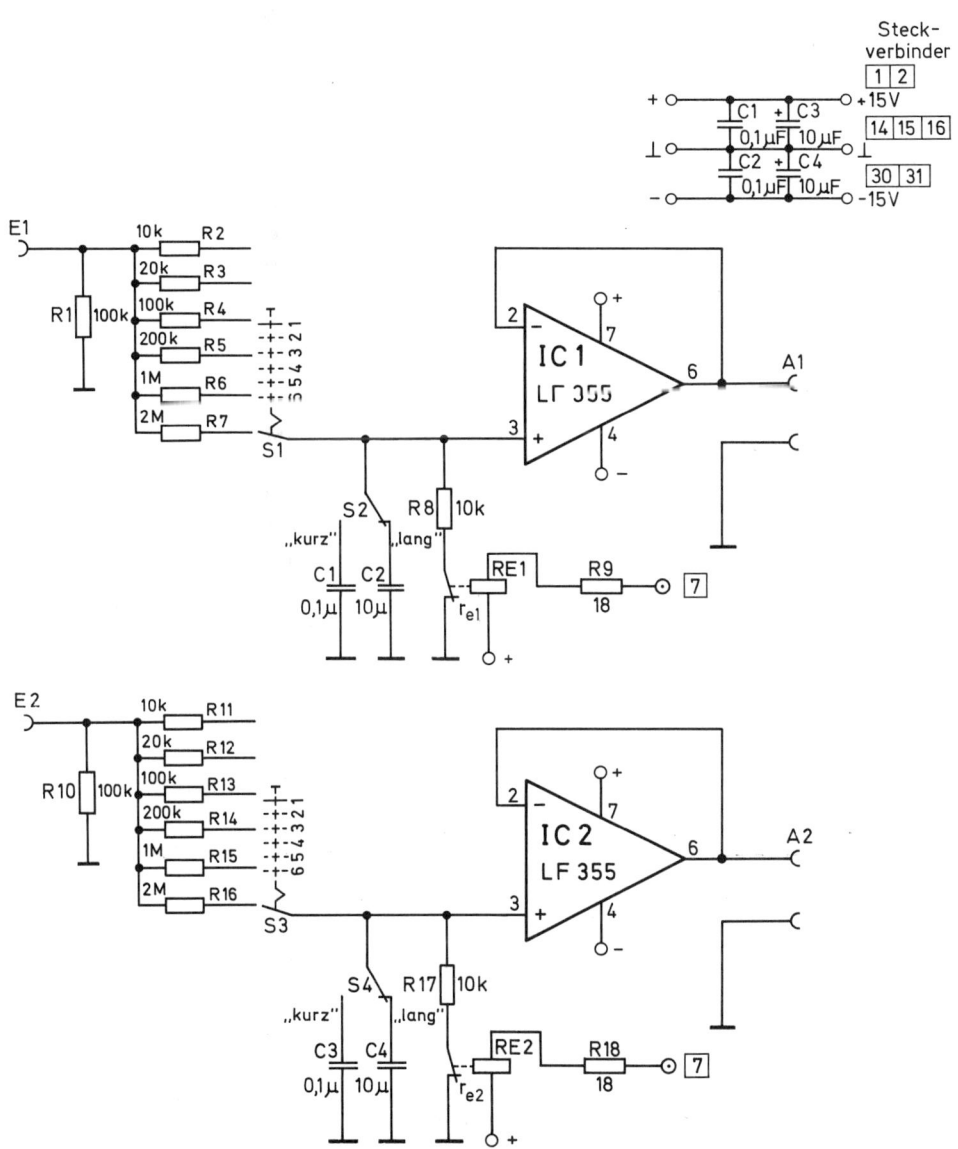

Bild 6.58 Schaltbild der VZ 1-Einheit des Schulungsgerätes

6.6.2 Verzögerungsglied 2. Ordnung

Beim Verzögerungsglied 2. Ordnung sind zwei Energiespeicher wirksam. Für jeden Energiespeicher gilt eine Zeitkonstante. Die Anzahl der Zeitkonstanten wird als Ziffernangabe bei den Kurzbezeichnungen mitgeführt. Das Verzögerungsglied 2. Ordnung trägt daher auch kurz die Bezeichnung VZ 2-Glied oder T_2-Glied. Verzögerungsglieder 2. Ordnung können sehr unterschiedliche Eigenschaften haben, daher werden drei Fälle unterschieden:

Verzögerungsglieder 2. Ordnung
– mit gleichartigen Energiespeichern und gleichen Zeitkonstanten;
– mit gleichartigen Energiespeichern und ungleichen Zeitkonstanten;
– mit ungleichartigen Energiespeichern.

6.6.2.1 VZ 2-Glieder mit gleichartigen Energiespeichern und gleichen Zeitkonstanten

Ein Verzögerungsglied mit zwei gleichen Zeitkonstanten und zwei gleichartigen Energiespeichern ist ein einfacher Fall. Das VZ 2-Glied kann auch als eine rückwirkungsfreie Hintereinanderschaltung von zwei gleichen VZ 1-Gliedern betrachtet werden. **Bild 6.59** zeigt das Verhalten eines VZ 2-Gliedes bei Sprung-Testfunktion.

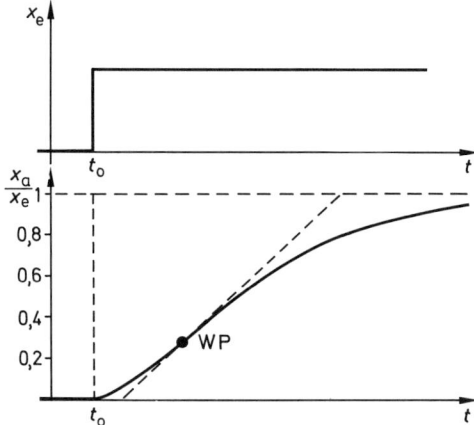

Bild 6.59   VZ 2-Glied bei Sprungtestfunktion in normierter Darstellung

In **Bild 6.60** ist die Blockdarstellung eines VZ 2-Gliedes angegeben. Mit dargestellt ist die Hintereinanderschaltung der beiden VZ 1-Glieder.

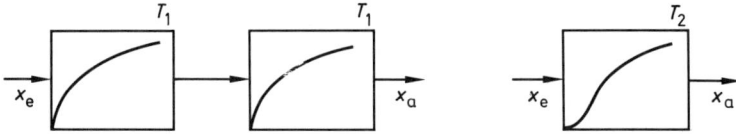

Bild 6.60   Blockdarstellung des VZ 2-Gliedes

In Abschnitt 6.6.1 wurde das RC-Glied als Beispiel für ein Verzögerungsglied 1. Ordnung bereits behandelt. Bei der Hintereinanderschaltung von zwei solchen Verzögerungsgliedern 1. Ordnung für ein Beispiel eines Verzögerungsgliedes 2. Ordnung muß beachtet werden, daß das zweite Verzögerungsglied das vorgeschaltete 1. Verzögerungsglied nicht beeinflußt. Dies geschieht in der Elektronik durch Impedanzwandler, die mit ihrem hohen Eingangswiderstand die vorgeschaltete Schaltung nicht belasten. Ein niedriger Ausgangswiderstand ermöglicht bei einer nachgeschalteten Schaltung, den Innenwiderstand der Signalquelle – hier der Ausgang des Impedanzwandlers – zu vernachlässigen.

Beispiel:

Bild 6.61 zeigt zwei RC-Glieder mit einem Impedanzwandler als Pufferverstärker zur Entkopplung.

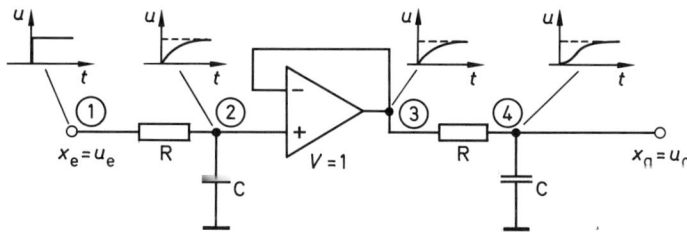

Bild 6.61 VZ 2-Glied aus RC-Gliedern

In **Bild 6.61** sind die Sprungantworten an den einzelnen Punkten mit eingezeichnet.
Am Meßpunkt ② ist der exponentielle Spannungsverlauf eines T_1-Gliedes zu erkennen. Der exponentielle Spannungsverlauf wird als Eingangssignal auf das zweite T_1-Glied gegeben. Anfangs ist dieses Eingangssignal rampenförmig. Das Ausgangssignal ist daher zunächst parabelförmig ④. Insgesamt ergibt sich am Ausgang des zweiten T_1-Gliedes ein s-förmiger Verlauf der Ausgangsspannung.

In **Bild 6.62** ist noch einmal der normierte Verlauf der Sprungantwort des VZ 2-Gliedes dargestellt. Charakteristisch für diese Sprungantwort ist der Wendepunkt WP, bei dem der Kurvenverlauf die größte Steigung hat. Wird im Wendepunkt eine Tangente an den Kurvenzug gelegt, so schneidet der Kurvenverlauf im Wendepunkt die Tangente.
Bild 6.63 zeigt mit Ergänzungen die Sprungantwort für ein VZ 2-Glied in normierter Darstellung.
Über den Wendepunkt und die Tangente in diesem Punkt an die Sprungantwort ergeben sich zwei Zeitabschnitte T_u und T_g. In **Bild 6.64** wird die Sprungantwort des VZ 2-Gliedes mit der Sprungantwort einer Hintereinanderschaltung aus einem Totzeitglied und einem VZ 1-Glied verglichen. Die Totzeit T_t ist dabei so groß wie T_u, die Zeitkonstante T so groß wie T_g gewählt.
Wegen der näherungsweisen Übereinstimmung wird in der Praxis für ein VZ 2-Glied eine Ersatzsprungantwort verwendet. Die Ersatzsprungantwort hat eine Totzeit T_u, als Ersatztotzeit oder Verzugszeit bezeichnet, und eine Zeitkonstante T_g, als Ersatzzeit-

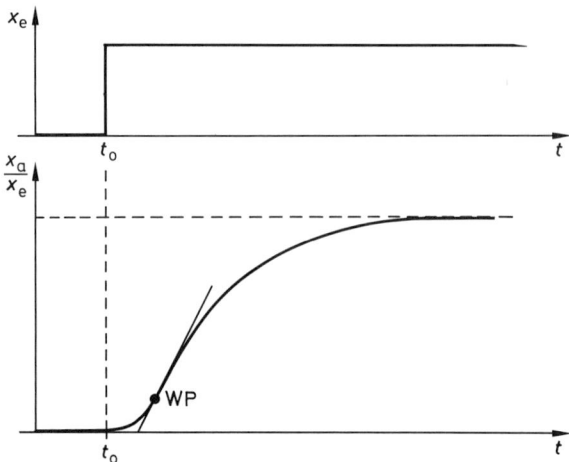

Bild 6.62 Normierte Sprungantwort des VZ 2-Gliedes

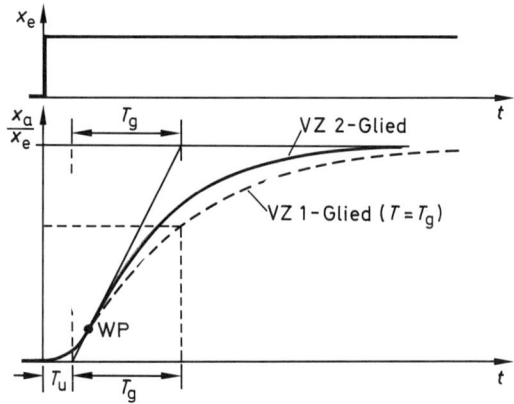

Bild 6.63 Sprungantwort eines VZ 2-Gliedes mit T_u und T_g

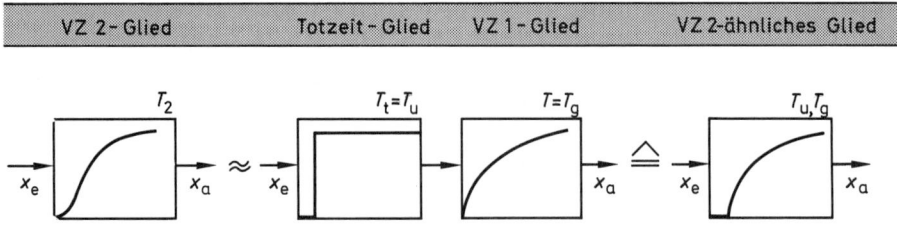

Bild 6.64 Vergleich eines VZ 2-Gliedes mit einer Reihenschaltung aus Totzeit-Glied und VZ 1-Glied

konstante oder Ausgleichszeit bezeichnet. Die Werte für T_u und T_g lassen sich aus der Sprungantwort eines VZ 2-Gliedes ermitteln. Für viele Anwendungen reicht die Kenntnis der Ersatzsprungantwort mit ihren charakteristischen Zeitkonstanten T_u und T_g aus, um das Verhalten des VZ 2-Gliedes zu beurteilen.

6.6.2.2   Verzögerungsglieder mit gleichartigen Energiespeichern und ungleichen Zeitkonstanten

Der in Abschnitt 6.6.2.1 behandelte Fall eines VZ 2-Gliedes mit gleichartigen Speichern und gleichen Zeitkonstanten ist als ein Sonderfall zu betrachten. Häufiger stimmen die Zeitkonstanten nicht überein.

In **Bild 6.65** ist dieser Fall als Blockdarstellung dargestellt. Hier ist angenommen, daß das erste VZ 1-Glied die kleinere Zeitkonstante hat.

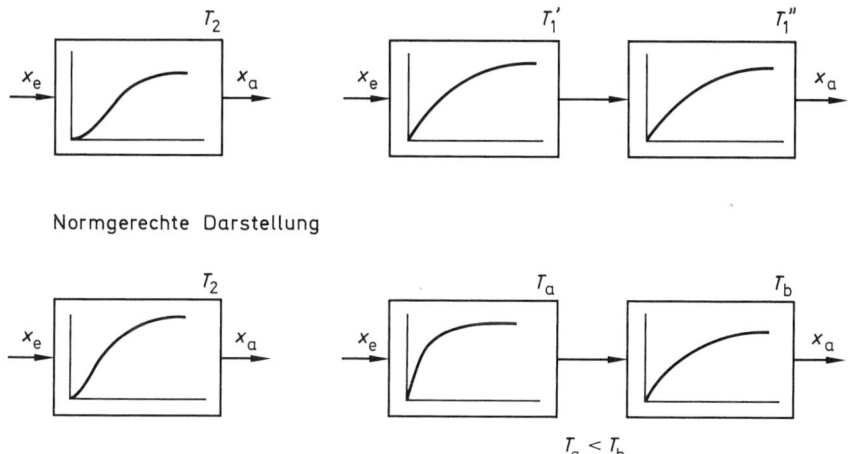

Bild 6.65   VZ 2-Glied als Reihenschaltung von 2 VZ 1-Gliedern mit unterschiedlichen Zeitkonstanten T_a und T_b

Die Reihenschaltung zeigt die charakteristische Sprungantwort. Aus der Sprungantwort lassen sich die Verzugszeit T_u und die Ausgleichszeit T_g ermitteln. In der Praxis haben die absoluten Werte von T_u und T_g nicht die ausschlaggebende Bedeutung, wichtig ist das Verhältnis T_u/T_g, das Verzugszeitanteil genannt wird. Für ein aus zwei VZ 1-Gliedern mit gleichen Energiespeichern sowie gleichen Zeitkonstanten T_a (1. VZ 1-Glied) und T_b (2. VZ 1-Glied) bestehendes VZ 2-Glied ist $T_u/T_g = 0{,}104$.

Ist in der Reihenschaltung T_a kleiner als T_b, so ergibt sich ein Wert von $T_a/T_b < 1$. Für diese Art Reihenschaltung wird der Wert $T_u/T_g < 0{,}104$.

In **Bild 6.66** ist der Zusammenhang zwischen den Quotienten T_a/T_b und T_u/T_g dargestellt für VZ 2-Glieder, die aus zwei VZ 1-Gliedern bestehen. Dabei ist die Zeitkonstante des ersten VZ 1-Gliedes kleiner als die des zweiten.

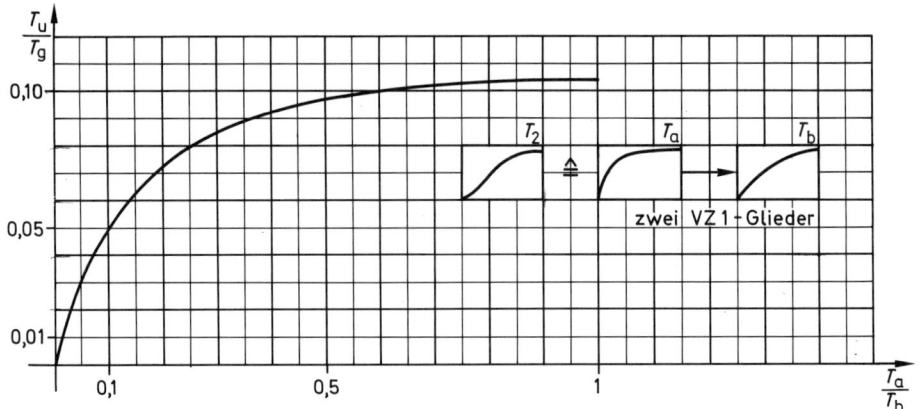

Bild 6.66   Zusammenhang zwischen den Zeitkonstanten T_a/T_b und dem Verzugszeitanteil T_u/T_g

Welche Bedeutung ein vor ein VZ 1-Glied geschaltetes Verzögerungsglied mit kleiner Zeitkonstante hat, zeigt das folgende Zahlenbeispiel ($T_a = 10\%$ von T_b).

Beispiel:

Vor ein Verzögerungsglied 1. Ordnung mit $T_b = 0,1$ s wird ein Verzögerungsglied 1. Ordnung mit $T_a = 0,01$ s geschaltet.

Das Verhältnis der Zeitkonstanten ergibt:

$$\frac{T_a}{T_b} = 0,1$$

Nach Bild 6.66 ist dann:

$$\frac{T_u}{T_g} = 0,05$$

Der Einfluß einer Verzögerung selbst mit kleiner Zeitkonstante hat sehr starke Auswirkungen und führt zu deutlichen Verzugszeitanteilen.
Wenn die absoluten Werte von T_g und T_u von Interesse sind, lassen sie sich angenähert wie folgt bestimmen:

$$T_g \approx T_a + T_b \qquad T_a \leq T_b$$
$$T_u \approx c \cdot T_a$$

Die Werte von c in Abhängigkeit von T_a/T_b stehen in folgender Tabelle.

$\dfrac{T_a}{T_b}$	0,05	0,1	0,2	0,3	0,4	0,5	0,6	0,7	0,8	0,9	1,0
c	0,75	0,63	0,53	0,47	0,42	0,39	0,36	0,34	0,32	0,30	0,28

Ist die kleinere Zeitkonstante $T_a \ll T_b$, so wird $c \approx 1$ und damit $T_u \approx T_a$.

Verzögerungsglieder mit gleichartigen Speichern und wählbaren Zeitkonstanten können mit der VZ 1-Einheit des Schulungsgerätes meßtechnisch untersucht werden. Hierzu werden die beiden Verzögerungsglieder 1. Ordnung der VZ 1-Einheit hintereinandergeschaltet. Die Schaltungen für die VZ 1-Glieder haben so niedrige Ausgangswiderstände, daß die Hintereinanderschaltung als rückwirkungsfrei angesehen werden kann. **Bild 6.67** zeigt das Blockschaltbild für Messungen an VZ 2-Gliedern mit der VZ 1-Einheit des Schulungsgerätes.

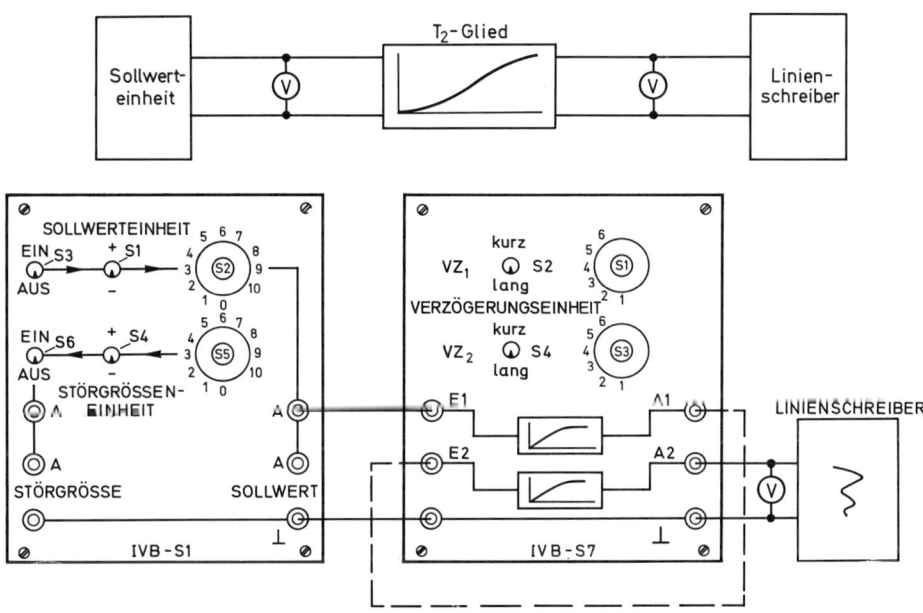

Bild 6.67   Blockschaltbild zur Untersuchung von VZ 2-Gliedern mit dem Schulungsgerät

6.6.2.3   VZ 2-Glieder mit ungleichartigen Speichern

Enthält ein Verzögerungsglied verschiedenartige Speicher, so kann es nach einer sprunghaften Anregung infolge der wirksamen Verzögerungen und Phasenverschiebungen zum Hin- und Herpendeln der Energie zwischen den Speichern kommen. Der Pendelvorgang der Energie wird wegen der praktisch immer vorhandenen Verluste mehr oder weniger ausgeprägt ablaufen.

Beispiel:

Ein VZ 2-Glied mit verschiedenartigen Speichern ist die RLC-Schaltung nach **Bild 6.68**.

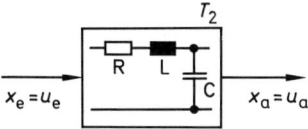

Bild 6.68   RLC-Schaltung als VZ 2-Glied

Induktivität und Kapazität stellen dabei die ungleichartigen Speicher dar. Der Verlauf der Ausgangsspannung u_a hängt von der Größe des Widerstandes R ab. **Bild 6.69** zeigt 4 charakteristische Verläufe der Ausgangsspannung u_a als Reaktion auf eine Sprung-Testfunktion am Eingang.

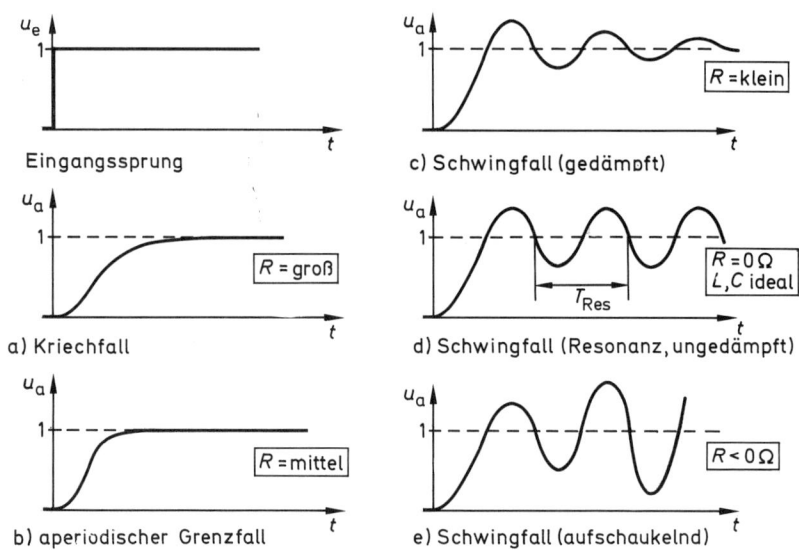

Bild 6.69 Ausgangssignale eines VZ 2-Gliedes mit verschiedenartigen Speichern

Ein Sonderfall, der in dem behandelten Beispiel nicht auftritt, ist ein sich aufschaukelnder Schwingfall. In Bild 6.69 e ist der Verlauf des Ausgangssignals x_a für diesen Fall dargestellt. Er tritt nur auf, wenn Energie weiter zugeführt wird.

Der in Bild 6.69 b dargestellte Verlauf ähnelt dem eines VZ 2-Gliedes mit gleichen Energiespeichern. Es sind gerade noch keine Schwingungsbewegungen erkennbar. Dieser Sonderfall wird als aperiodischer Grenzfall bezeichnet.

Eine näherungsweise Beschreibung kann wieder über die Ersatzsprungantwort vorgenommen werden. Aus der Verzugs- und Ausgleichszeit, die aus der Sprungantwort ermittelt werden, kann jedoch nicht auf die Größe und die Art der beteiligten Speicher zurückgeschlossen werden. Insbesondere lassen sich VZ 2-Glieder mit gleichen Energiespeichern und solche mit verschiedenen Energiespeichern, deren Sprungantwort die aperiodische Form aufweist, nicht eindeutig unterscheiden.

VZ 2-Glieder mit schwingendem Verhalten lassen sich in drei Gruppen unterteilen:
– VZ 2-Glieder mit gedämpftem Schwingverhalten (Bild 6.69 c)
– VZ 2-Glieder mit konstantem Schwingverhalten (Bild 6.69 d)
– VZ 2-Glieder mit aufschwingendem Verhalten (Bild 6.69 e)

Fall 1   VZ 2-Glieder mit gedämpftem Schwingverhalten

Die VZ 2-Glieder dieser Gruppe weisen Verluste auf, so daß die Energie, die zwischen den Speichern hin und her transportiert wird, kontinuierlich abnimmt. In dem Beispiel RLC-Schaltung entstehen Verluste durch den ohmschen Widerstand, den Drahtwiderstand der Spule und durch Verluste im Kondensator.

Bei VZ 2-Gliedern mit gedämpftem Schwingverhalten ist nicht ausgeschlossen, daß Energie nachgeliefert wird, diese reicht jedoch zum Ausgleich der Verluste nicht aus.

Fall 2   VZ 2-Glieder mit konstantem Schwingverhalten

Dieser Fall ist als Grenzfall zwischen gedämpftem und aufschwingendem Schwingverhalten anzusehen. Ohne Energiezufuhr von außen würde dies bedeuten, daß der Energieaustausch zwischen den Speichern verlustfrei abläuft. In der Technik trifft dies meist nicht zu. Konstantes Schwingverhalten kann jedoch auch auftreten, wenn die Energiezufuhr gerade die auftretenden Verluste ausgleicht. Hiervon wird in der Elektronik bei der Realisierung von Oszillatorschaltungen gezielt Gebrauch gemacht.

Fall 3   VZ 2-Glieder mit aufschwingendem Schwingverhalten

Bei diesen Gliedern ist notwendigerweise die Energiezufuhr größer als die auftretenden Verluste. Die Amplitude der Schwingung nimmt zu. Dies geschieht solange, bis die Schwingung durch konstruktive Einflüsse begrenzt wird.

6.6.2.4   Dämpfung bei VZ 2-Gliedern

Die verschiedenen Verhaltensweisen von VZ 2-Gliedern lassen sich auch durch einen Dämpfungsfaktor charakterisieren. Folgende Fälle werden unterschieden:
- Der Dämpfungsfaktor D ist größer als 1 (aperiodischer Fall), dann ist kein Schwingverhalten erkennbar.
- Der Dämpfungsfaktor D ist gleich 1. Dieser Fall wird als Grenzfall (aperiodischer Grenzfall) bezeichnet. Es treten gerade noch keine Schwingungen auf.
- Ist der Dämpfungsfaktor D kleiner als 1, aber größer als 0, tritt Schwingen auf. Die Schwingung klingt jedoch ab, ist also bedämpft.
- Der Dämpfungsfaktor D ist gleich 0. In diesem Fall schwingt das System mit konstanter Amplitude.
- Ist der Dämpfungsfaktor D kleiner als 0, also negativ, so steigt die Amplitude der Schwingung bis zur konstruktiven Begrenzung an. Während alle anderen Fälle als stabile VZ 2-Glieder bezeichnet werden, wird dieser Fall als instabil bezeichnet.

Neben den VZ 2-Gliedern mit aperiodischem Verhalten kommen auch VZ 2-Glieder mit gedämpftem Schwingverhalten in der Praxis häufiger vor. **Bild 6.70** zeigt noch einmal die Sprungantwort eines solchen VZ 2-Gliedes.

Je größer der Dämpfungsfaktor D wird, desto flacher verläuft der Anstieg der Sprungantwort. Mit Werten von $D > 1$ liegt aperiodischer Fall vor. Für einen Dämpfungsfaktor D kleiner als Eins tritt schwingendes Verhalten auf.

Aus der Sprungantwort lassen sich einige charakteristische Größen entnehmen. Die Zeit bis zum Erreichen des Amplitudenverhältnisses $\dfrac{x_a}{x_e} = 1$ wird als Anregelzeit t_{an}

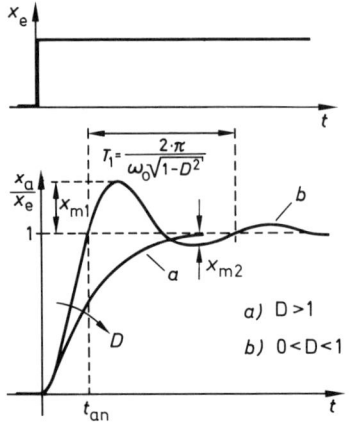

$$D = \sqrt{\cfrac{1}{1 + \left(\cfrac{\pi}{\ln\left(x_{m2}/x_{m1}\right)}\right)^2}}$$

$$T_1 = \frac{2\pi}{\omega_0\sqrt{1 - D^2}}$$

a) $D > 1$

b) $0 < D < 1$

Bild 6.70 Sprungantwort eines VZ 2-Gliedes

bezeichnet. Je kleiner der Dämpfungsfaktor D wird, umso kleiner wird auch die Anregelzeit. Eine weitere wichtige Größe ist das Überschwingen. Die Überschwingweite x_m ist der Abstand des ersten Maximum der Sprungantwort von der Linie $\dfrac{x_a}{x_e} = 1$. Für das Überschwingen gilt, daß die Überschwingweite x_m umso größer wird, je kleiner der Dämpfungsfaktor D wird.

Bei Schwingungen mit konstanter Amplitude, Grenzfall der gedämpften Schwingungen, kann die Resonanzfrequenz f_0 bzw. die Resonanzkreisfrequenz $\omega_0 = 2\pi f_0$ einfach aus der Periodendauer ermittelt werden.

Bei den gedämpften Schwingungen werden die ersten beiden Halbwellen zur Ermittlung einer Periodendauer T_1 herangezogen. Die Periodendauer T_1 läßt sich in eine Frequenz bzw. Kreisfrequenz umrechnen. Sie erhält die Bezeichnung Eigenfrequenz f_e bzw. ω_e. Für die Eigenfrequenz gilt, daß sie niedriger als die Resonanzfrequenz ist.

Die rechnerischen Zusammenhänge zwischen den Größen D, x_m, t, T_1, f_0, ω_0, f_e und ω_e sind sehr komplex und lassen sich nicht in einfacher Weise darstellen.

6.6.2.5 Blockdarstellung, Bode-Diagramm und Ortskurve

Bei der Darstellung von Übertragungsgliedern in Blockform kommt es darauf an, VZ 2-Glieder mit nichtschwingendem und schwingendem Verhalten zu unterscheiden. Dies erfolgt durch Eintragung der charakteristischen Sprungantworten in die Blöcke **(Bild 6.71)**.

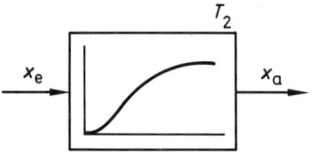

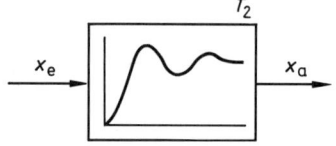

a) VZ 2-Glied, nicht schwingfähig

b) VZ 2-Glied, schwingfähig

Bild 6.71 Blockdarstellung von VZ 2-Gliedern

346

VZ 2-Glieder mit gleichartigen Energiespeichern werden immer nach Bild 6.71a dargestellt.

Bei den VZ 2-Gliedern mit unterschiedlichen Energiespeichern hängt die Sprung-antwort vom Dämpfungsfaktor D ab. Für einen Dämpfungsfaktor $D > 1$ gilt Bild 6.71 a, für Dämpfungsfaktoren $0 < D < 1$ gilt Bild 6.71 b.

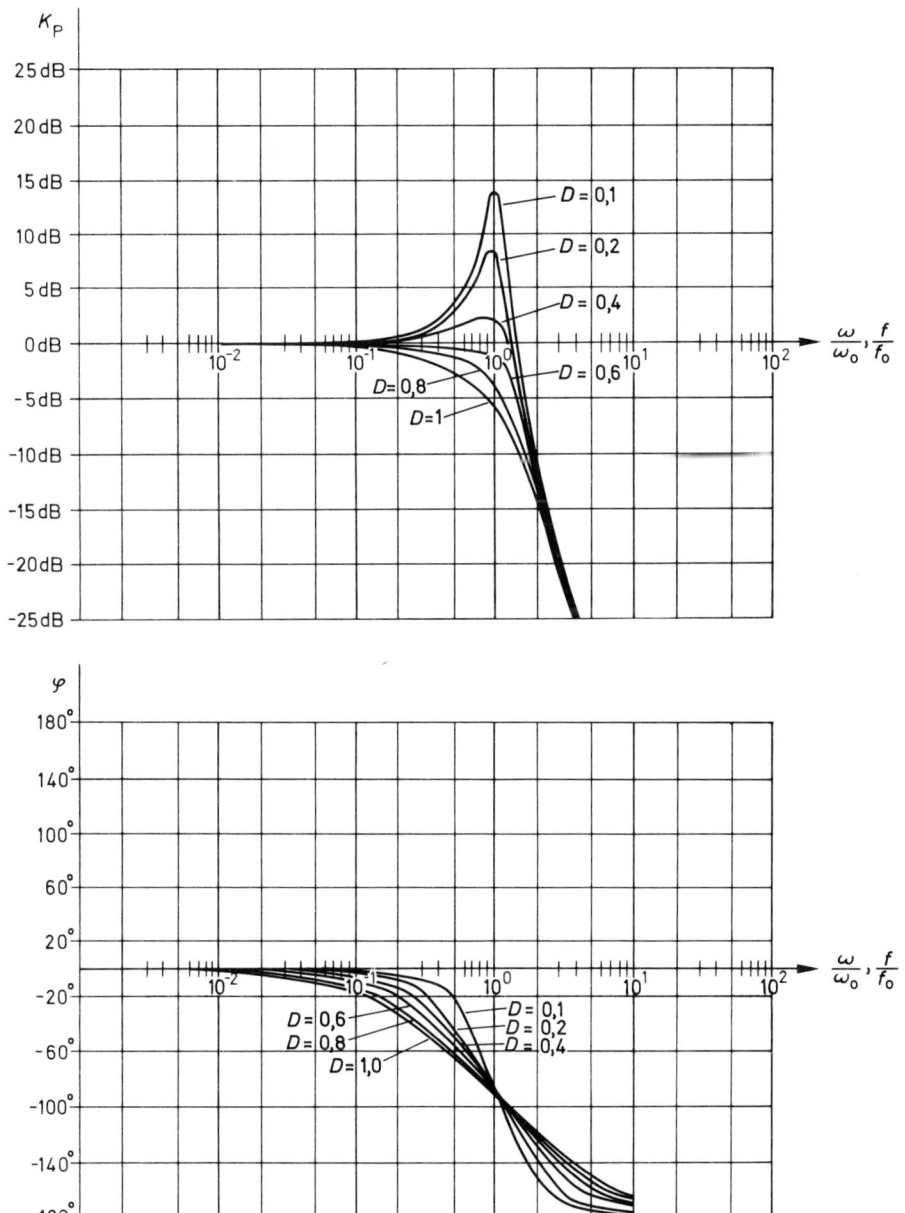

Bild 6.72 Bode-Diagramme für Verzögerungsglieder 2. Ordnung

Zur Beschreibung des Verhaltens von VZ 2-Gliedern wird auch das Bode-Diagramm verwendet. **Bild 6.72** zeigt die Bode-Diagramme für Verzögerungsglieder mit unterschiedlichen Dämpfungsfaktoren.

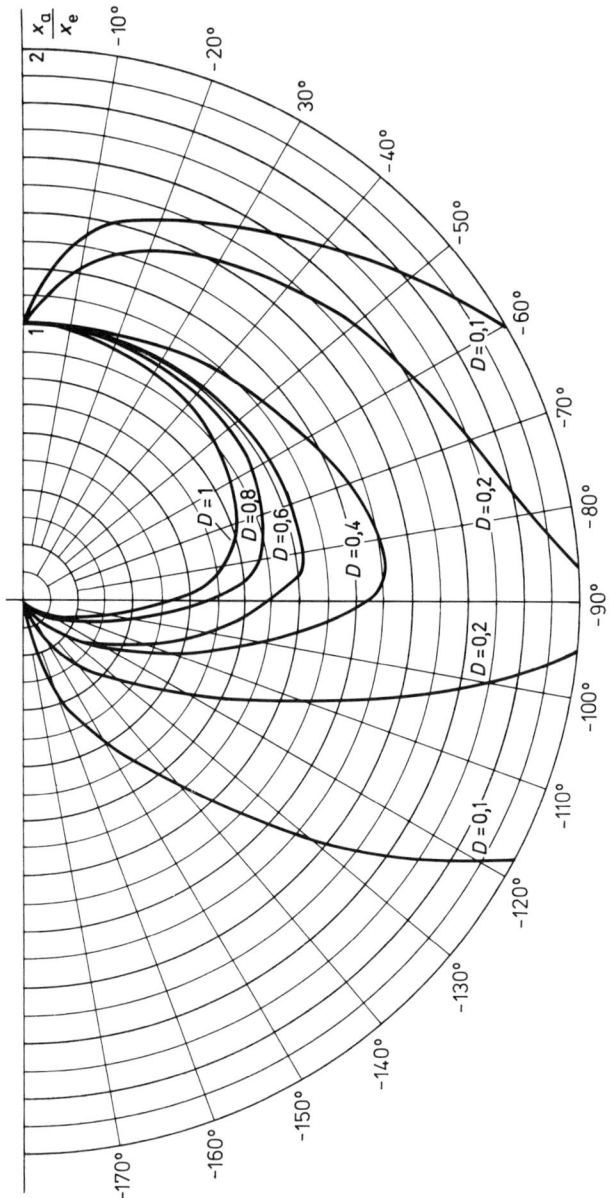

Bild 6.73   Ortskurven von VZ 2-Gliedern

Die Normierung der x-Achse erfolgt auf die Resonanzfrequenz ω_0 des ungedämpft gedachten Systems. Auf der y-Achse ist das Amplitudenverhältnis aufgetragen.

Auch hier läßt sich über Asymptoten der Verlauf charakterisieren. Bis zum Wert $\frac{\omega}{\omega_0} = 1$ verläuft die Asymptote waagerecht bei dem Amplitudenverhältnis von $1 \triangleq 0$ dB. Für die Werte von ω größer als ω_0 fällt die Amplitude um 2 Dekaden in y-Richtung je Zuwachs um eine Dekade in x-Richtung.

Problematisch ist, daß aus der Sprungfunktion, die sich einfach meßtechnisch ermitteln läßt, die Resonanzfrequenz ω_0 nicht unmittelbar entnommen werden kann. Daher läßt sich das Bode-Diagramm auch nicht unmittelbar aus der Sprungfunktion konstruieren. Aus dem Phasengang ergibt sich, daß die Phasenverschiebung bei VZ 2-Gliedern zwischen $0°$ und $-180°$ liegen kann.

Für VZ 2-Glieder läßt sich auch keine einheitliche Ortskurve angeben. **Bild 6.73** zeigt die Ortskurven für die im Bode-Diagramm (Bild 6.72) dargestellten VZ 2-Glieder schematisch. Für kleine Frequenzverhältnisse ω/ω_0 werden die Amplitudenverhältnisse 1 und die Phasenverschiebung $0°$. Die Punkte liegen für alle VZ 2-Glieder auf der x-Achse beim Amplitudenverhältnis 1. Für sehr hohe Frequenzen wird nach Bild 6.72 das Amplitudenverhältnis sehr klein und der Phasenwinkel $-180°$. Damit liegen diese Punkte der Ortskurve im Grenzfall im Ursprungspunkt des Diagramms. Zwischen diesen Grenzwerten liegen die Ortskurven im dritten und vierten Quadranten in Abhängigkeit von der Dämpfung unterschiedlich.

6.6.3 Verzögerungsglieder höherer Ordnung

Verzögerungsglieder mit mehreren Energiespeichern werden entsprechend als Verzögerungsglieder höherer Ordnung bezeichnet. Die Anzahl der Speicher bestimmt die Ordnungsziffer, also hat ein Verzögerungsglied 3. Ordnung drei Energiespeicher.

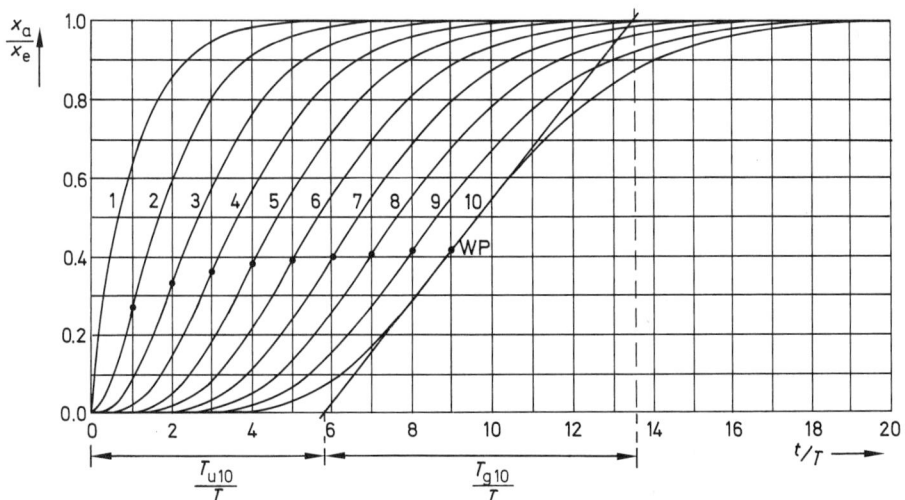

Bild 6.74 Verzögerungsglieder 1. bis 10. Ordnung mit gleichen Zeitkonstanten

Auch die übrigen Bezeichnungen werden entsprechend gebildet: VZ 3-Glied, T_3-Glied. Als allgemeine Bezeichnung dient der Begriff: Verzögerungsglied n-ter Ordnung (VZ n-Glied, T_n-Glied). Er wird auch verwendet, wenn die Anzahl der Energiespeicher nicht genau bekannt ist.

Für VZ n-Glieder ohne Schwingungsanteil lassen sich als charakteristische Größen wie bei den VZ 2-Gliedern T_u (Verzugszeit = Ersatztotzeit) und T_g (Ausgleichszeit = Ersatzzeitkonstante) ermitteln.

Als Sonderfall in normierter Darstellung zeigt **Bild 6.74** die Sprungantworten für Verzögerungsglieder 1. bis 10. Ordnung mit gleichartigen Energiespeichern und gleichen Zeitkonstanten. Hier läßt sich deutlich der ungünstige Einfluß der Verzugszeit T_u mit zunehmender Anzahl der Verzögerungen erkennen.

Die genauen Zahlenwerte für die Lage der Wendepunkte und die Werte für die Größen T_u und T_g lassen sich der folgenden Tabelle entnehmen:

n	Koord. der WP $(t/T)_{WP}$	$(x_a/x_e)_{WP}$	bez. Ausgl.zeit T_g/T	bez. Verzugszeit T_u/T	Verzugszeitanteil T_u/T_g
1	0	0,000	1,000	0,000	0,000
2	1	0,264	2,718	0,282	0,104
3	2	0,323	3,695	0,805	0,218
4	3	0,353	4,463	1,425	0,319
5	4	0,371	5,119	2,100	0,410
6	5	0,384	5,699	2,811	0,493
7	6	0,394	6,226	3,549	0,570
8	7	0,401	6,711	4,307	0,642
9	8	0,407	7,164	5,081	0,709
10	9	0,413	7,590	5,869	0,773

In die Grafik sind die Fälle n = 1 und n = 2 mit aufgenommen.

Für das VZ 10-Glied sind die Verzugszeit und die Ausgleichszeit eingetragen. Hier weichen die Verhältnisse erheblich von denen beim VZ 2-Glied ab. Es gilt:

VZ 2	VZ 10
$\dfrac{T_u}{T_g} \approx 0,1$	$\dfrac{T_u}{T_g} \approx 0,77$

Die Verzugszeit erreicht also beim VZ 10-Glied mehr als 75 % der Ausgleichszeit. Aus der Darstellung der Sprungantwort geht weiterhin hervor, daß etwa die Hälfte der Verzugszeit eine echte Totzeit, d. h. ohne eine Reaktion am Ausgang, ist.

In der Praxis eignet sich für die Bestimmung des Verhältnisses T_u/T_g bei bis zu 6 gleichen Verzögerungsgliedern die Näherungsformel:

$$\frac{T_u}{T_g} = \frac{n-1}{10}; \qquad n = 1 \ldots 6 \text{ (Anzahl der Verzögerungsglieder)}$$

Mit den ermittelten Werten T_u und T_g lassen sich VZ n- oder T_n-Glieder wieder näherungsweise durch ein Totzeitglied mit der Totzeit T_u und ein VZ 1-Glied mit der Zeitkonstanten T_g darstellen.

Das Verhältnis T_u/T_g, das in den vorhergehenden Beispielen aus den Sprungantworten bestimmt wurde, bestimmt nicht nur die Größe einer Ersatzsprungantwort mit näherungsweisem Verlauf, sondern ist weiterhin eine Kenngröße, die später auch eine Aussage über die Regelbarkeit eines Übertragungsgliedes ermöglicht.

Alle Aussagen zu den Verzögerungsgliedern höherer Ordnung gelten für Systeme mit gleichen Energiespeichern. Das Verhalten von Verzögerungsgliedern höherer Ordnung mit verschiedenen Energiespeichern läßt sich nicht in einfacher Form darstellen. Prinzipiell ähnelt das Verhalten jedoch dem Verhalten von Verzögerungsgliedern 2. Ordnung mit verschiedenen Energiespeichern. Es können daher auch bei Verzögerungsgliedern höherer Ordnung sowohl Kriechfälle ohne Überschwingen als auch die entsprechenden Schwingfälle auftreten.

6.7 Zusammenschaltungen von Übertragungsgliedern

Allgemein ist die Zusammenschaltung von Übertragungsgliedern unter zwei Gesichtspunkten zu sehen:

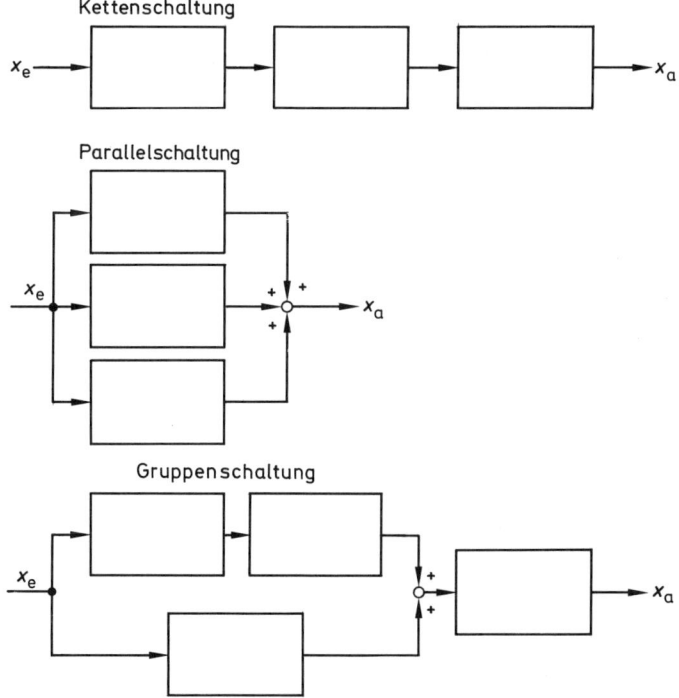

Bild 6.75 Ketten-, Parallel- und Gruppenschaltung von Übertragungsgliedern

- Kombination von Übertragungsgliedern, um ein bestimmtes, gefordertes Verhalten zu erzeugen (Synthese);
- Beschreibung des Verhaltens eines Gerätes oder einer Anlage durch die Kombination von bekannten (einfachen) Übertragungsgliedern zur Vereinfachung der Aussagen über das Verhalten bei bestimmten Einwirkungen oder zur Simulierung des Verhaltens im Modell (Analyse).

Einfache Formen des Zusammenschaltens sind Ketten- oder Reihenschaltungen und Parallelschaltungen von Übertragungsgliedern. Das gemeinsame Auftreten von Ketten- und Parallelschaltungen führt zur Gruppenschaltung **(Bild 6.75)**.

6.7.1 Kettenschaltungsglieder

Als Kettenschaltungsglieder werden die Reihenschaltungen von gleichen oder unterschiedlichen Übertragungsgliedern bezeichnet. Von besonderer Bedeutung in der Regelungstechnik sind Kettenschaltungen von P-, I-, D-Gliedern mit Verzögerungsgliedern 1. und 2. Ordnung (T_1-, T_2-Glieder).

Bei der Schreibweise soll der Bindestrich dabei die Kettenschaltung andeuten.

Beispiel:

P-T_1: Reihenschaltung eines P-Gliedes und eines T_1-Gliedes.

Da die einzelnen Übertragungsglieder als rückwirkungsfrei betrachtet werden, ist die Reihenfolge beliebig. Die Kettenschaltung P-T_1 kann also erst ein P-Glied und dann ein T_1-Glied enthalten oder auch aus einer Reihenschaltung von erst einem T_1-Glied und dann einem P-Glied bestehen. Die Übertragungsfunktion der Kettenschaltung ergibt sich aus dem Produkt der einzelnen Übertragungsfunktionen.

6.7.1.1 Kettenschaltung P-T_1

Das P-T_1-Glied besteht aus einer Reihenschaltung eines Proportional-Gliedes und eines Verzögerungsgliedes 1. Ordnung. **Bild 6.76** zeigt die Blockdarstellung.

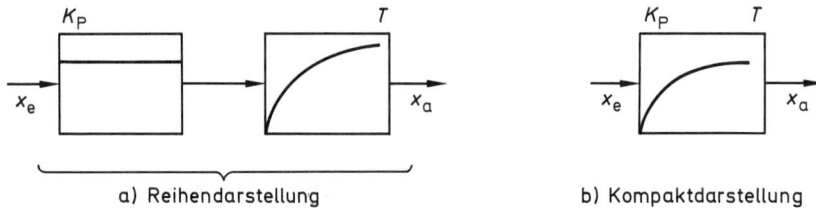

a) Reihendarstellung   b) Kompaktdarstellung

Bild 6.76 P-T_1-Glied in Blockdarstellung

Die Sprungantworten für P-, T_1- und P-T_1-Glieder sind in **Bild 6.77** dargestellt.

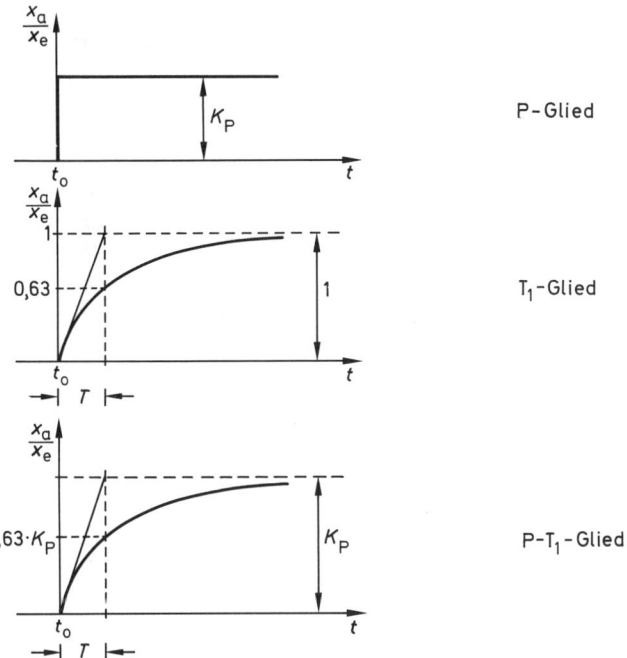

Bild 6.77   Bezogene Sprungantworten für P-, T_1-, P-T_1-Glieder

Der Verlauf der Sprungantwort ergibt sich rechnerisch aus:

Sprungantwort des P-Gliedes: $\dfrac{x_a}{x_e} = K_P$

Sprungantwort des T_1-Gliedes: $\dfrac{x_a}{x_e} = 1 - e^{-\frac{t}{T}}$

zu

Sprungantwort des P-T_1-Gliedes: $\dfrac{x_a}{x_e} = K_P \cdot (1 - e^{-\frac{t}{T}})$

mit K_P = Proportionalitäts-Beiwert
T = Zeitkonstante

In **Bild 6.78** ist die Ermittlung der charakteristischen Größen K_P und T aus der Sprungantwort des P-T_1-Gliedes dargestellt.
Sowohl das P-Glied als auch das T_1-Glied kann als Spezialfall des P-T_1-Gliedes betrachtet werden. Wird beim P-T_1-Glied der Proportionalitäts-Beiwert K_P zu 1 gemacht, so verhält sich das P-T_1-Glied wie ein reines T_1-Glied. Für $T = 0$ s dagegen wirkt das P-T_1-Glied als reines P-Glied.

353

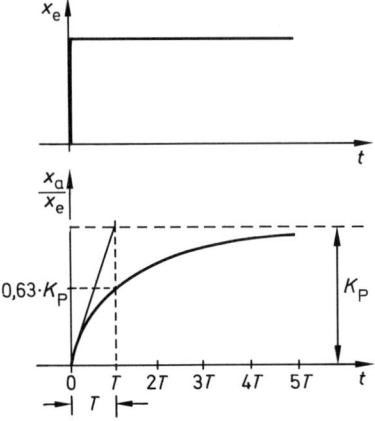

$$\frac{x_a}{x_e} = K_P\,(1 - e^{-t/T})$$

mit:

K_P = Proportionalitäts – Beiwert

T = Zeitkonstante

Bild 6.78   Ermittlung von K_P und T

Beispiel:

In der in **Bild 6.79** dargestellten Schaltung ist einem Tiefpaß ein nichtinvertierender Verstärker nachgeschaltet.

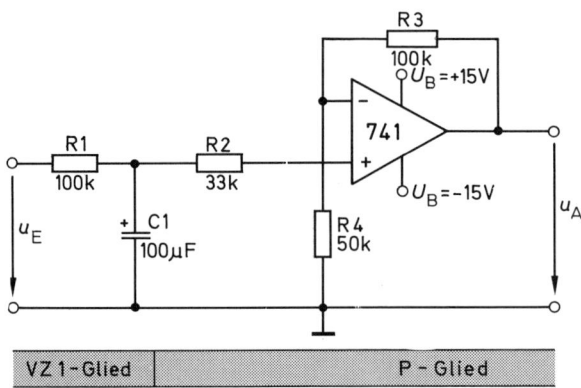

Bild 6.79   Tiefpaß mit nachgeschaltetem Verstärker

Die Untersuchung mit einer Sprungtestfunktion ergibt die Sprungantwort **(Bild 6.80)**.

Die charakteristischen Größen K_P und T sind:

$$K_P = \frac{u_A}{u_E} = 3$$

$$T = 10\ \text{s}$$

Es liegt ein P-T_1-Glied vor.

Im Schulungssystem kann ein P-T_1-Glied mit der Proportional-Einheit und der Verzögerungs-Einheit in Serie nachgebildet werden. **Bild 6.81** zeigt das Blockschaltbild.

354

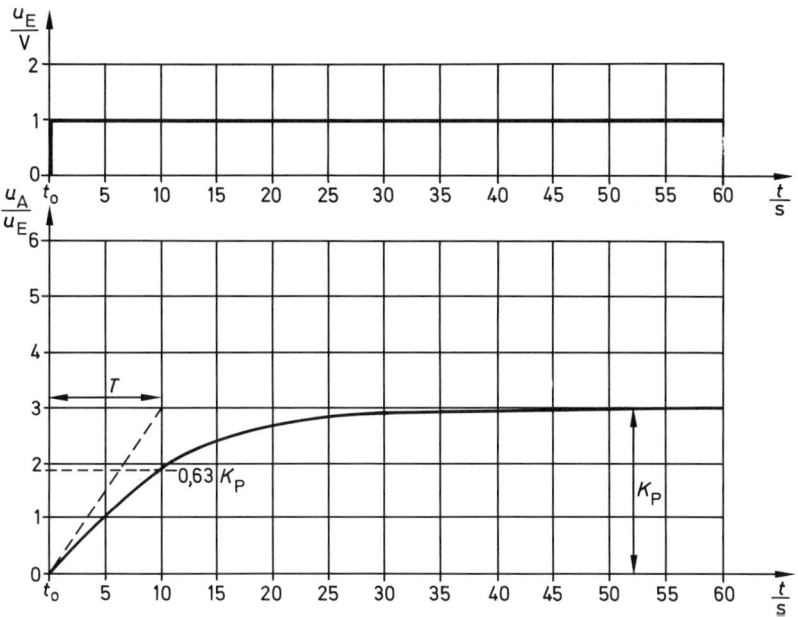

Bild 6.80 Bezogene Sprungantwort

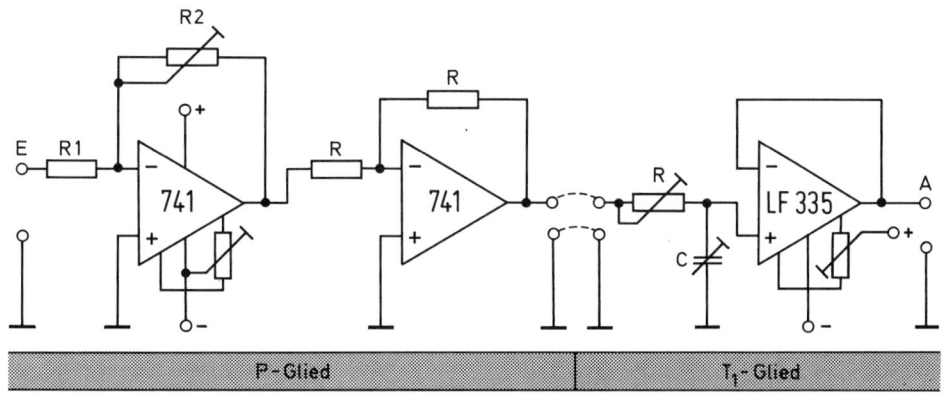

Bild 6.81 Blockschaltbild für P-T_1-Glieder im Schulungssystem

6.7.1.2 Kettenschaltung I-T_1

Das I-T_1-Glied besteht aus einer Reihenschaltung eines Integral-Gliedes und eines Verzögerungsgliedes. **Bild 6.82** zeigt die Blockdarstellung.

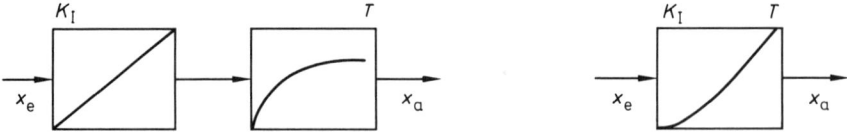

Bild 6.82 I-T$_1$-Glied in Blockdarstellung

Die Sprungantworten für I-, T$_1$- und I-T$_1$-Glieder sind in **Bild 6.83** dargestellt.

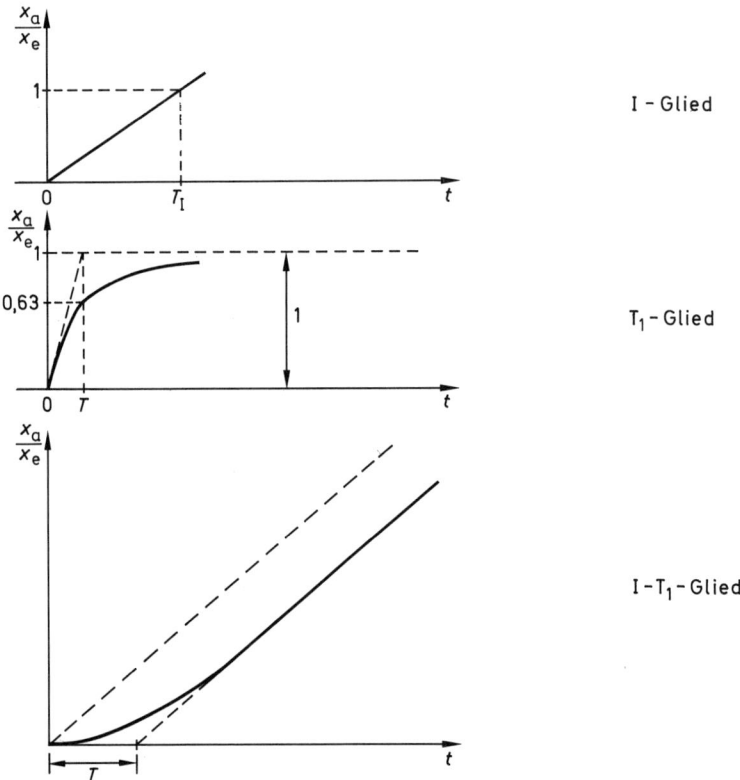

Bild 6.83 Bezogene Sprungantworten für I-, T$_1$- und I-T$_1$-Glieder

Das T$_1$-Glied wirkt im wesentlichen in dem Intervall von 0 . . . 3 T verzögernd. Später ist sein Einfluß gering und das Ausgangssignal entspricht dem Ausgangssignal des I-Gliedes. Daher wird das I-T$_1$-Glied sich nach einem Zeitraum von 3 T wie ein reines I-Glied verhalten. Der Anfangsverlauf der Sprungantwort beim I-T$_1$-Glied ähnelt dem von zwei hintereinandergeschalteten T$_1$-Gliedern.

Der Verlauf der Sprungantwort ergibt sich aus:

Sprungantwort des I-Gliedes: $\qquad \dfrac{x_a}{x_e} = K_I \cdot t$

Sprungantwort des T_1-Gliedes: $\qquad \dfrac{x_a}{x_e} = 1 - e^{-\frac{t}{T}}$

zu

Sprungantwort des I-T_1-Gliedes: $\qquad \dfrac{x_a}{x_e} = K_I \cdot T \cdot (e^{-\frac{t}{T}} + \dfrac{t}{T} - 1)$

mit K_I = Integrier-Beiwert
T = Zeitkonstante

Die direkte Multiplikation ist hier nicht möglich, da beide Faktoren eine Zeitvariable (die Zeit t) enthalten.

In **Bild 6.84** ist die Ermittlung der charakteristischen Größen K_I und T aus der Sprungantwort des I-T_1-Gliedes dargestellt.

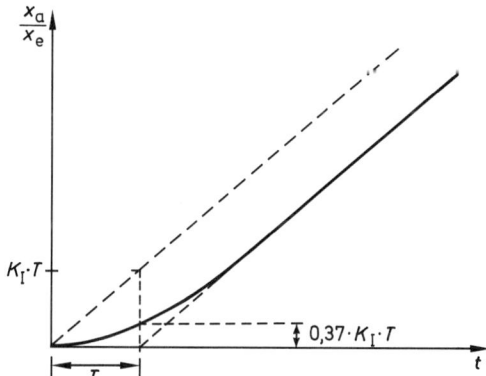

Bild 6.84   Ermittlung von K_I und T

In der Praxis sind Vorgänge mit I-T_1-Verhalten häufig. Ein Beispiel ist eine Schiebemutter, die von einer Gewindestange transportiert wird. Ein Motor kann, seiner Masse wegen, nur langsam anlaufen, wirkt also wie ein Verzögerungsglied. Je größer die Masse des Motors wird, umso ausgeprägter wird der Einfluß von T **(Bild 6.85)**.

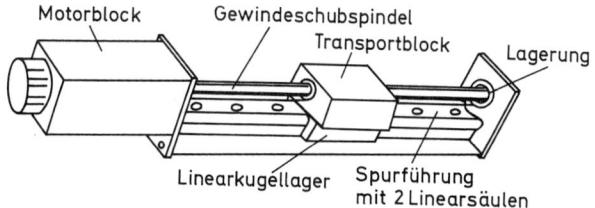

Bild 6.85   Schiebemutter mit Elektromotor-Antrieb als I-T_1-Glied

6.7.1.3 Kettenschaltung D-T₁

Das D-T₁-Glied besteht aus einer Reihenschaltung eines Differential-Gliedes und eines Verzögerungsgliedes. **Bild 6.86** zeigt die Blockdarstellung.

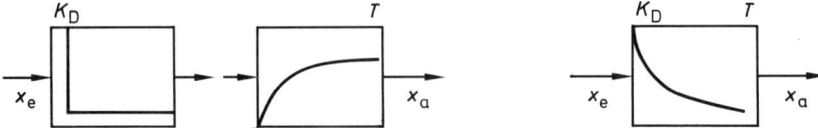

Bild 6.86   D-T₁-Glied in Blockdarstellung

Die Sprungantworten für D-, T₁- und D-T₁-Glied sind in **Bild 6.87** dargestellt.

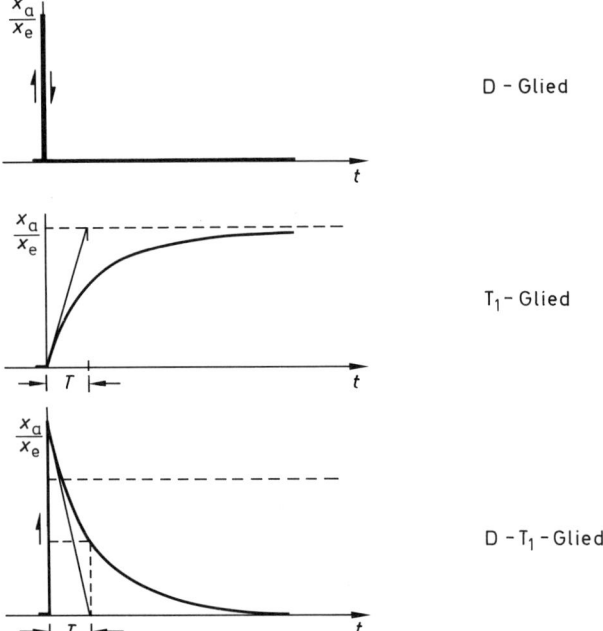

D – Glied

T₁ – Glied

D – T₁ – Glied

Bild 6.87   Bezogene Sprungantworten für D-, T₁- und D-T₁-Glied

Da beide Sprungantworten zeitabhängig sind, läßt sich der Verlauf der Sprungantwort nicht einfach errechnen. Die mathematischen Beschreibungen werden daher nur angegeben:

Sprungantwort des D-Gliedes: $\dfrac{x_a}{x_e} = K_D \cdot \delta\,(t)$

Sprungantwort des T₁-Gliedes: $\dfrac{x_a}{x_e} = 1 - e^{-\frac{t}{T}}$

Sprungantwort des D-T₁-Gliedes: $\dfrac{x_a}{x_e} = K_D \cdot \dfrac{1}{T} \cdot e^{-\frac{t}{T}}$

358

Die Sprungantwort enthält die Bezeichnung $\delta\,(t)$. Sie ist eine Kurzschreibweise für den Sachverhalt, daß ein D-Glied bei einem Sprung des Eingangssignals mit einem unendlich hohen und unendlich kurzen Nadelimpuls antwortet.

In **Bild 6.88** ist die Ermittlung der charakteristischen Größen K_D und T aus der Sprungantwort des D-T_1-Gliedes dargestellt. Die Sprunghöhe ist durch das Verhältnis K_D/T festgelegt.

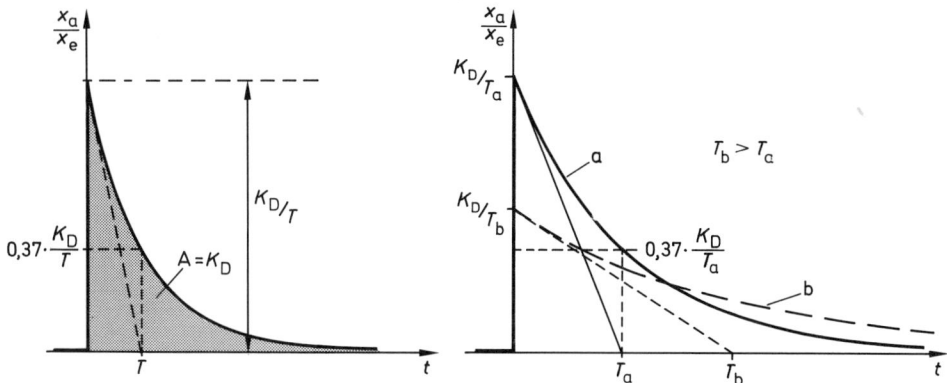

Bild 6.88 Bezogene Sprungantworten des D-T_1-Gliedes und Bestimmung der charakteristischen Größen

Mit steigender Verzögerungszeitkonstanten $T_b \geq T_a$ wird die Amplitude der bezogenen Sprungantwort kleiner. Die Fläche unter der Sprungantwortkurve bleibt jedoch bei gleichen D-Gliedern auch gleich. Die Fläche A ist ein Maß für den Faktor K_D in der Sprungantwort des D-Gliedes. Durch die Wahl einer ausreichend großen Verzögerungszeitkonstanten T läßt sich auch der Faktor K_D aus der Sprungantwort bestimmen. Sind die Verzögerungszeitkonstanten jedoch klein, so wird die Bestimmung des Amplitudenmaximums in der Sprungantwort durch die Reaktionszeit der Meßeinrichtung erschwert oder unmöglich gemacht.

In der Praxis kommen reine D-Glieder nicht vor. Sie sind immer mit einem mehr oder weniger großen T-Anteil verknüpft, so daß das D-T_1-Glied trotz seiner Interpretation als Kettenschaltung eine Grundfunktion ist.

6.7.1.4 Kettenschaltung P-T_2

Das P-T_2-Glied besteht aus einer Reihenschaltung eines Proportional-Gliedes und eines Verzögerungsgliedes 2. Ordnung. **Bild 6.89** zeigt die Blockdarstellung.

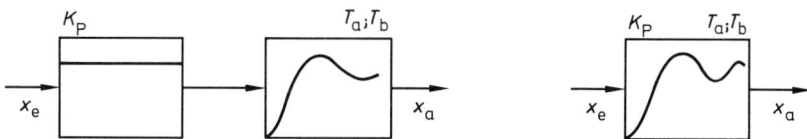

Bild 6.89 P-T_2-Glied in Blockdarstellung

359

Die Sprungantworten für P-, T_2- und P-T_2-Glieder sind in **Bild 6.90** dargestellt.

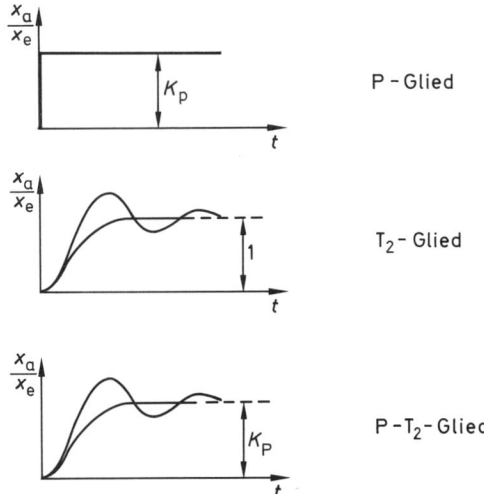

Bild 6.90 Bezogene Sprungantworten für P-, T_2- und P-T_2-Glied

Die mathematische Beschreibung der Sprungantwort ist sehr aufwendig, daher wird sie hier nicht angegeben. Die Sprungantwort entsteht aus der Sprungantwort des T_2- Gliedes, indem man den Amplitudenwert jeweils mit dem Faktor K_P multipliziert. In **Bild 6.91** ist die Ermittlung der charakteristischen Größe beschrieben. Weitere Größen werden entsprechend denen des T_2-Gliedes aus dem Kurvenverlauf ermittelt.

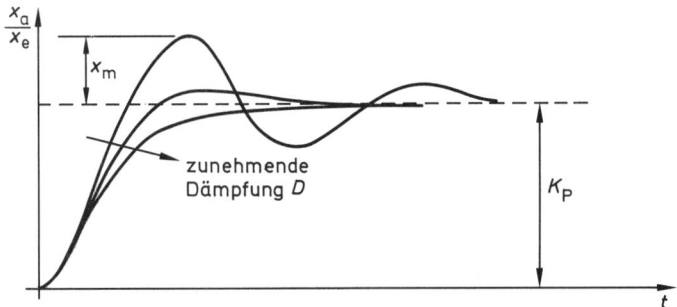

Bild 6.91 Bezogene Sprungantwort des P-T_2-Gliedes und Einfluß der Dämpfung D

6.7.1.5 Bode-Diagramme für Kettenschaltungen

In den Abschnitten 6.2 bis 6.6 wurden die Bode-Diagramme als gemeinsame Darstellung von Frequenz- und Phasengang mit behandelt.
Für Kettenschaltungen lassen sich die resultierenden Bode-Diagramme der Kettenschaltungen einfach durch Überlagerung gewinnen. Im Amplitudengang werden für die

jeweiligen Frequenzen die Strecken von der 0 dB-Linie bis zur Kurve für den normierten Amplitudengang geometrisch addiert. Diese Addition entspricht wegen der logarithmischen Darstellung einer Multiplikation der Amplitudenwerte.

Eine entsprechende Konstruktion für den Phasenwinkel bedeutet eine Addition der zugehörigen Phasenwinkel. In **Bild 6.92** ist das Entstehen der Bode-Diagramme für die vier behandelten Kettenschaltungen dargestellt.

Bild 6.92 Bode-Diagramme der Kettenschaltungen (a–d)

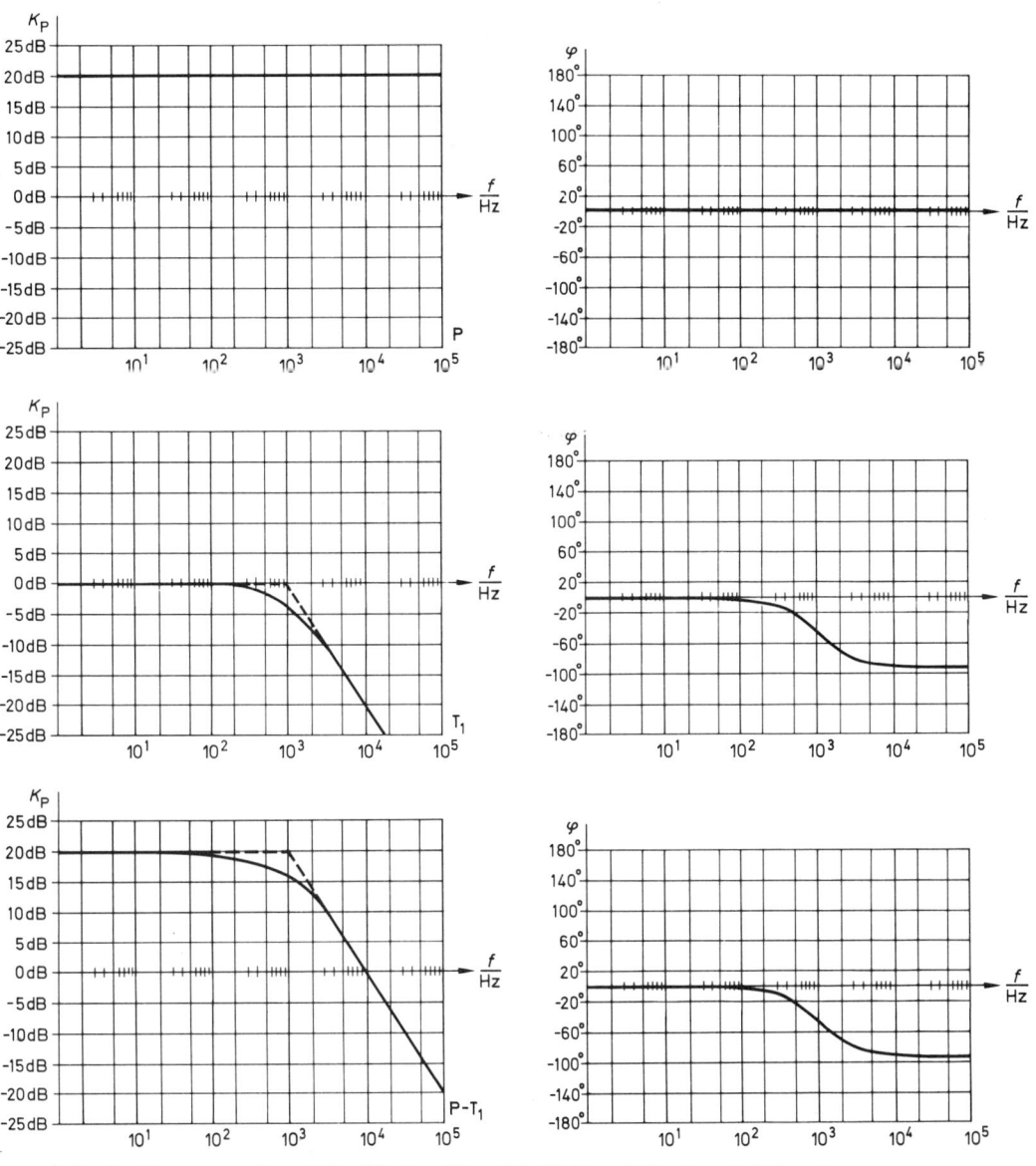

a) Bode-Diagramm eines P-T_1-Gliedes ($K_P = 20\,dB$; $T_1 = 1/2\,\pi f_{e1} = 0{,}159\,ms$)

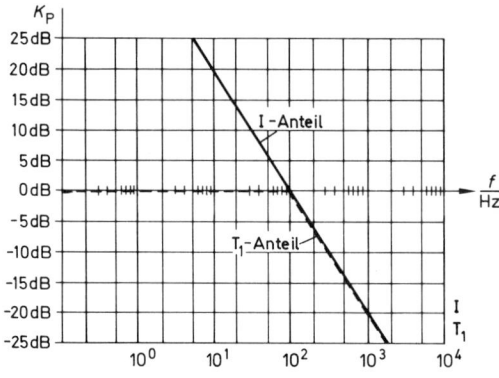
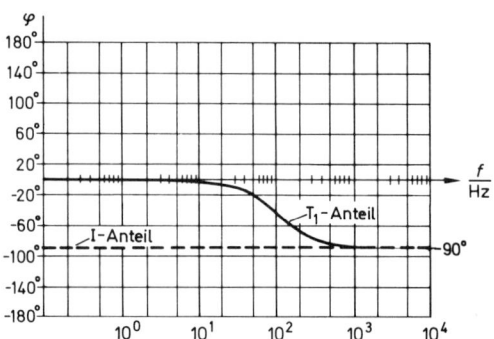

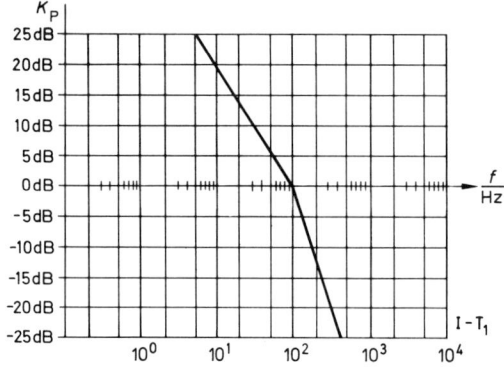
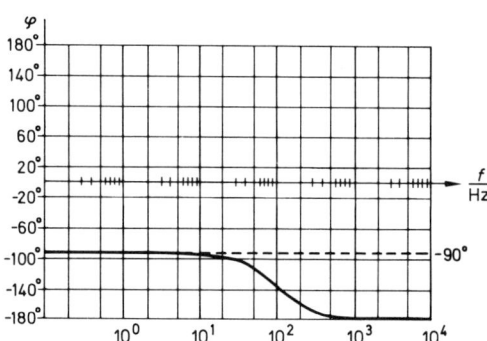

b) Bode-Diagramm eines I-T$_1$-Gliedes ($K_I = 6{,}28 \cdot 10^2 \frac{1}{s}$; $T_1 = 1{,}59\,\text{ms}$)

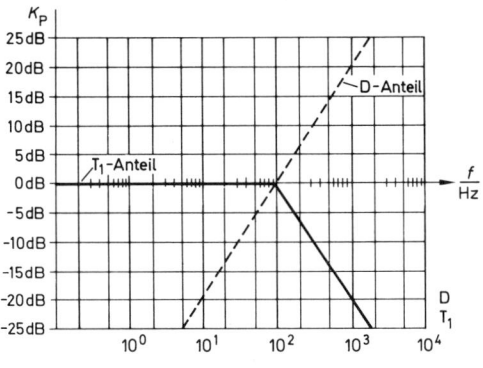
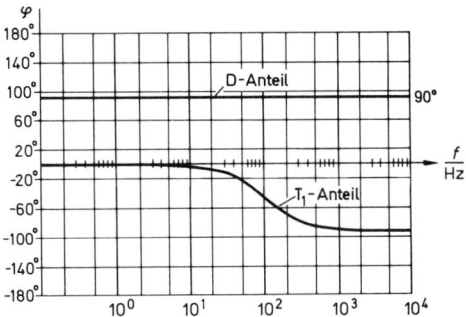

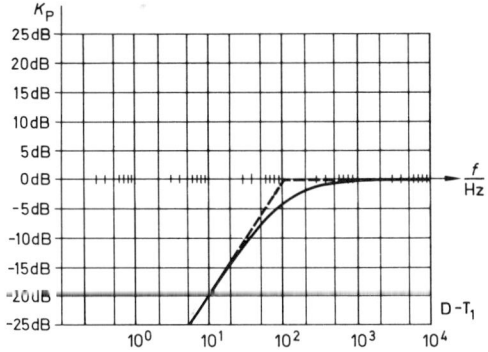
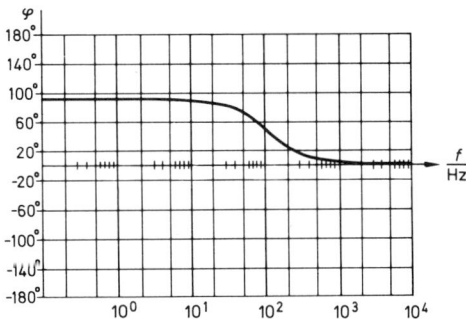

c) Bode-Diagramm eines D-T$_1$-Gliedes ($K_D = 1,59 \cdot 10^{-3}$ s; $T_1 = 1,59$ ms)

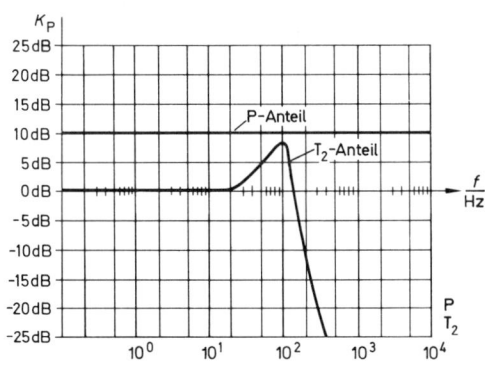
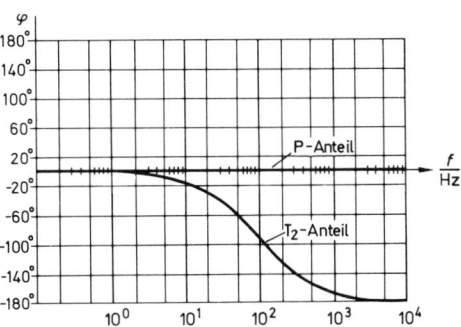

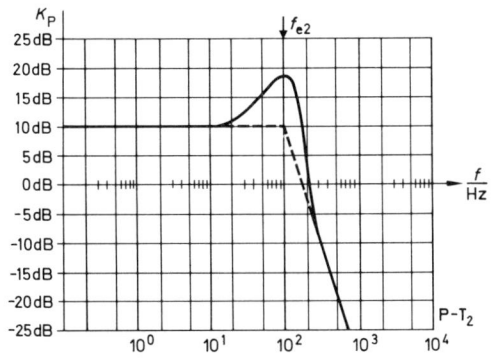
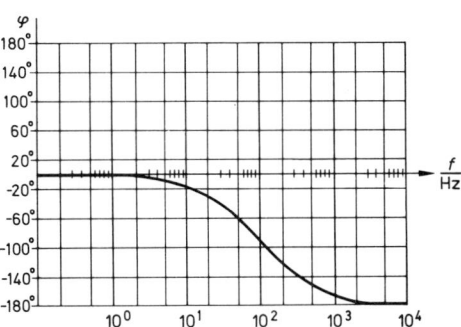

d) Bode-Diagramm eines P-T$_2$-Gliedes ($K_P = 10$ dB; $T_2 = 1/2\,\pi f_{e2}$)

6.7.2 Parallelschaltungsglieder

Als Parallelschaltungsglieder werden Übertragungsglieder bezeichnet, die durch Parallelschalten zweier oder mehrerer Grundübertragungsglieder entstehen. Die Zusammenschaltung ist, wie bisher auch angenommen, rückwirkungsfrei, daher ergibt sich die Gesamtübertragungsfunktion durch Addition der einzelnen Übertragungsfunktionen. Zur Unterscheidung von den Reihenschaltungsgliedern werden die Bezeichnungen der parallelgeschalteten Grundübertragungsglieder **ohne** Bindestrich aneinandergereiht. Die Parallelschaltung aus einem P-Glied und einem D-Glied wird daher als PD-Glied bezeichnet.

Besonders wichtig sind die Parallelschaltungsglieder PD, PI und PID. Sie werden hauptsächlich beim Aufbau von Regeleinrichtungen verwendet.

6.7.2.1 Parallelschaltung PD

Beim PD-Glied sind ein Proportional-Glied und ein Differential-Glied parallelgeschaltet **(Bild 6.93)**.

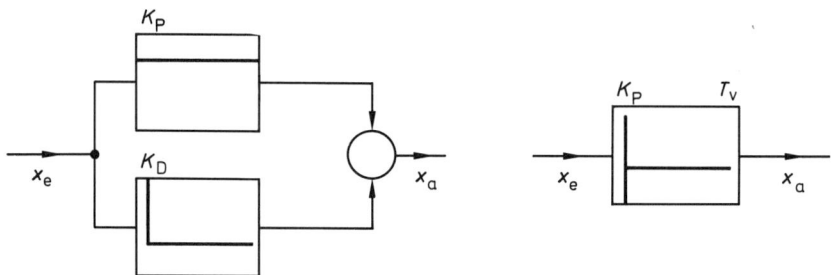

Bild 6.93 Blockschaltbild des PD-Gliedes

Das Verhalten dieses PD-Gliedes ist anhand der Sprungantwort beschrieben **(Bild 6.94)**.

Die bezogene Sprungantwort der PD-Glieder wird mit der Gleichung:

$$\frac{x_a}{x_e} = K_D \cdot \delta(t) \quad + \quad K_P$$

          Anteil des   Anteil des
          D-Gliedes   P-Gliedes

beschrieben.

Da bei einem idealen Sprung die Änderungsgeschwindigkeit unendlich groß und anschließend wieder Null ist, liefert das D-Glied einen unendlich hohen und unendlich kurzen Nadelimpuls, der mathematisch durch $\delta(t)$ beschrieben ist. Es ist schwierig, aus der Sprungantwort geeignete Kenngrößen zu ermitteln. Zur Untersuchung eignet sich die Anstiegs-Testfunktion besser. Bei ihr ändert sich die Eingangsgröße mit

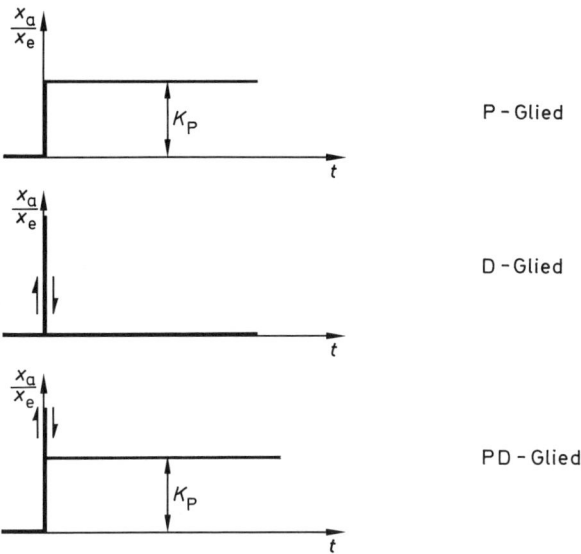

Bild 6.94 Bezogene Sprungantwort für P-, D- und PD-Glied

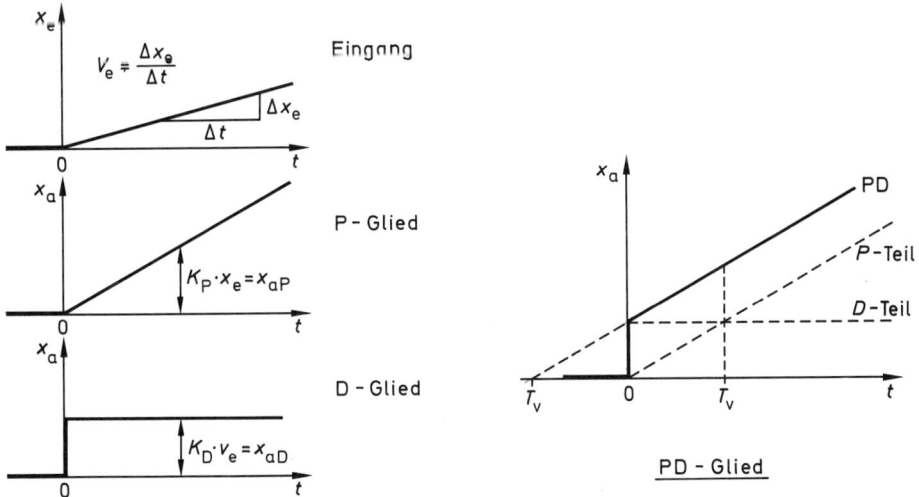

Bild 6.95 Anstiegsantworten von P-, D- und PD-Glied

konstanter Geschwindigkeit. Das D-Glied antwortet darauf mit einer zeitlich konstanten Ausgangsgröße, die abhängt von der Anstiegsgeschwindigkeit. **Bild 6.95** zeigt den Aufbau der Anstiegsantwort des PD-Gliedes.

Die Anstiegsantwort ergibt sich aus der Addition der Anstiegsantworten der beteiligten Glieder zu:

$$x_{a\,PD} = x_{a\,P} + x_{a\,D}$$

$$x_{a\,PD} = K_P \cdot x_e + K_D \cdot v_e$$

365

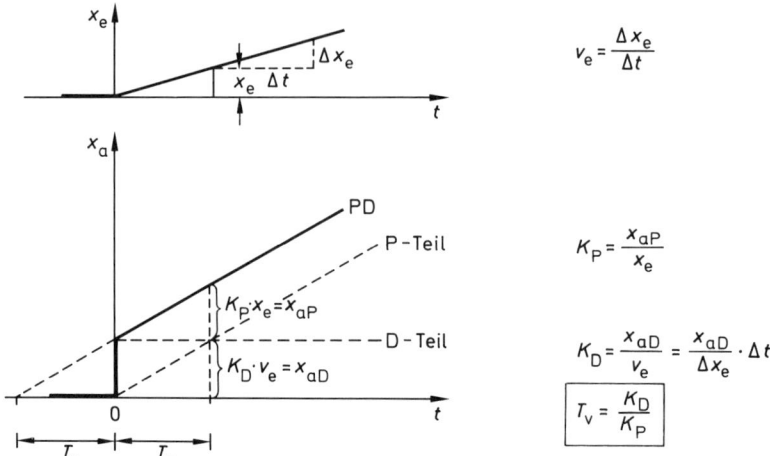

$$v_e = \frac{\Delta x_e}{\Delta t}$$

$$K_P = \frac{x_{aP}}{x_e}$$

$$K_D = \frac{x_{aD}}{v_e} = \frac{x_{aD}}{\Delta x_e} \cdot \Delta t$$

$$T_V = \frac{K_D}{K_P}$$

Bild 6.96   Kenngrößen des PD-Gliedes

Aus **Bild 6.96** ist zu entnehmen, daß die Ausgangsgröße des P-Teiles die Zeit T_V benötigen würde, um auf den gleichen Wert zu kommen, den die Ausgangsgröße des D-Teiles sofort erreicht. Aufgrund des geometrischen Zusammenhangs schneidet die Verlängerung des PD-Verlaufs die Zeitachse ebenfalls im Abstand T_V vor dem Zeitpunkt $t = 0$ s. Dieser Sachverhalt führt zum Begriff *Vorhaltezeit* T_V. Denn der D-Anteil wirkt so, als ob der P-Teil schon bei T_V vor dem Zeitpunkt $t = 0$ s gestartet wäre. **Bild 6.96** zeigt die Ermittlung der wichtigen Kenngrößen für ein PD-Glied.

Zur Zeit $t = T_V$ gilt $x_{aD} = x_{aP}$. Daraus ergibt sich mit

$$v_e = \frac{x_e}{T_V}$$

die Vorhaltezeit zu:

$$T_V = \frac{K_D}{K_P}$$

6.7.2.2   Parallelschaltung PI

Beim PI-Glied sind ein Proportionalglied und ein Integrierglied rückwirkungsfrei parallelgeschaltet **(Bild 6.97)**.
Das Verhalten dieses PI-Gliedes ist anhand der Sprungantwort beschrieben **(Bild 6.98)**.
Der Verlauf der bezogenen Sprungantwort der PI-Glieder läßt sich mathematisch einfach beschreiben:

$$\frac{x_a}{x_e} = K_P \quad + \quad K_I \cdot t$$

Anteil des P-Gliedes   Anteil des I-Gliedes

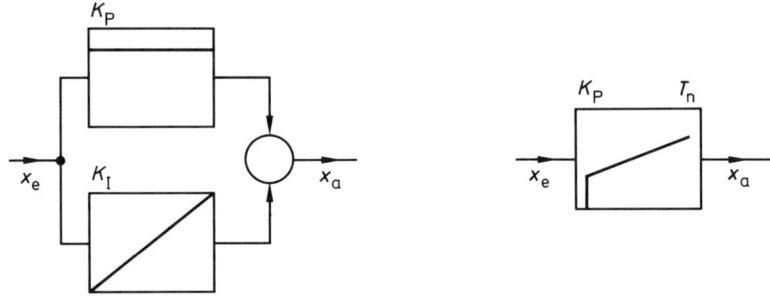

Bild 6.97 Blockschaltbild des PI-Gliedes

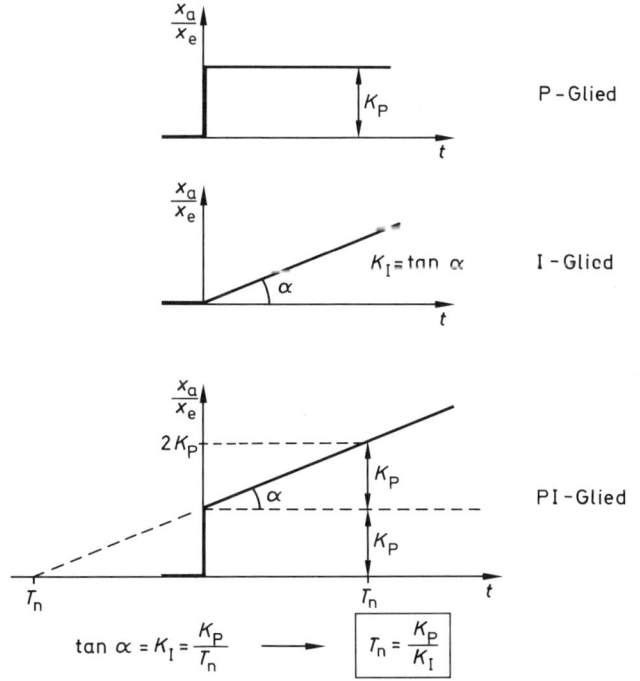

Bild 6.98 Bezogene Sprungantwort des PI-Gliedes

In Bild 6.98 mit eingetragen ist die Ermittlung der charakteristischen Größen Proportional-Beiwert K_P und Nachstellzeit T_n aus der Sprungantwort. Aus der Übergangsfunktion des PI-Gliedes ist erkennbar, daß bei einer sprunghaften Änderung des Eingangssignals x_e die Ausgangsgröße sofort auf einen Wert $\frac{x_a}{x_e} = K_P$ springt. Hier wirkt sich das verzögerungsfreie P-Glied aus. Das langsame I-Glied benötigt für die gleiche Änderung am Ausgang eine Zeit T_n. Das I-Glied ist jedoch nach der kurzfristigen Änderung des P-Gliedes wirksam. Die charakteristische Zeitkonstante ist die Nach-

367

stellzeit T_n. Das PI-Glied ändert seine Ausgangsgröße x_a solange, wie ein Eingangssignal x_e anliegt. Wird die Eingangsgröße x_e Null, dann bleibt x_a konstant.
Wird K_P vergrößert, so wird die Zeit T_n größer. Entsprechend wird T_n kleiner, wenn K_P verkleinert wird. Zwischen K_P und T_n gilt folgender Zusammenhang:

$$T_n = \frac{K_P}{K_I}$$

Das PI-Glied spielt bei den Regeleinrichtungen eine besondere Rolle.
Das Schulungsgerät hat zur Untersuchung des Verhaltens von I- und PI-Gliedern eine PI-Einheit, die bereits beim I-Glied vorgestellt wurde. In Schaltungen mit Operationsverstärkern zur Nachbildung des Verhaltens von I-Gliedern und PI-Gliedern lassen sich die Konstanten auch berechnen.

Beispiel:

Blockschaltbild I-Einheit   Blockschaltbild PI-Einheit

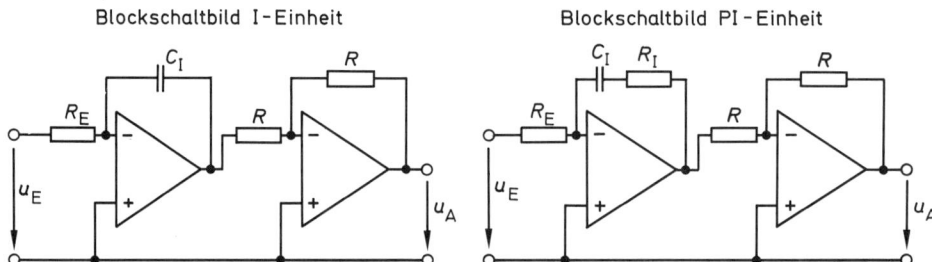

Bild 6.99 Berechnung von Sprungantwort und charakteristischen Konstanten für I- und PI-Glied-Nachbildungen mit OP

Sprungantwort

$$u_A(t) = K_I \cdot u_E \cdot t$$

$$u_A(t) = \frac{1}{T_I} \cdot u_E \cdot t$$

Sprungantwort

$$u_A(t) = K_P \cdot u_E + K_P \cdot \frac{t}{T_n} \cdot u_E$$

Charakteristische Konstante

$$K_I = \frac{1}{T_I} = \frac{1}{R_E \cdot C_I}$$

Charakteristische Konstanten

$$K_P = \frac{R_I}{R_E}$$

$$T_n = \frac{K_P}{K_I} = R_I \cdot C_I$$

6.7.2.3 Parallelschaltung PID

Beim PID-Glied sind ein P-Glied, ein I-Glied und ein D-Glied rückwirkungsfrei parallelgeschaltet **(Bild 6.100)**.
Das Verhalten dieses PID-Gliedes ist anhand der Sprungantwort beschrieben **(Bild 6.101)**.

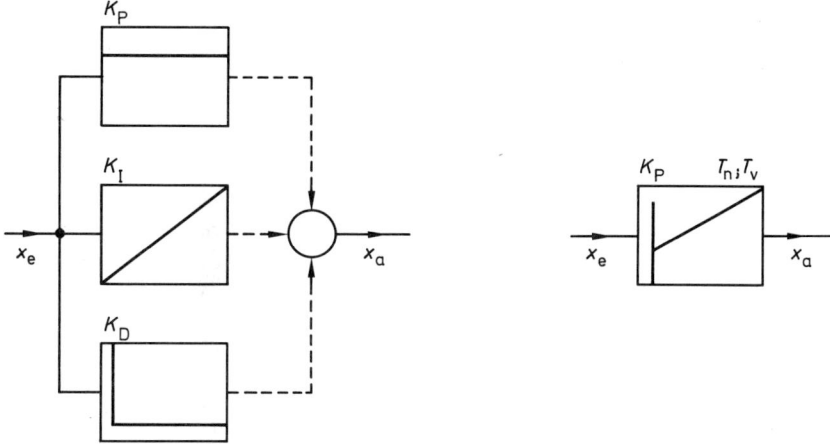

Bild 6.100 Blockschaltbild des PID-Gliedes

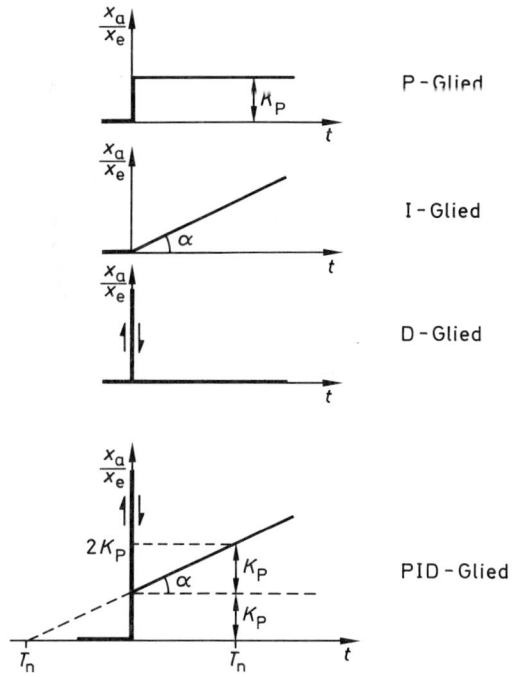

Bild 6.101 Bezogene Sprungantwort des PID-Gliedes

Der Verlauf der bezogenen Sprungantwort des PID-Gliedes läßt sich mathematisch durch die Addition der bezogenen Sprungantworten der Einzelglieder ermitteln:

$$\frac{x_a}{x_e} = K_P + K_I \cdot t + K_D \cdot \delta(t)$$

Der charakteristische Verlauf der Ausgangsgröße x_a zeigt deutlich die verschiedenen Anteile. Die Sprungantwort beginnt in Form eines sehr hohen und sehr kurzen Impulses als Anteil des D-Gliedes. Durch das P-Glied fällt die Ausgangsgröße x_a nur noch bis zu einem Wert $\dfrac{x_a}{x_e} = K_p$. Von diesem Wert setzt der Anstieg der Ausgangsgröße x_a als Folge des I-Gliedes ein.

In Bild 6.101 ist die Ermittlung der charakteristischen Größen Proportional-Beiwert K_P und Nachstellzeit T_n eingetragen. Die charakteristische Konstante T_V läßt sich aus der Sprungantwort des PID-Gliedes nicht entnehmen, kann jedoch aus einer Untersuchung des D-Gliedes mit einer Anstiegsfunktion festgestellt werden.

In der Praxis treten PID-Glieder häufig mit Verzögerungen auf. Zwei Beispiele hierfür sind bei den Gruppenschaltungen näher erläutert.

6.7.2.4 Bode-Diagramme für Parallelschaltungen

Für die Parallelschaltungen lassen sich die Bode-Diagramme nicht einfach aus den Bode-Diagrammen der parallelgeschalteten Grundübertragungsgliedern gewinnen. Sind jedoch die Eckfrequenzen f_e bzw. ω_e, d. h. die Frequenzen, bei denen die Phasenverschiebung $\varphi = \pm 45°$ ist, bekannt, so lassen sich die Asymptoten und näherungsweise auch der Verlauf skizzieren. Der genaue Verlauf muß über eine Messung des Amplituden- und Phasenganges bestimmt werden.

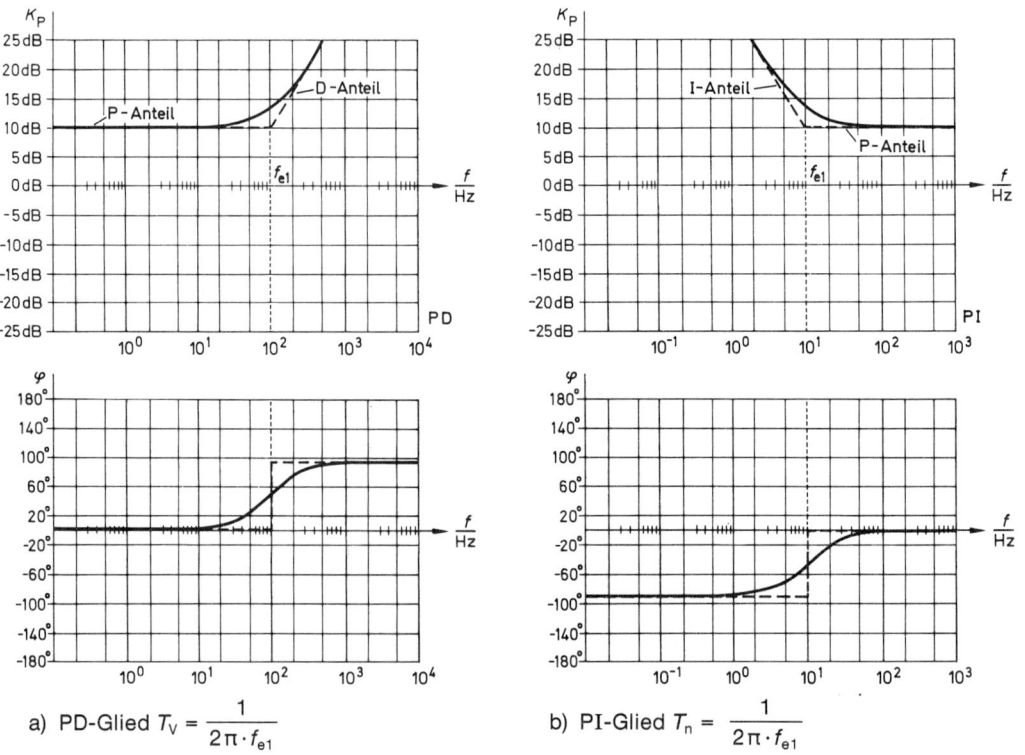

a) PD-Glied $T_V = \dfrac{1}{2\pi \cdot f_{e1}}$ b) PI-Glied $T_n = \dfrac{1}{2\pi \cdot f_{e1}}$

Bild 6.102 Bode-Diagramme der Parallelschaltungen

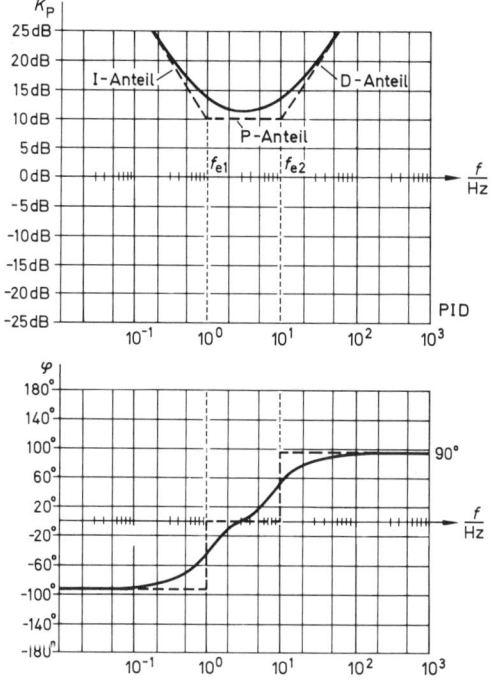

c) PID-Glied

Bild 6.102 (Fortsetzung)

Bei der PD- und PI-Parallelschaltung liegt jeweils ein Übertragungsglied mit einer Phasenverschiebung $\varphi = 0°$ vor, es existiert also nur eine Eckfrequenz. Bei der PID-Schaltung ergeben sich durch den I- und den D-Anteil zwei Eckfrequenzen. Ein direkter Zusammenhang zwischen f_{e1} und f_{e2} sowie T_v und T_n läßt sich wegen zusätzlich erforderlichen Angaben zum Aufbau nicht allgemein angeben. **Bild 6.102** zeigt die Bode-Diagramme für die drei bekannten Parallelschaltungen.

6.7.3 Gruppenschaltungs-Glieder

Unter Gruppenschaltungsgliedern werden Kombinationen aus Reihen- und Parallelschaltungen von Übertragungsgliedern verstanden. Viele Anordnungen sind möglich, aus der Vielzahl sollen jedoch nur zwei in der Regelungstechnik besonders wichtige behandelt werden. Es handelt sich dabei um ein PD-T_1- und ein PID-T_1-Glied. Die nachgeschalteten Verzögerungsglieder werden hier hinzugenommen, da in der Praxis sich Verzögerungen nie vollständig vermeiden lassen.

6.7.3.1 Gruppenschaltung PD-T$_1$

Das PD-T$_1$-Glied ist ein Proportional-Differenzier-Glied mit Verzögerung 1. Ordnung. Aus der Schreibweise ergibt sich, daß ein P-Glied und ein D-Glied rückwirkungsfrei parallelgeschaltet sind. Nachgeschaltet, also in Reihe mit der Parallelschaltung liegt ein Verzögerungsglied 1. Ordnung (T$_1$-Glied). **Bild 6.103** zeigt das Blockschaltbild dieser Gruppenschaltung.

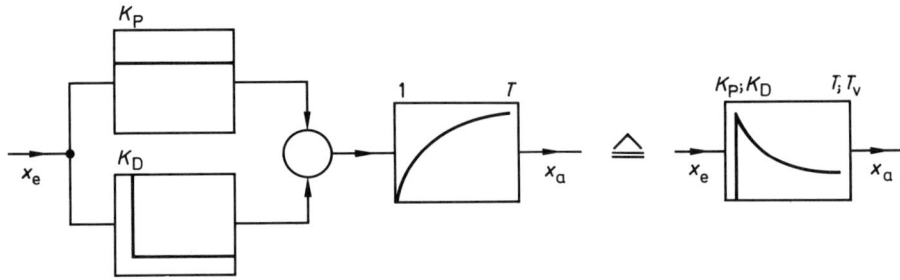

Bild 6.103   Blockschaltbild des PD-T$_1$-Gliedes

Das PD-Glied hat die Anstiegsantwort, die in **Bild 6.104** dargestellt ist. Aus der Anstiegsantwort sind die charakteristischen Konstanten K_P, K_D und T_V zu ermitteln.

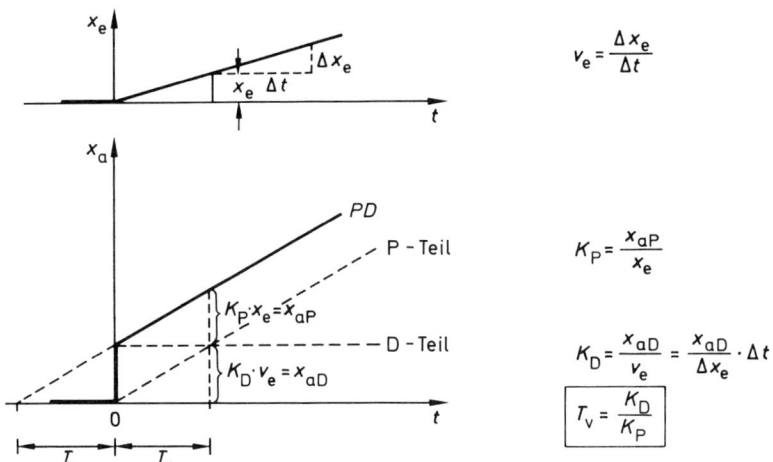

$$v_e = \frac{\Delta x_e}{\Delta t}$$

$$K_P = \frac{x_{aP}}{x_e}$$

$$K_D = \frac{x_{aD}}{v_e} = \frac{x_{aD}}{\Delta x_e} \cdot \Delta t$$

$$\boxed{T_V = \frac{K_D}{K_P}}$$

Bild 6.104   Anstiegsantwort des PD-Gliedes

Bild 6.105 zeigt die charakteristischen Sprungantworten für diese Fälle. Im Fall a ist das charakteristische Verhalten des PD-Gliedes in abgeschwächter Form noch vorhanden. Im Fall b heben sich PD-Verhalten und T$_1$-Verhalten auf, übrig bleibt reines P-Verhalten. Im Fall c bestimmen P- und T$_1$-Verhalten die Sprungfunktion. Die Ermittlung der charakteristischen Größen T_V, T und K_p ist jeweils mit eingetragen.

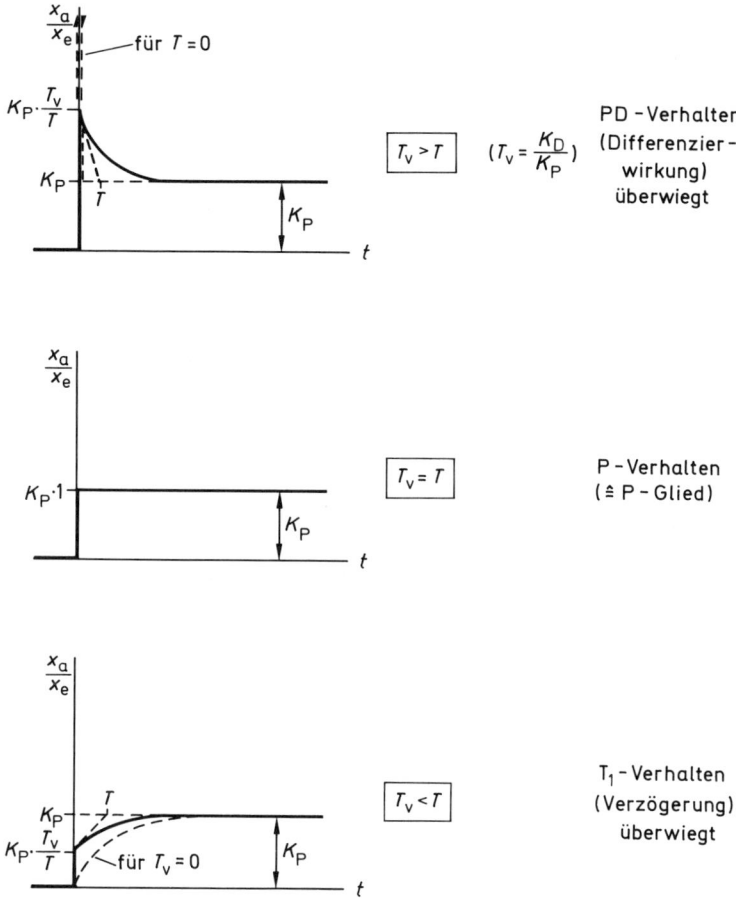

Bild 6.105 Bezogene Sprungantworten des PD-T_1-Gliedes

Rechnerisch läßt sich der Verlauf der bezogenen Sprungantwort nach folgender Gleichung ermitteln:

$$\frac{x_a}{x_e} = K_P + K_P \left(\frac{T_v}{T} - 1\right) \cdot e^{-\frac{t}{T}}$$

Das Verhalten dieses PD-T_1-Gliedes ist von der Kompensation des Tastkopfes beim Oszilloskop bekannt. Ergibt sich bei einem Spannungssprung am Eingang eine Spannungsspitze, so ist der Tastkopf überkompensiert, nähert sich die Ausgangsgröße schleichend dem Endwert, so liegt der unterkompensierte Fall vor. Für optimale Signaltreue wird der kompensierte Fall angestrebt **(Bild 6.106)**.

Das am Beispiel der Kompensation am Tastkopf angesprochene Verfahren läßt sich auch auf die Schaltungspraxis zur Beeinflussung von Übertragungsgliedern übertragen.

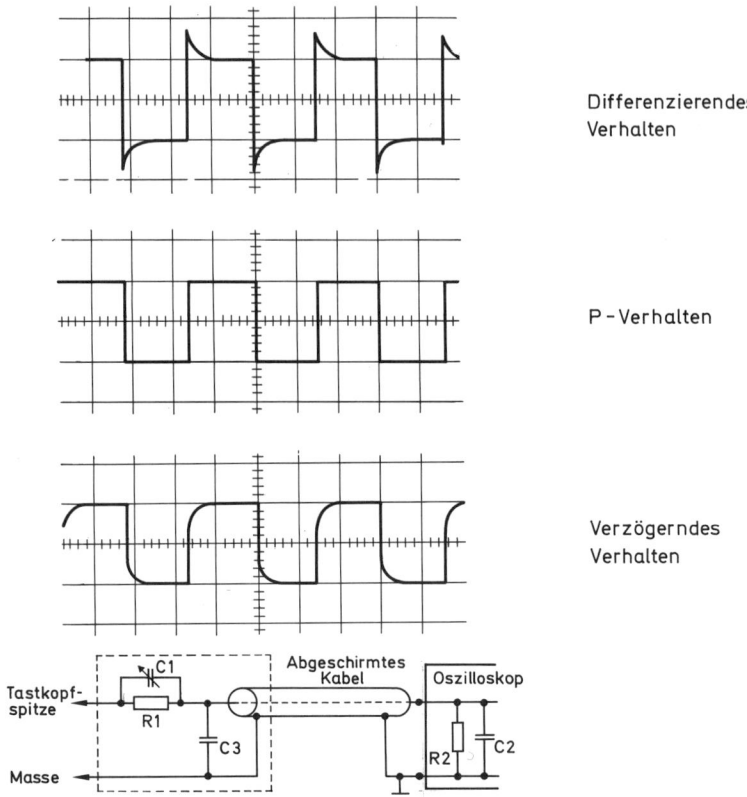

Differenzierendes Verhalten

P-Verhalten

Verzögerndes Verhalten

Bild 6.106   Kompensation am Tastkopf

6.7.3.2 Gruppenschaltung PID-T$_1$

In der Gruppenschaltung PID-T$_1$ sind jeweils ein P-, I- und D-Glied rückwirkungsfrei parallelgeschaltet. Nach Zusammenführung der Signale der parallelgeschalteten Glieder folgt ein Verzögerungsglied 1. Ordnung (T$_1$-Glied). **Bild 6.107** zeigt das Blockschaltbild.

Für die Parallelschaltung PID sind die Größen K_P, K_I und K_D charakteristisch. Anstelle von K_I und K_D werden auch Nachstellzeit T_n und Vorhaltezeit T_v verwendet. Das Verhalten der parallelgeschalteten Einzelglieder und das Verhalten der Parallelschaltung sind bereits behandelt. Die Gruppenschaltung PID-T$_1$ hat zusätzlich zu der Parallelschaltung PID ein nachgeschaltetes Verzögerungsglied. Die Verzögerung bewirkt, daß das charakteristische Verhalten des D-Gliedes in Form des Dirac-Impulses abgeschwächt wird. Dies erfolgt in der Weise, wie es bereits bei der Kettenschaltung D-T$_1$ aufgezeigt wurde. Die Verzögerung bewirkt auch ein verzögertes Einsetzen des für ein I-Glied charakteristischen Anstieges in der Sprungantwort. **Bild 6.108** zeigt die bezogene Sprungantwort der Gruppenschaltung PID-T$_1$.

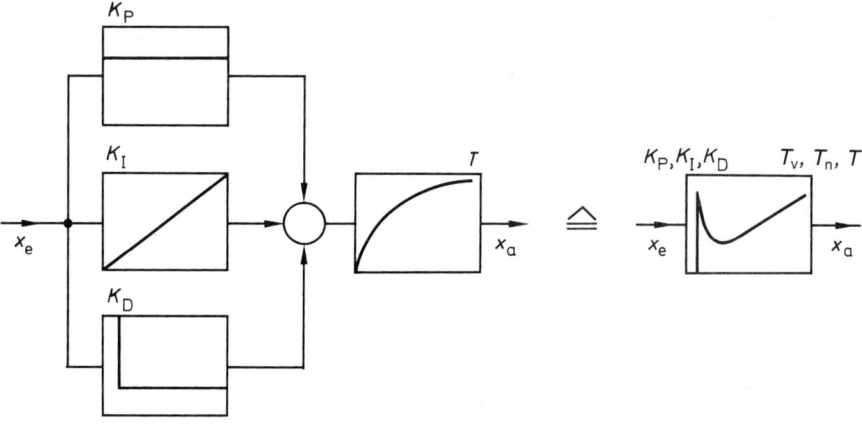

Bild 6.107 Blockschaltbild der Gruppenschaltung PID-T$_1$

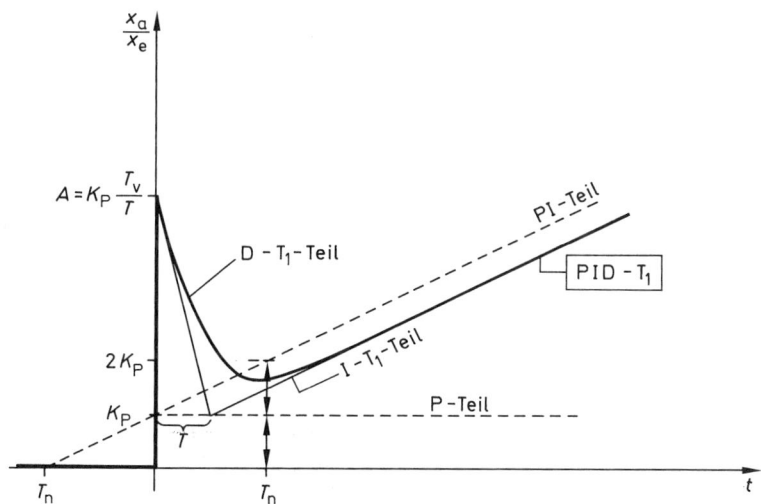

Bild 6.108 Bezogene Sprungantwort der Gruppenschaltung PID-T$_1$

Die Gleichung für die bezogene Sprungantwort lautet:

$$\frac{x_a}{x_e} = K_P + K_I\,(t - T) + \left[K_D\,\frac{1}{T} - K_P + K_I \cdot T\right] e^{-\frac{t}{T}}$$

In der Praxis wird es bei Gebilden mit dem Verhalten eines PID-T$_1$-Gliedes nicht immer möglich sein, die Konstanten für die Einzelglieder festzustellen. Die charakteristischen Konstanten: K_P, T_v, T_n und T lassen sich aber aus der Sprungantwort ermitteln. Die erforderlichen Ablesungen und Ansätze sind in Bild 6.108 mit eingetragen.

Regler in Regeleinrichtungen haben häufig ein derartiges Verhalten. Um möglichst ideales PID-Verhalten zu erreichen, ist T_v sechs- bis zehnmal größer als die Zeitkonstante T. Für das Verhältnis T_v/T gilt dann:

$$\frac{T_v}{T} = 6 \ldots 10$$

6.7.3.3 Gruppenschaltung PI (D-T₁)

Eine Gruppenschaltung mit einem für Parallelschaltungen PID-charakteristischen Verhalten zeigt auch **Bild 6.109**.

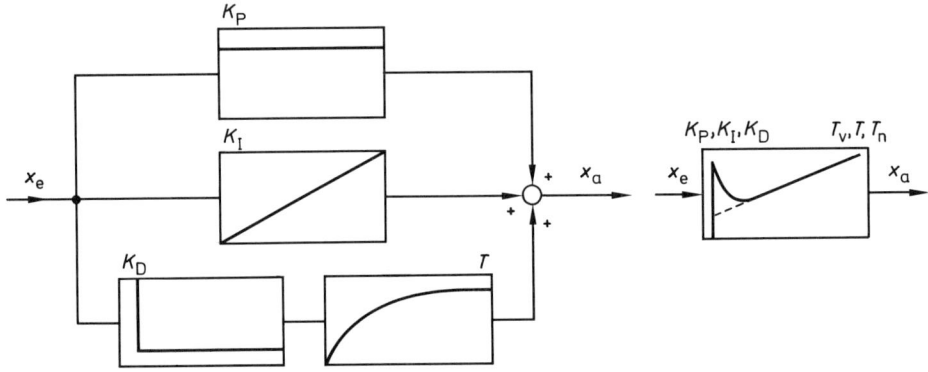

Bild 6.109 Blockschaltbild des PI (D-T₁)-Gliedes

Diese Schaltung besteht aus einer Parallelschaltung eines P-Gliedes und eines I-Gliedes sowie parallel dazu eine Reihenschaltung aus D-Glied und T₁-Glied. Eine solche Gruppenschaltung entspricht weitgehend einer elektronischen Nachbildung eines PID-Gliedes. P- und I- Glied sind mit Operationsverstärkern weitgehend ideal nachzubilden. Beim D-Glied läßt sich der Idealfall nur bedingt, nämlich als Reihenschaltung von D-Glied und Verzögerungsglied VZ 1 mit kleiner Zeitkonstante nachbilden. Die rückwirkungsfreie Signalzusammenführung erfolgt über einen Addierer mit OP. **Bild 6.110** zeigt ein Prinzipschaltbild.

Nach diesem Prinzip ist die PID-Einheit des Schulungsgerätes aufgebaut. Bei dieser Nachbildung lassen sich P-, I- und D-Anteil getrennt einstellen. Eine Berechnung von T_v und T_n aus den Bauelementen ist nicht möglich. Aus der Sprungantwort lassen sich die Größen jedoch ermitteln. In der Sprungantwort unterscheidet sich die Gruppenschaltung gegenüber PID-T₁ insofern, als kein verzögertes Einsetzen des I-Anteiles auftritt **(Bild 6.111)**.

Die charakteristischen Konstanten lassen sich aus der aufgenommenen Sprungantwort entnehmen. Das Bode-Diagramm läßt sich für diese Gruppenschaltung auch nicht prinzipiell angeben, weil das Aussehen stark von den jeweiligen Konstanten abhängt. Es ist jedoch, wie bei der Sprungantwort möglich, den Frequenz- und Phasengang zu messen.

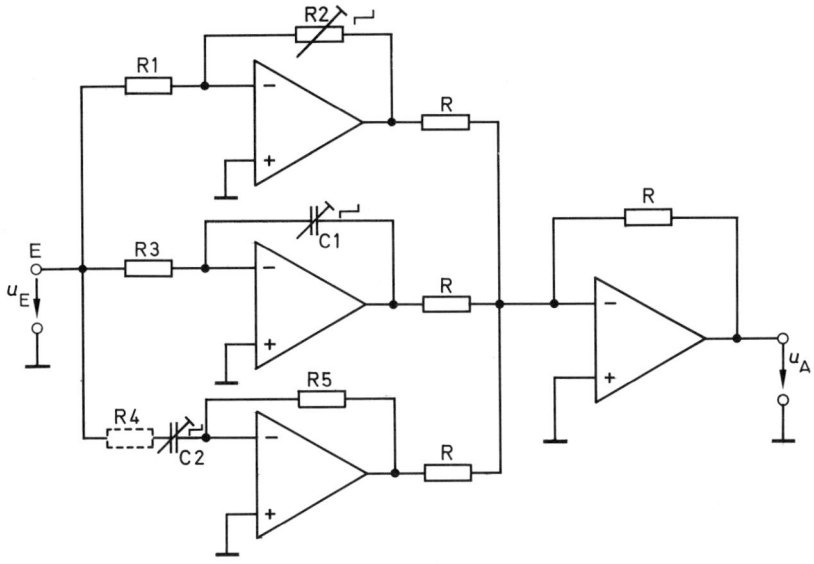

Bild 6.110   Blockschaltbild des PI (D-T$_1$)-Gliedes mit Operationsverstärker

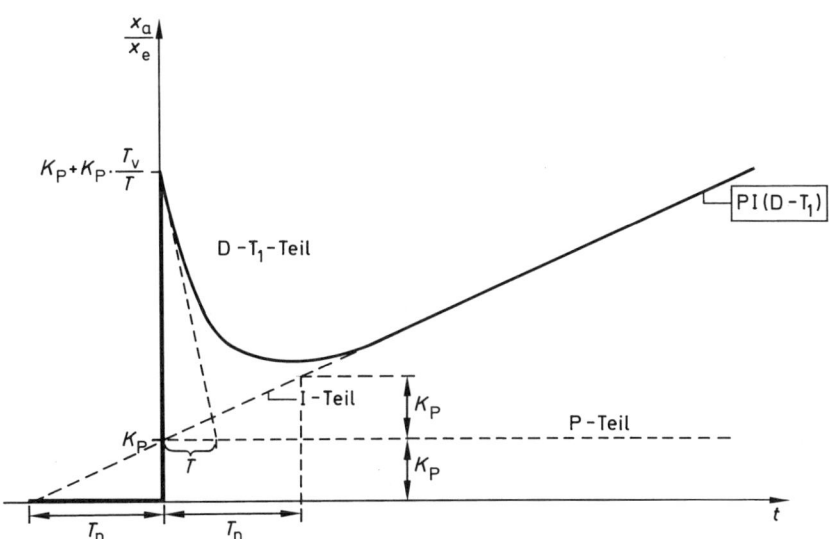

Bild 6.111   Sprungantwort des PI (D-T$_1$)-Gliedes

Formelmäßig läßt sich der Verlauf von x_a wie folgt beschreiben:

$$x_a = x_e \left(K_P + K_I \cdot t + \frac{K_D}{T} \cdot e^{-\frac{t}{T}} \right)$$

| Kennzeichen des Ü-Gliedes | Blockbild/ Symbol | Übergangsfunktion (bezog. Sprungantwort) | |
		Gleichung $f(t) = \frac{x_a}{x_e} =$	Diagramm
Grundglieder			
P	K_P	K_P	
I	K_I	$K_I \cdot t$	
D	K_D	$K_D \cdot \delta(t)$	
T_t	1 T_t	0 für $t < T_t$ 1 für $t > T_t$	
Verzögerungsglieder			
T_1	1 T	$1 - e^{-\frac{t}{T}}$	
T_2		$D < 1$	
		$D = 1$	
		$D > 1$	

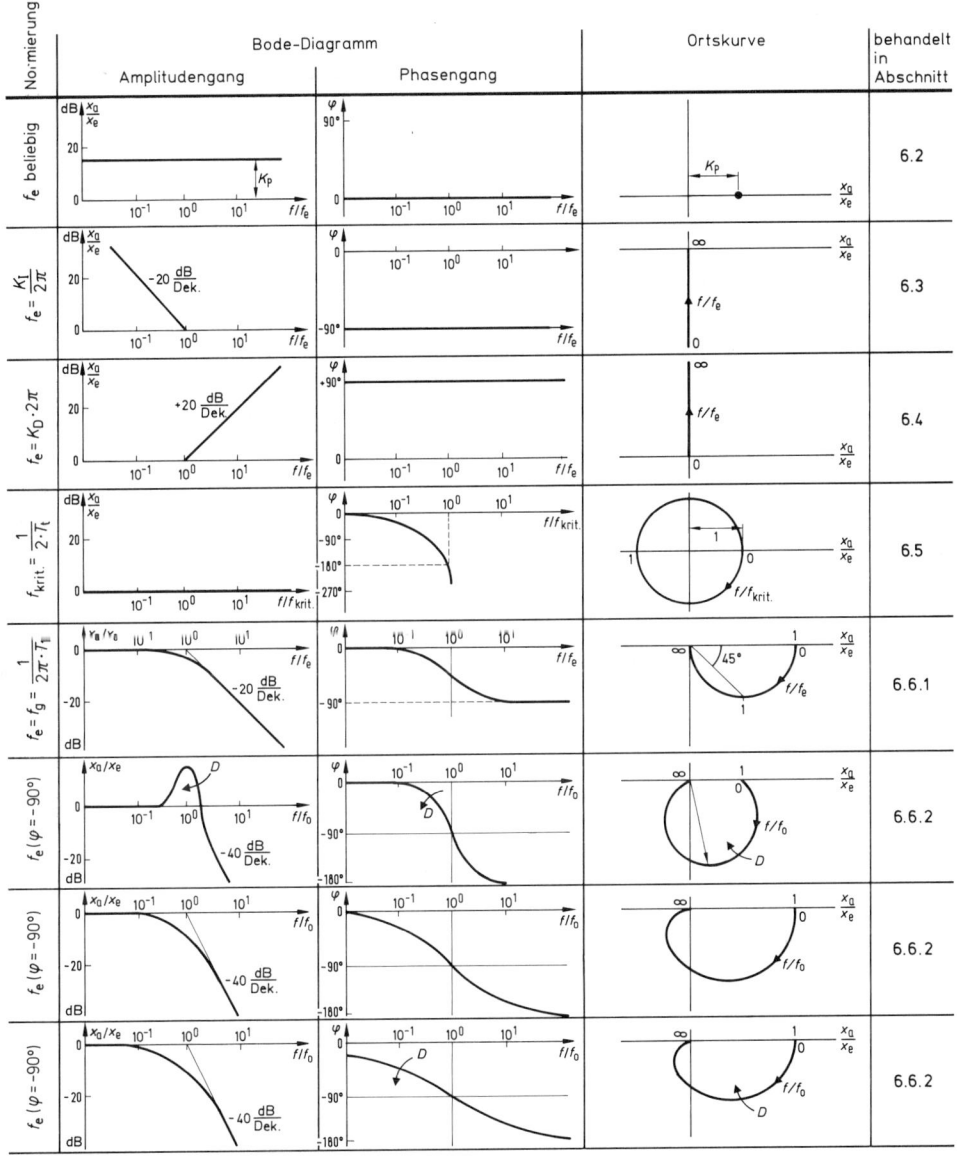

Schaltungstechnik	Kennzeichen des Ü-Gliedes	Blockbild/ Symbol	Übergangsfunktion (bezog. Sprungantwort)	
			Gleichung $f(t) = \frac{x_a}{x_e} =$	Diagramm

| Schaltungstechnik | Verzweigungsstelle $x_1 \longrightarrow \begin{array}{c} x_1 \\ x_1 \end{array}$ | | Vorzeichenumkehrstelle $x_1 \longrightarrow \bigcirc \longrightarrow -x_1$ | |

Kettenschaltungs-Glieder				
	$P\text{-}T_1$		$K_P \cdot (1 - e^{-\frac{t}{T}})$	
	$D\text{-}T_1$		$K_D \cdot \frac{1}{T} \cdot e^{-\frac{t}{T}}$	
	$I\text{-}T_1$		$K_I \cdot T \cdot (e^{-\frac{t}{T}} + \frac{t}{T} - 1)$	
	$P\text{-}T_2$		n. a.	

Parallelschaltungs-Glieder				
	PD		$K_P + K_D \cdot \delta(t)$	
	PI		$K_P + K_I \cdot t$	
	PID		$K_P + K_I \cdot t + K_D \cdot \delta(t)$	

Gruppenschaltungs-Glieder				
	$PD\text{-}T_1$		$K_P + \left(\frac{K_D}{T} - K_P\right) \cdot e^{-\frac{t}{T}}$	
	$PID\text{-}T_1$			
	$PI(D\text{-}T_1)$			

380

6.7 Zusammenschaltung von Übertragungsgliedern

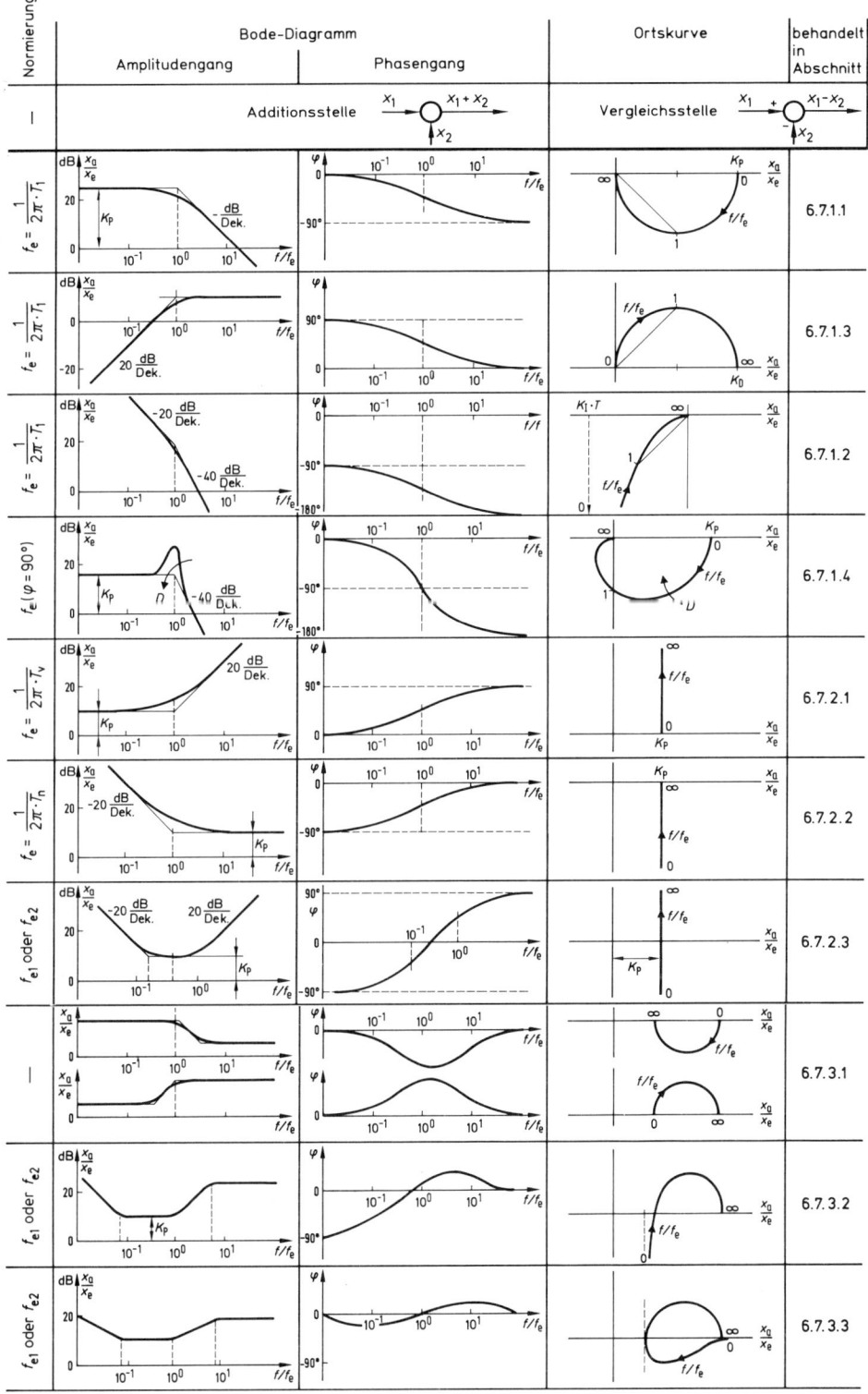

7 Regelstrecke und Regeleinrichtung als besondere Übertragungsglieder

Ein Regelkreis besteht im wesentlichen aus den beiden Teilbereichen *Regelstrecke* und *Regeleinrichtung*. Regelstrecke und Regeleinrichtung bilden einen Wirkungskreis. **Bild 7.1** zeigt diesen allgemeinen Aufbau in gebräuchlichen Darstellungen.

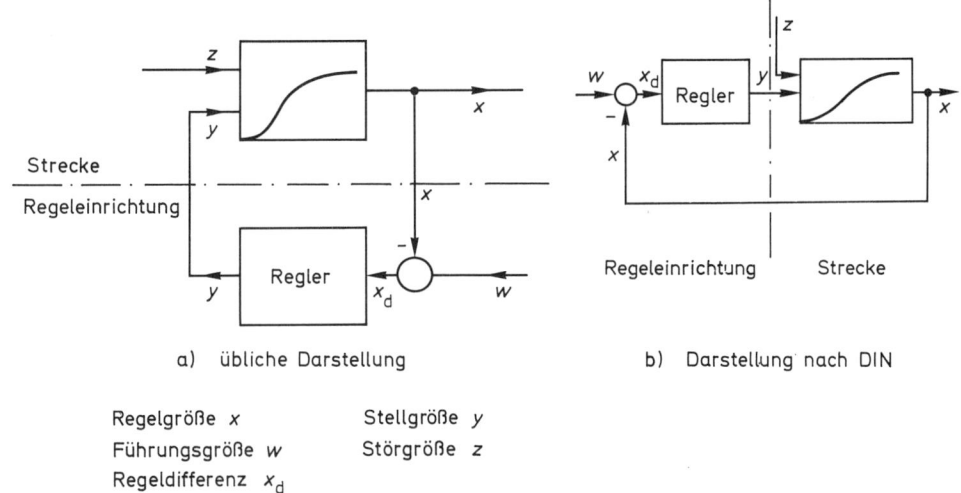

a)   übliche Darstellung   b)   Darstellung nach DIN

Regelgröße x Stellgröße y
Führungsgröße w Störgröße z
Regeldifferenz x_d

Bild 7.1   Allgemeiner Aufbau eines Regelkreises

Dabei läßt sich die Strecke (Steuer- oder Regelstrecke) nach DIN 19 226 beschreiben:
> *Die Strecke ist derjenige Teil des Wirkungsweges, welcher den aufgabengemäß zu beeinflussenden Bereich der Anlage darstellt.*

Am Eingang der Strecke liegt das Stellglied, das dort in einen Massenstrom oder Energiefluß eingreift.

Entsprechend läßt sich die Regeleinrichtung beschreiben (DIN 19 226):
> *Die Regeleinrichtung ist derjenige Teil des Wirkungsweges, welcher die aufgabengemäße Beeinflussung der Strecke über das Stellglied bewirkt.*

Zur Abgrenzung zwischen Regelstrecke und Regeleinrichtung bedarf es einer Vereinbarung über die Lage der Schnittstellen. Sowohl Regelstrecke als auch Regeleinrichtung stellen einfache Übertragungsglieder oder Ketten-, Parallel- und Gruppenschaltungen von Grundgliedern dar, wie sie in Kapitel 6 bereits behandelt wurden. Die Strecke wird durch die Aufgabenstellung und technische Realisierung häufig bereits vorgegeben sein. Ihre Eigenschaften müssen dann ermittelt werden. Dies geschieht mit Testfunktionen, wobei die Sprung-Testfunktion die am häufigsten angewandte ist.

Die Regeleinrichtung ist danach je nach Streckeneigenschaften und Aufgabenstellung auszuwählen und der Strecke geeignet anzupassen, um ein gefordertes Ergebnis zu erzielen.

In diesem Kapitel werden Strecken und Regeleinrichtungen als spezielle Übertragungsglieder näher untersucht und beschrieben.

7.1 Regelstrecken

7.1.1 Allgemeines

Strecken wurden bereits in Kapitel 4 vorgestellt. Wenn Störungen auf die Strecke einwirken, die Ausgangsgröße bzw. Aufgabengröße trotzdem möglichst unbeeinflußt bleiben soll, ist es erforderlich, die Strecke mit einer geeigneten Regeleinrichtung zusammenzuschalten. Wenn die Strecke von einer Regeleinrichtung angesteuert und die Ausgangsgröße beeinflußt werden kann, dann wird von einer Regelstrecke gesprochen.

Ausgangsgröße der Regelstrecke ist die Regelgröße x.

Eingangsgrößen der Regelstrecke sind die Stellgröße y und die nicht zu beeinflussende Störgröße z.

Der Name Regelgröße steht als Oberbegriff für verschiedene Arten von physikalischen Größen. Einige Anwendungsgebiete mit den wichtigsten Regelgrößen sind:

Anwendungsgebiet	Regelgröße
Elektrotechnik	Strom, Spannung, Leistung, Frequenz, Verstärkung, Phasenwinkel, Widerstand, Thermospannung, Kapazität, Induktivität
Mechanik	Kraft, Druck, mechanische Spannung, Geschwindigkeit, Drehmoment, Drehzahl, Beschleunigung, Stand, Lage
Verfahrenstechnik (Chemie)	Temperatur, Menge, Volumen, Druck, Durchfluß, Niveau, Lage, Feuchte, Mischverhältnis
Fahrzeugtechnik	Geschwindigkeit, Beschleunigung, Höhe, Lage, Kurs, Drehzahl
Lichttechnik	Beleuchtungsstärke, Lichtmenge
Biologie	Temperatur, Pulsfrequenz, Blutdruck, Leistung, Stand.

Auch wenn gleiche Regelgrößen in verschiedenen Gebieten vorkommen, so sehen die zugehörigen Strecken sehr unterschiedlich aus. In der Regelungstechnik selbst spielt die technische Realisierung einer Strecke nur eine untergeordnete Rolle. Wichtig sind die Ausgangs- und Eingangssignale und ihre wirkungsmäßigen Zusammenhänge. **Bild 7.2 a** zeigt die allgemeine Darstellung einer Regelstrecke. In **Bild 7.2 b** dagegen ist der wirkungsmäßige Zusammenhang durch symbolische Darstellung und Angabe der Übertragungskonstanten genauer festgelegt.

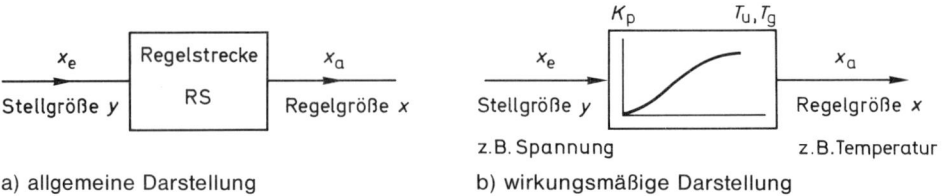

a) allgemeine Darstellung   b) wirkungsmäßige Darstellung

Bild 7.2 Darstellung der Regelstrecke

Nicht in allen Fällen kann die Regelgröße x der Regeleinrichtung direkt zugeführt werden. Ebenso kann die Regeleinrichtung oft nicht direkt die Regelstrecke beeinflussen. In diesen Fällen sind Zwischenglieder wie Meßumformer, Stellverstärker und ähnliches erforderlich.

Ob Zwischenglieder nun der Strecke oder der Regeleinrichtung zugerechnet werden, ist Ansichtssache. In diesem Lehrgang werden meist die Zwischenglieder – wie erforderliche Meßwertwandler, Verstärker, Linearisierungsmoduln, Stellgrößenwandler – der Regelstrecke zugeordnet. **Bild 7.3** zeigt eine entsprechend erweiterte Darstellung der Regelstrecke.

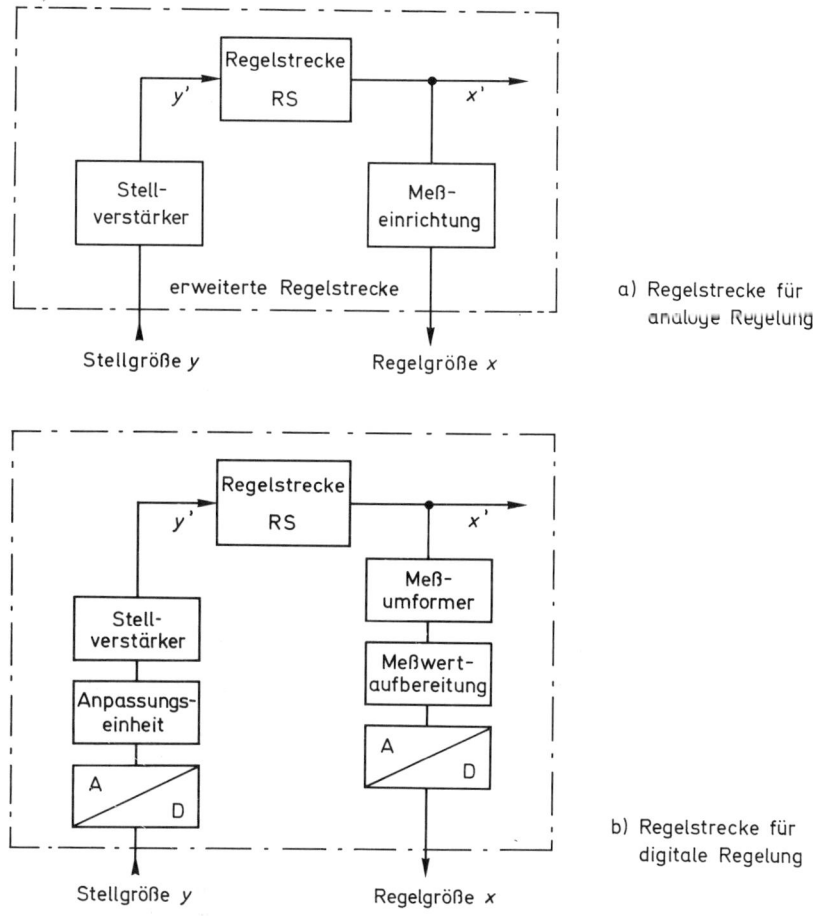

Bild 7.3 Erweiterte Regelstrecke

Für die eigentliche Regelstrecke ist es wichtig, daß alle Zwischenglieder rückwirkungsfrei angekoppelt werden, so daß das Verhalten der Regelstrecke nicht beeinflußt wird. Dies gilt besonders im Hinblick auf die Einfügung von Zwischengliedern mit unerwünschten Verzögerungen.

7.1.2 Beharrungszustand – Statisches Verhalten

Das Beharrungsverhalten beschreibt den stationären Zusammenhang zwischen Ausgangs- und Eingangsgröße einer Strecke. Es wird zumeist durch ein Kennlinienfeld dargestellt. Das Übertragungsverhalten der Strecke wird dabei durch den funktionalen Zusammenhang zwischen der Regelgröße x (Ausgangsgröße) und der Stellgröße y (Eingangsgröße) grafisch beschrieben:

$$x = f(y)$$

Von einem Beharrungsverhalten kann nur bei Strecken mit Ausgleich gesprochen werden, bei denen sich nach Ablauf von Übergangsvorgängen bei einer konstanten Eingangsgröße y auch eine konstante Ausgangsgröße x einstellt. Bei Strecken ohne Ausgleich (Strecken mit integralem Verhalten) ist dies nicht der Fall. Hier ändert sich die Ausgangsgröße bei konstanter Eingangsgröße.

Das Kennlinienfeld der Strecke wird aufgenommen, indem zu jeder Eingangsgröße y die sich einstellende Ausgangsgröße x ermittelt wird. Dabei wird eine auftretende Störgröße z konstant gehalten.

Um den Einfluß von z. B. Störgrößen deutlich zu machen, werden häufig sogenannte Kennlinienfelder mit der Störgröße z als Parameter angegeben. In der Praxis ist es jedoch oft schwierig, die Störgrößen zu erfassen und konstant zu halten.

Bild 7.4 zeigt beispielhaft ein Kennlinienfeld. Dabei sind die Aussteuergrenzen für $y = Y_h$ und $x = X_h$ mit angegeben.

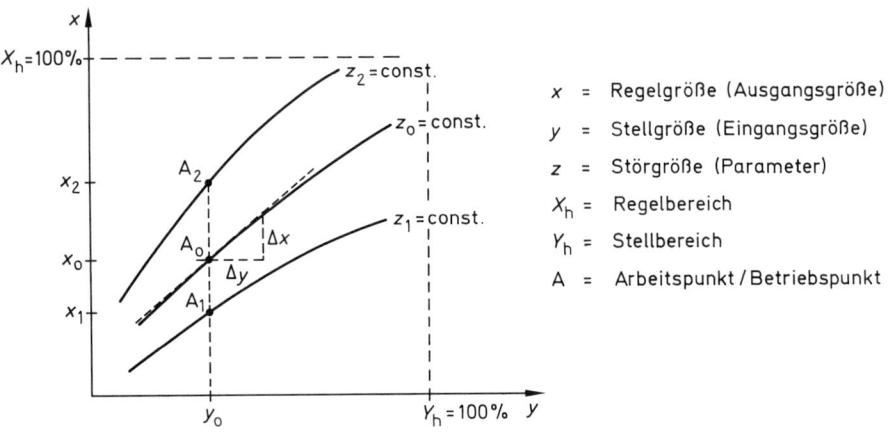

Bild 7.4 Kennlinienfeld einer Strecke

Aus der Darstellung ist zu ersehen, daß sich für eine Stellgröße y_0 je nach Einfluß der Störgröße z unterschiedliche Arbeitspunkte $A_0 \ldots A_2$ und damit Regelgrößen $x_0 \ldots x_2$ einstellen.

Weiterhin sind die Kennlinien gekrümmt, d. h., die Strecke ist nicht linear, denn eine Verdopplung der Stellgröße führt nicht zur Verdopplung der Regelgröße. In der Praxis ist eine derartige Nichtlinearität der überwiegende Fall. Wird jedoch eine Strecke mit nicht zu stark gekrümmter Kennlinie in der Nähe eines Arbeitspunktes A_o betrieben, so kann die gekrümmte Kennlinie durch eine im Arbeitspunkt an die eigentliche Kennlinie gelegte Tangente ersetzt werden. Für diese Näherung läßt sich der Übertragungsbeiwert der Strecke bestimmen:

$$K_s = \frac{\Delta x}{\Delta y} \qquad \text{bei } y_o \text{ und } z_o$$

Da Störgrößen auch Eingangsgrößen für die Strecke sind, bestehen ebenfalls Übertragungsbeiwerte für die Störgrößen. Bei den Übertragungsbeiwerten für die Störgrößen wird der Bezeichnung dieser Beiwerte im Index ein z hinzugefügt. Der Übertragungsbeiwert der Strecke für z. B. die Störgröße z_2 heißt:

$$K_{sz\,2} = \frac{\Delta x}{\Delta z} = \frac{x_2 - x_o}{z_2 - z_0} \qquad (y_0 = \text{constant})$$

Die Regelgröße x wird folglich insgesamt beeinflußt durch die Stellgröße y und die Störgröße z. Dies läßt sich so beschreiben:

$$\Delta x = K_s \cdot \Delta y + K_{sz} \cdot \Delta z = K_s \left(\Delta y + \frac{K_{sz}}{K_s} \cdot \Delta z \right)$$

Mit der Umformung K_{sz}/K_s kann die irgendwo auf der Strecke angreifende Störung Δz wie auf den Eingang der Strecke wirkend betrachtet werden. **Bild 7.5** zeigt diesen funktionalen Zusammenhang.

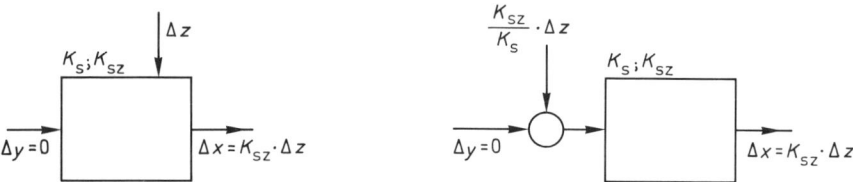

Bild 7.5 Transformation einer am beliebigen Ort angreifenden Störgröße auf den Eingang

7.1.3 Zeitverhalten – Dynamisches Verhalten

Das Zeitverhalten beschreibt den zeitlichen Zusammenhang zwischen Ausgangs- und Eingangsgröße einer Strecke. Es wird meist mit Hilfe der Sprung-Testfunktion untersucht und als Sprungantwort dargestellt.
Auch Untersuchungen mit Hilfe der Sinus-Testfunktion und Darstellungen als Bode-Diagramm oder Ortskurve sind gebräuchlich.
Regelstrecken zeigen bei Änderungen der Eingangsgröße oder Störungen sehr unterschiedliche Verhalten. Dies wird bestimmt durch die durch die Strecke fließenden Stoffe, das Speichervermögen der Strecke, die Transportgeschwindigkeiten, die zu bewegenden Massen und andere Einflüsse. Bei Energieflüssen durch die Strecke sind die wesentlichen Einflüsse das Speichervermögen der Strecke und die Eigenheiten von Energieumsetzungen.

Die Art und Weise, wie die Strecke ohne angeschlossene Regeleinrichtung auf Änderungen am Eingang oder auf Störungen reagiert, gibt Aufschluß über ihre Übertragungseigenschaften.

Grundsätzlich werden zwei Gruppen von Regelstrecken unterschieden:

Strecken mit Ausgleich (auch: Proportional-Strecken)
Strecken ohne Ausgleich (auch: Integral-Strecken)

Strecken mit Ausgleich

Strecken mit Ausgleich sind dadurch gekennzeichnet, daß sich nach jeder Änderung der Stellgröße *y* oder bei einer Störung *z* von außen her eine neue konstante, von der ursprünglichen abweichende, Regelgröße *x* einstellt.

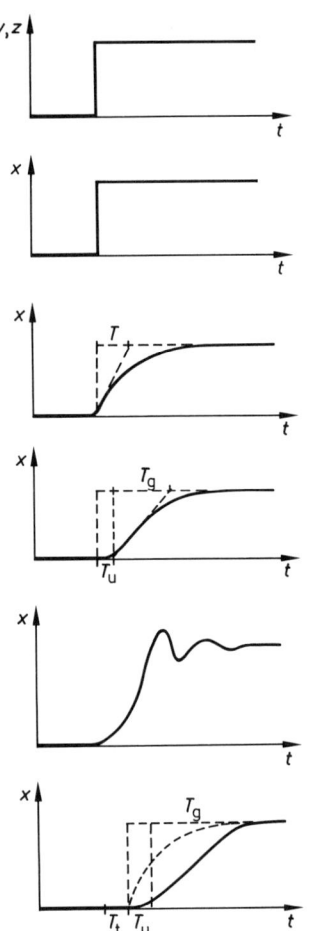

Stellgrößensprung *y*, Störgrößensprung *z*.

Strecke 0. Ordnung, P-Strecke,
bei: elektrischen Größen, Druck, Mengen, Flüssigkeiten.

Strecke 1. Ordnung, VZ 1-Strecke, P-T$_1$-Strecke
bei: elektrischen Größen, Druck, Mengen, Dämpfen, Gasen.

Strecke 2. Ordnung und höherer Ordnung
bei Temperatur (überwiegend).

Strecke 2. Ordnung und höherer Ordnung,
schwingfähig,
bei: elektronischen, mechanischen Gliedern mit mehreren Speichern.

Strecke mit Totzeit und Verzögerung 1. oder höherer Ordnung
bei: endlichen Transportgeschwindigkeiten, Lose im Übertragungs- oder Meßweg.

Strecken ohne Ausgleich

Strecken ohne Ausgleich sind dadurch gekennzeichnet, daß sich bei einer Änderung der Stellgröße y oder bei einer Störung z von außen her, die Regelgröße ständig ändert. Dies erfolgt solange, bis die konstruktive Grenze erreicht ist (Endlagenschalter) oder sogar Zerstörung eintritt.

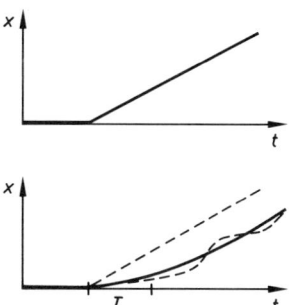

Strecke ohne Ausgleich,
bei: Füllstand, Positionierung.

Strecke ohne Ausgleich und Verzögerung 1. oder höherer Ordnung,
bei: Füllstand, Positionierung, Getriebe, Kurs, Lage.

Da Regelstrecken im allgemeinen komplexe technische oder auch andere (z. B. biologische, wirtschaftliche) Übertragungsglieder darstellen, kann hier keine eingehende Beschreibung aller möglichen Fälle gegeben werden. Im Sinne der Regelungstechnik genügt die Beschreibung ihres Übertragungsverhaltens unabhängig von der Art der technischen oder anderweitigen Realisierung. Die Ermittlung der regelungstechnisch interessierenden Kenngrößen wurde in Kapitel 5 abgehandelt.
In der Praxis kommen bestimmte Typen von Regelstrecken häufiger vor, daher lassen sich aus Erfahrung Bereiche für die Größen der charakteristischen Konstanten angeben. Es handelt sich bei diesen Beispielen um Strecken mit Ausgleich erster und höherer Ordnung. Die charakteristischen Zeitkonstanten sind dann:

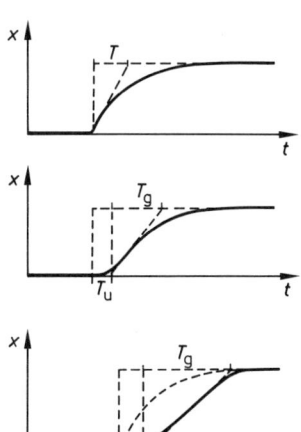

Strecke 1. Ordnung: T_S

Strecke 2. und höherer Ordnung: T_u, T_g

Strecke 1. oder höherer Ordnung mit Totzeit
T_t, T_S oder T_t, T_u, T_g

Lassen sich bei Strecken mit Ausgleich die Größen T_S bzw. T_g nicht oder nur schwierig ermitteln, so wird die Strecke als Strecke ohne Ausgleich (integrale Strecke) betrachtet. Als charakteristische Konstante für den Anstieg der Sprungantwort dient dann der Wert $K_{IS} \cdot Y_h$. **Bild 7.6** zeigt die Zusammenhänge.

389

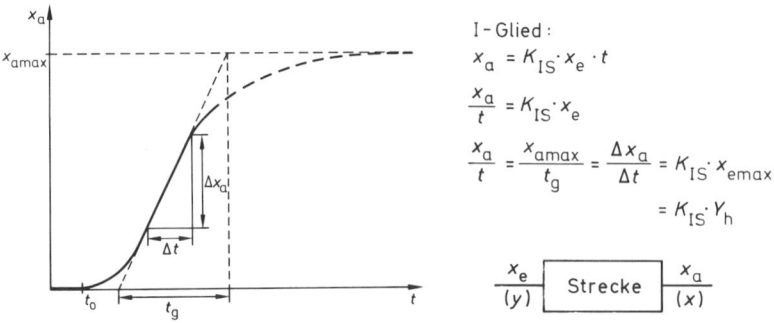

Bild 7.6   Ermittlung der charakteristischen Konstanten $K_{IS} \cdot Y_h$

Bild 7.7 enthält die Zusammenstellung der charakteristischen Werte für in der Praxis häufiger vorkommende Strecken.

Regelstrecke	Verzugszeit T_u	Ausgleichszeit T_g	Ü-Beiwert $K_{IS} \cdot Y_h$
Temperatur			
kleiner elektr. Laborofen	30 ...... 60 s	300 ...... 900 s	1 K/s
gasbeheizter Glühofen	10 ...... 300 s	200 ...... 3600 s	
Raumheizung	60 ...... 180 s	600 ...... 3600 s	0,02 K/s
Thermoelement m. Mantel	≈ 0 s	5 ...... 80 s	
Widerstandstherm. m. Mantel	1 ...... 5 s	15 ...... 150 s	
Lötkolbenspitze	15 s	180 ...... 300 s	
Druck			
Dampfkessel		60 ...... 500 s	
Rohrleitung (Gas)	≈ 0 s	0,1 s	
Durchfluß			
Flüssigkeiten	≈ 0 s	≈ 0 s	
Wasserstand			
Dampfkessel	30 ...... 60 s		0,1 ...... 0,3 cm/s
Drehzahl			
kleiner elektr. Antrieb	≈ 0 s	0,2 ...... 10 s	
elektr. Spannung			
kleiner Generator	≈ 0 s	1 ...... 5 s	
elektron. Netzgerät	≈ 0 s	µs ...... ms	
elektron. Größen			
Frequenz, Phase usw.	≈ 0 s	µs ...... ms	
Position			
schreibende Meßgeräte	≈ 0 s	10 ...... 100 ms	

Bild 7.7   Eigenschaften gebräuchlicher Strecken

Die beiden Ersatzzeitkonstanten T_u und T_g, sowie das daraus gebildete Verhältnis T_u/T_g ermöglichen bereits eine Beurteilung der Regelbarkeit einer Strecke Dies leitet sich daraus ab, daß der Regeleinrichtung während der Verzugszeit T_u noch keine nennenswerte Information über eine Änderung der Eingangsgröße y der Strecke vorliegt, ihr andererseits aber während des trägen Verhaltens der Strecke, beschrieben durch die Ausgleichszeit T_g, noch genügend Zeit zum Eingreifen bleibt. Je kleiner der Anteil und damit der Einfluß von T_u ist (T_u/T_g klein), desto mehr Zeit hat die Regeleinrichtung zum Eingriff. Umgekehrt, je größer der Einfluß von T_u (T_u/T_g groß) desto weniger Zeit bleibt der Regeleinrichtung für einen Eingriff nach Ablauf der Verzugszeit T_u. Die Gefahr der Überreaktion wächst. Die Regelbarkeit hängt also von dem Verhältnis T_u/T_g ab. Je größer dieses Verhältnis wird, um so schwieriger und damit aufwendiger wird die Regelung, um ein befriedigendes Ergebnis zu erreichen.

In **Bild 7.8** sind für unterschiedliche Verhältnisse T_u/T_g die Regeleigenschaften und der für die Regelung erforderliche Aufwand bewertet.

T_u/T_g	Beurteilung der Regeleigenschaften	Aufwand für die Regeleinrichtung
$< 0{,}1$	sehr gut regelbar	gering
$0{,}1 .. 0{,}2$	gut regelbar	mittel
$0{,}2 .. 0{,}4$	noch regelbar	groß
$0{,}4 .. 0{,}6$	schlecht regelbar	sehr groß
$> 0{,}8$	kaum noch regelbar	spezielle Maßnahmen erforderlich

Bild 7.8 Charakteristische Konstanten, Regeleigenschaften und Regelaufwand

Die sehr häufig vorkommenden Temperaturstrecken haben erfahrungsgemäß ein $T_u/T_g = 0{,}05 .. 0{,}1$. Aufgrund der Beurteilungskriterien nach Bild 7.8 sind sie also sehr gut regelbar bei geringem Aufwand für die Regeleinrichtung.

Wird das Verhältnis T_u/T_g ungünstiger, so wird ein höherer Aufwand für die Regeleinrichtung erforderlich. Besser ist es jedoch, die Auslegung der erweiterten Regelstrecke sorgfältig zu überprüfen, um unter Berücksichtigung der Aufgabenstellung Möglichkeiten zur Verkleinerung von T_u oder Vergrößerung von T_g zu finden. In der Praxis sind die Möglichkeiten zur Veränderung der Verzugszeit oder der Ausgleichszeit sehr begrenzt.

Bei den bisherigen Betrachtungen zu Regelstrecken wurde stets davon ausgegangen, daß die charakteristischen Zeitkonstanten unabhängig von der Richtung der Änderung des Eingangssignals sind. Dies muß jedoch nicht immer gelten, wie anhand von Temperaturstrecken erläutert werden soll.

Temperaturstrecken lassen sich in zwei Gruppen unterteilen:

1. Gruppe	2. Gruppe
thermisch nicht isoliert, T_u/T_g sehr klein	thermisch gut isoliert, T_u/T_g sehr klein
T_u aufheizen $\approx T_u$ abkühlen $(1:1)$	T_u aufheizen $< T_u$ abkühlen
T_g aufheizen $\approx T_g$ abkühlen $(1:1 .. 1:3)$	T_g aufheizen $\ll T_g$ abkühlen $(1:3 .. 1:20)$

Beispiel: Lötkolben   Beispiel: Laborofen
         Bügeleisen   Kühltruhe
         Widerstandsheizung   Kühlschrank

In **Bild 7.9** sind die Zusammenhänge mit den Sprungantworten dargestellt.

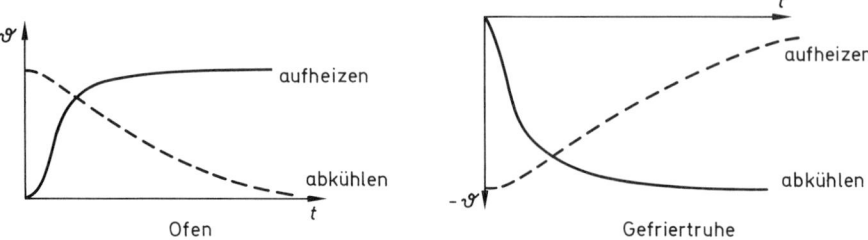

Bild 7.9   Verhalten isolierter Temperaturstrecken (2. Gruppe)

7.1.4 Stellglieder, Stelleinrichtungen

Das Stellglied liegt im Eingang der Regelstrecke. Es ist das konstruktive Element, das direkt in den Massen- oder Energiefluß der Strecke steuernd eingreift, um ihn aufgabengemäß zu beeinflussen. Das Stellglied wird von der Ausgangsgröße der

Einteilung der Stellglieder/Stelleinrichtungen

Art des Stromes	Massenstrom	Gas, Flüssigkeit, Feststoff
	Energiestrom	Elektrische, Wärme-, Strahlungsenergie
Verhalten des Stellglieds	stetig	auf jeden Wert einstellbar
	unstetig	schaltend, in Stufen einstellbar
	speichernd	Einstellung bleibt nach Wegnahme der Stellgröße erhalten
	nicht speichernd	Rückstellung in konstruktive Ausgangslage nach Wegnahme der Stellgröße
Dynamisches Verhalten	träge	mechanische Stellglieder
	trägheitslos	elektronische Stellglieder
Betätigung des Stellgliedes	elektromagnetisch	Hubmagnet, Relais, Schütz
	elektronisch	Thyristor, Triac, Transistor, optronische Bauelemente
	elektromotorisch	Gleich-, Wechsel-, Drehstrommotore, Schrittmotore, Linearmotore
	induktiv	Transduktoren
	kapazitiv	Kapazitätsdioden, Piezo-Translatoren
	mechanisch	Hebel, Räder, Getriebe
	hydraulisch	Kolben, Hydraulikmotore, Schwenkantriebe
	pneumatisch	Membranantriebe, Kolben, Schwenkantriebe

Bild 7.10   Stellglieder/Stelleinrichtungen

Regeleinrichtung, der Stellgröße *y*, angesteuert. Während die eigentliche Regelstrecke meist durch die Aufgabenstellung technisch vorgegeben sein wird, kann die Lösung der geforderten Regelaufgabe durch geeignete Auswahl und konstruktive Auslegung des Stellgliedes oft günstig beeinflußt werden. Das Stellglied muß in dem Zusammenwirken von *Strecke – Aufgabenstellung – gewählte Regeleinrichtung* betrachtet werden. Das Stellglied bestimmt als Steuerorgan ganz wesentlich die Eigenschaften der Strecke mit und muß bei der Untersuchung des Streckenverhaltens mit erfaßt werden (Bild 7.3).

Es gibt Stellglieder, die direkt von der Regeleinrichtung angesteuert werden können. Häufig ist aber eine Verstärkung oder Umwandlung der Stellgröße erforderlich oder auch ein mechanischer Antrieb durch elektrische, hydraulische oder pneumatische Arbeit. Zur Unterscheidung wird das Stellglied im erweiterten Sinn Stelleinrichtung genannt.

Die fast unübersehbare Vielfalt der Stellglieder und Stelleinrichtungen läßt sich nach folgenden Gesichtspunkten einteilen **(Bild 7.10)**.

Die Zusammenstellung soll an einigen Beispielen erläutert werden **(Bild 7.11 und Bild 7.12)**.

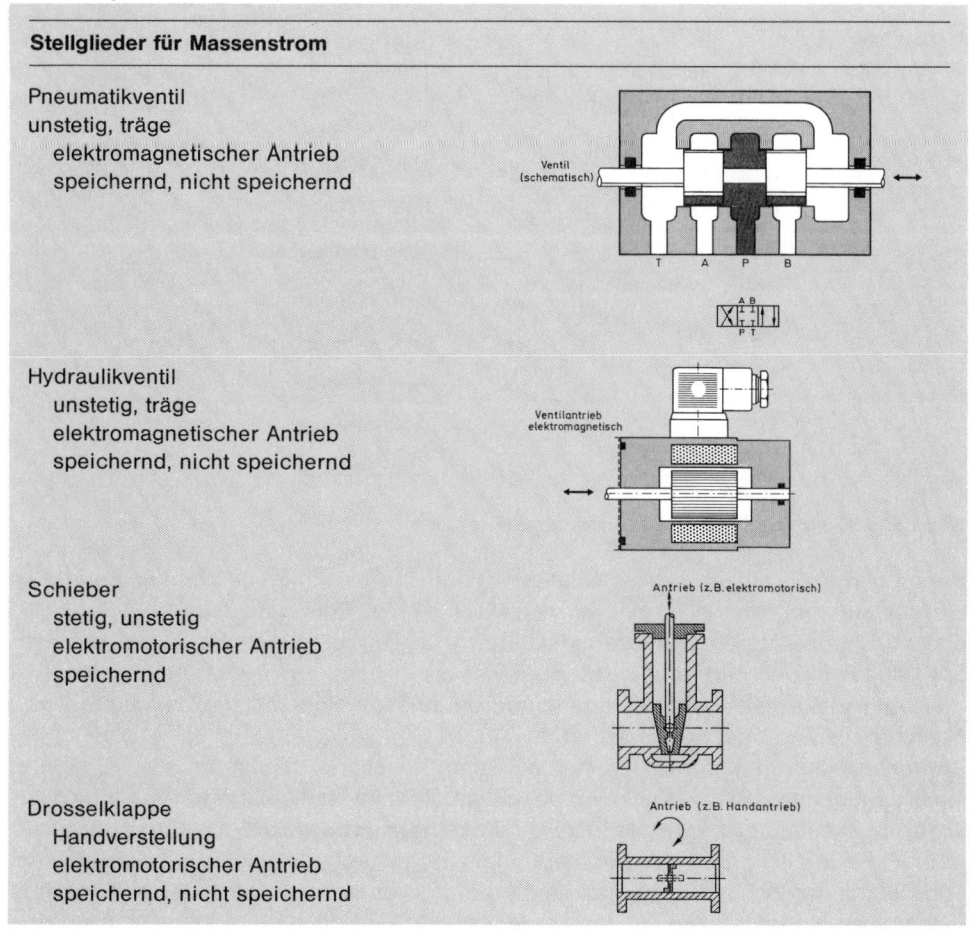

Stellglieder für Massenstrom

Pneumatikventil
unstetig, träge
   elektromagnetischer Antrieb
   speichernd, nicht speichernd

Hydraulikventil
   unstetig, träge
   elektromagnetischer Antrieb
   speichernd, nicht speichernd

Schieber
   stetig, unstetig
   elektromotorischer Antrieb
   speichernd

Drosselklappe
   Handverstellung
   elektromotorischer Antrieb
   speichernd, nicht speichernd

Bild 7.11 Einige Stellglieder für Massenströme

Stellglieder für elektrische Energie

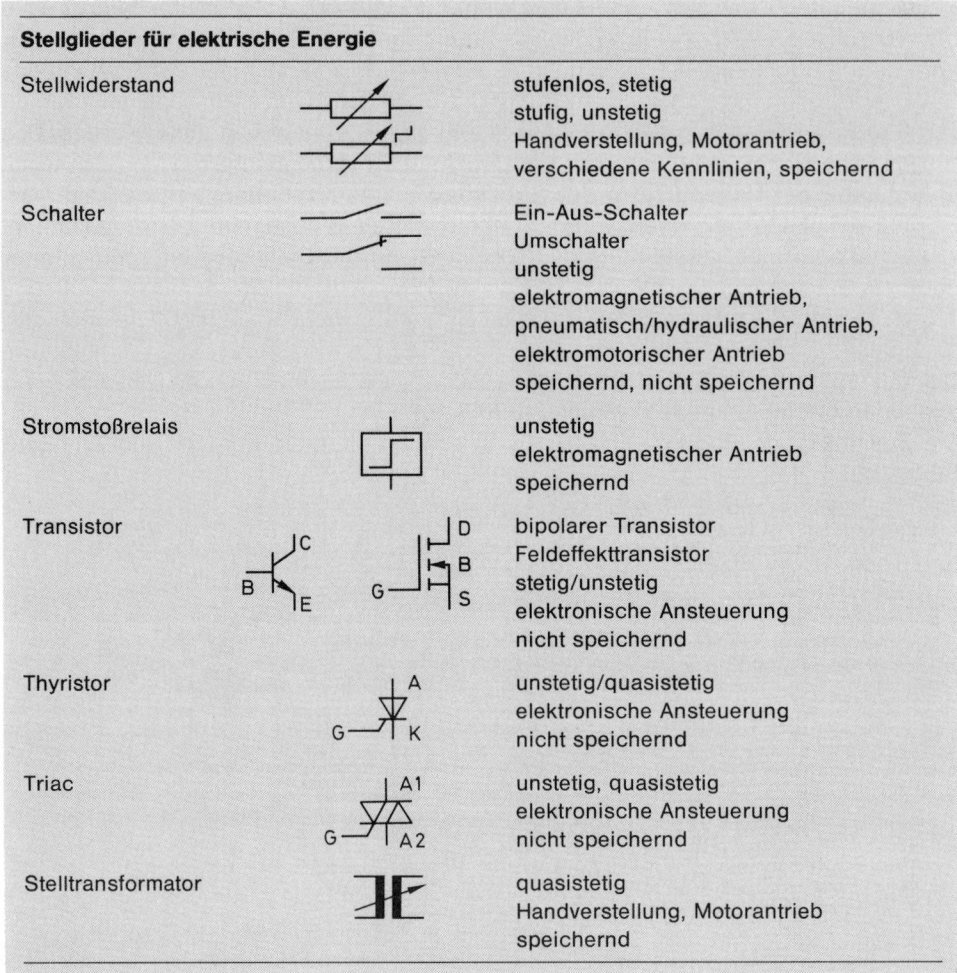

Stellwiderstand	stufenlos, stetig stufig, unstetig Handverstellung, Motorantrieb, verschiedene Kennlinien, speichernd
Schalter	Ein-Aus-Schalter Umschalter unstetig elektromagnetischer Antrieb, pneumatisch/hydraulischer Antrieb, elektromotorischer Antrieb speichernd, nicht speichernd
Stromstoßrelais	unstetig elektromagnetischer Antrieb speichernd
Transistor	bipolarer Transistor Feldeffekttransistor stetig/unstetig elektronische Ansteuerung nicht speichernd
Thyristor	unstetig/quasistetig elektronische Ansteuerung nicht speichernd
Triac	unstetig, quasistetig elektronische Ansteuerung nicht speichernd
Stelltransformator	quasistetig Handverstellung, Motorantrieb speichernd

Bild 7.12   Einige Stellglieder für elektrische Energie

Neben den oben aufgeführten Stellgliedern und Stelleinrichtungen gibt es noch eine Vielzahl weiterer, wie Elektronenröhren, Fotodioden, Fototransistoren, GTOs, Feldplatten, Kapazitätsdioden, Piezotranslatoren u. a. Teilweise wird die Funktion dieser Stellglieder in den Grundlagenlehrgängen I bis III oder auch im Fachlehrgang IV A »Leistungselektronik« behandelt, bei anderen müssen einschlägige Datenunterlagen der Industrie herangezogen werden.

Erwähnt werden muß noch, daß mechanische Stellglieder häufig auch zur Erzielung einer genügenden Stellgenauigkeit mit einem eigenen Stellungsregler (engl. = positioner) ausgestattet werden. Mit Hilfe der Folgeregelung wird z. B. der auszuführende Hub y' mit der Stellgröße y verglichen und so lange nachgestellt, bis $y' = y$ ist. Das ist erforderlich, wenn Losbrechmomente oder sich während des Betriebes verändernde Reibmomente oder Rückwirkungen des Massenstromes auf das Stellglied überwunden werden müssen **(Bild 7.13)**.

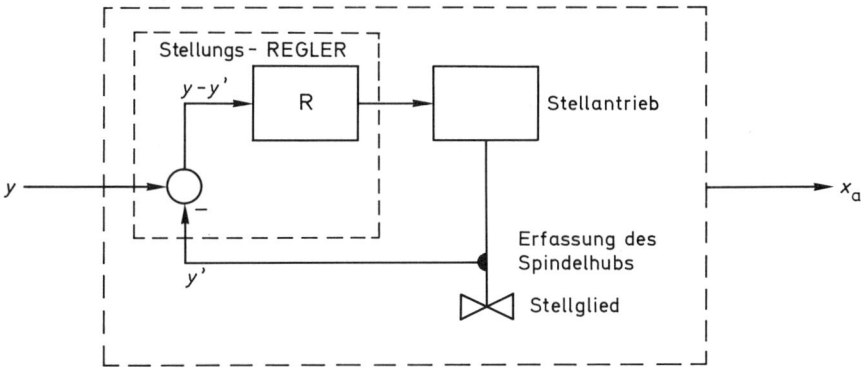

Bild 7.13 Blockschaltbild einer Ventilfolgeregelung

Stellglieder sind technisch oft sehr aufwendig ausgeführt. So sind z. B. bei motorisch angetriebenen Stellgliedern zusätzlich Endlagenschalter erforderlich. Zur Erzielung kürzerer mechanischer Stellzeiten werden auch ständig rotierende Stellmotore über umschaltbare Magnetkupplungen auf das Stellglied geschaltet. Erwähnt wurde bereits, daß das Verhalten des Stellgliedes entscheidenden Einfluß auf das Verhalten der Strecke ausübt. So läßt sich z. B. durch geeignete Wahl der Kennlinie des Stellgliedes die Kennlinie der Strecke kompensieren, um insgesamt ein gewünschtes, z. B. lineares, Verhalten zu erzielen. Ein einfaches Beispiel zeigt **Bild 7.14**.

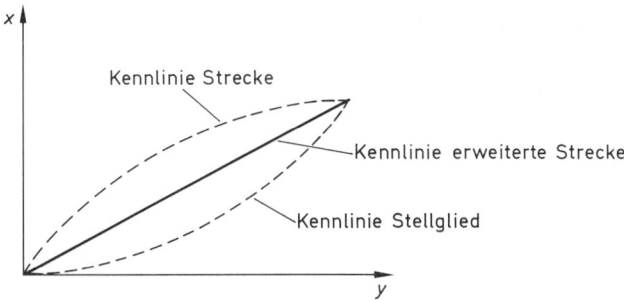

Bild 7.14 Beispiel einer Kennlinien-Linearisierung

Stellglieder werden heute auch als *Aktoren* bezeichnet.

7.1.5 Meßeinrichtungen

Zu der erweiterten Regelstrecke gehört auch die Meßeinrichtung. Ihre Aufgabe ist es, die Regelgröße x direkt oder indirekt zu erfassen und in ein für die Regeleinrichtung geeignetes Signal umzuwandeln.

Häufig müssen die von den Meßwertaufnehmern bzw. Sensoren gelieferten kleinen Signale zunächst durch Analogverstärker aufbereitet werden, bevor sie sich zur Weiterleitung und Weiterverarbeitung eignen. Insgesamt soll die Meßeinrichtung ein möglichst *getreues* und *unverzögertes* Abbild der Regelgröße liefern, denn die Regeleinrichtung kann nur die Signale verarbeiten, die ihr zugeführt werden.

Es gibt Meßwertaufnehmer, die unmittelbar ein verwertbares Signal erzeugen und andere, bei denen das Signal noch aufbereitet werden muß. In Kapitel 2 sind wichtige Aufnehmerprinzipien für die Umsetzung nichtelektrischer Größen in elektrische Größen behandelt worden.

Bei der Auswahl einer geeigneten Meßeinrichtung sind viele Gesichtspunkte zu berücksichtigen:

– Zunächst ist eine genaue Kenntnis des zu regelnden Prozesses oder Verfahrens erforderlich. Nach Ermittlung der zu erfassenden Regelgröße muß analysiert werden, wie sie erfaßt werden kann. Weiter ist zu beachten, wie das Signal ohne Störung weitergeleitet werden kann und welches Regler-Prinzip bzw. welche Regler-Bauart einzusetzen ist.

– Eine besondere Rolle spielt der Meßort, die Stelle, an der der Meßwertaufnehmer anzubringen ist. Dies gilt speziell bei Strecken, in denen Energie- oder Massenströme auftreten, also Transportzeiten nicht zu vernachlässigen sind. Für die Wahl des Meßortes ist wichtig, daß Verzugs- und Verzögerungszeiten nicht vergrößert werden.

Für die Auswahl des Meßwertaufnehmers ist zu beachten:

– Widerstandsfähigkeit gegen mechanische, chemische und thermische Einflüsse.
– Betriebssicherheit, Eigensicherheit.
– Zeitkonstanten.
– Genauigkeitsanforderungen.
– Empfindlichkeit gegenüber der Meßgröße.
– Sicherheit gegen Störeinflüsse (z. B. elektromagnetische Felder).
– Größe, Gewicht, Montagemöglichkeiten.
– Preis.

Wenn der Meßwertaufnehmer ein nicht-lineares Abbild der Regelgröße erzeugt, ist unter Umständen eine Linearisierung der Kennlinie erforderlich, um gleichmäßiges Eingreifen der Regeleinrichtung über den gesamten Aussteuerbereich sicherzustellen. Der Meßort ist oft weit entfernt von der Regeleinrichtung, z. B. bei zentralen Leitwarten in ausgedehnten Anlagen (Kraftwerke, Raffinerien, Chemieanlagen, Wasserwerken), dann muß das erfaßte Meßsignal in geeigneter Form aufbereitet werden, um es störungsfrei übertragen zu können. Hierzu eignet sich z. B. eine Stromschleife bei drahtgebundener Übertragungstechnik. Aber auch Übertragungsstrecken, die mit Funk (Telemetrie), optischer Strahlung oder Lichtwellenleitern arbeiten, werden eingesetzt.

Beispiel 1:

Einige Aufnehmer und Übertragungsstrecken für die Regelgröße »Drehzahl« sind in **Bild 7.15** angedeutet.

Zu beachten ist, daß besonders bei Drehzahlregelungen immer auch ein eindeutiges Drehrichtungssignal mit an die Regeleinrichtung geliefert wird. Andernfalls besteht in der Nähe der Drehzahl Null die Gefahr, daß der Regelkreis in der falschen Drehrichtung durchgeht.

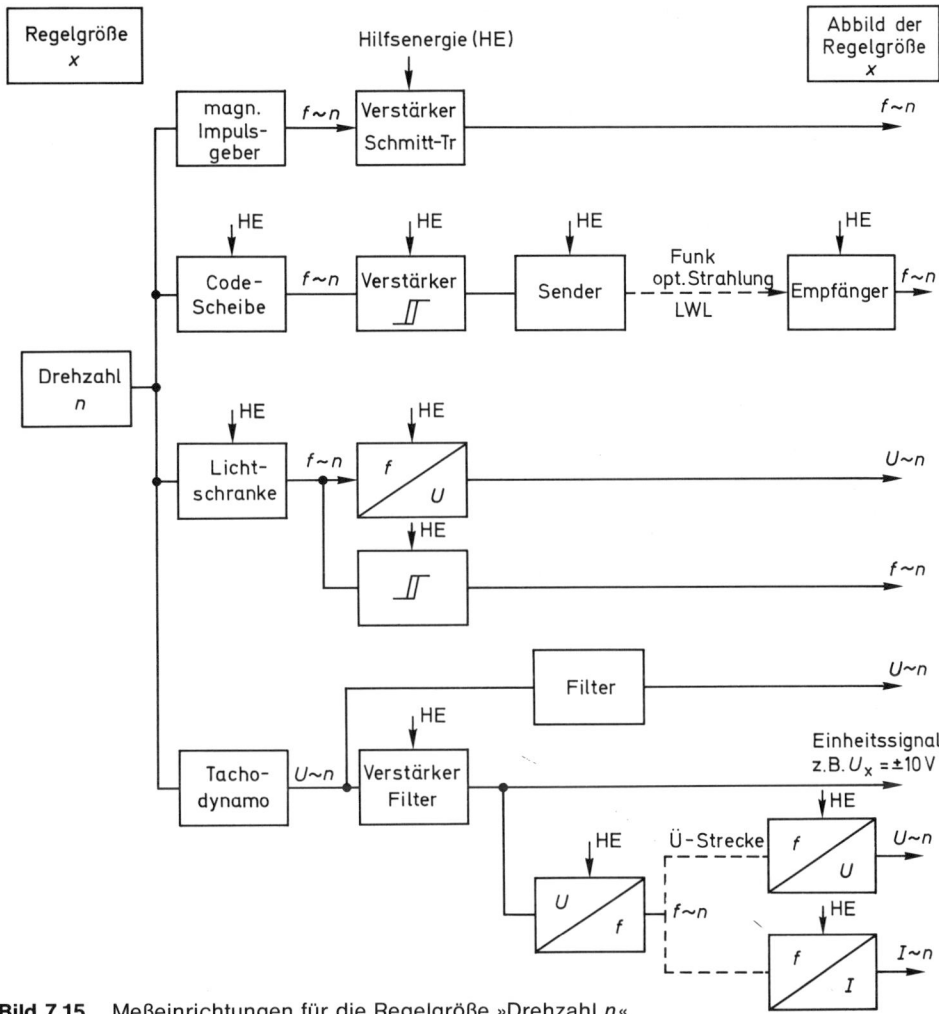

Bild 7.15 Meßeinrichtungen für die Regelgröße »Drehzahl *n*«

Beispiel 2:

Der Einfluß der Wahl des Meßortes für die Regelgröße »Temperatur« wird anhand **Bild 7.16** erläutert.

Dargestellt sind drei unterschiedliche Meßfühler: einer ragt in das Rohr hinein, einer ist bündig mit der Rohrinnenwand montiert und der dritte befindet sich an der Rohrwand. Der in den Rohrquerschnitt hineinragende Temperaturfühler wird von dem Medium umspült. Dadurch wird der Sensor die Temperatur des Mediums schnell annehmen und bei Änderungen schnell folgen.

Beim Einbau bündig mit der Wandfläche ist der Wärmeaustausch zwischen Medium und Fühler auf eine wesentlich kleinere Fläche begrenzt, der Fühler wird langsamer reagieren. Noch ungünstiger liegen die Verhältnisse bei dem Fühler an der Außenwand. Ist das Rohr nur gering wärmeleitfähig, so wird eine Temperaturänderung erst mit Verzögerung erfaßt. Bei großer Wärmeleitfähigkeit des Rohres kann Wärme an die Umgebung abgegeben werden. Die Temperatur an der Außenwand ist dann geringer als im Inneren des Rohres und die erfaßten Meßwerte können zu niedrig liegen.

397

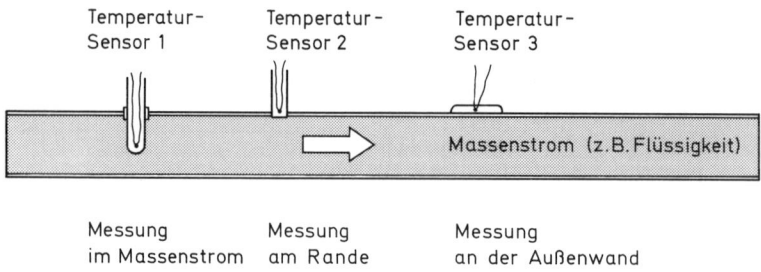

Bild 7.16 Einfluß des Meßortes auf die Regelgröße Temperatur

In der Meßeinrichtung sind häufig auch Maßnahmen zu treffen, die den Regelkreis bei Ausfall des Signals »Regelgröße x« vor dem Durchgehen schützen, wobei unter Durchgehen eine vollständige Öffnung des Stellgliedes verstanden wird. Ein Beispiel für eine Maßnahme, die der Erfassung eines Ausfalls der Regelgröße x dient, ist das Einheitssignal $i = 4 \ldots 20$ mA. Nullsignal für die Regelgröße x entspricht einem Strom von 4 mA. Ein Nullsignal, das wie hier mit einem konkreten Signalpegel verknüpft ist, wird auch als »Live Zero« (engl. = lebendiger Nullwert) bezeichnet. Ein Ausfall der Meßeinrichtung bedeutet eine Unterbrechung des Stromes ($i = 0$ mA). Der Strom $i = 0$ mA führt zur Auslösung einer Fehlermeldung und meist zum vollständigen Blockieren des Energie- oder Massenflusses.

7.1.6 Beispiele für Modellstrecken

Für die Untersuchung regelungstechnischer Zusammenhänge in der Aus- und Fortbildung lassen sich wegen des hohen Aufwandes technische Strecken meist nicht verwenden. Es werden daher Modelle eingesetzt, die das Verhalten nachbilden. Die charakteristischen Konstanten sind dabei so gewählt, daß die Signale mit dem Oszilloskop oder dem y-t-Linienschreiber aufgezeichnet werden können.
Für das Schulungsgerät wurden fünf Strecken entwickelt:
– Verzögerungseinheiten $P\text{-}T_1$, $P\text{-}T_2$
– Temperatur-Regelstrecke (vierfach)
– Spannungs-Regelstrecke
– Drehzahl-Regelstrecke
– Positionier-Strecke (Zugmodell)

1. Streckensimulation durch Verzögerungseinheit

Bild 7.17 zeigt die Schaltung der *Verzögerungs-Einheit* des Schulungsgerätes, die zur Streckensimulation für Strecken 1. und 2. Ordnung herangezogen werden kann. Die Verzögerungs-Einheit besteht aus zwei Teilen, die jeweils eine Nachbildung einer Strecke 1. Ordnung darstellen. Durch Hintereinanderschalten beider Teile ergibt sich eine nicht schwingfähige Strecke 2. Ordnung. Für jeden Teil kann über einen Schalter eingestellt werden, ob das Verzögerungsglied langsam oder schnell reagieren soll. Über weitere Schalter sind die Zeitkonstanten in 6 Stufen einstellbar. Für die Reihenschaltung beider Teile werden über die beiden einstellbaren Zeitkonstanten die

Größen T_u und T_g beeinflußt, eine Trennung und Zuordnung $T_{S1} = T_u$, $T_{S2} = T_g$ ist aber nicht möglich.

Die Eingangsgröße y bzw. x_e der Strecke ist eine Spannung im Bereich zwischen 0 und 10 V. Die Ausgangsgröße x_a bzw. die Regelgröße x ist ebenfalls eine Spannung im Bereich von 0 bis 10 V. Aufgrund der Schaltungstechnik ist der Eingang hochohmig und belastet seine Steuerquelle nur geringfügig. Der Ausgang ist niederohmig, so daß der Ausgangswiderstand für das Verhalten nachfolgender Einrichtungen praktisch vernachlässigt werden kann.

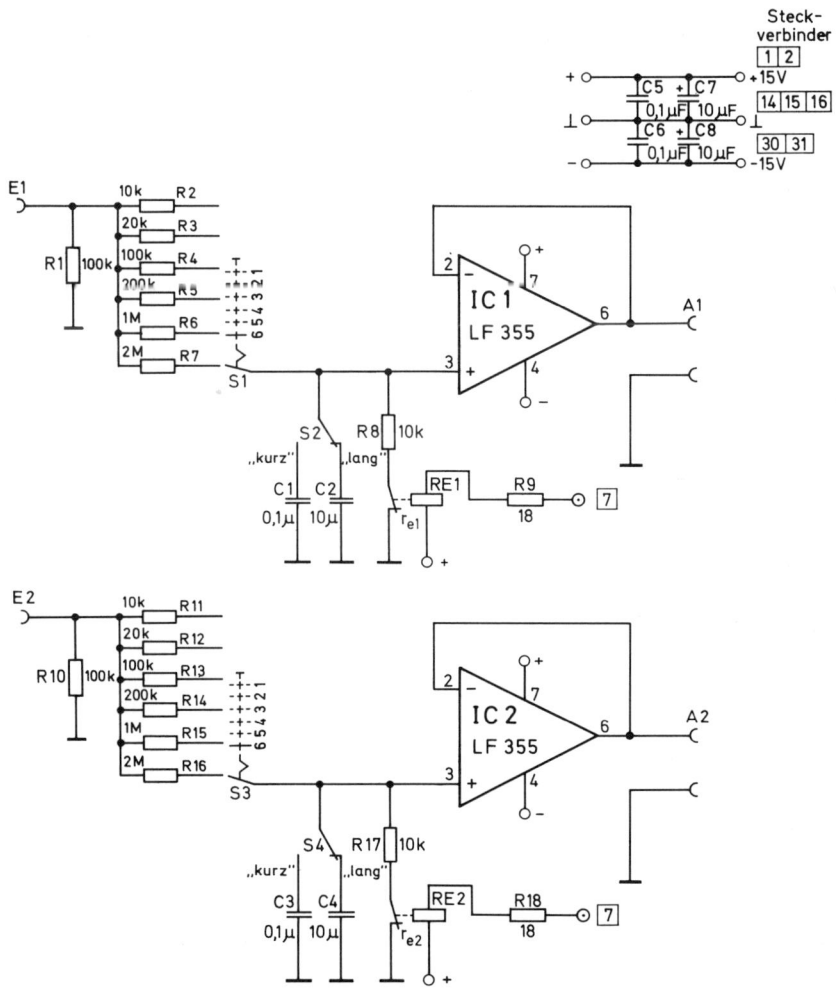

Bild 7.17 Verzögerungs-Einheit des Schulungsgerätes

In den Arbeitsblättern sind hierzu keine besonderen Versuche vorgesehen.

2. Temperatur-Regelstrecke

Die *Temperatur-Regelstrecken-Einheit* enthält vier Regelstrecken mit unterschiedlichen Eigenschaften. Jede Regelstrecke besteht aus einem Heizwiderstand und einem thermisch gekoppelten Meßfühler mit der zugehörigen Elektronik. In **Bild 7.18** ist das Schaltbild der Temperatur-Einheit des Schulungsgerätes wiedergegeben.

Der Temperaturblock 1 besteht aus dem Heizwiderstand R1 (15 Ω/11 W) und dem temperaturabhängigen Widerstand TR1 als Sensor. Der temperaturabhängige Widerstand ist ein PTC der Typenreihe KTY, hier in der Grundausführung KTY 10. Der Nennwiderstand dieses Sensors beträgt 2 kΩ. Da der Heizwiderstand ohne Keramik-Mantel verwendet wird, befindet sich der Sensor in unmittelbarer Nähe der Widerstandswicklung, daher ist die charakteristische Zeitkonstante T_u sehr klein gegenüber der Konstanten T_g. Die Strecke entspricht in ihrem Verhalten weitgehend einer VZ1- bzw. P-T_1-Strecke. Als charakteristischer Wert gilt $T_s \approx 60$ s.

Der Temperaturblock 3 besteht aus dem Heizwiderstand R3 (15 Ω/11 W) und einem KTY 10 als Temperatursensor (TR3). Da der Heizwiderstand hier aber mit Keramikmantel ausgeführt ist, ergibt sich ein Verhalten, daß einer VZ2- bzw. P-T_2-Strecke entspricht. Die charakteristischen Zeitkonstanten sind $T_u \approx 12$ s und $T_g \approx 4$ min.

Der Temperaturblock 2 entspricht dem Temperaturblock 1, verwendet wird der Heizwiderstand R2 (15 Ω/11 W) ohne Keramik-Mantel und ein Temperatursensor KTY 11. Der KTY 11 entspricht elektrisch dem KTY 10, durch eine wesentlich kleinere Kapselung reagiert der Sensor jedoch schneller als der KTY 10, die Zeitkonstante T_s liegt daher bei $T_s \approx 40$ s.

Der Temperaturblock 4 besteht aus einem Heizwiderstand R4 (15 Ω/11 W) ohne Keramikmantel und einem NTC als Temperatursensor (TR4). In ihrem Verhalten entspricht sie dem einer VZ2- bzw. P-T_2-Strecke mit den charakteristischen Konstanten $T_u \approx 10$ s und $T_g \approx 80$ s.

Die Temperaturfühler TR1 ... TR4 arbeiten mit den Widerständen R5 bis R8 und R9 bis R11 in Brückenschaltung. Mit R11 erfolgt der Abgleich der Brücke bei Raumtemperatur. Die Diagonalspannung der Brücke wird verstärkt. Die Verstärkung ist auf die Meßfühler abgestimmt und einstellbar.

Ein Lüftermotor wird in der Betriebsart »Auto« eingeschaltet, wenn am Eingang E1 oder E2 eine negative Spannung anliegt. Über den Schalter S2 (Auto/Man.) kann der Lüfter unabhängig von der Eingangsspannung eingeschaltet werden, um bei der Aufnahme von Kennlinien die Heizwiderstände schneller auf Ausgangstemperatur abkühlen zu können.

Auch die Temperatur-Regelstrecken sind so aufgebaut, daß sie von einer Spannung angesteuert werden können. Die erforderliche Leistung beträgt bei 10 V Steuerspannung angenähert 6,7 W. Beim Schulungsgerät wird die erforderliche Leistung durch Einsatz eines Leistungstreibers (Proportional-Glied, $K_P = 1$) aufgebracht. Die Ausgangsgröße x_a bzw. die Regelgröße x ist eine Spannung im Bereich zwischen 0 und 10 V. Durch die Operationsverstärker als Meßverstärker ist der Ausgang relativ niederohmig.

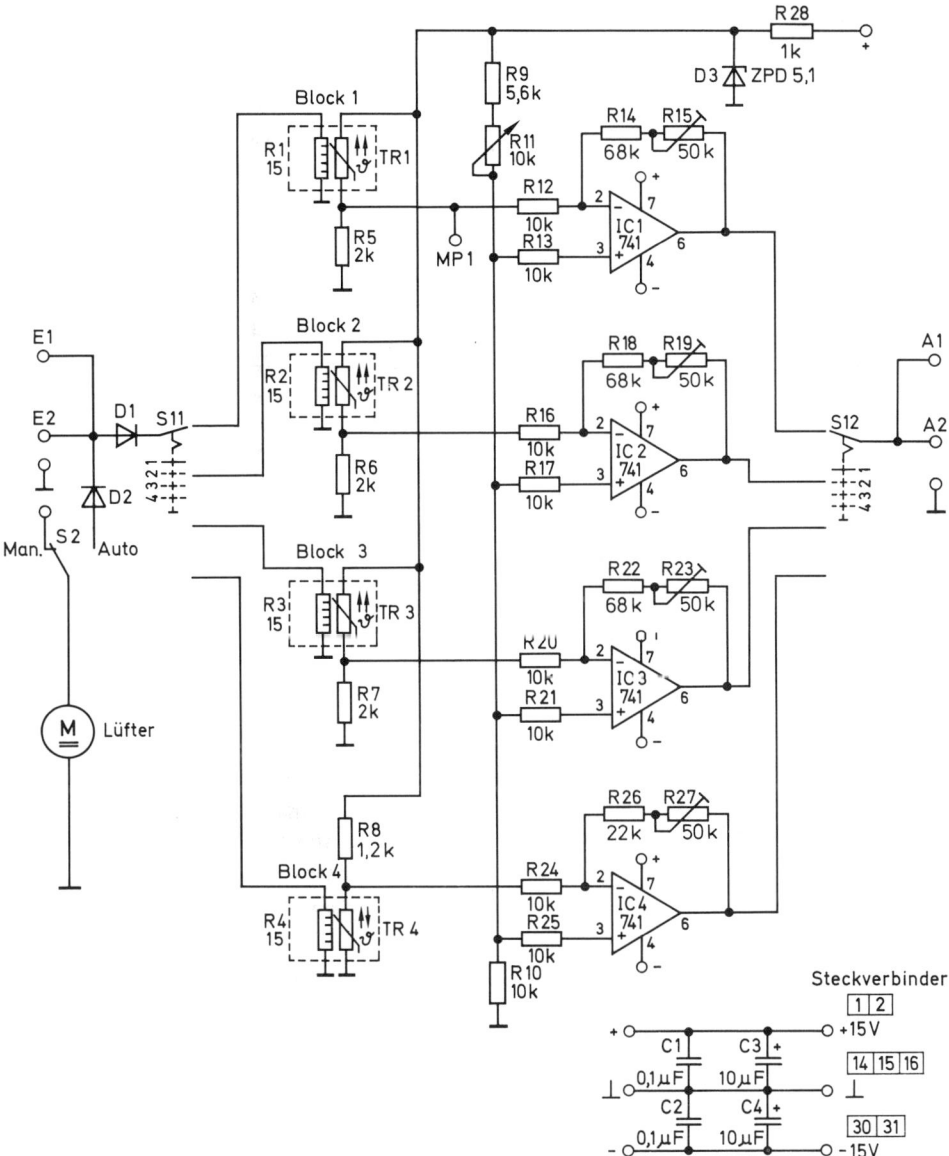

Bild 7.18 Temperatur-Einheit des Schulungsgerätes

401

3. Spannungs-Regelstrecke

Die *Spannungs-Regelstrecke* ist eine vereinfachte Nachbildung eines geregelten Netzgerätes. **Bild 7.19** zeigt die Schaltung der Netzteil-Einheit.

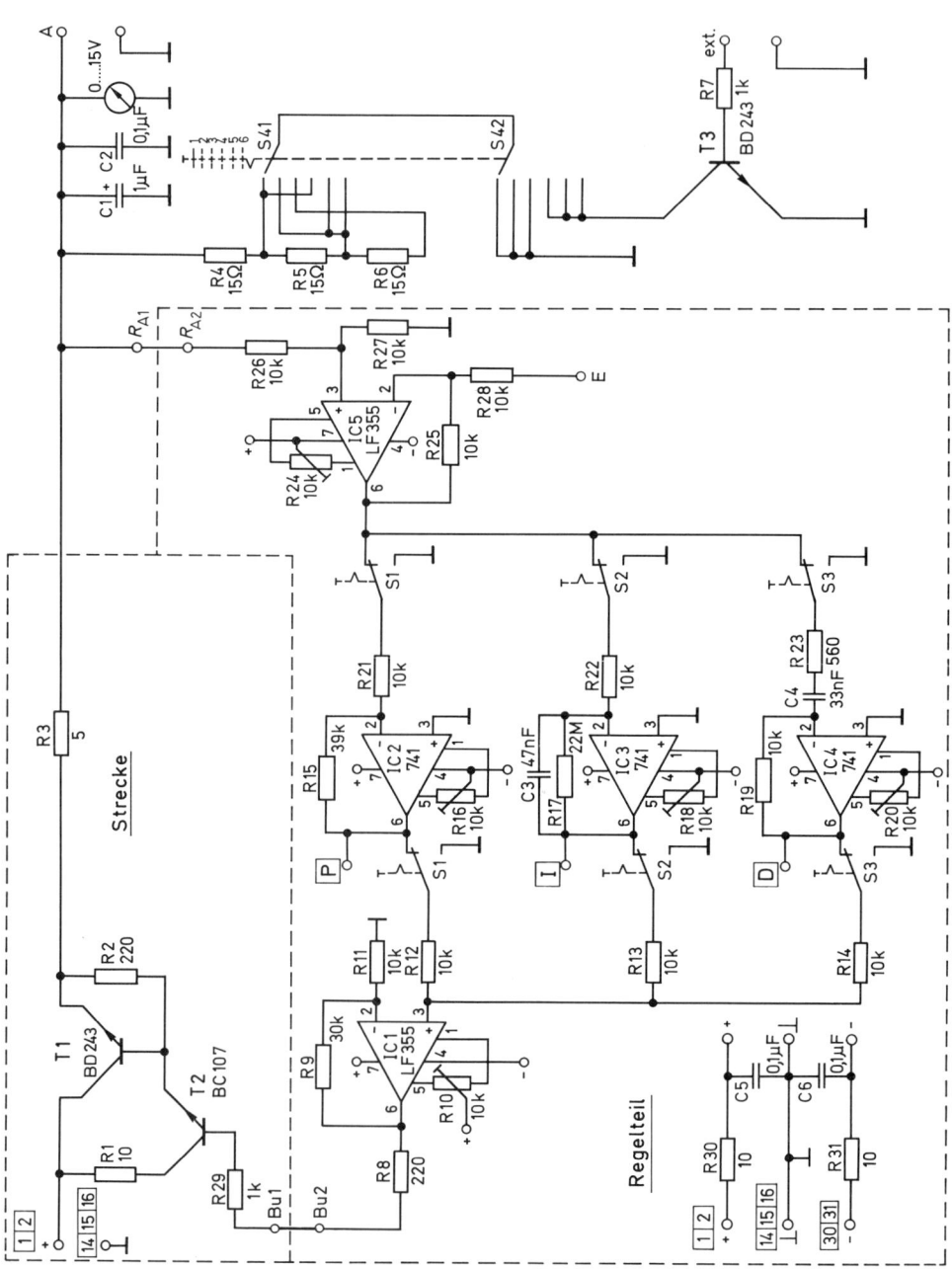

Bild 7.19 Netzteil-Einheit des Schulungsgerätes

Bei der Netzteil-Einheit handelt es sich um eine sehr schnelle Strecke, daher war es erforderlich, die Regeleinrichtung speziell an diese Strecke anzupassen (Schwing-neigung). Die Regeleinrichtung ist in die Netzteil-Einheit mit eingebaut. Im Aufbau entspricht sie der PID-Einheit des Schulungsgerätes.

4. Drehzahl-Regelstrecke

Die *Drehzahl-Regelstrecke* besteht aus dem Leistungsverstärker und einem Motor-Generator-Block. Als Motor dient ein 12 V-Gleichstrommotor mit Permanentmagnet. An den Motor angeflanscht ist ein Inkrementalgeber mit zwei Impulskanälen, die 100 Impulse je Umdrehung erzeugen. Die Impulsscheibe ist fest mit der Motorwelle verbunden und so montiert, daß die Impulsfolgen um etwa 90° gegeneinander phasen-verschoben sind. **Bild 7.20** zeigt die Schaltung der Drehzahl-Regelstrecke. Um den Motor belasten zu können, ist ein entsprechender Motor als Generator vorgesehen. Die Belastung erfolgt durch Widerstände als Generatorlast. Die Last ist stufenförmig schaltbar.

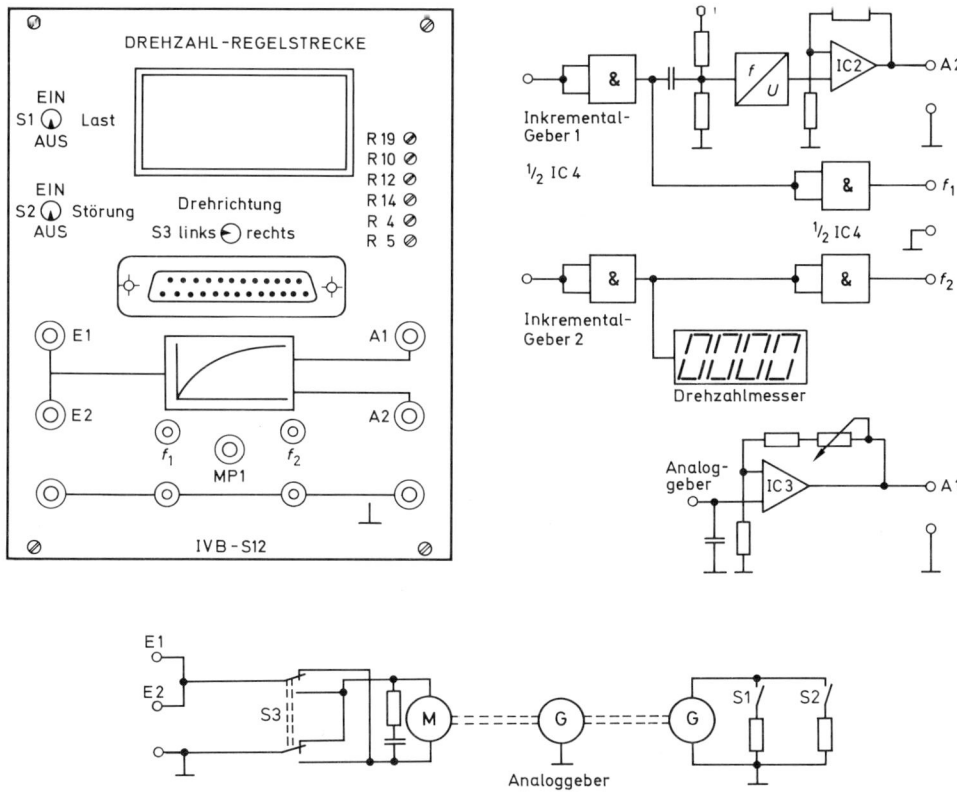

Bild 7.20 Drehzahl-Regelstrecke

Die Ansteuerung des Motors erfolgt wieder über den Leistungstreiber des Schulungs-gerätes. Eingangsgröße x_e bzw. Stellgröße y ist eine Spannung zwischen 0 und 10 V. Für die Drehzahlerfassung werden die Impulse des Inkrementalgebers aufbereitet und in eine der Drehzahl proportionale Gleichspannung umgewandelt. Die Ausgangsgröße x_a oder die Regelgröße x ist eine Spannung zwischen 0 und 10 V.

5. Positionier-Regelstrecke

Die *Positionier-Regelstrecke* besteht aus einer Gleisfahrbahn mit Transportwagen. Der Wagen wird von einem 12 V-Gleichstromgetriebemotor mit Permanentmagnet über Seilzüge bewegt. Mit der Seiltransporteinrichtung starr verbunden ist ein 10-Gang-Potentiometer als Lagegeber. Eingangsgröße x_e (Stellgröße y) ist eine Spannung zwischen 0 und +/− 10 V, da für eine Positionierung der Rechts-/Linkslauf des Antriebes erforderlich ist. Die benötigte Energie wird durch den zwischengeschalteten Leistungs-treiber bereitgestellt. Es handelt sich hier, durch die hohe Untersetzung beim Ge-triebemotor, um eine langsame Integral-Strecke. Die Ausgangsgröße x_a, bzw. die Regelgröße x, wird über den an 10 V liegenden potentiometrischen Weggeber erzeugt. Sie kann also hier zwischen 0 und 10 V liegen.

In **Bild 7.21** ist das Prinzip der Positionier-Regelstrecke und die zugehörige Schaltung angegeben.

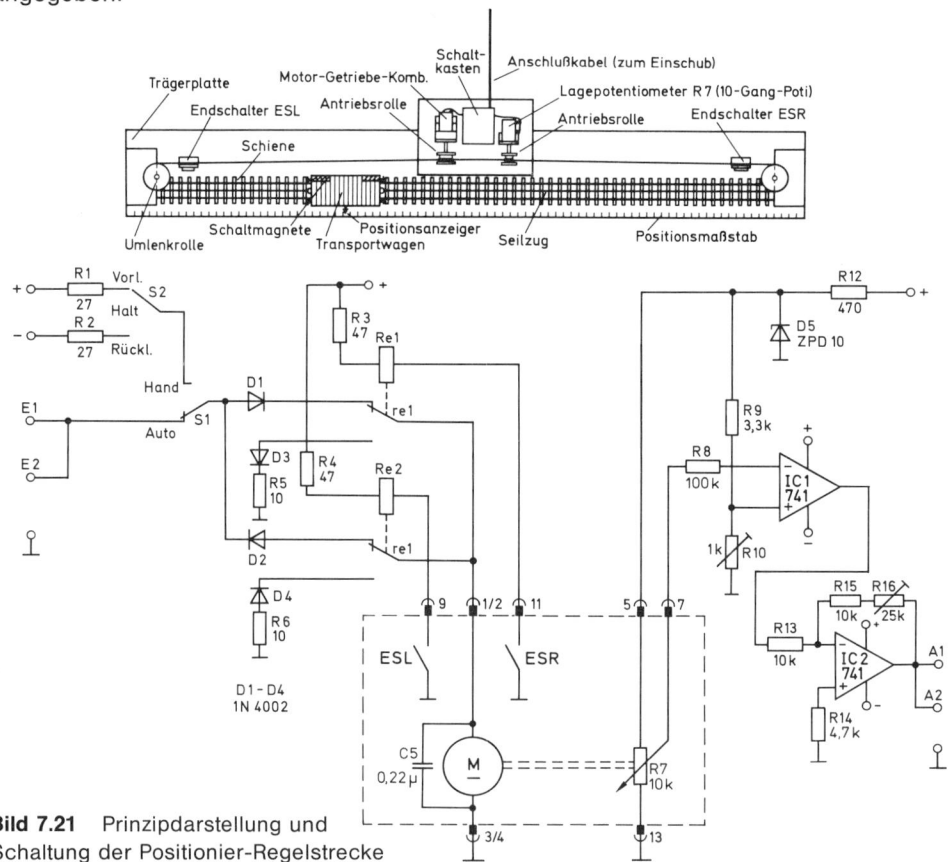

Bild 7.21   Prinzipdarstellung und Schaltung der Positionier-Regelstrecke

6. Modell einer Füllstands- und Durchfluß-Regelstrecke

Bei den bisher beschriebenen Modellstrecken nicht berücksichtigt wurden die Strecken mit Massenströmen. **Bild 7.22** zeigt eine Modellstrecke aus Behälter und Pumpsystem. Diese Modellstrecke eignet sich mit entsprechenden Aufnehmern für die Untersuchung von Füllstands- und Durchflußregelvorgängen. In den Arbeitsblättern sind hierzu keine Übungen vorgesehen.

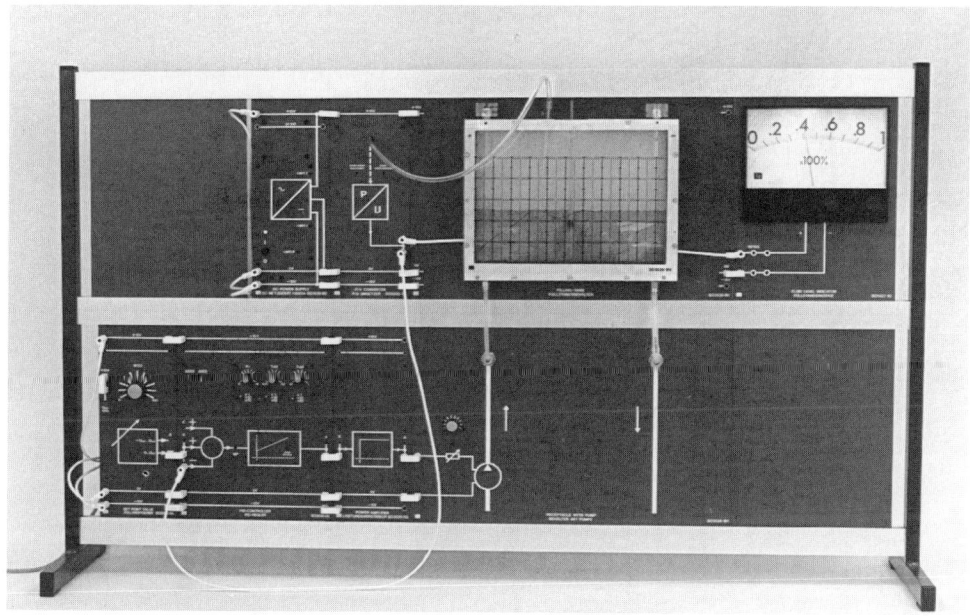

Bild 7.22   Regelmodell für Füllstand und Durchfluß (Lucas-Nülle)

Die Regelstrecke besteht aus einem Vorratsbehälter mit Pumpe und einem transparenten Flüssigkeitsbehälter als eigentlicher Strecke. Die Verbindung beider Einheiten erfolgt über Schläuche für die Flüssigkeitszuführung zum transparenten Behälter und für den Rücklauf in den Vorratsbehälter. Die Leistung der Pumpe ist einstellbar. Der Zulauf kann so eingestellt werden, daß er entweder am Boden oder auch an der Oberkante des Behälters liegt. Durch Querschnittsänderung beim Zulauf läßt sich die Zulaufmenge beeinflussen. Durch die Transparenz des Behälters kann auf einer aufgelegten Folie in einfacher Weise der Füllvorgang protokolliert werden.

Ist der Abfluß geschlossen, so entspricht der Füllvorgang dem Verhalten einer I-Strecke. **Bild 7.23** zeigt Füllvorgänge für drei unterschiedliche Pumpenleistungen. Aus dem Meßprotokoll lassen sich die zugehörigen Konstanten K_{IS} ermitteln. Die Ergebnisse sind in Bild 7.23 eingetragen. Der Füllstand im Behälter wird durch einen Überlauf begrenzt ($\triangleq$ Anschlag).

Meßtechnisch läßt sich der Füllstand auch durch eine Druckmessung bestimmen. Das Ausgangssignal beträgt bei maximaler Füllhöhe z. B. 10 V.

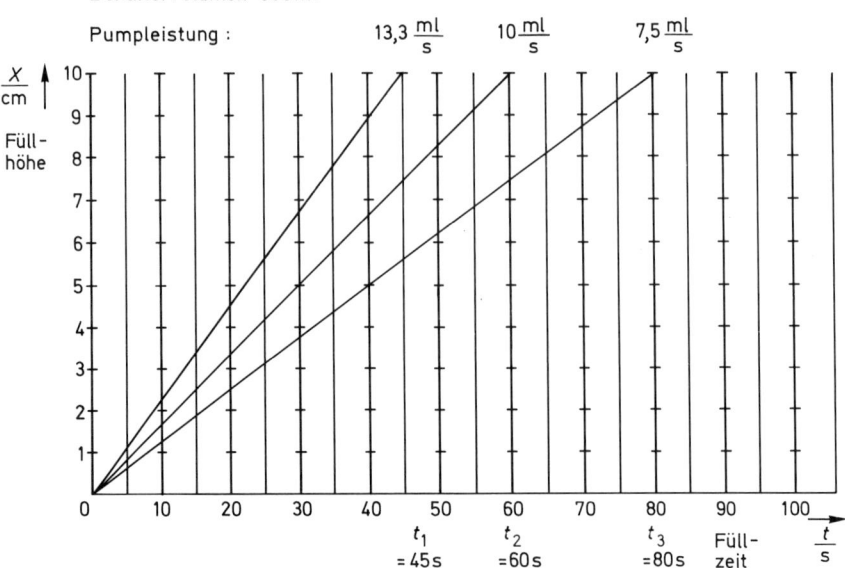

Bild 7.23 Füllstandsstrecke als I-Strecke

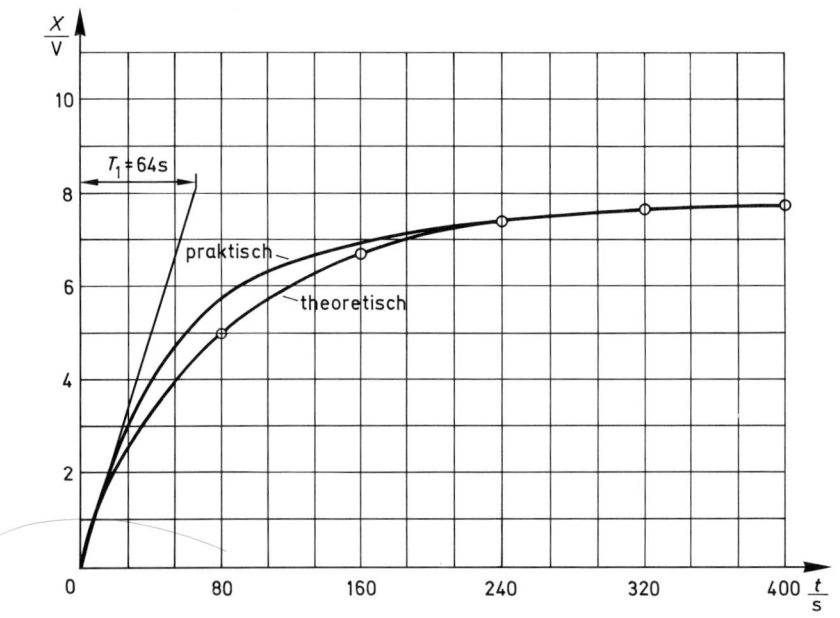

Bild 7.24 Füllstandsstrecke als T_1-Strecke (Strecke mit Verzögerung 1. Ordnung)

Ein anderes Streckenverhalten ergibt sich, wenn der Abfluß geöffnet wird. Aufgrund des Zulaufes steigt zunächst der Füllstand. Durch einen Abfluß am Boden fließt jedoch auch Flüssigkeit ab. Die abfließende Flüssigkeitsmenge hängt aber vom hydrostatischen Druck, also von der Höhe des Flüssigkeitsspiegels über dem Ablauf, ab. Bei konstantem Zulauf stellt sich ein Zustand ein, für den die Ablaufmenge gleich der Zulaufmenge ist. Es handelt sich um eine Strecke mit Ausgleich 1. Ordnung. **Bild 7.24** zeigt eine aufgenommene Meßkurve, zum Vergleich sind die berechneten Werte eingetragen. Die Abweichungen entstehen aufgrund unregelmäßiger Pumpenleistung und anderer Effekte aus dem Strömungsablauf.

Durch Einsetzen von Blenden mit unterschiedlichen Öffnungen in der Mitte des Behälters lassen sich auch andere Streckenverhalten nachbilden, wie z. B. das Verhalten einer integralen Strecke mit Totzeit oder einer Strecke mit Verzögerung höherer Ordnung.

Die Stellgröße y für die Strecke ist die Steuerspannung für die Pumpe. Die Ausgangsgröße x_a, und damit für die Regelung die Regelgröße x, ist der Füllstand im Behälter.

Das Füllstandsmodell ermöglicht auch Untersuchungen mit Durchflußmessungen. Hierzu wird die Durchflußmenge durch die Drehzahl einer Meßturbine bestimmt. Abhängig von der Drehzahl werden Impulse erzeugt, die nach Umwandlung eine der Durchflußmenge proportionale Gleichspannung ergeben. Bei dem Meßwertgeber des Systems entspricht eine Spannung von 1 V 0,1 l/min Durchfluß.

Die Stellgröße y für die Strecke ist die Steuerspannung für die Pumpe. Die Ausgangsgröße x_a, und damit für die Regelung die Regelgröße x, ist die dem Durchfluß proportionale Spannung.

7.2 Regeleinrichtungen

7.2.1 Allgemeines

Die zweite, wichtige Baugruppe einer Regelung ist die Regeleinrichtung. Sie hat die Aufgabe, ausgehend von der Regelgröße x und der Führungsgröße w, über das Stellglied so auf die Regelstrecke einzuwirken, daß die Ausgangs- bzw. Regelgröße x sich aufgabengemäß verhält. Im allgemeinen ist die Aufgabenstellung und damit die Strecke vorgegeben. Es ist dann erforderlich, die Regeleinrichtung an die Strecke anzupassen.

Bei Massenprodukten lohnt sich die Entwicklung von speziellen, auf den Anwendungsfall zugeschnittenen Regeleinrichtungen. Die Einstellmöglichkeiten werden dabei soweit wie möglich reduziert oder entfallen gänzlich. Beispiele sind z. B. Kraftfahrzeug-Batterieladeregler, Regler in Haushaltsgeräten, Regler für Heizungs- und Klimageräte.

Bei kleineren Anwendungsstückzahlen oder anlagenspezifischer Auslegung ist es zweckmäßiger, die Regeleinrichtung aus fertig entwickelten Einheitsbaugruppen zusammenzustellen und die Anpassung über Bereichsauswahl und Parametereinstellung durchzuführen.

Die Anwendung erfordert hier die richtige Auswahl eines Standardreglers und die richtige Einstellung der Parameter. Von der Industrie werden zahlreiche Reglerfamilien mit aufeinander abgestimmten Baugruppen angeboten.

Die Anwendung von Standard-Regeleinrichtungen setzt voraus, daß über die zu verarbeitenden Signale Vereinbarungen getroffen werden. Derartige Einheitssignale sind z. B.:

Eingang

Spannung: $u = \pm\ 10$ V, $\quad u = 0 \ldots 10$ V, $\quad u = 0 \ldots 5$ V,

$\quad\quad\quad\quad\ u = 0 \ldots 1$ mV, $\quad u = 0 \ldots 50$ mV, $u = 10 \ldots 50$ mV, $\quad u = \pm\ 50$ mV

Strom: $\quad\ i\ = 0 \ldots 20$ mA, $\quad i\ = 4 \ldots 20$ mA, $\quad i\ = \pm\ 20$ mA

Druck: $\quad p = 0{,}2 \ldots 1$ bar

Ausgang

Spannung: $u = \pm\ 10$ V, $\quad\quad u = 0 \ldots 10$ V

Strom: $\quad\ i\ = 0 \ldots 20$ mA, $\quad i\ = 4 \ldots 20$ mA

Druck: $\quad p = 0{,}2 \ldots 1$ bar

Je nach vorgegebener Strecke kann eine Regeleinrichtung in entsprechender Technologie ausgeführt sein. So gibt es z. B. mechanische, hydraulische, pneumatische, elektrische und elektronische Regeleinrichtungen. Mit fortschreitender Miniaturisierung und steigender Integration hat sich die elektronische Regeleinrichtung in den meisten Anwendungen durchgesetzt. Begünstigt wird diese Entwicklung durch kostengünstige Mehrfachoperationsverstärker und Halbleitersensoren mit integrierten Anpassungsund Linearisierungsschaltungen.

Regeleinrichtungen werden häufig nach zwei Gesichtspunkten klassiert:

Regeleinrichtung ohne Hilfsenergie

Bei der Regeleinrichtung ohne Hilfsenergie wird die für den Betrieb der Regeleinrichtung und die Betätigung des Stellgliedes erforderliche Energie aus dem Prozeß selbst entnommen. Mit einer derartigen Regeleinrichtung arbeitet z. B. die Füllstandsregelung. **Bild 7.25** zeigt diese Regeleinrichtung.

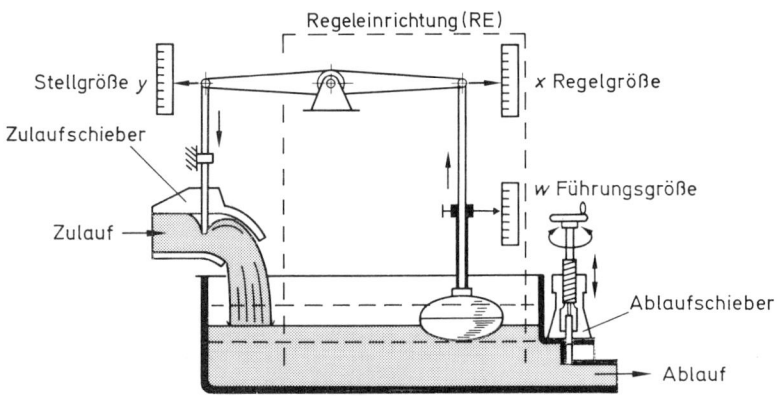

Bild 7.25 Regeleinrichtung ohne Hilfsenergie

Regeleinrichtung mit Hilfsenergie

Bei der Regeleinrichtung mit Hilfsenergie wird für den Betrieb der Regeleinrichtung und des Stellgliedes eine zusätzliche Energiequelle erforderlich. Elektronische Regeleinrichtungen und Leistungsverstärker für Stellmotoren sind Beispiele von Baugruppen mit Hilfsenergie **(Bild 7.26)**.

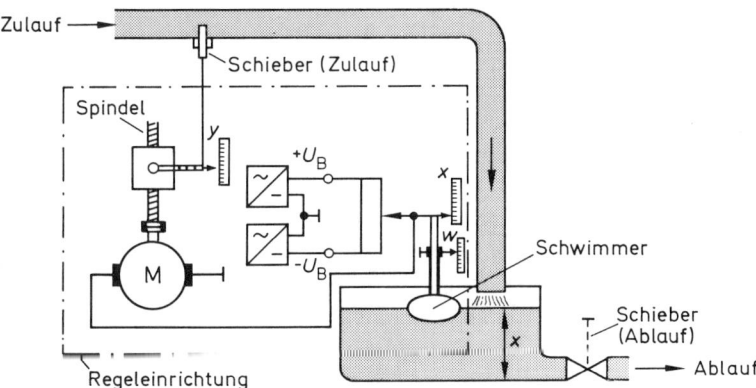

Bild 7.26 Regeleinrichtung mit Hilfsenergie

Eine weitere Klassierung wird nach der Art und Weise vorgenommen, wie das Stellglied angesteuert wird und reagiert:

Stetige Regelung

Bei stetiger Regelung kann das Stellglied in jede beliebige Stellung zwischen den konstruktiven Endwerten gesteuert werden. Hierzu wird der Ausgang der Regeleinrichtung auf entsprechende Werte gesteuert. Auch zur stetigen Regelung gehört die Schrittregelung. Hier liefert die Regeleinrichtung diskrete Amplitudenwerte unterschiedlicher Dauer an das Stellglied. Damit kann das Stellglied auf jeden Wert eingestellt werden. Beispiel ist ein motorgetriebenes Ventil. Hier arbeitet der Motor zur Einstellung, darf aber bei Erreichen der gewünschten Stellung keine Betriebsspannung mehr erhalten.

Unstetige Regelung

Bei der unstetigen Regelung kann das Stellglied nur auf bestimmte, feste Werte eingestellt werden. Beispiele sind die Ausführung des Stellgliedes als Schalter »Ein« – »Aus«, als Magnetventil »Auf« – »Zu«. Auch eine Ansteuerung in drei Zuständen ist möglich. Beispiele sind der Motor »Rechtslauf« – »Stop«-»Linkslauf« und die Klimaeinrichtung »Heizen« – »Aus« – »Kühlen«.

Bei den elektronischen Regeleinrichtungen werden unterschieden:

Analog-Regeleinrichtungen

Die Analogregeleinrichtungen verarbeiten z. B. analoge Spannungs- oder Stromwerte über Rechenverstärker. Wichtigstes Bauelement in Schaltungen der Analog-Regeleinrichtungen ist der Operationsverstärker, der durch Beschaltung bestimmte Verhaltensweisen erhält. Beispiele solcher Grundschaltungen sind nichtinvertierender und invertierender Verstärker mit OP, Addier- und Subtrahierverstärker mit OP, integrierender und differenzierender Verstärker mit OP.

Digital-Regeleinrichtung

Die Digitalregeleinrichtung erhält ihre Eingangsgrößen in digitaler Form. Aus den Eingangsgrößen wird über ein Rechenprogramm in einem Digitalrechner der Verlauf der Ausgangsgröße der Regeleinrichtung errechnet. Über Parameter kann das Rechenprogramm beeinflußt werden. Um Digital-Regeleinrichtungen in der Praxis einfacher einsetzen zu können, wird in der Baueinheit einer Digitalregeleinrichtung die Umwandlung der Regelgröße vom Analogwert in eine Digitalgröße mit vorgesehen. Auch die digitale Ausgangsgröße wird wieder in eine analoge Größe umgewandelt. Eine solche Baueinheit kann dann auch im Austausch für eine analoge Regelung verwendet werden.

7.2.2 Aufbau der Regeleinrichtung

Die Regeleinrichtung besteht aus dem *Vergleicher* und dem eigentlichen *Regler*. Die Eingangsgrößen der Regeleinrichtung sind die Führungsgröße w und die Regelgröße x. Die Ausgangsgröße der Regeleinrichtung ist die Stellgröße y, die im Sinne einer Gegenkopplung (Wirkungsumkehr) so auf das Stellglied der Regelstrecke einwirkt, daß die Regelgröße aufgabengemäß beeinflußt wird. Der Vergleicher bildet aus Führungsgröße w und Regelgröße x die Regeldifferenz $x_d = w - x$. Die Regeldifferenz steuert den Regler an, der gemäß seinem eingebauten und eingestellten Übertragungsverhalten die Stellgröße $y = f(x_d)$ bildet **(Bild 7.27)**.

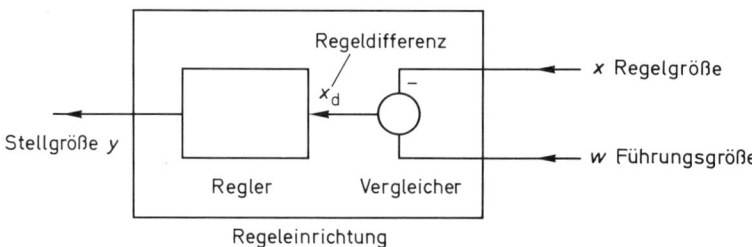

Bild 7.27 Aufbau der Regeleinrichtung

Alle weiteren Hilfseinrichtungen, wie Sensoren, Meßwertumformer, Stellantriebe usw. werden – wie schon im Abschnitt 7.1.1 festgelegt – zur Regelstrecke gerechnet.
In gerätemäßig aufgebauten Regeleinrichtungen ist der Vergleicher und meist auch der Sollwerteinsteller für die Führungsgröße w mit eingebaut. Diese Regeleinrichtung wird in der Praxis oft vereinfachend als Regler bezeichnet. Es wird dann das Übertragungsverhalten $y = f(x)$ für $w = $ const. beschrieben.

7.2.3 Der Vergleicher

Der Vergleicher hat die Aufgabe, aus der Führungsgröße w und der Regelgröße x die Regeldifferenz $x_d = w - x$ zu bilden (**Bild 7.28**).

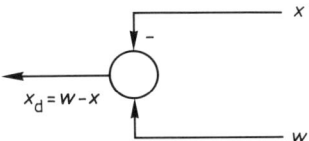

Bild 7.28 Symbolische Darstellung des Vergleichers

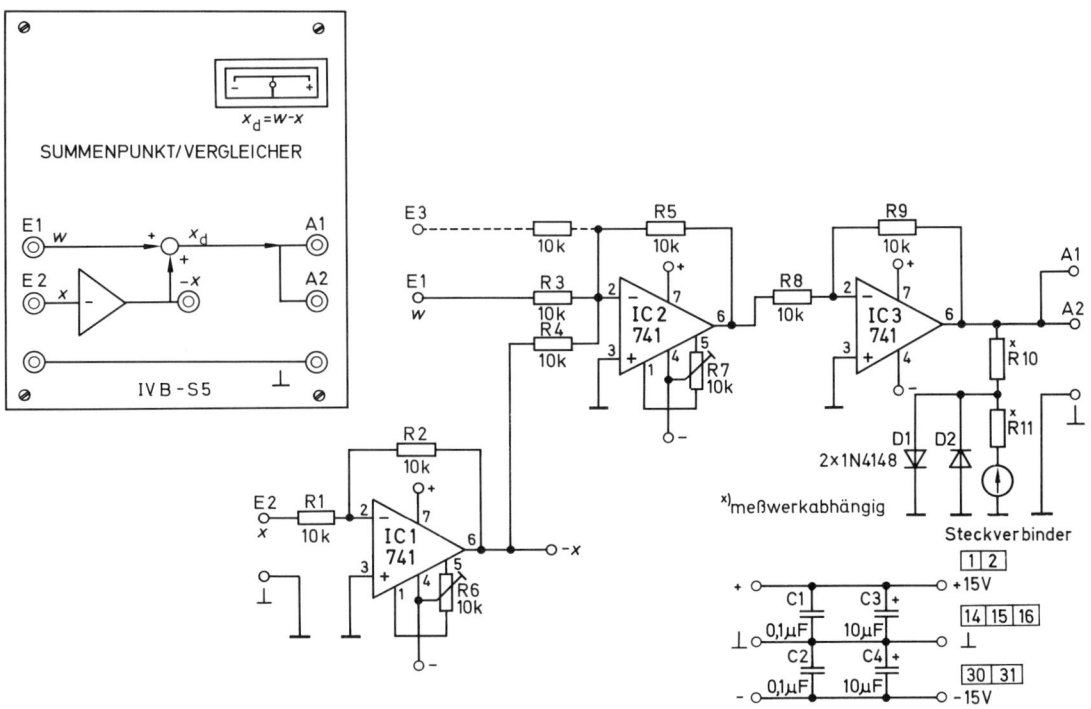

Bild 7.29 Summenpunkt/Vergleicher des Schulungsgerätes

411

Bei praktisch ausgeführten Regeleinrichtungen ist der Vergleicher nicht als eigenständige Baugruppe zu erkennen. Um den Wirkungsablauf eindeutig und vom eigentlichen Regler getrennt darstellen zu können, ist der Vergleicher im Schulungsgerät eine eigene Baugruppe. **Bild 7.29** zeigt den Aufbau.

Entsprechend den unterschiedlichen Technologien sind auch eine Vielzahl von Vergleicherbauformen entwickelt worden. Unter Einbeziehung bekannter physikalischer Zusammenhänge können dabei durchaus auch unterschiedliche physikalische Größen miteinander verglichen werden.

Beispiele:

Mechanik

In mechanischen Regelanlagen dient häufig der Hebel als Vergleicher **(Bild 7.30)**.

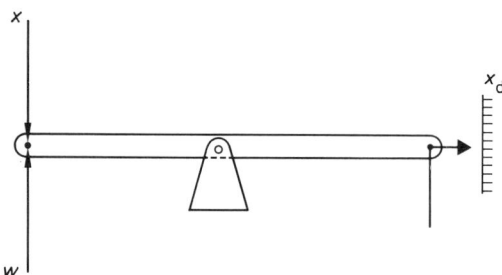

Bild 7.30 Hebel als Vergleicher

Pneumatik

In pneumatischen Systemen findet häufig das System Düse-Prallplatte als Vergleicher Verwendung **(Bild 7.31)**.

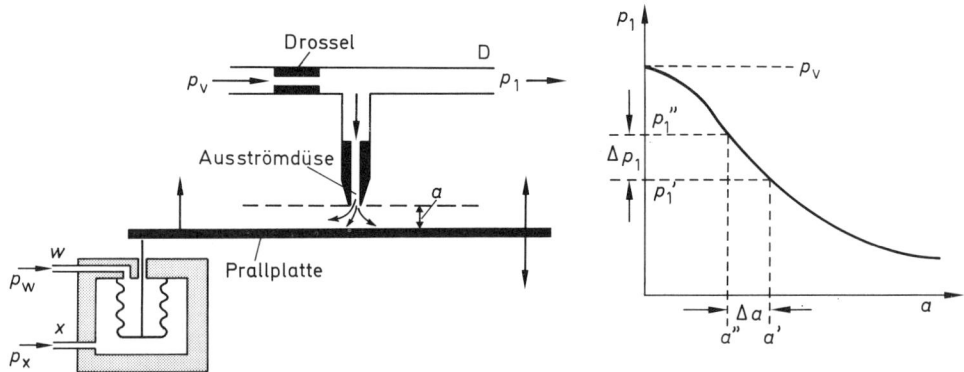

a) vereinfachtes Konstruktionsprinzip

b) Kennlinie $p_1 = f(a)$

Bild 7.31 Düse-Prallplatte-System

Ein Vordruck p_v wirkt auf das Düse-Prallplatte-System. Durch die feste Drossel und die Ausströmdüse stellt sich am Anschluß D ein Druck p_1' ein, der kleiner ist als der Druck p_v. Zu diesem Druck p_1'
gehört ein bestimmter Abstand a' der Prallplatte von der Ausströmdüse. Dieser Abstand wird
durch einen bestimmten Druck p_x' am Anschluß x und einen bestimmten Druck p_w' am Anschluß w
eingestellt. Wird der Druck p_x' auf p_x'' erhöht, erfolgt eine Verschiebung der Prallplatte nach oben.
Eine Verkleinerung des Abstandes der Prallplatte von der Ausströmdüse auf a'' bewirkt einen
Druckanstieg um Δp_1 auf p_1'' am Anschluß D. Die Größe Δp_1 ist abhängig von der Differenz der
Drücke p_x und p_w. Es handelt sich daher beim Düse-Prallplatte-System um einen Vergleicher.

Elektronik

Zum Vergleich von zwei Signalen eignet sich die Brückenschaltung **(Bild 7.32)**.

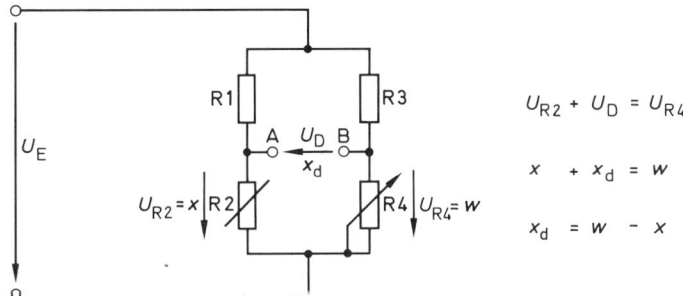

$$U_{R2} + U_D = U_{R4}$$

$$x + x_d = w$$

$$x_d = w - x$$

Bild 7.32 Brückenschaltung als Vergleicher

Im linken Brückenzweig liegt die Reihenschaltung eines Widerstandes R1 mit einem von einer
physikalischen Größe, z. B. der Temperatur, abhängigen Widerstand R2. Die am Widerstand R2
abfallende Spannung U_{R2} ist die Regelgröße x. Im rechten Zweig liegen die Widerstände R3 und
R4. Durch die Einstellung des Widerstandes R4 kann die Spannung U_{R4} auf den gleichen Wert wie
U_{R2} gebracht werden (Sollwert w). Die Spannungsdifferenz U_D zwischen beiden Spannungen ist
Null. Sie kann als Diagonalspannung gemessen werden. Wird für die Spannung der Punkt A als
Bezugspunkt gewählt, so entspricht die Diagonalspannung U_D der Regeldifferenz x_d.
Bild 7.33 zeigt einen Operationsverstärker mit Beschaltung. Auch dieser Verstärker kann als
Vergleicher verwendet werden.

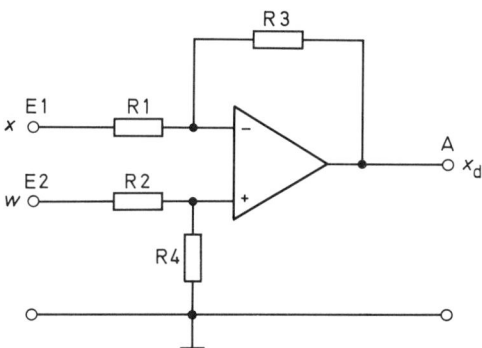

Bild 7.33 Differenzverstärker als Vergleicher

Wird $R_1 = R_2 = R_3 = R_4$ gewählt, so ergibt sich die Vergleicherfunktion für $x = u_{E1}$, $w = u_{E2}$ zu
$x_d = w - x = u_{E2} - u_{E1}$.

7.2.4 Führungsgrößengeber (Sollwert-Geber)

Der im Abschnitt 7.2.3 beschriebene Vergleicher (Bild 7.28) benötigt zwei Eingangsgrößen. Die eine ist die in geeigneter Form durch die Meßeinrichtung erfaßte und
aufbereitete Regelgröße x. Die andere ist die Führungsgröße w. Sie wird durch den
Führungsgrößen-Geber erzeugt. Es ist keine eigentliche Baugruppe des Regelkreises,
sondern wirkt von außen her steuernd auf ihn ein. Über die Führungsgröße wird der
Sollwert für die Regelgröße x vorgegeben, daher wird der Führungsgrößen-Geber
auch als Sollwert-Geber bezeichnet.
Je nach der angewendeten Technologie (elektrisch, hydraulisch, pneumatisch usw.)
und der technischen Ausführungsform des Vergleichers werden unterschiedliche Prinzipien angewendet, um die Führungsgröße zu erzeugen. Dabei sind auch Umwandlungen von einer physikalischen Größe in eine andere mittels bekannter physikalischer
Gesetzmäßigkeiten gebräuchlich. Ein Beispiel ist eine durch den elektrischen Strom I
erzeugte mechanische Kraft F.
Als Führungsgröße für den Vergleicher bzw. den Regelkreis können z. B. Größen dienen,
die sich leicht verändern lassen: Spannung U, Strom I , Frequenz f, Druck p, Kraft F,
Kontaktabstand a, Winkel α. **Bild 7.34** zeigt schematisch einige Arten von Sollwert-
Gebern.

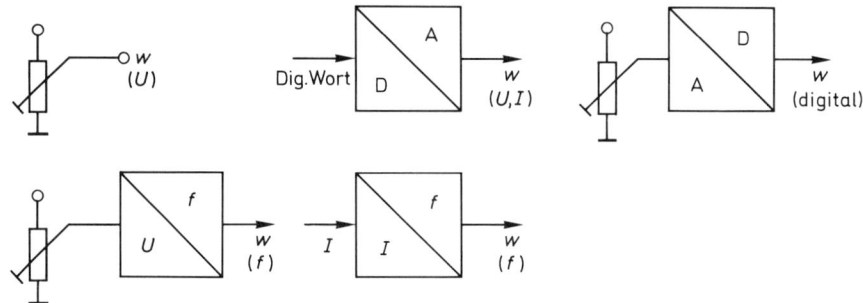

Bild 7.34   Beispiele für Sollwert-Geber

Auf die vielfältigen Ausführungsformen einzugehen, würde den Umfang dieser Einfüh-
rung überschreiten.
Die Führungsgröße w stellt für den Regelkreis die Referenz bzw. den vorzugebenden
Vergleichswert dar. Daher muß der Sollwert-Geber unbedingt zwei wichtige Grund-
forderungen erfüllen:
– die Führungsgröße w darf nicht durch Ereignisse im Regelkreis beeinflußt werden
   (Rückwirkungsfreiheit).
– Umwelteinflüsse (wie Schwankungen der Versorgung, Temperatur usw.) dürfen die
   Führungsgröße nicht verändern.
Bei Kompaktreglern ist der Sollwert-Geber meist ein Konstruktionselement der Regeleinrichtung. Bei Systemreglern ist der Sollwert-Geber oft in die Baugruppe Regeleinrichtung mit eingebaut. Vereinfachungen im Aufbau ergeben sich hier häufig dadurch,
daß das Anzeigesystem zur Anzeige von Soll- und Istwert verwendet wird. Aber auch die
externe Erzeugung und Zuführung der Führungsgröße kommt vor.

Bei manchen Anwendungen wird die Führungsgröße stufig verändert. Reagiert der Regelkreis darauf zu empfindlich, wird die verzögerte Führungsgrößen-Aufschaltung angewendet. Hierbei wird zwischen Sollwert-Geber und Vergleicher ein Verzögerungsglied 1. oder 2. Ordnung angeordnet, das für eine verzögerte Aufschaltung der Führungsgrößen-Änderung auf den Vergleicher sorgt **(Bild 7.35)**.

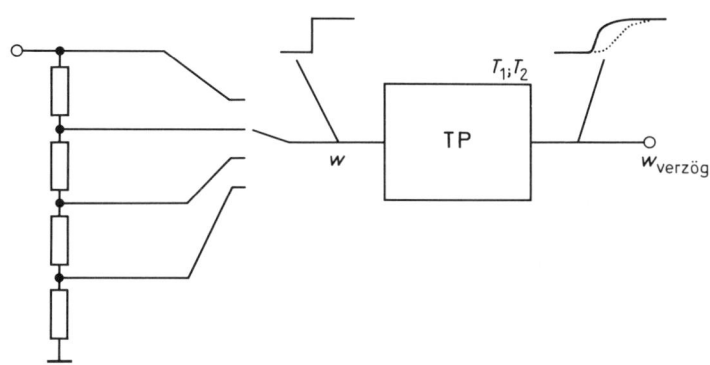

Bild 7.35 Verzögerte Führungsgrößen-Aufschaltung

Als Sollwert-Geber dient häufig auch ein Regelkreis. Die Regelgröße x_1 des Regelkreises 1 wird dann als Führungsgröße w_2 für den Regelkreis 2 benutzt. Üblich sind Bezeichnungen wie *Folgeregelung* oder *Master-Slave-Regelung*. Anwendungsgebiete sind z. B. Antriebsregelungen, wenn die Drehzahlen gleich gehalten werden sollen, ohne daß ein Synchronlauf verlangt wird.

Ein weiteres Beispiel sind Netzgeräte für symmetrische Betriebsspannungen, wie sie für Operationsverstärker benötigt werden. Die Betriebsart mit Folgeregelung wird hier als Tracking-Betrieb bezeichnet. **Bild 7.36** zeigt den Aufbau einer derartigen Folgeregelung.

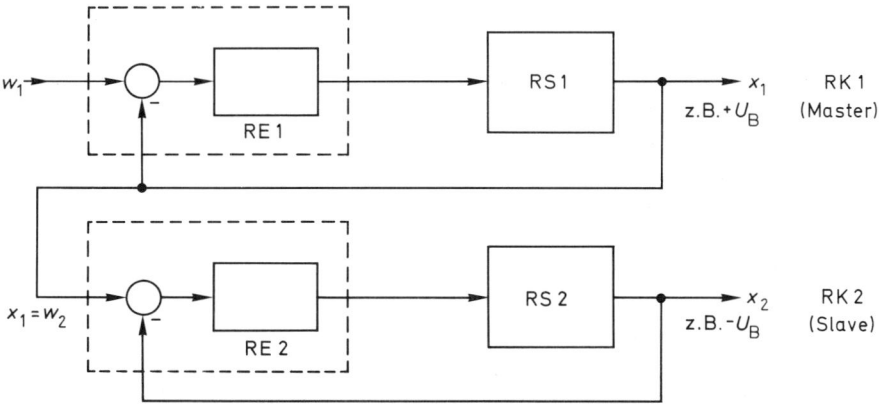

Bild 7.36 Führungsgrößen-Bildung für Folgeregelkreis

Bei einer Veränderung der Führungsgröße w_1 folgt die Regelgröße x_2 automatisch der Regelgröße x_1. Dabei können je nach konstruktiver Auslegung auch unterschiedliche Vorzeichen oder Maßstabsfaktoren zwischen x_1 und x_2 wirksam sein.

Im Schulungsgerät werden als Sollwert-Geber Stufenschalter verwendet. Der Sollwert-Geber ist Teil der Signalgeber-Einheit für Führungsgrößen und Störgrößen.

7.2.5 Regler

In der Regeleinrichtung folgt auf den Vergleicher der eigentliche Regler. Dem Regler fällt die Aufgabe zu, aus der Regeldifferenz x_d eine Stellgröße y zu erzeugen, die den für die Regelaufgabe zweckmäßigen Verlauf hat. Im einfachsten Fall wird die Regeldifferenz nur verstärkt. Ein solcher Regler wird als Proportionalregler bezeichnet.

Andere zeit- und signalabhängige Beeinflussungen sind möglich, sie entsprechen den Funktionen der Grundübertragungsglieder.

Übliche Regler sind:

P-Regler: proportionales Verhalten
I-Regler: integrales Verhalten
D-Regler: differentiales Verhalten
PD-Regler: proportional-differentiales Verhalten
PI-Regler: porportional-integrales Verhalten
PID-Regler: porportional-integral-differentiales Verhalten

Die charakteristischen Parameter sind einstellbar.

Eine Sonderstellung nehmen die schaltenden, auch als unstetige bezeichneten, Regler ein. Hier hat abhängig von der Größe der Regeldifferenz x_d die Stellgröße bestimmte Werte. Ein Zweipunktregler hat dabei 2 Zustände, ein Dreipunktregler hat entsprechend 3 Zustände für die Stellgröße y. Die Regler werden in den folgenden Abschnitten, unterschieden nach stetigen und unstetigen Reglern, ausführlich behandelt.

7.3 Stetige Regler

Bei den stetigen Reglern kann die Ausgangsgröße des Reglers (Stellgröße y) jeden Wert zwischen den konstruktiven Grenzen annehmen. Im folgenden werden Übertragungsglieder und Zusammenschaltungen von Übertragungsgliedern behandelt, die als stetige Regler eingesetzt werden.

7.3.1 P-Regler (Proportional-Regler)

Das Verhalten von Proportional-Gliedern wurde bereits ausführlich dargestellt. Der Proportional-Regler ist nun eine spezielle Anwendung eines solchen Übertragungsgliedes in einer Regeleinrichtung.

Die Eingangsgröße des P-Reglers ist die vom Vergleicher gebildete Regeldifferenz x_d. Die Ausgangsgröße ist die Stellgröße y, die an das Stellglied in der Regelstrecke geht.

Ausgangs- und Eingangssignal sind durch den Proportional-Beiwert K_{PR} verknüpft. Hierbei weist der Buchstabe R auf die Funktion des P-Gliedes als Regler hin. Der Proportional-Beiwert ist am Regler einstellbar, um ihn an die Regelstrecke bzw. an die Aufgabenstellung anpassen zu können.

Das *statische* oder Verharrungsverhalten des P-Reglers wird in Form einer Kennlinie dargestellt. Bei einem realen P-Glied läßt sich Proportionalität zwischen Eingangsgröße und Ausgangsgröße nur innerhalb konstruktiv bedingter Grenzen erfüllen. Der Bereich, in dem die Stellgröße y proportional zur Regeldifferenz x_d ist, wird als Proportional-Bereich X_P bezeichnet. Für X_P ist auch die Bezeichnung P-Bereich oder P-Band üblich. Der Bereich, in dem die Stellgröße y verändert werden kann, ist der Stellbereich Y_h des Reglers. **Bild 7.37** zeigt diese Zusammenhänge für eine beliebige Regler-Kennlinie.

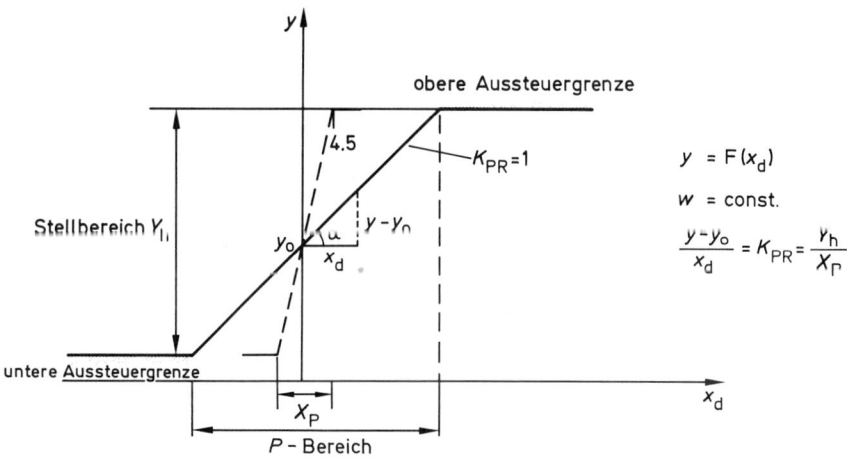

Bild 7.37   Allgemeine Kennlinie eines P-Reglers

In Bild 7.37 hat die Stellgröße y bereits den Wert y_0 für $x_d = 0$. Dies kann durch Voreinstellung von y für einen gewählten Betriebspunkt mit Hilfe eines sogenannten Nullpunktstellers erreicht werden.

Außerdem ist eine zweite Kennlinie mit einem größeren K_{PR} angedeutet. Hierbei sind kleinere Werte von x_d erforderlich, um y über den Stellbereich Y_h zu verändern. Der P-Bereich ist also entsprechend kleiner. Aus dem Bild läßt sich die Gleichung für den P-Regler ableiten.

$$y - y_0 = K_{PR} \cdot x_d \qquad \text{mit } K_{PR} = \frac{Y_h}{X_P} \qquad \text{(Proportional-Beiwert)}$$

K_{PR} wird durch die Steigung ($\tan \alpha$) der Regler-Kennlinie dargestellt. Je größer K_{PR}, um so stärker ändert sich y mit x_d. Der Eingriff des Reglers wächst mit K_{PR}. Zwischen K_{PR} und X_P besteht der Zusammenhang:

$$K_{PR} \sim \frac{1}{X_P} \qquad \begin{array}{l} \text{kleiner Proportional-Beiwert } K_{PR} \rightarrow \text{ großer Proportionalbereich } X_P \\ \text{großer Proportional-Beiwert } K_{PR} \rightarrow \text{ kleiner Proportionalbereich } X_P \end{array}$$

Wird der Vergleicher in die Betrachtung mit einbezogen, so läßt sich die Gleichung für die P-Regeleinrichtung angeben

$$y - y_0 = K_{PR} \cdot x_d = K_{PR} \, (w - x)$$

Damit kann der Verlauf der Stellgröße y in Abhängigkeit von der Regelgröße x für w = const. dargestellt werden. Infolge der Wirkungsumkehr im Vergleicher ändert sich der Kennlinienverlauf. **Bild 7.38** zeigt dies für die zuvor besprochene Regler-Kennlinie.

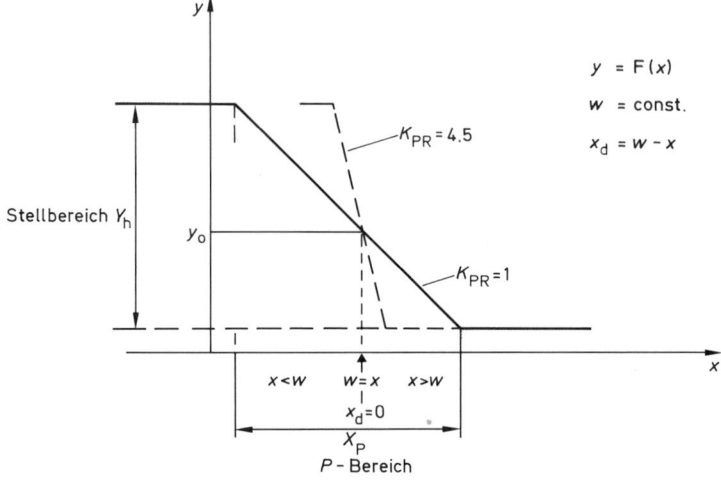

Bild 7.38 Allgemeine Kennlinie einer P-Regeleinrichtung

Der P-Bereich wird hier durch den Bereich festgelegt, um den sich die Regelgröße x ändern muß, damit die Stellgröße y sich über den Stellbereich Y_h ändert. Wo der Sollwert w innerhalb des P-Bereichs liegen soll, wird durch den Anwendungsfall bzw. die Reglerbauart bestimmt. Normalerweise wird er in den Punkt gelegt, um den sich bei Änderung des K_{PR}-Wertes die Kennlinie dreht. Im bisherigen Beispiel gilt dies etwa für die Mitte des P-Bereichs. **Bild 7.39** zeigt das Kennlinienfeld einer Regeleinrichtung, bei dem der Sollwert am Ende des P-Bereiches liegt.

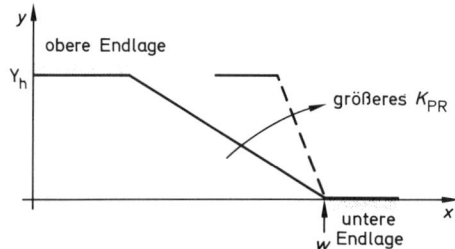

Bild 7.39 Kennlinienfeld einer P-Regeleinrichtung mit anderer Lage des Sollwertes

Um beim Arbeiten im Signalflußplan das Mitführen von Einheiten zu vermeiden, werden häufig bezogene Größen verwendet. Als Bezugswert dient dann der Meßbereich oder Stellbereich.

Beispiel:

Meßbereich $X_M = 12\ V \triangleq 100\,\%$

Die Angabe $X_P = 25\,\%$ bedeutet dann:
$$X_P = 25\,\% \text{ von } X_M$$
$$\rightarrow X_P = 0,25 \cdot 12\ V = 3\ V$$

Bild 7.40 zeigt die Zusammenhänge.

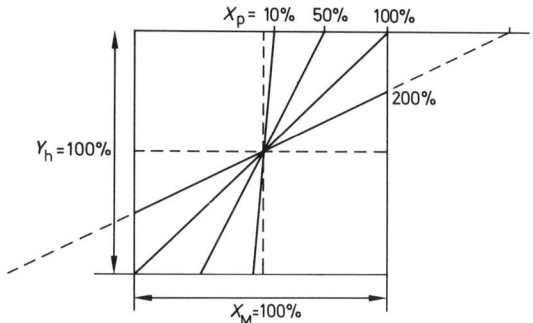

Bild 7.40   Darstellung von bezogenen P-Bereichen

Auf eine wichtige Eigenschaft des P-Reglers soll hier bereits hingewiesen werden: Er ist nicht in der Lage, in einem geschlossenen Regelkreis eine auftretende Änderung der Regelgröße oder Führungsgröße vollständig auszuregeln. Er hat stets eine sogenannte »bleibende Regelabweichung«.

Wird der Regler z. B. im Betriebspunkt y_0 betrieben, so ist mit Hilfe des Nullpunktstellers $x_d = 0$. Tritt eine Änderung der Regelgröße x (z. B. durch eine Störung z) auf, so wird $x_d \neq 0$ und der Betriebspunkt ändert sich gemäß der Kennlinie **(Bild 7.41)**.

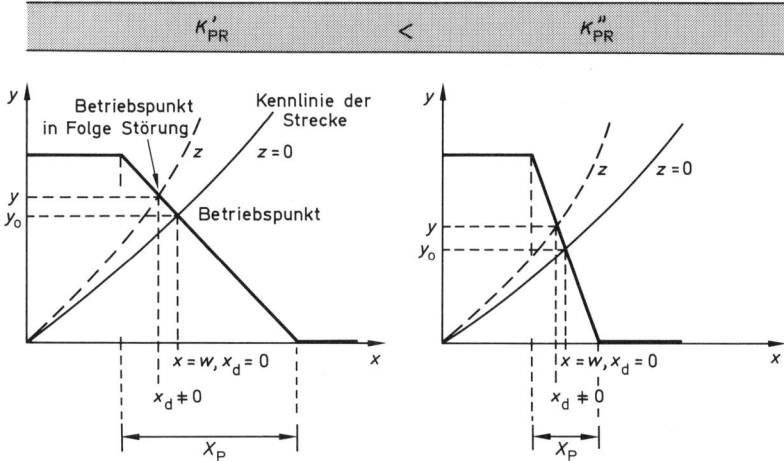

Bild 7.41   Darstellung des Regelverhaltens bei der P-Regeleinrichtung

419

Um der Störung entgegenzuwirken, ändert der Regler die Stellgröße y und y ist ungleich y_0. Das kann aber nur erreicht werden, wenn $x_d \neq 0$ bleibt, um die neue Stellgröße $y \neq y_0$ zu bilden. Über den Nullpunktsteller könnte ein erneuter Abgleich $x_d = 0$ herbeigeführt werden. Bei einer Änderung von x tritt dann aber wiederum die bleibende Regelabweichung auf.

Die bleibende Abweichung von x_d für eine bestimmte Änderung der Stellgröße y ist umso kleiner, je steiler die Kennlinie verläuft. Ein sehr großes K_{PR} wirft jedoch Stabilitätsprobleme auf, weil der Kreis zum Schwingen neigt. Bei $K_{PR} = \infty$ (Kennlinie senkrecht) würde die bleibende Regelabweichung zu Null werden. Auf diese Zusammenhänge wird später bei der Behandlung des geschlossenen Regelkreises noch eingegangen.

Das *dynamische* Verhalten des P-Reglers wird mit der Sprung-Testfunktion untersucht. In **Bild 7.42** sind Sprungantworten für unterschiedliche K_{PR}-Werte dargestellt.

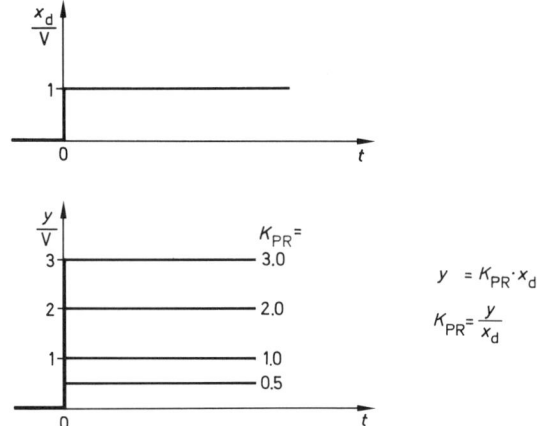

Bild 7.42 Sprungantworten eines P-Reglers bei verschiedenen K_{PR}-Werten

Aus der Sprungantwort läßt sich der jeweilige K_{PR}-Wert des Reglers entsprechend wie bei den P-Gliedern ermitteln.

Zu beachten ist, daß die Stellgröße y der Regeldifferenz x_d sofort und unverzögert folgt. Der P-Regler wirkt also sehr schnell. Die Darstellung einer P-Regeleinrichtung im Signalflußplan zeigt **Bild 7.43**.

Im Schulungsgerät werden für die P-Regeleinrichtung die Einschübe IV B-S5 und IV B-S2 benötigt **(Bild 7.44)**.

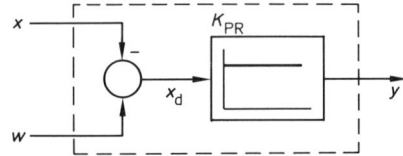

Bild 7.43 P-Regeleinrichtung im Signalflußplan

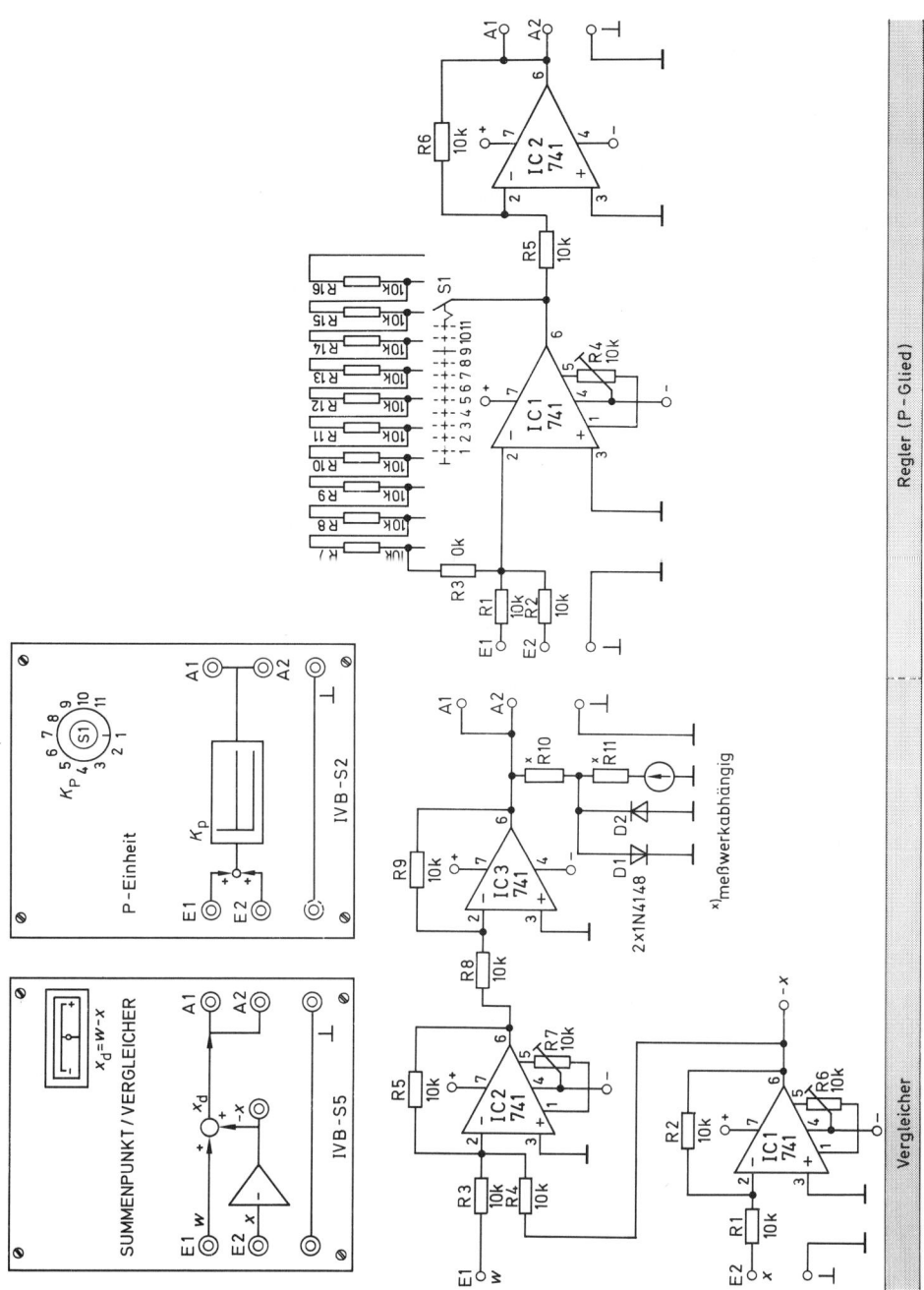

Bild 7.44 P-Regeleinrichtung im Schulungsgerät

421

Beispiel 1:

Als Beispiel für die P-Regeleinrichtung dient die Wasserstandsregelung **(Bild 7.45)**.
Der Wasserstand wird durch die Lage des Schwimmers gemessen. Über das Gestänge und den
Hebel wird der Schieber bei steigendem Wasserstand geschlossen, bei fallendem Wasserstand
geöffnet. Durch Verändern der Länge der Schwimmerstange kann der Sollwert für die Wasser-
standshöhe vorgegeben werden. Der Hebel ist eine P-Regeleinrichtung. Durch Veränderung des
Drehpunktes läßt sich der Proportional-Beiwert beeinflussen, d. h. der Schwimmerhub festlegen,
der für die Schieberbewegung von ganz geschlossen bis ganz offen benötigt wird. In diesem einfachen Prinzipbeispiel entspricht der Proportionalbereich X_P einer Schieberbewegung zwischen
geschlossenem und geöffnetem Rohrquerschnitt oder umgekehrt. In der Abbildung mit angegeben ist die Kennlinie der Wasserstands-P-Regeleinrichtung.

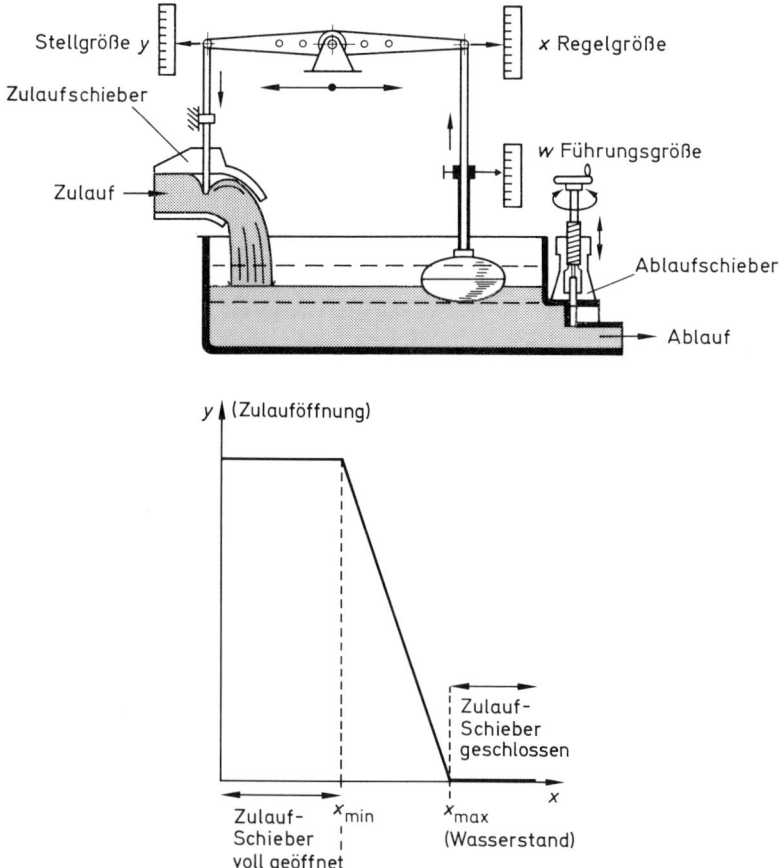

Bild 7.45 Wasserstands-P-Regeleinrichtung

Aus diesem Beispiel ist die Auswirkung einer Abweichung des Wasserstandes außerhalb des
Proportionalbereiches gut zu erkennen. Der Schieber ist dann entweder vollständig geschlossen
oder geöffnet.

Beispiel 2:

Ein als nichtinvertierender Verstärker beschalteter Operationsverstärker ist ein P-Regler. Die Verstärkung (= Proportional-Beiwert K_{PR}) beträgt aufgrund der Beschaltung

$$V = K_{PR} = 1 + \frac{R_2}{R_1} = 2.$$

In **Bild 7.46** sind Schaltung und Kennlinie für den Einsatz als P-Regler dargestellt.

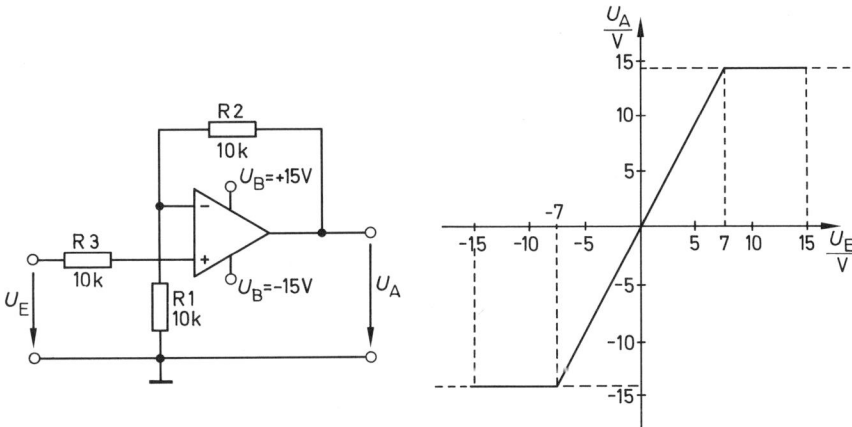

Bild 7.46   Nichtinvertierender Verstärker als P-Regler

In der vorgegebenen Beschaltung beträgt der Proportionalitätsbereich $X_P = 14$ V, der zugehörige Stellbereich $Y_h = 28$ V.

7.3.2   I-Regler (Integral-Regler)

Das Übertragungsverhalten von I-Gliedern wurde bereits behandelt. Der I-Regler ist eine spezielle Anwendung eines I-Gliedes in einer Regeleinrichtung.
Eingangsgröße des I-Reglers ist die vom Vergleicher gebildete Regeldifferenz x_d, Ausgangsgröße die Stellgröße y.
Während beim P-Regler die Stellgröße y proportional zu x_d ($y = K_{PR} \cdot x_d$) ist, ist beim I-Regler die Geschwindigkeit der Stellgrößenänderung $v_y = \dfrac{\Delta y}{\Delta t}$ proportional zur Regeldifferenz x_d. Es gilt also mit dem Integrier-Beiwert K_{IR} die Gleichung

$$v_y = K_{IR} \cdot x_d$$

Je größer K_{IR}, desto schneller ändert sich also die Stellgröße. Dieser Zusammenhang ist in **Bild 7.47** in Form einer Kennlinie dargestellt.
In Y-Richtung ist hier die Stellgeschwindigkeit v_y aufgetragen, daher darf diese Kennlinie trotz ihres ähnlichen Aussehens nicht mit der Kennlinie des P-Reglers verwechselt werden.

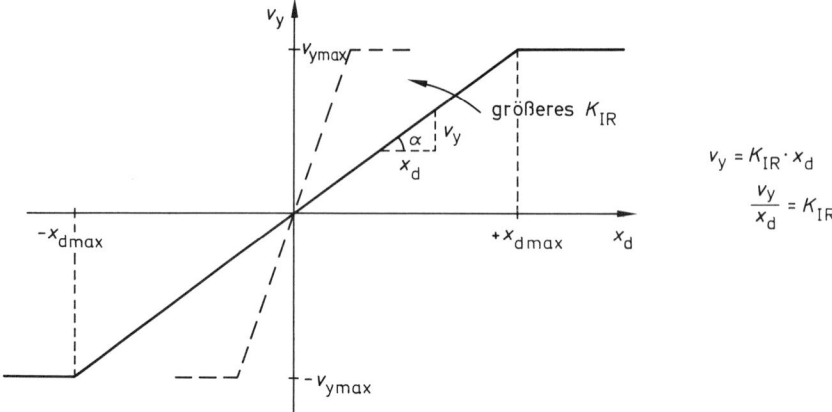

Bild 7.47 Kennlinie eines I-Reglers (idealisiert)

Ist die Regeldifferenz gleich Null, so ist auch die Stellgrößenänderungsgeschwindigkeit v_y gleich Null. Für größer werdendes x_d nimmt v_y bis zum konstruktiv bedingten Maximalwert $v_{y\,max}$ zu. Ist der Maximalwert $v_{y\,max}$ erreicht, so bleibt $v_y = v_{y\,max}$ konstant, auch wenn x_d weiter erhöht wird.

Proportionalität der Stellgeschwindigkeit ist also nur innerhalb der Grenzen $\pm\,x_{d\,max}$ gegeben. Das Intervall von $-x_{d\,max}$ bis $+x_{d\,max}$ wird als Proportionalitäts-Bereich X_P bezeichnet. Die Größe des Proportionalitäts-Bereichs X_P hängt vom Integrier-Beiwert K_{IR} ab. Je größer K_{IR} wird, desto kleiner wird der Proportionalitäts-Bereich X_P.

Die Stellgröße y läßt sich mit Hilfe der bekannten Beziehung: Geschwindigkeit = Weg/Zeit ermitteln.

$$v_y = \frac{y}{t} = K_{IR} \cdot x_d \qquad x_d = \text{const.}, \; v_y = \text{const.}$$

$$y = K_{IR} \cdot x_d \cdot t \quad \text{bzw.} \quad y - y_0 = K_{IR} \cdot x_d \cdot t$$

Bild 7.48 zeigt eine Kennlinie hierzu.

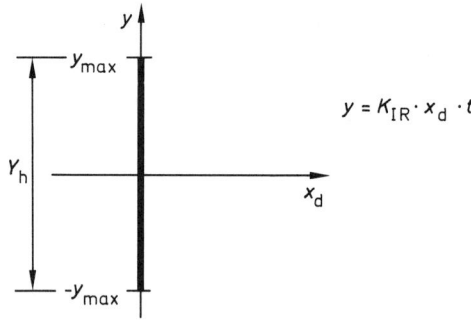

Bild 7.48 Kennlinie eines I-Reglers

Aus der Kennlinie läßt sich ablesen, daß für jedes noch so kleine x_d nach genügend langer Zeit y die Grenze des Stellbereichs Y_h erreicht. Die Stellgröße y ist nämlich proportional dem Produkt $x_d \cdot t$.

Unter Hinzunahme des Vergleichers entsteht eine I-Regeleinrichtung. Für die I-Regeleinrichtung ergibt sich entsprechend Bild 7.48 eine Kennlinie nach **Bild 7.49**.

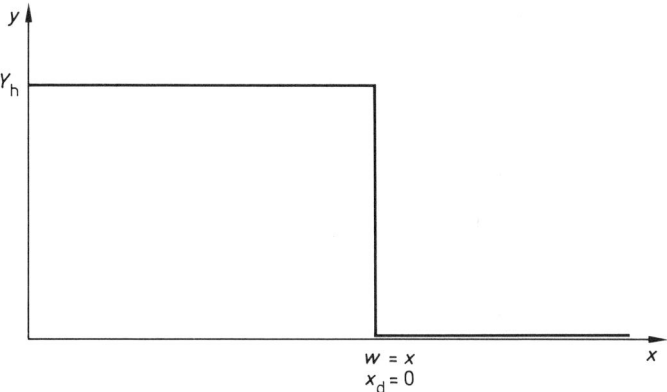

Bild 7.49   Kennlinie der I-Regeleinrichtung

Wegen des senkrechten Verlaufes der Kennlinie $y = f(x_d \cdot t)$ läßt sich sagen, daß der I-Regler wie ein P-Regler mit $K_{PR} = \infty$ wirkt.

Nach den Ausführungen zu den Eigenschaften von P-Reglern in Regelkreisen bedeutet dies, daß ein I-Regler zu keiner bleibenden Regelabweichung führt. Der I-Regler verstellt im Regelkreis die Stellgröße y solange, bis x_d gleich Null bzw. $x = w$ erreicht ist.

Das *dynamische* oder zeitabhängige Verhalten des I-Reglers wird mit der Sprung-Testfunktion untersucht. In **Bild 7.50** sind Sprung-Testfunktion und Sprungantwort eines I-Reglers dargestellt. Mit eingetragen in die Sprungantwort ist die Ermittlung der wichtigen Kenngrößen.

Aus der Regler-Gleichung:

$$v_y = K_{IR} \cdot x_d$$

lassen sich folgende Beziehungen ableiten:

$$K_{IR} = \frac{v_y}{x_d} = \frac{y/t}{x_d} = \frac{y}{x_d \cdot t} = \frac{Y_h}{X_P \cdot T_{IR}} \qquad \text{mit } \begin{aligned} y &= Y_h \\ x_d &= X_P \end{aligned}$$

Haben y und x_d gleiche Einheiten, so ist $t = T_{IR}$, wenn $y = x_d$ ist. Dann gilt für den Integrier-Beiwert K_{IR}:

$$K_{IR} = \frac{1}{T_{IR}}$$

Die Kenngrößen T_{IR} bzw. K_{IR} lassen sich also aus dem Diagramm, wie in Bild 7.50 gezeigt, bei $y = x_d$ entnehmen.

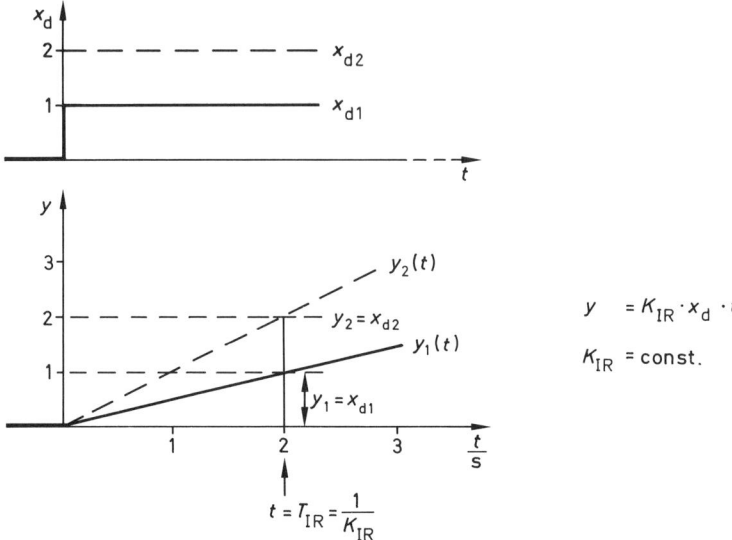

Bild 7.50   Sprungantworten eines I-Reglers auf zwei verschieden große Eingangssprünge x_{d1} und x_{d2} bei K_{IR} = const.

Aus der Sprungantwort ist leicht abzulesen, daß der I-Regler die Zeit $t = T_{IR}$ benötigt, um eine Stellgröße $y = x_d$ zu erzeugen. Er ist also, besonders verglichen mit dem P-Regler, langsam. Dafür ist, wie bereits behandelt, keine bleibende Regelabweichung vorhanden.

Zur Anpassung des Reglers bzw. der Regeleinrichtung an die Strecke kann im praktischen Einsatz der Integrier-Beiwert K_{IR} bzw. die Integrations-Zeitkonstante T_{IR} am Regler eingestellt werden.

Bei der Sprungantwort nicht mit dargestellt ist die Aussteuergrenze y_{max}. Die Aussteuergrenze ergibt sich aus konstruktiven oder schaltungstechnischen Gründen. Wird eine Eingangsgröße x_d auf den Regler gegeben, so wird, abhängig vom Wert von x_d, nach bestimmter Zeit für die Stellgröße y die Aussteuergrenze erreicht. Nicht alle I-Regler vertragen ein weiteres Anliegen des Eingangssignals bei Erreichen der Aussteuergrenze. Ist dies der Fall, so müssen Maßnahmen getroffen werden, die dafür sorgen, daß die Eingangsgröße x_d abgeschaltet wird. Aus der Behandlung des I-Gliedes ist weiterhin bekannt, daß auch für x_d gleich Null, abhängig von der Vorgeschichte, bereits ein Anfangswert y_0 auftreten kann.

Ist ein I-Regler an die Aussteuergrenze y_{max} gefahren, so bleibt die Stellgröße y_{max} auch dann erhalten, wenn die Eingangsgröße x_d Null wird. Erst eine Eingangsgröße mit entgegengesetztem Vorzeichen führt die Stellgröße vom Maximalwert weg **(Bild 7.51)**.

Die längste Zeit t_{max}, während der die Stellgröße y sich ändern kann, ergibt sich unter der Voraussetzung, daß ein Anfangswert y_0 für die Stellgröße vorliegt, zu:

$$t_{max} \leq \frac{y_{max} - y_0}{x_d} \cdot T_{IR}$$

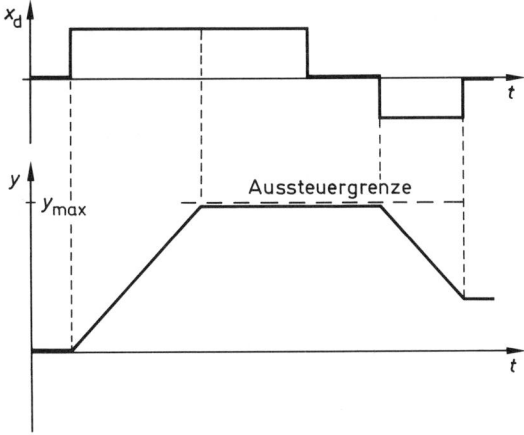

Bild 7.51 Verhalten des I-Reglers an der Aussteuergrenze

Wird der Vergleicher mit einbezogen, so läßt sich die Sprungantwort bei konstanter Führungsgröße w der Regeleinrichtung ermitteln.

Für die Darstellung wird häufig auch die bezogene Form $\frac{y}{x_d}$ bzw. $\frac{y}{x}$ gewählt. Das Ergebnis ist dann die bezogene Sprungantwort oder Übergangsfunktion des Reglers bzw. der Regeleinrichtung.

Bild 7.52 zeigt die Darstellung der I-Regeleinrichtung im Signalflußplan.

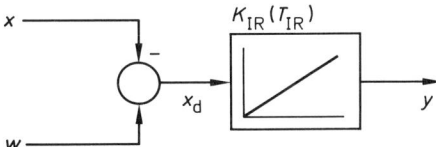

Bild 7.52 I-Regeleinrichtung im Signalflußplan

Im Schulungsgerät entsteht eine I-Regeleinrichtung durch die Einheiten IV B-S5 und IV B-S3 **(Bild 7.53).**

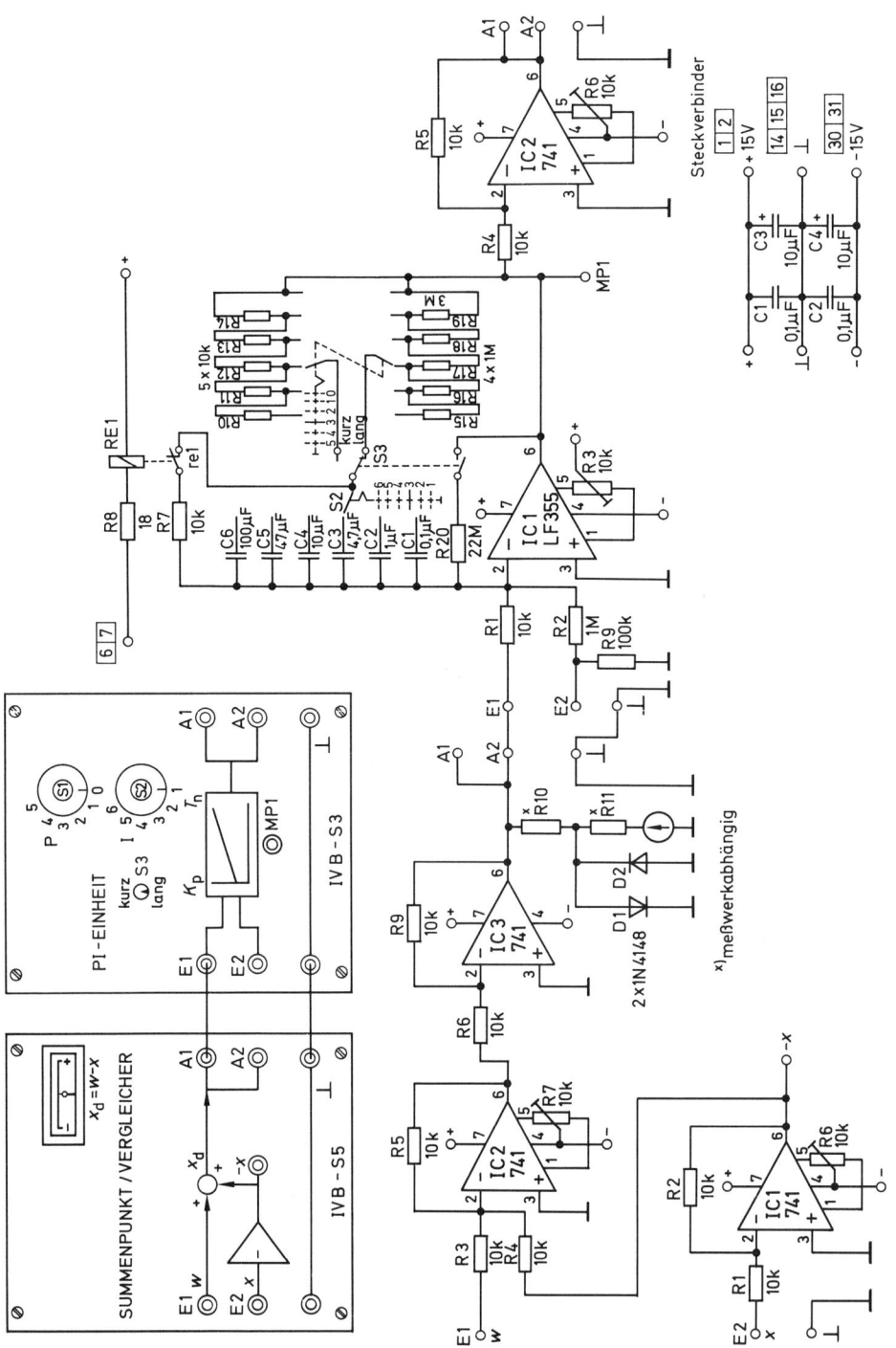

Bild 7.53 I-Regeleinrichtung im Schulungsgerät

Den Zusammenhang von Eingangs- und Ausgangsgröße bei unterschiedlichen Eingangssignalen zeigt anschaulich das Verhalten des I-Reglers **(Bild 7.54)**.

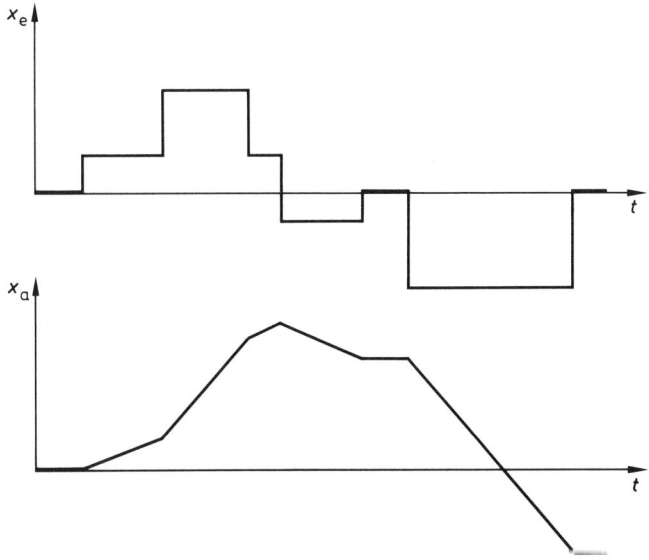

Bild 7.54 Antworten eines I-Reglers auf verschiedene Eingangssignale

Abschließend sind im Vergleich zum P-Regler die Eigenschaften von I-Reglern in der folgenden Tabelle zusammengestellt **(Bild 7.55)**

Regler	P-	I-
Dynamik	sehr schnell	langsam
Ausregel-Eigenschaft	bleibende Regelabweichung	keine bleibende Regelabweichung

Bild 7.55 P- und I-Regler im Vergleich

7.3.3 D-Regler (Differential-Regler)

Das Verhalten von Übertragungsgliedern mit D-Verhalten wurde bereits dargestellt. Die Eingangsgröße x_d eines D-Reglers ist die vom Vergleicher gebildete Regeldifferenz x_d, die Ausgangsgröße ist die Stellgröße y. Die Stellgröße ist proportional zur Änderungsgeschwindigkeit der Regeldifferenz $\frac{\Delta x_d}{\Delta t}$.

Den Zusammenhang beschreibt die Gleichung:

$$y - y_0 = K_{DR} \frac{\Delta x_d}{\Delta t} \qquad \text{mit } K_{DR} = \text{Differenzier-Beiwert des D-Reglers.}$$

Bild 7.56 zeigt die Anstiegsantwort und die Kennlinie.

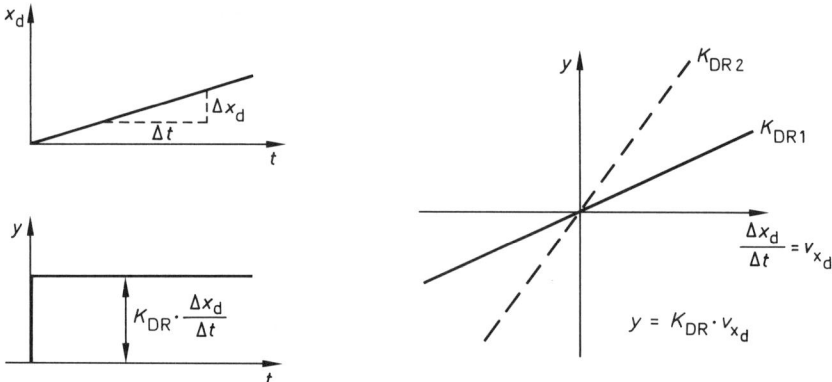

Bild 7.56 Anstiegsantwort und Kennlinie des D-Reglers

Der D-Regler liefert nur bei zeitlicher Änderung der Regeldifferenz eine Stellgröße. Bereits bei langsamen Änderungen von x_d (Anstiegs-Funktion) reagiert er sprungförmig. Die Größe der Verstellung y ist dabei abhängig von v_{xd} und K_{DR}. Bei sehr schnellen Änderungen von x_d (Sprung-Funktion) antwortet er mit der Delta-Funktion $\delta(t)$, die bereits in Abschnitt 5.3.3 näher beschrieben wurde.

Der D-Regler zeigt also ein sehr unruhiges Verhalten. Im Ruhezustand ($x_d = 0$ oder $x_d = $ const) liefert er dagegen kein Signal, so daß er auch keine statische Stellgröße y für einen Arbeitspunkt erzeugen kann. Beispielhaft ist in **Bild 7.57** der Zusammenhang zwischen Eingangs- und Ausgangsgröße für einen D-Regler dargestellt.

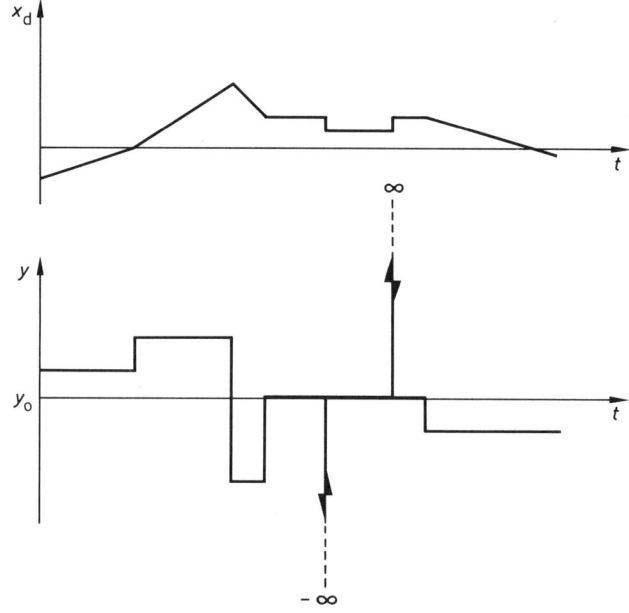

Bild 7.57 Antworten eines D-Reglers auf verschiedene Eingangssignale

D-Regler können allein als Regler nicht eingesetzt werden, jedoch werden D-Anteile mit P- und PI-Reglern angewendet, um das Zeitverhalten zu verbessern. Wegen nicht vermeidbarer Verzögerungen handelt es sich bei den D-Anteilen meist um DT_1- und D-T_1-Anteile. Bei der Auslegung wird jedoch versucht, den T_1-Einfluß klein zu halten.
Eine Kombination mit I-Reglern kommt nicht vor, da sich die mathematischen Vorgänge des Differenzierens und des Integrierens gegenseitig aufheben.

7.3.4 PD-Regler (Proportional-Differential-Regler)

Die Eigenschaften von Übertragungsgliedern mit PD-Verhalten wurden in Kapitel 6.7.2.1 beschrieben. Der PD-Regler läßt sich als eine spezielle Anwendung eines PD-Gliedes in einer Regeleinrichtung betrachten.
Eingangsgröße des PD-Reglers ist die durch den Vergleicher erzeugte Regeldifferenz x_d, Ausgangsgröße die vom Regler gebildete Stellgröße y, die an das Stellglied geht. Da der D-Teil im Ruhezustand nicht wirksam wird, ist die Darstellung des statischen Verhaltens durch Kennlinien nicht sinnvoll. Wie bereits beim PD-Übertragungsglied beschrieben und auch in Bild 7.57 noch einmal gezeigt, eignet sich die Sprungantwort wenig zur Beschreibung des dynamischen Verhaltens, denn bei Eingangssprüngen antwortet der PD-Regler mit der Delta-Funktion. Günstiger – auch zur Gewinnung und Beschreibung der Kenngrößen – ist die Anstiegsantwort.
Die Anstiegsantwort des PD-Reglers läßt sich durch Addition der Anteile von P- und D-Regler gewinnen:

P-Regler: $y - y_0 = K_{PR} \cdot x_d$

D-Regler: $y - y_0 = K_{DR} \cdot v_{x_d} = K_{DR} \cdot \dfrac{\Delta x_d}{\Delta t}$

PD-Regler: $y - y_0 = K_{PR} \cdot x_d + K_{DR} \cdot \dfrac{\Delta x_d}{\Delta t}$ $\qquad (v_{x_d} = \text{const.})$

Hierbei sind K_{PR} und K_{DR} der Proportional- bzw. Differenzierbeiwert des Reglers und $v_{x_d} = \dfrac{\Delta x_d}{\Delta t}$ die Änderungsgeschwindigkeit der Eingangsgröße = Regeldifferenz.
Die Reglergleichung kann auch in dieser Form geschrieben werden:

$$y - y_0 = K_{PR} \cdot \left(x_d + \frac{K_{DR}}{K_{PR}} \cdot \frac{\Delta x_d}{\Delta t} \right) = K_{PR} \cdot \left(x_d + T_V \cdot \frac{\Delta x_d}{\Delta t} \right)$$

mit der Vorhaltezeit $T_V = \dfrac{K_{DR}}{K_{PR}}$

Bild 7.58 zeigt die grafischen Zusammenhänge für den PD-Regler.

In Bild 7.58 mit eingetragen ist die grafische Bestimmung der Reglerkenngrößen K_{PR} und K_{DR} und die der häufig verwendeten Vorhaltezeit T_V.
Aus der Reglergleichung und dem Verlauf der Anstiegsantwort kann entnommen werden, daß der PD-Regler bei einer langsamen bzw. rampenförmigen Änderung der Regeldifferenz x_d sofort mit einem von der Änderungsgeschwindigkeit v_{x_d} abhängenden

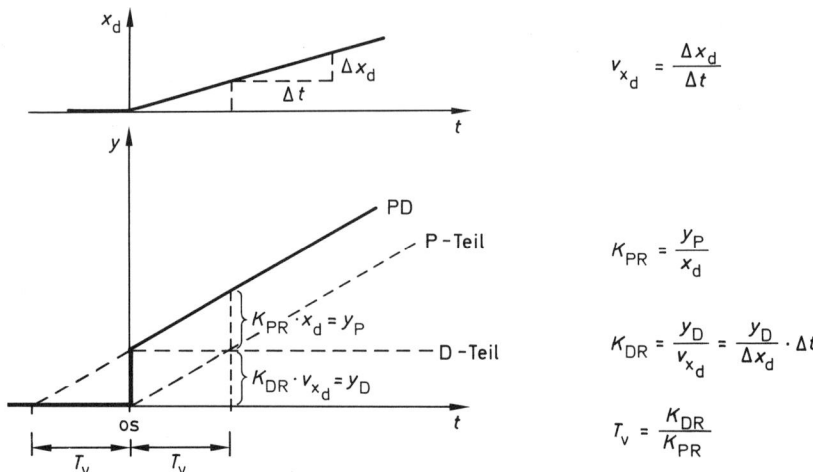

$$v_{x_d} = \frac{\Delta x_d}{\Delta t}$$

$$K_{PR} = \frac{y_P}{x_d}$$

$$K_{DR} = \frac{y_D}{v_{x_d}} = \frac{y_D}{\Delta x_d} \cdot \Delta t$$

$$T_v = \frac{K_{DR}}{K_{PR}}$$

Bild 7.58   Anstiegsantwort des PD-Reglers $(v_{x_d} = \text{const.}; y_0 = 0)$

Sprung (D-Wirkung) der Stellgröße y antwortet. Anschließend folgt y entsprechend dem K_{PR}-Wert der Eingangsgröße x_d.

Der PD-Regler verbindet damit die Vorteile von P- und D-Regler. Bei langsamen Änderungen der Regeldifferenz x_d wird unverzüglich eine Stellgröße y erzeugt (D-Wirkung), danach verstellt der P-Anteil.

Der PD-Regler ist folglich bei langsamen Änderungen in seiner Wirkung um die Vorhaltezeit T_V schneller als der reine P-Regler. Die D-Wirkung macht den PD-Regler insgesamt unruhig, denn auch bei nur kleinen sprungförmigen Änderungen treten sofort aufgrund der differenzierenden Wirkung sehr große Sprünge in der Stellgröße auf.

Im Beharrungszustand ist der D-Teil unwirksam. Der PD-Regler verhält sich dann wie ein reiner P-Regler. Er zeigt folglich auch eine bleibende Regelabweichung bei statischen Störungen, um eine neue Stellgröße $y \neq y_0$ aufrechtzuerhalten. Da die Vorhaltbildung bei langsamen Änderungen jedoch stabilisierend wirkt, kann K_{PR} im Vergleich zum P-Regler größer eingestellt werden. Die bleibende Regelabweichung wird damit kleiner. Soll der Vergleicher in die Betrachtung mit einbezogen werden, so ist in der Reglergleichung x_d durch $(w-x)$ zu ersetzen. Es ergibt sich damit die Abhängigkeit der Stellgröße y von der Regelgröße x bei konstanter Führungsgröße w. Die Darstellung einer PD-Regeleinrichtung im Signalflußplan zeigt **Bild 7.59**.

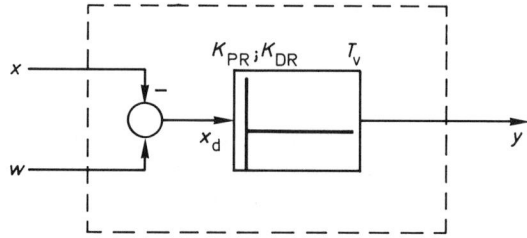

Bild 7.59   PD-Regeleinrichtung im Signalflußplan

In der Praxis läßt sich ein reiner D-Anteil nicht realisieren, da immer ein Verzögerungsanteil T_1 vorhanden ist. Damit liegt praktisch eine PD-T_1-Struktur vor. **Bild 7.60** zeigt
noch einmal (siehe auch Bild 6.106) die bezogene Sprungantwort eines solchen
Übertragungsgliedes.

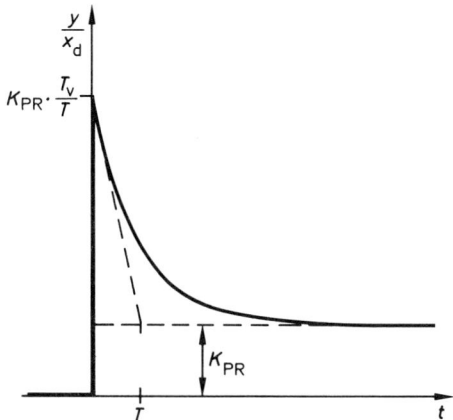

Bild 7.60   Bezogene Sprungantwort PD-T_1-Glied

Der Einfluß der Verzögerungszeit läßt sich vorteilhaft ausnutzen zur Verminderung der
Schwingneigung bzw. zur Bedämpfung eines mit PD-Regler ausgestatteten Regel-
kreises. Die Zeitkonstante wird zu etwa $T = 0,1\ T_V \ldots 0,5\ T_V$ gewählt.
Bisher wurde der Realisierung des PD-Reglers eine Parallelschaltung von P- und
D-Glied zugrundegelegt **(Bild 7.61)**.

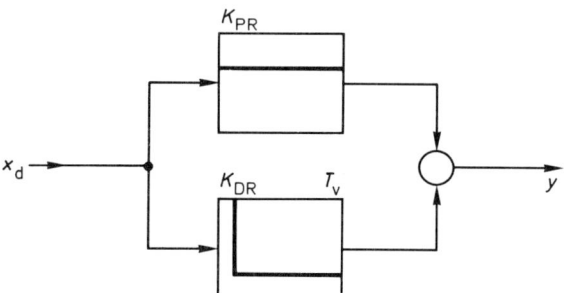

Bild 7.61   PD-Regler als Parallelschaltung von P- und D-Glied

Eine in der Praxis auch häufig angewendete Realisierung beruht auf einer Rückkopplung oder Kreisstruktur. Das PD-Verhalten wird durch eine verzögernde P-T_1-Rück-
führung erzeugt. Wichtig ist, daß zur Erhaltung des Beharrungszustandes ein Wirkungs-
pfad für die statische Größe vorhanden ist. **Bild 7.62** zeigt das Prinzip im Blockschaltbild
und in einer Ausführung mit Operationsverstärker.

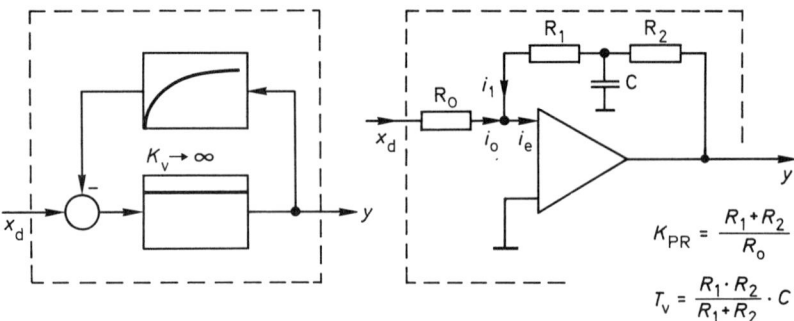

Bild 7.62 PD-Regler in Kreisstruktur mit OP und P-T₁-Rückführung

Bei einer sprungförmigen Änderung von x_d wirkt C anfangs als Kurzschluß, so daß kein Rückkopplungsstrom $-i_1$ fließen kann und der Verstärker in die Sättigung fährt infolge $i_e = i_0$. Dann baut sich die Spannung u_C gemäß e-Funktion auf und der Rückkopplungsstrom $-i_1$ kann fließen, bis $i_0 = -i_1$ bzw. $i_e = 0$ erreicht ist. Der Verlauf von y entspricht damit dem in Bild 7.60 dargestellten Verlauf.

Im Schulungsgerät wird die PD-Einheit durch die später beschriebene PID-Einheit dargestellt, indem der I-Teil abgeschaltet wird.

7.3.5 PI-Regler (Proportional-Integral-Regler)

Das Übertragungsverhalten von PI-Gliedern wurde bereits im Abschnitt 6.7.2.2 behandelt. Der PI-Regler ist eine spezielle Anwendung eines PI-Gliedes in einer Regeleinrichtung.

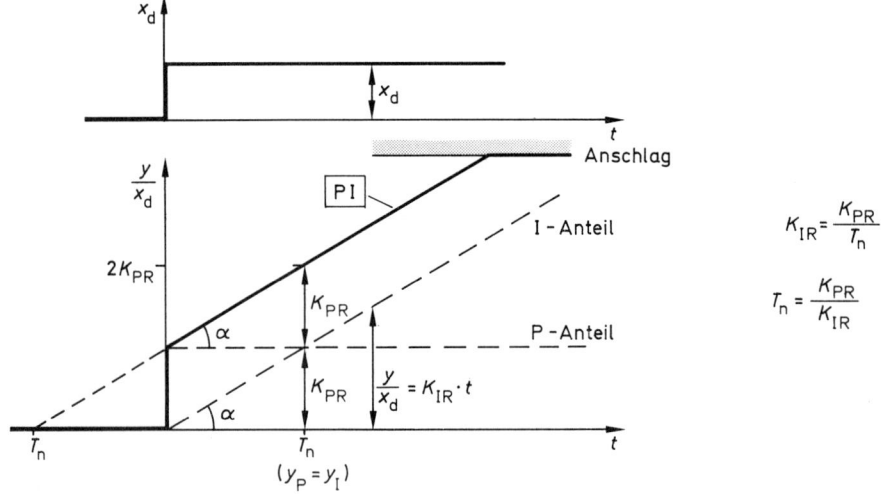

Bild 7.63 Bezogene Sprungantwort des PI-Reglers ($y_0 = 0$)

Eingangsgröße des PI-Reglers ist die vom Vergleicher gebildete Regeldifferenz x_d. Ausgangsgröße ist die Stellgröße y, die an das Stellglied geht. Eine Darstellung des Beharrungszustandes anhand von Kennlinien ist hier nicht sinnvoll, da sich die interessierenden Parameter nicht ermitteln lassen. Es wird daher nur das *dynamische* oder *Zeit-Verhalten* betrachtet.

Die Sprungantwort des PI-Reglers setzt sich additiv aus den Anteilen P- und I-Regler zusammen:

P-Regler: $\qquad y - y_0 = K_{PR} \cdot x_d$

I-Regler: $\qquad y - y_0 = K_{IR} \cdot x_d \cdot t$

PI-Regler: $\qquad y - y_0 = K_{PR} \cdot x_d + K_{IR} \cdot x_d \cdot t \qquad$ für x_d = const.

Bild 7.63 gibt die bezogene Sprungantwort des PI-Gliedes als PI-Regler wieder.

Aus der Gleichung für den PI-Regler ist zu ersehen, daß K_{PR} und K_{IR} Kenngrößen des Reglers sind. Statt K_{IR} wird aber auch häufig die Nachstellzeit $T_n = K_{PR}/K_{IR}$ verwendet. Die Bestimmung der Größen K_{PR} und K_{IR} ist in Bild 7.63 eingetragen.

Für K_{PR} und T_n ergibt sich die Reglergleichung zu:

$$y - y_0 = K_{PR} \cdot x_d + \frac{K_{PR}}{T_n} \cdot x_d \cdot t = K_{PR} \cdot \left[x_d + \frac{1}{T_n} \cdot x_d \cdot t \right]$$

Durch Ausklammern von x_d ergibt sich die Form:

$$y - y_0 = K_{PR} \cdot x_d \cdot \left[1 + \frac{1}{T_n} \cdot t \right]$$

Aus der Reglergleichung und aus dem Verlauf der Sprungantwort ist zu ersehen, daß der PI-Regler aufgrund der integrierenden Wirkung die Stellgröße y solange vergrößert, wie die Regeldifferenz $x_d \neq 0$ ist. Die Stellgröße y verharrt erst dann auf einem konstanten Wert, wenn $x_d = 0$ geworden ist.

Der PI-Regler vereint die Vorteile von P- und I-Regler. Tritt eine Regeldifferenz x_d sprungförmig auf, so wird unverzüglich eine Stellgröße y gebildet (P-Wirkung), anschließend verstellt der I-Anteil y so lange, bis x_d zu Null wird.

Der PI-Regler ist damit in seiner Wirkung um die Nachstellzeit T_n schneller als ein reiner I-Regler. Er wird eingesetzt, wenn eine bleibende Regelabweichung, wie sie ein reiner P-Regler aufweist, vermieden werden muß. Er ist für die Regelung fast aller Regelstrecken gut geeignet.

Soll der Vergleicher mit einbezogen werden, so ist in den Gleichungen x_d durch *(w − x)* zu ersetzen. Es ergibt sich dann die Abhängigkeit der Stellgröße y als Funktion der Regelgröße x bei konstanter Führungsgröße w.

Die Darstellung einer PI-Regeleinrichtung im Signalflußplan zeigt **Bild 7.64**.

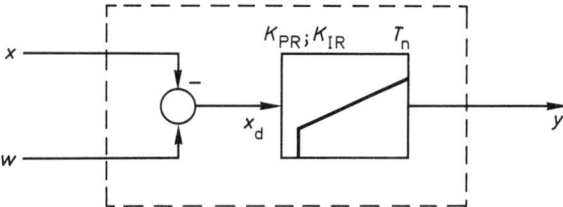

Bild 7.64   PI-Regeleinrichtung im Signalflußplan

Der bisherigen Betrachtung liegt eine Realisierung des PI-Reglers durch eine Parallel-schaltung von einem P- und einem I-Glied zugrunde **(Bild 7.65)**.

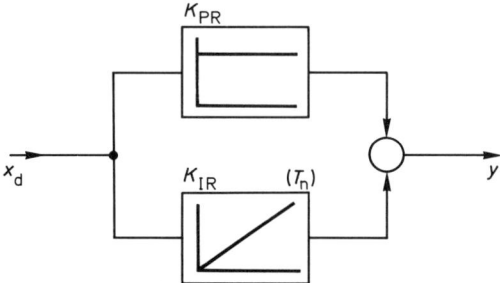

Bild 7.65 PI-Regler als Parallelschaltung eines P- und eines I-Gliedes

Eine in der Praxis oft angewendete Realisierung beruht jedoch auf einer Rückkopplung, also einer Kreisstruktur. Hierbei wird das PI-Verhalten durch eine verzögert nach-gebende D-T_1-Rückführung erzeugt. **Bild 7.66** zeigt das Prinzip im Blockschaltbild und in einer schaltungstechnischen Ausführung mit Operationsverstärker.

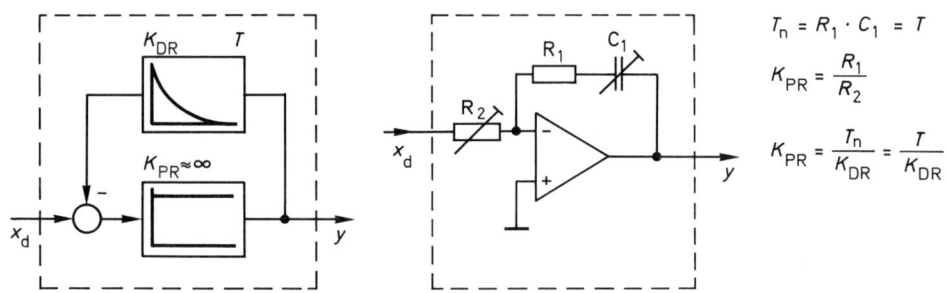

Bild 7.66 PI-Regler in Kreisstruktur mit Operationsverstärker und D-T_1-Rückführung

Bei einer sprungförmigen Änderung der Eingangsgröße x_d wirkt C_1 zunächst als Kurz-schluß, so daß die P-Wirkung gemäß

$$K_{PR} = \frac{R_1}{R_2}$$

eintritt. Anschließend erfolgt die I-Wirkung durch Aufladung von C_1 mit der Zeitkon-stanten $T_n = R_1 \cdot C_1$.

Von dieser Variante wurde beim Schulungsgerät in der PI-Einheit Gebrauch gemacht, um unter anderem die Variationsmöglichkeiten in der Realisierung von Reglerschaltun-gen aufzuzeigen. Hauptvorteil ist der einfachere Aufbau gegenüber der Parallelschal-tung, bei der drei OPs benötigt würden. In **Bild 7.67** ist die Schaltung für die PI-Einheit des Schulungsgeräts dargestellt.

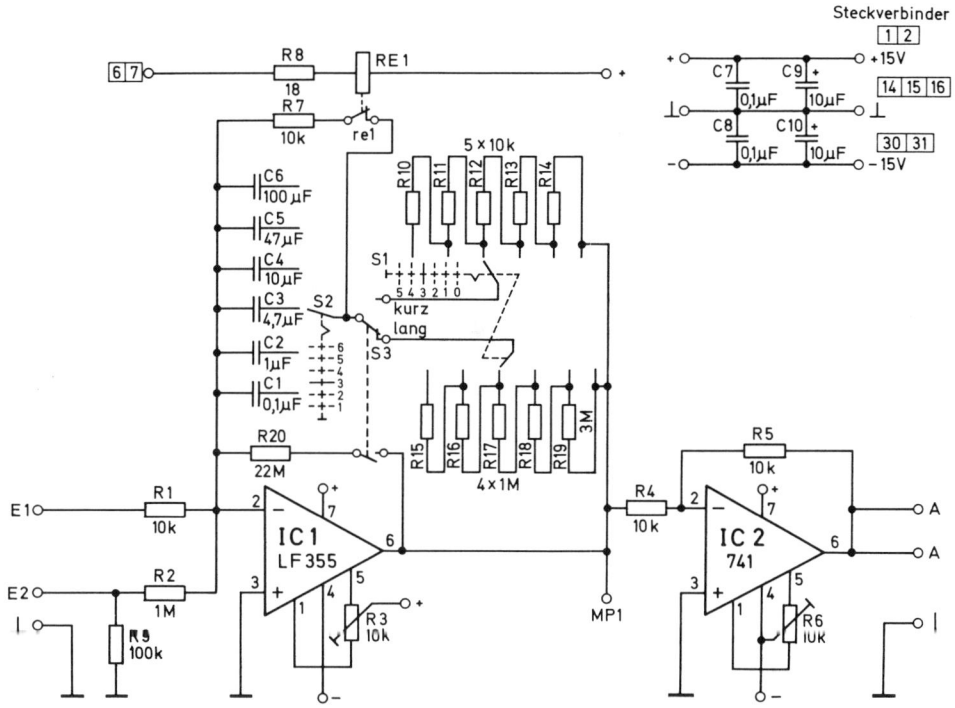

Bild 7.67 PI-Einheit des Schulungsgeräts

Da der PI-Regler bei großem x_d oder länger andauerndem $x_d \neq 0$ gegen die konstruktiven Begrenzungen laufen kann, muß gegebenenfalls durch besondere Maßnahmen dafür gesorgt werden, daß y innerhalb seiner niedriger liegenden Aussteuergrenzen verbleibt. Zur Unterscheidung wird ein solcher Regler dann als PI_{arw}-Regler bezeichnet. Der Index ist dabei abgeleitet von den englischen Wörtern arw = **a**nti **r**eset **w**ind-up = ohne Rücksetzen zurückkehrend.

7.3.6 PID-Regler (Proportional-Integral-Differential-Regler)

In Abschnitt 6.7.2.3 wurde das Übertragungsverhalten von PID-Gliedern beschrieben. PID-Regler sind eine spezielle Anwendung dieser Glieder in Regeleinrichtungen. Eingangsgröße des PID-Reglers ist die durch den Vergleicher gebildete Regeldifferenz x_d, Ausgangsgröße die Stellgröße y. Wegen des I- und D-Anteils wird auch hier nur das *dynamische* oder Zeit-Verhalten beschrieben.

437

Die Sprungantwort des PID-Reglers läßt sich durch Addition der einzelnen Anteile gewinnen:

P-Regler: $\qquad y - y_0 = K_{PR} \cdot x_d$

I-Regler: $\qquad y - y_0 = K_{IR} \cdot x_d \cdot t$

D-Regler: $\qquad y - y_0 = K_{DR} \cdot \Delta x_d / \Delta t$

PID-Regler: $\qquad y - y_0 = K_{PR} \cdot x_d + K_{IR} \cdot x_d \cdot t + K_{DR} \cdot \dfrac{\Delta x_d}{\Delta t}$

wobei K_{PR}, K_{IR}, K_{DR} die Kenngrößen des Reglers sind und $\Delta x_d / \Delta t$ wegen der unendlich großen Änderungsgeschwindigkeit beim Sprung der Delta-Funktion δ *(t)* entspricht. Durch Erweitern der Terme K_{IR} und K_{DR} mit K_{PR}/K_{PR} lassen sich die vom PD-Regler her bekannte Vorhaltezeit $T_v = K_{DR}/K_{PR}$ und die vom PI-Regler bekannte Nachstellzeit $T_n = K_{PR}/K_{IR}$ formal einführen. Nach Ausklammern von K_{PR} hat die Reglergleichung dann die Form:

$$y - y_0 = K_{PR} \cdot \left(x_d + \frac{1}{T_n} \cdot x_d \cdot t + T_v \cdot \frac{\Delta x_d}{\Delta t} \right)$$

$$\begin{array}{ccc} \text{P-} & \text{I-} & \text{D-} \\ \text{Wirkung} & \text{Wirkung} & \text{Wirkung} \end{array}$$

In **Bild 7.68** ist die bezogene Sprungantwort für den idealen PID-Regler dargestellt.

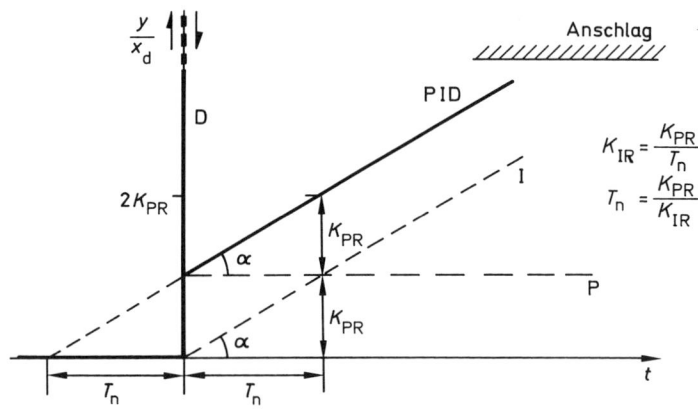

Bild 7.68 Bezogene Sprungantwort (Übergangsfunktion) des PID-Reglers

Sowohl aus der Reglergleichung als auch aus der grafischen Darstellung läßt sich ersehen, daß die Sprungantwort (bezogene Stellgröße) im Moment der sprungförmigen Änderung von x_d mit einem sehr hohen und sehr kurzen Impuls (D-Wirkung) beginnt. Danach fällt die Sprungantwort bis auf den Wert K_{PR} (P-Wirkung) ab und steigt gleichzeitig gleichförmig an (I-Wirkung).

Die Kenngrößen K_{PR}, K_{IR} und T_n lassen sich aus der Sprungantwort (Bild 7.68) bestimmen, nicht jedoch T_v. Soll die Vorhaltezeit T_v bestimmt werden, so wird die Aufnahme einer Anstiegsantwort erforderlich **(Bild 7.69)**.

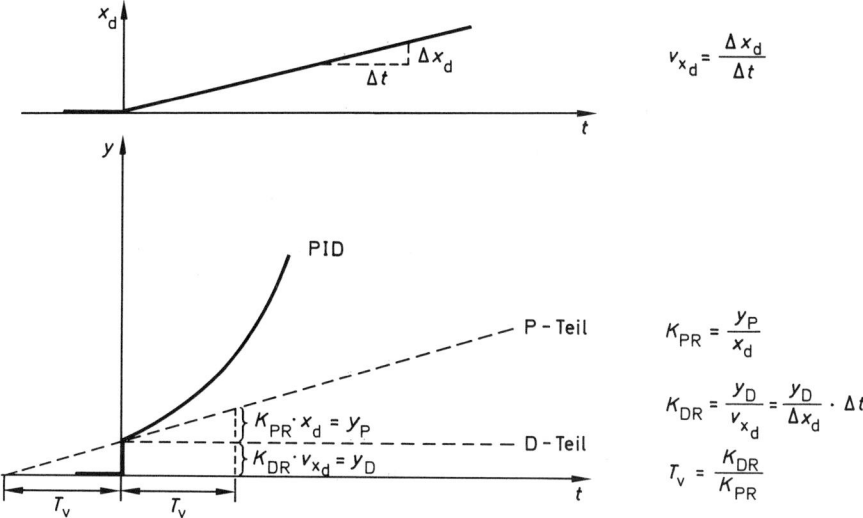

$$v_{x_d} = \frac{\Delta x_d}{\Delta t}$$

$$K_{PR} = \frac{y_P}{x_d}$$

$$K_{DR} = \frac{y_D}{v_{x_d}} = \frac{y_D}{\Delta x_d} \cdot \Delta t$$

$$T_v = \frac{K_{DR}}{K_{PR}}$$

Bild 7.69 Anstiegsantwort des PID-Reglers (v_{x_d} = const., $y_0 = 0$)

Der PID-Regler verbindet die Vorteile von P-, I- und D-Regler. Bereits bei langsamen Änderungen in x_d erzeugt er einen Sprung in der Stellgröße y (D-Wirkung), die dann aufgrund der P- und I-Wirkung zunehmend schneller weiter verstellt wird. Bei sprungförmigen Änderungen erzeugt der Regler einen Impuls in der Stellgröße, die anschließend solange zunehmend verstellt wird, bis $x_d = 0$ ist. In dem dann erreichten Beharrungszustand ist die bleibende Regelabweichung gleich Null.

Der PID-Regler eignet sich für die Regelung fast aller Strecken, vorzugsweise auch für die schwerer regelbaren. Allerdings lassen sich bei diesem aufwendigsten Regler Einstellwerte für die Kenngrößen (Parameter) nicht ganz einfach bestimmen.

Moderne Systemregler sind häufig als PID-Regler konzipiert, werden aber nur jeweils entsprechend den Anforderungen der Regelaufgabe bestückt als P-, PD, PI- und PID-Regler. Die Darstellung einer PID-Regeleinrichtung im Signalflußplan zeigt **Bild 7.70**. Wie bereits beim PD-Regler gezeigt, läßt sich in der Praxis das D-Glied nur näherungsweise realisieren. Es ist mit einem Verzögerungsanteil T_1 behaftet. Dies führt aber – durchaus wünschenswert – zur Verkleinerung des Dirac-Impulses.

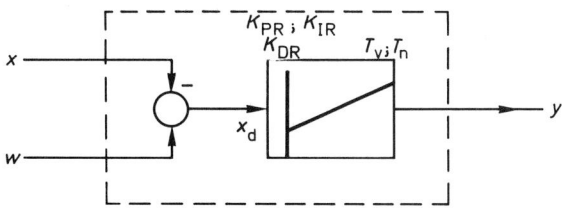

Bild 7.70 PID-Regeleinrichtung im Signalflußplan

439

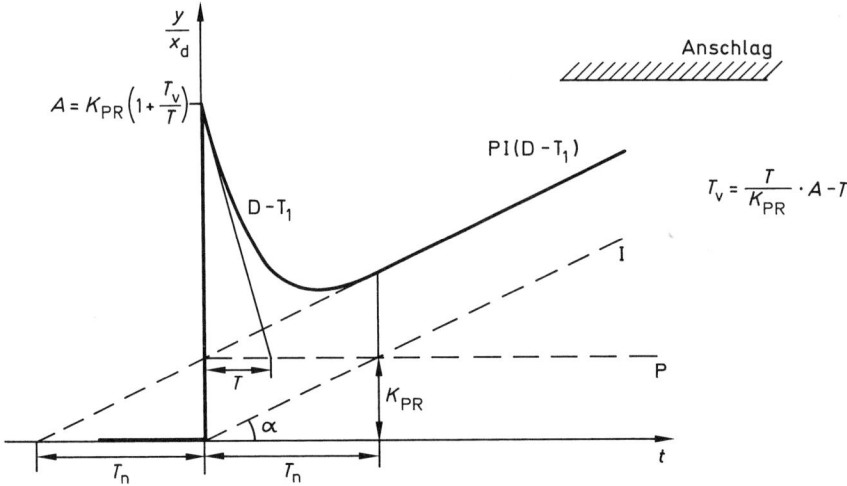

Bild 7.71   Bezogene Sprungantwort des realen PID- bzw. PI (D-T_1)-Reglers

Zur Reduzierung der Schwingneigung bzw. zur Bedämpfung bei Einsatz im Regelkreis wird die Zeitkonstante gezielt gewählt zu etwa

$$T = 0,1 \cdot T_v \ldots 0,5 \cdot T_v$$

Ein so konzipierter PID-Regler weicht in seinem Verhalten nur geringfügig von einem idealen ab.
In **Bild 7.71** ist die bezogene Sprungantwort eines realen PID-, genauer: PI (D-T_1)-Reglers dargestellt.

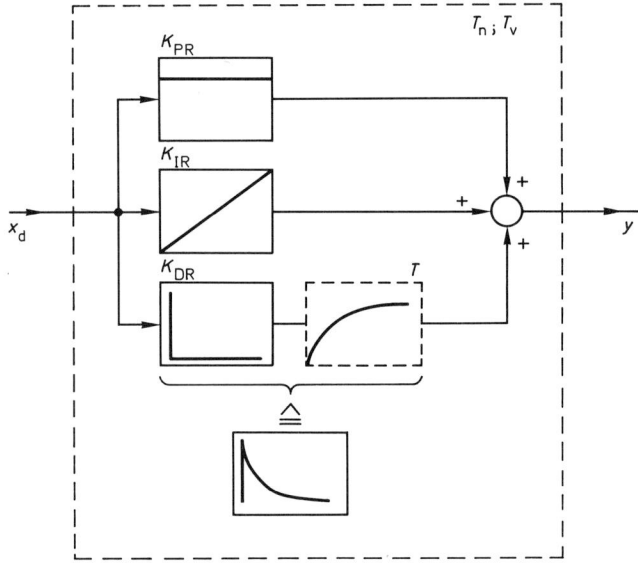

Bild 7.72   Blockschaltbild eines PI (D-T_1)-Reglers

440

Es ist deutlich die impulsbegrenzende und verzögernde Wirkung des T_1-Anteils mit der Zeitkonstanten T zu erkennen. Aus der grafischen Darstellung lassen sich die charakteristischen Kenngrößen wie K_{PR}, K_{IR}, T_n, T_v, T entnehmen bzw. berechnen.
Der Beschreibung des PID-Reglers wurde eine Parallelschaltung von P-, I- und D- bzw. D-T_1-Glied zugrunde gelegt **(Bild 7.72)**.
Früher wurde das PID-Verhalten vorzugsweise durch geeignete Rückkopplungsschaltungen um einen Verstärker herum erzeugt **(Bild 7.73)**.

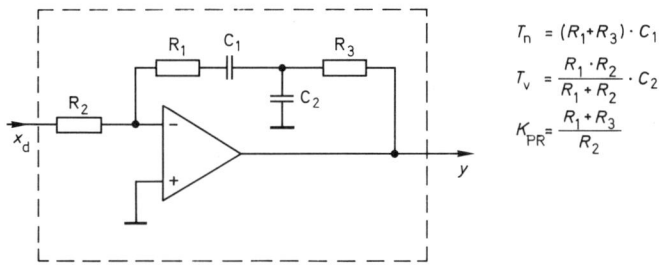

$$T_n = (R_1 + R_3) \cdot C_1$$
$$T_v = \frac{R_1 \cdot R_2}{R_1 + R_2} \cdot C_2$$
$$K_{PR} = \frac{R_1 + R_3}{R_2}$$

Bild 7.73   PID-Verhalten durch Rückkopplung realisiert

Von Nachteil ist, daß sich bei Parameteränderungen die Kenngrößen gegenseitig beeinflussen. Da die erforderlichen Verstärker als integrierte Schaltung (IC) heute keinen wesentlichen Kostenfaktor mehr darstellen, wird bei der Realisierung vorzugsweise die Parallelschaltung gewählt. Sie bietet den Vorteil der unabhängigen Einstellung der Kenngrößen und läßt auch fallweise eine Teilbestückung ohne Schwierigkeiten zu. Der Regler läßt sich aber auch in Form anderer Strukturen realisieren, z. B.

Parallelstruktur I   und PD

Kettenstruktur   PI und PD

Kreisstrukturen verschiedener Art.

Im Schulungsgerät ist der PID-Regler durch die Einheit IV B-S 4 in Parallelschaltung realisiert **(Bild 7.74)**. Die einzelnen Anteile P, I, D können wahlweise geschaltet werden. Regler, die durch besondere konstruktive Maßnahmen davor geschützt sind, an die Anschläge zu laufen, werden entsprechend dem PI_{arw}-Regler als PID_{arw}-Regler bezeichnet.

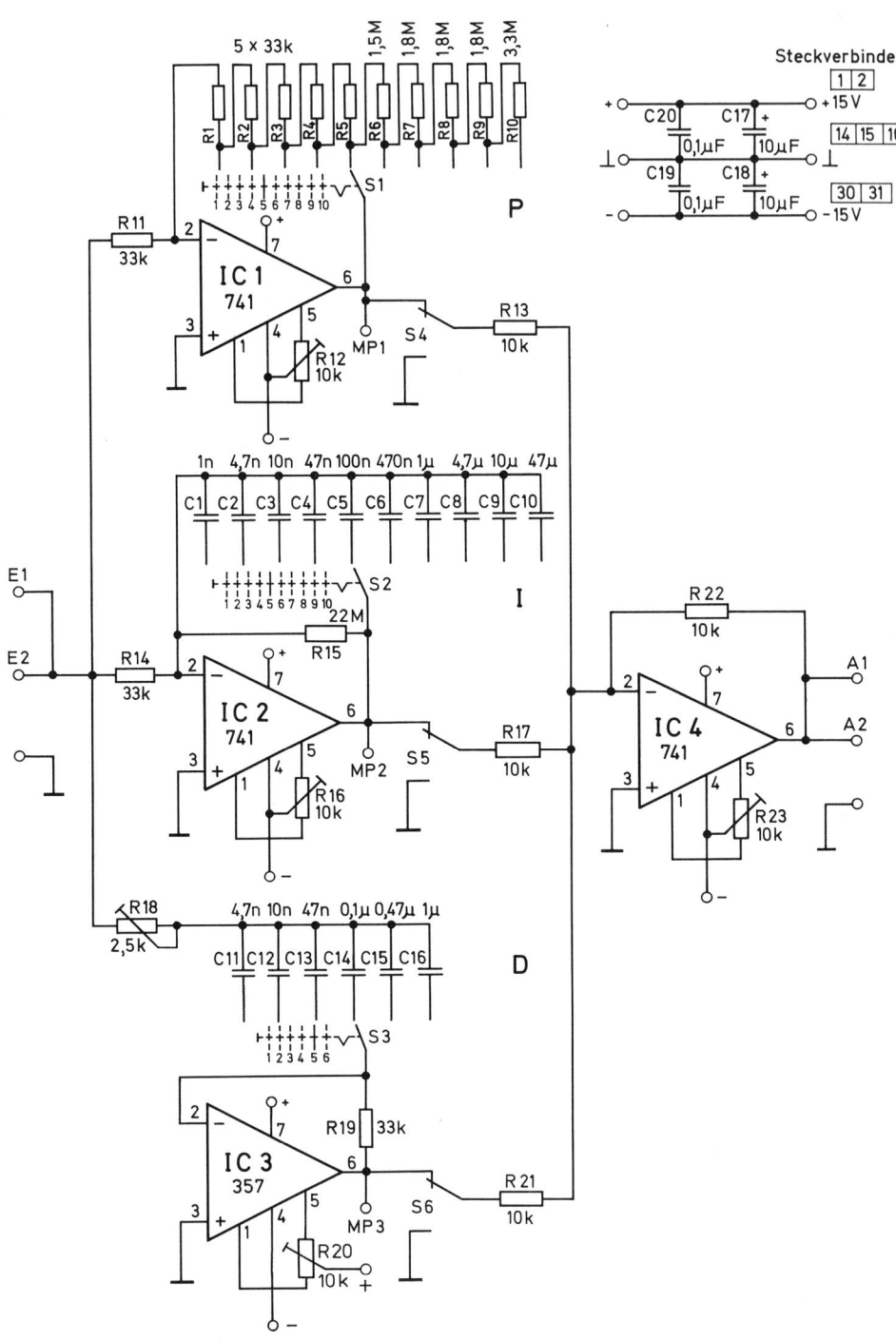

Bild 7.74 PID-Einheit des Schulungsgerätes

7.4 Unstetige Regeleinrichtungen

7.4.1 Allgemeines

Bei den in Abschnitt 7.3 behandelten stetigen Regeleinrichtungen konnte die Stellgröße y jeden Wert im Stellbereich Y_h annehmen. Dadurch war es bei den PI- und PID-Regeleinrichtungen möglich, die Regelgröße im ausgeregelten Zustand immer gleich der Führungsgröße w zu halten. Bei den hier zu behandelnden unstetigen Reglern ist die Stellgröße y nur in großen Stufen einstellbar. Für den meist verbreiteten Zweipunktregler sind dies nur zwei Werte entsprechend den Endpunkten des Stellbereichs Y_h.

In **Bild 7.75** werden drei Kennlinien gegenübergestellt. Es handelt sich dabei um Kennlinien zur stetigen Regeleinrichtung, zur Zweipunktregeleinrichtung und zur Dreipunktregeleinrichtung.

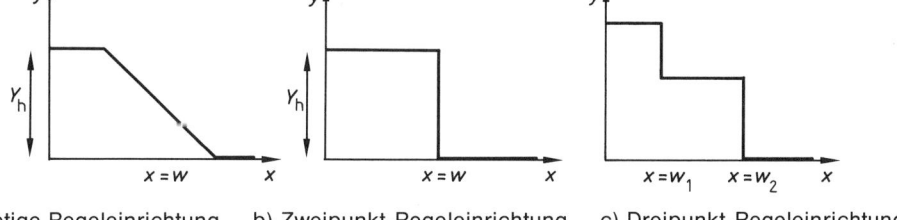

a) stetige Regeleinrichtung   b) Zweipunkt-Regeleinrichtung   c) Dreipunkt-Regeleinrichtung

Bild 7.75   Kennlinien unterschiedlicher Regeleinrichtungen

In Zweipunkt- und Dreipunktregeleinrichtungen werden Elemente mit unstetigen Eigenschaften wie Magnetventile, Schalter, Relais und Schütze verwendet. Als elektronische Schalter gehören auch Transistoren, Thyristoren und Triacs in diese Gruppe. Sie arbeiten als kontaktlose Schalter und sind daher verschleißfest, was für die unstetigen Regeleinrichtungen von besonderer Bedeutung ist.

Zweipunktregeleinrichtungen sind oft einfach aufgebaut und preiswert. Trotzdem lassen sich unter bestimmten Bedingungen ausreichende und befriedigende Regelergebnisse erreichen. Wegen der charakteristischen Ein/Ausschaltung werden Zweipunktregeleinrichtungen auch als »Ein/Aus-Regler« oder »schaltende Regler« bezeichnet. Sie werden in großem Umfang in Haushaltsgeräten für Temperatur-Regelungen (Heizung, Kühlung) eingesetzt.

7.4.2 Zweipunkt-Regeleinrichtung

Bei der Zweipunktregeleinrichtung – häufig vereinfacht auch Zweipunktregler genannt – besteht meist ein enger Zusammenhang zwischen Meßwertaufnehmer und der Schaltfunktion des Reglers. Zweipunktregler wirken als Schalter mit den beiden Schaltzuständen **Aus** ($y = 0$) und **Ein** ($y = Y_h$).

Bild 7.76 zeigt eine Temperaturregeleinrichtung als Zweipunktregeleinrichtung. Sie beruht auf einem Bimetallstreifen als Temperaturmeßeinrichtung. Bei einem solchen Bimetallstreifen sind zwei unterschiedliche Metalle aufeinandergelötet. Da unterschiedliche Werkstoffe auch unterschiedliche Temperaturausdehnungskoeffizienten haben, dehnen sich beide Werkstoffe bei Erwärmung unterschiedlich aus, und es tritt eine Krümmung in Richtung des Werkstoffes mit der kleineren Ausdehnung auf. Die Größe des Ausschlags aus der Ruhelage ist ein Maß für die Temperaturänderung. Durch Verspannen über eine Einstellschraube wird der Sollwert w vorgegeben. Die Kontaktstelle zwischen Bimetall und Sollwert-Einstellschraube erfüllt die Schaltfunktion. Ist die Temperatur kleiner als die der Einstellung entsprechende Temperatur, so ist der Kontakt geschlossen, überschreitet die Temperatur die der Einstellung entsprechende Temperatur, so öffnet der Kontakt. Ist der Kontakt geschlossen, so liegt der Heizwiderstand an Spannung und es fließt ein Strom, entsprechend fließt bei offenem Kontakt kein Strom.

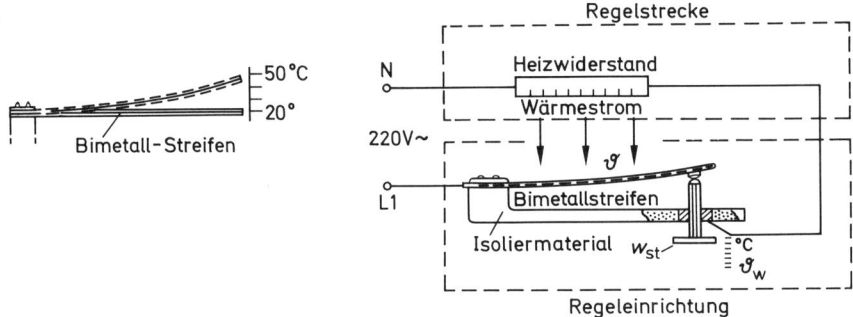

Bild 7.76 Bimetall-Temperaturregeleinrichtung (Prinzip, z. B. Bügeleisen)

Da bei langsamer Temperatursteigerung das Bimetall den Kontakt schleichend öffnet, tritt keine plötzliche Trennung der Kontakte ein. Kontaktprellen und bei höheren Schaltleistungen kleine Lichtbögen verhindern eine Funktion entsprechend der in **Bild 7.77** dargestellten Kennlinie.

Die schleichende Kontaktgabe hat aber noch einen weiteren Nachteil. Arbeitet die Zweipunktregeleinrichtung in der Nähe des eingestellten Sollwertes, so können auch sehr kleine Überhitzungen oder Abkühlungen sofort einen Schaltvorgang auslösen, und es muß mit einer hohen Schalthäufigkeit gerechnet werden. Damit sinkt die Lebensdauer der Kontaktstücke erheblich. Um diesen Nachteilen zu begegnen, wird der Schaltkontakt aus Bimetall z. B. durch einen Magneten bereits geschlossen, wenn er sich dem Gegenkontakt auf kleinen Abstand genähert hat. Umgekehrt hält der Magnet die Kontakte geschlossen, bis die Kraft des Bimetalls die Magnetkraft überwindet und den Kontakt sicher trennt. Aus dem Gesagten ergibt sich, daß die Temperatur beim Öffnen höher liegt als die Temperatur beim Schließen. Es entsteht eine Schaltdifferenz oder Hysterese. Bild 7.77 zeigt die Kennlinie für diesen Fall.

Die Schaltdifferenz oder Hysterese X_{sd} ergibt sich zwangsläufig und infolge des Vermeidens von schleichenden Schaltvorgängen. Sie kann durch konstruktive Maßnahmen jedoch klein gehalten werden.

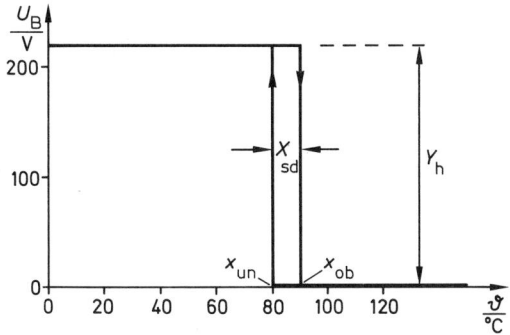

Bild 7.77 Kennlinie der Bimetall-Temperaturregeleinrichtung mit Sprungkontakt

Beispiel: Temperatur-Zweipunktregeleinrichtung

Bild 7.78 zeigt den prinzipiellen Aufbau zweier Zweipunkt-Temperaturregeleinrichtungen.

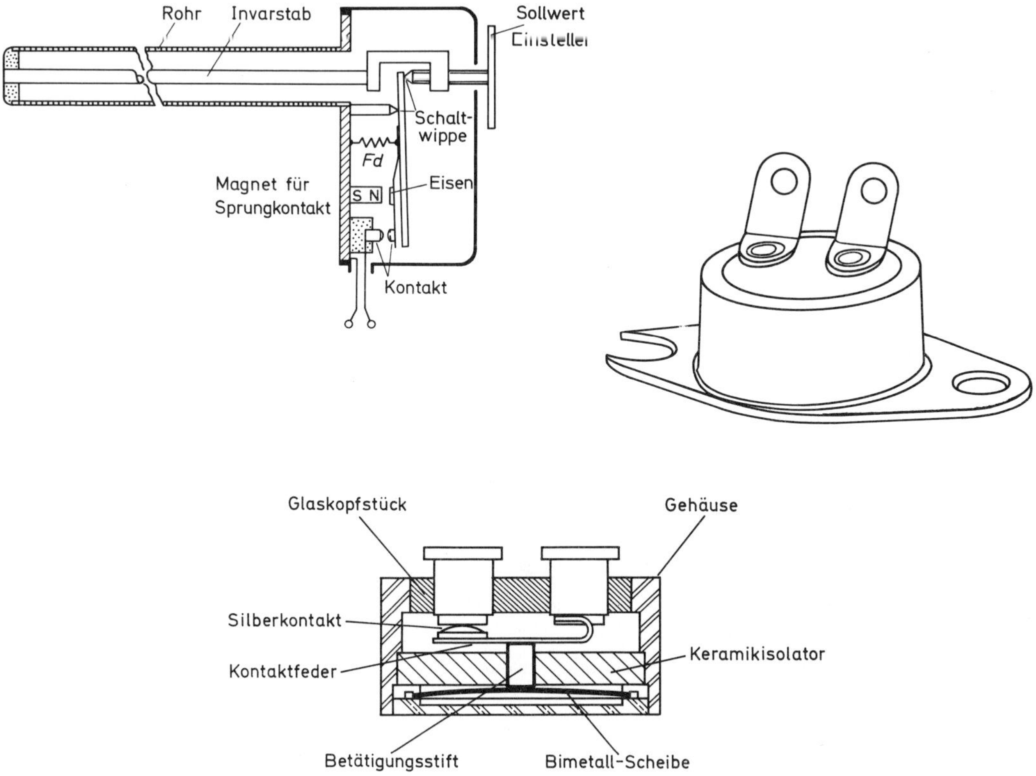

Bild 7.78 Stab-Temperaturregler als Temperatur-Zweipunktregeleinrichtung und »Knopf«-Temperaturregler

Beim Stab-Temperaturregler taucht das Rohrteil in die Strecke ein. Infolge der hier herrschenden Temperatur dehnt es sich aus oder zieht sich zusammen. Der innenliegende Stab besteht aus einem Material, das so gut wie keine Temperaturabhängigkeit aufweist (Invar = Längeninvarianter Werkstoff). Daher wird jede Längenänderung des Rohres auf die Schaltwippe übertragen. Bei Temperaturerhöhung entfernen sich also die Kontaktstücke, bei Temperaturerniedrigung nähern sie sich an. Über den Sollwerteinsteller, er verändert die Grundstellung der Schaltwippe, wird festgelegt, wann sich die Kontakte berühren. Damit wird also auch der Schaltpunkt der Regeleinrichtung festgelegt. Der Schaltkontakt ist auch hier als Sprungkontakt ausgeführt. Es ergibt sich eine Schalthysterese beim Umschalten. Beim Kopf-Regler ist die Bimetallscheibe als Sprungschalter ausgelegt.

Die bisher behandelten Zweipunkt-Regeleinrichtungen waren Regeleinrichtungen ohne Hilfsenergie. Die elektronischen Zweipunktregeleinrichtungen benötigen für ihre elektronischen Schaltungen eine Betriebsspannung und damit Hilfsenergie. Im folgenden Beispiel soll der prinzipielle Aufbau einer solchen Regeleinrichtung vorgestellt werden.

Beispiel: Elektronische Zweipunktregeleinrichtung

Bild 7.79 zeigt den prinzipiellen Aufbau einer elektronischen Zweipunktregeleinrichtung.

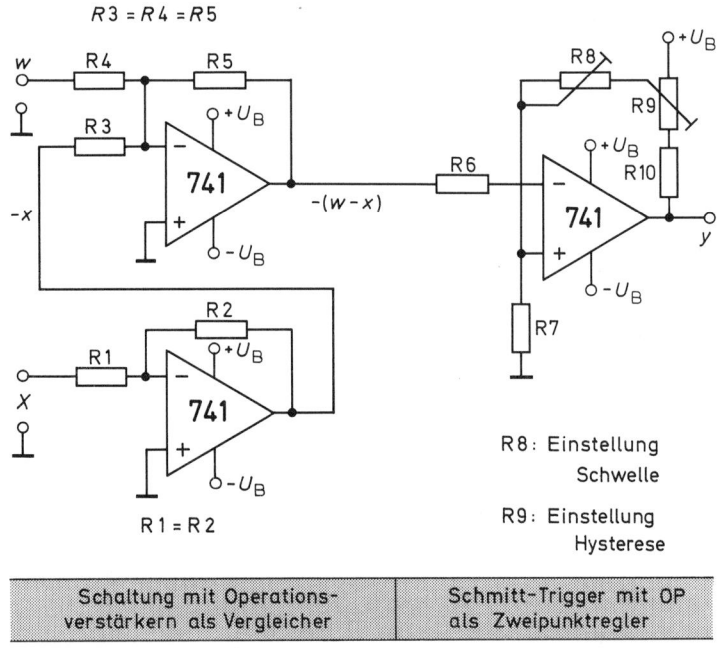

Bild 7.79   Elektronische Zweipunktregeleinrichtung

Die Eingangsgröße U_x wird verstärkt und im Vergleicher mit dem vom Sollwerteinsteller gelieferten Spannungswert U_w verglichen. Das Ausgangssignal des Vergleichers wird auf eine Schmitt-Triggerschaltung gegeben, die die Funktion des Zweipunktreglers mit Hysterese ausübt. Am

Ausgang des Reglers wird das Signal zur Ansteuerung des Stellgliedes meist noch einmal verstärkt. Diese Ausgangsstufe kann ein Verstärker, aber auch ein Relais, ein Schalttransistor, ein Leistungs-Darlington-Transistor, ein Leistungs-V-MOS-Transistor, ein Thyristor oder Triac sein.

Der Vorteil der elektronischen Schaltungstechnik ist, daß durch geeignete Schaltungsauslegung die Lage der Schaltschwellen x_{un} und x_{ob} sowie die Schaltdifferenz X_{sd} weitgehend den Anforderungen angepaßt werden können.
Bild 7.80 zeigt die grundlegenden Kennlinien für eine Zweipunktregeleinrichtung.

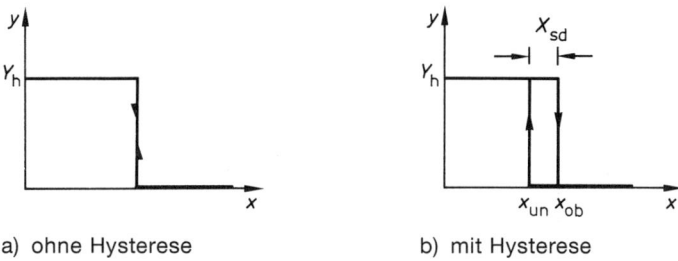

a) ohne Hysterese   b) mit Hysterese

Bild 7.80 Kennlinien von Zweipunktregeleinrichtungen

In der Praxis ist es teilweise zweckmäßig, das Zu- bzw. Abschalten z. B. der Energiezufuhr für eine Strecke nicht vollständig, sondern nur teilweise durchzuführen. In diesem Fall besteht ständig eine gewisse Grundlast. Dies entspricht einer bestimmten Grundeinstellung y_o der Stellgröße y. Diese Grundeinstellung y_o wird nicht unterschritten. Ausgehend von y_o schaltet die Zweipunktregeleinrichtung einen Teil entsprechend einer Stellgrößenänderung Y_h aufgrund der Auswertung des Soll-Istwert-Vergleiches zu oder ab. **Bild 7.81** zeigt die Kennlinie einer Zweipunktregeleinrichtung mit Grundlast. Dabei ist zwischen einer Ausführung mit und ohne Schaltdifferenz unterschieden.

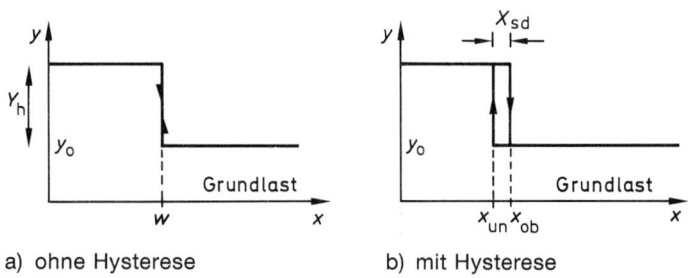

a) ohne Hysterese   b) mit Hysterese

Bild 7.81 Kennlinien von Zweipunktregeleinrichtungen mit Grundlast

Beispiel: Industrieller Zweipunktregler

Bild 7.82 zeigt das vereinfachte Blockschaltbild eines industriell gefertigten, elektronischen Zweipunktreglers.

447

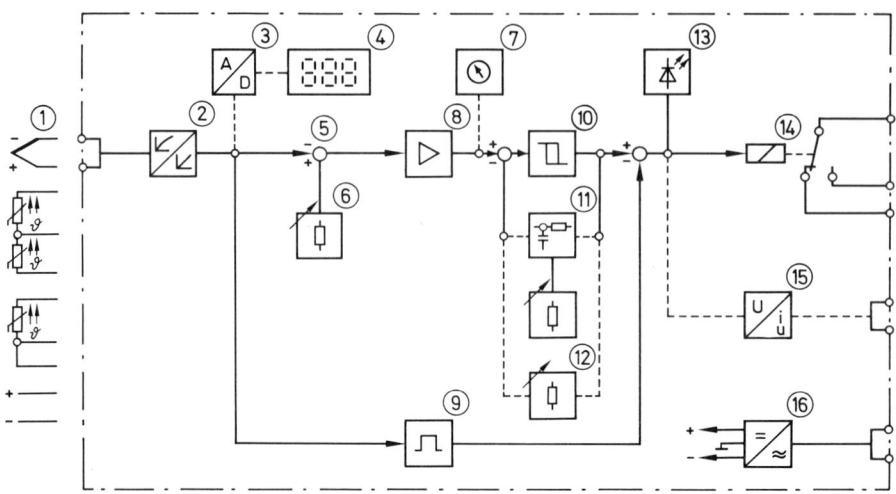

Bild 7.82 Elektronischer Zweipunktregler Jumotron HRO (Juchheim) Blockschaltbild vereinfacht

Als Meßwertaufnehmer sind vorgesehen:

Thermoelement Fe-CuNi (Eisen-Kupfer-Nickel)
in Bereichen
0 ... 100, 0 ... 200, 0 ... 400, 0 ... 500 °C

Widerstandsmeßfühler Pt 100, Pt 500
in Bereichen:

−100 ... +100 °C	0 ... 70 °C
− 90 ... + 50 °C	0 ... 100 °C
− 35 ... + 20 °C	0 ... 150 °C
− 20 ... + 30 °C	0 ... 200 °C
	0 ... 250 °C
	0 ... 400 °C
	0 ... 600 °C

Einheitssignale Strom und Spannung
in Bereichen:
0 ... 1 mA, 0 ... 20 mA, 0 ... 10 V, 0 ... 20 V

Der Einstellbereich für den Sollwert ist 0 ... 100 % des Meßbereiches. Die Schaltdifferenz oder Hysterese beträgt beim Thermoelement 2,5 K, beim Widerstandsfühler 1,5 K, beim Pt 100 0,5 K, beim Pt 500 0,5 % des Meßbereichs bei den Einheitssignalen.

Das jeweilige Meßwertgebersignal ① wird über ein Linearisierungsmodul ② als Istwert x dem Vergleicher ⑤ zugeführt. Im Vergleicher wird die Regeldifferenz $x_d = (w − x)$ aus der Regelgröße und dem am Sollwerteinsteller ⑥ eingestellten Sollwert w gebildet. Die Regeldifferenz wird verstärkt ⑧ und der Triggerstufe ⑩ zugeführt. Das Triggerausgangssignal steuert das Relais ⑭ an. Als Anzeigen sind in diesem System vorgesehen:

Istwertanzeige digital über den Analog-Digital-Wandler ③ und 7-Segment-Anzeige ④
oder
Regeldifferenzanzeige analog über ein Analoganzeigeinstrument mit Nullpunkt in Mittellage ⑦.
Die Stellung »Relais angezogen« wird mit einer Leuchtdiode ⑬ angezeigt. Anstelle des Relaisausganges ist auch ein binärer Spannungs- und Stromausgang ⑮ möglich.
Die Betriebsspannung liefert ein Netzteil ⑯.

Für den Einsatz mit Thermoelementen ist eine Bruchsicherung, für den Einsatz mit Meßwiderständen eine Kurzschlußsicherung vorgesehen ⑨. Durch geeignete Ansteuerung des Stellgliedes wird verhindert, daß die Strecke in einen kritischen Betriebszustand gerät.
Um die Eigenschaften zu verbessern, sind weiterhin unterschiedliche Rückführungen möglich ⑪ + ⑫, auf die Funktion wird später noch eingegangen

Die Blockbilddarstellung einer Zweipunkt-Regeleinrichtung zeigt **Bild 7.83.**

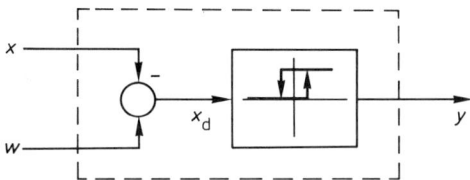

Bild 7.83   Blockbild einer Zweipunkt-Regeleinrichtung

Zweipunkt-Regeleinrichtungen in dieser einfachen Grundform sind praktisch kaum anwendbar, denn das Verhalten der Regeleinrichtung wird überwiegend durch die Eigenschaften der angeschlossenen Regelstrecke bestimmt. Erwünscht ist aber, daß die Regeleinrichtung an die Strecke angepaßt werden kann, um das Regelergebnis aufgabengemäß beeinflussen zu können. Dies läßt sich erreichen, indem vom Ausgang des Zweipunkt-Reglers eine geeignete Rückführung auf den Eingang des Reglers vorgesehen wird. Da der Zweipunkt-Regler wie ein P-Glied mit sehr hoher Verstärkung wirkt, liegen dann ähnliche Verhältnisse wie beim rückgekoppelten OP vor. Häufig angewendet wird eine verzögert wirkende Rückführung. **Bild 7.84** zeigt das Prinzip mit einigen Signalverläufen für eine sprungförmige Regeldifferenz x_d. Durch die Rückführung entsteht ein Regelkreis, bei dem die Rückführgröße x_r mit der Regeldifferenz x_d verglichen wird. Das Rückführglied wird am Eingang mit der Schaltfunktion y (Ein – Aus) angesteuert und antwortet am Ausgang verzögert mit x_r gemäß einer e-Funktion. Dem Zweipunkt-Regler wird die Größe $x_d - x_r$ zugeführt und er steuert entsprechend seiner Kennlinie die Stellgröße y. Aus ihrem Verlauf ist zu ersehen, daß nach einem ersten langen Schritt periodisch kurze Schritte folgen. Dies ergibt sich dadurch, daß x_r bzw. $x_d - x_r$ zwischen den Schaltpunkten x_{ob} und x_{un} pendeln. Die Eigenschaften der Regeleinrichtung werden jetzt hauptsächlich durch die Parameter der Rückführung bestimmt und sind damit konstruktiv beeinflußbar.
Ist die Schaltfrequenz genügend groß gegenüber den Zeitkonstanten der Strecke, so wirkt der Zweipunkt-Regler mit Rückführung ähnlich wie ein stetiger Regler. Er zeigt *quasistetiges Verhalten.* Aus dem Verlauf von y_m ist zu erkennen, daß PD-ähnliches Verhalten bei verzögerter Rückführung entsteht.

Die Kenngrößen sind etwa: $K_{PR} \approx \dfrac{1}{K_r}$; $T_v \approx T_r$

Durch andere Rückführungen läßt sich das Verhalten des Zweipunkt-Reglers in anderer Weise beeinflussen. So entsteht z. B. bei einer starren Rückführung (P-Glied) das P-Verhalten. Bei einer verzögert nachgebenden Rückführung dagegen PID-Verhalten.

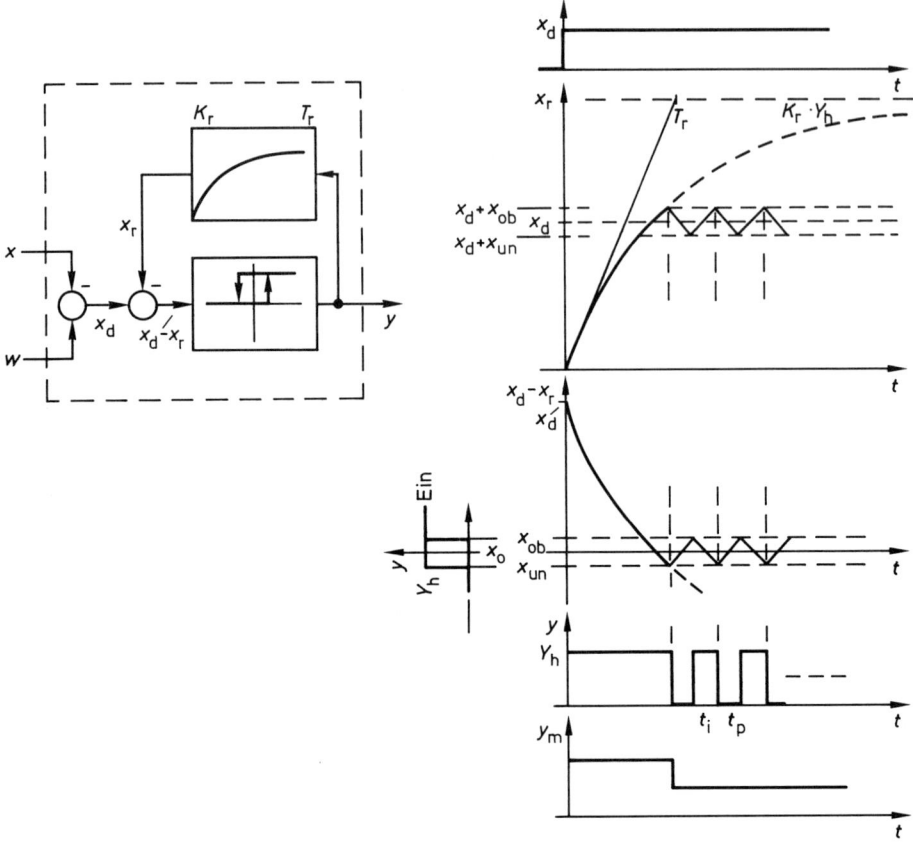

Bild 7.84   Zweipunkt-Regler mit verzögerter Rückführung und Signalverläufe

An einer trägen Strecke stellt sich eine mittlere Stellgröße y_m ein. Ihre Größe ist abhängig vom Impuls-Pausen-Verhältnis der Schaltfrequenz und kann im Bereich $y \approx 0$ bis $y \approx Y_h$ variiert werden.

Im Schulungsgerät wird die Zweipunkt-Regeleinrichung durch Abschalten eines Zweiges mit der Dreipunkt-Einheit IV B – S6 realisiert. Eine Rückführung kann mit der Verzögerungseinheit geschaltet werden.

7.4.3   Dreipunkt-Regeleinrichtung

Bei der Zweipunktregeleinrichtung stehen zwei Stufen für die Stellgröße y zur Verfügung, die an den Grenzen des Stellbereichs Y_h liegen. Als weitere Form der Zweipunktregeleinrichtung wurde der Zweipunktregler mit Grundlast vorgestellt. Bei der Dreipunktregeleinrichtung werden zwei Sollwerte w_1 und w_2 festgelegt. Die Sollwerte w_1 und w_2 liegen oft bis etwa 10 %, gelegentlich aber auch erheblich weiter auseinander. Beim Dreipunkt-Regler liegen drei unterschiedliche Schaltzustände vor, die z. B. für die Funktionen Vorwärtslauf – Aus – Rückwärtslauf eines Motors oder Heizen – Aus –

Kühlen einer Klimaregelung genutzt werden können. **Bild 7.85** zeigt Kennlinien für Dreipunkt-Regeleinrichtungen mit und ohne Hysterese.

Neben der in Bild 7.85 dargestellten Lage können aber auch Kennlinien nach **Bild 7.86** erforderlich sein. Hier liegen die Schaltschwellen symmetrisch zur Nullinie. Gesteuert werden zwei Stellgrößen mit entgegengesetzten Vorzeichen.

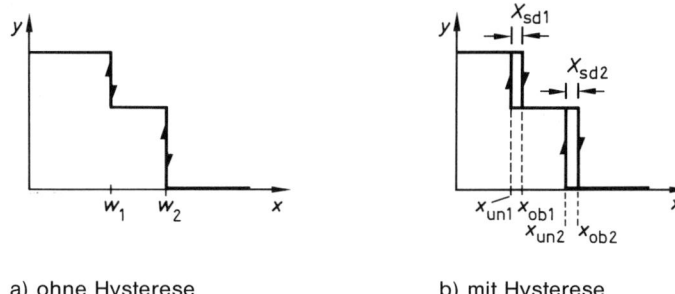

a) ohne Hysterese   b) mit Hysterese

Bild 7.85   Kennlinien von Dreipunkt-Regeleinrichtungen

Bild 7.86   Kennlinien für symmetrische Lage des Stellsignals

Bild 7.87 zeigt das Blockbild einer Dreipunkt-Regeleinrichtung.

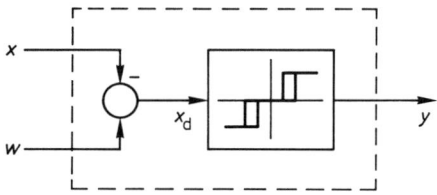

Bild 7.87   Dreipunkt-Regeleinrichtung

Ein Dreipunktregler ist auch im Schulungssystem vorgesehen. Es handelt sich dabei um einen Regler mit symmetrisch zur Nullage liegenden Schaltpunkten. Schaltpunkte und Hysterese sind einstellbar. Eine Rückführung ist nicht vorgesehen. **Bild 7.88** zeigt Schaltbild und Frontplatte dieser Einheit.

Die Dreipunkt-Schaltereinheit hat abhängig von der Größe und Polarität der Eingangsspannung drei Ausgangszustände. Wird die Eingangsspannung in Richtung positiver

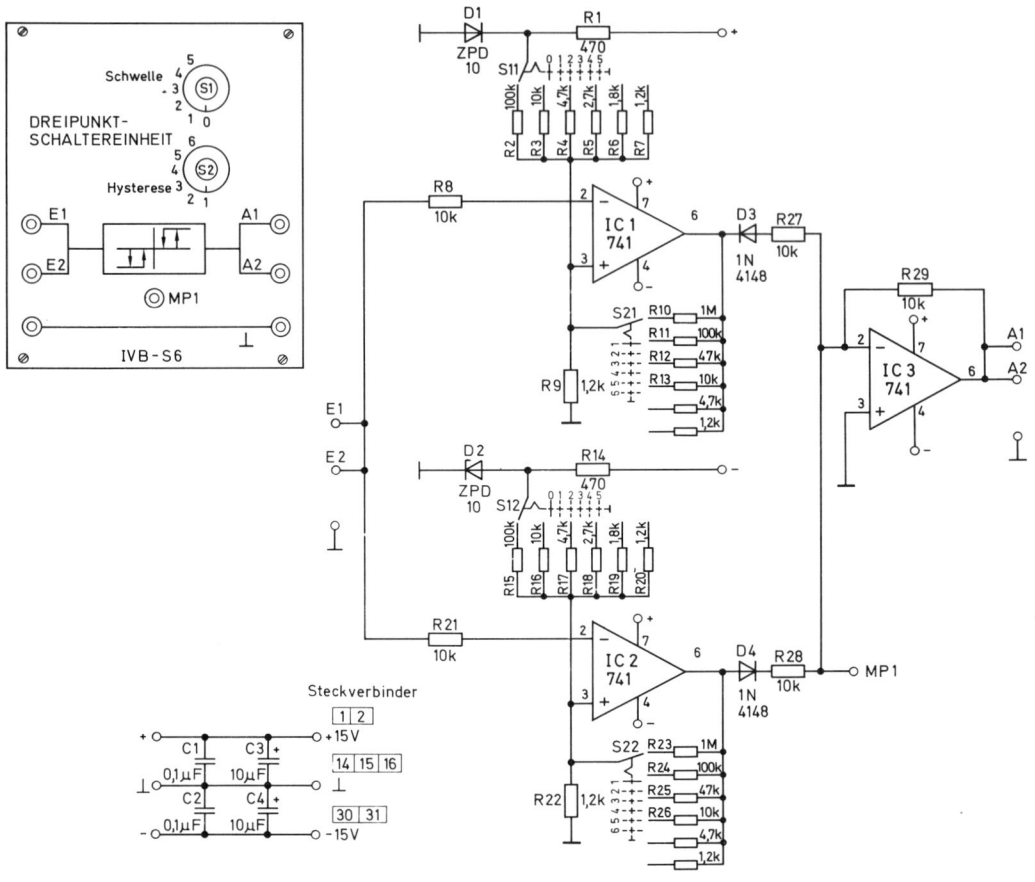

Bild 7.88 Dreipunktreglereinheit des Schulungsgeräts
S 11 / S 12: Hysterese   S 21 / S 22: Schwelle

Werte erhöht, so schaltet der Ausgang nach Überschreiten der Schaltschwelle auf positive, maximale Ausgangsspannung um. Überschreitet die negative Eingangsspannung die Schaltschwelle, dann wird auf negative, maximale Ausgangsspannung umgeschaltet. Die Umschaltung in positiver wie negativer Richtung erfolgt beim gleichen Spannungsbetrag. Die Schaltschwelle wird für beide Richtungen gemeinsam mit dem Schalter »Schwelle« eingestellt. Die Umschaltung erfolgt mit einer Hysterese. Diese läßt sich über den Schalter »Hysterese« wählen. Das Schaltverhalten bei positiver Eingangsspannung wird vom IC 1 bestimmt, dieser ist als Schmitt-Trigger geschaltet. Die Schaltung ist gegenüber der bekannten Grundschaltung modifiziert, um eine weitgehend unabhängige Einstellung von Schaltschwelle und Hysterese zu erhalten. Der Zweig für negative Eingangsspannungen ist entsprechend ausgeführt. Die Dioden sorgen dafür, daß jeweils nur ein Zweig den nachgeschalteten Umkehrverstärker ansteuern kann. Zum Aufbau einer Regeleinrichtung muß noch ein Vergleicher zur Bildung der Regeldifferenz vorgeschaltet werden.

Auch Dreipunkt-Regler in dieser einfachen Form liefern nur unbefriedigende Ergebnisse an den meisten Regelstrecken. Eine gezielte Beeinflussung der Regelparameter wird, wie beim Zweipunkt-Regler beschrieben, durch den Einsatz von Rückführungen möglich. Dabei können für beide Sollwerte w_1 und w_2 auch unterschiedliche Rückführungen zum Einsatz kommen, um den Regler bei unterschiedlichem Streckenverhalten (z. B. $T_{Kühlen} \neq T_{Heizen}$) anpassen zu können. Die Beschreibung von Einzelheiten kann hier wegen des größeren Umfangs der Ausführungen nicht gegeben werden.

7.4.4 Schrittregler

Schrittregler sind eine besondere Anwendungsart von Dreipunkt-Reglern in Verbindung mit einem integrierenden Stellglied. Ein integrierendes Stellglied liegt z. B. vor bei einem Motor mit Stellgetriebe, die Ausgangsgröße ist dann die Stellung oder der Drehwinkel. Der Dreipunkt-Regler schaltet gemäß seiner Kennlinie in die drei möglichen Ausgangszustände für den Motor Vorwärtslauf – Aus – Rückwärtslauf. Dabei läuft der Motor mit seiner Nenndrehzahl, jedoch je nach Einschaltdauer mehr oder weniger lange. Die Stellgröße y_1 wirkt wie eine Puls-Dauer-Modulation. Das Stellglied kann damit schrittweise jede beliebige Stellung erreichen und dort verharren, wenn der Motor abgeschaltet wird (I-Glied).

Bild 7.89 zeigt das Blockschaltbild und prinzipielle Signalverläufe der Schaltfunktion y_1 und des Stellungssignals y.

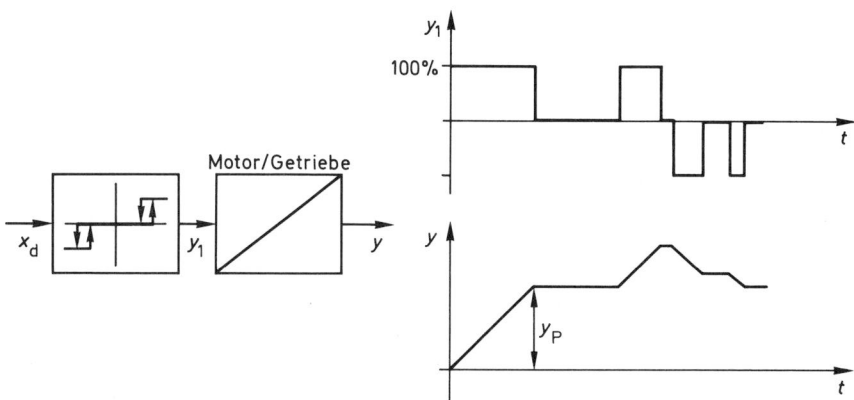

Bild 7.89 Dreipunkt-Schrittregler mit Signalverläufen

Das Verhalten des Dreipunkt-Reglers kann noch erheblich verbessert werden, wenn er mit einer Rückführung versehen wird. Die Rückführgröße x_r wird in einem Vergleicher mit der Regeldifferenz x_d zusammengeschaltet und bewirkt eine höhere Schalthäufigkeit des Reglers. Die Schaltfrequenz wird wesentlich durch die Eigenschaften der Rückführung bestimmt. Damit kann sie durch konstruktive Maßnahmen gezielt beeinflußt werden und ist nicht mehr nur von den Streckeneigenschaften abhängig.

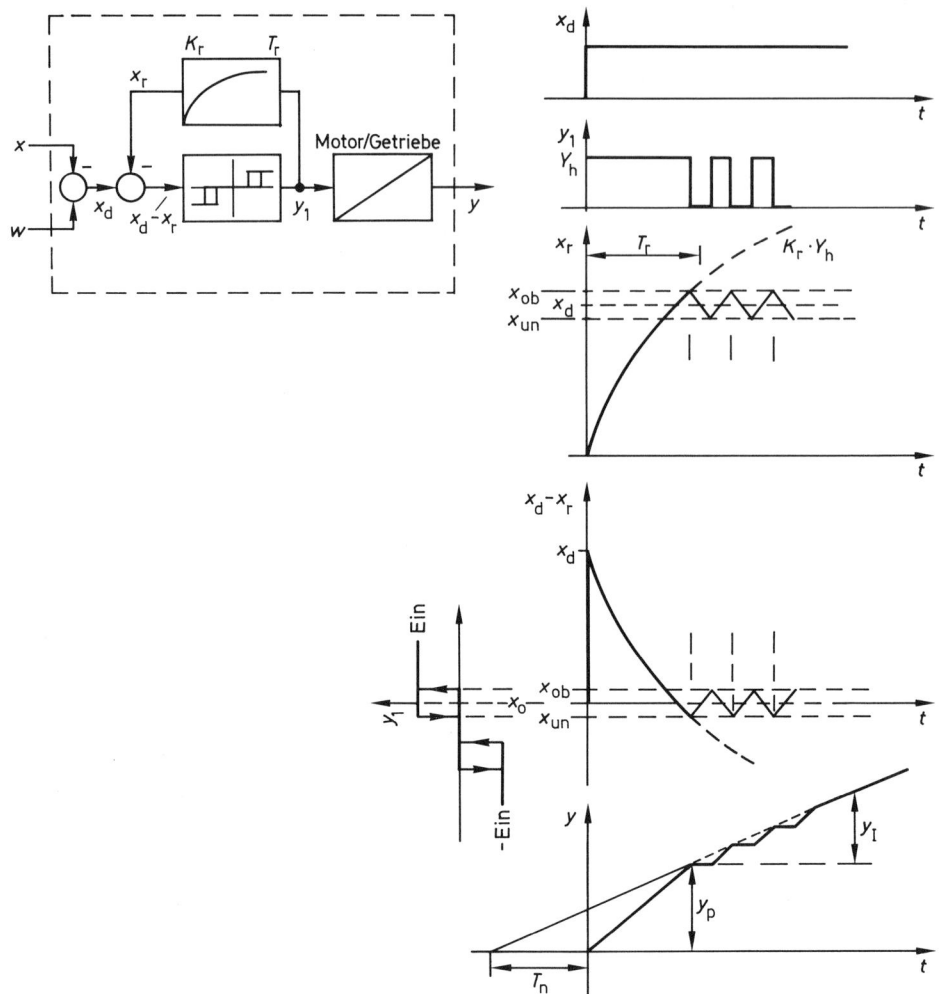

Bild 7.90   Dreipunkt-Schrittregler mit verzögerter Rückführung mit Signalverläufen

Die Kenngrößen K_P, K_I und T_n werden ebenfalls durch das Rückführglied festgelegt. Bei geeigneter Auslegung kann die Schaltfrequenz so hoch gewählt werden, daß der Motor nicht mehr seine Nenndrehzahl erreicht. Damit läßt sich in Abhängigkeit von der Größe der Regeldifferenz eine Variation der Stellgeschwindigkeit v_y und damit verschieden starkes Eingreifen des Reglers im Regelkreis erzielen.

Schrittregler mit Rückführung ähneln in ihrer Wirkung sehr stark den stetigen Reglern, sie haben quasi-stetiges Verhalten. Es ist erkennbar, daß durch Rückführung und Vergleicher ein zusätzlicher Regelkreis aufgebaut ist. **Bild 7.90** zeigt einen Schrittregler mit einer verzögerten Rückführung (T_1-Glied) und die Signalverläufe bei x_d = const.

Der Eingang des Rückführgliedes wird mit der Schaltfunktion y_1 angesteuert. Es reagiert mit der Exponentialfunktion für Aufladen/Entladen. Der Dreipunkt-Regler erhält als Eingangsgröße $x_d - x_r$. Bei Auftreten des x_d-Sprunges schaltet der Dreipunkt-Regler die Stellgröße y_1 z. B. auf 100 % Vorwärtslauf. Die Rückführgröße x_r baut sich gemäß einer e-Funktion auf und $x_d - x_r$ wird kleiner, bis der untere Schaltpunkt x_{un} erreicht ist. Damit wird y_1 ausgeschaltet und x_r sinkt gemäß e-Funktion ab, bis $x_d - x_r$ den oberen Schaltpunkt x_{ob} erreicht. Nach einem ersten längeren Schritt folgen nun periodisch kürzere, da $x_d - x_r$ zwischen x_{ob} und x_{un} pendelt.

Die Stellgröße y (Stellung, Drehwinkel) zeigt einen Verlauf, der dem des stetigen PI-Reglers mit Verzögerung entspricht. Durch Wahl anderer Rückführungen läßt sich das Verhalten des unstetigen Dreipunkt-Schrittreglers wunschgemäß beeinflussen und verbessern. So erzeugt z. B. eine starre Rückführung der Stellung y mittels P-Glied ein dem stetigen P-Regler ähnliches Verhalten. Eine verzögert-nachgebende Rückführung der Stellgröße y_1 erzeugt PID-ähnliches Verhalten.

Die Eigenschaften des Schrittreglers werden durch die Umschaltpunkte, die Schalt-hysterese, die Auslegung der Rückführung, das Motor-Stellglied und durch die Eigen-schaften der Regelstrecke bestimmt.

Der Schrittregler zeigt an vielen Strecken günstigeres Verhalten als ein stetiger Regler, da er nicht auf Störungen im Regelkreis reagiert, die kleiner als die eingestellten Schalt-punkte $+x_{ob}$ und $-x_{un}$ sind. Auf weitere Einzelheiten kann hier jedoch nicht einge-gangen werden.

7.5 Auswahl von Regeleinrichtungen für gegebenes Streckenverhalten

In den vorhergehenden Abschnitten wurden Regelstrecken und Regeleinrichtungen behandelt. In der Praxis steht der Anwender häufig vor der Frage, für eine gegebene Strecke einen geeigneten Regler auszuwählen, einzubauen und zweckmäßig einzustel-len. Die Erfahrungen aus der Praxis, aus Rechnersimulationen sowie grundsätzliche Überlegungen zeigen, daß für die verschiedenen vorkommenden Strecken nur bestimmte Reglertypen mehr oder weniger gut geeignet sind.

Neben der Eignung spielt aber auch der Gesichtspunkt Aufwand (Kosten, Einstell-aufwand) – zu Nutzen eine Rolle. Besonders wichtig ist außerdem die Auswahl der Reglerbauart:

Einzweck-Regler

Mehrzweck-Regler
    Einheits-Regler: Regler mit regelungstechnischen Einheitssignalen bei Ein-gangs-und Ausgangsgrößen.

    Kompakt-Regler: Regeleinrichtung mit Regler, Vergleicher und Führungsgrößen-geber, als Eingangsgröße und Ausgangsgröße häufig auch regelungstechnische Einheitsgrößen.

    System-Regler: Regler-Baustein aus einer Familie angepaßter Regler-Bau-steine. Anpaßgruppen für unterschiedliche Signaleingänge bei der Regelgröße, Anpaß-Baugruppen für unterschiedliche Aus-gangsgrößen. Teilweise sind auch die Führungsgrößen-Geber als getrennte Bausteine ausgeführt.

In diesem Abschnitt soll eine Entscheidungshilfe gegeben werden, wie in Abhängigkeit von einer bekannten Strecke und ihrem Streckentyp, gegebenenfalls auch ihren Streckenkonstanten, auf einen geeigneten Regler geschlossen werden kann. **Bild 7.91** zeigt eine Zusammenstellung häufig vorkommender Streckentypen und üblicher Regler. Für verschiedene Kombinationen ist jeweils angegeben, wie eine Zusammenschaltung zu bewerten ist. Dabei werden drei grobe Bewertungsklassen verwendet:

+ + gut geeignet   (aber eventuell zu aufwendig, da Ergebnis auch mit einfacherem
                    Regler erreichbar)

+ geeignet

– nicht geeignet

Die Grenzen sind fließend und die Zuordnung subjektiv, da die Streckenparameter sehr unterschiedlich sein können. Es ist durchaus möglich, daß für eine bestimmte Strecke mit dem zugeordneten Reglertyp auch »befriedigende« Ergebnisse erreicht werden können, obwohl die Einstufung ein »nicht geeignet« ergibt.

Daher stimmen auch die entsprechenden Tabellen in unterschiedlichen Literaturquellen nicht vollständig überein. Eine weitere Differenzierung solcher Zuordnungstabellen ist z. B. dadurch möglich, daß (in der Beurteilung der Eignung) noch eine Unterscheidung nach Führungs- und Störungsverhalten vorgenommen wird. Die Unterschiede im Führungs- und Störungsverhalten ergeben sich aus den unterschiedlichen Eingriffsorten der Wirkung: am Eingang des Reglers – innerhalb der Strecke. Die schwerer zu erfüllende Forderung ist dabei die nach gutem Führungsverhalten, weil die Änderung direkt am Regler wirksam wird.

Die Beurteilung der Störeinflüsse ist schwierig, da häufig die Eingriffsorte der Störgrößen nicht bekannt sind.

Streckenverhalten (Bezeichnung)	Sprung-antwort	Beispiel	Regeleinrichtung					
			P-	I-	PD-	PI-	PID-	Zweipunkt
mit Ausgleich								
ohne Verzögerung (P)		Durchfluß el. Netzteil	– ++(F u.S)	++	–	++(F u.S) ++(F u.S)	++(aufw.)	–
eine Verzögerung (P-T$_1$)	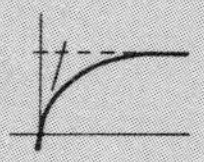	Drehzahl Druck Spannung	++(F)	+	+	++(S)	++(aufw.)	+
zwei/viele Verzögerungen (P-T$_2$) (P-T$_n$)	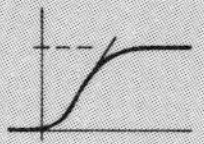	Temperatur	+(F)	–	–	+ auch: (++) da Hauptan-wendungs-gebiet	++(F u.S)	+
reine Totzeit (P-T$_t$)		Förderband	–	+	–	++(F u.S)	–	–
Totzeit u. eine/zwei Verzög. (T$_t$-PT$_1$) (T$_t$-PT$_2$)	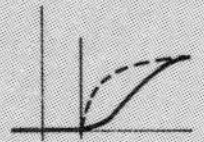		–	–	–	+	++(F u.S)	+
ohne Ausgleich								
reine Integralstrecke (I)	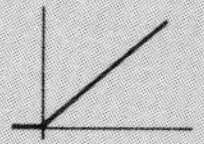	Füllstand	++(F)	–	++(F)	++(S)	++(aufw.)	+
eine Verzögerung (I-T$_1$)		Kurs Lage	+	–	+(F)	+	++(S)	+
mit Totzeit (I-T$_t$)	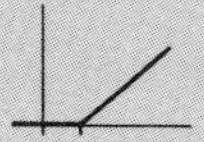	I-Strecke mit Lose	–	–	+	–	+	–

F = Führung, S = Störung

Bild 7.91   Auswahlhilfe für Regler bei bekanntem Streckentyp

7.6 Digitale Regeleinrichtungen

Die in den vorhergehenden Abschnitten behandelten Regler arbeiten sowohl stetig als auch unstetig. Prinzipiell läßt sich sagen, daß bei den stetigen Reglern analoge Signale analog verarbeitet werden. So werden Regeldifferenzen mit Hilfe von analogen Rechenschaltungen (P-, I-, D-Regler und Kombinationen davon) in analoge Stellgrößen umgesetzt. Bei unstetigen Reglern werden analoge Signale mit Hilfe von schaltenden Baugruppen (Zweipunkt-, Dreipunkt-Regler) in digitale Stellgrößen umgesetzt. Durch geeignete Rückführungen läßt sich quasi-stetiges Verhalten mit den bekannten Reglerfunktionen (P-, PI- oder PID-Verhalten) erzeugen.

Digital-Regler

Digitale Regler (auch DDC-Regler, engl. **d**irect **d**igital **c**ontrol) verarbeiten die Reglerfunktionen $y = f(x_d)$ digital, d. h. als digital codierte Zahlenwerte in Form einer vorgegebenen Rechenvorschrift (Regelalgorithmus). Es werden in einem Digitalrechner nach Programm die erforderlichen Operationen wie Multiplikation (P), Integration (I), Differentiation (D) bzw. Kombinationen davon durchgeführt. Hierzu müssen die Regelgröße x und die Führungsgröße w der Regeleinrichtung in digitaler Form mit vereinbartem Code angeboten werden. Das berechnete Ergebnis, die Stellgröße y, muß bis zum nächsten Schritt gespeichert und häufig wieder digital – analog gewandelt werden, um die Stelleinrichtung anzusteuern. Im Gegensatz zur stetigen analogen Regelung ist bei der digitalen Regelung der Parameter Zeit keine kontinuierliche Größe. Die Zeit tritt wegen der zyklischen Arbeitsweise der digitalen Regler in Form von diskreten Abtast-Zeitpunkten T_{An} auf.
Die Regelgrößen liegen also nicht kontinuierlich vor, sondern als Abtastwerte (Samples) **Bild 7.92**.

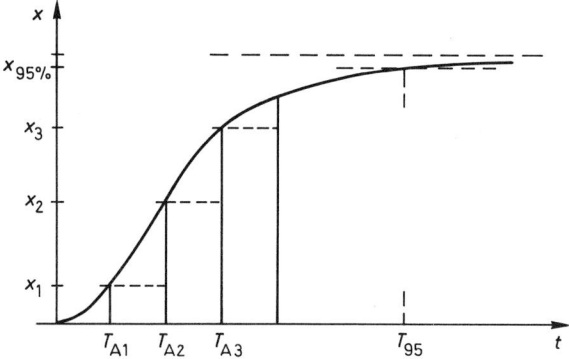

Bild 7.92   Abtastung eines Analog-Signals

Die Periodendauer der Abtastzyklen muß dabei klein sein gegen die kleinste Zeitkonstante T_{min} der Übertragungsglieder. Je nach der erforderlichen zeitlichen Auflösung werden etwa 5 ... 20 Abtastungen auf $T_{min\,95}$ gewählt. Wegen der endlichen Wandlungsgeschwindigkeiten von Analog-Digital-Wandlern sind Abtasthalteglieder (Sample and hold) vorzusehen, die den Wert der abgetasteten Analoggröße bis zum Abschluß der

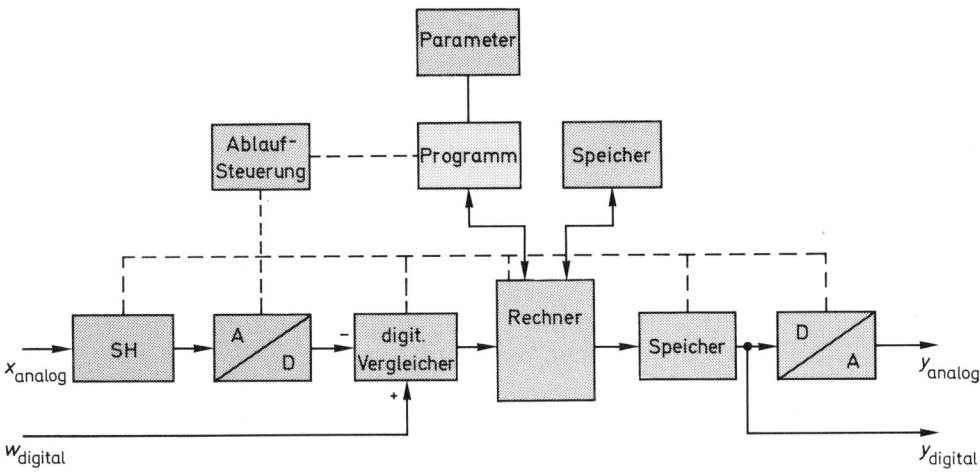

Bild 7.93   Vereinfachtes Schema einer digitalen Regeleinrichtung

Wandlung in einen Digital-Code konstant halten. **Bild 7.93** zeigt den prinzipiellen Aufbau einer digitalen Regeleinrichtung.
Da die Regelgrößen nur zeitlich diskret vorliegen, müssen die aktuellen Werte jeweils mit
den im vorangegangenen Schritt berechneten und gespeicherten Worten verglichen
und die Rechenoperationen auf die Differenzen angewendet werden. Eine entsprechend umgeformte PID-Regler-Gleichung lautet z. B. für den dritten Abtastschritt:

$$y_3 = K_P \cdot x_{d3} + K_P \cdot \frac{T_A}{T_n} \cdot (x_{d1} + x_{d2} + x_{d3}) + K_P \cdot \frac{T_v}{T_A} \cdot (x_{d3} - x_{d2})$$

    P-Anteil   I-Anteil   D-Anteil

mit y_3 = Stellgröße für Abtastschritt 3
      x_{d3} = Regeldifferenz für Schritt 3
      x_{d2} = Regeldifferenz für Schritt 2
      x_{d1} = Regeldifferenz für Schritt 1
      T_A = Zeitraum von einer Abtastung bis zur folgenden
      K_P = Proportional-Beiwert (P-Anteil)
      T_n = Nachstellzeit (I-Anteil)
      T_v = Vorhaltezeit (D-Anteil)

Die neuberechneten Werte werden intern abgespeichert sowie auf den Ausgangs-
größenspeicher gegeben. Der Rechenvorgang muß innerhalb eines Abtastzyklusses
abgeschlossen sein.
Mit Digital-Reglern lassen sich außer den bekannten Regler-Strukturen auch solche
Reglerstrukturen realisieren, die bei Analog-Reglern praktisch nicht möglich sind.
Erwähnt sei hier nur die sogenannte Dead-beat-Regelung, bei der in endlicher Zeit eine
möglichst gute Nachführung der Regelgröße x auf die Führungsgröße w zu realisieren
ist. Sie löst die Aufgabenstellung schneller und besser als eine optimal eingestellte
analoge PID-Regelung. Ein Anwendungsbeispiel ist das Anfahren einer bestimmten
Position mit einer an einem Schwenk- oder Laufkran hängenden Last. Beim Verfahren
der Last wird diese ins Schwingen kommen. Mit einer Digital-Regelung lassen sich

diese Schwingungen durch gezielt dosiertes, ruckweises Vor- und Rückwärtsfahren des Antriebes von Kran und Seil weitgehend unterdrücken.

Realisierung von Digital-Reglern mit Zentralrechner

Wegen des Rechen- und Programmieraufwandes wurden bisher Digital-Regeleinrichtungen überwiegend mit einem Zentral-Rechner realisiert. Über Meßstellenumschalter (Multiplexer) im Eingang und synchron laufenden Demultiplexern im Ausgang kann der Zentralrechner sehr viele Regelkreise nacheinander individuell abarbeiten. Vorzugsweise werden derartige Reglerkonfigurationen an den relativ langsamen Strecken der Verfahrenstechnik eingesetzt. Der Zentral-Rechner kann zusätzlich eine Vielzahl weiterer Aufgaben mit übernehmen: Adaptierung der unterschiedlichen Sensoren, Kennlinienlinearisierung, Steuerungsaufgaben, Protokollerstellung, Trendanalysen, Eigentest, Alarmmeldungen usw. Diesen Vorteilen steht als Nachteil die Abhängigkeit von einem System gegenüber (Störanfälligkeit, Verfügbarkeit). Mit parallellaufenden Reserve-Rechnern (Redundanz-Rechnern) läßt sich aber Abhilfe schaffen.

Realisierung von Digital-Reglern mit Mikroprozessoren

Die Einführung der Mikroprozessoren und die Entwicklungen auf dem Gebiet der integrierten Schaltungen (speziell der A/D-, D/A-Wandler), verbunden mit einer rückläufigen Preisentwicklung und gleichzeitigen Leistungssteigerung bei den Prozessoren, führten dazu, daß seit einigen Jahren auch System-Regler als Digital-Regeleinrichtungen auf dem Markt sind. Besonders bei höheren Anforderungen an die Qualität und die Genauigkeit der Regelung können Digital-Regler preislich ohne weiteres mit den entsprechenden Analog-Reglern konkurrieren.
Bei umfangreichen Regelungssystemen, bisher vornehmliches Einsatzgebiet von Zentral-Rechnern, geht der Trend dahin, in einzelnen Regelkreisen dezentrale Digital-Regler einzusetzen. Der Zentral-Rechner übernimmt dann Steuerungs-, Überwachungs-, Protokollierungs-Aufgaben usw.

Vorteile – Nachteile beim Digital-Regler

Generelle Vorteile der Digital-Regler gegenüber den Analog-Reglern sind im wesentlichen:
– einfache Änderung des Regelalgorithmus oder der Reglerkonfiguration
– Driftfreiheit der Parameter
– Genauigkeit der Parameter
– Sensoradaptierung
– Kennlinien-Linearisierung
– Eigentest, Abgleich
– Kommunikation mit einem übergeordneten Leitrechner

Wesentliche Nachteile sind dagegen:
– endliche Rechengeschwindigkeit
– meist erforderliche A/D- und D/A-Wandlung der Signale

Für schnelle Regelkreise sind daher bisher nur wenige, und dann sehr aufwendige Lösungen bekannt geworden.

460

8 Der geschlossene Regelkreis

8.1 Allgemeines

In vorangegangenen Abschnitten wurden das Verhalten und die Eigenschaften von einzelnen Übertragungs-Gliedern behandelt. Liegt nun eine Aufgabenstellung vor, die – z. B. wegen auftretender Störungen – nicht mit einer Steuerkette (Steuerung) gelöst werden kann, so muß eine Rückkopplungsstruktur (Regelung) angewendet werden. Die Hauptelemente des Regelkreises, nämlich Regelstrecke und Regeleinrichtung, wurden für sich bereits dargestellt. In diesem Kapitel soll das Zusammenwirken im Regelkreis beschrieben werden.

Die Regelstrecke wird häufig bereits vorgegeben sein, dann muß die Regeleinrichtung aufgabengemäß ausgewählt und eingestellt werden.

Beim Entwurf von Regelkreisen sollte jedoch möglichst ein interaktives Vorgehen angestrebt werden. Die Gesichtspunkte der Reglerauslegung sollten mit in die Konzipierung der Strecke einfließen. Dabei ist allen Baugruppen des Regelkreises wie – Strecke, Meßwerterfassung, Meßwertübertragung, Regler, Stelleinrichtung – und insbesondere deren Zeitverhalten, Aufmerksamkeit zu schenken. Zusätzlich sind übergeordnete Gesichtspunkte wie *Sicherheit, Störanfälligkeit, Ex-Schutz, Preis, Service,* zu berücksichtigen.

Nachfolgend werden charakteristische Streckenverhalten vorgegeben und daran das Verhalten unterschiedlicher Reglertypen untersucht.

Bei der Zusammenschaltung von Strecke und Regler in einer Kreisstruktur werden die bisher gezeigten bekannten Reaktionen wie Sprungantwort und Anstiegsantwort der Einzelglieder nur noch andeutungsweise zu beobachten sein. Infolge der Gegenkopplung über den Regler wirken die Glieder jetzt mehr oder weniger schnell auf sich selbst zurück. Das Verhalten der Einzelglieder ist nicht mehr unabhängig voneinander zu betrachten.

Ein eingeschwungener Regelkreis ohne Störeinwirkungen befindet sich im Ruhezustand. Diese Ruhe ist jedoch ein Zustand der angespannten Erwartung: was wird gleich passieren? Sowie dann irgendetwas auf den Kreis einwirkt, versucht er, sich anzupassen oder den alten Zustand wiederherzustellen. Wie dies geschieht, hängt ab von den Eigenschaften aller im Regelkreis wirksamen Übertragungsglieder.

8.2 Grundbegriffe im Regelkreis

Bevor auf das Verhalten des geschlossenen Regelkreises und seine optimale Einstellung eingegangen wird, sind eine Reihe von Grundbegriffen zu klären, auf die in den folgenden Abschnitten wieder zurückgegriffen wird.

8.2.1 Anfahren eines Regelkreises

Eine allgemeine Vorschrift über die Inbetriebnahme eines Regelkreises gibt es nicht, da das Strecken- und Reglerverhalten von Kreis zu Kreis sehr unterschiedlich ist. Vor dem Einschalten eines aufgebauten Regelkreises sollte jedoch, durch Überlegung oder auch durch geeignete Messungen am noch geöffneten Kreis, sichergestellt sein, daß die Wirkungsrichtungen (Wirkungsumkehr am Vergleicher!) korrekt sind.

Global läßt sich sagen, daß der für die Strecke ausgewählte Regler zunächst das Anfahren des Kreises sicher beherrschen soll. D. h., im geschlossenen Kreis soll die Regelgröße x bei der Inbetriebnahme (Einschalten der Versorgung, Hilfsenergie) mehr oder weniger gedämpft auf ihren Sollwert einlaufen. Die Voreinstellung der Reglerparameter kann anhand der später in Abschnitt 8.5.3 erläuterten Optimierungsverfahren aus den ermittelten Streckenparametern vorgenommen werden. Die Optimierung richtet sich dabei jeweils nach der konkreten Aufgabenstellung bzw. den Anforderungen an die Regelung.

Weiterhin soll der Regelkreis Einstellungen der Führungsgröße w schnell und möglichst fehlerlos folgen, d. h., er soll ein gutes Führungsverhalten aufweisen. Außerdem muß der Regelkreis Störungen z, die irgendwo im Kreis auftreten können, schnell und wirksam ausregeln, d. h., er soll ein gutes Störverhalten zeigen.

Im eingeschwungenen oder statischen Zustand soll die Regelgröße möglichst wenig Unruhe zeigen.

Im **Bild 8.1** sind diese Anforderungen für einen leicht überschwingenden Regelkreis qualitativ dargestellt.

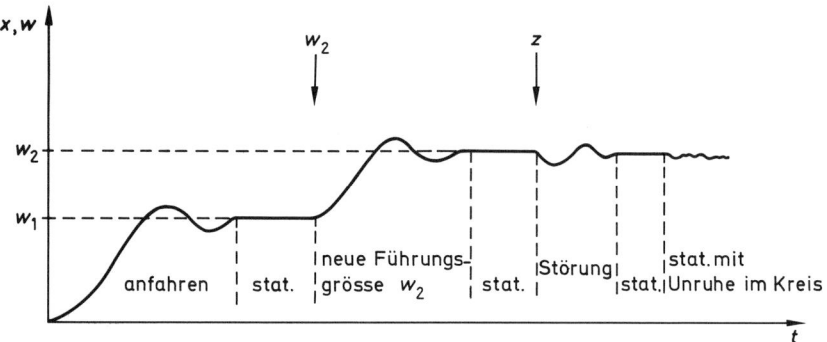

Bild 8.1   Anfahren, Führungs- und Störverhalten eines Regelkreises

Es gibt nun Regelkreise, speziell solche mit PI- oder PID-Reglern, die trotz optimaler Reglereinstellung nicht ohne weiteres eingeschaltet werden können. Im Moment des Einschaltens entsteht nämlich, da die Regelgröße x noch Null ist, eine große Regeldifferenz x_d. Sie kann den I-Teil in die Sättigung laufen lassen. Der I-Teil kommt dann erst wieder aus der Sättigung, wenn sich ein x_d mit umgekehrtem Vorzeichen aufgebaut hat (Vergl. Abschnitt 7.3.2). Zwischenzeitlich ist die Regelgröße x aber weit über die Führungsgröße w hinausgeschwungen. Hier sind besondere Maßnahmen am Regler erforderlich (z. B. PI$_{arw}$-, PID$_{arw}$-Regler).

Andere Möglichkeiten, einen solchen Regelkreis in Betrieb zu nehmen, sind nachstehend aufgeführt:

a) Beim Einschalten des geschlossenen Kreises ist zunächst die Führungsgröße $w = 0$ eingestellt. Danach wird die Führungsgröße langsam auf ihren vorgegebenen Sollwert hochgefahren. Dies kann von Hand (manuell) oder automatisch erfolgen.

b) Der Regelkreis wird im Signalweg der Stellgröße geöffnet. Nach dem Einschalten des offenen Kreises wird von Hand mit Hilfe eines Leitgerätes eine Stellgröße y_{Hand} vorsichtig eingegeben, bis die Regelgröße x gleich der Führungsgröße w ist. Wenn die vom Regler gelieferte Stellgröße $y_{Regler} = y_{Hand}$ ist, kann der Regelkreis geschlossen werden.

Viele Regler haben diese Eigenschaft der Umschaltung von »manuell« auf »Automatik« bereits eingebaut, wobei die »stoßfreie Umschaltung« noch einen besonderen Komfort bedeutet.

c) Mit Hilfe sogenannter Anfahr-Relais werden die Zeitkonstanten (T_n, T_v) im Regler während des automatischen Anfahrvorganges des geschlossenen Regelkreises unwirksam gemacht (P-Regler). In einem geeigneten Zeitpunkt müssen sie dann wieder zugeschaltet werden, damit der Regler in seiner ursprünglichen, optimierten Konfiguration arbeiten kann.

Das korrekte Anfahren solcher Regelkreise muß u. U. durch Anfahrversuche optimiert werden.

Die vorstehenden Ausführungen zeigen, daß bei der Inbetriebnahme eines Regelkreises immer Vorsicht geboten ist. Eine Anwendung der in Kap. 8 angegebenen Einstellvorschriften gewährleistet aber im allgemeinen einen stabilen Betrieb. Die mit dem Schulungsgerät aufzubauenden Regelkreise lassen sich gefahrlos für Bediener und Material in Betrieb nehmen. Dies kann man natürlich nicht ohne weiteres in die betriebliche Praxis übertragen! Hier helfen nur Umsicht, Vorsicht, Erfahrung und richtige Beurteilung der Meßwerte, damit katastrophale Ergebnisse vermieden werden.

8.2.2 Führungs- und Störverhalten

In **Bild 8.2** ist die Grundform eines geschlossenen Regelkreises dargestellt.

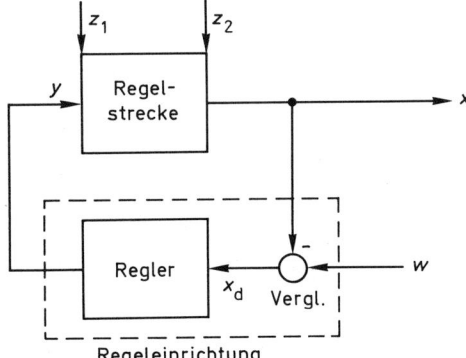

Bild 8.2 Regelkreis   Regeleinrichtung

Ein sich im Gleichgewicht befindlicher oder eingeschwungener Regelkreis kann durch zwei verschiedene Ereignisse aus dem Gleichgewicht gebracht werden **(Bild 8.3)**.

– Änderung der Führungsgröße (Soll-Wert) w

– Einwirkung von Störungen z_1, z_2 im Kreis (vorwiegend in der Strecke).

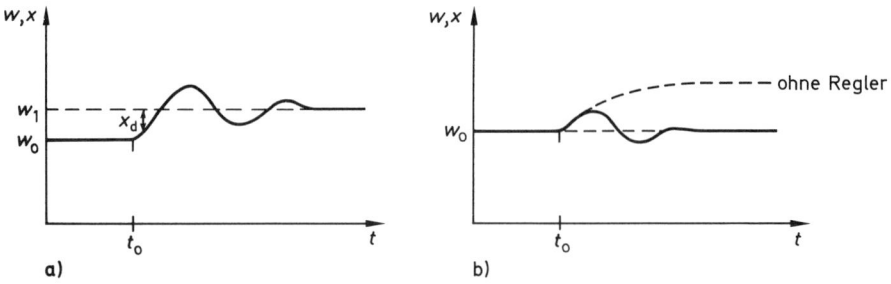

a)   b)

Bild 8.3   Beispiel für a) Änderung der Führungsgröße von w_0 auf w_1 (Führungsgrößensprung) und b) Einwirkung einer Störung (Störgrößensprung) mit vorübergehenden Regeldifferenzen ($x_d = w{-}x$)

Die Auswirkungen auf den Regelkreis sind unterschiedlich. Dabei ist der Führungsgrößensprung stets die schwierigste Bedingung für den Regelkreis, da der Sprung unmittelbar auf die Regeleinrichtung wirkt. Zur Milderung werden besondere Maßnahmen angewendet, z. B. Sollwert-Glättung (Vergl. Kap. 7.2.4).

Der Störgrößensprung dagegen wirkt je nach Angriffsort der Störung (z. B. Bild 8.2: z_1, z_2) weniger gravierend, da er meist noch Übertragungsglieder oder Teile davon durchlaufen muß.

Demgemäß wird beim Regelkreis unterschieden zwischen Führungs- und Störverhalten. Die Regler-Einstellungen sind folglich auch entsprechend dem jeweiligen Anwendungsfall oder der Aufgabenstellung unterschiedlich auf Führungsverhalten oder Störverhalten vorzunehmen.

Die angesprochenen Eingriffe (Führungsgrößen-, Störgrößensprung) stellen extrem schwierige Anforderungen an den Regelkreis dar. Normalerweise sind Änderungen nicht sprungförmig, sondern zeitlich endlich (Änderung der Versorgung, Alterung von Bauteilen, Laständerungen usw.).

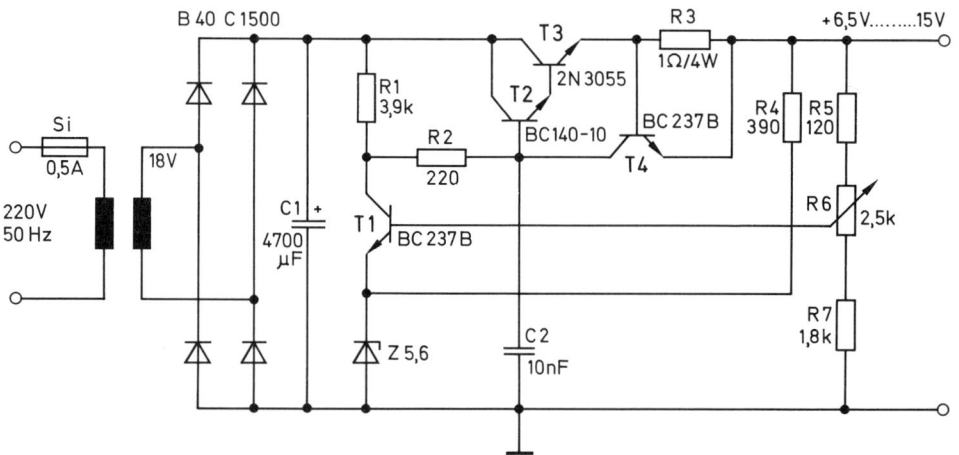

Bild 8.4   Geregeltes Netzgerät

Besonders schwierig zu überblicken sind periodisch auftretende Störungen oder Störungen, die während des Ausregelns einer vorangegangenen Störung auftreten. Sie können zum Aufschwingen eines an sich stabilen Regelkreises führen. Mögliche Störarten sollen an einem Beispiel erläutert werden **(Bild 8.4)**. Als Störungen auswirken können sich hier:

– Änderung der Referenzspannung durch Änderung des Z-Stromes bei Belastung.
– Änderung der Referenzspannung durch Erwärmung/Abkühlung der Z-Diode.
– Änderung der Regeleinrichtung durch Erwärmung/Abkühlung (T_1 ist Vergleicher und Regler gleichzeitig).
– Änderung der Versorgungsspannung.
– Änderung der Belastung.
– Alterung von Bauelementen.
– Änderung der Arbeitspunkte des Leistungstransistors und des Treibertransistors.

8.2.3 Schwingungen im Regelkreis

Bereits im vorhergehenden Abschnitt ist auf das Schwingen eines Regelkreises hingewiesen worden. Zur Erläuterung wird eine Kreisstruktur gemäß **Bild 8.5** durch einen Sinusgenerator variabler Frequenz mit dem Signal x_e angesteuert. Der Gegenkopplungspfad soll an der angegebenen Stelle aufgetrennt sein. An der Trennstelle wird das rückgekoppelte Signal x_r nach Amplitude und Phase gemessen.

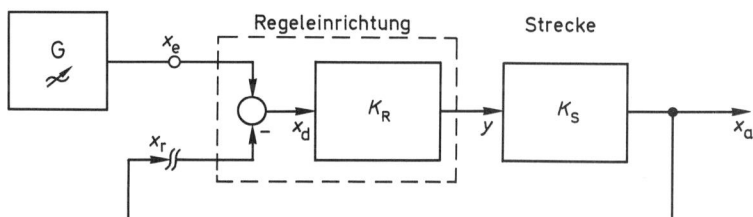

Bild 8.5 Blockbild zur Erläuterung der Schwingbedingung im Regelkreis

Ergibt sich nun bei einer bestimmten Frequenz f_o, daß x_r exakt die gleiche Amplitude hat wie das Eingangssignal x_e, so ist die Verstärkung des (offenen) Kreises

$$v_{Kreis} = \frac{x_r}{x_e} = K_R \cdot K_S = 1.$$

Ist nun gleichzeitig die Phasenverschiebung zwischen x_r und x_e:

$$\varphi_r = -180°, +180° \ldots$$

oder

allgemein $\varphi_r = \pi + n \cdot 2\pi$ $(n: \ldots, -2, -1, 0, 1, 2, \ldots)$

so ist x_r mit x_e offensichtlich völlig identisch. Bei Erfüllung dieser beiden Bedingungen kann x_e durch x_r ersetzt werden. Das heißt, die Trennstelle kann geschlossen und gleichzeitig der Generator entfernt werden. Der jetzt geschlossene Kreis wird mit der Frequenz f_o, der Eigenfrequenz des Kreises, ungedämpft weiterschwingen.

Bei Beibehaltung aller Systemparameter ist damit ein Frequenz-Generator oder Oszillator realisiert (Selbsterregung). Die Schwingbedingung lautet

$$v_{Kreis} = 1 \quad \text{und} \quad \varphi_r = \pi + n \cdot 2 \cdot \pi \quad \text{bzw.} \quad \varphi_{Kreis} = n \cdot 2\pi$$

Von Bedeutung ist dabei die gleichzeitige Erfüllung beider Angaben.

Für die Regelungstechnik ergibt sich daraus der Umkehrschluß:
Die Kreisstruktur wird auch bei $v_{Kreis} > 1$ nicht schwingen, wenn immer $\varphi_r \neq \pi + n \cdot 2\pi$ ist. (Das gleiche gilt für $\varphi_r = \pi + n \cdot 2 \cdot \pi$ und $v_{Kreis} < 1$.)

Aus diesen Ausführungen können für den geschlossenen Regelkreis einige wichtige Schlußfolgerungen gezogen werden. Wirken auf einen Regelkreis sprungförmige Änderungen ein, z.B. Einschalten der Energieversorgung, Führungsgrößen- oder Störgrößen-Sprünge, so wirken sie wie ein breitbandiger externer Generator. Denn ein Sprung bedeutet ein Gemisch aus unendlich vielen Frequenzen. Darin ist im allgemeinen auch die Eigenfrequenz f_0 des Kreises enthalten. Ob nun der Kreis zu Schwingungen angeregt wird, hängt davon ab, ob die Schwingbedingung erfüllt ist. Häufig ist diese Bedingung nur für eine gewisse Zeit nach dem Sprung erfüllt und die Schwingungen klingen aufgrund von Parameter- oder Arbeitspunktänderungen im Kreis wieder ab (gedämpfte Schwingungen).

Wird jedoch nach einem Sprung und bei Erfüllung der Schwingbedingung $v_{Kreis} > 1$, so werden aufklingende Schwingungen entstehen, bis eine konstruktive Grenze (Anschlag) erreicht ist (ungedämpfte Schwingungen).

Der Zusammenhang von Schwingungen und Dämpfung wird im folgenden Abschnitt etwas näher erläutert.

8.2.4 Dämpfung im Regelkreis

Im Zusammenhang mit Übertragungsgliedern höherer Ordnung oder mit Kreisstrukturen ist schon mehrfach von gedämpften oder ungedämpften Schwingungen gesprochen worden. Insbesondere wurde im vorhergehenden Abschnitt die Schwingbedingung erläutert. Der Begriff Dämpfung und die zugehörige Maßzahl Dämpfungsgrad D sollen nachfolgend etwas näher untersucht werden. Mit dem Dämpfungsgrad läßt sich gut das Übergangsverhalten von Regelkreisen bei Führungs- oder Störgrößensprüngen beschreiben.

Beaufschlagt man einen beliebigen Regelkreis mit einem Führungs- oder Störgrößen-Sprung, so können z.B. die in **Bild 8.6** gezeigten Verläufe der Ausgangsgröße x entstehen.

Bild 8.6 zeigt, daß sehr unterschiedliche Schwingungsverläufe entstehen können. Sie umfassen aufklingende (nicht gezeichnet), ungedämpfte, mehr oder weniger stark gedämpfte und kriechende Übergangszustände. Im gedämpften Fall klingen die Amplituden exponentiell (e-Funktion) ab.

Die Eigenkreisfrequenz ω_e dieser abklingenden Schwingungen wird dabei durch die Gleichung beschrieben

$$\omega_e = \omega_0 \sqrt{1 - D^2} \quad \text{bzw.} \quad T_e = \frac{T_0}{\sqrt{1 - D^2}} \quad \text{mit } \omega = 2\pi f = \frac{2\pi}{T}$$

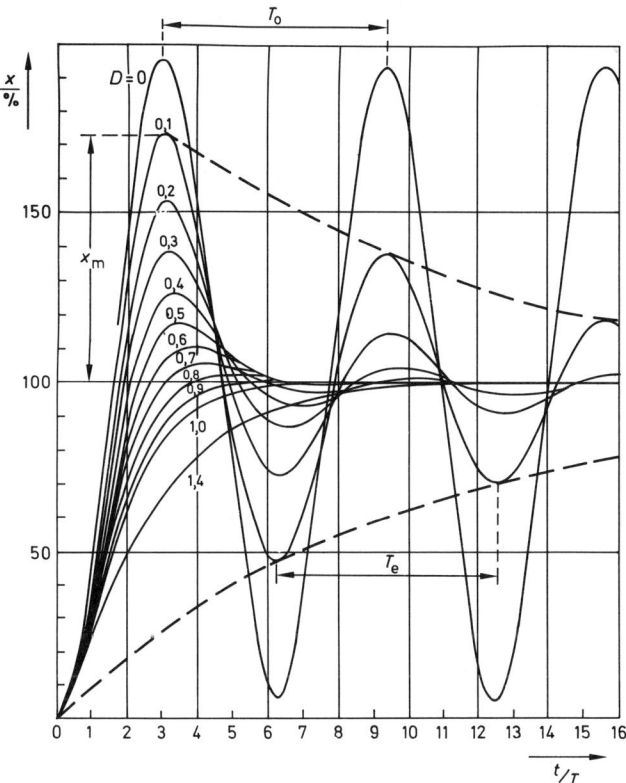

Bild 8.6 Sprungantworten eines Regelkreises in normierter Darstellung

Dabei ist ω_o die Kreisfrequenz des ungedämpft schwingenden Kreises ($D = 0$; Periodendauer T_o). D ist ein einheitenloser Dämpfungsgrad, der beschreibt, wie stark die Schwingungen auf- oder abklingen. Mit zunehmendem Dämpfungsgrad wächst die Periodendauer T_e der gedämpften Schwingung (bzw. die Frequenz f_e wird immer niedriger). Ab $D = 1$ entstehen keine Schwingungen mehr (kriechender Verlauf). Die Überschwingweiten x_m nehmen mit größer werdendem Dämpfungsgrad ab (Bild 8.6). Zusammengefaßt läßt sich folgendes ableiten:

$D < 0$ Es entstehen aufklingende Schwingungen (nicht gezeichnet).

$D = 0$ Es entstehen ungedämpfte periodische Schwingungen mit der Kreisfrequenz ω_o bzw. der Periodendauer T_o.

$D = 0 \ldots 0,7$ Es entstehen gedämpfte Schwingungen, deren Amplituden exponentiell abklingen.

$D = 0,707$ Nur noch ein ganz geringer Überschwinger, dann Einlaufen auf den Endwert.
(Dieser Fall stellt das Optimum dar zwischen geringer Überschwingweite x_m und schnellem Erreichen des Endwertes.)

$D = 1$ Kritische Dämpfung (aperiodischer Grenzfall)
Gerade noch kein Überschwingen.

$D > 1$ Aperiodisches oder kriechendes Einlaufen auf den Endwert.

Meßtechnisch läßt sich der Dämpfungsgrad D durch Messung der Periodendauern T_e (gedämpfte Schwingung) und T_o (ungedämpfte Schwingung) bestimmen. Dies kann jedoch in der Praxis Probleme aufwerfen, da auch der ungedämpfte Fall hergestellt werden muß, was oft nicht zulässig ist. Außerdem sind zwei Messungen erforderlich. Eine einfachere Methode ergibt sich aus der Tatsache, daß bei einer exponentiell ab- oder aufklingenden Schwingung das Verhältnis benachbarter Überschwingweiten immer konstant ist. Der Wert dieser Konstanten ist abhängig vom Dämpfungsgrad D. **Bild 8.7** zeigt noch einmal eine exponentiell abklingende Schwingung mit den Überschwingweiten oder Amplituden x_m.

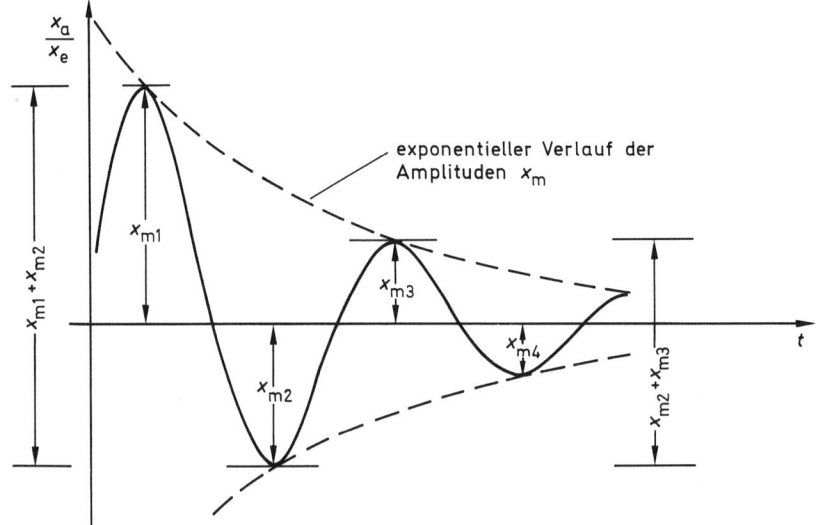

Bild 8.7   Abklingende Schwingung

Es gilt

$$\frac{x_{m2}}{x_{m1}} = \frac{x_{m3}}{x_{m2}} = \frac{x_{m4}}{x_{m3}} = \ldots = \text{const} = f\,(D) = e^{-\frac{\pi \cdot D}{\sqrt{1 - D^2}}}$$

Aus Bild 8.7 ist erkennbar, daß für die Bestimmung der Amplituden die Nullinie bzw. der Endwert des Schwingungsverlaufs bekannt sein muß.
Wenn die Nullinie schwer zu ermitteln ist, z. B. bei sehr großen Zeitkonstanten oder langsam ablaufenden Vorgängen, lassen sich ebenfalls die benachbarten Spitze-Spitze-Werte der Amplituden ins Verhältnis setzen.

Auch dieses Verhältnis hat den gleichen Wert der Konstanten, wie die folgende kurze Rechnung zeigt:

$$\frac{x_{m2}}{x_{m1}} = K \rightarrow x_{m2} = K \cdot x_{m1} \qquad \frac{x_{m3}}{x_{m2}} = K \rightarrow x_{m3} = K \cdot x_{m2}$$

$$\frac{x_{m2} + x_{m3}}{x_{m1} + x_{m2}} = \frac{x_{m2} + K \cdot x_{m2}}{x_{m1} + K \cdot x_{m1}} = \frac{x_{m2} \cdot (1 + K)}{x_{m1} \cdot (1 + K)} = \frac{x_{m2}}{x_{m1}} = K$$

Allgemein gilt also

$$\frac{x_{m2}}{x_{m1}} = \frac{x_{m3}}{x_{m2}} = \frac{x_{m2} + x_{m3}}{x_{m1} + x_{m2}} = \ldots = \text{const} = f(D)$$

Die Spitze-Spitze-Werte sind in Bild 8.7 mit eingezeichnet.

Der funktionale Zusammenhang zwischen dem Dämpfungsgrad D und dem Verhältnis benachbarter Überschwingweiten (Amplituden- oder Spitze-Spitze-Verhältnis) ist in **Bild 8.8** grafisch dargestellt.

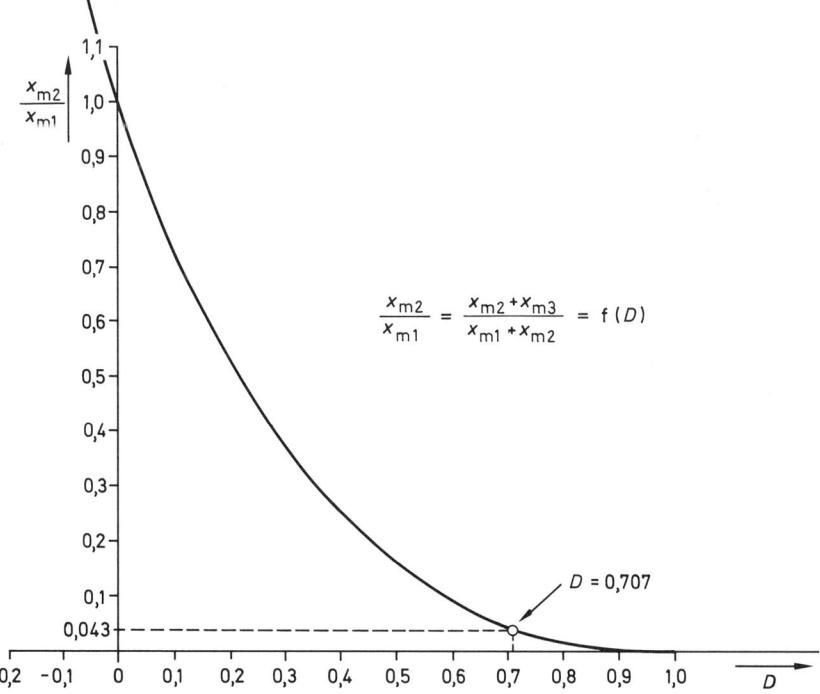

Bild 8.8 Verhältnis der Überschwingweiten als Funktion des Dämpfungsgrades

Aus dem Diagramm ist zu ersehen, daß für $D < 0$ $\frac{x_{m2}}{x_{m1}} > 1$ wird, d. h., die nachfolgende Amplitude ist größer als die vorhergehende. Es entsteht eine aufklingende Schwingung.

Bei $D = 0$ ist $\frac{x_{m2}}{x_{m1}} = 1$, d. h. die Amplituden sind konstant. Es entsteht eine ungedämpfte Schwingung.

Bei $0 < D < 1$ wird $\dfrac{x_{m2}}{x_{m1}} < 1$, d. h. die nachfolgende Amplitude ist kleiner als die vorhergehende. Es entsteht eine abklingende Schwingung.

Bei $D = 1$ ist $\dfrac{x_{m2}}{x_{m1}} = 0$, d. h. es entsteht kein Überschwingen mehr.

Ein spezieller Fall liegt vor bei dem Dämpfungsgrad $D = 0,707 \left(= \dfrac{1}{\sqrt{2}}\right)$. Hierfür beträgt

$$\frac{x_{m2}}{x_{m1}} = 0,043 \triangleq 4,3\,\%.$$

Dies ist das Optimum zwischen schnellstmöglichem Erreichen des Endwertes und geringster Überschwingweite (s. Bild 8.6).

8.2.5 Bleibende Regeldifferenz

Regelkreise mit P- oder PD-Reglern, also Reglern ohne I-Anteil, können Änderungen/Störungen nicht vollständig ausregeln. Sie zeigen eine sogenannte bleibende Regeldifferenz x_{dbl} (auch: x_{dstat}) bzw. bleibende Regelabweichung x_{wbl} (auch: P-Abweichung x_{PA}). Hierauf wurde bereits in Abschnitt 7.3.1 (Bild 7.41) hingewiesen.

Das Verhalten eines Regelkreises, bestehend aus einem P-Regler mit dem Übertragungs-Beiwert K_{PR} und einer Strecke mit dem Beiwert K_S, wird im folgenden näher untersucht. Am Eingang der Strecke soll eine Störung $\pm z$ wirksam sein. **Bild 8.9** zeigt den Signalflußplan für den Regelkreis.

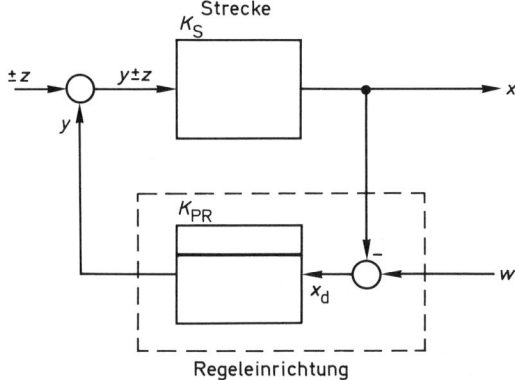

Bild 8.9   Regelkreis mit P-Regler (K_{PR}) an einer Strecke (K_S)

Folgende Beziehungen lassen sich aus Bild 8.9 ableiten:

$$x = K_S \cdot (y \pm z)$$

$$y = K_{PR} \cdot x_d$$

$$x_d = w - x = -x_w$$

Daraus läßt sich für die Eingangsgröße x_d des P-Reglers berechnen:

$$x_d = \frac{1}{1 + K_S \cdot K_{PR}} \cdot w \mp \frac{1}{1 + K_S \cdot K_{PR}} \cdot K_S \cdot z$$

Nebenrechnung: Einsetzen von x und y in x_d:

$$x_d = w - x = w - K_S \cdot (y \pm z) = w - K_S \cdot (K_{PR} \cdot x_d \pm z)$$

$$x_d = w - K_S \cdot K_{PR} \cdot x_d \mp K_S \cdot z \quad \text{umstellen und ausklammern}$$

$$x_d \cdot (1 + K_S \cdot K_{PR}) = w \mp K_S \cdot z$$

$$x_d = \frac{1}{1 + K_S \cdot K_{PR}} \cdot w \mp \frac{1}{1 + K_S \cdot K_{PR}} \cdot K_S \cdot z = R \cdot w \mp R \cdot K_S \cdot z$$

x_d setzt sich aus zwei Termen zusammen. Der erste beschreibt die Wirkung der Führungsgröße w (genau: Führungsgrößenänderung), der zweite die Wirkung der Störgröße z (genau: Störgrößenänderung).

Für den Bruchausdruck ist auch der Begriff Regelfaktor R gebräuchlich. Er beschreibt, wie durch den Einfluß der Kreisverstärkung ($v_{Kreis} = K_S \cdot K_{PR}$) Änderungen im Kreis reduziert werden. Sein Wert liegt zwischen $R = 1$ ($v_{Kreis} = 0$, Fall einer Steuerung) und $R = 0$ ($v_{Kreis} = \infty$, ideale Regelung).

Für die Praxis ist also ein möglichst kleiner Wert von R anzustreben, ohne daß der Kreis instabil wird.

$$R = \frac{1}{1 + K_S \cdot K_{PR}} = \frac{1}{1 + v_{Kreis}} \qquad (R = 0 \ldots 1)$$

Interessant ist, daß auch ohne eine Störgröße ($z = 0$) die Regeldifferenz nicht zu Null wird, sondern den Wert annimmt:

$$x_{d/z = 0} = \frac{1}{1 + K_S \cdot K_{PR}} \cdot w = R \cdot w$$

Der P-Regler benötigt also an seinem Eingang immer eine Regeldifferenz x_d, damit er überhaupt die Stellgröße y bilden kann. Anders ausgedrückt: der P-Regler hat eine bleibende Regeldifferenz x_{dbl} (bzw. x_{wbl}). Durch Vergrößern der Kreisverstärkung (bzw. K_S oder K_{PR}) kann x_d kleiner gemacht werden. Im Extremfall gilt:

$$x_d \to 0 \quad \text{wenn} \quad \begin{cases} K_{PR} \to \infty & \text{(instabil, Kreis schwingt)} \\ \text{oder} & \\ K_S \to \infty & (\triangleq \text{Strecke ohne Ausgleich,} \\ & \text{integrales Verhalten)} \end{cases}$$

Durch konstruktive oder schaltungstechnische Maßnahmen (sog. Nullpunktsteller) läßt sich zwar für einen beliebigen Betriebspunkt der Regelung $x_d = 0$ einjustieren ohne daß sich x ändert. Die erforderliche Stellgröße y wird dann bei $x_d = 0$ geliefert. Tritt jedoch eine Störgröße z auf, so kann auch sie nicht vollständig ausgeregelt werden (zweiter Term der Gleichung für x_d):

$$x_{d/z \neq 0} = \frac{1}{1 + K_S \cdot K_{PR}} \cdot K_S \cdot z = R \cdot K_S \cdot z$$

Es verbleibt wieder eine Regeldifferenz, sie ist aber um den Regelfaktor R kleiner als ohne den P-Regler. Ein nicht vorhandener P-Regler ($K_{PR} = 0$) macht aus dem Regelkreis eine Steuerung.
Ohne P-Regler wäre folglich die Störung mit $x = K_S \cdot z$ am Ausgang der Strecke wirksam geworden (Bild 8.9).
Der P-Regler verkleinert dagegen eine Störung um den Regelfaktor R.

Beispiel:

a) Strecke ohne Regelung
   Störung: z
   Ü-Beiwert Strecke: $K_S = 1$
   Störeinfluß: $x = z$ Störung wirkt sich voll auf x aus

b) Strecke mit P-Regler
   Störung: z
   Ü-Beiwert Strecke: $K_S = 1$ Regelfaktor $R = \dfrac{1}{1+9} = \dfrac{1}{10} = 0,1$
   Ü-Beiwert Regler: $K_{PR} = 9$
   Störeinfluß: $x_{d/z} = R \cdot K_S \cdot z = 0,1 \cdot 1 \cdot z$

Durch Einsatz eines P-Reglers mit $K_{PR} = 9$ ist also der Störeinfluß auf $0,1 \triangleq 10\,\%$ gegenüber der ungeregelten Strecke verringert worden.

8.2.6 Stabilität

Die wichtigste Forderung an einen Regelkreis ist die, daß er unter allen Betriebsbedingungen stabil sein muß. Dabei gelten folgende Festlegungen:

– Stabiler Kreis: Nach einer Änderung oder Störung erreicht der Kreis selbsttätig wieder einen Beharrungszustand (kriechend oder gedämpft schwingend).

– Stabilitätsgrenze: Der Kreis schwingt mit konstanter Amplitude auf seiner Eigenfrequenz oder zeigt eine Regeldifferenz, die gleich der Änderung/Störung ist.

– Instabiler Kreis: Der Kreis zeigt aufklingende Schwingungen oder die Regelgröße läuft unkontrolliert weg.

In **Bild 8.10** ist dies grafisch angedeutet.
Zur Untersuchung und Festlegung der Stabilitätsbedingungen ist eine Vielzahl von mathematischen und grafischen Verfahren entwickelt worden. Sie setzen aber Kenntnisse der Höheren Mathematik voraus und können daher hier nicht im einzelnen abgehandelt werden.

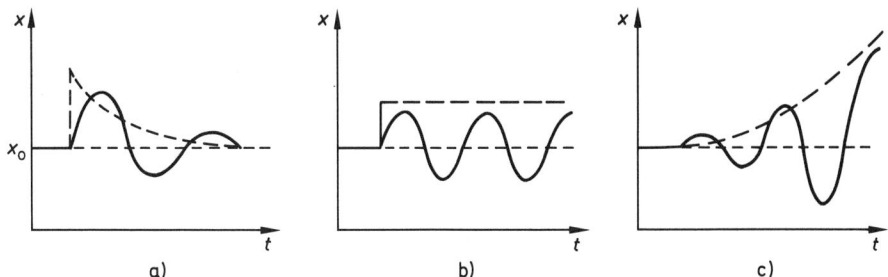

Bild 8.10 Regelkreis: a) mit stabilem Verhalten, b) an der Stabilitätsgrenze, c) mit instabilem Verhalten

8.2.7 Regelgüte

Angestrebtes Ziel der Regelungstechnik ist der stabile Regelkreis. Wie die vorangegangenen Abschnitte zeigen, läßt sich dieses Ziel jedoch unterschiedlich gut realisieren.

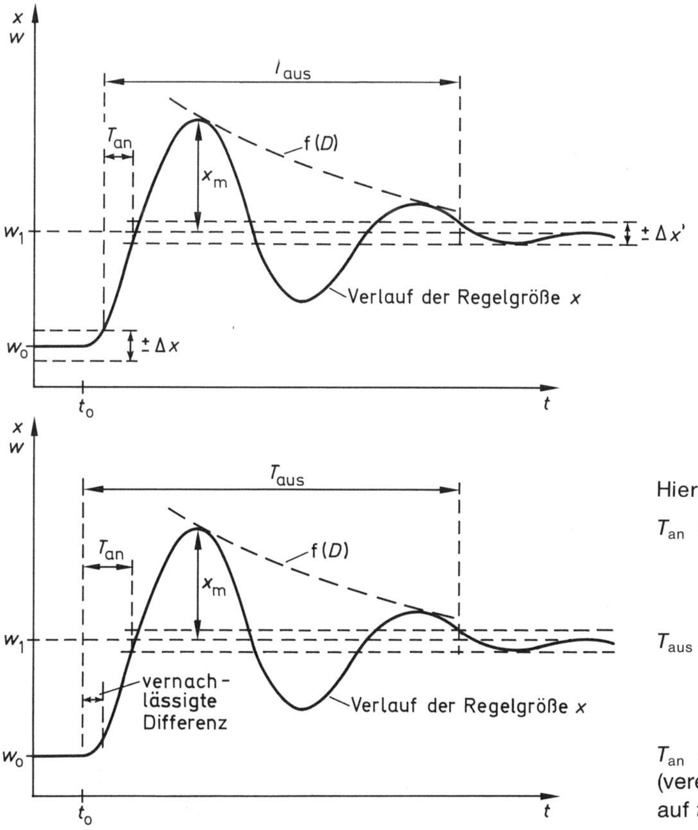

Hier gilt z. B.:

T_{an} = Austreten aus Toleranzbereich bis erstmaliges Wiedereintreten in Toleranzbereich

T_{aus} = Austreten aus Toleranzbereich bis bleibendes Verweilen im Toleranzbereich

T_{an} = T_{aus} bei $D \geq 1$
(vereinfachend wird auch oft auf t_0 bezogen)

Bild 8.11 Beschreibende Größen für die Regelgüte (Sollwertsprung)

473

Von Interesse ist daher eine Angabe, die die Regelgüte (auch: Regelgenauigkeit) beschreibt. Hierfür sind verschiedene Beschreibungsgrößen gebräuchlich.

Im eingeschwungenen oder stationären Zustand läßt sich die Regelgüte durch die bleibende Regeldifferenz (x_{dbl}; x_{dstat}; x_{PA}) beschreiben. Sie soll möglichst klein sein. Bei vorhandenen Einschwingvorgängen bzw. beim dynamischen Verhalten können Größen wie erste Überschwingweite x_m, Anregelzeit T_{an}, Ausregelzeit T_{aus} (Vorgabe eines Toleranzbereichs für x wichtig) und Dämpfungsgrad D als Beschreibung für die Regelgüte dienen. Überwiegend werden Überschwingweite x_m und Ausregelzeit T_{aus} verwendet.

Bei der Regelgüte muß jeweils zwischen Führungs- und Störverhalten unterschieden werden. Auch ist unbedingt die Größe des Sollwert- oder Störsprunges anzugeben, für den die Regelgüte beschrieben wird.

Es sei noch einmal darauf hingewiesen, daß es eine generelle Festlegung für die Einstellung von Regelkreisen und damit für die Regelgüte nicht gibt. Der jeweilige Anwendungsfall und die Anforderungen an die Regelung diktieren, was »gut« ist. Sie könnten z. B. lauten:

– Kein Überschwingen zulässig ($x_m = 0$, bei spanabhebender Werkstückbearbeitung), aber möglichst schnelles Erreichen des Sollwertes (T_{aus} = Minimum).
– Bleibende Regeldifferenz 10 % von x ($x_{dbl} = 0{,}1 \cdot x$), schnelles Ausregeln, kleines Überschwingen.
– Geringste Überschwingweite x_m und kürzeste Ausregelzeit T_{aus} = Minimum (Betragsoptimum).
– Überschwingen beliebig, aber kürzeste Ausregelzeit T_{aus}.
– Festlegung eines bestimmten Dämpfungsgrades D.

Häufig wird aber auch nur global gefordert:

kurze Ausregelzeit bei gut gedämpftem Verlauf.

Zu den Angaben müssen im Einzelfall zusätzlich noch Zahlenwerte vereinbart/festgelegt werden.

Wenn mit den hiernach vorgenommenen Regler-Einstellungen jeweils die Aufgabenstellung erfüllt wird, sind alle unterschiedlichen Einstellungen als optimal zu bezeichnen. Die Vorgaben entscheiden natürlich u. a. auch darüber, welche Reglerstrukturen im Einzelfall anzuwenden sind. Nicht immer lassen sich die Anforderungen an die Regelgüte mit einfachen, einschleifigen Regelkreis-Strukturen realisieren. Dann müssen kompliziertere, sogenannte mehrschleifige Regelkreise angewendet werden. Darauf wird später noch kurz eingegangen.

8.2.8 Ausregelbare und nicht-ausregelbare Störungen

Auf den in **Bild 8.12** dargestellten Regelkreis wirken die Störgrößen z_1 bis z_5 ein. Nachfolgend wird kurz beschrieben, wie sich diese Störungen auf die Regelung auswirken.

Die Störungen z_1 und z_5 wirken innerhalb des Regelkreises und sind daher ausregelbar. Die Störung z_2 dagegen verursacht einen Fehler in der dem Vergleicher zugeführten Regelgröße x'. Ähnlich verfälscht die Störung z_3 den dem Vergleicher zugeführten Sollwert w'. Die Störung z_4 beeinflußt die Regeldifferenz. Diese Störungen z_2, z_3 und z_4 haben ihre Ursache in Temperatur- und Versorgungs-Abhängigkeiten der Bauglieder, Verstärker-Driften, Beeinflussungen auf den Signalleitungen und anderen Einflüssen.

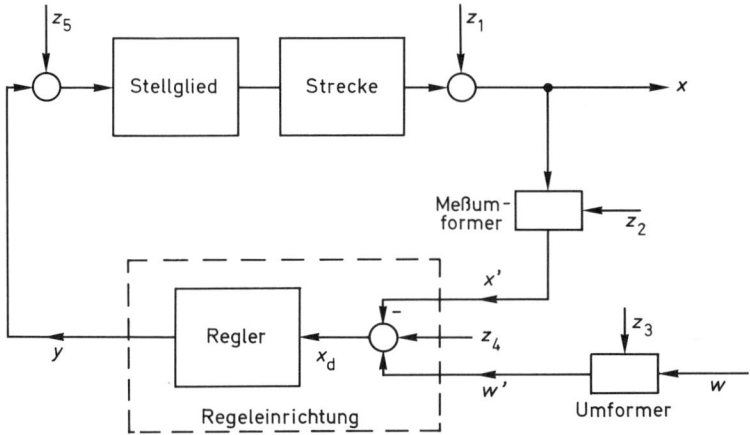

Bild 8.12 Regelkreis mit Störungen an verschiedenen Eingriffsorten

Sie verfälschen die Meßwerte oder Vorgaben und Parameter im Regelkreis und sind daher nicht ausregelbar. Weil diese Störungen sich voll auf die Genauigkeit der Regelung auswirken, muß ihr Einfluß durch konstruktive Maßnahmen gering gehalten werden. Dies erfordert in der Praxis meist über die Grundschaltungen hinausgehenden schaltungstechnischen Aufwand bzw. ausgewählte, speziell auf den Verwendungszweck abgestimmte Bauteile und Baugruppen. Für die Genauigkeit eines Regelkreises ist auch der Begriff Güte eines Regelkreises üblich.

8.2.9 Streckentypen und Regler des Schulungsgeräts

Zur Durchführung von Versuchen und Messungen wurden die in **Bild 8.13** aufgeführten Übertragungsglieder realisiert. Sie sind überwiegend als Einschübe aufgebaut. Die nähere Beschreibung ist in dem Band IV B Arbeitsblätter enthalten.

Bezeichnung	Beschreibung
IV B – S 1	Sollwert-/Störgrößen-Einheit
IV B – S 2	P-Einheit
IV B – S 8	P-Einheit (Leistungstreiber)
IV B – S 3	PI-Einheit (spez. für Temperatur-Strecke wegen großer Zeitkonstanten)
IV B – S 4	PID-Einheit (spez. für Drehzahl und Position)
IV B – S 5	Vergleicher/Summenpunkt
IV B – S 6	Dreipunkt-Schaltereinheit mit Hysterese (auch als Zweipunkt-Einheit)
IV B – S 7	Verzögerungs-Einheit ($2 \times PT_1$, auch als PT_2 einsetzbar)
IV B – S 9	Temperatur-Strecke mit Block 1, 2, 3, 4
IV B – S 10	Netzteil-Strecke (mit eigener PID-Regeleinrichtung)
IV B – S 11	Positionier-Strecke (Zugmodell)
IV B – S 12	Drehzahl-Strecke

Bild 8.13 Die Übertragungsglieder des Schulungsgeräts

Die Übertragungsglieder werden zunächst nach unterschiedlichen Methoden untersucht, um ihr Verhalten zu ermitteln. Danach werden die Regelstrecken mit verschiedenen Regeleinrichtungen zu Regelkreisen zusammengeschaltet. Aus der Vielzahl der möglichen Kombinationen und Parameter-Variationen konnte für das Praktikum nur eine begrenzte Auswahl getroffen werden. **Bild 8.14** zeigt eine Übersicht.

Strecke		Typ	Regler					
			stetig					unstetig
			P	I	PI	PD	PID	ZPR/DPR
Temperatur	Block 1	$P\text{-}T_2$	$\times$		$\times$			$\times$*)
	Block 2	$P\text{-}T_2$	$\times$		$\times$			$\times$*)
	Block 3	$P\text{-}T_1$	$\times$		$\times$			$\times$*)
Drehzahl		$P\text{-}T_2$	$\times$	$\times$	$\times$		$\times$	
Netzteil		$P\text{-}T_1$	$\times$		$\times$	$\times$	$\times$	
Position		I	$\times$		$\times$			

*) s. Abschnitt 8.4

Bild 8.14 Übersicht zu den Versuchen mit Regelkreisen

Die Versuche sind fast beliebig erweiterbar. Insbesondere können durch Zuschalten der Verzögerungs-Einheit (PT_1; PT_2) zur Temperatur-, Drehzahl- und Positionier-Strecke weitere Streckenverhalten erzeugt werden.
Die Strecken sind so aufgebaut, daß diese später in Verbindung mit dem Fachlehrgang IV C Mikrocomputer für digitale Regelungen verwendet werden können.

8.3 Regelkreis mit stetigen Reglern

Eine stetige Regelung ist dadurch gekennzeichnet, daß alle Regelkreisglieder stetiges Verhalten zeigen, also kein Regelkreisglied – auch nicht das Stellglied – schaltendes Verhalten hat. Im stetigen Regelkreis gehört daher zu einer Regelgröße x während eines beliebigen Zeitpunktes t eine analoge Stellgröße y. Die Stellgröße y liegt irgendwo im Stellbereich Y_h. Eine kontinuierliche Veränderung der Regelgröße x führt auch zu einer kontinuierlichen Veränderung der Stellgröße y. Auf die Vor- und Nachteile schaltender und stetiger Stellglieder wurde bereits an anderer Stelle eingegangen.

8.3.1 Statisches Verhalten

Das statische Verhalten kennzeichnet den Regelkreis im Beharrungszustand. Der Beharrungszustand wird auch als eingeschwungener Zustand bezeichnet. Für die Beschreibung werden Kennlinien verwendet, wie sie schon bei der Behandlung des P-Reglers dargestellt wurden. Sie sind aber nicht für alle Anwendungsfälle zweckmäßig. Im allgemeinen ist das statische Verhalten des Regelkreises nicht von besonderem Interesse. Sehr viel wichtiger ist das zeitliche Verhalten des Regelkreises infolge einer auftretenden Änderung, daher soll hier nur kurz auf das statische Verhalten eingegangen werden. **Bild 8.15** zeigt das Kennlinienfeld einer Strecke. Berücksichtigt sind die Kennlinien für den ungestörten Fall (z_0) und zwei Fälle mit Störungen z_1 und z_2. Mit eingetragen in das Kennlinienfeld sind Kennlinien eines P-Reglers bei verschiedenen K_{PR}-Einstellungen.

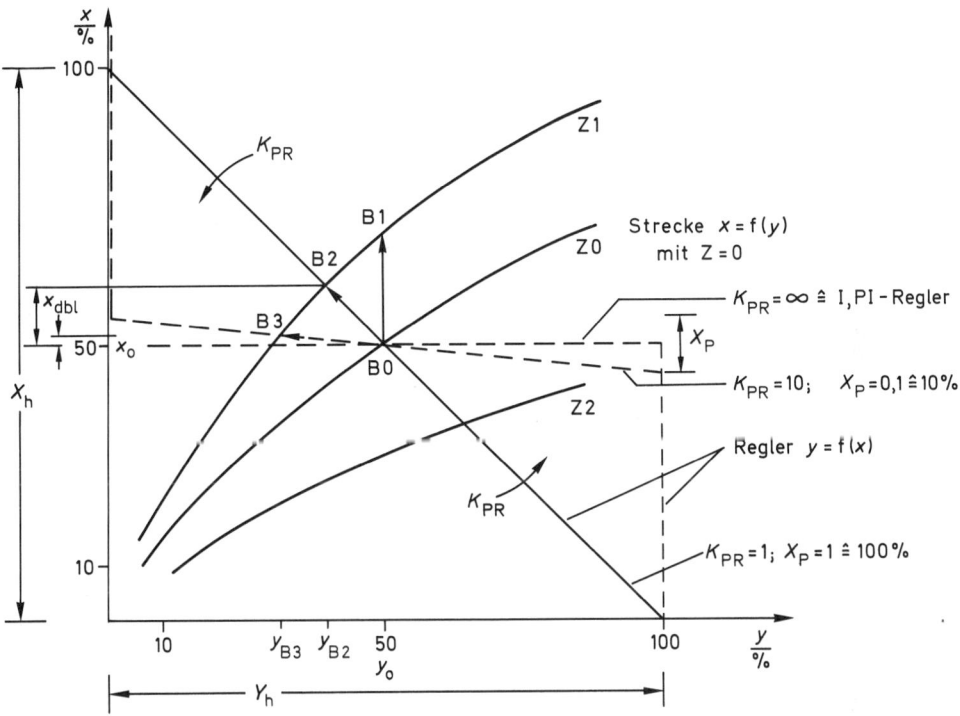

Bild 8.15   Statisches Verhalten eines P-Reglers an einer Strecke mit Ausgleich

Strecke allein   An der ungestörten Strecke ($x = f(y)$, Kurve z_0) sei mit der Stellgröße y_0 der Betriebspunkt B0 eingestellt (Steuerung). Tritt nun eine konstante Störung (Kurve z_1) auf, so ändert sich der Betriebspunkt B0 (x_0, y_0) gemäß Bild 8.13 nach B1, es tritt eine Änderung in x von ca. 20 % auf. Die Störung wirkt sich voll auf x aus.

Strecke mit P-Regler   Die Strecke wird nun mit einem P-Regler ($y = f(x)$) zu einem Regelkreis ergänzt. Die erforderliche Wirkungsumkehr im Kreis ist an den gegenläufigen Steigungen der Kennlinien von Strecke und Regler gut zu erkennen. Ist am Regler ein $K_{PR} = 1$ eingestellt ($\widehat{=} X_P = 100\,\%$), so ändert sich bei einer Störung (z_1) der Betriebspunkt von B0 nach B2. Die Änderung in x beträgt jetzt nur noch ca. 10 % ($\widehat{=}$ bleibender Regeldifferenz x_{dbl}). Wird ein $K_{PR} = 10$ eingestellt ($\widehat{=} X_P = 10\,\%$), so ergibt sich bei einer Störung (z_1) der Betriebspunkt B3 mit $x_{dbl} \approx 2\,\%$. Der Regelkreis mit P-Regler zeigt also stets eine bleibende Regelabweichung.

477

In dieser Darstellung sind die Zusammenhänge von Strecken- und Reglerverstärkung (Steigung der Kennlinien), Proportionalbereich und bleibender Regeldifferenz anschaulich zu erkennen. Es ist darauf hinzuweisen, daß die Darstellung so gewählt wurde, um die Vorgänge deutlich erkennbar zu machen. Die Größenverhältnisse bei den durch Störung hervorgerufenen Änderungen entsprechen nicht den in der Praxis vorkommenden Verhältnissen. Aus den hier angestellten Überlegungen ergibt sich, daß die bleibende Regeldifferenz und damit auch die bleibende Regelabweichung sehr klein wird, wenn nur der K_{PR}-Wert des Reglers groß genug gewählt wird. In der Praxis führen große K_{PR}-Werte bei P-Reglern zu Instabilitäten, so daß einer Verkleinerung der bleibenden Regeldifferenz Grenzen gesetzt sind.

Die Kennlinie des I-Reglers ist, wie in Abschnitt 7.3.2 gezeigt, mit der des P-Reglers für $K_{PR} = \infty$ identisch. Bei Einsatz eines I-Reglers würde sich also gemäß den Überlegungen nach Bild 8.15 für den statischen Fall eine bleibende Regeldifferenz $x_{dbl} = 0$ einstellen.

Bei Anwendung eines **PI-Reglers** ist im Moment des Störsprunges eine Kennlinie gemäß dem eingestellten K_{PR}-Wert (bzw. X_P) wirksam, mit entsprechender vorübergehender Regeldifferenz x_d. Anschließend beginnt der I-Teil zu wirken, der im Sinne größer werdenden K_{PR}, bzw. kleiner werdendes X_P, die Reglerkennlinie so verdreht, bis sie horizontal verläuft. Dann ist $x_d = x_{dbl} = 0$ erreicht. Dies ist jedoch bereits ein dynamischer Vorgang, von dem im Kennlinienfeld nur der Anfangszustand (Störsprung) und der Endzustand (statischer Fall) dargestellt werden können.

Die Darstellung der Wirkung eines **D-Anteils** ist ebenfalls nicht möglich, da der D-Anteil im statischen Zustand nicht wirksam ist.

8.3.2 Dynamisches Verhalten

Von besonderer Bedeutung für die Beschreibung bzw. Charakterisierung von Regelkreisen ist das zeitliche oder dynamische Verhalten. Es beschreibt das Übergangsverhalten zwischen den statischen Zuständen. Hauptsächlich interessiert das Zeitverhalten bei auftretenden Störungen oder Änderungen der Führungsgröße. Zur Untersuchung des Regelkreisverhaltens wird meist die Sprung-Testfunktion (auch Sprung-Frage genannt), aber auch die Sinus-Testfunktion verwendet. Das dynamische Verhalten wird dann anschaulich durch die Sprung-Antwort oder in normierter Darstellung durch die Übergangsfunktion des Kreises beschrieben. Wegen der unterschiedlichen Auswirkungen muß jeweils zwischen Führungs- und Stör-Verhalten unterschieden werden. Bei Störungen ist nicht so sehr der geometrische Angriffsort wichtig, sondern wesentlich ist, daß die zeitliche Auswirkung auf den Signalfluß im Regelkreis richtig erfaßt und dargestellt wird.

Wegen der Vielzahl der Strecken- und Regler-Typen und der sich daraus ergebenden vielfältigen Kombinationsmöglichkeiten kann hier nur eine kleine Auswahl gezeigt und auf grundsätzliche Unterschiede hingewiesen werden. In den folgenden Abschnitten wird das Verhalten verschiedener Reglertypen an einigen häufig vorkommenden Streckentypen vorgestellt.

8.3.2.1 PT$_n$-Strecken mit verschiedenen Reglern

In der Praxis treten Strecken mit PT$_n$-Verhalten, etwa PT$_2$ oder PT$_3$, häufig auf. **Bild 8.16** zeigt, welche Regelergebnisse bei Änderung der Führungsgröße mit verschiedenen Reglertypen an solchen Strecken zu erzielen sind.

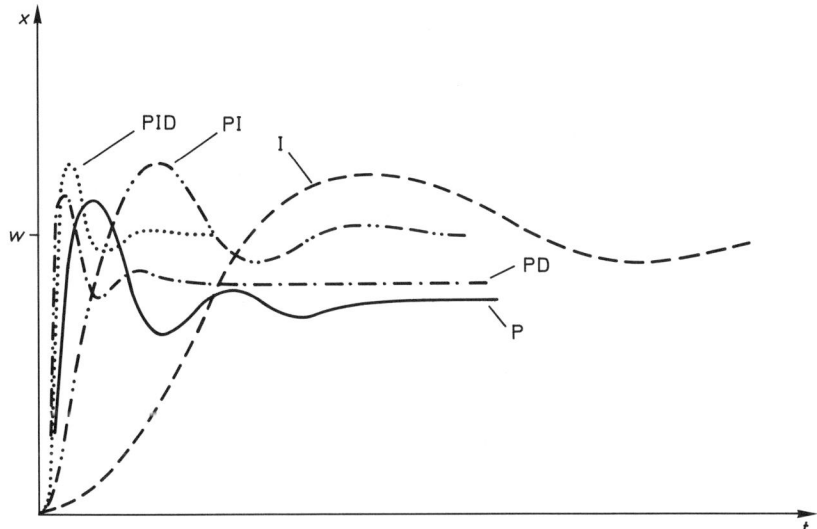

Bild 8.16 Führungs-Sprungantworten von Regelkreisen mit PT$_n$-Strecken und unterschiedlichen Reglertypen

Aus diesen charakteristischen Kurvenverläufen für die Sprungantwort läßt sich das Verhalten der Strecke mit den unterschiedlichen Reglern gut erkennen:

P: Schnelles Anregeln, bleibende Regelabweichung.
PD: Sehr schnelles Anregeln, bleibende Regelabweichung jedoch kleiner als bei P-Regler, da V$_{Kreis}$ höher eingestellt werden kann.
I: Sehr langsames An- und Ausregeln, keine bleibende Regelabweichung.
PI: Schnelles Anregeln, keine bleibende Regelabweichung.
PID: Sehr schnelles An- und Ausregeln, keine bleibende Regelabweichung.

P- und PD-Regler schwingen bei den gewählten Einstellungen am geringsten über die Führungsgröße *w* hinaus. Bezogen auf die jeweiligen Beharrungswerte sind die Überschwingweiten jedoch etwa vergleichbar groß.
Bild 8.17 zeigt zum Vergleich, welche Regelergebnisse bezüglich des Stör-Verhaltens zu erreichen sind.

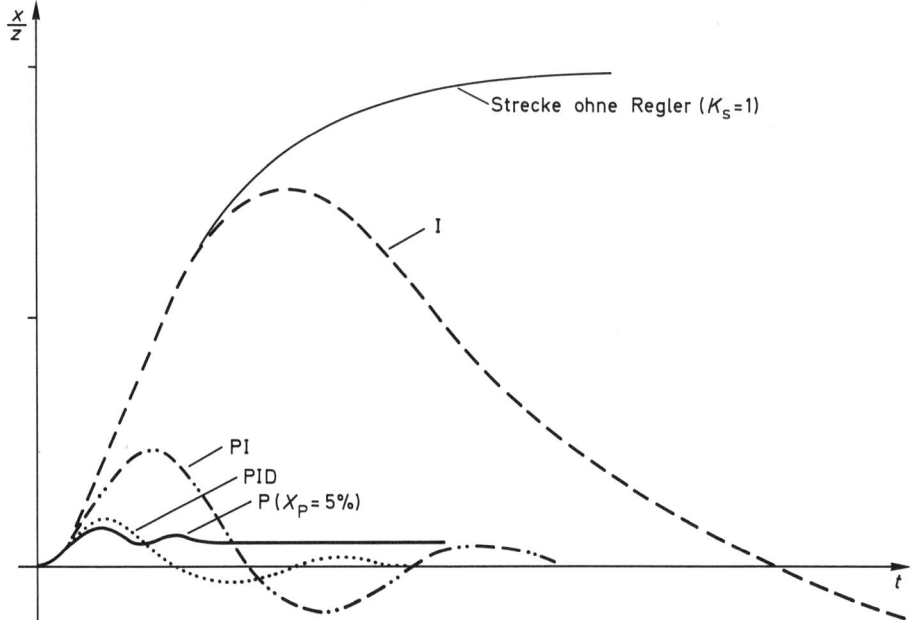

Bild 8.17 Stör-Sprungantworten von Regelkreisen mit PT_n-Strecken und unterschiedlichen Reglertypen.

Aus diesen charakteristischen Kurvenverläufen für die Sprungantwort läßt sich das Verhalten der Strecke mit unterschiedlichen Reglern bei Störung erkennen:

P: sehr schnelles An- und Ausregeln, geringes Überschwingen, bleibende Regelabweichung.

I: sehr langsames Ausregeln, extremes Überschwingen, keine bleibende Regelabweichung.

PI: langsames Ausregeln, starkes Überschwingen, keine bleibende Regelabweichung.

PID: schnelleres Ausregeln als mit PI-Regler, geringes Überschwingen, keine bleibende Regelabweichung.

Die angegebenen Kurvenverläufe dienen nur als grobe Übersicht. Im Einzelfall spielt noch das Verhältnis der Strecken-Zeitkonstanten (T_u/T_g) eine wesentliche Rolle. So ergeben sich z. B. bei etwa gleich großen Zeitkonstanten ($T_{1a} \approx T_{1b} \approx T_{1c} \triangleq$ P-T_1-T_1-T_1-Strecke) andere Regler-Einstellungen und damit andere Kurvenverläufe als wenn eine Zeitkonstante stark überwiegt (z. B. $T_{1a} \gg T_{1b}$, T_{1c}).
Regelungstechnisch einfacher zu handhaben sind Strecken, bei denen sich die Zeitkonstanten stark unterscheiden. Hierbei kann i. a. die Kreisverstärkung höher eingestellt werden.

8.3.2.2 P-Strecke mit P- und I-Regler

P-Strecke mit P-Regler

Die Betrachtung dieser Zusammenschaltung aus P-Strecke und P-Regler ist mehr theoretisch, denn in der Praxis sind Strecken immer mit kleinen Verzögerungen oder Totzeiten behaftet. **Bild 8.18** zeigt das ideale Verhalten bei Störung am Eingang der Strecke.

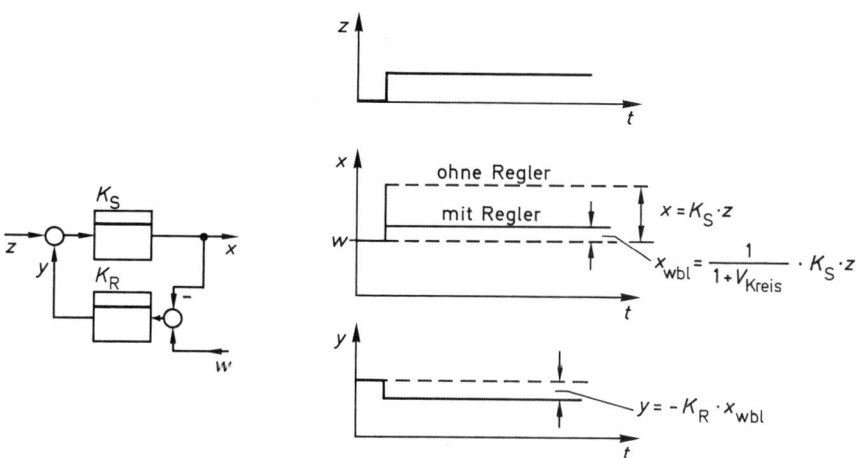

Bild 8.18 Stör-Sprungantwort eines Regelkreises mit P-Strecke und P-Regler

Wegen der vorhandenen Totzeiten arbeiten diese sehr schnellen Grundglieder in der Praxis unbefriedigend zusammen.

P-Strecke mit I-Regler

Bei einem Regelkreis mit P-Strecke und I-Regler wirkt sich ein Störsprung am Eingang der Strecke wegen des P-Verhaltens zunächst voll, um K_S verstärkt, auf die Regelgröße x aus. Danach beginnt der I-Regler mit hoher Stellgeschwindigkeit die Stellgröße y zu ändern. Dadurch wird die Regelgröße x bzw. die Regeldifferenz x_d kleiner, was zu einer Verkleinerung der Stellgeschwindigkeit führt. Dieser Vorgang setzt sich entsprechend fort. Die Störung wird langsam, aber vollständig ausgeregelt, und es tritt keine bleibende Regelabweichung auf **(Bild 8.19)**.

Da die Störung in dem betrachteten Fall nach dem Sprung konstant bleibt, stellt der I-Regler nach einiger Zeit eine neue Stellgröße ein, so daß die Regeldifferenz x_d gleich Null wird.

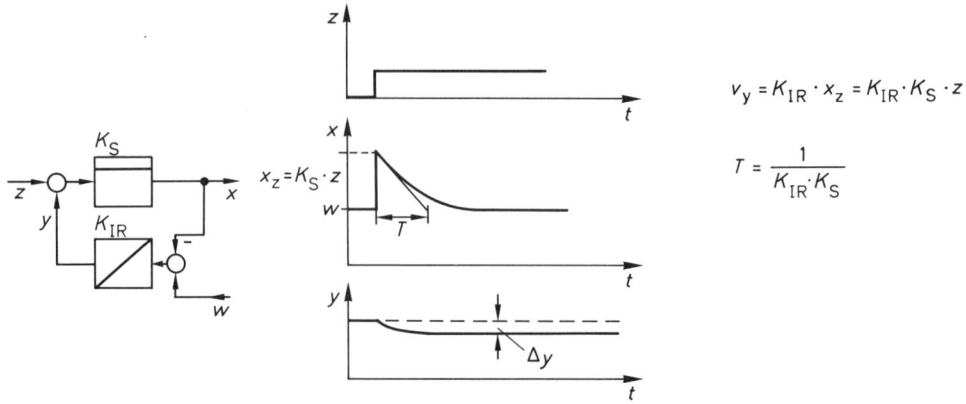

$$v_y = K_{IR} \cdot x_z = K_{IR} \cdot K_S \cdot z$$

$$T = \frac{1}{K_{IR} \cdot K_S}$$

Bild 8.19   Stör-Sprungantwort eines Regelkreises mit P-Strecke und I-Regler

8.3.2.3   PT$_1$-Strecke mit P- und I-Regler

PT$_1$-Strecke mit P-Regler

Bei einem Regelkreis mit PT$_1$-Strecke und P-Regler bewirkt ein Störsprung am Eingang der Strecke eine Änderung der Regelgröße x gemäß der e-Funktion. Entsprechend baut sich die Regeldifferenz x_d auf, die unverzögert die Stellgröße unter Berücksichtigung von K_R ändert. Hierdurch ändert sich die Regelgröße x weniger stark. Nach einiger Zeit stellt sich ein Zustand ein, bei dem die bleibende Regeldifferenz x_{dbl} die Stellgröße y so weit verstellt hat, daß – abhängig von z, K_S und K_R – gerade x_{dbl} erzeugt wird (Kreisstruktur **Bild 8.20**).

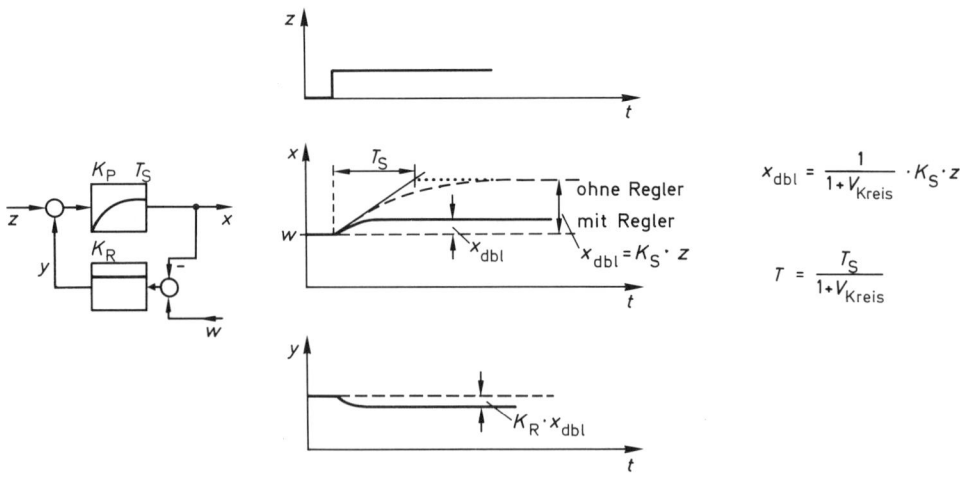

$$x_{dbl} = \frac{1}{1 + V_{Kreis}} \cdot K_S \cdot z$$

$$T = \frac{T_S}{1 + V_{Kreis}}$$

Bild 8.20   Stör-Sprungantwort eines Regelkreises mit PT$_1$-Strecke und P-Regler

482

Durch die Wirkung des P-Reglers wird zusätzlich zur Stör-Unterdrückung auch die Zeitkonstante T_S der Strecke im geschlossenen Kreis verkleinert. Der Regelkreis hat die Zeitkonstante:

$$T = \frac{T_S}{1 + v_{\text{Kreis}}} \qquad T < T_S \text{ für } v_{\text{Kreis}} > 0.$$

In der Praxis lassen sich auch beim P-Regler kleine Verzögerungen nicht vermeiden, die Überlegungen dieses Abschnittes gelten jedoch auch dann noch, wenn die Verzögerung im P-Regler sehr viel kleiner als die Verzögerung der Strecke ist.

PT_1-Strecke mit I-Regler

Diese Zusammenschaltung ist gedämpft schwingfähig. Für den Dämpfungsgrad gilt die Beziehung:

$$D = \sqrt{\frac{1}{4 \cdot K_S \cdot K_{IR}} \cdot \frac{1}{T_S}}$$

Ergibt sich bei Einsetzen der Werte für K_S, K_{IR} und T_S ein Dämpfungsgrad $D > 1$, so zeigt die Regelgröße ein Überschwingen. Für Werte $D < 1$ treten gedämpfte Schwingungen bei der Regelgröße auf.

8.3.2.4 PT_n-Strecke mit P-, I-, PI- und PID-Regler

Die PT_n-Strecke mit verschiedenen Reglern wurde bereits am Anfang dieses Abschnittes allgemein vorgestellt. Im folgenden soll auf diesen wichtigen Streckentyp näher eingegangen werden. Dabei wird auch die Wirkung von Parameteränderungen bei den Reglern angedeutet. Die gezeigten Verläufe gelten näherungsweise für PT_2- und PT_3- Strecken, lassen sich aber auf Strecken mit mehr Energiespeichern prinzipiell übertragen.

PT_n-Strecke mit P-Regler

Aus **Bild 8.21** ist zu ersehen, daß mit größerer Regler-Verstärkung K_{PR} (bzw. kleinerem Proportionalbereich X_P) die bleibende Regelabweichung kleiner und die Anregelzeit

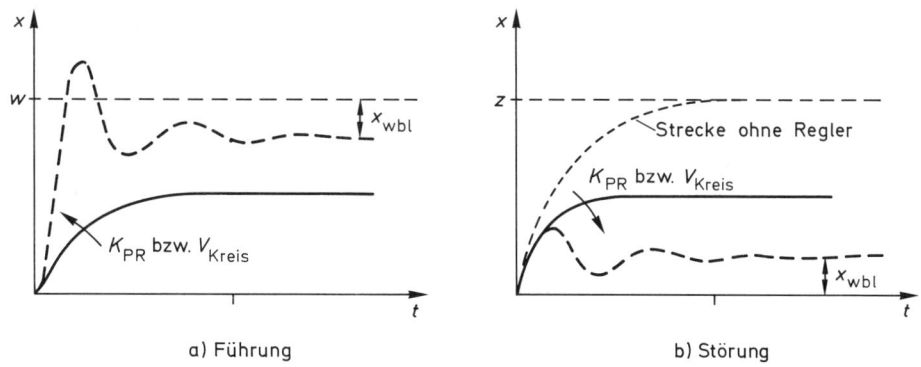

a) Führung   b) Störung

Bild 8.21 Führungs- und Störungsverhalten der PT_n-Strecke mit P-Regler

kürzer wird. Da aber mit größerer Regler-Verstärkung auch die Schwingneigung zunimmt, muß ein Kompromiß zwischen Größe der bleibenden Regelabweichung und dem auftretenden Einschwingverhalten gefunden werden.

PT$_n$-Strecke mit I-Regler

Der Regelkreis aus PT$_n$-Strecke und I-Regler reagiert sehr langsam, was zu langen An- und Ausregelzeiten führt. Das Überschwingen wird bei größeren K_{IR}-Werten immer stärker. Die Regelabweichungen werden dagegen völlig ausgeregelt, so daß im Beharrungszustand keine bleibende Regelabweichung auftritt **(Bild 8.22)**.

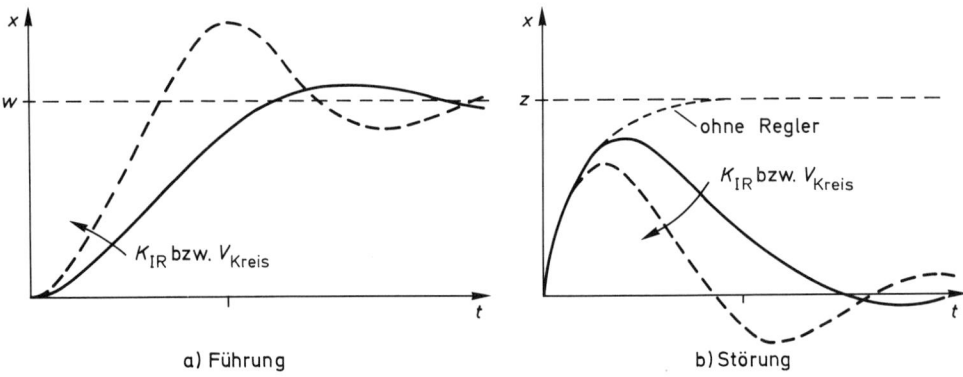

a) Führung   b) Störung

Bild 8.22 Führungs- und Störungsverhalten der PT$_n$-Strecke mit I-Regler

PT$_n$-Strecke mit PI-Regler

Der PI-Regler bietet die Möglichkeit der unabhängigen Einstellung von P- und I-Verhalten. Da er einfach einzustellen ist und das schnelle dynamische Verhalten des P-Reglers mit dem Ausregelverhalten des I-Reglers verbindet, wird er sehr häufig angewendet. **Bild 8.23** zeigt, daß der Regelkreis aus PT$_n$-Strecke und PI-Regler schnell

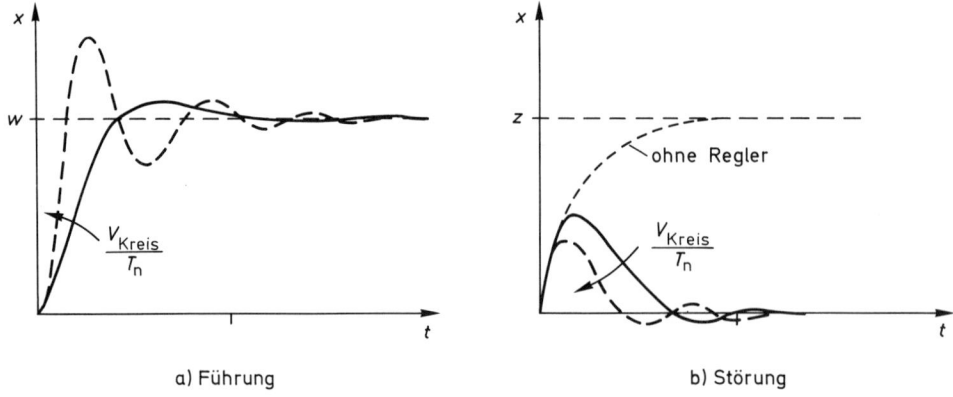

a) Führung   b) Störung

Bild 8.23 Führungs- und Störungsverhalten der PT$_n$-Strecke mit PI-Regler

484

reagiert. Mit zunehmender Kreisverstärkung oder abnehmender Nachstellzeit T_n nimmt jedoch die Schwingneigung zu. Durch den I-Anteil werden Regelabweichungen völlig ausgeregelt, so daß auch hier im Beharrungszustand die bleibende Regelabweichung verschwindet.

PT$_n$-Strecke mit PID-Regler

Der Regelkreis aus PT$_n$-Strecke und PID-Regler reagiert durch den sofort wirkenden D-Anteil noch schneller als der Regelkreis mit PI-Regler. Auch hier nimmt bei einer Vergrößerung der Kreisverstärkung oder Verringerung von T_n die Schwingneigung zu **(Bild 8.24)**.

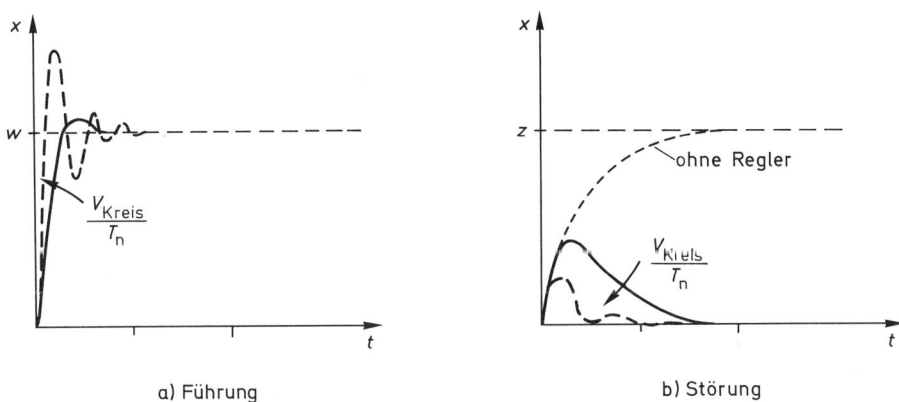

a) Führung   b) Störung

Bild 8.24 Führungs- und Störungsverhalten der PT$_n$-Strecke mit PID-Regler

8.3.2.5 Ersatz-Strecke (T_u, T_g) mit P- und I-Regler

In Abschnitt 6.6.2 wurde gezeigt, daß eine Strecke mit vielen Verzögerungen näherungsweise durch eine Ersatz-Strecke mit Totzeitanteil (Verzugszeit T_u) und Verzögerungsanteil 1. Ordnung (Ausgleichszeit T_g) beschrieben werden kann. Wesentliche Bedeutung hat dabei das Verhältnis von Verzugszeit zu Ausgleichszeit T_u/T_g.
Bei der Zusammenschaltung der Ersatz-Strecke mit Reglern wird dann eine mehr oder weniger große Totzeit ($\approx T_u$) im Regelkreis wirksam. Dies bedeutet, daß insbesondere die Kreisverstärkung gegenüber der realen Strecke erheblich zurückgenommen werden muß, um eine Selbsterregung zu verhindern. Bei Kreisen ohne I-Anteil führt dies zu erheblich größeren bleibenden Regelabweichungen.

Ersatzstrecke mit P-Regler

Für einen P-Regler an der Ersatzstrecke ergibt sich Eigenerregung – Schwingen – bei einem $K_{PR\,krit}$ von:

$$K_{PR\,krit} \approx \frac{1}{K_S} \cdot \left(\frac{\pi}{2} \cdot \frac{T_g}{T_u} + 1 \right) \approx \frac{\pi}{2\,K_S} \cdot \frac{T_g}{T_u} \qquad \text{für } T_u \ll T_g$$

Die Periodendauer der Schwingungen läßt sich aus:

$$T_{\text{Kreis}} \approx 4 \cdot T_{\text{u}}$$

bestimmen. Sie ist also relativ kurz.

Ersatzstrecke mit I-Regler

Die Periodendauer der Regelschwingung beträgt bei Einsatz eines I-Reglers

$$T_{\text{Kreis}} \approx 2\,\pi \cdot \sqrt{T_{\text{u}} \cdot T_{\text{g}}} \qquad \text{für } T_{\text{u}} \ll T_{\text{g}}$$

Zahlenbeispiel

Regelstrecke: $\qquad\qquad T_{\text{u}} = 1\,\text{s} \quad T_{\text{g}} = 20\,\text{s}$

Bewertung nach $T_{\text{u}}/T_{\text{g}}$: $\qquad T_{\text{u}}/T_{\text{g}} = 1\,\text{s}/20\,\text{s} = 0,05$

Die Regelstrecke gilt als sehr gut regelbar.

Strecke mit P-Regler	**Strecke mit I-Regler**
Periodendauer der Regelschwingung mit konstanter Amplitude (kritischer Fall)	Periodendauer der Regelschwingung mit konstanter Amplitude (kritischer Fall)
$T_{\text{Kreis}} \approx 4 \cdot T_{\text{u}} = 4 \cdot 1\,\text{s}$	$T_{\text{Kreis}} \approx 2\,\pi \cdot \sqrt{T_{\text{u}} \cdot T_{\text{g}}} = 2\,\pi \cdot \sqrt{1\,\text{s} \cdot 20\,\text{s}}$
$T_{\text{Kreis}} \approx 4\,\text{s}$	$T_{\text{Kreis}} \approx 28,1\,\text{s}$

Die Regelschwingungen mit dem I-Regler dauern also erheblich länger als mit dem P-Regler. Im gedämpften Fall vergehen mindestens 3 bis 5 Perioden, bis der Endwert erreicht ist.

8.3.2.6 Strecken ohne Ausgleich mit P- und PI-Regler

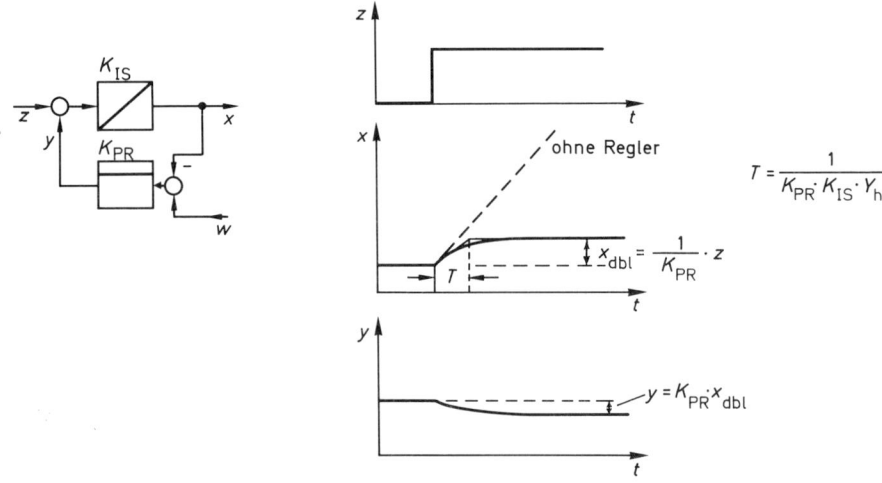

Bild 8.25 Störverhalten eines Regelkreises mit I-Strecke und P-Regler bei Störungseingriff vor der Strecke

I-Strecke mit P-Regler

Das Führungsverhalten der I-Strecke mit P-Regler ist so, daß ein Führungsgrößen-Sprung ohne bleibende Regelabweichung ausgeregelt wird. Beim Störungsverhalten ist es wichtig, ob die Störung vor oder hinter der I-Strecke angreift. Störungen vor der Strecke werden nicht vollständig ausgeregelt und führen zu einer bleibenden Regelab-weichung. Störungen, die hinter der I-Strecke angreifen, werden dagegen ausgeregelt und führen nicht zu einer bleibenden Regelabweichung. In **Bild 8.25** ist das Störver-halten des Regelkreises mit I-Strecke und P-Regler für den Fall dargestellt, daß die Störung vor der Strecke liegt.

I-T_t-Strecke mit P-Regler

Ist die I-Strecke mit einer auch nur kleinen Totzeit T_t behaftet, so neigt der Regelkreis mit P-Regler bereits bei relativ kleinen K_{PR}-Werten zum Schwingen:

$$K_{PR\,krit} \approx \frac{\pi}{2} \cdot \frac{1}{K_{IS} \cdot T_t}$$

Die Periodendauer der Regelschwingung im kritischen Fall ist:

$$T_{Kreis} \approx 4 \cdot T_t$$

I-T_2-Strecke mit P- und PI-Regler

In **Bild 8.26** sind Führungsverhalten und Störverhalten eines Regelkreises aus einer I-T_2-Strecke mit P-Regler und mit PI-Regler vergleichend dargestellt. Dabei ist beim Störverhalten unterschieden, ob die Störung vor oder hinter dem I-Teil auftritt.

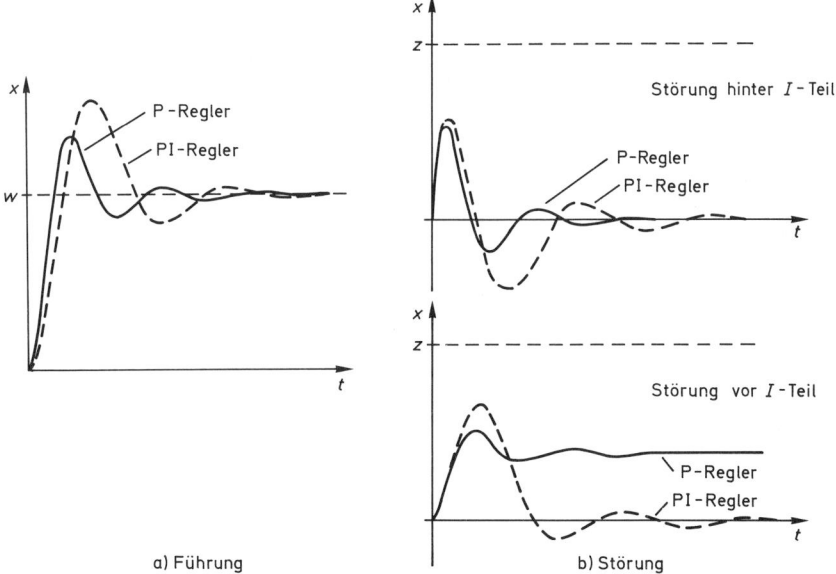

a) Führung   b) Störung

Bild 8.26 Führungs- und Störverhalten eines Regelkreises mit I-T_2-Strecke und P- bzw. PI-Regler

487

Beim Führungsverhalten ist das Überschwingen im Regelkreis mit P-Regler geringer. Auch beim Störverhalten, wenn die Störung hinter dem I-Teil eingreift, ist ein schnelleres Abklingen des Einschwingens im Regelkreis mit P-Regler erkennbar. Greift die Störung jedoch vor dem I-Teil ein, dann führt die Störung zu einer bleibenden Regelabweichung, wenn der Regelkreis mit einem P-Regler betrieben wird. Diese tritt nicht auf bei Verwendung eines PI-Reglers im Regelkreis.

8.4 Regelkreis mit unstetigen Reglern

8.4.1 Regelkreis mit unstetigen Reglern ohne Rückführung

Beim Zusammenarbeiten verschiedener Regelstrecken mit stetigen Regeleinrichtungen wurde zwischen statischem Verhalten (Beharrungszustand) und dynamischem Verhalten der Regelkreise unterschieden. Das Erreichen eines Beharrungszustandes war möglich, weil die Stellgröße y innerhalb des Stellbereichs stufenlos (= stetig) auf jeden erforderlichen Wert eingestellt werden konnte.

Bei unstetigen Regeleinrichtungen schaltet der Regler wegen der groben Stufung für die Stellgröße y dauernd zwischen den Stufen hin und her. Der Zweipunkt-Regler hat dabei zwei Stufen für die Stellgröße (z. B. Schalter EIN – AUS), der Dreipunkt-Regler dagegen drei Stufen (z. B. Motor RECHTSLAUF-AUS-LINKSLAUF). Trotz der dauernden Schaltvorgänge stellt sich in der Strecke über ein Zeitintervall ein mittlerer Massenstrom oder Energiefluß ein. Ein Beharrungsverhalten ist jedoch nicht zu beobachten. Bei Regelkreisen mit unstetigen Regeleinrichtungen ergeben sich dadurch – zwar unerwünschte, aber systembedingte – dauernde Schwankungen der Regelgröße x.

In den folgenden Abschnitten werden verschiedene Regelstrecken im Zusammenwirken mit schaltenden Regeleinrichtungen vorgestellt.

8.4.1.1 PT$_1$-Strecke und Zweipunkt-Regler

Die Zusammenschaltung von PT$_1$-Strecke und Zweipunkt-Regeleinrichtung zeigt **Bild 8.27**.

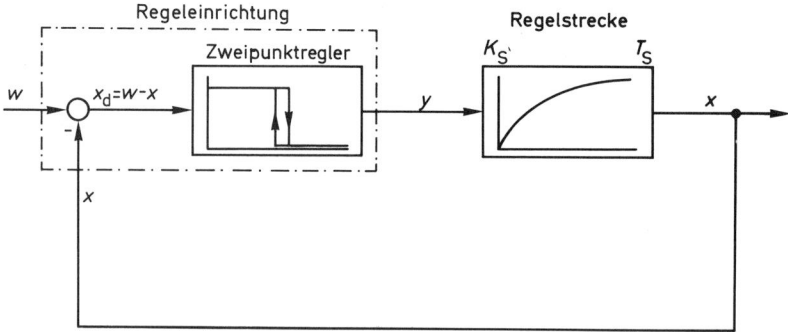

Bild 8.27   Regelkreis mit PT$_1$-Strecke und Zweipunkt-Regler

Das Übertragungsverhalten für die Regelstrecke und die Regeleinrichtung (Vergleicher und Regler) ist in **Bild 8.28** noch einmal genauer dargestellt.

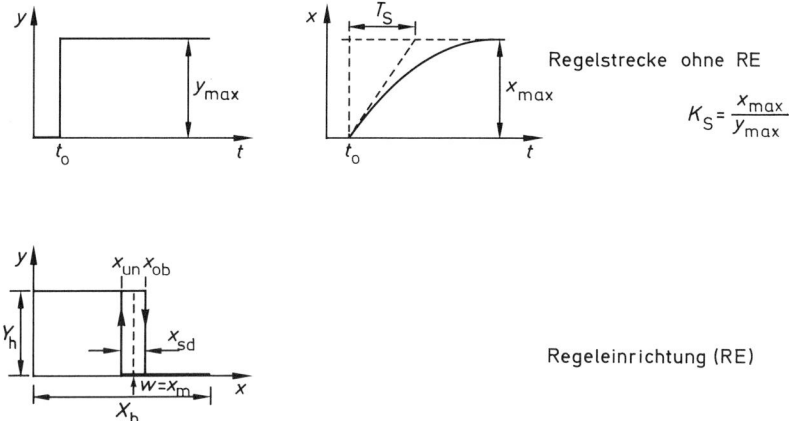

Bild 8.28   Übertragungsverhalten von Regelstrecke und Regeleinrichtung

Das Verhalten des geschlossenen Regelkreises zeigt **Bild 8.29**.

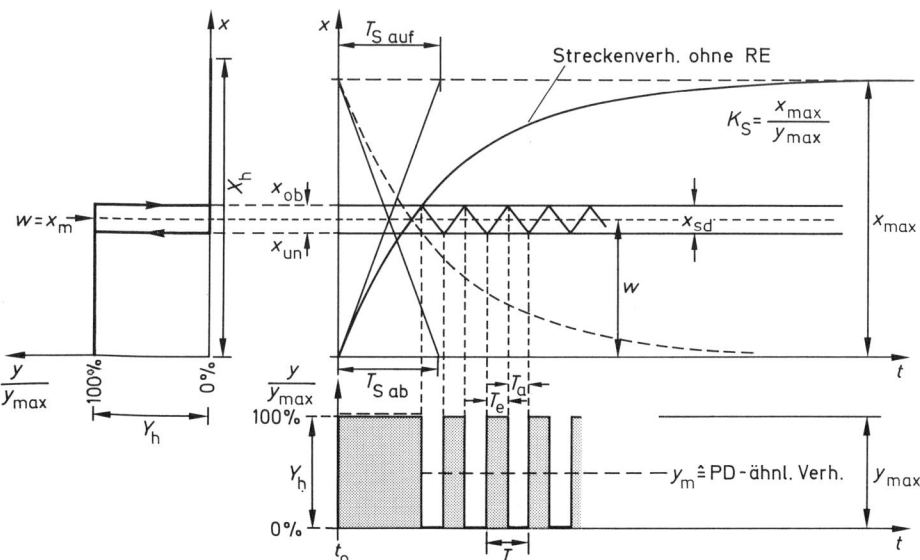

Bild 8.29   Verhalten des Regelkreises mit PT_1-Strecke ($T_{s\,auf} = T_{s\,ab}$) und Zweipunkt-Regler

Dabei ist vereinfachend angenommen worden, daß die Zeitkonstanten $T_{s\,auf}$ und $T_{s\,ab}$ der Strecke gleich sind. In der Praxis ist dies im allgemeinen jedoch nicht der Fall. Die Führungsgröße soll eingestellt sein auf $w = x_{max}/2$.

489

Das Übertragungsverhalten der Regeleinrichtung ist gegenüber Bild 8.28 um 90° gedreht mit eingezeichnet, um die Lage der Schaltpunkte zu verdeutlichen.

Nach dem Einschalten wird zunächst die Stellgröße für längere Zeit auf 100% geschaltet, bis die Regelgröße x den oberen Schaltpunkt x_{ob} der Regeleinrichtung erreicht. Hier wird die Stellgröße auf 0% geschaltet und die Regelgröße sinkt ab, bis der untere Schaltpunkt x_{un} erreicht ist. Hier wird die Stellgröße wieder auf 100% geschaltet. Es folgen periodische Schwankungen der Regelgröße im Bereich $x_{sd} = x_{ob} - x_{un}$ infolge des periodischen Ein- und Ausschaltens der Stellgröße bzw. umgekehrt wird die Stellgröße geschaltet infolge der Schwankungen der Regelgröße. Denn infolge der Kreisstruktur sind Ursachen und Wirkung nicht mehr exakt trennbar. Der zeitlich gemittelte Verlauf der Stellgröße y_m zeigt PD-ähnliches Verhalten.

Beispiel:

In Kapitel 6 wurde eine Heizeinrichtung behandelt, die wegen der Temperaturmessung in unmittelbarer Nähe der Heizwicklung das Verhalten eines PT_1-Gliedes zeigt. **Bild 8.30** zeigt die Verhältnisse für diese Strecke mit einer Zweipunkt-Regeleinrichtung. Der Sollwert der Regeleinrichtung ist auf $w = 300\,°C$ eingestellt. Die Hysterese beträgt $\pm 5\%$ vom Skalenendwert $600\,°C$. Damit sind $x_{ob} = 330\,°C$ und $x_{un} = 270\,°C$.

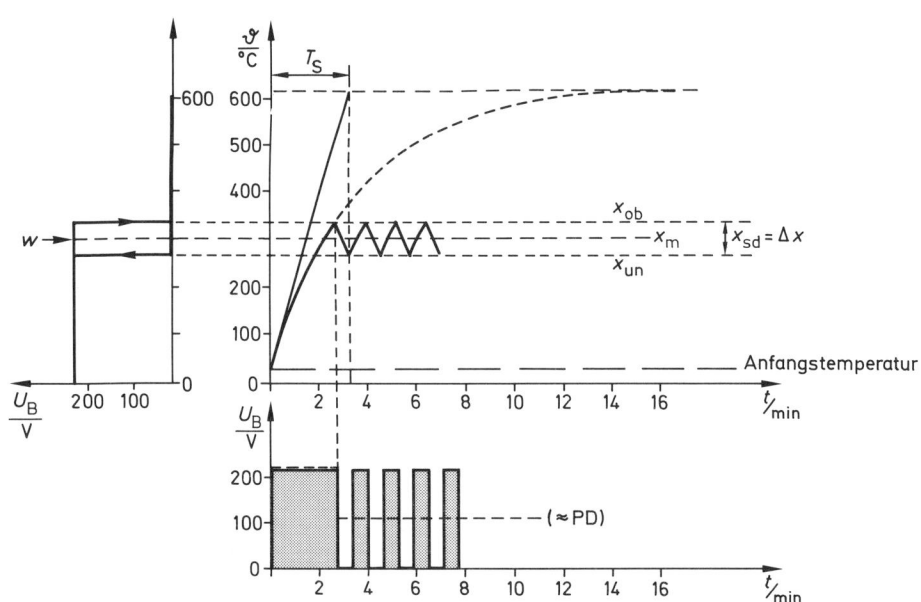

Bild 8.30 Heizeinrichtung mit Zweipunkt-Regeleinrichtung

Die Regelgröße x (hier: Temperatur ϑ) als Ausgangsgröße der Strecke pendelt also bei einer PT_1-Strecke in der gezeigten Weise hin und her. Es tritt ein Schwankungsintervall $\Delta x = x_{sd} = 60\,°C$ auf.

Als zeitlicher Mittelwert kann ein Wert $x_m = \dfrac{1}{2}\,(x_{un} + x_{ob}) = 300\,°C$ betrachtet werden.

Der exakte Zusammenhang von w, x_{un} und x_{ob} läßt sich für Zweipunkt-Regeleinrichtungen nicht allgemein angeben, da er von der Konstruktion der Regeleinrichtung abhängt. Bei praktisch eingesetzten Regeleinrichtungen kann jedoch davon ausgegangen werden, daß die Umschaltpunkte x_{un} und x_{ob} etwa symmetrisch zur an der Regeleinrichtung eingestellten Führungsgröße w sind.

Das Zeitverhalten der Strecke hat wesentlichen Einfluß auf das Verhalten der Regeleinrichtung. Um dies zu verdeutlichen, zeigt **Bild 8.31** den zeitlichen Verlauf der Regelgröße x und der Stellgröße y bei zwei unterschiedlichen Zeitkonstanten der Strecke. Die Einstellung der Regeleinrichtung ist in beiden Fällen unverändert.

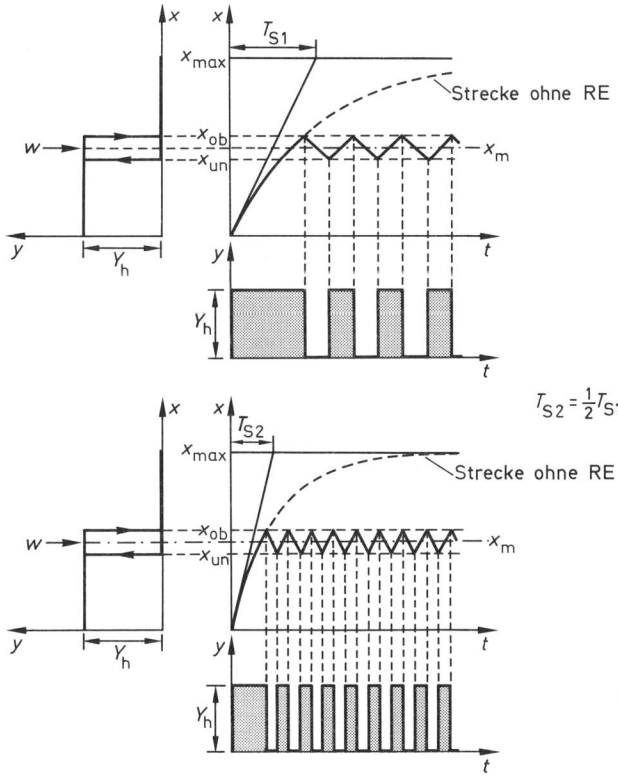

Bild 8.31 Regel- und Stellgrößenverlauf bei unterschiedlichen Streckenzeitkonstanten $T_{S1} > T_{S2}$

Es zeigt sich, daß die Schaltfrequenz für das Stellglied mit kleiner werdender Zeitkonstante der Strecke höher wird.

Den Einfluß der Schalthysterese des Reglers auf den Verlauf der Regelgröße x und die Stellgröße y zeigt **Bild 8.32** für zwei verschiedene Einstellungen an einer unveränderten Strecke.

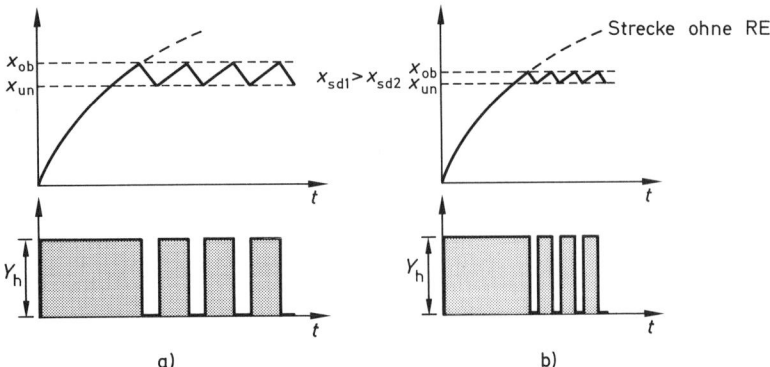

Bild 8.32 Einfluß der Schalthysterese des Zweipunkt-Reglers auf den Verlauf von Regel- und Stellgröße

Es zeigt sich, daß eine Verkleinerung der Hysterese die Schaltfrequenz erhöht.

Aus den Bildern 8.31 und 8.32 ist zu erkennen, daß die Schwankungsbreite der Regelgröße durch Verkleinern der Hysterese verringert werden kann. Dieser für die Regelung positive Effekt läßt sich jedoch häufig nicht ausnutzen, weil viele Stellglieder aus technischen Gründen eine Erhöhung der Schaltfrequenz nicht zulassen. Bei manchen Stellgliedern ist eine Erhöhung der Schaltfrequenz zwar möglich, aber nicht sinnvoll, weil die Lebensdauer im allgemeinen durch die Zahl der möglichen Schaltvorgänge bestimmt ist. Diese Lösung käme allenfalls bei Geräten mit kurzer Lebensdauer infrage.

Günstigere Verhältnisse ergeben sich bei den kontaktlosen elektronischen Stellgliedern. Hier bewirkt die Erhöhung der Schaltfrequenz keinen höheren Verschleiß und damit keine wesentliche Beeinflussung der Lebensdauer.

Schaltfrequenz f_s

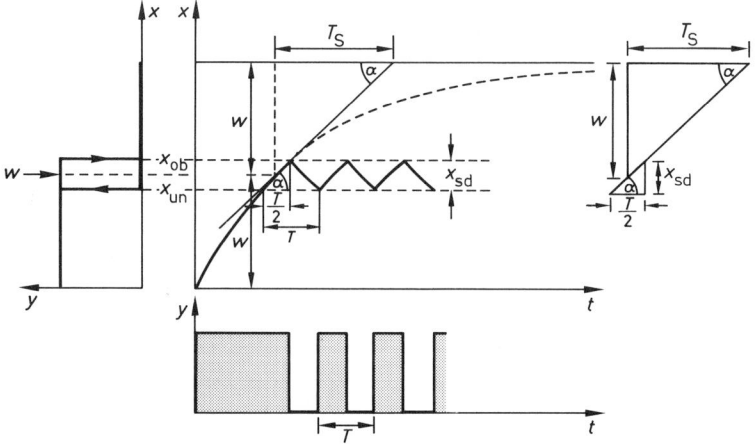

Bild 8.33 Berechnung der Schaltfrequenz

Aus den bisher aufgezeigten Zusammenhängen ist erkennbar, daß die Schaltfrequenz besondere Bedeutung hat. Zur Ermittlung der Schaltfrequenz für den Fall $w = x_{max}/2$ dient **Bild 8.33** mit den dort gemachten Angaben. Der Kurvenverlauf (kurzer Abschnitt der e-Funktion) wird näherungsweise durch die Tangente ersetzt.

Aus den beiden rechts gezeichneten Dreiecken ergibt sich:

$$\tan \alpha = \frac{x_{sd}}{T/2} = \frac{w}{T_s} \rightarrow T = 2 \cdot \frac{x_{sd}}{w} \cdot T_s$$

und damit

$$f_s = \frac{1}{T} = \frac{1}{2} \cdot \frac{w}{x_{sd}} \cdot \frac{1}{T_s} \qquad \left(\text{gilt nur für } w = \frac{x_{max}}{2} \right)$$

Durch theoretische Überlegungen, aber auch einfacher grafisch, läßt sich zeigen, daß bei $w = \frac{x_{max}}{2}$ die höchste Schaltfrequenz auftritt. Wird w verkleinert oder vergrößert, so sinkt die Schaltfrequenz. Bei kleinerer Führungsgröße w ist auch das Verhältnis T_E/T_A der Stellgröße kleiner. Entsprechend wird T_E/T_A größer bei größeren Sollwerten.

Leistungsüberschuß

Diese eben dargelegten Zusammenhänge lassen sich deuten durch den Begriff Leistungsüberschuß $\ddot{u}_L$. Liegt der Arbeitspunkt w bei $\frac{x_{max}}{2}$, so liegt 100 % Leistungsüberschuß vor. Das heißt, daß das Stellglied einen Energie- oder Massenfluß schaltet, der doppelt so groß ist, wie er zur Erreichung des Sollwertes erforderlich wäre. Wird der Sollwert zu größeren Werten hin verschoben, so sinkt der Leistungsüberschuß unter 100 %. Damit wird eine längere Einschaltdauer zum Erreichen des höheren Sollwertes erforderlich. Wird der Sollwert dagegen zu kleineren Werten hin verschoben, so steigt der Leistungsüberschuß über 100 %. Für den kleineren Sollwert genügt somit eine kürzere Einschaltdauer.
Nachstehende Gleichung zeigt den mathematischen Zusammenhang:

$$\ddot{u}_L = \left(\frac{x_{max}}{w} - 1 \right) \cdot 100 \%.$$

Von Bedeutung kann auch die Zeit vom Einschalten (oder vom Ändern der Führungsgröße oder vom Auftreten einer Störgröße) bis zum Erreichen des Sollwertes sein. Diese Zeit wird als Anregelzeit bezeichnet. Je größer der Leistungsüberschuß ist, umso steiler verläuft die Spungantwort bis zum Sollwert (kurze Anregelzeit). Ein kleiner Leistungsüberschuß führt entsprechend zu einer langen Anregelzeit.

8.4.1.2 PT$_n$-Strecke und Zweipunkt-Regler

Bei den PT$_1$-Strecken wurde die Schwankungsbreite Δx der Regelgröße allein durch die Schaltdifferenz oder Hysterese x_{sd} der Regeleinrichtung bestimmt. Bei Strecken mit Verzögerung höherer Ordnung (PT$_n$), die sich näherungsweise durch ein Totzeit-Glied

(Verzugszeit T_u) und ein Verzögerungsglied 1. Ordnung (Ausgleichszeit T_g) beschreiben lassen, wirkt sich dagegen zusätzlich auch die Verzugszeit T_u auf die Schwankungen der Regelgröße aus. Während der Zeit T_u reagiert die Strecke nicht auf Signale der Regeleinrichtung! **Bild 8.34** zeigt den charakteristischen Verlauf der Regelgröße x und der Stellgröße y.

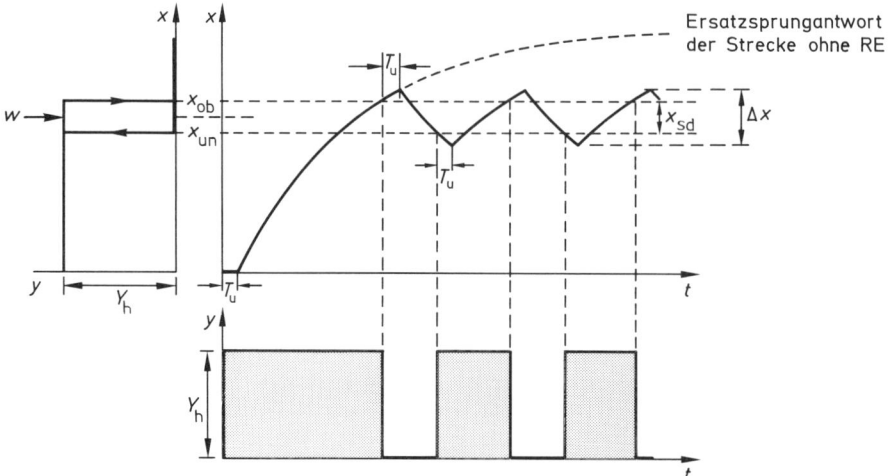

Bild 8.34 PT$_n$-Strecke bzw. Ersatzstrecke mit T_u, T_g und Zweipunkt-Regeleinrichtung

Deutlich erkennbar ist in Bild 8.34, daß die Verzugszeit T_u der Strecke die Schwankungsbreite Δx erheblich vergrößert. Je größer die Verzugszeit wird, desto größer wird die Schwankungsbreite. Die gleichzeitig durch die Vergrößerung von T_u bewirkte Verringerung der Schaltfrequenz kann aber wegen der damit verbundenen größeren Schwankungsbreite nicht vorteilhaft genutzt werden.

Eine weitere Auswirkung der Verzugszeit wird deutlich, wenn der Leistungsüberschuß nicht 100 % beträgt $\left(w \neq \dfrac{x_{max}}{2}\right)$. Hier weichen dann eingestellter Sollwert w und der Mittelwert x_m der Regelgröße voneinander ab. Die Abweichung wird entsprechend den Verhältnissen bei der P-Regeleinrichtung als bleibende Regelabweichung x_{wbl} bezeichnet.

Um das Entstehen der bleibenden Regelabweichung einfacher darstellen zu können, wird in **Bild 8.35** von einer Regeleinrichtung ohne Hysterese ausgegangen.

Die formelmäßigen Zusammenhänge lassen sich entsprechend den Ansätzen in Abschnitt 8.4.1.1 ermitteln. Auf die Ableitung wird hier verzichtet. Die Ergebnisse sind in **Bild 8.36** zusammengestellt. Der allgemeinere Fall mit Hysterese der Regeleinrichtung führt zu einer weiteren Vergrößerung der Schwankungsbreite Δx. Die sich gleichzeitig ergebende Verringerung der Schaltfrequenz ist jedoch nicht ausnutzbar.

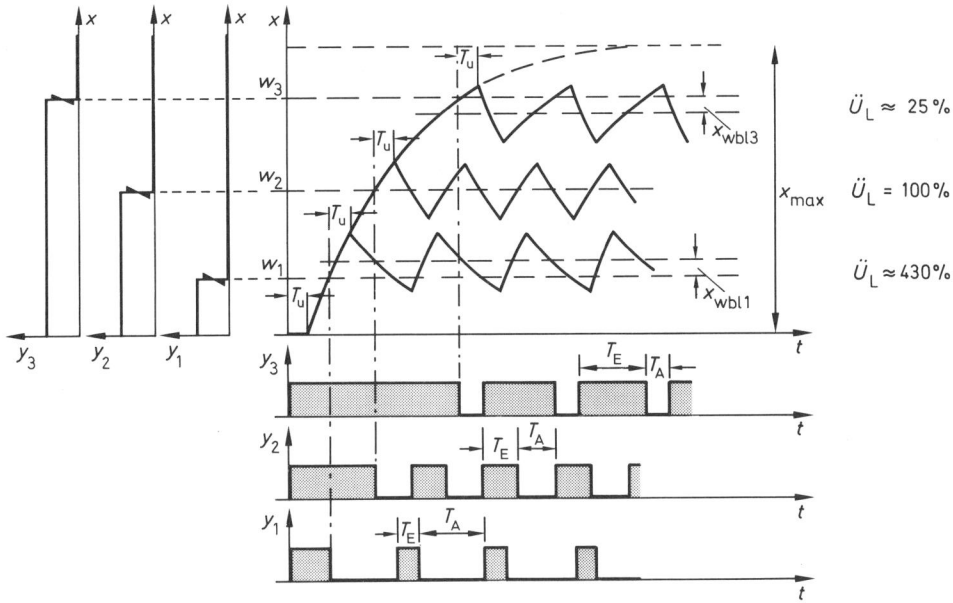

Bild 8.35 Bleibende Regelabweichung und Überschußleistung (Ersatzstrecke)

Zweipunkt-Regeleinrichtung	ohne Hysterese	mit Hysterese
Schwankungsbreite (Hystereseeinfluß)	$\Delta x \approx \dfrac{T_u}{T_g} \cdot x_{max}$	$\Delta x \approx x_{sd} \cdot \left(1 - \dfrac{T_u}{T_g}\right) + x_{max} \cdot \dfrac{T_u}{T_g}$
Leistungsüberschuß	$\ddot{u}_L$	$= \left(\dfrac{x_{max}}{w} - 1\right) \cdot 100\%$
Bleibende Regelabweichung	x_{wbl}	$\approx \dfrac{T_u}{T_g} \cdot \left(\dfrac{x_{max}}{2} - w\right)$
Periodendauer (Hystereseeinfluß)	$T \approx \dfrac{T_u}{\dfrac{w}{x_{max}} - \dfrac{w^2}{x_{max}^2}}$	$T \approx \dfrac{T_u}{\dfrac{w}{x_{max}} - \dfrac{w^2}{x_{max}^2}} + \dfrac{w_{max} \cdot x_{sd} \cdot T_g}{w \cdot (x_{max} - w)}$
$\dfrac{1}{T_{min}}$ für $w = \dfrac{x_{max}}{2}$:	$f_{smax} \approx \dfrac{1}{4 \cdot T_u}$	$f_{smax} \approx \dfrac{1}{4 \cdot \left(T_u + \dfrac{x_{sd} \cdot T_g}{w_{max}}\right)}$

Bild 8.36 Schwankungsbreite, Leistungsüberschuß, bleibende Regelabweichung, Perioden-dauer bzw. Schaltfrequenz bei der Ersatzstrecke (T_u, T_g) für $T_{S\,auf} = T_{S\,ab}$

Die formelmäßigen Abhängigkeiten sind trotz der vereinfachenden Annahmen zum Teil schon recht kompliziert.

In der Praxis sind die Strecken-Zeitkonstanten $T_{s\,auf}$, $T_{s\,ab}$ im allgemeinen verschieden. Dies gilt insbesondere bei den Temperaturstrecken, für die häufig Zweipunkt-Regeleinrichtungen eingesetzt werden. Für genauere Untersuchungen hierzu muß jedoch auf die einschlägige Fachliteratur verwiesen werden.

Nachfolgend soll noch der Einfluß des Leistungsüberschusses auf die Schwankungsbreite, die Schaltfrequenz, die Anregelzeit und die bleibende Regelabweichung verdeutlicht werden. Der Begriff Leistungsüberschuß ist dabei im übertragenen Sinn zu verstehen: es kann sich auch um eine Zuflußmenge, eine Spannung, einen Strom usw. handeln, allgemein also um einen Überschuß der Stellgröße.

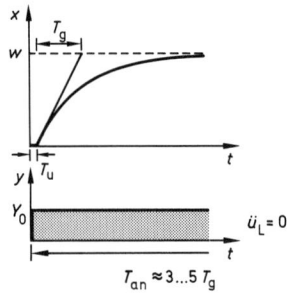

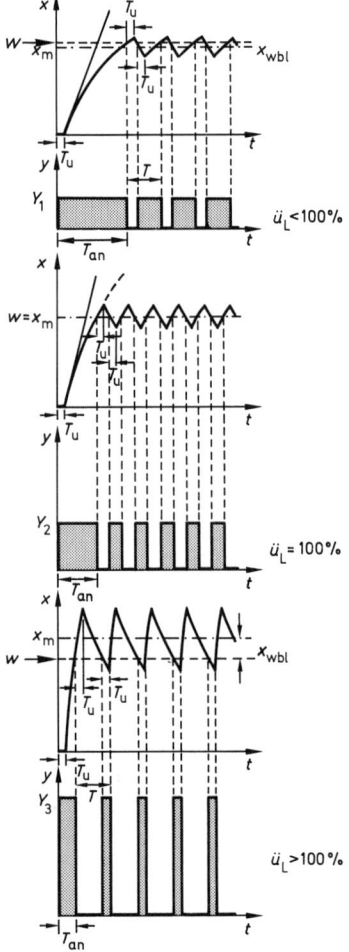

Bild 8.37 Einfluß des Leistungsüberschusses auf Anregelzeit, Schwankungsbreite, Schaltfrequenz und bleibende Regelabweichung (Regler ohne Hysterese)

Bezugswert soll die Stellgröße Y_0 sein, bei der ohne Regelvorgang und ohne Leistungsüberschuß gerade der Sollwert erreicht wird (Steuerung, $\ddot{u}_L = 0$).

Ein geringer Leistungsüberschuß (Stellgröße Y_1, $\ddot{u}_L < 100$ %) führt beim Regelvorgang,
wie bereits bei PT_1-Strecken behandelt, auch hier zu langen Anregelzeiten, zu Regel-
schwankungen und einer bleibenden Regelabweichung.

Bei einer Stellgröße Y_2 und Leistungsüberschuß $\ddot{u}_L = 100$ % wird die Anregelzeit kürzer
und die Schaltfrequenz erreicht ihr Maximum. Die bleibende Regelabweichung wird zu
Null.

Bei einer Stellgröße Y_3 und Leistungsüberschuß $\ddot{u}_L > 100$ % wird die Anregelzeit noch
kürzer, allerdings wird auch die Schwankungsbreite wieder vergrößert. Die bleibende
Regelabweichung nimmt mit der Überschußleistung zu.

Die Forderungen nach kurzer Anregelzeit und kleiner Regelschwankung stehen also im
Widerspruch.

In der Praxis wird aus den oben dargelegten Gründen häufig ein $\ddot{u}_L \approx 100$ % als Optimum
angestrebt.

In **Bild 8.37** sind diese Zusammenhänge grafisch dargestellt.

Die bisher betrachteten Zusammenhänge galten für die Ersatzstrecke, die durch T_u und
T_g gekennzeichnet ist. Bei einer realen Strecke höherer Ordnung (PT_n-Strecke) sind die
Verhältnisse etwas einfacher, da die Sprungantwort der Strecke stetig ist. Der Verlauf
der Regelgröße ist folglich, obwohl der Regler das Stellglied schaltend betätigt, ebenfalls stetig.

In **Bild 8.38** ist dies übertrieben angedeutet.

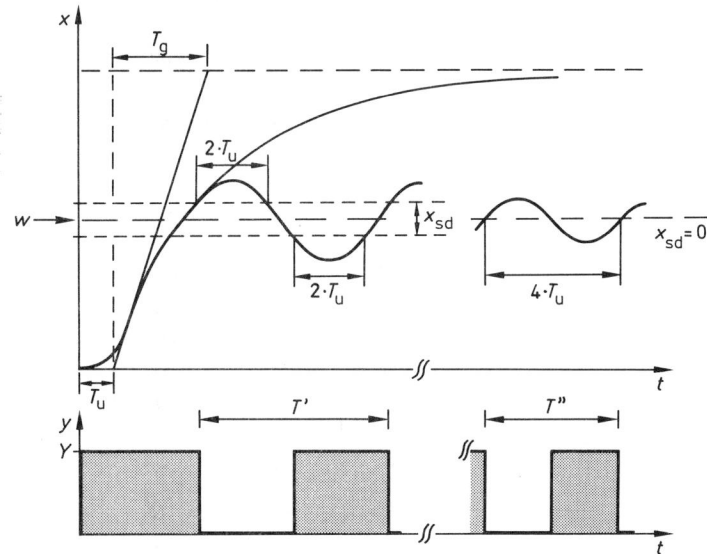

Bild 8.38 Verhalten der realen PT_n-Strecke mit Zweipunkt-Regeleinrichtung (übertrieben dargestellt)

In Bild 8.38 ist anschaulich zu sehen, daß für die Schaltdifferenz $x_{sd} = 0$ die Schaltfrequenz $f_s \approx \dfrac{1}{4 \cdot T_u}$ wird und daß $x_{sd} \neq 0$ die Schaltfrequenz erniedrigt.

497

8.4.1.3 PT$_n$-Strecke mit Grundlast und Zweipunkt-Regler

Um die ungünstigen Verhältnisse bei PT$_n$-Strecken besser beherrschen zu können, ist es zweckmäßig, nicht die volle Überschußleistung zu schalten, sondern sie in eine ständig eingeschaltete – die Grundlast – und eine zu- und abschaltbare Last aufzuteilen.

Bild 8.39 zeigt die Kennlinie einer Zweipunkt-Regeleinrichtung ohne Hysterese mit Grundlast.

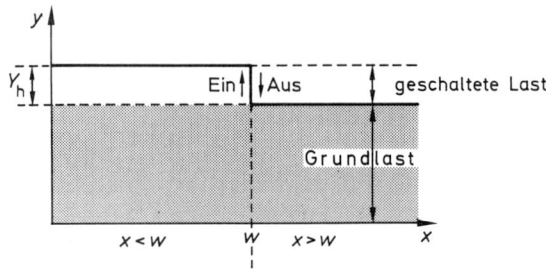

Bild 8.39   Kennlinie der Zweipunkt-Regeleinrichtung mit Grundlast ($x_{sd} = 0$)

Bei der Auslegung der Grundlast müssen die Gegebenheiten der Regelstrecke und ihr Verhalten berücksichtigt werden. Eine mögliche Aufteilung wäre z. B. 75 % Grundlast und 50 % geschaltete Last. 100 % bedeuten hier wiederum die Leistung, bei der ohne Regelvorgang der gewünschte Sollwert der Regelgröße erreicht wird. In Abhängigkeit von der Regelgröße x und dem Sollwert w werden die 50 % Last zur Grundlast zu- oder abgeschaltet. **Bild 8.40** zeigt das Verhalten der Regelung mit Grundlast. Deutlich erkennbar ist die erzielte Verkleinerung der Schwankungsbreite.

Die Verbesserung zeigt das folgende Rechenbeispiel.

Beispiel:

Gegeben ist eine Temperaturstrecke mit $T_u = 0{,}5$ min und $T_g = 25$ min. Die Endtemperatur bei voll geöffnetem Stellglied beträgt $\vartheta_{max} = 800\,°C$.
Wie groß ist die Schwankungsbreite für einen Arbeitspunkt ϑ_1?

Schwankungsbreite $\qquad \Delta x = \dfrac{T_u}{T_g} \cdot x_{max}$

$$\Delta x = \frac{0{,}5 \text{ min}}{25 \text{ min}} \cdot 800\,°C$$

$$\Delta x = 16\,K$$

Wie groß ist die Schwankungsbreite, wenn eine Grundlast gefahren wird, deren Endwert an der Strecke 500 °C bewirkt?

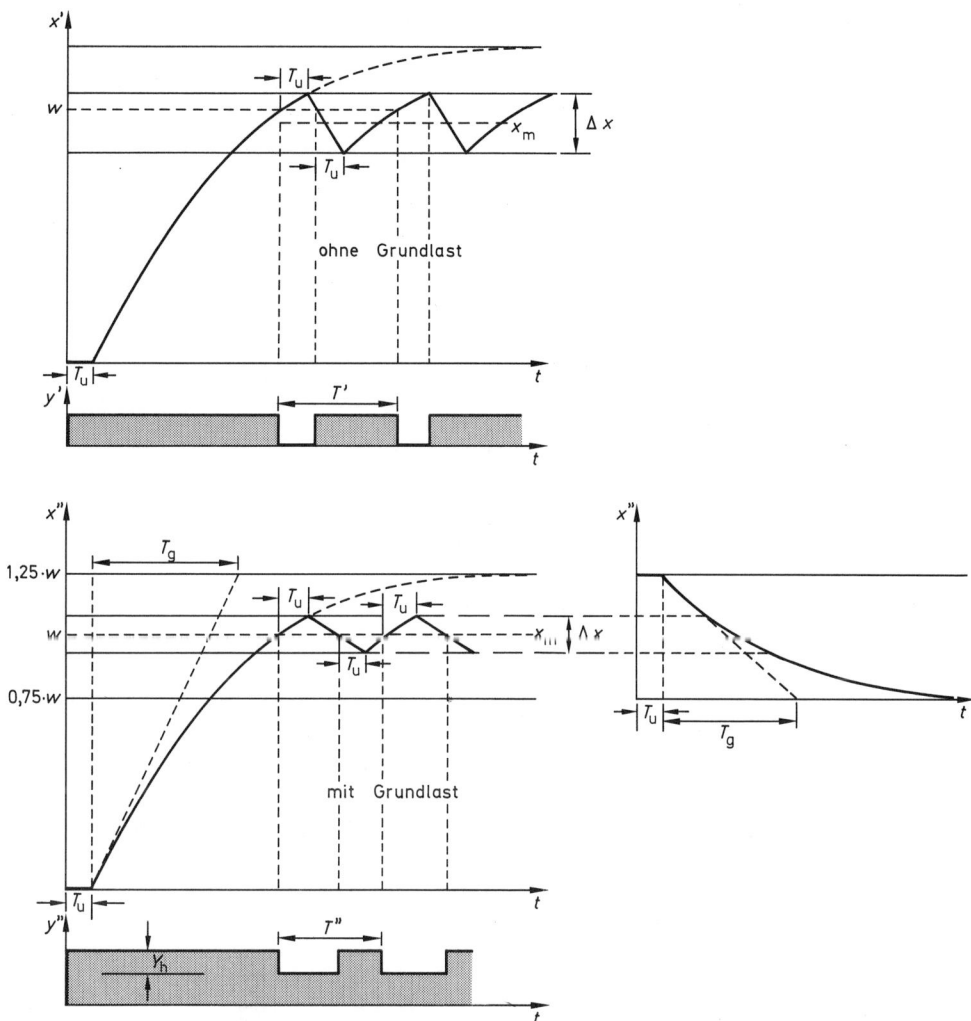

Bild 8.40 Regelung mit Zweipunkt-Regeleinrichtung ohne und mit Grundlast ($x_{sd} = 0$)

Schwankungsbreite $\Delta x = \dfrac{T_u}{T_g} \cdot (x_{max} - x_{max\ Grundlast})$

$\Delta x = \dfrac{0{,}5\ min}{25\ min} \cdot (800\ °C - 500\ °C)$

$\Delta x = 6\ K$

Das Verfahren der Regelung mit Grundlast hat jedoch auch Nachteile. Um die Schwankungsbreite deutlich zu verkleinern, muß die Grundlast größer als die geschaltete Last sein. Da die Grundlast und die zugeschaltete Last die für das Erreichen des Sollwertes benötigte Leistung nur wenig überschreiten, ist die Zeit bis zum ersten Erreichen des Sollwertes beim Anfahren aus dem Ruhezustand relativ lang.

Ein weiterer Nachteil ist, daß die Führungsgröße nur dann in großen Bereichen verändert werden kann, wenn auch die Grundlast mit verändert wird. Weiterhin dürfen Störungen nur so groß sein, daß die Regelgröße nicht in den durch die Grundlast bestimmten Bereich kommt.

8.4.1.4 I-Strecke mit Zweipunkt-Regler

Durch den linearen Verlauf der Sprungantwort einer Integral-Strecke (Strecke ohne Ausgleich) läßt sich das Verhalten einer solchen Strecke mit einer Zweipunkt-Regeleinrichtung leicht darstellen **(Bild 8.41)**, wenn die Anstiegsgeschwindigkeit bei eingeschalteter Stellgröße gleich der Absinkgeschwindigkeit bei ausgeschalteter Stellgröße ist (z. B. Niveauregelung).

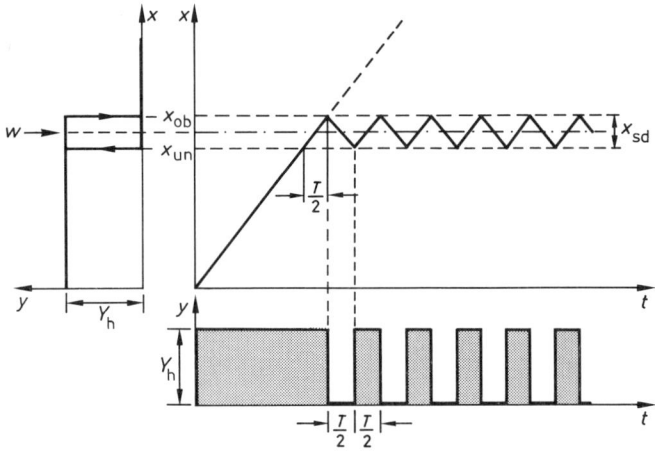

K_{IS} = Integrierbeiwert der Strecke

Bild 8.41 Regelstrecke mit I-Verhalten und Zweipunkt-Regeleinrichtung mit Hysterese

Nach dem Anfahrvorgang schwankt die Regelgröße zwischen den Werten x_{ob} und x_{un}.

Die Schwankungsbreite ist: $\Delta x = x_{sd}$

Die Schaltfrequenz beträgt: $f_s = \dfrac{K_{IS} \cdot Y_h}{2 \cdot x_{sd}}$

Bei der Behandlung der Grundglieder war bereits darauf hingewiesen worden, daß Integral-Verhalten auch häufig mit Verzögerungen auftritt. Als Grenzfall kann eine Kettenschaltung aus dem I-Glied und einem Totzeit-Glied (I-T_u oder I-T_t) angesehen werden.

Bild 8.42 zeigt die Zusammenhänge für eine I-T_u-Strecke bei Einsatz einer Zweipunkt-Regeleinrichtung ohne und mit Hysterese.

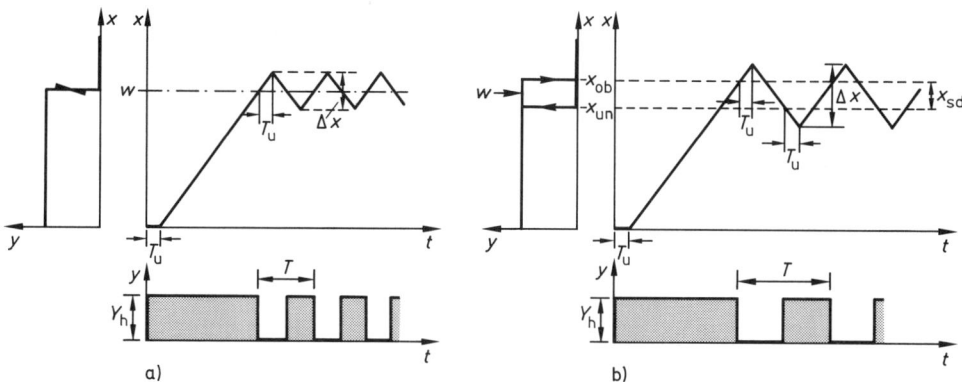

Bild 8.42   Regelstrecke mit I-T_u-Verhalten und Zweipunkt-Regeleinrichtung a) ohne und b) mit Hysterese

In **Bild 8.43** sind die formelmäßigen Abhängigkeiten dargestellt.

Zweipunkt-Regeleinrichtung	ohne Hysterese	mit Hysterese
Schwankungsbreite	$\Delta x = 2 \cdot K_{IS} \cdot Y_h \cdot T_u$	$= x_{sd} + 2 \cdot K_{IS} \cdot Y_h \cdot T_u$
Schaltfrequenz	$f_s = \dfrac{1}{T} = \dfrac{1}{4 \cdot T_u}$	$= \dfrac{1}{4 \cdot T_u + \dfrac{2 \cdot x_{sd}}{K_{IS} \cdot Y_h}}$

Bild 8.43   Schwankungsbreite Δx und Schaltfrequenz f_s für I-T_u-Strecke mit Zweipunkt-Regeleinrichtung

8.4.1.5   Zusammenfassung: Regelung mit Zweipunkt-Reglern

In den behandelten Fällen einer Regelung mit Zweipunkt-Reglern treten Schwankungen der Regelgröße auf. Für viele Anwendungen sind diese Schwankungen vertretbar, wenn sie bestimmte Grenzen nicht überschreiten. Dabei ist es wichtig, daß die Schwankungen in der betrachteten Form am Sensor für die Regelgröße auftreten.

Handelt es sich bei der Regelstrecke um eine Heizeinrichtung, so können Wärmekapazität und Wärmeleitfähigkeit bewirken, daß sich die vom Sensor registrierten Schwankungen kaum oder gar nicht auf den von der Heizeinrichtung beheizten Gegenstand auswirken.

Eine Verkleinerung der Schwankungsbreite, verbunden mit entsprechendem technischen Aufwand, würde hier keinerlei Funktionsverbesserung bringen.

Einfluß der Schaltdifferenz

Bei PT_1-Strecken bewirkt ein Herabsetzen der Schaltdifferenz x_{sd} ein Herabsetzen der Schwankungsbreite Δx. Mit dem Verkleinern der Schwankungsbreite erhöht sich aber die Schaltfrequenz f_s. Bei mechanischen Stellgliedern (z. B. Schaltkontakten) sind dabei Schalthäufigkeit und Lebensdauer für die Auslegung bestimmend.

Bei PT_n-Strecken ist meist der Einfluß der Schaltdifferenz auf die Schwankungsbreite gering. Daher bringt das Herabsetzen der Schaltdifferenz überwiegend keine ausreichende Verringerung der Schwankungsbreite.

Verkleinern der Verzugszeit T_u

Bei Strecken mit Verzögerung höherer Ordnung (PT_n) wird das Verhalten wesentlich durch das Verhältnis T_u/T_g (Verzugszeitanteil) bestimmt.

Die Zeitkonstante T_g liegt meist durch den technischen Aufbau fest. Die Verzugszeit läßt sich jedoch u. U. durch Ändern des Meßortes und der Meßeinrichtung für die Regelgröße beeinflussen. Dabei müssen aber die verfahrens- bzw. betriebstechnischen Gegebenheiten berücksichtigt werden. Dies erfordert eine genaue Kenntnis der sich in der Strecke abspielenden Vorgänge. Eine Verringerung der Verzugszeit bewirkt dann eine Verkleinerung der Schwankungsbreite Δx.

Einfluß des Leistungsüberschusses

Die Lage des Sollwertes und damit der Leistungsüberschuß beeinflussen die Anregelzeit. Eine Verkürzung der Anregelzeit zieht eine Erhöhung der Schaltfrequenz nach sich. Bei PT_n-Strecken bewirkt die Erhöhung des Leistungsüberschusses gleichzeitig eine Erhöhung der Schwankungsbreite.

Einfluß einer Grundlast

Zur Verringerung der Schwankungsbreite kann eine Grundlast dauernd und eine Zusatzlast in Abhängigkeit von der Regelgröße geschaltet werden. Die Aufteilung wird häufig so gewählt, daß die Grundlast 75 % und die Zusatzlast 50 % der erforderlichen Leistung beträgt.

Bei der Festlegung der Aufteilung ist zu beachten, daß die Grundlast größer als die geschaltete Zusatzlast sein sollte, um eine deutliche Verringerung der Schwankungsbreite zu erreichen. Störungen dürfen nicht so groß sein, daß der Einflußbereich der Zusatzlast überschritten wird.

Nachteilig ist, daß bei größeren Sollwertveränderungen auch Änderungen der Grundlast erforderlich werden.

Störungs- und Führungsverhalten

Hauptaufgabe eines Regelkreises ist ein gutes Störverhalten, wie z. B. kleine Überschwingweite und kurze Anregelzeit. Störungen erfordern ein Verändern der Stellgröße.
Bei Zweipunkt-Regeleinrichtungen ist dies naturgemäß nicht möglich.
Indirekt ist dies hier möglich durch eine Änderung des Schaltverhältnisses T_E/T_A
(Pulslängen-Modulation). Kleine Regelabweichungen erfordern kleine Stellgrößen-
änderungen, damit wird das Ausregeln beim stetigen Regler meist länger dauern als
beim Zweipunkt-Regler, der durch seine Schalteigenschaft schnell reagiert und den
vollen Stellbereich schaltet.

Beispiel 1:

Durch einen Temperaturbehandlungsofen wird Glühglut hindurchtransportiert. Ändert sich das
Glühgut durch Masse oder Zusammensetzung (Störung), so ändert sich auch der Wärmebedarf.
Da Heizwicklung und Spannungsquelle unverändert bleiben, stellt sich ohne Regelvorgang bei
kleinem Durchsatz eine höhere Temperatur ein als bei großem Durchsatz: Streckenverhalten = f
(Glühgutdurchsatz). Im Fall des geschlossenen Regelkreises bedeutet dies bei großem Durchsatz
($\ddot{u}_{L\,klein}$) eine kleinere Schwankungsbreite als bei kleinem Durchsatz ($\ddot{u}_{L\,groß}$) **(Bild 8.44)**.

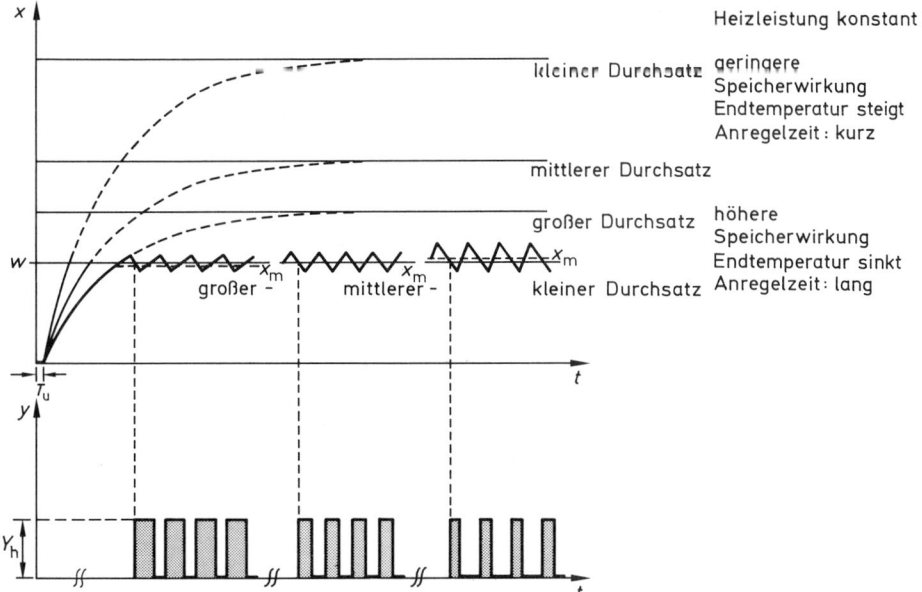

Bild 8.44 Verlauf der Regelgröße für unterschiedlichen Durchsatz

Die sich einstellende Anpassung des Schaltverhältnisses T_E/T_A ist in Bild 8.44 mit dargestellt.
Erkennbar ist auch das Auftreten einer bleibenden Regelabweichung ($x_m \neq w$).

Beispiel 2:

Eine weitere Störung ist die Änderung der Leistungszufuhr. Für eine Änderung von $\pm 20\,\%$ sind die
Auswirkungen in **Bild 8.45** dargestellt. Auch hier ergeben sich Änderungen der Schwankungsbreite, außerdem tritt eine bleibende Regelabweichung auf.

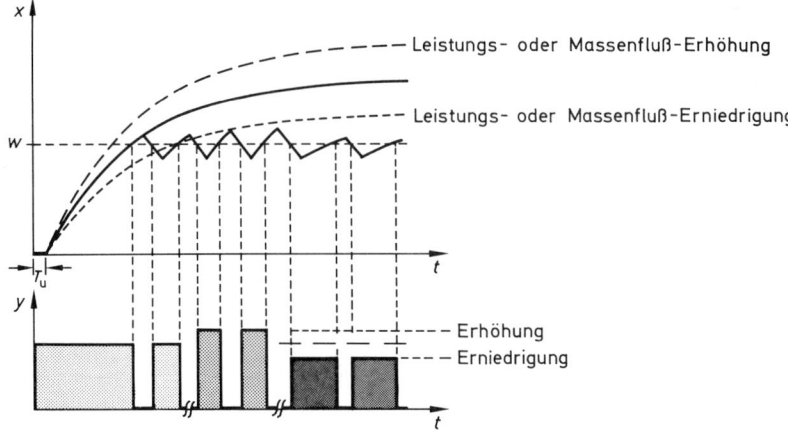

Bild 8.45   Verlauf der Regelgröße bei unterschiedlicher Leistungszufuhr

Beispiel 3:

Nicht nur eine Störung, sondern auch eine Veränderung der Führungsgröße w beeinflußt das Verhalten des Regelkreises. Beispielhaft wird die Führungsgröße von $0,5 \cdot x_{max}$ auf $0,2$ bzw. $0,8 \cdot x_{max}$ verstellt. **Bild 8.46** zeigt die Auswirkungen. Die Schwankungsbreite verändert sich praktisch nicht. Erkennbar ist aber, daß sich eine bleibende Regelabweichung einstellt.

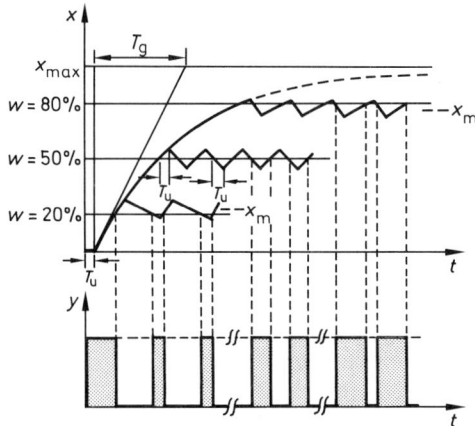

Bild 8.46   Verlauf der Regelgröße bei unterschiedlichen Führungsgrößen

8.4.1.6   PT$_n$-Strecke mit Dreipunkt-Regler ohne Hysterese

Durch Einsatz einer Dreipunkt-Regeleinrichtung können die Vorteile für den Regelkreis mit Zweipunktregelung und Grundlast noch weiter verbessert werden. **Bild 8.47** zeigt das Verhalten eines Regelkreises mit Dreipunkt-Regeleinrichtung ohne Hysterese. Zur vereinfachenden Darstellung wurde die PT$_n$-Strecke als Kettenschaltung aus Totzeit-Glied (T_u) und Verzögerungs-Glied 1. Ordnung (T_g) angenommen.

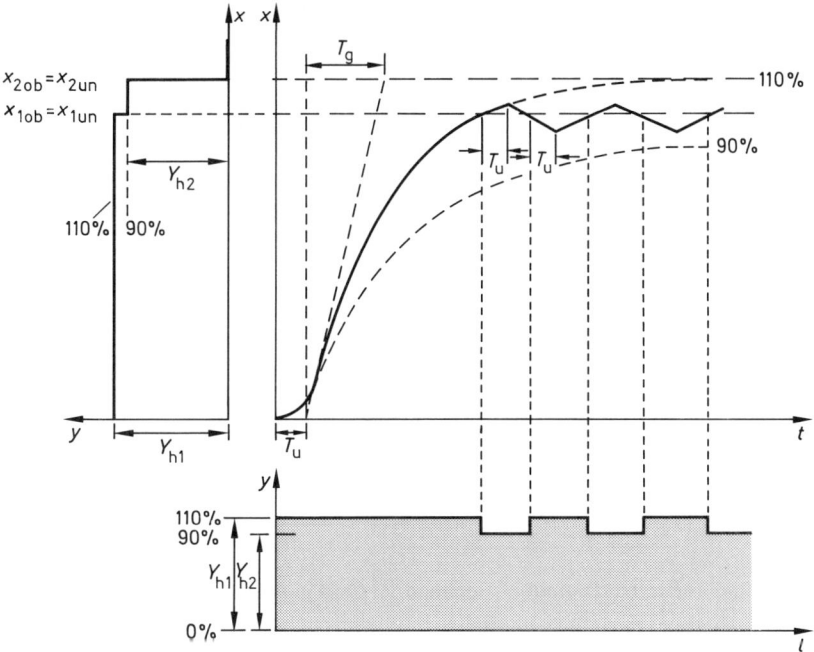

Bild 8.47   Regelkreis mit Ersatzstrecke (T_u, T_g) und Dreipunkt-Regeleinrichtung

Dreipunkt-Regeleinrichtungen (die Prinzipdarstellung der Kennlinie ist in Bild 8.47 mit angegeben) werden meist so ausgelegt, daß beim Einschalten bis zur Schaltschwelle $x_{1\mathrm{ob}}$ eine Stellgröße auftritt, die zum Erreichen eines Wertes von 110 % des Sollwertes ohne Regelvorgang erforderlich ist. Oberhalb von $x_{1\mathrm{ob}}$ wird das Stellglied so eingestellt, daß nur noch ein Wert von 90 % des Sollwertes ohne Regelvorgang erreicht würde. Wird dann noch der Wert $x_{2\mathrm{ob}}$ überschritten, so wird der Massen- oder Energiefluß in der Strecke vollständig unterbrochen. In umgekehrter Richtung erfolgen die Umschaltvorgänge entsprechend.

Die Regelungsvorgänge spielen sich folglich um den Schaltpunkt $w = x_{1\mathrm{ob}} = x_{1\mathrm{un}}$ ab. Die Schwankungsbreite ist aufgrund der hohen Grundlast klein. Bei Störungen, die eine Änderung der Regelgröße über $1,1 \cdot w$ ergeben, wird der gesamte Massen- oder Energiefluß in der Strecke unterbrochen. Dies ist der wesentliche Unterschied zu einer Regelung mit Zweipunkt-Regeleinrichtung und Grundlast.

In der Temperatur-Regeltechnik wird aus Vereinfachungs- und Kostengründen häufig eine Stern-Dreieck-Umschaltung der Heizelemente am Drehstrom-Netz in Verbindung mit der Dreipunkt-Regeleinrichtung eingesetzt. Für die Heizleistungen gilt dabei:

$$P_\triangle = 3\,\frac{U^2}{R} > P_\curlyvee = \frac{U^2}{R}$$

505

8.4.1.7 PT$_n$-Strecke mit Dreipunkt-Regler und Hysterese

Dreipunkt-Regeleinrichtungen werden häufig mit motorgetriebenen Stellgetrieben eingesetzt. Im Abschnitt über Stelleinrichtungen wurde bereits gezeigt, daß derartige Stellgetriebe integralen Charakter haben. **Bild 8.48** zeigt einen Regelkreis mit Dreipunkt-Regeleinrichtung, Motorstellgetriebe und einer Regelstrecke mit Verzögerung höherer Ordnung.

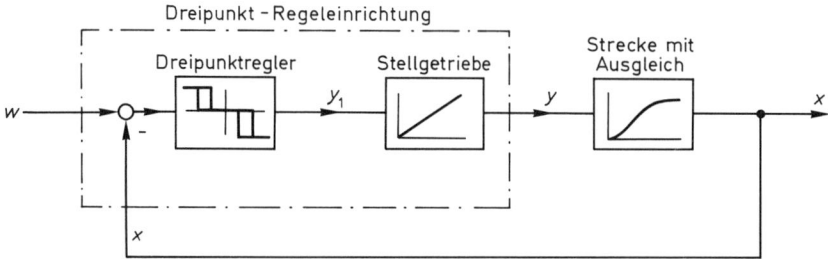

Bild 8.48   PT$_n$-Strecke mit Dreipunkt-Regeleinrichtung und Stellgetriebe

Solange keiner der beiden oberen Schaltpunkte der symmetrischen Dreipunkt-Regeleinrichtung überschritten ist, hat die Größe y_1 den Wert Null. Dies bedeutet, daß der Stellmotor stillsteht ($v_y = 0\,\text{m/s}$). Wird einer der beiden Schaltpunkte x_{1ob} oder x_{2ob} überschritten, so läuft der Stellmotor im Nennbetrieb (Netz- oder Versorgungsspannung) im Rechtslauf oder Linkslauf. Für die Stellgröße y ergibt sich:

$$y = \pm\, Y_{1h} \cdot \frac{t}{T_y}$$

mit:

T_y = Stellzeit des I-Gliedes

Y_{1h} = Ausgangsgröße des Reglers

t = Zeit

Sind die Zeitkonstanten bei Regeleinrichtung und Strecke so aufeinander abgestimmt, daß die Regelgröße x der Ausgangsgröße y der Regeleinrichtung mit gleicher Geschwindigkeit folgen kann (d. h. $v_x \geq v_y$), dann läßt sich der Regelvorgang vereinfacht darstellen. Dabei sind alle vorhandenen Totzeiten mit der Verzugszeit T_u der Strecke zusammengefaßt **(Bild 8.49)**.

Wenn die Verzugszeit T_u genügend klein ist (Bild 8.49a), kommt der Stellvorgang nach Überschreiten der Schaltschwelle x_{1un} zur Ruhe, der Motor steht wieder. Aufgrund der Verzugszeit ändert sich x aber zunächst noch weiter.

Ist die Verzugszeit T_u jedoch größer (Bild 8.49b), so kann durch den Einfluß der Verzugszeit die Regelgröße x noch die obere Schaltschwelle x_{2ob} überschreiten, der Motor läuft dadurch in Gegenrichtung wieder an. Es entstehen Pendelbewegungen.

Abhilfe könnte eine Vergrößerung von T_y oder Vergrößerung des Abstandes der Schaltschwellen bringen. Beide Maßnahmen wirken sich jedoch in der Praxis meist nachteilig

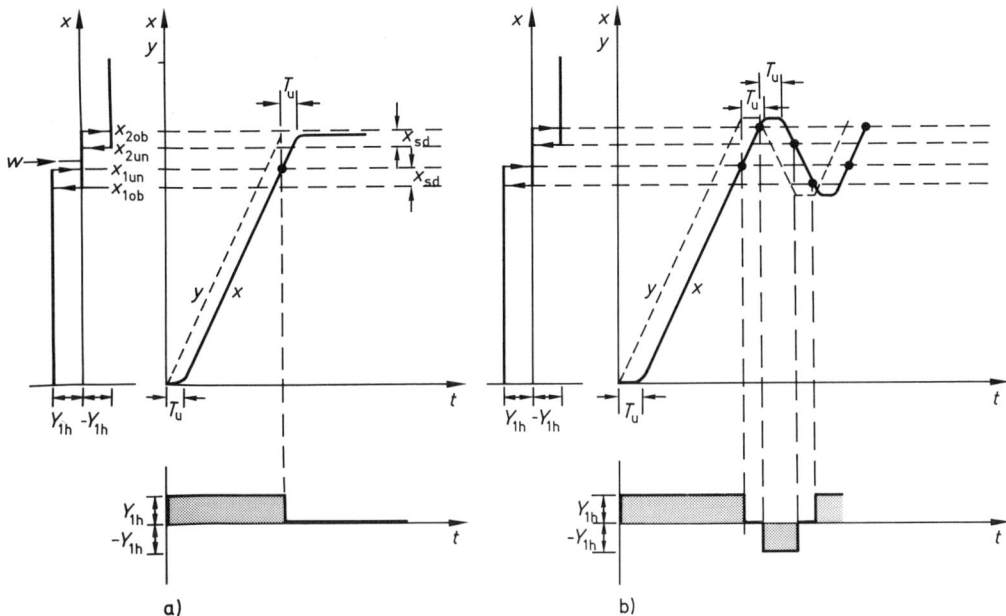

Bild 8.49 Verlauf der Stellgröße y und der Regelgröße x im Regelkreis mit Dreipunkt-Regelung (Prinzipdarstellung)

auf die Regeleigenschaften aus: ein größeres T_y macht den Kreis langsamer, größerer Schaltschwellenabstand verringert die Einstellgenauigkeit.

Dreipunkt-Regeleinrichtungen werden vorwiegend an langsamen Strecken, wie z.B. Temperatur-Strecken, eingesetzt. Seltener bei den schnelleren Strecken, wie z.B. Drehzahl-Strecken.

8.4.2 Regelkreise mit unstetigen Reglern und Rückführung

Unstetige Regeleinrichtungen haben wegen ihres einfachen Aufbaus in Verbindung mit schaltenden Stellgliedern und dem sich daraus ergebenden niedrigen Preises besondere Bedeutung. Positiv bewertet werden die Betriebssicherheit und das günstige Verhalten des Regelkreises beim Anfahren und beim Auftreten von Störgrößen. Nachteilig können dagegen die auftretenden Schwankungen der Regelgröße sein. Auch die sich unter Umständen bei entsprechender Lage der Sollwerte ergebende bleibende Regelabweichung ist ungünstig.

Durch Rückführung der Stellgröße auf den Eingang der unstetigen Regeleinrichtung läßt sich mit konstruktiven oder schaltungstechnischen Maßnahmen das Reglerverhalten gezielt beeinflussen. Die Rückführung soll dabei Tendenz und Art von zu erwartenden Regelgrößenänderungen vorzeitig an die Regeleinrichtung melden, um sie zu früherem Eingreifen zu veranlassen und um dadurch das Reglerergebnis zu verbessern. Wegen des geschlossenen Wirkungskreises wird hierbei die Regeleinrichtung selbst zu einem *Regelkreis*. In Verbindung mit dem Wirkungskreis über die Strecke entstehen somit zwei verknüpfte Regelkreise. Sie werden auch als zweischleifige Regelkreise bezeichnet.

Eine Zweipunkt-Regeleinrichtung mit Rückführung arbeitet als schneller, innerer Regelkreis in der Funktion eines Oszillators. Der Oszillator ist frequenz- und pulsdauermoduliert, wobei das Rückführverhalten und die Schaltdifferenz im wesentlichen seine Eigenschaften bestimmen. Dieser schnelle, innerer Regelkreis ist Teil eines langsamen, äußeren Regelkreises, der über die Strecke geschlossen ist. Das Streckenverhalten (z. B. bei Führungs-/Störgrößenänderungen) wirkt damit ebenfalls – wenn auch träge – auf das Oszillatorverhalten ein.

Durch die Anwendung der Rückführung läßt sich die Regelgüte so weit erhöhen, daß auch Regelkreise mit unstetigen Reglern den Anforderungen ohne wesentliche Einschränkungen gerecht werden. Dies hat dazu geführt, daß noch heute unstetige Regler in großem Umfang eingesetzt werden.

Rückführungen werden sowohl bei Zweipunkt- als auch bei Dreipunkt-Regeleinrichtungen verwendet.

8.4.2.1 PT$_n$-Strecke und Zweipunkt-Regler mit verzögerter Rückführung

Auf verschiedene Arten von Rückführungen wurde bereits in Abschnitt 7.4.2 kurz eingegangen. **Bild 8.50** zeigt das Blockschaltbild für den Regelkreis mit Zweipunkt-Regeleinrichtung und verzögerter Rückführung. Die Rückführung erhält als Eingangsgröße die Ausgangsgröße y (Stellgröße) des Zweipunkt-Reglers. Die Ausgangsgröße x_r der Rückführung wird additiv mit der Regelgröße x verknüpft. Anschließend erfolgt der Vergleich mit der Führungsgröße w gemäß:

$$x_d = w - (x + x_r)$$

Durch die Addition von Regelgröße x und Rückführgröße x_r wird das Erreichen der Führungsgröße vorgetäuscht, bevor der Wert der Regelgröße x selbst den Wert der Führungsgröße w erreicht. Der Zweipunkt-Regler erhält also den Umschaltbefehl, bevor die Regelgröße selbst den Wert der Führungsgröße erreicht. Dies bewirkt eine

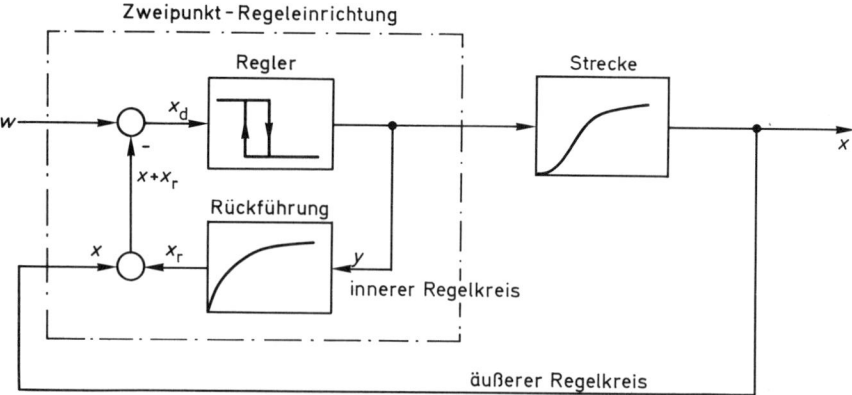

Bild 8.50 PT$_n$-Strecke und Zweipunkt-Regeleinrichtung mit verzögerter Rückführung

erhebliche Verkleinerung der Schwankungsbreite von *x*, aber auch eine höhere Schalt-frequenz der Stellgröße *y*. **Bild 8.51** zeigt den Regelvorgang, die Schalthysterese ist dabei übertrieben dargestellt. Wegen des Zusammenwirkens zweier Regelkreise wird die Darstellung schon recht kompliziert.

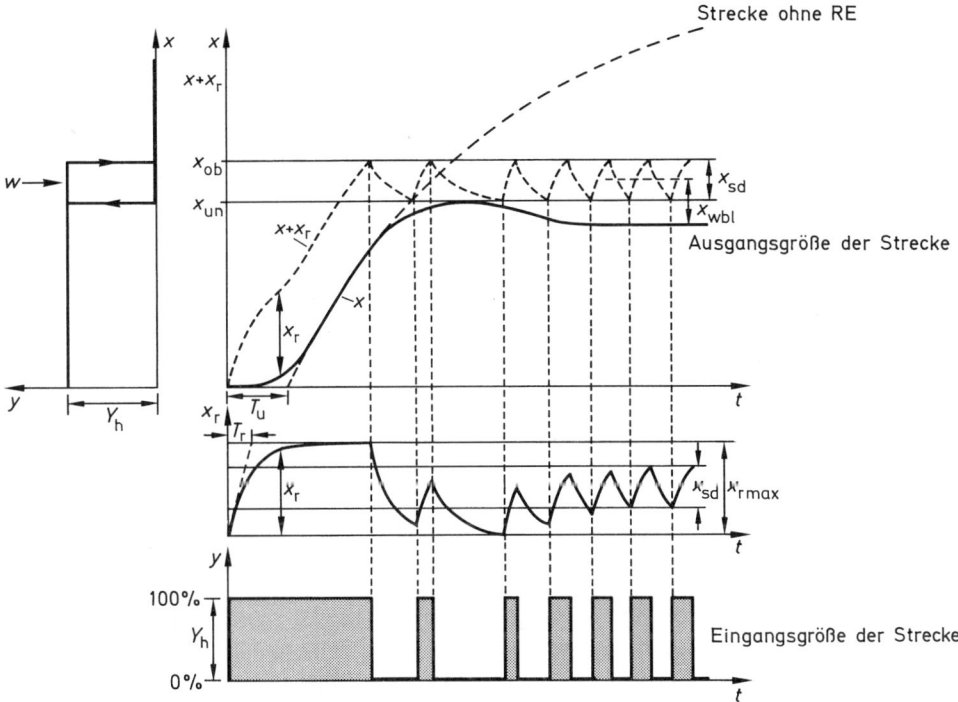

Bild 8.51 Der Regelvorgang an einer PT_n-Strecke und Zweipunkt-Regler mit verzögerter Rückführung

Aus Bild 8.51 ist zu ersehen, daß nach dem Einschalten die Stellgröße ihren Höchstwert (Y_h = Stellbereich) annimmt. Die Regelgröße hat zunächst einen Verlauf, der der Sprung-antwort *x* (t) der Strecke entspricht. Die Rückführung erhält als Eingangssignal $y = Y_h$. Die Zeitkonstante T_r der Rückführung (kleiner als T_u und T_g der Strecke) bedingt ein ver-zögertes Ansteigen der Größe x_r. Dem Vergleicher wird die Summe von Regelgröße *x* und Rückführgröße x_r zugeführt ($x + x_r$). Die sich ergebende Regeldifferenz $x_d = w - (x + x_r)$ als Eingangsgröße für den Regler erreicht den Umschaltpunkt x_{ob} wesentlich früher als die Regelgröße *x* allein ohne Rückführung. Der Regler schaltet um auf $y = 0$. Infolgedessen wird die Rückführgröße x_r verzögert kleiner, während *x* als Ausgangs-größe der Strecke ihren Anstieg wegen der Verzugszeit nur langsam verringert. Daher nimmt die Regelgröße nicht so stark ab, wie dies aufgrund des Verlaufes der Rückführ-größe x_r zu erwarten wäre. Mit Erreichen des unteren Schaltpunktes x_{un} wird der Regler wieder umgeschaltet und die Rückführgröße steigt verzögert. Entsprechend nimmt auch die Regelgröße langsam wieder zu. Nach einigen Schaltzyklen pendelt sich die Rückführgröße auf einen mittleren Wert ein. Aufgrund der Überlagerung von *x* und x_r

liegt die Regelgröße *x* unterhalb der Führungsgröße *w*. Die Schwankungen von $x + x_r$ und x_r sind nach einer Einschwingphase gleich, daher weist die Regelgröße *x* der Strecke keine wahrnehmbaren Schwankungen auf. Außer in Sonderfällen ergibt sich bei der verzögerten Rückführung ($\triangleq$ P-T$_1$) eine bleibende Regelabweichung x_{wbl}.

Wird die Schaltfrequenz hoch, so läßt sich die Zweipunkt-Regeleinrichtung mit P-T$_1$-Rückführung ungefähr gleichsetzen mit dem Verhalten einer stetigen PD-Regeleinrichtung. Der Proportionalbereich X_p stimmt dabei etwa mit dem Maximalwert x_{rmax} der Rückführgröße überein. Für die Vorhaltezeit gilt in etwa $T_v \approx T_r$.

Wegen der Ähnlichkeit des Stellgrößenverlaufes zum PD-Regler wird die verzögerte Rückführung auch als PD-Rückführung bezeichnet.

Nachfolgend werden Beispiele für die Realisierung von verzögerten Rückführungen angegeben.

Beispiel 1:

Bild 8.52 zeigt eine thermische verzögerte Rückführung.

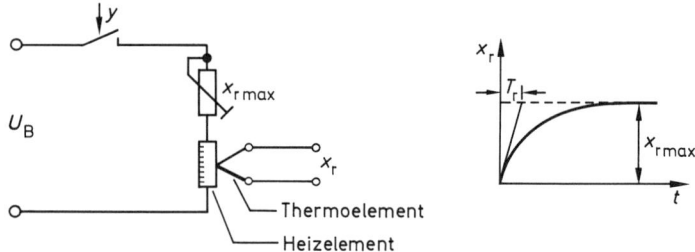

Bild 8.52   Thermische verzögerte P-T$_1$-Rückführung

Mit der Stellgröße *y* wird gleichzeitig zur Strecke auch der Heizstromkreis der Rückführung geschaltet. Der Strom wird durch den Vorschaltwiderstand festgelegt ($x_{r\,max}$). Nach dem Einschalten heizt sich das Heizelement auf. Ein Thermoelement mißt die Temperatur und gibt eine der Temperatur proportionale Spannung ab. Dies ist die Ausgangsgröße x_r der Rückführung. Die Zeitkonstante T_r ist abhängig von Konstruktion und thermischer Kopplung zwischen Heiz- und Thermoelement. Ähnliches bewirkt eine zusätzliche, durch die Stellgröße *y* geschaltete, Heizwicklung auf einem Bi-Metall-Schalter.

Beispiel 2:

Noch flexibler in der Auslegung und in den Einstellmöglichkeiten ist eine elektronische verzögerte Rückführung gemäß **Bild 8.53**.

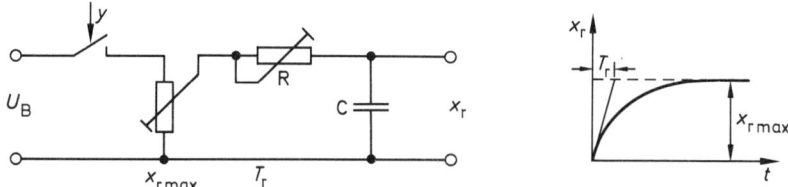

Bild 8.53   Elektronische verzögerte P-T$_1$-Rückführung

Die Verzögerung wird hier durch die veränderbare Aufladung/Entladung eines Kondensators bewirkt.

8.4.2.2 PT$_n$-Strecke und Zweipunktregler mit verzögert-nachgebender Rückführung

Der Rückführgröße kann auch ein anderes Zeitverhalten als das oben behandelte P-T$_1$-Verhalten gegeben werden, um das Schaltverhalten gezielt zu beeinflussen. Häufig angewendet wird die verzögert-nachgebende Rückführung. Sie ist dadurch gekennzeichnet, daß die Rückführgröße x_r impulsförmig auf den Reglereingang gegeben wird. Ein solches Zeitverhalten läßt sich durch Parallelschalten zweier Verzögerungsglieder mit unterschiedlichen Zeitkonstanten erreichen. **Bild 8.54** zeigt den Aufbau und die Sprungantwort dieser Parallelschaltung.

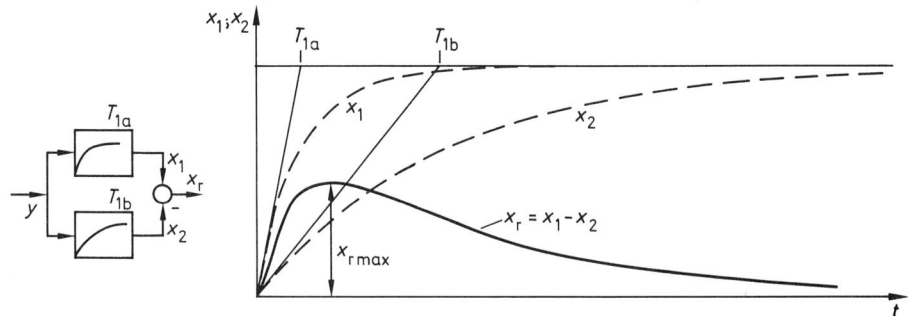

Bild 8.54 Parallelschaltung zweier Verzögerungsglieder mit unterschiedlichen Zeitkonstanten als verzögert-nachgebende Rückführung

Durch Variation der Zeitkonstanten läßt sich der Verlauf von x_r weitgehend beeinflussen. Das Blockschaltbild eines Regelkreises mit Zweipunkt-Regeleinrichtung und verzögert-nachgebender Rückführung ist in **Bild 8.55** dargestellt.

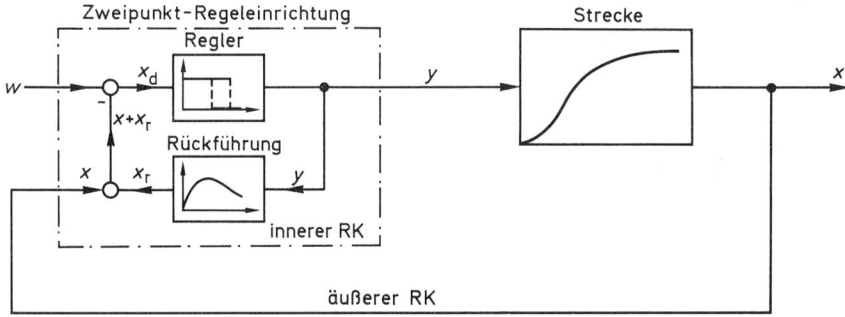

Bild 8.55 PT$_n$-Strecke und Zweipunkt-Regeleinrichtung mit verzögert-nachgebender Rückführung

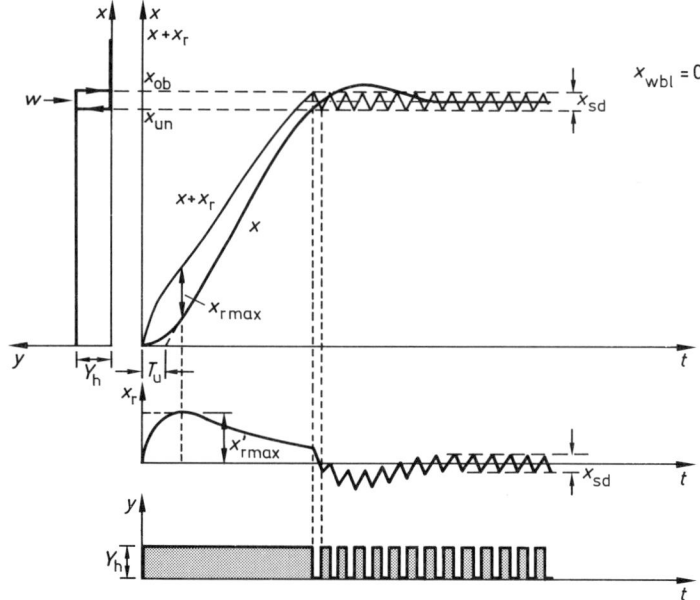

Bild 8.56 Der Regelvorgang an einer PT$_n$-Strecke und Zweipunkt-Regler mit verzögert-nach-gebender Rückführung

Die Überlegungen zum Ablauf des Regelvorganges entsprechen denen bei der Zwei-punkt-Regeleinrichtung mit verzögerter Rückführung. Wesentlicher Unterschied ist, daß die Größe x_r sich nach einer Übergangszeit auf Schwankungen um den Nullpunkt einstellt. Das bedeutet gleichzeitig, daß die Regelgröße x der Strecke nach einer Über-gangszeit auf den Sollwert w einläuft. Damit tritt keine bleibende Regelabweichung auf. Wegen der kurzen Schaltperioden im Vergleich zur großen Streckenzeitkonstanten schwankt die Regelgröße, wie bei der verzögerten Rückführung, nicht **(Bild 8.56)**.
Der Verlauf der Stellgröße y zeigt PID-ähnliches Verhalten. Die Eigenschaften der Regel-einrichtung können daher näherungsweise durch die Parameter K_P, T_n und T_v beschrie-ben werden. Alle Größen hängen weitgehend vom Zeitverhalten der Rückführung ab. Eine unabhängige Einstellung der Parameter ist jedoch nicht möglich. Einzelheiten hierzu müssen der einschlägigen Fachliteratur vorbehalten bleiben.

Beispiel 1:

Die in **Bild 8.57** gezeigte thermische Rückführung ist ein weiteres Beispiel für eine verzögert-nachgebende Rückführung.
Die Funktion entspricht weitgehend der der verzögerten Rückführung. Zusätzlich wird hier ein gleiches Heizelement mit Wärmespeicher aufgeheizt. Dies erzeugt eine größere Zeitkonstante. Die Thermoelemente sind gegeneinander geschaltet, so daß die Ausgangsspannung gleich der Diffe-renz der Thermospannungen und damit proportional zur Temperaturdifferenz ist. Die Spannungs-differenz ist die Ausgangsgröße x_r der Rückführung. Nach einiger Zeit werden die Temperaturen der beiden Heizelemente gleiche Werte annehmen. Dies bedeutet, daß die Ausgangsgröße x_r auf den Wert Null abklingt.

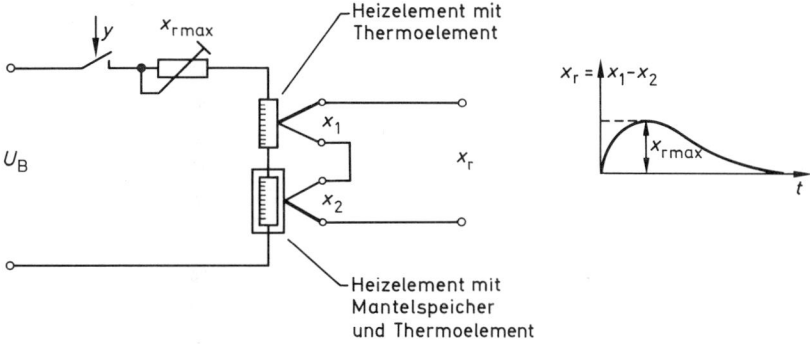

Bild 8.57 Thermische, verzögert-nachgebende Rückführung

Beispiel 2:

Auch elektronisch läßt sich eine verzögert-nachgebende Rückführung realisieren. Dies kann durch Hintereinanderschalten von einem RC-Glied und einem CR-Glied geschehen. Eine andere Möglichkeit ist die Parallelschaltung zweier RC-Glieder und Subtraktion (Vergleich) der Ausgangsgrößen **(Bild 8.58)**. Die Ausgangsgröße klingt auch hier nach einer Ausgleichszeit auf den Wert Null ab.

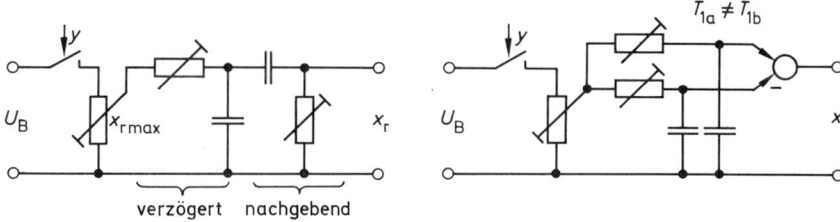

Bild 8.58 Elektronische, verzögert-nachgebende Rückführungen

8.4.2.3 PT$_n$-Strecke und Dreipunkt-Regler mit verzögerter Rückführung

Dreipunkt-Regeleinrichtungen werden häufig mit nachgeschalteter integraler Stelleinrichtung eingesetzt, sie werden dann als Schrittregler bezeichnet. Auch bei ihnen läßt sich das Regelverhalten durch Rückführung entscheidend verbessern. Meist wird eine verzögerte Rückführung (P-T$_1$) angewendet. Das grundsätzliche Verhalten wurde bereits in Abschnitt 7.4.4 beschrieben.

Bild 8.59 zeigt die Sprungantworten nur der Regeleinrichtung für zwei verschieden große Regeldifferenzen bzw. Regelabweichungen.

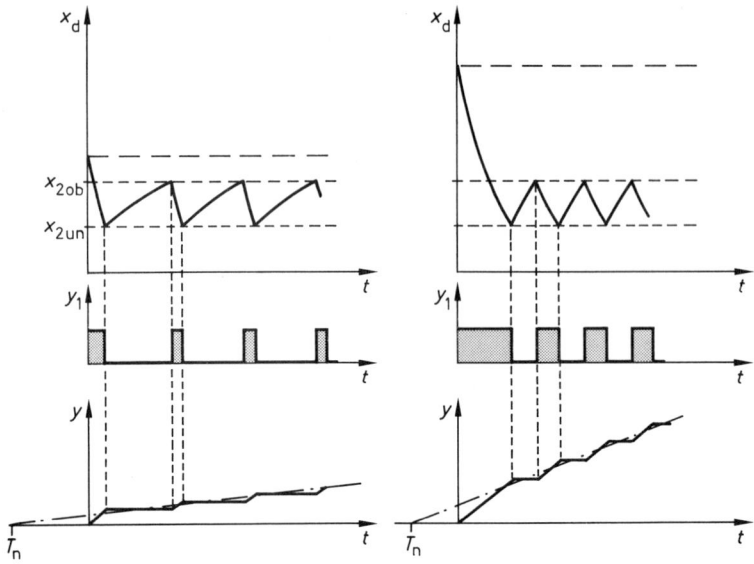

Bild 8.59 Sprungantworten des Schrittreglers mit verzögerter Rückführung für verschieden große Regeldifferenzen

Die Stellgröße y zeigt angenähert PI-Verhalten. Die Steilheit des integralen Anstiegs nimmt mit der Stellimpulsdauer zu, die Nachstellzeit T_n dagegen ab. Beide sind, wie Bild 8.59 zeigt, abhängig von der Größe der Regeldifferenz x_d. In **Bild 8.60** ist der geschlossene Regelkreis dargestellt.

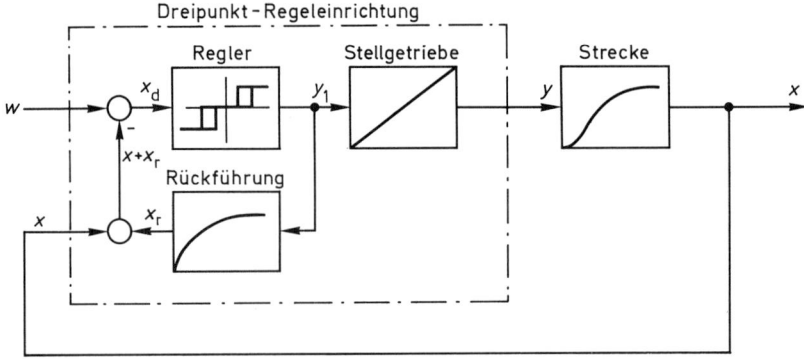

Bild 8.60 PT_n-Strecke mit Schrittregler und verzögerter Rückführung

Wegen der funktionalen Abhängigkeit der Größen K_{PR}, y_P, y_I und T_n von der momentanen Größe von x_d läßt sich die Wirkung der Regeleinrichtung im geschlossenen Regelkreis grafisch kaum noch verständlich darstellen, daher wird hier davon abgesehen.

Im geschlossenen Regelkreis verhält sich der Dreipunkt-Regler wie folgt: Wird durch eine größere Regelabweichung z. B. die Schaltschwelle x_{2ob} überschritten, so liefert der Regler zunächst einen längeren Stellimpuls und danach periodisch kürzere. Der Stellmotor läuft im Nennbetrieb an und verstellt y mit $v_{y\,max}$. Je länger die Stellimpulse sind, desto steiler ist der integrale Anstieg. Dies wirkt sich wie ein großer K_P- und ein kleiner T_n-Beiwert aus. Wird infolge des Regelvorganges die Regelabweichung wieder kleiner, so werden die Pausen zwischen den Schaltimpulsen immer länger und die Schaltimpulse kürzer ($\triangleq$ kleinem K_P- und großem T_n-Beiwert), bis schließlich die Regelabweichung zwischen den Schaltpunkten x_{1un} und x_{2un} liegt. Der Regler kommt bei der erreichten neuen Stellgröße zur Ruhe.

Kleinere Regelabweichungen (Störungen) werden durch kurze Stellimpulse ausgeregelt. Durch sein dynamisches Verhalten (selbsttätig variierendes K_P und T_n) ist der Regler in der Lage, auf unterschiedliche Ereignisse im Regelkreis entsprechend zu reagieren.

Schaltgeschwindigkeit des Reglers und Start-Stop-Verhalten des Stellgetriebes bestimmen den kürzesten Stellschritt. Hiervon hängt dann die Genauigkeit ab, mit der eine geforderte Stellgröße erreicht werden kann.

8.5 Einstellung von Regelkreisen

8.5.1 Allgemeines

Bei der Einstellung eines Regelkreises wird vielfach auch von der Optimierung des Regelkreises gesprochen. An dieser Stelle sei eindringlich vor dem leichtfertigen Gebrauch des Begriffs *optimieren* gewarnt. Eine optimale Lösung als solche gibt es nämlich nicht. Es muß vielmehr stets angegeben werden, hinsichtlich welcher Vorgaben oder Forderungen optimiert werden soll. Eine Optimierung auf möglichst geringen Fertigungsaufwand führt sicherlich zu einer anderen konstruktiven Lösung als die auf möglichst hohe Ausfallsicherheit.

Optimierungskriterien zur Erfüllung bestimmter Aufgabenstellungen einer Regelung können z. B. sein:
- *Gutes Führungsverhalten* (Ansprechen auf Änderungen der Führungsgröße).
- *Gutes Störverhalten* (Ausregeln von Störungen).
- *Schnellstmögliches Einlaufen der Regelgröße x.*
- *Geringes oder kein Überschwingen der Regelgröße x.*
- *Einfachste Einstellung* (Zeitaufwand).
- *Niedrige Herstellungskosten bei Erfüllung bestimmter Anforderungen* (bei Massenprodukten).
- *Hohe Störsicherheit bzw. niedrige Ausfallrate* (bei sicherheitsrelevanten Anlagen).
- *Geringer Energieverbrauch.*

Im konkreten Fall sind die Bedingungen mit Zahlenangaben und Toleranzen festgelegt. Meist werden in der Praxis mehrere dieser zum Teil sich widersprechenden Forderungen gleichzeitig bestehen. Dann muß eine optimale Lösung unter Berücksichtigung aller vorgegebenen Kriterien gefunden werden.

Im folgenden sollen nur Optimierungen hinsichtlich **Stör-** und **Führungsverhalten** sowie **Einschwingen** und **Überschwingen** betrachtet werden.

In den vorangegangenen Kapiteln wurde das Verhalten von Übertragungsgliedern hauptsächlich mit Hilfe von sprungförmigen Änderungen (Sprung-Testfunktion) untersucht. Dies Verfahren läßt sich ebenfalls für die Optimierung von geschlossenen Regelkreisen anwenden. Es muß aber berücksichtigt werden, daß sprungförmige Änderungen einen besonders ungünstigen Fall darstellen. Im allgemeinen treten in der Praxis sehr unterschiedliche Änderungen bzw. Störungen auf:

– *Langsame Änderungen* (z. B. Temperaturschwankungen, Versorgungsspannungs-änderungen, Alterung von Bauelementen).
– *Sägezahnförmige Störungen* (z. B. Spannungsverlauf am Ladekondensator eines Netzgerätes).
– *Impulsförmige Störungen* (z. B. Schaltspitzen, Laständerungen).
– *Periodische Störungen* (z. B. Brummeinstreuungen, Spannungsverlauf am Lade-kondensator, Laständerungen).
– *Rauschförmige Störungen* (z. B. zufällige Änderungen unterschiedlicher Größe).

Der Angriffsort von Störungen kann überall im Regelkreis liegen. Bei der Untersuchung werden jedoch meist die durch die Praxis gegebenen Hauptangriffsorte betrachtet: Eingang und Ausgang der Regelstrecke und Eingang der Regeleinrichtung. Selbstverständlich müssen Signalwerte sowie die die Regelung bestimmenden Größen mit geeigneten Mitteln störungsfrei gehalten werden. Eine verbrummte Referenzspannung bei einem geregelten Netzteil zum Beispiel kann auch eine Regelschaltung nicht wieder ausgleichen.

8.5.2 Kriterien für die Regelgüte

In **Bild 8.61** sind zwei mögliche Sprungantworten eines Regelkreises auf sprungförmige Stör- und Führungsgrößenänderungen dargestellt. Für die Beschreibung des Regel-kreis-Verhaltens eignen sich gut die mit eingezeichneten Größen:

– Überschwingweite x_m
– Anregelzeit T_{an}
– Ausregelzeit T_{aus}

Bild 8.61a zeigt, daß die Regelgröße x nach einem definierten Störgrößensprung (z. B. $y_z = 0,1 \cdot Y_h$) im Zeitpunkt t_0 nach einem maximalen Überschwinger x_m mehrere gedämpfte Schwingungen um den Sollwert ausführt, um dann bleibend in ein festgelegtes Toleranzband Δx einzutreten. Die hierfür benötigte Zeit ist die Ausregelzeit T_{aus}. Das Toleranzband muß für den jeweiligen Anwendungsfall festgelegt werden. Gebräuchliche Werte sind z. B. $\pm 1\,\%$, $\pm 2\,\%$ und $\pm 5\,\%$.

Entsprechend zeigt Bild 8.61b das Einschwingen der Regelgröße x, wenn der ursprüngliche Führungsgrößenwert w_1 sprungförmig um Δw auf w_2 geändert wird. Die Zeit für das erstmalige Erreichen des neuen Wertes ist die Anregelzeit T_{an}.

Aus Bild 8.61 läßt sich ableiten, daß eine Reglereinstellung um so besser ist, je kürzer die Anregelzeit T_{an}, je kleiner die Überschwingweite x_m und je kürzer die Ausregelzeit T_{aus} ist. Innerhalb gewisser Grenzen lassen sich Überschwingweite und Ausregelzeit gegeneinander aufrechnen:

kleines x_m ↔ **großes** T_{aus}
großes x_m ↔ **kleines** T_{aus}

Was zulässig ist, bestimmt jedoch der jeweilige Anwendungsfall der Regelung!

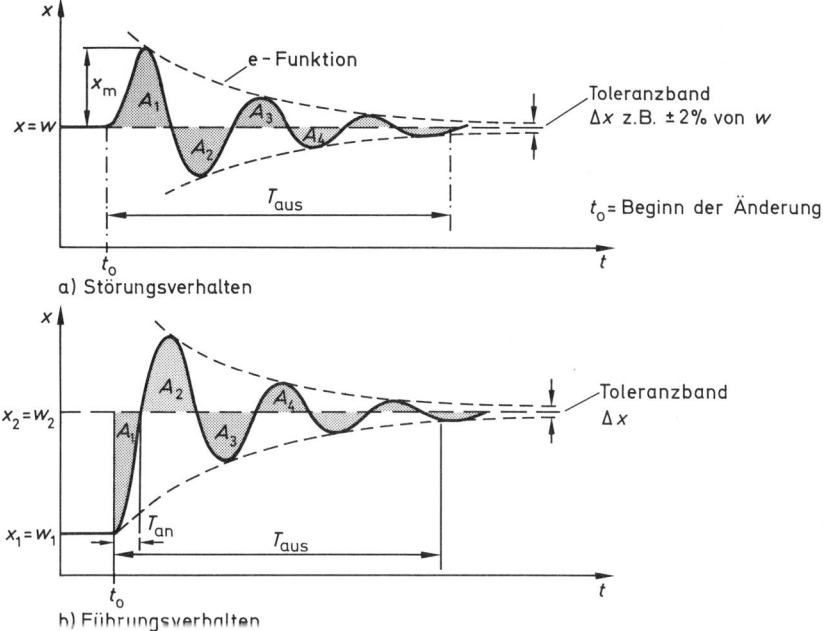

Bild 8.61 Zeitlicher Verlauf der Regelgröße x bei a) Störgrößensprung und bei b) Führungsgrößensprung (A_n = Regelflächen)

In einer groben Einteilung lassen sich folgende Wertungen angeben:
- **Regelung elektrischer Größen, Drehzahlregelung, Positionierungen, Verfahrenstechnik:**
  kleine Überschwingweiten x_m, z. B. Spannungsversorgung elektrischer und elektronischer Schaltungen
- **Antriebsregelungen:**
  kurze Ausregelzeit T_{aus}, schnelles und genaues Reagieren auf die Führungsgröße
- **Kursregelungen, Durchflußregelungen:**
  möglichst kleine Fläche oberhalb und unterhalb des Sollwertes, andernfalls werden die Kursabweichungen oder Mengenabweichungen zu groß

Bei manchen Aufgabenstellungen führt bereits eine kleine Überschreitung des vorgeschriebenen Wertes zu Ausschuß oder Zerstörung, z. B. bei der spanabhebenden Werkstückbearbeitung. Dann ist es erforderlich, daß die Regelgröße x ohne Überschwingen ihren vorherigen oder neuen Wert in möglichst kurzer Zeit erreicht (aperiodischer oder Kriechfall).

Ausgehend von dem mehr oder weniger gedämpften Verlauf der Regelgröße x (Bild 8.61) ist eine Vielzahl von Optimierungs-Vorschriften entwickelt worden. Die Anwendung erfordert aber zum Teil einen erheblichen mathematischen Aufwand.

Nachfolgend werden einige dieser Verfahren kurz beschrieben:

- **Lineare Regelfläche** (Lineares Optimum)

  Aus Bild 8.61 ist zu ersehen, daß die Reglereinstellung wohl am besten ist, wenn die Summe der Flächen oberhalb (positiv gezählt) und unterhalb (negativ gezählt) des Sollwertes ein Minimum wird:

  $$[A]_{min} = A_1 - A_2 + A_3 - A_4 + \ldots\,!$$

  Diese Bedingung wäre aber unsinnigerweise auch erfüllt, wenn die Regelgröße ungedämpfte Schwingungen ausführt ($A_{Min} = 0$). Aus diesem Grunde wurde die modifizierte Bedingung »Betrags-Regelfläche« als Gütekriterium eingeführt.

- **Betrags-Regelfläche** (Betrags-Optimum)

  Bei der Betrags-Regelfläche soll die Summe der absolut gerechneten Flächen oberhalb und unterhalb des Sollwertes ein Minimum sein:

  $$[A]_{min} = |A_1| + |A_2| + |A_3| + |A_4| + \ldots\,!$$

  Dieses Einstellverfahren hat für die Praxis sehr große Bedeutung erlangt. Es liefert das Optimum für kürzestes Einschwingen und geringstes Überschwingen ($D = 1/\sqrt{2}$; $x_m = 0{,}043 \triangleq 4{,}3\,\%$; Bild 8.6).

- **Quadratische Regelfläche** (Quadratisches Optimum)

  Ein anderes Verfahren, zu geeigneten Reglereinstellungen zu kommen, ist folgendes: die Flächen oberhalb und unterhalb des Sollwertes werden gemäß ($\Delta x^2 \cdot \Delta t$) quadriert. Die Summe soll wiederum ein Minimum sein:

  $$[A]_{min} = A_1^2 + A_2^2 + A_3^2 + A_4^2 + \ldots\,!$$

  Hierbei werden die hohen Anfangsamplituden wegen der Quadrierung besonders stark berücksichtigt. Dies kann jedoch zu nur schwach gedämpften Regelschwingungen führen (lange Ausregelzeit T_{aus}).

- **ITAE-Bedingung**

  Ein Verfahren, bei dem die Regelzeit stark bewertet wird, ergibt sich, wenn die Regelflächen noch mit der Zeit multipliziert werden (engl. ITAE = integral of time multiplied absolute value of error; auch: Integral-Time-Amplitude-Error). Hier soll die Summe der zeitlich gewichteten Regelflächen minimal werden.

Alle bisher kurz erläuterten Optimierungs-Verfahren gehen davon aus, daß die nach den angegebenen Bewertungen ermittelten Regelflächensummen ein Minimum werden. Es gibt noch eine Reihe weiterer Optimierungsverfahren. Hierzu muß jedoch auf die Fachliteratur verwiesen werden.

8.5.3 Wichtige Methoden für optimale Reglereinstellung

Für die Praxis haben die nachfolgend beschriebenen Verfahren wohl die größte Bedeutung erlangt. Sie führen meist mit vertretbarem Aufwand zu einem stabilen und annähernd optimalen Regelkreisverhalten. Verbesserungen sind dann durch Feineinstellung möglich. Es sind allerdings Verfahren, die nur für bestimmte Bedingungen gelten. Sind dagegen spezielle Randbedingungen einzuhalten, so müssen unter Umständen völlig andere Einstellwerte gewählt werden. Gegebenenfalls muß sogar das

Regelkonzept geändert werden (z.B. durch Wahl eines aufwendigeren Reglers oder durch Anwendung von mehrschleifigen Regelkreisen). Auf jeden Fall liefern diese Verfahren erst einmal die Ausgangswerte, um den Regelkreis in Betrieb zu nehmen.

8.5.3.1 Einstellung nach Faustformeln

Wenn die Kenngrößen der Regelstrecke aus der Sprungantwort bekannt sind, läßt sich mit Hilfe einiger Faustformeln die annähernd optimale Einstellung des Reglers angeben. **Bild 8.62** zeigt die Sprungantwort einer Regelstrecke 2. oder höherer Ordnung mit Ausgleich.

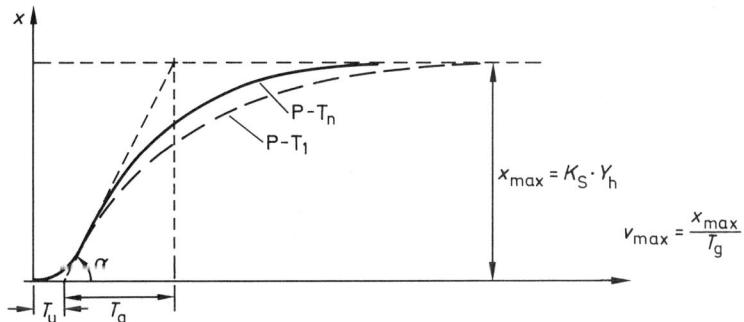

Bild 8.62 Sprungantwort einer P-T_n-Strecke

Die charakteristischen Größen sind:

T_u = Verzugszeit $\qquad\qquad$ K_S = Übertragungs-Beiwert der Strecke

T_g = Ausgleichszeit $\qquad\qquad$ Y_h = Stellbereich

$\dfrac{T_u}{T_g}$ = Verzugszeitanteil

Praktisch für alle vorkommenden Strecken gelten für die Reglerkennwerte die einfachen Beziehungen:

$$X_P = k_1 \cdot K_S \cdot Y_h \cdot \frac{T_u}{T_g} \qquad\text{bzw.}\qquad K_{PR} = \frac{1}{k_1 \cdot K_S \cdot \dfrac{T_u}{T_g}}$$

$$T_n = k_2 \cdot T_u$$

$$T_v = k_3 \cdot T_u$$

Die *genauen Werte* für die Konstanten k_1, k_2 und k_3 sind nun *abhängig* vom geforderten Einschwingverhalten des Regelkreises und vom Reglertyp.
In etwa gilt jedoch allgemein:

$$k_1 \approx 1 \qquad\qquad k_2 \approx 2 \qquad\qquad k_3 \approx 0{,}5$$

Damit ergeben sich die in **Bild 8.63** zusammengestellten Faustformeln zu:

Faustformeln (Störungsverhalten)	
Proportional- bereich bzw. Übertragungs- beiwert	$X_P \approx K_S \cdot Y_h \cdot \dfrac{T_u}{T_g}$ bzw. $K_{PR} = \dfrac{Y_h}{X_P} \approx \dfrac{1}{K_S \cdot \dfrac{T_u}{T_g}}$
Nachstellzeit	$T_n \approx 2 \cdot T_u$
Vorhaltezeit	$T_V \approx 0,5 \cdot T_u$

Bild 8.63 Faustformeln für Reglereinstellwerte (Störungsverhalten)

Der Verzugszeitanteil T_u/T_g (ca. 0,01 … 1) und der Streckenübertragungs-Beiwert K_s ($\approx$ 1) bestimmen dabei den einzustellenden Proportionalbereich X_P (bzw. K_{PR}). Die Verzugszeit T_u legt die Zeitkonstanten T_n und T_v des Reglers fest.

Diese Einstellung ist für alle möglichen Fälle nur in etwa korrekt. Werden die Einstellwerte um diese als Anfangswerte genommen variiert, um die Regelung zu verbessern, so sind folgende Tendenzen zu beobachten:

– X_P verkleinern   führt in Richtung Instabilität
– T_n verkleinern   führt in Richtung Instabilität
– T_v verkleinern   führt in Richtung Instabilität

Bild 8.64 zeigt genauere Werte zur Reglereinstellung für gutes Störverhalten, aufgeschlüsselt nach Reglertyp und Streckenart. Auch diese Werte können für eine real vorliegende Strecke nur näherungsweise gelten. Verbesserungen im Regelverhalten lassen sich gegebenenfalls durch Veränderungen um die berechneten Werte herum finden. Zu beachten ist der Verzugsanteil T_u/T_g, der möglichst kleiner als der Wert 0,3 sein sollte. Bei der Erläuterung der Regelbarkeit von Strecken war auf diesen Zusammenhang bereits hingewiesen worden.

Für günstiges Führungsverhalten sind andere Werte einzustellen:

K_{PR} muß kleiner und $T_n \approx T_g$ gewählt werden.

Sind am Regler Skalen für den normierten oder bezogenen Proportionalbereich

$$x_P = \frac{X_P}{X_h}$$

angebracht, so ist in Bild 8.64 zu ersetzen:

$$X_P \rightarrow x_P \quad \text{und} \quad K_S \cdot Y_h \cdot \frac{T_u}{T_g} \quad \rightarrow \quad K_S \cdot \frac{Y_h}{X_h} \cdot \frac{T_u}{T_g} \cdot (100\,\%)$$

$$\text{sowie} \quad K_{IS} \cdot Y_h \cdot T_u \quad \rightarrow \quad K_{IS} \cdot \frac{Y_h}{X_h} \cdot T_u \cdot (100\,\%) = \frac{T_u}{T_{IS}} \cdot (100\,\%)$$

$$\text{mit} \quad T_{IS} = \frac{1}{K_{IS}} \cdot \frac{X_h}{Y_h}$$

Regler	P	PD	PI	PID	Strecke
$X_P \approx$	1	0,83	1,25	0,83	$\cdot K_S \cdot Y_h \cdot \dfrac{T_u}{T_g}$	
$K_{PR} \approx$	1	1,2	0,8	1,2	$\cdot \dfrac{1}{K_S \cdot \dfrac{T_u}{T_g}}$	mit Ausgleich
$T_n \approx$	–	–	$3 \cdot T_u$	$2 \cdot T_u$	–
$T_v \approx$	–	$0,25 \dots 0,5 \cdot T_u$	–	$0,42 \cdot T_u$	–
$X_P \approx$	2	2	2,4	2,5	$\cdot K_{IS} \cdot Y_h \cdot T_u$
$K_{PR} \approx$	0,5	0,5	0,42	0,4	$\cdot \dfrac{1}{K_{IS} \cdot T_u}$	ohne Ausgleich
$T_n \approx$	–	–	$5,8 \cdot T_u$	$3,2 \cdot T_u$	–
$T_v \approx$	–	$0,5 \cdot T_u$	–	$0,8 \cdot T_u$	–

Bild 8.64 Faustformeln für Reglereinstellung auf gutes Störverhalten

Der Proportional-Bereich läßt sich auch als Funktion der Anstiegsgeschwindigkeit der Regelgröße angeben. Dieses folgt aus der Umrechnung gemäß:

$$X_P = K_S \cdot Y_h \cdot \frac{T_u}{T_g} = x_{max} \cdot \frac{T_u}{T_g} = v_{max} \cdot T_u \qquad \text{mit } v_{max} = \frac{x_{max}}{T_g}$$

8.5.3.2 Einstellung nach dem Verfahren von Ziegler und Nichols

Das Verfahren von Ziegler und Nichols kann angewendet werden, wenn die Streckenparameter nicht bekannt sind. Voraussetzungen für die Anwendung dieses Verfahrens sind, daß der Regelkreis schwingfähig ist, und daß die Betriebsbedingungen Schwingungen überhaupt zulassen. Der Regelkreis muß nämlich bis an die Stabilitätsgrenze gefahren werden. Die Regelgröße führt dabei ungedämpfte Schwingungen aus. Das kann jedoch auch leicht zu einem »Durchgehen« des Regelkreises führen. Zu welchen Konsequenzen dies führt, muß vorher überlegt werden.

Um die Einstellwerte für den Regler zu ermitteln, wird folgendermaßen vorgegangen: Der Regler wird im geschlossenen Regelkreis zunächst als reiner P-Regler betrieben, d.h. der I-Teil und der D-Teil werden unwirksam gemacht ($T_n = \infty$ s, $T_v = 0$ s). Dann wird der Proportionalbereich X_P des Reglers von großen Werten her verkleinert, bis bei X_{Pkrit} periodische, ungedämpfte Regelschwingungen einsetzen. Gleichbedeutend kann auch die Verstärkung K_{PR}, von kleinen Werten ausgehend, so lange vergrößert werden, bis der Kreis schwingt (K_{PRkrit}). Die Periodendauer T_{krit} der Schwingung und der Wert X_{Pkrit} bzw. X_{PRkrit} werden ermittelt. Obwohl das Zeitverhalten der Strecke unbekannt ist, wird es genügend genau durch die beiden Werte beschrieben.

Mit Hilfe dieser beiden Meßwerte lassen sich dann gemäß **Bild 8.65** in etwa optimale Einstellwerte für verschiedene Reglertypen finden. Sie gelten für einen Dämpfungsgrad von $D \approx 0,2 \ldots 0,3$.

Reglertyp	Parameter		
P	$X_P \approx 2 \cdot X_{Pkrit}$	bzw.	$K_{PR} \approx 0,5 \cdot K_{PRkrit}$
PD	$X_P \approx 1,25 \cdot X_{Pkrit}$ $T_v \approx 0,12 \cdot T_{krit}$	bzw.	$K_{PR} \approx 0,8 \cdot K_{PRkrit}$
PI	$X_P \approx 2,2 \cdot X_{Pkrit}$ $T_n \approx 0,85 \cdot T_{krit}$	bzw.	$K_{PR} \approx 0,45 \cdot K_{PRkrit}$
PID	$X_P \approx 1,7 \cdot X_{Pkrit}$ $T_n \approx 0,5 \cdot T_{krit}$ $T_v \approx 0,12 \cdot T_{krit}$	bzw.	$K_{PR} \approx 0,6 \cdot K_{PRkrit}$

Bild 8.65 Reglereinstellwerte nach Ziegler und Nichols (Störverhalten; $D \approx 0,2 \ldots 0,3$)

Durch Variieren der Einstellwerte kann der Regler dem jeweiligen Anwendungszweck dann eventuell noch besser angepaßt werden.

8.5.3.3 Einstellung nach Chien, Hrones, Reswick

Aufgrund umfangreicher Simulationen von Regelkreisen haben Chien, Hrones und Reswick Einstellwerte für Regler angegeben, die an Strecken höherer Ordnung (z. B. $P\text{-}T_1\text{-}T_t$, $P\text{-}T_n$, $I\text{-}T_u$) gelten. Die Einstellungen sind unterschieden nach Störungs- und Führungsverhalten. Sie gelten zum einen für den aperiodischen Regelvorgang kürzester Dauer ohne Überschwingen ($D \approx 0,8$), zum anderen für den gedämpft einschwingenden Regelvorgang kürzester Dauer mit ca. 20 % Überschwingen ($D \approx 0,45$). Von der Regelstrecke müssen die Parameter Streckenverstärkung K_S, Ausgleichszeit T_g und Verzugszeit T_u – eine vorhandene Totzeit T_t ist mit einzurechnen – bekannt sein. Die Einstellwerte können **Bild 8.66** entnommen werden.
Die Einstellwerte gelten auch für Strecken ohne Ausgleich, wenn bei X_P der Ausdruck

$$K_S \cdot Y_h \cdot \frac{T_u}{T_g} \quad \text{durch} \quad K_{IS} \cdot Y_h \cdot T_u$$

ersetzt wird. Wird anstelle von X_P K_{PR} verwendet, so ist der Ausdruck

$$\frac{1}{K_S \cdot \dfrac{T_u}{T_g}} \quad \text{durch} \quad \frac{1}{K_{IS} \cdot T_u}$$

zu ersetzen.

Der bezogene Proportionalbereich x_P berechnet sich aus:

$$x_P = \frac{X_P}{X_h} \qquad \left(\text{z. B. } x_P = \frac{X_P}{X_h} = 1{,}4 \cdot K_S \cdot \frac{Y_h}{X_h} \cdot \frac{T_u}{T_g} \right)$$

Bild 8.66 zeigt auch, daß nur beim verzögerungsfreien P-Regler die Einstellwerte für Störungsverhalten und Führungsverhalten gleich sind. In allen anderen Fällen muß für optimales Führungsverhalten der Regler schwächer eingestellt werden als für optimales Störverhalten.

Je kleiner der Verzugszeitanteil T_u/T_g ist, desto größer darf K_{PR} gewählt werden. Die Nachstellzeit T_n wird beim Führungsverhalten durch die lange Ausgleichszeit T_g bestimmt, während sie beim Störungsverhalten durch die kurze Verzugszeit T_u festgelegt wird.

		Überschwingen 20 % $(D \approx 0{,}45)$		aperiodisch $(D \approx 0{,}8)$		
		Störung	Führung	Störung	Führung	
P	$X_P \approx$		1,4		3,3	$\cdot K_S \cdot Y_h \cdot \dfrac{T_u}{T_g}$
	$K_{PR} \approx$		0,7		0,3	$\cdot \dfrac{1}{K_S \cdot \dfrac{T_u}{T_g}}$
PI	$X_P \approx$	1,4	1,7	1,7	2,9	$\cdot K_S \cdot Y_h \cdot \dfrac{T_u}{T_g}$
	$K_{PR} \approx$	0,7	0,6	0,6	0,35	$\cdot \dfrac{1}{K_S \cdot \dfrac{T_u}{T_g}}$
	$T_n \approx$	$2{,}3 \cdot T_u$	T_g	$4 \cdot T_u$	$1{,}2 \cdot T_g$	–
PID	$X_P \approx$	0,83	1,05	1,05	1,7	$\cdot K_S \cdot Y_h \cdot \dfrac{T_u}{T_g}$
	$K_{PR} \approx$	1,2	0,95	0,95	0,6	$\cdot \dfrac{1}{K_S \cdot \dfrac{T_u}{T_g}}$
	$T_n \approx$	$2 \cdot T_u$	$1{,}35 \cdot T_g$	$2{,}4 \cdot T_u$	T_g	–
	$T_v \approx$	$0{,}42 \cdot T_u$	$0{,}47 \cdot T_u$	$0{,}42 \cdot T_u$	$0{,}5 \cdot T_u$	–

Bild 8.66 Einstellwerte für Regler nach Chien, Hrones und Reswick

Auch für diese Einstellregeln gilt, daß durch Variation der Parameter um die angegebenen Werte die für die vorliegende Strecke günstigsten Werte noch zu ermitteln sind. Dieser Vorgang wird häufig als Feinabgleich bezeichnet.

8.5.3.4 Einstellung nach Betrags-Optimum

Werden Regelkreise mit Strecken, die aus der Kettenschaltung von vielen kleinen Verzögerungen 1. Ordnung bestehen ($P-T_{1a}-T_{1b}-T_{1c}-T_{1d}-\dots$), nach dem Verfahren »Betrag der Regelflächen soll ein Minimum sein« optimiert, so ergibt sich immer die in **Bild 8.67** beschriebene charakteristische Antwort auf einen Führungsgrößensprung. Der Verlauf entspricht dem für den Dämpfungsgrad $D = 1/\sqrt{2} = 0{,}707$ mit einer Überschwingweite $x_m = 4{,}3\,\%$ (vergleiche Bild 8.6). Diese Reglereinstellung ist ein Kompromiß zwischen kleinster Überschwingweite x_m und kürzester Ausregelzeit T_{aus}. Als Skalierung für die Zeitachse ist die Ersatzzeitkonstante T_{ers} gleich der Summe aller kleinen Zeitkonstanten der Regelstrecke gewählt. Bei der Aufzeichnung über realen Werten von T_{ers} ist die Sprungantwort mehr oder weniger gestreckt.

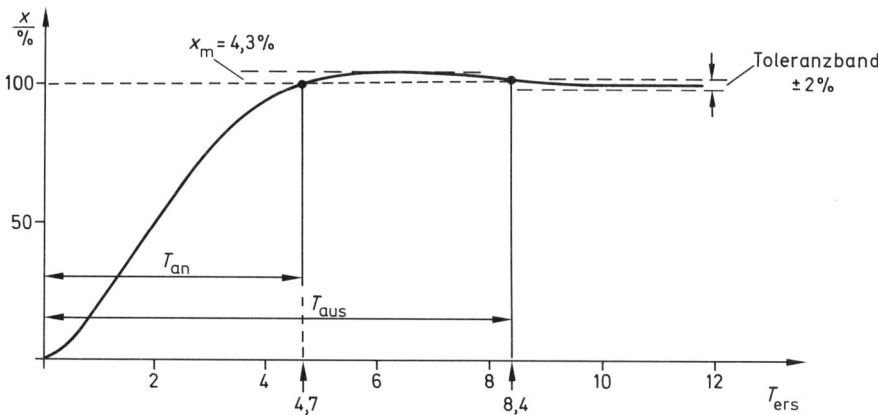

Bild 8.67 Sprungantwort betragsoptimierter Regelkreise bei Führungsgrößensprung

Aus der Abbildung läßt sich entnehmen, daß
– die maximale Überschwingweite beträgt:

$$x_m = 4{,}3\,\% \cdot \frac{x}{100\,\%} = 0{,}043 \cdot x$$

– die Anregelzeit für erstmaliges Erreichen des neuen Sollwertes ist:

$$T_{an} = 4{,}7 \cdot T_{ers}$$

– die Ausregelzeit T_{aus} für das bleibende Eintreten in das Toleranzband
$\Delta x = \pm\,2\,\%$ ist:

$$T_{aus} = 8{,}4 \cdot T_{ers}$$

Für andere Toleranzbänder ergeben sich andere Werte für die Anregelzeit T_{an} und die Ausregelzeit T_{aus}.
Die Einstellwerte der Regler für das Betragsoptimum lauten **(Bild 8.68)**

$$K_{PR} = \frac{1}{2 \cdot K_S} \cdot \frac{T_{1a}}{T_{ers}}$$ mit:

$$X_P = 2 \cdot K_S \cdot Y_h \cdot \frac{T_{ers}}{T_{1a}}$$

$$T_n = T_{1a}$$

$$T_v = T_{1b}$$

$$T_{IR} = 2 \cdot K_S \cdot T_{ers}$$

T_{1a} = größte Zeitkonstante
T_{1b} = zweitgrößte Zeitkonstante
T_{ers} = Summe aller kleinen Zeitkonstanten
K_S = Übertragungs-Beiwert der Strecke
K_{PR} = Übertragungs-Beiwert des Reglers
T_{IR} = Integrationszeit des reinen I-Reglers

Bild 8.68 Reglereinstellwerte für Betrags-Optimum (Führungsverhalten)

Es soll untersucht werden, welche Ergebnisse die Betragsoptimierung mit verschiedenen Reglern an einer Regelstrecke liefert, die aus drei Verzögerungsgliedern mit unterschiedlichen Zeitkonstanten besteht.
Die Daten des Regelkreises sind in **Bild 8.69** angegeben.

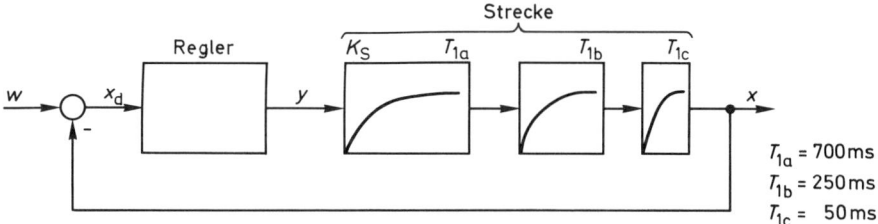

T_{1a} = 700 ms
T_{1b} = 250 ms
T_{1c} = 50 ms

Bild 8.69 Regelkreis mit einer Strecke höherer Ordnung, die aus 3 Verzögerungsgliedern 1. Ordnung mit unterschiedlichen Zeitkonstanten besteht

Beispiel 1:

Wenn für den konkreten Anwendungsfall alle Zeitkonstanten T_{1a}, T_{1b} und T_{1c} als klein angesehen werden können, so läßt sich – z. B. um Regelabweichungen zu vermeiden – ein reiner I-Regler anwenden, obwohl er langsam ist. Die Einstellvorschrift für das Betragsoptimum liefert dann für die Integrierzeit des Reglers:

$$T_{IR} = 2 \cdot K_S \cdot T_{ers} = 2 \cdot K_S \cdot (T_{1a} + T_{1b} + T_{1c}) = 2 \cdot K_S \cdot 1000 \text{ ms}$$

Damit ergibt sich:

$$T_{an} = 4{,}7 \cdot T_{ers} = 4{,}7 \cdot 1000 \text{ ms} = 4700 \text{ ms} = 4{,}7 \text{ s}$$

$$T_{aus} = 8{,}4 \cdot T_{ers} = 8{,}4 \cdot 1000 \text{ ms} = 8400 \text{ ms} = 8{,}4 \text{ s}$$

Beispiel 2:

Für den Anwendungsfall ist die Zeitkonstante T_{1a} als groß anzusehen, sie ist deutlich größer als alle anderen. Es wird ein PI-Regler angewendet, um die große Verzögerung auszugleichen (P-Anteil) und keine Regelabweichung zu erhalten (I-Anteil). Als Summe der kleinen Zeitkonstanten verbleibt jetzt $T_{1b} + T_{1c}$.

Für den P-Teil gilt:

$$K_{PR} = \frac{1}{2 \cdot K_S} \cdot \frac{T_{1a}}{T_{ers}} = \frac{1}{2 \cdot K_S} \cdot \frac{700 \text{ ms}}{(250 + 50) \text{ ms}} = \frac{1{,}17}{K_S}$$

Für den I-Teil ergibt sich:

$$T_n = T_{1a} = 700 \text{ ms}$$

Damit lassen sich An- und Ausregelzeit berechnen:

$$T_{an} = 4{,}7 \cdot (T_{1b} + T_{1c}) = 4{,}7 \cdot (250 + 50) \text{ ms} = 1410 \text{ ms} = 1{,}41 \text{ s}$$

$$T_{aus} = 8{,}4 \cdot (T_{1b} + T_{1c}) = 8{,}4 \cdot (250 + 50) \text{ ms} = 2520 \text{ ms} = 2{,}52 \text{ s}$$

Der Kreis reagiert also etwa 3 mal schneller.

Beispiel 3:

Für den Anwendungsfall sind die Zeitkonstanten T_{1a} und T_{1b} als groß anzusehen. Zusätzlich soll gelten $T_{1a} > T_{1b}$. Die zweitgrößte Zeitkonstante (T_{1b}) wird mit einem zusätzlichen D-Anteil im Regler ausgeglichen. Es ergibt sich somit eine PID-Reglerkonfiguration. Als Summe kleiner Zeitkonstanten verbleibt dann nur noch T_{1c}. Die Einstellvorschrift liefert dann:

P-Teil: $K_{PR} = \dfrac{1}{2 \cdot K_S} \cdot \dfrac{T_{1a}}{T_{ers}} = \dfrac{1}{2 \cdot K_S} \cdot \dfrac{700 \text{ ms}}{50 \text{ ms}} = \dfrac{7}{K_S}$

I-Teil: $T_n = T_{1a} = 700 \text{ ms}$

D-Teil: $T_v = T_{1b} = 250 \text{ ms}$

Damit ergibt sich für die An- und Ausregelzeit:

$$T_{an} = 4{,}7 \cdot T_{1c} = 4{,}7 \cdot 50 \text{ ms} = 235 \text{ ms} = 0{,}235 \text{ s}$$

$$T_{aus} = 8{,}4 \cdot T_{1c} = 8{,}4 \cdot 50 \text{ ms} = 420 \text{ ms} = 0{,}420 \text{ s}$$

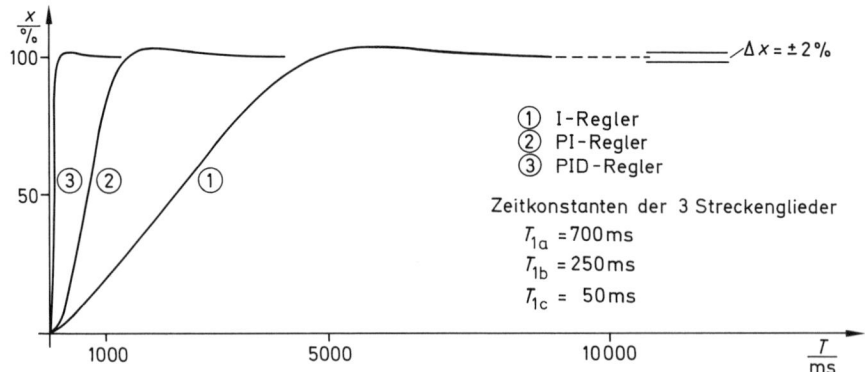

Bild 8.70 Betragsoptimierter Regelkreis mit drei Reglertypen (Führungsverhalten)

Ein Vergleich der drei Beispiele zeigt, daß durch geeignete Kompensation der großen Zeit-konstanten der Regelkreis schneller gemacht werden kann.

Die gerechneten Beispiele sind in **Bild 8.70** in etwa grafisch dargestellt. Für einen Sprung der Führungsgröße von z.B. $w = 1\,V$ sei der Sprung der Regelgröße $x = 1\,V \triangleq 100\,\%$ ($K_S = 1$). Die Überschwingweite ist dann $x_m = 0,043 \cdot 1\,V = 43\,mV$.

8.5.4 Wirkung der verschiedenen Regler im Regelkreis

P-Regler

Der P-Regler ist ein sehr schneller Regler. Je größer der Proportional-Beiwert K_{PR} bzw. je kleiner der Proportionalbereich X_P gewählt wird, desto stärker wirkt der Regler im Regel-kreis. Bei Auftreten einer Störgröße muß der Regler eine andere Stellgröße erzeugen, dies bewirkt eine bleibende Regeldifferenz x_{dbl}. Je größer K_{PR} ist, desto kleiner wird x_{dbl}. Ein zu großes K_{PR} führt jedoch zur Instabilität des Regelkreises, daher ist zwischen Stabilität und bleibender Regeldifferenz ein Kompromiß zu treffen.

PD-Regler

Ein zusätzlicher D-Anteil beim P-Regler erlaubt eine Vergrößerung der K_{PR}-Einstellung, ohne eine entsprechende Stabilitätsminderung wie beim reinen P-Regler. Die blei-bende Regeldifferenz wird damit kleiner. Der PD-Regler wirkt bei langsamen Änderun-gen (Anstieg/Abfall) im Regelkreis schneller und stärker als der reine P-Regler.

I-Regler

Der I-Regler ist ein sehr langsamer Regler. Er integriert die Regeldifferenz x_d zeitlich so lange, bis das Stellglied schließlich eine Stellung erreicht hat, bei der die Regeldifferenz zu Null wird. Wegen seiner Trägheit wird er normalerweise in Verbindung mit den schnellen P- und PD-Reglern eingesetzt, um die dort unerwünschte bleibende Regel-differenz langsam auf Null zu regeln.

PI-Regler

Der PI-Regler verbindet die Schnelligkeit des P-Reglers mit dem trägen Ausregelverhal-ten des I-Reglers. Es tritt keine bleibende Regeldifferenz auf. Dieser Typ wird häufig angewendet, da er vielfältige Variationsmöglichkeiten bietet und relativ einfach einzu-stellen ist.

PID-Regler

Der zusätzliche D-Anteil beim PI-Regler erlaubt eine Verringerung der Nachstellzeit T_n, damit wird die Regeldifferenz schneller ausgeregelt. Der zusätzliche I-Anteil beim PD-Regler erlaubt eine Vergrößerung der Vorhaltezeit T_v, so daß der PID-Regler bei langsamen Änderungen im Regelkreis schneller und stärker als der PD-Regler wirkt. Die Regler-Einstellung ist jedoch nicht ganz einfach.

8.5.5 Inbetriebnahme mit PC-Unterstützung

Der Praktiker steht heute bei der Inbetriebnahme unter erheblichem Zeitdruck und ist konfrontiert mit einer hohen Erwartungshaltung bezüglich der Ergebnisse seiner Arbeit. Das Auffinden der optimalen Einstellung einer Regelung wird dabei häufig erschwert durch nicht ausreichende Informationen zum Streckenverhalten. Simulations- und Prozeßrechensysteme, die auf Personalcomputern laufen, können hier eine wichtige Hilfestellung bieten.

Die Inbetriebnahme erfolgt dann in den Schritten:
– meßtechnische Untersuchung und Datenerfassung zum Streckenverhalten
– Identifikation des Streckenverhaltens
– Festlegung der optimalen Einstellungen für den Regler
– Überprüfung der optimalen Einstellung mit Strecke und simuliertem Regler
– Robustheitsuntersuchungen

Die meßtechnische Erfassung des Streckenverhaltens kann durch Datenübergabe anhand von Meßlisten erfolgen. Einfacher jedoch ist, bei einer entsprechenden Ausrüstung des Personalcomputers, die unmittelbare Erfassung der Ein- und Ausgangsgrößen, weil dann unterschiedliche Testfunktionen verwendet werden können.
Im zweiten Schritt wird über die Inbetriebnahmesoftware ein Modell der Strecke erstellt, das in seinem Verhalten dem Verhalten der Original-Strecke weitgehend entspricht.
Im dritten Schritt wird das ermittelte Modell zur Ermittlung einer optimalen Einstellung des Reglers herangezogen. Vorkonfiguriert sind ideale PID-Regler, technische PID-Regler und Abtastregler. Optimiert wird nicht nach den bereits beschriebenen Einstellregeln, sondern von einer bestimmten Grundeinstellung der Reglerparameter aus. Das Regelverhalten kann während des Optimierungs- bzw. Einstellvorganges kontinuierlich beobachtet werden, daher kann der Bediener jederzeit entscheiden, ob der erreichte Grad der Optimierung bereits ausreichend ist. Die Bewertung erfolgt über ein speziell entwickeltes Gütekriterium. Das Gütekriterium ermöglicht auch den Einsatz von unstetigen Reglern und Abtastreglern.
Vorgesehen ist nach dem Optimierungsvorgang eine Erprobung mit der Original-Strecke und einem rechentechnisch simulierten Regler. Diese Phase wird auch als Prototypenregelung bezeichnet. Gleichzeitig besteht die Möglichkeit einer Feinoptimierung, bei der auch die feinen Differenzen zwischen Original-Strecke und Modell berücksichtigt werden können.
Die Robustheitsuntersuchungen sind eine weitere Anwendung dieses Systems, bei ihnen werden die Einflüsse von bestimmten Parameteränderungen erfaßt und ausgewertet. Einbeziehen lassen sich Einflüsse aus Strecken- und Reglerveränderungen. Derartige Untersuchungen zeigen Problemfälle auf, die sich für den Regelkreis z. B. bei thermischen Veränderungen oder Alterungen von Bauteilen ergeben können.
Bild 8.71 zeigt in einem schematischen Überblick den Aufbau des Inbetriebnahmesystems AGO vom Ingenieurbüro Dr. Schulz.

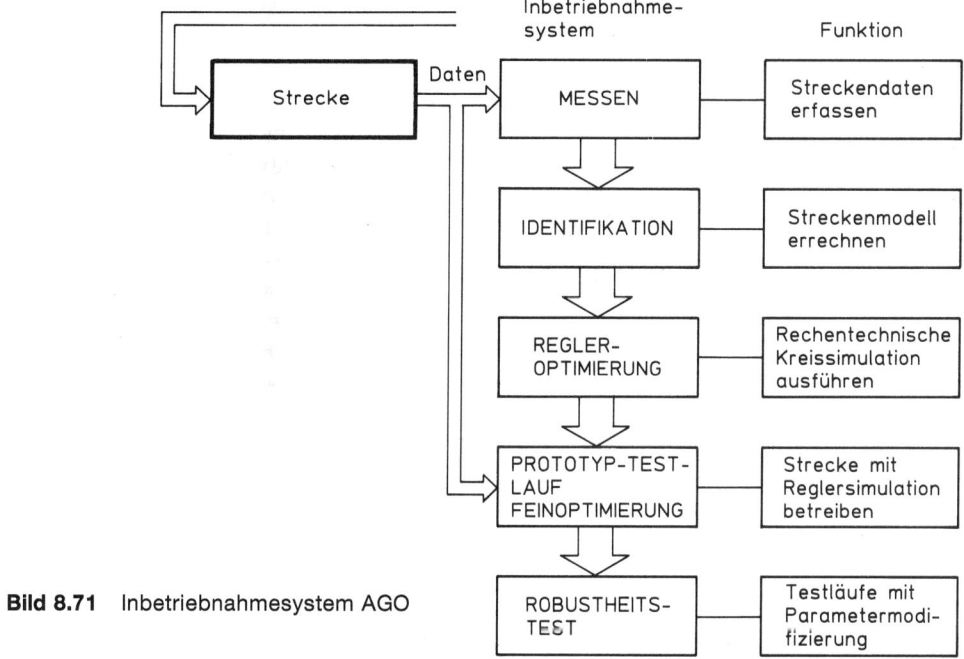

Bild 8.71   Inbetriebnahmesystem AGO

8.6   Mehrschleifige Regelkreise

Viele der regelungstechnischen Aufgabenstellungen lassen sich durch Anwendung des bisher behandelten einschleifigen Regelkreises **(Bild 8.72)** lösen. Erwartet wird, daß der Kreis die auftretenden Störungen, die längs der Strecke angreifen können, im Sinne der Aufgabenstellung gut und schnell ausregelt. Oder, daß er bei anderer Auf-gabenstellung, gut und schnell auf die Führungsgrößenänderung reagiert.

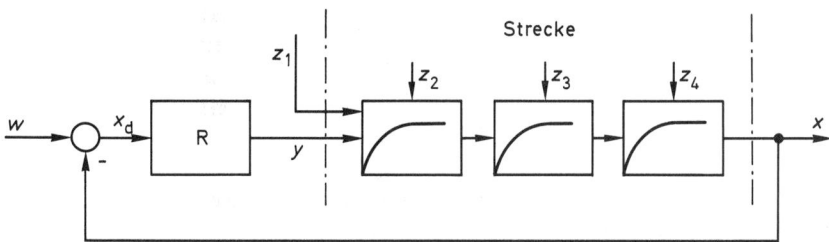

Bild 8.72   Einschleifiger Regelkreis mit einer Strecke aus mehreren Verzögerungsgliedern sowie angreifenden Störungen z_n

Besondere Anforderungen an die Regelung stellt in Bild 8.72 die Störgröße z_1, die am Eingang der Strecke angreift. Sie durchläuft die gesamte Streckenverzögerung, so daß der Regler erst spät von dieser Störung Kenntnis erhält. Je nach vorliegenden Strecken-

und Regler-Parametern reagiert der Regler eventuell zu stark oder zu spät auf diese Störgröße. Das Regelergebnis ist unbefriedigend, u. U. können sogar Schwingungen angefacht werden.

Weiterhin gibt es in der Praxis Aufgabenstellungen, die sich mit einschleifigen Regelkreisen nur schlecht oder auch gar nicht lösen lassen. Auch können Einfluß-/Störgrößen so stark sein, daß der einfache Regelkreis überfordert ist.

Es muß dann versucht werden, mit Hilfe von erweiterten Regelkonzepten, sogenannten *mehrschleifigen Regelkreisen*, das Problem zu lösen.

Wichtig ist, daß das gestellte Problem und der zu regelnde Vorgang genau analysiert werden, um zusätzliche und wichtige Einflußgrößen zu ermitteln und geeignete weitere Eingriffsmöglichkeiten zu schaffen.

Nachfolgend werden kurz die wichtigsten Grundtypen von mehrschleifigen Regelkreisstrukturen vorgestellt. Sie zeigen die prinzipiellen Signalverläufe, auf die Darstellung von Meßgrößenumformern usw. wurde verzichtet. Durch die Anwendung dieser mehrschleifigen Regelkreise lassen sich die Regelergebnisse gegenüber dem einschleifigen Regelkreis erheblich verbessern. Diese Grundtypen können durch Erweiterung oder Kombination zu noch komplexeren Strukturen zusammengestellt werden, wenn es die Aufgabenstellung erfordert.

8.6.1 Störgrößen-Konstanthaltung

Wenn die Hauptstörgröße am Streckeneingang wirksam, eindeutig meßbar und auch beeinflußbar ist, so kann sie mit einem zusätzlichen Regelkreis (Hilfsregler HR) konstant gehalten werden **(Bild 8.73)**. Der Hauptregelkreis wird dadurch wesentlich entlastet und hat nur noch die restlichen Störgrößen zu bearbeiten. In diesem Zusammenhang wird auch von Grob-Fein-Regelung gesprochen.

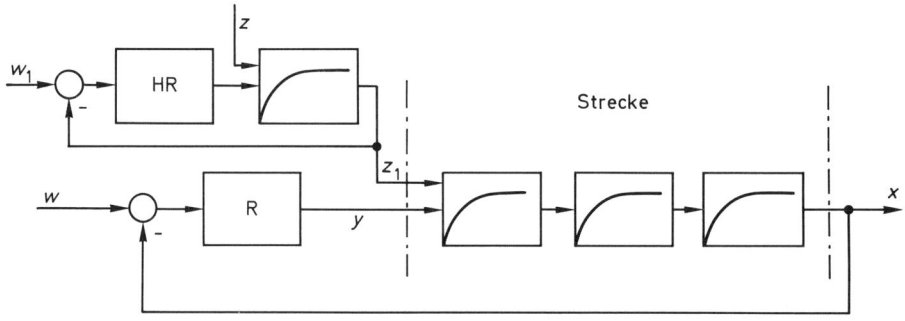

Bild 8.73 Störgrößen-Konstanthaltung durch eigenen Regelkreis

8.6.2 Störgrößen-Aufschaltung

Wenn die Hauptstörgröße am Streckeneingang wirksam und eindeutig meßbar, jedoch nicht beeinflußbar ist, so läßt sich durch Aufbau einer zusätzlichen Steuerkette der

Hauptregelkreis günstig beeinflussen. Das dynamische Verhalten wird jedoch nicht verändert. Die Steuerung muß allerdings den Störeinfluß genau ausgleichen, sonst ist sie nicht optimal wirksam. Für die Störgrößen-Aufschaltung gibt es verschiedene Möglichkeiten:
– Aufschalten auf den Reglerausgang bzw. auf die Stellgröße.
  Die Störgröße wird so mit der Stellgröße des Reglers zusammengeschaltet, daß die resultierende Stellgröße den Störeinfluß ausgleicht **(Bild 8.74)**.

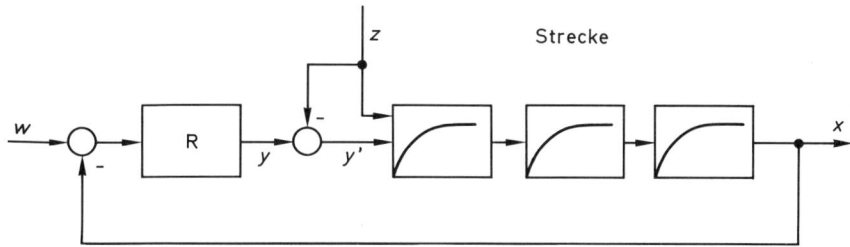

Bild 8.74 Störgrößen-Aufschaltung auf den Reglerausgang bzw. auf die Stellgröße

– Aufschalten auf den Reglereingang.
  Die Störgröße wird – meist vorübergehend (nachgebend) z. B. als D-T_1-Glied – mit der Regelgröße verknüpft, um den Regler vorab über das Auftreten einer Störgrößen-änderung zu informieren **(Bild 8.75)**.

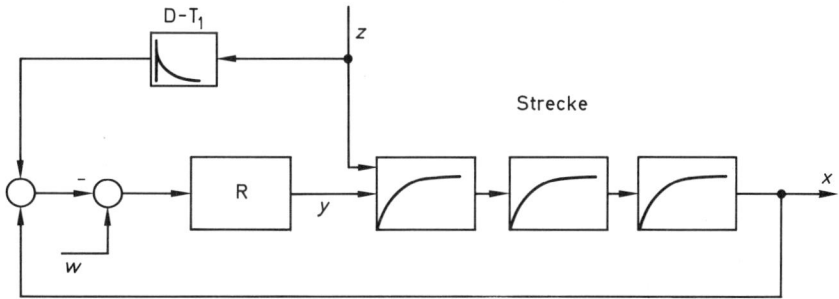

Bild 8.75 Störgrößen-Aufschaltung auf den Reglereingang

Diese Art der Störgrößen-Aufschaltung wird auch als Zweikomponenten-Regelung bezeichnet.

8.6.3 Hilfsgrößen-Aufschaltung

Wenn die Hauptstörgröße am Streckeneingang angreift, aber nicht meßbar und beeinflußbar ist, kann versucht werden, eine Hilfsgröße in der Strecke zu erfassen. Sie muß abhängig sein von der Stellgröße und der Störgröße, aber ein schnelleres Zeitverhalten als die Regelgröße aufweisen. Es wird ein zusätzlicher Hilfsregelkreis aufgebaut, so daß sich das dynamische Verhalten des Hauptregelkreises ändert. Die Aufschaltung wird meist vorübergehend (nachgebend) z. B. als D-T_1-Glied vorgenommen. Sie wirkt demnach bei Störgrößenänderungen **(Bild 8.76)**.

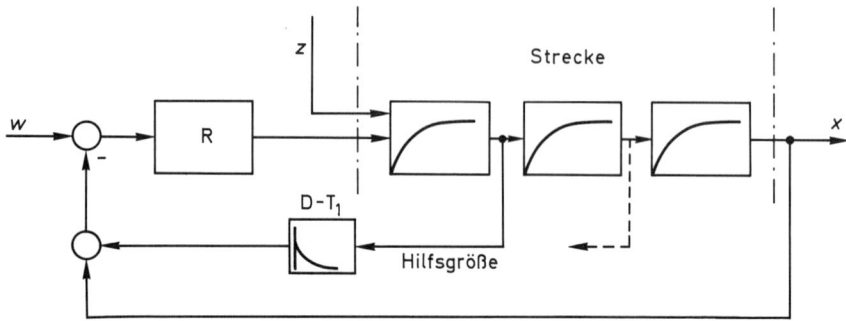

Bild 8.76   Hilfsgrößen-Aufschaltung auf den Reglereingang

8.6.4 Kaskaden-Regelung

Die aus der Strecke genommene Hilfsgröße wird so auf einen Hilfsregler (HR) geschaltet, daß dieser in Reihe (Kettenschaltung) mit dem Hauptregler (R) liegt. Eine solche Kettenschaltung wird auch als Kaskadenschaltung bezeichnet. Es entstehen dadurch zwei ineinander verschachtelte Regelkreise, ein innerer und ein äußerer Regelkreis **(Bild 8.77)**. Der innere Regelkreis muß dabei schneller als der äußere sein. Daraus ergibt sich, daß im inneren Regelkreis meist P-, im äußeren meist PI- oder PID-Regler eingesetzt werden. Der innere Kreis beeinflußt über das Stellglied den Energie- oder Massenfluß der Strecke und regelt die Hauptstörgröße aus. Der äußere Regelkreis dagegen wirkt langsam und signalmäßig wie ein Sollwert-Geber auf den inneren Kreis. Die auf den Streckeneingang wirkende Hauptstörgröße wird durch den inneren Kreis weitgehend ausgeregelt, während die restlichen Störgrößen durch den langsameren äußeren Kreis ausgeregelt werden. Die Einstellung der Regler bei der Inbetriebnahme ist dabei von innen nach außen vorzunehmen. Das Konzept kann auf beliebig viele Kreise erweitert werden, wenn jeder erfaßbaren Störgröße ein eigener Regelkreis zugeordnet werden kann.

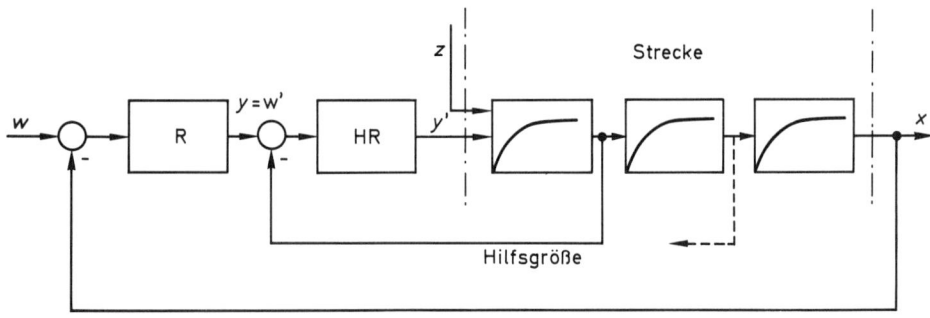

Bild 8.77   Kaskaden-Regelung

8.6.5 Verhältnis-Regelung

Wenn zwei Regelgrößen x_1 und x_2 in einem bestimmten Verhältnis zueinander stehen
müssen, wird diese Regelschaltung angewendet. Die führende Regelgröße (z. B. x_1)
kann dabei ungeregelt, aber auch geregelt sein. Die Schaltung ist ein spezieller Fall der
allgemeinen Folge-Regelung, die bereits in Abschnitt 7.2.4 kurz vorgestellt wurde. In
Bild 8.78 ist eine Verhältnis-Regelung mit Regelung beider Regelgrößen dargestellt.
An dem Block V wird das gewünschte Verhältnis von x_2 zu x_1 eingestellt. Die Größe V
kann auch noch durch einen zusätzlichen Regelkreis, der ein Ergebnis von x_2 zu x_1
erfassen und regeln soll (z. B. Temperatur), beeinflußt werden. Es entsteht damit die
sogenannte Kaskaden-Verhältnis-Regelung.
Auf besondere Vor- und Nachteile der einzelnen Schaltungen, sowie auf spezielle
Beispiele kann hier nicht näher eingegangen werden.

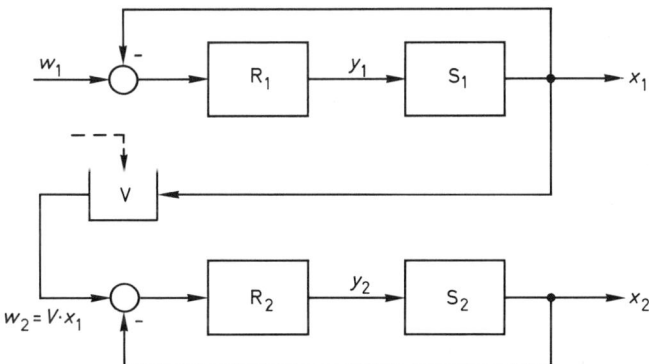

Bild 8.78 Verhältnis-Regelung mit Regelung beider Regelgrößen

9 Moderne Regel- und Leiteinrichtungen

9.1 Allgemeines

Moderne technische Prozesse und Verfahren erfordern zum sicheren und wirtschaftlichen Betrieb entsprechende Meß-, Regelungs- und Leiteinrichtungen. Sie dienen zur Überwachung, Automatisierung, Optimierung und Leitung der Prozesse und Verfahren. Dazu gehört neben der reinen Meßwerterfassung und -verarbeitung auch die Protokollierung und Aufbereitung sowie Bewertung der Meßwerte, um den Prozeß nachvollziehen und gezielt beeinflussen zu können.

In technischen Großprozessen (z.B. Kraftwerk, Raffinerie) werden heute größenordnungsmäßig tausende von Sensoren, Reglern und Stellgliedern eingesetzt, die von Leiteinrichtungen geführt, variiert, abgefragt und überwacht werden müssen. Der erforderliche Verkabelungsaufwand kann wirtschaftlich nur noch mit Bus-Systemen gestaltet werden.

Für Regelungsaufgaben wurden bisher analoge Regler eingesetzt. Beim Analogregler wird der vom Sensor gelieferte und durch geeignete Schaltungen aufbereitete Meßwert (Verstärkung, Kennlinienlinearisierung, Bereichsanpassung) mit dem Sollwert verglichen und die Regeldifferenz in einer analogen Rechenschaltung (P, I, D, Kombinationen davon) in Echtzeit zur Stellgröße aufbereitet. Bei erforderlicher Wahl eines anderen Sensors, Parameteränderungen oder einer anderen Reglerkonfiguration sind dann im allgemeinen schaltungstechnische Maßnahmen zur Neueinrichtung des Meß- und Regelkreises erforderlich.

Analogregler können zwar Daten nach außen – z.B. zu einer Leitstelle – senden, aber nicht Daten empfangen. Sie sind im allgemeinen nicht dialogfähig. Um bei umfangreicheren verfahrenstechnischen und regelungstechnischen Anwendungen aber die Vorteile eines Dialogs zwischen Leiteinrichtung und Regler ausnutzen zu können, werden seit einigen Jahren mit unterschiedlichem Komfort angebotene digitale Regler eingesetzt. Sie bieten bei ihrem Einsatz erhebliche Vorteile gegenüber den Analogreglern. Einzelheiten wurden bereits früher behandelt.

9.2 Digitale Regler

Im Vergleich zum Analogregler, der analoge Signalwerte ständig in Echtzeit verarbeitet, arbeitet der Digitalregler völlig anders. Der vom Sensor ermittelte Meßwert wird z.B. in einen Zahlenwert (Code) umgewandelt und dem Regler mitgeteilt. Hier erfolgt eine – vorher für den jeweiligen Sensortyp festgelegte – rechnerische Linearisierung des Meßwertes, ein Zahlenvergleich mit der als Zahlenwert vorgegebenen Führungsgröße zur Bildung der Regeldifferenz und die eigentliche rechnerische Verarbeitung (gemäß Regelalgorithmus: P, I, D oder Kombinationen) zur Stellgröße. Die Ausgabe der Stellgröße kann digital erfolgen. Wenn der Digitalregler jedoch kompatibel zum Analogregler sein soll, dann muß die Stellgröße von digitaler wieder in eine analoge Form umgewandelt werden. In **Bild 9.1** sind die Grundprinzipien für den Aufbau analoger und digitaler Regler dargestellt.

535

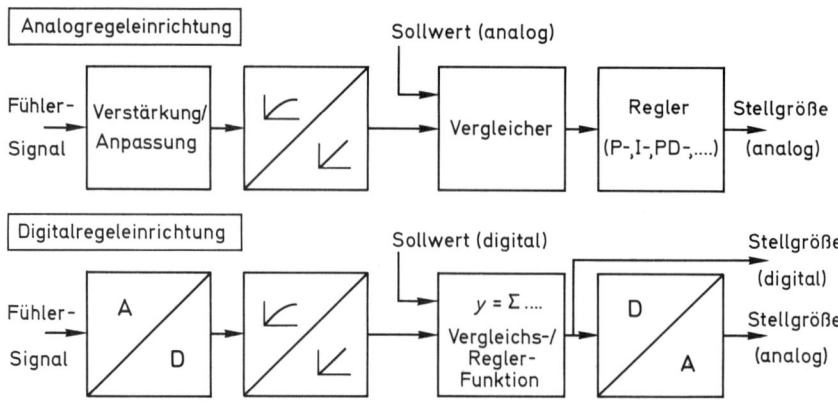

Bild 9.1 Grundprinzipien analoger und digitaler Regler

Die Verarbeitung – Umwandlung der analogen Meßgröße zum Meßwert, rechnerische Behandlung der Meßwerte usw. – kann nur schrittweise zwischen diskreten Abtast-Zeitpunkten erfolgen. Damit ändert sich auch das Ausgangssignal, die Stellgröße, nur zu bestimmten Zeitpunkten. Meßwertumwandlung und Berechnung benötigen nämlich eine endliche Zeit. Für die Auslegung ist erforderlich, daß das Abtastintervall kleiner ist als die kleinste Zeitkonstante des Regelkreises.

Die Abtastwerte liegen bei heute realisierten Reglern etwa im Abstand von 1 bis 10 ms. Innerhalb dieser Zeit müssen im Regler alle mathematischen Operationen ablaufen: Meßwertabtastung/-umformung, Linearisierung, Vergleich, Berechnung, Abspeichern von Werten, Ausgabe der Stellgröße, D/A-Wandlung.

Der bereits in Abschnitt 7.6 vorgestellte einfache Regelalgorithmus

$$y_3 = K_P \cdot x_{d3} + K_P \cdot \frac{T_A}{T_n} \cdot (x_{d1} + x_{d2} + x_{d3}) + K_P \cdot \frac{T_v}{T_A} \cdot (x_{d3} - x_{d2})$$

mit y_3 = Stellgröße für Abtastschritt 3
x_{d3} = Regeldifferenz für Schritt 3
x_{d2} = Regeldifferenz für Schritt 2
x_{d1} = Regeldifferenz für Schritt 1
T_A = Zeitraum zwischen 2 Abtastungen
K_P = Proportional-Beiwert (P-Anteil)
T_n = Nachstellzeit   (I-Anteil)
T_v = Vorhaltezeit   (D-Anteil)

ist gemäß der vom Analogregler her bekannten Form der Reglergleichung aufgestellt. Für die praktische Anwendung im Digitalregler ist diese Form der Reglergleichung jedoch wenig geeignet, da fortlaufend alle Regeldifferenzen abgespeichert (z. B. für den I-Teil) und immer wieder aufsummiert werden müssen. Da dies viel Speicherplatz erfordert, ist es zweckmäßiger, die zuletzt gebildete Summe abzuspeichern und dazu im nächsten Abtastintervall die neue Regeldifferenz zu addieren. Danach wird der Speicher mit der neuen Summe überschrieben.

Die in der Praxis verwendeten Regelalgorithmen zur Erzeugung eines bestimmten Reglerverhaltens sind meist anders strukturiert. Dies geschieht vor allem, um höhere Rechengeschwindigkeiten zu erzielen. Da diese Rechenvorschriften vom Reglerhersteller vorgegeben und fest eingebaut sind (ROM-Speicher), kann der Anwender sie nicht beeinflussen. Es soll daher hier auch nicht weiter auf unterschiedliche Regelalgorithmen eingegangen werden.

Beim Digitalregler ist die Reglerstruktur nicht mehr wie beim Analogregler durch ein Bauelemente-Netzwerk (Hardware), sondern durch eine Rechenvorschrift (Software) festgelegt. Der Bediener – oder auch eine extern angeschlossene Leiteinrichtung – kann durch Abruf entsprechender Speicheradressen die eingespeicherten Rechenvorschriften abfordern und damit dem Regler Zweipunkt-, Dreipunkt-, P-, I-, PD-...-Verhalten geben. Dies bedeutet eine erheblich größere Flexibilität gegenüber dem Analogregler **(Bild 9.2)**.

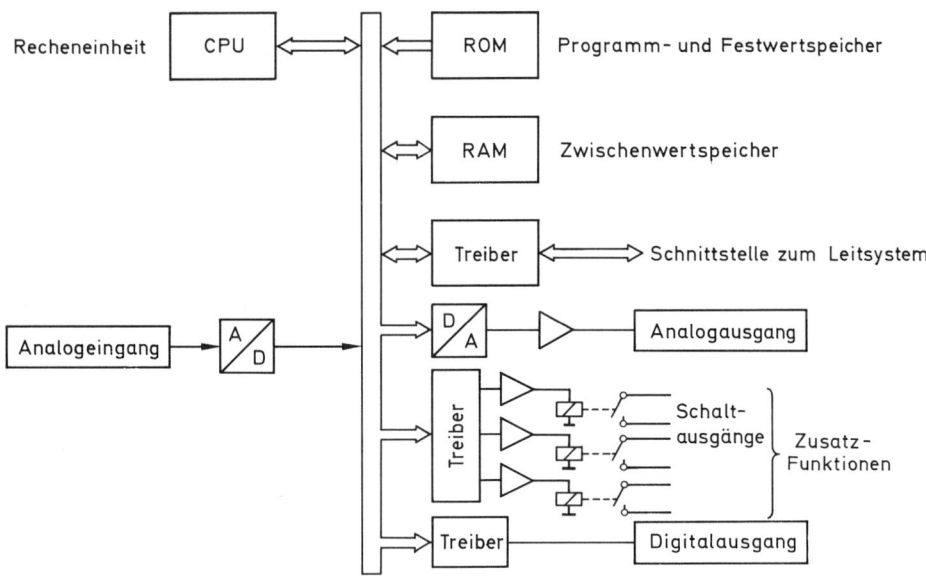

Bild 9.2   Aufbau einer Digitalregeleinrichtung

Digitalregler bieten außerdem im Vergleich zu Analogreglern größere Reglergenauigkeiten, da der Rechnerteil unabhängig von Temperatureinflüssen, Bauelementestreuungen, Parameteränderungen usw. arbeitet. Noch verbleibende Einflüsse wie Nullpunktsfehler, Verstärkungsfehler aus der analogen Eingangsstufe (A/D-Wandler) können durch periodisches Einschalten von Referenzgrößen in den Signalzweig gemessen und anschließend rechnerisch ausgeglichen werden. Bei Digitalreglern ist eine große Vielzahl von Funktionen eingebaut. Damit der Bediener über ein möglichst einfaches und sinnfälliges Tasten- und Anzeigefeld Zugriff zum Regler erhält, werden unterschiedliche Zugriffsebenen festgelegt **(Bild 9.3)**.

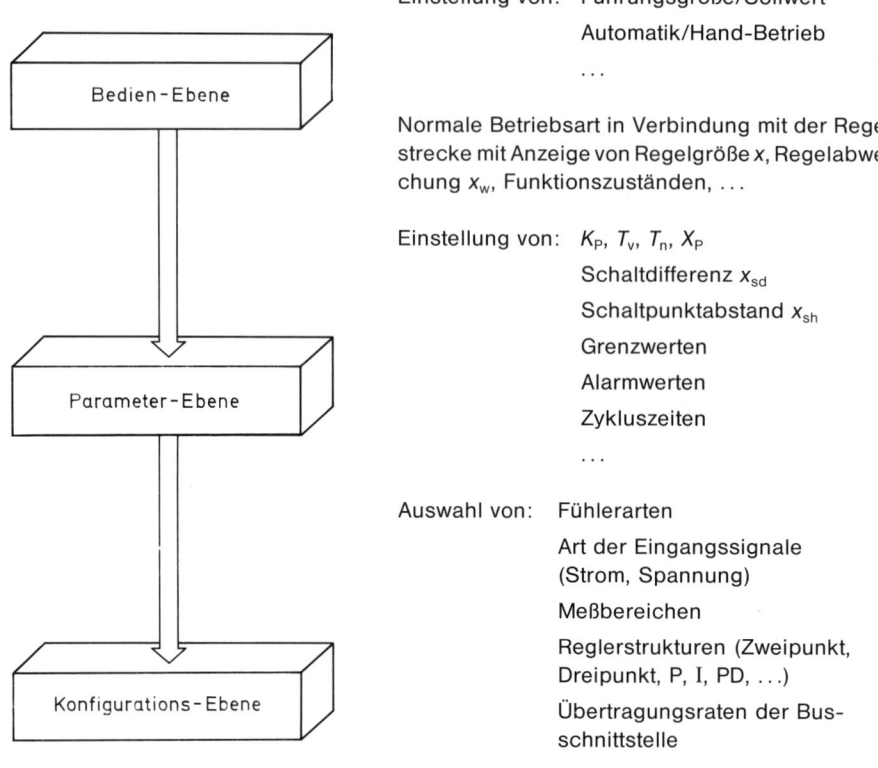

Einstellung von: Führungsgröße/Sollwert

Automatik/Hand-Betrieb

. . .

Normale Betriebsart in Verbindung mit der Regelstrecke mit Anzeige von Regelgröße x, Regelabweichung x_w, Funktionszuständen, . . .

Einstellung von: K_P, T_v, T_n, X_P

Schaltdifferenz x_{sd}

Schaltpunktabstand x_{sh}

Grenzwerten

Alarmwerten

Zykluszeiten

. . .

Auswahl von: Fühlerarten

Art der Eingangssignale (Strom, Spannung)

Meßbereichen

Reglerstrukturen (Zweipunkt, Dreipunkt, P, I, PD, . . .)

Übertragungsraten der Busschnittstelle

. . .

Bild 9.3   Abgestufte Bedienebenen von Digitalreglern

Die Ebenen können gegeneinander verriegelt werden, um Fehlbedienungen zu verhindern. Es sind auch bereits Regler auf dem Markt, die den Bediener über eine Textanzeige durch das Einstellprogramm führen.

Digitale Regler haben alle namhaften Hersteller im Fertigungsprogramm, zum Teil als Reglerfamilien für spezielle Einsatzbereiche, wie z. B. Temperaturregelungen. Es zeichnet sich aber ein Trend dahingehend ab, die Kompakt-Regler für allgemeine Anwendungen zu konzipieren. Der Anwender hat damit freie Wahl im Einsatz des Reglers für seine Zwecke. Vorteile sind bei dieser Konzeption vor allem auch hinsichtlich Bereinigung der bisherigen Typenvielfalt und damit vereinfachter Lagerhaltung zu sehen.

Im Rahmen dieses Lehrganges können die Digitalregler nicht ausführlich behandelt werden. Um charakteristische Gesichtspunkte darzustellen, werden einige Beispiele ausgewählt und kurz vorgestellt. Für weitergehende Informationen ist auf die jeweiligen Herstellerunterlagen zu verweisen.

Die Eigenschaften digitaler Regler sollen an einigen praktischen Beispielen erläutert werden.

Beispiel 1:

Digital-Regler 820 (Eurotherm)

Bild 9.4 zeigt die Frontplatte des Reglers Eurotherm 820. Der Regler hat für die einzelnen Aufgaben ein Multiprozessorsystem, dessen Blockschaltbild in **Bild 9.5** dargestellt ist.

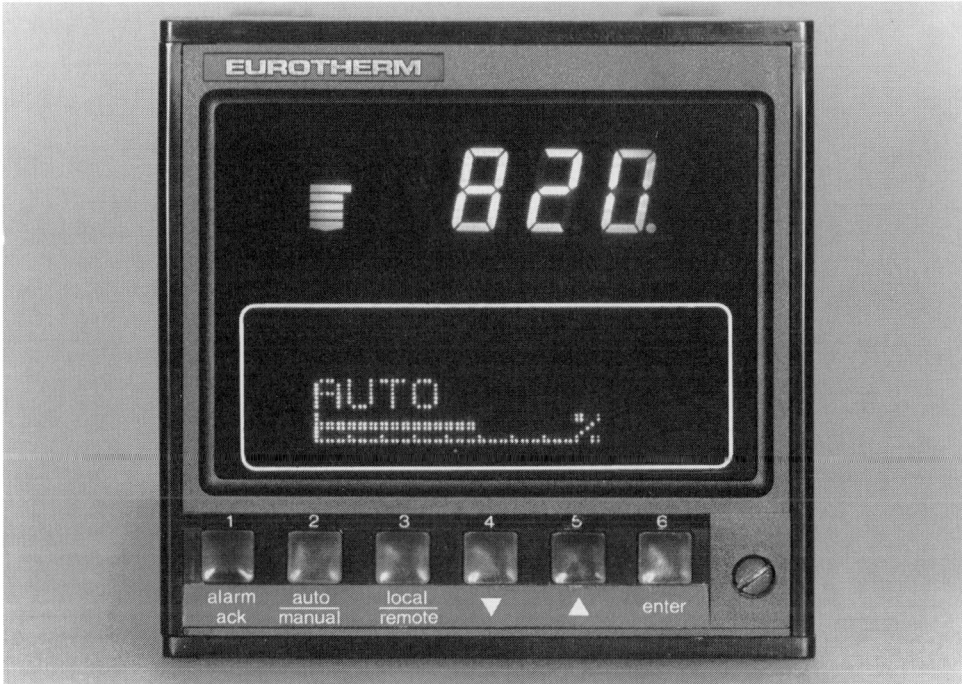

Bild 9.4 Digital-Regler 820 (Eurotherm)

Die Eingangsspannung kann zwischen 5 mV und 100 mV liegen. Wahlweise sind Eingangsmodule für Normsignale, z. B. 0 bis 10 V oder 4 bis 20 mA, verfügbar. Linearisierungstabellen für vier Thermoelementetypen sind fest eingebaut, die Genauigkeit der Linearisierung beträgt ± 0,2°C. Vier Ausgangsarten sind möglich: Relais-Ausgang, Triac-Ausgang, Logik-Ausgang und Stetig-Ausgang. Als Anzeigesysteme hat der Regler eine 4stellige Siebensegmentanzeige, bei der der Dezimalpunkt per Software vorgegeben werden kann. Eine Bargraphanzeige stellt die Abweichungen vom Sollwert richtungsabhängig dar. Für alphanumerische und grafische Darstellungen dient ein 15 × 54-Punkte-Feld. Der Regler hat zwei Sätze von PID-Parametern, die sollwertabhängig umgeschaltet werden können.

Die Einstellbereiche für die Reglerparameter liegen bei:

Proportionalbereich X_P: 0,1 ... 999,9 %
Integrierzeit T_r : 0   ... 999,5 %
Differenzierzeit T_D: 0   ... 999,5 %

Die Zykluszeit, mit der der Regler die Eingangsgröße abfragt, kann zwischen 0,1 und 65 s eingestellt werden.

Die Bedienung ist hier aus Sicherheitsgründen sogar in vier Ebenen unterteilt. Es sind die Bedienerebene, die Überwachungsebene, die Inbetriebnahmeebene und die Konfigurationsebene.

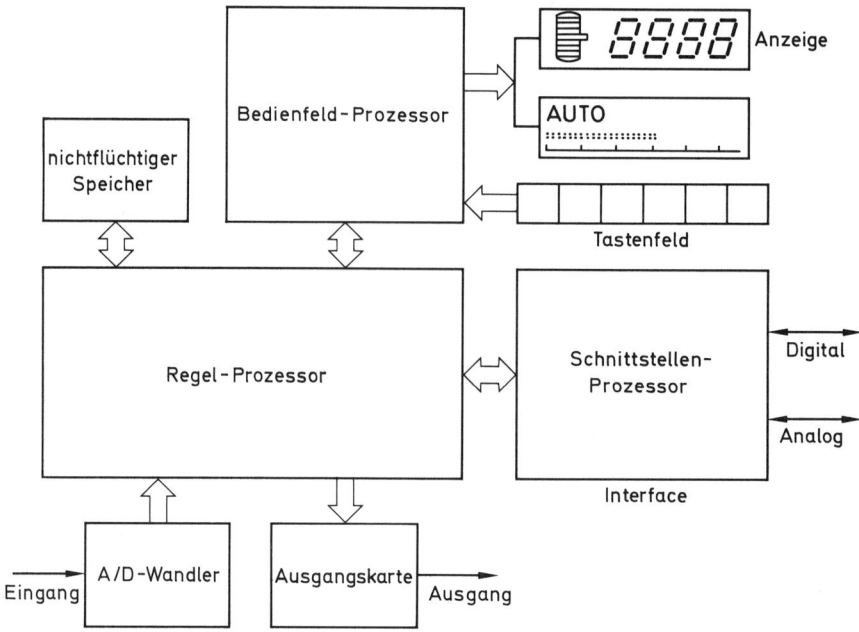

Bild 9.5 Blockschaltbild des Digital-Reglers 820 (Eurotherm)

In der Bedienerebene wird der Normalbetrieb abgewickelt. Digital angezeigt wird der Istwert, während die Abweichung zwischen Soll- und Istwert analog dargestellt wird. Auf der Matrix wird die Betriebsart sowie die relative Ausgangsgröße als Balkendiagramm angegeben. In der Überwachungsebene erscheinen auf der Matrix Informationen über die Alarmfunktion. In der Inbetriebnahmeebene fragt der Regler über die Matrix nach der Sicherheitsnummer, ohne die der Bediener die Parameter nicht verändern kann. In der Konfigurationsebene meldet sich der Regler mit dem Hinweis auf die eingestellte Ebene und erwartet eine Neukonfigurierung über die Software.

Beispiel 2:

Digitaler Industrieregler KS 4580 (Philips)

Der Regler hat ein beleuchtetes LC-Anzeigefeld für den Sollwert *w*, den Istwert *x*, die Stellgröße *y* in %, die Regelparameter und eine Bargraphanzeige für den Trend der Abweichung. **Bild 9.6** zeigt den Regler.

Auch bei diesem Regler sind die Zugriffsebenen Bedienen, Parametrieren und Konfigurieren getrennt ausgeführt. Zu unterscheiden sind zwei Ausführungen: als schaltender und als stetiger Regler.

Als schaltender Regler können folgende Funktionen konfiguriert werden:
Zweipunktregler mit PD- oder DPID-Verhalten
Dreipunktregler mit PD-/PD-Verhalten oder DPID-Verhalten
Dreipunktschrittregler mit DPID-Verhalten

Parameter für DPID-Verhalten

Zweipunkt-Regler	Dreipunkt-Regler
$X_{P1} = 0,1 \ldots 400\,\%$	$X_{P1}, X_{P2} = 0,1 \ldots 400\,\%$
$T_v = 0 \ldots 1200\,s$	$T_v = 0 \ldots 1200\,s$
$T_n = 0 \ldots 3600\,s$	$T_n = 0 \ldots 3600\,s$

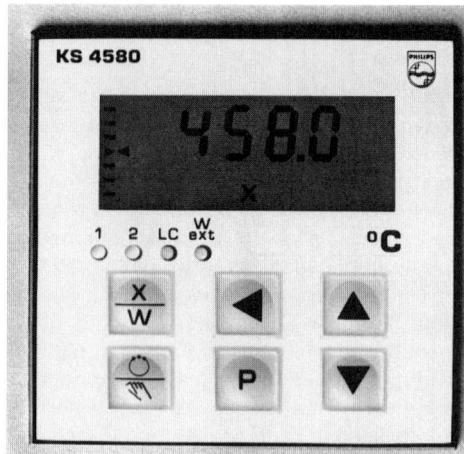

Bild 9.6 Digitaler Industrieregler
KS 4580 (Philips)

In der Ausführung als stetiger Regler sind bei der Konfiguration die Ausgangssignale 0 ... 20 mA oder 4 ... 20 mA anwählbar. Außerdem lassen sich der maximale und der minimale Strom der Stromquelle programmieren. Der Ausgang ist überspannungs- und kurzschlußsicher. Die Einstellbereiche für die Parameter sind:

$X_P = 0,1 \dots 400\,\%$
$T_v = 0 \dots 1200\,s$
$T_n = 1 \dots 3600\,s$

Der Integralanteil des PID-Reglers ist abschaltbar.

Für den praktischen Einsatz sind eine Reihe von Zusatzfunktionen vorgesehen. Hierzu gehört auch eine Funktion als Programmregler mit drei Sollwerten und drei Zeitabschnitten.

Über eine Datenschnittstelle RS 422/485 oder RS 232 C können Daten der Parameter- und Bedienebene an einen Rechner übertragen oder von diesem geändert werden. Die Anpassung der Eingänge erfolgt über Module für Thermoelemente, Widerstandsgeber, Einheitssignale und mV-, V-, mA-Signale nach anwenderspezifischen Festlegungen. Innerhalb dieser Gruppen lassen sich Fühleranpassungen konfigurieren. Für die einzelnen Module sind Sicherheitsfunktionen vorgesehen.

In der Bedienebene kann auf den Sollwert und die Automatik/Hand-Umschaltung zugegriffen werden. Die Umschaltung ist so ausgeführt, daß sie in beiden Richtungen stoßfrei erfolgt. Im Automatik-Betrieb wird der Ist-Wert, bei Handbetrieb die Stellgröße angezeigt. Die Regelabweichung kann auf einer Bargraph-Anzeige stufenförmig als $\pm$ 0, $\pm$ 1, $\pm$ 2, $\pm$ 5 und $\pm$ 10 % abgelesen werden. Bei größeren Abweichungen blinkt ein Pfeil in der Richtung der Abweichung. Die Datensicherung erfolgt über einen elektrischen programmierbaren und löschbaren nichtflüchtigen Speicher (EAPROM). Als Industrieregler ist der Aufbau den auftretenden Anforderungen angepaßt, die Frontplatte ist spritzwasser- und staubgeschützt nach IP 54.

Dreipunkt-Schrittregler

$$X_{Sh} = 0,2 \dots 20\,\% \text{ (Schaltbereich, neutrale Zone)}$$
$$X_{p17} = 0,1 \dots 400\,\%$$
$$T_v = 0 \dots 1200\,s$$
$$T_n = 1 \dots 3600\,s$$
$$T_m = 20 \dots 120\,s\ (X_{sd} = 0,09\,\%)$$

Beispiel 3:

SPS-Regler

Neben den bereits vorgestellten Digitalreglern können auch speicherprogrammierbare Steuerungen (SPS) zu Regelaufgaben herangezogen werden. Unter einer speicherprogrammierbaren Steuerung ist eine digitale Steuerung zu verstehen, die digitale und analoge Informationen nach einem in einem Speicher hinterlegten Programm bearbeitet. Die Anpassung an die zu erfüllende Steuerungsaufgabe erfolgt über das Programm. Speicherprogrammierbare Steuerungen arbeiten zyklisch. In speicherprogrammierbaren Steuerungen sind häufig spezielle Programm-Module vorgesehen, die Regelfunktionen von P-, PI-, PD-, PID-, Zweipunkt- und Dreipunktreglern übernehmen können. Wegen der zyklischen Funktion der Programme erfolgt die Abfrage der Eingangsgrößen für das Regeleinrichtungsmodul periodisch, das heißt, daß die Regelgröße x in einem bestimmten Zyklus abgefragt, digitalisiert und mit der Führungsgröße verglichen wird. Das Ergebnis des Vergleichs wird rechentechnisch ausgewertet und die ermittelte Ausgangsgröße nach einer digital/analogen Umwandlung auf den Ausgang geschaltet. Die Abfrageperiode kann je nach Anwendung in bestimmten Grenzen vom Anwender bestimmt werden.
Bild 9.7 veranschaulicht die taktbezogene Arbeitsweise einer solchen, mit einem Programm erzeugten Reglerfunktion. Infolge der taktweisen Erfassung der Eingangsgröße wird eine solche Regelung auch als Abtastregelung bezeichnet.

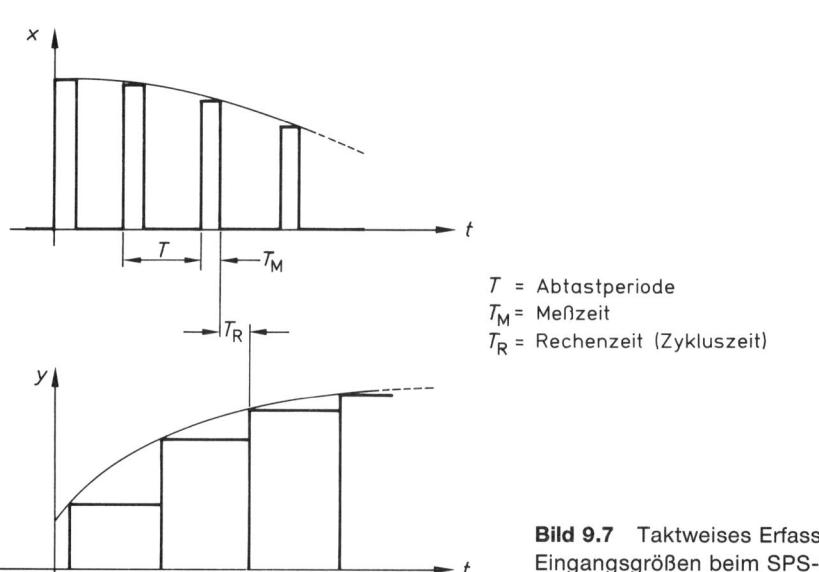

T = Abtastperiode
T_M = Meßzeit
T_R = Rechenzeit (Zykluszeit)

Bild 9.7 Taktweises Erfassen der Eingangsgrößen beim SPS-Regler

Die kürzesten Abtastperioden liegen bei üblichen Steuerungen um 100 ms, wobei die eigentliche Meßzeit nur einige Millisekunden beträgt. Die Rechenzeit für die Berechnung der Ausgangsgröße beläuft sich ebenfalls nur auf einige Millisekunden. Um ein quasi-kontinuierliches Regelverhalten zu erhalten, muß die charakteristische Streckenzeitkonstante mindestens zehnmal so groß wie die Abtastperiode sein.
Bild 9.8 zeigt einen digitalen Regelkreis mit einer SPS, wobei angenommen wurde, daß auch die Führungsgröße der SPS als Analogwert übergeben wird. Die Funktion des Regler-Moduls läßt sich anhand dieses Blockbildes beschreiben. Nach Freigabe des Moduls innerhalb des Programmes werden über zwei Analog-Eingänge Führungsgröße und Regelgröße eingelesen, digitalisiert und rechnerisch die Regeldifferenz gebildet. Anschließend erfolgt die Berechnung der Ausgangsgröße (Stellgröße y) nach der Übertragungsfunktion des gewählten Regelmoduls und

die Ausgabe über einen Analog-Ausgang der Steuerung. Handelt es sich bei dem gewählten Regler um einen unstetigen Regler, so erfolgt die Ausgabe der Ausgangsgröße des Reglers über einen digitalen Ausgang. Die Festlegung der Reglerkenngrößen wie Proportional-Beiwert K_P, Vorhaltezeit T_v, Nachstellzeit T_n, Schalthysterese und Abtastperiode sind in weiten Grenzen einstellbar.

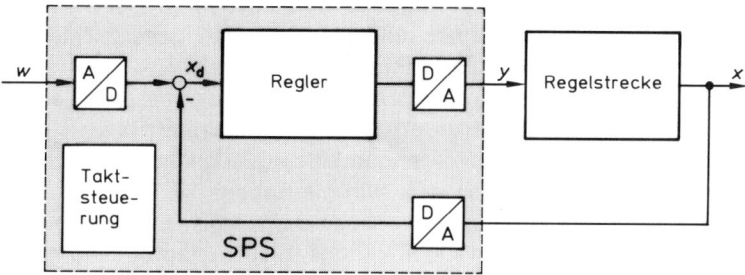

Bild 9.8 Digitaler Regelkreis mit SPS

Die Funktion eines Reglermoduls und das Verhalten der Stellgröße y in Abhängigkeit von der Zeit zeigt **Bild 9.9**. Für das Beispiel wurden folgende Konstanten angenommen:

$K_P = 1$	$T_n = 4$ s	$T_v = 1$ s	$T = 0,9$ s
Proportional-Beiwert	Nachstellzeit	Vorhaltezeit	Abtastperiode

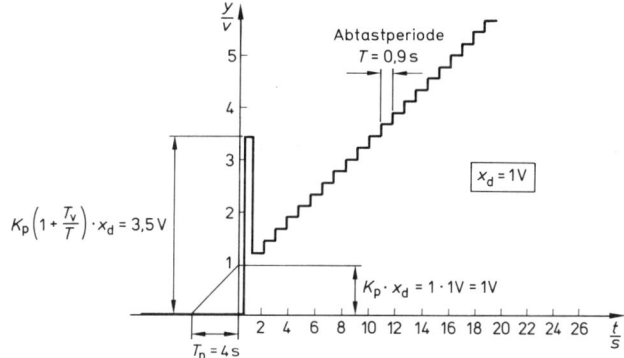

Bild 9.9 Verhalten eines PID-SPS-Reglermoduls

Um einen Einblick in die vielfältigen Einstellmöglichkeiten z. B. eines PID-SPS-Reglermoduls zu geben, zeigt die folgende Tabelle die Einstellbereiche der speicherprogrammierbaren Steuerung PS3 (Klöckner-Moeller).

PID-Modul PS 3	Form A	Form B
Proportional-Beiwert	$K_P = 0,1 \dots 25,5$ s	$K_P = 0,1 \dots 25,5$ s
Nachstellzeit	$T_n = 0,1 \dots 25,5$ s	$T_n = 1 \dots 255$ s
Vorhaltezeit	$T_v = 0,1 \dots 25,5$ s	$T_v = 0,1 \dots 25,5$ s
Abtastperiode	$T = 0,1 \dots 25,5$ s	$T = 0,1 \dots 25,5$ s

9.3   Adaptive digitale Regler

9.3.1 Allgemeines

Da die Einstellung von Reglern im Regelkreis zeitaufwendig und nicht einfach ist, geht der Entwicklungstrend dahin, diese Aufgabe automatisch zu lösen. Hierzu wird die »Intelligenz« des Rechensystems eines digitalen Reglers eingesetzt. Nun kann es aber **die** optimale Einstellung eines Reglers nicht geben, vielmehr wird durch den jeweiligen Anwendungsfall (Strecke) und durch den Anwender vorgegeben, was jeweils als optimal anzusehen ist. So ist z. B. zu klären, ob bei dem Regelvorgang Überschwingen zugelassen werden kann, oder ob der Vorgang in kürzest möglicher Zeit ablaufen soll. Es muß also genau spezifiziert werden, wie sich die Regelgröße im Ausregelvorgang zu verhalten hat. Diese Randbedingungen müssen dem Regler in geeigneter Weise eingegeben werden, damit sie beim Optimierungsablauf entsprechend berücksichtigt werden können.

Regler, die sich selbsttätig an eine vorgegebene Regelstrecke anpassen, werden **adaptive** (engl. adaptive = anpassungsfähig) **Regler** genannt. Die Eigenschaften der Regelstrecke und die Aufgabenstellung für den Regler bestimmen den Aufwand und die Komplexität und damit auch die Kosten für einen adaptiven Regler.

Ein relativ einfacher Fall liegt vor, wenn die Eigenschaften der Strecke im wesentlichen unverändert (zeitinvariabel) bleiben. Hier könnte allgemein die Aufgabenstellung lauten:

> Auf Befehl Ermittlung der Streckendaten, Berechnen der Regelparameter gemäß einer der bekannten (eventuell auch modifizierten) Einstellvorschriften, Einstellen des Reglers.

Die Reglereinstellung bleibt anschließend konstant erhalten. Hier ist also die erstmalige Einstellung eines Reglers an einer unbekannten Strecke automatisiert worden. Derartige Regler werden als **selbsteinstellende Regler** bezeichnet.

Ein erheblich komplexerer Fall liegt vor, wenn die Eigenschaften der Strecke sich im Betrieb ständig ändern, also zeitvariabel sind. Ein Beispiel für einen derartigen Fall ist die Regelstrecke Flugzeug, bei der die Ruderwirkung abhängt von Geschwindigkeit, Windeinfluß, Flughöhe, Masse und weiteren Faktoren. Hier muß der adaptive Regler ständig die Strecke analysieren und seine Parameter den sich ändernden Streckenbedingungen anpassen. Die Aufgabe kann auch beinhalten, daß der Regler sich ständig neu konfiguriert. In der Praxis haben bisher drei Verfahren zur Regleroptimierung Bedeutung erlangt. Sie werden in den folgenden Abschnitten kurz dargestellt.

9.3.2 Automatisieren von Einstell-Vorschriften

Dies Verfahren wird bei selbsteinstellenden Reglern an zeitlich sich nicht ändernden Strecken angewendet. Eine Reglereinstellung gemäß der Optimierungsvorschrift von Ziegler und Nichols würde nach Programm etwa folgendermaßen ablaufen:
- adaptiven Regler als P-Regler schalten
- K_{PR} stufenweise erhöhen, bis der Regelkreis mit konstanter Amplitude schwingt
- Messung von T_{krit} und $K_{PR\,krit}$

– Berechnung der Reglerparameter gemäß Ziegler und Nichols
– Einstellung des Reglers

Der Rechenaufwand ist nicht zu groß und das Verfahren technisch beherrschbar. Die Optimierung nach Ziegler und Nichols liefert jedoch nicht in allen Fällen befriedigende Ergebnisse. Dann ist eine manuelle Nachoptimierung erforderlich.

Wenn genügend Erfahrungen für bestimmte Regelstrecken vorliegen, können auch andere empirische Einstellvorschriften oder Regelalgorithmen Anwendung finden. Unter Umständen läßt sich insbesondere bei Temperaturstrecken der langwierige Schwingversuch oder die Aufnahme der Sprungantwort vermeiden.

9.3.3 Sprungantwort als Modell der Regelstrecke

Auch dieses Verfahren wird bei der Realisierung von selbsteinstellenden Reglern an zeitlich sich nicht ändernden (zeitinvariablen) Strecken angewendet.

Da eine lineare Regelstrecke durch ihre Sprungantwort vollständig beschrieben wird, lassen sich aus ihr auch optimale Regelparameter bestimmen **(Bild 9.10)**.

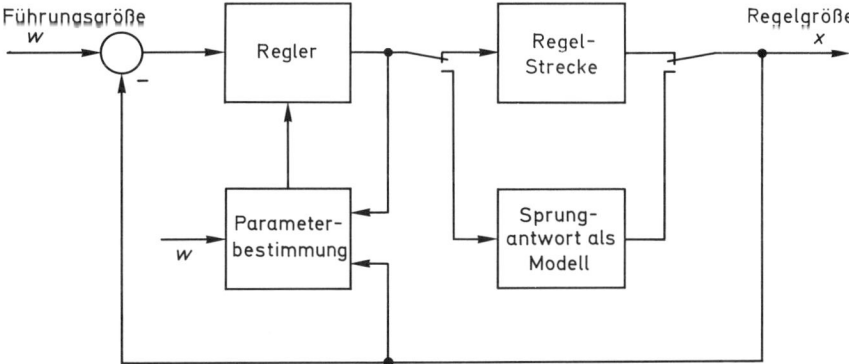

Bild 9.10 Bestimmung der Reglerparameter mit Hilfe der aufgenommenen und eingespeicherten Sprungantwort der Regelstrecke

Die Sprungantwort der Strecke wird gemessen und in den Reglerspeicher eingegeben. Zusätzlich muß das gewünschte Regelverhalten festgelegt und gespeichert werden. Durch die Simulation von reglerinternen Sollwertsprüngen wird dann das Zusammenwirken von Regler und Streckenmodell (Sprungantwort) untersucht. Mit Hilfe einer Suchstrategie erfolgt so lange eine Verstellung der Reglerparameter, bis die Abweichungen minimal sind. Der Rechenaufwand für all diese Vorgänge ist jedoch recht groß. Es muß außerdem dafür gesorgt werden, daß der Optimierungsablauf innerhalb einer sinnvollen Zeit zum Erfolg führt oder das Programm den Ablauf ergebnislos abbricht.

9.3.4 Voll-adaptiver Regler

Ein voll-adaptiver Regler muß in der Lage sein, sich kontinuierlich an eine zeitvariable Strecke anzupassen. Hierzu lassen sich Parameter-Schätz-Rechnungen anwenden. An der Regelstrecke werden ständig die Eingangs- und Ausgangssignale gemessen und daraus durch Parameterschätzung ein mathematisches Streckenmodell ermittelt. Über das Ergebnis der Parameterschätzung erfolgt eine Anpassung des Modells an den aktuellen Stand. Aus dem mathematischen Modell werden die Reglerparameter bestimmt und an den Regler übergeben **(Bild 9.11)**.

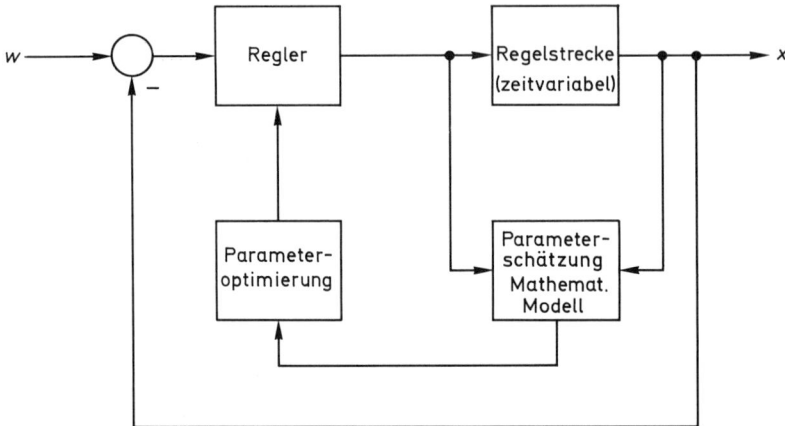

Bild 9.11 Regelkreis mit adaptivem Regler, Schätzung der Streckenparameter und mathematisches Streckenmodell

Die Regleroptimierung ist direkt abhängig von der Qualität der Parameterschätzung. Der Rechenaufwand ist sehr hoch, so daß hierfür große Prozeßrechner eingesetzt werden müssen. Die Schätzwerte weisen große Schwankungen auf. Sie müssen deshalb auf Zuverlässigkeit und Plausibilität (Korrektheit) überprüft werden. Wegen der Schwierigkeit, diese Prüfungen verläßlich durchzuführen, werden bisher nur einfache lineare bzw. in etwa lineare Regelstrecken mit Hilfe voll-adaptiver Regler beherrscht.

9.3.5 Beispiele handelsüblicher adaptiver Digitalregler

Bild 9.12 zeigt schematisch den Vorgang einer Selbstoptimierung beim Anfahren. Wird dieser Vorgang über einen Bedienerbefehl ausgelöst, so handelt es sich nach dem festgelegten Bezeichnungsschema um einen selbsteinstellenden Regler. In Industrieunterlagen wird hierfür auch der Begriff »selbstoptimierend« verwendet.

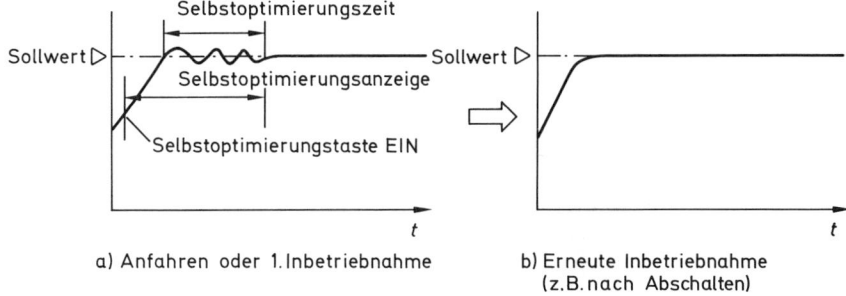

a) Anfahren oder 1.Inbetriebnahme   b) Erneute Inbetriebnahme
(z.B. nach Abschalten)

Bild 9.12   Selbstoptimierung eines Reglers

Beispiel 1:

Selbsteinstellender Digital-Regler SR 20 (Esters Elektronik)

Der Digital-Regler SR 20 wird von einem Mikroprozessor gesteuert. Der Optimierungsvorgang für die Reglerparameter wird automatisch durchgeführt, muß jedoch vom Bediener gestartet werden. **Bild 9.13** zeigt die Frontplatte des Reglers.

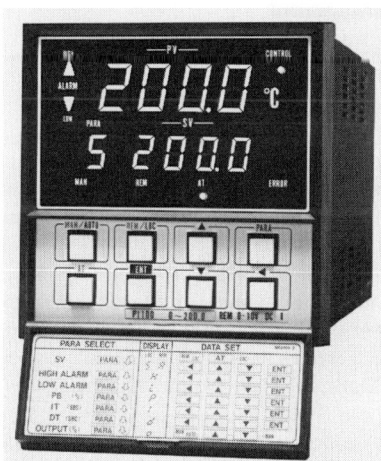

Bild 9.13   Frontansicht des Digital-Reglers SR 20 (Esters Elektronik)

Die Anpassung des Reglers an den Prozeß erfolgt über auswählbare Eingangskonfigurationen für Thermoelemente, Meßwiderstände und Einheitssignale. In der oberen Anzeige erscheint der Ist-Wert, die untere Anzeige ist für Sollwert, Grenzwerte und Reglerparameter vorgesehen. Weitere Informationen werden über zusätzliche Anzeigefunktionen gegeben. Das Regelverhalten im Automatik-Betrieb ist PID-Verhalten. Die Parameter können bei der Optimierung in den Bereichen

$$X_\mathrm{P} = 1 \ldots 199\,\% \qquad T_\mathrm{n} = 1 \ldots 6000\,\mathrm{s} \qquad T_\mathrm{v} = 1 \ldots 1200\,\mathrm{s}$$

eingestellt werden. Ohne Optimierung lassen sich die Parameter in den gleichen Bereichen einstellen. Als Ausgänge hat der Regler einen analogen Stromausgang 4 ... 20 mA, einen Kontaktausgang 240 V AC/3 A ohmsche Last mit einer Zykluszeit von 30 s und einen Steuerspannungsausgang 15 V/20 mA.
Die Daten sind bei Ausfall der Betriebsspannung gesichert. Alle Bedienelemente werden im Normalbetrieb mit einer Klappe abgedeckt.

Beispiel 2:

Selbsteinstellender Digital-Regler Jumo Dicon S (Juchheim)

Bild 9.14 zeigt die Frontplatte des Reglers.

Bild 9.14   Frontansicht des Digital-Reglers Jumo Dicon S (Juchheim)

Der Regler Dicon S ist mikroprozessor-gesteuert weitgehend konfigurierbar. Er hat eine vier-stellige Anzeige und eine alphanumerische Anzeige, die wahlweise zur Kommentierung des angezeigten Wertes oder zur Anzeige eines zweiten Wertes genutzt werden kann. Die Vielfalt der Ein- und Ausgänge zeigt **Bild 9.15**.

Über vier analoge Eingänge erfolgt die Anpassung an den Prozeß. Vorgesehen ist der Anschluß von Widerstandsthermometern, Thermoelementen und Einheitssignalen. 5 Standardausführun-gen erleichtern die Auswahl. 2 binäre Eingänge dienen zur Anwahl bestimmter Steuerfunktionen. Der Regler hat einen analogen Ausgang für Einheitssignale, 3 binäre Ausgänge als Relaiskontakt oder in Stromschleifenausführung 0/20 mA und eine Spannungsversorgung für Zweileiter-meßumformer, bei denen die Versorgungsspannung über die Signalleitungen geführt wird. Der Regler übergibt Informationen an die Displays und steuert Leuchtdioden an. Über die Tastatur erhält er Befehle von außen. Die Schnittstelle ermöglicht die Kopplung mit einem Rechner, der sowohl Daten abfragen als auch modifizieren kann. Die Bedienung ist in drei Ebenen unterteilt. Grundfunktionen werden in der Konfigurationsebene festgelegt. Dies sind hier die Funktion der Meßeingänge, die Linearisierung, die Umschaltung °C/°F und die Steuerung des Dezimalpunktes. Auch die Funktion des analogen Ausganges wird definiert. Dies bezieht sich auf den Wert des Aus-ganges für 0 % und für 100 % und die Wahl des Signals 0 . . . 20 mA oder 4 . . . 20 mA. Die binären Eingänge ermöglichen die Ansteuerung von drei weiteren Sollwerten w_2, w_3 und w_4. Für die binären Ausgänge muß die Reglerart, die Stellgliedlaufzeit und die Reglerstruktur programmiert werden. Eingriffe in die Funktion der Schnittstelle und in den Anzeigenmodus sind möglich. Auch lassen sich eine Anzahl Sonderfunktionen nutzen, die für den praktischen Einsatz von Bedeutung sind, hierzu gehören die Vorgabe von Anfangs- und Endwerten für die Eingänge oder die Pro-grammierung von Grenzwertüberwachungen. Bei der Reglerstruktur kann der Anwender wählen zwischen Zweipunktregler ohne Rückführung oder Zweipunktregler mit Rückführung, die zu PD- oder PID-Verhalten führt. Entsprechendes gilt auch für den Dreipunktregler. Eine weitere Funktion ist der Dreipunkt-Schrittregler mit PI- oder PID-Verhalten. Als stetiger Regler lassen sich P-, PI-,

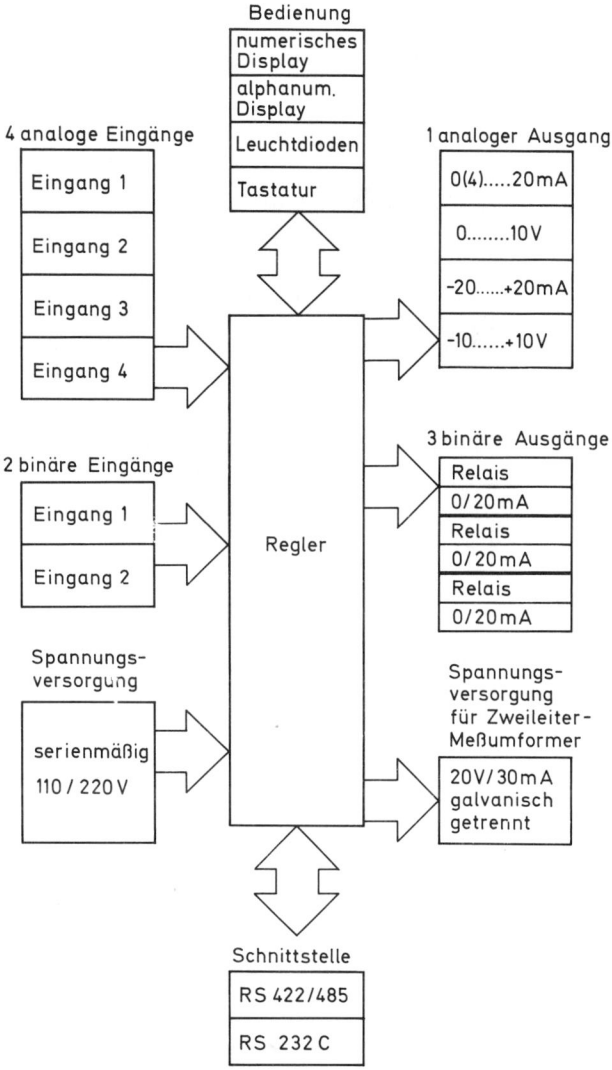

Bild 9.15 Aufbau des Digital-Reglers Jumo Dicon S (Juchheim)

PD- und PID-Verhalten wählen. Die Einstellung der Schwellwerte und Schaltabstände und der Proportionalbereiche, Vorhaltezeiten, Nachstellzeiten und Stellgrade erfolgt in der Parameterebene. In der Bedienerebene, die gleichzeitig die Grundfunktion im Betrieb darstellt, läßt sich die Betriebsart von Hand auf Automatik umstellen. Dies erfolgt in beiden Richtungen stoßfrei. Verändern lassen sich hier nur noch prozeßspezifische Daten wie Sollwert, Stellgröße, Bezugstemperatur sowie einige Größen für spezielle Anwendungen.

Beispiel 3:

Voll-adaptiver Digital-Regler AR 720 (Waldsee-Electronic)

Bild 9.16 Digital-Regler AR 720 (Waldsee-Electronic)

Bild 9.16 zeigt den Regler. Es handelt sich, wie bei den vorhergehenden Beispielen, um einen mikroprozessorgesteuerten. Aus den gemessenen Prozeßein- und ausgangssignalen wird mittels Prozeßidentifikation ein Modell des statischen und dynamischen Verhaltens gewonnen. Überwachungsfunktionen prüfen die gewonnenen Werte, und mit Kriterien für die Regelgüte werden die Regelparameter gewonnen. Änderungen im Prozeß, z.B. durch Änderung der Führungsgröße, bewirken eine Modifikation der Prozeßparameter und damit der Reglerparameter. Der Regler AR 720 eignet sich vornehmlich für die volladaptive Regelung von Temperaturprozessen. Der Eingang für die Regelgröße ist wahlweise ausgelegt auf $0 \ldots 10$ V; $0 \ldots 1$ V und $0 \, (4) \ldots 20$ mA. Auch möglich ist der Anschluß gängiger Temperaturfühler. Das Analogsignal wird über einen integrierten 12 bit-A/D-Wandler digitalisiert. Die Anzeige erfolgt über eine 4stellige LED-Anzeige ($-999 \ldots 9999$), die skalierbar ist. Die Auflösung der Störgröße erfolgt mit 1 %. Eine qualitative Anzeige der Regelabweichung erfolgt in Stufen von 1 % mit 3 LEDs.
Die Verarbeitung erfolgt mit einer minimalen Zykluszeit von 1 s. Skalierbar sind die Grenzen für die Regelabweichung, die Tastperiode für den quasianalogen Ausgang liegt zwischen 1 und 1000 s. Eingriffe ins Programm sind über höhere Programmiersprache möglich.
Die Konfigurierung des Reglers erfolgt über die Tastatur, wobei wegen der voll adaptiven Eigenschaft ein Parametrieren des Reglers entfällt.
Die Datensicherung erfolgt durch Speicherung im EEPROM. Ein eingebautes Selbstdiagnoseprogramm sichert die Betriebszuverlässigkeit.

9.4 Leiteinrichtungen

Die Entwicklung bei den Digital-Reglern geht, wie die im vorhergehenden Abschnitt beschriebenen Regler zeigen, zum Mehrkanalregler, um die Leistungsfähigkeit der eingebauten Mikroprozessoren besser nutzen zu können. Es lassen sich damit jedoch auch noch andere Funktionen realisieren. **Bild 9.17** zeigt einen Temperatursteuervorgang mit zyklischen Wiederholungen und zusätzlichen Steuersignalen.

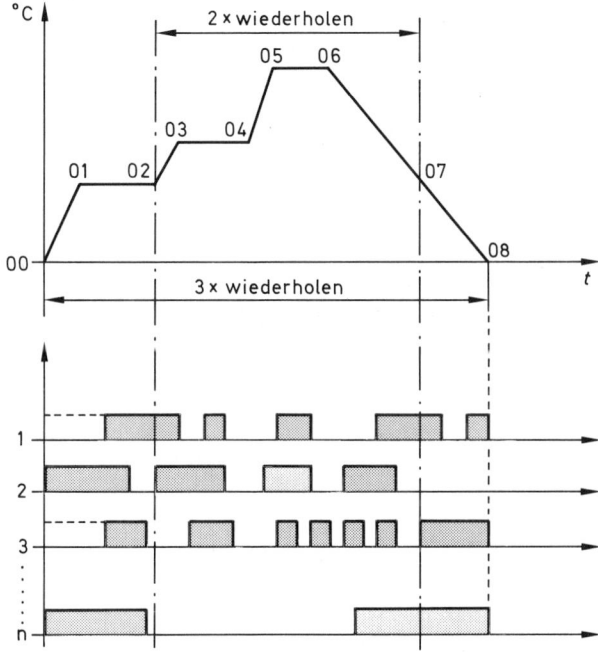

Bild 9.17 Temperatursteuerung

Bei der Temperatur soll dem Steuervorgang eine Regelung unterlagert sein. Um einen solchen Vorgang ablaufen zu lassen, bedarf es einer Steuerung und eines Reglers. Die Steuerung muß dabei mehrere Regler ansteuern oder einen Regler entsprechend den Erfordernissen des Steuervorganges beeinflussen können. In einfacheren Fällen kann eine solche Aufgabe von einem Programmregler ausgeführt werden, der sowohl die überlagerten Steuerfunktionen als auch die unterlagerte Regelung ausführt.

Programmregler sind digitale Regler. Durch den Aufbau mit einer Recheneinheit (Mikroprozessor) lassen sich durch ein entsprechendes Programm die Steuerfunktionen ohne wesentlichen Mehr-Aufwand mit einbinden. Werden die Steuervorgänge umfangreicher, kann die Abarbeitung des Steuer- und Regelprogrammes so viel Zeit beanspruchen, daß der Programmregler zu langsam würde. Eine Lösung wäre die Einführung eines Systems mit je einem Mikroprozessor für die Steuerung und die Regelung. Üblicher ist es jedoch heute, die Steuer- und Reglerfunktionen zu trennen. Die

Steuerfunktionen übernimmt eine speicherprogrammierbare und damit universell anpaßbare Steuerung (SPS).

Die Steuerung übermittelt ihre Vorgaben an den oder die Regler, die die Regelaufgaben oft einschließlich der Adaptierung an den Prozeß automatisch lösen. Die Steuerung kann zur Überprüfung oder für Prozeßinformationen an den Bediener Zustandsgrößen von den Reglern abrufen. Je nach Ausbau der Steuerfunktionen sind auch Korrekturen bei den Reglern möglich.

Das folgende Beispiel beschreibt einen Programmregler genauer.

Beispiel 1:

Digitaler Programmregler Jumo Dicon PR (Juchheim)

Bild 9.18 zeigt die Frontplatte des digitalen Programmreglers.

Bild 9.18   Programmregler Jumo Dicon PR (Juchheim)

Der Dicon PR ist ein Ein- oder Zweikanal-Programmregler im DIN-Format 96 mm × 96 mm. Er arbeitet als Zweipunktregler oder Dreipunktregler, als Dreipunkt-Schrittregler oder als stetiger Regler mit Grenzwertkontakten. Für zusätzliche Steueraufgaben sind maximal 6 programmierbare Ausgänge vorgesehen. Die Ausgänge sind als Relais ausgeführt, daher sind angeschlossene Schaltungen galvanisch vom Programmregler getrennt. Die Kanalzuordnung der Ausgänge ist frei wählbar. Thermoelemente, Widerstandsthermometer in Dreileiter- und Vierleiterschaltung, Widerstandsferngeber oder Einheitssignale können direkt angeschlossen werden. Durch selbstkalibrierende Eingangsschaltungen wird eine hohe Klassengenauigkeit erreicht. Pro Kanal können 20 Zeitprogramme mit je bis zu 100 Programmabschnitten programmiert und gespeichert werden. Für jeden Kanal lassen sich 20 Reglerparameter über die Folientastatur eingeben, jederzeit abrufen und beliebig verändern. Durch Bedienerführung wird die Programmierung erleichtert. Eine quasiparallele Programmverarbeitung ist möglich. Daten lassen sich von Hand oder über Schnittstelle eingeben oder abfragen, ohne das laufende Programm zu stören. Eine Serviceroutine überprüft alle Funktionen des Programmreglers. Die technische Beschreibung des Programmreglers ist sehr umfangreich, Einzelheiten müssen daher den Herstellerunterlagen entnommen werden. Einige wichtige Daten sind hier zusamengestellt.

Programmteil

20 Programme mit je maximal 100 Schritten
1 s bis 99 h 59 min Laufzeit je Programmschritt
1 s bis 99 h 59 min Vorwahl der Startzeit
0 bis 99 Programmwiederholungen, zyklischer Umlauf, Programmschritte wiederholbar
fünfstellige 7-Segment-Anzeige für Programmierung, Sollwert, Istwert und Programmnummer-
anzeige

Reglertypen

Zweipunktregler, Dreipunktregler

Dreipunktregler mit PD-Rückführung
          PID-Rückführung
          PD/PID-Rückführung

Dreipunkt-Schrittregler mit PID-Rückführung

Stetiger Regler	X_P	T_n	T_v
	1 ... 9999 Digits	–	–
	1 ... 9999 Digits	–	4 ... 999 s
	1 ... 9999 Digits	16 ... 9999 s	–
	1 ... 9999 Digits	16 ... 9999 s	4 ... 999 s

Bereiche und Meßwertgeber

Widerstandsthermometer Pt 100, Pt 500 (Dreileiter- und Vierleiterschaltung)
–200 bis 850 °C, –200,0 bis 850,0 °C
Überwachung auf Bruch oder Kurzschluß

Widerstandsferngeber
50 ... 30 ... 50, 0 ... 200 ... 0, 10 ... 100 ... 10
Überwachung auf Bruch und Kurzschluß

Thermoelemente
Cu-CuNi, Fe-CuNi, Ni-NiCr, Pt10Rh-Pt, Pt13Rh-Pt, Pt30Rh-Pt6Rh, MoRe5-MoRe41
Bereiche zwischen –200 ... +600 °C und 0 ... 2000 °C
Überwachung auf Sensor- und Leitungsbruch

Einheitssignale für Ein- und Ausgänge
0 ... 1 mA, 0 ... 20 mA, 4 ... 20 mA, 0 ... 10 mV, 0 ... 1 V, 0 ... 10 V

A/D- und D/A-Wandler: 15 bit Auflösung; Abtastrate 0,5 s bei Einkanalausführung
                      Abtastrate 1,0 s bei Zweikanalausführung

Schnittstelle für Datenaustausch:
V 24 (RS 232 C), TTY, RS 422/485

Wenn die Steuerungs- oder Leitaufgaben und die Abfrage- und Darstellungsan-
forderungen umfangreicher sind, werden neuerdings in verstärktem Maße Personalcomputer hierfür eingesetzt.
Infolge steigender Speicherkapazität, schnellerer Zugriffszeiten, erhöhter Industrie-
tauglichkeit und sinkender Preise lohnt sich der Einsatz von PCs in Anlagen mit etwa
5–30 Regelkreisen. Moderne Software ermöglicht zentrale Bedienung sowie umfas-

sende Information durch Schaubilder mit eingeblendeten Prozeßzustandsgrößen. Die Regler arbeiten dabei als Einzelregler in ihrer Aufgabe eigenständig.

Durch den strukturierten Aufbau der Software für Personalcomputer kann das Bedienungspersonal ohne spezielle Programmierkenntnisse die Prozeßsteuerung bedienen. Wie bereits beim digitalen Regler, werden auch hier die Funktionsgruppen:

– Bedienen
– Parametrieren
– Konfigurieren

unterschieden. Bedienzustände und Werte der Bedienebene wie Istwert, Sollwert und Stellgröße können ständig abgefragt werden. Auch die Parameter für die Regler lassen sich abfragen. Nach entsprechender Aufbereitung erfolgt eine Anzeige auf dem Bildschirm. Besonders übersichtlich wird die Anzeige auf Farbbildschirmen. Besondere programmtechnische Vorkehrungen machen die Änderung von Sollwerten und Parametern vom Personalcomputer aus von bestimmten Voraussetzungen abhängig. Aus Sicherheitsgründen ist die Hand-/Automatik-Umschaltung nur vor Ort möglich. Typische Funktionsübersichtsbereiche sind:

Grafische Darstellungen zur schnellen Identifizierung des aufgerufenen Regelkreises und seiner Grenz- bzw. Alarmwerte

Übersichtsbilder für alle Regelabweichungen und Alarme

Gruppenbilder für eine beschränkte Auswahl von Regelkreisen, digitale Darstellung von Sollwerten, Istwerten, Stellgrößen, Grenzwerten

Einzelbilder für jeden Regelkreis mit allen abfragbaren Informationen

Trendbilder zur Darstellung des zeitlichen Verlaufs von Istwert, Sollwert und Stellgröße. Zweckmäßig bei Optimierung und Kontrolle

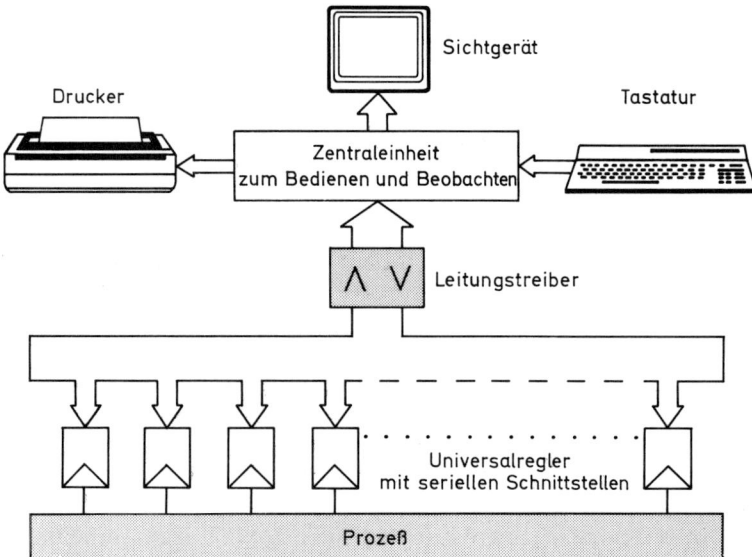

Bild 9.19 Regelsystem mit Personalcomputer

Zur Dokumentation kann das Bedienpersonal meist die einzelnen Bilder über einen Drucker ausdrucken lassen. Diese Bilder geben auch Aufschluß über Störungen. In der Software für den Personalcomputer ist meist ein spezielles Druckprogramm für Daten vorgesehen, wenn im Prozeß eine Alarmmeldung auftritt. Die Aufzeichnung der Werte im Alarmfall soll zur Klärung der Ursache für die Störung beitragen.

In **Bild 9.19** ist der Aufbau einer Prozeßsteuerung mit PC und Reglern dargestellt. Moderne große Industrieanlagen haben so viele zu koordinierende Steuer- und Regelfunktionen, daß ein Personalcomputer hierfür nicht mehr ausreicht. Bei im Prinzip gleicher Struktur wie bei der Prozeßsteuerung mit Personalcomputer übernimmt dann ein größerer und leistungsfähigerer Rechner die Aufgaben des Personalcomputers. Einschlägige Firmen fertigen für solche Aufgaben geeignete Prozeßsteuer- und Regelanlagen. Werden die Rechenanlagen für die Steuerung und Regelung von Prozessen zu groß, so kann es zweckmäßig sein, die Steuerung und Leit- und Überwachungsfunktion zu trennen und zwei Rechnern zuzuweisen. Dies führt für die Leit- und Überwachungsfunktionen zu speziellen Leitsystemen. Diese sind meist in Terminal-Form aufgebaut. **Bild 9.20** zeigt solch ein Terminal-System für die farbgrafische Darstellung von Prozeßbildern. Die Prozeßbilder liefern transparente Darstellungen aller digitalen und analogen Informationen im Prozeßsystem. Die Prozeßleittechnik wird wesentlich durch die Leistungsfähigkeit moderner Rechensysteme bestimmt. Daher verändert sich die Prozeßsteuerungs- und Leittechnik ständig mit der technischen Entwicklung.

Bild 9.20   Farbgrafisches Prozeßterminal (ABB)

Literaturhinweis:

Für die Bearbeitung dieses Bandes stellten die Firmen

Siemens	Thalheim	Raytheon
ITT-Metrix	Maxon	Bircher
Linseis	Baumer	Omron
ABB-Goerz/Metrawatt	Vibrometer	Dold
Philips	Schaenitz	Lucas-Nülle
Hameg	Honeywell	Eurotherm
Juchheim	Hottinger-Baldwin	Esters Elektronik
TWK	Heidenhain	Waldsee-Electronic (WSE)
Testotherm	Burr-Brown	Klöckner-Moeller
Analog Devices	Maxim	Ingenieurbüro Dr. Schulz
National Semiconductor	Ferranti	

technische Unterlagen und Bilder zur Verfügung.
Herausgeber und Autoren danken für die Unterstützung.

Sachwortverzeichnis

Ablaufsteuerung 256
Abschirmung 197
Absoluter Druck 164
Abstandsmessung, optisch 152
Abstandssensoren, Kennlinien 145
Abtasttheorie 203
Achsenteilung 40
Addierer 193
A/D-Wandler 201 ff
– Codierung 205 ff
– Realisierung 208
Aktorik 82
American Standard Code for Information inter-
change (ASCII) 232
Ampere 18
Amplitudenmodulation 199
Amplitudenunsicherheit 204
Analog-Anzeige 29 f
Analog-Digital-Wandler 30, 201 ff
Analoge Anzeige, Prinzip 30
Analog-Multimeter 56
Analog-Multiplizierer-Baustein 195
Analog-Regeleinrichtung 410
Analogsignal 271
Anpassungsverstärker 52
Anstiegs-Testfunktion, Verhalten 300
Anzeige 25
Anzeigesystem 55
Aperturzeit 204
Approximation 208 ff
Äquivalentdosis 20
Arbeit 19
ASCII 232
Aufnehmer 26
Ausgangsgröße 25, 81

Bandpaß 188
Bandsperre 189
Bargraph-Anzeige 56
Basiseinheit 17 f
Basisgröße 17 f
Basiszahl 41
Baud 229
BCC-Zeichen 231
BCD-Codelineal 151
Bel 42

Beleuchtungsstärke 20
Beschleunigung 19
Bessel-Tiefpaß 189
Betriebsmeßgerät 35
Bifilare Wicklung 89
Bimetall-Meßwerk 37
Bimetall-Thermometer 86
Bi-Phase-Code 230
Blockprüfzeichen 231
Bode-Diagramm, Parallelschaltungen 370
– Tiefpaß 295
Breitbandverstärker 175
Brückenschaltung 69 f
Bus-System 240 ff
– parallel 243
– seriell 242
Butterworth-Tiefpaß 189
B-Wert 103
Byte-serielle Datenübertragung 228

Candela 18
Codelineal mit Graycode 152
Codescheiben für Winkelgeber 156
Coulomb 20
Cu-Konst 94

Data Communication Equipment 239
Datenbit 229
Datenblock 231
Datenbus 241
Datenendeinrichtung 235
Datenleitungen 237
Datenübertragung, asynchron 229
– Bit-parallele 228
– Bit-serielle 228
– Byte-serielle 228
– Code 232
– Kanalbildung 238 f
– parallel 231
– synchron 231
Datenübertragungs-Einheit 239
Datenübertragungs-Einrichtung 173
D/A-Wandler 214 ff
dB 42
dB-Funktion 43

DCE 239
DEE 235
Dehnungsmesser mit DMS 160
Dehnungsmeßstreifen 157 ff
Dekadischer Logarithmus 41
Dezibel 42
D-Glied, Anstiegsantwort 326
– Blockschaltbild 326
– Bode-Diagramm 327
– Ortskurve 327
– Sprungantwort 325
Dichte 19
Differentialgeber, schematisch 73
Differential-Queranker-Geber 78
Differential-Regler 429 f
Differential-Transformatorgeber 80
Differenzdruck 164
Differenzierer 194
Differenzier-Glied 325 ff
Differenzverstärker mit Elektrometereingängen 178
Digital-Analog-Wandler 214 ff
Digital-Anzeige 29 f, 55
Digitale Meßwertübertragung 227 ff
Digital-Multimeter 56
Digital-Regeleinrichtung 410
Digitalsignal 272
DIN-Meßbus 242
DMS 157
DMS-Kenngrößen 160
D-Regler 429 f
– Anstiegsantwort 430
– Kennlinie 430
Dreheisen-Meßwerk 37
Drehmagnet-Meßwerk 37
Drehspulinstrument 50
Drehspul-Meßwerk 37
Drehstrom-Tachogenerator 118 f
Drehzahlanzeige, Blockschaltbild 125
Drehzahlaufnehmer, Mehrfachauswertung 133
– Richtungserkennung 133
Drehzahlerfassung mit magnetischen Gebern 126
– mit optischen Gebern 129 ff
Drehzahlgeber 124
Drehzahlmessung 116 ff
– neue Sensoren 135
Drehzahl-Regelstrecke 403
Drehzahlsteuerung 250
Dreipunkt-Regeleinrichtung 450 ff
Druck 19

– absolut 164
Druckmessung 163 ff
– kapazitiv 164
– piezoresistiv 165 ff
Drucksensor, Anwendungsgebiete 167
– Temperaturkompensation 167
Dual-Slope-A/D-Wandler 211
DÜE 173, 239
Dynamische Viskosität 19

Ebener Winkel 19
Effektivwert 52
Eichen 18
Eingangsgröße 25, 81
Eingangsteiler 30
Einheit, physikalisch 18
Einheiten im Meßwesen, Gesetz über 18
Einheitenkurzzeichen 17
Einheitenname 19 f
Einheitensystem, international 17
Einheitenzeichen 19 f
Eisen-Konstantan 94
Elastizitätsmodul 158
Elektrische Feldstärke 20
– Flußdichte 20
– Größen 15
– Kapazität 20
– Ladung 20
– Messung nichtelektrischer Größen 81 ff
– Messungen 49
– Potentialdifferenz 20
– Spannung 20
– Stromstärke 18
Elektrischer Leitwert 20
– Widerstand 20
Elektrizitätsmenge 20
Elektrodynamisches Meßwerk 37
Elektrometerschaltung 49
Elektrometerverstärker 175
Elektrostatisches Meßwerk 37
Empfindlichkeit eines Meßgerätes 37
Energie 19
Energiedosis 20
Energiedosisleistung 20
Energiedosisrate 20
Energiestrom 19
Eulersche Zahl 332

Farad 20
Federcharakteristik 157

Federkraftgeber 157
Fehler 23
– absolut 34 f
– maximal 35
– relativ 34 f
Fehlergrenze 34
Fehlmessungen 52
Fe-Konst 94
Feldplatte 127
Feldstärke 20
Filter 187
– aktiv 190
Flachbettlinienschreiber 62
Flachbettschreiber 61
Fläche 19
Flash-Wandler 211 ff
Fluoreszenzanzeige 56
Fluß, magnetisch 20
Flußdichte 20
Formatsteuerzeichen 233
Formelzeichen 19 ff
Formfaktor 51
Frequenz 10
Frequenzmodulation 199
Frequenz-Spannungs-Wandler 222 ff
Führungsbereich 268
Führungsgröße 254, 266, 268
Führungsgrößengeber 414 f
Führungssteuerung 254
Füllstandsregelung 270
f/U-Wandler 224 ff

Gegenkopplung 279
Gerätesteuerzeichen 233
Geschwindigkeit 19
Gesetz über Einheiten im Meßwesen 18
Gleichspannungsmessung 49
Gleichstrom-Tachogenerator 121
– bürstenlos 122
Gleitmodul 158
Glitch 221
Grafische Darstellung 39
Gray-Code 151
Größe, elektrisch 15
– physikalisch 16
Größengleichung 16
Größenname 19 f
Grundübertragungsglieder 307 ff
Gruppenschaltungsglieder 371 ff

Halbduplex-Betrieb 234
Half-Flash-Wandler 213
Hallsensor als Weggeber 148
Haltegliedsteuerung 255
Heißleiter 100, 102 ff
– Linearisierung 107
– Spannungs-Stromkennlinie 104
Heißleitertypen 105
Heißleiterübersicht 106
Heißleiterwiderstand 103
Hitzdraht-Meßwerk 37
Hochpaß 188
Hochzahl 41
Hybridschreiber 64

IEC-Bus 243
I-Glied, Blockdarstellung 324
– Bode-Diagramm 324
– Ortskurve 324
Impuls-Testfunktion, Verhalten 303
Induktion 20
Induktivität 20
Induktivitätsmessung 77 ff
Informationstrennzeichen 233
Inkremental-Drehgeber 130 ff
Inkrement-Drehzahlgeber 124 ff
Instrumentation Amplifier 179
Integral-Regler 423 f
Integrationszeitkonstante 319
Integrator 194
Integrier-Glied 319 ff
Invertierender Verstärker 177
Ionendosis 20
I-Regeleinrichtung im Signalflußplan 427
I-Regler 423 f
– Kennlinie 424
– Sprungantwort 426
Isolation Amplifier 183
Isolierverstärker 175, 183
Istwert 34 f

Joule 19 f

Kalibrieren 18
Kaltleiter 100, 107 ff
– für einfache Stabilisierungen 108
– als Temperaturfühler 108
Kapazität, elektrisch 20

Kapazitätsmessung 73
Kelvin 18
Kennlinie, unstetig 290
Kennwiderstand eines Meßgerätes 37
Kernmagnet-Meßwerk 37
Kettenschaltung, Bode-Diagramm 360
Kettenschaltungsglieder 352 ff
K-Faktor 158
Kinematische Viskosität 19
Klasseneinteilung 37
Klassengenauigkeit 35
Klassenzeichen 35
Kommutator 121
Koordinatenachse 40
Koordinatensystem 39 ff
Kraft 19
Kraftmessung 157, 162 f
Kreuzspul-Meßwerk 37
Kupfer-Konstantan 94

Laborschreiber 61
Ladung, elektrisch 20
LED-Zeilenanzeige 55
Leistung 19
Leitstand 15
Leitwert 20
Leuchtdichte 20
lg-Funktion 43
Lichtstärke 18
Lichtstrom 20
Linear-variabler Differentialtransformator 147
Logarithmische Achsenteilung 40
– Maße 39
Logarithmus 41
LOHET 148
Lumen 20
Lux 20
LVDT-Geber 147

Magnetische Feldstärke 20
– Flußdichte 20
Magnetischer Fluß 20
Maß, logarithmisch 39
Mechanische Spannung 19
Meldeleitungen 237
Meßabweichung 31
– systematische 33
– Ursachen 32
– zufällige 32

Meßanlage 27
Meßbereich 49
Meßbereichsanfangswert 35
Meßbereichsendwert 35
Meßbereichserweiterung 49, 53
Meßbrücke für Differential-Geber 75 f
– für kapazitive Sensoren 74
– mit linearem Potentiometer 72
– mit Sensor 70 f
– mit Versorgungsbaustein 72
Meßeinrichtung 15, 26, 395 ff
– mit analoger Anzeige 27
– mit digitaler Anzeige 28
– mit Punktdruckerausgabe 29
– mit Schreiberausgabe 28
Messen, Grundbegriffe 21
– Grundlagen 16
Meßergebnis 21 f
Meßfühler 15
Meßgerät 26, 54 ff
– Empfindlichkeit 37
– Innenwiderstand 38
– Kennwiderstand 37
Meßgerät-Anzeigen 54
Meßgröße 22, 25 f, 81
Meßheißleiter 105
Meßkette 26
Meßobjekt 26
Meßprinzip 23
Meßreihe 23
– Auswertung 33
Meßschaltung 26
Meßsignal 26, 49
Meßtechnik, analog 15
– digital 15
– Einführung 15 ff
– Grundbegriffe 21
Meßumformer 26
Meßumwandler 26
Messung elektrischer Größen 16
– von Frequenz 68
– Genauigkeit 16
– nichtelektrischer Größen 81 ff
– von Periodendauer 68
– der Phasenverschiebung 67, 69
– spannungsrichtig 66
– von Spannungsverläufen 67
– stromrichtig 66
– der Temperatur 86 ff
– von Widerstandswerten 69
Meßunsicherheit 33

Meßverfahren 25, 66
– analog 24
– digital 24
– direkt 24
– indirekt 24
Meßverstärker 30, 179 ff
Meßwerk 30
Meßwerksarten 37
Meßwert 22, 25 f, 35, 81
Meßwertaufbereitung 171 ff
Meßwertaufnehmer 15
– aktiv 85
– elektrochemisch 85
– elektrodynamisch 85
– fotoelektrisch 84
– Fotoelement 85
– induktiv 84 f
– kapazitiv 84
– magnetisch 84
– ohmsch 84
– passiv 84
– Thermoelement 85
Meßwertübertragung 171 ff
– analog 196
– charakteristische Bausteine 199
– digital 227 ff
– Verbindungsarten 234
Meßwiderstand 88
Mischspannungen 51
Mitkopplung 279
Mittelwert 23
Mol 18
Molare Masse 20
Molarität 20
Multimeter 56

Näherungsschalter, Aufbau und Funktion 143
– Ausführungsformen 143
– induktiv 142
Natürlicher Logarithmus 41
Ni-100 88
Nicht-invertierender Verstärker 177
Nichtlinearität 52
Nickelchrom-Nickel 94
Nickelmeßwiderstand 88
NiCr-Ni 94
Non-Return-to-Zero 230
Normierung von Eingangs- und Ausgangsgrö-
  ßen 283 ff
NRZ 230

NTC-Thermistor 100
NTC-Widerstand 102 ff
Nullpunktkorrektur 49
Nutzsignal 196

Ohm 20
Operationsverstärker 174 ff
Ortskurve 294
– eines Tiefpasses 296
– mit normierten Signalen 296
Oszilloskop 59 ff
– Spannungsmessung 67
– Strommessung 67

Pa 163
PAM 199
Parallel-A/D-Wandler 212
Parallelschaltung PD 364
– PI 366
– PID 368
Parallelschaltungsglieder 364 ff
Parallel-Wandler 211 ff
Paritätsbit 229
Pascal 19, 163
PCM 200
PD-Glied, Anstiegsantwort 372
– Blockschaltbild 364
– Kenngrößen 366
PDM 199
PD-Regler 431
– Anstiegsantwort 432
PFM 199
P-Glied 307
– Blockdarstellung 313
– Bode-Diagramm 314
– Eingangsspannung 311
– Ortskurve 313
– Sprungantwort 311
Phasenmodulation 199
Phasenwinkelmodulation 200
Physikalische Einheit 18
– Größe 16
PID-Glied, bezogene Sprungantwort 369
– Blockschaltbild 369
PID-Regler 437 ff
– bezogene Sprungantwort 438
PI-Glied, bezogene Sprungantwort 367
– Blockschaltbild 367
PI-Regler 434 ff

– bezogene Sprungantwort 434
Platinrhodium-Platin 94
Platinwiderstand 88
PLM 199
Polarkoordinatensystem 47
Positionier-Regelstrecke 404
Potentialdifferenz 20
PPM 199
Präzisionsverstärker 175
P-Regeleinrichtung im Signalflußplan 420
P-Regler 416
– Kennlinie 417
– Sprungantwort 420
Programmsteuerung 255
Proportional-Beiwert 307
Proportional-Differential-Regler 431 ff
Proportional-Glied 307 ff
Proportional-Integral-Differential-Regler 437 ff
Proportional-Integral-Regler 434 ff
Proportional-Regler 416
Prozessorik 82
Pt-100 88
PTC-Thermistor 100
PTC-Widerstand 107 ff
PtRh30-PtRh6 94
PtRh-Pt 94
Pulsamplitudenmodulation 199
Pulscodemodulation 200
Pulsdauermodulation 199
Pulsfrequenzmodulation 199
Pulsmodulation 199
Pulsphasenmodulation 199

Quantisierung eines Analogsignals 202
Quantisierungstheorie 201
Quarzaufnehmer, piezoelektrisch 85
Querskala 54

R-2R-Netzwerk 217
Radiant 19
Räumlicher Winkel 19
Rechenbausteine 195
Regel- und Leiteinrichtungen 535 ff
Regelabweichung 268
Regelbereich 268
Regeldifferenz 268
– bleibende 470
Regeleinrichtung 266, 407 ff

– Aufbau 410
– Auswahl 455
– digital 458
– mit Hilfsenergie 409
– ohne Hilfsenergie 408
– unstetig 443 ff
Regelgröße 266, 268
Regelgüte 473
Regelkreis 266
– allgemeiner Aufbau 383
– ausregelbare und nicht-ausregelbare Störungen 474
– Dämpfung 466
– dynamisches Verhalten 478
– Einstellung 515
– Führungs- und Störverhalten 463
– geschlossen 461 ff
– Größen und Bereiche 267
– Grundbegriffe 461
– mehrschleifig 529
– Schwingungen 465
– Stabilität 472
– mit stetigen Reglern 476 ff
– mit unstetigen Reglern 488 ff
– und Rückführung 507
– Wirkung der verschiedenen Regler 427
Regelmodell für Füllstand und Durchfluß 405
Regeln 247, 266 ff
Regelstrecke 266, 384 ff
– Beharrungszustand 386
– Beispiele für Modellstrecken 398
– Darstellung 384
– dynamisches Verhalten 387
– Kennlinienfeld 386
– statisches Verhalten 386
– Zeitverhalten 387
Regelung, Beispiele 269
– Blockschaltbild 267
– stetig 409
– unstetig 409
Regelungstechnik 247 ff
Registrierschreiber 61
Registrierung 26
Regler 266, 416
– stetig 416 ff
Relais 261
Return-to-Zero 230
RS-232-Schnittstelle 242
RS-485-Schnittstelle 242
Rückkopplung 278
RZ-Code 230

Sample/Hold-Verstärker 184 ff
Schreiber 61 ff
Schrittregler 453 ff
Schütz 261
Seebeck-Effekt 92
Sensor 15, 81
– aktiv 82 ff
– elektromagnetisch 127
– mit Feldplatte 127
– passiv 82 ff
Sensorik 82
– Einführung 81 ff
Sensorprinzip 81, 168
Sensorsignalverarbeitung 170
SI-Einheitensystem 17
Siemens 20
Signal 271 ff
– diskontinuierlich 273
– kontinuierlich 273
Signalaufbereitung 15
Signaldarstellung 271
Signalflußplan 274 ff
– Additionsstelle 276
– Block 276
– Grundregeln für Umwandlungen 281 f
– Kettenstruktur 277
– Kreisstruktur 278
– Parallelstruktur 278
– Umkehrstelle 275
– Vergleicherstelle 276
– Verzweigungsstelle 275
– Vorzeichenumkehr 275
– Wirkungslinie 274
Signalparameter 271
Silizium-Temperatursensoren 110 ff
Simplex-Betrieb 234
sin-cos-Winkelgeber 154
Sinus-Testfunktion 291 ff
– Meßprotokoll 292
– Meßschaltung 292
– Testverfahren 305
Skalen 54
Skalenbild 54
Sollwert 34 f
Sollwert-Geber 414 f
Spannung, elektrisch 20
– mechanisch 19
Spannungsfolger 178
Spannungs-Frequenz-Wandler 222 ff
Spannungsmesser, hochohmig 50
Spannungsmessung 49

– mit Oszilloskop 67
Spannungs-Regelstrecke 402
Spannungssignal 197
Spannungs-Strom-Wandler 198
Spannungsverstärker 249
Speicherprogrammierbare Steuerung 257 f
Sprung-Testfunktion, Verhalten 297
SPS 258
Startbit 229
Startbit-Erkennung 230
Stellbereich 269
Stelleinrichtung 392 ff
Stellgeschwindigkeit 269
Stellglied 251, 253, 262, 392 ff
– Thyristor 264
– Transistor 263
Stellgröße 253, 268
Stellort 253
Stellschalter 259
Stellventil 262
Stellzeit 269
Steradiant 19
Stetige Regelung 409
– Regler 416 ff
Steuerbus 241
Steuereinrichtung 253 f, 259
Steuerkette 254
– Bausteine 259
Steuerleitungen 237
Steuern 247 ff
Steuerstrecke 251 f
Steuertechnik 15
Steuerung, Ausgangsgröße 251
– Eingangsgröße 251
Steuerungsarten 254 ff
Steuerzeichen 231, 233
Stoffmenge 18
Stoffmengenkonzentration 20
Stoppbit 229
Störbereich 268
Störgröße 254, 268
Störsignal 196
Strahlungspyrometer 86
Strecken mit Ausgleich 388
– ohne Ausgleich 389
Streckensimulation 398
Strommessung 53
Stromsignal 197
Strom-Spannungs-Wandler 197
Stromstärke 18

Subtrahierer 178, 193
SYN-Zeichen 231

Tachogenerator 117 ff
– Bauform 117
– Kennlinie 118
– Linearitätsfehler 118
– Maximaldrehzahl 118
– Nenndrehzahl 118
– Nennspannung 118
– Nennstrom 118
– Restwelligkeit 118
Tastschalter 260
Tauchanker-Geber 78
Temperatur 18
Temperaturanzeige 86, 115
Temperaturkoeffizient 87
Temperaturkompensationsschaltung 96
Temperaturmeßeinrichtung 86 f
Temperaturmessung 86 ff
– Meßverfahren 97 ff
– mit Widerstandsmeßfühlern 87
Temperatur-Regelstrecke 400
Temperatursensor 110 ff
– Linearisierung der Kennlinie 112
Tesla 20
Testfunktion, Sprung 297
T-Glied, Bode-Diagramm 329
– Ortskurve 329
Thermistor 100 ff
– Brückenschaltung 101
Thermodraht 94
Thermoelement 92 ff
– Aufbau 93
– Ausführungsformen 97
– Ausgleichsleitungen 95
– Kennfarben 96
– Kennlinien 95
– Reaktionsgeschwindigkeit 97
Thermopaare 94
Thermospannung 92
Thermospannungskompensation 99
Tiefpaß 187
Totzeit-Glied 327 ff
– Blockdarstellung 328
– Sprungantwort 328
Tschebyscheff-Tiefpaß 190

Übergangsfunktion 298
Übertragung, seriell 229

Übertragungs-Code 230
Übertragungsfaktor 288 f
Übertragungsgeschwindigkeit 229
Übertragungsglied 299
– dynamisches Verhalten 291
– Sprungantwort 298
– statisches Verhalten 287 ff
– Übersicht über Testverfahren 306
– Untersuchung 287
Übertragungsglieder der Regelkreise 307 ff
– Zusammenschaltung 351 ff
Übertragungsrate 229
Übertragungssteuerzeichen 233
Übertragungsstrecke 26, 235
U/f-Wandler 222 ff
Ultraschall-Weggeber 149
Unstete Regelung 409

V.24-Schnittstelle, Kennlinie 235
– Steckverbindung 236
Ventilsteuerung 250
Vergleicher 266, 411 ff
Vergleichsstellentemperatur 96
Verstärker, invertierend 177
Verstärker-Grundschaltungen mit OPs 177
Vertikalschreiber 61
Verzögerungsglied 330 ff
Verzögerungsglied 1. Ordnung 330 ff
Verzögerungsglied 2. Ordnung 338 ff
Verzögerungsglied höherer Ordnung 349 ff
Vibrations-Meßwerk 37
Vielfachmeßgerät 56 ff
– Kennwiderstand 38
Viskosität 19
Vollduplex-Betrieb 234
Volt 20
Volumen 19
VZ 1-Glied 330 ff
– Blockschaltbild 330
– Sprungantwort 331, 335 f
VZ 2-Glied 338 ff
– mit aufschwingendem Schwingverhalten 345
– Blockdarstellung 338, 346
– Bode-Diagramme 347
– Dämpfung 345
– normierte Sprungantwort 340
– Ortskurve 348
– mit ungleichartigen Speichern 343
– mit ungleichen Zeitkonstanten 341